Elektrische Antriebe – Grundlagen

Dierk Schröder · Ralph Kennel

Elektrische Antriebe – Grundlagen

Mit durchgerechneten Übungs- und Prüfungsaufgaben

7. Auflage

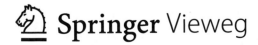 Springer Vieweg

Dierk Schröder
Technische Universität München
München, Deutschland

Ralph Kennel
Technische Universität München
München, Deutschland

ISBN 978-3-662-63100-3   ISBN 978-3-662-63101-0   (eBook)
https://doi.org/10.1007/978-3-662-63101-0

Die Deutsche Nationalbibliothek verzeichnet diese Publikation in der Deutschen Nationalbibliografie; detaillierte bibliografische Daten sind im Internet über http://dnb.d-nb.de abrufbar.

Springer Vieweg ist ein Imprint der eingetragenen Gesellschaft Springer-Verlag GmbH, DE und ist ein Teil von Springer Nature.
Die Anschrift der Gesellschaft ist: Heidelberger Platz 3, 14197 Berlin, Germany

Vorwort zur siebten Auflage

In einer Zeit, in der elektronische Medien immer mehr in Gebrauch kommen, und gedruckte Bücher immer weniger genutzt werden, bedarf es genauer Überlegung, ein gedrucktes Lehrbuch zu veröffentlichen. Die Nachhaltigkeit gedruckter Bücher ist allerdings ein schwerwiegendes Argument für die Aktualisierung des vorliegenden Werkes – dieses wird dem Leserkreis für lange Zeit zur Verfügung stehen.

Gedruckte Bücher sind genauso „digital" wie elektronische – es ist lediglich nicht elektronisch. Selbst bei Verwendung chinesischer Schriftzeichen waren Bücher schon immer ausgesprochen „digitale" Erzeugnisse, und sie werden das auch immer bleiben. Der Begriff „analoges Buch" ist unsinnig und dient ausschließlich dazu, den Leserkreis durch vermeintlich moderne Schlagworte in eine bestimmte Richtung zu beeinflussen. Dieser falschen Tendenz soll durch die Neuauflage des vorliegenden Werkes entgegengewirkt werden.

Die von Prof. Dierk Schröder ins Leben gerufene Lehrbuchreihe stellt ein außerordentliches Grundlagenwerk dar, das bei Studierenden und Fachleuten weitreichende Anerkennung gefunden hat. Es soll daher auch künftig zur Verfügung stehen. Daher haben sich der Springer-Verlag und Prof. Schröder entschlossen, die Lehrbücher dieser Reihe durch aktualisierte Auflagen weiterzuführen. Die Lehrbuchreihe umfasst neben dem Einführungstitel „Elektrische Antriebe – Grundlagen" die Bände „Elektrische Antriebe – Regelung von Antriebssystemen", „Intelligente Verfahren – Identifikation und Regelung nichtlinearer Systeme" sowie die Bücher „Leistungselektronische Schaltungen" und „Leistungselektronische Bauelemente".

Der vorliegende Einführungsband bietet einen Einstieg in das Gebiet der elektrischen Antriebstechnik. Ausgehend von den mechanischen und elektromagnetischen Grundlagen, werden die Antriebskonzepte sowohl mit Gleichstrommaschinen als auch mit Asynchron- und Synchronmaschinen erläutert. Systemgleichungen, Signalflusspläne und Regelungsvarianten werden vorgestellt und diskutiert. Das Lehrbuch stellt abschließend Übungs- und Prüfungsausgaben mit Lösungen zur Verfügung.

Die siebte Auflage enthält zusätzliche Kapitel zum Thema Reluktanz-Synchronmaschine, die wegen des äußerst einfach und damit kostengünstigen Rotorkonzepts in Industrie- und Elektromobilitätsanwendungen eine immer größere Rolle spielen wird, sowie zum Thema „geberlose Regelung", die im Hinblick auf die Kosten und die Zuverlässigkeit von elektrischen Antrieben ebenfalls wichtige Beiträge leistet.

Die geberlose Regelung wird in der Literatur oft – fälschlicherweise – als sensorlos, manchmal korrekterweise auch als „self sensing control" bezeichnet. Eigentlich handelt es sich bei der sogenannt „sensorlosen" Regelung nicht um eine Regelung, sondern um einen Beobachter. Hier ist die allgemein eingeführte Begriffswelt sehr ungenau. Benutzte man allerdings bei einer Literaturrecherche die eigentlich korrekteren Begriffe „geberlos" oder „self-sensing control", würden regelmäßig nur die Veröffentlichungen ganz spezifischer Autoren angezeigt werden. Will man einen kompletten Überblick über die Veröffentlichungen auf dem Gebiet der sensorlosen/geberlosen/„self-sensing" Regelung erhalten, muss man – ob es nun ein korrekter Begriff ist oder nicht – nach „sensorlos" suchen.

Die Autoren wünschen der Leserschaft weiterhin viel Freude und interessante Einblicke beim Lesen und Blättern im vorliegenden Buch.

Die Zielgruppen

Das Buch wendet sich an Studierende der Elektrotechnik, des Maschinenbaus und der Informatik sowie verwandter Studienrichtungen (z.B. Mechatronik) sowohl an Technischen Universitäten als auch an anderen Hochschularten. Das Gesamtwerk ist auch hervorragend als Nachschlagewerk für die industrielle Praxis geeignet.

Die Autoren

Univ.-Prof. i.R. Dr.-Ing. Dr.-Ing. h.c. Dierk Schröder, Fellow IEEE,
    sowie

Univ.-Prof. Dr.-Ing. Dr. h.c. Ralph Kennel, Fellow IET, Senior Member IEEE,

beide Technische Universität München, Lehrstuhl für Elektrische Antriebssysteme und Leistungselektronik.

Unser besonderer Dank gilt Herrn Dipl.-Ing.(FH) Wolfgang Ebert, der uns bei der Überarbeitung und Veröffentlichung dieses Buches hervorragend unterstützt hat.

München, im Frühjahr 2021   Ralph Kennel

Vorwort zur sechsten Auflage

Dieses Lehrbuch bietet eine Einführung in das Gebiet der elektrischen Antriebstechnik. Von den mechanischen Grundlagen ausgehend, werden die Antriebsanordnungen mit Gleichstrommaschinen sowie mit Asynchron- und Synchronmaschinen erläutert. Mittels bewährter Darstellung werden die Systemgleichungen, die Signalflusspläne und die Regelungsvarianten erarbeitet und diskutiert. Aufbauend auf diesen Kenntnissen werden mechatronische und technologische Aufgabenstellungen angesprochen. Am Ende des Buches finden sich Übungs- und Prüfungsausgaben mit Lösungen.

Die sechste Auflage ist grundlegend überarbeitet worden. Ein wesentlicher Aspekt bei der Überarbeitung des Buchs war die zunehmende Verknüpfung der verschiedenen Wissensgebiete aufgrund der zunehmenden Anforderungen an die elektrischen Antriebe. Außer der perfekten Regelung sollen beispielsweise zusätzlich die Effizienz oder der Wirkungsgrad und die Geräusche berücksichtigt werden. Es wurden deshalb drei Gebiete neu aufgenommen: Die betriebliche Optimierung des Antriebs mit der Darstellung der verschiedenen Zusatzeffekte wie die Kupfer-, die Eisen- sowie die Wechselrichterverluste, die modellbasierten prädiktiven Regelungen – Theorie und Praxis sowie praktische Ergebnisse bei dem 12 MW M2C-Hochleistungs-Umrichter.

Außer den neuen Beiträgen wurden alle Kapitel kritisch hinsichtlich des Standes der Technik überprüft und an die Entwicklung angepasst. Zusätzlich wurden die Querverweise zu den anderen Büchern dieser Reihe ausgebaut. Bei der Überarbeitung wurde wie bisher auf bestmögliches Verständnis und Themenfolge geachtet.

Dieses Lehrbuch ist Teil einer umfassenden Reihe von Werken. Diese umfasst neben „Elektrische Antriebe – Grundlagen" die Bände „Elektrische Antriebe – Regelung von Antriebssystemen", „Intelligente Verfahren – Identifikation und Regelung nichtlinearer Systeme" sowie die Bücher „Leistungselektronische Schaltungen" und „Leistungselektronische Bauelemente".

Diese Buchreihe wird von interessierten Kollegen weiter geführt. In diesem Jahr werden noch – neben dieser Neuauflage, die vierte Auflage von „Elektrische Antriebe – Leistungselektronische Schaltungen" und die zweite Auflage von „Intelligente Verfahren – Identifikation und Regelung nichtlinearer Systeme" erscheinen. Im kommenden Jahr ist die fünfte Auflage von „Elektrische Antriebe – Regelung von Antriebssystemen" geplant.

VIII

Die Zielgruppen

Das Buch wendet sich an Studierende der Elektrotechnik, des Maschinenbaus und der Informatik oder verwandter Studienrichtungen sowohl an Technischen Universitäten als auch an Hochschulen. Das Gesamtwerk ist auch hervorragend als Nachschlagewerk in der industriellen Praxis geeignet.

Der Autor

Univ.-Prof. i.R. Dr.-Ing. Dr.-Ing. h.c. Dierk Schröder,
Fellow IEEE, ehem. Technische Universität München, Lehrstuhl für Elektrische Antriebssysteme.

München, im Sommer 2017   Dierk Schröder

Inhaltsverzeichnis

1 Antriebsanordnungen: Grundlagen

1.1 Mechanische Grundgesetze

Wie bereits im Einführungskapitel dargestellt, sind die mechanischen Grundgesetze ein wesentlicher Ausgangspunkt, um ein Antriebssystem entsprechend den statischen und dynamischen Anforderungen auszulegen. Im folgenden werden deshalb diese Grundgesetze der Mechanik für die Leser wiederholt, die eine Auffrischung bekannter Grundkenntnisse der Mechanik wünschen.

Zuerst werden die Umrechnungen von translatorischen und rotatorischen Bewegungen sowie die Drehmomentbilanzen behandelt. Anschließend folgen in den Unterkapiteln die Normierung der Gleichungen, das statische und dynamische Verhalten von Arbeits- und Antriebsmaschinen, die statische Stabilität im Arbeitspunkt und die Auslegung der Antriebsmaschine aufgrund der statischen sowie der dynamischen Anforderungen der Arbeitsmaschine.

Da diese grundlegenden Gleichungen der Mechanik nur zur Auffrischung dienen, ist der erläuternde Text bewußt kurz gehalten.

1.1.1 Analogien zwischen Translation und Rotation

Beschreibende Größen

	Translation		**Rotation**
z	Zählsinn	z	Zählsinn
S	Weg	Φ	Drehwinkel
V	Geschwindigkeit	N	Drehzahl
		Ω	$= 2\pi N$: Winkelgeschwindigkeit
B	Beschleunigung	A	Winkelbeschleunigung
F_M	Summe der Antriebskräfte (meist **im Zählsinn** festgelegt)	M_M	Summe der Antriebsmomente (meist **im Zählsinn**)
F_W	Summe der Gegenkräfte (z.B. Reibung, meist **gegen** den Zählsinn)	M_W	Summe der Lastmomente bzw. Widerstandsmomente (meist **gegen** den Zählsinn)
m_Θ	träge Masse	Θ	Trägheitsmoment

© Springer-Verlag GmbH Deutschland, ein Teil von Springer Nature 2021
D. Schröder und R. Kennel, *Elektrische Antriebe – Grundlagen*,
https://doi.org/10.1007/978-3-662-63101-0_1

Beachte:

unnormierte Größen	$\longrightarrow$	Großbuchstaben	z.B.: $N(t), N(s)$
normierte Größen	$\longrightarrow$	Kleinbuchstaben	z.B.: $n(t), n(s)$
Übertragungsfunktionen	$\longrightarrow$	Großbuchstaben	z.B.: $G(s)$
(unnormiert oder normiert)			
Mittelwerte	$\longrightarrow$		z.B.: $\bar{U}$
Zeitfunktion (komplex)	$\longrightarrow$		z.B.: $\underline{U}$
Raumzeiger	$\longrightarrow$		z.B.: $\vec{U}$

In den folgenden Darstellungen und Erläuterungen werden immer nur <u>eindimen-sionale</u> Vorgänge betrachtet.

Dynamisches Grundgesetz (Newton):

Translation:

bei $m_\Theta = $ const. gilt:
$$F_B = F_M - F_W \quad = m_\Theta \cdot \ddot{S}$$
$$= m_\Theta \cdot \dot{V}$$
$$= m_\Theta \cdot B$$

Rotation:

bei $\Theta = $ const. gilt:
$$M_B = M_M - M_W \quad = \Theta \cdot \ddot{\Phi}$$
$$= \Theta \cdot \dot{\Omega}$$
$$= \Theta \cdot A$$

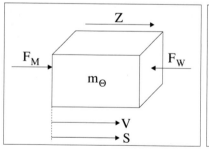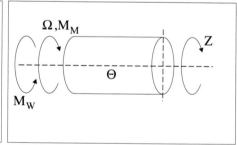

Abb. 1.1: *Dynamisches Grundgesetz*

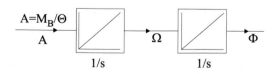

Abb. 1.2: *Signalflußplan mit $\Omega = \int A(\tau)\, d\tau$ und $\Phi = \int \Omega(\tau)\, d\tau$*

Bestimmung des Trägheitsmoments (allgemein)

Ein Körper mit der Masse m_Θ rotiert um eine Achse mit der Winkelgeschwindigkeit Ω bzw. Geschwindigkeit V und wird beschleunigt. Betrachtet wird ein Masseteil dm_Θ des Körpers. Es gilt:

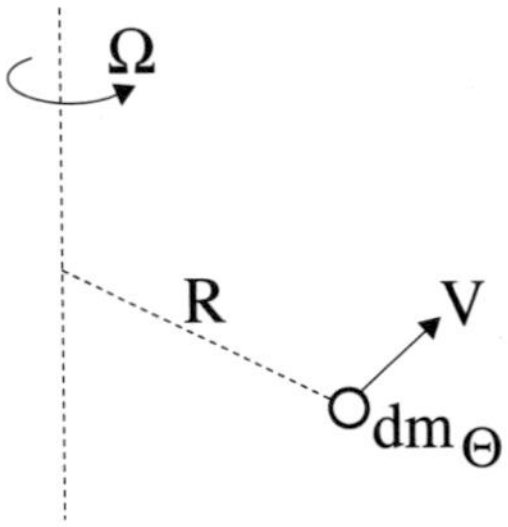

$$dF_B = dm_\Theta \cdot B = dm_\Theta \cdot \frac{dV}{dt} \tag{1.1}$$

$$= dm_\Theta \cdot R \cdot \frac{d\Omega}{dt} \tag{1.2}$$

$$dM_B = R \cdot dF_B = R^2 \cdot dm_\Theta \cdot \frac{d\Omega}{dt} \tag{1.3}$$

Abb. 1.3: *Rotation eines Körpers mit der Masse dm_Θ*

Da $d\Omega/dt$ für alle Masseteilchen gleich ist, muß – um das resultierende Beschleunigungsmoment M_B zu berechnen – über dm_Θ integriert werden:

$$\text{allgemein} \quad M_B = \int \frac{d\Omega}{dt} \cdot R^2 \cdot dm_\Theta \tag{1.4}$$

$$\text{bzw.} \quad M_B = \frac{d\Omega}{dt} \cdot \int_{m_\Theta} R^2 \cdot dm_\Theta = \Theta \cdot \frac{d\Omega}{dt} \tag{1.5}$$

$$\text{oder} \quad \Theta = \int_{m_\Theta} R^2 \cdot dm_\Theta = \rho \cdot \iiint_V R^2 \cdot dV \tag{1.6}$$

wobei mit ρ die Dichte bezeichnet wird (im obigen Fall als konstant angenommen).

Trägheitsmoment homogener Körper:

a) Das Trägheitsmoment homogener Körper ergibt sich allgemein aus:

$$\Theta = \int_{m_\Theta} R^2 \cdot dm_\Theta \tag{1.7}$$

b) Punktmasse mit Masse m_Θ im Abstand R von der Drehachse:

$$\Theta = m_\Theta \cdot R^2 = \frac{G}{g} \cdot R^2 \quad \left(g = 9{,}81 \, \frac{m}{s^2} ; \quad G = \text{Gewicht} \right) \tag{1.8}$$

c) homogene Körper, Dichte ρ, Masse m_Θ:

Zylinder:

$$\Theta = \frac{\pi}{2}H \cdot \rho R^4 = \frac{1}{2}m_\Theta \cdot R^2$$

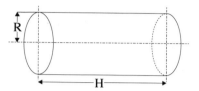

Hohlzylinder:

$$\Theta = \frac{\pi}{2}H\rho \cdot \left(R_A^4 - R_i^4\right) = \frac{1}{2}m_\Theta \cdot \left(R_A^2 + R_i^2\right)$$

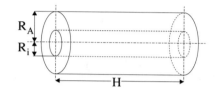

Zylindermantel $(\delta \ll R)$:

$$\Theta = 2\pi H\rho \cdot R^3\delta = \frac{1}{4}m_\Theta \cdot (2R - \delta)^2$$

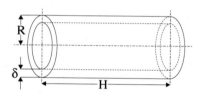

Schwungrad (n = Zahl der Speichen):

$$\Theta =$$

$$\frac{H\pi\rho}{2}\left[R_1^4 + \frac{2nr^2}{3H}\left(R_2^3 - R_1^3\right) + \left(R_3^4 - R_2^4\right)\right]$$

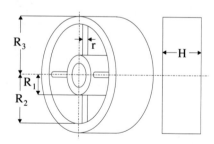

Kegelstumpf:

$$\Theta = \frac{\pi\rho H}{10} \cdot \frac{R^5 - r^5}{R - r}$$

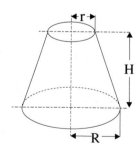

Kegel:

$$\Theta = \frac{\pi \rho H}{10} \cdot R^4$$

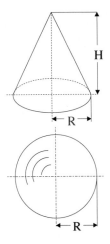

Kugel:

$$\Theta = \frac{8}{15}\pi \cdot \rho R^5$$

Kreisringkörper:

$$\Theta = 2\pi^2 \rho \cdot R^2 a \left(a^2 + \frac{3}{4}R^2 \right)$$

1.1.2 Übertragungsstellen und Getriebe

Annahme: Die ideale Übertragungsstelle (Getriebe) sei kraftlos und formschlüssig (kein Schlupf, keine Lose, Hysterese, Elastizität oder Reibung).

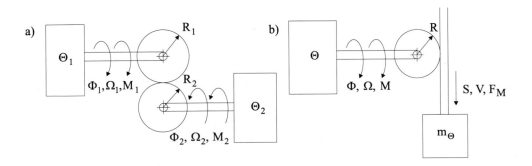

a) rotatorisch/rotatorisch   b) rotatorisch/translatorisch

Abb. 1.4: *Übertragungsstellen*

An den idealen Übertragungsstellen (z.B. keine Reibung) gelten die Beziehungen:

physikalische Größe	rotatorisch	rotatorisch	translatorisch
Geschwindigkeit	$R_1 \cdot \Omega_1$	$R_2 \cdot \Omega_2$	V
Weg	$R_1 \cdot \Phi_1$	$R_2 \cdot \Phi_2$	S
Kraft	M_1/R_1	M_2/R_2	F_M
Leistung	$M_1 \cdot \Omega_1$	$M_2 \cdot \Omega_2$	$F_M \cdot V$
kinetische Energie	$\dfrac{\Theta_1 \cdot \Omega_1^2}{2}$	$\dfrac{\Theta_2 \cdot \Omega_2^2}{2}$	$\dfrac{m_\Theta \cdot V^2}{2}$

Übersetzung und Umrechnung der Trägheitsmomente:

1. rotatorisch/rotatorisch (z.B. Reibrad-, Zahnradgetriebe, Abb. 1.4.a)

Am Eingriffspunkt gilt: gleiche Wege und gleiche Geschwindigkeit:

$$\Phi_1 \cdot R_1 \;=\; \Phi_2 \cdot R_2 \tag{1.9}$$

$$\Omega_1 \cdot R_1 \;=\; \Omega_2 \cdot R_2 \tag{1.10}$$

sowie: actio = reactio:

$$\frac{M_1}{R_1} \;=\; \frac{M_2}{R_2} \;=\; |F| \tag{1.11}$$

($|F|$ = Kraft bzw. Gegenkraft im Eingriffspunkt der Zähne)
Damit ergibt sich für die Übersetzung:

$$\ddot{u} \;=\; \frac{\Omega_1}{\Omega_2} \;=\; \frac{\Phi_1}{\Phi_2} \;=\; \frac{R_2}{R_1} \tag{1.12}$$

$$\text{bzw.} \quad \frac{1}{\ddot{u}} \;=\; \frac{M_1}{M_2} \;=\; \frac{R_1}{R_2} \tag{1.13}$$

Umrechnung von Trägheitsmomenten:
Ausgehend von der Beschleunigungsgleichung

$$M_B \;=\; \Theta \cdot \dot{\Omega} \;=\; \Theta \cdot \frac{d\Omega}{dt} \tag{1.14}$$

$$\text{und} \quad \frac{M_2^*}{R_1} \;=\; \frac{M_2}{R_2} \tag{1.15}$$

(M_2^* = Reaktionsmoment von M_2 auf Achse 1)

ergibt sich

$$M_{B2}^* \;=\; \frac{R_1}{R_2} \cdot M_{B2} \;=\; \frac{R_1}{R_2} \cdot \Theta_2 \cdot \frac{d\Omega_2}{dt} \tag{1.16}$$

$$=\; \frac{R_1}{R_2} \cdot \Theta_2 \cdot \left(\frac{R_1}{R_2} \cdot \frac{d\Omega_1}{dt} \right) \tag{1.17}$$

$$=\; \left(\frac{R_1}{R_2} \right)^2 \cdot \Theta_2 \cdot \frac{d\Omega_1}{dt} \;=\; \frac{1}{\ddot{u}^2} \cdot \Theta_2 \cdot \frac{d\Omega_1}{dt} \tag{1.18}$$

oder

$$\Theta_2^* \;=\; \frac{1}{\ddot{u}^2} \cdot \Theta_2 \tag{1.19}$$

Damit gilt für das gekoppelte Gesamtsystem nach Abb. 1.4.a:

$$M_{B1} \;=\; \Theta_1 \cdot \frac{d\Omega_1}{dt} \;+\; \frac{R_1}{R_2} \cdot \Theta_2 \cdot \frac{d\Omega_2}{dt}$$

$$=\; \left(\Theta_1 \;+\; \Theta_2 \cdot \left(\frac{R_1}{R_2} \right)^2 \right) \cdot \frac{d\Omega_1}{dt}$$

$$=\; \left(\Theta_1 \;+\; \frac{1}{\ddot{u}^2} \cdot \Theta_2 \right) \cdot \frac{d\Omega_1}{dt} \tag{1.20}$$

Somit ergibt sich für die Umrechnung des Trägheitsmoments Θ_2 auf die Achse 1:

$$\Theta_{1ges} \;=\; \Theta_1 + \Theta_2^* \;=\; \Theta_1 + \frac{1}{\ddot{u}^2} \cdot \Theta_2 \tag{1.21}$$

und allgemeiner:

$$\Theta_{1ges} \;=\; \Theta_1 + \left(\frac{R_1}{R_2} \right)^2 \cdot \Theta_2 + \cdots + \left(\frac{R_1}{R_n} \right)^2 \cdot \Theta_n \tag{1.22}$$

Θ_{1ges} ist das auf die Achse 1 umgerechnete, resultierende Trägheitsmoment des gesamten Antriebs bei kraft- und formschlüssiger Übertragung.

2. rotatorisch/translatorisch
(z.B. Umlenkrolle, Seilwinde, Zahnstange, Abb. 1.4.b)

Mit dem Energiesatz

$$\frac{\Theta_2^* \cdot \Omega^2}{2} = \frac{m_\Theta \cdot V^2}{2} \tag{1.23}$$

und mit

$$V = R \cdot \Omega \tag{1.24}$$

ergibt sich das der Masse m_Θ entsprechende Trägheitsmoment Θ zu:

$$\Theta_2^* = m_{\Theta 2} \cdot R_2^2 \quad \text{(siehe auch Gl. (1.8))} \tag{1.25}$$

$m_{\Theta 2}$ = punktförmig angenommene Masse mit Abstand R_2 von der Drehachse

Beispiel: Aufzug

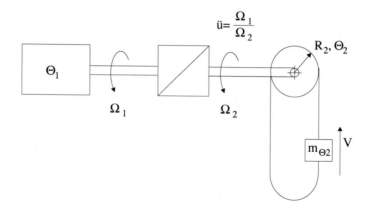

Abb. 1.5: *Beispiel: Aufzug*

Annahme: Getriebe: Übersetzung: $\ddot{u} = \dfrac{\Omega_1}{\Omega_2}$, $\Theta_{Getriebe} \approx 0$

Θ_2 :   Trägheitsmoment der Umlenkrolle

$m_{\Theta 2}$:   Masse der Kabine einschließlich Seil

gesucht: gesamtes Trägheitsmoment, bezogen auf Welle 1

Lösung: $\Theta_{ges} = \Theta_1 + \dfrac{1}{\ddot{u}^2} \cdot \left(\Theta_2 + m_{\Theta 2} \cdot R_2^2\right)$

1.1.3   Drehmomentbilanz im Antriebssystem

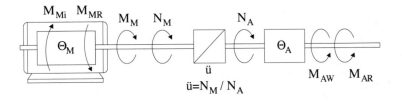

Abb. 1.6: *Anordnung*

Annahme: Θ_M und Θ_A über Getriebe starr gekoppelt.
Antriebsmoment, Motormoment:

$$M_M = M_{Mi} - M_{MR} \tag{1.26}$$

mit M_{Mi}:   „inneres Moment", Luftspaltmoment
M_{MR}:   Motor-Reibmoment (einschließlich Getriebereibung,
auf Motorwelle bezogen)

Lastmoment, Widerstandsmoment, Wirkmoment; Arbeitsmaschinenmoment:

$$M_A = M_{AW} + M_{AR} \tag{1.27}$$

mit: M_{AW}:   Widerstandsmoment (z.B. Hubarbeit)
M_{AR}:   Reibmoment, lastseitig

Die Umrechnung des Lastmoments M_A und des lastseitigen Trägheitsmoments Θ_A auf die Motorwelle mit den Gl. (1.15), (1.12) und (1.19):

$$M_A^* = M_A \cdot \frac{1}{\ddot u}\,; \qquad N_A^* = N_A \cdot \ddot u\,; \qquad \Theta_A^* = \Theta_A \cdot \frac{1}{\ddot u^2} \tag{1.28}$$

ergibt folgende Ersatzanordnung:

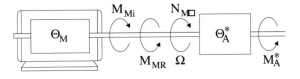

Abb. 1.7: *Ersatzanordnung*

Drehmomentbilanz für den stationären Betriebszustand:

$$M_{Mi} = M_{MR} + M_A^*$$ (1.29)

Die Momentbilanz für den dynamischen Betriebszustand lautet: (Θ_M und Θ_A zeitvariant!)

$$M_{Mi} = \underbrace{\frac{d(\Theta_M \cdot \Omega)}{dt} + \frac{d(\Theta_A^* \cdot \Omega)}{dt}}_{M_B} + \underbrace{\overbrace{M_{MR} + M_{AR}^*}^{\text{Reibmomente}} + M_{AW}^*}_{M_W}$$ (1.30)

Antriebsmoment = Beschleunigungsmoment M_B + Widerstandsmoment M_W

Aus der Momentbilanz ergibt sich die Bewegungsdifferentialgleichung (für starr gekoppelte Schwungmassen: $\Theta = \Theta_{ges} = \Theta_M + \Theta_A^*$)
allgemein:

$$\frac{d(\Theta \cdot \Omega)}{dt} = M_{Mi} - M_W = M_B$$ (1.31)

für $\Theta = $ const:

$$\Theta \cdot \frac{d\Omega}{dt} = M_{Mi} - M_W = M_B$$ (1.32)

1.1.4 Normierung der Gleichungen und Differentialgleichungen

Zur Behandlung von Momentbilanzen und Bewegungsvorgängen im Antriebssystem werden die Gleichungen und Differentialgleichungen zweckmäßigerweise auf die Nenndaten des Antriebs bezogen.

Es wird grundsätzlich vereinbart, daß alle unnormierten Größen **groß** und alle normierten Größen **klein** geschrieben werden. Diese Definition gilt unabhängig davon, ob die Größe im Zeit-, im Laplace-, im Frequenz-, im z-Bereich oder einem sonstigen Bereich notiert ist. Falls erforderlich, wird zur Unterscheidung aber beispielsweise $N(t)$ oder $N(s)$ bzw. $n(t)$ oder $n(s)$ notiert. Ausnahme: die Masse m_Θ (allgemein in der Literatur aber mit m bezeichnet), wird klein geschrieben, um eine Verwechslung mit dem normierten Drehmoment m zu vermeiden.

Bezugsmoment:	M_{iN}	Nenn-Luftspaltmoment
Bezugsdrehzahl:	N_{0N}	ideelle Leerlauf-Nenndrehzahl
normiertes Moment:	$m = \dfrac{M}{M_{iN}}$	
Winkelgeschwindigkeit:	$\Omega_{0N} = 2\pi N_{0N}$	
normierte Drehzahl:	$n = \omega = \dfrac{\Omega}{\Omega_{0N}} = \dfrac{N}{N_{0N}}$	

Trägheits-Nennzeitkonstante $T_{\Theta N}$:

bei $M_B = M_{iN}$: $\boxed{T_{\Theta N} = \Theta \cdot \dfrac{\Omega_{0N}}{M_{iN}}}$

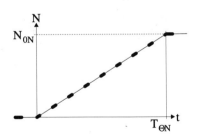

Abb. 1.8: *Drehzahlverlauf bei* $M_B = M_{iN} = const.$

Beispiel: Normierung der Bewegungsgleichung

$$\Theta \cdot \frac{d\Omega}{dt} = M_{Mi} - M_W \qquad |\; \frac{1}{M_{iN}} \qquad (1.33)$$

$$\frac{\Theta \cdot \Omega_{0N}}{M_{iN}} \cdot \frac{d}{dt}\left(\frac{\Omega}{\Omega_{0N}}\right) = \left(\frac{M_{Mi}}{M_{iN}}\right) - \left(\frac{M_W}{M_{iN}}\right) \qquad (1.34)$$

ergibt: $\quad T_{\Theta N} \cdot \dfrac{dn}{dt} = m_M - m_W = m_B \qquad (1.35)$

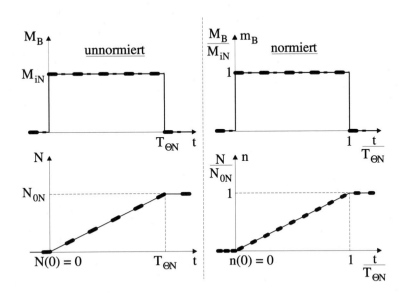

Abb. 1.9: *Veranschaulichung*

Tabelle 1.1: *DIN 1313*

Physikalische Größe	Größengleichungen	Zugeschnittene Größengleichungen	Einheitengleichungen
Drehzahl	$N = \dfrac{\Omega}{2\pi}$	$\dfrac{N}{[1/s]} = \dfrac{1}{2\pi} \cdot \dfrac{\Omega}{[1/s]}$	$\dfrac{1}{min} = \dfrac{1}{60} \cdot \dfrac{1}{s}$
Trägheitsmoment (punktf. Masse im Abstand R)	$\Theta = \dfrac{G(2R)^2}{4g}$	$\dfrac{\Theta}{[Nms^2]} = \dfrac{1}{39{,}2} \cdot \dfrac{G(2R)^2}{[Nm^2]}$	$1\,N = 1\,\dfrac{m\,kg}{s^2}$ $1\,Nms^2 = 1\,m^2 kg$
Beschleunigungsmoment	$M_B = \Theta \cdot \dfrac{d\Omega}{dt}$	$\dfrac{M_B}{[Nm]} = \dfrac{\Theta}{[Nms^2]} \cdot \dfrac{\frac{\Delta\Omega}{[1/s]}}{\frac{\Delta t}{[s]}}$	$1\,Nm = 1\,Ws = 1\,J = 1\,\dfrac{m^2 kg}{s^2}$
Trägheitsnennzeitkonstante	$T_{\Theta N} = \dfrac{\Theta\,\Omega_{0N}}{M_{iN}}$	$\dfrac{T_{\Theta N}}{[s]} = \dfrac{\frac{\Theta}{[Nms^2]} \cdot \frac{\Omega_{0N}}{[1/s]}}{\frac{M_{iN}}{[Nm]}}$	$1\,s$
Leistung	$P = FV = M\Omega$	$\dfrac{P}{[kW]} = 10^{-3} \cdot \dfrac{F}{[N]} \cdot \dfrac{V}{[m/s]}$ $= 10^{-3} \cdot \dfrac{M}{[Nm]} \cdot \dfrac{\Omega}{[1/s]}$	$1\,\dfrac{Nm}{s} = 1\,W = 1\,\dfrac{J}{s}$
Arbeit	$W = \dfrac{1}{2} m_\Theta V^2$ $= \dfrac{1}{2}\Theta\Omega^2$	$\dfrac{W}{[Ws]} = \dfrac{1}{2} \dfrac{m_\Theta}{[kg]} \cdot \left(\dfrac{V}{[m/s]}\right)^2$ $= \dfrac{1}{2} \dfrac{\Theta}{[Nms^2]} \cdot \left(\dfrac{\Omega}{[1/s]}\right)^2$	$1\,Nm$

1.2 Zeitliches Verhalten des rotierenden mechanischen Systems

1.2.1 Analytische Behandlung

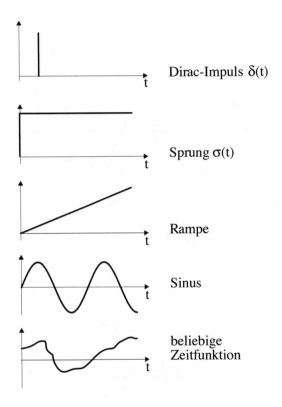

Dirac-Impuls δ(t)

Sprung σ(t)

Rampe

Sinus

beliebige
Zeitfunktion

Abb. 1.10: *Anregung des Systems: zum Beispiel durch „Testsignale" oder eine beliebige Zeitfunktion*

Die Beschreibung des zeitlichen Verhaltens des mechanischen Systems (Drehzahl, Drehmoment, Drehwinkel, Geschwindigkeit, Weg ...) erfolgt im Zeitbereich durch Differentialgleichungen oder im Frequenzbereich (Bildbereich) durch den Frequenzgang bzw. im Laplace-Bereich (Bildbereich) durch die Übertragungsfunktion.

Transformationsgleichungen für den Laplace-Bereich:

$$\frac{dx(t)}{dt} \quad \circ\!\!-\!\!\bullet \quad s\,x(s) - x(+0)$$

$$\int x(t)\,dt \quad \circ\!\!-\!\!\bullet \quad \frac{1}{s}\,x(s)$$

bei Ermittlung der Übertragungsfunktion: $x(+0) = 0$ setzen.

1. Beispiel: Drehzahl $n = f(t)$

Zeitbereich	Bildbereich
$$T_{\Theta N} \cdot \frac{dn}{dt} = m_M(t) - m_W(t) = m_B(t)$$	$$T_{\Theta N} \cdot s \cdot n(s) = m_M(s) - m_W(s)$$ $$= m_B(s)$$ $$n(s) = \frac{1}{s\,T_{\Theta N}} \cdot (m_M(s) - m_W(s))$$
$$n(t) = n(0)+$$ $$\frac{1}{T_{\Theta N}} \int_0^t (m_M(\tau) - m_W(\tau))\,d\tau$$	Beschreibung der Anregung im Laplace-Bereich $\rightarrow$ Zeitfunktion durch Rücktransformation

Ermittlung der Übergangsfunktion (Sprungantwort) im Laplace-Bereich:

Übertragungsfunktion: $\qquad G(s) = \dfrac{n(s)}{m_B(s)} = \dfrac{1}{s\,T_{\Theta N}}$

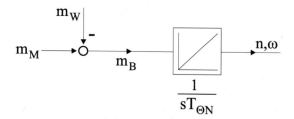

Abb. 1.11: *Signalflußplan des mechanischen Teils*

Übergangsfunktion: Antwort auf Testsignal $\sigma(t)$

$\qquad$ Testsignal $\quad t < 0 \quad n(t)$ beliebig, $m_M(t) - m_W(t) = m_B(t) = 0$

$\qquad\qquad\qquad t \geq 0 \qquad (m_M - m_W)|_0 \cdot \sigma(t) \qquad = m_B(t) \qquad$ Zeitbereich

$\qquad\qquad\qquad\qquad\qquad\qquad (m_M - m_W)|_0 \cdot \dfrac{1}{s} \qquad = m_B(s) \qquad$ Bildbereich

$\quad$ Bildbereich: $\quad n(s) = G(s) \cdot m_B(s) = \dfrac{1}{s\,T_{\Theta N}} \cdot (m_M(t) - m_W)|_0 \cdot \dfrac{1}{s}$

$\quad$ Zeitbereich: $\quad n(t) = (m_M - m_W)|_0 \cdot \dfrac{t}{T_{\Theta N}} + \underbrace{n(+0)}_{\text{Anfangsbedingung}}$

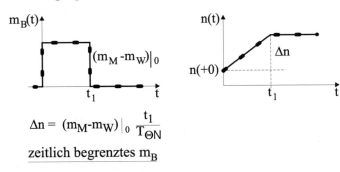

$$\Delta n = (m_M - m_W)\big|_0 \; \frac{t_1}{T_{\Theta N}}$$

__zeitlich begrenztes m_B__

Abb. 1.12: *Zeitliche Verläufe (mechanischer Teil)*

2. Beispiel: Drehwinkel $\Phi = f(N)$
<u></u>

Differentialgleichung:
$$\frac{d\Phi}{dt} = \Omega$$

Bezugswert:
$$\Phi_{0N} = \int_0^{T_\alpha} \Omega_{0N}\, dt = T_\alpha \cdot \Omega_{0N} \quad \Longrightarrow \quad T_\alpha = \frac{\Phi_{0N}}{\Omega_{0N}}$$
(meist $\Phi_{0N} = 2\pi$, aber frei wählbar)

Normierung:
$$\frac{d\Phi}{dt} = \Omega \quad \Longrightarrow \quad \frac{d}{dt}\left(\frac{\Phi}{\Phi_{0N}}\right) = \frac{\Omega}{\Phi_{0N}} = \frac{\Omega}{T_\alpha \cdot \Omega_{0N}}$$
$$T_\alpha \cdot \frac{d}{dt}\left(\frac{\Phi}{\Phi_{0N}}\right) = \frac{\Omega}{\Omega_{0N}} = \frac{2\pi N}{2\pi N_{0N}}$$

Normierte Differentialgleichung:

$$T_\alpha \cdot \frac{d\varphi}{dt} = \omega = n \qquad \text{mit} \quad \varphi = \frac{\Phi}{\Phi_{0N}}; \quad n = \frac{N}{N_{0N}}; \quad \omega = \frac{\Omega}{\Omega_{0N}} \qquad (1.36)$$

Übertragungsfunktion:

$$G(s) = \frac{\varphi(s)}{n(s)} = \frac{1}{s T_\alpha} \qquad (1.37)$$

Übergangsfunktion:

Störung: $\quad n(t) = \sigma(t) \cdot n\big|_0$

Lösung im Zeitbereich:

$$\varphi(t) = n\big|_0 \cdot \frac{t}{T_\alpha} + \varphi_0(+0) \qquad (1.38)$$

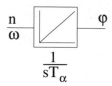

Abb. 1.13: *Signalflußplan (Positionsteil)*

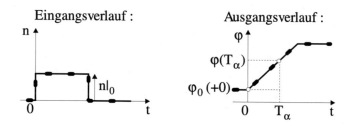

Abb. 1.14: *Zeitlicher Verlauf (Positionsteil)*

Anmerkungen:

- Der hier gezeigte Zeitverlauf hat nur Beispielcharakter. Aus Gründen der Massenträgheit (Energiesatz!) ist ein Drehzahlsprung, wie hier dargestellt, physikalisch nicht möglich.

- Trotz unterschiedlicher physikalischer Effekte haben die Übertragungsfunktionen von m_B nach n und von n nach φ gleiche Strukturen.

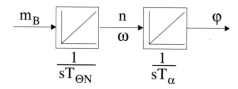

Abb. 1.15: *Zusammengefaßter Signalflußplan*

1.2.2   Graphische Behandlung von Bewegungsvorgängen

Analytische Verfahren zur Berechnung des Bewegungsablaufs in Antrieben sind i.a. nur dann anwendbar, wenn sich für Motormoment M_M, Lastmoment M_W usw. einfache analytische Ausdrücke angeben lassen. Graphische Verfahren lassen sich im Gegensatz dazu bei linearen Systemen 1. Ordnung immer anwenden; sie geben aber jeweils nur über einen ganz speziellen Fall Aufschluß, es sei denn, man faßt die Daten der zu untersuchenden Fälle in möglichst wenigen Parametern zusammen und stellt die graphische Lösung für diese Parameter dar.

Der Hauptvorgang aller graphischen Lösungsmethoden ist die graphische Integration. Integriert werden z.B. $m_B(t)$ zu $n(t)$ oder auch $n(t)$ zu $\varphi(t)$. In prinzipiell gleicher Vorgehensweise arbeiten die numerischen Lösungsverfahren, dies ist der Grund für die ausführliche Darstellung.

Beispiel zur graphischen Integration:

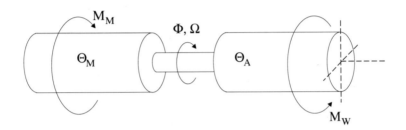

Abb. 1.16: *Anordnung*

gegeben: $M_M(\Omega),\ M_W(\Omega)$ Motormoment und Lastmoment seien rein drehzahlabhängig

$\Theta_{ges} = \Theta_M + \Theta_A$ das Trägheitsmoment $\Theta = \Theta_{ges}$ sei konstant, starre Verbindung von Θ_M und Θ_A

$T_{\Theta N} = \dfrac{\Theta_{ges} \cdot \Omega_{0N}}{M_{iN}}$ Trägheits-Nennzeitkonstante

Zur Vermeidung von Maßstabsunstimmigkeiten geht man zur dimensionslosen, normierten Darstellung über und bezieht dabei die Momente auf das Nenn-Luftspaltmoment M_{iN}, die Drehzahl auf die Leerlaufnenndrehzahl und die Zeit auf die Trägheitsnennzeitkonstante.

$$\frac{M_M}{M_{iN}} = m_M; \quad \frac{M_W}{M_{iN}} = m_W; \quad \frac{M_B}{M_{iN}} = m_B; \quad \frac{\Omega}{\Omega_{0N}} = \frac{N}{N_{0N}} = n; \quad \frac{t}{T_{0N}} = \tau \quad (1.39)$$

Damit wird aus:

$$\Theta \cdot \ddot{\Phi} = \Theta \cdot \frac{d\Omega}{dt} = M_B \tag{1.40}$$

mit den obigen Definitionen der Normierungen

$$T_{\Theta N} \cdot \frac{dn}{dt} = m_B = m_M - m_W \tag{1.41}$$

und als Differenzengleichung ($m_B \approx$ const. im Zeitraum Δt):

$$\Delta n = m_B \cdot \frac{\Delta t}{T_{\Theta N}} = m_B \cdot \Delta\tau = (m_M - m_W) \cdot \Delta\tau \tag{1.42}$$

$$n_{k+1} = n_k + \Delta n \tag{1.43}$$

Zahlenbeispiel:

$$N(+0) = 0,2 \cdot N_N\,; \qquad\qquad n(+0) = 0,2$$
$$M_B = 0,7 \cdot M_{iN}\,; \qquad\qquad m_B = 0,7$$

Das Moment $m_B = m_M - m_W = 0,7$ wirke für die Dauer $\dfrac{\Delta t}{T_{\Theta N}} = \Delta\tau = 1,3$ und sei während dieser Zeit konstant.

Dann gilt:

$$\Delta n = m_B \cdot \Delta\tau \tag{1.44}$$

also:$\qquad \Delta n = 0,7 \cdot 1,3 = 0,9 \tag{1.45}$

$$n = n(+0) + \Delta n = 0,9 + 0,2 = 1,1 \tag{1.46}$$

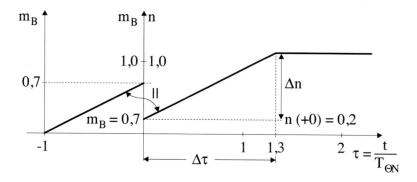

Abb. 1.17: *Konstruktion, graphische Integration*

1. Die Steigung $\dfrac{m_B}{T_{\Theta N}}$ ist ein Maß für die Drehzahldifferenz in der Zeit $T_{\Theta N}$.

2. Die Länge der $\parallel$ Gerade ermittelt sich entsprechend der Dauer auf der Zeitachse.

1.2.3 Numerische Lösung über Differenzengleichung

Schreibt man die Differentialgleichung

$$\frac{dn}{dt} = \frac{m_M - m_W}{T_{\Theta N}} \tag{1.47}$$

als Differenzengleichung (dies ist auch der numerische Ansatz zur Lösung der Differentialgleichung)

$$\Delta n = (m_M - m_W) \cdot \Delta\tau = m_B \cdot \Delta\tau; \quad \text{mit} \quad \tau = \frac{t}{T_{\Theta N}}; \quad \Delta\tau = \frac{\Delta t}{T_{\Theta N}} \tag{1.48}$$

so kann man rechnerisch entsprechend vorgehen wie bei der graphischen Integration, d.h. die Lösung $n(t)$ wird wieder abschnittsweise ermittelt.

a) Für $m_B = f(t)$ gilt die Annahme:
$m_B \approx$ const. während $\Delta\tau$
$\Longrightarrow$ Integration über der Zeit, während $m_B \approx$ const.
$\Longrightarrow$ Bestimmung von Δn
Dann ist
$$\Delta n = m_B(t) \cdot \Delta\tau ; \qquad n_{k+1} = n_k + \Delta n \tag{1.49}$$

b) Für $m_B = f(n)$ gilt:
$m_B \approx$ const. während Δn
$\Longrightarrow$ Integration über Δn, während $m_B \approx$ const.
$\Longrightarrow$ Bestimmung von $\Delta\tau$
Dann ist
$$\Delta\tau = \frac{1}{m_B(n)} \cdot \Delta n ; \qquad \tau_{k+1} = \tau_k + \Delta\tau \tag{1.50}$$

In beiden Fällen kann bei gegebenem Anfangswert für $n(t = 0)$ der zeitliche Drehzahlverlauf schrittweise berechnet werden, indem beispielsweise zu Beginn des jeweils nächsten Integrationsschritts der mittlere Wert des wirksamen Beschleunigungsmoments berechnet und eingesetzt wird.
Beispiel:

Fall b) $m_B = f(n)$

gegeben: $m_B = f(n) = 1 - \sqrt{n}$

$n(t = 0) = 0$

Schrittweite: $\Delta n = 0,1$

gesucht: $\tau = f(n)$

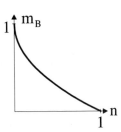

Abb. 1.18: $m_B = f(n)$

Lösung: $\qquad n_0 = 0$

$$n_{k+1} = n_k + \Delta n = n_k + 0,1$$

Lösungsansatz: $\qquad \Delta\tau = \dfrac{1}{m_B(n)} \cdot \Delta n$

wenn $m_B = $ const. im Δn-Bereich, hier aber nicht gegeben !
besser geeigneter Lösungsansatz: $\Longrightarrow$ „Trapezregel":

$$\Delta\tau_{k+1} = \frac{\Delta n}{2} \cdot \left(\frac{1}{m_B(n_k)} + \frac{1}{m_B(n_{k+1})} \right) \qquad (1.51)$$

$$\tau_{k+1} = \tau_k + \Delta\tau_{k+1} \qquad (1.52)$$

k	n_k	m_{Bk}	$\Delta\tau_{k+1}$	τ_k
0	0	1	0	0
1	0,1	0,6837	0,1231	0,1231
2	0,2	0,5527	0,1636	0,2867
3	0,3	0,4522	0,2010	0,4877
4	0,4	0,3675	0,2466	0,7343
$\vdots$	$\vdots$	$\vdots$	$\vdots$	$\vdots$

1.3   System Arbeitsmaschine–Antriebsmaschine

1.3.1   Stationäres Verhalten der Arbeitsmaschine

Nur in Ausnahmefällen fordert die Arbeitsmaschine von der Antriebsmaschine (Motor) dauernd eine gleichbleibende Antriebsleistung. Die Antriebsleistung bzw. das Drehmoment ist vielmehr abhängig von dem sich aus der Technologie ergebenden Arbeitsablauf, der sich mit der Drehzahl, dem Drehwinkel, dem zurückgelegten Weg, der Zeit oder anderen Größen ändert.

Das dynamische Verhalten soll hier zunächst nicht betrachtet werden. Das stationäre Verhalten der Arbeitsmaschinen läßt sich im allgemeinen durch Kennlinien $M_W = f(N, V, \varphi, X, t)$ darstellen.

1.3.1.1   Widerstandsmoment $M_W = $ const.

Bei allen Arbeitsmaschinen, bei denen reine Hubarbeit, Reibungsarbeit oder Formänderungsarbeit zu leisten ist, ist das Lastmoment M_W konstant und unabhängig von der Drehzahl N bzw. der Geschwindigkeit V.
Beispiele: Hebezeuge, Aufzüge und Winden, sowie Dreh- und Hobelmaschinen.

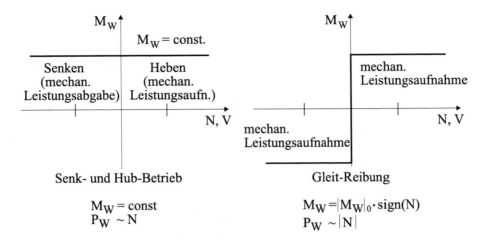

Abb. 1.19: *Stationäre Kennlinien bei* $M_W = const.$

Bei Reibungs- oder Formänderungsarbeit wird bei Drehrichtungsumkehr auch das Widerstandsmoment die Richtung ändern: $M_W = const. \cdot sign(N)$, z.B. bei Ventilen, Schiebern, Drosselklappen, Fahrwerken von Baggern und Kränen, spanabhebenden Werkzeugmaschinen.

1.3.1.2 Widerstandsmoment $M_W = f(N, V)$

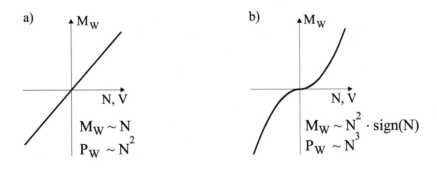

Abb. 1.20: *Stationäre Kennlinien bei* $M_W = f(N, V)$

a) Ein mit der Drehzahl N linear ansteigendes Lastmoment $M_W \sim N$ verlangen nur relativ wenige Arbeitsmaschinen:
Kalanderantriebe für Papier-, Textil-, Kunststoff- und Gummifolien besitzen eine geschwindigkeitsproportionale Viskosereibung (Glättung des Materials); Wirbelstrombremse und Generator, der auf konstanten Lastwiderstand arbeitet, haben ebenso linear mit N ansteigendes Moment.

b) Wenn Luft- oder Flüssigkeitswiderstände zu überwinden sind, muß das Widerstandsmoment mit dem Quadrat der Drehzahl ansteigen: $M_W \sim N^2$. Beispiele: Lüfter, Kreiselpumpen, Verdichter, Zentrifugen und Rührwerke, Schiffsschrauben.

1.3.1.3 Widerstandsmoment $M_W = f(\varphi)$

Neben der drehzahlabhängigen Last tritt bei einigen Arbeitsmaschinen ein winkelabhängiges Lastverhalten $M_W = f(\varphi)$ auf.

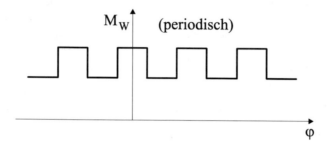

Abb. 1.21: *Widerstandsmoment mit periodischer Komponente*

Bei Kompressoren z.B. ändert sich mit dem Hub die Kolbenkraft und damit das Lastmoment. Auch Stanzen, Kurbelpressen, Scheren und Webstühle fordern winkelabhängige Lastmomente.

1.3.1.4 Widerstandsmoment $M_W = f(r)$

Bei Achswicklern für Papier, Blech oder andere Stoffe wird bei zu- oder abnehmendem Wickelradius r und gleichbleibender Umfangsgeschwindigkeit v oft eine konstant bleibende Materialzugkraft gefordert; entsprechendes gilt beim Plandrehen auf Drehmaschinen. Damit ergibt sich ein Lastmoment $M_W \sim r \sim 1/N$.

Hinweis:

Alle aufgeführten Kennlinien sind idealisiert und entsprechen nur in erster Näherung den tatsächlichen Gegebenheiten. Bei Stillstandsreibung ergibt sich z.B. noch ein zusätzliches Losbrechmoment (Haftreibung). In anderen Fällen ergeben sich infolge veränderlicher Parameter verschiedene Kennlinienfelder. Es kommt auch zu Kombinationen und Überlagerungen der aufgeführten Kennlinien.

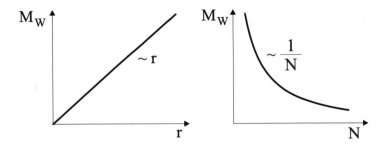

Abb. 1.22: *Technologie-Abhängigkeit des Widerstandsmoments*

1.3.1.5   Widerstandsmoment $M_W = f(t)$

Bei vielen Antriebsanlagen ist es zweckmäßig, den zeitlichen Verlauf des Lastmoments $M_W(t)$ anzugeben. Man erhält dann z.B. ein Fahrprogramm für elektrische Bahnen oder für Förderanlagen, ein Walzprogramm oder Werkzeugmaschinenprogramm (die übrigen mechanischen Größen der Arbeitsmaschine ergeben sich dann entsprechend den bereits beschriebenen Kennlinien).

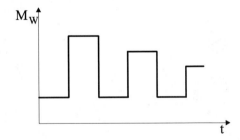

Abb. 1.23: *Zeitlicher Verlauf des Widerstandsmoments*

Das zeitabhängige Lastverhalten der Arbeitsmaschine führt u.a. zu den verschiedenen Betriebsarten elektrischer Maschinen und dient als Grundlage für die Berechnung der Erwärmung der Antriebsmotoren (siehe Kap. 2).

1.3.2   Stationäres Verhalten der Antriebsmaschinen: $M_M = f(N, \varphi)$

Entsprechend den Arbeitsmaschinen lassen sich auch für die ungeregelten Antriebsmaschinen – wiederum unter Vernachlässigung des dynamischen Verhaltens – Kennlinien angeben, die das grundsätzliche Drehzahl-Drehmoment-Verhalten beschreiben.

Alle elektrischen Maschinen lassen sich den folgenden drei Fällen zuordnen:

— Asynchrones bzw. Nebenschluß-Verhalten,
— Konstant-Moment-Verhalten,
— Synchrones Verhalten.

1.3.2.1   Asynchrones bzw. Nebenschluß-Verhalten

$$M_M = f\left(\frac{1}{N^2}\right)$$ Reihenschlußmaschine „R":

z.B. Gleichstrom-Reihenschlußmaschine

$$M_M = f(N_0 - N)$$ Nebenschlußmaschine „N" („hart"/„weich"):
z.B. Gleichstrom–Nebenschlußmaschine (GNM, Kap. 3),
Asynchronmaschine (ASM, Kap. 5.4 ff)
(N_0: Leerlaufdrehzahl)

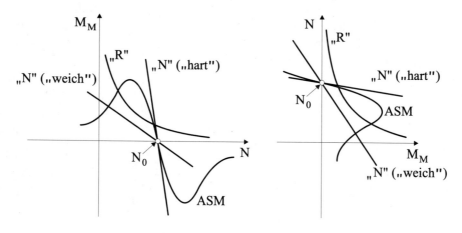

Abb. 1.24: *Asynchrones Antriebsmaschinen-Verhalten*

Das asynchrone Verhalten ist dadurch gekennzeichnet, daß die Drehzahl bei zunehmendem positivem Motormoment nachgibt (abnimmt). Ist die Drehzahländerung klein, spricht man von einer „harten" Kennlinie; ist die Drehzahländerung groß, von einer „weichen" Kennlinie.

1.3.2.2   Konstant-Moment-Verhalten

$M = \text{const.} \cdot \text{sign}(N_0 - N):$ Hysteresemaschine „H"

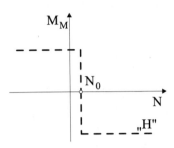

Abb. 1.25: *Konstant-Moment-Verhalten*

1.3.2.3   Synchrones Verhalten

$N = f(f_{Netz}, Z_p)$ Z_p: Polpaarzahl

M_M ist keine Funktion von N.

Synchronmaschine:

Drehzahl N: starr
Polradwinkel $\vartheta = f(M_M)$ (M_K: Kippmoment)

Deshalb ist der absolute Drehwinkel φ von der Drehzahl N und dem Drehmoment M_M abhängig!

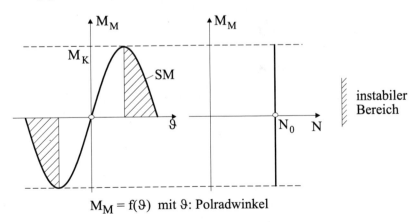

$M_M = f(\vartheta)$ mit ϑ: Polradwinkel

Abb. 1.26: *Synchrones Antriebsmaschinen-Verhalten*

Das synchrone Verhalten ist dadurch gekennzeichnet, daß die Drehzahl unabhängig vom Motormoment bis zu einem Maximalwert (Kippmoment M_K) starr

(konstant) bleibt. Eine Momentänderung ist jedoch mit einer Drehwinkelände-
rung verbunden.

Das bedeutet, daß die Synchronmaschine stationär nur drehzahlgenau, nicht
aber winkelgenau arbeitet.

Für stabiles Verhalten muß darüber hinaus stets $\vartheta < 90°$ gefordert werden,
sonst „kippt" die Maschine.

1.3.2.4   Beispiel: Gleichstrom–Nebenschlußmaschine

Um das Verständnis für die obigen Bezeichnungen „synchrones" und „asynchrones" Verhalten der Antriebsmaschine auch analytisch zu unterstützen, soll
nachfolgend eine Erläuterung am Beispiel der Gleichstrom–Nebenschlußmaschine
(GNM) erfolgen. Die in Abb. 1.26 dargestellte Drehzahlkonstanz N_0 bei variablem Drehmoment M_M besteht auch bei der GNM mit $R_A = 0$ (supraleitende
Ankerwicklung). Eine ausführliche Darstellung der GNM erfolgt in Kap. 3.

Anordnung: GNM   elektrisches Ersatzschaltbild

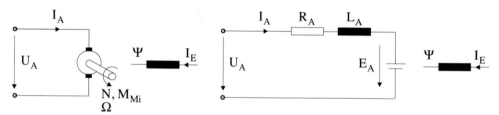

Abb. 1.27: *Prinzip-Darstellung GNM, $\Psi = const.$ (Ankerstellbereich GNM)*

Maschinengleichungen (vereinfacht):

$$U_A \;=\; E_A + R_A \cdot I_A + L_A \cdot \frac{dI_A}{dt} \tag{1.53}$$

$$E_A \;=\; C_E \cdot \Psi \cdot N \;=\; C_M \cdot \Psi \cdot \Omega \tag{1.54}$$

$$M_{Mi} \;=\; C_M \cdot \Psi \cdot I_A\,; \qquad M_M = M_{Mi} - M_{MR} \tag{1.55}$$

$$M_{Mi} \;=\; M_W + \Theta \cdot \frac{d\Omega}{dt} \qquad (\eta_{mech} = 1;\; M_{MR} = 0) \tag{1.56}$$

$C_E,\, C_M\; :$ Maschinenkonstanten mit $C_M = \dfrac{C_E}{2\pi}$

$\Psi\; :$ verketteter Fluß

$\Omega \;=\; 2\pi \cdot N$

Im stationären Betrieb mit $\dfrac{d}{dt} = 0$ verbleiben nur noch Gleichgrößen:

$$U_A \;=\; E_A + R_A \cdot I_A \tag{1.57}$$

$$E_A \;=\; C_E \cdot \Psi \cdot N \tag{1.58}$$

$$M_{Mi} \;=\; C_M \cdot \Psi \cdot I_A \tag{1.59}$$

$$M_{Mi} \;=\; M_M = M_W \qquad (\eta_{mech} = 1; \; M_{MR} = 0) \tag{1.60}$$

Damit ergibt sich:

$$U_A \;=\; C_E \cdot \Psi \cdot N \;+\; R_A \cdot \frac{M_{Mi}}{C_M \cdot \Psi} \tag{1.61}$$

oder aufgelöst nach Ω:

$$\Omega \;=\; \frac{2\pi \cdot U_A}{C_E \cdot \Psi} \;-\; M_{Mi} \cdot \frac{2\pi \cdot R_A}{C_E \cdot C_M \cdot \Psi^2} \tag{1.62}$$

Die Steuerung der Winkelgeschwindigkeit Ω ist erstens durch die Ankerspannung U_A mit $\Omega \sim U_A$ und zweitens durch den Fluß Ψ mit $\Omega \sim 1\,/\,\Psi$ möglich, außerdem besteht ein Einfluß durch das Moment M_{Mi}.

1. Fall: $R_A = 0$ 2. Fall: $R_A \neq 0$

$\Omega = \dfrac{2\pi \cdot U_A}{C_E \cdot \Psi} = f(U_A) \neq f(M_{Mi})$ $\Omega = \dfrac{2\pi \cdot U_A}{C_E \cdot \Psi} - M_{Mi} \cdot \dfrac{2\pi \cdot R_A}{C_E \cdot C_M \cdot \Psi^2}$

$\qquad\qquad\qquad\qquad\qquad\qquad\qquad\qquad\qquad\quad = f(M_{Mi})$

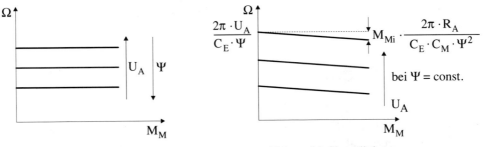

synchrones Verhalten   Nebenschlußkennlinie

Abb. 1.28: *Stationäres Verhalten der Gleichstrom–Nebenschlußmaschine*

Je nach Größe von R_A erhält man unterschiedlich starke Neigungen: je kleiner R_A, desto „härter" (weniger nachgiebig gegenüber Drehmomentänderungen) und je größer R_A, desto „weicher" ist die Maschinencharakteristik.

Ein weiteres Beispiel für asynchrones Verhalten liefert die Asynchronmaschine:

Achtung: Alle vorgestellten Kennlinien gelten nur für gesteuerten Betrieb. Eine Regelung kann das Verhalten der Maschine völlig verändern!

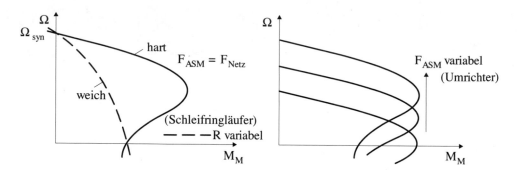

Abb. 1.29: *Stationäres Verhalten der Asynchronmaschine bei unterschiedlichen Versorgungsarten*

1.3.3 Statische Stabilität im Arbeitspunkt

Die Gleichgewichtsbedingung für Motor- und Widerstandsmoment lautet mit den Zählpfeildefinitionen in Abb. 1.30:

$$m_M - m_W = 0$$

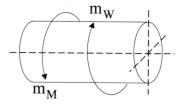

Abb. 1.30: *Situation zur Untersuchung der statischen Stabilität*

Bei der Untersuchung der statischen Stabilität ist zu prüfen, ob der jeweilige Gleichgewichtspunkt stabil, labil oder indifferent ist.

1.3.3.1 Graphische Methoden

Bei den folgenden Überlegungen und Darstellungen werden die Kennlinien der Antriebsmaschine $m_M = f(n)$ und der Arbeitsmaschine $m_W = f(n)$ verwendet. Beide Kennlinien sollen für den „gesteuerten" Betrieb gelten.

Beispiel:

gegeben: normierte Motorkennlinie $m_M = f(n)$
          normierte Widerstandsmomentkennlinie $m_{W1,2,3} = f(n)$

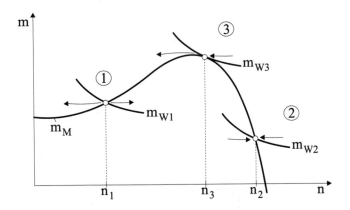

Abb. 1.31: *Stabilität am Arbeitspunkt*

Im gegebenen Beispiel (Abb. 1.31) werden drei gegebene Gleichgewichtspunkte 1, 2, 3 auf statische Stabilität untersucht.

Punkt 1: Falls $n > n_1$ $\longrightarrow$ $m_M > m_{W1}$:
$\longrightarrow$ der Antrieb wird weiter beschleunigt,

falls $n < n_1$ $\longrightarrow$ $m_M < m_{W1}$:
$\longrightarrow$ der Antrieb wird weiter verzögert.

Beschleunigung und Verzögerung wirken von Punkt 1 weg:
$\longrightarrow$ Punkt 1 ist deshalb ein labiler Betriebspunkt.

Punkt 2: Falls $n > n_2$ $\longrightarrow$ $m_M < m_{W2}$ $\longrightarrow$ Verzögerung,
falls $n < n_2$ $\longrightarrow$ $m_M > m_{W2}$ $\longrightarrow$ Beschleunigung,
Beschleunigung und Verzögerung wirken auf Punkt 2 zu:
$\longrightarrow$ Punkt 2 ist deshalb ein stabiler Betriebspunkt.

Punkt 3: Grenzfall zwischen stabilem und labilem Betriebspunkt:
Falls $n > n_3$ $\longrightarrow$ $m_M < m_{W3}$ $\longrightarrow$ stabiles Verhalten,
falls $n < n_3$ $\longrightarrow$ $m_M < m_{W3}$ $\longrightarrow$ labiles Verhalten,
labile Arbeitspunkte sind im gesteuerten Betrieb nicht nutzbar.

Bei der Untersuchung der statischen Drehzahlstabilität im Kennlinienfeld wurde angenommen, daß $m_M = f(n)$ und $m_W = f(n)$ rein drehzahlabhängig seien und nicht von der Winkelbeschleunigung abhängen.

1.3.3.2   Rechnerische Stabilitätsprüfung über die linearisierte Differentialgleichung im Arbeitspunkt

Es gilt: $T_{\Theta N} \cdot \dfrac{dn}{dt} = m_M - m_W = m_B$

dabei sind: $m_M = f(n)$
$m_W = f(n)$

Linearisierung am Arbeitspunkt AP (Index 0): $\dfrac{\Delta m}{\Delta n} = \beta \;\rightarrow\; \Delta m = \beta \cdot \Delta n$

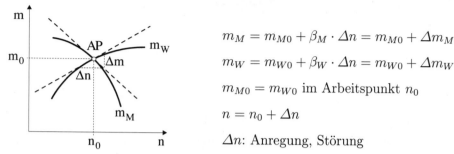

$$m_M = m_{M0} + \beta_M \cdot \Delta n = m_{M0} + \Delta m_M$$

$$m_W = m_{W0} + \beta_W \cdot \Delta n = m_{W0} + \Delta m_W$$

$$m_{M0} = m_{W0} \text{ im Arbeitspunkt } n_0$$

$$n = n_0 + \Delta n$$

Δn: Anregung, Störung

Abb. 1.32: *Differentielle Betrachtung*

Differentialgleichung bezüglich der Abweichungen (Δ-Größen):

$$T_{\Theta N} \cdot \frac{d(\Delta n)}{dt} \;=\; \Delta m_M - \Delta m_W = \Delta n \cdot (\beta_M - \beta_W) \tag{1.63}$$

$$\frac{d(\Delta n)}{dt} \cdot \frac{T_{\Theta N}}{(\beta_M - \beta_W)} - \Delta n \;=\; 0 \qquad\qquad |\cdot(-1) \tag{1.64}$$

oder:

$$\frac{d(\Delta n)}{dt} \cdot \frac{T_{\Theta N}}{(\beta_W - \beta_M)} + \Delta n \;=\; 0 \tag{1.65}$$

Lösung:

$$\Delta n \;=\; \Delta n_0 \cdot e^{\;-\dfrac{t}{T_{\Theta N}} \cdot (\beta_W - \beta_M)} \qquad (\Delta n_0 : \text{ Anfangsstörung}) \tag{1.66}$$

- Stabilität, wenn $\quad (\beta_W - \beta_M) > 0$
- Instabilität, wenn $\quad (\beta_W - \beta_M) \le 0$

Ein Betriebspunkt ist somit statisch stabil, wenn in seiner Umgebung das Lastmoment $m_W = f(n)$ eine größere Steigung (β_W) als die Steigung (β_M) des Motormoments $m_M = f(n)$ besitzt.

1.3.3.3   Stabilitätsprüfung über die Laplace-Transformation

Es gilt:

$$\frac{d(\Delta n)}{dt} \cdot \frac{T_{\Theta N}}{\beta_W - \beta_M} + \Delta n = 0 \qquad\qquad \text{Zeitbereich}$$

$$\Delta n(s) \cdot s \cdot \frac{T_{\Theta N}}{\beta_W - \beta_M} + \Delta n(s) = 0 \qquad\qquad \text{Bildbereich}$$

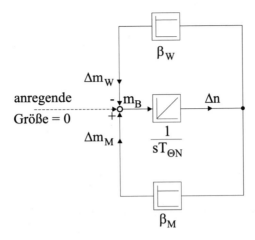

Abb. 1.33: *Linearisierter Signalflußplan (Betrachtung am Arbeitspunkt)*

Mit Gl. (1.35) ergibt sich

$$m_B(s) \; = \; \Delta n(s) \cdot s \, T_{\Theta N} \tag{1.67}$$

Umformung für den Signalflußplan (Abb. 1.33, Betrachtung am Arbeitspunkt):

$$m_B \; = \; \Delta n(s) \cdot s \, T_{\Theta N} \; = \; - \, \Delta n(s) \cdot (\beta_W - \beta_M) \tag{1.68}$$

Übertragungsfunktion:

Mit den Gesetzen der Automatisierungstechnik für geschlossene Regelkreise ergibt sich (beachte $G_r(s) \neq -1$!):

$$G(s) \; = \; \cfrac{1}{\cfrac{1}{G_v(s)} - G_r(s)} \; = \; \frac{1}{s \, T_{\Theta N} + (\beta_W - \beta_M)} \tag{1.69}$$

$$= \; \frac{1}{(\beta_W - \beta_M) \cdot \left(1 + s \, \dfrac{T_{\Theta N}}{(\beta_W - \beta_M)} \right)} \tag{1.70}$$

mit $\qquad G_v(s) \; = \; \dfrac{1}{s \, T_{\Theta N}} \; ; \quad G_r(s) \; = \; - \, (\beta_W - \beta_M)$

Nullsetzen des Nennerpolynoms von $G(s)$ ergibt Polstelle bei:

$$s_p \; = \; - \, \frac{\beta_W - \beta_M}{T_{\Theta N}} \tag{1.71}$$

Immer Stabilität erforderlich?

wenn gesteuert: Stabilität unbedingt erforderlich!

wenn geregelt: Stabilität bei offenem Regelkreis nicht unbedingt erforderlich.

Stabilitätsbedingung erfüllt, wenn $s_p < 0$, d.h., wenn $\beta_W - \beta_M > 0$.

Stabilitätsbedingung für das vereinfachte, linearisierte System im Arbeitspunkt (vgl. Kap. 1.3.3.2):

$$\beta_W = \frac{d\,m_W}{dn} > \frac{d\,m_M}{dn} = \beta_M \tag{1.72}$$

1.3.4   Bemessung der Antriebsanordnung

Für die Auslegung des Antriebsmotors sind im wesentlichen vier Gesichtspunkte maßgebend:

- – benötigte Leistung,
- – Drehmomentverhalten,
- – Drehzahlverhalten,
- – Bauform.

Es ist dabei das stationäre und das dynamische Verhalten zu berücksichtigen.

1.3.4.1   Arbeitsmaschinen (Abb. 1.35)

1. <u>Kennlinienfeld</u> (Betrieb)

   Zunächst wird der Stellbereich der Arbeitsmaschine betrachtet und als N-M-Kennlinienfeld dargestellt. Beispiel: $M_W = f(N)$, Bereich 1.

   Damit ist der stationäre Drehzahl-Drehmoment-Bedarf (einschließlich der Begrenzung) festgelegt. Auch die Zahl der benötigten Quadranten (Drehmoment-Umkehr, Drehrichtungsumkehr) liegt damit fest.

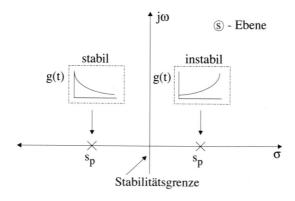

Abb. 1.34: *Stabilitätsuntersuchung im s-Bereich*

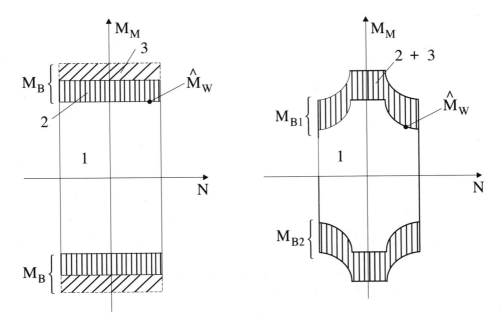

Abb. 1.35: *Kennlinienfelder (M_M entsprechend Gl. (1.73))*

2. Stellbereich für Beschleunigen und Bremsen

Hinzu kommt ein Moment-Stellbereich für Beschleunigen und Bremsen:

a) $M_B = \Theta \cdot 2\pi \dfrac{dN}{dt} \begin{matrix} > \\ < \end{matrix} 0$ Bereich 2

b) Auch für stoßartige oder periodisch schwankende Belastungen kann ein zusätzliches Moment erforderlich sein, Bereich 3.

1.3.4.2 Antriebsmaschinen

Bei der Auswahl der Antriebsmaschine sind zunächst die Betriebspunkte der Arbeitsmaschine zu berücksichtigen. Das erforderliche Motormoment ergibt sich aus

$$M_M = \underbrace{M_W}_{1} + \underbrace{M_B}_{2+3} \qquad \text{(siehe Abb. 1.35)} \qquad (1.73)$$

Auch die Forderung nach einem bestimmten Drehzahlverhalten bei Laständerung beeinflußt ggf. die Wahl der Motorkennlinien bzw. der Motorart.

In jedem Fall muß das Kennlinienfeld $M_M = f(N)$ des Motors so festgelegt werden, daß das Kennlinienfeld $M_W(N)$ innerhalb der Grenzen des Motorkennlinienfeldes liegt (einschließlich Reserven). Es kann dabei zweckmäßig sein, sich bei der Wahl der Motorkennlinie (und damit der Motorart) an die Lastkennlinien anzupassen. Damit sind auch die Grenzdaten N_{max} und M_{Mmax} und der N-M-Stellbereich festgelegt.

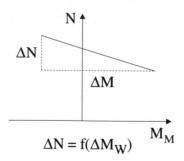

$$\Delta N = f(\Delta M_W)$$

Abb. 1.36: *Drehzahlverhalten als Funktion des Drehmoments*

Beispiel: siehe Abb. 1.37

Für die thermische Auslegung der Maschine ist die Betriebsart, d.h. das Belastungs-Zeit-Programm zu berücksichtigen (siehe Kap. 2).

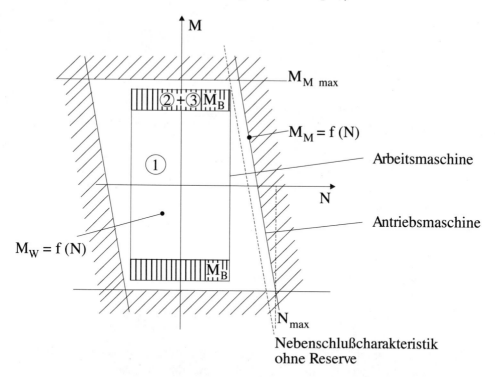

Abb. 1.37: *Auslegungsbeispiel im Kennlinienfeld*

Beispiel: siehe Abb. 1.38

Die Nenndaten des Antriebs sind so zu wählen, daß der Antrieb während des Betriebs thermisch nicht überlastet wird. Dabei ist ein kurzzeitiges Überschreiten der Nenndaten im Rahmen der festgelegten Grenzdaten durchaus zulässig.

Zusätzlich zu den Auslegungskriterien ist es noch zweckmäßig, die Stabilität der Antriebsanordnung (Motor- und Lastverhalten), wie in Kap. 1.3.3 behandelt, überschlägig zu kontrollieren. Interessante Fälle sind vor allem das Anfahren oder die drehmomentmäßige Überbelastung der Maschine.

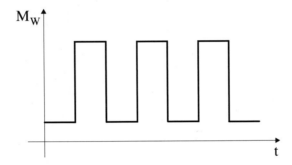

Abb. 1.38: *Drehmomentverlauf mit periodischem Anteil*

2 Verluste und Erwärmung im Antriebssystem

2.1 Verluste an der Übertragungsstelle

2.1.1 Leistungsbilanz

Die Verlustleistung an der Übertragungsstelle bei der Energieübertragung bzw. -wandlung läßt sich in gleicher Weise an einem mechanischen Modell (Kupplung) wie an einem elektrischen Modell (Luftspalt einer elektrischen Maschine) ermitteln. Angetrieben wird jeweils eine Anordnung mit der Schwungmasse Θ, an der das Widerstandsmoment M_W angreift.

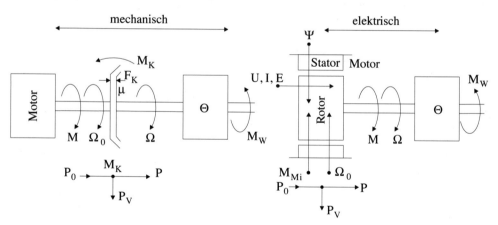

Abb. 2.1: *Modelle für Antriebssysteme*

Für das übertragene Moment gilt:

- in der Kupplung: $\quad M = M_K \sim F_K \cdot \mu$

- im Luftspalt: $\quad M = M_{Mi} \sim I \cdot \Psi$

- in beiden Fällen: $\quad M = M_W + \Theta \cdot \dfrac{d\Omega}{dt}$

© Springer-Verlag GmbH Deutschland, ein Teil von Springer Nature 2021
D. Schröder und R. Kennel, *Elektrische Antriebe – Grundlagen*,
https://doi.org/10.1007/978-3-662-63101-0_2

Die Leistungsbilanz lautet dann:

- zugeführt: $\quad P_0 = M \cdot \Omega_0$

- übertragen: $\quad P = M \cdot \Omega$

- abgeführt (Verluste): $\quad P_V = P_0 - P = M \cdot (\Omega_0 - \Omega)$

$$= (M_W + \Theta \cdot \frac{d\Omega}{dt}) \cdot (\Omega_0 - \Omega)$$

Die Übertragungsstelle kann synchrones oder asynchrones Verhalten zeigen. Eine Übersicht vermittelt die Darstellung der Leistungsbilanz im Kennlinienfeld.

Analoge Berechnung am elektrischen Modell (Beispiel GNM, siehe Kap. 3):

- zugeführt: $\quad P_0 = I_A \cdot U_A = I_A \cdot (E_A + R_A \cdot I_A)$

$$P_0 = I_A \cdot E_A + R_A \cdot I_A^2$$

(Betrachtung nur des Ankerkreises)

- übertragen: $\quad M_{Mi} = C_M \cdot \Psi \cdot I_A = C_M \cdot \frac{E_A}{C_E \cdot N} \cdot I_A$

$$P = M_{Mi} \cdot \Omega = \frac{2\pi \cdot C_M}{C_E} \cdot E_A \cdot I_A = E_A \cdot I_A$$

- Verlust: $\quad P_V = P_0 - P = R_A \cdot I_A^2$

(ohne Erregerverluste)

Leistungsaufteilung:

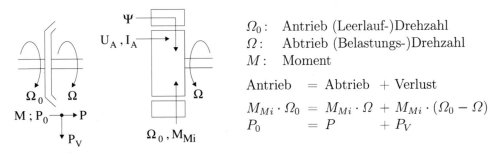

Ω_0: Antrieb (Leerlauf-)Drehzahl
Ω: Abtrieb (Belastungs-)Drehzahl
M: Moment

Antrieb $\quad$ = Abtrieb $\quad$ + Verlust
$M_{Mi} \cdot \Omega_0 = M_{Mi} \cdot \Omega + M_{Mi} \cdot (\Omega_0 - \Omega)$
$P_0 \qquad = P \qquad + P_V$

Abb. 2.2: *Leistungsaufteilung*

2.1.2   Verlustarbeit an der Übertragungsstelle „Motor"

Durch Integration der Verlustleistung ergibt sich die Verlustarbeit. Entsprechend der Momentbilanz läßt sie sich in zwei Anteile zerlegen:

- – die Verluste bei der Übertragung des Widerstandmomentes und
- – die Verluste bei der Beschleunigung der Schwungmasse

Moment:

$$M_M = M_W + M_B = M_W + \Theta \cdot \frac{d\Omega}{dt} \tag{2.1}$$

Verlustleistung bei Nebenschlußverhalten (siehe Kap. 1.3.2.1):

$$P_V = M_M \cdot (\Omega_0 - \Omega) = \left(M_W + \Theta \cdot \frac{d\Omega}{dt} \right) \cdot (\Omega_0 - \Omega) \tag{2.2}$$

Verlustarbeit:

$$W_{V12} = \int_{t_1}^{t_2} M_M \cdot (\Omega_0 - \Omega) \cdot dt \tag{2.3}$$

$$= \int_{t_1}^{t_2} \left(M_W + \Theta \cdot \frac{d\Omega}{dt} \right) \cdot (\Omega_0 - \Omega) \cdot dt$$

M_M : Motormoment, verfügbares Gesamtmoment

Zerlegung:

$$W_{V12} = W_{VW12} + W_{V\Theta12} \tag{2.4}$$

W_{VW12}: Anteil zur Übertragung des Widerstandsmoments
$W_{V\Theta12}$: Anteil zur Beschleunigung der Schwungmassen

$$W_{VW12} = \int_{t_1}^{t_2} M_W \cdot (\Omega_0 - \Omega) \cdot dt \quad \text{(zeitabhängig)} \tag{2.5}$$

Ω: an die Arbeitsmaschine übertragen
Ω_0:   zugeführt

$$W_{V\Theta 12} = \int\limits_{t_1}^{t_2} \Theta \cdot \frac{d\Omega}{dt} \cdot (\Omega_0 - \Omega) \cdot dt \qquad (2.6)$$

für $\Theta = $ const. gilt:

$$W_{V\Theta 12} = \Theta \cdot \int\limits_{\Omega_1}^{\Omega_2} (\Omega_0 - \Omega) \cdot d\Omega \quad \text{(drehzahlabhängig)} \qquad (2.7)$$

als kinetische Energie gespeichert: $\dfrac{1}{2} \cdot \Theta \cdot \Omega^2$

zugeführte Energie: $\dfrac{1}{2} \cdot \Theta \cdot \Omega_0^2$

Für die Normierung gelten folgende Bezugswerte:

- Leerlauf-Nenndrehzahl: $\qquad N_{0N} = \dfrac{\Omega_{0N}}{2\pi}$

- Luftspalt-Nennmoment: $\qquad M_{iN}$

- Trägheits-Nennzeitkonstante: $\quad T_{\Theta N} = \dfrac{\Theta \cdot \Omega_{0N}}{M_{iN}}$

- bei Ω_{0N} gespeicherte Energie: $\quad W_{0N} = \dfrac{1}{2} \cdot \Theta \cdot \Omega_{0N}^2 = \dfrac{1}{2} \cdot T_{\Theta N} \cdot M_{iN} \cdot \Omega_{0N}$

$$= \dfrac{1}{2} \cdot T_{\Theta N} \cdot P_{0N}$$

- und: $\qquad \omega = n = \dfrac{\Omega}{\Omega_{0N}} = \dfrac{N}{N_{0N}} \; ; \quad m = \dfrac{M}{M_{iN}}$

$$w_V = \dfrac{W_V}{W_{0N}}$$

Normierung:

$$w_{V12} = \frac{W_{V12}}{W_{0N}} = 2 \cdot \int_{t_1}^{t_2} \frac{M_W}{M_{iN}} \cdot \frac{\Omega_0 - \Omega}{\Omega_{0N}} \cdot \frac{dt}{T_{\Theta N}} + 2 \cdot \int_{\Omega_1}^{\Omega_2} \frac{\Omega_0 - \Omega}{\Omega_{0N}} \cdot \frac{d\Omega}{\Omega_{0N}} \qquad (2.8)$$

$$\Downarrow$$

$$w_{V12} = 2 \cdot \underbrace{\int_{t_1}^{t_2} m_W \cdot (n_0 - n) \cdot \frac{dt}{T_{\Theta N}}}_{w_{VW12}} + 2 \cdot \underbrace{\int_{n_1}^{n_2} (n_0 - n) \cdot dn}_{w_{V\Theta 12}} \qquad (2.9)$$

$$\text{Anteile:} \qquad w_{V12} = w_{VW12} + w_{V\Theta 12} \qquad (2.10)$$

Beispiel: Gleichstrom–Nebenschlußmaschine GNM (siehe Kap. 3)

$$\psi = \psi_N = 1 \qquad (2.11)$$

$$n_0 = u_A \qquad (2.12)$$

$$n = u_A - m_{Mi} \cdot r_A \qquad (2.13)$$

$$i_A = m_{Mi} \qquad (2.14)$$

$$w_{V12} = 2 \cdot \int_{t_1}^{t_2} m_{Mi} \cdot (n_0 - n) \cdot \frac{dt}{T_{\Theta N}}$$

$$= 2 \cdot \int_{t_1}^{t_2} m_{Mi} \cdot (u_A - u_A + m_{Mi} \cdot r_A) \cdot \frac{dt}{T_{\Theta N}}$$

$$= 2 \cdot \int_{t_1}^{t_2} m_{Mi}^2 \cdot r_A \cdot \frac{dt}{T_{\Theta N}} = 2 \cdot \int_{t_1}^{t_2} i_A^2 \cdot r_A \cdot \frac{dt}{T_{\Theta N}} \qquad (2.15)$$

2.1.3   Verluste beim Beschleunigen

Die Verluste $w_{V\Theta}$ zum Beschleunigen der Schwungmasse beispielsweise beim Anfahren werden im folgenden unter vereinfachenden Voraussetzungen untersucht.

Mit $u_A = n_0 = $ const. (Einspeisung) und der Anfangsdrehzahl n_1 wird $n_2 = n_0$
(Enddrehzahl = Leerlauf-Drehzahl).

Es ergibt sich mit zeitlich ansteigender Drehzahl $n(t)$:

$$w_{V\Theta 12} = 2 \cdot \int_{n_1}^{n_2} n_0 \, dn - 2 \cdot \int_{n_1}^{n_2} n \, dn = 2 \cdot n_0 \cdot (n_2 - n_1) - (n_2^2 - n_1^2)$$

$$= 2 \cdot n_0 \cdot (n_0 - n_1) - (n_0^2 - n_1^2) = (n_0 - n_1)^2 \qquad (2.16)$$

Bezieht man die Verluste auf die gespeicherte Energie $w_{\Theta 12}$, so erhält man:

$$\frac{w_{V\Theta 12}}{w_{\Theta 12}} = \frac{(n_0 - n_1)^2}{n_0^2 - n_1^2} = \frac{n_0 - n_1}{n_0 + n_1} \qquad (2.17)$$

$$w_{\Theta 12} = \frac{W_{\Theta 12}}{W_{0N}} = n_0^2 - n_1^2 \, ; \quad W_{\Theta 12} = \frac{1}{2} \cdot \Theta \cdot (\Omega_2^2 - \Omega_1^2) \, ; \quad W_{0N} = \frac{1}{2} \cdot \Theta \cdot \Omega_{0N}^2$$

Für einen **Anfahrvorgang** aus dem Stillstand $n_1 = 0$ bis zum Endwert $n_2 = n_0$ ergibt sich dann (siehe auch Kap. 3):

in einer Stufe ($z = 1$):

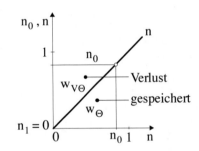

$$\frac{w_{V\Theta}}{w_\Theta} = 1 \qquad \begin{aligned} n_0 &= u_{A0} \quad \text{angelegt} \\ n &= e_A \, ; \quad \psi = 1 \end{aligned}$$

Abb. 2.3: *Energiebilanz*

Beachte: das Antriebssystem kann durch den Anfahrvorgang im Moment überlastet werden!

in z beliebigen Stufen (Abb. 2.4, 2.5):

$$\frac{w_{V\Theta}}{w_\Theta} = \frac{(n_{01} - 0)^2 + (n_{02} - n_{01})^2 + \ldots + (n_{0z} - n_{0z-1})^2}{(n_{01}^2 - 0^2) + (n_{02}^2 - n_{01}^2) + \ldots + (n_{0z}^2 - n_{0z-1}^2)} \qquad (2.18)$$

$$\frac{w_{V\Theta}}{w_\Theta} = \frac{\sum\limits_{k=1}^{z} (n_{0k} - n_{0k-1})^2}{n_{0z}^2} \leq 1 \qquad (2.19)$$

z.B. geschaltete Ankerspannung:

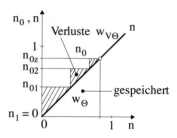

Abb. 2.4: *Energiebilanz*

<u>in z gleichen Stufen:</u>

$$n_{0k} - n_{0k-1} = \frac{n_{0z}}{z}$$

$$\frac{w_{V\Theta}}{w_\Theta} = \frac{z \cdot \left(\frac{n_{0z}}{z}\right)^2}{n_{0z}^2} = \frac{1}{z} \qquad \leq 1$$

Bei gleichen Stufen sind die Verluste minimal.

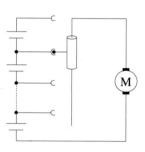

Abb. 2.5: *Prinzip-Schaltbild*

<u>stufenlos in $z \to \infty$ Stufen:</u>

$$\lim_{z\to\infty} \frac{w_{V\Theta}}{w_\Theta} = \lim_{z\to\infty} \frac{1}{z} = 0$$

(keine Verluste; synchroner Betrieb;
Reibung, Leerlaufverluste vernachlässigt)

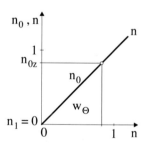

Abb. 2.6: *Energiebilanz*

Beachte: der Beschleunigungsvorgang dauert aber unendlich lange !

<u>stufenloses Hochlaufverhalten:</u>

(z.B. Hochlauf bei konstantem Beschleunigungsmoment:)

$$n_{0z} - n = \Delta n \sim m_B = \text{const.} \qquad (2.20)$$

$$\frac{w_{V\Theta}}{w_\Theta} = \frac{2 \cdot n_{0z} \cdot \Delta n}{n_{0z}^2} = \frac{2 \cdot \Delta n}{n_{0z}} \qquad (2.21)$$

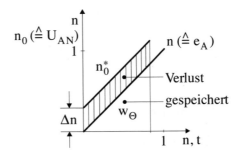

Abb. 2.7: *Beispiel: Energiebilanz einer stromgeregelten GNM*

$i_A \cdot \psi = $ const. ; $i_A = $ const.   während der Beschleunigung, $\psi = 1$
$m_B \quad = $ const.

$$N_0^\star \ \hat{=} \ U_A \ = \ E_A + \underbrace{R_A \cdot I_A}_{\hat{=} \Delta N} \tag{2.22}$$

$$n_0^\star \ \hat{=} \ u_A \ = \ e_A + \underbrace{r_A \cdot i_A}_{\hat{=} \Delta n} \tag{2.23}$$

wobei $\Delta n = $ const. $\hat{=} \ i_A = $ const. $= m_M = m_B$; $m_W = 0$

2.2 Erwärmung elektrischer Maschinen

2.2.1 Verlustleistung und Temperatur

Die Verluste werden im elektromechanischen Wandler in Wärme umgesetzt. Für die Berechnung der Erwärmung einer Maschine wählen wir ein vereinfachtes Modell, das als <u>homogen</u> angenommen wird. Der Wärmetransport erfolgt durch <u>Wärmeleitung</u> und Konvektion:

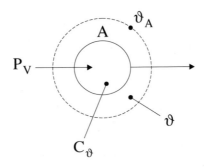

Abb. 2.8: *Kühlmedium*

Verwendete Größen:

$P_V(t)$ — Wärme-(Verlust-)Leistung

$\vartheta(t)$ — Temperatur des Körpers

$\vartheta_A(t)$ — Außentemperatur

$\vartheta - \vartheta_A = \Delta\vartheta(t)$ — Übertemperatur

C_ϑ — Wärmekapazität $\left[\dfrac{kcal}{°C}, \dfrac{Ws}{°C}\right]$

A — Wärmeabgabefähigkeit $\left[\dfrac{kcal}{°C \cdot s}, \dfrac{W}{°C}\right]$

$\dfrac{1}{A} = R_\vartheta$ — Wärmewiderstand

$\dfrac{C_\vartheta}{A} = T_\vartheta$ — Wärmezeitkonstante $[s]$

- Betrieb $T_{\vartheta b} = 10 \ldots 60\ min$
- Pause $T_{\vartheta p} = (1 \ldots 2) \cdot T_{\vartheta b}$

Betrachtung für einen Körper, Ableitung der Differentialgleichung:

zugeführt		abgeführt		gespeichert
$P_V \cdot dt$	$=$	$A \cdot (\vartheta - \vartheta_A) \cdot dt$	$+$	$C_\vartheta \cdot d\vartheta$
$\dfrac{P_V}{A}$	$=$	$(\vartheta - \vartheta_A)$	$+$	$\dfrac{C_\vartheta}{A} \cdot \dfrac{d\vartheta}{dt}$

Vereinfacht mit Außentemperatur $\vartheta_A =$const.:
Differentialgleichung:

$$\frac{1}{A} \cdot P_V(t) = \Delta\vartheta(t) + T_\vartheta \cdot \frac{d\left(\Delta\vartheta(t)\right)}{dt} \tag{2.24}$$

Bildbereich:

$$\frac{1}{A} \cdot P_V(s) = \Delta\vartheta(s) + T_\vartheta \cdot [s \cdot \Delta\vartheta(s) - \Delta\vartheta(+0)] \tag{2.25}$$

Die zugehörige Übertragungsfunktion lautet:

$$G(s) = \frac{\Delta\vartheta(s)}{\dfrac{1}{A} \cdot P_V(s)} = \frac{1}{1 + sT_\vartheta} \tag{2.26}$$

Für eine sprungförmige Anregung (Störung) mit

$$P_V(t) \;=\; \Delta P_{V0} \cdot \sigma(t) \tag{2.27}$$

und den Anfangswert

$$\Delta\vartheta(+0) \;=\; 0 \,; \qquad (\vartheta(+0) \;=\; \vartheta_A) \tag{2.28}$$

ergibt sich die Übergangsfunktion

$$\Delta\vartheta(t) \;=\; \Delta\vartheta_\infty \cdot \left(1 - e^{-t/T_\vartheta}\right) \tag{2.29}$$

mit dem Endwert

$$\Delta\vartheta_\infty \;=\; \frac{1}{A} \cdot P_{V0} \,; \qquad \vartheta_\infty \;=\; \vartheta_A + \Delta\vartheta_\infty \tag{2.30}$$

Allgemeiner Zeitverlauf:

$$\vartheta(t) \;=\; \vartheta_A + \Delta\vartheta(t) \tag{2.31}$$

Bezugswerte:

P_{VN} : Nennverlustleistung;
Verlustleistung
im Nennbetrieb

$\Delta\vartheta_{\infty N}$: $\Delta\vartheta_\infty(P_{VN})$

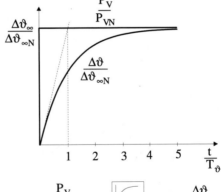

Signalflußplan:

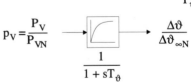

Abb. 2.9: *Zeitlicher Temperaturverlauf und Signalflußplan*

Analogiebetrachtung thermisches System – elektrisches System

thermisch		elektrisch dual		
C_ϑ:	Wärmekapazität	C:	Kapazität	L: Induktivität
A:	thermischer Leitwert; Wärmeabgabefähigkeit	$\dfrac{1}{R}$:	Leitwert	R: Widerstand
$\dfrac{C_\vartheta}{A} = T_\vartheta$:	Wärmezeitkonstante	$R \cdot C$:	Zeitkonstante	$\dfrac{L}{R}$: Zeitkonstante
$\Delta\vartheta$:	Übertemperatur	U:	Spannung	I: Strom
P_V:	Wärmeleistung; Wärmestrom	I:	Strom	U: Spannung
$C_\vartheta \cdot \dfrac{d(\Delta\vartheta)}{dt} + A \cdot \Delta\vartheta = P_V$		$C \cdot \dfrac{dU}{dt} + \dfrac{1}{R} \cdot U = I$		$L \cdot \dfrac{dI}{dt} + R \cdot I = U$

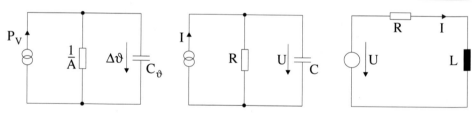

Abb. 2.10: *Modelle zur Analogiebetrachtung*

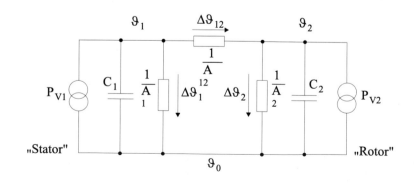

Abb. 2.11: *Beispiel: Zwei-Körper-Modell eines Motors*

2.2.2   Rechengang: mathematische Grundlagen

Im allgemeinen bestehen thermische Systeme aus mehreren Körpern (z.B. Stator, Rotor, Wicklung) mit unterschiedlichen thermischen Eigenschaften. Zur Berechnung dieser Systeme kann man analog zu elektrischen Modellen ein „thermisches Netzwerk" erstellen und dies mit den herkömmlichen Methoden behandeln. Für das Zwei-Körper-Modell eines Motors nach Abb. 2.11 ergibt sich:

Stator:

$$C_1 \cdot \frac{d}{dt}(\Delta\vartheta_1) + A_1 \cdot (\Delta\vartheta_1) + A_{12} \cdot (\Delta\vartheta_{12}) = P_{V1} \tag{2.32}$$

Rotor:

$$C_2 \cdot \frac{d}{dt}(\Delta\vartheta_2) + A_2 \cdot (\Delta\vartheta_2) + A_{12} \cdot (\Delta\vartheta_{21}) = P_{V2} \tag{2.33}$$

mit: $\Delta\vartheta_{12} = -\Delta\vartheta_{21} = \Delta\vartheta_1 - \Delta\vartheta_2$

Mit $A_1 = 1/R_1$, $A_{12} = 1/R_{12}$, $A_2 = 1/R_2$ und der Transformation der Stator- und Rotorgleichung in den Laplace-Bereich lassen sich die beiden Pole (Eigenwerte) im s-Bereich für die charakteristische Gleichung bestimmen:

$$s_{1,2} = -\frac{1}{T_{1,2}} = -\frac{1}{2} \cdot a_0 \pm \sqrt{\frac{a_0^2}{4} - \frac{1}{C_1 \cdot C_2} \cdot \left(\frac{1}{R_1 \cdot R_2} + \frac{1}{R_{12}} \frac{R_1 + R_2}{R_1 \cdot R_2}\right)} \tag{2.34}$$

$$a_0 = \frac{1}{R_1 \cdot C_1} + \frac{1}{R_2 \cdot C_2} + \frac{1}{R_{12}} \cdot \frac{C_1 + C_2}{C_1 \cdot C_2} \tag{2.35}$$

mit den <u>homogenen</u> Lösungen

$$\Delta\vartheta_{1h} = a_{11} \cdot e^{-t/T_1} + a_{12} \cdot e^{-t/T_2} \tag{2.36}$$

$$\Delta\vartheta_{2h} = a_{21} \cdot e^{-t/T_1} + a_{22} \cdot e^{-t/T_2} \tag{2.37}$$

und

$$a_{21} = \frac{R_1 + R_{12} + C_1 \cdot R_1 \cdot R_{12} \cdot s_1}{R_1} \cdot a_{11} = \kappa_1 \cdot a_{11} \tag{2.38}$$

$$a_{22} = \frac{R_1 + R_{12} + C_1 \cdot R_1 \cdot R_{12} \cdot s_2}{R_1} \cdot a_{12} = \kappa_2 \cdot a_{12} \tag{2.39}$$

Die <u>inhomogene</u> Lösung lautet:

$$\Delta\vartheta_{1i} = \frac{P_{V1} \cdot (R_2 + R_{12}) + P_{V2} \cdot R_2}{R_1 + R_2 + R_{12}} \cdot R_1 \tag{2.40}$$

$$\Delta\vartheta_{2i} = \frac{P_{V2} \cdot (R_1 + R_{12}) + P_{V1} \cdot R_1}{R_1 + R_2 + R_{12}} \cdot R_2 \tag{2.41}$$

Die Gesamtlösung ist dann:

$$\Delta\vartheta_1(t) \;=\; \Delta\vartheta_{1h} + \Delta\vartheta_{1i} \;=\; a_{11} \cdot e^{-t/T_1} + a_{12} \cdot e^{-t/T_2} + \Delta\vartheta_{1i} \qquad (2.42)$$

$$\Delta\vartheta_2(t) \;=\; \Delta\vartheta_{2h} + \Delta\vartheta_{2i} \;=\; a_{21} \cdot e^{-t/T_1} + a_{22} \cdot e^{-t/T_2} + \Delta\vartheta_{2i} \qquad (2.43)$$

Die Koeffizienten a_{11} und a_{12} sind noch unbekannt und ergeben sich aus den Anfangsbedingungen

$$\Delta\vartheta_1(t=0) \;=\; \Delta\vartheta_{10} \qquad \text{und} \qquad \Delta\vartheta_2(t=0) \;=\; \Delta\vartheta_{20} \qquad (2.44)$$

die in die Gesamtlösung einzusetzen sind. Mit κ_1, κ_2 und $\Delta\vartheta_{1i}$, $\Delta\vartheta_{2i}$ nach Gl. (2.38) bis (2.41) erhält man:

$$
\begin{aligned}
a_{11} \;&=\; \frac{(\Delta\vartheta_{10} - \Delta\vartheta_{1i}) \cdot \kappa_2 - (\Delta\vartheta_{20} - \Delta\vartheta_{2i})}{\kappa_2 - \kappa_1} \\[2mm]
&=\; \frac{\Delta\vartheta_{10} \cdot \kappa_2 - \Delta\vartheta_{20}}{C_1 \cdot R_{12} \cdot (s_2 - s_1)} - \frac{P_{V1} + \Delta\vartheta_{1i} \cdot C_1 \cdot s_2}{C_1 \cdot (s_2 - s_1)} \qquad (2.45)
\end{aligned}
$$

$$
\begin{aligned}
a_{12} \;&=\; \frac{(\Delta\vartheta_{10} - \Delta\vartheta_{1i}) \cdot \kappa_1 - (\Delta\vartheta_{20} - \Delta\vartheta_{2i})}{\kappa_1 - \kappa_2} \\[2mm]
&=\; \frac{\Delta\vartheta_{10} \cdot \kappa_1 - \Delta\vartheta_{20}}{C_1 \cdot R_{12} \cdot (s_1 - s_2)} - \frac{P_{V1} + \Delta\vartheta_{1i} \cdot C_1 \cdot s_1}{C_1 \cdot (s_1 - s_2)} \qquad (2.46)
\end{aligned}
$$

2.2.3   Strombelastung und Verlustleistung

Man unterscheidet zwei Arten von Verlusten:

- die Leerlaufverluste und
- die Lastverluste.

Die Leerlaufverluste sind last**un**abhängig, während die Lastverluste von der Belastung abhängig sind.
Zu den **Leerlaufverlusten** gehören:

- die Eisenverluste, die im aktiven Eisen durch Ummagnetisierung auftreten,
- die Reibungsverluste (Luft-, Lager- und Bürstenreibung),
- die Erregerverluste (nicht immer lastunabhängig).

Die **lastabhängigen** Verluste sind im wesentlichen **stromabhängig**. Es handelt sich also um Stromwärmeverluste in allen Wicklungen des Stators und des Rotors, die vom Laststrom durchflossen werden, um Übergangsverluste an den Klemmen und den Bürsten, sowie um weitere Zusatzverluste.

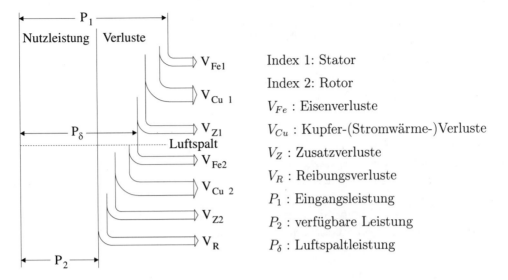

Index 1: Stator

Index 2: Rotor

V_{Fe} : Eisenverluste

V_{Cu} : Kupfer-(Stromwärme-)Verluste

V_Z : Zusatzverluste

V_R : Reibungsverluste

P_1 : Eingangsleistung

P_2 : verfügbare Leistung

P_δ : Luftspaltleistung

Abb. 2.12: *Leistungsfluß durch einen Motor*

Die Aufstellung der Verluste läßt sich formelmäßig ausdrücken.

Verlustleistung:

$$P_V = v_i \cdot P_N \cdot \left(\frac{I}{I_N}\right)^2 + v_k \cdot P_N \tag{2.47}$$

v_i: Vorfaktor für stromabhängige Verluste,
v_k: Vorfaktor für Leerlaufverluste (konstante Verluste)
Verlustleistung bei Nennbetrieb:

$$P_{VN} = v_i \cdot P_N + v_k \cdot P_N \tag{2.48}$$

Normiert:

$$\frac{P_V}{P_{VN}} = \frac{v_i \cdot P_N \cdot \left(\frac{I}{I_N}\right)^2 + v_k \cdot P_N}{v_i \cdot P_N + v_k \cdot P_N} \tag{2.49}$$

$$\frac{P_V}{P_{VN}} = \frac{i^2 + v}{1 + v} \;\hat{=}\; \frac{\Delta\vartheta_\infty}{\Delta\vartheta_{\infty N}} \quad \text{(ohne thermische Überlastung)} \tag{2.50}$$

mit:
$$i = \frac{I}{I_N} \tag{2.51}$$

$$v = \frac{v_k}{v_i} \quad \text{(Verlustaufteilung bei Nennbetrieb)} \tag{2.52}$$

Die stromabhängigen Verluste (und damit die Erwärmung) einer Maschine sind abhängig von der Betriebsart. Ist diese nicht vorhersehbar, dann muß im Einzelfall nach den bisher angegebenen Methoden berechnet werden, ob die Erwärmungsgrenze überschritten wird:

– gegeben: $P_V(t) \sim P(t) \sim i^2(t)$
– rechnerisch oder graphisch: $\Delta\vartheta(t)$
– gefordert: $\Delta\vartheta(t)_{max} \leq \Delta\vartheta_{\infty N}$

Nach VDE 0530 sind typische Betriebsarten festgelegt, die für die Auslegung und Berechnung des Motors von größter Bedeutung sind. Das Erwärmungsverhalten des Motors wird damit an die Anforderungen des Betriebs angepaßt, d.h. die Maschine wird entsprechend den tatsächlichen Betriebsbedingungen möglichst bis zur zulässigen Erwärmungsgrenze ausgenutzt. Die Betriebsart muß auf dem Leistungsschild angegeben werden. Bei hoher Frequenz der Spieldauer ist eine Bemessung nach dem Mittelwert (Effektivwert) zweckmäßig (siehe Kap. 2.2.5). Die Temperatur $\Delta\vartheta$ wird über mehrere Spieldauern im Mittel ansteigen, bis sich ein stationärer Zustand einstellt. In diesem stationären Zustand wird $\Delta\vartheta$ sich zwischen einer oberen Grenze ϑ_{max} und einer unteren Grenze ϑ_{min} befinden (siehe Kap. 2.2.4.4).

2.2.4   Normen und Betriebsarten (nur zu Ausbildungszwecken)

Wie bereits dargestellt, erzeugen die elektrischen Maschinen Drehmomente in einem Drehzahlbereich, die einerseits von der Art des Motors und andererseits von der Charakteristik der Last bestimmt werden. Grundsätzlich wird unterschieden zwischen Gleichstrommaschinen und Wechsel- bzw. Drehfeldmaschinen. Diese Art der Unterscheidung betrifft die elektrische Versorgung der Maschinen. Eine andere Unterscheidung ist aufgrund der Drehzahl-Drehmomentkennlinie möglich. Hier wird beispielsweise unterschieden zwischen Reihenschlußcharakteristik, d.h. zunehmender Drehzahl bei abnehmendem Drehmoment, Nebenschlußcharakteristik, d.h. abnehmender Drehzahl mit zunehmendem Drehmoment oder Synchroncharakteristik, d.h. konstanter Drehzahl (nicht Winkel-Gleichlauf) bei variablem Drehmoment. Eine weitere Unterscheidung ist aufgrund der konstruktiven Bauformen, der Einsatzgebiete (Schutzklassen) oder der Verstellmöglichkeiten gegeben. Um die verschiedenen Randbedingungen für Elektromotoren, wie z.B. den elektrischen Anschluß, die Betriebsbereiche, die konstruktiven Ausführungsformen vereinheitlichen, wurden Vorschriften und Normen vereinbart.

VDE 0100   Bestimmungen für das Errichten von Starkstromanlagen mit Nennspannungen (DIN 57100) bis 1000 V
VDE 0105   Bestimmungen für den Betrieb von Starkstromanlagen
VDE 0113   Bestimmungen für die elektrische Ausrüstung von Bearbeitungs- und Verarbeitungsmaschinen
VDE 0165   Vorschriften für die Errichtung elektrischer Anlagen in explosionsgefährdeten Bereichen
VDE 0166   Vorschriften für die Errichtung elektrischer Anlagen in explosionsgefährdeten Betriebsstätten
VDE 0170   Vorschriften für schlagwettergeschützte, elektrische Betriebsmittel

VDE 0171 Vorschriften für explosionsgeschützte, elektrische
Betriebsmittel (EN 50014)

VDE 0470 Bestimmungen für Schutzarten durch Gehäuse (IEC 529;
Betriebsmittel (EN 50014))

VDE 0470 Bestimmungen für Schutzarten durch Gehäuse
(IEC 529, EN 60529)

VDE 0530 Bestimmungen für umlaufende elektrische Maschinen (IEC 34-17)
(Bemessungsdaten, Betriebsarten, Kühlmethoden,
Anlaufverhalten etc.)

VDE 0580 Bestimmungen für elektromagnetische Geräte

DIN 40025 Gleichstrom–, Klein– und Kleinstmotoren mit dauermagnetischer
Erregung (Servo-DC-Motoren)

DIN 40027 Stellmotoren (Servo-Motoren)

DIN 40030 Bemessungsspannungen für Gleichstrommotoren über steuerbare
Stromrichter mit direktem Netzanschluß gespeist

DIN 40050 Elektrische Betriebsmittel, Schutzarten

DIN 40121 Formelzeichen für Elektromaschinenbau

DIN 42401 Anschlußbezeichnungen und Drehsinn von umlaufenden
Maschinen

DIN 42673 Oberflächengekühlte Drehstrommotoren mit Käfigläufer,
Bauform B3

DIN 42677 Oberflächengekühlte Drehstrommotoren mit Käfigläufer,
Bauform B5, B10, B14

DIN 42939 Elektrische Maschinen, Maßbezeichnungen

DIN 42946 Zylindrische Wellenenden für elektrische Maschinen

DIN 42948 Befestigungsflansche für elektrische Maschinen

DIN 42950 Kurzzeichen für Bauformen elektrischer Maschinen

DIN 42955 Flanschmotoren, Rundlauf, Mittigkeit und Rechtwinkligkeit des
Wellenendes

DIN 42961 Leistungsschilder für elektrische Maschinen

DIN 42973 Leistungsreihe für elektrische Maschinen, Nennleistungen bei
Dauerbetrieb

DIN 45632 Geräuschmessungen an elektrischen Maschinen

DIN 45635 Geräuschmessungen an Maschinen

DIN 45665 Messung und Beurteilung der Schwingstärken von elektrischen
Maschinen
Betriebsmittel (EN 50014)

Die VDE-Vorschriften und DIN-Normen sind im allgemeinen international abgestimmt, und enthalten Regeln für die Anforderungen an die elektrischen Maschinen.

2.2.4.1   Betriebsarten und Bemessungsdaten

In der VDE 0530 Teil 1 sind die möglichen Betriebsarten dargestellt, die einen wesentlichen Einfluß auf die Auslegung der elektrischen Maschinen haben.

Die Europäische Norm, die der Norm VDE 0530-1 entspricht, ist die IEC 34-1. Wesentlich bei den folgenden Überlegungen ist, daß der Betreiber den Betriebsverlauf so genau wie möglich angibt und bei der Auslegung (Bemessungsbetrieb) vom realen Betriebsverlauf ausgehend einem der folgenden Betriebsverläufe so wählt, daß er einer größeren Belastung entspricht und damit mit Sicherheit nicht zu einer Überlastung und damit zu einer überhöhten Erwärmung führen kann.

Beispielsweise ist die einfachste Betriebsart der Dauerbetrieb mit einer konstanten Belastung – maximal mit der Nennlast. In diesem Fall wird sich die Maschine bis auf eine zulässige Endtemperatur $\vartheta_{\infty N}$ erwärmen. Bei einer konstanten Belastung über die Nennlast hinaus würde sich daher die Maschine über die zulässige Endtemperatur $\vartheta_{\infty N}$ hinaus erwärmen und damit würde u.a. das Isoliermaterial überbeansprucht und somit die Lebensdauer vermindert werden.

Im allgemeinen werden elektrische Maschinen aber mit veränderlicher Belastung bzw. zusätzlichen Leerlauf- und Pausenzeiten betrieben. Um für diese Betriebszustände eine Berechnungsbasis für die zulässige Erwärmung zu finden, werden die Betriebsarten S1 bis S10 definiert, die im folgenden vorgestellt werden. Diese Betriebsarten sind ausführlich in der VDE 0530 und in der entsprechenden IEC 34-1 dargestellt, es wird hier nur ein allgemeiner Überblick gegeben.

Definition der Formelzeichen:

t_b:	Betriebszeit	N (IEC 34-1)
t_a:	Anlaufzeit	D (IEC 34-1)
t_p:	Pausenzeit	R (IEC 34-1)
t_l:	Leerlaufzeit	V (IEC 34-1)
t_{Br}:	Bremszeit	F (IEC 34-1)
$t_{\ddot{u}}$:	Überlastungszeit	
t_s:	Spieldauer	
ε:	relative Einschaltdauer	
T_b:	Erwärmungs-Zeitkonstante	
T_p:	Abkühlungs-Zeitkonstante	
P:	Leistung, Last	
P_V:	Verlustleistung	
P_{VN}:	Nennverlustleistung	
v:	Verlustaufteilung bei Nennbetrieb nach Gl. (2.52)	
ϑ:	Temperatur	
ϑ_A:	Umgebungstemperatur, Außentemperatur	
$\Delta\vartheta$:	Temperaturerhöhung gegen Umgebungstemperatur	

2.2.4.2 Dauerbetrieb (Betriebsart S1)

Der Dauerbetrieb ist ein Betrieb mit konstanter Belastung, wobei der thermische Endzustand erreicht wird.

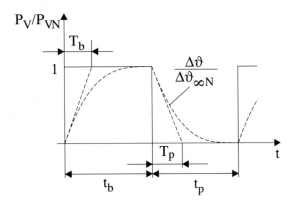

Abb. 2.13: *Dauerbetrieb (S1)*

Damit gilt:

$$\frac{t_b}{T_b} > 3 \; ; \qquad \frac{t_p}{T_p} > 3 \tag{2.53}$$

Der Faktor 3 ergibt sich aus dem Zeitverlauf mit e^{-t/T_ϑ}: nach $t \approx 3T_\vartheta$ ist der stationäre Endwert annähernd erreicht (95 %).
Kennzeichen: Erwärmung bzw. Abkühlung immer bis zum stationären Endwert.
Zulässige Wärmebelastung:

$$\frac{\Delta\vartheta_\infty}{\Delta\vartheta_{\infty N}} \le 1 \; ; \qquad \frac{P_V}{P_{VN}} \Rightarrow 1 \tag{2.54}$$

2.2.4.3 Kurzzeitbetrieb (Betriebsart S2)

Der Kurzzeitbetrieb ist ein Betrieb mit konstanter Belastung, wobei die Belastungsdauer $t_b < 3 \cdot T_b$ ist, so daß der thermische Endzustand nicht erreicht wird.

Wesentlich bei derartigen kurzen Belastungsdauern ist, daß die elektrische Maschine über die Nennbelastung hinaus belastet werden kann, ohne daß der thermische Nennzustand bei der Erwärmung erreicht wird.

Die stationäre Umgebungstemperatur ϑ_A ($\Delta\vartheta = 0$) wird aber immer erreicht. Damit gilt:

$$\frac{t_b}{T_b} < 3 \; ; \qquad \frac{t_p}{T_p} > 3 \tag{2.55}$$

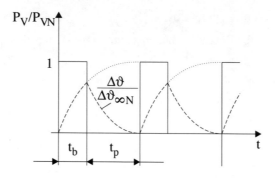

Abb. 2.14: *Kurzzeitbetrieb (S2)*

Überlastbarkeit der Maschine in dieser Betriebsart (S2):

$$\frac{\Delta\vartheta_\infty}{\Delta\vartheta_{\infty N}} = \frac{1}{1 - e^{-t_b/T_b}} \tag{2.56}$$

$$\frac{\Delta\vartheta_\infty}{\Delta\vartheta_{\infty N}} = \frac{P_V}{P_{VN}} \geq 1 \quad \to \quad i_{zul} = \sqrt{\frac{1 + v}{1 - e^{-t_b/T_b}} - v} \tag{2.57}$$

$$v = \frac{v_k}{v_i} \tag{2.58}$$

2.2.4.4   Aussetzbetrieb (Betriebsart S3)

Diese Betriebsart ähnelt der Betriebsart S2. Allerdings gilt nun:

$$\frac{t_b}{T_b} < 3 \; ; \qquad \frac{t_p}{T_p} < 3 \tag{2.59}$$

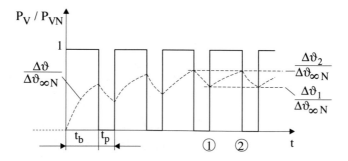

Abb. 2.15: *Aussetzbetrieb (S3)*

Kennzeichen: Das Einschwingen beider Übergangsvorgänge wird nicht mehr erreicht; $\Delta\vartheta$ klingt auf. Es stellt sich eine stabile „Schwingung" zwischen zwei Grenztemperaturen $\Delta\vartheta_1$ und $\Delta\vartheta_2$ ein.

Spieldauer:

$$t_s = t_b + t_p \tag{2.60}$$

Normierung:

$$\tau_b = \frac{t_b}{T_b} \; ; \quad \tau_p = \frac{t_p}{T_p} \tag{2.61}$$

Zeitpunkt (1):

$$\Delta\vartheta_1 = \Delta\vartheta_2 \cdot e^{-\tau_p} \tag{2.62}$$

Zeitpunkt (2):

$$\Delta\vartheta_2 = \Delta\vartheta_1 + (\Delta\vartheta_\infty - \Delta\vartheta_1) \cdot (1 - e^{-\tau_b}) \tag{2.63}$$

Eingesetzt ergibt sich:

$$\frac{\Delta\vartheta_2}{\Delta\vartheta_\infty} = \frac{1 - e^{-\tau_b}}{1 - e^{-(\tau_b + \tau_p)}} \leq 1 \tag{2.64}$$

Für periodischen Betrieb:
$$\left\{ \begin{array}{ll} \dfrac{\Delta\vartheta_2}{\Delta\vartheta_\infty} = \dfrac{1 - e^{-t_b/T_b}}{1 - e^{-(t_b/T_b + t_p/T_p)}} \leq 1 & \tag{2.65} \\[3mm] \Delta\vartheta_1 = \Delta\vartheta_2 \cdot e^{-t_p/T_p} & \tag{2.66} \end{array} \right.$$

Für $\dfrac{t_b}{T_b} \ll 1$, $\dfrac{t_p}{T_p} \ll 1$ $\quad \rightarrow e^{-\tau}$ linearisieren $\quad \Rightarrow e^{-\tau} \approx 1 - \tau$

$$\frac{\Delta\vartheta_2}{\Delta\vartheta_\infty} \approx \frac{t_b/T_b}{t_b/T_b + t_p/T_p} \; ; \tag{2.67}$$

Wenn $T_b = T_p$ ist, dann gilt:

$$\frac{\Delta\vartheta_2}{\Delta\vartheta_\infty} = \frac{t_b}{t_s} = \varepsilon \tag{2.68}$$

Zulässige Temperatur:

$$\frac{\Delta\vartheta_2}{\Delta\vartheta_{\infty N}} = 1; \tag{2.69}$$

Zulässige Wärmebelastung:

$$\frac{\Delta\vartheta_\infty}{\Delta\vartheta_{\infty N}} = \frac{1 - e^{-(\tau_b + \tau_p)}}{1 - e^{-\tau_b}} = \frac{P_V}{P_{VN}} = \frac{i^2 + v}{1 + v} \geq 1 \tag{2.70}$$

Das ist die Umkehrung von Gl. (2.64) mit $\Delta\vartheta_2 = \Delta\vartheta_{\infty N}$
$\rightarrow$ zul. Temp. $\Delta\vartheta_2 = \Delta\vartheta_{\infty N}$
$\Rightarrow$ zulässige Strombelastung:

$$i_{zul} = \sqrt{(1 + v) \cdot \frac{1 - e^{-(\tau_b + \tau_p)}}{1 - e^{-\tau_b}} - v} \quad \geq \quad 1 \tag{2.71}$$

Bei $\tau \ll 1$ und $T_b = T_p$ gilt:

$$i_{zul} = \sqrt{\frac{1+v}{\varepsilon} - v} \qquad (2.72)$$

$$\frac{\Delta\vartheta_\infty}{\Delta\vartheta_{\infty N}} = \frac{P_V}{P_{VN}} \geq 1 \;; \quad i_{zul} = \sqrt{(1+v)\cdot\frac{\Delta\vartheta_\infty}{\Delta\vartheta_2} - v} \geq 1 \qquad (2.73)$$

2.2.4.5 Aussetzbetrieb mit Einfluß des Anlaufvorgangs (Betriebsart S4)

Diese Betriebsart kommt hauptsächlich bei nichtgeregelten Maschinen, d.h. Maschinen, die direkt an das Versorgungssystem periodisch geschaltet werden, vor.

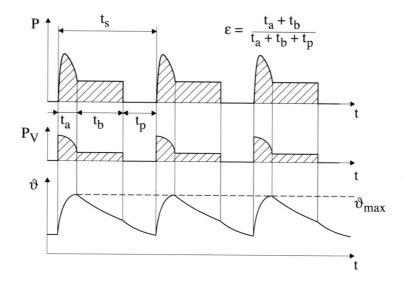

Abb. 2.16: *Aussetzbetrieb mit Einfluß des Anlaufvorgangs (S4)*

Wesentlich bei der Betriebsart S4 ist, daß aufgrund der periodischen Einschaltvorgänge und der daraus resultierenden Anlaufvorgänge eine erhöhte Belastung der Maschine eintritt.

2.2.4.6   Aussetzbetrieb mit elektrischer Bremsung (Betriebsart S5)

In Erweiterung der Betriebsart S4 wird bei der Betriebsart S5 eine zusätzliche elektrische Bremsung angenommen.

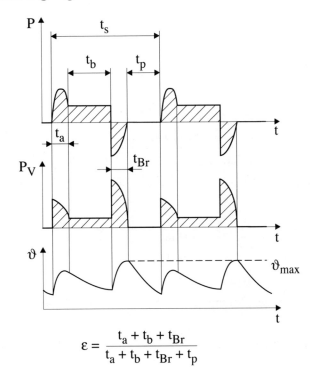

$$\varepsilon = \frac{t_a + t_b + t_{Br}}{t_a + t_b + t_{Br} + t_p}$$

Abb. 2.17: *Aussetzbetrieb mit elektrischer Bremsung (S5)*

2.2.4.7   Ununterbrochener periodischer Betrieb mit Aussetzbelastung (Betriebsart S6)

Bei dieser Betriebsart ist ein Leistungsverlauf P wie bei der Betriebsart S3 gegeben, allerdings treten nach diesen Belastungsperioden der Dauer t_b statt der Stillstandszeiten t_p nun Leerlaufzeiten t_l mit Leerlaufverlusten auf (Abb. 2.18). Damit gilt:

$$\frac{t_b}{T_b} < 3 \; ; \qquad \frac{t_l}{T_l} < 3 \tag{2.74}$$

2.2.4.8   Unterbrochener periodischer Betrieb mit elektrischer Bremsung (Betriebsart S7)

Diese Betriebsart ist eine Erweiterung der Betriebsart S5 (Einfluß der elektrischen Bremsung) ohne Pausenzeit t_p (Abb. 2.19).

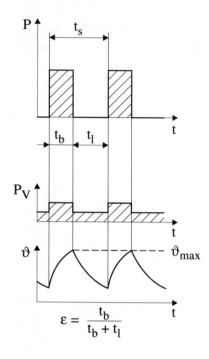

Abb. 2.18: *Ununterbrochener periodischer Betrieb mit Aussetzbelastung (S6)*

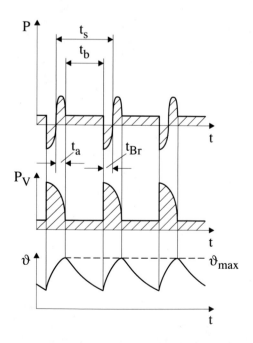

Abb. 2.19: *Ununterbrochener periodischer Betrieb mit elektrischer Bremsung (S7), relat. Einschaltdauer $\varepsilon = 1$*

2.2.4.9 Ununterbrochener periodischer Betrieb mit Last- und Drehzahländerungen (Betriebsart S8)

Ein Betrieb, der sich aus einer Folge gleichartiger Spiele zusammensetzt; jedes dieser Spiele umfaßt eine Zeit mit konstanter Belastung und bestimmter Drehzahl und anschließend eine oder mehrere Zeiten mit anderer Belastung entsprechend den unterschiedlichen Drehzahlen. (Dies wird beispielsweise durch Polumschaltung von Induktionsmotoren erreicht.) Es tritt keine Pause auf (siehe Abb. 2.20).

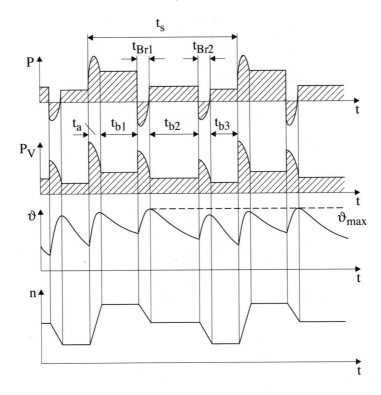

Abb. 2.20: *Ununterbrochener periodischer Betrieb mit Drehzahländerung(S8)*

2.2.4.10 Ununterbrochener Betrieb mit nichtperiodischer Last- und Drehzahländerung (Betriebsart S9)

Ein Betrieb, bei dem sich im allgemeinen Belastung und Drehzahl innerhalb des zulässigen Betriebsbereiches nichtperiodisch ändern. Bei diesem Bereich treten häufig Belastungsspitzen auf, die weit über der Vollast liegen können (siehe Abb. 2.21).

Anmerkung: Dieser Betriebsart muß eine passend gewählte Dauerbelastung als Bezugswert für das Lastspiel zugrunde gelegt werden.

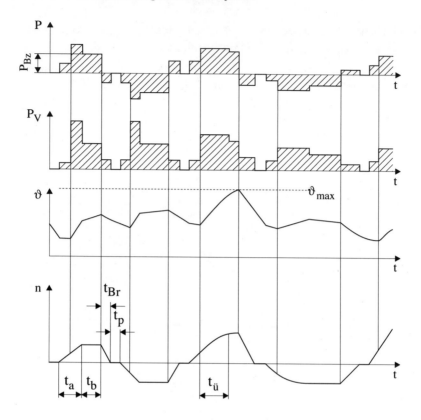

Abb. 2.21: *Ununterbrochener Betrieb mit nichtperiodischer Last- und Drehzahländerung (S9)*

2.2.4.11   Betrieb mit diskretem konstantem Belastungszustand (Betriebsart S10)

Ein Betrieb mit nicht mehr als vier diskreten Belastungswerten (oder äquivalenten Belastungen) wobei jede Zustandsdauer ausreicht, den jeweiligen thermischen Beharrungszustand der Maschine zu erreichen (Abb. 2.22).

2.2.5   Mittelwertbetrieb bei periodischer Belastung

Bei periodischer Belastung mit kleiner Spieldauer weicht die Temperatur im eingeschwungenen Zustand nur unwesentlich von einer mittleren Temperatur ab, die sich aus dem Effektivwert der Strombelastung ergibt. Es ist in diesem Fall eine Bemessung nach der effektiven Strombelastung möglich.

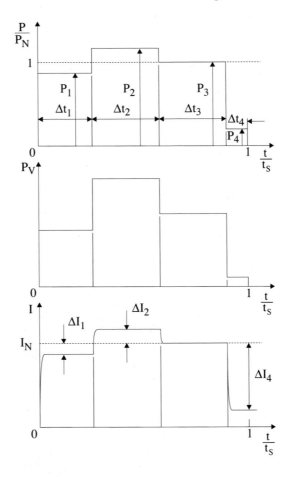

Abb. 2.22: *Betrieb mit diskretem konstantem Belastungszustand (S10)*

<u>Zeitverlauf:</u>	beliebig innerhalb einer Periode
<u>Spieldauer:</u>	$t_s < \dfrac{1}{3} \cdot T_\vartheta$
<u>Zulässige Wärmebelastung:</u>	$P_V \approx P_{Vmittel} \leq P_{VN}$
<u>Zulässige Strombelastung:</u>	$I \approx I_{eff} \leq I_N$
<u>Effektivwert der Strombelastung:</u>	Gegeben: $I = f(t)$

Anmerkung: bei Wechselstrom (Drehstrom) ist für $I(t)$ der Effektivwert $I(t) = I_{eff\sim}(t)$ einzusetzen.)

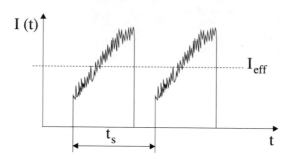

Abb. 2.23: *Betrieb bei periodischer Belastung*

$$I = f(t) \tag{2.75}$$

$$I_{eff\,therm} = \sqrt{\frac{1}{t_s} \cdot \int_0^{t_s} I(t)^2 dt} \tag{2.76}$$

$$i_{eff\,therm} = \frac{I_{eff\,therm}}{I_N} \tag{2.77}$$

<u>Integration:</u> a) allgemein $i(t)$ einsetzen

b) $i(t) = i_\sim(t) =$ abschnittweise konstant (Abb. 2.24)

$$i_{eff\,therm} = \sqrt{\frac{i_1^2 \cdot t_1 + i_2^2 \cdot t_2 + \ldots + i_k^2 \cdot t_k}{t_1 + t_2 + \ldots + t_k}} \tag{2.78}$$

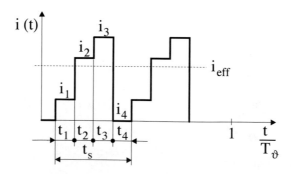

Abb. 2.24: *Betrieb bei periodischer Belastung, $i(t)$ abschnittweise konstant*

Effektivwert der Momentbelastung,
Strom und Drehmoment (allg.):

$$\frac{I}{I_N} = \frac{\dfrac{M}{M_{iN}}}{\dfrac{\Psi}{\Psi_N}} \tag{2.79}$$

$$\Psi \quad : \quad \text{Fluß}$$

$$i = \frac{m}{\psi} \tag{2.80}$$

$$i_{eff\,therm} = \sqrt{\frac{\left(\dfrac{m}{\psi}\right)_1^2 \cdot t_1 + \left(\dfrac{m}{\psi}\right)_2^2 \cdot t_2 + \ldots + \left(\dfrac{m}{\psi}\right)_k^2 \cdot t_k}{t_1 + t_2 + \ldots + t_k}} \tag{2.81}$$

$$= m_{eff\,therm} \qquad \text{bei } \psi = 1 = \text{ const.}$$

2.3 Maschinen mit mehreren Bemessungsbetrieben

a) *Maschinen mit mehreren Drehzahlen*
   Bei Maschinen mit mehreren Drehzahlen muß für jede Drehzahl der zugehörige Bemessungsbetrieb festgelegt werden.

b) *Maschinen mit veränderlichen Größen*
   Wenn eine Bemessungsgröße (Leistung, Spannung, Drehzahl usw.) mehrere Werte annehmen kann oder zwischen zwei Grenzwerten stetig veränderlich ist, muß der Bemessungsbetrieb für diese Werte oder Grenzen festgelegt werden. Diese Festlegung gilt nicht für Spannungsschwankungen von ± 5 % und nicht für die Sternschaltung bei Stern-Dreieck-Anlauf.

2.4 Aufstellungshöhe, Temperatur und Kühlmittel

Wenn vom Betreiber nichts anderes festgelegt ist, müssen die Maschinen für die folgenden Betriebsbedingungen bemessen sein:

Aufstellhöhe. Der Aufstellungsort liegt nicht über 1000 m über NN.
Umgebungstemperatur. Die Temperatur der Luft am Aufstellungsort überschreitet nicht $40°C$.
Kühlmitteltemperaturen. Bei Maschinen mit Wasserrückkühlern darf die Wassertemperatur am Kühleintritt $25°C$ nicht überschreiten.
Kleinste Umgebungstemperatur und Kühlmitteltemperaturen. Die kleinste Tem-

peratur der Luft am Aufstellungsort beträgt $-15°C$. Diese Festlegung gilt für alle Maschinen mit folgenden Ausnahmen:

(a) Wechselstrommaschinen mit Bemessungsleistungen über 3300 kW (oder kVA) je 1000 min^{-1}, Maschinen mit Bemessungsleistungen kleiner als 600 W (oder VA) und alle Maschinen mit einem Kommutator oder mit Gleitlagern. Für diese Maschinen beträgt die kleinste Umgebungstemperatur $+5°C$.

(b) Maschinen mit Wasser als primärem oder sekundärem Kühlmittel. Die kleinste Temperatur des Wassers und der umgebenden Luft beträgt $+5°C$.

Falls eine Umgebungstemperatur niedriger als oben angegeben zu erwarten ist, dann muß der Käufer die minimale Umgebungstemperatur genau angeben, zusätzlich muß er spezifizieren, ob dies nur für den Transport und die Lagerung gilt, oder ob diese Temperatur auch noch nach der Installation so niedrig sein wird.

Falls die Aufstellungshöhe 1000 m über dem Meeresspiegel liegt, dann muß die angenommene maximale Umgebungstemperatur in Abhängigkeit von den thermischen Maschineneigenschaften gesenkt werden. Eine andere Lösung besteht darin, die Leistung in Abhängigkeit von der Meereshöhe zu reduzieren (Tabelle 2.1 und Abb. 2.25).

Tabelle 2.1: *Angenommene maximale Umgebungstemperaturen*

Höhe in mm	Kühltemperatur in $°C$ bei Wärmeklasse				
	A	E	B	F	H
1000	40	40	40	40	40
2000	34	33	32	30	28
3000	28	26	24	19	15
4000	22	19	16	9	3

2.4.1   Belüftung und Kühlung

Die Belüftung bzw. Kühlung ist für die Auslegung elektrischer Maschinen von großer Bedeutung. Die im Motor entstehende Verlustwärme wird dadurch nach außen abgeführt. Je wirkungsvoller die Belüftung ausgelegt ist, um so kleiner kann der Motor bei gleicher Leistung gebaut werden, bzw. um so mehr Leistung kann ein Motor gleicher Bauart abgeben.

Für die Einteilung in die verschiedenen Kühlungsarten werden nach VDE 0530 zwei Unterscheidungsmerkmale zugrunde gelegt:

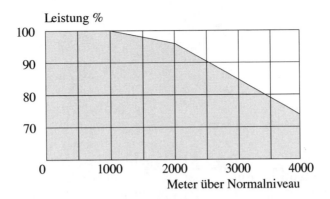

Abb. 2.25: *Angenommene maximale Umgebungstemperaturen*

- die Art des Zustandekommens der Kühlung,
- die Wirkungsweise der Kühlung.

Kühlungsarten elektrischer Maschinen:

Tabelle 2.2: *Kühlungsarten: Einteilung nach dem Zustand der Kühlung*

Nr.	Bezeichnung	Erläuterung
1.	**Selbstkühlung**	Die Maschine wird ohne Verwendung eines Lüfters durch Luftbewegung und Strahlung gekühlt.
2.	**Eigenkühlung**	Die Kühlluft wird durch einen am Rotor angebrachten oder von ihm angetriebenen Lüfter bewegt.
3.	**Fremdkühlung**	Die Kühlluft wird durch einen Lüfter bewegt, der nicht von der Welle der Maschine angetrieben wird, oder aber die Kühlung erfolgt durch ein anderes fremdbewegtes Kühlmittel.

2.4.2 Elektrische Bedingungen

a) Stromversorgung

Wechselstrommaschinen nach dieser Norm müssen für ein Drehstromnetz von 50 *Hz* oder 60 *Hz* und für Spannungen, die sich von den in DIN IEC 38 angebenen Normspannungen herleiten, geeignet sein. Bei Festlegungen über

Tabelle 2.3: *Kühlungsarten: Einteilung nach der Wirkungsweise der Kühlung*

Nr.	Bezeichnung	Erläuterung
1.	**Durchzugsbelüftung**	Die Wärme wird an die die Maschine durchströmende Kühlluft abgegeben, die sich ständig erneuert.
2.	**Oberflächenbelüftung**	Die Wärme wird von der Oberfläche der geschlossenen Maschine an das Kühlmittel abgegeben.
3.	**Kreislaufkühlung**	Die Wärme wird über ein Zwischenkühlmittel abgeführt, das die Maschine und einen Wärmetauscher im Kreislauf durchströmt.
4.	**Flüssigkeitskühlung**	Die Maschine oder Maschinenteile werden von Wasser oder von einer anderen Flüssigkeit durchströmt oder in eine Flüssigkeit eingetaucht
5.	**Direkte Leiterkühlung**	Eine oder alle Wicklungen werden durch ein Kühlmittel gekühlt, das innerhalb der Leiter oder Spulen strömt.
5.1	**Direkte Gaskühlung**	Als Kühlmittel wird ein Gas, z.B. Wasserstoff, verwendet.
5.2	**Direkte Flüssigkeitskühlung**	Als Kühlmittel wird eine Flüssigkeit, z.B. Wasser, verwendet.

die Maschinen-Bemessungsspannungen müssen die Unterschiede zwischen den Verteilungs- und den Verbraucherspannungen berücksichtigt werden.

b) Kurvenform und Symmetrie von Spannungen und Strömen

Die Maschinen müssen so ausgelegt werden, daß sie unter den Bedingungen betrieben werden können, die in den IEC 38 Abschnitten a), b) oder DIN 0530 festgelegt sind. Wechselstrommotoren müssen geeignet sein für den Betrieb an einem Netz mit einem Spannungs-Oberschwingungsfaktor (HVF) nach der Aufzählung a). Außerdem wird eine praktische symmetrische Netzspannung nach der Begriffserklärung der Aufzählung b) vorausgesetzt.

Wenn die in den Aufzählungen a) und b) festgelegten Grenzwerte bei Betrieb mit Bemessungslast gleichzeitig auftreten, so darf dies nicht zu einer unzulässigen thermischen Beanspruchung des Motors führen. Die sich an den Grenzwerten einstellenden Übertemperaturen oder Temperaturen sollten die in DIN VDE 0530 Teil 1 festgelegten Grenzwerte um nicht mehr als etwa 10 K überschreiten. Wechselstrommotoren der Ausführung N (siehe Publikation IEC 23-12: Umlaufende elektrische Maschinen, Teil 12: Anlaufverhalten von Drehstrommotoren mit Käfigläufer für Spannungen bis einschließlich 660 V) müssen für den Betrieb an einem Netz mit einem Spannungs-Oberschwingungsfaktor von höchstens 0,03 geeignet sein. Alle übrigen Drehstrommotoren (einschließlich Synchronmotoren) und Einphasen-Motoren müssen geeignet sein für den Betrieb an einem Netz mit einem SpannungsOberschwingungsfaktor von höchstens 0,02, falls vom Hersteller nicht anders angegeben.

Der Spannungs-Oberschwingungsfaktor muß nach der folgenden Beziehung berechnet werden:

$$HVF = \sqrt{\Sigma \frac{u_{(n)}^2}{n}} \tag{2.82}$$

$u_{(n)}$: auf die Bemessungsspannung U_N bezogene Oberschwingungsspannung
n : Ordungszahl der Oberschwingung (bei Drehstrommotoren nicht durch
     drei teilbar).

Gewöhnlich ist es ausreichend, Oberschwingungen mit den Ordnungszahlen $n \leq 13$ zu berücksichtigen.

c) Ein Mehrphasen-Spannungssystem gilt als praktisch symmetrisch, wenn die Spannung des Gegensystems 1 % der Spannung des Mitsystems dauernd oder 1,5 % für eine kurze, über wenige Minuten nicht hinausgehende Zeit nicht überschreitet und wenn die Spannung des Nullsystems nicht mehr als 1 % der Spannung des Mitsystems beträgt. Während der Erwärmungsprüfung muß der Spannungsanteil des Gegensystems weniger als 0,5 % des Mitsystems betragen, ein Nullsystem ist nicht zulässig. Anstelle der Spannung des Gegensystems darf der Strom des Gegensystems gemessen werden, wenn dies zwischen Hersteller und Betreiber vereinbart wurde. Der Strom des Gegensystems darf in diesem Fall 2,5 % des Stroms des Mitsystems nicht überschreiten.

d) Bei von Stromrichtern gespeisten Gleichstrommotoren wird das Betriebsverhalten der Maschine durch die den zeitlichen konstanten Anteilen überlagerten Wechselanteile in Spannung und Strom beeinträchtigt. Verluste und Erwärmung nehmen zu und die Kommutierung gestaltet sich im Vergleich zu einem von einer reinen Gleichspannungsquelle gespeisten Gleichstrommotor schwieriger.

Motoren mit Bemessungsleistungen über 5 kW, die aus einem Stromrichter gespeist werden, müssen deshalb für diesen speziellen Betrieb bemessen werden und, sofern der Motorenhersteller dies für erforderlich hält, mit einer zusätzlichen Glättungsdrossel zur Reduktion der Stromschwankungen ausgerüstet werden.

Die Speisung aus einem Stromrichter soll wie folgt durch ein Kurzzeichen gekennzeichnet werden:

$(CCC - U_{aN} - f - L)$

Bedeutung:

CCC ist das Kennzeichen der Stromrichterschaltung entsprechend einer zukünftigen IEC-Publikation. U_{aN} besteht aus drei oder vier Ziffern, die die Bemessungs-Wechselspannung an den Eingangsklemmen des Stromrichters bezeichnen; f besteht aus zwei Ziffern, die die Bemessungs-Eingangsfrequenz in Hz angeben;

L besteht aus zwei oder drei Ziffern, die die zum Ankerkreis des Motors in Reihe geschaltete Induktivität mH kennzeichnen. Falls diese Null ist, entfällt die Angabe.

Motoren mit Bemessungsleistungen bis einschließlich 5 kW können, anstelle des Betriebes mit einem speziellen Typ eines Stromrichters, für den Betrieb mit einem beliebigen Stromrichter, mit oder ohne Glättungsdrossel, ausgelegt werden, vorausgesetzt, daß der Bemessungs-Gleichstromfaktor, für den der Motor ausgelegt ist, nicht überschritten wird, und daß die Isolation des Motorankerkreises passend zu der Bemessungs-Wechselspannung an den Eingangsklemmen des Stromrichters bemessen ist.

e) Spannungs- und Frequenzschwankungen während des Betriebes

Für die Wechselstrommaschinen sind Grenzwerte der gleichzeitig auftretenden Spannungs- und Frequenzschwankungen durch die Bereiche A oder B für Generatoren in Abb. 2.26 und für Motoren in Abb. 2.27 gekennzeichnet. Für Gleichstrommaschinen, welche unmittelbar aus einem üblicherweise starren Gleichspannungsnetz gespeist werden, beziehen sich die Bereiche A und B nur auf die Spannungen.

Eine Maschine muß im Bereich A im Dauerbetrieb funktionstüchtig sein, muß dabei aber nicht alle Kenndaten des Betriebes mit den Bemessungswerten für Spannung und Frequenz vollständig erfüllen (vgl. Bemessungspunkt in Abb. 2.26 und 2.27), sondern darf einige Abweichungen hiervon aufweisen. Die Erwärmungen dürfen höher sein als bei den Bemessungswerten für Spannung und Frequenz.

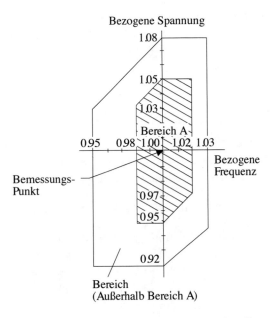

Abb. 2.26: *Spannungs- und Frequenzgrenzen für Generatoren*

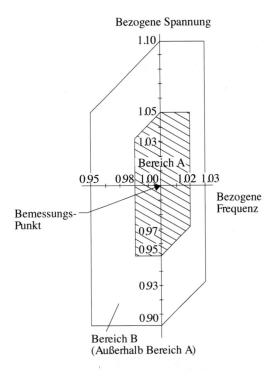

Abb. 2.27: *Spannungs- und Frequenzgrenzen für Motoren*

Eine Maschine muß innerhalb des Bereiches B funktionstüchtig sein, darf aber größere Abweichungen von den Kenndaten des Betriebes mit Bemessungsspannung und Bemessungsfrequenz aufweisen als im Bereich A. Ein Betrieb über längere Zeit an der Umgrenzung des Bereichs B wird nicht empfohlen.

f) Thermische Klassifizierung von Maschinen

Die thermische Klassifizierung nach IEC 85 muß auf die Isolierungssysteme von Maschinen angewandt werden. Die Klassifizierung von Isoliersystemen muß durch Buchstaben und nicht durch Temperaturwerte erfolgen.

Folgende Klassen sind vereinbart:

$65\ K$ für Wicklungen der Wärmeklasse A
$80\ K$ für Wicklungen der Wärmeklasse E
$90\ K$ für Wicklungen der Wärmeklasse B
$115\ K$ für Wicklungen der Wärmeklasse F
$140\ K$ für Wicklungen der Wärmeklasse H

3 Gleichstrommaschine

3.1 Einführung

Die Gleichstrommaschinen haben die große Bedeutung als drehzahlvariabler Antrieb verloren. Es besteht daher die berechtigte Frage, ob es noch sinnvoll ist, die Regelungen dieses Antriebs in der Ausbildung zu benutzen. Die Antwort ist, es ist sinnvoll, denn durch die Trennung von Ankerkreis und Feldkreis können die Regelungen in exemplarischer Klarheit erläutert werden. In diesem Kapitel wird deshalb ausgehend von dem ideal angenommenen Ankerkreis der Gleichstrom-Nebenschlussmaschine – GNM - die regelungstechnische Modellbildung der verkoppelten Strecken des Anker- und des Feldkreises vorgestellt. Es zeigt sich, dass schon kleine Änderungen in dem Betriebsbereich oder in der Konstruktion deutliche Änderungen in den Streckenstrukturen bewirken. Außerdem werden die Strecken auch noch nichtlinear, so dass sich ein interessantes Spektrum der Aufgabenstellungen ergibt. Die in diesem einführenden Kapitel verwendeten Gleichungen und Abbildungen werden aus den folgenden Kapiteln übernommen, um die regelungstechnische Modellbildung zu erläutern. Die übernommenen Gleichungen werden durch die physikalische Modellbildung ermittelt. Die physikalische Modellbildung der GNM erfolgt exemplarisch in Kapitel 13 „Physikalische Modellbildung der Gleichstrommaschine".

Die grundlegenden Funktionen bei den Drehfeldmaschinen, d.h. den Asynchronmaschinen - ASM – sowie den Synchronmaschinen - SM – werden einführend in Kapitel 5 für die ASM und in Kapitel 6 für die SM-Varianten vorgestellt. Mit diesen Kenntnissen und den Kenntnissen aus Kapitel 13 sind die Grund- bzw. Systemgleichungen für die Drehfeldmaschinen zu ermitteln, die in den Kapiteln 5 und 6 angegeben sind und mit denen die regelungstechnische Modellbildung erfolgt.

3.2 Regelungstechnische Modellbildung der Gleichstrommaschine

Um die regelungstechnische Modellbildung zu erklären, werden die physikalischen Systemgleichungen (3.1) bis (3.5) verwendet, die den Ankerkreis einer

© Springer-Verlag GmbH Deutschland, ein Teil von Springer Nature 2021
D. Schröder und R. Kennel, *Elektrische Antriebe – Grundlagen*,
https://doi.org/10.1007/978-3-662-63101-0_3

idealisierten GNM beschreiben. Die Abbildung 3.1 zeigt die Konstruktion der Gleichstrom-Nebenschlussmaschine im Querschnitt.

$$U_A \quad = \quad E_A + I_A \cdot R_A + L_A \cdot \frac{dI_A}{dt} \tag{3.1}$$

$$E_A \quad = \quad C_E \cdot N \cdot \Psi = C_M \cdot \Omega \cdot \Psi \tag{3.2}$$

$$M_{Mi} \quad = \quad C_M \cdot I_A \cdot \Psi \tag{3.3}$$

$$M_{Mi} - M_W \quad = \quad \Theta \cdot \frac{d\Omega}{dt} \quad (\Theta = \text{const.}) \tag{3.4}$$

$$C_M \quad = \quad \frac{C_E}{2\pi} \quad (\text{Maschinenkonstante}) \tag{3.5}$$

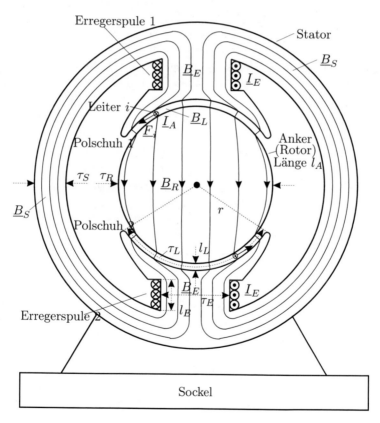

Abb. 3.1: *Magnetischer Kreis einer Gleichstrommaschine bestehend aus Stator und Rotor (Anker); ein mit dem Ankerstrom $\underline{I}_A$ durchflossener Leiter i des Rotors erfährt im Luftspaltfeld $\underline{B}_L$ eine Lorentzkraft $\underline{F}_i$, welche zu einem antreibenden Drehmoment führt*

Damit die Idealisierung möglich ist, müssen die folgenden Bedingungen erfüllt sein: keine Bürstenübergangsspannungen, keine Ankerrückwirkungen wie Ankerquerfelder und gleichbleibende Flussdichte bei den Polschuhen, vernachlässigbare Wirbelströme bei Flussänderungen, keine Sättigung der Induktivitäten, keine Reibung, keine Lüfterverluste. Wenn diese Bedingungen alle eingehalten werden, dann gelten die obigen Systemgleichungen, dies ist ein erstes physikalisches Modell der Gleichstrommaschine GNM. In Kapitel 13 werden diese Gleichungen abgeleitet.

Mit diesen Modellgleichungen kann ein regelungstechnischer Signalflussplan erstellt werden. Sollte eine oder mehrere der obigen Bedingungen nicht erfüllt sein, ändern sich die physikalischen Systemgleichungen und damit auch die Signalflusspläne.

In den folgenden Darstellungen sollen die obigen Gleichungen gültig sein, da alle Bedingungen erfüllt werden. Bei den obigen Gleichungen nehmen wir nun an, dass der Fluss $\Psi = \Psi_N = const.$ mit Ψ_N dem Nennfluss ist, dies ist die Bedingung für den Ankerstellbereich. Im Ankerstellbereich mit $\Psi = \Psi_N = const.$ und $-U_{AN} \leq U_A \leq U_{AN}$, wird der Drehzahlbereich $-N_N \leq N \leq N_N$ abgedeckt. Der Drehzahlbereich kann über $|N_N|$ erweitert werden, in dem bei $U_A = |U_{AN}|$ der Fluss Ψ zu $\Psi \leq \Psi_N$ eingestellt wird, dies ist der Feldschwächbereich. Zu beachten ist, dass mit $\Psi \leq \Psi_N$ das Drehmoment geschwächt wird, dies muss beispielsweise bei der Drehzahlregelung durch eine Division mit Ψ berücksichtigt werden.

Wenn nun angenommen wird, dass sich die Gleichstrommaschine im Ankerstellbereich befindet, dann ist $\Psi = \Psi_N = const.$ und die Multiplikation in Gleichung (3.2) ändert sich zu einem P-Glied mit konstanter Verstärkung $C_E \cdot \Psi_N$ und dem Eingangssignal N bzw. $C_M \cdot \Psi_N$ und dem Eingangssignal Ω. Entsprechend wird aus der Gleichung (3.3) ebenso ein P-Glied mit der Verstärkung $C_M \cdot \Psi_N$ und dem Eingangssignal I_A, siehe Abbildung 3.2. Der Signalflussplan ist nun li-

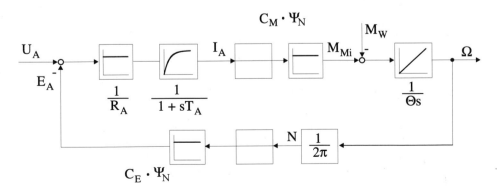

Abb. 3.2: *Signalflußplan der Gleichstrommaschine im Ankerstellbereich*

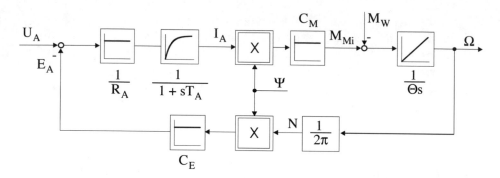

Abb. 3.3: *Signalflußplan der Gleichstrom–Nebenschlußmaschine*

near, ein großer Vorteil, denn es können die Regeln der linearen Regelungstechnik verwendet werden.

Wenn die Gleichstrommaschine sich dagegen im Feldschwächbetrieb befindet, dann sind die Ankerspannung $U_A = |(U_{AN} \pm \Delta U_A)|$ – mit ΔU_A Reserve zur Regelung des Ankerstroms I_A und U_E zeitvariant. Es gelten daher die Gleichungen (3.1) bis (3.5) für den Signalflussplan des Ankerkreises nach Abbildung 3.3. Außer dem Ankerkreis ist nun noch der Feldkreis zu berücksichtigen. Die Gleichungen (3.6) und (3.7) gelten für den Feldkreis und führen zum Signalflussplan 3.4, wenn vorausgesetzt werden kann, dass die Wirbelströme in den flussführenden mechanischen Komponenten vernachlässigbar sind.

Systemgleichung ohne Wirbelströme:

$$U_E(t) - d\Psi/dt = R_E \cdot I_E(t) \tag{3.6}$$

Systemgleichung normiert:

$$u_E(t) - T_{EN} \cdot d\psi/dt = r_E \cdot i_E(t) \tag{3.7}$$

Es gelten die Gleichungen (3.8) und (3.9) und der Signalflussplan 3.5 wenn die Wirbelströme nicht vernachlässigbar sind.
Systemgleichung Wirbelstrom

$$I_{E1}(s) = I_E(s) - s \cdot \frac{1}{R_D} \cdot \Psi(s) \tag{3.8}$$

Systemgleichung normiert

$$i_{E1}(s) = i_E(s) - s \cdot T_{DN} \cdot \psi(s) \,; \quad T_{DN} = \frac{L_{EN}}{R_D} \tag{3.9}$$

Aus den Abbildungen 3.4 und 3.5 ist zu entnehmen, dass der Fluß bzw. die Flussdichte verzögerungsfrei dem Strom I_E bzw. I_{E1} folgt. Bei den Drehfeldantrieben ist diese Erkenntnis wichtig.

Der nichtlineare Ankerkreis und der nichtlineare Feldkreis werden nun gekoppelt und ergeben Abbildung 3.6. Zusätzlich ist die nichtlineare Kennlinie zwischen der Erregerstrom I_E und dem Fluss Ψ zu beachten, die eventuell durch die Hysterese-Kennlinien ersetzt werden muss.

Die gekoppelten Signalflusspläne sind nichtlinear, Abbildung 3.6. Damit werden die Einschränkungen gegenüber der linearen Regelungstheorie wirksam, dies ist unerwünscht. Um die lineare Regelungstheorie weiter nutzen zu können, wird vereinfachend angenommen, dass aus ökonomischen Gründen die Dynamik des Feldkreises wesentlich langsamer als die Dynamik des Ankerkreises ist, da die installierte Leistung des Stellgliedes für den Feldkreis klein ist und weiterhin die Induktivität L_E groß im Vergleich zu L_A ist. Aufgrund des Unterschiedes in der Dynamik wird deshalb angesetzt, dass aufgrund der schnellen Übergangstransienten des Ankerstroms der Feldstrom sich praktisch nicht geändert hat, somit werden die nichtlinearen Multiplikationen zu P-Gliedern transformiert wie in Abbildung 3.7 dargestellt. Die Abbildung 3.7 ergibt sich durch die Linearisierung des Signalflussplans 3.6. Die zeitvariante, langsame Änderung des Flusses $\Psi(t)$ wird somit zu einer Folge von Arbeitspunkten Ψ_0. Wesentlich ist somit die hochdynamische Ankerstromregelung im Vergleich zur langsamen Dynamik des Feldkreises, die auch im Lückbereich des Ankerstroms durch den adaptiven Stromregler sicher gestellt werden muss. Zu beachten sind die vom Betriebszustand - d. h. vom Arbeitspunkt - abhängigen zeitvarianten Verstärkungen n_0, i_{A0} der P-Glieder, die somit zeitnah nachgeführt werden müssen.

Wenn stattdessen der nichtlineare Signalflussplan in Abbildung 3.6 verwendet werden soll, dann können die Verfahren aus [103] „Intelligente Verfahren – Identifikation und Regelung nichtlinearer Systeme" eingesetzt werden. Die regelungstechnische Modellbildung der Komponenten in dem Antriebssystem ist somit von großer Bedeutung.

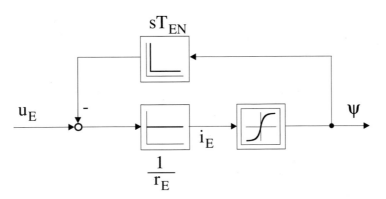

Abb. 3.4: *Normierter Signalflußplan des Erregerkreises (ohne Wirbelstromeinfluß, d.h. geblechtes Eisen)*

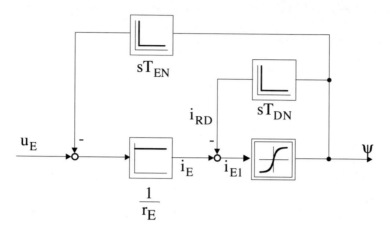

Abb. 3.5: *Normierter Signalflußplan mit Berücksichtigung der Wirbelströme*

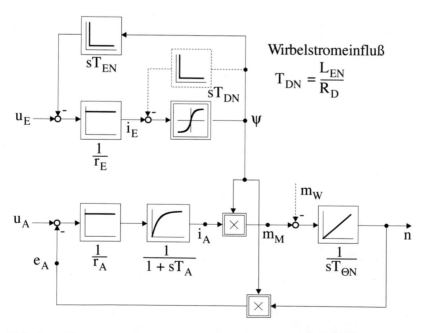

Abb. 3.6: *Normierter Signalflußplan der Gleichstrom–Nebenschlußmaschine*

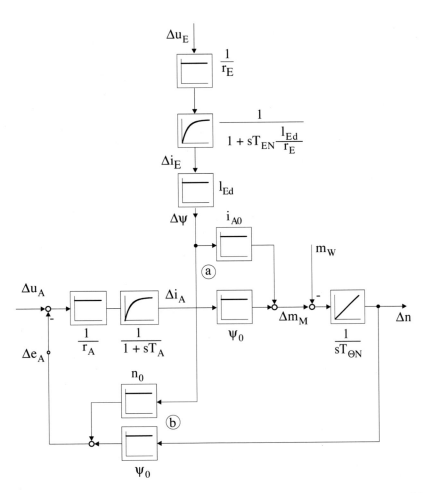

Abb. 3.7: *Normierter linearisierter Signalflußplan der Gleichstrom-Nebenschlußma-schine (ohne Wirbelstromeinfluß; Index 0: Arbeitspunktgröße)*

3.3   Signalflußplan der fremderregten Gleichstrom–Nebenschlußmaschine

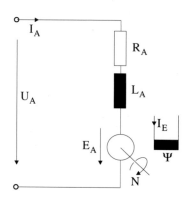

Ansatz: idealisierte Gleichstrom-
Nebenschlußmaschine: GNM

d.h.   – siehe (3.10) bis (3.14)
– nur Ankerstellbereich
– keine Wirbelströme
– keine Bürsten-Übergangsspannungen
– keine Lüfter- und Reibungsverluste
– keine Ankerrückwirkungen
– keine Sättigung der Induktivitäten

Abb. 3.8: *Prinzipschaltplan der fremderregten Gleichstrom–Nebenschlußmaschine*

3.3.1   Ankerkreis

Für den Ankerkreis gelten die in Kapitel 13.3 abgeleiteten Grundgleichungen:

$$U_A = E_A + I_A \cdot R_A + L_A \cdot \frac{dI_A}{dt} \tag{3.10}$$

$$E_A = C_E \cdot N \cdot \Psi = C_M \cdot \Omega \cdot \Psi \tag{3.11}$$

$$M_{Mi} = C_M \cdot I_A \cdot \Psi \tag{3.12}$$

$$M_{Mi} - M_W = \Theta \cdot \frac{d\Omega}{dt} \quad (\Theta = \text{const.}) \tag{3.13}$$

$$C_M = \frac{C_E}{2\pi} \quad (\text{Maschinenkonstante}) \tag{3.14}$$

Das Betriebsverhalten der GNM läßt sich anhand dieser Gleichungen leicht erarbeiten. Bei $M_{Mi} = M_W = 0$ ist $I_A = 0 \, (\Psi \neq 0)$ und stationärem Betrieb $(dI_A/dt = 0)$ ergibt sich $U_A = E_A = C_E N \Psi$. Dies bedeutet, die Drehzahl $N = U_A/(C_E\Psi)$ und kann mit der Ankerspannung U_A und dem Fluß Ψ eingestellt werden.

Wenn $\Psi = \Psi_N$ (Nennfluß Ψ_N) wird mit $-U_{AN} \leq U_A \leq U_{AN}$ der Drehzahlbereich $-N_N \leq N \leq N_N$ abgedeckt (Ankerstellbereich). Der Drehzahlbereich kann über $\mid N_N \mid$ hinaus erweitert werden, indem bei $\mid U_A \mid = \mid U_{AN} \mid$ der Fluß $\Psi < \Psi_N$ eingestellt wird (Feldschwächbereich). Zu beachten ist dabei allerdings, daß mit $\Psi < \Psi_N$ das Drehmoment M_{Mi} geschwächt wird.

Wenn nun $M_{Mi} = M_W = C_M I_A \Psi$ und stationärer Betrieb angenommen wird, dann gilt $U_A = E_A + I_A R_A$ mit $I_A = M_W / (C_M \Psi)$ bzw.
$N = U_A / (C_E \Psi) - R_A M_W / (C_E C_M \Psi^2)$, d.h. mit zunehmendem M_W (Motorbetrieb) wird N abnehmen (Nebenschlußverhalten).

Zu beachten ist, daß im Feldschwächbereich der Abfall proportional zu $1/\Psi^2$ ist. Damit ist bereits ein Grundverständnis der GNM im stationärem Betrieb erlangt. Mittels der Signalflußplan–Darstellung kann zusätzlich auch das dynamische Verhalten anschaulich erfaßt werden.

Signalflußplan des Ankerkreises

1. Gleichung (3.10):

$$U_A - E_A = I_A \cdot R_A + L_A \cdot \frac{dI_A}{dt} \tag{3.15}$$

$$\mathcal{L}[U_A - E_A] = \mathcal{L}\left[I_A \cdot R_A + L_A \cdot \frac{dI_A}{dt}\right] \tag{3.16}$$

$$U_A(s) - E_A(s) = I_A(s) \cdot [R_A + sL_A]\,; \qquad I_A(+0) = 0 \tag{3.17}$$

Übertragungsfunktion:

$$G_A(s) = \frac{I_A(s)}{U_A(s) - E_A(s)} = \frac{1}{R_A + sL_A} = \frac{1}{R_A} \cdot \frac{1}{1 + s\dfrac{L_A}{R_A}} \tag{3.18}$$

$$G_A(s) = \frac{1}{R_A} \cdot \frac{1}{1 + sT_A}\,; \qquad T_A = \frac{L_A}{R_A} \tag{3.19}$$

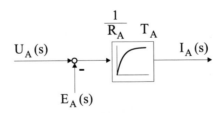

Abb. 3.9: *Signalflußplan des Ankerkreises (T_A = Ankerzeitkonstante)*

3. Gleichung (3.12):

$$M_{Mi}(t) = C_M \cdot \Psi(t) \cdot I_A(t) \tag{3.20}$$

$$M_{Mi}(s) = C_M \cdot \Psi(s) * I_A(s) \tag{3.21}$$

Die Multiplikation im Zeitbereich erfordert eine komplexe Faltung zur Ermittlung der Bildfunktion; dies resultiert im Signalflußplan in einer Nichtlinearität "NL".

Komplexe Faltung:

$$\Psi(t) \cdot I_A(t) \quad \circ\!\!-\!\!\bullet \quad \Psi(s) * I_A(s) \;=\; \frac{1}{2\pi j} \cdot \int\limits_{x-j\infty}^{x+j\infty} f_1(\tau) \cdot f_2(s-\tau)\, d\tau \qquad (3.22)$$

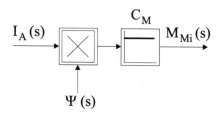

Abb. 3.10: *Signalflußplan der Drehmomentbildung*

4. Gleichung (3.13):

$$M_{Mi} - M_W \;=\; \Theta \cdot \frac{d\Omega}{dt} \qquad (3.23)$$

$$M_{Mi}(s) - M_W(s) \;=\; \Theta \cdot s \cdot \Omega(s)\,; \qquad\qquad \Omega(+0) = 0 \qquad (3.24)$$

$$G_M(s) \;=\; \frac{\Omega(s)}{M_{Mi}(s) - M_W(s)} = \frac{1}{\Theta \cdot s} \qquad (3.25)$$

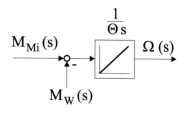

Abb. 3.11: *Signalflußplan des mechanischen Teils*

2. Gleichung (3.11):
$$E_A(t) \;=\; C_E \cdot \Psi(t) \cdot N(t) \qquad (3.26)$$

Die Multiplikation im Zeitbereich erfordert eine komplexe Faltung zur Ermittlung der Bildfunktion; dies resultiert im Signalflußplan in einer Nichtlinearität "NL".

Die Abbildungen 3.9 bis 3.12 ergeben den Signalflussplan des Ankerkreises, Abbildung 3.13.

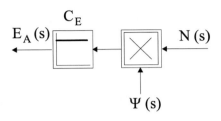

Abb. 3.12: *Signalflußplan der EMK–Bildung*

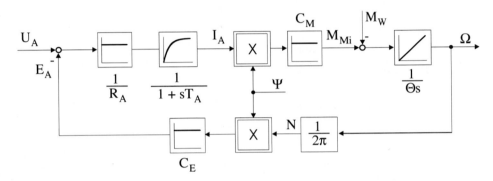

Abb. 3.13: *Signalflußplan der Gleichstrom–Nebenschlußmaschine*

Normierung

Als Bezugsgrößen werden die Nennwerte der Gleichstrom–Nebenschlußmaschine gewählt:

U_{AN}	Ankernennspannung
I_{AN}	Ankernennstrom
Ψ_N	Nennfluß
M_{iN}	Nenn-Luftspaltmoment
N_{0N}	ideelle Leerlauf-Nenndrehzahl
	(bei $U_A = U_{AN}$, $\Psi = \Psi_N$ und $M_{Mi} = 0$)
$\Omega_{0N} = 2\pi \cdot N_{0N}$	ideelle Leerlauf-Nennwinkelgeschwindigkeit
$P_{0N} = U_{AN} \cdot I_{AN}$	elektrische Nennleistung
$R_{AN} = \dfrac{U_{AN}}{I_{AN}}$	Bezugswiderstand

Einige Nennwerte sind keine Bezugsgrößen:

$$
\begin{aligned}
M_N &= \eta_{mech} \cdot M_{iN} \qquad \text{Nennmoment} \qquad (\eta_{mech}: \text{mechanischer Wirkungsgrad})\\
N_N &= \eta_{el} \cdot N_{0N} \qquad \text{Nenndrehzahl} \qquad (\eta_{el}: \text{elektrischer Wirkungsgrad})\\
P_N &= 2\pi \cdot N_N \cdot M_N \quad \text{Nennleistung} \quad (\eta = \eta_{mech} \cdot \eta_{el}: \text{Ankerwirkungsgrad})\\
&= \eta \cdot P_{0N}
\end{aligned}
$$

Den Zusammenhang zwischen den Bezugsgrößen und den Maschinenkonstanten erhält man durch Einsetzen in die unnormierten Gleichungen der Gleichstrom-Nebenschlußmaschine:

$$E_{AN} \ = \ C_E \cdot \Psi_N \cdot N_{0N} \ = \ U_{AN} \ \bigg|_{I_A = 0} \tag{3.27}$$

$$M_{iN} \ = \ C_M \cdot \Psi_N \cdot I_{AN} \ = \ \frac{M_N}{\eta_{mech}} \tag{3.28}$$

$$\Omega_{0N} \ = \ 2\pi \cdot N_{0N} \ = \ 2\pi \cdot \frac{U_{AN}}{C_E \cdot \Psi_N}\bigg|_{I_A = 0} \tag{3.29}$$

1. Gleichung (3.10):

$$U_A - E_A \ = \ I_A \cdot R_A + L_A \cdot \frac{dI_A}{dt} \tag{3.30}$$

$$\frac{\dfrac{U_A}{U_{AN}} - \dfrac{E_A}{U_{AN}}}{\left(\dfrac{I_{AN}}{U_{AN}}\right) \cdot R_A} \ = \ \frac{I_A}{I_{AN}} + \frac{L_A}{R_A} \cdot \frac{d}{dt}\left(\frac{I_A}{I_{AN}}\right) \tag{3.31}$$

$$\frac{U_A}{U_{AN}} = u_A \,; \qquad \frac{E_A}{U_{AN}} = \frac{E_A}{E_{AN}} = e_A \,; \qquad \frac{I_A}{I_{AN}} = i_A \tag{3.32}$$

$$\frac{R_A}{\dfrac{U_{AN}}{I_{AN}}} = r_A \,; \qquad \frac{L_A}{R_A} = T_A \qquad (T_A : \text{ Ankerzeitkonstante}) \tag{3.33}$$

Damit gilt normiert:

$$\frac{u_A - e_A}{r_A} \ = \ i_A + T_A \cdot \frac{di_A}{dt} \qquad \longrightarrow \qquad G_A(s) \ = \ \frac{1}{r_A} \cdot \frac{1}{1 + sT_A} \tag{3.34}$$

(Differentialgl. 1. Ordnung)   (Übertragungsfunktion)

Zeitbereich: Übergangsfunktion

$$i_A(t) \ = \ \frac{(u_A - e_A)|_0}{r_A} \cdot \left(1 - e^{-t/T_A}\right) \tag{3.35}$$

bei Anregung mit $(u_A - e_A)_0 \cdot \sigma(t)$

2. Gleichung (3.11):

$$E_A \;=\; C_E \cdot N \cdot \Psi \tag{3.36}$$

$$\frac{E_A}{U_{AN}} \;=\; \frac{E_A}{E_{AN}} \;=\; \frac{C_E \cdot N \cdot \Psi}{C_E \cdot N_{0N} \cdot \Psi_N} \tag{3.37}$$

$$\frac{N}{N_{0N}} \;=\; \frac{\Omega}{\Omega_{0N}} \;=\; n \;=\; \omega\,; \qquad \frac{\Psi}{\Psi_N} \;=\; \psi\,; \qquad \frac{E_A}{E_{AN}} \;=\; e_A \tag{3.38}$$

also normiert:

$$e_A \;=\; n \cdot \psi \;=\; \omega \cdot \psi \qquad \text{(Nichtlinearität ``NL'')} \tag{3.39}$$

3. Gleichung (3.12):

$$M_{Mi} \;=\; C_M \cdot \Psi \cdot I_A \tag{3.40}$$

$$\frac{M_{Mi}}{M_{iN}} \;=\; \frac{C_M \cdot \Psi \cdot I_A}{C_M \cdot \Psi_N \cdot I_{AN}} \tag{3.41}$$

$$\frac{\Psi}{\Psi_N} \;=\; \psi\,; \qquad \frac{I_A}{I_{AN}} \;=\; i_A\,; \qquad \frac{M_{Mi}}{M_{iN}} \;=\; m_{Mi} \tag{3.42}$$

$$\tag{3.43}$$

also normiert:

$$m_{Mi} \;=\; \psi \cdot i_A \qquad \text{(Nichtlinearität ``NL'')} \tag{3.44}$$

4. Gleichung (3.13):

$$M_{Mi} - M_W \;=\; \Theta \cdot \frac{d\Omega}{dt} \qquad (\eta_{mech} = 1) \tag{3.45}$$

$$\frac{M_{Mi}}{M_{iN}} - \frac{M_W}{M_{iN}} \;=\; \frac{\Theta \cdot \Omega_{0N}}{M_{iN}} \cdot \frac{d}{dt}\!\left(\frac{\Omega}{\Omega_{0N}}\right) \tag{3.46}$$

$$\frac{M_{Mi}}{M_{iN}} \;=\; m_{Mi}\,; \qquad\qquad \frac{M_W}{M_{iN}} \;=\; m_W \tag{3.47}$$

$$\frac{\Omega}{\Omega_{0N}} \;=\; \frac{N}{N_{0N}} \;=\; n \;=\; \omega \tag{3.48}$$

$$\frac{\Theta \cdot \Omega_{0N}}{M_{iN}} \;=\; T_{\Theta N} \qquad \text{(Trägheits-Nennzeitkonstante)} \tag{3.49}$$

und damit normiert:

$$m_{Mi} - m_W \;=\; m_M - m_W \;=\; T_{\Theta N} \cdot \frac{dn}{dt} \;=\; T_{\Theta N} \cdot \frac{d\omega}{dt} \tag{3.50}$$

Übertragungsfunktion:

$$\frac{n(s)}{m_{Mi}(s) - m_W(s)} = \frac{1}{s\, T_{\Theta N}} = G_M(s) \tag{3.51}$$

Lösung im Zeitbereich: Übergangsfunktion

$$n(t) = (m_M - m_W)|_0 \cdot \frac{t}{T_{\Theta N}} \tag{3.52}$$

bei Anregung mit $(m_M - m_W)|_0 \cdot \sigma(t)$

Damit läßt sich der normierte Signalflußplan nach Abb. 3.14 aufstellen.

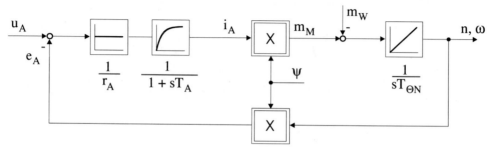

(Beachte: bei Nennfluß $\Psi = \Psi_N$ ($\psi = 1$) ist $m_M = i_A$ und $e_A = n = \omega$)

Abb. 3.14: *Normierter Signalflußplan des Ankerkreises*

3.3.2   Feldkreis, Erregerkreis

$\Psi = L_E \cdot I_E$ \qquad\qquad nichtlineare Funktion

$L_{EN} = \dfrac{\Psi_N}{I_{EN}}$ \qquad\qquad Nenninduktivität

$L_{Ed} = \dfrac{\Delta\Psi}{\Delta I_E} = f(I_E)$ \quad differentielle Induktivität

\qquad\qquad\qquad\qquad (Linearisierung im Arbeitspunkt)

Beachte: L_{Ed} ist die Steigung der Magnetisierungskennlinie (Abb. 3.15 bis 3.17); in allen folgenden Signalflußplänen wird nur die nichtlineare Funktion $\Psi = f(I_E)$ dargestellt.

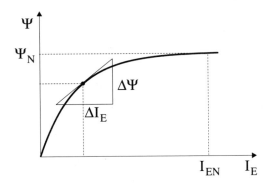

Abb. 3.15: *Mittlere Magnetisierungskennlinie ohne Hysterese*

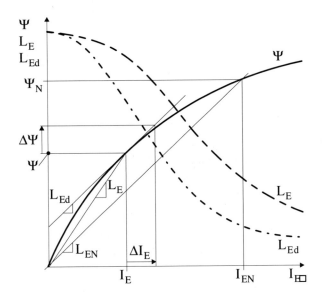

Abb. 3.16: *Kennlinien im Erregerkreis*

Spannungsgleichung:

$$U_E \;=\; R_E \cdot I_E + \frac{d\Psi}{dt} \;=\; R_E \cdot I_E + \frac{d}{dt}\Big[I_E(t) \cdot L_E(I_E)\Big] \tag{3.53}$$

Dieser Ansatz wird gewählt, um die arbeitspunktabhängige Änderung des Induktivitätswerts zu erfassen.

Bezugsgrößen für die Normierung: $U_{EN}, \; I_{EN}, \; \Psi_N$

$$R_{EN} = \frac{U_{EN}}{I_{EN}} \;; \qquad L_{EN} = \frac{\Psi_N}{I_{EN}} \;; \qquad T_{EN} = \frac{L_{EN}}{R_{EN}} \tag{3.54}$$

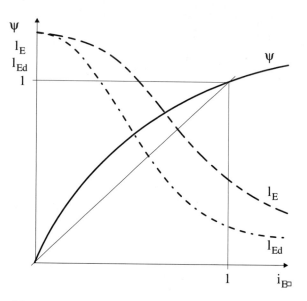

Abb. 3.17: *Normierte Kennlinien im Erregerkreis*

mit: $\dfrac{U_E}{U_{EN}} = u_E \,;$ $\dfrac{I_E}{I_{EN}} = i_E \,;$ $\dfrac{\Psi}{\Psi_N} = \psi \,;$ $\dfrac{R_E}{R_{EN}} = r_E$

   $\dfrac{L_E}{L_{EN}} = l_E(i_E)$ (nichtlinear); $\dfrac{L_{Ed}}{L_{EN}} = l_{Ed}(i_E)$ (nichtlinear)

Gleichungen des Feldkreises:

$$\Psi(t) \;=\; L_E \cdot I_E(t)\,; \qquad \underline{L_E \;=\; f(I_E)} \tag{3.55}$$

$$U_E(t) - \frac{d\Psi}{dt} \;=\; R_E \cdot I_E(t) \tag{3.56}$$

Normierung:

$$\frac{\Psi(t)}{\Psi_N} \;=\; \frac{L_E}{\Psi_N} \cdot \frac{I_E(t)}{I_{EN}} \cdot I_{EN} \;=\; \frac{L_E}{L_{EN}} \cdot \frac{I_E(t)}{I_{EN}} \tag{3.57}$$

$$\frac{U_E(t)}{U_{EN}} - \frac{d}{dt}\left(\frac{\Psi}{\Psi_N}\right) \cdot \frac{\Psi_N}{U_{EN}} \;=\; \frac{R_E}{R_{EN}} \cdot \frac{I_E(t)}{I_{EN}} \tag{3.58}$$

$$\frac{\Psi_N}{U_{EN}} \;=\; \frac{\Psi_N}{R_{EN} \cdot I_{EN}} \;=\; \frac{L_{EN} \cdot I_{EN}}{R_{EN} \cdot I_{EN}} \;=\; \frac{L_{EN}}{R_{EN}} \;=\; T_{EN} \;=\; \text{const.} \tag{3.59}$$

also im Zeitbereich:

$$\psi(t) \;=\; l_E(i_E) \cdot i_E(t) \tag{3.60}$$

$$u_E(t) - T_{EN} \cdot \frac{d\psi}{dt} \;=\; r_E \cdot i_E(t) \tag{3.61}$$

und damit im Laplace-Bereich am Arbeitspunkt (quasistationärer Zustand):

$$\psi(s) \;=\; l_E(i_E) \cdot i_E(s) \tag{3.62}$$

$$u_E(s) - s \cdot T_{EN} \cdot \psi(s) \;=\; r_E \cdot i_E(s) \tag{3.63}$$

Die Gleichungen (3.62) und (3.63) ergeben den Signalflußplan in Abb. 3.18.

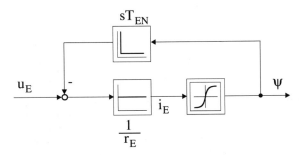

Abb. 3.18: *Normierter Signalflußplan des Erregerkreises (ohne Wirbelstromeinfluß, d.h. geblechtes Eisen)*

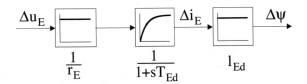

Abb. 3.19: *Normierter linearisierter Signalflußplan des Erregerkreises (ohne Wirbel-stromeinfluß)*

Linearisierung (Kleinsignalverhalten):

Mit Gl. (3.64) und (3.67) ergibt sich der Signalflußplan in Abb. 3.19.

Mit $L_{Ed} = \dfrac{\Delta\Psi}{\Delta I_E}$ bzw. $l_{Ed} = \dfrac{L_{Ed}}{L_{EN}} = \dfrac{\Delta\psi}{\Delta i_E} = f(i_E)$ ergibt sich:

$$\Delta\psi(s) \;=\; l_{Ed} \cdot \Delta i_E(s) \tag{3.64}$$

$$\Delta u_E(s) - s\,T_{EN} \cdot \Delta\psi(s) \;=\; r_E \cdot \Delta i_E(s) \tag{3.65}$$

Durch Einsetzen von Gl. (3.64) in Gl. (3.65) erhält man:

$$\Delta u_E(s) \;=\; \Delta i_E(s) \cdot (r_E + s\,T_{EN} \cdot l_{Ed}) \tag{3.66}$$

$$\Delta i_E(s) \;=\; \Delta u_E(s) \cdot \frac{1}{r_E} \cdot \frac{1}{1 + s\,T_{EN} \cdot \dfrac{l_{Ed}}{r_E}} \;=\; \Delta u_E(s) \cdot \frac{1}{r_E} \cdot \frac{1}{1 + s\,T_{Ed}} \tag{3.67}$$

$$T_{Ed} \;=\; T_{EN} \cdot \frac{l_{Ed}}{r_E} \tag{3.68}$$

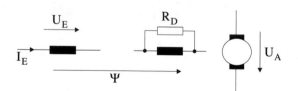

Abb. 3.20: *Wirbelstromproblematik*

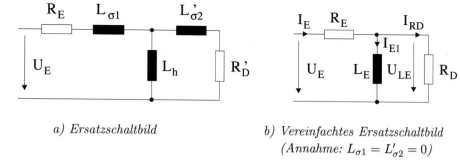

a) Ersatzschaltbild

b) Vereinfachtes Ersatzschaltbild
(Annahme: $L_{\sigma 1} = L'_{\sigma 2} = 0$)

Abb. 3.21: *Ersatzschaltbilder des Erregerkreises*

Wenn die Maschine *nicht vollständig geblecht* ist, werden im magnetischen Kreis bei Stromänderungen Flußänderungen und damit *Wirbelströme* auftreten. Dadurch ändert sich der Signalflußplan um den elektrischen Pfad mit R_D (Abb. 3.20 und 3.21). Nach Abb. 3.21.b gilt:

$$U_{LE} = \frac{d\Psi}{dt} = L_E \cdot \frac{dI_{E1}}{dt} = R_D \cdot I_{RD} \tag{3.69}$$

$$I_{E1} = I_E - I_{RD} = I_E - \frac{L_E}{R_D} \cdot \frac{dI_{E1}}{dt} = I_E - \frac{1}{R_D} \cdot \frac{d\Psi}{dt} \tag{3.70}$$

$$I_E = \frac{1}{R_E} \cdot (U_E - U_{LE}) = \frac{1}{R_E} \cdot \left(U_E - \frac{d\Psi}{dt} \right) \tag{3.71}$$

$$\Psi = L_E \cdot I_{E1} \, ; \qquad \underline{L_E = f(I_{E1})} \tag{3.72}$$

Im Laplace-Bereich lauten die Gleichungen (3.70) bis (3.72):

$$I_{E1}(s) = I_E(s) - s \cdot \frac{1}{R_D} \cdot \Psi(s) \tag{3.73}$$

$$I_E(s) = \frac{1}{R_E} \cdot (U_E(s) - s \cdot \Psi(s)) \tag{3.74}$$

$$\Psi(s) = L_E(I_{E1}) \cdot I_{E1}(s) \tag{3.75}$$

Mit diesen Gleichungen ergibt sich der Signalflußplan in Abb. 3.22.

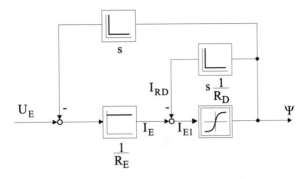

Abb. 3.22: *Signalflußplan mit Berücksichtigung der Wirbelströme*

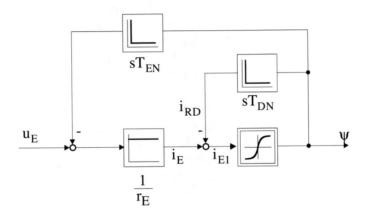

Abb. 3.23: *Normierter Signalflußplan mit Berücksichtigung der Wirbelströme*

Normierung:

Mit $\Psi_N = L_{EN} \cdot I_{EN} = U_{EN} \cdot T_{EN}$ ergibt sich:

$$\frac{I_{E1}(s)}{I_{EN}} = \frac{I_E(s)}{I_{EN}} - s \cdot \frac{1}{R_D} \cdot \frac{\Psi(s)}{\Psi_N} \cdot \frac{\Psi_N}{I_{EN}} = \frac{I_E(s)}{I_{EN}} - s \cdot \frac{L_{EN}}{R_D} \cdot \frac{\Psi(s)}{\Psi_N} \qquad (3.76)$$

$$\frac{I_E(s)}{I_{EN}} = \frac{1}{I_{EN}} \cdot \frac{I_{EN}}{U_{EN}} \cdot \frac{R_{EN}}{R_E} \cdot \left(\frac{U_E(s)}{U_{EN}} \cdot U_{EN} - s \cdot \frac{\Psi(s)}{\Psi_N} \cdot U_{EN} \cdot T_{EN} \right) \qquad (3.77)$$

$$\frac{\Psi(s)}{\Psi_N} = \frac{L_E}{\Psi_N} \cdot \frac{I_{E1}(s)}{I_{EN}} \cdot I_{EN} = \frac{L_E}{L_{EN}} \cdot \frac{I_{E1}(s)}{I_{EN}} \qquad (3.78)$$

und somit:

$$i_{E1}(s) \; = \; i_E(s) - s \cdot T_{DN} \cdot \psi(s) \, ; \qquad T_{DN} \; = \; \frac{L_{EN}}{R_D} \qquad (3.79)$$

$$i_E(s) \; = \; \frac{1}{r_E} \cdot (u_E(s) - s \cdot T_{EN} \cdot \psi(s)) \qquad (3.80)$$

$$\psi(s) \; = \; l_E(i_{E1}) \cdot i_{E1}(s) \qquad (3.81)$$

Mit diesen Gleichungen ergibt sich der normierte Signalflußplan in Abb. 3.23.

3.3.3   Zusammenfassung von Ankerkreis und Erregerkreis

In Kapitel 3.3.1 wurde der Signalflussplan des Ankerkreises und in Kapitel 3.3.2 die Signalflusspläne des Feldkreises entwickelt. Wie weiterhin in Kapitel 3.2 dargelegt wurde, sind bei dem Feldschwächbetrieb sowohl der Ankerkreis als auch der Feldkreis in Betrieb, Abbildung 3.24. Die Signalflusspläne beider Stromkreise sind gekoppelt, Abbildung 3.25 und nichtlinear. Die Nichtlinearitäten sind die beiden Multiplikationen bei der Moment– und der EMK–Bildung im Ankerkreis sowie die Nichtlinearität $\psi = f(i_E)$ im Erregerkreis. Derartige nichtlineare Signalflußpläne sind nur nach einer Linearisierung am Arbeitspunkt mit den linearen Methoden der Regelungstechnik zu bearbeiten (Analyse und Synthese). Nach Anwendung der Produktregel (siehe Kap. 3.4.3) ergibt sich der linearisierte Signalflußplan der GNM in Abb. 3.26.

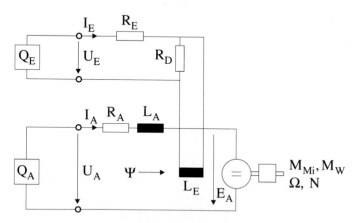

Abb. 3.24: *Schaltplan der fremderregten Gleichstrom–Nebenschlußmaschine*

Im Folgenden sind die Gleichungen der GNM in den Tabellen 3.1 bis 3.3 sowie die zugehörigen Signalflußbilder und Übergangsfunktionen in Abb. 3.27 zusammengefaßt dargestellt.

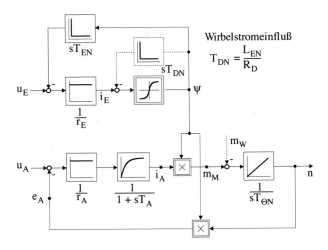

Abb. 3.25: *Normierter Signalflußplan der Gleichstrom–Nebenschlußmaschine*

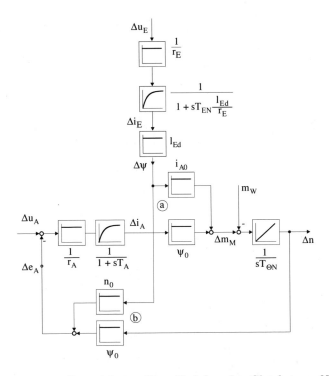

Abb. 3.26: *Normierter linearisierter Signalflußplan der Gleichstrom-Nebenschlußmaschine (ohne Wirbelstromeinfluß; Index 0: Arbeitspunktgröße)*

Tabelle 3.1: *Gleichungen und Bezugswerte bei der Gleichstrom–Nebenschlußmaschine*

Bild	Gleichungen	Nenn- und Bezugswerte
(a)	Ankerkreis: $U_A - E_A = I_A \cdot R_A + L_A \cdot \dfrac{dI_A}{dt}$	Nenn- und Bezugswerte: $U_{AN}, I_{AN}, R_{AN}, L_{AN}, \Psi_N,$ $M_N, N_N, N_{0N}, \Omega_{0N}$
(b)	$E_A = C_E \cdot N \cdot \Psi$	Nennspannung U_{AN}: $U_{AN} = E_{AN} = C_E \cdot N_{0N} \cdot \Psi_N$
(c)	$M_{Mi} = C_M \cdot I_A \cdot \Psi$	Nennmoment M_N, Luftspaltmoment M_{iN}: $M_{iN} = C_M \cdot I_{AN} \cdot \Psi_N = \dfrac{M_N}{\eta_{mech}}$
(d)	$M_M - M_W = \Theta \cdot \dfrac{d\Omega}{dt}$ ($\Theta =$const.)	Leerlauf-Nenndrehzahl N_{0N}: $N_{0N} = \dfrac{U_{AN}}{C_E \cdot \Psi_N}$ $C_E = 2\pi \cdot C_M$
(e)	Erregerkreis: $\Psi = I_E \cdot L_E$	Nenn- und Bezugswerte: $U_{EN}, I_{EN}, R_{EN}, L_{EN}, \Psi_N$ Induktivität L_E: $L_E = \dfrac{\Psi}{I_E} = f(\Psi)$ Nenninduktivität L_{EN}: $L_{EN} = \dfrac{\Psi_N}{I_{EN}}$
(f)	linearisiert am Arbeitspunkt: $\Delta\Psi = \Delta I_E \cdot L_{Ed}$	differentielle Induktivität L_{Ed}: $L_{Ed} = \dfrac{\Delta\Psi}{\Delta I_E} = f(\Psi)$ Erreger-Nennspannung U_{EN}:
(g)	$U_E = I_E \cdot R_E + \dfrac{d\Psi}{dt}$	$U_{EN} = I_{EN} \cdot R_{EN}$

Tabelle 3.2: *Normierung der Ankerkreis-Gleichungen*

Bild	Normierung	Normierte Größen	Differential-gleichung	Übergangs-funktion (t)	Übertragungs-funktion (s)
(a)	$$\frac{\left(\dfrac{U_A}{U_{AN}} - \dfrac{E_A}{U_{AN}}\right)}{\left(\dfrac{I_{AN} \cdot R_A}{U_{AN}}\right)} = \frac{I_A}{I_{AN}} + \frac{L_A}{R_A} \cdot \frac{d}{dt}\left(\frac{I_A}{I_{AN}}\right)$$	$$\frac{U_A}{U_{AN}} = u_A; \quad \frac{E_A}{U_{AN}} = e_A$$ $$\frac{I_A}{I_{AN}} = i_A$$ $$\frac{R_A}{\left(\dfrac{U_{AN}}{I_{AN}}\right)} = r_A$$ $$\frac{L_A}{R_A} = T_A$$	$$\frac{u_A - e_A}{r_A}$$ $$= i_A + T_A \cdot \frac{di_A}{dt}$$	$$\frac{i_A}{(u_A - e_A)}\Big|_0$$ $$= \frac{1}{r_A} \cdot \left(1 - e^{-t/T_A}\right)$$	$$\frac{i_A}{u_A - e_A}$$ $$= \frac{1}{r_A} \cdot \frac{1}{1 + sT_A}$$
(b)	$$\frac{E_A}{U_{AN}} = \frac{N \cdot \Psi}{N_{0N} \cdot \Psi_N}$$	$$\frac{N}{N_{0N}} = \frac{\Omega}{\Omega_{0N}} = n = \omega$$ $$\frac{\Psi}{\Psi_N} = \psi$$	$$e_A = n \cdot \psi = \omega \cdot \psi$$		
(c)	$$\frac{M_{Mi}}{M_{iN}} = \frac{I_A \cdot \Psi}{I_{AN} \cdot \Psi_N}$$	$$\frac{M_{Mi}}{M_{iN}} = m_{Mi} = m_M$$ $$(\eta_{mech} = 1)$$	$$m_M = i_A \cdot \psi$$		
(d)	$$\frac{M_M}{M_{iN}} - \frac{M_W}{M_{iN}}$$ $$= \frac{\Theta \cdot \Omega_{0N}}{M_{iN}} \cdot \frac{d}{dt}\left(\frac{\Omega}{\Omega_{0N}}\right)$$	$$\frac{M_W}{M_{iN}} = m_W$$ $$\frac{\Theta \cdot \Omega_{0N}}{M_{iN}} = T_{\Theta N}$$	$$m_M - m_W$$ $$= T_{\Theta N} \cdot \frac{dn}{dt}$$	$$\frac{n}{(m_M - m_W)}\Big|_0 = \frac{t}{T_{\Theta N}}$$	$$\frac{n}{m_M - m_W} = \frac{1}{sT_{\Theta N}}$$

Tabelle 3.3: *Normierung der Erregerkreis-Gleichungen*

Bild	Normierung	Norm. Größen	Differential-gleichung	Übergangs-funktion (t)	Übertragungs-funktion (s)
(e)	$\dfrac{\Psi}{\Psi_N} = \dfrac{I_E \cdot L_E}{I_{EN} \cdot L_{EN}}$	$\dfrac{I_E}{I_{EN}} = i_E$ $\dfrac{L_E}{L_{EN}} = l_E(i_E)$ $T_{DN} = \dfrac{L_{EN}}{R_D}$	$l_E \cdot T_{DN} \cdot \dfrac{d\psi}{dt} + \psi$ $= i_E \cdot l_E$	$\dfrac{\psi}{i_E}\Big|_0$ $= l_E \cdot \left(1 - e^{-t/l_E T_{DN}}\right)$	$\dfrac{\psi}{i_E} = \dfrac{l_E}{1 + s l_E T_{DN}}$
(f)	$\dfrac{\Delta\Psi}{\Psi_N} = \dfrac{\Delta I_E \cdot L_{Ed}}{I_{EN} \cdot L_{EN}}$	$\dfrac{\Delta I_E}{I_{EN}} = \Delta i_E$ $\dfrac{\Delta\Psi}{\Psi_N} = \Delta\psi$ $\dfrac{L_{Ed}}{L_{EN}} = l_{Ed}(i_E)$	$l_{Ed} \cdot T_{DN} \cdot \dfrac{d\Delta\psi}{dt} + \Delta\psi$ $= \Delta i_E \cdot l_{Ed}$	$\dfrac{\Delta\psi}{\Delta i_E}\Big|_0$ $= l_{Ed} \cdot \left(1 - e^{-t/l_{Ed} T_{DN}}\right)$	$\dfrac{\Delta\psi}{\Delta i_E} = \dfrac{l_{Ed}}{1 + s l_{Ed} T_{DN}}$
(g)	$\dfrac{U_E}{U_{EN}} - \dfrac{L_{EN} \cdot I_{EN}}{R_{EN} \cdot I_{EN}} \cdot \dfrac{d}{dt}\left(\dfrac{\Psi}{\Psi_N}\right)$ $= \dfrac{I_E \cdot R_E}{I_{EN} \cdot R_{EN}}$	$\dfrac{U_E}{U_{EN}} = u_E$ $\dfrac{R_E}{R_{EN}} = r_E$ $T_{EN} = \dfrac{L_{EN}}{R_{EN}}$ $T_E = \dfrac{L_E(i_E)}{R_E}$ $T_D = \dfrac{L_E(i_E)}{R_D}$	$u_E - T_{EN} \cdot \dfrac{d\psi}{dt}$ $= i_E \cdot r_E$		$i_E = \dfrac{u_E - s T_{EN} \cdot \psi}{r_E}$ $= \dfrac{u_E}{r_E} \cdot \dfrac{1 + s T_D}{1 + s(T_E + T_D)}$

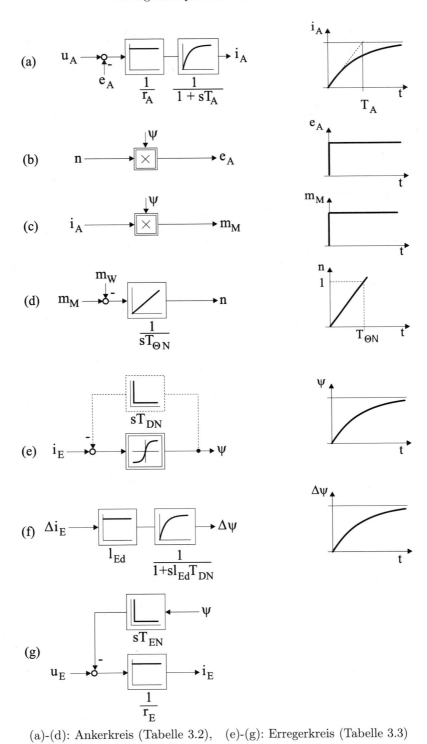

(a)-(d): Ankerkreis (Tabelle 3.2),   (e)-(g): Erregerkreis (Tabelle 3.3)

Abb. 3.27: *Normierte Signalflußbilder mit Übergangsfunktionen*

3.4 Signalflußpläne, Übergangsverhalten

3.4.1 Führungsverhalten und Führungs-Übertragungsfunktion

$$n(s) \; = \; G_1(s) \cdot u_A(s) \tag{3.82}$$

mit $m_W(t) = 0$ (keine Störgrößen)

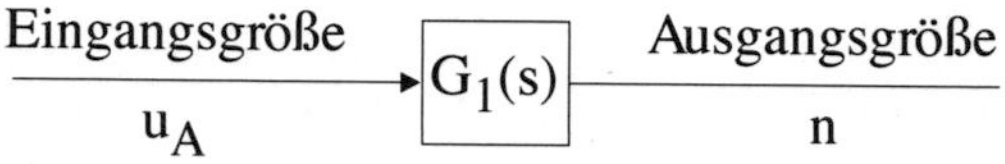

Eingangsgröße
$\dfrac{\qquad\qquad}{u_A}$ $\rightarrow$ $\boxed{G_1(s)}$ $\dfrac{\text{Ausgangsgröße}}{n}$

$\psi \; = \; \text{const.} \; = \; \psi_0$
$0 \; < \; \psi_0 \; \leq \; 1$

Abb. 3.28: *Übertragungsfunktion* $G_1(s)$

Mittels Abb. 3.14 läßt sich errechnen:

$$G_1(s) \; = \; \frac{1}{\dfrac{1}{G_v(s)} - G_r(s)} \; = \; \frac{G_v(s)}{1 - G_v(s) \cdot G_r(s)} \tag{3.83}$$

mit $G_r = -\psi_0$ und $G_v(s) = \dfrac{1}{r_A} \cdot \dfrac{1}{1 + s\,T_A} \cdot \psi_0 \cdot \dfrac{1}{s\,T_{\Theta N}}$

$$G_1(s) \; = \; \frac{\dfrac{1}{r_A} \cdot \dfrac{1}{1 + s\,T_A} \cdot \psi_0 \cdot \dfrac{1}{s\,T_{\Theta N}}}{1 + \dfrac{1}{r_A} \cdot \dfrac{1}{1 + s\,T_A} \cdot \psi_0 \cdot \dfrac{1}{s\,T_{\Theta N}} \cdot \psi_0}$$

$$= \; \frac{1}{\psi_0 \cdot \left[1 + (1 + s\,T_A) \cdot s\,T_{\Theta N} \cdot \dfrac{r_A}{\psi_0^2}\right]} \tag{3.84}$$

Mit $T_{\Theta St} = T_{\Theta N} \cdot \dfrac{r_A}{\psi_0^2}$ und $T_{\Theta N} = \dfrac{\Theta \cdot \Omega_{0N}}{M_{iN}}$ ergibt sich allgemein:

$$G_1(s) \; = \; \frac{1}{\psi_0 \cdot (1 + (1 + s\,T_A) \cdot s\,T_{\Theta St})} \; = \; \frac{1}{\psi_0 \cdot (1 + s\,T_{\Theta St} + s^2\,T_A T_{\Theta St})} \tag{3.85}$$

und der zusammengefaßte Signalflußplan (Abb. 3.29).

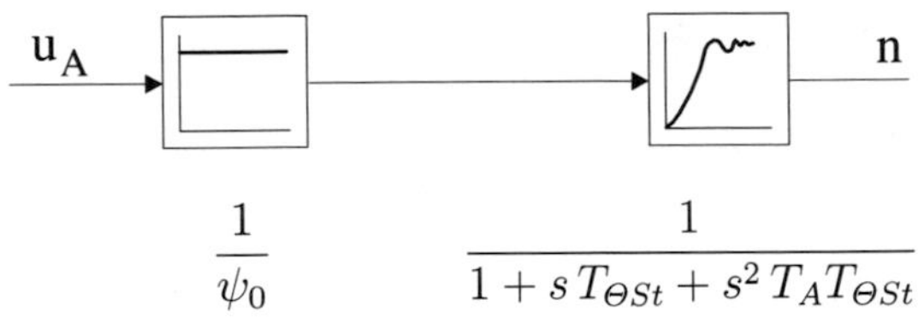

$$u_A \longrightarrow \boxed{} \longrightarrow \boxed{} \quad n$$

$$\frac{1}{\psi_0} \qquad\qquad \frac{1}{1 + s\,T_{\Theta St} + s^2\,T_A T_{\Theta St}}$$

Abb. 3.29: *Zusammengefaßter Signalflußplan ($T_{\Theta St}$ = Stillstandszeitkonstante)*

Zur Analyse des Nennerpolynoms in Gl. (3.85) wird das

Normpolynom: $\qquad\qquad \dfrac{1}{1 + s\,2\,D\,T + s^2 T^2} \qquad$ verwendet

Dämpfungsfaktor: $\qquad D$

Resonanzkreisfrequenz: $\quad \Omega_0 = \dfrac{1}{T}$

Koeffizientenvergleich: $\quad T^2 \;=\; T_A \cdot T_{\Theta St}$
$\qquad\qquad\qquad\qquad\quad 2\,D\,T \;=\; T_{\Theta St}$

$$\Longrightarrow \quad D = \frac{1}{2} \cdot \sqrt{\frac{T_{\Theta St}}{T_A}} \quad\quad T = \sqrt{T_A \cdot T_{\Theta St}}$$

normale GNM allein: $\qquad D < 1$

mit Arbeitsmaschine: $\qquad D > 1$ im allgemeinen, als Ein-Massen–System
$\qquad\qquad\qquad\qquad\qquad$ angenommen!

Für den Fall $T_A \leq \dfrac{T_{\Theta St}}{4}$ ergibt sich aperiodisches Verhalten ($D \geq 1$), und es ist die Zerlegung von $G_1(s)$ in eine Serienschaltung zweier PT$_1$-Glieder möglich.

$$G_1(s) \;=\; \frac{1}{\psi_0 \cdot (1 + sT_A') \cdot (1 + sT_{\Theta St}')}$$

$$=\; \frac{1}{\psi_0 \cdot (1 + s(T_A' + T_{\Theta St}') + s^2 T_A' T_{\Theta St}')} \qquad (3.86)$$

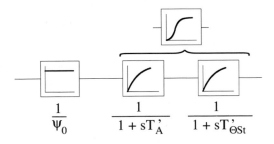

Abb. 3.30: *Signalflußplan für aperiodisches Verhalten*

Durch Vergleich der Nennerpolynome in Gl. (3.85) und Gl. (3.86) ergibt sich:

$$T_{\Theta St} = T'_A + T'_{\Theta St} \quad \text{und} \quad T_A \cdot T_{\Theta St} = T'_A \cdot T'_{\Theta St} \tag{3.87}$$

Daraus folgen die Bestimmungsgleichungen:

$$T'_{\Theta_{1,2}} = +\frac{T_{\Theta St}}{2} \pm \sqrt{\frac{T^2_{\Theta St}}{4} - T_A \cdot T_{\Theta St}} \tag{3.88}$$

$$T'_{A St} = \frac{T_A \cdot T_{\Theta St}}{T'_\Theta} \tag{3.89}$$

Für $T_A \ll \dfrac{T_{\Theta St}}{4}$ gilt:

$$T'_{\Theta St} \approx T_{\Theta St} \quad \text{und} \quad T'_A \approx T_A \tag{3.90}$$

<u>Zeitverläufe:</u>

Anregung

Sprungantwort

1) $T_A = 0$

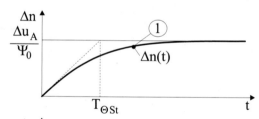

2) $T_A \leq \dfrac{T_{\Theta St}}{4}$

3) $T_A > \dfrac{T_{\Theta St}}{4}$

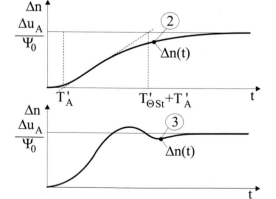

Abb. 3.31: *Sprungantwort für verschiedene Ankerzeitkonstanten*

3.4.2   Lastverhalten und Stör–Übertragungsfunktion

Gesucht:

$$n(s) = G_2(s) \cdot m_W(s) \quad \text{bei} \quad u_A(t) = \text{const.} \quad \text{und} \quad \psi = \psi_0 = \text{const.}$$

Es gilt entsprechend Kap. 3.4.1 und Abb. 3.14:

$$G_2(s) = -\frac{\dfrac{1}{s\,T_{\Theta N}}}{1 + \left(\dfrac{1}{1 + s\,T_A} \cdot \dfrac{1}{s\,T_{\Theta N}} \cdot \dfrac{\psi_0^2}{r_A}\right)} = -\frac{r_A}{\psi_0^2} \cdot \frac{1 + s\,T_A}{1 + (1 + s\,T_A) \cdot s\,T_{\Theta St}} \qquad (3.91)$$

Hinweis: Die Nennerpolynome der Führungs- und der Stör–Übertragungsfunktion sind gleich, da es sich um den gleichen geschlossenen Regelkreis handelt.

Analog zur Führungs-Übertragungsfunktion $G_1(s)$ ergibt sich bei Ausmultiplikation des Nenners:

$$\text{allgemein} \quad : \qquad 1 + s\,T_{\Theta St} + s^2 T_A T_{\Theta St}$$

$$\text{für} \quad T_A < \frac{T_{\Theta St}}{4} \quad : \quad \left(1 + sT_A'\right) \cdot \left(1 + sT_{\Theta St}'\right)$$

$$\text{für} \quad T_A \ll \frac{T_{\Theta St}}{4} \quad : \quad \approx (1 + sT_A) \cdot (1 + sT_{\Theta St})$$

Damit kann für den Fall $T_A \ll \dfrac{T_{\Theta St}}{4}$ abgeleitet werden:

$$G_2(s) \approx -\frac{r_A}{\psi_0^2} \cdot \frac{1 + sT_A}{(1 + sT_A) \cdot (1 + sT_{\Theta St})} = -\frac{r_A}{\psi_0^2} \cdot \frac{1}{1 + sT_{\Theta St}} = -\frac{1}{\dfrac{\psi_0^2}{r_A} + s\,T_{\Theta N}}$$

$$(3.92)$$

Die Anfangstangente der Sprungantwort ist unabhängig von r_A, ψ_0, T_A.

3.4.3   Einfluß von ψ auf n (Feldschwächung)

Gesucht wird anhand von Abb. 3.14:

$$G_3 = \frac{n(s)}{\psi(s)} \quad \text{bei} \quad u_A(t) = \text{const.} \quad \text{und} \quad m_W(t) = 0$$

Ansatz mit linearisiertem Signalflußplan: „Produktregel", d.h. Linearisierung am Arbeitspunkt:

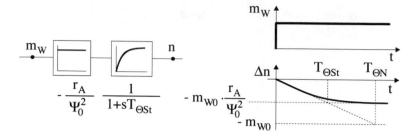

Abb. 3.32: *Vereinfachter Signalflußplan und Zeitverlauf (Lastsprung)*

$$m_M = i_A \cdot \psi \quad \longrightarrow \quad \Delta m_M \approx i_{A0} \cdot \Delta\psi + \psi_0 \cdot \Delta i_A \qquad (3.93)$$

$$e_A = n \cdot \psi \quad \longrightarrow \quad \Delta e_A \approx n_0 \cdot \Delta\psi + \psi_0 \cdot \Delta n \qquad (3.94)$$

Mit

$$n(s) = \frac{1}{sT_{\Theta N}} \cdot m_B(s); \quad \Delta n(s) = \frac{1}{sT_{\Theta N}} \cdot \Delta m_M(s); \quad m_W(t) = 0$$

und

$$i_A(s) = \frac{u_A(s) - e_A(s)}{r_A(1 + sT_A)}; \quad \text{mit } \Delta u_A(s) = 0$$

folgt aus Gl. (3.93):

$$\Delta m_M(s) = \Delta\psi(s) \cdot i_{A0} - \psi_0 \cdot \frac{1}{r_A} \cdot \frac{1}{1 + sT_A} \cdot \Delta e_A(s) \qquad (3.95)$$

$$\Delta n(s) = \frac{1}{sT_{\Theta N}} \cdot \left(\Delta\psi(s) \cdot i_{A0} - \frac{\psi_0}{r_A} \cdot \frac{1}{1 + sT_A} \cdot \underbrace{(n_0 \cdot \Delta\psi(s) + \psi_0 \cdot \Delta n(s))}_{\Delta e_A(s) \text{ aus Gl. (3.94)}} \right) \qquad (3.96)$$

$$\Delta n(s) \cdot \left(1 + \frac{1}{sT_{\Theta N}} \cdot \frac{\psi_0^2}{r_A} \cdot \frac{1}{1 + sT_A} \right) = \frac{1}{sT_{\Theta N}} \cdot \left(i_{A0} \cdot \Delta\psi(s) - \frac{n_0\psi_0}{r_A} \cdot \frac{1}{1 + sT_A} \cdot \Delta\psi(s) \right) \qquad (3.97)$$

$$\Delta n(s) \cdot \left(\frac{sT_{\Theta N} \cdot r_A \cdot (1 + sT_A)}{\psi_0^2} + 1 \right) = \Delta\psi(s) \cdot \left(\frac{i_{A0} \cdot r_A \cdot (1 + sT_A)}{\psi_0^2} - \frac{n_0}{\psi_0} \right) \qquad (3.98)$$

$$\Delta n(s) \cdot (sT_{\Theta St} \cdot (1 + sT_A) + 1) = \frac{\Delta\psi(s)}{\psi_0} \cdot \left(\frac{i_{A0} \cdot r_A}{\psi_0} \cdot (1 + sT_A) - n_0 \right) \qquad (3.99)$$

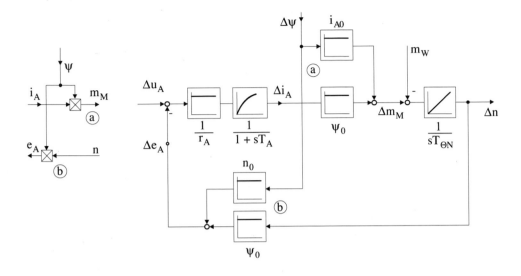

Abb. 3.33: *Linearisierung am Arbeitspunkt (Index 0: Arbeitspunktgröße)*

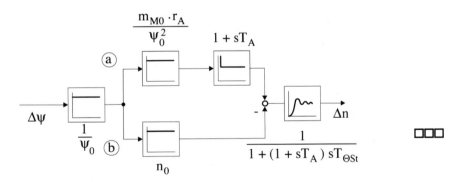

Abb. 3.34: *Linearisierter Signalflußplan (Index 0: Arbeitspunktgröße)*

Mit $i_{A0} = \dfrac{m_{M0}}{\psi_0}$ (Arbeitspunktgröße) und $T_{\Theta St} = T_{\Theta N} \cdot \dfrac{r_A}{\psi_0^2}$ ergibt sich dann nach elementarer Umformung:

$$\Delta n(s) \approx \frac{\Delta \psi(s)}{\psi_0} \cdot \left[m_{M0} \cdot \frac{r_A}{\psi_0^2} \cdot (1 + sT_A) - n_0 \right] \cdot \frac{1}{1 + (1 + sT_A) \cdot sT_{\Theta St}} \quad (3.100)$$

$$G_3(s) = \frac{\Delta n(s)}{\Delta \psi(s)} = \frac{(1 + sT_A) \cdot \dfrac{r_A}{\psi_0^2} \cdot i_{A0} - \dfrac{n_0}{\psi_0}}{1 + (1 + sT_A) \cdot sT_{\Theta St}} \quad (3.101)$$

Vereinfachungen, Näherungen:

$$\text{mit } \frac{i_{A0} \cdot r_A}{\psi_0} \ll n_0 : \qquad G_3(s) \approx -\frac{n_0}{\psi_0} \cdot \frac{1}{1 + (1 + sT_A) \cdot s\, T_{\Theta St}}$$

$$\text{und zusätzlich } T_A \ll \frac{T_{\Theta St}}{4} : \quad G_3(s) \approx -\frac{n_0}{\psi_0} \cdot \frac{1}{(1 + sT_A) \cdot (1 + sT_{\Theta St})}$$

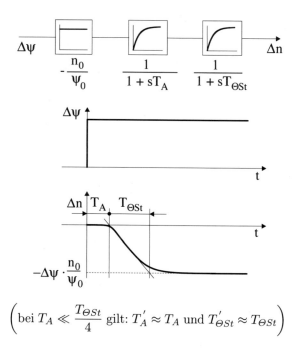

$$\left(\text{bei } T_A \ll \frac{T_{\Theta St}}{4} \text{ gilt: } T_A' \approx T_A \text{ und } T_{\Theta St}' \approx T_{\Theta St} \right)$$

Abb. 3.35: *Vereinfachter Signalflußplan und Zeitverhalten für* $T_A \ll \dfrac{T_{\Theta St}}{4}$

3.4.4　Zusammengefaßter Plan (linearisiert, überlagert, vereinfacht)

Mit den zusammengefaßten und vereinfachten Gleichungen

$$\Delta n(s) \approx \left[(\Delta u_A - \Delta \psi \cdot n_0) \cdot \frac{1}{\psi_0} \cdot \frac{1}{1 + sT_A} - \Delta m_W \cdot \frac{r_A}{\psi_0^2} \right] \cdot \frac{1}{1 + sT_{\Theta St}} \tag{3.102}$$

$$\Delta \psi(s) \approx \Delta u_E \cdot \frac{l_{Ed}}{r_E} \cdot \frac{1}{1 + s\, T_{EN} \cdot \underbrace{\dfrac{l_{Ed}}{r_E}}_{T_{Ed}}} \tag{3.103}$$

ergibt sich der Signalflußplan in Abb. 3.36.

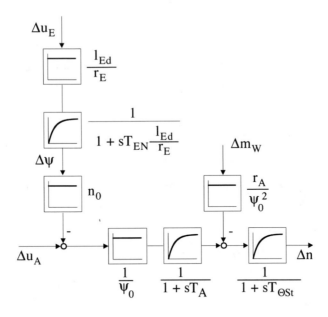

Abb. 3.36: *Zusammengefaßter Signalflußplan (linearisiert, überlagert, vereinfacht)*

Für den Signalflußplan gilt:

Parameter: n_0, ψ_0, l_{Ed} im Arbeitspunkt

Variablen: Δu_A, $\Delta \psi$, Δm_W

gültig für: $T_A \ll \dfrac{T_{\Theta St}}{4}$ und $\dfrac{m_{M0} \cdot r_A}{\psi_0^2} \ll n_0$

Zahlenwerte:

P_N	10	100	1000	kW
r_A	0,07	0,03	0,01	
T_A	10	30	50	ms
$T_{\Theta St}$	200	100		ms
T_{EN}		500		ms

($T_{\Theta St}$ gilt für den Motor allein, mit Arbeitsmaschine bis 1000 ms oder mehr)

3.5　Steuerung der Drehzahl

3.5.1　Drehzahlsteuerung durch die Ankerspannung

Es gilt nach Gl. (3.85) und (3.91):

$$
G_1(s) = \frac{n(s)}{u_A(s)} = \frac{1}{\psi_0} \cdot \frac{1}{1 + sT_{\Theta St} + s^2 T_A T_{\Theta St}} \qquad \begin{aligned} \psi_0 &= \text{const.} \\ m_W &= 0 \end{aligned}
$$

$$
G_2(s) = \frac{n(s)}{m_W(s)} = -\frac{r_A}{\psi_0^2} \cdot \frac{1 + sT_A}{1 + sT_{\Theta St} + s^2 T_A T_{\Theta St}} \qquad \begin{aligned} u_A &= \text{const.} \\ \psi_0 &= \text{const.} \end{aligned}
$$

für $T_A \ll \dfrac{T_{\Theta St}}{4}$:

$$
G_2(s) \approx -\frac{r_A}{\psi_0^2} \cdot \frac{1}{1 + sT_{\Theta St}} \tag{3.104}
$$

Aus dem zusammengefaßten Plan ergibt sich durch Superposition:

$$
n(s) = G_1(s) \cdot u_A(s) + G_2(s) \cdot m_W(s) \qquad \text{(exakt)} \tag{3.105}
$$

für $T_A \ll \dfrac{T_{\Theta St}}{4}$:

$$
n(s) \approx \frac{1}{\psi_0} \cdot \frac{u_A(s)}{(1 + sT_A) \cdot (1 + sT_{\Theta St})} - \frac{r_A}{\psi_0^2} \cdot \frac{m_W(s)}{1 + sT_{\Theta St}} \tag{3.106}
$$

<u>stationär bzw. quasistationär:</u> Zeitbereich: $\dfrac{d}{dt} \approx 0$; s-Bereich: $s \to 0$:

$$
n = \frac{1}{\psi_0} \cdot u_A - \frac{r_A}{\psi_0^2} \cdot m_W \tag{3.107}
$$

Im <u>Ankerstellbereich</u> ist u_A variabel und $\psi_0 = 1 = \text{const.}$

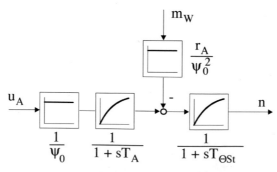

Abb. 3.37: *Vereinfachter Signalflußplan für $T_A \ll \dfrac{T_{\Theta St}}{4}$ und konstanten Fluß ψ_0*

Kennlinien für die Steuerung durch Ankerspannung

Für den stationären Fall siehe auch Signalflußpläne und Übertragungsfunktionen.

Fluß: $\psi_0 = 1 = $ const.   **Ankerstellbereich**

Drehzahl: $n = u_A - m_M \cdot r_A$ (stationärer Fall: $m_W = m_M = i_A$)
                   Nennkennlinie: $u_A = 1$

Nennpunkte: $m_M = 0$; $n = 1$ (Leerlauf)
                   $m_M = 1$; $n = n_N$ (Nennlast)
                   $n = 1 - r_A$

Spannungsquelle: $e_Q = u_A + i \cdot r_Q = 1 + r_Q$ (im Nennpunkt)

                   $i_Q = i_A = 1$ (im Nennpunkt)

                   e_Q : Quellenspannung

                   r_Q : Innenwiderstand der Quelle

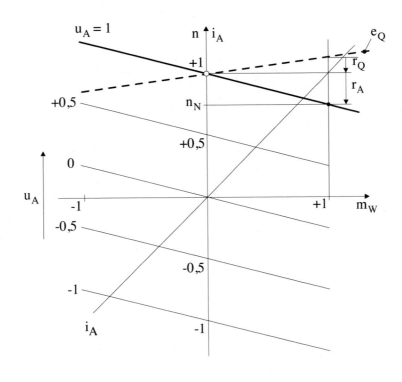

Abb. 3.38: *Kennlinien im Ankerstellbereich (Parameter u_A)*

3.5.2   Steuerung durch den Fluß

Bei einer Verstellung des Fluß-Arbeitspunktes im Bereich $\psi_{min} \leq \psi_0 \leq 1$ und bei $u_A = $ const. gilt entsprechend Gl. (3.107) für stationäre bzw. quasistationäre Vorgänge:

$$n = \frac{1}{\psi_0} \cdot u_A - \frac{r_A}{\psi_0^2} \cdot m_M \qquad (3.108)$$

Zu beachten ist, daß aufgrund von $n = u_A/\psi_0$ und aufgrund einer Restmagnetisierung (Moment) bei $\psi_0 \to 0$ die Drehzahl $n \to \infty$ geht; dies ist der Grund für die Begrenzung $\psi_0 \geq \psi_{min}$.

Im Feldschwächbereich ist $u_A = u_N = $ const.; also gilt:

$$n = \frac{u_N}{\psi_0} - \frac{r_A}{\psi_0^2} \cdot m_M \qquad (3.109)$$

$$m_M = i_A \cdot \psi_0 \qquad (3.110)$$

Kennlinien für die Steuerung durch den Fluß (Abb. 3.39):

Drehzahl : $n = \underbrace{\frac{u_N}{\psi_0}}_{\text{Leerlaufdrehzahl}} - \underbrace{\frac{m_M \cdot r_A}{\psi_0^2}}_{\text{Drehzahlabfall bei Belastung}}$

Strom: $i_A = \frac{m_M}{\psi_0}$

Darstellung : $n = f(m)$ mit $u_A = u_N = 1$ (reiner Feldschwächbetrieb)

$$\implies \quad n = \frac{1}{\psi_0} - \frac{m_M \cdot r_A}{\psi_0^2}$$

Beachte:
Der Drehzahlabfall durch r_A/ψ_0^2 nimmt mit abnehmenden ψ_0 quadratisch zu; der Strombedarf $i_A = m_M/\psi_0$ nimmt linear zu!

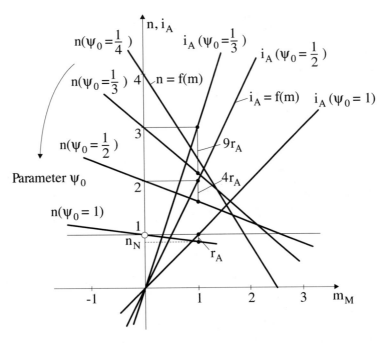

Abb. 3.39: *Kennlinien bei Feldschwächung*

3.5.3   Steuerung durch Ankerspannung und Feld

3.5.3.1   Stationäres Verhalten, Kennlinien

$$n = \frac{u_A}{\psi_0} - \frac{r_A}{\psi_0^2} \cdot m_M \qquad (3.111)$$

Ankerstellbereich: $0 \le u_A \le 1$; $\psi_0 = 1$,   d.h. $p_A = u_A \cdot i_A$
$\rightarrow$ lin. Anstieg mit u_A

Feldstellbereich: $0 < \psi_0 < 1$; $u_A = 1$,   d.h. $p_A = p_{Amax} = u_A \cdot i_A = 1$
$\rightarrow$ konstant bei $i_A = 1$

Vorteil des Feldschwächens:

Erhöhung des Drehzahlbereiches ohne leistungsmäßige Überdimensionierung von Maschine und Stellglied.

Nachteil:

Abnehmendes Moment; Stellglied für den Fluß bzw. für i_E nötig.

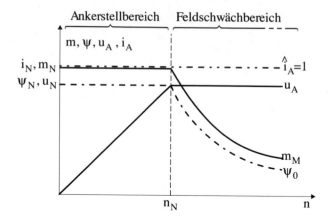

Abb. 3.40: *Ankerstrom und -spannung, Fluß und Moment in Abhängigkeit der Drehzahl*

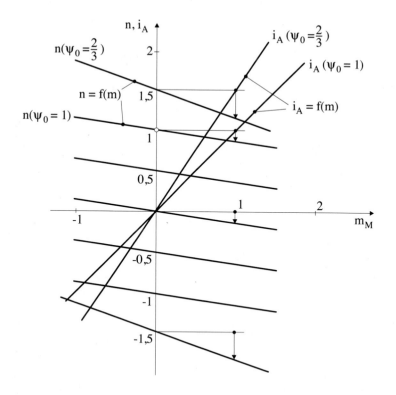

Abb. 3.41: *Kennlinienfeld für die kombinierte Anker– und Feldsteuerung*

3.5.3.2 Zeitverhalten

Das zeitliche Verhalten der Drehzahl wird im Laplace-Bereich durch die Übertragungsfunktionen

$$G_1(s) \;=\; \frac{n(s)}{u_A(s)} \tag{3.112}$$

$$G_2(s) \;=\; \frac{n(s)}{m_W(s)} \tag{3.113}$$

$$\text{und}\quad G_3(s) \;=\; \frac{n(s)}{\psi(s)} \tag{3.114}$$

beschrieben, wenn man jeweils für die mechanische Stillstandszeitkonstante

$$T_{\Theta St} \;=\; T_{\Theta N} \cdot \frac{r_A}{\psi_0^2} \tag{3.115}$$

setzt (vergl. auch die Ableitung in Kap. 3.4.3).

3.5.4 Drehzahl-Steuerung durch Vorwiderstand im Ankerkreis

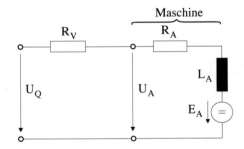

Abb. 3.42: *Ersatzschaltbild der GNM mit Vorwiderstand R_V*

<u>Normierung</u>: $\quad R_A^\star \;=\; R_A + R_V \;=\; R_A \cdot \left(1 + \dfrac{R_V}{R_A}\right)$ $\tag{3.116}$

$$\Longrightarrow \quad r_A^\star \;=\; r_A \cdot (1 + r_V) \tag{3.117}$$

<u>Drehzahl</u>: $\quad n \;=\; \dfrac{u_Q}{\psi_0} - m_M \cdot \dfrac{r_A}{\psi_0^2} \cdot (1 + r_V)$ $\tag{3.118}$

<u>Strom</u>: $\quad i_A \;=\; \dfrac{m_M}{\psi_0}$ $\tag{3.119}$

<u>Steuerverhalten</u>: – einseitig

                 – belastungsabhängig, d.h. von Momentanforderung

                 – mit Verlusten

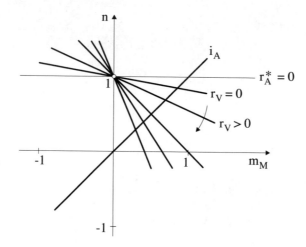

Abb. 3.43: *Kennlinienfeld für Steuerung durch Vorwiderstand mit $u_Q = 1$ und $\psi_0 = 1$*

Zeitverhalten:
$$T_A^\star = \frac{L_A}{R_A + R_V} = T_A \cdot \frac{1}{(1 + r_V)} \tag{3.120}$$

$$T_{\Theta St}^\star = T_{\Theta N} \cdot \frac{r_A^\star}{\psi_0^2} = T_{\Theta N} \cdot \frac{r_A(1 + r_V)}{\psi_0^2} \tag{3.121}$$

3.5.4.1 Drehzahlverstellung durch geschaltete Vorwiderstände

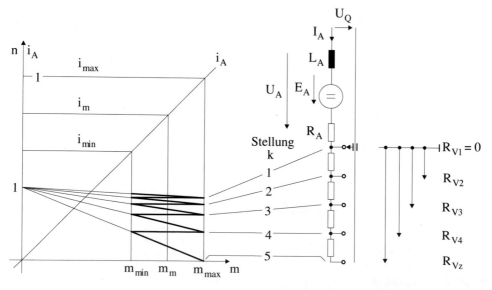

Abb. 3.44: *Vorgang im Kennlinienfeld (Beispiel: Anfahren)*

Kenndaten:

Motor: $\quad\quad\quad u_Q = 1, \quad u_A$ variabel, $\psi_0 = 1$ $\quad\quad$ (Ankerstellbereich)

Vorwiderstand: $\quad R_{Vk} = R_{V1} \ldots R_{Vz}; \quad R_{V1} = 0$

Gleichungen: $\quad\quad m_M = i_A$

$\quad\quad\quad\quad\quad$ Einschalten: $m_{Mmax} = m_{max}$

$\quad\quad\quad\quad\quad$ Umschalten: $m_{Mmin} = m_{min}$

$$u_Q = e_A + i_A \cdot r_A^\star; \quad \text{mit} \quad r_A^\star = r_A \cdot (1 + r_{Vk})$$

$\quad\quad\quad\quad\quad$ letzte Stufe: $\quad r_{V1} = 0$

$\quad\quad\quad\quad\quad$ beliebige Stufe: $\quad r_{Vk} = \dfrac{R_{Vk}}{R_A}; \quad n = e_A$

$$n = u_Q - m_M \cdot r_A \cdot (1 + r_{Vk}) \tag{3.122}$$

Aufgabe : $\quad\quad$ Dimensionierung der gestuften Vorwiderstände

Anfangsstellung $(\mathrm{k} = \mathrm{z})$: $\quad n = n_z, \quad m_M = m_{max}, \quad r_{Vk} = r_{Vz}$

Einsetzen in die Kennliniengleichung und Auflösen nach r_{Vz} ergibt:

Gesamt-Vorwiderstand

$$1 + r_{Vz} = \frac{u_Q - n_z}{m_{max} \cdot r_A} \tag{3.123}$$

(Beispiel: Anfahren aus dem Stillstand: $u_Q = 1; \quad n_z = 0$)

Fortschalten $\quad k \Rightarrow k - 1$

Stellung $\quad\quad k: \quad i_A = m_M = m_{min}; \quad\quad n_k = u_Q - m_{min} \cdot r_A \cdot (1 + r_{Vk})$

$\quad\quad\quad\quad k - 1: \quad i_A = m_M = m_{max}; \quad n_{k-1} = u_Q - m_{max} \cdot r_A \cdot (1 + r_{Vk-1})$

Beim schnellen Umschalten von Stufe k auf Stufe $k - 1$ ändert sich die Drehzahl momentan nicht:

$$n_k = n_{k-1} \tag{3.124}$$

$$m_{min} \cdot (1 + r_{Vk}) = m_{max} \cdot (1 + r_{Vk-1}) \tag{3.125}$$

Eine Stufe:

$$\frac{1 + r_{Vk}}{1 + r_{Vk-1}} = \frac{m_{max}}{m_{min}} = \lambda = \frac{i_{max}}{i_{min}} \quad\quad (\lambda : \text{Stufenfaktor}) \tag{3.126}$$

Bestimmung: Stufenzahl $\leftrightarrow$ Vorwiderstände

k Stufen:

$$\frac{1+r_{V2}}{1+r_{V1}} \cdot \frac{1+r_{V3}}{1+r_{V2}} \cdot \quad \cdots \quad \cdot \frac{1+r_{Vk}}{1+r_{Vk-1}} \;=\; \frac{1+r_{Vk}}{1+r_{V1}} \tag{3.127}$$

k **gleiche** Stufen:

$$\lambda \cdot \lambda \cdot \quad \cdots \quad \cdot \lambda \;=\; \lambda^{k-1} \;=\; \frac{1+r_{Vk}}{1+r_{V1}} \tag{3.128}$$

Mit $r_{V1} = 0$ folgt:

$$1 + r_{Vk} \;=\; \lambda^{k-1} \tag{3.129}$$

Es war in der Anfangsstellung $(k = z)$:

$$1 + r_{Vz} \;=\; \frac{u_Q - n_z}{m_{max} \cdot r_A} \;=\; \lambda^{z-1} \tag{3.130}$$

Damit ergibt sich für den **Stufenfaktor λ**, wenn z gegeben ist:

$$\lambda \;=\; \sqrt[z-1]{\frac{u_Q - n_z}{m_{max} \cdot r_A}} \;=\; \frac{m_{max}}{m_{min}} \tag{3.131}$$

oder für die Zahl der benötigten Stellungen, wenn λ gegeben ist:

$$(z - 1) \cdot \log \lambda \;=\; \log \left(\frac{u_Q - n_z}{m_{max} \cdot r_A} \right) \tag{3.132}$$

$$z \;\geq\; \left[\left(\frac{\log \dfrac{u_Q - n_z}{m_{max} \cdot r_A}}{\log \dfrac{m_{max}}{m_{min}}} \right) + 1 \right] \qquad z \in \mathrm{N}^+ \tag{3.133}$$

Nachteil: Die Gesamtverlustleistung verringert sich durch diese Methode nicht. Sie wird lediglich vom Motor teilweise auf die Vorwiderstände verlagert.

Wenn weder $\lambda = \dfrac{m_{max}}{m_{min}}$ noch z gegeben ist, muß zumindest das erforderliche mittlere Moment gegeben sein.

$$m_m \;=\; \frac{m_{max} + m_{min}}{2} \tag{3.134}$$

Gesucht: z und $\lambda = \dfrac{m_{max}}{m_{min}}$

Es gilt:

$$m_{max} = \frac{\lambda}{1+\lambda} \cdot 2 \cdot m_m \qquad (3.135)$$

$$m_{min} = \frac{1}{1+\lambda} \cdot 2 \cdot m_m \qquad (3.136)$$

Aus

$$\lambda^{z-1} = \frac{u_Q - n_z}{m_{max} \cdot r_A} = \frac{1+\lambda}{\lambda} \cdot \underbrace{\frac{u_Q - n_z}{r_A \cdot 2 \cdot m_m}}_{e} \qquad (3.137)$$

ergibt sich:

$$\lambda^z - e \cdot \lambda - e = 0 \qquad (3.138)$$

Iterativ lösbar für z, so daß $\lambda < \lambda_{max}$.

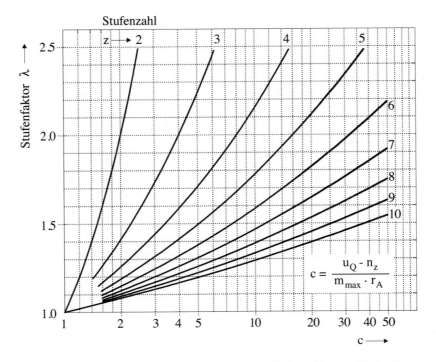

Abb. 3.45: *Diagramm zur Bestimmung von Stufenzahl bzw. Stufenfaktor*

3.6   Zeitliches Verhalten bei Spannungs- und Stromsteuerung

Bei mittleren und großen Gleichstrommaschinen stellt man fest, daß die – mit Drehzahländerungen verbundenen – mechanischen Ausgleichsvorgänge mindestens eine Größenordnung langsamer ablaufen als die elektrischen Ausgleichsvorgänge. Das berechtigt bei der Behandlung der mechanischen Ausgleichsvorgänge, die elektrischen Zeitkonstanten zu vernachlässigen ($T_{\Theta St} \gg 4T_A$; $T_A \approx 0$; $L_A \approx 0$). Die Drehzahländerung kann dabei entweder durch sprungförmige Änderung der Ankerspannung oder durch Einprägung des Ankerstroms (Stromregelung) erfolgen.

3.6.1   Drehzahländerung durch Spannungsumschaltung

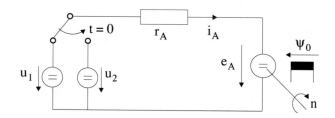

Abb. 3.46: *Schaltbild für Spannungsumschaltung*

Annahme: $m_W = 0$ und $\psi_0 = $ const.

Zur Zeit $t \leq 0$ habe der Antrieb die Anfangsdrehzahl $n_1 = \dfrac{u_1}{\psi_0}$
bei $i_A = 0$ (idealer Leerlauf).

Zur Zeit $t = 0$ erfolge die Umschaltung auf die Spannung u_2.

Mit den Beziehungen

Anfangszustand (Anfangsdrehzahl n_1)	Endzustand (Enddrehzahl n_2)
$u_2 = \psi_0 \cdot n_1 + i_A \cdot r_A$	$u_2 = \psi_0 \cdot n_2$

und mit

$$m_B = m_M = \psi_0 \cdot i_A = T_{\Theta N} \cdot \frac{dn}{dt} \qquad (3.139)$$

$$i_A = \left. \frac{u_2 - \psi_0 \cdot n}{r_A} \right|_{T_A = 0} \qquad (3.140)$$

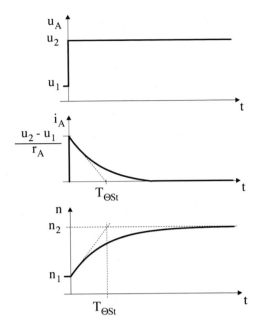

Abb. 3.47: *Zeitverlauf von Drehzahl und Ankerstrom bei einem Sprung der Ankerspannung*

ergibt sich eine Differentialgleichung erster Ordnung:

$$T_{\Theta St} \cdot \frac{dn}{dt} + n = \frac{u_2}{\psi_0} \tag{3.141}$$

Für die Drehzahl in Abhängigkeit von der Zeit folgt:

$$n(t) = n_2 - (n_2 - n_1) \cdot e^{-t/T_{\Theta St}} \tag{3.142}$$

Mit $\psi_0 \cdot i_A = m_M = T_{\Theta N} \cdot \dfrac{dn}{dt}$ ergibt sich der Stromverlauf:

$$i_A(t) = \frac{u_2 - u_1}{r_A} \cdot e^{-t/T_{\Theta St}} \tag{3.143}$$

3.6.2 Drehzahländerung mit konstantem Strom

Annahme: $m_W = 0$ und $\psi_0 = $ const. Zur Zeit $t \leq 0$ habe die Maschine die Drehzahl n_1. Zur Zeit $t = 0$ wird der Strom $i_A = -i_0 = $ const. eingeprägt. Ausgehend von

$$m_M = \psi_0 \cdot i_A = T_{\Theta N} \cdot \frac{dn}{dt} \tag{3.144}$$

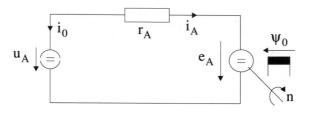

Abb. 3.48: *Schaltbild für Stromeinprägung*

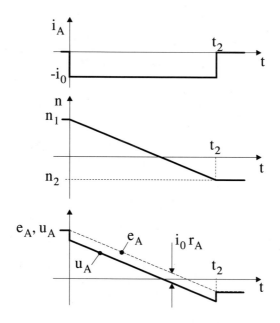

Abb. 3.49: *Zeitverläufe bei Stromeinprägung (Annahme: $L_A = 0$)*

ergibt sich mit $i_A = -i_0$

$$n(t) = n(+0) + \int_0^t \frac{\psi_0 \cdot i_A}{T_{\Theta N}} d\tau \qquad \text{oder} \qquad n(t) = n_1 - \frac{i_0 \cdot \psi_0}{T_{\Theta N}} \cdot t \qquad (3.145)$$

Mit $e_A = \psi_0 \cdot n$ folgt für die induzierte Spannung der Maschine:

$$e_A(t) = \psi_0 \cdot n_1 - \frac{i_0 \psi_0^2}{T_{\Theta N}} \cdot t \qquad (3.146)$$

Für die Spannung der speisenden Quelle erhält man:

$$u_A(t) = e_A(t) + i_A \cdot r_A$$

$$= e_A(t) - i_0 \cdot r_A \qquad (3.147)$$

(Beachte: Im Ankerkreis der realen Gleichstrommaschine ist die Ankerinduktivität L_A vorhanden. Stromänderungen erfordern aufgrund von $U_L = L_A \cdot dI_A/dt$ eine Spannungszeitfläche $\int U_L dt$, die eine der Stromänderung ΔI_A entsprechende Flußänderung $\Delta\psi_A$ in L_A hervorrufen.)

3.7 Arbeitsbereich-Grenzen der fremderregten Gleichstrommaschine

Der Arbeitsbereich (AB) einer fremderregten Gleichstrommaschine (GM) mit Spannungs- und Feldsteuerung läßt sich durch drei charakteristische Teilbereiche beschreiben (Abb. 3.50). Dabei müssen die zulässigen Maximalwerte nicht mit den Nennwerten übereinstimmen.

Die Beschreibung erfolgt (unnormiert) für den 1. Quadranten des M-N-Diagramms.

3.7.1 Bereich 1: Spannungsverstellung im Ankerkreis

$$U_A \leq U_{Amax}, \quad \Psi = \Psi_{max}, \quad N \leq N_g \qquad (3.148)$$

In diesem Bereich wird die maximale Erregung in der Maschine eingestellt. Mit zunehmender Drehzahl steigt dann die induzierte Spannung E_A der Maschine

$$E_A = C_E \cdot \Psi_{max} \cdot N; \qquad \Psi_{max} = \text{const.}; \qquad E_A \sim N \qquad (3.149)$$

mit der Drehzahl N linear an. Man kann nun die angelegte Maschinenspannung U_A mit der Drehzahl N so verstellen, daß sich in der Maschine der noch kommutierbare Maximalstrom I_{Amax} einstellt:

$$U_A \;=\; E_A + R_A \cdot I_{Amax} \qquad (3.150)$$

$$U_A \;=\; C_E \cdot \Psi_{max} \cdot N + I_{Amax} \cdot R_A \qquad (3.151)$$

Damit kann die Maschine in diesem Bereich das maximale Moment

$$M_{max} \;=\; C_M \cdot \Psi_{max} \cdot I_{Amax}; \qquad M_{max} = \text{const.} \qquad (3.152)$$

entwickeln, und für die mechanische Leistung findet man den Zusammenhang

$$P = M_{max} \cdot \Omega = C_M \cdot \Psi_{max} \cdot I_{Amax} \cdot 2\pi \cdot N; \qquad P \sim N \qquad (3.153)$$

Der Bereich 1 endet bei der Grunddrehzahl N_g, bei der die Spannung $U_A = U_{Amax}$ nicht weiter gesteigert werden darf, damit die **Segmentspannung am Kommutator (Stegspannung)** nicht zu groß wird.

$$U_{Amax} = C_E \cdot \Psi_{max} \cdot N_g + R_A \cdot I_{Amax} \qquad (3.154)$$

$$E_{Amax} = C_E \cdot \Psi_{max} \cdot N_g \qquad (3.155)$$

3.7.2 Bereich 2: Feldverstellung

$$U_A = U_{Amax}, \quad \Psi \le \Psi_{max}, \quad N_g \le N \le N_k, \quad I_A = I_{Amax} \qquad (3.156)$$

Mit weiter steigender Drehzahl muß der Fluß der Maschine geschwächt werden, damit die Spannung E_A konstant und damit die Stegspannungen am Kommutator ungefähr konstant bleiben.

Daraus folgt für die Flußverstellung der Zusammenhang:

$$\frac{\Psi}{\Psi_{max}} = \frac{N_g}{N}; \qquad N = N_g \cdot \frac{\Psi_{max}}{\Psi} \qquad \longrightarrow \qquad N \sim \frac{1}{\Psi} \qquad (3.157)$$

Wenn man die angelegte Spannung $U_A = U_{Amax}$ konstant hält, kann damit auch in diesem Bereich der maximal kommutierbare Strom I_{Amax} fließen. Deshalb ergibt sich für die Momentänderung die analoge Beziehung wie für die Flußverstellung:

$$\frac{M_M}{M_{max}} = \frac{N_g}{N}; \qquad M_M \sim \frac{1}{N} \sim \Psi \qquad (3.158)$$

Und für die mechanische Leistung folgt:

$$P = \text{const.}$$

Mit zunehmender Feldschwächung und daher zunehmender Drehzahlerhöhung nimmt die zur Kommutierung verfügbare Zeit immer mehr ab, so daß das dI_A/dt immer mehr zunimmt. Da andererseits aber die Lamellenspannungen begrenzt sind, ist ab einer Drehzahl N_k die Kommutierung bei vollem Ankerstrom I_{Amax} nicht mehr möglich. Die exakte Berechnung von N_k ist komplex und soll hier nicht vertieft werden. Es gelte:

$$N_k = \frac{U_{Amax} - R_A \cdot I_{Amax}}{C_E \cdot \Psi_{min}} \qquad \left(\Psi_{min} \approx \frac{1}{3} \cdot \Psi_{max} \right) \qquad (3.159)$$

Hier endet der Bereich 2.

3.7.3 Bereich 3: Erhöhung der Drehzahl bei konstanter Spannung und konstantem Fluß

$$U_A = U_{Amax}, \quad \Psi = \Psi_{min}, \quad N_k \le N \le N_e \qquad (3.160)$$

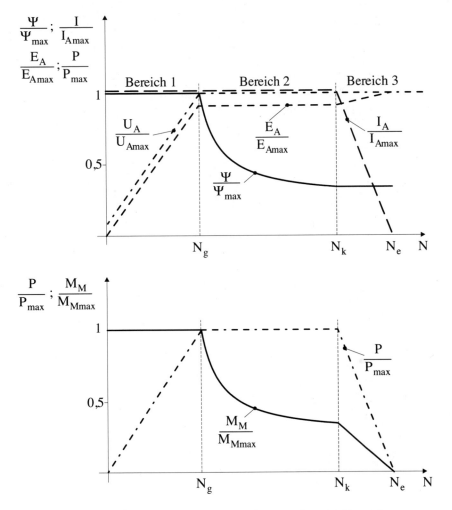

Abb. 3.50: *Darstellung der charakteristischen Teilbereiche*

Wie oben ausgeführt, ist bis zur Drehzahl N_k eine Kommutierung des Ankerstroms I_{Amax} möglich. Um bei höheren Drehzahlen als N_k die Kommutierung sicherzustellen, muß der Ankerstrom I_A abgesenkt werden.

Es gilt mit N_k aus Gl. (3.159):

$$I_A = \frac{U_{Amax}}{R_A} - \frac{C_E \cdot \Psi_{min}}{R_A} \cdot N = I_{Amax} \cdot \frac{U_{Amax} - \Psi_{min} \cdot N \cdot C_E}{U_{Amax} - \Psi_{min} \cdot N_k \cdot C_E} \qquad (3.161)$$

Für $I_A = 0$ ergibt sich:

$$N_e = \frac{U_{Amax}}{C_E \cdot \Psi_{min}} \qquad (3.162)$$

Dies ist ein theoretischer Drehzahlpunkt.

Setzt man Gl. (3.162) in Gl. (3.161) ein, so erhält man für den zulässigen Strom und das Motormoment im Bereich 3:

$$I_A = I_{Amax} \cdot \frac{1 - \dfrac{N}{N_e}}{1 - \dfrac{N_k}{N_e}}; \qquad M_M = M_M(N_k) \cdot \frac{1 - \dfrac{N}{N_e}}{1 - \dfrac{N_k}{N_e}} \qquad (3.163)$$

Für die mechanische Leistung im Bereich 3 ergibt sich damit:

$$\frac{P}{P_{max}} = \frac{2\pi N \cdot M_M}{2\pi N_k \cdot M_M(N_k)} = \frac{1 - \dfrac{N}{N_e}}{1 - \dfrac{N_k}{N_e}} \cdot \frac{N}{N_k} \qquad (3.164)$$

4 Leistungselektronische Schaltungen

4.1 Leistungselektronische Schaltungen für Antriebe – Einführung

In diesem Kapitel werden die leistungselektronischen Stellglieder für die Versorgung von Gleichstrom-Nebenschlussmaschinen GNM und von Drehfeldmaschinen – Asynchronmaschinen ASM und Synchronmaschinen SM - vorgestellt. Die Stellglieder sind notwendig, damit die elektrischen Maschinen in der Drehzahl und im Drehmoment steuerbar bzw. regelbar sind. Es muss u. a. entschieden werden, ob die elektrische Maschine wie heute üblich eine Drehfeldmaschine ist oder aufgrund spezieller Randbedingungen noch eine Gleichstrommaschine sein kann. Weitere Fragestellungen sind, ob ein Ein- oder Mehrquadrantantrieb notwendig ist, welche Art der Einspeisung vorliegt, beispielsweise ein 50 Hz oder 60 Hz Dreiphasennetz oder ein einphasiges 16 2/3 Hz Netz oder eine 750 V Gleichspannung. Weiterhin bestehen häufig Forderungen bei der Einspeisung hinsichtlich beispielsweise der Belastung mit Blindleistung und Oberschwingungen sowie der Stabilität der Spannung. Weitere Erfordernisse können sich aus der Technologie der Produktion ergeben. Abhängig von diesen Entscheidungen haben sich vorteilhafte Schaltungen der Stellglieder ergeben. Das netzgeführte Stromrichter-Stellglied als sechspulsige Brückenschaltung war die Standard-Schaltung für in der Drehzahl und dem Drehmoment steuer- bzw. regelbaren Gleichstromantrieben.

4.1.1 Leistungselektronische Bauelemente – Einführung

In den folgenden Darstellungen werden die nur einzuschaltenden sowie die ein- und ausschaltbaren Leistungshalbleiter und deren Schaltungen besprochen. Um das Schaltverhalten dieser Leistungshalbleiter zu verstehen, sind Grundkenntnisse der Halbleiterphysik sowie die Strukturen der Leistungshalbleiter von Vorteil.

Aufgrund dieser Überlegungen wird eine Einführung in die hier relevanten Effekte der Halbleiterphysik gegeben. Ausführlichere Informationen können [99] und [138] entnommen werden.

Die zuerst verfügbaren Leistungshalbleiter waren die Diode und der Thyristor. Der wesentliche Schritt bei der Entwicklung vom Signal-Bauelement –

© Springer-Verlag GmbH Deutschland, ein Teil von Springer Nature 2021
D. Schröder und R. Kennel, *Elektrische Antriebe – Grundlagen*,
https://doi.org/10.1007/978-3-662-63101-0_4

beispielsweise der pn-Diode – zum Leistungs-Bauelement – der pin-Diode bzw. Leistungsdiode – war die niedrig dotierte Driftzone bzw. intrinsic Zone, durch die die hohen Sperr- und Blockier-Spannungen realisierbar wurden, Abbildung 4.1. Die Poisson-Gleichung beschreibt die Verläufe der elektrischen Feldstärke $\boldsymbol{E}$ sowie des elektrostatischen Potentials als Funktion der Ladungsträgerdichte und lautet bei eindimensionaler Betrachtung

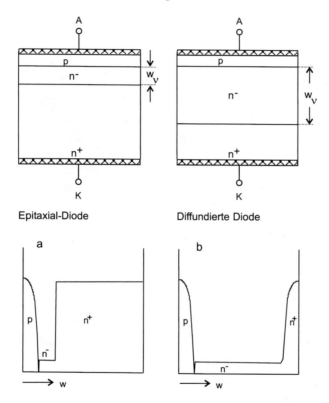

Abb. 4.1: *Aufbau von pin-Leistungsdioden: a) Epitaxialdiode, b) diffundierte Diode*

$$\frac{d\boldsymbol{E}}{dx} = \frac{\rho}{\epsilon} = e_0 \frac{N_D}{\epsilon} = -\frac{d^2V}{dx^2} \tag{4.1}$$

mit $\boldsymbol{E}$ elektrischer Feldstärke, ρ Raumladungsträgerdichte, ϵ Dielektrizitätskonstante, V elektrostatisches Potential, e_0 Elementarladung, x Ortskoordinate, N_D Dotierungsdichte bzw. Donatordichte.

Bei niedriger Dotierungsdichte N_D ist der Gradient von $\boldsymbol{E}$ ebenso niedrig, hohe Dotierungsdichten ergeben steile Gradienten. In Abbildung 4.2 sind die Verläufe von $\boldsymbol{E}$ sowie der Potentiale bei Leistungsdioden dargestellt. Aufgrund der niedrigen Dotierungsdichte N_D in der Driftzone ergeben sich geringe Gradienten der elektrischen Feldstärke, in den beiden angrenzenden Zonen hoher Dotierungsdichten sind die steilen Gradienten zu sehen. Ausgehend von diesen

Bedingungen ergeben sich die dreieckförmigen Verläufe von $\boldsymbol{E}$– Verläufe a und b bei kleinen Sperrspannungen. Die Trapezform von $\boldsymbol{E}$ beginnt sich auszubilden, wenn der dreieckförmige Verlauf die Driftzone ausfüllt – siehe Verlauf b und die Spannung weiter steigt – Verlauf c , das ist die „punch- through "-Beanspruchung der Leistungsdiode.

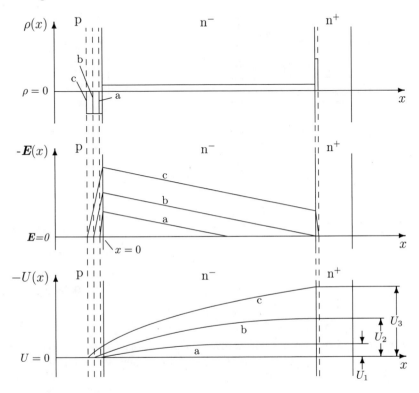

Abb. 4.2: *pin-Diode im Sperrzustand (drei verschiedene Spannungen)*

Im Durchlasszustand soll der Spannungsabfall über der Driftzone möglichst gering sein. Da die an die Driftzone angrenzenden beiden Zonen hoch dotiert sind, wird im Durchlasszustand die Driftzone von Ladungsträgern – Elektronen und Löchern, Plasma genannt – überschwemmt und somit der Durchlasswiderstand der Driftzone deutlich verringert. Beim Ausschalten muss allerdings das Plasma aus der Driftzone ausgeräumt werden, dies resultiert in dem unerwünschten Rückstrom, durch den die Schaltverluste erhöht werden, Abbildung 4.3.

In [99] werden in Kapitel 2.6 bis 2.6.9.4 die Leistungsdioden und insbesondere in Kapitel 2.6.10 bis 2.6.11 die „schnellen" Dioden beschrieben. Schnelle Dioden sind Dioden mit verringertem Rückstrom. Der Rückstrom wird wirksam, wenn ein steuerbarer Leistungshalbleiter eingeschaltet wird und der Laststrom von der Diode zum steuerbaren Leistungshalbleiter kommutiert. Der Laststrom und der Rückstrom der Diode addieren sich, dadurch bedingt erhöhen sich die Schaltverluste.

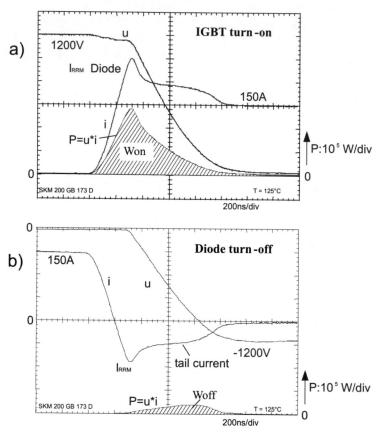

Abb. 4.3: *Strom, Spannung und Verlustleistung beim Einschalten des IGBT (a) und beim Ausschalten der Diode (b) bei der Messung des Recovery-Verhaltens in einer Doppelpuls-Schaltung*

Die Thyristoren bestehen aus vier Zonen mit den Dotierungen $p_1 n_1 p_2 n_2$ von der Anode zur Kathode, die p_2-Zone ist der Gate-Anschluss, Abbildung 4.4. Der Thyristor blockiert mit der Zone $n_1 p_2$, sperrt mit den Zonen $n_1 p_1$ und $n_2 p_2$ wobei die Zone $n_2 p_2$ wegen der hohen Dotierungsdichte im Lawinendurchbruch betrieben wird. Die Struktur $p_1 n_1 p_2 n_2$ des Thyristors kann in zwei gekoppelte Transistoren T_1 : $p_1 n_1 p_2$ und T_2 : $n_1 p_2 n_2$ zerlegt werden. Wenn die p_2-Zone von T_2 mit einem positiven Gate-Stromimpuls angesteuert wird, dann wird der Kollektorstrom von T_2 der Basisstrom von T_1 und der Kollektorstrom von T_1 der Basisstrom von T_2. Der Thyristor bleibt daher auch ohne Gatestrom eingeschaltet, Einrastung, latch up, wenn der Laststrom groß genug bleibt, damit die Kleinsignalverstärkungen

$$\alpha_1 + \alpha_2 = 1 \qquad \text{bleiben.} \tag{4.2}$$

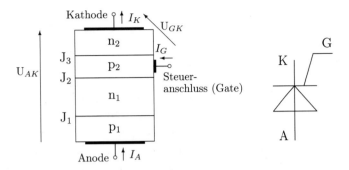

a) Schichtenstruktur und Schaltsymbol

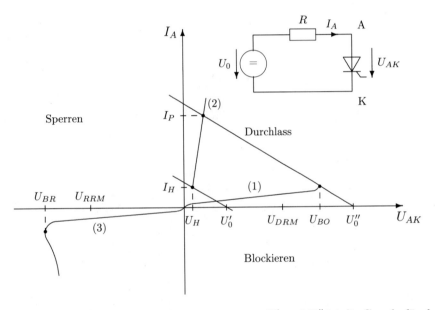

b) Kennlinien (für zwei Betriebsspannungswerte U_0' und U_0'' ist die Gerade für den Lastwiderstand R eingetragen):

(1)	Blockierkennlinie (Vorwärts-Sperrkennlinie)
(2)	Durchlaßkennlinie
(3)	Rückwärts-Sperrkennlinie
U_{BO}	positive Durchbruchspannung
U_{DRM}	zulässige sich wiederholende Blockierspannung
U_{RRM}	zulässige sich wiederholende Sperrspannung
U_{BR}	negative Durchbruchspannung

Abb. 4.4: *Aufbau und Kennlinien des Thyristors*

Vertiefende Informationen über die Thyristoren sind in Kapitel 4.1 bis 4.4.2 und insbesondere über hochsperrende Thyristoren in Kapitel 4.8 bis 4.8.5.3 in [99] zu finden.

Die folgenden Bauelemente MOSFET, IGBT und IGCT sind ein- und auszuschalten. Die MOSFETS werden in [99] in Kapitel 6.6 bis 6.9.2 – siehe die Struktur in Abbildung 4.5 sowie die Kompensationsbauelemente – siehe Abbildung 4.6 - in Kapitel 6.10 bis 6.10.6 vorgestellt. Die IGBTs decken mehrere höhere Leistungsklassen ab und werden in Kapitel 7.2 bis 7.3 – siehe Abbildung 4.7 und insbesondere in Kapitel 7.4 bis 7.4.5 die Trench-IGBTs – siehe Abbildung 4.8 erläutert. In Kapitel 5.6.1 bis 5.6.2.6 sowie insbesondere in Kapitel 5.7 bis 5.7.10 sind die Erklärungen für die IGCTs zu finden .

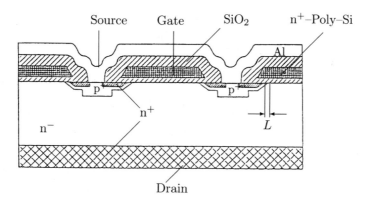

Abb. 4.5: *Leistungs-MOSFET, Typ SIPMOS*

Wie aus den Abbildungen 4.5 und 4.7 zu entnehmen ist, haben der MOSFET und der IGBT dieselbe Struktur im Source-Bereich und unterscheiden sich durch die zusätzliche p^+-Zone beim Kollektor des IGBTs. Der Source-Bereich ist bei beiden Leistungshalbleitern der für die Steuerung zuständige Bereich. Wie den beiden Abbildungen zu entnehmen ist, ist der metallische Source-Anschluss mit einer n^+-Struktur umgeben, die ihrerseits von einer p-Struktur abgedeckt wird. Die p-Struktur grenzt auf der anderen Seite an die n^--Driftzone. Die Anordnung der dotierten Zonen vom Drain zur Source ist ein n^-pn^+ Transistor, dessen p-Basis aufgrund der p-Struktur ohmsch mit dem Source-Anschluss verbunden ist. Dies ist eine Maßnahme, um zu verhindern, dass bei $U_{GS} > 0$ und $U_{DS} > 0$ die n^-pn^+-Transistor-Struktur einschaltet. Dies muss unbedingt vermieden werden, denn ein Einschalten des parasitären Transistors zerstört den MOSFET. Der MOSFET bleibt gesperrt, wenn der parasitäre ohmsche Widerstand zwischen der p-Basis des Transistors und dem Anschluß des p-Gebiets an die Source richtig dimensioniert ist.

Wenn die Gate-Elektrode mit der Spannung $U_{GS} > 0$ angesteuert wird, bildet sich im L-Bereich der p-Struktur eine Inversionszone, da sich die Gate-Elektrode und die p-Struktur im L-Bereich überlappen. Mit zunehmender positiver Spannung U_{GS} werden sich die Elektronen in der p-Struktur des L-Bereichs zunehmend anreichern und aus der p-Struktur im L-Bereich einen n-Kanal erzeugen und somit eine n^+ n-Kanal n^- Verbindung vom Source zum Drain herstellen, der MOSFET ist eingeschaltet. Wenn die Spannung U_{DS} negativ an der antiparallelen Diode anliegt, befindet sich die Diode im Durchlasszustand. Diese Diode kann nicht als Freilaufdiode genutzt werden.

Bei dem IGBT ist der Kollektor-Anschluss mit einer zusätzlichen p^+-Zone verbunden, dadurch entsteht ein p^+n^-p-Transistor vom Kollektor zum Emitter und der vom MOSFET bekannte n^-pn^+ Transistor. Beide Transistoren bilden eine gekoppelte Struktur, die der Thyristor-Struktur entspricht. Diese gekoppelte Struktur rastet beim Thyristor ein (latch up), d. h. bleibt auch ohne Gateimpuls eingeschaltet. Im Gegensatz zum Thyristor muss beim IGBT das Einrasten (latch up) verhindert werden, in dem der Widerstand der p-Struktur zwischen der p-Basis des Transistors und dem p-Anschluss an die Source richtig eingestellt wird. Diese Maßnahme entspricht der Maßnahme beim MOSFET, der parasitäre n^-pn^+-Transistor bekommt durch den ohmschen Widerstand eine so geringe Verstärkung α_2, so dass der IGBT nicht einrasten kann, Der IGBT hat die zusätzliche p^+-Zone auf der Kollektorseite, es bildet sich somit eine p^+n^--Diode, die ein Sperren ermöglicht. Außerdem wird im Durchlassbetrieb die p^+-Zone Ladungsträger in die Driftzone emittieren und so den Spannungsabfall reduzieren.

Der IGCT ist ein sehr hart angesteuerter Gate Turn Off Thyristor (GTO), der vorwiegend für Stellglieder hoher und sehr hoher Leistung eingesetzt wird.

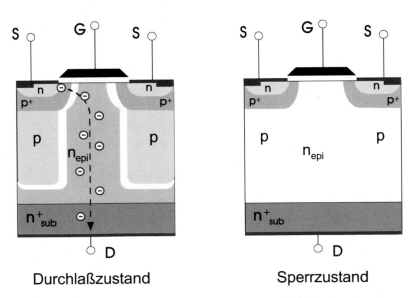

Durchlaßzustand   Sperrzustand

Abb. 4.6: *Durchlaß- und Sperrzustand eines Kompensationsbauelements*

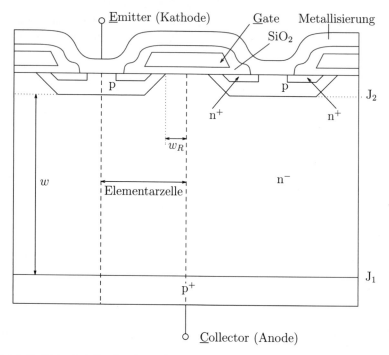

Abb. 4.7: *Prinzipielle Struktur des Non-Punch-Through-IGBT (NPT-IGBT)*

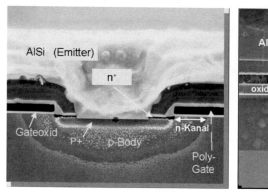
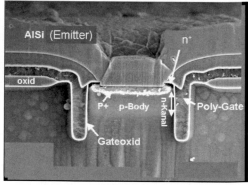

a) planarer IGBT   b) Trench-IGBT

Abb. 4.8: *Querschnitte von realisierten IGBTs*

Aufgrund dieser Einschränkung wird dieser Leistungshalbleiter hier nicht mehr besprochen und es wird auf [99] verwiesen.

Das Schaltverhalten sowohl des MOSFETs als auch des IGBTs wird durch die parasitären Kondensatoren, die Struktur des betreffenden Leistungshalbleiters und die inneren sowie der äußeren Leitungs-Induktivitäten bestimmt - siehe Abbildung 4.9 und wird in [99] ausführlich erläutert. Um das Durchlassverhalten zu verbessern, werden beim MOSFET die Kompensations-p-Finger und beim

IGBT die Trench-Struktur im Gatebereich sowie die zusätzliche p^+-Zone realisiert.

Die oben genannten Leistungshalbleiter verwenden als Grundmaterial Silizium. Statt Silizium können inzwischen auch Siliziumcarbid - SiC – oder Galliumnitrid – GaN - eingesetzt werden. In [99], Kapitel 9.1 bis 9.1.7 werden die Eigenschaften von SiC erläutert, Kapitel 9.2 bis 9.2.2 behandelt die Technologie von SiC, Kapitel 9.3 bis 9.3.4 beschreibt die SiC-Dioden und die Kapitel 9.4 bis 9.4.6 stellen die steuerbaren SiC-Leistungshalbleiter vor. Wesentliche Vorteile bei der Verwendung von SiC als Grundmaterial sind die Vermeidung des Rückstromeffekts durch das Fehlen von speicherladungsbedingten Rückströmen und die deutlich höheren zulässigen Chiptemperaturen. Inzwischen sind SiC-MOSFETs verfügbar, niedrig sperrende SiC-MOSFETS sind im Spannungsbereich von 1,7 kV, 50 A bis 3,3 kV verfügbar, hochsperrende SiC-MOSFETS haben Blockierspannungen von 10 bis 15 kV. Vorteilhaft sind die geringeren Schaltverluste, dies ermöglicht höhere Schaltfrequenzen und damit geringere Aufwendungen bei den Filtern. In [120, 130, 161] wird ein Überblick über den derzeitigen Stand der Entwicklung gegeben.

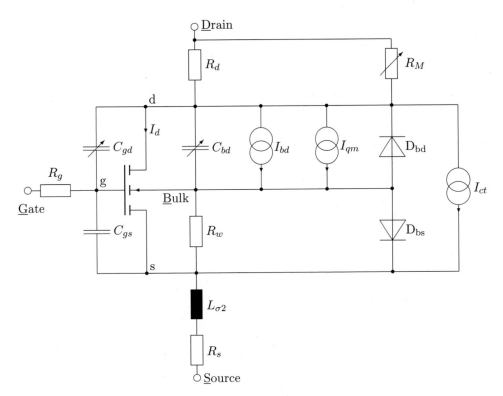

Abb. 4.9: *Komplexes MOSFET-Modell nach Xu/Schröder*

4.1.2   Netzgeführte Stromrichter-Stellglieder – Einführung

In diesem Kapitel werden die netzgeführten Stromrichter- Stellglieder für die Versorgung von in der Drehzahl und im Drehmoment einstellbaren Gleichstrom-Nebenschlussmaschine – GNM - vorgestellt. Die netzgeführten Stromrichter-Stellglieder verwenden Thyristoren als einzuschaltende Leistungshalbleiter, denn zu Beginn der elektrischen Antriebstechnik mit Leistungshalbleitern waren – außer Transistoren - nur Dioden und Thyristoren verfügbar.

4.1.2.1   Grundprinzipien netzgeführter Stellglieder

Die Grundschaltung des netzgeführten Stromrichters zeigt Abb. 4.10.a. Der Thyristor T kann bei positiver Spannung U_{AK} mit einem positiven Ansteuersignal am Anschluß G eingeschaltet werden. Ohne dieses Ansteuersignal sperrt der Thyristor T negative Spannungen U_{AK} und blockiert positive Spannungen U_{AK} (Abb. 4.10.b).

Aufgrund dieser Eigenschaften kann der Thyristor T frühestens bei positiv werdender Spannung U_Q eingeschaltet werden; man nennt diesen Zeitpunkt „natürlichen" Zeitpunkt und setzt den Zündwinkel α zu diesem Zeitpunkt auf $\alpha = 0°$. „Natürlich" bedeutet, wenn der Thyristor T eine Diodencharakteristik hätte, dann würde zu diesem Zeitpunkt die Diode leitfähig. Aufgrund der Steuerbarkeit des Thyristors T über den Anschluß G kann der Thyristor T aber auch zu einem späteren Zeitpunkt α, z.B. bei $\alpha = 90°$ wie in Abb. 4.11, eingeschaltet werden. Der Steuerwinkel α kann maximal $\alpha = 180°$ sein, da zu diesem Zeitpunkt die Spannung U_Q negativ wird. Wie aus Abb. 4.11 zu erkennen ist, hat die Last selbst eine wesentliche Bedeutung auf die Verläufe von Spannung und Strom an der Last.

Wenn die Last beispielsweise rein ohmsch ist (Abb. 4.11.a), dann wird bei $\alpha = 90°$ der Thyristor T eingeschaltet, denn die Spannung U_{AK} ist positiv, und es ergibt sich ein positiver Spannungsverlauf entsprechend dem Spannungsverlauf der Spannungsquelle U_Q ($U_{AK} \approx 0$ bei eingeschaltetem Thyristor T) sowie ein positiver Strom $I_d = U_Q/R$. Der Thyristor schaltet entsprechend der Kennlinie in Abb. 4.10.b bei negativ werdender Spannung zum Zeitpunkt $\alpha = 180°$ ab.

Ein anderer Spannungs- und Stromverlauf ergibt sich bei einer induktiven Last. Bei idealer Drosselspule ($R_L = 0$) ist im Lastkreis nur die Induktivität L wirksam. Für den Stromverlauf von I_d gilt somit:

$$\frac{dI_d}{dt} = \frac{U_Q}{L} \qquad \text{oder} \qquad I_d(t) = \frac{1}{L} \int U_Q(t)\, dt \qquad (4.3)$$

d.h. der Strom I_d bzw. der Fluß in der Drosselspule folgt dem Integral über den Spannungsverlauf. Aufgrund dieses Zusammenhangs erreicht der Strom I_d beim Spannungs-Nulldurchgang bei $\omega t = 180°$ das Maximum und fällt danach symmetrisch wieder auf Null (Flußaufbau von $\omega t = \alpha$ bis $\omega t = 180°$, Flußabbau von $\omega t = 180°$ bis $\omega t = (360° - \alpha)$. Damit sind die Spannungs- und Stromverläufe in Abb. 4.11 verständlich.

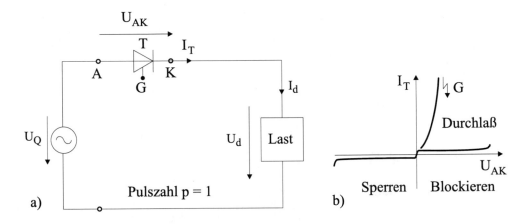

Abb. 4.10: *a) Prinzipschaltbild des netzgeführten Stromrichters, b) Thyristorkennlinie*

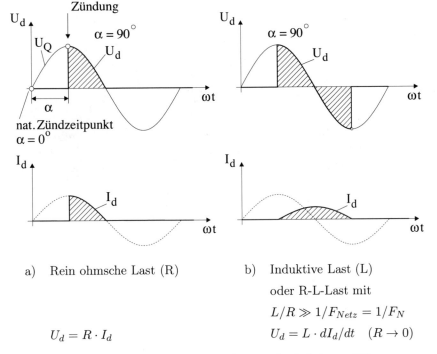

a)   Rein ohmsche Last (R)

$$U_d = R \cdot I_d$$

b)   Induktive Last (L)
oder R-L-Last mit
$$L/R \gg 1/F_{Netz} = 1/F_N$$
$$U_d = L \cdot dI_d/dt \quad (R \to 0)$$

Abb. 4.11: *Spannungs- und Stromverläufe bei $\alpha = 90°$*

Beachte: Die Spannungs- und Stromverläufe sind somit abhängig von den Zündzeitpunkten *und* der Last.

Der Gleichspannungsmittelwert ergibt sich aus den schraffierten Spannungszeitflächen gemittelt über die Periode $1/pF_N$.

Dreiphasen-Mittelpunktschaltung

<u>Anordnung</u> :

Es gelten prinzipiell die gleichen Überlegungen zur Ermittlung der Spannungs-
und Stromverläufe wie in Kap. 4.1.2.1.

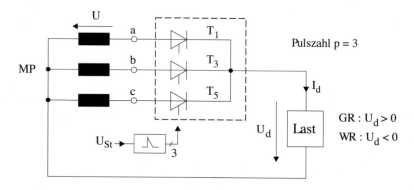

Abb. 4.12: *Prinzip der M3-Schaltung (Dreiphasen-Mittelpunktschaltung)*

Achtung: Die Dreiphasen-Mittelpunktschaltung kann <u>nicht</u> in der obigen Schaltung betrieben werden, da in den Schenkeln des Transformators Gleichkomponenten entstehen, die den Eisenkern sättigen können. Die Darstellung nach
Abb. 4.12 wurde nur aus didaktischen Gründen gewählt. Bei der praktischen Realisierung mit einem Transformator und einer Dreiphasen-Mittelpunktschaltung
müssen Transformatorschaltungen verwendet werden, die Gleichkomponenten in
den Transformatorschenkeln verhindern (z.B. Zickzack-Schaltung der Wicklungen).

Der Gleichspannungsmittelwert U_d ergibt sich aus den schraffierten Span-
nungsflächen, gemittelt über eine Periode $1/pF_N$ (Abb. 4.13). Bei $\alpha \leq 90°$ ist die
Spannung $U_d \geq 0$; diese Betriebsart wird Gleichrichterbetrieb genannt.

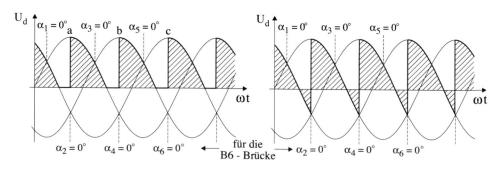

a) R-Last (Lückbetrieb)   b) R-L-Last (nichtlückender Betrieb)

Abb. 4.13: *Spannungsverläufe der M3-Schaltung bei $\alpha = 60°$ ($U_{d,R} > U_{d,RL}$)*

Für die Gleichspannungsmittelwerte nach Abb. 4.13 gilt:

a) R-Last:	b) R-L-Last:
U_d, I_d: gleicher Kurvenverlauf	mit $T = \dfrac{L}{R} \gg \dfrac{1}{F_{Netz}}$
	$\longrightarrow$ gut geglätteter Laststrom
lückender Strom	nichtlückender Strom
$U_{di\alpha} = 1,17 \cdot \dfrac{U}{\sqrt{3}} \cdot \left[1 + \cos(\alpha + \dfrac{\pi}{6})\right]$	$U_{di\alpha} = 1,17 \cdot U \cdot \cos\alpha$

Für nichtlückenden Strom und bei Vernachlässigung der Kommutierung gilt:

Ideale Gleichspannung: $U_{di0} = 1,17 \cdot U$ (für $\alpha = 0°$)
Steuerkennlinie: $U_{di\alpha} = U_{di0} \cdot \cos\alpha$
                        U = Effektivwert der Strangspannung

Lückender bzw. nichtlückender Betrieb:

Wenn in der Last der ohmsche Anteil dominiert, tritt das sogenannte „Stromlücken" auf. Das heißt, in dem Zeitpunkt, in dem der Strom zu klein wird, blockiert der Thyristor und der Stromfluß wird unterbrochen bis der nächste Thyristor gezündet wird. Ist dagegen eine große Induktivität im Lastkreis vorhanden, so endet die Stromleitung eines Thyristors erst dann, wenn der nächste Thyristor gezündet wird. Der Wechsel des Laststroms vom stromführenden Thyristor zum gezündeten Thyristor wird Kommutierung genannt. Der Laststrom bleibt dann annähernd konstant (Glättungseffekt der Drosselspule) und sinkt nicht mehr auf Null ab, siehe Abbildung 4.13.

Im *Lückbetrieb* ist bei gleichem Steuerwinkel α die Gleichspannung $U_{di\alpha}$ größer als im *nichtlückenden Betrieb*. Außerdem ist im Lückbereich die Verstärkung $\Delta I_d / \Delta U_{St}$ vom Betriebszustand abhängig und wesentlich kleiner als im nichtlückenden Betrieb. Zusätzlich ist – regelungstechnisch gesehen – die Zeitkonstante $T_A = L_A / R_A$ der Last nicht mehr wirksam. Dies bringt regelungstechnisch große Schwierigkeiten mit sich, die durch spezielle Regelungskonzepte (adaptive Regelung) vermieden werden können. Vertiefende Erläuterungen sind in [97], Kapitel 10.4 bis 10.4.3 zu finden.

4.1.2.2 Dreiphasen Brückenschaltung (B6-Schaltung)

Die Abbildung 4.14 zeigt die Standard-Schaltung für die Gleichstromantriebe, die sechspulsige Brückenschaltung mit Thyristoren auch Drehstrom-Brückenschaltung genannt. Die sechspulsige Brückenschaltung besteht aus zwei Dreiphasen-Mittelpunktschaltungen, einer positiven und einer negativen Dreiphasen-Mittelpunktschaltung, die in Serie geschaltet sind.

Die Ausgangsspannung U_d der Dreiphasen-Brückenschaltung besteht, wie in der folgenden Abbildung dargestellt, aus den Zeitverläufen der Kathodenpotentiale der unteren Tyristorgruppe (Anodengruppe) und der Anodenpotentiale

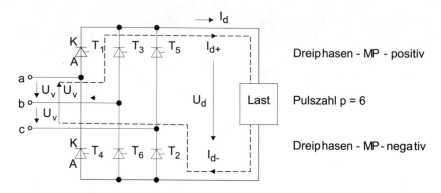

Abb. 4.14: *Dreiphasen-Brückenschaltung (B6) (Sechspuls-Schaltung)*

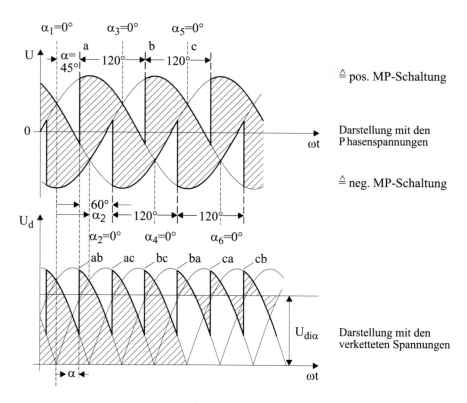

Abb. 4.15: *Spannungsverläufe bei der Dreiphasen-Brückenschaltung*

der oberen Thyristorgruppe (Kathodengruppe) gegenüber dem Transformator-Mittelpunkt. Aus dem Spannungsverlauf in Abb. 4.15 ist die Lage der natürlichen Zündzeitpunkte der Leistungshalbleiter T_1, T_3, T_5 zu entnehmen; sie fallen mit den Schnittpunkten der positiven Halbschwingungen von U_a, U_b, U_c zusammen.

Die natürlichen Zündzeitpunkte der Leistungshalbleiter T_2, T_4, T_6 sind durch die Schnittpunkte der negativen Halbschwingungen von U_a, U_b, U_c gegeben.

Im ungesteuerten Betrieb der B6-Schaltung (Diodenbrücke) wird aus der unteren Leistungshalbleitergruppe derjenige Leistungshalbleiter den Strom übernehmen, welches das negativste Kathodenpotential hat. Entsprechend wird in der oberen Gruppe der Leistungshalbleiter leitend, welches das positivste Anodenpotential hat, dies ist die analoge Überlegung zur Bestimmung der natürlichen Zündzeitpunkte.

Wie in Abb. 4.15 zu sehen ist, sind die Zündzeitpunkte der oberen und der unteren Leistungshalbleitergruppe zeitlich gegeneinander versetzt.

Während bei nichtlückendem Strom der Laststrom I_d und die Lastspannung U_d eine Periodendauer T_{Netz}/p aufweisen, ist jeder Leistungshalbleiter $2T_{Netz}/p$ lang durchgeschaltet, bzw. die Dauer der Stromführung der Thyristoren ist $360/3 = 120$, alle $360/6 = 60$ wird ein Thyristor eingeschaltet. Durch die zeitlich versetzten Zündzeitpunkte der oberen und unteren Leistungshalbleitergruppe und der Bedingung, daß (außerhalb der Kommutierung) immer zwei Leistungshalbleiter – eines der oberen und eines der unteren Gruppe – stromführend sein müssen, muß noch eine weitere Randbedingung bei Brückenschaltungen – die Nachzündung – beachtet werden. Wenn ein Leistungshalbleiter x einer Gruppe einen Zündbefehl erhält, dann wird der zuvor gezündete Leistungshalbleiter (x −1) ebenso einen Zündbefehl erhalten – dies ist die Nachzündung.

Die Nachzündung ist insbesondere im Lückbetrieb des Stroms wichtig, da in Betriebsbereichen mit kurzer Stromführungsdauer der Leistungshalbleiter der vorher gezündete Leistungshalbleiter bereits nicht mehr stromführend sein kann. Dies ist – außer beim Starten des Systems – der Grund der Nachzündung.

Die wichtigsten Formeln für die B6-Schaltung sind tabellarisch auf S. 136 zusammengestellt.

4.1.2.3   Kommutierung – Überlappung

Wie der Einführung entnommen werden kann, wandelt das netzgeführte Stromrichter-Stellglied eine Wechselspannung oder Drehspannung in eine steuerbare Gleichspannung U_d. Die Gleichspannung U_d besteht dabei aus Spannungsausschnitten des versorgenden Netzes, Abbildung 4.13 bzw. 4.15. Wie in den beiden Abbildungen gezeigt wird, ändern sich die Spannungsausschnitte, wenn der Steuerwinkel alpha geändert wird. Die Belastung des Stromrichter-Stellglieds kann nichtlückenden oder lückenden Gleichstrom verursachen, Abbildungen 4.11 und 4.13. Damit die aufeinanderfolgenden Spannungsausschnitte vom Netz über die betreffenden Leistungshalbleiter zur Last durchgeschaltet werden können, muss ein Wechsel der Stromführung zum nachfolgenden Leistungshalbleiter – Kommutierung genannt - stattfinden, siehe Abbildung 4.15. Der Wechsel erfolgt beispielsweise ausgehend vom Stromkreis mit der verketteten Spannung U_{ac} über den Thyristor T_1, die Last und Thyristor T_2 zum nachfolgenden Stromkreis U_{bc}, Thyristor T_3, Last und Thyristor T_2. Die Kommutierung bewirkt durch das Einschalten des Thyristors T_3 somit einen Wechsel des Stroms von Thyristor T_1

Spannungen und Ströme der B6-Schaltung (nichtlückender Betrieb)

1) verkettete Netzspannung: $\qquad$ $U_v = \sqrt{3} \cdot U_N$

   Phasenspannung (Effektivwert): $\quad U_N$

2) Leerlaufspannung:
   (maximale Gleichspannung)
   $$U_{di0} = \frac{3 \cdot \sqrt{2}}{\pi} \cdot U_v = 1,35 \cdot U_v$$
   $$= \frac{3 \cdot \sqrt{6}}{\pi} \cdot U_N = 2 \cdot 1,17 \cdot U_N$$

3) bezogener Gleichspannungsabfall: $\quad d_x = \frac{1}{2} \cdot \frac{u_{k\%}}{100} \cdot \frac{I_d}{I_{dN}}$
   (Kommutierung)

4) Gleichspannungs-Mittelwert: $\qquad U_{di\alpha} = U_{di0} \cdot \cos\alpha$

   mit Überlappung: $\qquad\qquad U_d \;= U_{di0} \cdot (\cos\alpha - d_x)$

5) Sperrspannung am Ventil: $\qquad \hat{U}_T = \sqrt{2} \cdot U_v = 1,05 \cdot U_{di0}$

6) netzseitiger Phasenwinkel: $\qquad \varphi_1 \approx \alpha + \dfrac{\ddot{u}}{2}$

für glatten Strom I_d und ohne Überlappung gilt:

7) Ventilstrom-Effektivwert: $\qquad I_T = \dfrac{1}{\sqrt{3}} \cdot I_d = 0,577 \cdot I_d$

8) Ventilstrom-Mittelwert: $\qquad I_{TAV} = \dfrac{1}{3} \cdot I_d = 0,333 \cdot I_d$

9) Netzstrom-Effektivwert: $\qquad I_N = \sqrt{\dfrac{2}{3}} \cdot I_d = 0,816 \cdot I_d$

10) Netzstrom-Grundschwingung: $\quad I_{N(1)} = \dfrac{\sqrt{6}}{\pi} \cdot I_d = 0,780 \cdot I_d$
    (Effektivwert)

11) Wirkleistung (Last): $\qquad\quad P_d = U_{di0} \cdot I_d \cdot \cos\alpha$

    Wirkleistung (Netz): $\qquad\quad P_{N(1)} = \sqrt{3} \cdot U_v \cdot I_{N(1)} \cdot \cos\varphi_1$

12) Grundschw.-Scheinleistung: $\qquad S_{N(1)} = U_{di0} \cdot I_d$

    gesamte Scheinleistung: $\qquad\quad S_N = \dfrac{\pi}{3} \cdot U_{di0} \cdot I_d$

13) Leistungsfaktor: $\qquad\qquad\quad \lambda = \dfrac{3}{\pi} \cdot \cos\varphi_1 = 0,955 \cdot \cos\varphi_1$

zu Thyristor T_3. Da die Spannung b gegenüber der Spannung a zum Zeitpunkt $\alpha_3 = 45$ einen positiven Wert hat und die Spannung a negativ ist, bildet sich ein Kurzschlusskreis bestehend aus den Thyristoren T_1 und T_3, den nicht eingezeichneten Kommutierungsdrosseln zwischen der Brückenschaltung und dem Netz sowie der Spannungsdifferenz $U_b - U_a$. Diese Spannungsdifferenz baut den Strom in T_3 auf und in T_1 ab, die Kommutierung endet, wenn der Strom in T_1 zu Null abgebaut ist. Die Netzspannung hat durch den Kurzschluss den vorher stromführenden Thyristor T_1 ausgeschaltet, dies ist die Netzführung. Nach der Kommutierung führen die Thyristoren T_3 und T_2 den Laststrom, der nachfolgende Spannungsausschnitt ist die verkettete Spannung U_{bc}. Nach U_{bc} folgen $U_{ba}, U_{ca}, U_{cb}, U_{ab}, U_{ac}$ und wiederholen sich, Abbildung 4.15.

In Abbildung 4.15 ist bis zur Spannung U_{bc} der Verlauf der Spannung dargestellt, wie er auf dem Oszillograph zu sehen ist, ab der Spannung U_{ba} wird der Gleichspannungswert $U_{di\alpha}$ und der Anteil der Oberschwingungen gezeigt. Da das Netz die Kommutierung ermöglicht, müssen die Leistungshalbleiter nur eingeschaltet werden, der Thyristor ist daher der geeignete Leistungshalbleiter, siehe Kapitel 4.1.1.

Die Kommutierung benötigt Zeit – Überlappung ü genannt – verringert den Gleichspannungswert und erfordert vom Netz Blindleistung. Wie den Abbildungen 4.16 und 4.17 zu entnehmen ist, fehlt gegenüber der idealen Kommutierung mit der Überlappung ü = 0 die schraffierte Spannungszeitfläche. Der Mittelwert der Gleichspannung ist deshalb kleiner als ohne Überlappung. Der Überlappungswinkel $\ddot{u}$ ist abhängig vom Laststrom I_d, vom Steuerwinkel α, von der Größe der Netzinduktivitäten L_N bzw. der Reaktanzen $X_N = \omega L_N$ und der Netzspannung U.

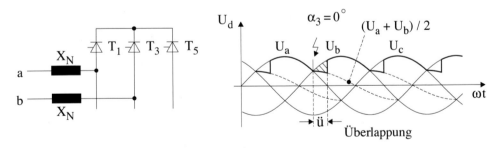

Abb. 4.16: *Beispiel: Kommutierung von Ventil T_1 nach Ventil T_3*

Die Netzinduktivitäten werden durch die relative Kurzschlußspannung $u_{k\%}$ charakterisiert:

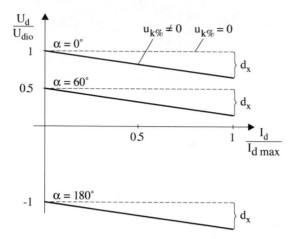

Abb. 4.17: *Spannungsabfall durch Kommutierung (nichtlückender Strom im gesamten Bereich)*

$$u_{k\%} = X_N \cdot \frac{S_{NNetz}}{3 \cdot U^2} \cdot 100\,\% \, ; \qquad S_{NNetz} = 3 \cdot U \cdot I_{NNetz} \qquad (4.4)$$

$$u_{k\%} = \frac{I_{NNetz} \cdot X_N}{U} \cdot 100\,\% \, ; \qquad u_{k\%} = 5 \ldots 10\,\% \qquad (4.5)$$

mit $\quad U \quad = \quad$ Effektivwert der Phasenspannung

Bedingt durch den Überlappungswinkel $\ddot{u} = f(I_d, \alpha, u_{k\%})$ gilt nun (Abb. 4.17):

$$U_d = U_{di0} \cdot \cos\alpha - D_x = U_{di0} \cdot (\cos\alpha - d_x) \qquad (4.6)$$

mit dem induktiven Gleichspannungsabfall

$$D_x = d_x \cdot U_{di0} = \frac{3}{2\pi} \cdot X_N \cdot I_d \qquad (4.7)$$

und dem bezogenen Gleichspannungsabfall

$$d_x = \frac{D_x}{U_{di0}} = \frac{I_d}{2\sqrt{2} \cdot I_k} \, ; \qquad \text{mit} \quad I_k = \frac{U_v}{2X_N} = \frac{\sqrt{3}}{2} \cdot \frac{I_{NNetz}}{u_{k\%}} \qquad (4.8)$$

Mit dem Zusammenhang zwischen dem Nennstrom auf der Netzseite (I_{NNetz}) und auf der Gleichstromseite (I_{dN}) bei der Dreiphasen-Mittelpunktschaltung kann d_x abhängig von I_d und I_{dN} angegeben werden:

$$I_{NNetz} = \frac{\sqrt{2}}{3} \cdot I_{dN} \qquad \Longrightarrow \qquad d_x = \frac{\sqrt{3}}{2} \cdot \frac{u_{k\%}}{100} \cdot \frac{I_d}{I_{dN}} \qquad (4.9)$$

4.1.2.4   Wechselrichterbetrieb – Wechselrichterkippen

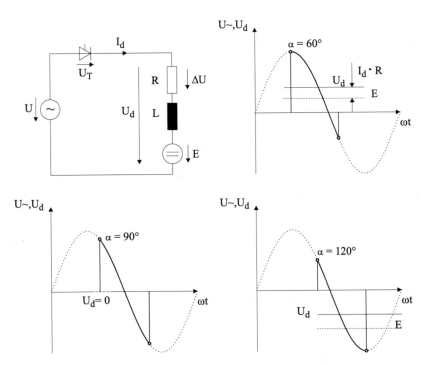

Abb. 4.18: *Spannungspolaritäten und Verläufe im Gleichrichter- und Wechselrichterbetrieb ($\alpha = 60°$, $90°$, $120°$)*

Bei Ansteuerung mit $\alpha > 90°$ ergibt sich aus $U_{di\alpha} = U_{di0} \cdot \cos\alpha$ ein negativer Gleichspannungsmittelwert:

$$U_{di\alpha} < 0 : \quad \textit{Wechselrichterbetrieb} \quad \text{mit} \quad 90° < \alpha < 180° \; (150°)$$

Wechselrichterbetrieb ist nur möglich mit Gegenspannung E im Lastkreis, damit die Spannung an den Thyristoren positiv bleibt (Abb. 4.18).

Steuerwinkel mit $\alpha \geq 180°$ sind nicht zu erreichen, da ab den Zeitpunkten mit $\alpha = 180$ die Spannungen an den zu zündenden Thyristoren negativ ist. Die Kommutierung unterbleibt dann und der bisher stromführende Thyristor verlöscht nicht (Abb. 4.19).

Um diesen Effekt, das „Wechselrichterkippen", zu vermeiden, muß darüber hinaus noch ein Sicherheitsabstand zum Grenzwinkel $\alpha = 180°$ eingehalten werden. Der Grund dafür ist, daß die Kommutierungszeit (Überlappung $\ddot{u}$) und die Schonzeit t_c des verlöschenden Thyristors abgelaufen sein muß, bevor ab $\alpha = 180°$ die Leistungshalbleiterspannung am abkommutierenden Leistungshalbleiter wieder positiv wird.

Wenn die Kommutierung (Überlappungswinkel $\ddot{u}$) und die Schonzeit t_c nicht vor $\alpha = 180°$ beendet sind, dann wird der vorher stromführende Thyristor noch

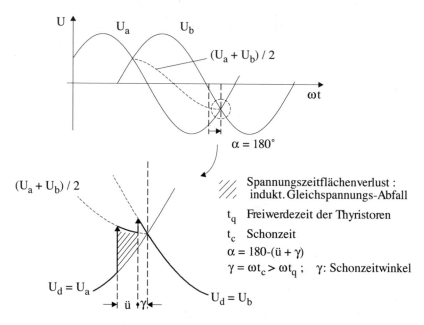

Abb. 4.19: *Wechselrichterbetrieb und Wechselrichterkippen*

nicht blockierfähig sein, d.h. er wird – ohne Zündimpuls und bei positiver Spannung U_{AK} – wieder einschalten. Dadurch wird der neu gezündete Thyristor wieder sperrfähig, da an ihm die Spannung U_{AK} negativ wird. In diesem Betriebszustand werden sich die Lastgegenspannung und die zeitvariante Stromrichterspannung addieren, und es wird sich ein sehr großer Laststrom ausbilden, der im allgemeinen zu Schäden im Stromrichter und/oder in der Last führt.
Deswegen muß ein Respektabstand $\Delta\alpha = \ddot{u} + \gamma$ zu $\alpha = 180°$ eingehalten werden:

$$\alpha_{max} = 180° - \ddot{u} - \gamma; \qquad \text{mit} \quad \gamma = \omega t_c \qquad (4.10)$$

In der Praxis wird deshalb ein maximaler Steuerwinkel $\alpha_{max} = 150°$ eingestellt. Bei Ansteuerung mit $\alpha < 90°$ ergibt sich ein positiver Gleichspannungsmittelwert:

$$U_{di\alpha} > 0: \quad \textit{Gleichrichterbetrieb} \qquad \text{mit} \qquad 0° < \alpha < 90°$$
$$U_{di\alpha} < 0: \quad \textit{Wechselrichterbetrieb} \qquad \text{mit} \qquad 90° < \alpha \leq 150°$$

Der Laststrom I_d ist in beiden Betriebsarten (Gleichrichter- und Wechselrichterbetrieb) positiv, d.h. es findet *keine* Stromumkehr statt.

4.1.2.5 Verschiebungsfaktor, Leistungsfaktor

In Abb. 4.14 ist dargestellt, daß der Gleichstrom I_d beispielsweise von der Netzphase a über den Thyristor T_1 zur Last und von der Last über den Thyristor T_2 zur Netzphase c fließt. Dies bedeutet, in der Netzphase a wird ein positiver und in der Netzphase c ein negativer Strom gleicher Amplitude fließen. Der Stromfluß in den Netzphasen beginnt jeweils mit dem Zünden der Thyristoren; entsprechend

Abb. 4.20 ist die Stromflußdauer in den Thyristoren jeweils $2T_{Netz}/p$, wenn der Strom nicht lückt ($L/R \gg T_{Netz}$).

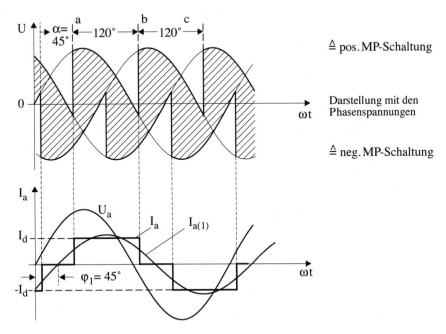

Abb. 4.20: *Zuordnung von Netzstrom und Spannungsverlauf*

Wenn Abb. 4.15 auf Abb. 4.20 übertragen wird, dann ist zu erkennen, daß während der Stromflußdauer $2T_{Netz}/p$ (entspricht 120° bei $p = 6$) ein positiver Strom und in gleicher Dauer ein negativer Strom fließt. Ändern sich die Steuerwinkel α, ändert sich entsprechend die Lage der Stromblöcke. Beispielsweise würden bei $\alpha = 0°$ die Stromblöcke jeweils beim natürlichen Zündzeitpunkt beginnen und nach 120° enden, d.h. bei einem Wechsel von $\alpha = 45°$ zu $\alpha = 0°$ würden die Stromblöcke um 45° elektrisch auf einen früheren Zeitpunkt im Netz verschoben. Wenn nun die angenommene Ansteuerung von $\alpha = 0°$ beibehalten wird, dann ist in Abwandlung von Abb. 4.20 sofort zu entnehmen, daß die Stromblöcke jeweils symmetrisch zum Spannungsmaximum angeordnet sind. Die Grundschwingung des Netzstroms ist somit phasengleich mit der Spannung, d.h. der Verschiebungswinkel φ_1 im Netz ist gleich dem Steuerwinkel $\alpha = 0 = \varphi_1$.

$$\varphi_1 = \alpha \qquad \text{(ohne Überlappung, Strom glatt)} \qquad (4.11)$$

Wird stattdessen $\alpha = 45°$ gesetzt, gilt analog $cos\varphi_1 = \alpha = 45°$ (siehe Abb. 4.20).

Bei den bisherigen Überlegungen wurde die Kommutierung und damit der Überlappungswinkel $\ddot{u}$ vernachlässigt (Abb. 4.20). Bedingt durch die Kommutierung erfolgt ein verzögerter Anstieg bzw. Abfall des Netzstroms bzw. der Thyristorströme; damit wirkt sich der Überlappungswinkel $\ddot{u}$ bei der Fourier-Analyse zur Bestimmung der Stromgrundschwingung und deren Phasenlage zur Phasen-spannung wie folgt aus:

$$\varphi_1 \approx \alpha + \frac{\ddot{u}}{2} \tag{4.12}$$

Damit gilt:

Gleichstromleistung (I_d glatt, $\ddot{u} = 0$):

$$P_d = U_d \cdot I_d = U_{di0} \cdot I_d \cdot \cos\alpha \tag{4.13}$$

Wirkleistung auf der Netzseite (B6-Schaltung):

$$P_{N(1)} = 3 \cdot U_N \cdot I_{N(1)} \cdot \cos\varphi_1 \tag{4.14}$$

Grundschwingungs-Scheinleistung:

$$S_{N(1)} = \frac{P_{N(1)}}{\cos\varphi_1} = \frac{P_d}{\cos\alpha} = U_{di0} \cdot I_d \tag{4.15}$$

Grundschwingungs-Blindleistung:

$$Q_{N(1)} = S_{N(1)} \cdot \sin\varphi_1 \tag{4.16}$$

und:

$$S_{N(1)} = \sqrt{P_{N(1)}^2 + Q_{N(1)}^2} \tag{4.17}$$

Die Grundschwingungs-Scheinleistung $S_{N(1)}$ ist somit bei konstantem Strom I_d unabhängig vom Zündwinkel α konstant. Bei $\alpha = 0°$ ist $P_d = P_{N(1)} = S_{N(1)}$ und $Q_{N(1)} = 0$, bei $\alpha = 90°$ dagegen sind Gleichspannung und Wirkleistung Null und $Q_{N(1)} = S_{N(1)}$.

Durch Gleichsetzen der Wirkleistungen nach Gl. (4.13) und (4.14) läßt sich mit $\varphi_1 = \alpha$ und

$$U_{di0} = \frac{3\sqrt{6}}{\pi} \cdot U_N \tag{4.18}$$

der Effektivwert $I_{N(1)}$ der Netzstrom-Grundschwingung für die B6-Schaltung auch ohne Fourier-Analyse berechnen:

$$\frac{3\sqrt{6}}{\pi} \cdot U_N \cdot I_d \cdot \cos\alpha = 3 \cdot U_N \cdot I_{N(1)} \cdot \cos\varphi_1 \tag{4.19}$$

$$I_{N(1)} = \frac{\sqrt{6}}{\pi} \cdot I_d \tag{4.20}$$

Aus dem Stromverlauf in Abb. 4.20 ist zu entnehmen, daß es außer der Grund-schwingung auch Oberschwingungen gibt; diese Strom-Oberschwingungen bilden mit der Spannungs-Grundschwingung die Verzerrungs-Blindleistung D_N:

$$D_N = 3 \cdot U_N \cdot \sqrt{I_N^2 - I_{N(1)}^2} = \sqrt{S_N^2 - S_{N(1)}^2} \tag{4.21}$$

Da sich die Stromkurvenform (ideale Glättung!) bei einer Änderung von α nicht ändert (wohl aber bei Berücksichtigung der Kommutierung), ist D_N unabhängig von α.

Der Leistungsfaktor λ wird definiert als:

$$\lambda = \frac{P_{N(1)}}{S_N} \tag{4.22}$$

d.h. beim Verschiebungsfaktor $\cos\varphi_1$ wird nur die Strom-Grundschwingung $I_{N(1)}$, beim Leistungsfaktor λ werden dagegen auch die Strom-Oberschwingungen berücksichtigt.

Der Effektivwert I_N des blockförmigen Netzstroms läßt sich einfach berechnen:

$$I_N = \sqrt{\frac{1}{T_{Netz}} \int_0^{T_{Netz}} I_N^2(t)\, dt} = \sqrt{\frac{2}{3}} \cdot I_d \tag{4.23}$$

Damit ergibt sich für die Scheinleistung

$$S_N = 3 \cdot U_N \cdot I_N = 3 \cdot \frac{\pi}{3\sqrt{6}} \cdot U_{di0} \cdot \sqrt{\frac{2}{3}} \cdot I_d = \frac{\pi}{3} \cdot U_{di0} \cdot I_d \tag{4.24}$$

und für die Verzerrungs-Blindleistung

$$D_N = \sqrt{\left(\frac{\pi}{3}\right)^2 - 1} \cdot U_{di0} \cdot I_d = 0,311 \cdot U_{di0} \cdot I_d \tag{4.25}$$

sowie für den Leistungsfaktor

$$\lambda = \frac{3}{\pi} \cdot \cos\varphi_1 = 0,955 \cdot \cos\varphi_1 \tag{4.26}$$

Aus diesen Überlegungen ergibt sich, daß auf der Netzseite Wirk- und Blindleistung entsprechend dem Steuerwinkel α und dem Überlappungswinkel $\ddot{u}$ auftritt – ein unerwünschter Effekt. Um insbesondere die Grundschwingungs-Blindleistung zu vermindern, wurden blindleistungssparende Schaltungen entwickelt [102], Kapitel 2.9. Eine weitergehende Forderung ist $cos\varphi_1 = 1$, siehe Kapitel 10.7.

4.1.2.6   Umkehrstromrichter

Der Abbildung 4.14 ist zu entnehmen, dass die sechspulsige Brückenschaltung sowohl eine positive Spannung - Gleichrichterbetrieb - als auch eine negative Spannung – Wechselrichterbetrieb - U_d aber nur positiven Strom I_d liefern kann. Die Kombination positive Spannung und positiver Strom ergibt einen Leistungsfluss vom Netz zur GNM, das ist der Motorbetrieb der GNM. Die GNM erzeugt ein positives Drehmoment, die Drehzahl kann gegen ein Lastmoment erhöht werden, eine Absenkung der Drehzahl ist nur durch das Lastmoment, das als Bremsmoment wirkt, möglich. Wenn der Antrieb aktiv gebremst werden soll, dann muss das Drehmoment der GNM negativ sein und wie das Lastdrehmoment bremsend wirken. Das Drehmoment der GNM M_{Mi} ist $M_{Mi} = C_M I_A \Psi$, ein positives Moment ergibt sich, wenn I_A und Ψ positiv sind. Ein negatives Drehmoment erfordert entweder einen positiven Fluss Ψ und einen negativen Strom I_A - Ankerstromumkehr – oder einen negativen Fluss Ψ und einen positiven Strom I_A - Feldumkehr. Die Ankerstromumkehr ist aufwändiger als die Feldumkehr, die eine wesentlich geringere zu installierende Leistung hat. Dafür hat die Umkehr des Ankerstroms eine wesentlich bessere Dynamik als die Umkehr des Feldstroms, deshalb wird nur die Umkehr des Ankerstroms vorgestellt. Die Umkehr des Ankerstroms wird mittels eines kreisstromfreien Umkehrstromrichters realisiert, Abbildung 4.21. Von den beiden Brückenschaltungen ist immer nur eine der beiden Brückenschaltungen aktiv, in dem nur sie Zündimpulse erhält. Bei einem Wechsel der Brücken ist ein „Loch" beim Drehmoment nicht zu vermeiden, denn der Ankerstrom muss zu Null in der aktiven Brücke mittels Ansteuerung in den Wechselrichterbetrieb abgebaut werden. Wenn der Strom Null ist, werden beide Steuergeräte zur Erzeugung der Zündimpulse gesperrt und es wird die Freiwerdezeit bzw. Schonzeit der vorher stromführenden Thyristoren – mit Sicherheitszuschlag – abgewartet, die Strom-Nullpause beträgt 1 ms bis 6 ms. Während der Strom-Nullpause wird die übernehmende Brücke in den Wechselrichterbetrieb gesteuert, um ein sicheres Anfahren der übernehmenden Brücke zu gewährleisten. Nach Ablauf der Strom-Nullpause werden die Zündimpulse für die übernehmende Brücke frei gegeben, die Brücke fährt an. Zu beachten ist, dass ein adaptiver Stromregler verwendet wird, um den Lückbereich des Stroms zu beherrschen, denn sowohl beim Abbau als auch beim Aufbau des Stroms befindet sich die Strecke zeitweilig im Lückbereich. Der adaptive Stromregler ist ein PI-Regler, der bei nichtlückendem Ankerstrom mit dem Betragsoptimum optimiert wird. Bei lückendem Ankerstrom muss der Regler ein I-Regler sein, die Umschaltungen sollen „stoßfrei"erfolgen, die Parameter des Stromreglers sollten der im Lückbereich variablen Verstärkung der Strecke nachgeführt werden, siehe Kapitel 10.2 und 10.3 in [97].

Statt des kreisstromfreien Umkehrstromrichter gibt es kreisstrombehaftete Umkehrstromrichter, bei denen keine Strom-Nullpause und kein Lückbetrieb zu beachten sind. Der Aufwand ist aber deutlich höher als beim kreisstromfreien Umkehrstromrichter, so dass diese Schaltungsvariante keine Bedeutung mehr hat.

Die beiden antiparallelen, netzgeführten Brückenschaltungen bilden somit ein Vier-Quadranten- Stellglied für in der Drehzahl und dem Drehmoment verstellbare GNM- Antriebe.

4.1.2.7   Umkehrstromrichter Ablauf Befehlsfolge

Bei den nachfolgenden Untersuchungen werden die Ankerinduktivität L_A und der Ankerwiderstand R_A berücksichtigt.

Es gelten die folgenden Zusammenhänge und Voraussetzungen:

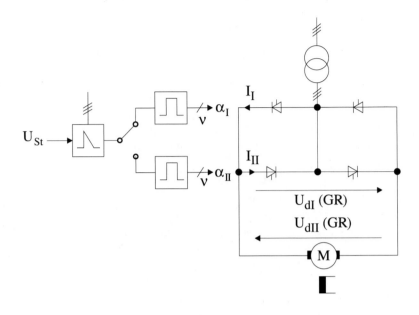

Abb. 4.21: *Kreisstromfreier Umkehrstromrichter*

$$\frac{U_A}{U_{AN}} = \frac{\Omega}{\Omega_{0N}} + \frac{R_A \cdot I_{AN}}{U_{AN}} \cdot \frac{M_M}{M_{iN}} + \frac{L_A \cdot I_{AN}}{U_{AN}} \cdot \frac{d}{dt}\left(\frac{M_M}{M_{iN}}\right) \tag{4.27}$$

$$\Psi = \Psi_N \; ; \quad D_x = 0$$

$$\frac{M_M}{M_{iN}} = m_M = i_A \tag{4.28}$$

$$\frac{\Omega}{\Omega_{0N}} = n = e_A \tag{4.29}$$

normiert:

$$u_A = n + r_A \cdot i_A + r_A \cdot T_A \cdot \frac{di_A}{dt} \tag{4.30}$$

Beispiel:

$$\frac{M_W}{M_{iN}} = m_W = 0,5 \cdot \mathrm{sign}(n) \tag{4.31}$$

Bereich (1)   Stationärer Betrieb $n = 1$; $U_A/U_{AN} = u_A > 1$
SR I in Gleichrichteraussteuerung
SR II gesperrt

Bereich (2)   Vorgabe eines neuen Drehzahlsollwertes
$n_{soll2} = -1 \cdot n_{soll1}$
SR I in Wechselrichteraussteuerung;
Steuerung in volle WR-Aussteuerung, so daß i_A
schnell abgebaut wird.

$\mid dn/dt \mid \neq$ const.

SR II gesperrt

Bereich (3)   Übergang von SR I auf SR II

SR I gesperrt

SR II gesperrt

SR II wird erst nach Ablauf einer Sicherheitszeit Δt

von voller WR-Aussteuerung freigegeben,

um sicherzustellen, daß i_A Null geworden ist.

$\mid dn/dt \mid =$ const.

Steuerung über EMK–Vorsteuerung $u^*_{st\,II} \stackrel{\wedge}{=} e_A$

Bereich (4)   Anstieg des Ankerstroms im SR II

SR I gesperrt

SR II in Wechselrichteraussteuerung, zeitvariant reduziert

$\mid dn/dt \mid \neq$ const.

Bereich (5)   Der Maximalstrom der Maschine ist erreicht.

SR I gesperrt

SR II in Wechselrichteraussteuerung

Die Summe aus Motormoment $m_M = -1$ und Widerstands-

moment m_W bewirkt eine schnelle Drehzahländerung.

Zur Zeit $t = t_0$ geht SR II in den Gleichrichterbetrieb über.

Bereich (6)   Die Drehzahl n wird negativ.

SR I gesperrt

SR II in Gleichrichteraussteuerung

Voraussetzungsgemäß kehrt das Widerstandsmoment

seine Richtung um, $m_W = -0,5$.

$\mid dn/dt \mid_{(6)} = \mid dn/dt \mid_{(3)} =$ const.

$(m_M = i_A = -1 \Rightarrow m_M - m_W = -0,5)$

Die zeitlichen Verläufe können der Abbildung 4.22 entnommen werden.

Weitere Informationen über Stellglieder mit netzgeführten Stromrichter-Stellgliedern sind in Kapitel 4.2 sowie in [102] zu finden.

In [102] „Leistungselektronische Schaltungen" werden die netzgeführten Stellglieder in Kapitel 2 dargestellt: Kapitel 2.1 beschreibt anhand der Zweipuls-Mittelpunktschaltung das Lastverhalten, die Kommutierung und das Wechselrichterkippen, Kapitel 2.2 die Oberschwingungen auf der Last- und der Netzseite sowie die Netzrückwirkungen, Kapitel 2.3 Blindleistung und Leistungsfaktor, Kapitel 2.4 die Transformator-Auslegung, Kapitel 2.5 die Dreipuls Mittelpunktschaltung, Kapitel 2.6 die Brückenschaltung, Kapitel 2.7 Schaltungen mit höherer Pulszahl, Kapitel 2.7.4 Beurteilungs-Kriterien, Kapitel 2.8 Umkehrstromrichter und Kapitel 2.9 Blindleistung sparende Schaltungen.

4.1.3   DC-DC-Wandler Einführung

DC-DC-Wandler haben je nach Anforderung unterschiedliche Schaltungsstrukturen. Der Tiefsetzsteller ermöglicht den Ein-Quadrant Motorbetrieb, der Hochsetzsteller den Ein-Quadrant Bremsbetrieb, der Zwei-Quadrant-Steller mit Stromumkehr den Motor- und den Bremsbetrieb bei einer Drehrichtung der Gleichstrommaschine, der Zwei-Quadrant-Steller mit Ankerspannungsumkehr den Motorbetrieb bei beiden Drehrichtungen und der Vier-Quadrant-Steller deckt alle Anforderungen ab. Die obigen Wandler werden mit ein- und ausschaltbaren Leistungshalbleitern wie dem MOS-FET, dem IGBT oder dem IGCT realisiert.

4.1.4   U–Umrichter Einführung

In Kapitel 4.4 werden elektrische Antriebe mit Drehstrommaschinen wie den Direktumrichter, den Stromrichtermotor und den selbstgeführten I-Umrichter vorgestellt. Diese Antriebe verwendeten die netzgeführte Brückenschaltung als

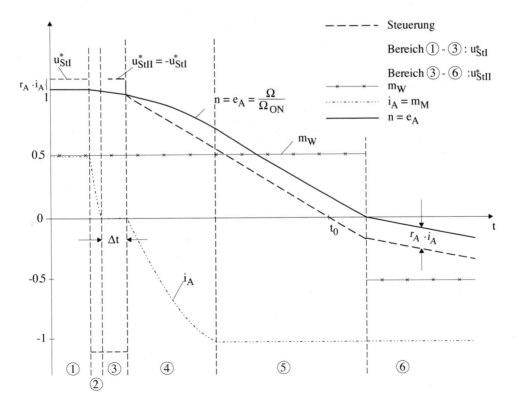

Abb. 4.22: *Drehrichtungsumkehr mit kreisstromfreiem Umkehrstromrichter*

Stellglied, die den Thyristor als einzuschaltenden Leistungshalbleiter verwenden. Da die netzgeführte Brückenschaltung aber ursprünglich als Stellglied für Gleichstromantriebe entwickelt worden war, waren bei den obigen Drehstromantrieben Einschränkungen zu akzeptieren. Um diese Einschränkungen zu vermeiden, wurden Transistor-Umrichter entwickelt. Problematisch bei den Transistor-Umrichtern waren die notwendigen großen Basisströme, wenn die Transistoren eingeschaltet waren sowie die hohen Schaltverluste. Um die Schaltverluste zu verringern und um damit die Schaltfrequenz zu erhöhen, wurden aufwändige Entlastungsschaltungen entwickelt, siehe [102],Kapitel 7.3.4 bis 7.3.4.3 nach Boehringer, so dass die Stellglieder mit Transistoren industriell nicht erfolgreich waren. Stattdessen waren zunehmend zuerst der GTO-Leistungshalbleiter (Gate Turn Off Thyristor) und dann der MOSFET, der IGBT und zuletzt der IGCT verfügbar. Mit diesen ein- und auszuschalteten Leistungshalbleitern wurde der U-Umrichter in Abbildung 4.23 realisiert. Der U-Umrichter ist am Netzeingang aus einer Diodenbrücke aufgebaut, die den Zwischenkreis, bestehend aus einem Kondensator und einer Drosselspule, speist und damit eine konstante Zwischenkreisspannung U_z erzeugt. An den Zwischenkreis ist der selbstgeführte Wechselrichter angeschlossen, der aus drei Zwei-Quadranten-DC-DC-Wandlern mit Stromumkehr besteht. Wie in Kapitel 4.5 ausgeführt wird, können die drei DC-DC-Wandler unabhängig voneinander sowohl die positive als auch die negative Spannung an die Lastklemmen a, b, und c legen, wobei beide Stromrichtungen zulässig sind. Somit beherrscht die Schaltung des selbstgeführten Wechselrichters alle Betriebsfälle. In Kapitel 11.4 werden die Schaltung und Funktion, die Modulationsverfahren zur Einstellung von Frequenz und Amplitude, optimierte Modulationsverfahren und die Mehrpunkt-Wechselrichter erklärt. In Kapitel 12 werden außerdem die Regelverfahren Entkopplung und Feldorientierung erläutert.

4.2   Netzgeführte Stromrichter-Stellglieder Gleichstromantriebe

Die sechspulsige Brückenschaltung ist ein Zwei-Quadranten-Stellglied mit Ankerspannungsumkehr. Dieses Stellglied deckt die Quadranten 1 und 4 eines Antriebs ab: 1. Quadrant positive Drehzahl, 4. Quadrant negative Drehzahl, beide Quadranten positiver Ankerstrom. Der erste Arbeitsbereich des Gleichstromantriebs ist der Ankerstellbereich, gekennzeichnet durch den Nennfluss und damit durch die maximale Ankerspannung - zuzüglich notwendiger Reserven vom Stellglied zur dynamischen Verstellung des Ankerstroms oder der Absenkung des Flusses und damit der EMK E_A zur Gewinnung der notwendigen Spannungsreserve - sowie dem maximalen positiven Ankerstrom, siehe auch Abbildung 3.38. An die Ankerstellbereiche schließen sich die Feldstellbereiche an. Um die Feldschwächbereiche zu erreichen, wird ausgehend von der maximalen Ankerspannung U_A

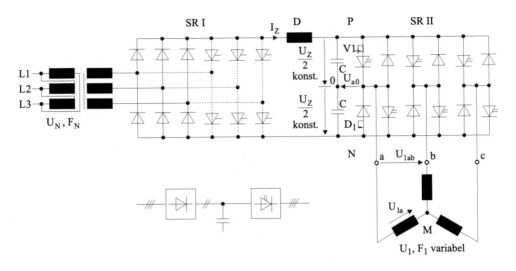

Abb. 4.23: *Prinzipschaltbild eines selbstgeführten Umrichters mit konstanter Zwischenkreisspannung*

und dem Nennfluss Ψ_N der Fluss Ψ verringert, die Drehzahl erhöht sich mit $1/\Psi$, das Drehmoment reduziert sich mit $1/\Psi^2$, siehe Abbildung 3.39.

4.2.1 Grenzen des Betriebsbereichs von Stromrichter und Maschine

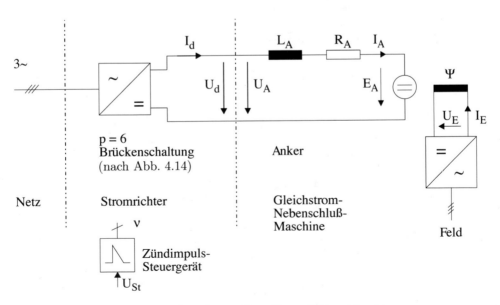

Abb. 4.24: *Anordnung Netz–Stromrichter–Maschine*

A) Ankerstellbereich

$\Psi = \Psi_N$; $I_E = I_{EN}$ Siehe Abbildungen 4.18, 4.19, 4.20.

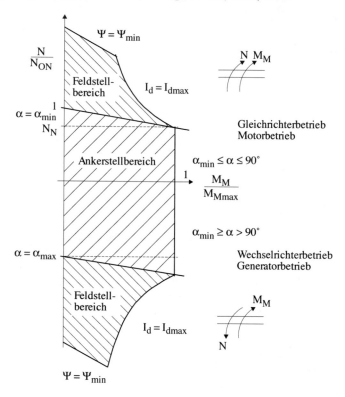

Abb. 4.25: *Arbeitsbereich GNM mit B6-Brücke*

A1) Stromrichter im 1. Quadranten (Gleichrichterbetrieb, Motor-Rechtslauf)

Stromrichter: $0° \leq \alpha \leq 90°$;　$0 \leq U_d \leq U_{dmax}(\alpha_{min})$
Stromrichter-Spannung:

$$U_d = U_{di0} \cdot \left(\cos\alpha - \underbrace{\frac{1}{2} \cdot \frac{u_{k\%}}{100} \cdot \frac{I_d}{I_{dN}}}_{d_x} \right) = U_{di\alpha} - D_x \tag{4.32}$$

Kennliniengleichung der Maschine:

$$N = \frac{U_A}{C_E \cdot \Psi} - M_{Mi} \cdot \frac{R_A}{C_E \cdot C_M \cdot \Psi^2} \tag{4.33}$$

bei　$\Psi = \Psi_N$,　$M_{Mi} = C_M \cdot I_A \cdot \Psi_N$

Speisung mit Stromrichter:　$U_A = U_d$,　$I_A = I_d$

$$N = \frac{U_d}{C_E \cdot \Psi_N} - I_d \cdot \frac{R_A}{C_E \cdot \Psi_N} = \frac{U_d}{C_E \cdot \Psi_N} - M_{Mi} \cdot \frac{R_A}{C_E \cdot C_M \cdot \Psi_N^2} \quad (4.34)$$

$$N = \frac{U_{di0} \cdot \cos\alpha}{C_E \cdot \Psi_N} - I_d \cdot \left(\frac{1}{2} \cdot \frac{u_{k\%}}{100} \cdot \frac{U_{di0}}{I_{dN}} + R_A \right) \cdot \frac{1}{C_E \cdot \Psi_N} \quad (4.35)$$

Die Einflüsse des induktiven Gleichspannungsabfalls (Stromrichter) und des Ankerwiderstands (Maschine) addieren sich.

obere Grenze:

Stromrichter bei $\alpha = \alpha_{min}$; $U_d(\alpha_{min}) = U_{dmax}(I_{Amax})$
Grenzkennlinie:

$$N = \frac{U_{dmax}}{C_E \cdot \Psi_N} - I_d \cdot \frac{R_A}{C_E \cdot \Psi_N} = U_{di0} \cdot \frac{\cos\alpha - d_x}{C_E \cdot \Psi_N} - I_d \cdot \frac{R_A}{C_E \cdot \Psi_N} \quad (4.36)$$

$$N_N = \frac{U_{dmax}}{C_E \cdot \Psi_N} - M_{MN} \cdot \frac{R_A}{C_E \cdot C_M \cdot \Psi_N^2} \quad (4.37)$$

$$U_{dmax} = f(I_d) = f(M_M) \quad (4.38)$$

Anmerkung:

Für dynamische Vorgänge muß eine Stellreserve eingeplant werden. Deshalb wird der Stromrichter im stationären Betrieb nicht bis zu seiner maximalen Leistungsfähigkeit ausgenützt. Im allgemeinen ist also $\alpha_{min} > 0°$ und $U_{dmax} < U_{di0}$.

   Bei einem Vier-Quadrant-Stellglied mit zwei antiparallelen B6-Brücken (Abb. 4.21) wird der stationäre minimale Steuerwinkel α_{min} auf $\alpha_{min} \simeq 30°$ (symmetrisch zur Wechselrichtertrittgrenze bei $\alpha = 150°$) begrenzt.

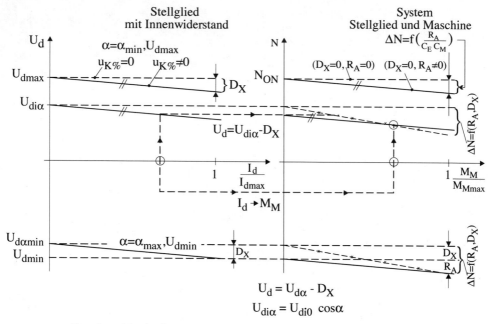

$$U_d = U_{d\alpha} - D_X$$

$$U_{di\alpha} = U_{di0} \cos\alpha$$

Beachte : Zwei mit ──//── gekennzeichnete Linien sind zueinander parallel !

Abb. 4.26: *Einfluß von D_X und R_A auf die Drehzahl*

A2) Stromrichter im 4. Quadranten (Wechselrichterbetrieb, Generator, Motor-Linkslauf)

Stromrichter: $90° < \alpha \leq 150°$; $U_{dmin} \leq U_d < 0$

Wechselrichtertrittgrenze bei $150°$!

Es ergeben sich dieselben Kennliniengleichungen wie bei A1, insbesondere ist die *untere Grenze* gegeben durch:
Stromrichter bei $\alpha = \alpha_{max} = 150°$, $U_d(\alpha_{max}) = U_{dmin} < 0$!

Grenzkennlinie:

$$N = \frac{U_{dmin}}{C_E \cdot \Psi_N} - I_d \cdot \frac{R_A}{C_E \cdot \Psi_N} \tag{4.39}$$

mit $U_{dmin} = U_{di0} \cdot \cos\alpha_{max} - D_x = U_{d\alpha\,min} - D_x$

F) Feldstellbereich

F1) Ankerstromrichter im 1. Quadranten

Stromrichter: $\alpha \approx 30° = $ const. ; $U_d = U^*_{dmax}\,|_{I_d = I_A} = U_{di0} \cdot \cos\alpha - D_x$
$\alpha \neq 0$, um den Strom I_{Amax} führen zu können!

$$N = \frac{U^*_{dmax}}{C_E \cdot \Psi} - I_d \cdot \frac{R_A}{C_E \cdot \Psi} \tag{4.40}$$

$$M_M = C_M \cdot \Psi \cdot I_d \tag{4.41}$$

$$N = \frac{U^*_{dmax} - I_d \cdot R_A}{\dfrac{C_E}{C_M} \cdot \dfrac{M_M}{I_d}} \quad ; \quad \frac{C_E}{C_M} = 2\pi \tag{4.42}$$

$$N = \frac{(U^*_{dmax} - I_d \cdot R_A) \cdot I_d}{2\pi \cdot M_M} \tag{4.43}$$

Für $I_A = I_{Amax} = I_{dmax}$ bestehen die Zusammenhänge

$$N \sim \frac{1}{\Psi}$$

$$M_M \sim \Psi$$

F2) Ankerstromrichter im 4. Quadranten

Stromrichter: $\alpha = 150°$; $U_d = U^*_{dmin} = U_{dmin} \mid_{I_d = I_A} = U_{di0} \cdot \cos\alpha - D_x$

$$N = \frac{U^*_{dmin}}{C_E \cdot \Psi} - I_d \cdot \frac{R_A}{C_E \cdot \Psi} \tag{4.44}$$

$$N = \frac{U^*_{dmin} - I_d \cdot R_A}{\dfrac{C_E}{C_M} \cdot \dfrac{M_M}{I_d}} = \frac{(U^*_{dmin} - I_d \cdot R_A) \cdot I_d}{2\pi \cdot M_M} \tag{4.45}$$

4.3   Strom- und Drehzahlregelung der Gleichstrom-Nebenschlußmaschine

In diesem Kapitel wird die Kaskadenregelung angewendet, die die Standard-regelung für geregelte elektrische Antriebe ist. Die Kaskadenregelung hat den inneren, unterlagerten Stromregelkreis und den überlagerten Drehzahlregelkreis, weitere Regelkreise wie ein Lageregelkreis können dem Drehzahlregelkreis überlagert sein, siehe Abbildung 4.27. Einführend gilt:

- innerer Kreis: Stromregler,
- äußerer Kreis: Drehzahlregler.

Die Kaskadenregelung wird aus folgenden Gründen eingesetzt:

a) Gleichstrommaschine und Stromrichter-Stellglied sind empfindlich gegen zu hohe Ankerströme i_A,

b) die Gleichstrommaschine ist empfindlich gegen zu hohe Änderungsgeschwindigkeiten des Ankerstroms di_A/dt,

c) die Gleichstrommaschine (und das Stromrichter-Stellglied) ist empfindlich gegen zu hohe Ankerspannungen u_A,

d) der Ankerstrom der Gleichstrommaschine ist eine wichtige Stellgröße $(m_M = \psi \cdot i_A)$,

e) der Drehzahlregler ist dem Stromregelkreis überlagert, die Regelkreise können getrennt in Betrieb genommen werden.

Folgerung für drehzahlgeregelte Antriebe:

1. Ankerstrom nach Größe und eventuell Änderungsgeschwindigkeit begrenzen $\Longrightarrow$ Ankerstrom der Größe nach begrenzen und regeln,

2. Drehzahl der Größe nach begrenzen und regeln.

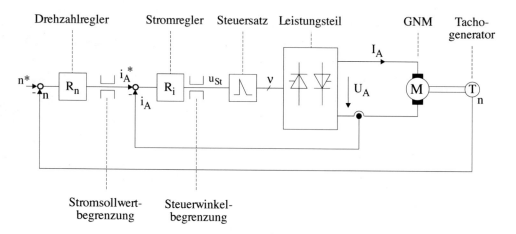

Abb. 4.27: *Kaskadengeregelte Gleichstrom–Nebenschlußmaschine*

Wenn die Regelkreise für den Ankerstrom und die Drehzahl ausgelegt werden, dann müssen die Strecken bekannt sein. Die Signalflusspläne des Ankerkreises mit den Gleichungen der Mechanik sowie des Feldkreises wurden in Kapitel 3.3 erarbeitet. Als Stellglied ist ein netzgeführter Umkehrstromrichter vorgesehen, wobei das dynamische Verhalten des Umkehrstromrichters dem Verhalten eines sechspulsigen Brücken-Stellglieds entsprechen soll. Dieses regelungstechnische Modell und der Signalflussplan müssen noch bestimmt werden.

Aus Abb. 4.27 ist zu entnehmen, daß dem Stromregelkreis der Drehzahlregelkreis überlagert ist. Um den Strom i_A im Anker der Gleichstrommaschine und im Stellglied zu begrenzen, wird der Stromsollwert i_A^* begrenzt.

Vorteile:

1. Unterteilung der Strecke $\longrightarrow$ einfache Regelkreise,

2. gutes Störverhalten,

3. Begrenzung der geregelten Signale möglich,

4. Auswirkungen nicht-linearer oder nicht-stetiger Teile des Regelkreises eingegrenzt,

5. schrittweise Inbetriebnahme.

4.3.1 Ankerstromregelung

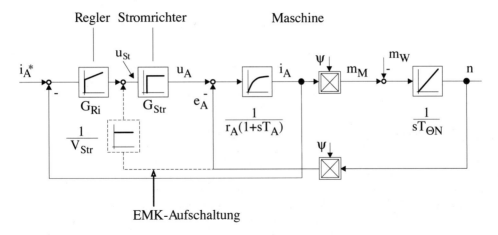

Abb. 4.28: *Innerer Regelkreis: Stromregelung*

In Abbildung 4.28 ist der Stromregelkreis dargestellt. Auf der rechten Seite ist der Signalflussplan der GNM zu sehen, der in Kapitel 3.3 erarbeitet wurde. Das Stromrichter-Stellglied ist als Totzeitglied mit der Verstärkung V_{Str} und der Totzeit $T_t = T_N/(2p)$ approximiert, mit p der Pulszahl, hier p = 6 und T_N der Periode der Netzfrequenz F_N.

Nach Abb. 4.28 besteht die Strecke des Stromregelkreises aus der Übertragungsfunktion G_{Str} des Stellglieds, dem Ankerkreis mit der Übertragungsfunktion G_{S1} und der Übertragungsfunktion des mechanischen Teils G_{S2}, die zurückgekoppelt ist.

$$G_{Str}(s) \;=\; \frac{u_A(s)}{u_{St}(s)} \;=\; V_{Str} \cdot e^{-sT_t} \tag{4.46}$$

$$G_{S1}(s) \;=\; \frac{i_A(s)}{u_A(s) - e_A(s)} \;=\; \frac{1}{r_A \cdot (1 + sT_A)} \tag{4.47}$$

$$G_{S2}(s) \;=\; \frac{n(s)}{m_M(s)} \;=\; \left.\frac{e_A(s)}{i_A(s)}\right|_{\psi=1} \;=\; \frac{1}{sT_{\Theta N}} \tag{4.48}$$

Aufgrund dieser Rückkopplung ergibt sich als Strecken-Übertragungsfunktion:

$$G_{Si}(s) \;=\; \frac{i_A(s)}{u_{St}(s)} \;=\; \left.\frac{G_{Str}(s) \cdot G_{S1}(s)}{1 + G_{S1}(s) \cdot G_{S2}(s)}\right|_{\psi=1}$$

$$=\; V_{Str} \cdot e^{-sT_t} \cdot \frac{sT_{\Theta N}}{1 + r_A \cdot (sT_{\Theta N} + s^2 T_{\Theta N} T_A)} \tag{4.49}$$

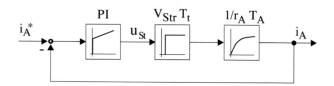

Abb. 4.29: *Signalflußplan des Stromregelkreises mit EMK–Aufschaltung*

Diese Übertragungsfunktion ist unerwünscht, da sie ein konjugiert komplexes Polpaar enthalten kann und damit den Entwurf des Drehzahlreglers erschwert. Ein Regler mit I-Anteil würde außerdem die Ordnung des geschlossenen Regelkreises auf die dritte Ordnung erhöhen und damit die Dynamik des Regelkreises ebenso ungünstig beeinflussen. Um diese Nachteile zu vermeiden, ist eine EMK–Aufschaltung (gestrichelte Linie in Abb. 4.28) zu empfehlen. Durch diese Aufschaltung wird der Rückkopplungszweig mit e_A kompensiert. Wichtig bei der Aufschaltung ist, daß im Aufschaltungszweig die Übertragungsfunktion

$$\frac{1}{V_{Str}} \;\approx\; \frac{1}{G_{Str}} \tag{4.50}$$

eingefügt ist, um die Kompensation der EMK sicherzustellen, und daß eine Mitkopplung vermieden wird. Wenn diese Bedingungen eingehalten werden, dann ist die Strecken-Übertragungsfunktion reduziert auf (Abb. 4.29):

$$G_{Si}(s)|_{EMK} \;=\; V_{Str} \cdot e^{-sT_t} \cdot \frac{1}{r_A \cdot (1 + sT_A)} \tag{4.51}$$

Zur weiteren Vereinfachung wird das Totzeitglied e^{-sT_t} durch ein PT$_1$-Glied approximiert:

$$G_{Si}(s)\big|_{EMK} = \frac{V_{Str}}{r_A} \cdot \frac{1}{(1 + sT_t) \cdot (1 + sT_A)} \qquad (T_A > T_t) \qquad (4.52)$$

Mit diesen Vereinfachungen kann nun das für diesen Streckentyp entwickelte Optimierungskriterium – das *Betragsoptimum* BO – angewendet werden. Beim Betragsoptimum wird bei diesem Streckentyp ein PI-Regler vorausgesetzt:

$$G_{Ri}(s) = V_R \cdot \frac{1 + sT_n}{sT_n} \qquad (4.53)$$

Die Optimierungsbedingungen lauten:

$$\text{1. Optimierungsbedingung} \qquad T_n = T_A \qquad (4.54)$$

(Beachte: Durch diese Wahl $T_n = T_A$ wird die Zeitkonstante $T_A \gg T_t$ kompensiert, d.h. durch die Differentation des Reglereingangssignals erfolgt eine dynamische Überhöhung des Strecken- Eingangssignals u_A.)

$$\text{2. Optimierungsbedingung} \qquad V_R = \frac{r_A}{V_{Str}} \cdot \frac{T_A}{2T_t} \qquad (4.55)$$

$$T_t = \frac{T_N}{2p} = \frac{1}{2p\, F_N} \qquad (4.56)$$

Wenn der Stromregelkreis nach BO optimiert ist – und kein Tiefpaß zur Glättung des gemessenen Stroms zusätzlich im Rückführkanal eingefügt wurde – dann ergibt sich als Führungs–Übertragungsfunktion:

$$G_{wi}(s) = \frac{i_A(s)}{i_A^*(s)} = \frac{1}{1 + s\,2T_t + s^2\,2T_t^2} \qquad (4.57)$$

Die Abbildung 4.30 zeigt das Führungs- und Störverhalten des Stromregelkreises bei der Optimierung mit dem Betragsoptimum. Das gewünschte dynamische Verhalten ergibt sich bei dem Parameter a = 2, bei a = 4 ist die Dämpfung $D = 1$.

Zur Vereinfachung der Optimierung der überlagerten Drehzahl-Regelung wird im allgemeinen eine Ersatz-Übertragungsfunktion $G_{w\,ers\,i}(s)$ gewählt (Abbildung 4.31).

4.3.2   Drehzahlregelung

Der Stromregelkreis ist im Drehzahlregelkreis (Abb. 4.32) nur als Ersatzfunktion $G_{w\,ers\,i}$ berücksichtigt. Als Drehzahlregler wird ein PI-Regler verwendet, um auch bei Störungen ($m_W \neq 0$) stationäre Genauigkeit sicherzustellen.

Bei den folgenden Überlegungen soll zunächst der normierte Nebenfluss ($\psi = 1$) vorausgesetzt werden. Unter diesen Randbedingungen gilt:

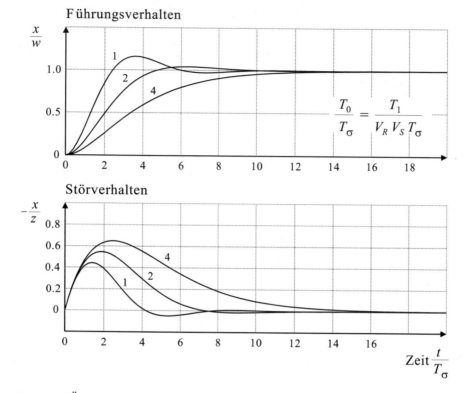

Führungsverhalten

$$\frac{T_0}{T_\sigma} = \frac{T_1}{V_R\,V_S\,T_\sigma}$$

Störverhalten

Zeit $\dfrac{t}{T_\sigma}$

Abb. 4.30: *Übergangsverhalten bei verallgemeinerten Betragsoptimum (Standard-BO für $T_0/T_\sigma = 2$)*

$$G_{wi}(s) = \frac{1}{1 + s\,2T_t + s^2\,2T_t^2} \qquad \xrightarrow{\text{Näherung}} \qquad G_{w\,ers\,i}(s) = \frac{1}{1 + sT_{ers\,i}}$$

$$T_{ers\,i} \approx 2\cdot T_t$$

Abb. 4.31: *Ersatz-Übertragungsfunktion des Stromregelkreises*

$$G_{Sn}(s) = \frac{1}{1 + sT_{ers\,i}} \cdot \frac{1}{sT_{\Theta N}} \tag{4.58}$$

$$G_{Rn}(s) = V_R \cdot \frac{1 + sT_n}{sT_n} \tag{4.59}$$

$$-G_0(s) = \frac{V_R}{s^2\,T_{\Theta N}\,T_n} \cdot \frac{1 + sT_n}{1 + sT_{ers\,i}} \tag{4.60}$$

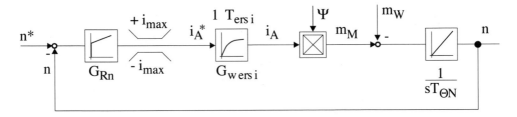

Abb. 4.32: *Signalflußplan des Drehzahlregelkreises*

Aufgrund der Doppelintegration beginnt der Phasenwinkel φ_0 des offenen Kreises bei $\varphi_0 = -180°$. Um den geschlossenen Regelkreis zu stabilisieren, muß $T_n > T_{ers\,i}$ gewählt werden.

Die Parameter des Reglers sind nach den Regeln des sogenannten *symmetrischen Optimums* SO zu wählen:

$$T_n \;=\; 4 \cdot T_{ers\,i} \tag{4.61}$$

$$V_R \;=\; \frac{T_{\Theta N} \cdot T_n}{8 \cdot T_{ers\,i}^2} \;=\; \frac{T_{\Theta N}}{2 \cdot T_{ers\,i}} \tag{4.62}$$

Bei Wahl der Reglerparameter nach SO ergibt sich die Führungs–Übertragungsfunktion $G_{wn}'(s)$:

$$G_{wn}'(s) \;=\; \frac{n(s)}{n^*(s)} \;=\; \frac{1 + s\,4T_{ers\,i}}{1 + s\,4T_{ers\,i} + s^2\,8T_{ers\,i}^2 + s^3\,8T_{ers\,i}^3} \tag{4.63}$$

Die Übertragungsfunktion $G_{wn}'(s)$ liefert bei sprungförmiger Sollwertverstellung aufgrund des Zählerpolynoms mit $s\,4T_{ers\,i}$ ein Ausgangssignal mit sehr großem Überschwingen. Um das gewünschte Führungsübertragungsverhalten bei sprungförmiger Verstellung des Drehzahlsollwerts sicherzustellen, muß im Führungskanal das Zählerpolynom von G_{wn}' kompensiert werden (Abb. 4.33). Damit ergibt sich endgültig:

$$G_{wn}(s) \;=\; \frac{1}{1 + s\,4T_{ers\,i} + s^2\,8T_{ers\,i}^2 + s^3\,8T_{ers\,i}^3} \tag{4.64}$$

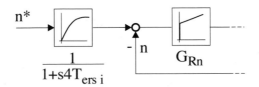

Abb. 4.33: *Führungsglättung*

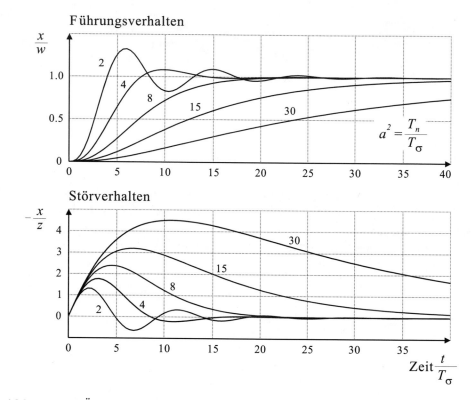

Abb. 4.34: *Übergangsverhalten bei Symmetrischem Optimum (Standard-SO für $a^2 = T_n/T_\sigma = 4$)*

Die Abbildung 4.34 zeigt das Führungs- und Störverhalten des Drehzahl-Regelkreises bei einer Optimierung nach dem symmetrischen Optimum. Das gewünschte dynamische Verhalten ergibt sich bei dem Parameter a = 2. Die Anregelzeit einschließlich Sollwertglättung beträgt ca. $7 \cdot T_{ers\,i}$. Zur Vereinfachung kann wie beim Stromregelkreis eine Ersatz-Übertragungsfunktion angegeben werden (Abb. 4.35).

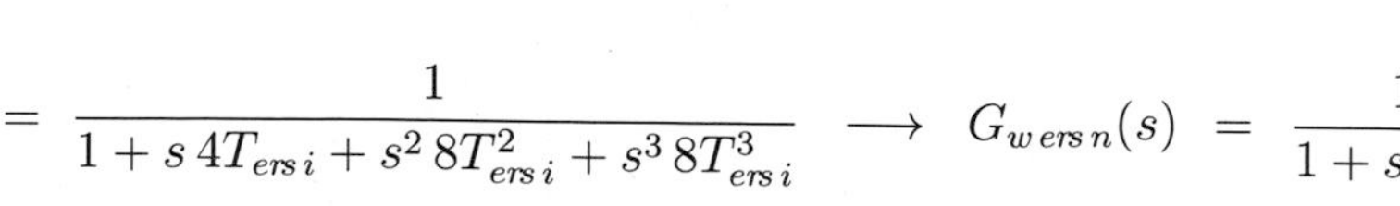

$$G_{wn}(s) = \frac{1}{1 + s\,4T_{ers\,i} + s^2\,8T_{ers\,i}^2 + s^3\,8T_{ers\,i}^3} \longrightarrow G_{w\,ers\,n}(s) = \frac{1}{1 + sT_{ers\,n}}$$

$$T_{ers\,n} = 4 \cdot T_{ers\,i}$$

Abb. 4.35: *Ersatz-Übertragungsfunktion des Drehzahlregelkreises*

In Abb. 4.32 ist der Stromsollwert begrenzt. Wie bereits oben diskutiert, ist diese Begrenzung sowohl für das Stellglied als auch für die Maschine (Kommuta-

tor) notwendig. Zu beachten ist allerdings, daß beim Ansprechen der Begrenzung
der Drehzahlregelkreis nicht mehr geschlossen ist. Dies führt zu einem abweichen-
den Verhalten des Gesamtsystems gegenüber dem geschlossenen System.

Wenn der Stromsollwert den Begrenzungswert erreicht bzw. überschreitet,
wird als Stromsollwert nur noch der Begrenzungswert wirksam. Dies bedeutet,
daß – bei konstantem m_W – während der Zeit der Begrenzung ein konstantes
Beschleunigungsmoment wirksam ist. Ein konstantes Beschleunigungsmoment
führt aber zu einer zeitlinearen Änderung der Drehzahl (Abb. 4.36).

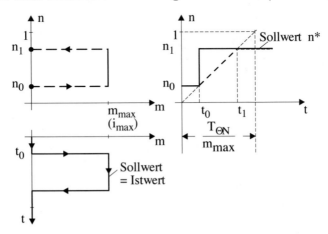

Abb. 4.36: *Hochlauf bei Ankerstrombegrenzung* $(T_{ers\,i} \ll T_{\Theta N})$

Die Abbildung 4.37 zeigt einen Übergangsvorgang mit Begrenzung des Stromsollwerts. Deutlich sind die Begrenzung und die lineare Änderung der Drehzahl
zu erkennen. Ein Vergleich der Signalverläufe der Stromsollwerte y ohne und mit
Begrenzung des Stromsollwerts würde die wesentlich größere integrierte Regeldif-
ferenz y bei der Begrenzung des Stromsollwerts zeigen, wenn keine Gegenmaßnahmen gegen das resultierende große Überschwingen des Istwerts implementiwert
werden, siehe Kapitel 7.1.2.2 in [97].

In Abb. 4.32 ist außerdem der Einfluß von ψ eingezeichnet. Ein normierter
Fluß $\psi < 1$ wird im Feldschwächbereich zu einer Verringerung des Drehmoments
führen:

$$m_{Mi} = i_A \cdot \psi \tag{4.65}$$

Diese Verringerung des Drehmoments verkleinert somit die Kreisverstärkung
des offenen Regelkreises bzw. wirkt wie eine Vergrößerung der Integrations-
Zeitkonstante $T_{\Theta N}$:

$$\frac{1}{sT'_{\Theta N}(\psi < 1)} = \frac{\psi}{sT_{\Theta N}(\psi = 1)} \tag{4.66}$$

Die Integrations-Zeitkonstante (bzw. die Verstärkung) des Drehzahlreglers muß
daher bei $\psi < 1$ an die geänderte Streckenverstärkung angepaßt werden. Die
Anpassung erfolgt am einfachsten durch eine Division durch ψ im Drehzahlregler,
mit der die Multiplikation mit ψ in der Strecke kompensiert wird.

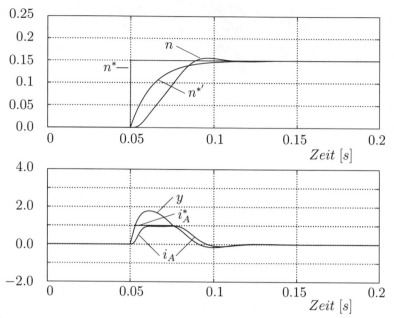

Abb. 4.37: *Drehzahlsprung mit Antiwindup-Drehzahlregler und Begrenzung des Anker-stromsollwerts auf* $i^*_{A,max} = 1,0$

4.3.3   Großsignalverhalten

In Kapitel 4.3.1 „Ankerstromregelung" wurde das netzgeführte Stromrichter-Stellglied als Totzeitglied mit $T_t = T_N/(2p)$ approximiert. Diese Approximation ergab sich scheinbar aus dem Verhalten des Steuersatzes bei differentiellen Änderungen des Eingangssignals x_e. In Abbildung 4.38 sind drei Verläufe von x_e eingetragen.

Bei konstantem x_{e1} werden die Zündimpulse in gleichem zeitlichen Abstand $T = T_N/p$ ausgelöst, da der Steuerwinkel konstant ist und die sechs Thyristoren gleiche Stromführungszeiten haben. Unter der Annahme einer einmaligen differentiellen Änderung von x_e wird der zeitliche Abstand T sich nach der Änderung nur einmal differentiell bei der nächsten Abtastung verändern. Dieses Verhalten des Steuersatzes scheint dem eines Abtasters mit konstanter Abtastzeit zu entsprechen. Da bei einem konventionellen Abtastsystem die Abtastung nicht mit dem abgetasteten Signal korreliert ist, ist der Erwartungswert T_E die mittleren Wartezeit T_w, regelungstechnisch durch eine Totzeit T_t darzustellen.

$$T_E = T_w = \frac{T_N}{(2p)} = T_t \qquad (4.67)$$

Wenn diese Näherung des dynamischen Verhaltens des Stellglieds bei der Ankerstromregelung verwendet wird, ergeben sich völlig unerwartete Ergebnis-

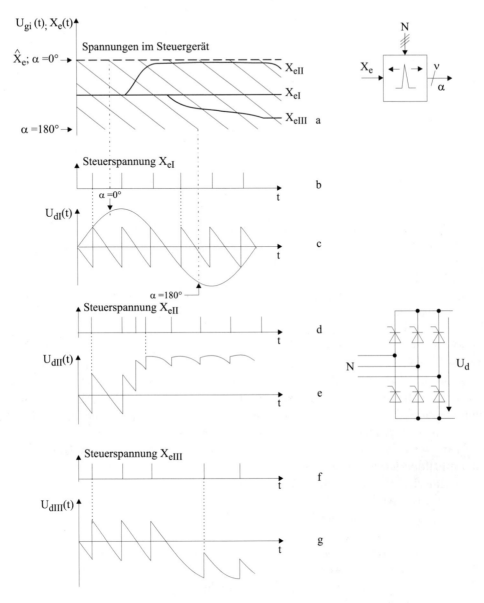

Abb. 4.38: a-g: *Zuordnung von Steuerspannung X_e, Impulslage und Ausgangsspannung $U_d(t)$ bei linearem Steuersatz (Stellgliedtyp 1)*

se: bei Erhöhungen des Stromsollwerts kann die Verstärkung des offenen Regelkreises deutlich über die Stabilitätsgrenze angehoben werden, der geschlossene Stromregelkreis reagiert nur mit einem zeitlich kurzen Überschwingungen. Der Stromregelkreis wird aber nicht instabil. Bei einer Absenkung des Stromsollwerts folgt der Istwert dem Sollwert immer ohne Überschwingen. Die Überprüfung der obigen Approximation ergibt, dass die „Abtastung" im Steuersatz deutlich korre-

Tabelle 4.1:

Stellgliedtyp 1 – nichtlineare statische Kennlinie	Stellgliedtyp 2 – lineare statische Kennlinie	$T_E = \dfrac{1}{2pf_N}$
$p = 2$ $\quad T_{E1} = 1,88\,ms$	$T_{E2} = 1,80\,ms$	$T_E = 5\,ms$
$p = 3$ $\quad T_{E1} = 1,23\,ms$	$T_{E2} = 1,18\,ms$	$T_E = 3,3\,ms$
$p = 6$ $\quad T_{E1} = 0,91\,ms$	$T_{E2} = 0,86\,ms$	$T_E = 1,67\,ms$
$p = 12$ $\quad T_{E1} = 0,84\,ms$	$T_{E2} = 0,79\,ms$	$T_E = 0,833\,ms$
$p = 24$ $\quad T_{E1} = 0,82\,ms$	$T_{E2} = 0,77\,ms$	$T_E = 0,42\,ms$

liert ist mit dem Verlauf von x_e. Bei einer Ansteuerung mit steigender Ausgangsspannung U_d, d. h. mit dem Steuerwinkel α gegen 0°, wird mit zunehmender Steigung von x_e die Frequenz der Zündbefehle deutlich zunehmen, so dass eine wesentlich schnellere Erhöhung von U_d erfolgt als mit T_t. Bei einer Absenkung von U_d, d. h. α gegen 180°, verringert sich die Zündimpulsfrequenz, aber durch den absinkenden Verlauf der Netzspannung bedingt verringert sich auch U_d ohne Zündimpulse. Eine Analyse dieses Verhaltens ergibt, dass beim Arbeitspunkt $\alpha = 90$ und beliebigen Amplituden der Verstellung von $\Delta\alpha$ bei $\Delta\alpha$ gegen 0°die mittlere Wartezeit $T_w = 0$ ist. Generell sind die mittleren Wartezeiten bei einer Änderung des Steuerwinkels $\Delta\alpha$ gegen 0°deutlich geringer als T_t und unabhängig von $\Delta\alpha$. Bei $\Delta\alpha$ gegen 180° nehmen die mittleren Wartezeiten dagegen mit zunehmendem $\Delta\alpha$ zu. Eine weitergehende Analyse zeigt, dass sich bei einem dynamisch symmetrierten Stellglied eine globale Wartezeit bestimmen lässt, d.h. eine Wartezeit, die alle Arbeitspunkte, alle vom Arbeitspunkt abhängigen Verstellamplituden sowie alle zulässigen Verstellzeitpunkte erfasst.

Dynamische Symmetrierung bedeutet, dass bei einer Winkeländerung von 1° im Netz die Änderung des Steuerwinkels $\Delta\alpha$ ebenso auf 1° begrenzt wird, wenn $\Delta\alpha$ gegen 0° gesteuert wird. Die Begrenzung der Verstellgeschwindigkeit des Steuerwinkels bei α gegen 180° ist unzulässig. Die Erwartungswerte bzw. Wartezeiten sind in der Tabelle 4.1 zusammengestellt.

Die neuen Erwartungswerte T_{Ei} bzw. Totzeiten erlauben bis zu Stellgliedern mit p = 12 höhere Kreisverstärkungen, dies bedeutet besseres dynamisches Verhalten, wenn der Strom I_d nicht lückt. Wenn der Strom I_d lückt, dann verschlechtert sich das dynamische Verhalten sehr deutlich. Die Analyse zeigt, dass bei lückendem Strom I_d der Ankerkreis regelungstechnisch scheinbar seine Zeitkonstante T_A verliert. Aufgrund dieses Effekts muss der Stromregler im Lückbereich nur noch ein I-Regler sein, der „stoßfrei" bei den Wechseln umgeschaltet und dessen Verstärkung im Lückbereich nachgeführt wird.

Die Abbildungen 4.39 zeigen das sehr gute dynamische Verhalten eines adaptiv geregelten Stromregelkreises mit dynamischer Symmetrierung und Gebiets-Lückerfassung bei analoger Signalverarbeitung, siehe [97] Kapitel 10.4 bis 10.4.2. Weitere Verbesserung des dynamischen Verhaltens des Stromregelkreise sind mit der prädiktiven, digitalen Signalverarbeitung zu erreichen. Zusätzliche Informationen sind in [97] zu finden: „Betragsoptimum" Kapitel 3.1 bis 3.1.3, „symmetrisches Optimum" Kapitel 3.2 bis 3.2.3, „Dämpfungsoptimum" Kapitel 4.1 bis 4.1.3, „Kaskadenregelung" Kapitel 5.2, „Regelung der GNM" Kapitel 9.1 bis 9.2, „Analyse Großsignalverhalten" Kapitel 9.3 bis 9.4, „Wartezeit Modelle" Kapitel 9.5 bis 9.6, „Überprüfung Wartezeit Approximation" Kapitel 12.1 bis 12.2 und Kapitel 12.4, „adaptiver Stromregler" Kapitel 10.4 bis 10.4.2, „prädiktive Stromregelung" Kapitel 10.4.3, „Stabilitätsgrenze" Kapitel 11.1 bis 11.3, „Grenzzyklen-Analyse" Kapitel 12.12.3.

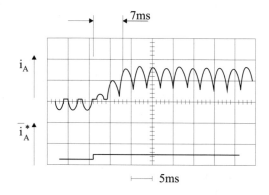

$$i_1 = -0,2\,I_N$$
$$i_2 = +I_N$$
$$\Delta t = 5\tfrac{ms}{div}$$

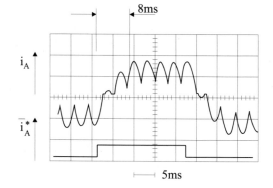

$$i_1 = -I_N$$
$$i_2 = +I_N$$
$$i_3 = -I_N$$
$$\Delta t = 5\tfrac{ms}{div}$$

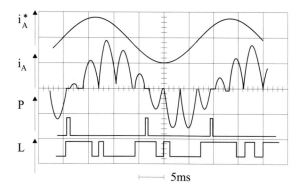

$$\hat{i}_A^* = \pm I_N$$
$$\Delta t = 5\tfrac{ms}{div}$$
$$f = 40\ Hz$$

Signal P: Stromnullpause
Signal L: Lückbereich

Abb. 4.39: *Ergebnisse bei Stromumkehr*

4.3.4   Prädiktive Stromregelung

In Kapitel 4.3.3 wurde das Großsignalverhalten, d.h. das dynamische Verhalten
des netzgeführten Stellglieds bei großen Änderungen des Steuersignals vorgestellt, das ein verbessertes dynamische Verhalten des Stromregelkreises ermöglicht. Es besteht die Frage, ob es mit der digitalen Signalverarbeitung möglich
ist, weitere Verbesserungen zu erreichen. [19]

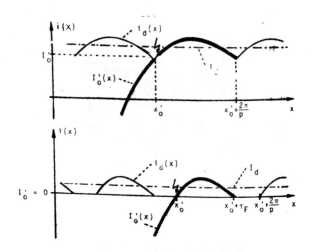

Abb. 4.40: *Berechnung des Anfangsstromverlaufs $I'(x_0)$ im Nichtlück- und im Lückbereich.*

In der Abbildung 4.40 werden die Stromverläufe bei nichtlückendem und bei
lückendem Strom gezeigt, die dünnen Linien stellen die realen Stromverläufe
im stationären Zustand dar. Diese stationären Stromverläufe können berechnet
werden, im nichtlückendem Bereich gilt:

$$L_A \cdot \frac{dI_A(t)}{dt} + R_A \cdot I_A(t) + E_A = U_d(t) \qquad (4.68)$$

$$U_d(t) = U^{max} \cos(\omega_N t + \varphi) \qquad (4.69)$$

und dem Anfangwert $I_A(\omega_N t_0)$ und t_0 dem Zündzeitpunkt.

Die Gleichung ist auch außerhalb der stationären Dauer der Stromführung
gültig und führt zur dicken schwarzen Linie vor und nach dem stationären Stromverlauf.

Die prädiktive Stromführung hat somit folgenden Ablauf:

1. Voraus-Berechnung des gewünschten, schwarzen Stromverlaufs $I'_A(\omega_N t)$,
   entspricht I'_0 in der Abbildung 4.40 .

2. elektronische verzögerngslose Messung der realen Stromverlaufs und

3. Bestimmung des Schnittpunkts von dem realen Stromverlaufs mit der Voraus-Berechnung des folgenden Stromverlaufs bei nichtlückendem Strom und der Null-Linie bei lückendem Strom.

· Die Abbildung 4.41 zeigt im oberen Verlauf die optimale Sprungantwort des Stroms und im unteren Verlauf die Voraus-Berechnungen bei nichtlückendem Strom.

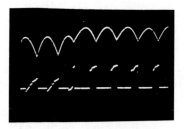

Abb. 4.41: *Verhalten bei positivem Sollwertsprung.*

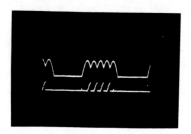

Abb. 4.42: *Ein- und Ausschaltverhalten im Nichtlückbereich*

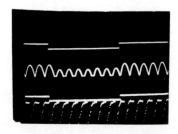

Abb. 4.43: *Sprungantworten der Stromrichter-Stromführung im Lückbereich*

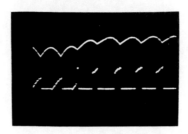

Abb. 4.44: *positiver Sollwertsprung mit maximaler Lastsspannung $u_d(t)$*

Abbildung 4.42 stellt einen Grenzfall dar, die optimalen Sprungantworten vom Nennstrom zum Strom Null und von dem Strom Null zum Nennstrom, dabei muß jeweils der Lückbereich beherscht werden. Abbildung 4.43 zeigt die Sprungantworten in den und aus dem Lückbereich.

Abhängig von den Lastdaten und dem Zeitpunkt der Sollwertänderung kann die verfügbare, nächste Spannungszeitfläche nicht ausreichend sein, um den neuen Sollwert zu erreichen. Es sind in diesem Fall mehrere Spannungszeitflächen notwendig, dies wird ohne Überschwingen beherscht, Abbildung 4.44. Mit der prädiktiven Signalverarbeitung können die Stellglieder bis zur dynamischen Grenze genützt werden, die Ergebnisse sind überzeugend bei netzgeführten Stellgliedern.

4.3.5   Führungs- und Störverhalten von Regelkreisen

An den obigen Darstellungen können – als grundsätzliche Einführung – einige wesentliche Probleme und Eigenschaften von Regelungen aufgezeigt werden. Die Regelung soll stabil sein, genau sein (d.h. Soll- und Istwert sollen im stationären Zustand übereinstimmen) und der Istwert soll dem Sollwert möglichst schnell folgen (Dynamik). Grundsätzlich widersprechen sich die Forderung nach Stabilität einerseits und Dynamik andererseits; dies bedeutet, ein Regelkreis hat im allgemeinen umso größere Stabilitätsreserven je schlechter die Dynamik ist. Es muß somit bei der Optimierung von Regelkreisen ein Kompromiß zwischen Stabilitätsreserve und Dynamik eingegangen werden, siehe Abbildung 4.39. Diese Problematik wird beispielsweise in [97] ausführlich erläutert.

Ein weiterer Punkt bei der Auswahl des Reglertyps (und der Optimierung der Reglerparameter) ist, ob ein Regler mit oder ohne Integralanteil eingesetzt werden soll. Vorteilhaft bei dem Regler mit Integralanteil ist, daß die Regelabweichung x_d im stationären Betriebszustand gleich Null wird – wenn der Regelkreis stabil ist.

Aus Abb. 4.45 ist zu erkennen, daß die Regelabweichung $x_d = w - x$ ist und daß im stationären Betrieb der Integralanteil des Reglers den Fehler so lange aufintegrieren wird, bis $x = w$ und somit $x_d = 0$ ist. Der Integralanteil im Regler erhöht allerdings die Ordnung der Übertragungsfunktion des offenen und des

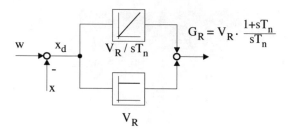

Abb. 4.45: *PI-Regler (Parallelstruktur)*

geschlossenen Regelkreises, dies kann zur Erschwerung der Optimierung des geschlossenen Regelkreises führen.

a) *Regelkreis mit P-Regler und PT_1-Strecke*:

Wenn statt des Reglers mit Integralanteil ein Regler nur mit einem P-Anteil eingesetzt wird, dann kann im allgemeinen die Regelabweichung im stationären Betrieb nicht Null werden. Abbildung 4.46 zeigt einen einfachen Regelkreis, an dem die Problematik erklärt wird.

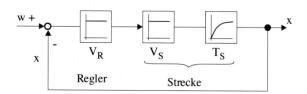

Abb. 4.46: *Regelkreis mit P-Regler und PT_1-Strecke*

Für diesen Regelkreis gilt:

$$G_R(s) = V_R \tag{4.70}$$

$$G_S(s) = V_S \cdot \frac{1}{1 + sT_S} \tag{4.71}$$

$$-G_0(s) = G_R(s) \cdot G_S(s) = V_R \cdot V_S \cdot \frac{1}{1 + sT_S} \tag{4.72}$$

$$G_w(s) = \frac{x(s)}{w(s)} = \frac{1}{1 - \dfrac{1}{G_0(s)}} = \frac{1}{1 + \dfrac{1 + sT_S}{V_R V_S}}$$

$$= \frac{1}{\dfrac{1 + V_R V_S}{V_R V_S} + s \cdot \dfrac{T_S}{V_R V_S}} = \frac{V_R V_S}{1 + V_R V_S} \cdot \frac{1}{1 + s \cdot \dfrac{T_S}{1 + V_R V_S}} \tag{4.73}$$

Damit gilt für den stationären Betrieb ($s \to 0$ bzw. $t \to \infty$) mit $x_d = w - x$:

$$\lim_{s \to 0} \frac{x(s)}{w(s)} \; = \; \frac{1}{1 + \dfrac{1}{V_R V_S}} \; = \; \frac{V_R V_S}{1 + V_R V_S} \tag{4.74}$$

$$\lim_{s \to 0} \frac{x_d(s)}{w(s)} \; = \; 1 - \lim_{s \to 0} \frac{x(s)}{w(s)} \; = \; \frac{1}{1 + V_R V_S} \tag{4.75}$$

Dies bedeutet, daß der Regelfehler x_d im stationären Betrieb nicht Null wird. Allerdings wird der Regelfehler umso kleiner, je größer die Kreisverstärkung $V_R \cdot V_S$ des offenen Regelkreises ist. Im vorliegenden Fall kann aufgrund der einfachen Struktur – eines Systems erster Ordnung – die Verstärkung des Reglers sehr groß gewählt werden. Im allgemeinen ist die Struktur des Systems allerdings wesentlich komplizierter und die Ordnung höher, so daß die Reglerverstärkung nur in Grenzen angehoben werden kann (Stabilität, Nyquist-Kriterium).

Aus Gl. (4.73) ist ein weiterer Einfluß der Reglerverstärkung V_R zu erkennen. Die Streckenzeitkonstante T_S wird im geschlossenen Regelkreis auf

$$T \; = \; \frac{T_S}{1 + V_R V_S} \tag{4.76}$$

reduziert, d.h. die Dynamik des geschlossenen Regelkreises wird von der Kreisverstärkung beeinflußt.

b) *Regelkreis mit I-Regler und PT_1-Strecke*:

Der P-Regler wird nun durch einen I-Regler ersetzt (Abb. 4.47).

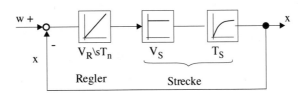

Abb. 4.47: *Regelkreis mit I-Regler und PT_1-Strecke*

Es gilt nun:

$$G_R(s) \; = \; \frac{V_R}{sT_n} \tag{4.77}$$

$$G_S(s) \; = \; V_S \cdot \frac{1}{1 + sT_S} \tag{4.78}$$

$$- G_0(s) \; = \; G_R(s) \cdot G_S(s) \; = \; V_R \cdot V_S \cdot \frac{1}{sT_n} \cdot \frac{1}{1 + sT_S} \tag{4.79}$$

$$G_w(s) \; = \; \frac{x(s)}{w(s)} \; = \; \frac{1}{1 + \dfrac{sT_n \cdot (1 + sT_S)}{V_R V_S}} \; = \; \frac{1}{1 + s \cdot \dfrac{T_n}{V_R V_S} + s^2 \cdot \dfrac{T_n T_S}{V_R V_S}} \tag{4.80}$$

Damit gilt für den stationären Betrieb ($s \to 0$ bzw. $t \to \infty$):

$$\lim_{s \to 0} \frac{x(s)}{w(s)} = 1 \tag{4.81}$$

Aufgrund des I-Reglers wird der Regelfehler x_d im stationären Betrieb Null. Bei einer Optimierung nach dem Betragsoptimum (BO) mit

$$T_n = 2 \cdot V_R \cdot V_S \cdot T_S \tag{4.82}$$

ergibt sich wiederum die Führungs–Übertragungsfunktion nach Gl. (4.57):

$$G_{w\,BO}(s) = \frac{x(s)}{w(s)} = \frac{1}{1 + s\,2T_S + s^2\,2T_S^2} \tag{4.83}$$

c) *Regelkreis mit P-Regler und IT_1-Strecke*:

Der obige Regelkreis wird nun in einen Regelkreis mit P-Regler und IT_1-Strecke abgewandelt (Abb. 4.48). Dieser Regelkreis entspricht einem Drehzahlregelkreis ohne unterlagertem Stromregelkreis bei der GNM.

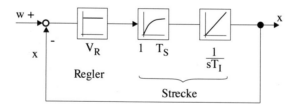

Abb. 4.48: *Regelkreis mit P-Regler und IT_1-Strecke*

Für diesen Regelkreis gilt:

$$G_R(s) = V_R \tag{4.84}$$

$$G_S(s) = \frac{1}{1 + sT_S} \cdot \frac{1}{sT_I} \tag{4.85}$$

$$-G_0(s) = V_R \cdot \frac{1}{1 + sT_S} \cdot \frac{1}{sT_I} \tag{4.86}$$

$$G_w(s) = \frac{x(s)}{w(s)} = \frac{1}{1 + \dfrac{sT_I \cdot (1 + sT_S)}{V_R}} = \frac{1}{1 + s \cdot \dfrac{T_I}{V_R} + s^2 \cdot \dfrac{T_I T_S}{V_R}} \tag{4.87}$$

Wie bereits betont, erhöht sich die Ordnung des geschlossenen Regelkreises entsprechend der Ordnung des offenen Regelkreises.

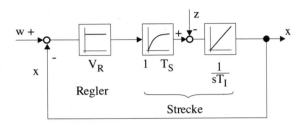

Abb. 4.49: *Regelkreis mit P-Regler, IT_1-Strecke und Störung z*

Aus der Übertragungsfunktion $G_w(s)$ des geschlossenen Regelkreises läßt sich erkennen, daß der Regelfehler x_d im stationären Betrieb Null werden muß (Grenzwertsatz $t \to \infty$, $s \to 0$), da

$$\lim_{s \to 0} G_w(s) = 1 \tag{4.88}$$

Diese Aussage gilt allerdings nur für den in Abb. 4.48 dargestellten Regelkreis. Wenn der Regelkreis gemäß Abb. 4.49 (mit Störung z, Widerstandsmoment m_W bei GNM) abgewandelt wird, ergeben sich folgende Sachverhalte.

Die Verhältnisse ändern sich nicht, solange die Störgröße $z = 0$ ist; die Gleichungen (4.84) bis (4.87) gelten weiterhin.

Wenn die Störgröße $z \neq 0$ ist, dann muß die Stör–Übertragungsfunktion $G_z(s)$ ermittelt werden:

$$G_z(s) = \frac{x(s)}{z(s)} = -\frac{1}{V_R} \cdot \frac{1 + sT_S}{1 + s \cdot \dfrac{T_I}{V_R} + s^2 \cdot \dfrac{T_I T_S}{V_R}} \tag{4.89}$$

(Anmerkung: Die Stör–Übertragungsfunktion ist abhängig davon, an welchem Punkt der Strecke die Störung z eingreift.)

Für den stationären Betrieb ergibt sich hier:

$$\lim_{s \to 0} G_z(s) = \lim_{s \to 0} \frac{x(s)}{z(s)} = -\frac{1}{V_R} \tag{4.90}$$

Da die Stör–Übertragungsfunktion G_z im stationären Zustand ungleich Null ist, wird sich somit die Störung z auf den Istwert x auswirken. Unter der Annahme $w = 0$ kann die stationäre Regelabweichung x_d aufgrund der Störgröße z leicht berechnet werden.

$$\lim_{s \to 0} \frac{x_d(s)}{z(s)} = -\lim_{s \to 0} \frac{x(s)}{z(s)} = \frac{1}{V_R} \tag{4.91}$$

d) *Regelkreis mit PI-Regler und IT_1-Strecke*:

Wenn somit Störgrößen im Regelkreis vorhanden sind, dann muß im Regler ein Integralanteil vorhanden sein, um den Einfluß der Störgrößen im stationären Betrieb zu unterdrücken. Diese Lösung zeigt Abb. 4.50.
Es gilt nun:

$$G_R(s) = V_R \cdot \frac{1 + sT_n}{sT_n} \tag{4.92}$$

$$G_S(s) = \frac{1}{1 + sT_S} \cdot \frac{1}{sT_I} \tag{4.93}$$

$$-G_0(s) = G_R(s) \cdot G_S(s) = V_R \cdot V_S \cdot \frac{1 + sT_n}{sT_n} \cdot \frac{1}{1 + sT_S} \cdot \frac{1}{sT_I} \tag{4.94}$$

$$G_w(s) = \frac{x(s)}{w(s)} = \frac{1 + sT_n}{1 + sT_n + s^2 \cdot \dfrac{T_n T_I}{V_R V_S} + s^3 \cdot \dfrac{T_n T_I T_S}{V_R V_S}} \tag{4.95}$$

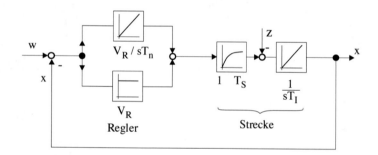

Abb. 4.50: *Regelkreis mit PI-Regler, IT_1-Strecke und Störung z*

Die Stör–Übertragungsfunktion $G_z(s)$ ergibt sich hier zu:

$$G_z(s) = \frac{x(s)}{z(s)} = - \frac{sT_n \cdot (1 + sT_S)}{V_R \cdot (1 + sT_n) + s^2 \cdot T_I T_n \cdot (1 + sT_S)} \tag{4.96}$$

Im vorliegenden Fall wird nun aufgrund des Zählerpolynoms bei $s \to 0$, d.h. im stationären Betrieb, die Regelabweichung x_d Null werden:

$$\lim_{s \to 0} \frac{x_d(s)}{z(s)} = -\lim_{s \to 0} \frac{x(s)}{z(s)} = 0 \qquad (4.97)$$

Es sei allerdings angemerkt, daß diese Aussage wiederum nur für den idealisierten Regelkreis gilt, d.h. ohne Fehler bei der Istwerterfassung und der Bildung der Regelabweichung sowie ohne Fehler im Regler an sich.

4.4 Netzgeführte Stromrichter-Stellglieder – Drehstromantriebe

4.4.1 Direktumrichter

Als es noch keine ein- und ausschaltbaren Leistungshalbleiter gab, wurden Lösungen erarbeitet, die die netzgeführte Brückenschaltung verwenden konnten, wenn die Anordnung der Brückenschaltung(en) an die Aufgabenstellungen angepasst waren. Der Direktumrichter ist beispielsweise ein Stellglied für in der Drehzahl und im Drehmoment verstellbare Antriebe mit Asynchronmaschinen. Die in der Drehzahl geregelten Asynchronmaschinen benötigen eine dreiphasige Drehspannung mit variabler Frequenz und Amplitude. Netzgeführte Umkehrstromrichter können mit entsprechender Steuerung statt der Gleichspannung auch niederfrequente Wechselspannungen mit variabler Frequenz und Amplitude erzeugen, siehe Abbildung 4.39. Als Stellglied für Asynchronmaschinen genügen somit drei netzgeführte Umkehrstromrichter nach Abbildung 4.51, die die drei Statorwicklungen der Asynchronmaschine versorgen. In der vorliegenden Schaltung werden die drei Statorwicklungen getrennt versorgt. Die Stromregler sind adaptiv, um sowohl bei nichtlückendem Strom als auch bei lückendem Strom eine gute Regeldynamik sicherzustellen. Es erfolgt außerdem eine Vorsteuerung im Stromregelkreis mit den Gegenspannungen der Asynchronmaschine. Dieser Antrieb ist nur für kleine Drehzahlen geeignet, d.h. die antiparallelen Brückenschaltungen müssen bei hohen Leistungen Frequenzen im Bereich maximal bis 15 Hz realisieren. In Kapitel 11.1 wird der Direktumrichter einführend und in [102], Kapitel 3 ausführlich vorgestellt, Einsatzgebiete sind bis heute Rohrmühlen, bei denen der Kurzschlussläufer die Rohrmühle selbst ist und der Stator um die Rohrmühle angeordnet wird.

4.4.2 Stromrichtermotor

Eine weitere Schaltungsvariante mit der Thyristor-Brückenschaltung ist der Stromrichtermotor, siehe Abbildung 4.52 und Kapitel 11.2. Die Brückenschaltung STR I in der Einspeisung erzeugt mit der Drosselspule D eine steuerba-

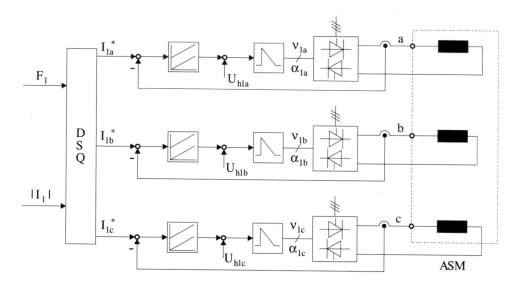

Abb. 4.51: *Grundansatz der Regelschaltung zum Einprägen des Drehstromsystems (DSQ = Drehstrom-Sollwertquelle;)*

re Stromquelle. Der Zwischenkreisstrom I_z von der Stromquelle speist über jeweils zwei Thyristoren von STR II zwei Wicklungen der Synchronmaschine. Um ein Drehfeld zu erzeugen werden aufeinander folgend - wie beim netzgeführten Stromrichter-Stellglied beschrieben - jeweils die nachfolgende Kombination von zwei Wicklungen wie in den Abbildungen 4.14 und 4.15 gezeigt, bestromt. Zu beachten ist allerdings, dass das Drehfeld nur sechs feste Positionen einnehmen kann, dies führt zu Pendelungen des Drehmoments. Diese Wechsel von einer Kombination von Wicklungen zu der nachfolgenden Kombination erfolgen durch die lastgeführte Kommutierung, d. h. die Synchronmaschine stellt die Kommutierungsblindleistung zur Verfügung. Durch Änderung der Zündimpulsfrequenz für STR II wird die Drehzahl der Synchronmaschine verstellt, eine Änderung der Drehrichtung ist ebenso möglich. Der Stromrichtermotor ist somit ein Vier-Quadranten-Antrieb, der nur zwei Brückenschaltungen benötigt. Der Stromrichtermotor wird einführend in Kapitel 10.2 und ausführlich in [102], Kapitel 5 erklärt. Pumpenantriebe mit hoher Leistung, hoher Drehzahlen und gutem dynamischen Verhalten – bis auf den Drehzahlbereich um Null - verwenden den Stromrichtermotor.

4.4.3 I-Umrichter

Eine Schaltungsvariante, die auf dem Stromrichtermotor aufbaut, ist der I-Umrichter mit der selbstanlaufenden Phasenfolgelöschung nach Abbildung 4.53. Die Struktur des I-Umrichters entspricht der Schaltung des Stromrichtermotors, sodass der I-Umrichter alle positiven Eigenschaften des Stromrichtermotors eben-

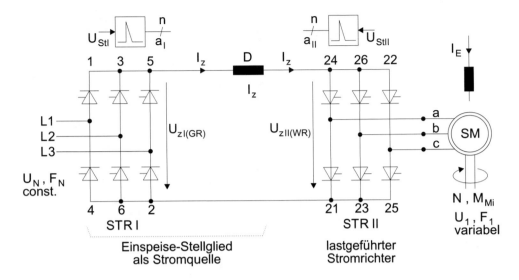

Abb. 4.52: *Schaltbild des Stromrichtermotors*

so hat. Die Brückenschaltung STR II wird beim I-Umrichter um die im Dreieck geschalteten Kondensatoren und den Dioden in Serie mit den Thyristoren erweitert, damit wird die Selbstführung der lastseitigen Thyristorbrücke erreicht. Durch die Selbstführung kann die Synchronmaschine vorteilhaft durch eine Asynchronmaschine ersetzt werden. Bei kleinen Drehzahlen der Asynchronmaschine bzw. kleinen Frequenzen des Umrichters können statt der 120° Stromblöcke beim Stromrichtermotor, die unerwünschten Pendelungen des Drehmoments hervorrufen, nun mittels Pulsweitenmodulation die 120° Stromblöcke so aufgeteilt werden, dass eine Reduktion der Oberschwingungen erreicht wird. Die Abbildung 4.54 zeigt den selbstgeführten I-Umrichter mit ein- und ausschaltbaren Leistungshalbleitern, der in Kapitel 11.3 einführend und in [102], Kapitel 6.5 ausführlich beschrieben.

4.5 DC-DC-Wandler Gleichstrommaschine

4.5.1 Tiefsetzsteller (buck converter)

Der Tiefsetzsteller ist mit der Schaltungsstruktur und der Pulsweitenmodulation in Abbildung 4.55 gezeigt. Wenn der IGBT eingeschaltet ist, ist die Lastspannung u_V gleich der Quellenspannung U_Q: $u_V = U_Q$. Der Laststrom i_V wird aufgrund der ohmsch-induktiven Last ansteigen und die Diode D_F ist aufgrund $u_V = U_Q$ gesperrt. Wenn der IGBT den Ausschaltbefehl erhält, erfolgt ein Ausschaltvorgang des IGBTs sowie ein Einschaltvorgang der gesperrten Diode D_F, der Laststrom kommutiert vom IGBT zur Freilauf-Diode D_F. Nach dem der Ausschaltvorgang beendet ist, ist der IGBT gesperrt und damit ist der Strom i_Q in

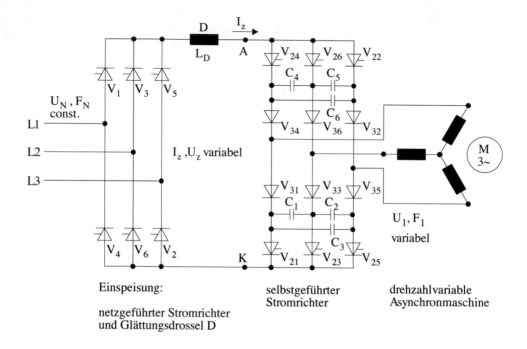

Abb. 4.53: *I–Umrichter mit Phasenfolgelöschung*

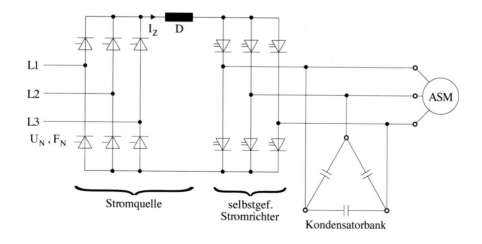

Abb. 4.54: *I–Umrichter mit sinusförmigen Maschinenströmen*

der Spannungsquelle Null. Die Diode D_F führt den Laststrom. Die Lastspannung ist wegen des Kurzschlusses der Last $u_V = 0$. Ein Einschaltbefehl für den IGBT resultiert in einem Einschaltvorgang des IGBTs und einem Ausschaltvorgang der Diode D_F. Bei dem Entwurf der Ein- und Ausschaltvorgänge müssen das Schaltverhalten der beiden Leistungshalbleiter beachtet werden. Beispielsweise wird die Diode D_F bei zu schnellem Ansteigen des Stroms beim Einschalten eine dynamisch überhöhte Durchlassspannung erzeugen. Beim Ausschaltvorgang der Diode D_F ist der Rückstrom der Diode zu beachten, der sich zum Laststrom addiert und den Schaltvorgang des IGBTs beeinflusst, siehe Abbildung 4.3. In Abbildung 4.9 wird das Simulationsmodell des MOSFETs gezeigt und auf die parasitären Kondensatoren und Induktivitäten hingewiesen, die die Schaltvorgänge beeinflussen. Außerdem sind die Halbleiterzonen ebenso nicht ideal, es gibt parasitäre Widerstände und Leckströme.

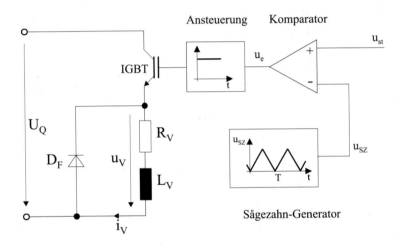

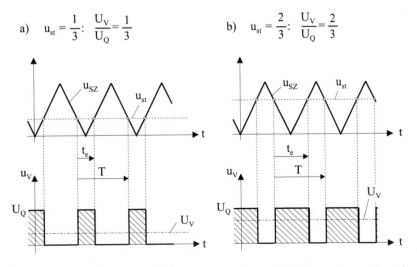

a) $u_{st} = \dfrac{1}{3}:$ $\dfrac{U_V}{U_Q} = \dfrac{1}{3}$

b) $u_{st} = \dfrac{2}{3}:$ $\dfrac{U_V}{U_Q} = \dfrac{2}{3}$

Abb. 4.55: *Beispiel einer Pulsweitensteuerung (Schaltung, Zeitverläufe)*

Da eine optimierte Auslegung leistungselektronischer Schaltungen mittels Experiment häufig nicht möglich ist, weil beispielsweise die Versuchsbedingungen es nicht zulassen, weil die inneren Beanspruchungen in den Leistungshalbleitern nicht zugänglich sind, weil durch die Eingriffe in den Versuchsaufbau die Ergebnisse verfälscht werden, wurden am Lehrstuhl Simulationsmodelle für Leistungshalbleiter entwickelt, die die widersprüchlichen Wünsche der Entwickler einerseits kurze Dauer der Simulation und andererseits entsprechende Genauigkeit der Modelle wie bei den Programmen zur Bauelementsimulation berücksichtigten. Die Simulationsprogramme wurden industriell erfolgreich eingesetzt, Kapitel 11 in [99].

Wenn ideale Leistungshalbleiter angenommen werden, dann gilt:

$$\overline{U}_V \; = \; U_Q \cdot \frac{t_e}{T} \; = \; U_Q \cdot a \tag{4.98}$$

Dabei ist $a = t_e/T$ der Tastgrad (d.h. die relative Einschaltdauer). Bei einem konstantem Laststrom I_V ist der Mittelwert des Stroms I_Q:

$$\underbrace{\overline{I}_Q}_{\text{Quelle}} \; = \; \underbrace{I_V}_{\text{Last, Verbraucher}} \cdot \frac{t_e}{T} \; = \; I_V \cdot a \tag{4.99}$$

für $\;\; T_V = \dfrac{L_V}{R_V} \to \infty \;\;$ bzw. $\;\; T_V = \dfrac{L_V}{R_V} \gg T$. Die der Quelle entnommene Leistung ist

$$P_Q \; = \; U_Q \cdot \overline{I}_Q \; = \; U_Q \cdot I_V \cdot a \tag{4.100}$$

und die von der Last aufgenommene Leistung beträgt

$$P_V \; = \; \overline{U}_V \cdot I_V \; = \; U_Q \cdot a \cdot I_V \tag{4.101}$$

Bei verlustlosen Gleichstromstellern ist somit die Leistung

$$P_Q \; = \; P_V \tag{4.102}$$

Der Wirkungsgrad η eines idealen Tiefsetzstellers ist somit $\eta = 1$. Bei nicht-lückenden Strom i_V gilt:

$$U_V = U_Q \cdot (t_e/T) = a \cdot U_Q \quad \text{mit} \quad a = t_e/T \tag{4.103}$$

Es war und ist bis heute das Ziel, die Schaltvorgänge so ideal wie möglich zu erreichen. Die Abbildung 4.56 zeigt die zusätzliche, doch recht aufwändige Beschaltung, um die beiden Leistungshalbleiter zu schützen und damit Ausfälle zu vermeiden. Die Erfahrungen mit solch komplexen Entlastungsschaltungen hat zu wesentlich einfacheren Lösungen geführt. Die Gründe sind: Eine oder mehrere Komponente(n) der vielen zusätzlichen Komponenten können ausfallen, die Warscheinlichkeit des Ausfalls erhöht sich. Die Entlastungsschaltungen verursachen Verluste, der Wirkungsgrad sinkt.

Außer der äußeren Beschaltung der Leistungshalbleiter werden die Halbleiter selbst verbessert, siehe Kapitel 4.1.1. Beim MOSFET sind dies die Bauelemente mit den p-Fingern oder bei den IGBTs die Trench-Versionen. Eine weitere Option sind SiC- und GaN-Bauelemente. Bei den SiC-Bauelementen sind die „Rückströme" kapazitiv, ein erheblicher Vorteil. Das dynamische Verhalten des Stellglieds

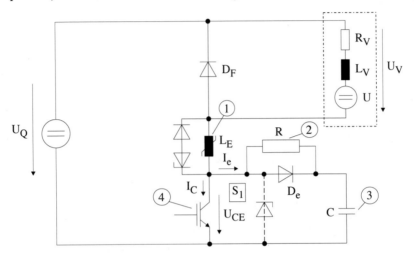

Abb. 4.56: *Tiefsetzsteller mit IGBT-Halbleiterschalter und verlustbehafteter Aus-schalt-Entlastung und Einschalt-Entlastung; (1) Einschaltentlastung, Stromanstiegsbe-grenzung; (2) Strombegrenzung beim Einschalten des IGBT; (3) Begrenzung der Span-nung beim Ausschalten des IGBT; Ausschaltentlastung RCD-Schutzbeschaltung, beste-hend aus D_e, (2) und Kondensator (3); IGBT (4) empfindlich gegen Ein– und Aus-schaltverlustleistung*

und die zugehörige Signalverarbeitung werden in Kapitel 13.2.2 dieses Bandes erläutert.

4.5.2   Hochsetzsteller (boost converter)

Die Abbildung 4.57 zeigt die Struktur des Hochsetzstellers. Der Lastkreis enthält den ohmsch-induktiven Widerstand R_A, L_A und die EMK E_A der Gleichstrom-maschine. Die Spannungsquelle E_A ist zur Funktion des Hochsetzstellers notwen-dig, um einen Leistungsfluss von der GNM zur Spannungsquelle U_Q mittels der Diode D_F zu erreichen, dies ist der Bremsbetrieb bei dem Gleichstromantrieb. Wenn der Leistungshalbleiter S eingeschaltet ist, ist der Ankerkreis der GNM kurzgeschlossen, die Diode D_F ist aufgrund U_Q gesperrt und der Ankerstrom i_A steigt bedingt durch E_A negativ an, in der Induktivität L_A erhöht sich der Fluss und somit die gespeicherte Energie. Wenn der Schalter S ausschaltet und damit die Diode D_F eingeschaltet wird, wird der negative Ankerstrom i_A zum nega-tiven Quellenstrom i_Q, weil sich zur Spannung E_A die induktive Spannung u_{LA}

addiert, so dass $E_A + U_{LA} = U_Q$ und der Stromkreis über die Quelle geschlossen ist. Der Leistungsfluss ist somit von der GNM zur Spannungsquelle U_Q. Ein Einschalten des Schalters S stellt den zuerst beschriebenen Zustand wieder her. Bei nichtlückendem Strom i_A gilt:

$$U_A(t_e) = 0; \tag{4.104}$$

$$E_A - L_A \cdot dI_A(t_a)/dt = U_Q = U_A(t_a) = U_A(T - t_e) \tag{4.105}$$

$$U_Q = U_A(1 - a) \tag{4.106}$$

$$U_A/U_Q = 1/(1 - a) \tag{4.107}$$

$$a = 0 \qquad U_A = U_Q \tag{4.108}$$

$$a = 1 \qquad U_A = \infty \tag{4.109}$$

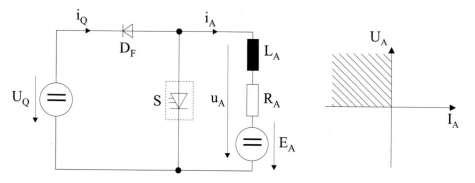

Abb. 4.57: *Generatorischer Ein–Quadrant–Antrieb: Prinzipschaltbild und Betriebsbereich*

4.6   Steuerverfahren bei DC-DC-Wandlern

In den folgenden drei Kapiteln werden die Steuerverfahren anhand des Tiefsetzstellers erläutert.

4.6.1   Pulsweitensteuerung PWM

Der ideale Tiefsetzsteller in Kapitel 4.5.1 kann zwei Spannungen bereitstellen: $u_V = U_Q$ und $u_V = 0$. Um die Gleichspannung $\overline{u}_V = U_V$ in dem Bereich $0 \leq U_V \leq U_Q$ steuerbar zu verstellen, werden in Abbildung 4.55 die Einschaltzeit t_e und entsprechend die Ausschaltzeit $t_a = T - t_e$ des IGBTs mit $T = t_e + t_a = const.$ geändert, in dem die verstellbare Steuerspannung u_{st} mit der sägezahnförmigen Spannung u_{sz} verglichen wird, siehe Abbildung 4.55. Es gilt:

$$U_V = U_Q \cdot t_e/T = a \cdot U_Q, \qquad t_e = T - t_a \qquad (4.110)$$

Bei den Schnittpunkten der beiden Spannungen werden die Schaltbefehle ausgegeben, Einschaltbefehle für den IGBT, wenn $u_{st} > u_{sz}$ und Ausschaltbefehle, wenn $u_{st} < u_{sz}$ sind. Das Verfahren wird Pulsweitenmodulation genannt, der Tastgrad a ist $a = t_e/T$. Die Periodendauer T wird in Abhängigkeit von U_Q, R_V, L_V und der Schaltfrequenz gewählt. Die Pulsweitenmodulation hat aufgrund der konstanten Periodendauer $T = const$ ein in den Frequenzen konstantes Spektrum der Oberschwingungen.

4.6.2   Pulsfolgesteuerung

Bei dieser Steuerart wird mit konstanter Pulsdauer t_e, variabler Pausendauer t_a und somit variabler Periodendauer T bzw. Frequenz F gearbeitet (Abb. 4.58). Aus $T = t_e + t_a$ erhält man:

$$F = \frac{1}{t_e + t_a} = \frac{1}{T} \qquad (4.111)$$

($t_e = $ const., T variabel, $t_e \leq T < \infty$)

Diese Frequenzsteuerung, auch Pulsfolgesteuerung genannt, zeichnet sich durch geringen technischen Aufwand aus.

$$F_{min} = F_{max} \cdot \frac{\overline{U}_{Vmin}}{U_Q} \qquad (4.112)$$

Mit den Gleichungen

$$F_{max} = \frac{1}{t_e} \qquad (4.113)$$

$$F_{min} = \frac{\overline{U}_{Vmin}}{U_Q \cdot t_e} \qquad (4.114)$$

ergibt sich der Frequenzstellbereich:

$$\frac{\overline{U}_{Vmin}}{U_Q \cdot t_e} < F < \frac{1}{t_e} = F_{max} \qquad (4.115)$$

Während Vollaussteuerung mit F_{max} bei $t_e = T$ gegeben ist, errechnet sich F_{min} aus der kleinsten zulässigen Ausgangsspannung $\overline{U}_{Vmin}$ und der gewählten Pulsweite t_e bei vorgegebener Eingangsspannung U_Q. Hierbei ist generell zu beachten, daß niedrige Arbeitsfrequenzen einen hohen Aufwand an Glättungsgliedern – meistens teure Induktivitäten – erfordern, falls ein Stromlücken vermieden werden muß.

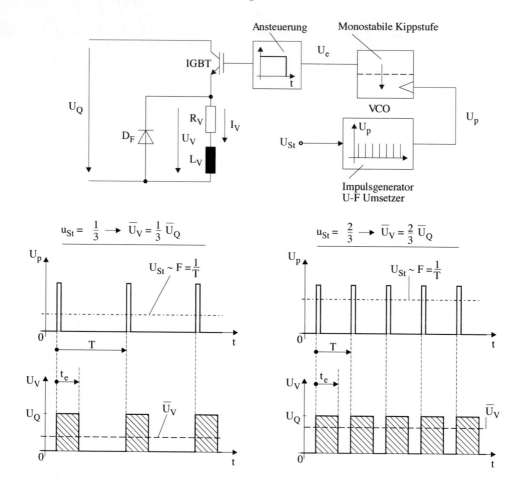

Abb. 4.58: *Realisierungsbeispiel für die Pulsfolgesteuerung*

4.6.3   Hysterese-Regelung

Die Hysterese-Regelung wird bei Laststromregelungen eingesetzt und arbeitet sowohl mit variabler Pulsdauer als auch mit variabler Arbeitsfrequenz. Die entsprechenden Ein- und Ausschaltimpulse werden vom Regler gegeben, sobald der Strom-Istwert den zulässigen Toleranzbereich erreicht (Abb. 4.59).
Beispiel: GNM (vereinfachte Berechnung für $R_A = 0$):

$$E_A = \overline{U}_A = a \cdot U_Q \tag{4.116}$$

Bei eingeschaltetem Schalter gilt (Zeitdauer $t_e = a \cdot T$):

$$U_Q = L_A \cdot \frac{dI_A}{dt} + a \cdot U_Q \quad \Rightarrow \quad \frac{U_Q}{L_A} \cdot (1 - a) = \frac{dI_A}{dt} \tag{4.117}$$

Daraus folgt der Stromanstieg in der Zeit t_e:

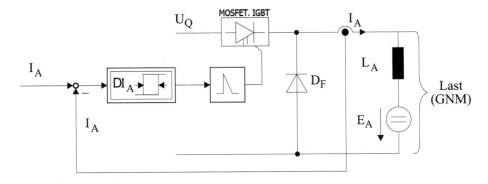

Abb. 4.59: *Prinzipschaltbild der Zweipunktregelung (Hysterese-Regelung)*

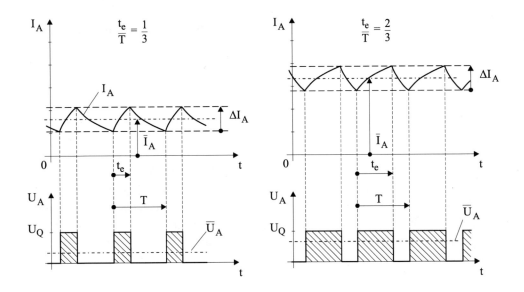

Abb. 4.60: *Zwei Beispiele für Zweipunktregelung bei $R_A \neq 0$ (Annahme: Stromregelung; Auslegung mit der Beschreibungsfunktion und dem Zwei-Ortskurven-Verfahren)*

$$\Delta I_A = \frac{U_Q}{L_A} \cdot (1-a) \cdot a \cdot T \tag{4.118}$$

Analog gilt bei ausgeschaltetem Schalter (Zeitdauer $t_a = (1-a) \cdot T$):

$$U_A = 0 \quad \Rightarrow \quad E_A = a \cdot U_Q = -L_A \cdot \frac{dI_A}{dt} \tag{4.119}$$

Daraus folgt der Stromabfall in der Zeit t_a:

$$\Delta I_A = -\frac{U_Q}{L_A} \cdot a \cdot (1-a) \cdot T \tag{4.120}$$

Somit führt Gl. (4.120) auf dasselbe Ergebnis wie Gl. (4.118).

Die exakte Rechnung mit $R_A \neq 0$ ist wesentlich aufwendiger. Der Stromverlauf ist nun nicht mehr abschnittweise linear, sondern besteht aus Ausschnitten von Exponentialfunktionen. Zu beachten ist auch, daß der Strommittelwert $\bar{I}_A$ dann nicht mehr exakt in der Mitte des ΔI_A-Bandes liegt.

4.7   Gleichstromsteller – Gleichstrommaschine

In diesem Kapitel werden die Varianten der Kombination von Gleichstromsteller und Gleichstrommaschine vorgestellt. Die Hinweise in Kapitel 4.1.1 „Leistungselektronische Bauelemente" hinsichtlich der Strukturen und Funktionen der Bauelemente, die Diskussion bezüglich der Schaltvorgänge in Kapitel 4.5.1 „Tiefsetzsteller" sowie die zu beachteten Bedingungen im Betriebsbereich, die in Kapitel 4.5.2 „Hochsetzsteller" diskutiert werden, sind generell zu beachten.

4.7.1   Tiefsetzsteller (buck converter) – Gleichstrommaschine

Der Tiefsetzsteller an sich ist bereits in Kapitel 4.5.1 erklärt worden. Die Kombination Tiefsetzsteller und Gleichstrommaschine ist in Abbildung 4.61 gezeigt. Wie dieser Abbildung zu entnehmen ist, ist gegenüber der Abbildung 4.55 im Lastkreis Gleichstrommaschine nur die Spannungsquelle E_A zusätzlich zu berücksichtigen. Es gelten bei nichtlückendem Strom die Gleichungen (4.121) und (4.122). Da der Schalter S sowie die Diode D_F nur einen positiven Strom I_A zulassen und U_A ebenso positiv ist, ist der Leistungsfluss daher von der Spannungsquelle U_Q zur Gleichstrommaschine GNM, die Gleichstrommaschine ist somit im Motorbetrieb.

$$U_A = a \cdot U_Q \quad \text{mit} \quad a = \frac{t_e}{T} \quad \text{und} \quad 0 \leq a \leq 1 \tag{4.121}$$

$$I_A = \frac{U_A - E_A}{R_A} = \frac{a \cdot U_Q - E_A}{R_A} \tag{4.122}$$

Die Gleichstrommaschine kann aufgrund von $I_A \geq 0$ nur ein positives Drehmoment erzeugen. Bei einer gewünschten oder notwendigen Absenkung der Drehzahl kann die Gleichstrommaschine daher kein negatives Drehmoment bereit stellen, eine Absenkung der Drehzahl ist daher nur mit einem positiven Last-Drehmoment zu erreichen. Ein positives Last-Drehmoment und ein kleiner Tastgrad a können zu unerwünschten negativen Drehzahlen führen, die durch mechanische Bremsen zu vermeiden sind. Ein negatives Last-Drehmoment führt zur Erhöhung der Drehzahl. Hinweis: Wenn der Schalter S ausgeschaltet ist und während der Zeit t_a der Strom i_A Null wird, ist der Strom lückend, die Ankerspannung ist dann nicht Null sondern E_A.

4.7.2 Ein-Quadrant-Bremsbetrieb (boost converter) – Gleichstrommaschine

Der Hochsetzsteller nach Abbildung 4.57 ist für den generatorischen bzw. Brems-Betrieb geeignet und wurde bereits in Kapitel 4.5.2 ausführlich besprochen.

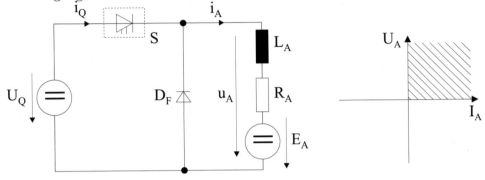

Abb. 4.61: *Motorischer Ein–Quadrant–Antrieb: Prinzipschaltbild und Betriebsbereich*

4.7.3 Zwei-Quadrant-Steller mit Ankerstromumkehr – Gleichstrommaschine

Die Abbildung 4.62 zeigt den Zwei-Quadrant-Steller mit Ankerstromumkehr. Es ist sofort zu erkennen, dass der Schalter S_1 sowie die Diode D_{F3} ein Tiefsetzsteller und der Schalter S_3 sowie die Diode D_{F1} ein Hochsetzsteller realisieren. Der Tiefsetzsteller und der Hochsetzsteller sind aber nun gekoppelt und es ergibt sich eine kritischer Fehlerfall. Wenn aus Versehen oder aus anderen Gründen einer der Schalter eingeschaltet ist und der zweite Schalter fehlerhaft eingeschaltet wird oder beide Schalter gleichzeitig einschalten, dann wird die Spannungsquelle U_Q kurzgeschlossen und die beiden Schalter werden zerstört. Dies gilt auch für den lastseitigen Teil des U-Umrichters, der aus drei dieser Schaltungen aufgebaut ist. Die beiden Stellgliedtypen müssen bei dem ersten Steuerverfahren deshalb unbedingt getrennt betrieben werden, d.h. entweder der Schalter S_1 ist aktiv und S_3 immer gesperrt oder der Schalter S_3 ist aktiv und der Schalter S_1 immer gesperrt. Der Nachteil des ersten Steuerverfahrens ist die streng getrennte Nutzung der beiden Funktionen, die verhindert, dass ein Wechsel zwischen der beiden Funktionen automatisch erfolgt, wenn dies notwendig wäre.

Beim 2. Steuerverfahren werden die Schalter S_1 und S_3 gegenphasig geschaltet, d.h. während der Zeit t_e ist S_1 ein– und S_3 ausgeschaltet und während t_a ist S_3 ein– und S_1 ausgeschaltet. Das Einschalten eines Schalters muß gegenüber dem Ausschalten des anderen Schalters verzögert sein, um einen Kurzschluß der Spannungsquelle zu vermeiden. Es erfolgt somit ein ständiger Wechsel der Einschaltperioden von S_1 und S_3. Der Grund für das Vorgehen soll nachfolgend beschrieben werden.

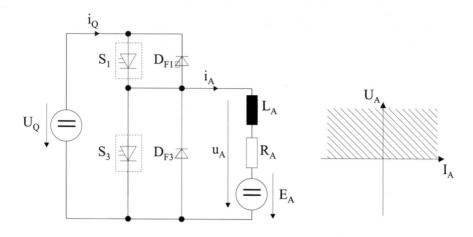

Abb. 4.62: *Zwei–Quadrant–Antrieb mit Ankerstromumkehr: Prinzipschaltbild und Betriebsbereich*

Wenn S_1 bei positivem Strom I_A einschaltet, wird der Strom ein positives dI_A/dt aufweisen. Wenn danach S_1 ausschaltet wird der positive Laststrom I_A von der Freilaufdiode D_{F3} übernommen (Zeitdauer t_a). An der Freilaufdiode D_{F3} fällt die geringe Durchlaßspannung ab, die auch an S_3 anliegt, S_3 kann somit - bis auf die Steuerverluste - nahezu fast verlustlos eingeschaltet werden. Der Laststrom verringert sich während der Zeitdauer t_a. Sollte während der Zeitdauer t_a der Strom I_A Null und danach negativ werden, dann kann dieser negative Strom sofort von S_3 übernommen werden, d.h. es tritt in diesem Fall kein Stromlücken auf. Analog wird nach dem Abschalten von S_3 die Freilaufdiode D_{F1} den negativen Laststrom I_A übernehmen, S_1 kann damit ebenso nahezu verlustlos eingeschaltet werden und sollte der Strom positiv werden, kann er sofort von S_1 übernommen werden.

Ein Stromlücken beim Übergang vom 1. zum 2. Quadranten bzw. zurück tritt bei diesem Steuerverfahren somit nicht auf, dies ist ein Vorteil.
Für die Mittelwerte gilt:

$$\overline{U}_A \;=\; a \cdot U_Q \tag{4.123}$$

$$\overline{I}_A \;=\; \frac{a \cdot U_Q - E_A}{R_A} \tag{4.124}$$

4.7.4 Zwei-Quadranten-Stellglied mit Ankerspannungsumkehr – Gleichstrommaschine

Die Abbildung 4.63 zeigt die Schaltung dieser Variante der DC-DC-Wandler und die Signalverläufe des ersten von drei Steuerverfahren.

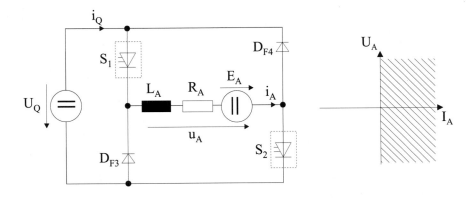

Abb. 4.63: *Zwei–Quadrant–Antrieb mit Ankerspannungsumkehr: Prinzipschaltbild und Betriebsbereich*

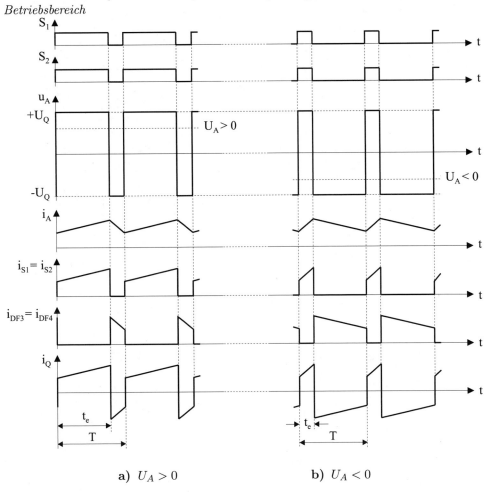

a) $U_A > 0$ **b)** $U_A < 0$

Abb. 4.64: *Systemgrößen beim 1. Steuerverfahren (Zwei–Quadrant–Schaltung)*

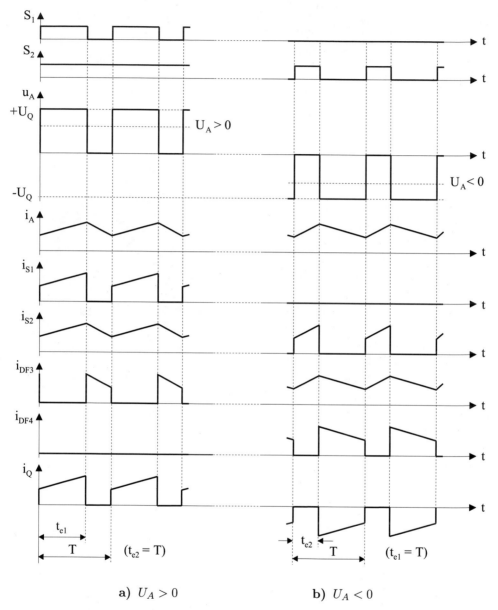

a) $U_A > 0$ **b)** $U_A < 0$

Abb. 4.65: *Systemgrößen beim 2. Steuerverfahren (Zwei–Quadrant–Schaltung)*

1. Steuerverfahren (gleichzeitige Taktung, Abb. 4.64): Beide Schalter erhalten die gleichen Steuerimpulse; sie werden somit gleichzeitig getaktet. Negative Ankerspannung U_A erhält man für $0 < a \leq 0,5$, positive Ankerspannung U_A für $0,5 < a \leq 1$. Die Mittelwerte für nichtlückenden Ankerstrom sind (mit $a = t_e/T$):

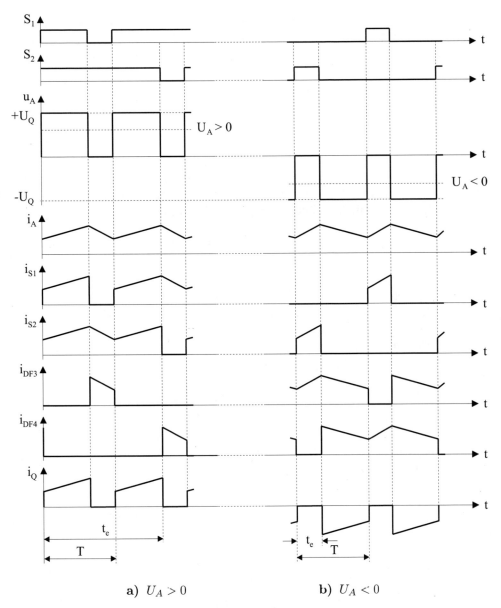

a) $U_A > 0$ **b)** $U_A < 0$

Abb. 4.66: *Systemgrößen beim 3. Steuerverfahren (Zwei–Quadrant–Schaltung)*

$$U_A = a \cdot U_Q - (1 - a) \cdot U_Q = (2a - 1) \cdot U_Q \tag{4.125}$$

$$I_A = \frac{(2a - 1) \cdot U_Q - E_A}{R_A} > 0 \quad (U_A > E_A) \tag{4.126}$$

Der Vorteil dieses Verfahrens ist die sehr einfache Ansteuerung. Der Nachteil ist, daß kein Freilauf auftritt; d.h. es findet ein ständiger Wechsel zwischen motorischem und generatorischem Betrieb statt.

2. Steuerverfahren (Abb. 4.65): Bei positiver Spannung $U_A > 0$ bleibt S_2 ständig leitend, während S_1 getaktet wird (motorischer Betrieb im 1. Quadranten). Um einen Stromfluß bei $U_A < 0$ zu erhalten, muß S_1 ständig gesperrt sein und S_2 getaktet werden (generatorischer Betrieb im 4. Quadranten).

Bei nichtlückendem Ankerstrom ergibt sich für den Mittelwert der Spannung U_A (mit $a_1 = t_{e1}/T$ und $a_2 = t_{e2}/T$):

$$U_A = a_1 \cdot U_Q - (1 - a_2) \cdot U_Q = (a_1 + a_2 - 1) \cdot U_Q \tag{4.127}$$

3. Steuerverfahren (Abb. 4.66): Bei diesem Steuerverfahren ist die Taktung der beiden Schalter um die Periodendauer T versetzt. Die Ein- und Ausschaltzeiten jedes Schalters sind jetzt doppelt so lang wie bei den bisherigen Steuerverfahren ($0 \le t_e \le 2T$).

Für $t_e > t_a$ ist $U_A > 0$. Es liegt motorischer Betrieb im 1. Quadranten vor; der Freilauf findet abwechselnd im unteren Kreis (S_2, D_{F3}) und im oberen Kreis (S_1, D_{F4}) statt.

Generatorischer Betrieb mit $U_A < 0$ ergibt sich für $t_e < t_a$. Wenn S_1 und S_2 gleichzeitig sperren, fließt der Ankerstrom durch die Spannungsquelle U_Q und die beiden Freilaufdioden. Bei $t_e = t_a$ findet nur abwechselnder Freilauf statt ($U_A = 0$). Für das 3. Steuerverfahren ergeben sich mit $a = t_e/T$ und $0 \le a \le 2$ die Mittelwerte für nichtlückenden Betrieb zu:

$$U_A = (a - 1) \cdot U_Q \quad ; \qquad I_A = \frac{(a - 1) \cdot U_Q - E_A}{R_A} > 0 \tag{4.128}$$

Das 3. Steuerverfahren weist einige Vorteile auf: Die Ventile werden gleichmäßiger belastet und die Schaltfrequenz für die einzelnen Schalter ist geringer als bei den anderen Steuerverfahren.

4.7.5   Vier-Quadranten-Stellglied – Gleichstrommaschine

Die Schaltung des Vier-Quadranten-Stellglieds mit der GNM als Last ist in Abbildung 4.67 zu sehen.

Zwei verschiedene Steuerverfahren sind üblich:

1. Steuerverfahren (Abb. 4.68): Es sind abwechselnd zwei Schalter eingeschaltet, entweder S_1 und S_2 oder S_3 und S_4. Das jeweils leitende Schalterpaar muß rechtzeitig vor dem Einschalten des anderen gesperrt werden, um einen Kurzschluß der Spannungsquelle zu vermeiden.

Wird die Einschaltzeit von S_1 und S_2 mit t_e bezeichnet und deren Ausschaltzeit mit t_a, so gilt mit $T = t_e + t_a$ und $a = t_e/T$:

$$U_A = a \cdot U_Q - (1 - a) \cdot U_Q = (2a - 1) \cdot U_Q \tag{4.129}$$

$$I_A = \frac{(2a - 1) \cdot U_Q - E_A}{R_A} \tag{4.130}$$

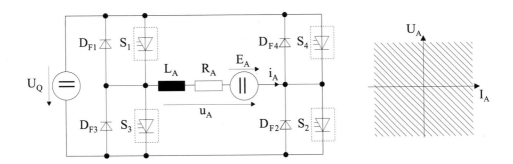

Abb. 4.67: *Vier–Quadrant–Gleichspannungswandler: Prinzipschaltbild und Betriebsbereich*

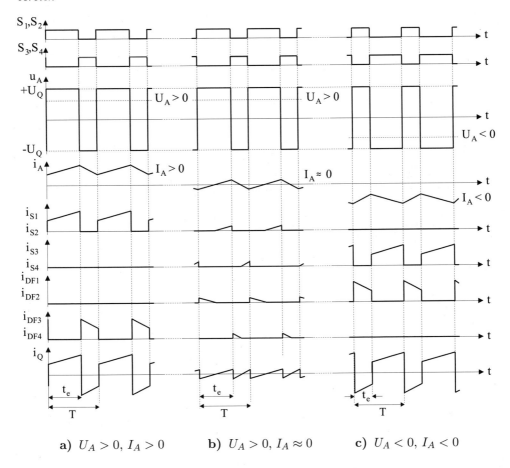

Abb. 4.68: *Systemgrößen beim 1. Steuerverfahren (Vier–Quadrant–Schaltung)*

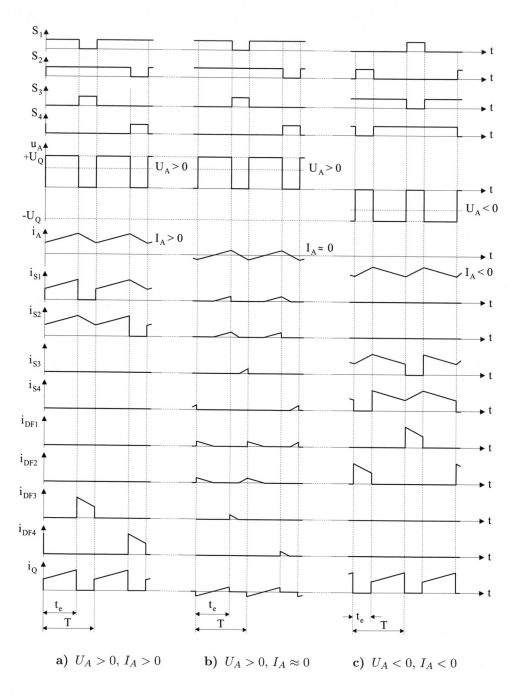

a) $U_A > 0,\ I_A > 0$ **b)** $U_A > 0,\ I_A \approx 0$ **c)** $U_A < 0,\ I_A < 0$

Abb. 4.69: *Systemgrößen beim 2. Steuerverfahren (Vier–Quadrant–Schaltung)*

Bei diesem Steuerverfahren tritt kein Freilauf auf; die Ankerspannung u_A wird zwischen $+U_Q$ und $-U_Q$ hin- und hergeschaltet. Die Welligkeit des Ankerstroms ist entsprechend groß.

2. Steuerverfahren (Abb. 4.69): Das diagonale Schalterpaar S_1 und S_2 wird entsprechend dem Zwei–Quadrant–Betrieb mit Ankerspannungsumkehr (3. Steuerverfahren) getaktet. Die jeweils in Serie liegenden Schalter S_3 bzw. S_4 werden invers zu S_1 bzw. S_2 angesteuert. Wenn z.B. S_1 eingeschaltet ist, dann sperrt S_3 und umgekehrt. Die Gleichungen für Ankerspannung und –strom lauten mit $a = t_e / T$ und $0 \leq a \leq 2$:

$$U_A = (a - 1) \cdot U_Q \, ; \qquad I_A = \frac{(a - 1) \cdot U_Q - E_A}{R_A} \qquad (4.131)$$

Die Ankerspannung u_A ist abwechselnd $u_A = +U_Q$ und $u_A = 0$ für $U_A > 0$ sowie $u_A = -U_Q$ und $u_A = 0$ für $U_A < 0$. Im Zustand $u_A = 0$ tritt Freilauf auf, jeweils abwechselnd in der oberen und in der unteren Brückenhälfte.

Vergleich der beiden Steuerverfahren:

Das 1. Verfahren ist in der Ansteuerung einfacher und ermöglicht die Messung der Ankerströme ohne Potentialtrennung, da der Ankerstrom immer durch einen der beiden unteren Zweige fließt. Werden diese Zweige über Meßwiderstände mit der negativen Klemme der Spannungsquelle U_Q verbunden, so kann der Ankerstrom über die Summe der Spannungsabfälle ermittelt werden.

Das Umschalten von u_A zwischen $+U_Q$ und $-U_Q$ beim 1. Verfahren hat außer der erhöhten Stromwelligkeit noch den weiteren Nachteil, daß bei bleibender Richtung von i_A ständig zwischen motorischem und generatorischem Betrieb hin- und hergeschaltet wird (ständiger Richtungswechsel von i_Q).

Schließlich sind beim 1. Verfahren mehr Schaltvorgänge als beim 2. Verfahren erforderlich, wodurch die Schaltverluste in den Leistungshalbleiter-Bauelementen größer ausfallen.

4.8 Regelungen Gleichstromsteller – Gleichstrommaschine

Die Kaskadenregelung des Ankerstroms und der Drehzahl wurde bereits in Kapitel 4.3 erklärt, so dass das prinzipielle Vorgehen bei der Optimierung der Regler bekannt ist. Unterschiedlich sind die Stellglieder, in Kapitel 4.3 war das Stellglied ein netzgeführtes Stromrichter – Stellglied, jetzt ist es ein DC-DC-Wandler. Die Frage ist, kann das Modell des netzgeführten Stellglieds auch beim DC-DC-Wandler verwendet werden? Der Vergleich der Abbildung 4.38 mit der Abbildung 4.55 zeigt, im stationären Betrieb werden Steuerbefehle im Abstand T ausgelöst, dies gilt auch noch annähernd bei differentiellen Änderungen der Steuerspannung. Ausgehend von diesem Verhalten wurde angenommen, dass das netzgeführte Stellglied und das Abtastsystem mit H_0-Ausgang sich dynamisch entsprächen und somit die Näherung $T_t = T_N/(2p)$ bei dem netzgeführten Stellglied sowie $T_t = T/2$ beim Abtastsystem gültig seien und damit auf den DC-DC-Wandler mit $T_t = T/2$ übertragbar wäre. Untersuchungen zeigen, dass das Modell, welches das Großsignalverhalten erfaßt – siehe Kapitel 4.3.3 - und damit die Korrelation zwischen u_{st} und der Auslösung eines Steuerbefehls berücksichtigt, bessere Ergebnisse ermöglichen als das Totzeit-Modell $T_t = T_N/(2p)$. bei dem netzgeführten Stellglied. Dies wird voraussichtlich auch für die DC-DC-Wandler gelten.

Wie der Abbildung 4.55 zu entnehmen ist, wird bei der Pulsweitensteuerung immer dann ein Steuerbefehl ausgelöst, wenn abhängig von den Verläufen der Steuerspannung u_{st} und der sägezahnförmigen Spannung u_{sz} durch die Schnittpunkt beider Signale die Zeitpunkte der Steuerbefehle bestimmt werden. Dies bedeutet, auch hier besteht die Korrelation zwischen den Verläufen der beiden Spannungen u_{sz} sowie u_{st} und den Schnittpunkten bzw. bei den Zeitpunkten der Auslösung der Steuerbefehle. Allerdings gibt es nun zwei wichtige Unterschiede: Bei der Pulsweitenmodulation ist erstens durch die sägezahnförmigen Spannung u_{sz} die Periode T festgelegt. Zweitens gibt es nun zwei Bereiche mit unterschiedlichen Steigungen, der erste Bereich von u_{sz} mit positiver Steigung und zweite Bereiche mit negativer Steigung, die Dauer der beiden Bereiche ist jeweils $T/2$, die Bereiche wiederholen sich im zeitlichen Abstand T.

Die Bereiche der sägezahnförmigen Spannung u_{sz} mit positiver Steigung lösen Ausschaltbefehl aus, Schnittpunkte mit negativer Steigung erzeugen Einschaltbefehle. Wenn die Steuerspannung u_{st} beispielsweise erhöht wird und u_{sz} hat positive Steigung, dann werden die folgenden Ausschaltbefehle verzögert. Wenn die Erhöhung von u_{st} bestehen bleibt, dann werden aufgrund der nachfolgenden zeitlichen Bereiche von u_{sz} mit negativer Steigung die Einschaltbefehle früher als vor der Erhöhung von u_{st} ausgelöst. Bei dem Steuersatz für den Tiefsetzsteller besteht somit auch die Korrelation. Der Steuersatz wird nun aufgeteilt in zwei „Abtastsysteme", das erste System berücksichtigt die Flanken mit positiver Steigung - dies sei das Aus-System - und das zweite System die Flanken mit negativer Steigung - dies sei das Ein-System. Beide Systeme haben jeweils aktive Bereiche der Dauer $T/2$ und wiederholen sich im zeitlichen Abstand T. Sowohl das Aus-System als auch das Ein-System verhalten sich somit ähnlich wie Abtastsysteme, statt des Abtastzeitpunktes sind bei den beiden Systemen aber nun die aktiven Bereiche der Dauer $T/2$, die sich abwechseln und die inaktiven Bereiche, die sich ebenso abwechseln. Da die beiden „Abtastsysteme" nicht mit Abtast-Zeitpunkten sondern mit „Abtast-Bereichen" arbeiten, ist ein besseres dynamisches Verhalten als Verhalten mit $T_{t1} = T/2$ zu erwarten. Das dynamische Verhalten des Stellglieds und die zugehörige Signalverarbeitung werden in Kapitel 13.2.2 erläutert. Nach dieser Anregung wiederholt sich die Auslegung des Ankerstromreglers.

Die Struktur des geregelten Systems ist in Abbildung 4.70 dargestellt. Der Signalflussplan des Strom-Regelkreises ist in Abbildung 4.71 dargestellt. Zur Vereinfachung der Optimierung werden das Totzeitmodell des Gleichstromstellers in ein PT_1-Glied gewandelt und es erfolgt eine EMK-Kompensation. Mit diesen Vereinfachungen ergibt sich für die Übertragungsfunktion der Strecke die Gleichung (4.132). Der Regler R_i ist ein PI-Regler mit der Gleichung (4.133).

$$G_S(s)|_{EMK} = \frac{V_{Str}}{r_A} \cdot \frac{1}{1 + sT_t} \cdot \frac{1}{1 + sT_A} \qquad (4.132)$$

$$G_{Ri}(s) = V_R \cdot \frac{1 + sT_n}{sT_n} \qquad (4.133)$$

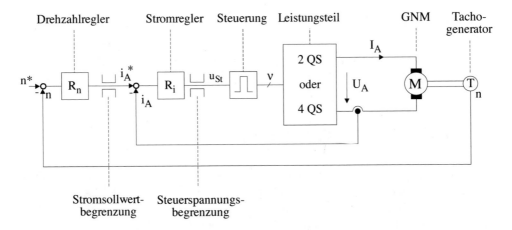

Abb. 4.70: *Kaskadengeregelte Gleichstrom–Nebenschlußmaschine*

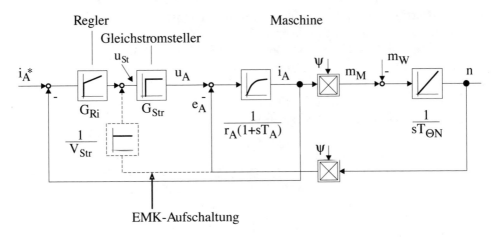

Abb. 4.71: *Innerer Regelkreis: Stromregelung*

Die Optimierung erfolgt nach dem Betragsoptimum mit den Optimierungsbedingungen:

$$T_n = T_A \quad \text{und} \quad V_R = \frac{r_A}{V_{Str}} \cdot \frac{T_A}{2T_t} \tag{4.134}$$

Optimierte Führungs–Übertragungsfunktion:

$$G_{wi}(s) = \frac{1}{1 + s2T_t + s^2 2T_t^2} \tag{4.135}$$

Die Optimierung ergibt ein Nennerpolynom 2. Ordnung mit einem konjugiert komplexen Polpaar. Die Übergangsfunktion hat eine Überschwingung von 4 % und eine Anregelzeit $t_{an} \approx 4,7\,T_t$, der Dämpfungsfaktor des Übergangsvorganges ist $D = 0,707$. Die Auslegung des Drehzahlreglers ist in Kapitel 4.3.2 zu entnehmen.

4.9   Querverweise DC-DC-Wandler

Wesentlich vertiefte Beschreibungen der Funktion sowie der Auslegung sind in [102] „Leistungselektronische Schaltungen" zu finden. Die DC-DC-Wandler werden in Kapitel 7 vorgestellt, wobei in Kapitel 7.1 der Tiefsetzsteller, in Kapitel 7.2 die Gleichspannungswandler mit nichtabschaltbaren Bauelementen, in Kapitel 7.3 der Gleichspannungswandler mit abschaltbaren Bauelementen und unterschiedlichen Entlastungsschaltungen, Kapitel 7.4 Steuerungen und Regelungen, Kapitel 7.5 Ein- und Mehrquadranten-Betrieb, Kapitel 7.5.4 Zwei-Quadrant-Betrieb mit Ankerspannungsumkehr, Kapitel 7.5.5 Vier-Quadranten-Betrieb, Kapitel 7.5.6 den interleaved Wandler, Kapitel 7.6 Gleichstromwandler mit Leistungsfaktor-Korrektur PFC, Kapitel 7.7 PFC-EMV-Verhalten (PFC Power Factor Correction) und Kapitel 7.8 dreiphasige Pulsgleichrichtersysteme erläutert werden.

Das dynamische Verhalten des Stellglieds und die zugehörige Signalverarbeitung werden in Kapitel 13.2.2 dieses Bandes erläutert.

5 Asynchronmaschinen

5.1 Einführung

Die Asynchronmaschine mit Kurzschlussläufer ist inzwischen aufgrund des robusten Aufbaus die Standardmaschine für elektrische Antriebe. Da die Stellglieder mit den ein- und auszuschaltenden Leistungshalbleitern wie dem IGBT und die signalverarbeitende Elektronik ebenso verfügbar sind, sind in der Drehzahl und im Drehmoment geregelte Asynchronmaschinen ebenso der Standard.

Die Asynchronmaschine ist eine „Induktionsmaschine". Mit dieser Bezeichnung wird darauf hingewiesen, daß durch die stromdurchflossene mehrsträngige Statorwicklung ein Drehfeld erzeugt wird; dieses Drehfeld verursacht seinerseits in den Rotorwicklungen durch Induktion Spannungen, damit je nach Abschluß der Rotorwicklungen entsprechende Ströme und somit endgültig ein Drehmoment.

Es wird unterschieden zwischen der Asynchronmaschine mit Kurzschlussläufer – Asynchronmaschine genannt – und der Asynchronmaschine mit Schleifringen, die mit den Rotorwicklungen verbunden sind – Schleifringläufermaschine genannt.

Die grundlegenden Zusammenhänge wie die Entstehung des Drehfeldes, die Spannungsinduktion und die Drehmomentbildung werden im folgenden einführenden Kapitel 5.2 zuerst anschaulich dargestellt, um auch den Lesern ohne Vorkenntnisse auf dem Gebiet der Drehfeldmaschinen eine einfach verständliche Einführung in das Grundverhalten von Drehfeldmaschinen zu geben. Es folgen ab Kapitel 5.3 die mathematischen Beschreibungen, die zur Modellbildung und damit zur Regelung von Drehfeldmaschinen notwendig sind.

Eine wesentliche Grundlage für die regelungstechnische Modellbildung der Drehfeldantriebe, d.h. der Asynchronmaschinen und der Synchronmaschinen, ist die Raumzeigertheorie, die es ermöglicht, die zeitlich und räumlich getrennten Größen wie beispielsweise die drei Flussdichten B – Abbildung 5.20 – oder die drei Statorspannungen zu einer komplexen Größe – dem Raumzeiger Gleichung (5.92) –, aufgelöst in den Real- und Imaginärteil Gleichungen (5.99) und (5.100) zusammenzufassen und den Signalflussplan in Abbildung 5.24 zu erstellen. Das dreiphasige System wird durch die Raumzeigertheorie zu einem zweiphasigen System mit zwei senkrecht zueinander stehenden Wicklungen transformiert, siehe Abbildung 5.22.

© Springer-Verlag GmbH Deutschland, ein Teil von Springer Nature 2021
D. Schröder und R. Kennel, *Elektrische Antriebe – Grundlagen*,
https://doi.org/10.1007/978-3-662-63101-0_5

Im wesentlichen werden in den Kapitel 5.2 folgenden Kapiteln folgende Punkte behandelt:

- Darstellung und Definition des Raumzeigers,

- Einführung verschiedener Koordinatensysteme zur Vereinfachung der Darstellung,

- der regelungstechnischen Modelle der Asynchronmaschine und der Schleifringläufermaschine,

- Ableitung der stationären Kennlinien der Asynchronmaschine,

- Ableitung von Steuerverfahren und der zugehörigen Signalflußpläne für die Asynchronmaschine.

In gleicher Vorgehensweise erfolgt die Darstellung der verschiedenen Synchronmaschinen (Kap. 6). Zu beachten ist, daß Synchronmaschinen im Stator prinzipiell den gleichen Aufbau wie Asynchronmaschinen haben, so daß diese Gleichungen der Schleifringläufer- bzw. Asynchronmaschine auf die Synchronmaschine übertragbar sind. Falls die Synchronmaschine eine rotorseitige Dämpferwicklung hat, können diese Gleichungen prinzipiell ebenfalls genutzt werden. Speziell bei der Synchronmaschine ist die gleichstromdurchflossene Wicklung des Rotors (Polrades), die allerdings aufgrund des spezifischen Aufbaus eine besonders einfache regelungstechnische Modellbildung ermöglicht. Dies kann ohne große Schwierigkeiten auch auf die permanenterregten Maschinen übertragen werden.

5.2 Funktionsweise von Asynchronmaschinen

Bevor in den späteren Kapiteln eine mathematisch fundierte Ableitung des Differentialgleichungssystems für die ASM erfolgt, soll zunächst ein vereinfachtes Modell der Maschine beschrieben und erklärt werden. Anhand dieses Modells soll im Bereich Asynchronmaschinen ein grundlegendes Verständnis und somit eine Intuition für die prinzipielle Funktionsweise vermittelt werden. Damit richtet sich dieses Kapitel weniger an den Experten der Antriebstechnik als vielmehr an Studenten in Grundlagenvorlesungen über Asynchronmaschinen.

Eine Asynchronmaschine ist aufgebaut aus einem Stator, der durch eine geeignete Anordnung dreier räumlich versetzter Spulen und einer geeigneten Bestromung derselben ein rotierendes Magnetfeld erzeugt. Daraus leitet sich die Oberbezeichnung „Drehfeldmaschine" für diesen Motorentypus ab. Im Gegensatz zu der Gleichstrommaschine mit ihrem zeitlich und örtlich konstanten Erregerfeld liegt hier somit ein rotierendes Magnetfeld vor. In diesem Drehfeld befindet sich ein Rotor, der bei den meisten Maschinen einen Kurzschluß-Käfig beinhaltet, der isoliert im Eisenkern des Rotors eingebettet ist. Dabei existiert kein elektrischer Zugang zum Rotor, d.h. es gibt weder eine elektrische Verbindung zwischen Rotor und Stator, noch sind externe Klemmenanschlüsse für den Rotor vorhanden.

Um trotz fehlendem Kommutator bzw. fehlender Schleifringe einen Stromfluss im Rotorkäfig der Maschine zu erzeugen, wird bei der Asynchronmaschine das Prinzip der Induktion genutzt, woraus sich der englische Name "induction machine" ableitet. Dadurch, daß bei der motorisch betriebenen Asynchronmaschine der Kurzschluß-Käfig mit einer langsameren Geschwindigkeit (asynchron) rotiert als das Drehfeld, wird wegen der Differenzgeschwindigkeit in den Leiterstäben des Rotors eine Spannung induziert. Da diese Stäbe durch die beiden Ringe des Kurzschluß-Käfigs kurzgeschlossen sind, baut die induzierte Spannung einen Stromfluß im Käfig auf. Damit entsteht, wie auch bei der Gleichstrommaschine, eine Lorentzkraft nach der Drei-Finger-Regel im stromdurchflossenen Leiterstab, welcher sich im Feld befindet. Die Kraft wirkt an den Leiterstäben des Käfigs und erzeugt damit schließlich das Drehmoment an der Welle der Maschine.

5.2.1 Erzeugung eines Drehfeldes im Luftspalt durch den Stator[1]

Das entstehende Drehfeld ergibt sich aus einer Überlagerung von drei zeitlich veränderlichen Magnetfeldern. Daher ist es zweckmäßig, vor der Erklärung des Drehfeldes zunächst das Magnetfeld einer einzelnen Spule zu betrachten. In Abb. 5.1 ist eine Drehfeldmaschine schematisch im Querschnitt dargestellt, deren Stator nur die Spule 'a' enthält. Diese Spule werde zunächst vereinfachend als konzentrierte Spule angenommen, d.h. sämtliche Leiter der Spule befinden sich an den Umfangspunkten $\varepsilon_0 = 90$ bzw. $\varepsilon_0 = 270$. In einem ersten Schritt wird die Speisung der Spule mit einem **konstanten Strom** betrachtet. Auf der linken Seite der Spule tritt der Strom aus der Zeichenebene aus, auf der rechten Seite wieder in die Zeichenebene ein, woraus sich ein Magnetfeld mit der angegebenen Feldrichtung ergibt (Rechtsschrauben-Regel). Die Quellenfreiheit des B-Feldes verlangt geschlossene Feldlinien. Über das magnetisch leitende Material des Statoreisens und über den Luftspalt schließt sich das Magnetfeld, so dass alle Feldlinien zu geschlossenen Kurven werden. In Abb. 5.1 ist dies aus Gründen der Darstellung nur für vier Feldlinien exemplarisch eingezeichnet. Der exakte Verlauf der Feldlinien im Stator ist jedoch unerheblich, viel bedeutender sind die Verhältnisse im Luftspalt. Weil der magnetische Widerstand des Rotors und des Stators gering ist und aufgrund des kleinen Luftspaltes, wird im Luftspalt ein hohes Magnetfeld auftreten.

Das Brechungsgesetz für magnetische Feldlinien erfordert, daß die Feldlinien aus Materialien mit hoher Permeabilität nahezu rechtwinklig austreten müssen. Im Luftspalt verlaufen die Feldlinien daher nur in radialer Richtung. Für tiefergehende Betrachtungen bezüglich dieser physikalischen Effekte im allgemeinen magnetischem Kreis sei auf Kapitel 13.2.6.6 und bezüglich des Brechungsgesetzes auf Kapitel 13.2.6.8 verwiesen.

---

[1] Als Ergänzung sei auf die Homepage des *Lehrstuhls für Elektrische Maschinen und Antriebe, Univ.-Prof. Dr.-Ing. Ekkehard Bolte* an der *Helmut-Schmidt-Universität*, Hamburg, verwiesen: *http://www.hsu-hh.de/ema* . Dort sind Animationen zum Thema „Mangetfelder in Elektrischen Maschinen" zu finden sind, u.a. Animationen zur Erzeugung von Drehfeldern.

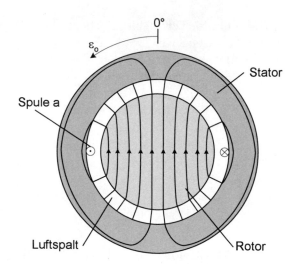

Abb. 5.1: *Schnitt durch eine ASM, deren Stator nur eine Spule enthält. Die Windungen der Spule sind hier nicht über dem Umfang verteilt, sondern konzentriert an den Stellen $\varepsilon_0 = 90$ und $\varepsilon_0 = 270$ angeordnet. Im Luftspalt ergibt sich daher ein radial ausgerichtetes Feld, das näherungsweise eine konstante Feldstärke aufweist. Bei $\varepsilon_0 = 90$ und bei $\varepsilon_0 = 270$ tritt ein Vorzeichenwechsel auf, da sich dort die Richtung der Feldlinien im Luftspalt umkehrt.*

Bei der betrachteten Konfiguration entsteht eine näherungsweise konstante Feldverteilung im Luftspalt. Abb. 5.2 zeigt die Feldlinienverläufe, die nach der Finiten-Elemente-Methode ermittelt wurden. In der obersten Zeile ist die Maschine mit *einer* konzentrierten Spule betrachtet. Damit werden durch diese Abbildung die Verhältnisse quantifiziert, die in Abb. 5.1 symbolhaft gezeichnet sind. Die Feldlinien verlaufen im Rotor nicht homogen, sondern weisen besonders in den Randbereichen eine deutliche Krümmung auf. Zusätzlich ist die Flussdichte im Luftspalt über der Umfangskoordinate ε_0, bzw. über der verschobenen Koordinate $\alpha = \varepsilon_0 - 90$ aufgetragen. Daraus ist eine (näherungsweise) rechteckförmige Feldverteilung eindeutig zu erkennen.

Aus diversen Gründen ist jedoch eine sinusförmige Verteilung erwünscht. Durch konstruktive Maßnahmen (Sehnung, Verteilung der Spulen auf unterschiedliche Nuten) wird der Versuch unternommen, anstelle der konstanten Feldstärke eine sinusförmige Feldverteilung zu erreichen. Dadurch ergibt sich eine Glättung des Drehmomentes, d.h. eine Reduktion unerwünschter Oberwellen.

Die mittlere Zeile der Abb. 5.2 stellt das Magnetfeld dar, wenn die Spule 'a' nicht örtlich konzentriert gewickelt, sondern auf drei Nuten verteilt ist. Dabei werden w Windungen in der Nut an der Stelle $\varepsilon_0 = 90$ untergebracht und $w/2$ Windungen bei $\varepsilon_0 = 30$ und bei $\varepsilon_0 = 150$. Diese Maßnahme führt zu einer Feldverstärkung in den Bereichen $\varepsilon_0 \in [0, 30]$, $\varepsilon_0 \in [150, 210]$ und $\varepsilon_0 \in [330, 360]$. Die Aufteilung der Spule 'a' über einen Sektor von 120° bewirkt daher eine Annäherung an die sinusförmige Feldverteilung.

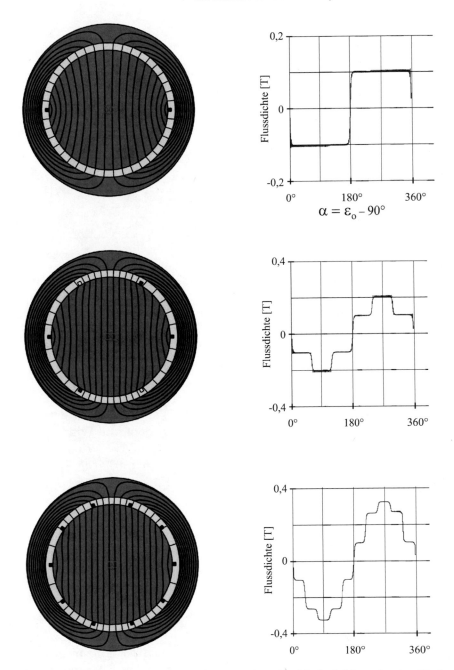

$$\alpha = \varepsilon_{\text{o}} - 90°$$

Abb. 5.2: *Mittels FEM-Simulation (Finite Elemente Methode) berechneter Verlauf der Feldlinien und Flussdichte im Luftspalt bei einer Statorspule, die auf eine, drei bzw. fünf Nuten aufgeteilt ist.*
Quelle: Prof. DI Dr. sc. techn. W. Amrhein, ACCM/Johannes Kepler Universität Linz.

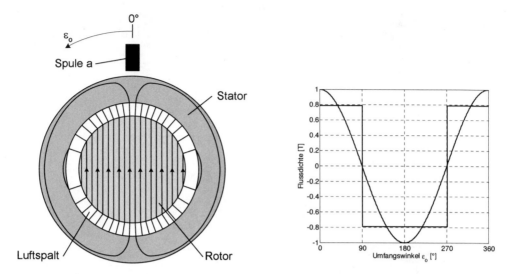

Abb. 5.3: *Schnitt durch die ASM im idealisierten Grenzfall. Die Feldlinien verlaufen im Rotor homogen, im Luftspalt entsteht eine sinusförmige Flussdichteverteilung (Grundwelle). Bei Verwendung einer örtlich konzentrierten Spule ergibt sich dagegen die eingetragene rechteckförmige Verteilung.*

In der unteren Zeile der Abb. 5.2 sind fünf Nuten betrachtet. Hier erstreckt sich die Spule 'a' über einen Winkel von 144°, die Winkel zwischen den Nuten betragen 36°. In der Nut bei $\varepsilon_0 = 90$ befinden sich wiederum w Windungen. In den Nuten bei $\varepsilon_0 = 18$ und $\varepsilon_0 = 162$ liegen $w \sin 18 = 0,309w$ Windungen, bei $\varepsilon_0 = 54$ und $\varepsilon_0 = 126$ werden wegen $\sin 54 = 0,809$ genau $0,809w$ Windungen eingelegt. Einerseits resultiert daraus eine erhöhte Homogenität der Feldlinien im Rotor, als auch eine zunehmende Annäherung an die gewünschte Sinusform beim Luftspaltfeld.

Wird dieses Vorgehen fortgesetzt, so ergibt sich im Grenzfall ein homogener Verlauf der Feldlinien im Rotor und eine ideale Sinusform in der Flussdichteverteilung. Abb. 5.3 stellt diesen Grenzfall schematisch dar. Das eingezeichnete Spulensymbol[2] markiert die Spule a, deren Wicklung in geeigneter Weise über den Umfang verteilt ist. Obwohl durch konstruktive Maßnahmen der Grenzfall zwar nur näherungsweise, nicht jedoch exakt erreicht wird, soll dieser dennoch für die folgenden Ausführungen zugrunde gelegt werden. Der Unterschied zwischen realer und idealisierter Flussdichteverteilung ist bezüglich der prinzipiellen Funktionsweise der Maschine ohne Bedeutung, die harmonischen Oberwellen dürfen daher unberücksichtigt bleiben, es wird ausschließlich die sinusförmige Grundwelle betrachtet.

---

[2] Aus Gründen der Übersichtlichkeit ist das Spulensymbol außerhalb des Stators und als konzentriertes Element an der Stelle $\varepsilon_0 = 0$ eingezeichnet. Diese zeichnerische Darstellung weicht insofern von der physikalischen Wirklichkeit ab und ist daher ausschließlich symbolhaft zu verstehen.

Es sei somit eine Flussdichte im Luftspalt angenommen, die an der Stelle $\varepsilon_0 = 0$ maximal ist und bis zur Stelle $\varepsilon_0 = 90$ auf Null absinkt. Für $\varepsilon_0 = 180$ wird wieder ein Maximum erreicht, allerdings treten hier im Gegensatz zur Stelle $\varepsilon_0 = 0$ die Feldlinien in den Rotor ein, es liegt daher ein Vorzeichenwechsel vor. Am Punkt $\varepsilon_0 = 270$ ist wiederum keine Feldstärke vorhanden. Über dem Umfang des Luftspaltes ist die Flussdichte in Abb. 5.3 aufgetragen. Die Grundwelle weist einen sinusförmigen Verlauf auf, die tatsächliche Verteilung (ohne Sehnung) ist durch die Rechteckfunktion gegeben. Nachdem eine sinusförmige Feldverteilung

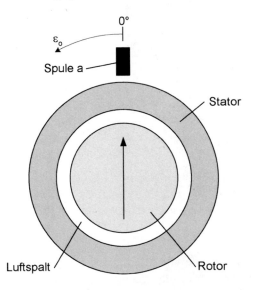

Abb. 5.4: *Schnitt durch die ASM mit nur einer Spule in vereinfachender Zeiger-Darstellung, das Feld wird hier durch einen Feldzeiger symbolisiert.*

im Luftspalt graphisch schwer darstellbar ist und das Einzeichnen von Feldlinien die Übersichtlichkeit reduziert, weil später drei Felder überlagert werden müssen, soll das Feld vereinfachend durch einen Zeiger symbolisiert werden, wie es in Abb. 5.4 dargestellt ist. Dieser Zeiger ist parallel zu den Feldlinien im Rotor orientiert und deutet zum Maximum der Feldstärke im Luftspalt. Die Länge dieses Zeigers ist ein Maß für die Amplitude der Feldstärke. Die Abb. 5.3 und 5.4 sind damit äquivalent und stellen den selben physikalischen Aufbau dar. Um wieder vom Zeiger auf die sinusförmige Feldlinienverteilung zu schließen, muss der Zeiger an der beliebigen Stelle ε_0 auf den Radius projiziert werden (siehe Abb. 5.5).

Die Länge der Projektion beschreibt direkt die Amplitude der Feldstärke im Luftspalt an der Stelle ε_0. Damit müssen keine Feldlinienverläufe mehr betrachtet werden.

Die betrachtete Spule 'a' im Stator wird nun nicht mehr mit einem konstanten, sondern mit einem sinusförmigen Strom gespeist, wodurch zusätzlich auch eine zeitliche Komponente in der Feldverteilung auftritt. Es ist offensichtlich,

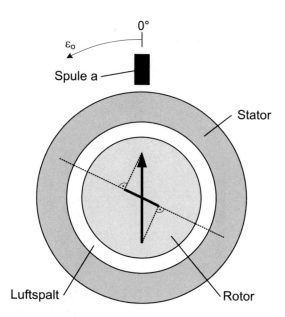

Abb. 5.5: *Rekonstruktion der Feldstärke im Luftspalt an einer beliebigen Position ε_0 durch orthogonale Projektion des Feldzeigers auf den Radius. Die Länge der Projektion gibt direkt die Dichte der Feldlinien im Luftspalt an der Stelle ε_0 an.*

daß dadurch von dieser Spule ein Magnetfeld mit zeitlich variabler Feldstärke aber gleichbleibender Orientierung erzeugt wird. In Abb. 5.6 ist das Feld von Spule 'a' als Momentaufnahme zu den drei Zeitpunkten (Winkellagen des speisenden Stromflusses) $\Omega t_1 = 0$, $\Omega t_2 = 70$ und $\Omega t_3 = 140$ dargestellt. Weder die Frequenz noch die raumfesten Nulldurchgänge ändern sich, lediglich die Amplitude der Welle wird skaliert.

Auch aus Abb. 5.7 kann abgeleitet werden, daß das entstehende Magnetfeld in seiner Amplitude, nicht jedoch in der Orientierung variiert. Dort sind die Verhältnisse exemplarisch auch zu den drei Phasenwinkeln bzw. Zeitpunkten $\Omega t_1 = 0$, $\Omega t_2 = 70$ und $\Omega t_3 = 140$ dargestellt. Bei 0° wird die Spule vom maximalem Strom durchflossen. Dadurch entsteht die größtmögliche Feldstärke. Zum Zeitpunkt 70° beträgt der Spulenstrom 34,2% vom Scheitelwert. Dementsprechend sinkt auch die Feldstärke ab; dies wird durch eine Verkürzung des Zeigers dargestellt. Zum Zeitpunkt 90° tritt im Strom der Nulldurchgang auf, es ist hier kein Feld vorhanden. Für den Zeitpunkt 140° fließt ein Strom von 76,6% des Maximalstromes, allerdings in negativer Richtung. Deshalb bildet sich ein Feld in Gegenrichtung aus, dies wird durch die Umkehr des Zeigers symbolisiert.

Um nun ein rotierendes Magnetfeld zu erzeugen sind jedoch drei Spulen notwendig, welche um 120° **räumlich** gegeneinander versetzt angeordnet sind und von Strömen durchflossen werden, die zusätzlich um 120° **zeitlich** gegeneinander verschoben sind. Für den Betrieb einer Asynchronmaschine benötigt man

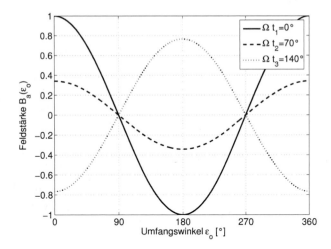

Abb. 5.6: *Momentaufnahme der Grundwelle, erzeugt von Spule 'a', zu drei verschiedenen Zeitpunkten. Im Gegensatz zu Abb. 5.3 liegt hier eine zeitlich sinusförmige Bestromung der Spule vor.*

also ein dreiphasiges Drehstromnetz als Versorgung. Dieser Sachverhalt ist in Abb. 5.8 gezeigt. Aus den einzelnen Magnetfeldern, die von den drei Spulen 'a', 'b' und 'c' erzeugt werden, kann durch Überlagerung, d.h. durch Vektoraddition, das entstehende Gesamtfeld in der Maschine bestimmt werden.

Für die Zeitpunkte 0°, 45° und 110° sind die jeweiligen Feldstärken in Abb. 5.8 als Zeiger dargestellt. Aufgrund der Phasenverschiebung von 120° zwischen den Spulenströmen ergeben sich zu allen drei Zeitpunkten drei unterschiedliche Feldstärken, angedeutet durch die verschiedenen Zeigerlängen der drei Spulen. In der Summe entsteht jedoch ein Gesamtfeld mit konstanter Amplitude, aber unterschiedlicher Orientierung, wie die Vektoraddition in Abb. 5.10 exemplarisch für die drei Phasenwinkel bzw. Zeitpunkte 0° und 45° und 110° zeigt. Die resultierende Feldstärke des Gesamtfeldes ist stets das 1,5fache der maximalen Feldstärke einer einzelnen Spule.

Aus der Vektoraddition der drei Magnetfelder ergibt sich also in der Summe ein magnetisches Feld konstanter Amplitude im Eisenkern, jedoch mit wechselnder Orientierung. Wie aus Abb. 5.8 anhand eines Vergleichs der drei Zeitpunkte t_1, t_2 und t_3 entnommen werden kann, ergibt sich eine Drehung des Feldes in mathematisch positiver Drehrichtung um die Winkel $\Omega_1 t_1$, $\Omega_1 t_2$ und $\Omega_1 t_3$. Das Resultat ist damit ein Feld, das mit der elektrischen Winkelgeschwindigkeit der Statorströme Ω_1 rotiert. Die Drehgeschwindigkeit gleicht der Frequenz des speisenden Netzes und ist damit gleich Ω_1.

Aus der bisherigen Diskussion geht hervor, daß die Überlagerung von drei **räumlich** und **zeitlich** um **120°** versetzten Feldern im Eisenkern des Rotors somit das benötigte Drehfeld im Luftspalt ergibt. Ist eine Stromperiode vergangen,

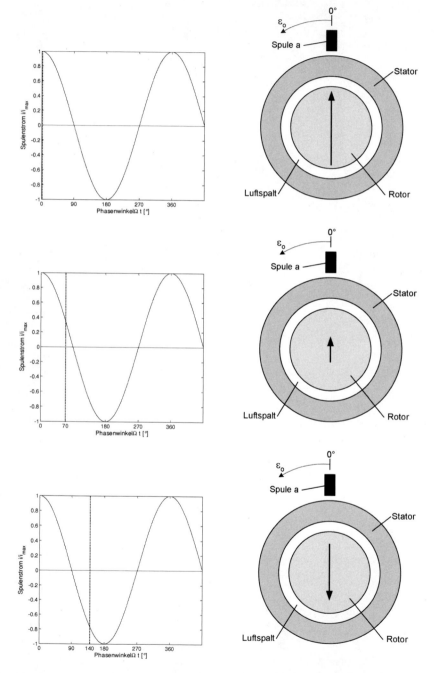

Abb. 5.7: *Momentaufnahme des B-Feldes zu drei verschiedenen Zeitpunkten. Das Feld wird durch einen Zeiger symbolisiert, wobei dessen Länge die Amplitude der maximalen Feldstärke beschreibt. Die genaue Feldverteilung im Luftspalt kann aus Abb. 5.6 entnommen werden.*

so hat sich das Magnetfeld genau einmal gedreht[3] . Würden dagegen alle drei Spulen vom selben Strom durchflossen, d.h. wären alle Ströme phasengleich, so ergäbe sich lediglich ein resultierendes Feld der Stärke Null, siehe Abb. 5.11.

Betrachtet man das Luftspaltfeld, so resultiert somit eine sich mit Ω_1 drehende sinusförmige Feldverteilung, deren Maximum durch den Zeiger repräsentiert wird, der sich aus einer Vektoraddition zusammensetzt. Es besteht jedoch auch die Möglichkeit, die drei Grundwellen der drei einzelnen Spulen direkt im Luftspalt zu überlagern, also eine Addition der drei Grundwellen vorzunehmen. Der Vorteil dieser Vorgehensweise liegt in einer allgemeingültigen Anwendbarkeit und wird in Kap. 5.2.5 für höhere Polpaarzahlen $Z_p \neq 1$ ausgenutzt. Abb. 5.9 zeigt zu drei verschiedenen Zeitpunkten die Momentaufnahmen der drei Grundwellen, die aufgrund der räumlichen Versetzung der drei Spulen um 120° auch um diesen Winkel gegeneinander verschoben sind. In den ersten drei Zeilen der Diagramme sind die Grundwellen a, b und c dargestellt, die örtlich fest stehen, d.h. deren Nulldurchgänge befinden sich stets an festen Orten auf der ε_0-Achse. In der vierten Zeile ist die Überlagerung, d.h. die Addition der drei Wellen aufgezeigt. Die drei Grundwellen können eine maximale Amplitude von 1 besitzen. Die Gesamtwelle erhält daher eine Amplitude von 1,5. Aus dem Vergleich der drei Diagramme ist zu erkennen, daß die resultierende Grundwelle entlang der positiven ε_0-Achse wandert. Abhängig von der momentanen Phasenlage des speisenden Drehstromsystems befindet sich die Welle an unterschiedlichen Orten auf der ε_0-Achse.

Zusammenfassend ist festzuhalten, daß im Luftspalt eine sinusförmige Feldverteilung auftritt, welche für die weiteren Überlegungen und späteren Berechnungen von Bedeutung ist. Das Maximum dieser Welle verharrt nicht still an einem festen Ort, sondern bewegt sich entlang des Umfangswinkels ε_0 (laufende Magnetfeldwelle). Geeignet für die graphische Darstellung eines solchen Magnetfeldes ist ein rotierender Zeiger, der stets parallel zu den Feldlinien im Eisenkern des Rotors orientiert liegt und daher mit dem Magnetfeld mitdreht. Dessen Länge korrespondiert mit der Feldstärke im Eisenkern, die Pfeilspitze deutet zum Maximum der Feldwelle im Luftspalt, welches dem Feld im Eisenkern entspricht. Daher entspricht der Phasenwinkel Ωt gleichzeitig auch dem Winkel des Feldzeigers ε_0.

Da in der Realität ein zylindrischer Eisenkern den Rotor nicht exakt modelliert und der Rotor auch kein exakt homogenes Feld aufweist, wird durch konstruktive Maßnahmen in der Maschine gewährleistet, daß das Luftspaltfeld bestmöglich mit der angenommenen sinusförmigen Verteilung übereinstimmt und somit alle weiteren Betrachtungen korrekt sind. Die Vektoraddition im Eisenkern des Rotors ist demzufolge ein zwar idealisiertes, aber zulässiges Modell für die Entstehung des Luftspaltfeldes und damit für die Funktionsweise der Asynchronmaschine.

---

[3] Hier ist die Polpaarzahl Z_p zu $Z_p = 1$ angenommen

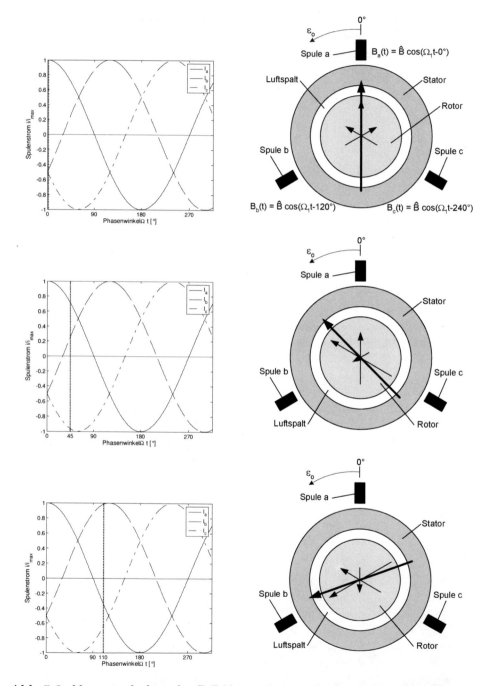

Abb. 5.8: *Momentaufnahme des B-Feldes zu drei verschiedenen Zeitpunkten. Das Gesamtfeld im Luftspalt resultiert aus einer Überlagerung der drei Einzelfelder und kann beispielsweise durch eine Vektoraddition bestimmt werden. In Abb. 5.10 ist diese für die drei dargestellten Zeitpunkte exemplarisch vollzogen worden.*

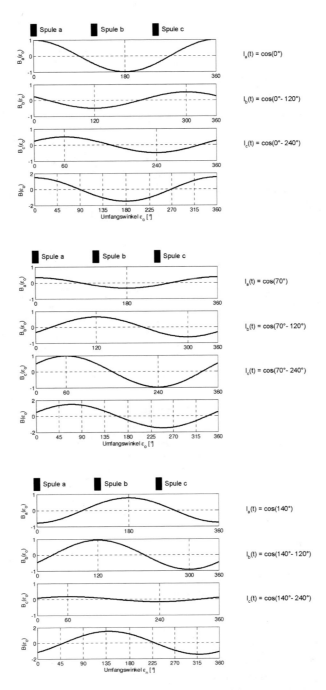

Abb. 5.9: *Addition der drei Grundwellen zur resultierenden Feldverteilung im Luftspalt für die drei Zeitpunkte $\Omega t = 0, 70$ und 140.*

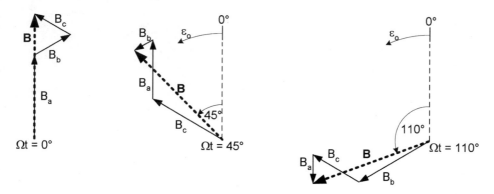

Abb. 5.10: *Vektorielle Addition der drei Einzelfelder zum resultierenden Gesamtfeld für die drei in Abb. 5.8 dargestellten Zeitpunkte $\Omega t = 0, 45$ und 110.*

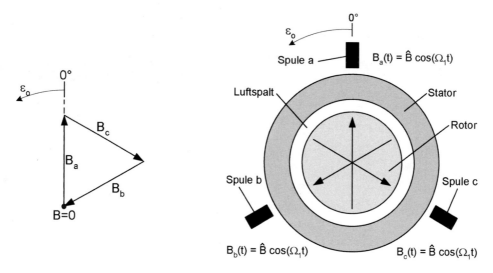

Abb. 5.11: *Vektorielle Addition der drei Einzelfelder zum resultierenden Gesamtfeld, wenn alle drei Spulen mit einem identischen Strom gespeist werden. Die drei Einzelfelder mit einheitlicher Feldstärke heben sich wegen ihrer Orientierung exakt auf.*

5.2.2   Spannungsinduktion im Rotor

Der Rotor einer Kurzschlußläufer-ASM besteht aus den beiden Komponenten Kurzschluß-Käfig und Eisenkern. Der Käfig wird von Leiterstäben gebildet, die beidseitig an zwei Kurzschlußringen angebracht sind. In Abb 5.12 ist der Kurzschluß-Käfig einer Asynchronmaschine gezeigt, der Eisenkern ist nicht eingezeichnet. Weil bei Kurzschlußläufern keine elektrische Verbindung zwischen Rotor und Stator existiert, sind Schleifringe oder ein Kommutator nicht notwendig. Daraus ergeben sich zwei wesentliche Vorteile. Zum einen beschränkt sich der Verschleiß auf die Lager der Maschine. Ein Wechsel abgenutzter Kohlebürsten wie bei der GNM entfällt, die notwendigen Wartungsarbeiten an der Maschine werden dadurch verringert. Zum anderen tritt kein Kommutatorfeuer auf (Funkenbildung), weswegen dieser Maschinentyp auch in explosionsgefährdeten Räumen betrieben werden kann. Nachdem der Rotor einer Kurzschlußläufer-ASM ein für

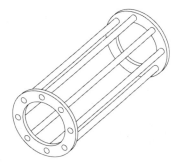

Abb. 5.12: *Kurzschluß-Käfig einer ASM.*

sich abgeschlossenes elektrisches Teilsystem darstellt, werden die Rotorströme, welche für die Entstehung des Drehmomentes (siehe auch Gl. (5.69) ff) verantwortlich sind, durch Induktion erzeugt. Hierzu ist ein rotierendes Magnetfeld in der Maschine erforderlich, dessen Entstehung im vorangegangenen Abschnitt beschrieben worden ist. Hier werde nun vereinfachend vorausgesetzt, daß die Leiterstäbe des Rotors im Luftspaltfeld angeordnet sind und sich daher direkt im Drehfeld der Maschine befinden. Daß diese Betrachtung keine Einschränkung der Allgemeinheit darstellt, obwohl eine solche Modellvorstellung nicht mit der physikalischen Realität übereinstimmt, wurde in Kap. 13.2.6.3 bis 13.2.6.6 erklärt.

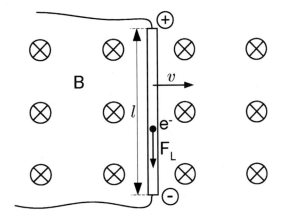

Abb. 5.13: *Bewegungsinduktion im homogenen Magnetfeld.*

In Abb. 5.13 ist ein einzelner Leiterstab des oben beschriebenen Käfigs mit der Länge l in einem homogenen Magnetfeld der Feldstärke B dargestellt, dessen

Feldlinien in die Zeichenebene eintreten. Der Leiterstab zusammen mit den darin enthaltenen Ladungsträgern (Elektronen, Ladung q) werde gemäß des eingetragenen Geschwindigkeitsvektors v nach rechts bewegt. Bekanntermaßen entsteht bei einer Bewegung von Ladungsträgern senkrecht zu einem Magnetfeld eine Kraft auf die Ladungsträger, die sogenannte Lorentzkraft. Die Kraftrichtung steht senkrecht auf den Magnetfeldlinien und senkrecht zur Bewegungsrichtung. Für die gezeichneten Verhältnisse entsteht nach der Drei-Finger-Regel eine Lorentzkraft F_L, welche parallel zum Leiterstab nach unten zeigt. Weil die Ladungsträger im Leiter frei beweglich sind, erfolgt eine Verschiebung der Elektronen durch die Lorentzkraft. Deshalb entsteht am unteren Leiterende ein Elektronenüberschuss (gekennzeichnet durch das Minus-Symbol), am oberen Ende verbleibt folglich ein Mangel an Elektronen (gekennzeichnet durch das Plus-Symbol). Zwischen den Enden des Leiterstabes wird also eine Spannung induziert. Wird der Stromkreis außerhalb des Feldes geschlossen, so entsteht im Leiterstab aus Abb. 5.13 ein Stromfluss. Die induzierte Spannung U_{ind} ist in ihrer Höhe begrenzt, sie kann nicht beliebig anwachsen. Bekanntlich ziehen sich ungleichnamige Ladungsträger an, gleichnamige stoßen einander ab. Dieser Effekt geschieht wegen der Coulombkraft, die zu einem Ausgleichsvorgang innerhalb des Leiters führt und somit der Lorentzkraft entgegenwirkt. Wenn die Lorentzkraft und die Coulombkraft im Gleichgewicht stehen, ist das Maximum der induzierten Spannung erreicht. Aus dem Gleichsetzen von Lorentzkraft

$$F_L = qvB \tag{5.1}$$

und Coulombkraft

$$F_C = qE = q\frac{U_{ind}}{l} \tag{5.2}$$

ergibt sich:

$$U_{ind} = lvB \tag{5.3}$$

Falls die Geometrie der Anordnung und die Feldstärke nicht verändert wird, hängt die induzierte Spannung nur von der Geschwindigkeit v ab. Dabei spielt lediglich die Relativgeschwindigkeit zwischen Feld und Leiter eine Rolle. Es ist unerheblich, ob der Leiter im ruhenden Feld bewegt wird oder ein Feld über einen ruhenden Leiter hinwegbewegt wird. Bewegen sich Leiter und Feld, so ist die Differenz beider Geschwindigkeiten für die Amplitude der induzierten Spannung maßgeblich. Im Folgenden wird diese Geschwindigkeitsdifferenz als Schlupf s bezeichnet. In der Maschine ist im Prinzip der beschriebene physikalische Vorgang anzutreffen, der abhängig vom Schlupf s eine Spannung in den Leiterstäben des Kurzschluß-Käfigs induziert. Abweichend vom betrachteten Beispiel enthält die Maschine jedoch kein homogenes Feld, sondern ein sinusförmig verteiltes. Dadurch variiert die Induktionsspannung der verschiedenen Leiterstäbe des Kurzschlußkäfigs. In einem Leiterstab wird demzufolge eine sinusförmige Spannung

U_2 induziert, deren Frequenz Ω_2 exakt mit der Differenzdrehzahl zwischen Luftspaltfeld und Rotor übereinstimmt.

Für die Beschreibung der Induktion werde zunächst angenommen, daß der Rotor festgehalten ist, also nicht drehbar gelagert sei. In diesem Fall ist die Differenzgeschwindigkeit zwischen Drehfeld und Rotor ($\,\hat{=}\,$Schlupf s) identisch mit der Drehfeldgeschwindigkeit Ω_1. Aus Sicht eines Leiterstabes bewegt sich daher das Magnetfeld mit der Geschwindigkeit Ω_1. Es ergibt sich daher eine Relativbewegung zwischen Leiterstab und Magnetfeld, deren Geschwindigkeit von Ω_1 und dem Radius des Käfigs abhängt. Dieser Vorgang ist der Auslöser für die Bewegungsinduktion, d.h. abhängig von der Relativgeschwindigkeit entsteht eine Induktionsspannung zwischen beiden Enden des Stabes im Kurzschlußläufer. Diese ist umso größer, je größer die Relativgeschwindigkeit ist, also je schneller sich das Magnetfeld über den Leiterstab hinwegbewegt. Die im Leiterstab induzierte Spannung wird über beide Ringe und die restlichen Stäbe des Käfigs kurzgeschlossen. Daher kann sich ein Strom im Käfig aufbauen, ohne daß eine elektrische Verbindung zum Stator vorhanden wäre. Die dabei möglichen Strompfade können in Abb. 5.12 oder Abb. 5.16 nachvollzogen werden.

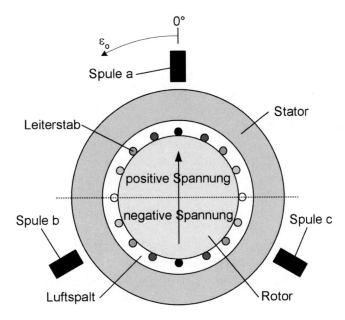

Abb. 5.14: *Verteilung der induzierten Spannung über den Umfang. Durch diese Spannungsverteilung wird effektiv ein Stromfluß über die Kurzschlußringe von der oberen in die untere Hälfte des Käfigs getrieben.*

Prinzipiell gleich sind die Verhältnisse, wenn der Käfig rotiert. Es sei die mechanische Drehzahl des Rotors durch Ω_m beschrieben. Dann ist allerdings zu berücksichtigen, daß die Relativgeschwindigkeit Ω_2 nun nicht mehr mit der Geschwindigkeit des Drehfeldes übereinstimmt, sondern durch die Differenz

$\Omega_2 = \Omega_1 - \Omega_m$ gegeben ist. Je schneller der Kurzschluß-Käfig rotiert, desto geringer also die Differenzgeschwindigkeit und desto langsamer bewegt sich das Drehfeld des Stators an den Leiterstäben vorbei, der Schlupf s nimmt ab. Entsprechend verringert sich die induzierte Spannung und damit auch der Strom in den Käfigleitern. Sobald Drehfeld und Käfig mit der selben Drehzahl rotieren, ist die Differenzgeschwindigkeit $\Omega_2 = \Omega_1 - \Omega_m = 0$. Weil hier keine Relativbewegung zwischen den Stäben des Kurzschluß-Käfigs und Magnetfeld besteht, wird keine Spannung induziert. Dieser Zustand wird als „synchroner Punkt" bezeichnet, weil $\Omega_1 = \Omega_m$ gilt, also eine synchrone Drehbewegung vorliegt. Bereits hier wird ersichtlich, daß ohne Induktionsspannung kein Strom im Käfig fließen kann, der – wie bei jeder Maschine – proportional zum Drehmoment ist. Dementsprechend kann im synchronen Punkt kein Drehmoment aufgebracht werden. Nur wenn eine asynchrone Bewegung stattfindet, d.h. der Rotor besitzt eine Relativgeschwindigkeit zum Drehfeld ($\Omega_m \neq \Omega_1$), entsteht eine Induktionsspannung, Strom und damit Drehmoment. Darin liegt der Name „Asynchronmaschine" begründet.

Die induzierte Spannung und damit der Strom in den Leiterstäben ist somit nicht nur abhängig von der Relativgeschwindigkeit, sondern auch von der Feldstärke. Weil das Luftspaltfeld jedoch eine sinusförmige Verteilung aufweist, ist die induzierte Spannung von der Position des Leiterstabes im Luftspaltfeld abhängig. Ein Leiterstab im Maximum des Feldes (Zeigerspitze) erfährt die maximale Induktion. Im Leiterstab auf der entgegengesetzten Seite (Zeigerende) wird eine Spannung des selben Betrages induziert, jedoch mit entgegengesetztem Vorzeichen, weil das Magnetfeld einen Richtungswechsel aufweist. Jene Leiterstäbe, die im rechten Winkel zum Feldzeiger positioniert sind erfahren keine Induktion, da sie sich im feldfreien Raum bewegen. Damit ergibt sich in einer Hälfte des Käfigs ein positiver Strom, in der anderen Hälfte ein negativer Strom, siehe Abb. 5.14. Dort sind die von den Ringsegmenten kurzgeschlossenen Leiterstäbe des Käfigs im Querschnitt dargestellt. Die Graufärbung der Leiterstäbe gibt die Höhe der induzierten Spannung an. Je dunkler die Färbung, desto höher die Spannung. Die weißen Leiterstäbe befinden sich im Bereich des Luftspaltes, in dem kein Feld auftritt, daher ist keine Induktion möglich. In der oberen Hälfte des Rotors treten die Feldlinien aus dem Rotor in den Luftspalt. Per Definition wird hier die Spannung als positiv festgelegt. In der unteren Hälfte treten die Feldlinien aus dem Luftspalt in den Rotor ein, daher wird eine Spannung in negativer Richtung induziert. Deutlicher lassen sich diese Verhältnisse am aufgeschnittenen und abgerollten Käfig visualisieren. Wird beim Käfig aus Abb. 5.12 beispielsweise an der Stelle $\varepsilon_0 = 0$ ein Schnitt angesetzt und der Käfig aufgeklappt, so ergibt sich Abb. 5.15. An den Leiterstäben sind die jeweiligen Spannungszeiger maßstäblich und vorzeichenrichtig aufgetragen. Erkennbar ist, daß diese eine Kosinusschwingung als Einhüllende besitzen. Die Bewegungsinduktion von bewegten Leiterstäben im sinusförmig verteilten Luftspaltfeld ergibt damit auch eine sinusförmig über den Käfigumfang verteilte Induktionsspannung (Annahme: parasitäre Induktivitäten sind vernachlässigt).

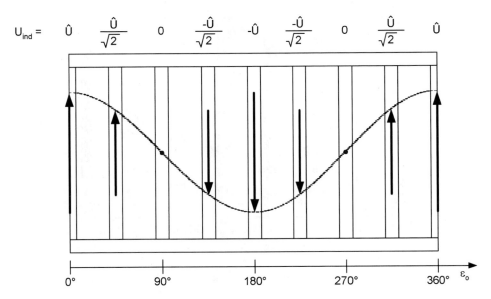

Abb. 5.15: *Sinusförmige Verteilung der induzierten Spannung in den Leiterstäben des aufgeschnittenen und abgerollten Käfigs.*

5.2.3 Stromaufbau im Rotor

Weil der Kurzschluß-Käfig Stromkreise aus Leiterstäben und Ringsegmenten bildet, ruft die induzierte Spannung einen Stromfluß im Rotor hervor. Maßgeblich für die maximal auftretende Stromamplitude und die zeitliche Entwicklung des Stromes ist dabei nicht nur die induzierte Spannung selbst, sondern vor allem auch der Widerstand und die Induktivität in den Stromkreisen des Käfigs.

Unter der Annahme, daß ein einzelner Leiterstab zwar keine Induktivität, jedoch einen nicht vernachlässigbaren elektrischen Widerstand aufweist, ist dieser (bei gegebener Spannung) für den entstehenden Induktionsstrom im Leiterstab verantwortlich. Gemäß dem ohmschen Gesetz ruft die induzierte Spannung einen Strom hervor, der zum Leitwert des Stabes und zur Induktionsspannung proportional ist. Wird nicht nur ein einzelner Stab betrachtet, sondern der Käfig als Ganzes, so ist erkennbar, daß die induzierten Ströme in Stromkreisen fließen, die aus mindestens zwei Leiterstäben und den zugehörigen Ringsegmenten bestehen. In Abb. 5.16 ist wiederum der abgerollte Käfig dargestellt. Eingetragen sind die Spannungszeiger als Pfeile. Die daraus resultierenden Ströme werden so wie auch in Abb. 5.14 durch die gleichen Grautöne symbolisiert. Dabei werden die induzierten Spannungen durch Stromflüsse ausgeglichen, die gemäß dem eingetragenen Strompfad über die Leiterstäbe und Ringsegmente verlaufen.

Der Stromkreis bildet daher eine Leiterschleife und weist somit eine parasitäre Induktivität auf. Dabei ist das Verhältnis induktiver zu ohmschem Widerstand entscheidend für den Phasenwinkel zwischen Spannung und Strom.

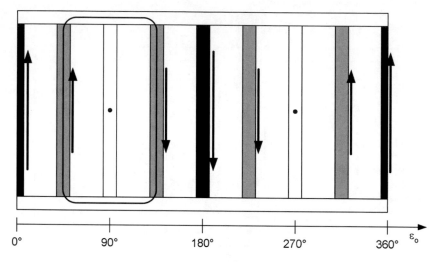

Abb. 5.16: *Stromfluss in den Leiterschleifen des aufgeschnittenen und abgerollten Käfigs.*

Solange das Verhalten der Maschine zunächst lediglich in der Nähe des synchronen Punktes betrachtet werden soll, können vereinfachend alle physikalisch vorhandenen Induktivitäten unberücksichtigt bleiben. Diese Vereinfachung ist zulässig, weil in der Nähe des synchronen Punktes die Frequenz der induzierten Spannung niedrig bleibt und induktive Widerstände gemäß der Wechselstromlehre folglich nur geringen Einfluss aufweisen.

Soll dagegen das Maschinenverhalten im gesamten Drehzahlbereich untersucht werden, so müssen die vorhandenen induktiven Widerstände durchaus Berücksichtung finden, weil hier Arbeitspunkte mit hohem Schlupf s und daher auch hoher Frequenz der induzierten Spannung mit betrachtet werden müssen. Mit steigender Frequenz der induzierten Spannung wächst auch der Einfluss der induktiven Widerstände an.

Obwohl die Eigeninduktivität der genannten Leiterschleifen nur gering ausfällt, ist dennoch induktives Verhalten im Rotor zu beobachten. Der Grund hierfür ist weniger die Eigeninduktivität der eingezeichneten Leiterschleife selbst, als vielmehr die magnetische Kopplung der Leiterschleife mit den Statorspulen, die – wie bei einem Transformator – zu einer Erhöhung der Induktivität führt. Folglich besteht eine Zeitverzögerung zwischen dem Aufbau der Induktionsspannung und dem Stromaufbau. Diese hängt ab vom Verhältnis zwischen Widerstand, der Induktivität und von der Winkelgeschwindigkeit der Induktionsspannung. Diese gleicht exakt der Differenzdrehzahl zwischen Luftspaltfeld und Rotor. Detaillierter wird darauf bei der Erklärung der stationären Kennlinie eingegangen. Der wesentliche Grundgedanke bezüglich des Stromaufbaus ist die Zeitverzögerung zwischen Spannung und Strom aufgrund der Induktivität, weil das die Größe des resultierenden Drehmomentes beeinflusst.

5.2.4 Entstehung des Drehmoments, stationäre Drehzahl-Drehmoment-Kennlinie

Wie bereits ausführlich beschrieben, verursacht eine asynchrone Drehbewegung von Statorfeld und Rotor durch Induktion eine Spannung im Kurzschluß-Käfig und damit auch einen Stromfluss im Rotor bzw. in den Leiterstäben des Käfigs. Aufgrund der Geometrie der Anordnung fließt dieser Strom senkrecht zu den Feldlinien des Drehfeldes. Hieraus resultiert, wie in Abschnitt 13.2.5.1 diskutiert, eine Lorentzkraft, die am Leiterstab angreift und ein Drehmoment entstehen läßt, welches den Rotor antreibt. Es ist offensichtlich, daß die Lorentzkraft und damit auch das Drehmoment der Maschine umso größer sind, je höher die Amplitude des Stroms im Leiterstab ist und je stärker das Magnetfeld an der Stelle ist, an der sich der Leiterstab befindet. Insgesamt ist festzuhalten, daß die induzierte Stromamplitude umso größer wird, je schneller sich der Leiterstab im Luftspaltfeld bewegt, also je höher die Differenz zwischen elektrischer Winkelgeschwindigkeit des speisenden Netzes Ω_1 (Winkelgeschwindigkeit des Luftspaltfeldes) und der mechanischen Winkelgeschwindigkeit des Rotors Ω_m ist. Drehen Rotor und Luftspaltfeld mit der selben Drehzahl, tritt keine Induktion auf, der Stromfluß im Käfig ist null, es entsteht keine Lorentzkraft und folglich auch kein Drehmoment. Wird Ω_1 als konstant und eingeprägt angenommen, so erhöht sich der induzierte Strom im Leiterstab linear mit dem Schlupf s, also mit einer Reduktion der mechanischen Winkelgeschwindigkeit. Damit ist ein Anstieg des Drehmomentes zu erwarten, wenn die Drehzahl der Maschine durch mechanische Belastung verringert wird. Dieses Verhalten gleicht demjenigen einer Gleichstromnebenschlußmaschine und ist an der stationären Drehzahl-Drehmoment-Kennlinie der ASM (Abb. 5.17) abzulesen. Am synchronen Punkt bringt die Maschine kein Drehmoment auf, mit anwachsendem Schlupf s steigt jedoch das Drehmoment erwartungsgemäß an.

Nachdem in den bisherigen Ausführungen die Induktivität im Rotor vernachlässigt wurde, konnte das Verhalten der Maschine nur in der Nähe des synchronen Punktes erklärt werden. Im Folgenden soll das induktive Verhalten mit in die Überlegungen einfließen, um das Verhalten der Maschine im gesamten Drehzahlbereich verstehen zu können. Im Gegensatz zur Gleichstromnebenschlußmaschine ist der Anstieg des Drehmomentes bei der Asynchronmaschine nämlich nicht beliebig fortsetzbar. Wird die Drehzahl des Rotors zu klein (und damit der Schlupf s zu groß), so reduziert sich das Drehmoment wieder. Das maximale Drehmoment, das die Maschine aufbringen kann, wird als Kippmoment M_K bezeichnet. Der Schlüssel für die Erklärung dieses Effektes ist die Verzögerung im Stromaufbau bzw. der mit steigender Frequenz ansteigende induktive Widerstand und damit der mit steigender Frequenz sich vergrößernde Phasenwinkel zwischen induzierter Spannung und resultierendem Strom. Dies bedeutet, daß mit steigender Differenzgeschwindigkeit zwar die induzierte Spannungsamplitude zunimmt. Wie in Abb. 5.15 dargestellt, wird die sinusförmige räumliche Verteilung der induzierten Spannung somit verbleiben und die Spannungsamplitude wird mit steigendem

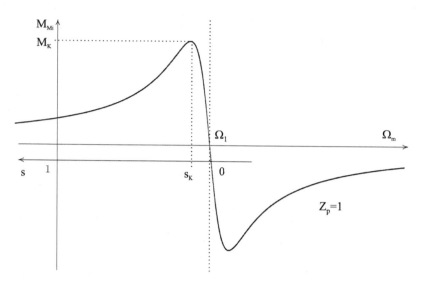

Abb. 5.17: *Stationäre Drehzahl-Drehmoment-Kennlinie einer Asynchronmaschine.*

Schlupf s zunehmen. Im Gegensatz zu Abb. 5.16 wird aber aufgrund der induktiven Phasenverschiebung φ des Stroms relativ zur Spannung nun nicht mehr der maximale Strom im Leiter mit der maximalen Spannung am Ort der maximalen magnetischen Feldstärke ($\varepsilon_0 = 0$ und 180) entstehen, sondern zu einer entsprechend $\varphi = \varepsilon_0$ „späteren" räumlichen Orientierung. Damit ist nachvollziehbar, daß das resultierende Drehmoment des Leiters mit der Orientierung $\varphi = \varepsilon_0$ aufgrund der dort geringeren magnetischen Feldstärke geringer ist.

Analog gilt, daß an der Orientierung $\varepsilon_0 = 0$ der Strom aufgrund der Phasenverschiebung noch nicht die maximale Amplitude erreicht hat und somit der Beitrag dieses Leiters zum Gesamtdrehmoment ebenfalls geringer ist. Somit sind diese Überlegungen in analoger Weise auf die sinusförmigen Verteilungen des magnetischen Feldes, der induzierten Spannung und des resultierenden Stroms zu übertragen.

Zu beachten ist weiterhin, daß der induktive Widerstand mit steigendem Schlupf s zunimmt und damit nicht nur ein Einfluß auf die Phasenverschiebung besteht, sondern auch auf die Stromamplitude, d.h. mit steigendem Schlupf nimmt die Stromamplitude ab. Mit diesen Überlegungen läßt sich prinzipiell der motorische Verlauf des Drehmoments erklären.

Aus Abb. 5.14 und Gl. 5.3 ist zu entnehmen, daß im positiven Flußmaximum auch die induzierte Rotorspannung dieses Leiters das Maximum hat. Der Rotorstrom ist aber aufgrund der Phasenverschiebung φ zwar positiv, hat aber nicht sein Maximum bei $\varepsilon_0 = 0$, sondern bei φ. Damit korrespondiert positives Flußmaximum mit geringem positiven Rotorstrom, Rotorstrommaximum mit geringem positiven Fluß. Ab dem Winkel $\varepsilon_0 = 90$ wird die Flußamplitude negativ, die Stromamplitude ist aber noch im Winkelbereich $\varepsilon_0 + \varphi$ positiv, das Drehmoment wird somit in diesem Bereich negativ, d.h. zu dem positiven Drehmoment im Bereich $\varepsilon_0 = \varphi$ bis $\varepsilon_0 = 90$ wird ein negatives Drehmoment im Bereich $\varepsilon_0 = 90$ bis $\varepsilon_0 = 90 + \varphi$ addiert, dies ist prinzipiell eine zweifache Drehmoment-Minderung.

Erst bei $s \to \infty$ wird $\varphi \to 90$ und das resultierende Drehmoment wird entsprechend Abb. 5.17 zu Null. Der symmetrische Verlauf des Drehmoments um den Punkt $s = 0$, d.h. im Bereich $s < 0$ ergibt sich aus den analogen Überlegungen bei der dann übersynchronen Drehzahl des Rotors (Generatorbetrieb).

5.2.5   Höhere Polpaarzahlen

Für die bisherigen Betrachtungen war die Polpaarzahl Z_p stillschweigend auf eins gesetzt worden, weil dadurch eine Vereinfachung in der Darstellung erreicht werden kann. Dabei geschieht bei $Z_p \neq 1$ keine prinzipielle Veränderung, die beschriebenen Effekte sind auch für höhere Polpaarzahlen zutreffend, bei $Z_p = 1$ kann jedoch das Grundprinzip plausibler dargestellt werden. Grundsätzlich hat die Polpaarzahl aber keinen Einfluss auf das Funktionsprinzip der Maschine. Auf die Vorgänge bei größeren Polpaarzahlen wird in diesem Abschnitt gesondert eingegangen.

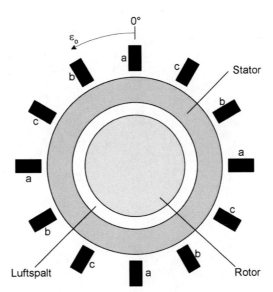

Abb. 5.18: *Anordnung der Statorspulen bei einer Drehfeldmaschine mit Polpaarzahl* $Z_p = 4$.

Wie aus Abb. 5.18 hervorgeht, enthält die beschriebene Maschine drei Spulen a, b und c. Obwohl es sich damit eigentlich um ein Spulen*triple* handelt, werden diese drei Spulen dennoch als Spulen*paar* bzw. als Pol*paar* bezeichnet. Die Namensgebung leitet sich von der Gleichstrommaschine ab. Um dort ein Erregerfeld zu erzeugen, wird an zwei gegenüberliegenden Polschuhen jeweils eine Spule angebracht. Maschinen mit höheren Polpaarzahlen enthalten entsprechend eine geradzahlige Menge von Spulen. Hierbei ist die Benennung Polpaar völlig zutreffend. Für die Definition der Polpaarzahl bei Asynchronmaschinen wurde eine Analogie zur Gleichstrommaschine gesucht. Nachdem bei der Gleichstrommaschine zwei Spulen, bzw. zwei Pole für ein Feld sorgen, und bei der Drehfeldmaschine drei Spulen, bzw. drei Pole, wurde diese erklärungsbedürftige Bezeichnung eingeführt.

Um das Drehmoment zu steigern, werden demnach Z_p mal drei Spulen im Stator verteilt, nicht nur einmal drei Spulen. Die Maschine enthält also insgesamt ein ganzzahliges Vielfaches von drei Spulen. Folglich ist die Polpaarzahl Z_p der Quotient aus der Anzahl der Statorspulen und drei. In Abb. 5.18 ist eine Maschine mit Polpaarzahl $Z_p = 4$ dargestellt. Im Luftspalt der Maschine ergibt sich ein Feld mit der Verteilung, die in Abb. 5.19 aufgetragen ist. Obwohl es nicht mehr nur ein Maximum gibt, sondern Z_p gleichartige Maxima, kann dennoch die mathematische Beschreibung des Feldes durch einen Zeiger beibehalten werden. Der Zeiger ist allerdings nicht mehr parallel zu den Feldlinien orientiert und verliert insofern seine physikalische Bedeutung.

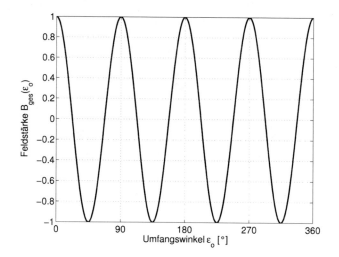

Abb. 5.19: *Verteilung des Luftspaltfeldes bei einer Drehfeldmaschine mit Polpaarzahl* $Z_p = 4$.

Pro Polpaar erhält das Luftspaltfeld eine volle Kosinusschwingung. Während dem Durchlauf einer elektrischen Periode bewegt sich die Welle nicht mehr über den gesamten Umfang, sondern lediglich über den Sektor, der von einem Polpaar (Spulentriple a, b und c) eingenommen wird. Deshalb entsteht auch hier ein Drehfeld, jedoch mit verminderter Rotationsfrequenz. Für $Z_p = 1$ bewegt sich die Welle des Luftspaltfeldes exakt eine Umdrehung über den Umfang, wenn eine elektrische Periode vergangen ist. Je höher die Polpaarzahl, desto enger liegen die Spulen beieinander und desto langsamer wandert das Luftspaltfeld.

Für $Z_p = 4$ beispielsweise bewältigt das Luftspaltfeld lediglich ein Viertel des Umfanges, wenn eine elektrische Periode vergangen ist. Um den vollen Umfang zu durchlaufen, werden demnach vier elektrische Perioden benötigt. Es kann damit allgemein zunächst $Z_p = 1$ angenommen werden und die Drehfeldgeschwindigkeit bestimmt werden. Anschließend wird diese mit dem Faktor $1/Z_p$ auf die richtige Geschwindigkeit skaliert, um beispielsweise die Drehzahl am synchronen Punkt zu ermitteln.

Insofern kann eine Erhöhung der Polpaarzahl auch als Einfügen einer Übersetzung $1/Z_p$ verstanden werden, was einer Verringerung der Drehzahl entspricht. Solange die Verluste in der Maschine unberücksichtigt bleiben dürfen, muss die eingespeiste elektrische Wirkleistung vollständig in mechanische Leistung umgesetzt werden. Weil die mechanische Rotationsfrequenz durch die Erhöhung der Polpaarzahl abgesenkt wurde und die mechanische Leistung zu

$$P_{mech} = \Omega_m \cdot M_{Mi} \tag{5.4}$$

ergibt, muss sich durch eine Erhöhung der Polpaarzahl folglich das Drehmoment erhöhen, damit die abgegebene Leistung unverändert bleibt.

5.3 Raumzeiger-Darstellung

Bei Dreiphasen–Systemen wird heute im allgemeinen die Raumzeiger-Darstellung verwendet. Diese Darstellung beruht auf dem Grundgedanken, daß bei einem Dreiphasensystem *ohne Nulleiter* die geometrische Summe der drei Signale einer Größe wie der Statorspannungen oder der Statorströme etc. sich zu Null ergeben. Dies bedeutet, bei Kenntnis zweier der drei Signale einer Größe kann das dritte Signal aufgrund der Nullbedingung berechnet werden, d.h. zur Beschreibung der Dreiphasen-Größen genügen jeweils zwei der Signale. Bei der Einführung der Raumzeiger-Darstellung wollen wir zur besonderen Vereinfachung diesen Sachverhalt annehmen. Wesentlich bei der folgenden Darstellung wird die Berücksichtigung **der zeitlichen und der räumlichen Zuordnung** der Signale sein, wie dies bereits ausführlich in Kap. 5.2 erfolgte.

Im Folgenden sollen als Einführung die grundsätzlichen Gedanken der Raumzeiger-Darstellung erläutert werden. Bei dieser Einführung wird – zur besonders einfachen ersten Darstellung – angenommen, das Dreiphasensystem sei symmetrisch, d.h. alle Größen haben die gleiche Amplitude und sind zueinander um jeweils 120° elektrisch phasenverschoben, d.h. es wird der stationäre Betriebszustand betrachtet; außerdem seien nur Signale mit der Grundschwingungsfrequenz vorhanden.

Eine allgemeine Darstellung der Raumzeiger ist in Kovács/Rácz [67] zu finden. Aus dieser allgemeinen Darstellung ist zu entnehmen, daß auch zeitveränderliche Signale die symmetrischen Wicklungen speisen können oder daß Oberschwingungen zu berücksichtigen sind; dies wird später genutzt.

5.3.1   Definition eines Raumzeigers

Für die Flussdichte B einer Drehfeldmaschine mit symmetrischer dreisträngiger Wicklung (a, b, c) sollen beispielsweise folgende Aussagen gelten:

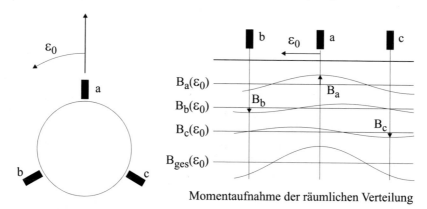

Abb. 5.20: *Verteilung des B-Feldes*

1. Es ist kein Nullstrom vorhanden, d.h. $\underline{I}_a(t) + \underline{I}_b(t) + \underline{I}_c(t) = 0$.

2. Jeder stromdurchflossene Wicklungsstrang erzeugt eine um den räumlichen Umfang sinusförmige B-Feld-Verteilung im Luftspalt (Grundwelle).

$$\underline{B}_{a,b,c}(t) = c_w \cdot \underline{I}_{a,b,c}(t) \qquad \text{mit} \quad c_w = \frac{2 \cdot w \cdot \xi}{\pi \cdot Z_p \cdot \delta''}$$

mit: w = Windungszahl aller Leiter in Reihe je Strang,
  ξ = Wicklungsfaktor (Grundwelle),
  δ'' = wirksamer Luftspalt der ASM,
  Z_p = Polpaarzahl.

(Durch den für alle drei Stränge gleichen Faktor c_w kommt die Symmetrie der Wicklungen zum Ausdruck.)

3. Die Überlagerung der Anteile aus allen drei Phasen führt zu einem wiederum sinusförmigen Gesamtfeld B_{ges} (siehe Kap. 5.2 und die folgenden Ableitungen).

Die Amplitude und die Phasenlage dieser räumlichen Welle am Umfang stellt man als komplexen Raumzeiger $\vec{B}$ dar.

Abbildung 5.20 zeigt eine Momentaufnahme der räumlichen Verteilung der magnetischen Felder der drei stromdurchflossenen verteilten Wicklungsstränge. Aus der Momentaufnahme ist zu erkennen, daß außer der räumlichen Verteilung auch die Zeit ein Parameter ist, der beachtet werden muß.

Für die Wicklungsachsen a, b und c gilt jeweils:

$$\underline{B}_a(t) \;=\; \hat{B} \cdot \cos(\Omega t) \tag{5.5}$$

$$\underline{B}_b(t) \;=\; \hat{B} \cdot \cos(\Omega t - 120°) \tag{5.6}$$

$$\underline{B}_c(t) \;=\; \hat{B} \cdot \cos(\Omega t - 240°) \tag{5.7}$$

d.h. in den Wicklungsachsen ist der zeitlich sinusförmige Verlauf zu erkennen. Weiterhin gilt:

$$\underline{B}_a(t) + \underline{B}_b(t) + \underline{B}_c(t) \;=\; 0 \tag{5.8}$$

d.h. die Summe der zeitlichen Größen in den drei Wicklungsachsen ergibt sich zu Null.

In Abb. 5.20 wurden die Zeitpunkte $t = nT$ (mit $n = 0, 1, 2, 3, \ldots$) gewählt. Für diese Zeitpunkte ergibt sich mit $\hat{B} = 1$:

$$\underline{B}_a(t = nT) \;=\; 1\,; \quad \underline{B}_b(t = nT) \;=\; -0{,}5\,; \quad \underline{B}_c(t = nT) \;=\; -0{,}5 \tag{5.9}$$

Wenn nun die magnetischen Felder in der räumlichen Verteilung betrachtet werden, dann gilt:

$$B_a(t, \varepsilon_0) \;=\; \underline{B}_a(t) \cdot \cos(\varepsilon_0) \qquad\quad = \Re\{\underline{B}_a(t) \cdot e^{j\varepsilon_0}\} \tag{5.10}$$

$$B_b(t, \varepsilon_0) \;=\; \underline{B}_b(t) \cdot \cos(\varepsilon_0 - 120°) = \Re\{\underline{B}_b(t) \cdot e^{j\varepsilon_0} \cdot e^{-j120°}\} \tag{5.11}$$

$$B_c(t, \varepsilon_0) \;=\; \underline{B}_c(t) \cdot \cos(\varepsilon_0 - 240°) = \Re\{\underline{B}_c(t) \cdot e^{j\varepsilon_0} \cdot e^{-j240°}\} \tag{5.12}$$

Wenn wiederum das jeweilige magnetische Feld in seiner Wicklungsachse betrachtet wird, dann ergeben sich die bereits ermittelten Amplituden

$$B_a(\varepsilon_0 = 0) = 1\,; \quad B_b(\varepsilon_0 = 120°) = -0{,}5\,; \quad B_c(\varepsilon_0 = 240°) = -0{,}5 \tag{5.13}$$

Aus Abb. 5.20 ist weiterhin zu erkennen, daß die räumliche Verteilung mit den für die jeweilige Wicklungsachse oben errechneten zeitlichen Amplituden zu einer resultierenden räumlichen Verteilung des magnetischen Feldes mit B_{ges} als resultierende Größe führt. Zur Errechnung dieser räumlichen Verteilung bzw. des komplexen Raumzeigers $\vec{B}$ wird folgende Rechenoperation nach Kovács/Rácz [67] vorgeschlagen:

$$\vec{B} \;=\; \frac{2}{3} \cdot (\underline{B}_a + \underline{a} \cdot \underline{B}_b + \underline{a}^2 \cdot \underline{B}_c) \tag{5.14}$$

Die Größen $\underline{a}$ und $\underline{a}^2$ sind komplexe Drehoperatoren mit

$$\underline{a} \;=\; e^{j120°} \;=\; -\frac{1}{2} + j\frac{\sqrt{3}}{2} \tag{5.15}$$

$$\underline{a}^2 \;=\; e^{j240°} \;=\; e^{-j120°} \;=\; -\frac{1}{2} - j\frac{\sqrt{3}}{2} \tag{5.16}$$

Die Rechenvorschrift in [67] für den Raumzeiger fordert somit, die a-, b- und c–Komponenten von B in der Wicklungsachse a (d.h. $\varepsilon_0 = 0$) zu addieren (siehe Abb. 5.20) und damit die räumliche Anordnung der Wicklungen zu berücksichtigen.

Wenn wir also in Abb. 5.20 beispielsweise die bei $\varepsilon_0 = 0$ resultierende Amplitude von $B_{ges}(\varepsilon_0 = 0)$ errechnen und Gl. (5.14) anwenden, dann ergibt sich:

$$\vec{B}(t, \varepsilon_0 = 0) \;=\; \frac{2}{3} \cdot \hat{B} \cdot \left(\cos(\Omega t) + \cos(\Omega t - 120°) \cdot \underline{a} + \cos(\Omega t - 240°) \cdot \underline{a}^2 \right) \quad (5.17)$$

Die jeweiligen Terme können wie folgt umgeformt werden:

$$\cos(\Omega t - 120°) \cdot \underline{a} \;=\; \cos(\Omega t - 120°) \cdot (\cos 120° + j \sin 120°) \quad (5.18)$$

$$=\; \cos(\Omega t - 120°) \cdot (-\frac{1}{2} + j\,\frac{\sqrt{3}}{2})$$

$$\cos(\Omega t - 240°) \cdot \underline{a}^2 \;=\; \cos(\Omega t - 240°) \cdot (\cos 240° + j \sin 240°) \quad (5.19)$$

$$=\; \cos(\Omega t - 240°) \cdot (-\frac{1}{2} - j\,\frac{\sqrt{3}}{2})$$

Nach kurzer Rechnung ergibt sich:

$$\vec{B}(t, \varepsilon_0 = 0) \;=\; \frac{2}{3} \cdot \hat{B} \cdot \left(\frac{3}{2} \cdot \cos(\Omega t) + j\frac{3}{2} \cdot \sin(\Omega t) \right) \;=\; \hat{B} \cdot e^{j\Omega t} \quad (5.20)$$

bzw. $\quad \vec{B}(t, \varepsilon_0) \;=\; \hat{B} \cdot e^{j\Omega t} \cdot e^{j\varepsilon_0}$ \hfill (5.21)

Die obige Berechnungsvorschrift des Raumzeigers $\vec{B}$ bedeutet somit, daß ausgehend von dem zeitlichen Amplitudenwert der jeweiligen Wicklung als erstem Schritt, in einem zweiten Schritt die sich daraus ergebenden Amplitudenwerte in der gewählten räumlichen Lage addiert werden.

Dies bedeutet, daß sich durch die Definition des Raumzeigers entsprechend Gl. (5.14) am Ort $\varepsilon_0 = 0$ ein sinusförmiges Signal mit der Amplitude entsprechend dem Spitzenwert des magnetischen Feldes der Phasen a, b und c ergibt. Der Raumzeiger $\vec{B}$ hat somit dieselbe Amplitude wie die Phasengrößen und stimmt in der Phasenlage mit Phase a überein (siehe auch Kap. 5.3.3: Koordinatensysteme).

Die verwendete Definition des Raumzeigers $\vec{B}$ nach Gl. (5.14) kann anhand von Abb. 5.20 und Gl. (5.10) bis (5.12) überprüft werden. Wenn in diesen Gleichungen beispielsweise der Zeitpunkt $t = nT$ ($n = 0, 1, 2, \dots$) und $\varepsilon_0 = 0$ gesetzt wird, dann ergeben sich die folgenden Werte:

$$B_a(t = nT, \varepsilon_0 = 0) \;=\; 1 \quad (5.22)$$

$$B_b(t = nT, \varepsilon_0 = 0) \;=\; -0,5 \cdot (-0,5) \;=\; 0,25 \quad (5.23)$$

$$B_c(t = nT, \varepsilon_0 = 0) \;=\; -0,5 \cdot (-0,5) \;=\; 0,25 \quad (5.24)$$

Dies sind die Werte von B_i bei $\varepsilon_0 = 0$ zum Zeitpunkt $t = nT$ in Abb. 5.20. Die Überlegung ergibt $B_{ges}(t = nT,\ \varepsilon_0 = 0) = 1,5$ in Abb. 5.20. In gleicher Vorgehensweise kann an jedem anderen Ort der resultierende Wert von B_{ges} berechnet werden. Wenn nun zusätzlich die Definition des Raumzeigers und die hier verwendeten Spitzenwerte beachtet werden, dann gilt:

$$\vec{B} = \frac{2}{3} \cdot \frac{3}{2} \cdot \hat{B}(t, \varepsilon_0) \tag{5.25}$$

Analog zum Magnetfeld definiert man für alle elektrischen Größen wie die Spannung des Stators U_1, die Spannung des Rotors U_2, die Ströme I_1 und I_2, die Flüsse Ψ_1 und Ψ_2 der dreiphasigen Systeme entsprechende Raumzeiger $\vec{U}_1$, $\vec{U}_2$, $\vec{I}_1$, $\vec{I}_2$, $\vec{\Psi}_1$ und $\vec{\Psi}_2$. Diese Raumzeiger sind komplexe Rechengrößen und stellen das dreiphasige System in einem kartesischen System dar.

Die realen dreiphasigen Wicklungssysteme werden damit durch zweiphasige Wicklungssysteme, die aus zwei senkrecht zueinander stehenden Wicklungen bestehen, ersetzt (Abb. 5.22).

Damit ist der Rechnungsweg für den Raumzeiger bekannt. Zur Bestimmung des Real- und Imaginärteils gilt:

$$\vec{B} = B_\alpha + j\, B_\beta \tag{5.26}$$

$$B_\alpha = \Re e\{\vec{B}\} \tag{5.27}$$

$$B_\beta = \Im m\{\vec{B}\} \tag{5.28}$$

Entsprechend den Signalen mit der Grundfrequenz können auch die Harmonischen berücksichtigt werden; allerdings ist die Umlaufgeschwindigkeit entsprechend der Ordnungszahl der Harmonischen erhöht [67].

Dies bedeutet, es sind ein Raumzeigersystem mit der Grundfrequenz und jeweils weitere Raumzeigersysteme mit der jeweiligen Ordnungszahl der Harmonischen vorhanden; dies kann beispielsweise bei umrichterbetriebenen Asynchronmaschinen von Bedeutung sein.

Bei den bisherigen Überlegungen war immer vorausgesetzt worden, daß $\underline{B}_a(t) + \underline{B}_b(t) + \underline{B}_c(t) = 0$ ist, d.h. daß das Wicklungssystem im Stern geschaltet ist und kein Nulleiter vorhanden ist. Zu beachten ist jedoch, daß bei Dreieckschaltung der Wicklungen sich Nullkomponenten und $3n$-fach Harmonische (beispielsweise aufgrund der nichtlinearen Magnetisierungskennlinie) ausbilden können, die zu berücksichtigen sind [67].

In prinzipiell gleicher Weise können auch unsymmetrische Dreiphasensysteme oder Dreiphasensysteme mit Nullkomponenten behandelt werden.

5.3.2   Rücktransformation auf Momentanwerte

Will man umgekehrt die Momentanwerte der Phasengrößen aus der Raumzeiger-
darstellung gewinnen, so ist dies für die Phase a besonders einfach.

Wenn mit dem Index α der Real- und mit dem Index β der Imaginärteil
bezeichnet wird, dann sieht man aus

$$\vec{B} = \hat{B} \cdot e^{j\Omega t} = B_\alpha + j \cdot B_\beta \tag{5.29}$$

und

$$\underline{B}_a = \hat{B} \cdot \cos \Omega t = \Re e \left\{ \hat{B} \cdot e^{j\Omega t} \right\} \tag{5.30}$$

daß

$$\underline{B}_a = \Re e \left\{ \vec{B} \right\} = B_\alpha \tag{5.31}$$

ist. Für die beiden anderen Phasen gilt mit $\underline{B}_a(t) + \underline{B}_b(t) + \underline{B}_c(t) = 0$

$$\underline{B}_b = \Re e\{\vec{B} \cdot \underline{a}^{-1}\} = \frac{1}{2} \cdot \left(\sqrt{3} \cdot B_\beta - B_\alpha \right) \tag{5.32}$$

$$\underline{B}_c = \Re e\{\vec{B} \cdot \underline{a}^{-2}\} = \frac{1}{2} \cdot \left(-\sqrt{3} \cdot B_\beta - B_\alpha \right) = -\underline{B}_a - \underline{B}_b \tag{5.33}$$

5.3.3   Koordinatensysteme

Bei den bisherigen Betrachtungen war das α-β-Koordinatensystem fest mit dem
Stator-Wicklungssystem der Drehfeldmaschine verbunden, wobei die α-Achse des
Raumzeigersystems mit der a-Achse des dreiphasigen Stator-Wicklungssystems
zusammenfiel. Da dieses dreiphasige Wicklungssystem raumfest ist, ist das α-β-
Koordinatensystem ebenso raumfest und wird das raumfeste Stator-Koordinaten-
system S (α-β–Komponenten, S–System) genannt. Der B-Raumzeiger in diesem
Koordinatensystem wird mit $\vec{B}^S$ gekennzeichnet.

In prinzipiell gleicher Weise ist es möglich, ein Koordinatensystem L fest mit
dem dreiphasigen Wicklungssystem des Rotors L zu verbinden, d.h. das rotorfeste
Koordinatensystem L mit den Komponenten k und l ist am dreiphasigen Rotor-
Wicklungssystem zu orientieren, wobei die k-Achse wiederum mit der a-Achse
des dreiphasigen Rotor-Wicklungssystem zusammenfällt. Der B-Raumzeiger in
diesem Koordinatensystem wird mit $\vec{B}^L$ gekennzeichnet.

Zu beachten ist in diesem Fall, daß der Rotor L im allgemeinen eine mechanische Winkelgeschwindigkeit Ω_m und somit eine elektrische Winkelgeschwindigkeit $\Omega_L = Z_p \Omega_m$ (Z_p = Polpaarzahl der elektrischen Maschine) hat. Dies bedeutet, das rotorfeste Koordinatensystem L ist nicht raumfest, sondern rotorfest
und dreht sich relativ zum statorfesten Koordinatensystem S mit Ω_L. Allerdings
gilt $\Omega_1 = \Omega_L + \Omega_2$ mit Ω_2 als der Winkelgeschwindigkeit, resultierend aus der
Differenz-Kreisfrequenz zwischen Ω_1 und Ω_L (Induktion).

Ein weiteres Koordinatensystem ist das Koordinatensystem K (A-B-Komponenten), welches an beliebig auszuwählenden Größen wie beispielsweise dem Statorfluß, dem Luftspaltfluß oder dem Rotorfluß orientiert werden kann. Der B-Raumzeiger in diesem Koordinatensystem ist mit $\vec{B}^K$ gekennzeichnet.

Abbildung 5.21 zeigt die Beziehungen zwischen verschiedenen Koordinatensystemen und dem Raumzeiger des Statorstroms $\vec{I}_1$.

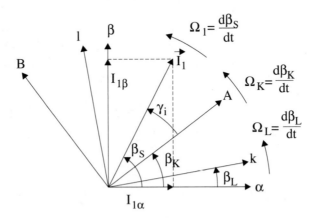

α, β :   statorfestes Koordinatensystem (Index S)
k, l :   rotorfestes Koordinatensystem (Index L)
A, B :   allgemeines Koordinatensystem (Index K)

Abb. 5.21: *Koordinatensysteme und Raumzeiger*

Aus Abb. 5.21 ist zu erkennen, daß der Raumzeiger $\vec{I}_1$ den Winkel β_S zur reellen Achse des Koordinatensystems S hat. Es gilt somit:

$$\vec{I}_1^S = \vec{I}_1 \cdot e^{j\beta_S} \quad \text{mit} \quad I_{1\alpha} = \hat{I}_1 \cdot \cos\beta_S; \ I_{1\beta} = \hat{I}_1 \cdot \sin\beta_S \tag{5.34}$$

d.h. die Position bzw. der Winkel β_S des Raumzeigers $\vec{I}_1$ ist zeitvariant und die Amplitude kann zeitvariant sein, da

$$\Omega_1 = \frac{d\beta_S}{dt} \quad \text{bzw.} \quad \beta_S = \int \Omega_1 \, dt \tag{5.35}$$

In gleicher Weise gilt:

$$\vec{I}_1^L = \vec{I}_1 \cdot e^{j(\beta_S - \beta_L)} \tag{5.36}$$

Aus Abb. 5.21 geht weiter hervor, daß zwischen dem S–System und dem L–System der Winkel β_L und zwischen dem S–System und dem K–System der Winkel β_K besteht.

Die Umrechnung der Raumzeiger in die verschiedenen Koordinatensysteme erfolgt beispielsweise durch Einsetzen von Gl. (5.34) in Gl. (5.36):

$$\vec{I}_1^{'L} \; = \; \vec{I}_1 \cdot e^{j(\beta_S - \beta_L)} \; = \; \vec{I}_1 \cdot e^{j\beta_S} \cdot e^{-j\beta_L} \; = \; \vec{I}_1^{'S} \cdot e^{-j\beta_L} \tag{5.37}$$

bzw. $\quad \vec{I}_1^{'S} \; = \; \vec{I}_1^{'L} \cdot e^{j\beta_L}$ \hfill (5.38)

oder $\quad \vec{I}_1^{'K} \; = \; \vec{I}_1^{'S} \cdot e^{-j\beta_K} \quad$ bzw. $\quad \vec{I}_1^{'S} \; = \; \vec{I}_1^{'K} \cdot e^{j\beta_K}$ \hfill (5.39)

Entsprechend erfolgt die Umrechnung zwischen dem K– und dem L–System mit dem Differenzwinkel $(\beta_K - \beta_L)$, zwischen dem S– und dem L–System mit dem Winkel β_L oder zwischen dem S– und dem K–System mit dem Winkel β_K.

$$
\begin{aligned}
\text{S} \to \text{K—System:} \quad & \vec{I}_1^{'K} \; = \; I_{1A} + jI_{1B} \; = \; \vec{I}_1^{'S} \cdot e^{-j\beta_K} \\[1mm]
\text{L} \to \text{K—System:} \quad & \vec{I}_1^{'K} \; = \; I_{1A} + jI_{1B} \; = \; \vec{I}_1^{'L} \cdot e^{-j\beta_K + j\beta_L} \\[1mm]
\text{K} \to \text{S—System:} \quad & \vec{I}_1^{'S} \; = \; I_{1\alpha} + jI_{1\beta} \; = \; \vec{I}_1^{'K} \cdot e^{j\beta_K} \\[1mm]
\text{K} \to \text{L—System:} \quad & \vec{I}_1^{'L} \; = \; I_{1k} + jI_{1l} \; = \; \vec{I}_1^{'K} \cdot e^{j\beta_K - j\beta_L}
\end{aligned}
\tag{5.40}
$$

Die geeignete Wahl des Koordinatensystems wird bei der Ableitung der Signalflußpläne einen wesentlichen Einfluß auf deren Komplexität haben.

In Abb. 5.21 und in Gl. (5.35) wurde der Zusammenhang zwischen den Winkeln β und den zugehörigen Kreisfrequenzen Ω_K angegeben. Beispielsweise sei die Kreisfrequenz von $\vec{I}_1^{'S}$ gleich Ω_1 und die elektrische Kreisfrequenz von $\vec{I}_1^{'L}$ gleich $\Omega_L = Z_p \, \Omega_m$ (Ω_m = mechanische Kreisfrequenz).

Wie später noch ausführlich abgeleitet wird und wie bereits im Einführungskapitel 5.1 betont wurde, ist die Asynchronmaschine eine Induktionsmaschine. Das bedeutet, daß zwischen der stationären Statorfrequenz Ω_1 und der elektrischen Rotor-Kreisfrequenz Ω_L eine Differenz-Kreisfrequenz Ω_2 besteht.

Aufgrund dieser Differenz-Kreisfrequenz Ω_2 (auch Schlupffrequenz genannt) erfolgt eine Änderung der Flußverkettung von Stator und Rotor, d.h. die Spannungen und Ströme im Rotor haben diese Differenz-Kreisfrequenz Ω_2.

Dies bedeutet letztendlich, daß es bei der Asynchronmaschine eine Stator-Kreisfrequenz Ω_1, eine elektrische Rotor-Kreisfrequenz Ω_L, eine Kreisfrequenz Ω_2 der Rotorsignale gibt, und es gilt:

$$\Omega_1 \; = \; \Omega_L + \Omega_2 \; = \; Z_p \cdot \Omega_m + \Omega_2 \tag{5.41}$$

Damit ergibt sich als insgesamt elektrisch wirksam werdende Kreisfrequenz des Rotors die Summe von $\Omega_L + \Omega_2$, die der Stator-Kreisfrequenz Ω_1 entspricht. Die gleichen Überlegungen gelten für das Koordinatensystem K. Aufgrund des Zusammenwirkens der mechanischen Bewegung und der Kreisfrequenz der elektrischen Signale läßt sich somit ein gemeinsames Gleichungssystem und ein Signalflußplan des Gesamtsystems entwickeln.

5.3.4   Differentiation im umlaufenden Koordinatensystem

Die Statorspannungsgleichung für die Phase a einer Drehfeldmaschine hat die Form:

$$\underline{U}_{1a} = R_1 \cdot \underline{I}_{1a} + \frac{d\underline{\Psi}_{1a}}{dt} \tag{5.42}$$

In Raumzeiger–Darstellung gilt analog:

$$\vec{U}_1^S = R_1 \cdot \vec{I}_1^S + \frac{d\vec{\Psi}_1^S}{dt} \tag{5.43}$$

Bei der Transformation in ein umlaufendes Koordinatensystem K muß die Zeitabhängigkeit des Raumzeigers berücksichtigt werden, d.h. die Amplitude kann zeitvariant sein und die Zeigerposition ist immer zeitvariant:

$$\vec{U}_1^S \cdot e^{-j\beta_K} = R_1 \cdot \vec{I}_1^S \cdot e^{-j\beta_K} + \frac{d\left(\overbrace{\left(\vec{\Psi}_1^S \cdot e^{-j\beta_K}\right)}^{\vec{\Psi}_1^K} \cdot e^{+j\beta_K}\right)}{dt} \cdot e^{-j\beta_K} \tag{5.44}$$

$$\vec{U}_1^K = R_1 \cdot \vec{I}_1^K$$

$$\text{Produktregel:} \quad \left\{ \begin{array}{l} + \dfrac{d\vec{\Psi}_1^K}{dt} \cdot e^{+j\beta_K} \cdot e^{-j\beta_K} \\[2mm] + j \cdot \vec{\Psi}_1^K \cdot \dfrac{d\beta_K}{dt} \cdot e^{+j\beta_K} \cdot e^{-j\beta_K} \end{array} \right. \tag{5.45}$$

$$\vec{U}_1^K = R_1 \cdot \vec{I}_1^K + \frac{d\vec{\Psi}_1^K}{dt} + j \cdot \vec{\Psi}_1^K \cdot \Omega_K \tag{5.46}$$

$$\text{mit} \quad \Omega_K = \frac{d\beta_K}{dt} \tag{5.47}$$

Bei der Differentiation von Raumzeigern muß somit sowohl die im allgemeinen zeitvariante Amplitude als auch die zeitvariante Orientierung berücksichtigt werden.

5.4   Schleifringläufermaschine

Die Schleifringläufermaschine hat ein dreiphasiges Wicklungssystem im Stator und ein dreiphasiges Wicklungssystem im Rotor, die Anschlusspunkte der Rotorwicklungen werden zu den Schleifringen nach außen geführt. Die Statorwicklungen werden allgemein direkt vom Netz eingespeist, es erfolgt außerdem eine Einspeisung der Rotorwicklung über die Schleifringe. Die Schleifringläufermaschine ist daher eine doppelt gespeiste Maschine, die beispielsweise bei der untersynchronen Kaskade für Pumpenantrieben eingesetzt wurden. Die Statorwicklungen sind bei der USK direkt am Netz angeschlossen. Wenn die Rotorwicklungen offen sind nimmt die USK nur den Magnetisierungsstrom vom Netz auf. Bei der USK werden die Rotorwicklungen über die Schleifringe an eine Diodenbrücke angeschlossen, die ihrerseits mit einer Thyristorbrücke verbunden ist. Durch Verstellung der Steuerwinkel der Thyristorbrücke konnte der Gleichstrom im Zwischenkreis und damit in den Rotorwicklungen und so das Drehmoment eingestellt werden. Dieser Antrieb wurde bei Pumpenantrieben eingesetzt, da die zu installierende Leistung im Rotorkreis klein gegenüber der Pumpenleistung ist, wenn die USK an der Nähe des Synchronpunkts arbeitet. Ausführlichere Informationen sind in [102], Kapitel 4 zusammengestellt.

Bei den folgenden Darstellungen der regelungstechnischen Modellbildung sind die Randbedingungen:

- die Sättigung der magnetischen Kreise wird vernachlässigt, die Magnetisierungskennlinie sei linear,

- die verteilten Wicklungen werden durch konzentrierte Wicklungen ersetzt,

- alle räumlich verteilten Größen haben einen sinusförmigen Verlauf über dem Umfang des Luftspaltes (z.B. Flußdichte),

- Eisenverluste und Stromverdrängung werden vernachlässigt, ebenso Reibungs- und Lüftermomente,

- die Widerstände und Induktivitäten sind temperaturunabhängig,

- Rotorgrößen sind auf den Stator umgerechnet.

Bei der Ableitung der Signalflusspläne wird das Raumzeiger-Verfahren verwendet. Den konstruktiven Aufbau der Schleifringläufermaschine zeigt Abbildung 5.22.a.

Folgende Indizes werden vereinbart:

oberer Index: S   Raumzeiger im statorfesten Koordinatensystem

                  L   Raumzeiger im rotorfesten Koordinatensystem

                  K   Raumzeiger in einem beliebig umlaufenden Koordinatensystem

unterer Index: 1   Statorgröße

                  2   Rotorgröße

Komponenten der Raumzeiger im jeweiligen System:

α :   Realteil $\Big\}$ im statorfesten Koordinatensystem
β :   Imaginärteil

A :   Realteil $\Big\}$ in einem beliebig umlaufenden Koordinatensystem
B :   Imaginärteil

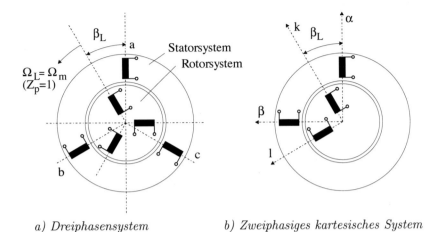

a) Dreiphasensystem   *b) Zweiphasiges kartesisches System*

Abb. 5.22: *Mechanischer Aufbau der Asynchronmaschine*

Die Ableitung der Gleichungen erfolgt entsprechend der Dissertation Hasse [383]. In den folgenden Ableitungen soll die Schleifringläufermaschine immer in der zweiphasigen kartesischen Darstellung vorausgesetzt werden (Abb. 5.22.b).

Spannungsgleichungen:
Ausgangspunkt der Modellbildung sind die **Spannungs-Differential-gleichungen** der Schleifringläufermaschine für Stator- und Rotorkreis:

$$\vec{U}_1^S \;=\; R_1 \cdot \vec{I}_1^S + \frac{d\vec{\Psi}_1^S}{dt} \qquad \text{(Statorkreis)} \tag{5.48}$$

$$\vec{U}_2^L \;=\; R_2 \cdot \vec{I}_2^L + \frac{d\vec{\Psi}_2^L}{dt} \qquad \text{(Rotorkreis)} \tag{5.49}$$

Bei der Schleifringläufermaschine sollen beide Wicklungssysteme erregt werden, d.h. beide versorgenden Spannungssysteme werden im jeweiligen Wicklungssystem Ströme erzwingen. Diese Ströme erzeugen auf der Stator- und der Rotorseite Flüsse. Bei Kurzschlußläufermaschinen ist $\vec{U}_2^L = 0$, bei Schleifringläufermaschinen kann $\vec{U}_2^L$ oder $\vec{I}_2^L$ eingeprägt werden.

Bei den obigen Spannungs-Differentialgleichungen muß beachtet werden, daß sie in ihrem jeweiligen eigenen Koordinatensystem gültig sind, d.h. zum Beispiel der Fluß $\vec{\Psi}_1^S$ ist im S–System dargestellt. Wie aber bereits oben hingewiesen, erzeugen die stromdurchflossenen Stator- und Rotorwicklungen Flüsse, die sich überlagern, d.h. in $\vec{\Psi}_1^S$ ist ein Stator- und ein Rotoranteil enthalten (Flußverkettung).

Bei den Gleichungen der Flußverkettung muß beachtet werden, daß – bedingt durch die **Schlupffrequenz** – die je zwei senkrecht zueinander angeordneten Wicklungen des Stators und des Rotors eine zeitvariante Winkellage zueinander haben. Der zeitvariante Winkel zwischen der Winkellage des

Stator-Koordinatensystems und der Winkellage des Rotor-Koordinatensystems ist β_L (Abb. 5.21). Dies bedeutet, daß die resultierende Gegeninduktivität mit β_L zeitvariant ist.

Flußverkettungsgleichungen:

$$\vec{\Psi}_1^S \;=\; L_1 \cdot \vec{I}_1^S + M \cdot e^{j\beta_L} \cdot \vec{I}_2^L \tag{5.50}$$

$$\vec{\Psi}_2^L \;=\; M \cdot e^{-j\beta_L} \cdot \vec{I}_1^S + L_2 \cdot \vec{I}_2^L \tag{5.51}$$

L_1:   Eigeninduktivität der Statorwicklung
L_2:   Eigeninduktivität der Rotorwicklung
M: maximale Gegeninduktivität zwischen Stator und Rotor
β_L: Winkel zwischen stator- und rotorfestem Koordinatensystem
$M \cdot e^{\pm j\beta_L}$:   zeitvariante Gegeninduktivität

Das **Luftspaltmoment** ergibt sich zu (vgl. auch Kap. 5.2.4):

$$M_{Mi} \;=\; \frac{3}{2} \cdot Z_p \cdot \Im m\{\vec{\Psi}_1^{*S} \cdot \vec{I}_1^S\} \;=\; -\frac{3}{2} \cdot Z_p \cdot \Im m\{\vec{\Psi}_2^{*L} \cdot \vec{I}_2^L\} \tag{5.52}$$

Z_p: Polpaarzahl; $Z_p = \Omega_0/\Omega_m$; $\Omega_0 = \Omega_{syn}$
*:   konjugiert komplexer Raumzeiger

Die Beschleunigung des Rotors wird durch die **Bewegungs-Differential-gleichung** beschrieben:

$$\Theta \cdot \frac{d\Omega_m}{dt} = M_{Mi} - M_W \tag{5.53}$$

Ω_m: mechanische Winkelgeschwindigkeit des Rotors
Ω_{el}:   elektrische Winkelgeschwindigkeit des Rotors

$$\Omega_m \;=\; \frac{\Omega_{el}}{Z_p}; \qquad \Omega_m = 2\pi \cdot N \tag{5.54}$$

$$\Omega_{el} \;=\; \Omega_L = \frac{d\beta_L}{dt} \tag{5.55}$$

Bisher sind alle Gleichungen in ihrem eigenen Koordinatensystem dargestellt worden. Das Ziel ist, für beide Varianten - ausgehend vom Signalflussplan der Schleifringläufermaschine - einen Signalflußplan zu erarbeiten. Dazu müssen die Gleichungen in ein gemeinsames Koordinatensystem transformiert werden. Wenn beispielsweise der Signalflußplan im statorfesten Koordinatensystem gewünscht ist, dann sind die Größen im L–System auf das statorfeste System S umzurechnen. Analog müssen, wenn ein rotorfestes Koordinatensystem als Zielsystem gewünscht wird, die Größen im S–System auf das rotorfeste System L umgerechnet werden.

Bei der Schleifringläufermaschine muß beachtet werden, daß der Winkel β_L zeitvariant ist.

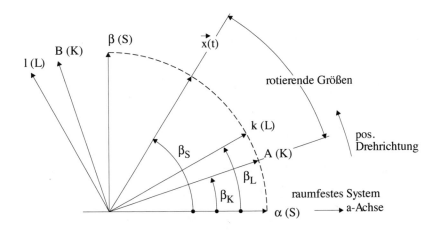

Abb. 5.23: *Transformation in ein gemeinsames Koordinatensystem*

Das weitere Vorgehen – die Transformation in ein gemeinsames Koordinatensystem – wird anhand von Kap. 5.3.3 und Abb. 5.23 abgeleitet.

Transformation:

$$\vec{x}^S(t) = \vec{x}^L(t) \cdot e^{j\beta_L}$$ rotor- auf statorseitiges Koordinatensystem

$$\vec{x}^L(t) = \vec{x}^S(t) \cdot e^{-j\beta_L}$$ stator- auf rotorseitiges Koordinatensystem

$$\vec{x}^S(t) = \vec{x}^K(t) \cdot e^{j\beta_K}$$ beliebiges auf statorseitiges Koordinatensystem

$$\vec{x}^L(t) = \vec{x}^K(t) \cdot e^{j(\beta_K - -\beta_L)}$$ beliebiges auf rotorseitiges Koordinatensystem

Mit diesen Transformationsgleichungen können beispielsweise nun **die Größen im L–System auf das S–System umgerechnet werden**:
Es galt die Spannungsgleichung

$$\vec{U}_1^S \;=\; R_1 \cdot \vec{I}_1^S + \frac{d\vec{\Psi}_1^S}{dt} \tag{5.56}$$

und die Flußverkettungsgleichung:

$$\vec{\Psi}_1^S \;=\; L_1 \cdot \vec{I}_1^S + M \cdot e^{j\beta_L} \cdot \vec{I}_2^L \tag{5.57}$$

Zu beachten ist somit, daß in Gl. (5.57) die resultierende Gegeninduktivität $M_{res} = M \cdot e^{j\beta_L}$ ist, wobei $\beta_L = \int \Omega_L dt$ eine Zeitfunktion ist. Der resultierende Flußanteil des Rotors $M \cdot e^{j\beta_L} \cdot \vec{I}_2^L$ wird bei der Transformation auf das statorfeste System zu $M \cdot \vec{I}_2^S$ umgewandelt, da mit der bekannten Transformationsbeziehung

$$\vec{I}_2^L \;=\; \vec{I}_2^S \cdot e^{-j\beta_L} \tag{5.58}$$

sich der Einfluß der zeitvarianten Verkopplung der Gegeninduktivität und des Stroms kompensieren.

In diesem Zusammenhang soll noch einmal an die Diskussion der resultierenden Kreisfrequenz erinnert werden. Wie schon in Kap. 5.3.3 ausführlich diskutiert, ist die elektrische Winkelgeschwindigkeit Ω_L des Rotors ($\Omega_L = Z_p \cdot \Omega_m$)

und die Differenz-Kreisfrequenz Ω_2 die Frequenz der Signale im Rotor (Schlupf-frequenz). Die Addition $\Omega_L + \Omega_2$ ergibt die Stator-Kreisfrequenz Ω_1, d.h. nach der Transformation haben die transformierten Signale die gleiche Kreisfrequenz wie die ursprünglich im S–System definierten Signale.

Damit folgt unmittelbar für den Statorfluß der Maschine:

$$\vec{\Psi}_1^S = L_1 \cdot \vec{I}_1^S + M \cdot e^{j\beta_L} \cdot \vec{I}_2^S \cdot e^{-j\beta_L} \tag{5.59}$$

$$\vec{\Psi}_1^S = L_1 \cdot \vec{I}_1^S + M \cdot \vec{I}_2^S \tag{5.60}$$

Somit ergibt sich aus Gl.(5.56) und (5.60):

$$\vec{U}_1^S = \underset{\substack{\text{ohmscher} \\ \text{Spannungsabfall} \\ \text{Statorseite}}}{R_1 \cdot \vec{I}_1^S} + \underset{\substack{\text{induktiver}}}{L_1 \cdot \frac{d\vec{I}_1^S}{dt}} + \underset{\substack{\text{induzierte Spannung} \\ \text{durch Rotorstrom}}}{M \cdot \frac{d\vec{I}_2^S}{dt}} \tag{5.61}$$

In der gleichen Vorgehensweise läßt sich für die Rotorseite errechnen:

$$\vec{U}_2^S = R_2 \cdot \vec{I}_2^S + L_2 \cdot \left(\frac{d\vec{I}_2^S}{dt} - j\Omega_L \cdot \vec{I}_2^S \right) + M \cdot \left(\frac{d\vec{I}_1^S}{dt} - j\Omega_L \cdot \vec{I}_1^S \right) \tag{5.62}$$

Für den auf die Statorseite transformierten Rotorfluß $\vec{\Psi}_2^S$ gilt:

$$\vec{\Psi}_2^S = M \cdot \vec{I}_1^S + L_2 \cdot \vec{I}_2^S \tag{5.63}$$

Die Drehmoment- und die Beschleunigungsgleichung sind unabhängig von der Wahl des Koordinatensystems und werden deshalb hier nicht zusätzlich aufgeführt.

Die Flußgleichungen (5.60) und (5.63) können nach $\vec{I}_1^S$ und $\vec{I}_2^S$ aufgelöst werden:

$$\vec{I}_1^S = \frac{1}{\sigma L_1} \cdot \vec{\Psi}_1^S - \frac{M}{\sigma L_1 L_2} \cdot \vec{\Psi}_2^S \tag{5.64}$$

$$\vec{I}_2^S = \frac{1}{\sigma L_2} \cdot \vec{\Psi}_2^S - \frac{M}{\sigma L_1 L_2} \cdot \vec{\Psi}_1^S \tag{5.65}$$

$$\text{mit} \quad \sigma = \frac{L_1 L_2 - M^2}{L_1 L_2} = 1 - \frac{M^2}{L_1 L_2} \tag{5.66}$$

$$\sigma \quad : \quad \text{Blondelscher Streukoeffizient}$$

Ausgehend von Gl. (5.64) und (5.65) können die Spannungsgleichungen umgeschrieben werden:

$$\vec{U}_1^S = \frac{d\vec{\Psi}_1^S}{dt} + \vec{\Psi}_1^S \cdot \frac{R_1}{\sigma L_1} - \vec{\Psi}_2^S \cdot \frac{M \cdot R_1}{\sigma L_1 L_2} \tag{5.67}$$

$$\vec{U}_2^S = \frac{d\vec{\Psi}_2^S}{dt} - j\Omega_L \cdot \vec{\Psi}_2^S + \vec{\Psi}_2^S \cdot \frac{R_2}{\sigma L_2} - \vec{\Psi}_1^S \cdot \frac{M \cdot R_2}{\sigma L_1 L_2} \tag{5.68}$$

Der erste Ausdruck der Grundgleichung (5.52) für das Drehmoment lautete:

$$M_{Mi} = \frac{3}{2} \cdot Z_p \cdot \Im m \left\{ \vec{\Psi}_1^{*S} \cdot \vec{I}_1^S \right\} \tag{5.69}$$

und entspricht in dieser Grundform der Lenzschen Regel. Durch Einsetzen von $\vec{I}_1^S$ erhält man:

$$M_{Mi} = \frac{3}{2} \cdot Z_p \cdot \Im m \left\{ \vec{\Psi}_1^{*S} \cdot \left(\frac{1}{\sigma L_1} \cdot \vec{\Psi}_1^S - \frac{M}{\sigma L_1 L_2} \cdot \vec{\Psi}_2^S \right) \right\} \tag{5.70}$$

Da $\Im m \{ \vec{\Psi}_1^{*S} \cdot \vec{\Psi}_1^S \} = 0$ ist, ergibt sich:

$$M_{Mi} = -\frac{3}{2} \cdot Z_p \cdot \frac{M}{\sigma L_1 L_2} \cdot \Im m \left\{ \vec{\Psi}_1^{*S} \cdot \vec{\Psi}_2^S \right\} \tag{5.71}$$

In gleicher Weise kann der zweite Ausdruck der Grundgleichung (5.52) umgeformt werden zu:

$$M_{Mi} = \frac{3}{2} \cdot Z_p \cdot \frac{M}{\sigma L_1 L_2} \cdot \Im m \left\{ \vec{\Psi}_1^S \cdot \vec{\Psi}_2^{*S} \right\} \tag{5.72}$$

Die Gleichungen (5.69) bzw. (5.72) sollen nun so umgerechnet werden, dass statt des Fluß-Raumzeiger $\vec{\Psi}_1^S$ und $\vec{\Psi}_2^S$ das Drehmoment M_{Mi} als Funktion der Ströme $\underline{I}_1^K$ und $\underline{I}_2^K$ ermittelt wird. Wir gehen von der Gleichung (5.72) aus:

$$M_{Mi} = \frac{3}{2} \cdot Z_p \cdot \frac{M}{\sigma L_1 L_2} \cdot \Im m \left\{ \vec{\Psi}_1^S \cdot \vec{\Psi}_2^{*S} \right\} \tag{5.73}$$

oder

$$M_{Mi} = \frac{3}{2} \cdot Z_p \cdot \frac{M}{\sigma L_1 L_2} \cdot \Im m \left\{ \vec{\Psi}_1^K \cdot \vec{\Psi}_2^{*K} \right\} \tag{5.74}$$

$$= \frac{3}{2} \cdot Z_p \cdot \frac{M}{\sigma L_1 L_2} \cdot (\Psi_{2A} \cdot \Psi_{1B} - \Psi_{2B} \cdot \Psi_{1A}) \tag{5.75}$$

mit (5.116),

$$\vec{\Psi}_2^K = L_2 \cdot \vec{I}_2^K + M \cdot \vec{I}_1^K \tag{5.76}$$

und mit (5.103) ergibt sich

$$M_{Mi} = \frac{3}{2} \cdot Z_p \cdot \frac{M}{L_1} \cdot (\Psi_{1B} \cdot I_{2A} - \Psi_{1A} \cdot I_{2B}) \; (siehe \; auch \; Abb. \; 5.24), \tag{5.77}$$

sowie mit (5.78),

$$\vec{\Psi}_1^K = L_1 \cdot \vec{I}_1^K + M \cdot \vec{I}_2^K \tag{5.78}$$

ergibt sich endgültig

$$M_{Mi} = \frac{3}{2} \cdot Z_p \cdot M \cdot (I_{1B} \cdot I_{2A} - I_{1A} \cdot I_{2B}) \tag{5.79}$$

Die Gleichung (5.79) soll nun überprüft werden. Wie allgemein bekannt, ist die Luftspalt-Wirkleistung ein Maß für das Drehmoment M_{Mi}. Wir gehen von der Gleichung (5.92) aus

$$\vec{U}_1^K = \frac{R_1}{\sigma L_1} \cdot \vec{\Psi}_1^K - \frac{M \cdot R_1}{\sigma L_1 L_2} \cdot \vec{\Psi}_2^K + \frac{d\vec{\Psi}_1^K}{dt} + j\Omega_K \cdot \vec{\Psi}_1^K \tag{5.80}$$

Wir setzten stationären Betrieb an, d.h. $|\vec{\Psi}_1^K| = const$ und $\Omega_k = \Omega_1$, damit ist $d\vec{\Psi}_1^K / dt = 0$.
Mit den Gleichungen (5.78) und (5.116) erhält man:

$$\vec{U}_1^K = R_1 \cdot \vec{I}_1^K + j \cdot \Omega_1 \cdot \left(L_1 \cdot \vec{I}_1^K + M \cdot \vec{I}_2^K \right) \tag{5.81}$$

Das Eingangsverhalten beider Varianten der Asynchronmaschine wird mit der obigen Gleichung berechnet, wobei unterschiedliche Ersatzschaltbilder – siehe die Abbildungen 5.35 bis 5.38 – angenommen werden können. Das Ersatzschaltbild in Abb. 5.38 ist vorteilhaft, da die auf den Rotor übertragene Luftspalt-Wirkleistung direkt ermittelt wird und setzt an: $L_1 - \sigma \cdot L_1 = M$ und $L_2 = M$, es ergibt sich:

$$\vec{U}_1^K = R_1 \cdot \vec{I}_1^K + j \cdot \Omega_1 \cdot \sigma \cdot 1 \cdot \vec{I}_1^K + j \cdot \Omega_1 \cdot M \cdot (\underbrace{\vec{I}_1^K + \vec{I}_2^K}_{\vec{I}_\mu \ in \ (5.156)}) \tag{5.82}$$

Durch Multiplikation mit dem konjugiert komplexen Strom $\vec{I}_1^{*K}$ ergibt sich die Scheinleistung S_1. [4]

$$S_1 = \frac{3}{2} \cdot \vec{U}_1^K \cdot \vec{I}_1^{*K} = \frac{3}{2} \cdot \left[I_1^2 \cdot (R_1 + j \cdot \Omega_1 \cdot \sigma \cdot L_1) + j \cdot \Omega_1 \cdot M \cdot \left(I_1^2 + \vec{I}_2^K \cdot \vec{I}_1^{*K} \right) \right] \tag{5.83}$$

Die Wirkleistung P_1 ergibt

$$P_1 = \frac{3}{2} \cdot (R_1 \cdot I_1^2 + j \cdot \Omega_1 \cdot M \cdot (j \cdot I_{1A} \cdot I_{2B} - j \cdot I_{1B} \cdot I_{2A})) \tag{5.84}$$

$$= \frac{3}{2} \cdot (\underbrace{R_1 \cdot I_1^2}_{Statorverluste} + \underbrace{\Omega_1 \cdot M \cdot (I_{1B} \cdot I_{2A} - I_{1A} \cdot I_{2B})}_{Luftspaltleistung P_\delta}))$$

$$P_\delta = \frac{3}{2} \cdot \Omega_1 \cdot M \cdot (I_{1B} \cdot I_{2A} - I_{1A} \cdot I_{2B}) = M_{Mi} \cdot \Omega_0 \tag{5.85}$$

und mit $Z_p \cdot \Omega_0 = \Omega_1$ erhält man

$$M_{Mi} = \frac{3}{2} \cdot Z_p \cdot M \cdot (I_{1B} \cdot I_{2A} - I_{1A} \cdot I_{2B}) \ \textbf{q.e.d.} \tag{5.86}$$

---

[4] Zu beachten ist, dass aufgrund $|\vec{B}| = |\hat{B}|$, Gleichung (5.20), die Spitzenwerte von U und I jeweils mit $\frac{1}{\sqrt{2}}$ multipliziert werden müssen und beim dreisträngigen System – 3 Statorwicklungen – zusätzlich mit 3, d.h. dem Vorfaktor $\frac{3}{2}$.

Die mechanische Gleichung (5.53) verbleibt. Somit liegen alle Gleichungen der Schleifringläufermaschine im statorfesten Koordinatensystem S vor. Wie schon aus Kap. 5.3.1 und aus Gl.(5.20) ersichtlich, gilt für alle elektrischen Signale in der Raumzeiger-Darstellung, daß sie sowohl die Amplitude als auch die Kreisfrequenz Ω als Information haben, beispielsweise die Spannung:

$$\vec{U}^S = \hat{U} \cdot e^{j\Omega t} \tag{5.87}$$

Wenn die Statorwicklungen der Schleifringläufermaschine beispielsweise von einem Umrichter mit eingeprägter Spannung gespeist werden, kann sowohl die Spannungsamplitude $\hat{U} = \hat{U}_1$ als auch die Kreisfrequenz $\Omega = \Omega_1$ eingeprägt werden. Für die regelungstechnische Signalverarbeitung würde dies allerdings bedeuten, daß alle Signale sowohl nach Amplitude als auch nach Frequenz und damit Phase exakt übertragen werden müßten. Dies ist insbesondere bei der digitalen Signalverarbeitung, die Abtastungen einschließt, nur bei sehr hohen Abtastfrequenzen erreichbar.

Wenn man sich nun ein rotierendes Koordinatensystem denkt, das mit der Winkelgeschwindigkeit Ω_1 rotiert und zum Zeitpunkt $t=0$ in der Wicklungsachse α des Stators liegt, dann sieht man in Gl. (5.87) nur noch den Betrag des rotierenden Spannungszeigers. Wenn also alle obigen Gleichungen im S–System in ein mit Ω_1 umlaufendes Koordinatensystem transformiert werden, dann erscheinen im **stationären Zustand** der Maschine alle Größen in diesem Koordinatensystem als Zeiger mit konstanter Amplitude und feststehenden Winkelbeziehungen zueinander. Dieses in ein rotierendes Koordinatensystem transformierte System kann als Zeitzeigerdarstellung interpretiert werden und dient damit später zur Ableitung von Ersatzschaltbildern.

Wenn dynamische Zustände betrachtet werden und sich die Amplituden der Raumzeiger ändern, dann muß beachtet werden, daß sprungförmige Amplitudenänderungen beispielsweise von U_α und U_β sowohl eine resultierende Amplitudenänderung des Raumzeigers $\hat{U} = \sqrt{U_\alpha^2 + U_\beta^2}$ als auch eine Phasenänderung von $\beta = \arctan(U_\beta/U_\alpha)$ hervorrufen. Diese Phasenänderung des Raumzeigers kann durch eine kurzzeitige Frequenzvariation erzeugt werden, d.h. kurzzeitig wird Ω_K von Ω_1 abweichen.

Das geeignete Koordinatensystem, um derartige Randbedingungen mit einzuschließen, ist das K–Koordinatensystem. Das bedeutet beispielsweise, $\vec{U}_1^S$ muß nach $\vec{U}_1^K$ transformiert und Ω_1 durch Ω_K ersetzt werden.

Diese Vorgehensweise ist von Vorteil, da im stationären Betrieb die regelungstechnische Signalverarbeitung nur konstante Signale (Gleichsignale) und bei dynamischen Vorgängen nur die Amplitudenänderungen und die Kreisfrequenzänderungen übertragen werden müssen.

Diese Überlegungen sollen nun anhand der Statorspannungs-Differentialgleichung angewendet werden.

Es galt für das dynamische System im statorfesten Koordinatensystem S:

$$\vec{U}_1^S = \frac{d\vec{\Psi}_1^S}{dt} + \vec{\Psi}_1^S \cdot \frac{R_1}{\sigma L_1} - \vec{\Psi}_2^S \cdot \frac{M \cdot R_1}{\sigma L_1 L_2} \tag{5.88}$$

Damit ergibt sich für die in das K–System transformierte Statorgleichung:

$$\vec{U}_1^K \cdot e^{j\beta_K} = \frac{d}{dt}\left(\vec{\Psi}_1^K \cdot e^{j\beta_K}\right) + \vec{\Psi}_1^K \cdot e^{j\beta_K} \cdot \frac{R_1}{\sigma L_1} - \vec{\Psi}_2^K \cdot e^{j\beta_K} \cdot \frac{M \cdot R_1}{\sigma L_1 L_2} \tag{5.89}$$

Da der Betrag des Zeigers $\vec{\Psi}_1^K$ zeitvariant sein kann und β_K zeitvariant ist, muß bei der Ableitung von

$$\frac{d}{dt}\left(\vec{\Psi}_1^K \cdot e^{j\beta_K}\right) \tag{5.90}$$

die Produktregel angewendet werden. Wesentlich bei der hier vorliegenden allgemeinen, d.h. dynamischen, Behandlung der Gleichungen ist, daß beispielsweise die Amplituden der Raumzeiger sich ändern können, damit transiente Vorgänge angestoßen werden, die u.a. zu Phasenänderungen zwischen den Raumzeigern führen. Diese Phasenänderungen sind das Resultat kurzzeitiger Frequenzänderungen. Die Raumzeiger im K–System müssen somit diese Frequenzänderungen bei Phasenänderungen in dynamischen Betriebszuständen mit erfassen, deshalb wird – wie schon oben diskutiert – nun die Kreisfrequenz Ω_K verwendet.

$$\frac{d}{dt}\left(\vec{\Psi}_1^K \cdot e^{j\beta_K}\right) = e^{j\beta_K} \cdot \frac{d\vec{\Psi}_1^K}{dt} + \vec{\Psi}_1^K \cdot \frac{d}{dt}\left(e^{j\beta_K}\right)$$

$$= e^{j\beta_K} \cdot \frac{d\vec{\Psi}_1^K}{dt} + j\vec{\Psi}_1^K \Omega_K \cdot e^{j\beta_K}$$

$$= e^{j\beta_K} \cdot \left(\frac{d\vec{\Psi}_1^K}{dt} + j\Omega_K \cdot \vec{\Psi}_1^K\right) \tag{5.91}$$

Das auf das K–System transformierte Gleichungssystem lautet somit:

$$\vec{U}_1^K = \frac{R_1}{\sigma L_1} \cdot \vec{\Psi}_1^K - \frac{M \cdot R_1}{\sigma L_1 L_2} \cdot \vec{\Psi}_2^K + \frac{d\vec{\Psi}_1^K}{dt} + j\Omega_K \cdot \vec{\Psi}_1^K \tag{5.92}$$

$$\vec{U}_2^K = \frac{R_2}{\sigma L_2} \cdot \vec{\Psi}_2^K - \frac{M \cdot R_2}{\sigma L_1 L_2} \cdot \vec{\Psi}_1^K + \frac{d\vec{\Psi}_2^K}{dt} + j(\Omega_K - \Omega_L) \cdot \vec{\Psi}_2^K \tag{5.93}$$

$$\vec{I}_1^K = \vec{\Psi}_1^K \cdot \frac{1}{\sigma L_1} - \vec{\Psi}_2^K \cdot \frac{M}{\sigma L_1 L_2} \tag{5.94}$$

$$\vec{I}_2^K = \vec{\Psi}_2^K \cdot \frac{1}{\sigma L_2} - \vec{\Psi}_1^K \cdot \frac{M}{\sigma L_1 L_2} \tag{5.95}$$

$$M_{Mi} = \frac{3}{2} \cdot Z_p \cdot \frac{M}{\sigma L_1 L_2} \cdot \Im m\left\{\vec{\Psi}_1^K \cdot \vec{\Psi}_2^{*K}\right\} \tag{5.96}$$

$$\Theta \cdot \frac{d\Omega_m}{dt} = M_{Mi} - M_W \quad \text{mit} \quad Z_p \cdot \Omega_m = \Omega_L \tag{5.97}$$

Damit sind die prinzipiellen Gleichungen der ASM in dem beliebig umlaufenden Koordinatensystem K bekannt. **Die Gleichungen werden abschließend in**

die Zustandsform überführt. Dazu lösen wir beispielsweise Gl. (5.92) nach $d\vec{\Psi}_1^K/dt$ auf:

$$\frac{d\vec{\Psi}_1^K}{dt} = -\frac{R_1}{\sigma L_1} \cdot \left(\vec{\Psi}_1^K - \frac{M}{L_2} \cdot \vec{\Psi}_2^K\right) - j\Omega_K \cdot \vec{\Psi}_1^K + \vec{U}_1^K \tag{5.98}$$

In gleicher Weise können die anderen Gleichungen umgeformt werden. Sie können anschließend in den Real- und den Imaginärteil zerlegt werden. *Nach Aufteilung in Realteil (A) und Imaginärteil (B) ergibt sich endgültig für ein mit Ω_K rotierendes Koordinatensystem K:*

$$\frac{d\Psi_{1A}}{dt} = -\frac{R_1}{\sigma L_1} \cdot \left(\Psi_{1A} - \frac{M}{L_2} \cdot \Psi_{2A}\right) + \Omega_K \cdot \Psi_{1B} + U_{1A} \tag{5.99}$$

$$\frac{d\Psi_{1B}}{dt} = -\frac{R_1}{\sigma L_1} \cdot \left(\Psi_{1B} - \frac{M}{L_2} \cdot \Psi_{2B}\right) - \Omega_K \cdot \Psi_{1A} + U_{1B} \tag{5.100}$$

$$\frac{d\Psi_{2A}}{dt} = -\frac{R_2}{\sigma L_2} \cdot \left(\Psi_{2A} - \frac{M}{L_1} \cdot \Psi_{1A}\right) + \Omega_2 \cdot \Psi_{2B} + U_{2A} \tag{5.101}$$

$$\frac{d\Psi_{2B}}{dt} = -\frac{R_2}{\sigma L_2} \cdot \left(\Psi_{2B} - \frac{M}{L_1} \cdot \Psi_{1B}\right) - \Omega_2 \cdot \Psi_{2A} + U_{2B} \tag{5.102}$$

$$\Theta \cdot \frac{d\Omega_m}{dt} = \frac{3}{2} \cdot Z_p \cdot \frac{M}{L_1} \cdot (\Psi_{1B} \cdot I_{2A} - \Psi_{1A} \cdot I_{2B}) - M_W \tag{5.103}$$

$$\Omega_2 = \Omega_K - Z_p \cdot \Omega_m \quad \text{bzw.} \quad Z_p \cdot \Omega_m = \Omega_K - \Omega_2 \tag{5.104}$$

Die algebraischen Gleichungen bleiben erhalten:

$$I_{1A} = \Psi_{1A} \cdot \frac{1}{\sigma L_1} - \Psi_{2A} \cdot \frac{M}{\sigma L_1 L_2} \tag{5.105}$$

$$I_{1B} = \Psi_{1B} \cdot \frac{1}{\sigma L_1} - \Psi_{2B} \cdot \frac{M}{\sigma L_1 L_2} \tag{5.106}$$

$$I_{2A} = \Psi_{2A} \cdot \frac{1}{\sigma L_2} - \Psi_{1A} \cdot \frac{M}{\sigma L_1 L_2} \tag{5.107}$$

$$I_{2B} = \Psi_{2B} \cdot \frac{1}{\sigma L_2} - \Psi_{1B} \cdot \frac{M}{\sigma L_1 L_2} \tag{5.108}$$

Damit läßt sich der Signalflussplan der Schleifringläufermaschine zeichnen (Abb. 5.24), somit können U_{2A} und U_{2B} eingeprägt werden. Bei der Asynchronmaschine gilt $U_{2A} = U_{2B} = 0$.

Der Signalflußplan kann umgewandelt werden, wenn die Ströme eingeprägt sind. Das soll aber nicht mehr weiter ausgeführt werden und verbleibt für die weiterführenden Ausführungen.

Damit ist der Signalflußplan der Schleifringläufermaschine bekannt. Aus dem Signalflußplan bzw. aus den Zustandsgleichungen läßt sich erkennen, daß die

Schleifringläufermaschine ein nichtlineares System fünfter Ordnung ist. Die Zustandsgrößen sind $\vec{\Psi}_1^K$, $\vec{\Psi}_2^K$ und Ω_m bei komplexer Schreibweise bzw. Ψ_{1A}, Ψ_{1B}, Ψ_{2A}, Ψ_{2B} und Ω_m bei aufgelöster Schreibweise.

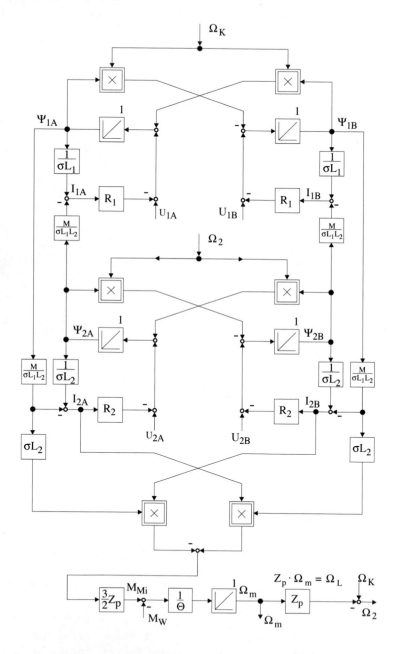

Abb. 5.24: *Signalflußplan der Schleifringläufermaschine*

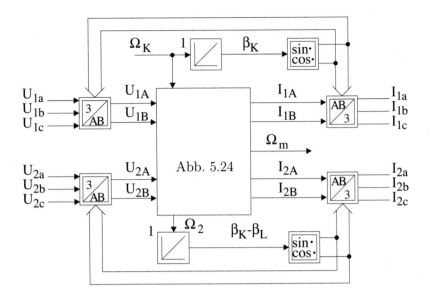

Abb. 5.25: *Blockschaltbild der ASM im Dreiphasen-Drehspannungssystem*

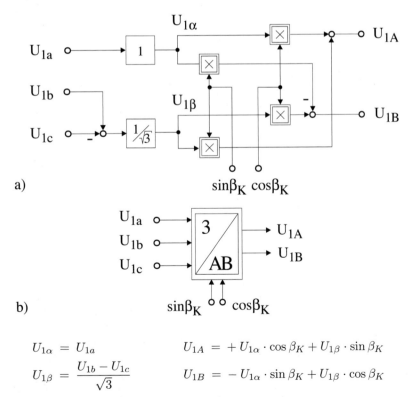

$$U_{1\alpha} = U_{1a} \qquad\qquad U_{1A} = +U_{1\alpha} \cdot \cos\beta_K + U_{1\beta} \cdot \sin\beta_K$$

$$U_{1\beta} = \frac{U_{1b} - U_{1c}}{\sqrt{3}} \qquad\qquad U_{1B} = -U_{1\alpha} \cdot \sin\beta_K + U_{1\beta} \cdot \cos\beta_K$$

Abb. 5.26: *Umwandlung der drei Phasenspannungen U_{1a}, U_{1b}, U_{1c} in die Spannungen U_{1A}, U_{1B} im K–System: a) Signalflußplan, b) Blockdarstellung*

Die Steuergrößen sind $\vec{U}_1^K$, $\vec{U}_2^K$ und $\Omega_2 = \Omega_K - Z_p \cdot \Omega_m$ mit der dynamischen Statorkreisfrequenz Ω_K.

Es muß beachtet werden, daß stets Multiplikationen zwischen den Zustands- und den Steuergrößen vorhanden sind. Die regelungstechnische Behandlung eines derartigen nichtlinearen Systems ist kompliziert. Eine Linearisierung am Arbeitspunkt scheidet aus, da die Maschine im gesamten Betriebsbereich genutzt werden soll. Es gilt deswegen, Steuerverfahren zu finden, um dieses komplizierte nichtlineare System so zu beeinflussen, daß eine Steuerung ähnlich wie bei der Gleichstrom-Nebenschluß-Maschine möglich ist.

Abbildung 5.24 zeigt den Signalflußplan der Schleifringläufermaschine im K–System mit den Komponenten A und B.

Die Asynchronmaschine ist aber normalerweise an ein dreiphasiges Drehspannungssystem angeschlossen. Abbildung 5.25 zeigt das Blockschaltbild der Asynchronmaschine bei Vorgabe eines Dreiphasen-Drehspannungssystems.

Die Abbildungen 5.26 und 5.27 zeigen die Umwandlung des Dreiphasensystems in das K–System und umgekehrt.

Wenn statt der Schleifringläufermaschine eine Asynchronmaschine mit Kurzschlussläufer vorliegt, müssen die beiden Spannungen U_{2A} und U_{2B} in Abbildung 5.24 zu Null gesetzt werden. Dies gilt generell.

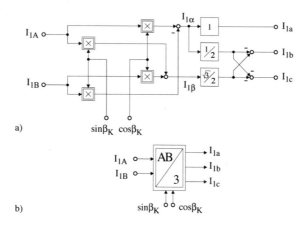

$$I_{1\alpha} = I_{1A} \cdot \cos\beta_K - I_{1B} \cdot \sin\beta_K \qquad I_{1a} = I_{1\alpha}$$

$$I_{1\beta} = I_{1A} \cdot \sin\beta_K + I_{1B} \cdot \cos\beta_K \qquad I_{1b} = -\frac{1}{2} \cdot I_{1\alpha} + \frac{\sqrt{3}}{2} \cdot I_{1\beta}$$

$$I_{1c} = -\frac{1}{2} \cdot I_{1\alpha} - \frac{\sqrt{3}}{2} \cdot I_{1\beta}$$

Abb. 5.27: *Umwandlung der Ströme I_{1A}, I_{1B} im K–System in die Phasenströme I_{1a}, I_{1b}, I_{1c}: a) Signalflußplan, b) Blockdarstellung*

5.5   Asynchronmaschine: Signalflußplan mit Verzögerungsgliedern

Bei den Ableitungen für die Schleifringläufermaschine waren von außen zugänglich ein statorseitiges und ein rotorseitiges Dreiphasen-Wicklungssystem vorausgesetzt worden. Das statorseitige Wicklungssystem wird von dem Dreiphasen-Spannungssystem U_1 und das rotorseitige Wicklungssystem über drei Schleifringe und Kohlebürsten von dem Dreiphasen-Spannungssystem U_2 gespeist. In den Signalflussplänen der Schleifringläufermaschine, Abbildungen 5.24 sowie 5.29, sind daher die Spannungen U_{1A} und U_{1B} sowie U_{2A} und U_{2B} eingetragen. Der Signalflussplan der Asynchronmaschine entspricht dem Signalflussplan der Schleifringläufermaschine, die Zusatzbedingung ist $U_{2A} = U_{2B} = 0$.

Der Signalflußplan mit dem Integrator im Vorwärtszweig und proportionaler Rückführung kann wie folgt umgeformt werden (Abb. 5.28).

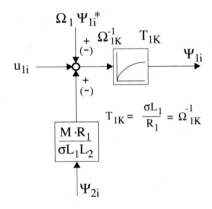

Abb. 5.28: *Detail-Signalflußplan*

Weiterhin galt:

$$I_{2A} = \frac{1}{\sigma L_2} \cdot \Psi_{2A} - \frac{M}{\sigma L_1 L_2} \cdot \Psi_{1A} \qquad (5.109)$$

$$I_{2B} = \frac{1}{\sigma L_2} \cdot \Psi_{2B} - \frac{M}{\sigma L_1 L_2} \cdot \Psi_{1B} \qquad (5.110)$$

Damit ergibt sich der neue Signalflußplan, in dem die rückgekoppelten Integratoren des Stators und des Rotors durch PT_1-Übertragungsglieder ersetzt sind (Abb. 5.29). Dieser Signalflußplan ist vorteilhaft insbesondere bei stationären Betriebszuständen anzuwenden, da die Terme mit den Zeitkonstanten entfallen. Bei den folgenden Ableitungen wird aber vorwiegend der Signalflußplan nach Abb. 5.24 verwendet.

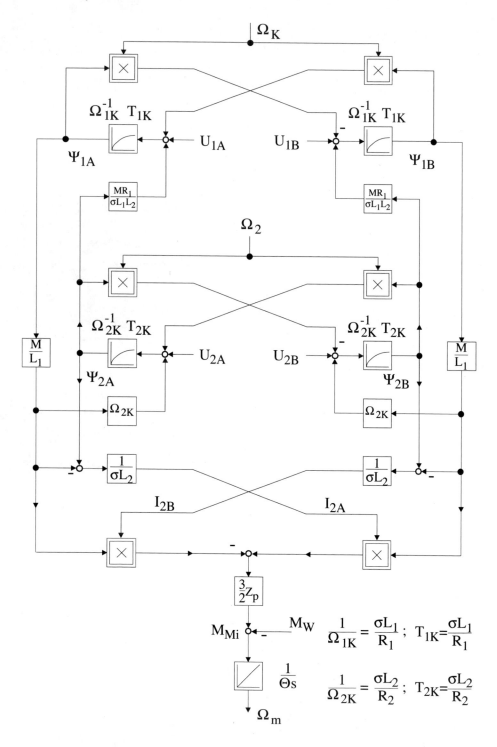

Abb. 5.29: *Abgewandelter Signalflußplan der Schleifringläufermaschine*

5.6   Asynchronmaschine im stationären Betrieb

In diesem Kapitel soll untersucht werden, wie sich das Moment M_{Mi} der Asynchronmaschine ändert, wenn die Maschine stationär entweder im ersten Teil dieses Kapitels an einem Netz mit konstanter Spannung, Frequenz und Belastung, oder im zweiten Teil an einem Umrichter mit variabler Spannung und Frequenz aber konstanter Belastung betrieben wird. Viele einfache Steuer- und Regelverfahren für umrichtergespeiste Asynchronmaschinen gehen gleichfalls von der Annahme eines quasistationären Betriebs aus.

Die Untersuchung soll an einer Kurzschlußläufermaschine erfolgen, d.h. es gilt: $U_{2A} = U_{2B} = 0$. In den Spannungs-Differentialgleichungen im K–System

$$\vec{U}_1^K = R_1 \cdot \vec{I}_1^K + \frac{d\vec{\Psi}_1^K}{dt} + j \cdot \Omega_K \cdot \vec{\Psi}_1^K \tag{5.111}$$

$$\vec{U}_2^K = R_2 \cdot \vec{I}_2^K + \frac{d\vec{\Psi}_2^K}{dt} + j \cdot \Omega_2 \cdot \vec{\Psi}_2^K = 0 \tag{5.112}$$

können im <u>stationären</u> Betrieb die dynamischen Anteile $d/dt = 0$ und $\Omega_K = \Omega_1$ gesetzt werden. In diesem Fall ist der Spannungsraumzeiger $\vec{U}_1^K$ zeitinvariant.

Die Fluß– und Drehmoment-Gleichungen sind algebraischer Natur und bleiben auch im stationären Betrieb unverändert erhalten.

So erhält man die stationären Systemgleichungen der ASM:

Spannungsgleichungen:

$$\vec{U}_1^K = R_1 \cdot \vec{I}_1^K + j \cdot \Omega_1 \cdot \vec{\Psi}_1^K \tag{5.113}$$

$$0 = R_2 \cdot \vec{I}_2^K + j \cdot \Omega_2 \cdot \vec{\Psi}_2^K \tag{5.114}$$

Flußgleichungen:

$$\vec{\Psi}_1^K = L_1 \cdot \vec{I}_1^K + M \cdot \vec{I}_2^K \tag{5.115}$$

$$\vec{\Psi}_2^K = L_2 \cdot \vec{I}_2^K + M \cdot \vec{I}_1^K \tag{5.116}$$

oder

$$\vec{I}_1^K = \frac{1}{\sigma L_1} \cdot \vec{\Psi}_1^K - \frac{M}{\sigma L_1 L_2} \cdot \vec{\Psi}_2^K \tag{5.117}$$

$$\vec{I}_2^K = \frac{1}{\sigma L_2} \cdot \vec{\Psi}_2^K - \frac{M}{\sigma L_1 L_2} \cdot \vec{\Psi}_1^K \tag{5.118}$$

Drehmomentgleichung:

$$\begin{aligned} M_{Mi} &= \frac{3}{2} \cdot Z_p \cdot \frac{M}{\sigma L_1 L_2} \cdot \Im m \left\{ \vec{\Psi}_1^K \cdot \vec{\Psi}_2^{K*} \right\} \\ &= \frac{3}{2} \cdot Z_p \cdot \Im m \left\{ \vec{\Psi}_1^{K*} \cdot \vec{I}_1^K \right\} \\ &= -\frac{3}{2} \cdot Z_p \cdot \Im m \left\{ \vec{\Psi}_2^{K*} \cdot \vec{I}_2^K \right\} \end{aligned} \tag{5.119}$$

und die mechanische Gleichung:

$$\Theta \cdot \frac{d\Omega_m}{dt} = M_{Mi} - M_W \qquad (5.120)$$

mit:
$$\begin{aligned}
\Omega_2 &= \Omega_1 - \Omega_L && : \quad \text{Schlupfkreisfrequenz} \\
\Omega_L &= Z_p \cdot \Omega_m && : \quad \text{el. Rotorkreisfrequenz} \\
\sigma &= 1 - \frac{M^2}{L_1 L_2} && : \quad \text{Blondelscher Streukoeffizient} \\
Z_p & && : \quad \text{Polpaarzahl}
\end{aligned}$$

Ausgehend von diesem Gleichungssystem werden im Folgenden zum einen die Drehzahl-Drehmoment-Kennlinie und zum anderen die elektrischen Verhältnisse in der Asynchronmaschine näher betrachtet.

5.6.1 Drehzahl-Drehmoment-Kennlinie der Asynchronmaschine

Um die Herleitung zu vereinfachen, wird angenommen, daß der Statorwiderstand R_1 vernachlässigt werden kann ($\boldsymbol{R_1 = 0}$). Dies ist insbesondere bei Maschinen mittlerer und höherer Leistung näherungsweise zulässig und entkoppelt bei den folgenden Ableitungen die Stator- von den Rotorkreisrückwirkungen.

Die folgenden Ansätze in Gl. (5.121) und (5.122) sind erst nach kurzer Erläuterung verständlich. In der Einführung des K–Koordinatensystems war erläutert worden, daß das K–System sich an jedem Raumzeiger der ASM orientieren kann. Im vorliegenden Fall wird aufgrund des stationären Betriebs ein konstanter Statorfluß angenommen, d.h. $\Psi_1 = $ const. und Orientierung des K–Systems am Statorfluß Ψ_1.

Diese Annahme bedeutet bei einer Orientierung des K–Systems am Fluß Ψ_1, daß der **Fluß $\boldsymbol{\Psi_1}$ mit der A-Achse des K–Systems zusammenfällt** (siehe auch Abb. 5.41), d.h.

$$\boldsymbol{\Psi_{1A} = \Psi_1} \quad \text{und} \quad \boldsymbol{\Psi_{1B} = 0} \qquad (5.121)$$

Die Annahme stationärer Betrieb und die Statorflußorientierung bedeutet weiterhin:

$$\Psi_{1A} = \text{ const. } \quad \text{und} \quad \frac{d\Psi_{1B}}{dt} = 0 \qquad (5.122)$$

Wenn diese Überlegungen in ihren Auswirkungen anhand von Abb. 5.24 hinsichtlich der Statorspannungen überprüft werden, dann kann Abb. 5.24 entnommen werden:

aus $\Psi_{1A} = $ const. und $d\Psi_{1A}/dt = 0$ sowie $\Psi_{1B} = 0$ bei $R_1 = 0$ folgt für die *linke* Statorseite

$$U_{1A} = 0 \qquad (5.123)$$

(U_{1A} beeinflußt φ_{1A}, entspricht U_E bei der GNM)
aus $\Psi_{1A} = $ const. und $\Psi_{1B} = d\Psi_{1B}/dt = 0$ bei $R_1 = 0$ folgt für die

rechte Statorseite

$$U_{1B} = \Psi_{1A} \cdot \Omega_K = \Psi_{1A} \cdot \Omega_1 \tag{5.124}$$

(U_{1B} entspricht U_A bei der GNM)

Die Ergebnisse in Gl.(5.123) und (5.124) vereinfachen den Signalflußplan auf der Statorseite erheblich, denn durch die Festlegung $\Psi_1 = \Psi_{1A} = $ const. folgt:

$$\Psi_{1B} = 0, \quad \frac{d\Psi_{1B}}{dt} = 0, \quad U_{1A} = 0 \quad \text{und} \quad \Psi_1 = \Psi_{1A} = \frac{U_{1B}}{\Omega_1} = \frac{U_1}{\Omega_1}$$

(Beachte: Die Raumzeigerwerte wurden entsprechend Gleichung (5.21) als Maximalwerte definiert, dh. U_1 ist ebenso ein Maximalwert! Dies gilt generell für die folgenden Seiten.)

Um die stationäre Drehzahl-Drehmoment-Kennlinie der ASM unter den obigen Voraussetzungen abzuleiten, können alle dynamischen Effekte ($d\Psi_{2A}/dt = 0$ und $d\Psi_{2B}/dt = 0$) auf der Rotorseite vernachlässigt werden. Abbildung 5.30 zeigt unter diesen Annahmen die Rotorseite der ASM (abgeleitet aus Abb. 5.29).

Aus den Zusammenhängen in Abb. 5.30 kann man das stationäre Motormoment $M_{Mi} = f(\Psi_{1A}, \Omega_1)$ berechnen:

$$M_{Mi} = -\frac{3}{2} \cdot Z_p \cdot \frac{M}{\sigma L_1 L_2} \cdot \Psi_{1A} \cdot \Psi_{2B} \tag{5.125}$$

$$\Psi_{2B} = -\frac{\sigma L_2}{R_2} \cdot \Omega_2 \cdot \Psi_{2A} = -\frac{\Omega_2}{\Omega_{2K}} \cdot \Psi_{2A} \tag{5.126}$$

$$\Psi_{2A} = \frac{\sigma L_2}{R_2} \cdot \Omega_2 \cdot \Psi_{2B} + \frac{M}{L_1} \cdot \Psi_{1A} = \frac{\Omega_2}{\Omega_{2K}} \cdot \Psi_{2B} + \frac{M}{L_1} \cdot \Psi_{1A} \tag{5.127}$$

Durch Einsetzen erhält man:

$$\Psi_{2B} = -\Psi_{1A} \cdot \frac{M}{L_1} \cdot \frac{1}{\dfrac{\Omega_2}{\Omega_{2K}} + \dfrac{\Omega_{2K}}{\Omega_2}} \tag{5.128}$$

$$M_{Mi} = \frac{3}{2} \cdot Z_p \cdot \frac{M^2}{\sigma L_1^2 L_2} \cdot \Psi_{1A}^2 \cdot \frac{1}{\dfrac{\Omega_2}{\Omega_{2K}} + \dfrac{\Omega_{2K}}{\Omega_2}} \tag{5.129}$$

In diese Gleichung muß nun der Zusammenhang zwischen Ω_2 und der Maschinendrehzahl Ω_m bzw. $\Omega_L = Z_p \cdot \Omega_m$ eingesetzt werden. Dazu wird der Schlupf der Maschine als Hilfsgröße eingeführt.

Schlupf und Kippschlupf:

Der Schlupf gibt die bezogene Abweichung der Maschinendrehzahl Ω_m von der synchronen Drehzahl (ideale Leerlaufdrehzahl) Ω_0, auch Ω_{syn} genannt, an.

$$s = \frac{\Omega_0 - \Omega_m}{\Omega_0} = 1 - \frac{\Omega_m}{\Omega_0} \tag{5.130}$$

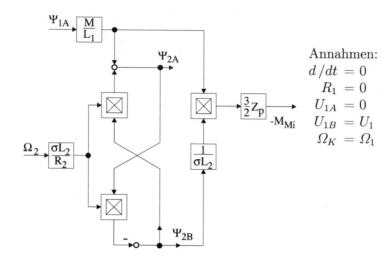

Abb. 5.30: *Detail-Signalflußplan der ASM bei $\Psi_{1B} = 0$ und stationärem Betrieb*

Mit $\Omega_0 = \dfrac{\Omega_1}{Z_p}$ und $\Omega_m = \dfrac{\Omega_L}{Z_p}$ ergibt sich:

$$s = \frac{\Omega_1 - \Omega_L}{\Omega_1} = \frac{\Omega_2}{\Omega_1} \qquad (5.131)$$

Zwei Betriebsfälle sind besonders signifikant:

    Leerlauf : $s = 0$

    Stillstand: $s = 1$

Der Name „synchrone Drehzahl" besagt, daß sich der Rotor der ASM synchron zur Speisekreisfrequenz Ω_1/Z_p dreht. Bei der Asynchronmaschine ist dies nur im idealen Leerlauf möglich, da nach Gl. (5.129) bei $\Omega_2 = 0$ kein Drehmoment erzeugt wird.

Die Drehzahl-Drehmoment-Kennlinie der ASM weist, wie anschließend gezeigt wird, noch einen weiteren markanten Punkt auf, den Kippunkt, an dem die ASM ihr maximales Drehmoment abgibt. Der zugehörige Schlupf heißt Kippschlupf s_K:

$$s_K = \frac{\Omega_{2K}}{\Omega_1} = \frac{R_2}{\Omega_1 \sigma L_2} \; ; \; \Omega_{2K} = \frac{R_2}{\sigma L_2} \qquad (5.132)$$

Kloss'sche Gleichung und Kippmoment:

Mit diesen Definitionen kann das Drehmoment angegeben werden zu:

$$M_{Mi} = \frac{3}{4} \cdot Z_p \cdot \frac{M^2}{\sigma L_1^2 L_2} \cdot \left(\frac{U_1}{\Omega_1}\right)^2 \cdot \frac{2}{\dfrac{s}{s_K} + \dfrac{s_K}{s}} \qquad (5.133)$$

Damit erhält man die Kloss'sche Gleichung:

$$M_{Mi} = M_K \cdot \frac{2}{\dfrac{s}{s_K} + \dfrac{s_K}{s}} = M_K \cdot \frac{2\,s\,s_K}{s^2 + s_K^2} \qquad (5.134)$$

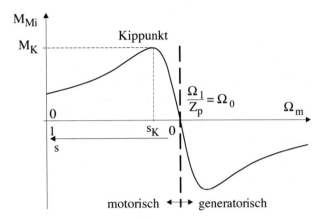

Abb. 5.31: *Drehzahl–Drehmoment–Kennlinie der ASM*

Das Kippmoment M_K ist ein konstanter Wert:

$$M_K = \frac{3}{4} \cdot Z_p \cdot \frac{M^2}{\sigma L_1^2 L_2} \cdot \left(\frac{U_1}{\Omega_1}\right)^2 \qquad (5.135)$$

<u>Kennliniendiskussion:</u>

Abbildung 5.31 zeigt die nichtlineare Drehzahl-Drehmoment-Kennlinie der Asynchronmaschine nach der Kloss'schen Gleichung (5.134). Die Kennlinie ist punktsymmetrisch zum synchronen Betriebspunkt Ω_0. In dessen Umgebung weist die ASM ein Nebenschlußverhalten wie die fremderregte Gleichstrommaschine auf. Dies ist der übliche Arbeitsbereich der ASM.

Das maximale Drehmoment, das die Maschine abgeben kann, ist das Kippmoment M_K. Dabei stellt sich der Kippschlupf s_K ein. Ein größeres konstantes Lastmoment als M_K bringt die Maschine zum Kippen, da der Kennlinienast für $s > s_K$ instabil ist. Dieser Fall muß im gesteuerten Betrieb unbedingt vermieden werden.

<u>Linearisierte Kennlinie:</u>

Im Betriebsbereich um die synchrone Drehzahl Ω_0 genügt es meist, die linearisierte Kennlinie zu betrachten.

Für $|s| \ll s_K$ erhält man die Näherung:

$$M_{Mi} \simeq 2M_K \cdot \frac{s}{s_K} = 2M_K \cdot \frac{\Omega_2}{\Omega_{2K}} \qquad (5.136)$$

und nach Umrechnungen für die Drehzahl:

$$\Omega_m = \frac{1}{Z_p} \cdot \left(\Omega_1 - M_{Mi} \cdot \frac{\Omega_{2K}}{2\,M_K} \right) \tag{5.137}$$

Die Analogie zum Nebenschlußverhalten der Drehzahl-Drehmoment-Kennlinien-gleichung der Gleichstrom-Nebenschlußmaschine (GNM) ist deutlich zu erkennen.

Beeinflussung der Drehzahl-Drehmoment-Kennlinie:

Ohne Umrichterspeisung kann die Kennlinie von außen nur über Z_p (Polum-schaltung) oder R_{2V} (Rotorvorwiderstände) beeinflußt werden, da $U_1 = U_{Netz}$ und $\Omega_1 = \Omega_{Netz}$ fest vorgegeben sind.

Rotorvorwiderstand R_{2V}:
Durch Vorwiderstände an den Rotorwicklungen wird ein ähnlicher Effekt wie bei der GNM erzielt:

$$R_2 = R_{20} + R_{2V}\,; \qquad s_K = \frac{R_2}{\Omega_1 \sigma L_2} \tag{5.138}$$

Die Kennlinie (gestrichelt) wird mit zunehmendem R_{2V} flacher, die synchrone Drehzahl bleibt unverändert. Das Kippmoment bleibt ebenfalls konstant, während der Kippschlupf ansteigt (Abb. 5.32). Diese Methode ist sehr verlust-behaftet und wurde von den Verfahren mit Umrichterspeisung weitgehend verdrängt.

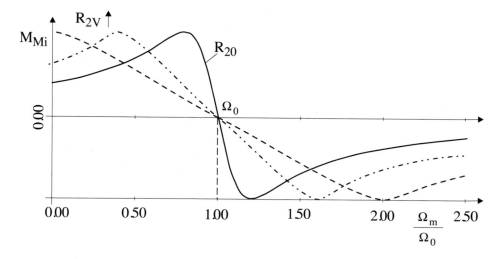

Abb. 5.32: *Drehmoment $M_{Mi} = f(\Omega_m, R_2)$ mit $\Omega_0 = \dfrac{\Omega_1}{Z_p}$*

Speisung der ASM mittels Umrichter (prinzipielle Gegenüberstellung zum Netzbetrieb):

Bei der Speisung mit Umrichtern sind die Statorspannung U_1 und die Statorfrequenz Ω_1 einstellbar. Mit Ω_1 kann insbesondere die Leerlaufdrehzahl $\Omega_0 = \Omega_1/Z_p$ vorgegeben werden. Analog zur Gleichstrom–Nebenschlußmaschine versucht man im Ankerstellbereich, den Fluß konstant zu halten.

$$\Psi_{1N} = \frac{U_{1N}}{\Omega_{1N}} = \text{const.} \tag{5.139}$$

Ein höherer Fluß als der Nennfluß bei U_{1N} und Ω_{1N} sollte nicht angestrebt werden, da die Induktivitäten sonst in die Sättigung geraten. Daraus ergeben sich analog zur GNM zwei Betriebsbereiche: der <u>Ankerstellbereich</u> und der <u>Feldschwächbereich</u>.

a) *Ankerstellbereich*

Der Ankerstellbereich umfaßt die Statorkreisfrequenzen

$$0 < \Omega_1 \leq \Omega_{1N} \tag{5.140}$$

$$\Omega_{1N} : \text{Statornennkreisfrequenz der Maschine}$$

und somit den Drehzahlbereich

$$0 \leq \Omega_m \leq \frac{\Omega_{0N}}{Z_p} \tag{5.141}$$

Für konstanten Statorfluß muß gelten ($R_1 = 0$):

$$\frac{U_1}{\Omega_1} = \frac{U_{1N}}{\Omega_{1N}} = \Psi_{1N} = \text{const.} \tag{5.142}$$

$$U_1 = \Psi_{1N} \cdot \Omega_1 \tag{5.143}$$

d.h. die Statorspannung U_1 muß mit Ω_1 proportional ($R_1 = 0$) zunehmen, um Ψ_1 auf Ψ_{1N} zu halten.

Auf diese Weise wird die gesamte Kennlinie mittels $\Omega_0 = \Omega_1/Z_p$ parallel verschoben (Abb. 5.33). Dem entspricht die Verstellung der Ankerspannung bei der GNM.

Die Grenze des Ankerstellbereichs ist bei $U_1 = U_{1N}$ erreicht, da die Statorspannung U_1 nicht über ihren Nennwert U_{1N} hinaus erhöht werden darf.

b) *Feldschwächbereich*

Sollen höhere Drehzahlen eingestellt werden, kann nur noch Ω_1 erhöht werden, während $U_1 = U_{1N}$ konstant gehalten wird. Damit wird der Statorfluß Ψ_1 kleiner.

$$U_{1N} = \text{const.} \tag{5.144}$$

$$\Psi_1 = \frac{U_{1N}}{\Omega_1} \quad \text{für} \quad \Omega_1 > \Omega_{1N} \tag{5.145}$$

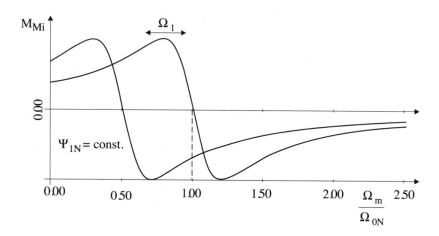

Abb. 5.33: *Kennlinien der ASM im Ankerstellbereich bei Umrichterspeisung*

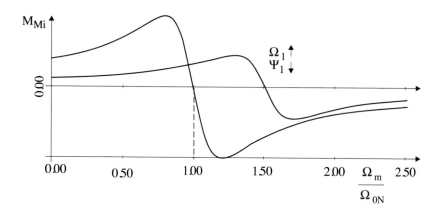

Abb. 5.34: *Kennlinien der ASM im Feldschwächbereich bei Umrichterspeisung*

Mit steigendem $\Omega_1 > \Omega_{0N}$ erhöht sich die synchrone Drehzahl Ω_0 weiter und die ASM-Kennlinie wird damit zu Leerlauf-Drehzahlen $\Omega_0 > \Omega_{0N}$ verschoben. Aufgrund des sinkenden Flusses wird aber entsprechend Gl. (5.135) das Kippmoment M_K quadratisch mit dem Fluß abnehmen, dies ist in Abb. 5.34 berücksichtigt.

5.6.2 Elektrische Verhältnisse im stationären Betrieb

5.6.2.1 Ersatzschaltbilder der Asynchronmaschine

Im stationären Betrieb sind die Raumzeiger im K–System in der Amplitude und den Phasenlagen zueinander zeitinvariant. Unter dieser Voraussetzung können sie für eine Analogiebetrachtung als komplexe Zeitzeiger aufgefaßt werden. Beispielsweise gelte für die Statorspannung:

$$\vec{U}_1^K = |\vec{U}_1^K| \cdot e^{j\gamma_u} = \underline{U} \tag{5.146}$$

Dies entspricht einer Zeitzeigerdarstellung für die Spannung über der Wicklung a:

$$U_{1a}(t) = |\hat{U}_1| \cdot \cos(\Omega_1 t + \gamma_u) \implies \vec{U}_1 = \vec{U}_{1a} = |\hat{U}_1| \cdot e^{j\gamma_u} \tag{5.147}$$

Mittels dieser Überlegungen können elektrische Ersatzschaltbilder der ASM entwickelt werden, die das elektrische Verhalten veranschaulichen.

Der Stator- und der Rotorkreis sind induktiv miteinander gekoppelt. Aus diesem Grund ist das elektrische Verhalten der ASM mit dem eines Drehstromtransformators verwandt, und man kann analog dazu ein T-Ersatzschaltbild herleiten.

- Die Stator- und Rotorinduktivitäten werden in eine Haupt- und eine Streuinduktivität aufgespalten:

$$L_1 = L_{h1} + L_{\sigma1} = L_{h1} \cdot (1 + \sigma_1) \tag{5.148}$$

$$L_2 = L_{h2} + L_{\sigma2} = L_{h2} \cdot (1 + \sigma_2) \tag{5.149}$$

- Dann wird mit Hilfe des Übersetzungsverhältnisses $\ddot{u}$ die Rotorseite auf die Statorseite umgerechnet (Größen mit $'$):

$$\ddot{u} = \frac{L_{h1}}{M} = \frac{M}{L_{h2}} \tag{5.150}$$

$$\vec{U}_2' = \vec{U}_2 \cdot \ddot{u} \qquad \vec{I}_2' = \frac{\vec{I}_2}{\ddot{u}} \tag{5.151}$$

$$R_2' = R_2 \cdot \ddot{u}^2 \qquad L_2' = L_2 \cdot \ddot{u}^2 \tag{5.152}$$

$$M' = M \cdot \ddot{u} = L_{h1} = L_{h2}' \qquad \text{(gleicher verketteter Fluß)} \tag{5.153}$$

$$\vec{U}_2' = R_2' \cdot \vec{I}_2' + j\Omega_2 \cdot L_{\sigma2}' \cdot \vec{I}_2' + j\Omega_2 \cdot L_{h2}' \cdot \left(\vec{I}_1 + \vec{I}_2'\right) = 0 \tag{5.154}$$

- Die zu Ω_2 proportionalen induktiven Spannungsabfälle im Rotorkreis werden für Ω_1 umgerechnet und sind so an die Statorfrequenz angepaßt:

$$\vec{U}_2' \cdot \frac{\Omega_1}{\Omega_2} = R_2' \cdot \frac{\Omega_1}{\Omega_2} \cdot \vec{I}_2' + j\Omega_1 L_{\sigma2}' \cdot \vec{I}_2' + j\Omega_1 \cdot L_{h2}' \cdot \left(\vec{I}_1 + \vec{I}_2'\right) = 0 \tag{5.155}$$

- Mit dem Schlupf $s = \dfrac{\Omega_2}{\Omega_1}$ und dem Magnetisierungsstrom $\vec{I}_\mu = \vec{I}_1 + \vec{I}_2'$ erhält man die Maschinengleichungen für das elektrische Ersatzschaltbild der ASM:

$$\vec{U}_1 \;=\; R_1 \cdot \vec{I}_1 + j\Omega_1 \cdot L_{\sigma 1} \cdot \vec{I}_1 + j\Omega_1 \cdot L_{h1} \cdot \vec{I}_\mu \tag{5.156}$$

$$\frac{\vec{U}_2'}{s} \;=\; \frac{R_2'}{s} \cdot \vec{I}_2' + j\Omega_1 \cdot L_{\sigma 2}' \cdot \vec{I}_2' + j\Omega_1 \cdot L_{h2}' \cdot \vec{I}_\mu = 0 \tag{5.157}$$

- und daraus das Ersatzschaltbild nach Abb. 5.35.

- Manchmal wird diese Darstellung noch weiter vereinfacht (Abb. 5.36).

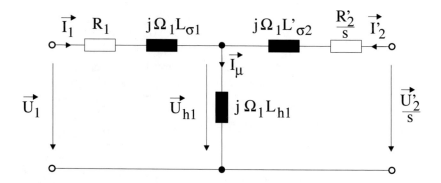

Abb. 5.35: *Stationäres elektrisches Ersatzschaltbild der ASM mit Stator- und Rotorstreuinduktivitäten*

Das so hergeleitete Ersatzschaltbild ist an den physikalischen Gegebenheiten orientiert. Rein rechnerisch genügt zur Berücksichtigung der Streukoeffizienten σ_1 und σ_2 eine einzige Größe, der Blondelsche Streukoeffizient σ.

$$\sigma \;=\; 1 - \frac{1}{(1 + \sigma_1)(1 + \sigma_2)} \tag{5.158}$$

Damit lassen sich auch modifizierte Ersatzschaltbilder angeben, die hier nicht ausführlich hergeleitet werden (Abb. 5.37 und 5.38).

5.6.2.2   Stromortskurve des Statorstroms

Die Stromortskurve des Statorstroms verbindet alle stationären Punkte von $\vec{I}_1$ bei konstanter Speisung mit $\vec{U}_1$ und Ω_1, wenn die Belastung der Maschine und damit der Schlupf geändert wird.

Aus dem elektrischen Ersatzschaltbild nach Abb. 5.37 erhält man für $R_1 = 0$ und $U_2 = 0$ den Strom $\vec{I}_1$ als Funktion des Schlupfes.

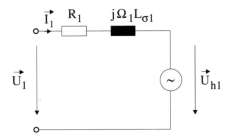

Abb. 5.36: *Stark vereinfachtes elektrisches Ersatzschaltbild der ASM*

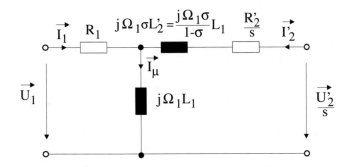

Abb. 5.37: *Stationäres elektrisches Ersatzschaltbild der ASM mit auf die Rotorseite umgerechneter Streuung (ü = L_1/M)*

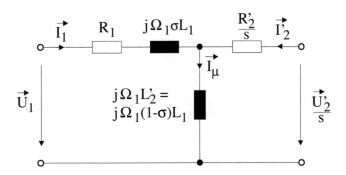

Abb. 5.38: *Stationäres elektrisches Ersatzschaltbild der ASM mit auf die Statorseite umgerechneter Streuung (ü = M/L_2)*

$$\vec{I}_1 = \vec{U}_1 \cdot \left(\frac{1}{j\Omega_1 L_1} + \frac{1}{\dfrac{R_2'}{s} + \dfrac{j\Omega_1 \sigma L_1}{1-\sigma}} \right) \tag{5.159}$$

Mit $L_2' = L_2 \cdot \dfrac{L_1^2}{M^2} = \dfrac{L_1}{1-\sigma}$ und $s_K = \dfrac{R_2}{\Omega_1 \sigma L_2} = \dfrac{R_2'}{\Omega_1 \sigma L_2'}$ folgt schließlich:

$$\vec{I}_1 = \frac{\vec{U}_1}{j\Omega_1 \sigma L_1} \cdot \frac{\sigma s_K + js}{s_K + js} \tag{5.160}$$

Die Kurve $\vec{I}_1(s)$ stellt einen Kreis dar, den sogenannten Heylandkreis (Abb. 5.39).

Mittelpunkt MP : $-j \dfrac{|\vec{U}_1|}{\Omega_1 \sigma L_1} \cdot \dfrac{1+\sigma}{2}$

Radius   : $\dfrac{|\vec{U}_1|}{\Omega_1 \sigma L_1} \cdot \dfrac{1-\sigma}{2}$

Aus Abb. 5.39 ist unmittelbar zu erkennen, daß der Phasenwinkel φ_1 zwischen Statorspannung und Statorstrom immer negativ ist, d.h. die ASM weist in jedem Betriebspunkt induktives Verhalten auf.

Durch einige geometrische Betrachtungen, auf die an dieser Stelle nicht näher eingegangen werden soll, können aus der Stromortskurve für einen gegebenen Schlupf relativ einfach der Statorstromzeiger bezogen auf den Statorspannungszeiger, das Drehmoment und die Wirkleistungsbilanz abgelesen werden.
Dazu werden einige Hilfslinien eingezeichnet (Abb. 5.40).

- Die Schlupfgerade steht senkrecht auf der Längsachse des Kreises an einer beliebigen Stelle.

- Der Schlupfmaßstab entlang dieser Linie ist linear. Am Fußpunkt der Schlupfgeraden ist $s=0$. $s=1$ ergibt sich an dem Schnittpunkt mit der Verlängerung der Verbindungsgeraden zwischen den Punkten $\vec{I}_1(s \to \infty)$ und $\vec{I}_1(s=1)$.

- Die Leistungslinie verbindet die Punkte $\vec{I}_1(s=0)$ und $\vec{I}_1(s=1)$.

- Die Drehmomentlinie verbindet die Punkte $\vec{I}_1(s=0)$ und $\vec{I}_1(s \to \infty)$.

- Der Winkel μ zwischen Leistungslinie und Drehmomentlinie gehorcht der Beziehung $\tan \mu = s_K$.

Für den Arbeitspunkt $s=s_0$ erhält man :

- Die Verbindungslinie zwischen $\vec{I}_1(s \to \infty)$ und s_0 auf der Schlupfgeraden schneidet die Stromortskurve bei $\vec{I}_1(s = s_0)$.

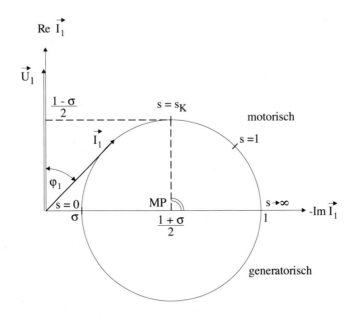

Abb. 5.39: *Stromortskurve der ASM bei $R_1 = 0$ (Heylandkreis); Stromskalierung bezogen auf $U_1/(\Omega_1 \sigma L_1)$*

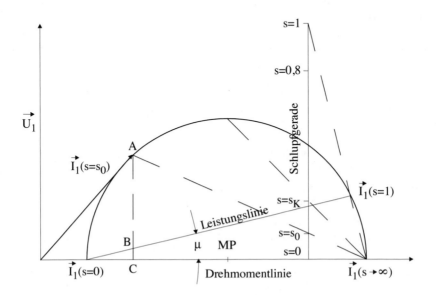

Abb. 5.40: *Heylandkreis mit Hilfslinien*

Ferner gilt:

$$\overline{BC}/\overline{AC} = s_0 \qquad\qquad \overline{AB}/\overline{AC} = 1 - s_0 \qquad (5.161)$$

$$P_1 \quad = \frac{3}{2} \cdot |\vec{U}_1| \cdot \overline{AC} = M_{Mi} \cdot \frac{\Omega_1}{Z_p} \qquad \text{eingespeiste Wirkleistung} \qquad (5.162)$$

$$P_{mech} = \frac{3}{2} \cdot |\vec{U}_1| \cdot \overline{AB} = M_{Mi} \cdot \Omega_m \qquad \text{abgegebene mechanische Leistung} \quad (5.163)$$

$$P_{V2} \quad = \frac{3}{2} \cdot |\vec{U}_1| \cdot \overline{BC} = M_{Mi} \cdot \frac{\Omega_2}{Z_p} \qquad \text{Rotor-Verlustleistung} \qquad (5.164)$$

Damit ist das stationäre Verhalten der Asynchronmaschine beschrieben. Dabei war zeitweilig die Annahme $R_1 = 0$ notwendig, um in der Einführung sehr übersichtliche Beziehungen zu erhalten. Dies hat seinen Grund darin, daß in diesem Fall u.a. der Statorfluß unabhängig von der Belastung der Maschine ist. Durch die Verwendung von Umrichtern ist es aber möglich, den Fluß auch für $R_1 \neq 0$ einzuprägen.

5.7   Asynchronmaschine bei Umrichterbetrieb

Wenn die ASM von einem Umrichter gespeist wird, dann ist das versorgende Spannungssystem in Amplitude und Frequenz im Betriebsbereich des Umrichters frei wählbar. In diesem Kapitel sollen die **Steuerbedingungen** der ASM unter verschiedenen Annahmen und die sich daraus ergebenden Signalflußpläne abgeleitet werden. Mit diesen Signalflußplänen ist ein besseres Verständnis des statischen und insbesondere des dynamischen Verhaltens der ASM möglich.

Grundsätzlich muß bei der Asynchronmaschine zwischen drei Darstellungen unterschieden werden:

- Signalflußplan bei **Orientierung des K–Systems am Statorfluß**;
- Signalflußplan bei **Orientierung des K–Systems am Rotorfluß**;
- Signalflußplan bei **Orientierung des K–Systems am Luftspaltfluß** [94].

Im allgemeinen werden dabei die Flußamplituden im Ankerstellbereich jeweils konstant auf ihrem Nennwert gehalten. Im Feldschwächbereich werden die Amplituden entsprechend abgesenkt.

Zusätzlich ist zu unterscheiden zwischen Umrichtern mit eingeprägter Spannung, bei denen die Ausgangsspannungen in Amplitude und Frequenz und Umrichtern mit eingeprägtem Strom, bei denen die Ausgangsströme in Amplitude und Frequenz einstellbar sind.

Das grundsätzliche Vorgehen ist bereits in Kap. 5.6 diskutiert worden, bei dem die A-Achse des K–Systems mit der $\vec{\Psi}_1$-Achse zusammenfiel (Statorflußorientierung). Wir werden im Folgenden annehmen, daß die A-Achse entweder mit der Ψ_1-Achse oder der Ψ_2-Achse zusammenfallen soll, d.h. daß die räumliche Lage des jeweiligen Flusses bekannt sein soll. Wenn diese räumliche Lage des Flusses bekannt ist, dann kann die Orientierung des K–Systems an dem jeweiligen Fluß erfolgen, und es können Vereinfachungen der Signalflußpläne erreicht werden. Ein besonders einfacher Signalflußplan ergibt sich bei der Rotorfluß-Orientierung mit eingeprägten Statorströmen. Rotorfluß und Drehmoment können dann wie bei der Gleichstrom-Nebenschlußmaschine direkt geregelt werden. Allerdings ist die Parameter-Empfindlichkeit verglichen mit der Statorfluß-Orientierung deutlich höher. Bei der Rotorfluß-Orientierung ist somit der Reglerentwurf besonders einfach. Die Parameter-Empfindlichkeit kann durch adaptive Regler eliminiert werden. Allerdings sei bereits an dieser Stelle darauf hingewiesen, daß die räumliche Lage des Flusses im allgemeinen erst ermittelt werden muß.

5.7.1 Steuerverfahren bei Statorflußorientierung

Im vorigen Kapitel 5.6 war für den stationären Betrieb der ASM angenommen worden, daß im Ankerstellbereich und bei $R_1 = 0$ der Statorfluß $\Psi_{1A} = \Psi_{1N}$, $\Psi_{1B} = 0$ sein soll und sich damit $U_{1A} = 0$, $U_{1B} = U_1$ ergibt. Diese Annahmen wurden getroffen, um die charakteristischen Eigenschaften der Asynchronmaschine im stationären Betrieb am Netz und bei Umrichterbetrieb darzustellen (Abb. 5.41).

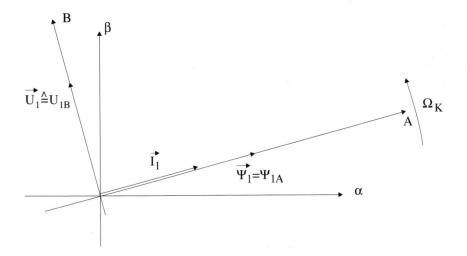

Abb. 5.41: *Statorflußorientierung und Statorspannung bei $R_1 = 0$*

Die Ergebnisse für die stationären Statorspannungen im Anker- und im Feldschwächbetrieb waren

$$U_{1A} = 0 \quad \text{und} \quad U_{1B} = \Psi_{1A} \cdot \Omega_1 \qquad (5.165)$$

und gelten weiterhin, da die Voraussetzungen Statorflußorientierung und $R_1 = 0$ weiter gültig sind. In gleicher Weise gilt die stationäre Drehmoment-Schlupf-Gleichung (5.133).

Der wesentliche Unterschied beim Umrichterbetrieb zum Netzbetrieb ist, daß Ω_1 bzw. Ω_K beim Umrichterbetrieb einstellbar ist. Damit kann das Nebenschlußverhalten (sinkende Drehzahl bei steigendem Drehmoment bzw. steigendem Schlupfs oder steigendem Ω_2) vermieden werden, indem die Statorkreisfrequenz Ω_1 stationär entsprechend $\Omega_1 = Z_p \Omega_m + \Omega_2$ verändert wird.

Die Steuerbedingungen im Ankerstellbereich für die Umrichter-Ausgangsspannung gleich Stator-Eingangsspannung lauten somit ($R_1 = 0$):

$$U_{1A} \;=\; 0 \tag{5.166}$$

$$U_1 \;=\; U_{1B} \;=\; \Psi_{1A} \cdot \Omega_1 \;=\; \Psi_{1A} \cdot \Omega_K \tag{5.167}$$

$$\Psi_{1A} \;=\; \Psi_{1N} \qquad \text{(Ankerstellbereich)} \tag{5.168}$$

$$\Omega_1 \;=\; \Omega_K \;=\; Z_p \cdot \Omega_m + \Omega_2 \tag{5.169}$$

$$\Omega_2 \;=\; f(M_{Mi}) \tag{5.170}$$

Werden diese Steuerbedingungen für die Statorseite eingehalten, dann verbleibt vom Signalflußplan der ASM der Detail-Signalflußplan der Rotorseite wie in Abb. 5.42 (siehe auch Abb. 5.24).

Wesentlich ist, daß bei $\Psi_{1B} = d\Psi_{1B}/dt = 0$ nur noch Ψ_{1A} von der Statorseite auf die Rotorseite eingreift und daß aufgrund der Annahme $R_1 = 0$ die Rückkopplung der Rotorflüsse auf die Statorflüsse über die Statorspannungen nicht mehr wirksam ist (Kanäle a und b). Die Steuerung des Moments M_{Mi} kann somit über Ψ_{1A} und Ω_2 erfolgen. Sollte $\Psi_{1A} = \Psi_{1N}$ sein, so ist das Moment nur über Ω_2 steuerbar.

Im stationären Betrieb gelten dann die bereits bekannten Gleichungen für das Drehmoment M_{Mi}:

$$\frac{d\Psi_{2A}}{dt} \;=\; \frac{d\Psi_{2B}}{dt} \;=\; 0 \qquad \text{(stationärer Betrieb)} \tag{5.171}$$

$$M_{Mi} \;=\; -\frac{3}{2} \cdot Z_p \cdot \frac{M}{L_1} \cdot \Psi_{1A} \cdot I_{2B} \;=\; -\frac{3}{2} \cdot Z_p \cdot \frac{M}{\sigma L_1 L_2} \cdot \Psi_{1A} \cdot \Psi_{2B} \tag{5.172}$$

Mit

$$\Psi_{2B} \;=\; -\Psi_{1A} \cdot \frac{M}{L_1} \cdot \frac{1}{\dfrac{\Omega_{2K}}{\Omega_2} + \dfrac{\Omega_2}{\Omega_{2K}}} \qquad \text{und} \quad \Omega_{2K} = \frac{R_2}{\sigma L_2}$$

ergibt sich:

$$M_{Mi} \;=\; \frac{3}{2} \cdot Z_p \cdot \frac{M^2}{L_1^{\,2}} \cdot \frac{1}{\sigma L_2} \cdot \Psi_{1A}^{\,2} \cdot \frac{1}{\dfrac{\Omega_{2K}}{\Omega_2} + \dfrac{\Omega_2}{\Omega_{2K}}} \tag{5.173}$$

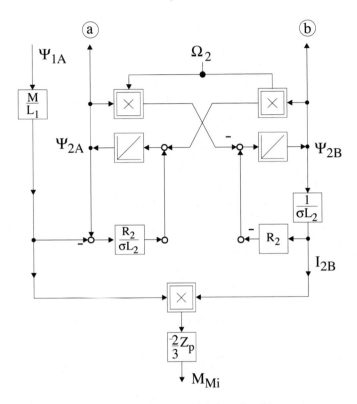

Abb. 5.42: *Detail-Signalflußplan der Rotorseite*

und nach Einsetzen des Kippmoments:

$$M_K = \frac{3}{4} \cdot Z_p \cdot \frac{M^2}{L_1^2} \cdot \frac{1}{\sigma L_2} \cdot \Psi_{1A}^2 \qquad (5.174)$$

$$M_{Mi} = M_K \cdot \frac{2}{\dfrac{\Omega_{2K}}{\Omega_2} + \dfrac{\Omega_2}{\Omega_{2K}}} \qquad (5.175)$$

Bei $\Omega_2 \ll \Omega_{2K}$ gilt:

$$M_{Mi} \approx \frac{3}{2} \cdot Z_p \cdot \frac{M^2}{L_1^2} \cdot \frac{1}{\sigma L_2} \cdot \Psi_{1A}^2 \cdot \frac{\Omega_2}{\Omega_{2K}} \approx 2 \cdot M_K \cdot \frac{\Omega_2}{\Omega_{2K}} \qquad (5.176)$$

Da beim Umrichter die Stator-Kreisfrequenz Ω_1 entsprechend dem Drehzahlanteil $Z_p \Omega_m$ und der Momentanforderung (Ω_2) eingestellt werden, ist somit beim Umrichterbetrieb im Betriebsbereich der ASM jede Drehzahl-Drehmoment-Kombination einstellbar.

Wichtig sind die folgenden Zusammenhänge: Das erreichbare Moment ist proportional zu $|\Psi_1|^2 = \Psi_{1A}^2$ und damit abhängig von $(U_1/\Omega_1)^2$. Dies bedeutet, im

Feldschwächbereich oder bei einer fehlerhaften zu geringen Einstellung der Spannung U_1 wird das Drehmoment quadratisch mit dem Verhältnis (U_1/Ω_1) abnehmen. Außerdem läßt sich erkennen, daß das Kippmoment vom Verhältnis M^2/L_1^2 abhängt. Das bedeutet, daß mit abnehmender Streuung das erreichbare Moment steigt. Weiterhin ist erkennbar, daß sich das Moment umgekehrt proportional zu Ω_{2K} und damit zu R_2 verhält, wodurch sich wieder die im vorigen Kapitel gezeigten Zusammenhänge (Abb. 5.32 bis 5.34) ergeben.

Der vorletzte Zusammenhang hat je nach Umrichtertyp Auswirkungen auf die Auslegung des Systems Umrichter-ASM. Bei Umrichtern mit eingeprägter Spannung wird – wie der Name sagt – die Spannung den ASM-Statorwicklungen eingeprägt. Falls die Streuinduktivitäten (Abb. 5.35 bis 5.38) der ASM klein sind, werden sich entsprechende Strom-Harmonische ausbilden, die umso ungünstiger sind, je größer der Spitzenwert von Grundschwingung und Maximalwert der Harmonischen gegenüber der Strom-Abschaltfähigkeit der Umrichterventile ist.

Dies bedeutet, in diesem Fall muß eventuell eine höhere Streuinduktivität der ASM gefordert werden – bei Absenkung des Kippmoments. (Eine andere Lösung ist, die Schaltfrequenz der Umrichterventile entsprechend zu erhöhen.)

Bei Umrichtern mit eingeprägtem Strom besteht diese Auslegungsproblematik nicht.

Nach dieser ausführlichen Diskussion der stationären Zusammenhänge, soll das dynamische Verhalten der ASM bei Statorflußorientierung besprochen werden (Abb. 5.42). Wenn (wie bisher angenommen) $R_1 = 0$ vorausgesetzt wird, dann verbleiben im Ankerstellbereich die obigen Gleichungen (5.123) bis (5.145).

Beim Feldschwächbetrieb muß kurzzeitig $U_{1A} \neq 0$ – d.h. während des Feldschwächvorgangs – eingestellt werden, um die Schwächung von Ψ_{1A} zu erreichen. In diesem Fall sind somit $U_{1A} \approx L_1\,dI_{1A}/dt \neq 0$ und $U_{1B} \neq 0$, und dynamisch unterscheiden sich Ω_1 und Ω_K.

Auf der Rotorseite der ASM (Kurzschlußläufermaschine) stellt sich entsprechend Ψ_{1A} der Fluß Ψ_{2A} ein. Bei $\Omega_2 = 0$ ist allerdings $\Psi_{2B} = 0$ und das Drehmoment ist ebenso Null. Bei $\Omega_2 \neq 0$ wird der Rotorkreis dynamisch als System zweiter Ordnung wirksam.

Asynchronmaschine bei $R_1 \neq 0$ und eingeprägten Statorspannungen:

In der Realität ist $R_1 \neq 0$. Damit wirken die Rotorflüsse über die Spannungsabfälle auf die Statorflüsse zurück.

Entsprechend Abb. 5.24 gilt bei $\Psi_{1B} = d\Psi_{1B}/dt = 0$:

$$I_{1A} \;=\; \Psi_{1A} \cdot \frac{1}{\sigma L_1} - \Psi_{2A} \cdot \frac{M}{\sigma L_1 L_2} \tag{5.177}$$

$$I_{1B} \;=\; -\Psi_{2B} \cdot \frac{M}{\sigma L_1 L_2} \tag{5.178}$$

Mit

$$\Psi_{2A} \;\; = \;\; -\frac{\Omega_{2K}}{\Omega_2} \cdot \Psi_{2B} \tag{5.179}$$

$$\Psi_{2B} \;\; = \;\; f(\Psi_{1A}, \Omega_2) \tag{5.180}$$

ergibt sich

$$I_{1A} \;\; = \;\; \frac{\Psi_{1A}}{\sigma L_1} - \frac{M^2}{L_1^{\,2}} \cdot \frac{1}{\sigma L_2} \cdot \frac{\Omega_{2K}}{\Omega_2} \cdot \frac{1}{\dfrac{\Omega_{2K}}{\Omega_2} + \dfrac{\Omega_2}{\Omega_{2K}}} \cdot \Psi_{1A} \tag{5.181}$$

$$I_{1B} \;\; = \;\; -\Psi_{2B} \cdot \frac{M}{\sigma L_1 L_2} \;\; = \;\; \frac{M^2}{L_1^{\,2}} \cdot \frac{1}{\sigma L_2} \cdot \frac{1}{\dfrac{\Omega_{2K}}{\Omega_2} + \dfrac{\Omega_2}{\Omega_{2K}}} \cdot \Psi_{1A} \tag{5.182}$$

Mit $\Omega_2 \ll \Omega_{2K}$ (Nebenschlußverhalten) erhält man:

$$I_{1A} \;\; \approx \;\; \Psi_{1A} \cdot \left(\frac{1}{\sigma L_1} - \frac{M^2}{L_1^{\,2}} \cdot \frac{1}{\sigma L_2} \right) \;\; = \;\; \frac{\Psi_{1A}}{L_1} \;\; = \;\; \text{const.} \tag{5.183}$$

$$I_{1B} \;\; \approx \;\; \frac{M^2}{L_1^{\,2}} \cdot \frac{1}{R_2} \cdot \Psi_{1A} \cdot \Omega_2 \;\; \sim \;\; \Omega_2 \tag{5.184}$$

Damit ergeben sich die Statorspannungen im stationären Betrieb:

$$U_{1A} \;\; = \;\; I_{1A} \cdot R_1 \;\; \approx \;\; \Psi_{1A} \cdot R_1 \left(\frac{1}{\sigma L_1} - \frac{M^2}{L_1^{\,2}} \cdot \frac{1}{\sigma L_2} \right) \;\; = \;\; \Psi_{1A} \cdot \frac{R_1}{L_1} \tag{5.185}$$

$$U_{1B} \;\; \approx \;\; \Psi_{1A} \cdot \Omega_K + \frac{M^2}{L_1^{\,2}} \cdot \frac{R_1}{R_2} \cdot \Psi_{1A} \cdot \Omega_2 \tag{5.186}$$

Die Spannung U_{1A} ist somit im stationären Betrieb nahezu konstant und in erster Näherung unabhängig von Ω_2.

Die Spannung U_{1B} ist dagegen einerseits von $\Psi_{1A} \cdot \Omega_K$ (Leerlaufanteil) und andererseits von $\Psi_{1A} \cdot \Omega_2$ (Momenteinfluß) bestimmt.

Die Spannungsgleichungen können in Abhängigkeit von Moment und Drehzahl angegeben werden. Ω_K und Ω_2 können durch bereits bekannte Zusammenhänge ersetzt werden:

$$\Omega_K \;\; = \;\; Z_p \cdot \Omega_m + \Omega_2 \tag{5.187}$$

$$\Omega_2 \;\; \approx \;\; \frac{2}{3} \cdot \frac{1}{Z_p} \cdot \frac{R_2 \cdot L_1^{\,2}}{M^2} \cdot \frac{1}{\Psi_{1A}^2} \cdot M_{Mi} \tag{5.188}$$

Die Drehzahl N steht in einem direkten Zusammenhang zu Ω_m:

$$\Omega_m \;\; = \;\; 2\pi \cdot N \tag{5.189}$$

Die Spannungsgleichungen lassen sich im **Nebenschlußbereich** wie folgt schreiben:

$$U_{1A} \approx \frac{R_1}{L_1} \cdot \Psi_{1A} \tag{5.190}$$

$$U_{1B} \approx \frac{2}{3} \cdot \left(R_1 + R_2 \cdot \frac{L_1^{\,2}}{M^2} \right) \cdot \frac{M_{Mi}}{Z_p \cdot \Psi_{1A}} + Z_p \cdot \Psi_{1A} \cdot \Omega_m \tag{5.191}$$

$$|\vec{U}_1| = U_1 = \sqrt{U_{1A}^2 + U_{1B}^2} \tag{5.192}$$

Die Kennlinien in Abb. 5.43 wurden mit den Daten einer realen ASM berechnet. Gezeichnet sind jeweils drei Kurven für verschiedene Momentbelastungen.

Aus den Ergebnissen in Abb. 5.43 ist zu erkennen, daß U_{1A} konstant, unabhängig vom Moment M_{Mi} und relativ klein gegenüber U_{1B} ist (a). Demgegenüber ist U_{1B} linear abhängig von $Z_p \Omega_m$ und das Moment hat einen nicht zu vernachlässigenden Einfluß (b). Damit ergibt sich der Verlauf für $|\vec{U}_1|$, der in Bild (c) gezeigt ist. Da $|U_{1A}| \ll |U_{1B}|$ ist, wird somit $\vec{U}_1$ nahezu in der Richtung der B-Achse des Koordinatensystems verbleiben. Zwischen $\vec{U}_1$ und $\vec{I}_1$ wird der Phasenwinkel φ_1 auftreten (Abb. 5.44).

Nachdem nun auch die Einflüsse bei $R_1 \neq 0$ diskutiert sind, kann aus Abb. 5.29 der Signalflußplan der ASM bei $\Psi_{1B} = d\Psi_{1B}/dt = 0$ abgeleitet werden (Abb. 5.45 für eine Kurzschlußläufermaschine). Dieser Signalflußplan beschreibt auch das dynamische Verhalten und soll kurz diskutiert werden.

Speisung durch Umrichter mit eingeprägter Spannung:

Aus dem Signalflußplan 5.45 ist zu erkennen, daß – wie oben bereits diskutiert – mittels U_{1A} der Fluß Ψ_{1A} gesteuert wird und der Fluß Ψ_{1A} die Spannung U_{1B} im Leerlauf vorgibt. Aufgrund der Statorflußorientierung wird eine Flußkopplung vom Stator zum Rotor über M/L_1 erfolgen. Im stationären Fall gilt $\Psi_{2A} = \Psi_{1A} M/L_1$. Der Fluß Ψ_{2A} wird sich mit der Zeitkonstanten T_{2K} und der Fluß Ψ_{2B} wiederum mit der Zeitkonstanten T_{2K} ändern, wenn sich Ω_2 ändert. Dabei wird der Aufbau von Ψ_{2B} Rückwirkungen auf Ψ_{2A} haben und dies wiederum auf Ψ_{2B} (geschlossener Regelkreis zweiter Ordnung). Das Moment M_{Mi} kann über Ω_2 mit der Zeitkonstanten T_{2K} für die Verstellung von Ψ_{2B} eingestellt werden. Allerdings müssen bei eingeprägten Spannungen U_{1A} und U_{1B} die Rückkopplungen des Rotorkreises auf den Statorkreis beachtet werden.

Wie bereits diskutiert, führt – entsprechend Abb. 5.45 – eine Drehmomentanforderung zu einer Änderung von Ω_2, d.h. Ω_K wird sich entsprechend der statischen bzw. dynamischen Änderung von Ω_2 ändern, da die mechanische Drehzahl im Änderungszeitpunkt konstant bleibt. Wenn sich Ω_K aber ändert, dann muß sich – bei konstantem Statorfluß Ψ_{1A} und Statorflußorientierung – auch U_{1B} entsprechend dynamisch ändern. Dies bedeutet, $|\vec{U}_1| = \sqrt{U_{1A}^2 + U_{1B}^2}$ ändert sich entsprechend Ω_2. Wesentlich ist weiterhin, daß $\gamma_u = \arctan(U_{1B}/U_{1A})$, der Phasenwinkel von $\vec{U}_1$, sich außerdem zusätzlich ändert. Diese Änderung des Phasenwinkels erfordert – zusätzlich zu der Ω_2-Änderung – eine kurzzeitige Änderung

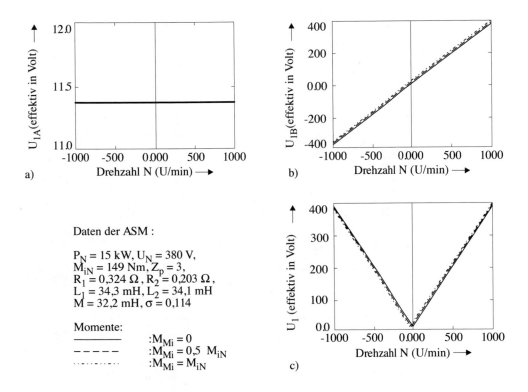

Daten der ASM :

$P_N = 15$ kW, $U_N = 380$ V,
$M_{iN} = 149$ Nm, $Z_p = 3$,
$R_1 = 0{,}324$ Ω , $R_2 = 0{,}203$ Ω ,
$L_1 = 34{,}3$ mH, $L_2 = 34{,}1$ mH
$M = 32{,}2$ mH, $\sigma = 0{,}114$

Momente:

————— : $M_{Mi} = 0$
– – – – : $M_{Mi} = 0{,}5$ M_{iN}
·····—·····— : $M_{Mi} = M_{iN}$

Abb. 5.43: *Stationäre Kennlinien einer realen ASM bei Orientierung des K–Systems am Statorfluß und Ankerstellbereich*

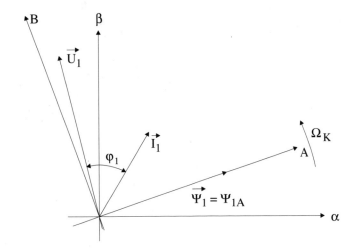

Abb. 5.44: *Zeigerdiagramm von $\vec{U}_1$, $\vec{I}_1$ und $\vec{\Psi}_1$ für die ASM bei Orientierung des K— Systems am Statorfluß Ψ_{1A}*

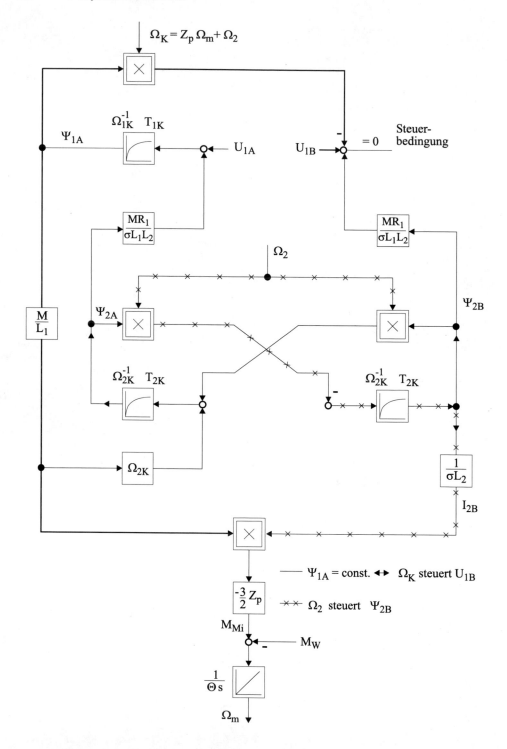

Abb. 5.45: *Signalflußplan der ASM bei Orientierung des K–Systems am Statorfluß Ψ_{1A} und eingeprägten Spannungen*

der Statorfrequenz Ω_1. Damit ist klar geworden, daß sich Ω_K und Ω_1 im dynamischen Betrieb deutlich unterscheiden können.

Aus Abb. 5.45 ist weiter zu entnehmen, daß durch die Rotorrückwirkungen (System erster und zweiter Ordnung) weitere Amplituden- und Phasenwinkel-Änderungen der Statorspannungen und aller davon abhängigen Größen erforderlich sind.

Signalflußplan bei Speisung mit eingeprägtem Strom:

Bisher war angenommen worden, daß der Umrichter der ASM ein eingeprägtes Drehspannungssystem zur Verfügung stellt. Wie bereits bekannt, kann durch eine Stromregelung ein Umrichter mit eingeprägter Spannung in einen Umrichter mit eingeprägtem Strom umgewandelt werden, bzw. es wird direkt ein Umrichter mit eingeprägtem Strom verwendet.

Wir wollen wieder die Orientierung des Statorflusses am K–Koordinatensystem annehmen, d.h. $\vec{\Psi}_1 = \Psi_{1A}$, $\Psi_{1B} = d\Psi_{1B}/dt = 0$.
Aus Abb. 5.24 ist abzuleiten:

$$M_{Mi} = -\frac{3}{2} \cdot Z_p \cdot \frac{M}{L_1} \cdot \Psi_{1A} \cdot I_{2B} \tag{5.193}$$

I_{2B} kann mittels der Flußverkettungsgleichungen durch I_{1B} ersetzt werden

$$I_{1B} = 0 - \Psi_{2B} \cdot \frac{M}{\sigma\,L_1\,L_2} \tag{5.194}$$

$$I_{2B} = \Psi_{2B} \cdot \frac{1}{\sigma\,L_2} - 0 \tag{5.195}$$

$$\Longrightarrow \quad I_{2B} = -I_{1B} \cdot \frac{L_1}{M} \tag{5.196}$$

und in die Momentgleichung eingesetzt werden:

$$M_{Mi} = \frac{3}{2} \cdot Z_p \cdot \Psi_{1A} \cdot I_{1B} \tag{5.197}$$

Aus diesem Rechengang ist zu erkennen, daß bei eingeprägtem Strom I_{1B} das Moment – bei konstantem Ψ_{1A} – mit der Dynamik der Stromeinprägung das Drehmoment mit der gleichen Dynamik bestimmt, d.h. bei Stromeinprägung besteht ein direkter Zugriff zum Drehmoment, ein wichtiger Vorteil !

(Zur Erinnerung: Wenn bei der GNM der Ankerstrom I_A durch eine Ankerstromregelung eingeprägt wird, dann besteht mittels des Ankerstroms I_A ebenso ein direkter Zugriff auf das Drehmoment der GNM.)
Soweit zum ersten wichtigen Kennzeichen der Stromeinprägung.

Wenn der Signalflußplan der ASM bei eingeprägten Statorströmen ermittelt werden soll, dann muß in der obigen Gleichung Ψ_{1A} noch durch den entsprechenden Statorstrom ersetzt werden.

Wir benutzen dazu wieder die Formeln der Asynchronmaschine unter den oben angegebenen Voraussetzungen:

$$I_{1A} = \Psi_{1A} \cdot \frac{1}{\sigma L_1} - \Psi_{2A} \cdot \frac{M}{\sigma L_1 L_2} \tag{5.198}$$

$$\longrightarrow \quad \Psi_{1A} = I_{1A} \cdot \sigma L_1 + \Psi_{2A} \cdot \frac{M}{L_2} \tag{5.199}$$

$$\frac{d\Psi_{2A}}{dt} + \frac{R_2}{\sigma L_2} \cdot \Psi_{2A} = \frac{R_2 \cdot M}{\sigma L_1 L_2} \cdot \Psi_{1A} + \Omega_2 \cdot \Psi_{2B} \tag{5.200}$$

$$\frac{d\Psi_{2A}}{dt} + \frac{R_2}{\sigma L_2} \cdot \Psi_{2A} = \frac{R_2 \cdot M}{L_2} \cdot I_{1A} + \frac{R_2}{\sigma L_2} \cdot \frac{M^2}{L_1 L_2} \cdot \Psi_{2A} + \Omega_2 \cdot \Psi_{2B} \tag{5.201}$$

$$\frac{d\Psi_{2A}}{dt} + \frac{R_2}{\sigma L_2} \cdot \underbrace{\left(1 - \frac{M^2}{L_1 L_2} \right)}_{\sigma} \cdot \Psi_{2A} = \frac{R_2 \cdot M}{L_2} \cdot I_{1A} + \Omega_2 \cdot \Psi_{2B} \tag{5.202}$$

Im Laplace-Bereich gilt somit (Faltung):

$$\Psi_{2A}(s) = \frac{1}{1 + s T_2} \cdot \left(M \cdot I_{1A}(s) + \frac{L_2}{R_2} \cdot \Omega_2(s) * \Psi_{2B}(s) \right) \tag{5.203}$$

$$\text{mit} \quad T_2 = \frac{L_2}{R_2}$$

Ω_2 kann aus der Spannungsgleichung für den Rotorkreis gewonnen werden:

$$\frac{d\Psi_{2B}}{dt} + \frac{R_2}{\sigma L_2} \cdot \Psi_{2B} = \frac{R_2 \cdot M}{\sigma L_1 L_2} \cdot \Psi_{1B} - \Omega_2 \cdot \Psi_{2A} + U_{2B} \tag{5.204}$$

Mit $U_{2B}=0$ und $\Psi_{1B}=0$ erhält man:

$$\Omega_2 = -\frac{\dfrac{d\Psi_{2B}}{dt} + \dfrac{R_2}{\sigma L_2} \cdot \Psi_{2B}}{\Psi_{2A}} \tag{5.205}$$

Für Ψ_{2B} läßt sich schreiben:

$$\Psi_{2B} = -\frac{\sigma L_1 L_2}{M} \cdot I_{1B} \tag{5.206}$$

Es ergibt sich als **Steuerbedingung**:

$$\Omega_2 = \frac{\dfrac{\sigma L_1 L_2}{M} \cdot \dfrac{dI_{1B}}{dt} + \dfrac{R_2 \cdot L_1}{M} \cdot I_{1B}}{\Psi_{2A}} \tag{5.207}$$

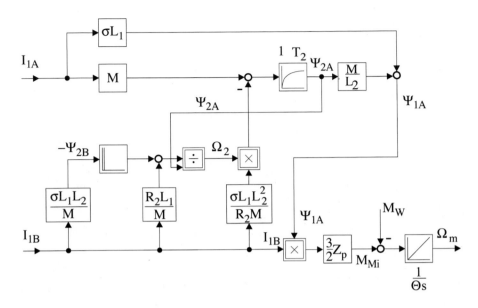

Abb. 5.46: *Signalflußplan der ASM bei Orientierung des K–Systems am Statorfluß Ψ_{1A} und eingeprägten Statorströmen*

Damit kann man den Signalflußplan mit eingeprägten Statorströmen I_{1A} und I_{1B} und Orientierung des K–Koordinatensystems am Statorfluß Ψ_{1A} zeichnen (Abb. 5.46). Dieser Signalflußplan setzt eine ausreichende Dimensionierung der Spannungsgrenze des Umrichters voraus, um die dynamische Einprägung der Statorströme zu ermöglichen.

Aus den Gleichungen der Asynchronmaschine können – unter den Randbedingungen $\Psi_{1B} = d\Psi_{1B}/dt = 0$ der Statorflußorientierung – die Spannungsgleichungen abgeleitet werden:

$$U_{1A} \;=\; \frac{d\Psi_{1A}}{dt} + R_1 \cdot I_{1A} \tag{5.208}$$

$$U_{1B} \;=\; \Omega_K \cdot \Psi_{1A} + R_1 \cdot I_{1B} \tag{5.209}$$

Die Einprägung der Statorströme stellt an den Umrichter bei hohen dynamischen Forderungen höhere Anforderungen als die Einprägung der Statorspannungen. Dies ist insbesondere aus Abb. 5.46 und den obigen Gleichungen zu erkennen.

Wenn Ψ_{1A} mit gegebener Dynamik geändert werden soll (Feldschwächbereich), dann muß U_{1A} eine entsprechende Spannungsreserve haben. Eine Änderung von I_{1B} mit gegebener Dynamik des Drehmoments führt zu einer Änderung von Ω_2 nach Gl. (5.207) und damit – über das Übertragungsglied mit T_2 als Zeitkonstante – zu einer Änderung von Ψ_{2A} und Ψ_{1A}.

Abbildung 5.47 stellt das dreiphasige Gesamtsystem dar.

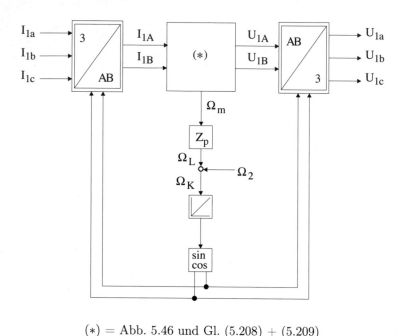

$$(*) = \text{Abb. 5.46 und Gl. (5.208)} + (5.209)$$

Abb. 5.47: *Ersatzschaltbild einer ASM mit Speisung durch einen Umrichter mit ein-geprägten Statorströmen*

5.7.2   Steuerverfahren bei Rotorflußorientierung

Statt der Orientierung des Koordinatensystems K am Statorfluß kann das Koordinatensystem K auch am Rotorfluß orientiert werden (Rotorflußorientierung). In diesem Fall wird die reelle Achse des Koordinatensystems K so gelegt, daß sie in der Richtung von Ψ_{2A} liegt und somit $\Psi_{2B} = 0$ ist. Bei den folgenden Ableitungen soll zusätzlich eine Kurzschlußläufermaschine angenommen werden ($U_{2A}=U_{2B}=0$). Damit ergibt sich der Signalflußplan nach Abb. 5.48.

Um die Rotorflußorientierung zu garantieren, d.h. $\Psi_{2B} = 0$, $d\Psi_{2B}/dt = 0$ einzuhalten, muß die aus dem Signalflußplan abzuleitende Steuerbedingung

$$\Psi_{2A} \cdot \Omega_2 = \Psi_{1B} \cdot \frac{M \cdot R_2}{\sigma L_1 L_2} \tag{5.210}$$

eingehalten werden.

Der Signalflußplan der ASM bei <u>eingeprägten Statorspannungen</u> und Rotorflußorientierung ist immer noch relativ kompliziert. Eine gewisse Vereinfachung kann wie folgt erreicht werden:

<u>stationärer Fluß Ψ_{2A} = const. bzw. Ankerstellbereich mit $\Psi_{2A} = \Psi_{2N}$ und eingeprägten Statorspannungen</u>

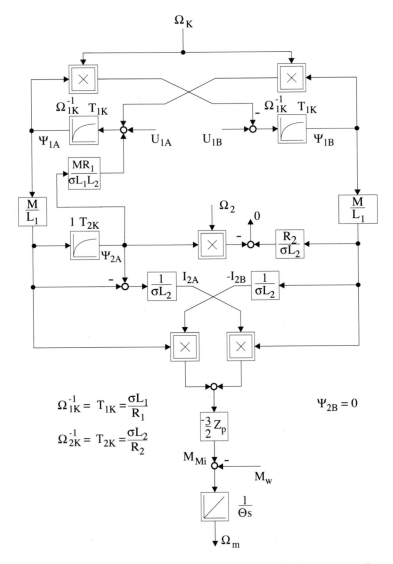

Abb. 5.48: *Signalflußplan der ASM bei Orientierung des K–Systems am Rotorfluß Ψ_{2A} und eingeprägten Statorspannungen*

Aus dem Signalflußplan (Abb. 5.48) ist zu erkennen, daß im stationären Betrieb bei $\Psi_{2A} = $ const. oder im Ankerstellbereich mit $\Psi_{2A} = \Psi_{2N} = $ const. gilt:

$$\frac{d\Psi_{2A}}{dt} = 0 \quad \text{und } \Psi_{2A} = \text{ const.} \tag{5.211}$$

Aus dem Signalflußplan (Abb. 5.48) ergibt sich, daß **stationär** gilt:

$$\Psi_{1A} = \Psi_{2A} \cdot \frac{L_1}{M} \quad \text{bzw.} \quad \Psi_{2A} = \Psi_{1A} \cdot \frac{M}{L_1} \tag{5.212}$$

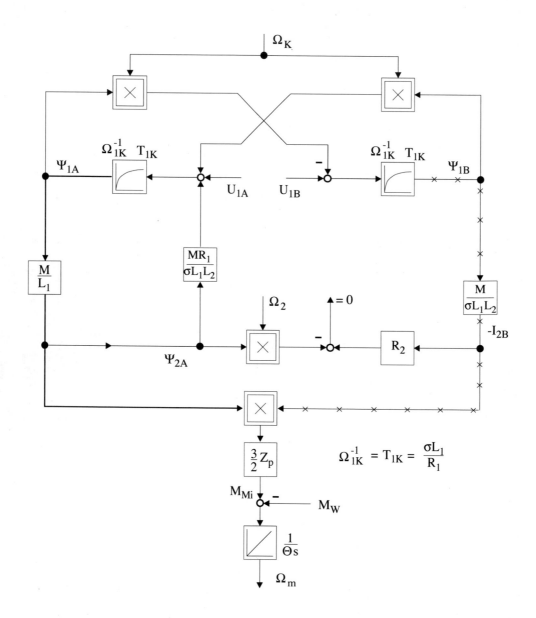

Abb. 5.49: *Signalflußplan der ASM bei Rotorflußorientierung ($\Psi_{2B} = d\Psi_{2B}/dt = 0$) und stationärem Fluß bzw. Ankerstellbereich ($\Psi_{2A} = const.$)*

und der Strom $I_{2A}=0$ ist, weil der Fluß Ψ_{2A} über M/L_1 nur vom Statorfluß Ψ_{1A} vorgegeben wird.

In diesem Fall kann der Signalflußplan im stationären Betrieb für Ψ_{2A} = const. weiter vereinfacht werden zu Abb. 5.49. Aus dem Signalflußplan sind die Unterschiede zu dem Beispiel mit Statorflußorientierung zu erkennen. Das Drehmoment M_{Mi} kann bei Ψ_{2A} = const. und Rotorflußorientierung mit $\Psi_{2B}=d\Psi_{2B}/dt=0$ direkt über Ψ_{1B} gesteuert werden.

Allerdings muß, um $\Psi_{2B}=d\Psi_{2B}/dt=0$ sicherzustellen, gelten:

$$\Omega_2 \cdot \Psi_{2A} = -R_2 \cdot I_{2B} = \frac{R_2 \cdot M}{\sigma L_1 L_2} \cdot \Psi_{1B} = \frac{M}{L_1} \cdot \Omega_{2K} \cdot \Psi_{1B} \tag{5.213}$$

und somit die **Steuerbedingung**

$$\Omega_2 = \frac{M}{L_1} \cdot \Omega_{2K} \cdot \frac{\Psi_{1B}}{\Psi_{2A}} = \frac{R_2 \cdot M}{\sigma L_1 L_2} \cdot \frac{\Psi_{1B}}{\Psi_{2A}} \tag{5.214}$$

eingehalten werden.

Für das Drehmoment ergibt sich:

$$M_{Mi} = \frac{3}{2} \cdot Z_p \cdot \frac{M}{\sigma L_1 L_2} \cdot \Psi_{2A} \cdot \Psi_{1B} \tag{5.215}$$

$$\text{bzw.} \quad M_{Mi} = \frac{3}{2} \cdot Z_p \cdot \frac{M^2}{\sigma L_1^2 L_2} \cdot \Psi_{1A} \cdot \Psi_{1B} \tag{5.216}$$

$$\text{oder} \quad M_{Mi} = \frac{3}{2} \cdot Z_p \cdot \frac{\Psi_{2A}^2}{R_2} \cdot \Omega_2 \tag{5.217}$$

Der Fluß Ψ_{1B} ist mit U_{1B} direkt steuerbar. Für die Statorseite gilt im Laplace-Bereich:

$$\left(U_{1A}(s) + \Omega_K(s) * \Psi_{1B}(s) + \frac{M \cdot R_1}{\sigma L_1 L_2} \cdot \Psi_{2A}(s) \right) \cdot \frac{\Omega_{1K}^{-1}}{1 + sT_{1K}} = \Psi_{1A}(s) \tag{5.218}$$

$$\left(U_{1B}(s) - \Omega_K(s) * \Psi_{1A}(s) \right) \cdot \frac{\Omega_{1K}^{-1}}{1 + sT_{1K}} = \Psi_{1B}(s) \tag{5.219}$$

$$\text{mit} \quad \Omega_{1K}^{-1} = T_{1K} = \frac{\sigma L_1}{R_1} \tag{5.220}$$

Damit ergibt sich im stationären Betrieb ($\Omega_K = \Omega_1$) für die erforderlichen Statorspannungen:

$$U_{1A} = \left(\frac{L_1}{M} - \frac{M}{L_2} \right) \cdot \Omega_{1K} \cdot \Psi_{2A} - \Omega_1 \cdot \Psi_{1B} \tag{5.221}$$

$$U_{1B} = \frac{L_1}{M} \cdot \Psi_{2A} \cdot \Omega_1 + \Omega_{1K} \cdot \Psi_{1B} \tag{5.222}$$

$$\text{mit} \quad \Psi_{1B} = f(M_{Mi})$$

U_{1A} ist eine Funktion von Ψ_{1A} bzw. Ψ_{2A} und über $\Omega_1 \cdot \Psi_{1B}$ auch des Moments M_{Mi}. U_{1B} ist proportional zu Ψ_{1A} bzw. Ψ_{2A} und Ω_1 (Leerlaufbedingung) sowie zu Ψ_{1B} (Momenteinfluß).

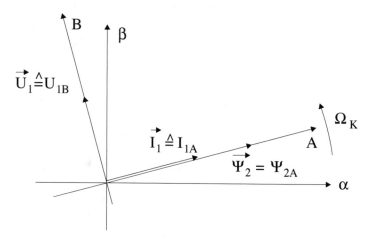

Abb. 5.50: *Raumzeiger bei Rotorflußorientierung; Bedingung: $R_1 = 0$ und $M_{Mi} = 0$ (Leerlauf)*

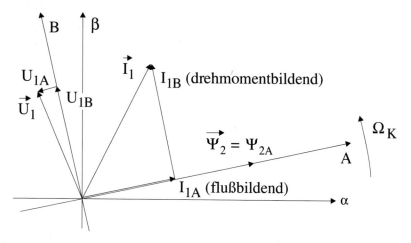

Abb. 5.51: *Raumzeiger bei Rotorflußorientierung; Bedingung: $R_1 = 0$ und $M_{Mi} \neq 0$*

Bei Leerlauf ($M_{Mi} = 0$ d.h. $\Psi_{1B} = 0$) und $R_1 = 0$ können die Raumzeiger wie in Abb. 5.50 gezeichnet werden.

Wenn $M_{Mi} \neq 0$ ist, haben beide Speisespannungen einen zusätzlichen Anteil, der von Ψ_{1B} (Momenteinfluß) abhängig ist (Abb. 5.51).

Eine Umformung der Spannungsgleichungen in $U_{1A} = f(M_{Mi}, \Omega_m)$ und $U_{1B} = f(M_{Mi}, \Omega_m)$ ist mit Hilfe folgender Gleichung möglich. Aus Kap. 5.4 und Gl. (5.101) ist bekannt:

$$\frac{d\Psi_{2A}}{dt} = -\frac{R_2}{\sigma L_2} \cdot \left(\Psi_{2A} - \frac{M}{L_1} \cdot \Psi_{1A}\right) + \Omega_2 \cdot \Psi_{2B} + U_{2A} \tag{5.223}$$

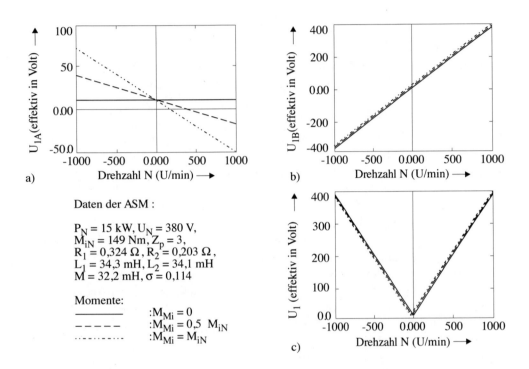

Daten der ASM :

P_N = 15 kW, U_N = 380 V,
M_{iN} = 149 Nm, Z_p = 3,
R_1 = 0,324 Ω, R_2 = 0,203 Ω,
L_1 = 34,3 mH, L_2 = 34,1 mH
M = 32,2 mH, σ = 0,114

Momente:

———————— : $M_{Mi} = 0$
— — — — : $M_{Mi} = 0{,}5 \; M_{iN}$
· · · · · · · · · : $M_{Mi} = M_{iN}$

Abb. 5.52: *Stationäre Kennlinien einer realen ASM bei konstantem Rotorfluß Ψ_{2A} (Ankerstellbereich)*

Mit $U_{2A} = \Psi_{2B} = 0$ und $\Psi_{2A} =$ const. $\Longrightarrow d\Psi_{2A}/dt = 0$ (stationär $\Omega_K = \Omega_1$) erhält man die erforderliche Statorfrequenz und Statorspannung im stationären Betrieb:

$$\Psi_{1A} = \frac{L_1}{M} \cdot \Psi_{2A} \tag{5.224}$$

Aus Gl. (5.215) ergibt sich:

$$\Psi_{1B} = \frac{2}{3} \cdot \frac{1}{Z_p} \cdot \frac{\sigma L_1 L_2}{M} \cdot \frac{M_{Mi}}{\Psi_{2A}} \tag{5.225}$$

und mit Gl. (5.217) sowie $\Omega_1 = Z_p \cdot \Omega_m + \Omega_2$:

$$\Omega_1 = Z_p \cdot \Omega_m + \frac{2}{3} \cdot \frac{R_2}{Z_p} \cdot \frac{M_{Mi}}{\Psi_{2A}^2} \tag{5.226}$$

Einsetzen in Gl. (5.221) und (5.222) führt zu:

$$U_{1A} = \frac{R_1}{\sigma L_1} \cdot \left(\frac{L_1}{M} - \frac{M}{L_2} \right) \cdot \Psi_{2A}$$

$$- \frac{4}{9} \cdot \frac{R_2 \cdot \sigma L_1 L_2}{Z_p^2 \cdot M} \cdot \frac{M_{Mi}^2}{\Psi_{2A}^3} - \frac{2}{3} \cdot \frac{\sigma L_1 L_2}{M} \cdot \frac{M_{Mi}}{\Psi_{2A}} \cdot \Omega_m \qquad (5.227)$$

$$U_{1B} = \frac{2}{3} \cdot \frac{R_2 L_1 + R_1 L_2}{Z_p \cdot M} \cdot \frac{M_{Mi}}{\Psi_{2A}} + Z_p \cdot \frac{L_1}{M} \cdot \Psi_{2A} \cdot \Omega_m \qquad (5.228)$$

Die Kennlinien in Abb. 5.52 erhält man durch Einsetzen der Daten einer realen ASM.

Dynamisches Verhalten:

Aus den Signalflußplänen in Abb. 5.48 und 5.49 ist zu erkennen, daß das Moment M_{Mi} bei **konstantem** Rotorfluß Ψ_{2A} (Ankerstellbereich und Feldschwächbereich) direkt über I_{2B} bzw. Ψ_{1B} gesteuert werden kann. Der Fluß Ψ_{1B} ist seinerseits wiederum mit der Zeitverzögerung T_{1K} über die Spannung U_{1B} steuerbar. Somit liegen vergleichbare Verhältnisse wie bei der Gleichstrommaschine vor.

Im allgemeinen sind aber im Feldschwächbereich auch Änderungen des Flusses Ψ_{2A} bei Übergangsvorgängen notwendig. In diesem Fall muß die Zeitverzögerung T_{2K} zwischen Ψ_{1A} und Ψ_{2A} beachtet werden (Abb. 5.48).

Aus dem Signalflußplan Abb. 5.53 erkennt man, wie das Moment dynamisch über Ψ_{1A} und Ψ_{1B} gesteuert werden kann, wenn Ω_2 (elektrische Kreisfrequenz des K–Systems gegenüber dem Rotor) so gewählt wird, daß $\Psi_{2B} \equiv 0$ ist.

In der Realität sind als Stellgrößen aber nicht die Flußkomponenten verfügbar, sondern U_1 bzw. I_1. Im folgenden soll der Signalflußplan für Stromeinprägung hergeleitet werden, d.h. mit I_{1A} und I_{1B} als Eingangsgrößen. Ausgangspunkt ist die Momentgleichung

$$M_{Mi} = \frac{3}{2} \cdot Z_p \cdot \frac{M}{L_1} \cdot (\Psi_{1B} \cdot I_{2A} - \Psi_{1A} \cdot I_{2B}) \qquad (5.229)$$

Aus den Grundgleichungen nach Kap. 5.4 lassen sich für $\Psi_{2B} = 0$ folgende Beziehungen herleiten:

$$\Psi_{1B} = \sigma L_1 \cdot I_{1B} \qquad (5.230)$$

$$I_{2A} = \frac{1}{\sigma L_2} \cdot \Psi_{2A} - \frac{M}{\sigma L_1 L_2} \cdot \Psi_{1A} \qquad (5.231)$$

$$I_{2B} = - \frac{M}{\sigma L_1 L_2} \cdot \Psi_{1B} = - \frac{M}{L_2} \cdot I_{1B} \qquad (5.232)$$

Setzt man diese Beziehung in die Momentgleichung (5.229) ein, erhält man:

$$M_{Mi} = \frac{3}{2} \cdot Z_p \cdot \frac{M}{L_2} \cdot I_{1B} \cdot \Psi_{2A} \qquad (5.233)$$

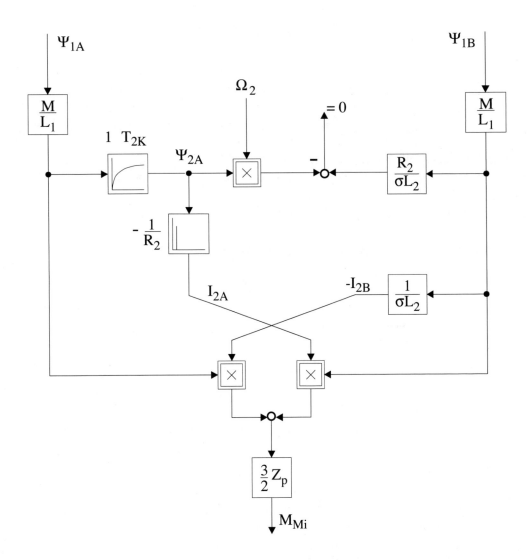

Abb. 5.53: *Umgeformter Signalflußplan bei Rotorflußorientierung*

Wie man sieht, kann bei Orientierung des K–Systems am Rotorfluß Ψ_{2A} das Drehmoment M_{Mi} über die Stromkomponente I_{1B} verzögerungsfrei gesteuert werden. Für die Steuerung von Ψ_{2A} erhält man aus den Grundgleichungen (mit $\Psi_{2B}=0$) eine Differentialgleichung 1. Ordnung:

$$\frac{d\Psi_{2A}}{dt} \;=\; -\frac{R_2}{\sigma L_2}\cdot\left(\Psi_{2A} - \frac{M}{L_1}\cdot\Psi_{1A}\right)$$

$$=\; -\frac{R_2}{\sigma L_2}\cdot\left[\Psi_{2A} - \frac{M}{L_1}\cdot\left(\frac{M}{L_2}\cdot\Psi_{2A} + \sigma L_1 I_{1A}\right)\right] \qquad (5.234)$$

$$\Longrightarrow\quad \frac{d\Psi_{2A}}{dt} \;+\; \frac{R_2}{L_2}\cdot\Psi_{2A} \;=\; M\cdot\frac{R_2}{L_2}\cdot I_{1A} \qquad (5.235)$$

Ψ_{2A} kann also mit der Zeitkonstanten $T_2 = L_2/R_2$ über die Stromkomponente I_{1A} gesteuert werden (Transformation in den Laplace-Bereich):

$$\Psi_{2A}(s) \;=\; M\cdot I_{1A}(s)\cdot\frac{1}{1+sT_2} \qquad \text{mit}\quad T_2 = \frac{L_2}{R_2} \qquad (5.236)$$

In Abb. 5.54 sind diese Zusammenhänge dargestellt.

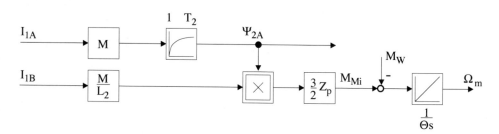

Abb. 5.54: *Signalflußplan der ASM bei Orientierung des K–Systems am Rotorfluß Ψ_{2A} und eingeprägten Statorströmen*

Wie schon in Kap. 5.7.1 dargelegt, muß generell daran erinnert werden, daß Ω_K beispielsweise bei einer Momentänderung kurzzeitige Frequenzänderungen aufweist gegenüber dem stationären Betriebszustand. Diese Frequenzänderungen sind notwendig, um den resultierenden Phasenänderungen, die durch die Änderungen von U_{1A} und U_{1B} bzw. I_{1A} und I_{1B} bedingt sind, zu folgen. Dies gilt unabhängig davon, ob die Asynchronmaschine mit konstantem Stator- oder Rotorfluß betrieben wird, oder ob ein Umrichter mit eingeprägter Spannung oder eingeprägtem Strom eingesetzt wird.

Das dynamische Verhalten des Stellglieds und die zugehörige Signalverarbeitung werden in Kapitel 13.2.2 erläutert.

5.7.3   Asynchronmaschine am Umrichter mit eingeprägtem Statorstrom

Mit Regelkreisen können statt der Spannung auch die Statorströme eingeprägt werden. Beispielhaft sollen für den A-Teil der Statorseite die Zusammenhänge aus Abb. 5.24 und Rotorflußorientierung dargestellt werden.

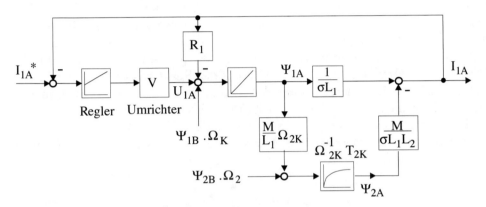

Abb. 5.55: *Signalflußplan der Statorstromregelung für den A-Teil der Statorseite*

Wie aus dem Signalflußplan (Abb. 5.55) zu erkennen ist, greifen in den Regelkreis einige Störgrößen ein. Die erste Störgröße ist $\Psi_{1B} \cdot \Omega_K$, wenn das Drehmoment M_{Mi} verstellt wird. Die zweite Störgröße ist die Rückwirkung von Ψ_{1A} über den Rotorfluß, und die dritte Störgröße ist $\Psi_{2B} \cdot \Omega_2$, wenn es dynamisch nicht gelingt, den Fluß Ψ_{2B} in jedem Betriebszustand bei Null zu halten.

Aus den Ableitungen ist bekannt, daß das Moment über Ω_2 gesteuert wird. Daher muß entsprechend den Momentanforderungen Ω_2 verstellbar sein. Der Fluß Ψ_{2A} wird der Verstellung von Ψ_{1A} bzw. Ω_2 verzögert mit der Zeitkonstanten T_{2K} folgen.

Der Störgrößeneinfluß von Ψ_{1A} und $\Psi_{2B} \cdot \Omega_2$ kann durch eine sehr schnelle Regelung des Stroms verringert werden. Allerdings muß das Stellglied V dann eine ausreichende Spannungsreserve besitzen.

5.8   Linearmaschinen

Asynchrone Linearmaschinen sind eine Alternative zu den bisher beschriebenen Asynchronmaschinen, Abbildungen 5.14 und 5.22. Sie werden in der Fördertechnik, in der Montagetechnik und neuerdings auch bei Lifts zur flexiblen Personenbeförderung eingesetzt. Die Linearmaschine wird je nach Einsatzgebiet als Einzelkamm – nur einseitig zur Reaktionsschiene - als Doppelkamm – zweiseitig um die Reaktionsschiene angeordnet oder als Solenoid- ein Rohr umfassend aufgebaut, Abbildung 5.59 [604, 605, 608]. Bei Einzelkamm-Linearmaschinen wird die Normalkraft als anziehende Kraft zwischen Stator und Reaktionsschiene wirksam, die etwa das Zehnfache der Vorschubkraft ist. Die Normalkraft wirkt sich nach außen bei den Linearmaschinen mit Doppelkamm und Solenoid bei entsprechender Führung nicht aus. Bei den Linearmaschinen ist der Luftspalt größer als bei der Asynchronmaschinen mit Rotor, dadurch bedingt nehmen der Streufluss und die Streuinduktivität zu. Außerdem ist zu beachten, dass die Linearmaschinen in de Baugröße endlich sind und es somit Randzonen gibt, durch die Streuung erheblich zunimmt. Unter Vernachlässigung der Randzonen können die Gleichungen in Kapitel 5 „Asynchronmaschinen" verwendet werden. Die Abbildung 5.56 zeigt die vom Drehmoment umgerechnete Schubkraft einer Asynchronmaschine mit Rotor und eine Linearmaschine. Aufgrund der größeren Streuung nimmt das Kippmoment ab und aufgrund des Materials der Reaktionsschiene mit höherem Widerstand ist ein höherer Schlupf notwendig, dies resultiert in einem ungünstigeren Wirkungsgrad, Abbildung 5.58. Der Verschiebungsfaktor ist wegen der größeren Streuung bei der Linearmaschine ungünstiger, Abbildung 5.57. Unabhängig von den beschriebenen Einschränkungen der Linearmaschinen können die regelungstechnischen Modelle verwendet werden.

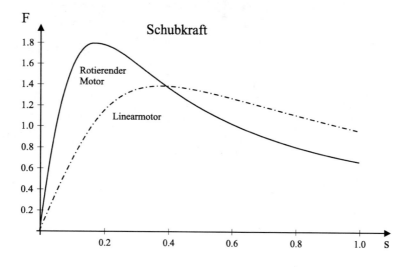

Abb. 5.56: *Vergleich der Schubkraft $F = f(s)$ des rotierenden und des linearen Asynchronmotors*

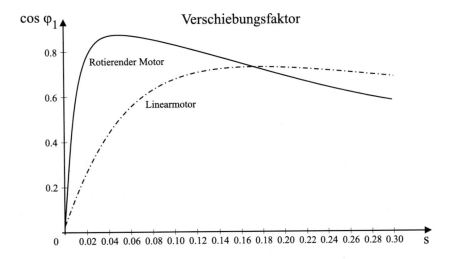

Abb. 5.57: *Vergleich des Verschiebungsfaktors* $\cos\varphi_1$ *des rotierenden und des linearen Asynchronmotors*

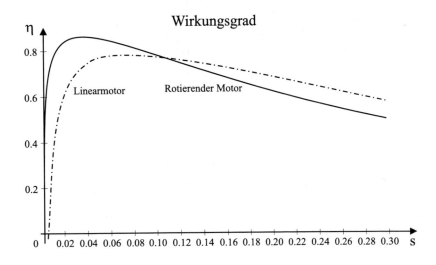

Abb. 5.58: *Vergleich des Wirkungsgrades* $\eta = f(s)$ *des rotierenden und des linearen Asynchronmotors*

Blechpaket
Wicklung

PM-Magnet

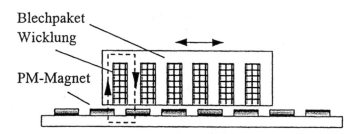

a   Einzelkammmotor, Wicklung im Eisenkern

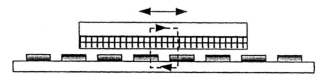

b   Einzelkammmotor, Wicklung ohne Eisenk.

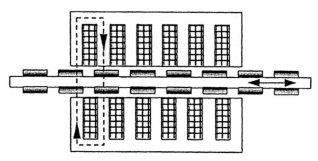

c Doppelkammmotor, Wicklung im Eisenkern

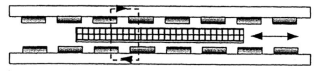

d Doppelkammmotor, Wicklung ohne Eisenk.

Abb. 5.59: *Ausführungen von Linearmotoren*

6 Synchronmaschine

6.1 Funktionsweise von Synchronmaschinen

In Kap. 5.2 wurde die prinzipielle Funktionsweise der Asynchronmaschine und im besonderen die Drehfelderzeugung und die Drehmomentbildung erläutert. Bezüglich der Drehfelderzeugung sind die in Abschnitt 5.2.1 ausführlich beschriebenen Vorgänge direkt auf die Synchronmaschine übertragbar, da der Stator einer Synchronmaschine mit demjenigen einer Asynchronmaschine identisch aufgebaut ist. In beiden Maschinentypen sind im Stator mit der Polpaarzahl $Z_p = 1$ drei räumlich um jeweils 120° versetzte Wicklungen angeordnet, die von einem Drehspannungssystem gespeist werden. Somit entsteht bei der Synchronmaschine auf die selbe Weise wie bei der Asynchronmaschine ein umlaufendes Drehfeld.

Der Unterschied zwischen Synchron- und Asynchronmaschine beschränkt sich daher ausschließlich auf den Aufbau des Rotors. Im Gegensatz zur Asynchronmaschine mit ihrem Käfigläufer ist der Rotor einer Schenkelpolmaschine ein zweipoliger Anker (siehe Abbildung 6.1) aus Material mit hoher magnetischer Permeabilität. Dieser Rotor, das sogenannte Polrad, besitzt eine von Gleichstrom gespeiste Rotorwicklung, die ein magnetisches Rotor-Gleichfeld erzeugt, dies wird durch den Pfeil (d–Achse) in Abbildung 6.1 gekennzeichnet. Dies bedeutet, der Rotor wirkt wie ein Permanent–Magnet oder es sind – bei modernen Synchronmaschinen – direkt am/im Rotor Permanentmagnete angeordnet. Es ist einsichtig, daß der Rotor im idealen Leerlauf als magnetisch wirksame Komponente nun dem vom Stator erzeugten Magnetfeld in der Drehzahl und in der Positionierung synchron und phasengenau folgt, um im Leerlauf die beste Flußverkettung zu erreichen, d.h. der Rotor folgt der Drehzahl des vom Stator erzeugten Drehfeldes (siehe Kapitel 13.2.6.7 und Abb. 13.16). Falls die Frequenz des Drehspannungssystems, welches den Stator speist, variabel ist, wird somit auch die Drehzahl des Rotors variabel sein.

Um ein vertieftes Verständnis der Erzeugung des Drehmoments bei der Synchronmaschine zu erhalten, soll nochmals der Zusammenhang zwischen Magnetfeld und Oberflächenstrom am Beispiel Synchronmaschine erläutert werden. Aus den Ausführungen in den Abschnitten 13.2.6.4 und 13.2.6.7 geht hervor, daß gemäß

$$I \sim H \qquad (6.1)$$

© Springer-Verlag GmbH Deutschland, ein Teil von Springer Nature 2021
D. Schröder und R. Kennel, *Elektrische Antriebe – Grundlagen*,
https://doi.org/10.1007/978-3-662-63101-0_6

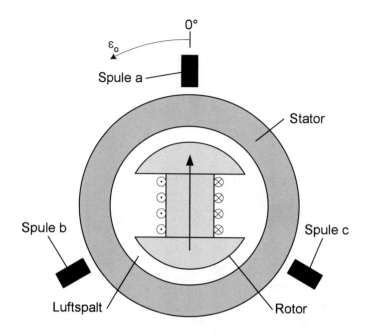

Abb. 6.1: *Schnittzeichnung der Synchronmaschine mit Erregerwicklung am Rotor*

jeder Stromfluss ein Magnetfeld erzeugt, und daß umgekehrt jedes Magnetfeld einen Oberflächenstrom im ferromagnetischen Material hervorruft. Das von der Erregerspule erzeugte magnetische Feld wird entsprechend Kapitel 13.2.6.4 und Abb. 13.12 an den beiden Köpfen des Schenkelpolrotors resultierende Oberflächenströme hervorrufen, die zu einem Oberflächen-Strombelag führen, wie in Abb. 6.2 dargestellt. Wenn nun ein Drehfeld durch die Statorströme erzeugt wird (Kapitel 5.2.1), dann wird aufgrund des Drehfeldes vom Stator zusammen mit den resultierenden Oberflächenstrombelägen an den Köpfen des Schenkelpols wiederum eine Lorentzkraft erzeugt. Im vorliegenden Fall in Abb. 6.2 hat die Orientierung des Stator-Drehfeldes stets exakt die gleiche Orientierung wie das Rotor-Gleichfeld und stimmt mit der Orientierung des Schenkelpols überein, so dass sich in Summe die resultierende Lorentzkraft zu Null und somit das Drehmoment ebenso zu Null ergibt.

Wenn allerdings ein Phasenwinkel zwischen beiden Orientierungen der magnetischen Felder und damit zwischen der Orientierung des Rotorfeldes und des Schenkelpols angenommen wird, dann ist die Symmetrie nicht mehr gegeben, und es wird ein Drehmoment erzeugt. Um dies im folgenden genauer zu erläutern, eignet sich die Einführung des sogenannten Polradwinkels ϑ.

Allgemein wird der Winkel zwischen dem Raumzeiger der Statorspannung $\vec{U}_1$ und dem Raumzeiger der Polradspannung $\vec{U}_P$ als ϑ bezeichnet. Wie aber den Abbildungen 6.23 und 11.12 zu entnehmen ist, tritt der Polradwinkel ϑ ebenso als Winkel ϑ zwischen der Orientierung d des Polrads und dem Raumzeiger $\vec{I}_\mu$ und damit der Orientierung des Statordrehfeldes auf. Im Gegensatz zu den

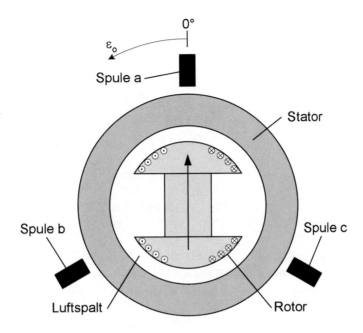

Abb. 6.2: *Schnittzeichnung der Synchronmaschine mit Oberflächenstrom im Rotor, erzeugt durch einen Permanentmagneten bzw. durch eine bestromte Erregerwicklung*

Abbildungen 6.1 und 6.2 stellen ab Abb. 6.3 ff. die Pfeile nun den sinusförmigen Statorstrombelag bzw. die vom Arbeitspunkt abhängige Orientierung des Stator–Drehfeldes dar. Da Motorbetrieb angenommen wird, muß bei positivem Drehmoment M_{Mi} das Drehfeld dem Polrad voreilen; bei Generatorbetrieb nacheilen. Die Stromverteilung an der Polrad–Oberfläche sind die Oberflächenströme aufgrund des Erreger–Gleichfeldes.

In der linken Zeichnung der Abbildung 6.3 ist der symmetrische Fall aufgezeichnet, d.h. das Maximum des sinusförmigen Stator-Strombelags stimmt in der Orientierung mit der Symmetrieachse des Polschenkels überein, der Polradwinkel ϑ ist in diesem Falle $\vartheta = 0$. Die Oberflächenströme fließen auf beiden Seiten eines Polschenkels in entgegengesetzte Richtungen. Da das Maximum des Stator-Drehfeldes mit der Symmetrieachse des Rotors zusammenfällt, liegen ausgewogene Verhältnisse vor. Aus diesem Grund gleichen sich die entstehenden Kräfte vollständig aus. Wegen dieser Kompensation ist keine Kraftwirkung zu erwarten, für den Polradwinkel $\vartheta = 0$ kann daher kein Drehmoment entstehen.

Anders gestalten sich die Verhältnisse bei unsymmetrischer Feldverteilung. Stimmt die Symmetrieachse des Rotors nicht mit dem Maximum des Stator-Drehfeldes überein, so befindet sich ein Teil des Polschenkels in einem stärkeren Stator-Drehfeld als der andere Teil. In der rechten Zeichnung der Abbildung 6.3 ist ein Polradwinkel von $\vartheta = 55$ eingetragen, d.h. der wandernde Stator-Strombelag ist um $\vartheta = 55$ gegenüber dem Rotor verdreht. Nachdem sich hier die linke Hälfte des Schenkels im Bereich des maximalen Feldes befindet,

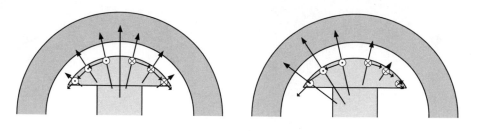

Polradwinkel $\vartheta = 0°$ Polradwinkel $\vartheta = 55°$

Abb. 6.3: *Entstehende Lorentzkräfte bei den Polradwinkeln 0° (linke Zeichnung) und 55° (rechte Zeichnung)*

kann dort auch die maximale Lorentzkraft erwartet werden. Die rechte Hälfte liegt dagegen wegen der sinusförmigen Feldverteilung im Bereich reduzierter Feldstärken, weshalb sich dort niedrige Lorentzkräfte ergeben. Auch im Falle positiver Polradwinkel wirken die Lorentzkräfte an beiden Hälften des Polschenkels in entgegengesetzte Richtungen, aber aufgrund der sinusförmigen Feldverteilung fallen deren Beträge ungleich aus. Es tritt daher keine vollständige Kompensation der Kräfte ein, sondern es verbleibt ein Differenzbetrag, um die Maschine anzutreiben.

Offensichtlich wird das größtmögliche Drehmoment bei einem Polradwinkel von $\vartheta_0 = 90$ erreicht, wenn sich der Polschenkel über 180° erstreckt (Vollpolmaschine). Nachdem, bedingt durch die sinusförmige Feldverteilung, beide Hälften des Polschenkels von einem Feld in entgegengesetzter Richtung durchflutet werden, entsteht — zusammen mit den entgegengerichteten Oberflächenströmen — eine einheitliche Kraftrichtung, wie in Abbildung 6.4 dargestellt ist. Da das

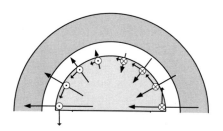

Polradwinkel $\vartheta = 90°$

Abb. 6.4: *Entstehende Lorentzkräfte beim Polradwinkel 90°*

Feld um 90° gegenüber dem Anker verdreht ist, tritt an der Stelle 0 sowohl ein Vorzeichenwechsel im Luftspaltfeld auf, als auch ein Vorzeichenwechsel im Oberflächenstrom. Diese zweifache Vorzeichenumkehr ist ausschlaggebend dafür, daß bei der Addition der Einzelkräfte keine kompensierenden Effekte auftreten, die zu einer Verringerung des Drehmomentes führen.

In den folgenden Kapiteln werden die Gleichungen sowie die Signalflußpläne der verschiedenen Ausführungsformen der Synchronmaschinen dargestellt und daraus u.a. die Steuerbedingungen der verschiedenen Betriebsarten abgeleitet. Um den Einstieg zu ermöglichen, sei u.a. auf die Kapitel 5.3 und 5.4 hingewiesen, die wesentliche Grundlagen für das Verständnis enthalten.

Um die Signalflußpläne nicht allzu komplex werden zu lassen, sollen folgende vereinfachende Annahmen gelten:

- Die Magnetisierungskennlinie wird linear angenommen;

- Haupt- und Gegeninduktivitäten der Maschine können in Längs- und Querrichtung verschieden sein;

- der Stator besitzt eine symmetrische dreisträngige Wicklung, die in eine mit dem Rotor rotierende äquivalente zweisträngige Wicklung umgerechnet werden kann;

- das speisende Drehspannungssystem ist symmetrisch, starr und enthält keine Nullkomponente;

- die rotorseitigen Parameter sind auf den Statorkreis umgerechnet;

- Einflüsse der Stromverdrängung in den Leitern bleiben unberücksichtigt;

- die Eisenverluste werden vernachlässigt;

- es wird nur die gegenseitige Dämpfung der magnetischen Grundfelder (einfacher Polpaarzahl) im Luftspalt betrachtet;

- Unsymmetrien eines ungleichmäßigen oder unvollständigen Dämpferkäfigs können in Form unsymmetrischer Widerstände und Induktivitäten der zweisträngigen Dämpfer-Ersatzwicklung berücksichtigt werden;

- die Erregerachse soll entweder mit der Mitte einer Dämpfermasche oder mit der Mitte eines Dämpferstabes fluchten;

- eine magnetische Kopplung von Erregerwicklung und Dämpferkäfig über die Nutenquerfelder (für den Fall, daß beide Wicklungen in gemeinsamen Nuten untergebracht sind) kann gegebenenfalls über eine erhöhte Gegeninduktivität M_{ED} berücksichtigt werden.

6.2   Synchron–Schenkelpolmaschine ohne Dämpferwicklung

6.2.1   Beschreibendes Gleichungssystem

Im folgenden Kapitel soll eine Schenkelpolmaschine vorausgesetzt werden. In diesem Fall ist der Rotor ein Polrad mit ausgeprägten Polen. Dieses Polrad trägt nur die Erregerwicklung der Synchronmaschine (Abb. 6.5). Falls die Schenkelpolmaschine eine Dämpferwicklung aufweist, muß dies durch ein zusätzliches dreiphasiges Wicklungssystem 3 berücksichtigt werden (Abb. 6.6).

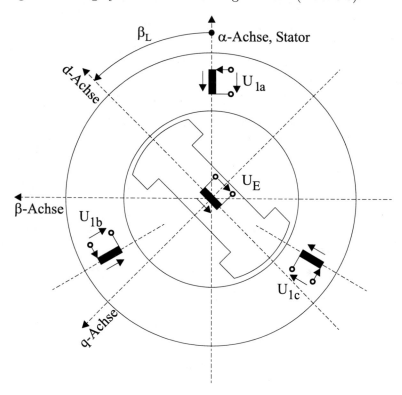

Abb. 6.5: *Synchron–Schenkelpolmaschine ohne Dämpferwicklung: Darstellung der Wicklungssysteme (Sternschaltung im Stator)*

Auf die Vorkenntnisse, die bei der Ableitung des Signalflußplans der allgemeinen Drehfeldmaschine erarbeitet wurden, wird im folgenden zurückgegriffen. Die Ableitungen der Gleichungen soll entsprechend *Laible* [69], *Fischer* [54] und *Bühler* [51] erfolgen.

Bei der Ableitung der Statorgleichungen der Synchronmaschine sind die Statorgleichungen der allgemeinen Drehfeldmaschine zu übertragen, da der Stator bei der Synchronmaschine auch ein dreiphasiges, symmetrisches Wicklungssystem aufweist. Dieses dreiphasige Wicklungssystem kann vorteilhaft in einem

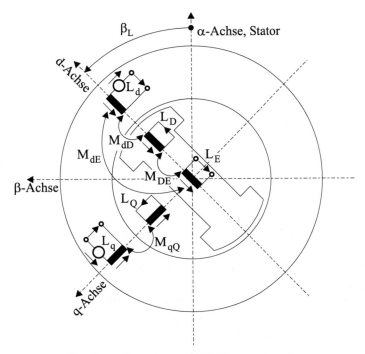

L_d, L_q : Statorsystem, Wicklungsystem 1

L_E : Polrad-Erregung, Wicklungssystem 2

L_D, L_Q: Dämpfersystem, Wicklungssystem 3

Abb. 6.6: *Synchron–Schenkelpolmaschine mit Dämpferwicklung: Darstellung im d-q–System*

Gleichungssystem mit einem statorfesten Koordinatensystem beschrieben werden.

Der Rotor weist nur die Erregerwicklung auf. Aufgrund des ausgeprägten Pols wird sich vorwiegend in der direkten Achse (d-Achse) des Polrades ein Fluß der Erregerwicklung ausbilden können. Wegen dieser besonderen konstruktiven Situation wird für den Rotor das mit dem **Rotor umlaufende Koordinatensystem L** jetzt mit den allgemein verwendeten Achsenbezeichnungen d und q gewählt (Abb. 6.5 und 6.6). Dies bedeutet, daß damit die Kreisfrequenz Ω_L des umlaufenden Koordinatensystems L (d,q) auf die mit der Polpaarzahl Z_p umgerechnete mechanische Winkelgeschwindigkeit Ω_m des Rotors festgelegt ist.

$$\Omega_L = Z_p \cdot \Omega_m \tag{6.2}$$

Wie bei der allgemeinen Drehfeldmaschine gilt für das Statorwicklungssystem die folgende Spannungsgleichung (S: statorfestes Koordinatensystem):

$$\vec{U}_1^S = R_1 \cdot \vec{I}_1^S + \frac{d\vec{\Psi}_1^S}{dt} \tag{6.3}$$

Wie bereits in Abb. 6.5 dargestellt, soll eine Winkeldifferenz β_L zwischen der statorfesten Koordinatenachse α und der auf das Polrad orientierten Koordinatenachse d bestehen. Es gilt:

$$\beta_L = \beta_{L0} + \int\limits_0^t \Omega_L(\tau)\, d\tau \tag{6.4}$$

mit β_{L0} als Anfangswert des Winkels zum Zeitpunkt Null und der elektrischen Winkelgeschwindigkeit Ω_L des Polrades, vom statorfesten Koordinatensystem aus betrachtet.

Wie in Kap. 5.3 soll nun in einem zweiten Schritt für die Wicklungssysteme des Stators und des Polrads das gemeinsame Koordinatensystem L gewählt werden. Im vorliegenden Fall der Schenkelpolmaschine ist es naheliegend, das Koordinatensystem L auf das ausgeprägte Polrad des Rotors entsprechend Abb. 6.5 zu orientieren.

Bei der Transformation der Spannungsgleichung des Stators muß außerdem beachtet werden, daß sowohl die Amplitude des Flusses Ψ_1 als auch die Lage relativ zum Koordinatensystem L zeitvariant sind. Es muß somit die Produktregel bei der Differentiation des Flusses angewendet werden, da die Differentiation sowohl nach der zeitvarianten Amplitude als auch nach der Lage erfolgen muß. Es ergibt sich somit:

$$\vec{U}_1^L = R_1 \cdot \vec{I}_1^L + \frac{d\vec{\Psi}_1^L}{dt} + j\Omega_L \cdot \vec{\Psi}_1^L \qquad \text{mit} \quad \frac{d\beta_L}{dt} = \Omega_L \tag{6.5}$$

Der zweite Term in Gl. (6.5) beschreibt die induzierte Spannung aufgrund der Amplitudenänderung, der dritte Term aufgrund der Lageänderung.
Die obige Gleichung (6.5) kann direkt in die d- und q–Komponenten zerlegt werden:

$$U_d = R_1 \cdot I_d + \frac{d\Psi_d}{dt} - \Omega_L \cdot \Psi_q \tag{6.6}$$

$$U_q = R_1 \cdot I_q + \frac{d\Psi_q}{dt} + \Omega_L \cdot \Psi_d \tag{6.7}$$

Ein vergleichbares Gleichungssystem hatte sich auch für das Statorsystem der allgemeinen Drehfeldmaschine ergeben.
Für die Gleichungen des Erregerkreises gilt entsprechend:

$$\vec{U}_E^L = R_E \cdot \vec{I}_E^L + \frac{d\vec{\Psi}_E^L}{dt} \tag{6.8}$$

Der hochgestellte Index L kann entfallen, da alle Gleichungen jetzt im gleichen Koordinatensystem vorliegen (nur d-Achse).

$$U_E = R_E \cdot I_E + \frac{d\Psi_E}{dt} \tag{6.9}$$

Wie bei der allgemeinen Drehfeldmaschine müssen noch die Flußverkettungen zwischen Stator und Rotor beschrieben werden.

Die Induktivitäten in der d- und q-Achse unterscheiden sich bei der Schenkelpolmaschine. Die Statorinduktivitäten sind L_d und L_q, die Polrad-Induktivität ist L_E, die Gegeninduktivitäten zwischen Stator und Polrad sind M_{dE} bzw. $M_{qE} = 0$ (siehe auch Abb. 6.6).

Aus den bisherigen Darstellungen und Abb. 6.5 folgt, daß bei der Schenkelpolmaschine ohne Dämpferwicklung nur eine Flußverkettung in der d-Achse über M_{dE} möglich ist.

Damit gilt:

$$\Psi_d \; = \; L_d \cdot I_d \; + \; M_{dE} \cdot I_E \tag{6.10}$$

$$\Psi_q \; = \; L_q \cdot I_q \tag{6.11}$$

$$\Psi_E \; = \; L_E \cdot I_E \; + \; M_{dE} \cdot I_d \tag{6.12}$$

Die Induktivitäten in der d- und q-Achse lassen sich in Streu- und Hauptinduktivitäten aufteilen. In der d-Achse entspricht die Hauptinduktivität der Gegeninduktivität.

$$L_d \; = \; L_{\sigma d} + L_{hd} \; = \; L_{\sigma d} + M_{dE}\,; \qquad L_q \; = \; L_{\sigma q} + L_{hq} \tag{6.13}$$

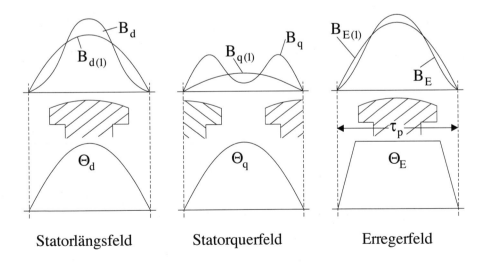

Statorlängsfeld	Statorquerfeld	Erregerfeld

Abb. 6.7: *Bestimmung der Grundwellenfelder bei gleicher Erreger- und Statordurchflutung ($\Theta = I \cdot w$: Amperewindungen)*

Zur Veranschaulichung der Durchflutungs- und Feldverhältnisse dient Abb. 6.7. Daraus ist zu entnehmen, daß die Grundwellen $B_{d(1)}$ bzw. $\Psi_{d(1)}$ und $B_{E(1)}$

bzw. $\Psi_{E(1)}$ deutlich größer als $B_{q(1)}$ bzw. $\Psi_{q(1)}$ sind. Entsprechend ist die Hauptinduktivität $L_{hd} > L_{hq}$ und die Streuinduktivität $L_{\sigma q} > L_{\sigma d}$, während $L_d > L_q$ ist.

Da wie bei der allgemeinen Drehfeldmaschine das erzeugte Drehmoment M_{Mi} und die mechanische Bewegungsgleichung unabhängig vom verwendeten Koordinatensystem sind, kann wie folgt aus Kap. 5.4 (siehe auch Kap. 9.2.2.2) übertragen werden:

$$M_{Mi} = \frac{3}{2} \cdot Z_p \cdot \left(\Psi_d \cdot I_q - \Psi_q \cdot I_d \right) \qquad (6.14)$$

Die Drehmomentgleichung (6.14) muß für die Schenkelpolmaschine noch interpretiert werden. Wenn Ψ_d und Ψ_q in die Gleichung eingesetzt werden, erhält man mit:

$$\Psi_d = L_d \cdot I_d + M_{dE} \cdot I_E \qquad (6.15)$$

$$\Psi_q = L_q \cdot I_q \qquad (6.16)$$

für das Drehmoment:

$$M_{Mi} = \frac{3}{2} \cdot Z_p \cdot \left(M_{dE} \cdot I_E \cdot I_q + (L_d - L_q) \cdot I_d \cdot I_q \right) \qquad (6.17)$$

Aus der Drehmomentgleichung (6.17) ist zu entnehmen, daß der erste Term aus der multiplikativen Verknüpfung des mit dem Stator verkoppelten Erregerflusses und des Statorstrombelags I_q entsteht. Im zweiten Term wird ein Drehmomentanteil beschrieben, der unabhängig vom Erregerstrom I_E ist. Wenn beispielsweise $I_E = 0$ gesetzt wird und eine Maschine mit ausgeprägten Polen des Polrads wie bei der Schenkelpolmaschine vorliegt, dann kann allein aufgrund von $L_d \neq L_q$ ein Drehmoment, das Reluktanzmoment (zweiter Term in Gl. (6.17)) erzeugt werden.

(Anmerkung: Im Fall der Vollpolmaschine (Turboläufer) ist $L_d = L_q$ und der zweite Term entfällt. Damit verbleibt bei der Vollpolmaschine $M_{Mi} \sim I_E \cdot I_q$. Es könnte nun die Frage entstehen, warum I_d in diesem Fall keinen Einfluß mehr auf die Drehmomentbildung hat, beim Blindleistungsbetrieb (Phasenschieber) aber I_E und I_d gleichberechtigt sind. Die Erklärung ist physikalisch: Es ist richtig, daß I_E und I_d beim Flußaufbau gleichberechtigt sind. Bei der Drehmomentbildung muß allerdings beachtet werden, daß die dreiphasige Statorwicklung, bedingt durch die Raumzeigerdarstellung, in zwei senkrecht zueinander angeordnete Statorwicklungen transformiert wird. Diese beiden senkrecht zueinander angeordneten Wicklungen führen die Ströme I_d und I_q; die Kraftwirkung wird aber vom Statorgehäuse aufgenommen und trägt nicht zum verfügbaren Moment M_{Mi} bei.)

Für eine Schenkelpolmaschine ohne Dämpferwicklung kann umgeformt werden:

$$M_{Mi} = \frac{3}{2} \cdot Z_p \cdot \left((M_{dE} \cdot I_{\mu d} + L_{\sigma d} \cdot I_d) \cdot I_q - L_q \cdot I_d \cdot I_q \right) \qquad (6.18)$$

mit $I_{\mu d} = I_d + I_E \qquad (6.19)$

Aus Gl. (6.18) ist mit $I_{\mu d}$ die Verkettung der Flüsse Ψ_d und Ψ_E entsprechend der Ströme zu erkennen. Es gelten aber die obigen Aussagen bei $L_d = L_q$ weiterhin.

Mit der mechanischen Gleichung kann der komplette Gleichungssatz (6.20) für die Synchron-Schenkelpolmaschine im d-q–System geschrieben werden als:

$$
\begin{aligned}
\Psi_d &= L_d \cdot I_d + M_{dE} \cdot I_E \\[2mm]
\Psi_q &= L_q \cdot I_q \\[2mm]
\Psi_E &= L_E \cdot I_E + M_{dE} \cdot I_d \\[2mm]
U_d &= R_1 \cdot I_d + \frac{d\Psi_d}{dt} - \Omega_L \cdot \Psi_q \\[2mm]
U_q &= R_1 \cdot I_q + \frac{d\Psi_q}{dt} + \Omega_L \cdot \Psi_d \\[2mm]
U_E &= R_E \cdot I_E + \frac{d\Psi_E}{dt} \\[2mm]
M_{Mi} &= \frac{3}{2} \cdot Z_p \cdot \left(M_{dE} \cdot I_E \cdot I_q + (L_d - L_q) \cdot I_d \cdot I_q \right) \\[2mm]
\Theta \cdot \frac{d\Omega_m}{dt} &= M_{Mi} - M_W \\[2mm]
\Omega_L &= Z_p \cdot \Omega_m
\end{aligned}
\tag{6.20}
$$

6.2.2   Synchron–Schenkelpolmaschine in normierter Darstellung

Das beschreibende Gleichungssystem (6.20) soll jetzt *normiert* werden. In einem ersten Schritt werden die Bezugswerte so gewählt, daß die Nähe zu den physikalischen Gleichungen möglichst gewahrt bleibt. Zur Vereinfachung der aus diesen Gleichungen ableitbaren Signalflußpläne werden dann in einem zweiten Schritt die Bezugswerte so gesetzt, daß sich die normierten Gleichungen und folglich auch die Signalflußpläne möglichst stark vereinfachen [51]. Dies ist vor allem aus regelungstechnischer Sicht sehr wünschenswert.

Die Bezugswerte für den Stator entsprechen den Daten der Maschine bei Nennbetrieb. Dabei sind U_{effN} und I_{effN} die Strangnenngrößen:

$$
U_N = \sqrt{2} \cdot U_{effN}; \qquad I_N = \sqrt{2} \cdot I_{effN}; \qquad T_N = \frac{1}{2\pi \cdot F_N}
\tag{6.21}
$$

Die abgeleiteten Bezugswerte sind dann:

$$\Psi_N = T_N \cdot U_N; \qquad R_N = \frac{U_N}{I_N}; \qquad L_N = \frac{\Psi_N}{I_N} = T_N \cdot \frac{U_N}{I_N} \qquad (6.22)$$

$$\Omega_N = \frac{1}{T_N} \text{ (elektrisch)}; \qquad \Omega_{0N} = \frac{1}{T_N \cdot Z_p} \text{ (mechanisch)} \qquad (6.23)$$

$$\Omega_{0N} = 2\pi \cdot N_{0N}; \qquad M_{iN} = \frac{3}{2} \cdot \frac{U_N \cdot I_N}{\Omega_{0N}} \qquad (6.24)$$

Induktivität und Reaktanz bei Nennfrequenz sind im normierten Fall gleich, z.B.:

$$l_d = \frac{L_d}{L_N} = \frac{2\pi \cdot F_N \cdot L_d}{Z_N} = x_d \; ; \qquad l_q = \frac{L_q}{L_N} = \frac{2\pi \cdot F_N \cdot L_q}{Z_N} = x_q \qquad (6.25)$$

Die mechanische und die elektrische Winkelgeschwindigkeit und die Drehzahl des Rotors (Polrad) sind normiert im stationären Betrieb gleich:

$$\omega_L = \frac{\Omega_L}{\Omega_N} \; ; \qquad \omega_m = \frac{\Omega_m}{\Omega_{0N}} \; ; \qquad n = \frac{N}{N_{0N}} \qquad (6.26)$$

$$\omega_L = \omega_m = n \qquad (6.27)$$

Mit diesen Bezugswerten können die Gleichungen (6.9) bzw. (6.6) und (6.7) normiert werden:

$$u_d = r_1 \cdot i_d + T_N \cdot \frac{d\psi_d}{dt} - \omega_L \cdot \psi_q \qquad (6.28)$$

$$u_q = r_1 \cdot i_q + T_N \cdot \frac{d\psi_q}{dt} + \omega_L \cdot \psi_d \qquad (6.29)$$

Es ist sinnvoll, den Erregerkreis (und später auch den Dämpferkreis) nicht mit den Bezugswerten für den Stator zu normieren. Die Bezugswerte hierfür lauten:

$$U_{EN} = I_{EN} \cdot R_{EN} \; ; \qquad I_{EN} = \frac{\Psi_{EN}}{L_{EN}} \; ; \qquad T_E = \frac{L_{EN}}{R_{EN}} = \frac{\Psi_{EN}}{U_{EN}} \qquad (6.30)$$

Um die Kopplung zwischen Stator- und Erregerkreis in normierter Darstellung zu beschreiben, wird noch der Bezugswert M_{dEN} für die Kopplungsinduktivität eingeführt:

$$M_{dEN} = \frac{\Psi_N}{I_{EN}} \qquad (6.31)$$

Durch Einsetzen erhält man nun:

$$u_E = r_E \cdot i_E + T_E \cdot \frac{d\psi_E}{dt} \qquad (6.32)$$

Die Momentgleichung und die bekannte mechanische Bewegungs-Differentialgleichung lauten normiert:

$$m_{Mi} = \psi_d \cdot i_q - \psi_q \cdot i_d \tag{6.33}$$

$$T_{\Theta N} \cdot \frac{d\omega_m}{dt} = m_{Mi} - m_W \qquad \text{mit} \quad T_{\Theta N} = \frac{\Theta \cdot \Omega_{0N}}{M_{iN}} \tag{6.34}$$

Die Normierung der Flußverkettungsgleichungen ergibt für ψ_d:

$$\psi_d = l_d \cdot i_d + m_{dE} \cdot i_E \tag{6.35}$$

Der Statorquerfluß ist unabhängig vom Strom der Erregerwicklung:

$$\psi_q = l_q \cdot i_q \tag{6.36}$$

Entsprechend Gl. (6.35) gilt für den Erregerfluß:

$$\psi_E = l_E \cdot i_E + m_{Ed} \cdot i_d \tag{6.37}$$

mit dem Kopplungsfaktor vom Rotor zum Stator:

$$m_{Ed} = m_{dE} \cdot \frac{M_{dEN}^2}{L_{EN} \cdot L_N} \tag{6.38}$$

Analog zum Gleichungssatz (6.20) der Synchron-Schenkelpolmaschine in unnormierter Darstellung im d-q–System kann für die normierte Darstellung der Gleichungssatz (6.39) aufgestellt werden:

$$
\begin{aligned}
\psi_d &= l_d \cdot i_d + m_{dE} \cdot i_E \\[1mm]
\psi_q &= l_q \cdot i_q \\[1mm]
\psi_E &= l_E \cdot i_E + m_{Ed} \cdot i_d \\[1mm]
u_d &= r_1 \cdot i_d + T_N \cdot \frac{d\psi_d}{dt} - \omega_L \cdot \psi_q \\[1mm]
u_q &= r_1 \cdot i_q + T_N \cdot \frac{d\psi_q}{dt} + \omega_L \cdot \psi_d \\[1mm]
u_E &= r_E \cdot i_E + T_E \cdot \frac{d\psi_E}{dt} \\[1mm]
m_{Mi} &= \psi_d \cdot i_q - \psi_q \cdot i_d \\[1mm]
T_{\Theta N} \cdot \frac{d\omega_m}{dt} &= m_{Mi} - m_W \\[1mm]
\omega_L &= \omega_m = n
\end{aligned}
\tag{6.39}
$$

Durch geschickte Wahl der Bezugswerte im Erregerkreis läßt sich nun der Gleichungssatz (6.39) noch weiter vereinfachen. So wird der Nenn-Erregerwiderstand R_{EN} gleich dem Erregerwiderstand R_E gesetzt, der Bezugswert L_{EN} für die Erregerinduktivität wird zu L_E gewählt und die Kopplungsinduktivität wird auf M_{dE} bezogen:

$$\boldsymbol{R_{EN} = R_E \; ; \; L_{EN} = L_E \; ; \; M_{dEN} = M_{dE} \; \Rightarrow \; r_E = l_E = m_{dE} = 1}$$
$$(6.40)$$

Durch diese Wahl der Bezugswerte entfallen im Gleichungssatz (6.39) die Größen r_E, l_E und m_{dE}; der Kopplungsfaktor m_{Ed} wird umgerechnet zu:

$$m_{Ed} \; = \; 1 \cdot \frac{M_{dE}^2}{L_E \cdot L_N} \cdot \frac{L_d}{L_d} \; = \; \frac{M_{dE}^2}{L_E \cdot L_d} \cdot l_d \; = \; (1 - \sigma_E) \cdot l_d \qquad (6.41)$$

mit dem Streufaktor σ_E

$$\sigma_E \; = \; 1 - \frac{M_{dE}^2}{L_d \cdot L_E} \qquad (6.42)$$

Es ergibt sich nunmehr der vereinfachte Gleichungssatz (6.43), der als Grundlage für alle weiteren Betrachtungen herangezogen wird.

$$\psi_d \; = \; l_d \cdot i_d \; + \; i_E$$

$$\psi_q \; = \; l_q \cdot i_q$$

$$\psi_E \; = \; i_E \; + \; (1 - \sigma_E) \cdot l_d \cdot i_d$$

$$u_d \; = \; r_1 \cdot i_d \; + \; T_N \cdot \frac{d\psi_d}{dt} \; - \; \omega_L \cdot \psi_q$$

$$u_q \; = \; r_1 \cdot i_q \; + \; T_N \cdot \frac{d\psi_q}{dt} \; + \; \omega_L \cdot \psi_d$$

$$u_E \; = \; i_E \; + \; T_E \cdot \frac{d\psi_E}{dt}$$

$$i_d \; = \; \frac{1}{\sigma_E \cdot l_d} \cdot \left(\psi_d - \psi_E \right) \qquad (6.43)$$

$$i_q \; = \; \frac{1}{l_q} \cdot \psi_q$$

$$i_E \; = \; \frac{1}{\sigma_E} \cdot \left(\psi_E - (1 - \sigma_E) \cdot \psi_d \right)$$

$$m_{Mi} \; = \; \psi_d \cdot i_q \; - \; \psi_q \cdot i_d$$

$$T_{\Theta N} \cdot \frac{d\omega_m}{dt} \; = \; m_{Mi} \; - \; m_W$$

$$\omega_L \; = \; \omega_m$$

6.2.3   Signalflußplan Synchron–Schenkelpolmaschine – Spannungseinprägung

Mit Hilfe des Gleichungssatzes (6.43) und

$$T_N \cdot \frac{d\psi_d}{dt} \; = \; u_d \, - \, r_1 \cdot i_d \, + \, \omega_L \cdot \psi_q \qquad\qquad (6.44)$$

$$T_N \cdot \frac{d\psi_q}{dt} \; = \; u_q \, - \, r_1 \cdot i_q \, - \, \omega_L \cdot \psi_d \qquad\qquad (6.45)$$

$$T_E \cdot \frac{d\psi_E}{dt} \; = \; u_E - i_E \qquad\qquad (6.46)$$

läßt sich nun der normierte Signalflußplan der Synchron-Schenkelpolmaschine im d-q–System zeichnen (Abb. 6.9).

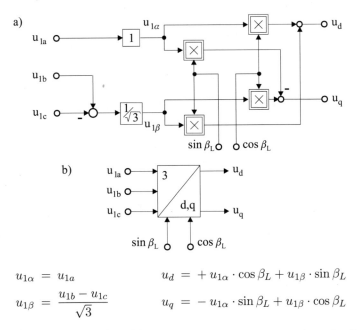

$$u_{1\alpha} = u_{1a} \qquad\qquad u_d = + u_{1\alpha} \cdot \cos\beta_L + u_{1\beta} \cdot \sin\beta_L$$

$$u_{1\beta} = \frac{u_{1b} - u_{1c}}{\sqrt{3}} \qquad\qquad u_q = - u_{1\alpha} \cdot \sin\beta_L + u_{1\beta} \cdot \cos\beta_L$$

Abb. 6.8: *Umwandlung der drei Phasenspannungen u_{1a}, u_{1b} und u_{1c} in die Spannungen u_d und u_q der Längs- und Querachse der Synchronmaschine: a) Signalflußplan, b) Blockdarstellung*

Das vollständige Blockschaltbild der Synchron-Schenkelpolmaschine ohne Dämpferwicklung im Dreiphasen-Drehstromsystem zeigt Abb. 6.10.

Die Koordinatenwandlung vom Dreiphasen-Drehstromsystem auf das d-q–System zeigt Abb. 6.8, und die Umwandlung der Drehzahl ω_L in die Funktionen $\sin\beta_L$ und $\cos\beta_L$ zeigt Abb. 6.11. Die Koordinatenwandlung vom d-q–System auf das Dreiphasen-Drehstromsystem zeigt Abb. 6.12

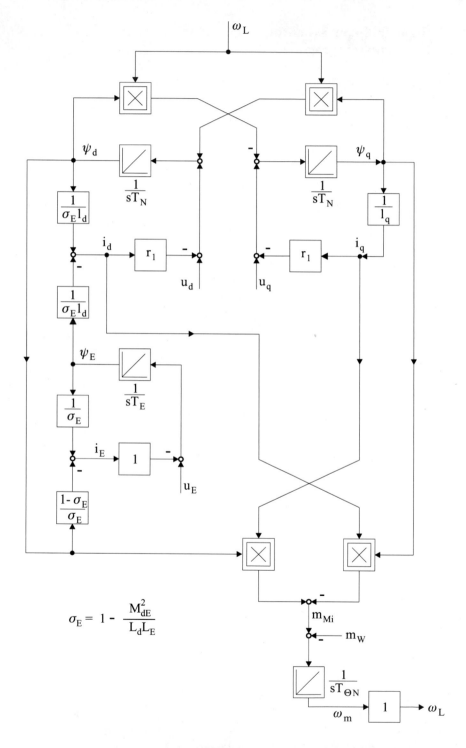

Abb. 6.9: *Normierter Signalflußplan der Synchron-Schenkelpolmaschine nach Glei-chungssatz (6.43)*

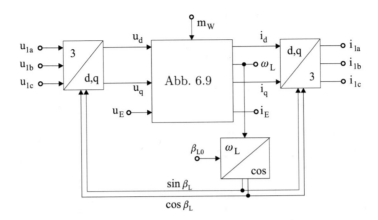

Abb. 6.10: *Blockschaltbild der Schenkelpolmaschine bei Vorgabe der Statorspannung*

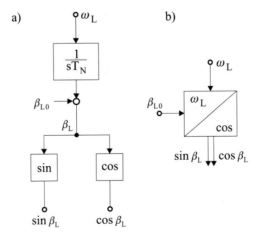

Abb. 6.11: *Umwandlung der Drehzahl ω_L in die Winkelfunktionen $\cos\beta_L$ und $\sin\beta_L$:*
a) Signalflußplan, b) Blockdarstellung

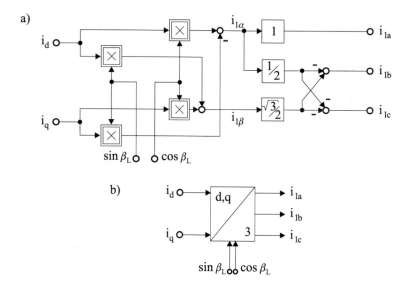

$$i_{1\alpha} = i_d \cdot \cos \beta_L - i_q \cdot \sin \beta_L \qquad i_{1a} = i_{1\alpha}$$

$$i_{1\beta} = i_d \cdot \sin \beta_L + i_q \cdot \cos \beta_L \qquad i_{1b} = -\frac{1}{2} \cdot i_{1\alpha} + \frac{\sqrt{3}}{2} \cdot i_{1\beta}$$

$$i_{1c} = -\frac{1}{2} \cdot i_{1\alpha} - \frac{\sqrt{3}}{2} \cdot i_{1\beta}$$

Abb. 6.12: *Umwandlung der Ströme i_d und i_q der Längs- und Querachse der Synchron-Schenkelpolmaschine in die drei Phasenströme i_{1a}, i_{1b} und i_{1c}: a) Signalflußplan, b) Blockdarstellung*

6.2.4   Signalflußplan Synchron–Schenkelpolmaschine – Stromeinprägung

Die aus Kap. 6.2.2 bekannten Gleichungen aus Gleichungssatz (6.43) der Schenkelpolmaschine können so aufgelöst werden, daß man den Signalflußplan der Synchron-Schenkelpolmaschine ohne Dämpferwicklung bei *Stromeinprägung* erhält. Beispielhaft wird dabei zusätzlich vom Zeitbereich in den *s*-Bereich transformiert (Faltung!). Es gilt:

$$
\begin{aligned}
\psi_d &= l_d \cdot i_d + i_E \\[2mm]
\psi_q &= l_q \cdot i_q \\[2mm]
\psi_E &= i_E + (1 - \sigma_E) \cdot l_d \cdot i_d \\[2mm]
u_d &= s\, T_N \cdot \psi_d + r_1 \cdot i_d - \omega_L * \psi_q \\[2mm]
u_q &= s\, T_N \cdot \psi_q + r_1 \cdot i_q + \omega_L * \psi_d \\[2mm]
u_E &= s\, T_E \cdot \psi_E + i_E \\[2mm]
i_d &= \frac{1}{\sigma_E \cdot l_d} \cdot \left(\psi_d - \psi_E \right) \\[2mm]
i_q &= \frac{1}{l_q} \cdot \psi_q \\[2mm]
i_E &= \frac{1}{\sigma_E} \cdot \left(\psi_E - (1 - \sigma_E) \cdot \psi_d \right) \\[2mm]
m_{Mi} &= \psi_d * i_q - \psi_q * i_d \\[2mm]
s\, T_{\Theta N} \cdot \omega_m &= m_{Mi} - m_W \\[2mm]
\omega_L &= \omega_m
\end{aligned}
\tag{6.47}
$$

Abbildung 6.13 zeigt den normierten Signalflußplan bei Stromvorgabe und Abb. 6.14 den Signalflußplan im Dreiphasensystem. Für die Umwandlung der Signale vom Dreiphasensystem in das d-q–System und umgekehrt können sinngemäß die in Abb. 6.8 und 6.12 dargestellten Transformationsvorschriften angewendet werden.

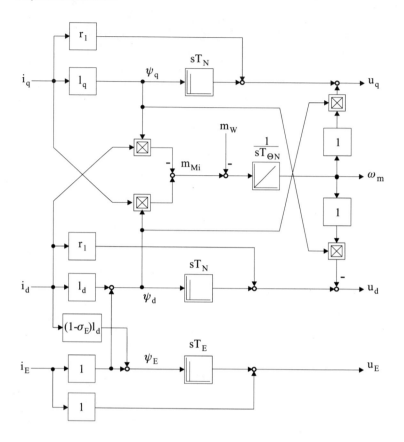

Abb. 6.13: *Normierter Signalflußplan der Synchron-Schenkelpolmaschine bei Strom-einprägung nach Gleichungssatz (6.47)*

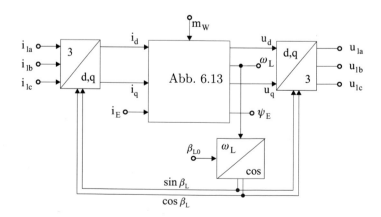

Abb. 6.14: *Blockschaltbild der Schenkelpolmaschine bei Stromeinprägung*

6.2.5   Ersatzschaltbild der Synchron–Schenkelpolmaschine

Mit den obigen Gleichungen können auch unnormierte galvanische Ersatzschaltbilder der Schenkelpolmaschine dargestellt werden. Wesentlich ist die Einführung des resultierenden Magnetisierungsstroms $I_{\mu d}$ in der d-Achse:

$$I_{\mu d} = I_d + I_E; \qquad I_{\mu q} = I_q \tag{6.48}$$

Mit diesen Gleichungen können die Flußgleichungen umgeschrieben werden:

$$\Psi_d \;=\; M_{dE} \cdot I_{\mu d} + L_{\sigma d} \cdot I_d \tag{6.49}$$

$$\Psi_q \;=\; L_q \cdot I_q \;=\; (L_{\sigma q} + L_{hq}) \cdot I_q \tag{6.50}$$

$$\Psi_E \;=\; M_{dE} \cdot I_{\mu d} + L_{\sigma E} \cdot I_E \tag{6.51}$$

mit $L_{\sigma E} = L_E - M_{dE}$

Werden in die unnormierten Spannungsgleichungen

$$U_d \;=\; R_1 \cdot I_d + \frac{d\Psi_d}{dt} - \Omega_L \cdot \Psi_q \tag{6.52}$$

$$U_q \;=\; R_1 \cdot I_q + \frac{d\Psi_q}{dt} + \Omega_L \cdot \Psi_d \tag{6.53}$$

die obigen Flußgleichungen (6.49) bis (6.51) eingesetzt, ergibt sich:

$$U_d \;=\; \frac{d}{dt}\Big(M_{dE} \cdot I_{\mu d} + L_{\sigma d} \cdot I_d\Big) - \Omega_L \cdot \Psi_q + R_1 \cdot I_d$$

$$\;=\; \frac{d}{dt}\Big(M_{dE} \cdot I_{\mu d} + L_{\sigma d} \cdot I_d\Big) - \Omega_L \cdot L_q \cdot I_q + R_1 \cdot I_d \tag{6.54}$$

$$U_q \;=\; \frac{d}{dt}\Big((L_{\sigma q} + L_{hq}) \cdot I_q\Big) + \Omega_L \cdot \Psi_d + R_1 \cdot I_q$$

$$\;=\; \frac{d}{dt}\Big((L_{\sigma q} + L_{hq}) \cdot I_q\Big) + \Omega_L \cdot M_{dE} \cdot I_{\mu d} + \Omega_L \cdot L_{\sigma d} \cdot I_d + R_1 \cdot I_q \tag{6.55}$$

$$U_E \;=\; \frac{d\Psi_E}{dt} + I_E \cdot R_E \;=\; \frac{d}{dt}\Big(M_{dE} \cdot I_{\mu d} + L_{\sigma E} \cdot I_E\Big) + I_E \cdot R_E \tag{6.56}$$

Das Ersatzschaltbild in Abb. 6.15 veranschaulicht diese Gleichungen, siehe [97], Kapitel 16.15.

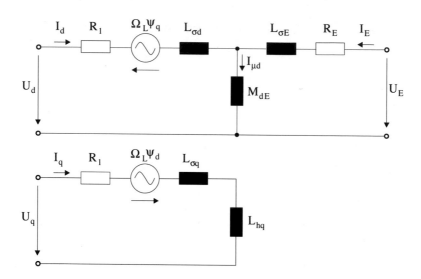

Abb. 6.15: *Ersatzschaltbild der Synchron-Schenkelpolmaschine ohne Dämpferwicklung*

Im stationären Betrieb gilt $d/dt = 0$; die Gleichungen vereinfachen sich dann zu:

$$U_d = -\Omega_L \cdot L_q \cdot I_q + R_1 \cdot I_d = -\Omega_L \cdot (L_{\sigma q} + L_{hq}) \cdot I_q + R_1 \cdot I_d \qquad (6.57)$$

$$U_q = \Omega_L \cdot (L_d \cdot I_d + M_{dE} \cdot I_E) + R_1 \cdot I_q$$

$$= \Omega_L \cdot M_{dE} \cdot I_{\mu d} + \Omega_L \cdot L_{\sigma d} \cdot I_d + R_1 \cdot I_q \qquad (6.58)$$

$$U_E = R_E \cdot I_E \qquad (6.59)$$

Diese Gleichungen lassen sich mit $\vec{U}_1^L = U_d + j\,U_q$ zusammenfassen:

$$\vec{U}_1^L = R_1 \cdot (I_d + j\,I_q) + j\,\Omega_L \cdot (L_d \cdot I_d + j\,L_q \cdot I_q) + j\,\Omega_L \cdot M_{dE} \cdot I_E$$

$$= R_1 \cdot (I_d + j\,I_q) + j\,\Omega_L \cdot (L_{\sigma d} \cdot I_d + j\,L_{\sigma q} \cdot I_q)$$

$$+ j\,\Omega_L \cdot (L_{hd} \cdot I_d + j\,L_{hq} \cdot I_q) + j\,\Omega_L \cdot M_{dE} \cdot I_E \qquad (6.60)$$

mit $\quad L_{hd} = M_{dE}$

Der vierte Term von Gl. (6.60) wird als Polradspannung $\vec{U}_p$ bezeichnet; dies ist die im Stator durch das Polrad induzierte Spannung. Der dritte und vierte Term zusammen bilden die Hauptfeldspannung $\vec{U}_h$.

$$\vec{U}_p = j\,\Omega_L \cdot M_{dE} \cdot I_E = j\,X_h \cdot I_E \qquad (6.61)$$

$$\vec{U}_h = \vec{U}_p + j\,\Omega_L \cdot (L_{hd} \cdot I_d + j\,L_{hq} \cdot I_q) \qquad (6.62)$$

6.3   Schenkelpolmaschine mit Dämpferwicklung

In Kap. 6.2 wurden die Gleichungen und die Signalflußpläne für die Synchron-Schenkelpolmaschine ohne Dämpferwicklung und in Kap. 5.4 entsprechend für die allgemeine Drehfeldmaschine dargestellt. Wie bereits in Abb. 6.6 gezeigt, ist die Synchron-Schenkelpolmaschine mit Dämpferwicklung eine Kombination von Synchron-Schenkelpolmaschine und einer zusätzlichen dreiphasigen kurzgeschlossenen Rotorwicklung.

Es können somit die vorliegenden Kenntnisse zusammengefaßt werden. Zu beachten ist allerdings, daß das Koordinatensystem L verwendet wird. Damit ergibt sich das folgende Gleichungssystem:

$$\Psi_d \;=\; L_d \cdot I_d + M_{dD} \cdot I_D + M_{dE} \cdot I_E \tag{6.63}$$

$$\Psi_D \;=\; L_D \cdot I_D + M_{dD} \cdot I_d + M_{DE} \cdot I_E \tag{6.64}$$

$$\Psi_q \;=\; L_q \cdot I_q + M_{qQ} \cdot I_Q \tag{6.65}$$

$$\Psi_Q \;=\; L_Q \cdot I_Q + M_{qQ} \cdot I_q \tag{6.66}$$

$$\Psi_E \;=\; L_E \cdot I_E + M_{DE} \cdot I_D + M_{dE} \cdot I_d \tag{6.67}$$

$$U_d \;=\; R_1 \cdot I_d + \frac{d\Psi_d}{dt} - \Omega_L \cdot \Psi_q \tag{6.68}$$

$$U_q \;=\; R_1 \cdot I_q + \frac{d\Psi_q}{dt} + \Omega_L \cdot \Psi_d \tag{6.69}$$

$$0 \;=\; R_D \cdot I_D + \frac{d\Psi_D}{dt} \tag{6.70}$$

$$0 \;=\; R_Q \cdot I_Q + \frac{d\Psi_Q}{dt} \tag{6.71}$$

$$U_E \;=\; R_E \cdot I_E + \frac{d\psi_E}{dt} \tag{6.72}$$

Für das Drehmoment gilt:

$$
\begin{aligned}
M_{Mi} \;&=\; \frac{3}{2} \cdot Z_p \cdot \left(\Psi_d \cdot I_q - \Psi_q \cdot I_d \right) \\[2mm]
&=\; \frac{3}{2} \cdot Z_p \cdot \left(M_{dE}\, I_E\, I_q + M_{dD}\, I_D\, I_q - M_{qQ}\, I_Q\, I_d + (L_d - L_q)\, I_d\, I_q \right) \tag{6.73}
\end{aligned}
$$

und für die mechanische Gleichung:

$$\Theta \cdot \frac{d\Omega_m}{dt} \;=\; M_{Mi} - M_W \tag{6.74}$$

Damit ergibt sich das normierte Gleichungssystem:

$$\psi_d = l_d \cdot i_d + i_D + i_E$$

$$\psi_D = (1 - \sigma_D) \cdot l_d \cdot i_d + i_D + \mu_D \cdot i_E$$

$$\psi_q = l_q \cdot i_q + i_Q$$

$$\psi_Q = (1 - \sigma_Q) \cdot l_q \cdot i_q + i_Q$$

$$\psi_E = (1 - \sigma_E) \cdot l_d \cdot i_d + \mu_E \cdot i_D + i_E$$

$$u_d = r_1 \cdot i_d + T_N \cdot \frac{d\psi_d}{dt} - \omega_L \cdot \psi_q$$

$$u_q = r_1 \cdot i_q + T_N \cdot \frac{d\psi_q}{dt} + \omega_L \cdot \psi_d \qquad (6.75)$$

$$0 = i_D + T_D \cdot \frac{d\psi_D}{dt}$$

$$0 = i_Q + T_Q \cdot \frac{d\psi_Q}{dt}$$

$$u_E = i_E + T_E \cdot \frac{d\psi_E}{dt}$$

$$m_{Mi} = \psi_d \cdot i_q - \psi_q \cdot i_d$$

$$T_{\Theta N} \cdot \frac{d\omega_m}{dt} = m_{Mi} - m_W$$

mit

$$\sigma_E = 1 - \frac{M_{dE}^2}{L_d \cdot L_E}; \qquad \sigma_D = 1 - \frac{M_{dD}^2}{L_d \cdot L_D}; \qquad \sigma_Q = 1 - \frac{M_{qQ}^2}{L_q \cdot L_Q} \qquad (6.76)$$

$$\mu_E = M_{DE} \cdot \frac{M_{dE}}{M_{dD} \cdot L_E}; \qquad \mu_D = M_{DE} \cdot \frac{M_{dD}}{M_{dE} \cdot L_D} \qquad (6.77)$$

Die Normierung der Gleichungen der Synchron-Schenkelpolmaschine mit Dämpferwicklung gründet auf der in Kap. 6.2.2 getroffenen Wahl der Bezugswerte und den Vereinfachungen nach Gl. (6.40). Zusätzlich müssen noch die Bezugswerte für die Dämpferwicklung gewählt werden:

$$I_{DN} = \frac{\Psi_N}{M_{dD}}; \qquad \Psi_{DN} = L_D \cdot I_{DN}; \qquad T_D = \frac{L_D}{R_D} \qquad (6.78)$$

$$I_{QN} = \frac{\Psi_N}{M_{qQ}}; \qquad \Psi_{QN} = L_Q \cdot I_{QN}; \qquad T_Q = \frac{L_Q}{R_Q} \qquad (6.79)$$

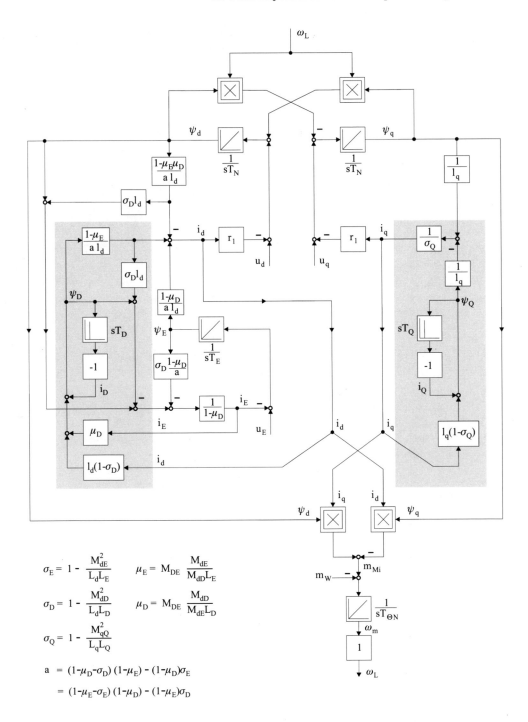

Abb. 6.16: *Signalflußplan der Synchron-Schenkelpolmaschine mit Dämpferwicklung nach Gleichungssatz (6.75)*

Aus den obigen Ableitungen können die häufig verwendeten subtransienten und transienten Längs- und Querreaktanzen ermittelt werden:

subtransiente Querreaktanz: $\qquad\qquad\qquad x_q'' = \sigma_Q \cdot l_q$ $\qquad\qquad$ (6.80)

subtransiente Zeitkonstante des Querfeldes: $\quad T_q'' = \sigma_Q \cdot T_Q$ $\qquad\qquad$ (6.81)

subtransiente Längsreaktanz:

$$x_d'' = \left(1 - \frac{(1-\mu_E)\cdot(1-\sigma_D)+(1-\mu_D)\cdot(1-\sigma_E)}{1-\mu_D\cdot\mu_E}\right)\cdot l_d \quad (6.82)$$

subtransiente Zeitkonstante des Längsfeldes: $\quad T_d'' \approx \dfrac{x_d''}{l_d}\cdot\dfrac{1-\mu_D\cdot\mu_E}{\sigma_E}\cdot T_D$ $\;$ (6.83)

transiente Längsreaktanz: $\qquad\qquad\qquad x_d' \approx \sigma_E \cdot l_d$ $\qquad\qquad$ (6.84)

transiente Zeitkonstante des Längsfeldes: $\qquad T_d' \approx \sigma_E \cdot T_E$ $\qquad\qquad$ (6.85)

Das Ersatzschaltbild der Synchron-Schenkelpolmaschine mit Dämpferwicklung wird in [97] Kapitel 16.2.2 abgeleitet .

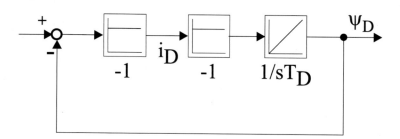

Abb. 6.17: *Variante der Realisierung des Dämpfungskreises ψ_D*

In Abb. 6.16 sind die Gleichungen des Dämpferkreises (i_D, ψ_D; i_Q, ψ_Q) grau hinterlegt und entsprechend Gl. (6.75) mit Differentiationen in den Rückwärtszweigen realisiert. Diese Realisierung kann bei der Simulation Probleme bereiten. Eine einfache Abhilfe ist die Realisierung mittels eines Integrators im Vorwärtszweig und einer Einheitsrückführung im Rückwärtszweig (Abb. 6.17 für i_D, ψ_D, analog Abb. 6.16 für i_Q, ψ_Q).

6.4   Synchron–Vollpolmaschine

6.4.1   Beschreibendes Gleichungssystem und Signalflußpläne

Bei der Vollpolmaschine ist zum Unterschied zur Schenkelpolmaschine der Rotor
konstruktiv rotationssymmetrisch aufgebaut (Abb. 6.18). Auch hier ist der Rotor der Träger der Erregerspule, die vorzugsweise einen Fluß in der d-Richtung
erzwingen soll. Zusätzlich zur Erregerwicklung sei noch ein Dämpfersystem eingebaut.

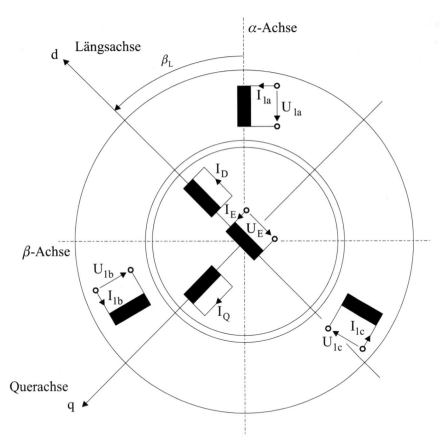

Abb. 6.18: *Synchron-Vollpolmaschine mit Dämpferwicklung (Stator: dreiphasiges System, Rotor: d-q–System)*

Es gelten für die Synchron-Vollpolmaschine mit Dämpferwicklung prinzipiell
die Gleichungen (6.63) bis (6.74) für die unnormierte Darstellung und der Gleichungssatz (6.75) für die normierte Darstellung. Allerdings muß bei der Synchon-
Vollpolmaschine beachtet werden, daß der Rotor konstruktiv rotationssymmetrisch aufgebaut ist und damit nicht mehr zwischen Induktivitäten in der d- und
der q-Achse unterschieden werden muß.

Somit gilt:

$$L_1 = L_d = L_q \tag{6.86}$$

$$L_h = L_{hd} = L_{hq} = M_{dE} \tag{6.87}$$

$$L_3 = L_D = L_Q \tag{6.88}$$

$$M_{13} = M_{dD} = M_{qQ} \tag{6.89}$$

Die vorher nach d und q unterschiedlichen Zeitkonstanten sind dadurch ebenso gleich.

Aus Symmetriegründen vereinfachen sich die Flußgleichungen im auf das d-q-Koordinatensystem orientierten System:

$$\Psi_d = L_1 \cdot I_d + M_{13} \cdot I_D + M_{dE} \cdot I_E \tag{6.90}$$

$$\Psi_D = L_3 \cdot I_D + M_{13} \cdot I_d + M_{DE} \cdot I_E \tag{6.91}$$

$$\Psi_q = L_1 \cdot I_q + M_{13} \cdot I_Q \tag{6.92}$$

$$\Psi_Q = L_3 \cdot I_Q + M_{13} \cdot I_q \tag{6.93}$$

$$\Psi_E = L_E \cdot I_E + M_{DE} \cdot I_D + M_{dE} \cdot I_d \tag{6.94}$$

$$U_d = R_1 \cdot I_d + \frac{d\Psi_d}{dt} - \Omega_L \cdot \Psi_q \tag{6.95}$$

$$U_q = R_1 \cdot I_q + \frac{d\Psi_q}{dt} + \Omega_L \cdot \Psi_d \tag{6.96}$$

$$0 = R_3 \cdot I_D + \frac{d\Psi_D}{dt} \tag{6.97}$$

$$0 = R_3 \cdot I_Q + \frac{d\Psi_Q}{dt} \tag{6.98}$$

$$U_E = R_E \cdot I_E + \frac{d\Psi_E}{dt} \tag{6.99}$$

Aufgrund der Rotationssymmetrie wird kein Reluktanzmoment entstehen und die Gleichung für das Drehmoment vereinfacht sich zu:

$$M_{Mi} = \frac{3}{2} \cdot Z_p \cdot \left(M_{dE} \cdot I_E \cdot I_q + M_{13} \cdot (I_D \cdot I_q - I_Q \cdot I_d) \right) \tag{6.100}$$

Im stationären Fall entfällt der zweite Term, da dann $I_D = I_Q = 0$ ist. Die mechanische Gleichung verbleibt zu:

$$\Theta \cdot \frac{d\Omega_m}{dt} = M_{Mi} - M_W \tag{6.101}$$

Die Bezugswerte für die Normierung ergeben sich durch Einsetzen der sich bei den beiden Maschinentypen entsprechenden Größen.

Es folgt:
$$l_d = l_q = l_1 \tag{6.102}$$

Die Streufaktoren bei der Synchron-Vollpolmaschine lauten:

$$\sigma_E = 1 - \frac{M_{dE}^2}{L_1 \cdot L_E} \tag{6.103}$$

$$\sigma_3 = 1 - \frac{M_{13}^2}{L_1 \cdot L_3} \tag{6.104}$$

$$\mu_E = M_{DE} \cdot \frac{M_{dE}}{M_{13} \cdot L_E} \tag{6.105}$$

$$\mu_D = M_{DE} \cdot \frac{M_{13}}{M_{dE} \cdot L_3} \tag{6.106}$$

Ebenso wie in den vorangegangenen Abschnitten werden auch hier wieder die normierten Gleichungssätze für die Synchron-Vollpolmaschine und die normierten Signalflußpläne angegeben: Synchron-Vollpolmaschine ohne Dämpferwicklung nach Gleichungssatz (6.107) in Abb. 6.19 und Synchron-Vollpolmaschine mit Dämpferwicklung nach Gleichungssatz (6.108) in Abb. 6.20.

Bei der Normierung wurden wie in Kap. 6.3 die Bezugswerte so gewählt, daß sich die normierten Gleichungen möglichst weit vereinfachen.

In Abb. 6.20 sind die Gleichungen des Dämpferkreises $(i_D, \psi_D; i_Q, \psi_Q)$ entsprechend dem Gleichungssatz Gl. (6.108) realisiert. Die eventuellen Schwierigkeiten bei der Simulation können wie schon in Abb. 6.17 behoben werden.

$$
\begin{aligned}
\psi_d &= l_1 \cdot i_d + i_E \\[4pt]
\psi_q &= l_1 \cdot i_q \\[4pt]
\psi_E &= i_E + (1 - \sigma_E) \cdot l_1 \cdot i_d \\[4pt]
u_d &= r_1 \cdot i_d + T_N \cdot \frac{d\psi_d}{dt} - \omega_L \cdot \psi_q \\[4pt]
u_q &= r_1 \cdot i_q + T_N \cdot \frac{d\psi_q}{dt} + \omega_L \cdot \psi_d \\[4pt]
u_E &= i_E + T_E \cdot \frac{d\psi_E}{dt} \\[4pt]
m_{Mi} &= \psi_d \cdot i_q - \psi_q \cdot i_d \\[4pt]
T_{\Theta N} \cdot \frac{d\omega_m}{dt} &= m_{Mi} - m_W \\[4pt]
\omega_L &= \omega_m
\end{aligned}
\tag{6.107}
$$

$$
\begin{aligned}
\psi_d &= l_1 \cdot i_d + i_D + i_E \\[4pt]
\psi_D &= (1 - \sigma_3) \cdot l_1 \cdot i_d + i_D + \mu_D \cdot i_E \\[4pt]
\psi_q &= l_1 \cdot i_q + i_Q \\[4pt]
\psi_Q &= (1 - \sigma_3) \cdot l_1 \cdot i_q + i_Q \\[4pt]
\psi_E &= (1 - \sigma_E) \cdot l_1 \cdot i_d + \mu_E \cdot i_D + i_E \\[4pt]
u_d &= r_1 \cdot i_d + T_N \cdot \frac{d\psi_d}{dt} - \omega_L \cdot \psi_q \\[4pt]
u_q &= r_1 \cdot i_q + T_N \cdot \frac{d\psi_q}{dt} + \omega_L \cdot \psi_d \\[4pt]
0 &= i_D + T_D \cdot \frac{d\psi_D}{dt} \\[4pt]
0 &= i_Q + T_Q \cdot \frac{d\psi_Q}{dt} \\[4pt]
u_E &= i_E + T_E \cdot \frac{d\psi_E}{dt} \\[4pt]
m_{Mi} &= \psi_d \cdot i_q - \psi_q \cdot i_d \\[4pt]
T_{\Theta N} \cdot \frac{d\omega_m}{dt} &= m_{Mi} - m_W \\[4pt]
\omega_L &= \omega_m
\end{aligned}
\tag{6.108}
$$

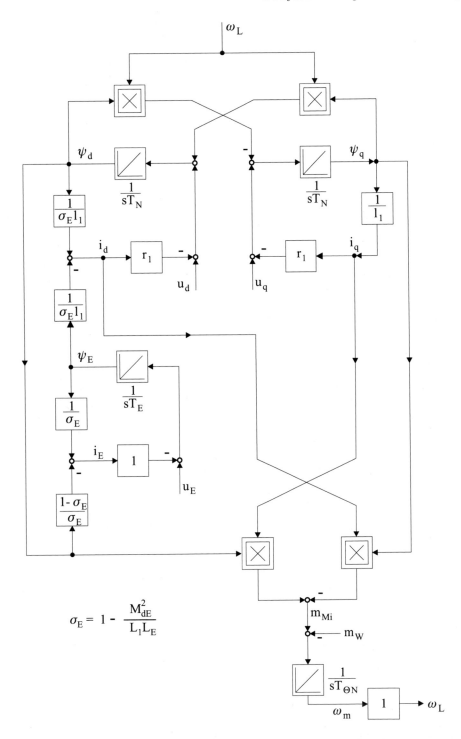

Abb. 6.19: *Signalflußplan der Synchron-Vollpolmaschine ohne Dämpferwicklung nach Gleichungssatz (6.107)*

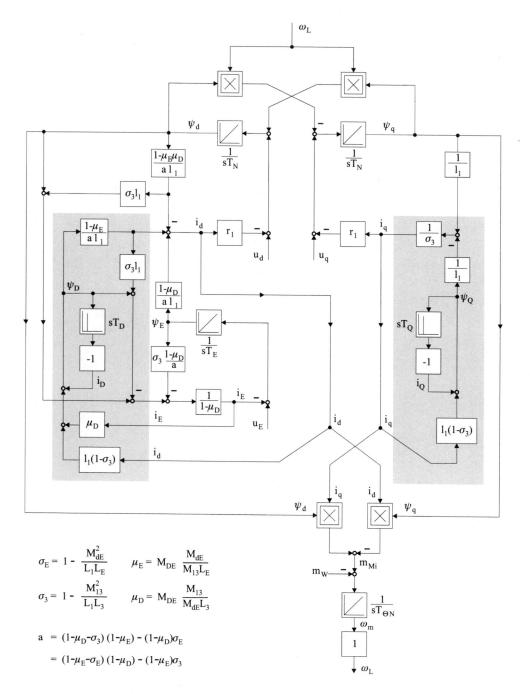

Realisierung Dämpferkreise: Abb. 6.17

Abb. 6.20: *Signalflußplan der Synchron-Vollpolmaschine mit Dämpferwicklung nach Gleichungssatz (6.108)*

6.4.2 Ersatzschaltbild der Synchron–Vollpolmaschine

Die in den Gleichungen (6.90) bis (6.100) dargestellten Beziehungen beschreiben die Vollpolmaschine mit Dämpferwicklung in allgemeiner Form. Zu einer gebräuchlichen einfacheren Form gelangt man, wenn angenommen wird, daß Erregerkreis und Dämpferkreis die gleiche Kopplung zum Statorkreis besitzen. Die Kopplung soll hier durch eine gemeinsame Hauptinduktivität L_h beschrieben werden. Die Hauptinduktivität L_h soll in d- und q-Achse gleich sein. Demnach wird gleichgesetzt:

$$M_{dE} = L_h \tag{6.109}$$

Die Statorinduktivität L_1 kann in Statorstreuung $L_{\sigma 1}$ und Hauptinduktivität L_h aufgeteilt werden:

$$L_1 = L_{\sigma 1} + L_h \tag{6.110}$$

Die Ersatzschaltbilder der Synchron-Vollpolmaschine werden in [97]Kapitel 6.3.2 ohne Dämpferkäfig und 16.3.3 mit Dämpferkäfig abgeleitet.An dieser Stelle soll nur das Ersatzschaltbild im *stationären Betrieb* behandelt werden.

Im stationären Betrieb entfällt, wie schon erwähnt, die Wirkung des Dämpfersystems. Für die Gleichungen (6.90) bis (6.99) bedeutet dies, daß die Ableitungen d/dt zu Null werden. Für die Dämpferströme I_D und I_Q gilt dann unmittelbar:

$$I_D = 0 \tag{6.111}$$

$$I_Q = 0 \tag{6.112}$$

Mit den Luftspaltflüssen:

$$\Psi_{hd} = L_h \cdot (I_d + I_E) \tag{6.113}$$

$$\Psi_{hq} = L_h \cdot I_q \tag{6.114}$$

ergeben sich die Statorflüsse somit zu:

$$\Psi_d = L_{\sigma 1} \cdot I_d + \Psi_{hd} = L_{\sigma 1} \cdot I_d + L_h \cdot (I_d + I_E) \tag{6.115}$$

$$\Psi_q = L_{\sigma 1} \cdot I_q + \Psi_{hq} = L_{\sigma 1} \cdot I_q + L_h \cdot I_q \tag{6.116}$$

Die Spannungsgleichungen (6.95) und (6.96) können dann in Komponentenschreibweise formuliert werden:

$$U_d = R_1 \cdot I_d - \Omega_L \cdot (L_{\sigma 1} + L_h) \cdot I_q \tag{6.117}$$

$$U_q = R_1 \cdot I_q + \Omega_L \cdot (L_{\sigma 1} + L_h) \cdot I_d + \Omega_L \cdot L_h \cdot I_E \tag{6.118}$$

Setzt man in Gl. (6.117) und (6.118) die Definition des komplexen Zeigers ein

$$\vec{U}_1 = U_d + j\,U_q\,; \qquad \vec{I}_1 = I_d + j\,I_q\,; \qquad \vec{I}_2 = I_E \tag{6.119}$$

so erhält man die komplexe Gleichung:

$$\vec{U}_1 \;=\; R_1 \cdot \vec{I}_1 + j\,\Omega_L \cdot L_{\sigma 1} \cdot \vec{I}_1 + \vec{U}_h \tag{6.120}$$

mit der Polradspannung

$$\vec{U}_p \;=\; j\,\Omega_L \cdot L_h \cdot I_E \;=\; j\,X_h \cdot I_E \tag{6.121}$$

und mit der Hauptfeldspannung

$$\vec{U}_h \;=\; \vec{U}_p + j\,\Omega_L \cdot L_h \cdot \vec{I}_1 \;=\; \vec{U}_p + j\,X_h \cdot \vec{I}_1 \tag{6.122}$$

Diese Art der Spannungsgleichungen des Stators ist bereits aus den Ableitungen der Schleifringläufermaschine in Kap. 5.4 bekannt.

Das Ersatzschaltbild im stationären Betrieb zeigt Abb. 6.21.

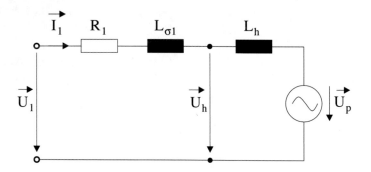

Abb. 6.21: *Ersatzschaltbild der Synchron-Vollpolmaschine ohne Dämpferwicklung im stationären Betrieb*

Die Polradspannung $\vec{U}_p$ ist eine Funktion von Ω_L und I_E und kann an den Klemmen des Stators gemessen werden, wenn keine Statorspannung angelegt wird.

Umgekehrt können, wenn das Polrad nicht erregt wird ($I_E = 0$), die Zuordnung von $\vec{U}_1$ und $\vec{I}_1$ und somit die Parameter R_1 und X_1 bestimmt werden. Wenn $I_E \neq 0$ und $\vec{U}_1$ eingeschaltet wird, dann gilt:

$$\vec{U}_1 \;=\; R_1 \cdot \vec{I}_1 + j\,\Omega_L \cdot L_{\sigma 1} \cdot \vec{I}_1 + j\,X_h \cdot \vec{I}_1 + j\,X_h \cdot I_E \tag{6.123}$$

Die aus dem Signalflußplan bekannte Flußverkettung ist auch im Ersatzschaltbild zu erkennen aus

$$\vec{U}_h \;=\; j\,X_h \cdot (\vec{I}_1 + I_E) \tag{6.124}$$

Wenn es gelingt, die Einflußgrößen I_{1A}, I_{1B} und I_{EA} durch regelungstechnische Maßnahmen in der Maschine einzuprägen, dann ergibt sich das günstige regelungstechnische Verhalten wie bei der Gleichstrom–Nebenschlußmaschine.

6.4.3 Steuerbedingungen der Synchron–Vollpolmaschine ohne Dämpferwicklung

Die Gleichungen (6.90) bis (6.100) beschreiben die Synchron-Vollpolmaschine mit Dämpferwicklung. Wenn die Synchronmaschine keine Dämpferwicklung hat, dann entfallen die Gleichungen (6.91), (6.93), (6.97) und (6.98) der Dämpfer-wicklung, da $I_D = I_Q = \Psi_D = \Psi_Q = d\Psi_D/dt = d\Psi_Q/dt = 0$.
Mit den Umformungen nach Gl. (6.109) bis (6.116) erhält man somit:

$$\Psi_d = L_{\sigma 1} \cdot I_d + \Psi_{hd} \tag{6.125}$$

$$\Psi_q = L_{\sigma 1} \cdot I_q + \Psi_{hq} \tag{6.126}$$

$$\Psi_{hd} = L_h \cdot (I_d + I_E) \tag{6.127}$$

$$\Psi_{hq} = L_h \cdot I_q \tag{6.128}$$

$$\Psi_E = \Psi_{hd} + L_{\sigma E} \cdot I_E \tag{6.129}$$

$$U_d = R_1 \cdot I_d + \frac{d\Psi_d}{dt} - \Omega_L \cdot \Psi_q \tag{6.130}$$

$$U_q = R_1 \cdot I_q + \frac{d\Psi_q}{dt} + \Omega_L \cdot \Psi_d \tag{6.131}$$

$$U_E = I_E \cdot R_E + \frac{d\Psi_E}{dt} \tag{6.132}$$

$$M_{Mi} = \frac{3}{2} \cdot Z_p \cdot L_h \cdot I_E \cdot I_q \tag{6.133}$$

Diesen Gleichungen ist – analog zur Asynchronmaschine – zu entnehmen, daß das Moment M_{Mi} mit I_q vorgegeben wird. Auf die Anmerkung zu Gl. (6.17) bezüglich des Unterschieds von Schenkelpol- zu Vollpolmaschine sei nochmals hingewiesen.

Im stationären Leerlaufzustand ist $I_q = \Psi_q = d\Psi_q/dt = 0$, und damit gilt für die Spannungen:

$$U_d = R_1 \cdot I_d \tag{6.134}$$

$$U_q = \Omega_L \cdot \Psi_d \tag{6.135}$$

d.h. bei konstantem Fluß Ψ_d wird die Spannung U_q proportional zur Kreisfrequenz Ω_L sein.
Der Feldschwächbetrieb kann durch einen Strom $I_d < 0$ erreicht werden.
Die Parallelen zur Asynchronmaschine sind offenkundig.

In gleicher Weise wie bei der Asynchronmaschine können Synchronmaschi-nen durch Entkopplungs-Netzwerke und überlagerte Regelkreise oder durch Feld-orientierung geregelt werden.

Die Synchron-Vollpolmaschine soll nun so gesteuert werden, daß sich ein Verhalten wie bei der Gleichstrom–Nebenschlußmaschine ergibt. Damit sind drei Ziele für die Steuerung erwünscht:

1. Die Drehzahl soll im Ankerstellbereich verstellbar sein – ohne den Fluß zu beeinflussen.

2. Das Moment soll einstellbar sein.

3. Die Maschine soll über den Nennbetrieb hinaus im Feldschwächbetrieb betrieben werden.

Da die Steuerbedingungen bei den folgenden Überlegungen für den stationären Betrieb abgeleitet werden, soll bei den Herleitungen $d./dt = 0$ gesetzt werden. Damit können die Herleitungen, die zum Ersatzschaltbild nach Abb. 6.21 führten, genutzt werden.

Aus Gl. (6.120) bis (6.122) ergibt sich im rotorfesten Koordinatensystem:

$$\vec{U}_1 \;=\; R_1 \cdot \vec{I}_1 + j\Omega_L \cdot L_{\sigma 1} \cdot \vec{I}_1 + \vec{U}_h \tag{6.136}$$

$$\text{mit} \quad \vec{U}_h \;=\; \vec{U}_p + j\Omega_L \cdot L_h \cdot \vec{I}_1 \tag{6.137}$$

$$\text{und} \quad \vec{U}_p \;=\; j\Omega_L \cdot L_h \cdot I_E \tag{6.138}$$

Aus Gl. (6.136) ist abzuleiten, daß bei $I_E = 0$ auch $\vec{U}_p = 0$ ist und daß für die Statorspannung $\vec{U}_1$ ein ohmsch-induktiver Lastkreis verbleibt. Umgekehrt, wenn $\vec{I}_1 = 0$ ist, kann $\vec{U}_p$ an den Klemmen gemessen werden.

Die aus dem Signalflußplan bekannte Flußverkettung ist ebenso zu erkennen und resultiert in der Spannung $\vec{U}_h$. Damit gilt bei $I_q = 0$:

$$\vec{U}_1 \;=\; R_1 \cdot I_d + j\Omega_L \cdot L_{\sigma 1} \cdot I_d + j\Omega_L \cdot L_h \cdot I_{\mu d} \tag{6.139}$$

$$\text{mit} \quad I_{\mu d} \;=\; I_d + I_E \quad \text{und} \quad |\vec{U}_h| = X_h \cdot I_{\mu d} \tag{6.140}$$

Gewünscht ist, $|\vec{U}_h|$ konstant zu halten, somit muß $I_{\mu d}$ konstant gehalten werden. Dies kann mit einer gewissen Freizügigkeit über I_d und I_E erfolgen.

Bei konstanter Drehzahl und $I_q = 0$ kann somit die Phasenlage des Stroms I_d zwischen kapazitivem (Synchronmaschine übererregt) und induktivem (Synchronmaschine untererregt) Verhalten umgestellt werden. Die Einstellung des Klemmenverhaltens erfolgt über den Polraderregerstrom I_E. Die Synchronmaschine kann somit zur Kompensation von Blindleistung genutzt werden (siehe Abb. 6.22).

Aus den obigen Gleichungen ist außerdem der bei den Drehfeldmaschinen bekannte Zusammenhang zu erkennen, daß mit steigender Drehzahl N und konstantem $I_{\mu d}$ bzw. Fluß die Klemmenspannung linear zunimmt.

Nachdem der ideale Leerlauf im stationären Betrieb diskutiert ist, soll jetzt die Steuerung des Drehmoments M_{Mi} untersucht werden.

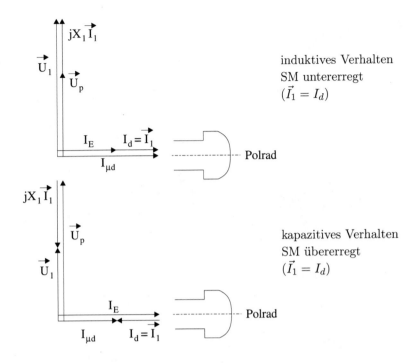

Abb. 6.22: *Zeigerdiagramme für $R_1 = 0$ (idealer Leerlauf)*

Für das Moment M_{Mi} und den Statorstrom $\vec{I}_1$ gilt mit $L_d = L_q$ und $L_h = M_{dE}$:

$$M_{Mi} = \frac{3}{2} \cdot Z_p \cdot \left(M_{dE} \cdot I_E \cdot I_q - (L_d - L_q) \cdot I_d \cdot I_q \right)$$

$$= \frac{3}{2} \cdot Z_p \cdot L_h \cdot I_E \cdot I_q \tag{6.141}$$

$$\vec{I}_1 = I_d + jI_q \tag{6.142}$$

Dies bedeutet, daß bei $M_{Mi} \neq 0$ im Statorstrom $\vec{I}_1$ zusätzlich die Stromkomponente I_q und damit durch den Spannungsfall $j\,X_h \cdot I_q$ die Spannungen $\vec{U}_p$ und $\vec{U}_h$ nun nicht mehr die gleiche Phasenlage aufweisen.

Bei Belastung der Maschine ($I_q \neq 0$) wird das Polrad um den Polradwinkel ϑ gegenüber der unbelasteten Lage ausgelenkt (Abb. 6.23):

    – Motorbetrieb: $\vec{U}_p$ nacheilend, $\vartheta > 0$,

    – Generatorbetrieb: $\vec{U}_p$ voreilend, $\vartheta < 0$.

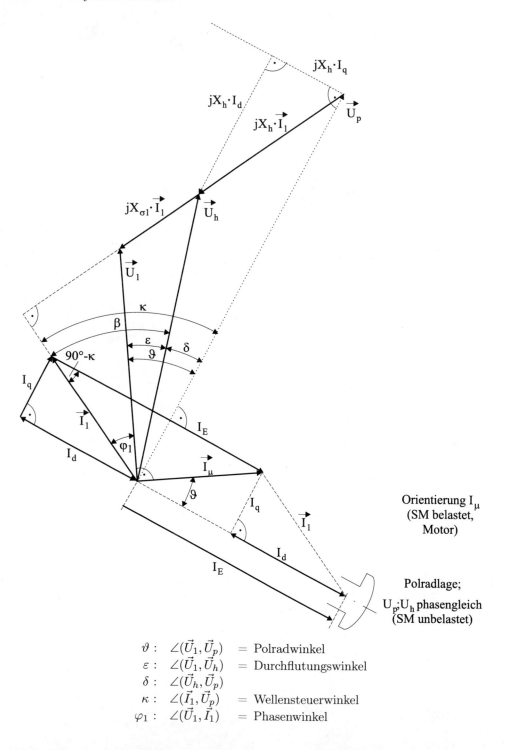

Abb. 6.23: *Zeigerdiagramm der übererregten Synchronmaschine ($R_1 = 0$). Erinnerung: siehe Abbildungen 3.4 und 3.5, die flussbildenden Ströme i_E bzw. i_{E1} geben die Amplitude und Orientierung des Flusses vor.*

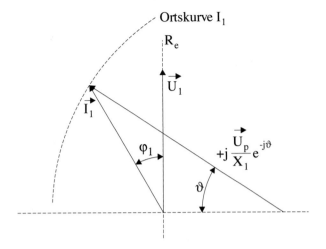

Abb. 6.24: *Ortskurve von $\vec{I}_1$ bei $R_1 = 0$*

Mit

$$\vec{I}_\mu \;=\; I_d + I_E + j\,I_q \tag{6.143}$$

ergibt sich aus dem Zeigerdiagramm in Abb. 6.23:

$$|\vec{I}_\mu|^2 \;=\; I_E^2 + |\vec{I}_1|^2 - 2\cdot I_E \cdot |\vec{I}_1|\cdot \sin\kappa \tag{6.144}$$

$$\delta \;=\; \arcsin\left(\frac{|\vec{I}_1|}{|\vec{I}_\mu|}\cdot \cos\kappa\right) \tag{6.145}$$

$$\vartheta \;=\; \delta + \varepsilon \tag{6.146}$$

$$P_1 \;=\; \frac{3}{2}\cdot |\vec{U}_1|\cdot |\vec{I}_1|\cdot \cos\varphi_1 \qquad \text{(Wirkleistung)} \tag{6.147}$$

$$\vec{U}_1 \;=\; j\,X_1\vec{I}_1 + |\vec{U}_p|\cdot e^{-j\,\vartheta} \tag{6.148}$$

$$\vec{I}_1 \;=\; -j\,\frac{\vec{U}_1}{X_1} + j\,\frac{|\vec{U}_p|}{X_1}\cdot e^{-j\,\vartheta} \;=\; \frac{|\vec{U}_p|}{X_1}\cdot \sin\vartheta + j\,\frac{|\vec{U}_p|\cdot \cos\vartheta - \vec{U}_1}{X_1} \tag{6.149}$$

Somit ist $\vec{I}_1 = f(\vartheta)$. Die Ortskurve für $\vec{I}_1$ ist ein Kreis mit dem Mittelpunkt $-j\,\dfrac{\vec{U}_1}{X_1}$, dem Radius $\dfrac{|\vec{U}_p|}{X_1}$ und dem Drehwinkel ϑ (Abb. 6.24).

Der Realteil des Statorstroms $\vec{I}_1$ ist

$$\Re e\{\vec{I}_1\} \;=\; \frac{|\vec{U}_p|}{X_1}\cdot \sin\vartheta \tag{6.150}$$

Damit ergibt sich die Wirkleistung zu

$$P_1 \;=\; \frac{3}{2}\cdot |\vec{U}_1|\cdot \frac{|\vec{U}_p|}{X_1}\cdot \sin\vartheta \tag{6.151}$$

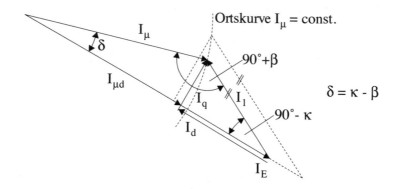

Abb. 6.25: *Zeigerdiagramm der Synchronmaschine bei Stromrichtermotorbetrieb*

und das Drehmoment zu:

$$M_{Mi} \;=\; \frac{P_1}{\Omega_m} \;=\; \frac{3}{2} \cdot \frac{|\vec{U}_1| \cdot |\vec{U}_p|}{X_1 \cdot \Omega_m} \cdot \sin\vartheta \tag{6.152}$$

Das Drehmoment ist somit eine Funktion von ϑ und erreicht den Maximalwert bei $\vartheta = \pm\,\pi/2$.

Wie schon oben betont, ist das Moment über I_q zu steuern. Außerdem sollte $|\vec{I}_\mu|$ konstant gehalten werden, um den Magnetisierungszustand konstant zu halten. Dies wird aber durch die Komponente I_q verhindert, wenn nicht über I_d bzw. I_E eingegriffen wird.

Aus dem Zeigerdiagramm nach Abb. 6.25 läßt sich erkennen, daß für den stationären Betriebszustand gilt:

$$|\vec{I}_\mu|^2 \;=\; I_E^2 + |\vec{I}_1|^2 - 2 \cdot I_E \cdot |\vec{I}_1| \cdot \cos(90° - \kappa) \tag{6.153}$$

Um $|\vec{U}_h|$ im Arbeitspunkt konstant zu halten, muß $|\vec{I}_\mu|$ konstant bleiben, d.h. $\vec{I}_\mu$ muß sich auf einem Kreisbogen bewegen.

Weiterhin wird, wie sich aus den späteren Untersuchungen des Stromrichtermotorbetriebs (Kap. 11.2) zeigt, φ_1 konstant angesetzt. Mit Gl. (6.153) ist somit das Steuergesetz für den Polradstrom I_E bekannt, um $|\vec{U}_h|$ bzw. $|\vec{\Psi}_h|$ im Ankerstellbereich konstant zu halten.

Mit ϑ meßbar und $\varphi_1 = $ const. erhält man

$$\kappa \;=\; \varphi_1 + \vartheta \tag{6.154}$$

und damit:

$$I_E^2 - 2 \cdot |\vec{I}_1| \cdot I_E \cdot \sin\kappa + |\vec{I}_1|^2 - |\vec{I}_\mu|^2 \;=\; 0 \tag{6.155}$$

Ein anderer Ansatz geht davon aus, daß der Winkel β frei sein soll. Dieser Ansatz findet beispielsweise eine Anwendung beim Direktumrichterantrieb (Kap. 11.1). Es ist in diesem Fall gewünscht, die Leistung des Gesamtsystems so klein wie möglich zu halten. In diesem Fall wird $\beta = 0$ angesetzt, d.h. $\vec{I}_1$ und $\vec{U}_h$ sind in Phase.

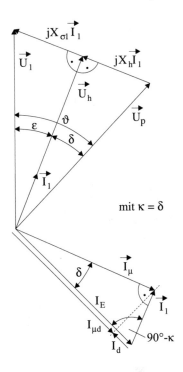

Abb. 6.26: *Zeigerdiagramm der Synchronmaschine bei Direktumrichterbetrieb*

Das Zeigerdiagramm nach Abb. 6.26 zeigt die neue Situation. Jetzt gilt:

$$\tan\delta \;=\; \frac{|\vec{I}_1|}{|\vec{I}_\mu|} \qquad \text{bzw.} \qquad \cos\delta \;=\; \frac{|\vec{I}_\mu|}{I_E} \qquad (6.156)$$

Somit muß

$$I_E \;=\; \frac{|\vec{I}_\mu|}{\cos\delta} \qquad (6.157)$$

sein, d.h. bei festgelegter resultierender Erregung $|\vec{I}_\mu|$ muß

$$I_E \;\sim\; \frac{1}{\cos\delta} \qquad (6.158)$$

gesteuert werden.

Der Polradwinkel ϑ ist meßbar, und ε erhält man aus:

$$\sin\varepsilon \;=\; \frac{|\vec{I}_1|\cdot X_{\sigma 1}}{|\vec{U}_1|} \qquad \text{bzw.} \qquad \varepsilon \;=\; \arcsin\left(\frac{|\vec{I}_1|\cdot X_{\sigma 1}}{|\vec{U}_1|}\right) \qquad (6.159)$$

Somit gilt:

$$\delta \;=\; \vartheta - \varepsilon \qquad (6.160)$$

Damit ist I_E steuerbar als Funktion des gewünschten Statorstroms und des Drehmoments.

6.5   Permanentmagneterregte Maschinen

Statt der Speisung des Polrads mit dem Erregerstrom I_E besteht die grundsätzliche Möglichkeit, die stromdurchflossene Erregerwicklung durch Permanentmagnete zu ersetzen. In diesem Fall verbleiben nur die drei Statorwicklungen als stromdurchflossene Wicklungen.

Wesentlich bei den folgenden Überlegungen ist, ob die Maschine als symmetrische Vollpolmaschine oder als unsymmetrische Maschine wie die Schenkelpolmaschine konzipiert ist.

Ein anderes Unterscheidungsmerkmal ist, ob die Statorwicklungen mit sinusförmigen oder trapezförmigen Strömen gespeist werden. Im ersten Fall wird die Maschine als permanentmagneterregte Synchronmaschine, im zweiten Fall als bürstenlose Gleichstrommaschine bezeichnet, da nur zwei Wicklungen stromdurchflossen sind.

Die Synchronmaschine in der Ausführung permanentmagnet-erregte Synchronmaschine bietet ein großes Potential für die Leistungssteigerung.

Neben der weitgehenden Vermeidung von Erregerverlusten gibt es Optimierungs-Optionen zur Verringerung der Abmessungen der Maschine und/oder Erhöhung des Drehmoments bedingt durch bessere PM-Materialien wie Seltenerden-Kobalt- oder Neodym-Eisen-Bor-Magneten. Beispielsweise wird durch diese PM-Materialien die Remanenzflussdichte von etwa 0.4 T bei Ferrit-Magneten auf 1.0 bis 1.2 T angehoben. Neben den Bauformen ohne und mit dem Reluktanzeffekt – Kapitel 6.5.1 „Regelung mit Nebenbedingungen"– gibt es die Bauformen der Magnetkreise mit der Longitudinalfluss- und der Transversalfluss-Anordnung. Eine Einführung wird in Kapitel 6.6 „Transversalflussmaschinen" gegeben. Weitere Vertiefungen sind der Fachliteratur zu entnehmen.

Der einfachste Fall für die Ermittlung des Signalflußplans ist unter der Annahmen einer symmetrischen Konstruktion und sinusförmiger Statorströme zu erreichen. In diesem Fall werden keine Reluktanzeinflüsse wirksam sein, und es ergibt sich aus den bekannten Gleichungen der Synchron-Vollpolmaschine das folgende Gleichungssystem sowie in Abb. 6.27 der zugehörige Signalflußplan.

$$\frac{d\Psi_d}{dt} \;=\; U_d - R_1 \cdot I_d + \Omega_L \cdot \Psi_q \tag{6.161}$$

$$\frac{d\Psi_q}{dt} \;=\; U_q - R_1 \cdot I_q - \Omega_L \cdot \Psi_d \tag{6.162}$$

$$\Psi_d \;=\; \Psi_{PM} + L_d \cdot I_d \tag{6.163}$$

$$\Psi_q \;=\; L_q \cdot I_q \tag{6.164}$$

$$M_{Mi} \;=\; \frac{3}{2} \cdot Z_p \cdot (\Psi_d \cdot I_q - \Psi_q \cdot I_d) \tag{6.165}$$

$$=\; \frac{3}{2} \cdot Z_p \cdot \left(\Psi_{PM} \cdot I_q + (L_d - L_q) \cdot I_d \cdot I_q\right) \tag{6.166}$$

$$\Theta \cdot \frac{d\Omega_m}{dt} \;=\; M_{Mi} - M_W \tag{6.167}$$

Dieser Signalflußplan kann weiter vereinfacht werden, wenn nur der Ankerstellbereich angenommen wird. In diesem Fall muß $d\Psi_d/dt = 0$ und $I_d = 0$ gesetzt werden.
Damit gilt:

$$0 \;=\; U_d + \Omega_L \cdot \Psi_q \;=\; U_d + \Omega_L \cdot L_q \cdot I_q \tag{6.168}$$

$$\frac{d\Psi_q}{dt} \;=\; U_q - R_1 \cdot I_q - \Omega_L \cdot \Psi_{PM} \tag{6.169}$$

$$\Psi_d \;=\; \Psi_{PM} \tag{6.170}$$

$$\Psi_q \;=\; L_q \cdot I_q \tag{6.171}$$

$$M_{Mi} \;=\; \frac{3}{2} \cdot Z_p \cdot \Psi_{PM} \cdot I_q \tag{6.172}$$

$$\Theta \cdot \frac{d\Omega_m}{dt} \;=\; M_{Mi} - M_W \tag{6.173}$$

und es ergibt sich der vereinfachte Signalflußplan der permanentmagneterregten Synchronmaschine im Ankerstellbereich nach Abb. 6.28.

Aus Gl. (6.168) ergibt sich die Steuerbedingung:

$$U_d \;=\; - \Omega_L \cdot L_q \cdot I_q \tag{6.174}$$

Gleichung (6.169) läßt sich mit $T_1 = \dfrac{L_q}{R_1}$ umformen zu:

$$T_1 \cdot \frac{d\Psi_q}{dt} + \Psi_q \;=\; T_1 \cdot (U_q - \Omega_L \cdot \Psi_{PM}) \tag{6.175}$$

Damit ergibt sich der vereinfachte Signalflussplan nach Abbildung 6.29.

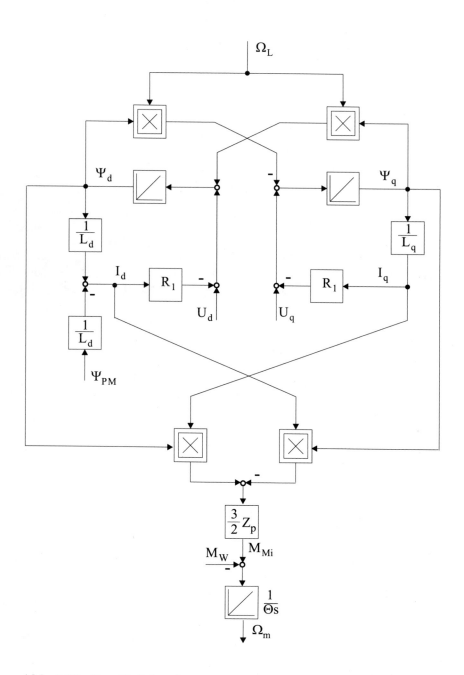

Abb. 6.27: *Signalflußplan der permanentmagneterregten Synchronmaschine*

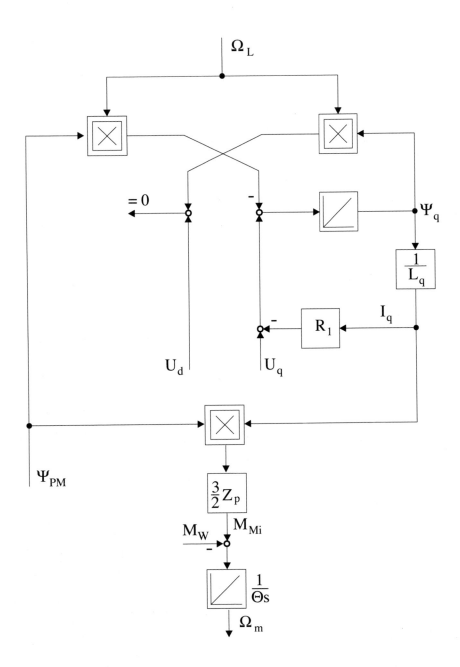

Abb. 6.28: *Vereinfachter Signalflußplan der PM-Maschine im Ankerstellbereich* $(d\Psi_d/dt = 0$ *und* $I_d = 0)$

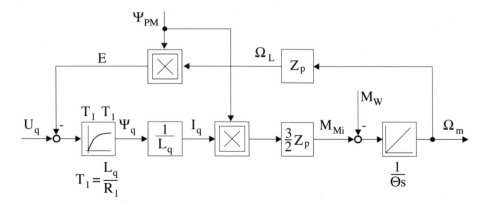

Abb. 6.29: *Vereinfachter Signalflußplan der PM-Maschine im Ankerstellbereich (Steuerbedingung: $U_d = - \Omega_L \cdot L_q \cdot I_q$)*

Zusätzlich sei aber hier bereits darauf hingewiesen, daß es Ausführungen von permanentmagneterregten Maschinen gibt, bei denen bewußt eine unsymmetrische Konstruktion (X_d, X_q) gewählt wird, um damit erstens als zusätzliche Optimierungsgröße bei der Konstruktion die Reluktanz und damit das Reluktanzmoment zu gewinnen. Zweitens kann durch geeignete Wahl von X_d und X_q bei diesem Maschinentyp die Option des Feldschwächbetriebs konstruktiv erreicht werden, ohne die bisher allgemein prognostizierte Überdimensionierung und die Schädigung der Permanentmagnete durch Entmagnetisierung. Die Regelung dieser Maschine ist allerdings wesentlich komplexer als in Abb. 6.29.

6.5.1   Regelung mit Nebenbedingungen

In [97] wird in Kapitel 16.7 ausführlich die Regelung von permanentmagneterregten Synchronmaschine – PM-Synchronmaschine – unter komplexen Nebenbedingungen vorgestellt. Ausgehend von den Anforderungen an die PM-Synchronmaschine bei mobilen Anwendungen werden Kombinationen von Eigenschaften bei PM-Synchronmaschinen berücksichtigt, um die vorteilhafteste Ausführung zu bestimmen: sinus- oder rechteckförmige Ströme, mit oder ohne Reluktanz, wenn mit Reluktanz dann Nennfluss oder nur anteiliger PM-Fluss, Feldschwächbetrieb, Wirbelströme und Verluste insbesondere bei hohen Drehzahlen, Berücksichtigung von Stellgrenzen in der Spannung, im Strom und von beiden gleichzeitig. Schwerpunkt der Darstellung ist die Entwicklung der Regelung mittels Optimierungsforderung wie maximales Drehmoment pro Ampere im erreichbaren Arbeitsraum mit Berücksichtigung der Aufteilung des verfügbaren Stroms in Anteile für das Drehmoment und für den Fluss. In entsprechender Optimierung die Bedingungen für das maximal erzielbare Drehmoment pro Volt sowie bei gleichzeitigem Erreichung von beiden Stellgrenzen. Es folgen die Darstellungen zur Realisierung der komplexen Signalverarbeitung

6.6 Transversalflussmaschinen

In Kapitel 6.5 wurde das regelungstechnische Modell der PM-Synchronmaschine vorgestellt. Diese Maschinen haben den Vorteil, dass weder eine Wicklung für den Erregerstrom noch eine Stromversorgung zur Erzeugung des Erregerstroms noch eine Anordnung zur Übertragung des Erregerstroms zum Polrad notwendig sind. Damit entfallen die genannten konstruktiven Maßnahmen sowie die Erregerverlust und es ergeben sich konstruktive Optionen beispielsweise zur Erhöhung des Wirkungsgrades oder einer Verringerung der Abmessungen der Maschine. Die Option konstruktiver Maßnahmen kann genützt werden, um die massebezogene Leistungsdichte, die massebezogene Drehmomentdichte, die auf das Volumen bezogene Drehmomentdichte und die auf die Fläche bezogene Kraftdichte zu erhöhen bzw. die auf das Drehmoment bezogenen Verluste oder das auf das Drehmoment bezogene Trägheitsmoment zu verringern.

Im Folgenden wird die Erhöhung der Kraftdichte F_A als Ziel der Optimierung gewählt. Ausgehend von Abbildung 6.30 mit dem Magnetkreis der Logitudinalfluss-Anordnung ergibt sich die Kraftdichte F_A zu

$$F_A = \frac{2 \cdot B_r}{\mu_0} \cdot B_a \cdot \frac{h_M^*}{\tau} = \frac{B_r^2}{2 \cdot \mu_0} \cdot 4 \cdot \frac{B_a}{B_r} \cdot \frac{h_M^*}{\tau} \qquad (6.176)$$

mit der Durchflutung (Amperewindungszahl) $\Theta_a = w_a \cdot I_a$, der Remanenzflussdichte B_r des Permanentmagneten, der Länge des magnetischen Spalts $(h_M + \delta)$, der Polfläche $(l \cdot \tau)$, der Polteilung τ und der Flussdichte B_a

$$B_a = \frac{\mu_0 \cdot \Theta_a}{2 \cdot (h_M^* + \delta)} \qquad (6.177)$$

sowie der „fiktiven" Durchflutung Θ_M des Permanentmagneten, die als „fiktiver" Strom I_M das magnetische Feld bzw. die magnetische Flussdichte des Permanentmagneten erzeugt.

$$\Theta_M = \frac{B_r}{\mu_\rho} \cdot h_M = \frac{B_r}{\mu_0} \cdot h_M^*; \qquad h_M^* = h_M \cdot \frac{\mu_0}{\mu_\rho} \qquad (6.178)$$

Um in Abbildung 6.30 den „fiktiven" Strom I_M zu verstehen, sei auf die Abbildung 13.12 verwiesen. Im Permanentmagnet nach Abbildung 13.12 ist die resultierende Magnetisierung die Summe der gleich ausgerichteten, atomaren magnetischen Feldstärken, die durch die atomaren Ringströme entstehen. Wie der Abbildung 13.12 weiter zu entnehmen ist, kompensieren sich die Ringströme im Inneren des Permanentmagneten, es verbleiben nur an der Oberfläche des Magneten auf jeder atomaren Ebene nicht kompensierte atomare Ströme, dies ist der Oberflächenstrom, der in Abbildung 13.12 ringförmig den Permanentmagnet wie eine Spule einschließt. Im Folgenden kann daher gedanklich jeder Permanentmagnet durch eine Spule, dessen Wicklung von dem Oberflächenstrom – dem fiktiven Strom – durchflossen wird, ersetzt werden. Die Bildung des Drehmoments bei den Transversalflußmaschinen erfolgt, indem der Oberflächenstrom bzw. der „fiktive" Strom als der Strom mit B_a als dem Fluss für die Drehmoment-Bildung interagiert. In Abbildung 6.30 ist die eingezeichnete Richtung des Stroms I_M der Oberflächenstrom an dieser sichtbaren Seite, auf der entgegengesetzten Seite des Permanentmagneten fließt I_M daher in Gegenrichtung. Die Richtung des resultierenden magnetischen Feldes bzw. der Flussdichte ist mit der Spitze des Dreiecks angegeben.

Der Betrag und die Richtung der Kraft sind nun zu bestimmen. Die Gleichung (6.176) kann zur Gleichung (6.179) umgerechnet werden

$$F_A = \frac{B_r^2}{2 \cdot \mu_0} \cdot F_{Ar} ; \qquad F_{Ar} = 4 \cdot \frac{B_a}{B_r} \cdot \frac{h_M^*}{\tau} \qquad (6.179)$$

wobei die relative Größe F_{Ar} ein Gütekriterium für den Entwurf ist. Wenn durch den Entwurf die relative Größe F_{Ar} sich erhöht und gegen eins strebt, dann ergibt sich für die Tangentialkraftdichte F_A der Idealwert F_{Ai}.

$$F_{Ai} = B_r^2 / (2 \cdot \mu_0) \qquad (6.180)$$

Als Ansatz zur Optimierung ergeben sich die Verkleinerung der Polteilung τ bzw. die Vergrößerung von h_M^*/τ bei der Erhaltung der Flussdichte B_a.

Um die Erhöhung des Drehmoments zu erreichen, wird eine Konstruktion der Maschine entsprechend Abbildung 6.31 vorgeschlagen, wobei die Polteilung minimiert wurde. Weiterhin sind Teilmaschinen in Serie angeordnet, deren Stator ist in Umfangsrichtung mit gleichen, auf dem Kopf stehenden U-förmigen Strukturen realisiert. Die Konstruktion hat die aus Abbildung 6.30 verwendete

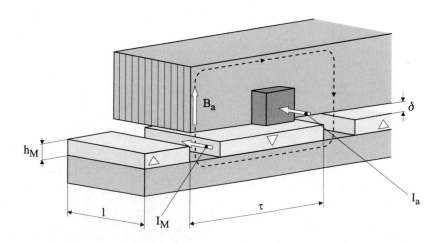

Abb. 6.30: *LF-Magnetkreis*

Flachmagnetanordnung mit longitudinaler Wicklung für den Strom I_a . Anmerkung: Der „fiktive" Strom I_M ist in Abbildung 6.31 auf der entgegengesetzten Seite des Permanentmagneten eingetragen. Aufgrund der U-förmigen Strukturen beim Stator sind an den beiden Enden der U-förmigen Stator-Struktur Permanentmagnete in unterschiedlicher Polarität angeordnet.

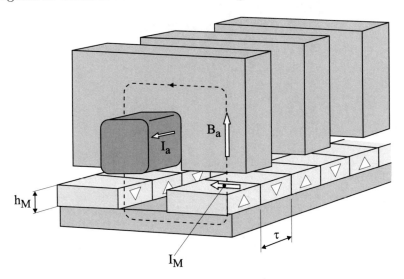

Abb. 6.31: *TF-Magnetkreis*

Die Flachmagnet-Anordnung nach den Abbildungen 6.30 und 6.31 wird nun zur PM-Maschine mit Sammler-Konfiguration geändert.

Die Abbildung 6.32 zeigt die Statorstruktur mit der zweiteiligen Wicklung für I_a. Die ferromagnetischen überstehenden Elemente des Stators sind im Abstand der doppelten Polteilung angeordnet, die obere Reihe der Polelemente und die untere Reihe der Polelemente sind dabei um eine Polteilung versetzt angeordnet, die Permanentmagnete sind radial stehend ausgeführt so dass abwechselnd die Kraft oben und unten erzeugt wird, siehe Abbildung 6.33. Vorteilhaft ist ein zweisträngiger Aufbau, d.h. zwei gleichartige Teilmaschinen.

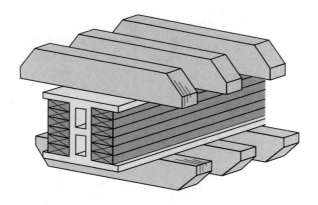

Abb. 6.32: *Statorteil des TF-Magnetkreises*

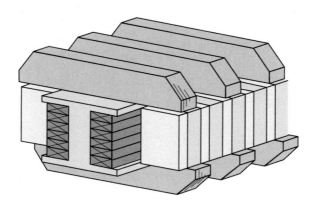

Abb. 6.33: *Stator- und Rotorteil des TF-Magnetkreises*

Die Anordnung der Permanentmagnete im Rotor ist bei hohen Geschwindigkeiten aufgrund der Fliehkräfte unerwünscht. Durch eine Vertauschung der Positionen der Permanentmagnete mit den ferroamagnetischen Polelementen, sind
die Permanentmagnete nun statorfest und die passiven ferromagnetischen Polteilungen beweglich angeordnet, dies ist die TF-PM-Maschine mit passivem Rotor,
Abbildung 6.34. Abbildung 6.35 zeigt die erreichte Kraftdichte in Abhängigkeit
von der Polteilung, bei konstanter Ankerdurchflutung und bei unterschiedlich
großen Luftspalten.

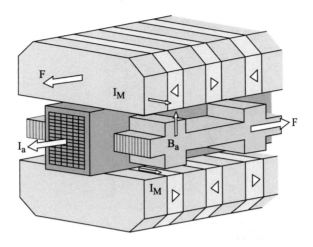

Abb. 6.34: *TF-Magnetkreis mit passivem Rotor*

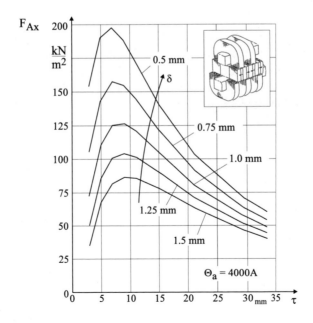

Abb. 6.35: *Kraftdichte F_{Ax} in Abhängigkeit von der Polteilung bei einer TFM-Doppelanordnung*

7 Reluktanz-Synchronmaschine

7.1 Einleitung

In der zweiten Hälfte des letzten Jahrhunderts wurde in vielen Anwendungs-
bereichen die Gleichstrom-Antriebstechnik mehr und mehr durch die damals so
genannte „bürstenlose Antriebstechnik" ersetzt. Zunächst standen sich hier die
Asynchronmaschine und die Synchronmaschine mit Permanentmagneterregung
als Konkurrenten gegenüber. Gegen Ende des letzten Jahrhunderts sah es so aus,
dass die Synchronmaschine mit Permanentmagneterregung den Wettbewerb gewonnen hatte – vor allem in Anwendungen, in denen vom elektrischen Antrieb
Servoeigenschaften erwartet werden. Die technischen Gründe dafür sind neben
der kleineren Baugröße und des geringeren Trägheitsmoments und Gewichts der
mit einfacheren Mitteln erreichbare hohe Wirkungsgrad und die einfachere Regelbarkeit.

Ein Nachteil für den Wettbewerb Synchronmaschine mit Permanentmagneterregung ist natürlich die Abhängigkeit vom Permanentmagnetmaterial, das
derzeit überwiegend in China abgebaut wird. Daher kommen zurzeit vermehrt Motorkonzepte ohne Permanentmagnete in die Diskussion. Die Reluktanz-
Synchronmaschine hat hier gute Chancen, da es sich um eine Synchronmaschine
handelt, die ähnliche Eigenschaften aufweist und mit ähnlichen Konzepten geregelt werden kann wie die permanentmagneterregte Synchronmaschine.

Eine Synchronmaschine erzeugt das Drehmoment grundsätzlich parallel nach
zwei unterschiedlichen Prinzipien:

- Kraftwirkung zwischen mindestens zwei Magneten, von denen mindestens
  einer ein elektrisch erregter Magnet ist (meist trifft das für das im Stator
  erzeugte rotierende Feld zu),

- Kraftwirkung eines Elektromagneten auf ein ferromagnetisches Material –
  hier spricht man vom Reluktanzeffekt.

Grundsätzlich können beide Effekte durch die jeweilige Auslegung der elektrischen Maschine gefördert oder auch unterdrückt werden. Im Falle der permanentmagneterregten Synchronmaschine mit oberflächenmontierten Magneten liegt
nahezu kein Reluktanzeffekt vor – das Drehmoment wird nahezu ausschließlich

© Springer-Verlag GmbH Deutschland, ein Teil von Springer Nature 2021
D. Schröder und R. Kennel, *Elektrische Antriebe – Grundlagen*,
https://doi.org/10.1007/978-3-662-63101-0_7

durch die Lorenzkraft zwischen den Permanentmagneten und der stromdurchflossenen Statorwicklung erzeugt. Im Fall der Reluktanz-Synchronmaschine wird
das Drehmoment ausschließlich über den Reluktanzeffekt erzeugt. Dazwischen
gibt es eine Vielzahl von Mischformen, die je nach Herkunft oder Ausbildung
des jeweiligen Entwicklungsingenieurs als Synchronmaschine mit ausgeprägten
Polen (englisch: saliency) oder als permanentmagnetunterstützte Reluktanz-
Synchronmaschine bezeichnet wird (englisch: permanent magnet assisted reluctance synchronous machine).

Als „geschaltete Reluktanzmaschine" (englisch: switched reluctance machine
– SRM) oder auch als „Schrittmotor" bezeichnet man die Reluktanzmaschine,
wenn die Bewegung schrittweise durch Ein- bzw. Ausschalten des Strom in der
jeweiligen Statorzahnwicklung erfolgt. Solche Motoren lassen sich einfach ansteuern, zeigen jedoch große Welligkeit im Drehmoment und große Geräuschentwicklung. Im Unterschied hierzu wird in der „Reluktanz-Synchronmaschine" eine kontinuierlich rotierendes Statorfeld erzeugt, dem der magnetisch anisotrope Rotor folgt (anisotrop: die magnetischen Eigenschaften sind von der radialen Richtung in der elektrischen Maschine abhängig). Dieser Maschinentyp
zeigt deutlich geringere Drehmomentwelligkeit und eine deutlich geringere Geräuschentwicklung (letzteres ist vielen Anwendern von elektrischen Antrieben
immer noch nicht bewusst). Um eine Verwechslung mit der „geschalteten Reluktanzmaschine (SRM)" zu vermeiden, verwenden viele Autoren die Abkürzung RSM (und folgerichtig auch den Begriff „Reluktanz-Synchronmaschine") –
man findet allerdings auch die Abkürzung SyRM (Synchron-Reluktanzmaschine).
Im vorliegenden Werk hat man sich durchgängig für den Begriff „Reluktanz-
Synchronmaschine" entschieden.

Da die Reluktanz-Synchronmaschine eine Maschine mit elektrischer Erregung
ist, lässt sich ein Feldschwächbereich einfacher realisieren als bei einer elektrischen Maschine mit Permanentmagneterregung. Allerdings braucht man einen
Teil des Statorstroms, um das magnetische Feld zu erzeugen. Da dieser Anteil
des Stroms wie jeder Stromfluss verlustbehaftet ist, ist es nicht einfach, die gleichen Wirkungsgrade wie bei der permanentmagneterregten Synchronmaschine
zu erzielen – die Unterschiede sind in der Regel allerdings nicht signifikant. Ein
weiterer Nachteil der Reluktanz-Synchronmaschine ist die Notwendigkeit einer
starken magnetischen Kopplung zwischen Stator und Rotor – dies erzwingt einen
sehr kleinen Luftspalt.

7.2 Aufbau

In einer Reluktanz-Synchronmaschine wird wie bei jeder Drehfeldmaschine durch die Statorwicklung ein kontinuierlich rotierendes magnetisches Feld erzeugt. Daher ist der Stator gleich aufgebaut wie bei einer Asynchron- oder Synchronmaschine. Da es sich um eine Synchronmaschine handelt ist das Konzept der Einzelzahnwicklung ebenfalls anwendbar.

Die Reluktanz-Synchronmaschine lebt von richtungsabhängigen magnetischen Eigenschaften im Rotor, damit dieser dem im Stator erzeugten rotierenden Magnetfeld folgen kann. Diese Richtungsabhängigkeit wird als magnetische Anisotropie bezeichnet und meist durch zwei Konzepte realisiert:

- Jeder magnetische Pol wird mit (ferro-)magnetischem Material ausgeprägt – hierbei handelt es sich um Schenkelpole oder ausgeprägte Pole, die im Unterschied zu anderen Arten von Drehfeldmaschinen weder mit Magneten bestückt noch mit elektrischen Wicklungen ausgestattet sind (siehe Abbildung 7.1).

- Ein zylindrischer Rotor aus ferromagnetischem Material wird im Inneren mit sogenannten Flussbarrieren ausgestattet (siehe Abbildung 7.2). Der Rotor hat dann in Richtung der Flussbarrieren eine deutlich größere magnetische Permeabilität als quer dazu und ist daher stark anisotrop.

Sobald das magnetische Feld Luftstrecken überwinden muss, erhöht sich der magnetische Widerstand (= die Reluktanz). Der Rotor versucht, den Energieinhalt seines Magnetfelds zu vergrößern – dieser ist maximal, wenn das Magnetfeld sich am geringsten magnetischen Widerstand (= größte Induktivität) orientiert. Aus diesem physikalischen Bestreben heraus ergibt sich dann das Drehmoment der Reluktanz-Synchronmaschine.

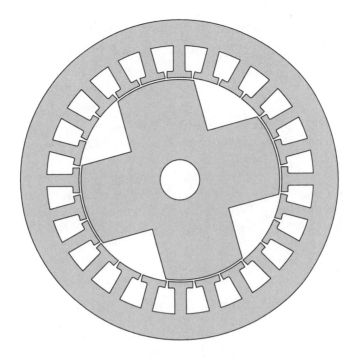

Abb. 7.1: *Reluktanz-Synchronmaschine mit ausgeprägten Schenkelpolen ohne Magnete oder elektrische Rotor-Wicklungen*

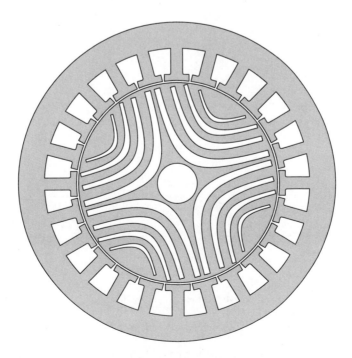

Abb. 7.2: *Reluktanz-Synchronmaschine mit magnetischen Flussbarrieren im Rotor*

7.3 Drehmomentbildung / Energieumwandlung
D. Tritschler, SEW EURODRIVE

Im Gegensatz zu den bisher beschriebenen Drehfeldmaschinen enthält der Rotor der Reluktanz-Synchronmaschine weder einen Kurzschlusskäfig, noch Permanentmagnete oder eine Erregerwicklung. Einzig die magnetische Anisotropie, die aus dem in Kapitel 7.2 beschriebenen Aufbau des Rotors resultiert, ermöglicht das Erzeugen eines Drehmoments. In Anlehnung an das Vorgehen in [428], wo eine allgemein gültige Drehmomentgleichung für einphasige permanentmagneterregte Synchronmaschinen hergeleitet wurde, erfolgt in diesem Abschnitt die Anpassung dieses Ansatzes an die Reluktanz-Synchronmaschine. Im Anschluss werden vereinfachende Annahmen bei der Modellierung aufgezeigt, die die weiteren Betrachtungen erleichtern.

7.3.1 Zusammenhang zwischen Flussverkettung und Stromzeiger

Als Vorarbeit zur eigentlichen Herleitung der Drehmomentgleichung dient die Betrachtung des charakteristischen Zusammenhangs zwischen Flussverkettung und Statorstrom, der in Abb. 7.3 dargestellt ist. Die beiden Kennlinien zeigen

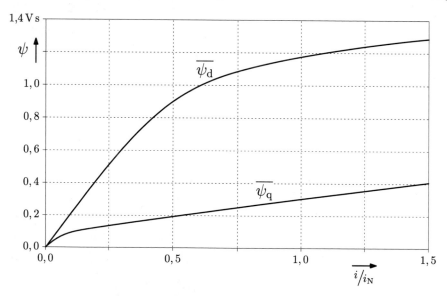

Abb. 7.3: *gemessene Flusskennlinien einer* 2,2 kW *Reluktanz-Synchronmaschine. Die Messpunkte sind bezogen auf den Nennstrom* $i_\mathrm{N} = 5{,}7\,\mathrm{A}$.

die Abhängigkeit der Komponenten der Flussverkettung vom Statorstromzeiger. Die jeweils orthogonale Komponente des Stromzeigers wurde bei den Messungen zu Null gesetzt. Zugunsten dieser anschaulichen Darstellung wurden die Verläufe der Flussverkettung über der Rotorstellung gemittelt. Damit sind die beiden Kennlinien ausschließlich abhängig von ihrer entsprechenden Stromkomponente.

$$\overline{\psi_{\mathrm{d}}} = \overline{\psi_{\mathrm{d}}}(I_{\mathrm{d}})\Big|_{I_{\mathrm{q}}=0} \quad \text{und} \quad \overline{\psi_{\mathrm{q}}} = \overline{\psi_{\mathrm{q}}}(I_{\mathrm{q}})\Big|_{I_{\mathrm{d}}=0} \tag{7.1}$$

Tatsächlich enthalten sie zusätzlich zu dem hier dargestellten Mittelwert einen rotorstellungsabhängigen Anteil, der aus der Überlagerung der magnetischen Anisotropie des Rotors mit der des Stators (aufgrund der Nuten, die die Statorwicklungen enthalten) entsteht. Darüber hinaus unterliegt das verwendete Eisenmaterial dem Effekt der magnetischen Sättigung, was an der Krümmung der Kennlinien zu erkennen ist. Um alle diese Einflüsse zu berücksichtigen, muss die Flussverkettung als Funktion von Stromzeiger und Rotorstellung modelliert werden.

$$\boldsymbol{\psi}_{\mathrm{S}}^{\mathrm{L}} = \boldsymbol{\psi}_{\mathrm{S}}^{\mathrm{L}}(\boldsymbol{I}_{\mathrm{S}}^{\mathrm{L}}, \beta_{\mathrm{L}}) \tag{7.2}$$

7.3.2 allgemeine Drehmomentgleichung

Mit der Reluktanz-Synchronmaschine liegt eine Maschine zu Grunde, der über ihre drei Wicklungen elektrische Leistung zugeführt bzw. entnommen werden kann. Ferner kann über die Motorwelle mechanische Leistung ebenfalls zugeführt oder entnommen werden. Die Differenz aus den Momentanwerten dieser beiden Leistungen teilt sich auf in Verluste (aufgrund des ohmschen Widerstands der Spulen) und die Änderung der Energie, die im magnetischen Kreis gespeichert ist. Zusammengefasst genügt die betrachtete Maschine der Leistungsbilanz

$$p_{\mathrm{el}} = p_{\mathrm{v}} + p_{\mathrm{mech}} + p_{\mathrm{mag}} \tag{7.3}$$

Darin sind p_{el} die elektrische, p_{v} die ohmsche Verlust-, p_{mech} die mechanische und p_{mag} die Magnetisierungsleistung. Um die Leistungsbilanz weiter zu präzisieren werden die einzelnen Terme getrennt betrachtet.

Der Momentanwert der eingespeisten elektrischen Leistung ist gleich der Summe der Leistungen in den einzelnen Spulen, die wiederum aus den Strangwerten von Strom und Spannung berechnet werden können.

$$p_{\mathrm{el}} = U_{\mathrm{a}} \cdot I_{\mathrm{a}} + U_{\mathrm{b}} \cdot I_{\mathrm{b}} + U_{\mathrm{c}} \cdot I_{\mathrm{c}} \tag{7.4}$$

In vektorieller Schreibweise entspricht Gl. (7.4) dem Skalarprodukt aus Spannungs- und Stromzeiger. Um die Gleichung in das statorfeste kartesische Koordinatensystem zu überführen sind die beiden Zeiger durch die entsprechenden transformierten Größen zu ersetzen.

$$p_{\mathrm{el}} = \begin{pmatrix} I_{\mathrm{a}} & I_{\mathrm{b}} & I_{\mathrm{c}} \end{pmatrix} \begin{pmatrix} U_{\mathrm{a}} \\ U_{\mathrm{b}} \\ U_{\mathrm{c}} \end{pmatrix} = \left(\mathbf{T}_{\mathrm{SS3}} \cdot \boldsymbol{I}_{\mathrm{S}}^{\mathrm{S}} \right)^{\mathrm{T}} \cdot \mathbf{T}_{\mathrm{SS3}} \cdot \boldsymbol{U}_{\mathrm{S}}^{\mathrm{S}} \tag{7.5}$$

Für die Transformationen wurde jeweils die Matrix $\mathbf{T}_{\text{SS3}}$ verwendet. Sie entspricht der vektoriellen Darstellung der Vorschrift 5.14 für die Transformation von Raumzeigern aus dem kartesischen in das 3-phasige statorfeste Koordinatensystem nach [67].

$$\mathbf{T}_{\text{SS3}} = \begin{pmatrix} 1 & 0 \\ \frac{-1}{2} & \frac{\sqrt{3}}{2} \\ \frac{-1}{2} & \frac{-\sqrt{3}}{2} \end{pmatrix} \tag{7.6}$$

Ausmultiplizieren führt zur Gleichung

$$p_{\text{el}} = \frac{3}{2} \cdot \boldsymbol{I}_{\text{S}}^{\text{S}T} \cdot \boldsymbol{U}_{\text{S}}^{\text{S}} \tag{7.7}$$

Dies ist die elektrische Leistung in Abhängigkeit von Strom- und Spannungszeiger in kartesischen Statorkoordinaten. Sie lässt sich in einem weiteren Rechenschritt in Rotorkoordinaten transformieren. Dieser Weg wird hier gewählt, da die bisher notierten Drehmomentgleichungen (in Kapitel 5.4 für die Asynchronmaschine und in Kapitel 6.2 für die Synchronmaschine) ebenfalls in Rotorkoordinaten dargestellt sind. Die Transformation von (7.7) erfolgt mit der Matrix $\mathbf{T}_{\text{LS}}$, die der vektoriellen Darstellung der in Kapitel 5.3.3 beschriebenen Transformationsvorschrift für Raumzeiger von Rotor- in Statorkoordinaten

$$\mathbf{T}_{\text{LS}} = \begin{pmatrix} \cos(\beta_{\text{L}}) & -\sin(\beta_{\text{L}}) \\ \sin(\beta_{\text{L}}) & \cos(\beta_{\text{L}}) \end{pmatrix} \tag{7.8}$$

entspricht. Mit ihrer Hilfe werden die Raumzeiger in Statorkoordinaten durch ihre entsprechenden transformierten Größen in Rotorkoordinaten ersetzt.

$$p_{\text{el}} = \frac{3}{2} \cdot \left(\mathbf{T}_{\text{LS}} \cdot \boldsymbol{I}_{\text{S}}^{\text{L}} \right)^{T} \cdot \mathbf{T}_{\text{LS}} \cdot \boldsymbol{U}_{\text{S}}^{\text{L}} = \frac{3}{2} \cdot \boldsymbol{I}_{\text{S}}^{\text{L}T} \cdot \boldsymbol{U}_{\text{S}}^{\text{L}} \tag{7.9}$$

Schließlich kann der Spannungszeiger in Rotorkoordinaten durch die Spannungsgleichung (6.5) ausgedrückt werden. Damit folgt für die elektrische Leistung

$$p_{\text{el}} = \frac{3}{2} \cdot \boldsymbol{I}_{\text{S}}^{\text{L}T} \cdot \left(R_{\text{S}} \cdot \boldsymbol{I}_{\text{S}}^{\text{L}} + \Omega_{\text{L}} \cdot \mathbf{J} \cdot \boldsymbol{\psi}_{\text{S}}^{\text{L}} + \frac{d\boldsymbol{\psi}_{\text{S}}^{\text{L}}}{dt} \right) \tag{7.10}$$

Analog zur elektrischen Leistung ist die Verlustleistung p_{v} gleich der Summe der Verluste in den einzelnen Phasenwicklungen. In Rotorkoordinaten folgt sie zu

$$p_{\text{v}} = \frac{3}{2} \cdot \boldsymbol{I}_{\text{S}}^{\text{L}T} \cdot R_{\text{S}} \cdot \boldsymbol{I}_{\text{S}}^{\text{L}} \tag{7.11}$$

Der nächste Term in der Leistungsbilanz (7.3) ist die mechanische Leistung p_{mech}. Sie hängt von Drehzahl und Drehmoment an der Welle der Maschine ab

$$p_{\text{mech}} = M \cdot \Omega_{\text{mech}} \tag{7.12}$$

Darin ist die mechanische Winkelgeschwindigkeit Ω_{mech} um den Faktor der Polpaarzahl Z_{p} kleiner als die elektrische Winkelgeschwindigkeit und kann mit der differentiellen Änderung des Winkels β_{L} nach der Zeit ausgedrückt werden.

$$p_{\mathrm{mech}} = \frac{M}{Z_{\mathrm{p}}} \cdot \frac{d\beta_{\mathrm{L}}}{dt} \tag{7.13}$$

Der letzte Term in (7.3) ist die Magnetisierungsleistung. Sie ist gleich der Ableitung der magnetischen Energie nach der Zeit.

$$p_{\mathrm{mag}} = \frac{dW_{\mathrm{mag}}}{dt} \tag{7.14}$$

Das Einsetzen der einzelnen Terme in die Leistungsbilanz (7.3) und Auflösen nach der Ableitung der magnetischen Energie ergibt

$$\frac{dW_{\mathrm{mag}}}{dt} = \frac{3}{2} \cdot \boldsymbol{I}_{\mathrm{S}}^{\mathrm{L}\,T} \cdot \mathbf{J} \cdot \boldsymbol{\psi}_{\mathrm{S}}^{\mathrm{L}} \cdot \frac{d\beta_{\mathrm{L}}}{dt} + \frac{3}{2} \cdot \boldsymbol{I}_{\mathrm{S}}^{\mathrm{L}\,T} \cdot \frac{d\boldsymbol{\psi}_{\mathrm{S}}^{\mathrm{L}}}{dt} - \frac{M}{Z_{\mathrm{p}}} \cdot \frac{d\beta_{\mathrm{L}}}{dt} \tag{7.15}$$

Damit beträgt die differentielle magnetische Energie

$$dW_{\mathrm{mag}} = \frac{3}{2} \cdot \boldsymbol{I}_{\mathrm{S}}^{\mathrm{L}\,T} \cdot \mathbf{J} \cdot \boldsymbol{\psi}_{\mathrm{S}}^{\mathrm{L}} \cdot d\beta_{\mathrm{L}} + \frac{3}{2} \cdot \boldsymbol{I}_{\mathrm{S}}^{\mathrm{L}\,T} \cdot d\boldsymbol{\psi}_{\mathrm{S}}^{\mathrm{L}} - \frac{M}{Z_{\mathrm{p}}} \cdot d\beta_{\mathrm{L}} \tag{7.16}$$

Darin ist

$$\mathbf{J} = \begin{pmatrix} 0 & -1 \\ 1 & 0 \end{pmatrix} \tag{7.17}$$

Bei stillstehender Maschine, d.h. bei $\frac{d\beta_{\mathrm{L}}}{dt} = 0$, folgt die Magnetisierungsleistung aus (7.15) zu

$$p_{\mathrm{mag}} = \left. \frac{\partial W_{\mathrm{mag}}}{\partial t} \right|_{\beta_{\mathrm{L}}=\mathrm{const}} = \frac{3}{2} \cdot \boldsymbol{I}_{\mathrm{S}}^{\mathrm{L}\,T} \cdot \frac{d\boldsymbol{\psi}_{\mathrm{S}}^{\mathrm{L}}}{dt} \tag{7.18}$$

Demnach kann die eingebrachte magnetische Energie bei stillstehender Maschine durch Integration des Stroms über der Flussverkettung berechnet werden.

$$W_{\mathrm{mag}} = \frac{3}{2} \cdot \int \boldsymbol{I}_{\mathrm{S}}^{\mathrm{L}\,T} d\boldsymbol{\psi}_{\mathrm{S}}^{\mathrm{L}} \tag{7.19}$$

Bei einer einphasigen Anordnung, wo Flussverkettung und Strom keine Zeiger, sondern skalare Größen sind, liefert das Integral des Stroms über der Flussverkettung die Fläche links neben der Kennlinie in Abb. 7.4. Die magnetische Energie ist folglich eine Funktion der Flussverkettung. Die Fläche unter der Kennlinie wird als magnetische Koenergie bezeichnet und für die folgenden Rechenschritte als Hilfsgröße benötigt. Wie auch die magnetische Energie trägt sie die Einheit Joule [J]. Im Gegensatz zur magnetischen Energie wird sie durch Integration der Flussverkettung über dem Strom berechnet und ist somit als Funktion des Stroms darzustellen. In Summe ergeben magnetische Energie und Koenergie das Produkt aus Flussverkettung und Strom.

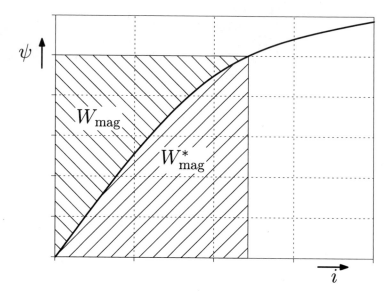

Abb. 7.4: *Magnetische Energie und Koenergie*

$$W_{\text{mag}} + W_{\text{mag}}^* = I \cdot \psi \tag{7.20}$$

Um Gl. (7.20) auf die Reluktanz-Synchronmaschine mit ihren drei Phasenwicklungen zu übertragen, müssen die Produkte aus Strom und Flussverkettung in jedem Strang gebildet und dann aufsummiert werden [1].

$$W_{\text{mag}} + W_{\text{mag}}^* = \begin{pmatrix} I_{\text{a}} & I_{\text{b}} & I_{\text{c}} \end{pmatrix} \cdot \begin{pmatrix} \psi_{\text{a}} \\ \psi_{\text{b}} \\ \psi_{\text{c}} \end{pmatrix} \tag{7.21}$$

Aufgrund der in den Vorüberlegungen festgestellten Abhängigkeit der Flussverkettung von der Rotorstellung (Gl. (7.2)), hängen auch magnetische Energie und Koenergie von der Rotorstellung ab. Die vollständige Beschreibung der beiden Terme erfolgt dann mit

$$W_{\text{mag}} = f(\psi, \beta_{\text{L}}) \quad \text{und} \tag{7.22}$$

$$W_{\text{mag}}^* = f(I, \beta_{\text{L}}) \tag{7.23}$$

Analog zur Herleitung der elektrischen Leistung in (7.5) kann (7.21) in Rotorkoordinaten überführt werden. Es gilt

$$W_{\text{mag}} + W_{\text{mag}}^* = \frac{3}{2} \cdot \boldsymbol{I}_{\text{S}}^{\text{L}\,T} \cdot \boldsymbol{\psi}_{\text{S}}^{\text{L}} \tag{7.24}$$

---

[1] Für weitergehende Informationen, wie die Herleitung der Summe aus magnetischer Energie und Koenergie in einem magnetischen Kreis mit mehreren Spulen, sei auf [428] verwiesen.

Aus (7.24) folgt die differentielle magnetische Energie, die auf anderem Wege bereits in Gl. (7.16) berechnet wurde, zu

$$dW_{\mathrm{mag}} = \frac{3}{2} \cdot d\left(\boldsymbol{I}_{\mathrm{S}}^{\mathrm{L}^T} \cdot \boldsymbol{\psi}_{\mathrm{S}}^{\mathrm{L}} \right) - dW_{\mathrm{mag}}^* \tag{7.25}$$

Setzt man nun (7.25) mit (7.16) gleich und berücksichtigt die Produktregel der Differentialrechnung mit

$$\boldsymbol{I}_{\mathrm{S}}^{\mathrm{L}^T} \cdot d\boldsymbol{\psi}_{\mathrm{S}}^{\mathrm{L}} = d\left(\boldsymbol{I}_{\mathrm{S}}^{\mathrm{L}^T} \cdot \boldsymbol{\psi}_{\mathrm{S}}^{\mathrm{L}} \right) - d\boldsymbol{I}_{\mathrm{S}}^{\mathrm{L}^T} \cdot \boldsymbol{\psi}_{\mathrm{S}}^{\mathrm{L}}, \tag{7.26}$$

kann nach der differentiellen magnetischen Koenergie aufgelöst werden und es folgt

$$dW_{\mathrm{mag}}^* = \frac{-3}{2} \cdot d\beta_{\mathrm{L}} \cdot \boldsymbol{I}_{\mathrm{S}}^{\mathrm{L}^T} \cdot \mathbf{J} \cdot \boldsymbol{\psi}_{\mathrm{S}}^{\mathrm{L}} + \frac{3}{2} \cdot d\boldsymbol{I}_{\mathrm{S}}^{\mathrm{L}^T} \cdot \boldsymbol{\psi}_{\mathrm{S}}^{\mathrm{L}} + \frac{M}{Z_{\mathrm{p}}} \cdot d\beta_{\mathrm{L}} \tag{7.27}$$

Schließlich kann (7.27) nach dem Drehmoment aufgelöst werden.

$$M = Z_{\mathrm{p}} \cdot \left(\frac{3}{2} \cdot \boldsymbol{I}_{\mathrm{S}}^{\mathrm{L}^T} \cdot \mathbf{J} \cdot \boldsymbol{\psi}_{\mathrm{S}}^{\mathrm{L}} - \frac{3}{2} \cdot \frac{d\boldsymbol{I}_{\mathrm{S}}^{\mathrm{L}^T}}{d\beta_{\mathrm{L}}} \cdot \boldsymbol{\psi}_{\mathrm{S}}^{\mathrm{L}} + \frac{dW_{\mathrm{mag}}^*}{d\beta_{\mathrm{L}}} \right) \tag{7.28}$$

Durch das Bilden der Ableitung der magnetischen Koenergie nach der Rotorstellung kann noch weiter vereinfacht werden. Aufgrund der Festlegung (7.23) ist dafür die Kettenregel anzuwenden.

$$\frac{dW_{\mathrm{mag}}^*}{\beta_{\mathrm{L}}} = \frac{\partial W_{\mathrm{mag}}^*}{\partial \boldsymbol{I}_{\mathrm{S}}^{\mathrm{L}}} \cdot \frac{d\boldsymbol{I}_{\mathrm{S}}^{\mathrm{L}}}{\beta_{\mathrm{L}}} + \frac{\partial W_{\mathrm{mag}}^*}{\partial \beta_{\mathrm{L}}} \tag{7.29}$$

Aus den Gleichungen (7.18) und (7.24) folgt die differentielle magnetische Koenergie bei stillstehender Maschine zu

$$dW_{\mathrm{mag}}^* = \frac{3}{2} \cdot \boldsymbol{\psi}_{\mathrm{S}}^{\mathrm{L}^T} \cdot d\boldsymbol{I}_{\mathrm{S}}^{\mathrm{L}} \qquad \text{mit } \beta_{\mathrm{L}} = \text{const} \tag{7.30}$$

und daraus

$$\frac{\partial W_{\mathrm{mag}}^*}{\partial \boldsymbol{I}_{\mathrm{S}}^{\mathrm{L}}} = \frac{3}{2} \cdot \boldsymbol{\psi}_{\mathrm{S}}^{\mathrm{L}^T} \qquad \text{mit } \beta_{\mathrm{L}} = \text{const} \tag{7.31}$$

Setzt man nun (7.29) und (7.31) in die Drehmomentgleichung (7.28) ein, folgt

$$M = Z_{\mathrm{p}} \cdot \left(\frac{3}{2} \cdot \boldsymbol{I}_{\mathrm{S}}^{\mathrm{L}^T} \cdot \mathbf{J} \cdot \boldsymbol{\psi}_{\mathrm{S}}^{\mathrm{L}} + \frac{\partial W_{\mathrm{mag}}^*}{\partial \beta_{\mathrm{L}}} \right) \qquad \text{mit } \boldsymbol{I}_{\mathrm{S}}^{\mathrm{L}} = \text{const} \tag{7.32}$$

Mit (7.32) steht nun eine Drehmomentgleichung zur Verfügung, die sowohl den nichtlinearen Zusammenhang zwischen Flussverkettung und Stromzeiger, als auch Oberwellen im Stator berücksichtigt. Damit ist das anfangs der Herleitung formulierte Ziel, eine Gleichung zu erarbeiten, die diese Effekte berücksichtigt, bereits erreicht.

Ist die magnetische Koenergie als Term in der Drehmomentgleichung unerwünscht, lässt sie sich in einer alternativen Darstellung durch die magnetische Energie ersetzen. Dazu wird (7.24) nach W_{mag}^* aufgelöst und nach β_{L} differenziert.

$$\frac{\partial W_{\mathrm{mag}}^*}{\partial \beta_{\mathrm{L}}} = \frac{\partial}{\partial \beta_{\mathrm{L}}} \left(\frac{3}{2} \cdot \boldsymbol{I}_{\mathrm{S}}^{\mathrm{L}\,T} \cdot \boldsymbol{\psi}_{\mathrm{S}}^{\mathrm{L}} - W_{\mathrm{mag}} \right) \tag{7.33}$$

Zum Auflösen der Klammer findet die Produktregel Anwendung. Unter der Voraussetzung des konstanten Stromzeigers folgt

$$\frac{\partial W_{\mathrm{mag}}^*}{\partial \beta_{\mathrm{L}}} = \frac{3}{2} \cdot \boldsymbol{I}_{\mathrm{S}}^{\mathrm{L}\,T} \cdot \frac{\partial W_{\mathrm{mag}}}{\partial \beta_{\mathrm{L}}} \tag{7.34}$$

Schließlich folgt die Drehmomentgleichung in Abhängigkeit von Flussverkettung und Stromzeiger in Rotorkoordinaten, sowie der Änderung der magnetischen Energie über der Rotorstellung zu

$$M = \mathrm{Z}_{\mathrm{p}} \cdot \left(\frac{3}{2} \cdot \boldsymbol{I}_{\mathrm{S}}^{\mathrm{L}\,T} \cdot \left(\mathbf{J} \cdot \boldsymbol{\psi}_{\mathrm{S}}^{\mathrm{L}} + \frac{\partial \boldsymbol{\psi}_{\mathrm{S}}^{\mathrm{L}}}{\partial \beta_{\mathrm{L}}} \right) - \frac{\partial W_{\mathrm{mag}}}{\partial \beta_{\mathrm{L}}} \right) \qquad \text{mit } \boldsymbol{I}_{\mathrm{S}}^{\mathrm{L}} = \text{const} \tag{7.35}$$

An Gl. (7.35) ist zu erkennen, dass bei einem konstant eingeprägten Stromzeiger die Änderungen von Flussverkettung und magnetischem Energieinhalt über der Rotorstellung einen Einfluss auf den Verlauf des Drehmoments haben. Folglich erzeugt ein in Rotorkoordinaten konstant eingeprägter Stromzeiger im Allgemeinen keineswegs ein über der Rotorstellung konstantes Drehmoment.

7.3.3 Vereinfachungen

Nach einer vollständigen Umdrehung des Rotors stellen sich die gleichen geometrischen Verhältnisse ein wie zuvor, das heißt Flussverkettung und magnetischer Energieinhalt sind bei drehender Maschine periodische Verläufe. Daraus folgt, dass der Mittelwert der entsprechenden Ableitungen gleich Null ist.

$$\overline{\left(\frac{\partial \boldsymbol{\psi}_{\mathrm{S}}^{\mathrm{L}}}{\partial \beta_{\mathrm{L}}} \right)} = 0 \qquad \overline{\left(\frac{\partial W_{\mathrm{mag}}}{\partial \beta_{\mathrm{L}}} \right)} = 0 \qquad \text{mit } \boldsymbol{I}_{\mathrm{S}}^{\mathrm{L}} = \text{const} \tag{7.36}$$

Mit einem konstant eingeprägten Stromzeiger in Rotorkoordinaten entfallen diese Terme in (7.35) und es folgt die Gleichung für das mittlere Drehmoment

$$\overline{M} = \frac{3}{2} \cdot \mathrm{Z}_{\mathrm{p}} \cdot \boldsymbol{I}_{\mathrm{S}}^{\mathrm{L}\,T} \cdot \mathbf{J} \cdot \overline{\boldsymbol{\psi}_{\mathrm{S}}^{\mathrm{L}}} \qquad \text{mit } \boldsymbol{I}_{\mathrm{S}}^{\mathrm{L}} = \text{const} \tag{7.37}$$

An Gl. (7.37) ist zu erkennen, dass die Reluktanz-Synchronmaschine immer dann ein mittleres Drehmoment erzeugt, wenn das Kreuzprodukt aus Strom-

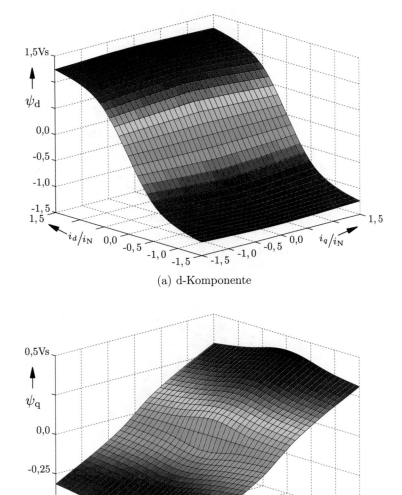

(a) d-Komponente

(b) q-Komponente

Abb. 7.5: *Komponenten der Flussverkettung in Abhängigkeit des Stromzeigers (gemittelt über der Rotorstellung)*

und Flusszeiger ungleich Null ist. Das ist gerade dann der Fall, wenn die beiden Zeiger einen Winkel aufspannen. Die Abb. 7.5(a) und 7.5(b) zeigen die Verläufe der d- und q-Komponente der Flussverkettung über der Stromzeiger-Ebene. Die Überprüfung der einzelnen Arbeitspunkte ergibt, dass alle Stromzeiger entlang der Koordinatenachsen (d.h. alle Stromzeiger, die nur aus einer d- oder q-Komponente bestehen) einen parallelen Flusszeiger und damit kein Drehmoment zur Folge haben. Bei allen anderen Arbeitspunkten zeigt die Flussverkettung in eine andere Richtung als der Stromzeiger und die Maschine erzeugt ein Drehmoment. Der Unterschied der Gleichung des mittleren Drehmoments (7.37) zu den allgemeinen Drehmomentgleichungen (7.28) und (7.35) zeigt sich in der Rotorstellungsabhängigkeit der Flussverkettung und der magnetischen Energie bzw. Koenergie. Die Verwendung der gemittelten Flussverkettung zur Berechnung des mittleren Drehmoments ist somit der Vernachlässigung der Oberwellen der Maschine gleichzusetzen. Die Sättigung des Eisenmaterials ist aber noch immer berücksichtigt.

Bildet man an jedem Arbeitspunkt das Verhältnis aus den Komponenten der Flussverkettung und den entsprechenden Komponenten des Stromzeigers, erhält man die absoluten Induktivitäten L_d und L_q, mit

$$L_d = \frac{\psi_d}{I_d} \qquad \text{und} \qquad L_q = \frac{\psi_q}{I_q}. \tag{7.38}$$

Da sie aus der gemittelten Flussverkettung berechnet wurden, sind sie nicht von der Rotorstellung, sondern nur vom Stromzeiger abhängig. Obwohl sie die Bezeichnung Induktivität und die Einheit [V s/A] tragen, sind sie nicht zu verwechseln mit den differentiellen Induktivitäten, die als Ableitung der Flussverkettung nach dem Strom definiert sind. In Abb. 7.6(a) wird der Unterschied dargestellt. Nun kann die Flussverkettung in das Produkt aus absoluter Induktivität und Stromzeiger zerlegt werden.

$$\begin{pmatrix} \psi_d \\ \psi_q \end{pmatrix} = \begin{pmatrix} L_d & 0 \\ 0 & L_q \end{pmatrix} \cdot \begin{pmatrix} I_d \\ I_q \end{pmatrix} \tag{7.39}$$

$$\boldsymbol{\psi}_S^L = \boldsymbol{L}_S^L \cdot \boldsymbol{I}_S^L \tag{7.40}$$

Eingesetzt in die Gleichung (7.37), folgt

$$M = \frac{3}{2} \cdot Z_p \cdot (L_d - L_q) \cdot I_d \cdot I_q. \tag{7.41}$$

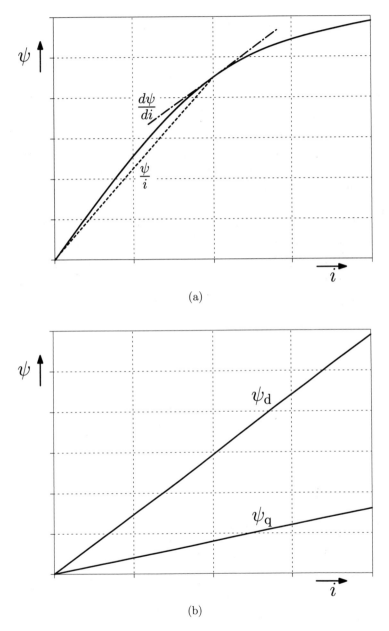

Abb. 7.6: *Sekanten- und differentielle Induktivität* (a)*; Flusskennlinien der linearen Maschine* (b)

Der Blick auf die Drehmomentgleichungen der Synchron-Schenkelpolmaschine aus Kapitel 6.2

$$M_{Mi} = \frac{3}{2} \cdot Z_p \cdot (M_{dE} \cdot I_E \cdot I_q + (L_d - L_q) \cdot I_d \cdot I_q) \qquad (7.42)$$

und der permanentmagneterregten Synchronmaschine aus Kapitel 6.5

$$M_{Mi} = \frac{3}{2} \cdot Z_p \cdot (\psi_{PM} \cdot I_q + (L_d - L_q) \cdot I_d \cdot I_q) \qquad (7.43)$$

zeigt, dass sich die Reluktanz-Synchronmaschine bezüglich des Drehmoments wie eine Synchronmaschine ohne Erregung verhält. Im Unterschied zum hier gewählten Vorgehen wurden die Drehmomentgleichungen der Synchronmaschinen auf Basis eines linearen Ansatzes hergeleitet. Das heißt die Flussverkettung wurde als linearer Verlauf über dem Stromzeiger angenommen, wie Abb. 7.6(b) zeigt. Unter dieser Annahme werden die absoluten Induktivitäten zu skalaren Größen, die gleich den differentiellen Induktivitäten sind. Dies entspricht der Vernachlässigung der Sättigung des Eisenmaterials, was für die Beschreibung der Reluktanz-Synchronmaschine nur eine sehr grobe Näherung darstellt.

7.4   Betriebsverhalten

Dr.-Ing. J. Bonifacio, ZF Friedrichshafen AG

Nach der Aufstellung der Drehmomentgleichung, die das resultierende Drehmoment einer Reluktanz-Synchronmaschine anhand von deren Flüssen und Strömen beschreibt, soll die Frage nach der Wahl des optimalen Strom- bzw. Flussvektors für die Erreichung eines vorgegebenen Drehmoments betrachtet werden. Die für die Ermittlung der Grenzkennlinie benötigten Kriterien hängen von Maschinen- und Systemparametern ab.

Die stationäre Spannungsgleichung der Reluktanz-Synchonmaschine ist in der Gleichung (7.44) aufgeführt.

$$\begin{bmatrix} U_d \\ U_q \end{bmatrix} = R_s \begin{bmatrix} I_d \\ I_q \end{bmatrix} + \Omega_L \begin{bmatrix} -L_q I_q \\ L_d I_d \end{bmatrix} \tag{7.44}$$

Die Abbildung 7.7 zeigt das stationäre Zeigerdiagramm im motorischen und generatorischen Betrieb, das durch Gleichung (7.44) beschrieben wird.

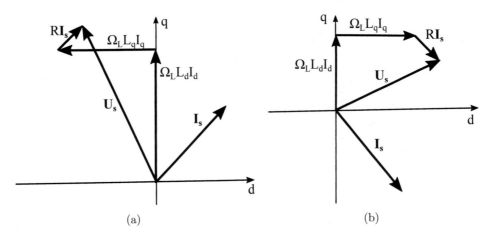

(a)   (b)

Abb. 7.7: *Stationäre Zeigerdiagramm der Reluktanz-Synchronmaschine im* (a) *motorischen und* (b) *generatorischen Betrieb*

Das durch die Einstellung eines (I_d, I_q)-paares entstehende Drehmoment M für eine lineare Maschine wird durch Gl. (7.45) beschrieben. Es ist festzuhalten, dass ohne die Berücksichtigung der Systemgrenzen ein gegebenes Drehmoment durch unendlich viele (I_d, I_q)-paare dargestellt werden kann. Wird die Drehmomentkurve in der (I_d, I_q)-Ebene dargestellt, erhält man eine Hyperbel.

$$M = \frac{3}{2} z_p \left(L_d - L_q \right) I_d I_q \tag{7.45}$$

7.4.1　Grunddrehzahlbereich

Im Grunddrehzahlbereich[2] ist die Rotordrehzahl so klein, dass die induzierte Spannung auf die Klemmen der E-Maschine die von der DC-Kreis vorgegebene maximale Spannung nicht überschreitet. In diesem Bereich müssen dann nur die vom Wechselrichter vorgegebenen Stromgrenzen beachtet werden. Der Betrieb mit minimalen Verlusten wird in diesem Bereich durch die Minimierung des eingestellten Stromes erreicht. Diese Strategie wird oft als *Maximum Torque per Current* (MTPC) oder nicht ganz korrekt als *Maximum Torque per Ampere* (MTPA) bezeichnet.

Durch Gl.(7.45) kann die optimale Bedingung von Gl.(7.46) hergeleitet werden. Das bedeutet, dass der Winkel zwischen der d- bzw. q-Achse und dem optimalen Stromvektor ±45° – je nach Vorzeichen des angeforderten Drehmoments – beträgt.

$$|I_{dOpt}| = |I_{qOpt}| = \sqrt{\frac{|M|}{3z_p\,(L_d - L_q)}} \tag{7.46}$$

Die Vorzeichen von I_{dOpt} und I_{qOpt} werden in Abhängigkeit der Richtung des vorgegebenen Drehmoments gewählt. Im Allgemeinen muss sichergestellt werden, dass Gl.(7.47) gilt. Die Funktion *sign* steht für das Vorzeichen ihres Arguments.

$$sign(M) = sign(I_d)sign(I_q) \tag{7.47}$$

Diese optimale Bedingung wurde mit der Anhame hergeleitet, dass die Maschine linear ist. In der Praxis ist diese Annahme oft unzutreffend, weil die vorhandenen Sättigungseffekte häufig nicht vernachlässigbar sind. Wenn die Sättigung des Eisens berücksichtigt werden soll, wird Gl.(7.48) statt Gl.(7.45) als Ausgangspunkt für die Optimierung verwendet.

$$M = \frac{3}{2}z_p\,(\Psi_d I_q - \Psi_q I_d) \tag{7.48}$$

Der geometrische Lokus einer gegebenen Stromamplitude I in der d-q-Ebene ist ein Kreis mit Radius I. Es gilt

$$I^2 = I_d^2 + I_q^2 \tag{7.49}$$

Der minimale Strom I, der ein vorgegebenes Drehmoment M erzeugt, kann über ein geometrisches Verfahren in der d-q-Ebene ermittelt werden. Abb.7.8 zeigt die geometrische Interpretation des Optimierungsproblems. Die Optimierung kann durch die Analyse des Schnittpunktes zwischen der Drehmomenthyperbel und dem Stromkreis gelöst werden. Es wird dafür den Winkel θ zwischen dem tangenten Vektor $\vec{k}$ der Drehmomentkurve und dem Gradient des Stromkreises $\nabla(I^2)$ benötigt. Für diesen Winkel gilt $\cos\theta \propto \vec{k} \bullet \nabla(I^2)$.

---

[2] Der Grunddrehzahlbereich wird in Anlehnung an die Gleichstrommaschine auch Ankerstellbereich genannt.

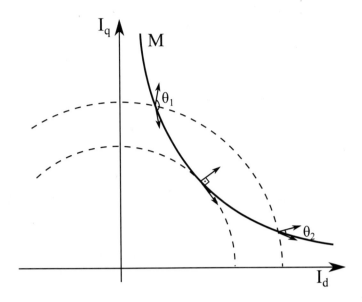

Abb. 7.8: *Geometrische Interpretation des Optimierungsproblems*

Gesucht wird der Punkt in dem $\cos\theta = 0$ gilt.

Der Gradient der Drehmomentgleichung (7.48) wird in der Gl.(7.50) beschrieben, wobei $\vec{i}$ und $\vec{j}$ unitäre Vektoren in d- beziehungsweise q-Richtung darstellen.

$$\nabla M = \frac{3}{2} z_p \left\{ \left[\frac{\partial \Psi_d}{\partial I_d} I_q - \left(\frac{\partial \Psi_q}{I_d} I_d + \Psi_q \right) \right] \vec{i} + \left[\left(\frac{\partial \Psi_d}{\partial I_q} I_q + \Psi_d \right) - \frac{\partial \Psi_q}{\partial I_q} I_d \right] \vec{j} \right\}$$
(7.50)

Wenn die Definition der absoluten und differentiellen Induktivitäten in Gl.(7.50) eingeführt wird, bekommt man Gl.(7.51).

$$\nabla M = \frac{3}{2} z_p \left[(L_{dd} I_q - L_{dq} I_d - L_q I_q) \vec{i} + (L_{dq} I_q + L_d I_d - L_{qq} I_d) \vec{j} \right]$$
(7.51)

Der Vektor $\vec{k}$ ist gleich:

$$\vec{k} = (-L_{dq} I_q - L_d I_d + L_{qq} I_d) \vec{i} + (L_{dd} I_q - L_{dq} I_d - L_q I_q) \vec{j}$$
(7.52)

Der Gradient des Stromkreises ist $\nabla (I^2) = I_d \vec{i} + I_q \vec{j}$. Für das Skalarprodukt $\vec{k} \bullet \nabla (I^2) = 0$ gilt:

$$(L_{qq} - L_d) I_d^2 + (L_{dd} - L_q) I_q^2 - I_d I_q (L_{dq} + L_{qd}) = 0$$
(7.53)

Die Lösung dieser Gleichung zweiter Ordnung nach I_d ist in impliziter Form in Gl.(7.54) dargestellt.

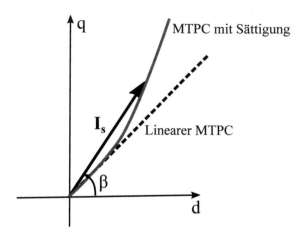

Abb. 7.9: *Vergleich zwischen linearem und nichtlinearem MTPC*

$$i_d = \frac{\left(L_{dq} + L_{qd}\right) i_q \pm \sqrt{\left(L_{dq} + L_{qd}\right)^2 i_q^2 - 4\left(L_{qq} - L_d\right)\left(L_{dd} - L_q\right) i_q^2}}{2\left(L_{qq} - L_d\right)} \tag{7.54}$$

Diese Gleichung beschreibt die optimale Kurve in der d-q-Ebene auf der jeder Stromvektor zu einem optimalen Drehmoment führt. Sättigungseffekte und Kreuzkopplungen zwischen den d- und q-Achse werden durch die differentiellen Induktivitäten berücksichtigt. Es ist auch ersichtlich, dass das maximal erreichbare Drehmoment im Grunddrehzahlbereich nur von der Induktivitäten der elektrischen Maschine sowie dem maximal erlaubten Strom abhängt.

Mit der Berücksichtigung von Sättigung und Kreuzkopplungen liegt der optimale Stromwinkel nicht mehr bei 45°. Dies ist einfach zu sehen, wenn die Kreuzkopplungsinduktivitäten vernachlässigbar wären - in diesem Fall gilt $L_{dq} = L_{qd} \approx 0$. Gleichung (7.54) kann in Gl. (7.55) umgeformt werden.

$$\frac{i_d}{i_q} = \sqrt{\frac{\left(L_q - L_{dd}\right)}{\left(L_{qq} - L_d\right)}} \tag{7.55}$$

Abbildung 7.9 zeigt einen exemplarischen Vergleich zwischen dem linearen und nichtlinearen MTPC. Der Winkel β zwischen d-axis und Stromvektor ist

$$\beta = \arctan\left(\sqrt{\frac{L_{qq} - L_d}{L_q - L_{dd}}}\right) \tag{7.56}$$

Es ist wichtig anzumerken, dass falls die Sättigungseffekte vernachlässigt werden, d.h. wenn $L_{dd} = L_d$ und $L_{qq} = L_q$, man für Gl.(7.55) die Gl. (7.57) erhält. Dies bestätigt das Ergebnis, welches einen optimalen Winkel bei 45° für den linearen Fall vorsieht.

$$\frac{i_d}{i_q} = 1 \tag{7.57}$$

Abbildung 7.10 zeigt die aus einer Finite Elemente Analyse gewonnenen Ergebnisse einer $2kW$ Reluktanz-Synchronmaschine. Es ist aus dieser Abbildung zu entnehmen, dass die MTPC Kurve mit der Berücksichtigung von Sättigung und Kreuzkopplungen vom linearen Fall abweicht. In der bereits erwähnten Abbildung sind auch die Induktivitäten als Funktion des Drehmomentes zu sehen. Die Sättigungseffekte sind in diesem Fall besonderes groß in d-Richtung - siehe Abstand zwischen L_{dd} und L_d.

7.4.2 Feldschwächbereich

Im Allgemeinen gilt für jede elektrische Maschine, dass die Statorspannung die folgende Gleichung einhalten muss.

$$U_s^2 = U_d^2 + U_q^2 \le U_{max}^2 \tag{7.58}$$

Im stationären Betrieb kann man die Gl.(7.44) in Gl.(7.58) einsetzen. Wird der ohmische Spannungsabfall im Stator vernachlässigt $(R\,\|I_s\| \ll \Omega_L\,\|\Psi_s\|)$, erhält man Gl.(7.59).

$$(L_d I_d)^2 + (L_d I_q)^2 \le \frac{U_{max}^2}{\Omega_L^2} \tag{7.59}$$

In der d-q-Ebene beschreibt Gl.(7.59) eine auf dem Ursprung zentrierte Ellipse mit Hauptachse a und Nebenachse b, wobei

$$a = \frac{U_{max}}{L_q \Omega_L} \quad \text{und} \quad b = \frac{U_{max}}{L_d \Omega_L} \tag{7.60}$$

Abb. 7.11 zeigt die Spannungs- und Strombegrenzung einer Reluktanz-Synchronmaschine in der d-q-Ebene. Für eine wachsende Drehzahl wird die Spannungsellipse immer kleiner und es ist notwendig den Strom in d-Richtung zu reduzieren, um das gleiche Drehmoment mit der neuen Spannungsbegrenzung bei Ω_2 zu erhalten. Der Bereich indem die Spannungsbegrenzung erreicht wird, wird Feldschwächbereich genannt.

In [97] wird gezeigt, dass die d- und q-Ströme, die den Schnittpunkt zwischen dem maximalen Stromkreis und der Spannungsellipse nachbilden, wie in Gl.(7.61) berechnet werden können.

$$I_d = \pm \frac{\sqrt{(L_d^2 - L_q^2)\left(\frac{U_{max}^2}{\Omega_L^2} - L_q I_{max}^2\right)}}{L_d^2 - L_q^2} \quad und \quad I_q = \sqrt{I_{max}^2 - I_d^2} \tag{7.61}$$

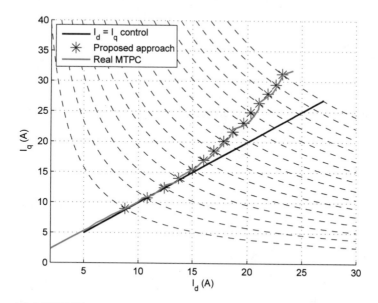

(a) MTPC-Kurve mit und ohne Berücksichtigung der Nichtlinearitäten

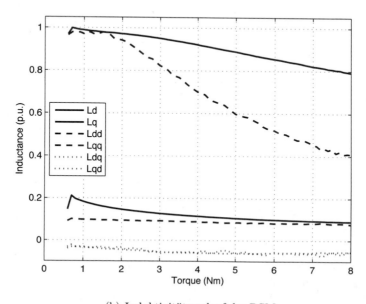

(b) Induktivitätsverlauf der RSM

Abb. 7.10: *Finite Element Analyse einer 2kW Reluktanz-Synchronmaschine*

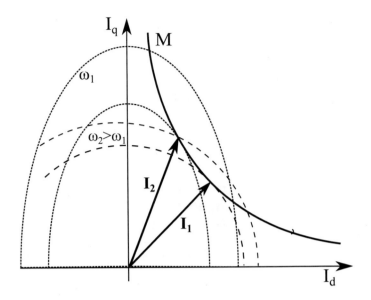

Abb. 7.11: *Spannungsbegrenzung für verschiedene Drehzahlen*

In diesem Betriebsbereich wird das maximal erreichbare Drehmoment, das lediglich durch die Maschineninduktivitäten und maximalen Strom bestimmt wird, wegen der Spannungsbegrenzung nicht mehr erreicht. Das erreichbare Drehmoment sinkt mit der Erhöhung der Drehzahl - vgl. Abb.7.11.

7.4.3   Tiefer Feldschwächbereich

Wenn die Drehzahl weitersteigt, wird die Spannungsellipse immer kleiner. Ab einer ausreichend hohen Drehzahl wird die Spannungsbegrenzung der limitierende Faktor für die Einstellung des gewünschten Drehmoments. In diesem Betriebsbereich wird die Strategie *Maximum Torque per Flux* (MTPF) verwendet. Die Ableitung der optimierten Ströme wird erst anhand des linearen Modells durchgeführt.

Der Grundgedanke für die Lösung des Optimierungsproblems ist sehr ähnlich zu dem Verfahren, welches für den Grunddrehzahlbereich verwendet wurde. Der Hauptunterschied ist, dass die geometrischen Überlegungen nicht in der $I_d I_q$-Ebene, sondern in der $\Psi_d \Psi_q$-Ebene durchgeführt werden. Mit der Definition der Flüsse in d- und q-Richtungen in Gl. (7.39) ist es möglich die folgende Beziehungen in der $\Psi_d \Psi_q$-Ebene zu finden.

$$M = \frac{3}{2} z_p \frac{\Psi_q \Psi_q}{L_d L_q} \left(L_d - L_q \right) \tag{7.62}$$

$$I^2 = \left(\frac{\Psi_d}{L_d} \right)^2 + \left(\frac{\Psi_q}{L_q} \right)^2 \tag{7.63}$$

$$\Psi_d^2 + \Psi_q^2 \leq \left(\frac{U_{max}}{\Omega_L}\right)^2 \tag{7.64}$$

Mit diesen Gleichungen wird deutlich, dass in der $\Psi_d\Psi_q$-Ebene die Drehmoment-kurve eine Hyperbel darstellt. Die Strombegrenzung ist eine Ellipse und die Flussbegrenzung ein Kreis. Die optimalen Flüsse für den linearen Fall sind:

$$|\Psi_{dOpt}| = |\Psi_{qOpt}| = |\Psi_{Opt}| = \sqrt{\frac{M L_d L_q}{\frac{3}{2} z_p (L_d - L_q)}} \tag{7.65}$$

Dies enspricht den Ströme:

$$I_d = \frac{|\Psi_{Opt}|}{L_d}, I_q = \frac{|\Psi_{Opt}|}{L_q} \tag{7.66}$$

Das bedeutet, dass der Winkel zwischen der d-Achse und einem optimalen Strom-zeiger ist:

$$\beta = \arctan\left(\frac{I_q}{I_d}\right) = \arctan\left(\frac{L_d}{L_q}\right) \tag{7.67}$$

Um die Berücksichtigung der Sättigung zu ermöglichen, wird ein ähnliches Argument wie im Abschnitt 7.4.1 verwendet. Es wird den tangenten Vektor $\vec{k} = \alpha\vec{i} + \beta\vec{j}$, $\alpha, \beta \in \mathbb{R}$ der Drehmomentkurve gesucht, d.h. die Bedingung $\nabla T \bullet \vec{k} = 0$ ist erfüllt. Wird das gleiche Argument verwendet wie bei dem MTPC-Fall, erhält man nach der Vereinfachung der konstanten Termen, die nur den Betrag des Vektors und nicht seine Richtung beeinflussen:

$$\begin{cases} \beta = \frac{\partial T}{\partial \lambda_d} = \left(i_q + \lambda_d \frac{\partial i_q}{\partial \lambda_d}\right) - \lambda_q \frac{\partial i_d}{\partial \lambda_d} \\ \alpha = -\frac{\partial T}{\partial \lambda_q} = -\lambda_d \frac{\partial i_q}{\partial \lambda_q} + \left(i_d + \lambda_q \frac{\partial i_d}{\partial \lambda_d}\right) \end{cases} \tag{7.68}$$

Die Kreuzkopplungstermen können durch $\frac{\partial i_d}{\partial \lambda_q} \approx \frac{\partial i_q}{\partial \lambda_d} \approx 0$ Vernachlässigt werden. Durch die Einführung der Definitionen der absoluten und differenziallen Induktivitäten, kann der Vektor $\vec{k}$ umgeschrieben werden:

$$\vec{k} = \left(-\frac{\lambda_d}{L_{qq}} + \frac{\lambda_d}{L_d}\right)\vec{i} + \left(\frac{\lambda_q}{L_q} - \frac{\lambda_q}{L_{dd}}\right)\vec{j} \tag{7.69}$$

Die Funktion $f : \mathbb{R} \to \mathbb{R} | f = \vec{k} \bullet \nabla(\lambda_0^2)$ ist proportional zum Cosinus des Winkels zwischen dem Vektor $\vec{k}$ und dem Gradient des Flusses $\nabla(\lambda_0^2)$:

$$f = \lambda_d^2 \left(\frac{1}{L_d} - \frac{1}{L_{qq}}\right) + \lambda_q^2 \left(\frac{1}{L_q} - \frac{1}{L_{dd}}\right) \tag{7.70}$$

Gesucht wird der Punkt indem $f = 0$. Nach der Einführung dieser Bedingung erhält man:

$$\left(\frac{\lambda_d}{\lambda_q}\right)^2 = \frac{\frac{1}{L_{dd}} - \frac{1}{L_q}}{\frac{1}{L_d} - \frac{1}{L_{qq}}} \tag{7.71}$$

Mit der Einführung der Definition des gesamten Flusses $\lambda_s^2 = \lambda_d^2 + \lambda_q^2$ in die Gl. (7.71) und Auflösung der resultierenden Gleichung, erhält man:

$$\lambda_d = \pm \lambda_s \sqrt{\frac{\frac{1}{L_q} - \frac{1}{L_{dd}}}{\left(\frac{1}{L_q} - \frac{1}{L_d}\right) + \left(\frac{1}{L_{qq}} - \frac{1}{L_{dd}}\right)}} \qquad (7.72)$$

Gl.(7.72) ist eine implizite Beziehung zwischen dem d-Richtung und dem gesamten Fluss. Aus der Gl. (7.71) ist es möglich den Winkel β zwischen der d-Achse und dem Stromvektor zu ermitteln.

$$\beta = \arctan \left(\sqrt{\frac{\frac{1}{L_{dd}} - \frac{1}{L_q}}{\frac{1}{L_d} - \frac{1}{L_{qq}}}} \right) \qquad (7.73)$$

Falls die Sättigungseffekte vernachlässigt werden bzw. nicht vorhanden sind, gilt $L_{dd} = L_d$ und $L_{qq} = L_q$. In diesem Fall beträgt der Winkel β 45°, weil

$$\frac{\lambda_d}{\lambda_q} = 1 \qquad (7.74)$$

Abbildung 7.12 zeigt die aus eine Finite Elemente Analyse gewonnenen Ergebnisse einer 2kW Reluktanz-Synchronmaschine unter MTPF-Betrieb. Es ist möglich zu sehen, dass die Abweichungen zwischen den Kurven ohne und mit Sättigung deutlich kleiner sind als die Abweichungen bei der MTPC-Kurve. Die Gründe für dieses Verhalten liegen an der Induktivitätsverlauf der RSM im MTPF-Betrieb. Es wird deutlich in Abbildung 7.12, dass die Unterschiede zwischen die differenziellen und absoluten Induktivitäten im MTPF-Betrieb nicht sehr ausgeprägt wie im MTPC-Fall sind. Die physikalische Bedeutung dieser Beobachtung bezieht sich auf die Feldreduktion in Feldschwächbereich, die eine Verringerung des Sättigungsgrades verursacht.

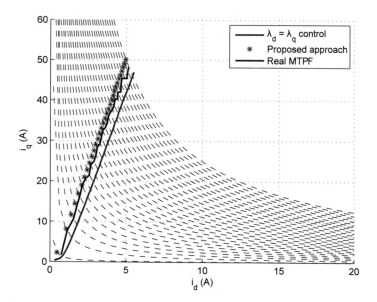

(a) MTPF-Kurve mit und ohne Berücksichtigung der Nichtlinearitäten

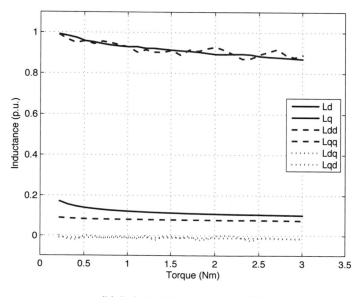

(b) Induktivitätsverlauf der RSM

Abb. 7.12: *Finite Element Analyse einer 2kW Reluktanz-Synchronmaschine*

7.4.4   Weiterführende Literatur

In der vorherigen Unterkapiteln sind die mathematischen und physikalischen Grundlagen der Sollstromberechnung für Reluktanz-Synchronmaschinen in unterschiedlichen Drehzahlbereichen im Detail aufgeführt. Die praktische Implementierung dieser Energieoptimierungsstrategien in einer echtzeiten Regelung ist im Allgemeinen nicht trivial und ist nicht Bestandteil dieses Buchs. Es werden dennoch Literaturhinweise gegeben, die dem interessierten Leser eine Vertiefung in diesen Themen ermöglichen soll.

Die Gleichungen, welche die optimalen Ströme einer RSM für ein gegebenes Drehmoment beschreiben, sind impliziter Natur (vgl. Gleichung (7.54)). Wenn eine Drehmomentsteuerung implementiert werden soll, sind die Gleichungen in dieser Form nicht direkt anwendbar. Es gibt im Allgemeinen drei Strategien, um die Sollströme in Echtzeit zu generieren: a) die offline Berechnung der Sollströme und die Speicherung der Ergebnisse in Look-up Tabellen; b) die online Berechnung der Sollströme mit numerischen oder analytischen Verfahren; und c) die Schätzung des optimalen Punkts durch die Einprägung hochfrequenter Signale.

Die offline Berechnung der Sollströme wird in [431]-[433] vorgeschlagen. Die Vorteile dieses Verfahrens liegt an der schnellen und einfachen Implementierung der Strategie. Die damit verbundenen Messaufwand und erhöhten Speicherplatzbedarf sowie eine nicht vorhandene Übertragbarkeit vorhandenen Algorithmen für neue Maschinen sind inhärente Nachteile diesen Verfahrens. Die erwähnten Nachteile der offline Berechnung der Sollströme können durch die Implementierung analytischer oder numerischer Lösungsansätze umgegangen werden. Mit solchen Verfahren kann den effektiven Messaufwand und den damit verbundenen Speicherplatzbedarf reduziert werden. Außerdem ist die Übertragbarkeit der Verfahren zwischen unterschiedlichen Maschinen mit geringen Anpassungen gegeben. In [434] werden die Gleichungen vierter Ordnung für die Bestimmung des optimalen Betriebspunkts durch den Ferraris Algorithmus analytich gelöst. Zwei unterschiedlichen Strategien für die Implementierung einer analytischen Lösung des Problems werden in [435], wo der Strom in q-Richtung von einemüberlagerten Drehzahlregler vorgegeben wird und der d-Strom direkt berechnet wird, und[436], wo eine Vereinfachung der Polynomen 4. Ordnung mit der Lösung mit dem Ferraris Algorithmus kombiniert wird. Diese Algorithmen sind dennoch auf die Anhame auf Eingebaut, dass der Statorwiderstand und die Kreuzkopplungen vernachlässigt werden können. Ein analytisches Verfahren zur Berechnung der optimalen Stromkomponenten im ganzen Drehzahlbereich mit Berücksichtigung des Statorwiderstandes sowie der Kreuzkopplungen wird in [437]-[441] eingeführt.

Die numerische Lösung des Optimierungsproblems durch die Newton-Methode wird in [443] vorgeschlagen. Ein allgemeiner Vorteil der numerischen Verfahren ist, dass ein Kompromiss zwischen Lösungsgenauigkeit und Laufzeit genutzt werden kann. In [444] werden die Polynomen 4. Ordnung durch Polynomen 2. Ordnung approximiert und gelöst. Diese erste Lösung wird dann verwendet, um die Wurzeln des originalen Polynomen durch eine Taylor Serien zu approximieren. Der numerische Fehler ist meistens relativ klein, aber weist eine signifikante Drehzahlabhängigkeit auf. Ein numerischer Algorithmus, der das Optimierungsproblem im ganzen Drehzahlbereich lösen kann, wird in [445] und [442] eingeführt. Die numerische Lösung wird durch die Newton-Methode gewonnen und nichtlineare Effekte wie Sättigung und Kreuzkopplungen werden berücksichtigt. Es wird unter anderem gezeigt, dass die numerische Konvergenzbedingungen von den Parametern der elektrischen Maschine abhängig sind. Dieses Sachverhalten kann, je nach Maschinentyp, einen Nachteil des Verfahrens darstellen.

Ein Nachteil von aller vorgestellten Verfahren ist, dass sie genaue Kenntnis über die Maschinenparameter voraussetzen. Um diese einschränkende Voraussetzung umzugehen, wurden Verfahren entwickelt, die die optimalen Betriebspunkte ohne Parameterkenntnisse finden können. Solche Verfahren basieren sich auf die Einprägung von St örsignale (Spannung oder Strom) und die Analyse der Systemantwort (Drehzahl, Drehmoment, usw.) auf diese Signale. In [446] wird einen pulsierenden Strom in d-Richtung eingeprägt und die dadurch verursachten Drehomomentschwingungen werden ausgewertet, um die optimalen Stromkomponenten zu finden. Der optimale Stromvektor verursacht die minimale Drehmomentschwingung. Das Drehmoment wird über die Drehzahlschwingungen ermittelt, was hohe Genauigkeitsansprüche auf das Sensorsystem voraussetzt. Dieses Problem kann durch eine Leistungsmessung in DC-Kreis umgegangen [447, 448]. Die Parameterunabhängigkeit dieser Verfahren wird durch verschiedene Nachteile überwogen. Zum einen generieren die eingeprägten Signalen akustische Störungen und erhöhten Verluste. Zum anderen wirken diese Verfahren sehr negativ auf das dynamische Verhalten des Stromreglers aus.

7.5 Auswirkung der Sättigung auf Steuerung und Regelung

Dr.-Ing. J. Bonifacio, ZF Friedrichshafen AG

Wie im Abschnitt 7.3 ausführlich verdeutlicht, besitzen die Flüsse der Reluktanz-Synchronmaschine ausgeprägte Nichtlinearitäten. Diese Effekte sind auf die Sättigung des Eisens und der Kreuzkopplungen zwischen der d- und q-Achse zurückzuführen. Das bedeutet, dass die Induktivitäten einer Reluktanz-Synchronmaschine sehr stark vom Betriebspunkt (I_d, I_q) abhängen. Die Induktivitäten wiederrum bestimmen die Dynamik des Stromaufbaus in der Maschine. Aus diesem Grund ist die Identifikation dieser Nichtlinearitäten und deren Berücksichtigung unabdingbar für die Auslegung eines hoch performanten Stromreglers. Es wird in den nächsten Abschnitten gezeigt, dass wenn diese Effekte vernachlässigt werden, müssen Kompromisse bzgl. Reglerdynamik und -stabilität in Kauf genommen werden. Die Spannungsgleichungen in rotorfesten Koordinaten einer Reluktanz-Synchronmaschine sind in Gleichungen (7.75) und (7.76) zu sehen.

$$u_d = R_s I_d + \frac{\partial \lambda_d(I_d, I_q)}{\partial t} - \Omega_L \lambda_q(I_d, I_q) \tag{7.75}$$

$$u_q = R_s I_q + \frac{\partial \lambda_q(I_d, I_q)}{\partial t} + \Omega_L \lambda_d(I_d, I_q) \tag{7.76}$$

Die Abhängigkeit des d- und q-Flusses vis-à-vis den dq-Ströme wird explizit durch die Terme $\lambda_{dq}(I_d, I_q)$ gezeigt. Diese im Allgemeinen nichtlinearen Funktionen enthalten die Sättigungs- und Kreuzkopplungseigenschaften der Maschine. In den nächsten Abschnitten wird der Einfluss dieser Effekte auf die Dynamik des Stromaufbaus und auf den Auslegungsprozess des Stromreglers untersucht.

7.5.1 Berücksichtigung der Sättigung bei der Entkopplung

Die Terme $\Omega_L \lambda_d(I_d, I_q)$ und $\Omega_L \lambda_q(I_d, I_q)$ in den Gleichungen (7.75) und (7.76) beschreiben die induzierte Spannung, die aufgrund der Stromeinspeisung in einer Achse auf der anderen Achse auftritt. Für die Auslegung des Stromreglers ist es vorteilhaft, diese beiden Terme zu entkoppeln, um beide Achsen unabhängig voneinander regeln zu können. Dies wird typischerweise durch eine Vorsteuerung realisiert. Wenn die bereits erwähnten Termen durch eine passende Vorsteuerung entkoppelt werden, können Gl. (7.75) und (7.76) wie in Gl. (7.77) und (7.78) umgeschrieben werden.

$$u_d' = R_s I_d + \frac{\partial \lambda_d(I_d, I_q)}{\partial I_d} \frac{\partial I_d}{\partial t} + \frac{\partial \lambda_d(I_d, I_q)}{\partial I_q} \frac{\partial I_q}{\partial t} \tag{7.77}$$

$$u_q' = R_s I_q + \frac{\partial \lambda_q(I_d, I_q)}{\partial I_d} \frac{\partial I_d}{\partial t} + \frac{\partial \lambda_q(I_d, I_q)}{\partial I_q} \frac{\partial I_q}{\partial t} \tag{7.78}$$

In den Gleichungen (7.77) und (7.78) wurden die Flussableitungen durch die Kettenregel umgeformt. Die partiellen Ableitungen der Flüsse gegenüber den Stromkomponenten sind die differentiellen Induktivitäten. Beim Einfügen der Definition der differentiellen Induktivitäten in den Gl.(7.77) und (7.78) ergeben sich Gl.(7.79) und (7.80).

$$u'_d = R_s I_d + L_{dd}\frac{\partial I_d}{\partial t} + L_{dq}\frac{\partial I_q}{\partial t} \tag{7.79}$$

$$u'_q = R_s I_q + L_{qd}\frac{\partial I_d}{\partial t} + L_{qq}\frac{\partial I_q}{\partial t} \tag{7.80}$$

Es sei darauf hingewiesen, dass die differentiellen Induktivitäten in dieser Gleichung stromabhängig sind - d.h. $L_{dd} = L_{dd}(I_d, I_q)$. Es geht aus den Gleichungen Gl.(7.79) und (7.80) hervor, dass es noch eine Kopplung zwischen der d- und q-Achse durch die differenziellen Induktivitäten L_{dq} und L_{qd} besteht. Um die Unabhängigkeit der Strecke in jeder Richtung zu gewährleisten, können diese Terme auch durch eine Vorsteuerung kompensiert werden. In diesem Fall würden die Vorsteuerungen in d- und q-Richtungen u_{dcomp} und u_{qcomp} betragen [449]:

$$u_{dcomp} = L_{dq}\frac{\partial I_q}{\partial t} - \Omega_L \lambda_q (I_d, I_q) \tag{7.81}$$

$$u_{qcomp} = L_{qd}\frac{\partial I_d}{\partial t} + \Omega_L \lambda_d (I_d, I_q) \tag{7.82}$$

Obwohl die Vorsteuerungen aus Gl.(7.81) und (7.82) eine geeignete Möglichkeit zur Entkopplung beider Achsen darstellt, ist diese nicht die einzige Methode, um eine Entkopplung zu erreichen. In [450] werden die folgenden Vorsteuerungskomponenten vorgeschlagen.

$$u_{dcomp} = -\Omega_L \lambda_q (I_d, I_q) + \frac{M}{L_{qq}} (u_q - R_s I_q - \Omega_L \lambda_d (I_d, I_q)) \tag{7.83}$$

$$u_{qcomp} = \Omega_L \lambda_d (I_d, I_q) + \frac{M}{L_{dd}} (u_d - R_s I_d + \Omega_L \lambda_q (I_d, I_q)) \tag{7.84}$$

wobei $M = M(I_d, I_q) = L_{dq} = L_{qd}$.

Die praktische Realisierung der Vorsteuerung aus den Gleichungen (7.81) und (7.82) erfordert die Berechnung der zeitlichen Ableitung der d- und q-Ströme. Da diese Signale häufig verrauscht sind, stellt diese Berechnung eine praktische Herausforderung dar. Die Kompensation aus den Gleichungen (7.83) und (7.84) verzichtet auf eine direkte Berechnung der zeitlichen Ableitungen der dq-Ströme. Stattdessen werden diese Signale durch die Spannungsgleichung der anderen Achse gewonnen. Der Vorteil dieses Ansatzes ist, dass die Berechnung der zeitlichen Ableitung der Ströme vermieden wird. Der Nachteil hingegen ist, dass diese Schätzung eine erhöhte Parameterabhängigkeit aufweist als eine direkte Ableitungsschätzung. Ein weiterer Unterschied zwischen beiden Verfahren liegt bei der resultirenden Dynamik des Stromkreises, die bei der Auslegung des Stromreglers berücksichtigt werden muss.

7.5.2 Dynamik des Stromaufbaus

Unter Berücksichtigung der Entkopplung von Gl.(7.81) und (7.82) kann die Dynamik des Stromaufbaus wie in Gl.(7.85) beschrieben werden [3] .

$$\frac{d}{dt}\boldsymbol{I}_S^L = \boldsymbol{L}^{-1}\left(\boldsymbol{u}_s^L - R_s\boldsymbol{I}_S^L\right) \tag{7.85}$$

wobei $\boldsymbol{L}$ wie in der Gl.(7.86) definiert wird.

$$\boldsymbol{L} = \begin{bmatrix} L_{dd} & 0 \\ 0 & L_{qq} \end{bmatrix} \tag{7.86}$$

Es ist aus diesen Gleichungen zu entnehmen, dass die Dynamik des Stromaufbaus von den sättigungsbehafteten Induktivitäten L_{dd} und L_{qq} sowie dem temperaturabhängigen Statorwiderstand abhängig ist. Die Übertragungsfunktion des Strompfades unter Berücksichtigung der Entkopplung kann wie in Gl.(7.87) dargestellt werden.

$$G(s) = \frac{1}{R_s}\left(\frac{1}{\tau s + 1}\right) \tag{7.87}$$

wobei die Variable τ gleich $\frac{L_{dd}}{R_s}$ für den Strom in d-Richtung ist und gleich $\frac{L_{qq}}{R_s}$ für den Strom in q-Richtung.

Die praktische Realisierung einer Stromregelung erfolgt heutzutage meistens in einem digitalen Microcontroller. Durch die diskrete Implementierung des Reglers wird eine zusätzliche Totzeit in den Regelkreis hinzugefügt. Diese Totzeit beträgt bei der Verwendung des Regular-Sampling Verfahrens 1.5-mal die Abtastzeit (T_s). Da diese Totzeit im Vergleich zur Grundwellenfrequenz sehr klein ist, kann diese über eine Übertragungsfunktion erster Ordnung approximiert werden, wie in Gl.(7.88) ersichtlich.

$$u_{d,q}(s) = e^{-sT_d}u_{d,q}^*(s) \approx \frac{1}{1 + sT_d}u_{d,q}^*(s) \tag{7.88}$$

mit $T_d = 1.5T_s$.

Eine ausführliche Betrachtung dieses Sachverhalts kann in [451] und [452] nachgelesen werden. Die Gesamtdynamik des Stromaufbaus unter Berücksichtigung des durch die Diskretisierung verursachten Delays ist:

$$H(s) = \frac{1}{R_s}\left(\frac{1}{\tau s + 1}\right)\left(\frac{1}{1 + sTd}\right) \tag{7.89}$$

Abbildung 7.13 zeigt die Stromantwort einer Reluktanz-Synchronmaschine zu unterschiedlichen Spannungssprüngen von 5V und 35V. Es ist ersichtlich, dass

---

[3] Falls die Entkopplung aus den Gleichungen (7.83) und (7.84) verwendet wird, ergibt sich die Stromdynamik wie in Gl.(7.85), aber mit der folgenden Definition des Vektors $\boldsymbol{L}$ [450]:

$$\boldsymbol{L} = \begin{bmatrix} \frac{L_{dd}L_{qq} - M^2}{L_{qq}} & 0 \\ 0 & \frac{L_{dd}L_{qq} - M^2}{L_{dd}} \end{bmatrix}$$

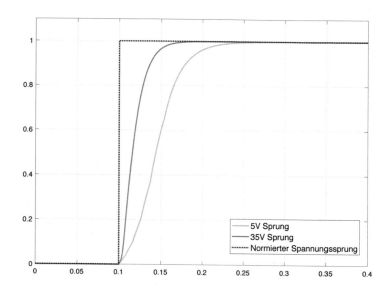

Abb. 7.13: *Exemplarisches Bild - Sättigungseffekte*

die Dynamik des Stromaufbaus vom Strombetrag bzw. den aktuellen Sättigungsverhältnissen der Maschine abhängig sind. Der Stromaufbau für kleinere Ströme ist langsamer als der für größere Ströme. Dieser Sachverhalt lässt sich durch eine sättigungsabhängige Änderung der Zeitkonstante τ erklären. Für kleinere Ströme, die durch kleinere Spannungswerte vorkommen, ist der Wert der Induktivität höher und infolgedessen ist τ ebenfalls höher - vgl. Gl.(7.87). Für größeren Ströme sinkt sättigungsbedingt der Induktivitätswert und τ wird kleiner. Folglich wird die Stromantwort schneller.

7.5.3   Stromregelkreis mit Sättigungseffekten

Wie bereits im vorherigen Abschnitt gezeigt, haben Sättigungseffekte großen Einfluss auf die Dynamik des Stromaufbaus in einer Reluktanz-Synchronmaschine. In diesem Abschnitt werden die Einflüsse dieses Sachverhaltes auf die Auslegung des Stromregelkreises erläutert.

Um die Veränderung der Induktivitäten entgegenzuwirken, wird typischerweise einen Regler mit variablen Einstellparametern verwendet [449], [452]. Falls ein Regler mit konstanten Parametern für die Stromregelung einer stark sättigungsbehaftete Reluktanz-Synchronmaschine verwendet wird, kann eine konstante Performance im ganzen Betriebsbereich nicht gewährleistet werden. Es wird angenommen, dass ein PI-Regler mit variablen Parametern $k_p(I_d, I_q)$ und $k_i(I_d, I_q)$ wie in Gl.(7.90) verwendet wird.

$$C(s) = k_p(I_d, I_q) + \frac{k_i(I_d, I_q)}{s} = \frac{k_i(I_d, I_q)}{s} \left(1 + s\tau_c(I_d, I_q)\right) \qquad (7.90)$$

Es wird in der weiteren Betrachtung auf die explizite Darstellung der Stromabhängigkeit von k_p und k_i verzichtet, um eine bessere Lesbarkeit der Gleichungen zu erreichen. Die Untersuchung des Reglerauslegungsprozesses wird anhand des Beispiels des q-Stromes durchgeführt. Die Auslegung des Reglers in der d-Richtung kann dennoch in ähnlicher Weise ausgeführt werden. Gleichung (7.91) zeigt die Stromdynamik in q-Richtung.

$$G(s) = \frac{1}{L_{qq}s + R_s} \qquad (7.91)$$

Die Übertragungsfunktion der offenen Kette unter Berücksichtigung der Stromaufbaudynamik $G(s)$, des Reglers $C(s)$ und der Totzeit $K(s)$ zeigt Gl.(7.92)

$$G_0(s) = C(s)G(s)K(s) \qquad (7.92)$$

Der Phasenrand definiert den Abstand zwischen der Phase der Übertragungsfunktion der offenen Kette in der Schnittfrequenz ω_0 und dem Punkt $-\pi$. Für einen gegebenen Phasenrand φ_m gilt Gl.(7.93).

$$\arg\{G_0(j\omega_0)\} - (-\pi) = \varphi_m \qquad (7.93)$$

Das Argument der Übertragungsfunktion der offenen Kette kann aus der Summe der Argumente von $C(s)$, $G(s)$ und $K(s)$ in dem Punkt $s = j\omega_0$ berechnet werden:

$$\arg\{G_0(j\omega_0)\} = \arg\{C(j\omega_0)\} + \arg\{G(j\omega_0)\} + \arg\{K(j\omega_0)\} \qquad (7.94)$$

Nach Einführung von der Gl.(7.93) und den Argumente aller Übertragungsfunktionen in die Gl. (7.94) erhält man Gl.(7.95).

$$\varphi_m - \pi = \arctan(\omega_0 \tau_c) - \frac{\pi}{2} + \arctan(-\omega_0 T_d) + \arctan\left(-\frac{\omega_0 L_{qq}}{R_s}\right) \qquad (7.95)$$

Nach Umformung von Gl.(7.95) es ist möglich zu schreiben:

$$\tau_c \omega_0 = \tan\left\{\varphi_m - \frac{\pi}{2} + \arctan(\omega_0 T_d) + \arctan\left(\frac{\omega_0 L_{qq}}{R_s}\right)\right\} \qquad (7.96)$$

Nach der Definition der Schnittfrequenz soll der Betrag der Übertragungsfunktion der offenen Kette gleich 1 im Punkt $j\omega_0$ sein. Es gilt dann die Bedingung von Gl.(7.97).

$$|G_0(j\omega_0)| = 1 \qquad (7.97)$$

Der Betrag der Übertragungsfunktion der offenen Kette kann aus der Multiplikation der Beträge von $C(s)$, $G(s)$ und $K(s)$ im Punkt $s = j\omega_0$ bestimmt werden.

$$|G_0\left(j\omega_0\right)| = |C\left(j\omega_0\right)|\,|G\left(j\omega_0\right)|\,|K\left(j\omega_0\right)| \qquad (7.98)$$

Durch die Einführung der Beträge von $C(j\omega_0)$, $G(j\omega_0)$ und $K(j\omega_0)$ und Auflösung der resultierenden Gleichung nach k_i und k_p erhält man:

$$k_i = \omega_0 R_s \frac{\sqrt{1 + \left(\frac{\omega_0 L_{qq}}{R_s}\right)^2}\sqrt{1 + \omega_0^2 T_d^2}}{\sqrt{1 + \omega_0^2 \tau_c^2}} \qquad (7.99)$$

$$k_p = k_i \tau_c \qquad (7.100)$$

Mit den Gleichungen (7.96), (7.99) und (7.100) ist es möglich die notwendigen Reglerparameter für gegebene Phasenrand ϕ_m und Schnittfrequenz ω_0 zu berechnen.

Es gibt weitere Verfahren für die Reglerauslegung mit variablen Einstellparametern, die nach unterschiedlichen Optimierungszielen ausgerichtet sind. Im einfachsten Fall kann der Regler mit konstanten Parametern ausgelegt werden. Um die Stabilität zu gewährleisten muss der Regler eher konservativ ausgelegt werden. Wenn ausgeprägte Sättigungseffekte vorhanden sind, wird die Bandbreite des Reglers lastabhängig sein. In [450] und [452] werden die Regelkreise betriebspunktabhängig nach dem Betragsoptimumsverfahren optimiert. Mit diesem Verfahren wird die Einschwingzeit des Reglers optimiert. Ein interessanter Vergleich zwischen zwei Vorsteuerungsstrategien mit einem Stromregler mit variablen Parametern wird in [449] durchgeführt. In [453] werden direkte Verfahren für die Reglerauslegung durch Polzuweisung sowohl in kontinuierlichem als auch in zeitdiskretem Bereich. Es wird gezeigt, dass eine direkte Auslegung des Reglers in diskretem Bereich interessante Vorteile bzgl. reduzierter Parametersensitivität und erhöhte Stromdynamik unter reduzierter Abtastfrequenz mit sich bringt.

7.6 Mischformen der Synchronmaschine
D. Tritschler, SEW EURODRIVE

Eine negative Eigenschaft der Reluktanz-Synchronmaschine ist ihr schlechter Leistungsfaktor. Er führt dazu, dass ein Frequenzumrichter mit vergleichsweise hohem Ausgangsstrom (bezogen auf die abgegebene Wirkleistung des Antriebssystems) verwendet werden muss. Dies wirkt sich jedoch nur geringfügig auf den Netzstrom des Antriebssystems aus, da der Blindstrom vom Frequenzumrichter gedeckt wird. Lediglich die Erhöhung der Wicklungsverluste durch den höheren Scheinstrom muss vom Netz bezogen werden. Um diesem Effekt entgegenzuwirken können Permanentmagnete in den Rotor eingebracht werden. Neben der Verbesserung des Leistungsfaktors erhöht sich so auch die Drehmomentdichte der Maschine. Mit den Permanentmagneten in den Flusssperren des Rotors ist die Maschine der Synchronmaschine mit vergrabenen Magneten sehr ähnlich. Beide Ausprägungen nutzen sowohl das elektromagnetische als auch das Reluktanzmoment. Um die Unterschiede zu verdeutlichen, zeigt Abb. 7.14 einen Überblick über die verwendeten Rotorgeometrien von der Permanentmagneterregten Synchronmaschine, die kein Reluktanzmoment erzeugen kann, bis hin zur RSM, die ausschließlich mit dem Reluktanzmoment betrieben wird. Es können die folgenden Eigenschaften unterschieden werden. Bei Permanenmagneterregten Synchronmaschinen mit oberflächenmontierten Magneten (PMSM), wie in Abb. 7.14(d), nutzt man hochenergetische Magnetmaterialien und erreicht dadurch hohe Drehmomentdichten. Die Schnittzeichnung des Rotorblechs zeigt keine richtungsabhängigen geometrischen Unterschiede. Damit liefert diese Maschine kein Reluktanzmoment und das Drehmoment berechnet sich (bei Vernachlässigung von Sättigung und Oberwellen) mit

$$M_{Mi} = \frac{3}{2} \cdot Z_p \cdot \psi_{PM} \cdot I_q \tag{7.101}$$

Definitionsgemäß zeigt die d-Achse des rotorfesten Koordinatensystems in Richtung der Magnetfeldlinien der Permanentmagnete. Fügt man die Magnete in die Rotorbleche ein, erhält man eine Synchronmaschine mit vergrabenen Magneten (IPMSM)[4] . Sie hat gegenüber der PMSM eine höhere Drehzahlfestigkeit, da dort die oberflächenmontierten Magnete durch eine Klebeverbindung fixiert sind. Die Ausschnitte im Rotorblech sind als eine lokale Vergrößerung des Luftspalts zu verstehen, was eine rotorfeste magnetische Anisotropie bedeutet. Da die relative Permeabilität des Magnetmaterials nahe der von Luft ist, bleibt sie auch nach dem Einfügen der Magnete bestehen, so dass die IPMSM auch ein Reluktanzmoment liefert. Wie bei der PMSM zeigt die d-Achse des rotorfesten Koordinatensystems definitionsgemäß in Richtung der Magnetfeldlinien der Permanentmagnete. Die Drehmomentgleichung der IPMSM muss um das Reluktanzmoment erweitert werden.

---

[4] Aus dem Englischen: Interior Permanent Magnet Synchronous Machine.

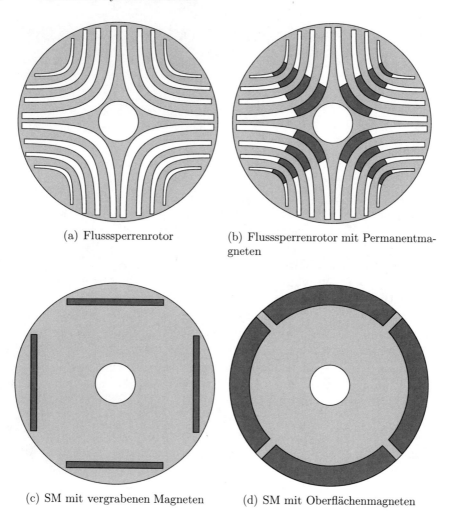

(a) Flusssperrenrotor

(b) Flusssperrenrotor mit Permanentmagneten

(c) SM mit vergrabenen Magneten

(d) SM mit Oberflächenmagneten

Abb. 7.14: *Schematische Darstellung der Rotoren (Permanentmagnete in Dunkelgrau)*

$$M_{Mi} = \frac{3}{2} \cdot Z_p \cdot (\psi_{PM} \cdot I_q + (L_d - L_q) \cdot I_d \cdot I_q) \qquad (7.102)$$

Der nächste Schritt in Richtung der Reluktanz-Synchronmaschine ist das Einbringen von zusätzlichen Flusssperren, auf die dann mehrere Magnete verteilt
werden (Abb. 7.14(b)). Dadurch erhöht sich die magnetische Anisotropie und somit auch das Reluktanzmoment. Man erhält eine Permanentmagnetunterstützte
Reluktanz-Synchronmaschine (PMRSM)[5] . Zur Vermeidung seltener Erden werden in IPMSM und PMRSM kostengünstige Ferritmagnete eingesetzt, die eine
geringere Energiedichte aufweisen. Die Aufteilung der Drehmomentanteile verschiebt sich bei der PMRSM gegenüber der IPMSM in Richtung des Reluktanz-
moments. Bei der Reluktanz-Synchronmaschine zeigt die d-Achse definitionsge-

---

[5] aus dem Englischen: Permanent Magnet Reluctance Synchronous Machine.

mäß in Richtung des Pfades mit dem kleinsten Luftspalt und ist daher gegenüber der IPMSM um 90 °el. verdreht. Die PMRSM übernimmt die Festlegung des Rotorkoordinatensystems von der RSM, und somit zeigt der Flusszeiger der Permanentmagnete in negative q-Richtung. Die Drehmomentgleichung 7.102 behält dennoch ihre Gültigkeit. Das Zeigerdiagram der PMRSM verdeutlicht diesen Zusammenhang. Den Abschluss der Kette bildet die Reluktanz-Synchronmaschine.

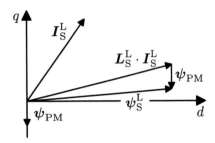

Abb. 7.15: *Zeigerdiagramm der PMRSM in Rotorkoordinaten. Der Flusszeiger der Permanentmagnete überlagert sich mit dem vom Statorstrom verursachten Flusszeiger zum Statorflusszeiger.*

Wie in den vorangegangenen Abschnitten beschrieben enthält sie keine Permanentmagnete und arbeitet gemäß ihres Namens ausschließlich nach dem Reluktanzprinzip. Im Vergleich zur IPMSM entfällt in der Drehomentgleichung der Term des Permanentmagnetflusses und somit berechnet sich das Drehmoment der RSM bei Vernachlässigung von Sättigung und Oberwellen mit

$$M = \frac{3}{2} \cdot Z_{\mathrm{p}} \cdot (L_{\mathrm{d}} - L_{\mathrm{q}}) \cdot I_{\mathrm{d}} \cdot I_{\mathrm{q}} \tag{7.103}$$

8 Geschaltete Reluktanzmaschinen

Prof. Dr. H. Bausch, Universität d. Bundeswehr München

8.1 Einleitung

In Kap. 6.2, in dem der Signalflußplan der Synchron-Schenkelpolmaschine abgeleitet wurde, hatte sich als Drehmomentgleichung ergeben:

$$M_{Mi} = \frac{3}{2} \cdot Z_p \cdot \left(M_{dE} \cdot I_E \cdot I_q + (L_d - L_q) \cdot I_d \cdot I_q \right) \qquad (8.1)$$

Das Drehmoment M_{Mi} ist, wie bereits diskutiert, einerseits eine Funktion von $I_E \cdot I_q$ und andererseits eine Funktion von $(L_d - L_q)$ sowie von $I_d \cdot I_q$. Wenn der erste Term in Gl. (8.1) keinen Momentanteil beiträgt, indem der Erregerstrom I_E zu Null gesetzt wird, dann wird die zweite Momentanteil verbleiben, der umso größer wird, je größer der Differenzanteil $(L_d - L_q)$ und je größer $I_d \cdot I_q$ ist. Dies bedeutet, die Erregerwicklung kann bei der Synchron-Schenkelpolmaschine entfallen und der Rotor der Synchronmaschine ist damit äußerst einfach aufgebaut. Wenn somit von den Statorwicklungen ein umlaufendes Magnetfeld bereitgestellt wird, dann folgt der Rotor diesem umlaufenden Magnetfeld. Das grundsätzliche Wirkungsprinzip ist dabei, daß der magnetische Widerstand („Reluctance") im Stator-Rotor-Kreis möglichst gering ist, d.h. der Schenkelpol-Rotor stellt sich so in Relation zum umlaufenden Magnetfeld ein, daß der magnetische Kreis möglichst geschlossen ist.

In den Ableitungen von Kap. 6.2 war ein sinusförmig umlaufendes Magnetfeld angenommen worden; dies ist heute als „Synchrone Reluktanzmaschine" bekannt. Nachteilig ist bei dieser Anordnung unter anderem, daß alle drei Wicklungen des Stators gleichzeitig mit Strom versorgt werden müssen, um das sinusförmig umlaufende Magnetfeld zu erzeugen. Für das grundsätzliche Wirkungsprinzip wäre es demgegenüber ausreichend, nur die Statorwicklung mit Strom zu versorgen, der notwendig ist, um das gewünschte Moment bzw. beim Linearantrieb die Kraft zu erzeugen. Dies hätte unter anderem auch den Vorteil, daß die betreffende Wicklung aufgrund der kurzzeitigen Stromführung höher belastet und damit ein höheres Moment bzw. Kraft erzeugt werden könnte. In Abb. 8.1 ist ein derartiger Linearantrieb nach dem Reluktanzprinzip dargestellt. Um die aufeinander

© Springer-Verlag GmbH Deutschland, ein Teil von Springer Nature 2021
D. Schröder und R. Kennel, *Elektrische Antriebe – Grundlagen*,
https://doi.org/10.1007/978-3-662-63101-0_8

folgende Bestromung der Spulen zu erzielen, wurde damals ein mechanischer Kommutator vorgesehen.

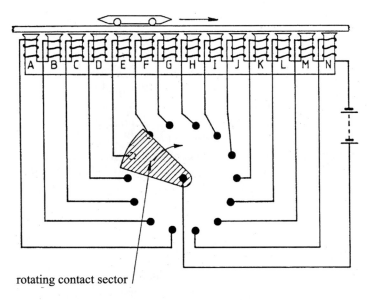

rotating contact sector

The first relictance motor shuttle propulstion, 1895

Abb. 8.1: *Prinzip einer geschalteten Reluktanzmaschine für lineare Bewegung*

Das Prinzip ist somit schon lange bekannt und wird beispielsweise bei Hubmagneten, Schwingankern und ähnlichen Geräten genutzt. Die Anwendung in elektrischen Maschinen erfordert die aufeinanderfolgende Bestromung der Spulen, die in Bewegungsrichtung angeordnet sind, damit eine fortschreitende lineare oder rotatorische Bewegung erzielt werden kann (Abb. 8.1). Da der dazu notwendige Kommutator zunächst nur als mechanische Anordnung realisierbar war, konnte sich der Reluktanzmotor im Gegensatz zur Gleichstrommaschine damals nicht durchsetzen.

Mit der Verfügbarkeit von steuerbaren Halbleiterschaltern sowie der zugehörigen Steuerungstechnik einschließlich Sensorik und Signalverarbeitung ist es möglich, die Reluktanzmaschine zu einem drehzahlvariablen Antrieb zu entwickeln, der heute als „low cost"-Version in Konkurrenz zum Asynchronantrieb mit Käfigläufer treten kann. Die Reluktanzmaschine wird aus einer Gleichspannungsquelle über diese steuerbaren Halbleiterschalter mit pulsförmigen Gleichströmen gespeist, deshalb ist dafür die Bezeichnung „Geschaltete Reluktanzmaschine" gewählt worden.

Die genauere Untersuchung wird zeigen, daß die Ausnutzung (Drehmomentdichte) nur dann mit derjenigen konventioneller Maschinen vergleichbar wird, wenn der magnetische Kreis bis zu ausgeprägten Sättigungserscheinungen genutzt wird. Es entsteht dann ein stark nichtlineares System, welches sich einer geschlossenen mathematischen Beschreibung entzieht. Insbesondere besteht kein einfach darstellbarer Zusammenhang zwischen Strom und Drehmoment, wie bei den bisher beschriebenen konventionellen Maschinen – dies erschwert eine Drehmomentregelung. Zudem wird der Stromverlauf in hohem Maße von den Schalthandlungen bestimmt, die in Abhängigkeit von der momentanen Rotorposition durchzuführen sind. Eine präzise Steuerung setzt daher die Vorausberechnung des Verhaltens im gesamten Betriebsbereich voraus. Dabei kann man sich nicht auf die Bestimmung einiger weniger Parameter beschränken. Beispielsweise fehlt der vertraute Begriff einer mehr oder weniger konstanten „Haupt-" oder „Streuinduktivität", Fluß und Strom lassen sich nicht unabhängig voneinander einstellen, ein „Raumzeiger"-Konzept läßt sich nicht entwickeln.

Im allgemeinen muß vielmehr die gesamte Information aus den Fluß-Strom–(Ψ-I)-Kennlinien ermittelt werden, die den „Fingerabdruck" der Reluktanzmaschine darstellen und sich für jede konkrete Ausführung voneinander unterscheiden.

Wesentliche Impulse sind von den angelsächsischen Ländern ausgegangen. Auf der Basis der Schrittmotoren hat sich Lawrenson zu Beginn der siebziger Jahre den „Switched Reluctance Drives" zugewandt und mit seinem Team an der University of Leeds maßgebliche Beiträge zu deren wissenschaftlicher Erforschung sowie zur Umsetzung in praktische Produkte geleistet [488, 489, 490, 491, 492, 512, 513, 524, 525, 526, 527]. Harris [480]–[483] und Byrne [465]–[468] haben viel zum physikalischen Verständnis beigetragen, weil sie auch Vergleiche mit konventionellen Maschinen durchführten und so bestehende Lücken schlossen. Wertvolle Arbeiten sind dann später von Miller [496]–[504] mit seinem SPEED-Consortium an der University of Glasgow durchgeführt worden, die zum ersten – und nach Kenntnis des Autors bisher einzigen – kommerziell verfügbaren Simulationsprogramm „PC–SRD" geführt haben. Mit zahlreichen weiteren Veröffentlichungen [454, 455, 456, 470, 471, 472, 474, 476, 477, 478, 484, 485, 486, 487, 494, 495, 505, 506, 507, 542] wurden die vielfältigen Aspekte der neuen Technologie beleuchtet und es wurden – vorzugsweise im Vereinigten Königreich – Firmen gegründet, um das Potential zu nutzen. Inzwischen sind eindrucksvolle Ergebnisse erzielt worden [473, 489, 490, 493, 516, 517], wobei man feststellen kann, daß häufig „Nischen" besetzt wurden, die sich aufgrund der besonderen Eigenschaften der Reluktanzantriebe anboten. Ein Durchbruch in dem Sinne, daß konventionelle Antriebe weitgehend ersetzt worden wären, ist bis heute jedoch nicht erfolgt.

Auffällige Zurückhaltung war längere Zeit im deutschsprachigen Raum festzustellen. Nach Untersuchungen, die Anfang der achtziger Jahre durchgeführt wurden [459, 460, 518, 519], aber nicht zu industriell verwertbaren Ergebnissen führten, wurde das Thema erst in den neunziger Jahren wieder aufgenommen [457, 461, 462, 463, 479, 508, 509, 515, 520, 522, 523, 528, 529, 530, 534, 535, 536, 538]. Auch hier standen häufig Sonderaspekte im Vordergrund. Gründe für die zurückhaltende Beurteilung könnten darin gesehen werden, daß den Vorteilen wie einfacher Aufbau, wicklungsfreier Rotor, niedrige Drehmasse, guter Teillastwirkungsgrad, Kurzschlußsicherheit, Fehlertoleranz und Notbetriebs-Eigenschaften auch Nachteile wie fehlender Netzbetrieb, erschwerte Steuer- und Regelbarkeit, impulsförmige Strom– und Kraftwirkungen mit der Folge verstärkter Geräuschbildung sowie das Auftreten ausgeprägter Pulsationsmomente gegenüberstehen. Die Fertigungsvorteile gegenüber dem Asynchronmotor mit Käfigläufer werden als weniger bedeutsam angesehen, weil das Stromrichter-Stellglied den größeren Preisanteil des Antriebs bildet und sich hier nur bei geringeren Anforderungen und im Bereich kleinerer Leistungen ein reduzierter Aufwand ergibt.

Dennoch mehren sich in letzter Zeit die Hinweise darauf, daß dieser Antriebsvariante nunmehr erhöhte Aufmerksamkeit zuteil und ihre Eignung, jedenfalls für zahlreiche Sonderanwendungen, nicht mehr in Frage gestellt wird. Die lange Entwicklungszeit könnte damit doch noch zum Erfolg der neuartigen Antriebstechnologie führen.

Die folgende Einführung soll das grundsätzliche Verständnis fördern und Anregungen für weitere Arbeiten liefern. Für Details und Sonderaspekte sei auf das Literaturverzeichnis, insbesondere auf [503], verwiesen.

8.2 Aufbau

Im Unterschied zur unerregten Schenkelpol-Synchronmaschine, die aufgrund der in Längs- und Querachse unterschiedlichen Induktivitäten ein Reaktions- oder Reluktanzmoment entwickelt („Synchrone Reluktanzmaschine"), weist die geschaltete Reluktanzmaschine („Switched Reluctance Machine", im folgenden als SRM bezeichnet) eine gezahnte Struktur sowohl im Rotor als auch im Stator auf (Abb. 8.2).

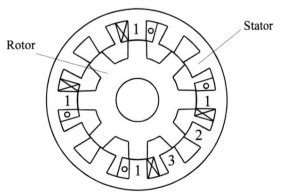

(Rotor: $N_R = 8$, Stator: $m = 3$, $2\,Z_p = 4$, $N_S = 12$)

Abb. 8.2: *Aufbau einer geschalteten Reluktanzmaschine*

Der Rotor trägt weder Wicklungen noch Dauermagnete. Jeder Statorzahn wird von einer Spule umfaßt. Die Spulen sind zu m (= 3) Strängen verschaltet. Es entsteht so eine dem Aufbau nach äußerst einfache Maschine.

Im Beispiel von Abb. 8.2 wird ein Strang von vier gleichmäßig am Umfang verteilten Spulen gebildet. Relativ zu ihnen haben die Rotorzähne die gleiche Position. In Deckungsstellung entsteht am Umfang ein vierpoliges Feld ($2Z_p = 4$), das man sich durch eine stark gesehnte Einlochwicklung erzeugt denken kann. Bei vernachlässigbarer Sättigung des Statorjochs schließen sich die Feldlinien nicht über die Spulen der anderen Stränge. Diese sind dann magnetisch entkoppelt, und es genügt zur Beschreibung des Betriebsverhaltens der SRM die Betrachtung nur eines Stranges. Die Anzahl der Statorzähne („Statorpole") und damit der Spulen am Umfang beträgt:

$$N_S = 2\,Z_p \cdot m \tag{8.2}$$

Die Anzahl der Rotorzähne („Rotorpole") ergibt sich zu

$$N_R = 2\,Z_p \cdot (m - 1) \tag{8.3}$$

wenn die Deckungsstellung des Rotors mit dem am Umfang folgenden Strang nach Durchlaufen des Winkels

$$\gamma_S = \frac{2\pi}{N_R} - \frac{2\pi}{N_S} = \frac{\pi}{Z_p \cdot m \cdot (m - 1)} \tag{8.4}$$

erreicht werden soll. Der Rotor dreht sich dann entgegen der Schaltrichtung der Stränge. Bei „offener" Steuerung entsteht der Schrittmotor mit dem Schrittwinkel γ_S. Der stetige Betrieb der SRM als drehzahlvariabler Antrieb erfordert dagegen ein drehwinkelabhängiges Ein- und Ausschalten der Stränge und damit in der Regel einen Rotorlagegeber.

Der Rotor kann prinzipiell auch mit der Zahnzahl $N_R = 2\,Z_p \cdot (m + 1)$ ausgeführt werden. Davon wird wegen der ungünstigeren magnetischen Verhältnisse jedoch kaum Gebrauch gemacht. Weiterhin können die Statorzähne am Luftspalt mehrfach magnetisch unterteilt werden. In Verbindung mit dem entsprechend genuteten Rotor entsteht so ein Schrittmotor mit kleinem Schrittwinkel, der auch als SRM betrieben werden kann. Diese Variante wird allerdings nur selten verwendet.

Im stationären Betrieb wiederholen sich die Vorgänge je Strang periodisch, wenn sich der Rotor um seine Zahnteilung $2\pi/N_R$ weiterbewegt. Für eine Umdrehung 2π werden N_R Perioden benötigt. Der Drehzahl N entspricht daher die Grundfrequenz

$$F = N_R \cdot N \tag{8.5}$$

Im Vergleich zu konventionellen Drehfeldmaschinen übernimmt N_R die Rolle der Polpaarzahl. Bei gleicher Pol- und Drehzahl weist die SRM daher eine um den Betrag $2 \cdot (m - 1)$ höhere Grundfrequenz auf, dadurch entstehen höhere Eisenverluste. Der Vorteil der SRM liegt andererseits im einfacheren Aufbau der Wicklung, die durch kurze Wickelköpfe und in der Regel durch einen höheren Kupferfüllfaktor gekennzeichnet ist. Die Kupferverluste sind so geringer. Bei kleinen Drehzahlen ergibt sich demgemäß eine günstige Verlustbilanz (Wirkungsgrad) und eine vergleichsweise hohe Drehmomentdichte.

8.3   Betriebsverhalten

Bei Beschränkung auf einen Strang kann man von dem in Abb. 8.3 dargestellten Schema ausgehen, aus dem die Zählweise des mechanischen Rotordrehwinkels γ sowie die beiden Symmetrielagen d und q hervorgehen:

d: „aligned position", $\gamma = 2 \cdot g \cdot \pi / N_R,$ $g = 0, \pm 1, \pm 2, ...$
q: „unaligned position", $\gamma = (2 \cdot g + 1) \cdot \pi / N_R,$ $g = 0, \pm 1, \pm 2, ...$

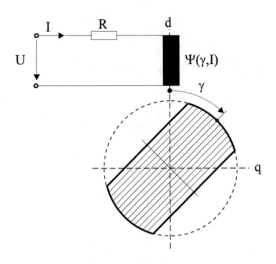

Abb. 8.3: *Schema eines Stranges der geschalteten Reluktanzmaschine*

Aus der Spannungsgleichung

$$U = I \cdot R + \frac{d\Psi}{dt} = I \cdot R + \Omega_m \cdot \frac{d\Psi}{d\gamma}; \quad \Omega_m = \frac{d\gamma}{dt} = \text{mech. Winkelgeschwindigkeit} \tag{8.6}$$

läßt sich zunächst der verkettete Fluß über dem Drehwinkel durch Integration zu

$$\Psi = \int \frac{U - I \cdot R}{\Omega_m} \cdot d\gamma + \Psi_0 \tag{8.7}$$

insbesondere dann sehr leicht bestimmen, wenn die Spannung U konstant ist (Gleichspannungsquelle U) und der ohmsche Anteil vernachlässigt werden kann. Sie enthält gemäß

$$U = I \cdot R + \frac{d\Psi}{dt} = I \cdot R + \frac{\partial \Psi}{\partial I} \cdot \frac{dI}{dt} + \frac{\partial \Psi}{\partial \gamma} \cdot \frac{d\gamma}{dt} = I \cdot R + U_L + U_G \tag{8.8}$$

einen induktiven Anteil U_L der Selbstinduktion und einen rotatorischen Anteil U_G durch Drehung. Sie entspricht dem Aufbau nach derjenigen für die Gleichstrom-Reihenschlußmaschine. Jedoch hängt die Flußverkettung sowohl vom Strom I als auch von der Rotorposition γ ab. Das erschwert wegen der im allgemeinen nichtlinearen Verhältnisse die Auswertung.

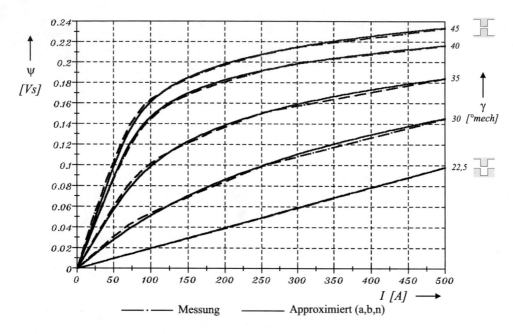

Abb. 8.4: *Fluß-Strom-Kennlinien*

Ausgangspunkt sind die Ψ-I-Kennlinien mit γ als Parameter (Abb. 8.4 [508]), die als „Fingerabdruck" der SRM entweder aus einer FEM-Berechnung oder aus statischen Messungen von einer entworfenen oder gebauten Maschine – meist punktweise – vorliegen.

Daraus sind die partiellen Ableitungen $\partial\Psi/\partial I$ und $\partial\Psi/\partial\gamma$ als stetige Funktionen zu ermitteln, womit sich der Verlauf des Stroms gemäß

$$\frac{dI}{d\gamma} = \frac{U - I\cdot R - \Omega_m \cdot \dfrac{\partial\Psi}{\partial\gamma}}{\Omega_m \cdot \dfrac{\partial\Psi}{\partial I}} \tag{8.9}$$

über dem Drehwinkel durch (numerische) Integration berechnen läßt. Liegt der Verlauf des Flusses über γ schon vor, so kann der Stromverlauf unmittelbar aus den Ψ-I-Kennlinien abgeleitet werden.
Die Energiebilanz

$$U\cdot I\cdot dt = I^2\cdot R\cdot dt + I\cdot\frac{\partial\Psi}{\partial I}\cdot dI + I\cdot\frac{\partial\Psi}{\partial\gamma}\cdot d\gamma = I^2\cdot R\cdot dt + dW + dA \tag{8.10}$$

enthält neben der Stromwärme die Änderung der magnetischen Energie

$$dW = \frac{\partial W}{\partial I}\cdot dI + \frac{\partial W}{\partial\gamma}\cdot d\gamma \tag{8.11}$$

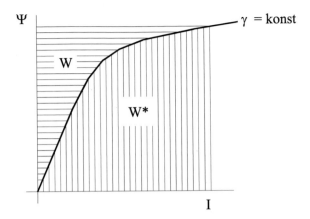

Abb. 8.5: *Magnetische Energie und Koenergie W^**

und die Änderung der mechanischen Arbeit

$$dA \; = \; UIdt - I^2Rdt - dW = \left(I\frac{\partial\Psi}{\partial I} - \frac{\partial W}{\partial I}\right)dI + \left(I\frac{\partial\Psi}{\partial\gamma} - \frac{\partial W}{\partial\gamma}\right)d\gamma \quad (8.12)$$

Wegen

$$\frac{\partial W}{\partial I} = I\cdot\frac{\partial\Psi}{\partial I} \qquad\qquad (8.13)$$

wird

$$dA \; = \; \left(I\cdot\frac{\partial\Psi}{\partial\gamma} - \frac{\partial W}{\partial\gamma}\right)\cdot d\gamma \qquad\qquad (8.14)$$

Daraus folgt das innere Drehmoment M_{Mi} zu

$$M_{Mi} \; = \; \frac{dA}{d\gamma} \; = \; I\cdot\frac{\partial\Psi}{\partial\gamma} - \frac{\partial W}{\partial\gamma} \qquad\qquad (8.15)$$

welches sich unter Verwendung der magnetischen Koenergie W^* (Abb. 8.5)

$$W^* \; = \; I\cdot\Psi - W \qquad\qquad (8.16)$$

und deren Änderung

$$\frac{\partial W^*}{\partial\gamma} = I\cdot\frac{\partial\Psi}{\partial\gamma} - \frac{\partial W}{\partial\gamma} \qquad\qquad (8.17)$$

auch in der Form

$$M_{Mi} \; = \; \frac{\partial W^*}{\partial\gamma} \qquad\qquad (8.18)$$

darstellen läßt. Das innere Drehmoment M_{Mi} ist positiv, wenn die Koenergie mit dem Drehwinkel zunimmt (Motorbetrieb) und negativ, wenn sie abnimmt (Generatorbetrieb).

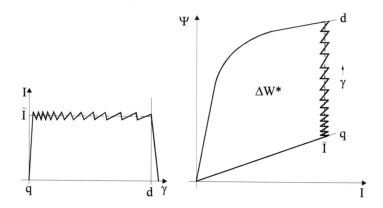

Abb. 8.6: *Stromverlauf und Änderung der Koenergie ΔW^* im gepulsten Betrieb*

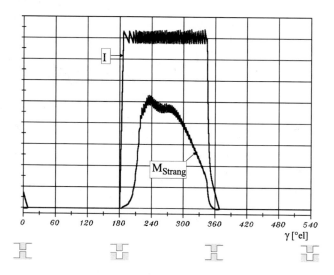

Abb. 8.7: *Strom– und Drehmomentverlauf eines Stranges über dem Drehwinkel (Motorbetrieb)*

Gemäß Abb. 8.6 ergibt sich im Motorbetrieb bei (durch Pulsung) vorgegebenem Strom I die maximale Änderung ΔW^* der Koenergie, wenn dieser in der q-Stellung ein– und in der d-Stellung (Abb. 8.3) abgeschaltet wird.

Abbildung 8.7 zeigt den typischen Drehmomentverlauf eines Stranges, wie er auch im Stillstand bei Einprägung eines Gleichstroms in Abhängigkeit vom Drehwinkel gemessen werden kann. Der Mittelwert entspricht der Fläche der Koenergie ΔW^*.

Die Sättigung, welche in der d-Stellung besonders ausgeprägt ist und vornehmlich im Bereich der sich überlappenden Zähne auftreten sollte, spielt eine entscheidende Rolle. Da der maximale Fluß durch den magnetischen Kreis vorgegeben ist, läßt sich das mittlere Drehmoment jenseits des Knickpunktes proportional zum Strom steigern.

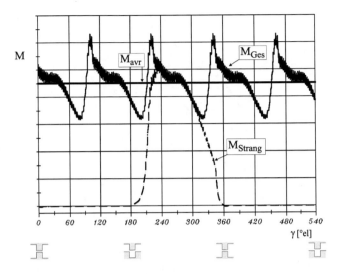

Abb. 8.8: *Gesamtmoment einer dreisträngigen Maschine*

Auf diese Weise ergibt sich eine Ausnutzung, die derjenigen konventioneller Drehfeldmaschinen vergleichbar ist. Man erkennt auch, daß der die Anfangssteigung bestimmende Luftspalt möglichst klein sein sollte.

Bei einer m-strängigen SRM addieren sich die um den mechanischen Winkel $2\pi/(m \cdot N_R)$ versetzten Strangdrehmomente zum resultierenden (inneren) Drehmoment gemäß Abb. 8.8.

Es ist ersichtlich, daß dem Mittelwert ein pulsierendes Drehmoment mit der Grundschwingung $F_P = m \cdot F$ überlagert ist, dessen Amplitude mit zunehmender Strangzahl abnimmt.

Die Form des Drehmoments hängt von der geometrischen Gestaltung der Zähne sowie von deren Sättigungszustand und vom Stromverlauf ab. Sie ändert sich deshalb mit der Drehzahl, wobei im allgemeinen mit deren Zunahme auch die pulsierenden Anteile ansteigen.

Bei den obigen Betrachtungen vermißt man den ansonsten für die Beschreibung des Betriebsverhaltens elektrischer Maschinen so gut geeigneten Begriff der Induktivität. Das läßt sich durch Einführung einer arbeitspunktabhängigen Induktivität

$$L \;=\; L(\gamma, I) \;=\; \frac{\Psi(\gamma, I)}{I} \tag{8.19}$$

die als Sekantensteigung definiert ist, teilweise beheben (Abb. 8.9). In der Spannungsgleichung ergeben sich dann der induktive Anteil zu

$$U_L \;=\; \frac{\partial \Psi}{\partial I} \cdot \frac{dI}{dt} \;=\; \left(L + \frac{\partial L}{\partial I} \cdot I \right) \cdot \frac{dI}{dt} \tag{8.20}$$

und der rotatorische Anteil zu

$$U_G \;=\; \Omega_m \cdot \frac{\partial \Psi}{\partial \gamma} \;=\; \Omega_m \cdot \frac{\partial L}{\partial \gamma} \cdot I \tag{8.21}$$

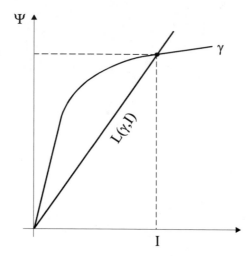

Abb. 8.9: *Zur Definition der strom– und drehwinkelabhängigen Induktivität*

Die Stromänderung wird daher durch

$$\frac{dI}{d\gamma} = \frac{U - I\cdot R - \Omega_m \cdot \dfrac{\partial L}{\partial \gamma} \cdot I}{\Omega_m \cdot \left(L + \dfrac{\partial L}{\partial I} \cdot I\right)} \tag{8.22}$$

beschrieben. Für die numerische Integration sind also neben L auch die Ableitungen $\partial L/\partial I$ und $\partial L/\partial \gamma$ für jeden Betriebspunkt, der im Bereich der Ψ-I-Kennlinien liegt, erforderlich.

Aus der Energiebilanz läßt sich das innere Drehmoment M_{Mi} in der Form

$$M_{Mi} = I^2 \cdot \frac{\partial L}{\partial \gamma} - \frac{\partial W}{\partial \gamma} = \frac{\partial W^*}{\partial \gamma} \tag{8.23}$$

berechnen. Die Komponente $\partial L/\partial I$ beschreibt den Sättigungseinfluß. Sie ist stets Null oder negativ, paßt den induktiven Anteil an die differentielle Induktivität (Tangente an die Kennlinie) an und vergrößert die magnetische Koenergie und damit das Drehmoment gegenüber einer Rechnung mit stromunabhängiger Induktivität.

Letztere beschreibt den Fall der ungesättigten SRM, bezieht sich also auf den linearen (Anfangs)-Teil der Ψ-I-Kennlinien ($W^* = W$). Er ist meist bei höheren Drehzahlen im Feldschwächbereich von Interesse, wird aber wegen der besseren Anschauung häufig auch generell zur Beschreibung der SRM verwendet.

In diesem Fall vereinfacht sich die Spannungsgleichung zu

$$U = I\cdot R + L \cdot \frac{dI}{dt} + \Omega_m \cdot \frac{dL}{d\gamma} \cdot I \; ; \qquad L = L(\gamma) \tag{8.24}$$

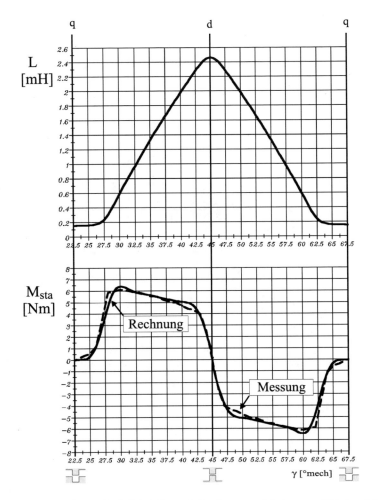

Abb. 8.10: *Verlauf von Induktivität und Drehmoment bei ungesättigter Maschine*

Jetzt läßt sich die Änderung der magnetischen Koenergie durch L ausdrücken:

$$\frac{\partial W^*}{\partial \gamma} = \frac{1}{2} \cdot I^2 \cdot \frac{dL}{d\gamma} \quad \text{(aus Gl. 8.23)} \tag{8.25}$$

womit sich das innere Drehmoment M_{Mi} zu

$$M_{Mi} = I^2 \cdot \frac{dL}{d\gamma} - \frac{1}{2} \cdot I^2 \cdot \frac{dL}{d\gamma} = \frac{1}{2} \cdot I^2 \cdot \frac{dL}{d\gamma} \tag{8.26}$$

ergibt. Das innere Drehmoment hängt quadratisch vom Strom ab. Unabhängig von dessen Vorzeichen ist es positiv (Motorbetrieb), wenn die Induktivität mit dem Drehwinkel ansteigt und negativ (Generatorbetrieb), wenn sie abnimmt. Abbildung 8.10 zeigt den Verlauf von L und das bei konstantem Gleichstrom I auftretende (statische) Drehmoment M_{sta} eines Stranges.

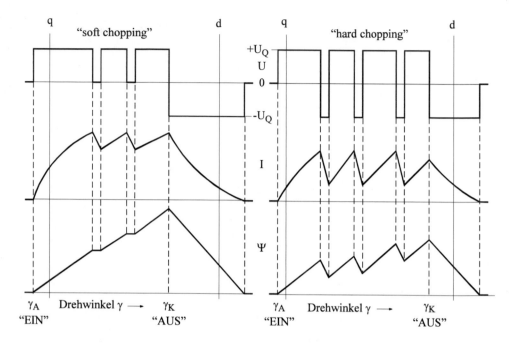

Abb. 8.11: *Prinzipieller Verlauf von Spannung, Strom und Fluß bei gepulstem Betrieb*

Der Induktivitätshub

$$\frac{dL}{d\gamma} \approx \frac{N_R}{k_p \cdot \pi} \cdot (L_d - L_q) \tag{8.27}$$

bestimmt die Höhe des erzielbaren Drehmoments. Deshalb sollte der Unterschied zwischen L_d und L_q so groß wie möglich sein. Der genaue Induktivitätsverlauf ist auch im linearen Bereich von der Geometrie abhängig und muß wegen der insbesondere in der q-Stellung schwer zu beurteilenden Feldverhältnisse in der Regel numerisch berechnet werden. Der in Abb. 8.10 gezeigte Verlauf ist das Ergebnis einer solchen Berechnung, die für eine typische SRM durchgeführt wurde. Bei der Überlappung der Zähne beginnt der in guter Näherung lineare Anstieg von L, dessen Bereich durch den Faktor $k_p (< 1)$ beschrieben werden kann.

Aus Abb. 8.11 ist erkennbar, daß der Strom bei Stillstand und bei kleinen Drehzahlen im Motorbetrieb in der Nähe der q-Stellung einzuschalten ($u = +U_Q$), durch Pulsung ($u = 0$ und $u = +U_Q$, „soft chopping" bzw. $u = -U_Q$ und $u = +U_Q$, „hard chopping") auf einem vorgegebenem Sollwert zu halten und in der Nähe der d-Stellung ($u = -U_Q$) abzuschalten ist.

Wegen $L_q \ll L_d$ erfolgt der Stromanstieg relativ schnell, der Stromabbau jedoch langsamer. Der Strom fließt nur etwa eine halbe Periode lang, in der anderen Hälfte ist der Strang stromlos. Es handelt sich um einen gepulsten Gleichstrom. Weiterhin ist ersichtlich, daß neben der Koenergie auch magnetische Energie aufgebaut wird. Diese wird nach dem Einschalten von der Quelle geliefert und nach dem Abschalten (teilweise) wieder zurückgespeist oder zur Magnetisierung der anderen Stränge verwendet.

Mit zunehmender Drehzahl werden die elektrischen Winkelbereiche, in denen sich die Stromänderungen vollziehen, größer und damit der elektrische Winkelbereich der Pulsung kleiner. Um bei vorgegebenem Stromsollwert das höchstmögliche Drehmoment zu erzielen, müssen die Schaltwinkel γ_A (Einschalten) und γ_K (Abschalten, „Kommutieren") gegenüber der q- bzw. d-Stellung vorverlegt werden.

Dies erfordert eine genaue Kenntnis der Zusammenhänge, da die SRM sehr empfindlich auf die Schaltwinkel reagiert. In der Regel muß deshalb das Betriebsverhalten vorausberechnet und das Ergebnis in Form einer Tabelle für die Schaltwinkel des gesamten M-N-Betriebsbereichs in einem Steuerprogramm abgelegt werden.

Der Übergang vom Puls- in den Blockbetrieb wird bei derjenigen Drehzahl N_N erreicht, bei der sich der Strom nicht mehr ändert (Abb. 8.12).

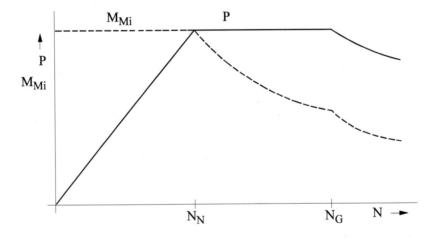

Abb. 8.12: *Betriebsbereiche der geschalteten Reluktanzmaschine*

Das ist näherungsweise der Fall, wenn – bei Vernachlässigung der dann meist kleinen ohmschen Spannung $I \cdot R$ – die Spannung der Rotation gleich der anliegenden Gleichspannung ist. Diese Drehzahl wird als Auslegungs- oder Eckdrehzahl bezeichnet. Sie bestimmt den Entwurf der SRM. Bis hierhin kann man näherungsweise konstantes Drehmoment erzielen („Ankerstellbereich"), von da ab bis zu einer bestimmten Grenzdrehzahl N_G noch konstante Leistung („Feldstellbereich"). Oberhalb der Grenzdrehzahl fällt dann auch die Leistung ab.

8.4   Energieumwandlung

Die während einer elektrischen Periode wirksamen Energien lassen sich am besten anhand der Ψ-I-Kennlinien beurteilen. Sehr einfache Verhältnisse ergeben sich für die ungesättigte SRM, wenn im Motorbetrieb der Strom I bei sehr kleiner Drehzahl in der q-Stellung eingeprägt und in der d-Stellung abgeschaltet wird (Abb. 8.13).

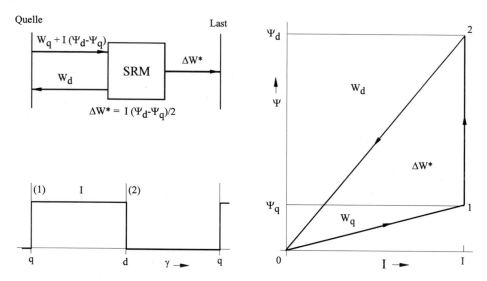

Abb. 8.13: *Vereinfachte Darstellung der Energieumwandlung bei ungesättigter Maschine*

Bei Vernachlässigung der Verluste ($R = 0$) liefert die Quelle zunächst die Energie $W_q (= L_q \cdot I^2/2)$. Während der Drehung von q nach d wird zusätzlich die Energie $I \cdot (\Psi_d - \Psi_q) = 2 \cdot (W_d - W_q)$ eingespeist. Die Hälfte davon wird in mechanische Arbeit $\Delta W^* = W_d - W_q$ umgewandelt, während die andere Hälfte die magnetische Energie vergrößert, welche in der d-Stellung den Betrag $W_d (= L_d \cdot I^2/2)$ erreicht und beim Abschalten in die Quelle zurückgespeist wird. Es wird also keine Energie „verschwendet". In Analogie zu den Begriffen der Wechselstromlehre läßt sich die insgesamt zugeführte Energie als „Scheinenergie" $W_{schein} = 2 \cdot W_d - W_q$, die mechanische Arbeit als „Wirkenergie" $W_{wirk} = W_d - W_q$ und die zurückgespeiste Energie als „Blindenergie" $W_{blind} = W_d$ auffassen. Daraus folgt der „Energie-Umwandlungsfaktor" zu

$$\lambda = \frac{W_{wirk}}{W_{schein}} = \frac{W_d - W_q}{2 \cdot W_d - W_q} = \frac{1 - L_q/L_d}{2 - L_q/L_d} \tag{8.28}$$

Er ist vergleichbar mit dem Leistungsfaktor. Für den typischen Zahlenwert $L_d/L_q = 10$ ergibt sich $\lambda = 0,47$. Das hat häufig zu der Auffassung geführt, daß die SRM mit hoher Blindleistung belastet ist, was zu einer entsprechenden

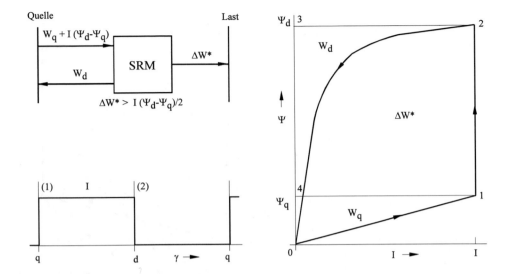

Abb. 8.14: *Vereinfachte Darstellung der Energieumwandlung bei gesättigter Maschine*

Dimensionierung des Stromrichter-Stellglieds führen müßte. Dies ist nur für die ungesättigte SRM richtig. Der Stromrichter wird allerdings meist für die hohen Anfahrmomente im Stillstand und bei kleinen Drehzahlen dimensioniert. Hier treten ausgeprägte Sättigungserscheinungen auf, welche die „Blindleistung" reduzieren.

Abbildung 8.14 erläutert diese Verhältnisse. Bei gleichem Fluß und Strom vergrößert sich ΔW^*, während sich W_d verkleinert:

$$\Delta W^* > I \cdot (\Psi_d - \Psi_q)/2 \, ; \qquad W_d < I \cdot (\Psi_d - \Psi_q)/2 \tag{8.29}$$

Demgemäß wird jetzt

$$\lambda = \frac{W_{wirk}}{W_{schein}} = \frac{\Delta W^*}{W_q + I \cdot (\Psi_d - \Psi_q)} = \frac{\text{Fläche}(0120)}{\text{Fläche}(012340)} \tag{8.30}$$

Im unteren Drehzahlbereich ergeben sich für eine gut ausgenutzte SRM Zahlenwerte von $0,65 < \lambda < 0,75$.

Den Idealfall, der sich für ein hypothetisches Material und vernachlässigbar kleinem Luftspalt ergeben würde, zeigt Abb. 8.15. Hierbei ist $W_d = W_q = W$ und die während der Drehung zugeführte Energie der Quelle wird vollständig in mechanische Arbeit umgesetzt: $I \cdot (\Psi_d - \Psi_q) = \Delta W^*$. Dann ergibt sich:

$$\lambda = \frac{W_{wirk}}{W_{schein}} = \frac{\Delta W^*}{W + \Delta W^*} = \frac{1}{1 + W/\Delta W^*} \tag{8.31}$$

Für z.B. $W/\Delta W^* = 1/10$ wäre hier $\lambda = 0,91$.

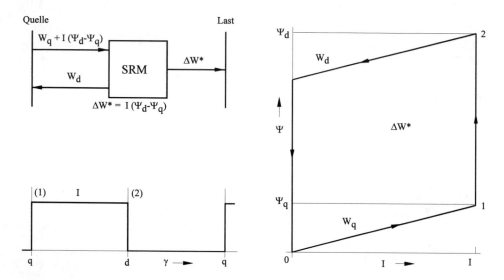

Abb. 8.15: *Vereinfachte Darstellung der Energieumwandlung bei einem hypothetischen Material*

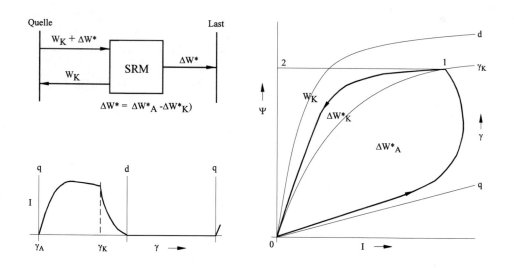

Abb. 8.16: *Energieumwandlung bei Blockbetrieb*

Die Energieumwandlung bei realem Stromverlauf im Blockbetrieb beschreibt Abb. 8.16. Bei γ_A wird der Strang eingeschaltet, bei γ_K abgeschaltet. In dieser Zeit leiten die steuerbaren leistungselektronischen Schalter (vgl. Kap. 8.5) und die Quelle speist die Energie $W = W_K + \Delta W_K^* + \Delta W_A^*$ (Fläche 0120) ein. Im Abschaltpunkt ist die magnetische Energie $W_K + \Delta W_K^*$ gespeichert, während ΔW_A^* bis dahin in mechanische Arbeit umgewandelt wurde. Nach dem Abschalten, in der Regel deutlich vor Erreichen der d-Stellung, leiten die Dioden, der Anteil

ΔW_K^* wird noch weiter als mechanische Arbeit wirksam und vermindert dadurch die magnetische Energie. Der Anteil W_K wird zurückgespeist und kann als „Blindenergie" aufgefaßt werden. Unter Berücksichtigung der gesamten mechanischen Arbeit $\Delta W^* = \Delta W_A^* + \Delta W_K^*$ ergibt sich der Energieumwandlungsfaktor allgemein [503] zu

$$\lambda = \frac{W_K}{W_K + \Delta W^*} \tag{8.32}$$

Das mittlere Drehmoment erhält man aus der mechanischen Arbeit ΔW^*, die in einer Periode über den Winkelweg $2\pi/N_R$ wirksam wird, bei m Strängen zu

$$\overline{M}_{Mi} = \frac{m \cdot N_R}{2\pi} \cdot \Delta W^* \tag{8.33}$$

Maßgeblich für das mittlere Drehmoment ist demnach die Abbildung des zeitlichen Stromverlaufs in der Ψ-I-Ebene.

8.5   Stromrichterschaltungen

Die SRM kann im Gegensatz zu konventionellen Maschinen nicht direkt an einer Quelle konstanter Spannung und Frequenz betrieben werden. Es ist stets eine Stromrichterschaltung erforderlich, die die Gleichspannung U_Q der Quelle in geeigneter Weise auf die m Stränge durchschaltet, damit pulsförmige Gleichströme entstehen. Im allgemeinen werden am Strang die Spannungen $+U_Q$ (Einspeisen), 0 (Kurzschluß) und $-U_Q$ (Rückspeisen) benötigt.

Die in Abb. 8.17 für einen Strang gezeigte Schaltung (2Q-Gleichstromsteller mit Spannungsumkehr) erfüllt diese Bedingung.

Beim Einschalten leiten beide Transistoren T_1 und T_2, es liegt die Spannung $+U_Q$ an, der Strom wird aufgebaut. Bei Erreichen einer oberen Stromgrenze wird einer der beiden Transistoren, z.B. T_1, abgeschaltet, die Wicklung ist

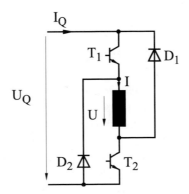

Abb. 8.17: *Stromrichterschaltung für einen Strang mit Spannungsumkehr*

dann über T_2 und die Diode D_2 kurzgeschlossen $(U = 0)$, der Strom nimmt ab. Bei der Zweipunktregelung wird T_1 am unteren Grenzwert wieder eingeschaltet. Durch abwechselndes Aus- und Einschalten der Transistoren wird der Strom I bei gleichmäßiger Schaltbelastung im Mittel auf dem Sollwert I^* gehalten. Vor Erreichen der d-Stellung werden beide Transistoren abgeschaltet, es liegt die Spannung $-U_Q$ an der Wicklung, der Strom wird bis auf Null abgebaut, wobei die gespeicherte magnetische Energie über die Dioden D_1 und D_2 in die Quelle zurückgespeist wird.

Die Schaltung benötigt die gleiche Anzahl von Schaltelementen wie der Brückenzweig eines Wechselrichters für konventionelle Drehstrommaschinen. Im Gegensatz dazu kann jedoch kein Kurzschluß auftreten. Das bedeutet eine inhärente Betriebssicherheit der SRM. Andererseits können aber keine Module für konventionelle Wechselrichterschaltungen wie für den Wechselrichter mit eingeprägter Spannung verwendet werden.

Statt der Zweipunktregelung kann auch eine Pulsweitenmodulation (PWM) eingesetzt werden. In beiden Fällen läßt sich die Stromform einem vorgegebenen Sollwertverlauf anpassen, sofern die rotatorische Spannung genügend gering ist (kleine Drehzahlen). Die Stromform hat maßgeblichen Einfluß auf die Qualität des Drehmomentes und kann zur Reduktion des pulsierenden Anteils genutzt werden [522, 523]. Weiterhin beeinflußt sie die Geräuschbildung [536].

Mit zunehmender Drehzahl werden die elektrischen Winkelbereiche, in denen sich der Auf- und Abbau des Stroms vollzieht, immer größer. Die Ein- und Abschaltwinkel γ_A und γ_K sind dann voreilend zu verschieben, und zwar so, daß sich bei möglichst geringen Stromwärmeverlusten ein möglichst großes Drehmoment ergibt. Dabei läßt es sich allerdings nicht vermeiden, daß der Strom auch in Bereichen fließt, in denen ein generatorisches (Brems)-Moment auftritt. Die Winkelverschiebung ist last- und drehzahlabhängig, eine allgemein gültige Regel läßt sich wegen des nichtlinearen Zusammenhanges von Strom und Drehmoment nicht angeben. Vielmehr sind die Wertepaare γ_A und γ_K durch geeignete Simulationsrechnungen zu ermitteln [508]. Dabei ist sicherzustellen, daß der Strom innerhalb einer elektrischen Periode 2π (mechanisch $2\pi/N_R$) wieder vollständig abgebaut wird, weil anderenfalls eine Selbsterregung auftritt, die einen Störfall darstellt. Andererseits sollte aber die volle Periode auch ausgenutzt werden, wenn die SRM im Blockbetrieb mit der größtmöglichen Leistung betrieben werden soll [509].

Generatorbetrieb ist im gesamten Drehzahlbereich möglich, wird jedoch vorzugsweise bei höheren Drehzahlen eingesetzt. In Abb. 8.18 ist der prinzipielle Verlauf von Strom und Drehmoment eines Stranges dargestellt.

Der Strom ist über die Schaltwinkel in den Bereich abnehmender Induktivität zu verschieben. Zu Beginn muß er aufgebaut werden, dazu werden T_1 und T_2 bei γ_A eingeschaltet $(+U_Q)$, die entsprechende magnetische Energie wird von der Quelle geliefert. Mit Erreichen eines bestimmten Stroms I_K werden bei γ_K die Transistoren T_1 und T_2 abgeschaltet $(-U_Q)$, der Strom ändert sich nach der

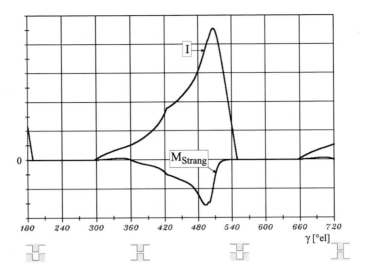

Abb. 8.18: *Strom– und Drehmomentverlauf eines Stranges im Generatorbetrieb (Block-betrieb)*

Spannungsgleichung (linearer Fall)

$$\frac{dI}{d\gamma} = \frac{1}{\Omega_m \cdot L} \cdot \left(-U_Q - I \cdot R - \Omega_m \cdot \frac{dL}{d\gamma} \cdot I \right) \qquad (8.34)$$

je nach dem Anfangswert der rotatorischen Spannung

$$U_{GK} = I_K \cdot \Omega_m \cdot \frac{dL}{d\gamma} < 0 \qquad (8.35)$$

Ist diese (bei Vernachlässigung von $I \cdot R$) betragsmäßig größer als U_Q, so nimmt der Strom weiter zu. In diesem Fall kann es zu einer Selbsterregung kommen, weil der Strom bis zum erneuten Einschalten (γ_A) nicht mehr abgebaut werden kann. Stabiler Betrieb ist dann nicht mehr möglich. Ist beim Umschalten (γ_K) U_{GK} betragsmäßig gerade gleich U_Q, so bleibt der Strom konstant, bis bei überschreiten der q-Stellung U_G das Vorzeichen wechselt und dadurch der Strom schnell auf Null abgebaut wird. Falls I_K zu klein ist, wird der Strom bereits im Generatorbereich entsprechend der Änderung der Induktivität (langsam) abgebaut. Das Verhalten der SRM als Generator im Blockbetrieb hängt daher in starkem Maße vom Strom I_K des Umschaltaugenblickes (γ_K) ab.

Falls die SRM auch bei kleinen Drehzahlen noch Bremsmoment entwickeln soll, so ist der Strom nach Abb. 8.19 im Pulsbetrieb auf dem Sollwert zu halten.

Dazu wird zunächst wiederum $+U_Q$ eingeschaltet (T_1, T_2), bis die obere Grenze erreicht ist. Dann wird durch Abschaltung von T_1, T_2 die Spannung auf $-U_Q$ (D_1, D_2) umgeschaltet. Da wegen der kleinen Drehzahl die rotatorische Spannung betragsmäßig kleiner als U_Q ist (Bedingung für die maximale obere Stromgrenze), nimmt der Strom ab. An der unteren Stromgrenze kann entweder auf $U_Q = 0$

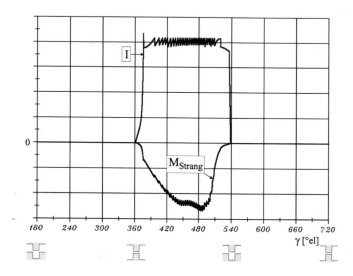

Abb. 8.19: *Strom– und Drehmomentverlauf eines Stranges im Generatorbetrieb (Pulsbetrieb)*

(Einschaltung von T_1 oder T_2, „soft chopping") oder wieder auf $+U_Q$ („hard chopping") geschaltet werden, woraufhin der Strom langsamer oder schneller wieder zunimmt. Durch diese Zweipunktregelung wird der Strom im Mittel auf dem vorgegebenen Sollwert gehalten. In der Nähe der q-Stellung wird bei γ_K endgültig durch Abschaltung von T_1, T_2 $(-U_Q)$ der Strom schnell auf Null abgebaut. In der Nähe des Stillstandes erweist sich die Methode des „hard chopping" als vorteilhaft, weil auf den Betriebsmodus ohne Verzögerung umgeschaltet werden kann, um den Einfluß der ohmschen Spannung zu kompensieren.

Die obige Stromrichterschaltung ist für beliebige Strangzahlen einsetzbar und bietet ein Höchstmaß an Freizügigkeit und Effektivität, weil die Stränge unabhängig voneinander zu jedem beliebigem Zeitpunkt an die Spannungen $+U_Q, 0, -U_Q$ geschaltet werden können.

Wegen der unipolaren Stromrichtung können SRM jedoch auch mit weniger Schaltelementen pro Strang auskommen [503, 519].

Stromrichterschaltungen mit je einem Transistor pro Strang sind in Abb. 8.20 und 8.21 dargestellt.

In Schaltung Abb. 8.20(a) sind bei einem Transistor und einer Diode nur die Spannungen $+U_Q$ und 0 möglich. Aufgrund der fehlenden Spannungsumkehr kann der Strom nur nach Maßgabe der ohmschen Widerstände der Wicklung und der Diodenspannung abgebaut werden, was in der Regel zu lange dauert. Zur Beschleunigung des Stromabbaus wird in Abb. 8.20(b) ein äußerer Widerstand eingefügt, dieses Verfahren ist allerdings sehr verlustbehaftet. In Schaltung Abb. 8.20(c) wird eine bifilare Wicklung verwendet. Beim Abschalten des Transistors wird der Strom von der Sekundärwicklung übernommen und über die Diode in die Quelle zurückgeführt. Spannungsumkehr $(-U_Q)$ ist möglich, aber

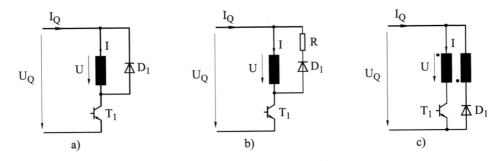

Abb. 8.20: *Stromrichterschaltungen mit vermindertem Schalteraufwand: a) und b) ohne Rückspeisung, c) mit Rückspeisewicklung*

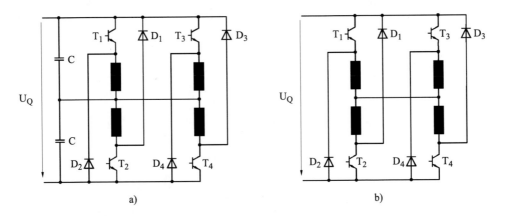

Abb. 8.21: *Stromrichterschaltungen mit vermindertem Schalteraufwand: a) mit Mittelpunkt, b) ohne Mittelpunkt*

nicht Spannung 0, also nur „hard chopping" mit entsprechenden Pulsfrequenzen und Schaltverlusten. Beim Abschalten liegt außerdem die Spannung $2 \cdot U_Q$ am Transistor. Der Wert vergrößert sich noch nach Maßgabe der Streuung zwischen den Wicklungen. Dies und der Herstellungsaufwand in Verbindung mit dem geringeren Kupferfüllfaktor für die Arbeitswicklung erscheint durch die geringere Anzahl von Schaltelementen kaum gerechtfertigt.

Schaltung Abb. 8.21(a) eignet sich für gerade Strangzahl. Sie erfordert einen Spannungs-Nullpunkt, der als Mittelpunkt zwischen beiden Kondensatoren gebildet wird. An jeden Wicklungsstrang können unabhängig voneinander die Spannungen $+U_Q/2$ und $-U_Q/2$, aber nicht $U_Q = 0$ geschaltet werden, so daß „hard chopping" mit halber Spannung, aber nicht „soft chopping" möglich ist. Die Sperrspannung an den Transistoren beträgt U_Q.

Schaltung Abb. 8.21(b) stellt eine nur für die viersträngige SRM geeignete Schaltung dar, die ohne Mittelpunktspannung auskommt, dafür aber eine galvanische Kopplung der Stränge über die sternpunktartige Verbindung bewirkt

[519]. Hierbei sind stets mindestens zwei Stränge in Reihe geschaltet. Allgemein gilt $I_1 + I_3 = I_2 + I_4$, die Spannungen teilen sich entsprechend dem Betriebszustand auf. In der Summe sind jeweils $+U_Q$, 0, $-U_Q$, also „hard chopping" und „soft chopping" möglich, die Sperrspannung beträgt U_Q. Die Stränge können jedoch nicht unabhängig voneinander geschaltet werden, der Strom muß mindestens eine halbe Periode lang fließen.

In den Stromrichterschaltungen nach Abb. 8.22 werden einzelne Transistoren gemeinsam genutzt.

In Schaltung Abb. 8.22(a) dient der linke obere Transistor T allen Strängen, indem er die Funktionen „Stromaufbau" und „Halten" ($+U_Q$, 0) übernimmt, die übrigen Transistoren bewirken den Stromabbau (0, $-U_Q$). Maßgeblich für die Stromänderungen sind die gemeinsamen Schaltsignale (PWM) und die jeweilige Rotorposition relativ zu den Strängen. Es handelt sich um eine Spannungssteuerung, die Ströme können nicht unabhängig voneinander geregelt werden. Im abkommutierenden Strang wird wegen der Schaltmaßnahmen im Folgestrang immer wieder auch die Spannung Null wirksam, wodurch sich der Stromabbau verzögert. Für m Stränge werden $m+1$ Schalter benötigt. Der gepulste Transistor T schaltet häufiger als die übrigen Transistoren und wird auch mit einem höhe-

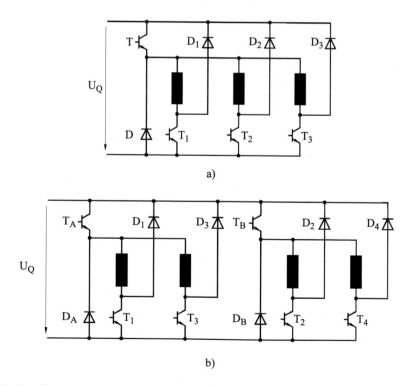

a)

b)

Abb. 8.22: *Stromrichterschaltungen mit vermindertem Schalteraufwand: a) mit gemeinsamem Schalttransistor T, b) mit paarweisen Schalttransistoren T_A, T_B*

ren Effektivwert belastet, weshalb er gegebenfalls stärker dimensioniert werden
muß.

Eine Erweiterung stellt Schaltung Abb. 8.22(b) dar. Sie eignet sich für gerade
Strangzahl, vorzugsweise für $m = 4$ Stränge, und verwendet je einen Transistor
T_A, T_B für die Strangpaare A (Strang 1 und 3) und B (Strang 2 und 4), insgesamt
also $2(m/2 + 1) = 6$ Schalter für 4 Stränge. Da die paarweise zusammengefaßten
Stränge elektrisch um 180° gegeneinander versetzt sind und daher z.B. T_A im
wesentlichen entweder Strang 1 oder 3 schaltet, sind die Stränge während des
„Haltens" weitgehend entkoppelt, weshalb die Stromamplitude geregelt werden
kann. Allerdings vollzieht sich bei Überlappung der Stromaufbau in dem einen
Strang zur gleichen Zeit wie der Stromabbau in dem anderen. Wegen des Schaltzustandes „Spannung Null", der zwischenzeitlich immer wieder auftritt, laufen
diese Vorgänge langsamer ab als bei völlig unabhängigen Strängen.

Zusammenfassend kann festgestellt werden, daß eine Verringerung des Auf-
wandes an Leistungsschaltern gegenüber der vollständigen Schaltung (Abb. 8.17)
durch Einschränkungen an Flexibilität und Effektivität erkauft werden muß.

8.6 Steuerung und Regelung

Geschaltete Reluktanzmaschinen werden in den meisten Fällen drehzahlgeregelt
betrieben. Abbildung 8.23 zeigt das Schema der Anordnung. Der Leistungteil
besteht aus Quelle, Stromrichter und Maschine. Als Sensoren werden normalerweise ein Rotorlagegeber und eine Stromerfassung je Strang benötigt. Aus dem

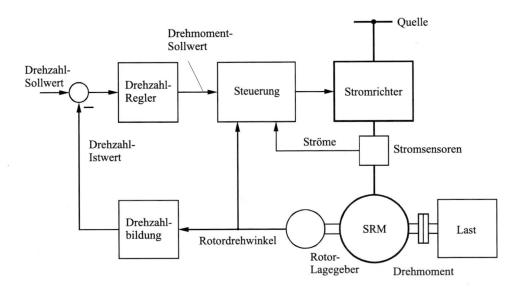

Abb. 8.23: *Schema eines drehzahlgeregelten Reluktanzantriebs*

Drehwinkel wird die Drehzahl ermittelt. Die Regelabweichung gibt den Sollwert für das Drehmoment (Treiben oder Bremsen) vor. Im Unterschied zu konventionellen Antrieben kann jedoch im unterlagerten Stromregelkreis das Drehmoment nicht unmittelbar eingestellt werden, weil der Strom kein direktes Maß für das Drehmoment ist. Vielmehr ist das Drehmoment nur indirekt über die Stromamplitude (im unteren Drehzahlbereich, Pulsbetrieb) und die Schaltwinkel (insbesondere bei höheren Drehzahlen, Blockbetrieb) zu beeinflussen.

Deshalb sind entsprechende Informationen in einem digitalen Speicher abzulegen und entsprechend dem aktuellen Betriebszustand (abhängig von Drehzahl und Belastung) zur Steuerung des Stromrichters abzurufen.

Der Rotorlagegeber kann im einfachsten Fall als optischer Sensor realisiert werden, der den Rotor abbildet. Eine mögliche Ausführung zeigt Abb. 8.24 für eine dreisträngige 6/4–SRM [503].

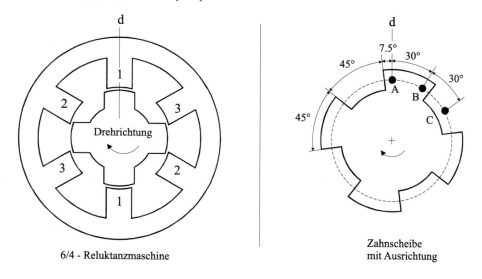

6/4 - Reluktanzmaschine   Zahnscheibe
                                           mit Ausrichtung

Abb. 8.24: *Einfache Ausführung des Rotorlagegebers*

Die Geberscheibe weist vier Zähne und vier Lücken gleicher Länge (45°) auf, die drei Lichtschranken A, B, C sind im Abstand von 30° (elektrisch 120°) am Umfang angeordnet. Die ablaufende Kante wird mit einem Versatz von 7,5° (elektrisch 30°) an der d-Stellung von Strang 1 ausgerichtet. Man erhält die in Abb. 8.25 dargestellten Signale relativ zur d- bzw. q-Stellung von Strang 1.

Durch logische Verknüpfung lassen sich mehrere Schaltwinkelkombinationen herstellen, die dann innerhalb vorgegebener Drehzahlbereiche konstant sind. In Abb. 8.25 sind die Schaltsignale beispielhaft für kleinere Drehzahlen im Motorbetrieb und für größere Drehzahlen im Motor- und Generatorbetrieb zusammen mit dem prinzipiellen Stromverlauf in Strang 1 dargestellt. Dieses Schaltwinkelprogramm ist besonders einfach, es läßt sich für beide Drehrichtungen und auch für Generatorbetrieb verwenden, ermöglicht aber nur eine sehr unvollkommene Drehmomentsteuerung mit nicht optimiertem Wirkungsgrad. Dies reicht jedoch

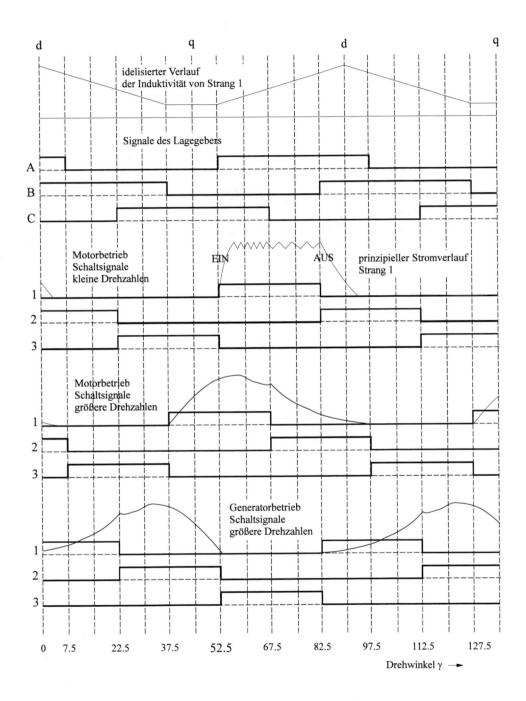

Abb. 8.25: *Schaltsignale aus dem Rotorlagegeber nach Abb. 8.24 für kleinere Drehzahlen (Motorbetrieb) und größere Drehzahlen (Motor- und Generatorbetrieb)*

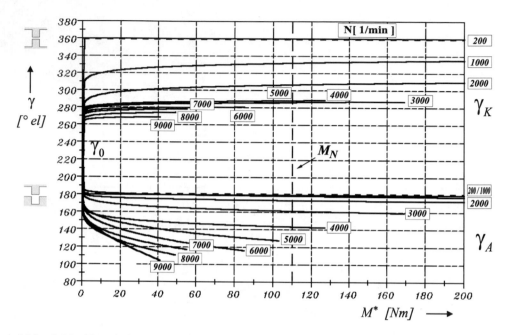

Abb. 8.26: *Einschalt- und Ausschaltwinkel γ_A und γ_K bei einer drehmomentgesteuerten SRM*

für die Drehzahlregelung aus, wenn keine besonderen Anforderungen an Dynamik und Effizienz gestellt werden.

Im allgemeinen ist eine stetige Anpassung der Schaltwinkel und der Stromamplitude (im Pulsbetrieb) erforderlich. Abbildung 8.26 zeigt den Verlauf von γ_A und γ_K bei einer ausgeführten 12/8–RM, die als Traktionsantrieb für ein Elektrofahrzeug drehmomentgesteuert im Drehzahlbereich $0 - 9000\,1/min$ arbeitet [463, 508].

Die Schaltwinkel sind in elektrischen Graden ($\hat{=}$ 8 mech. Graden) angegeben. Sie wurden unter der Bedingung minimaler Stromwärmeverluste anhand des nichtlinearen Modells vorausberechnet und lassen sich durch ein Polynom der Form

$$\gamma_{A,K} = \gamma_0 + c_{A,K} \cdot M^{*m_{A,K}} \tag{8.36}$$

mit dem Drehmomentsollwert M^* beschreiben, in dem die Koeffizienten γ_0, $c_{A,K}$ und $m_{A,K}$ nur Funktionen der Drehzahl sind. Diese werden in einer Tabelle abgelegt und zur Echtzeitberechnung der Schaltwinkel verwendet. Man erkennt die wohlbekannte Tendenz, daß insbesondere der Einschaltwinkel mit zunehmender Drehzahl und Belastung immer weiter vorverlegt werden muß.

Der Stromsollwert I^* für den Pulsbetrieb läßt sich in ähnlicher Form als Funktion des Drehmomentsollwertes durch

$$I^* = p \cdot M^* + q \cdot \sqrt{M^*} \tag{8.37}$$

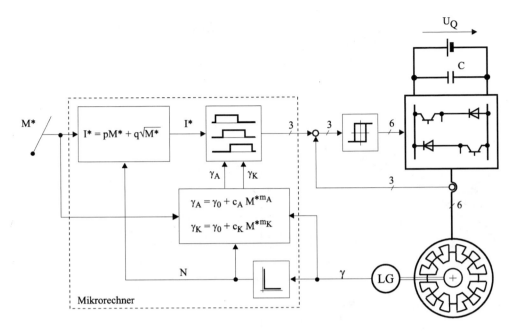

Abb. 8.27: *Schema einer Drehmomentsteuerung*

beschreiben. Auch hierin sind p und q nur Funktionen der Drehzahl. Diese Größen reichen zu einer präzisen Drehmomentsteuerung aus, müssen jedoch durch Simulation vorausberechnet werden.

Die Steuerung erfordert entsprechend genaue Winkelinformationen (Richtwert: $2° - 4°$ elektrisch). Bei Verwendung des obigen optischen Gebers ist der Winkel zwischen zwei d-q-Positionen durch eine Zählerschaltung genügend hoher Frequenz zu interpolieren. Dabei geht man davon aus, daß sich die hierfür benötigte Drehzahl in der folgenden elektrischen Periode nicht ändert, was bei einer genügend großen mechanischen Zeitkonstanten in guter Näherung zutrifft. Das Verfahren ist jedoch nur ab einer Mindestdrehzahl anwendbar (Zählerüberlauf). Bei sehr kleinen Drehzahlen kann deshalb nur in den Symmetriestellungen geschaltet werden.

Wird auch im Stillstand und bei kleinen Drehzahlen eine optimale Drehmomentsteuerung gefordert, die gegebenfalls einen winkelabhängigen Verlauf des Stromsollwertes mit einschließt, so muß der Rotordrehwinkel als Absolutwert mit hoher Auflösung gemessen werden, z.B. mit einem Resolver.

In Abb. 8.27 ist das Schema der Drehmomentsteuerung vereinfacht dargestellt.

Die Berechnung der Sollwerte für Strom und Schaltwinkel erfolgt digital, die Stromregelung ist als analoge Zweipunktregelung mit einstellbarer Bandbreite ausgeführt. Das zugehörige Flußbild zeigt Abb. 8.28.

Im Hauptprogramm wird der mechanische Zustand des Antriebs (Drehzahlistwert, Drehmomentsollwert) mit einer Zykluszeit im μs-Bereich abgefragt. Bei

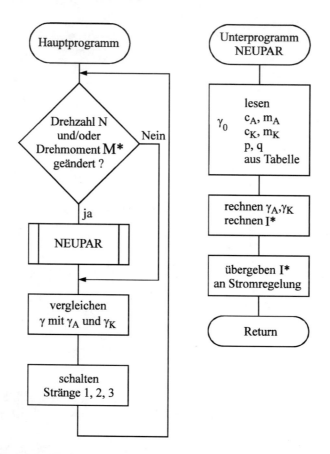

Abb. 8.28: *Flußbild für die Drehmomentsteuerung nach Abb. 8.27*

Änderung werden die neuen Parameter (Unterprogramm NEUPAR) berechnet. Damit werden die Schaltwinkel bestimmt und die Stränge angesteuert. Der Stromsollwert wird nach DA-Wandlung an die unterlagerte analoge Stromregelung weitergegeben. Im Hinblick auf die Genauigkeit der Winkelinformation ist eine kurze Bearbeitungszeit erforderlich. Im vorliegenden Fall wurden das Hauptprogramm mit $4\,\mu s$ und das Unterprogramm mit $13\,\mu s$ realisiert (Mikrorechner Siemens C167).

Abbildung 8.29 zeigt einige der gemessenen Punkte in der Drehmoment-Drehzahl-Ebene im Vergleich mit den Sollwertvorgaben.

Man erkennt, daß die genaue Drehmomentsteuerung bei der SRM wegen deren Empfindlichkeit gegenüber den variablen Schaltwinkeln aufwendig ist. Es ist deshalb schwierig, ein allgemein gültiges Steuerungsschema zu entwickeln, das auf alle SRM durch Anpassung einiger weniger Parameter übertragbar wäre, wie das etwa bei der feldorientierten Regelung der Asynchronmaschine möglich ist. Jede SRM ist ein Unikat, das für den optimalen Betrieb eine eigene Behandlung erfordert.

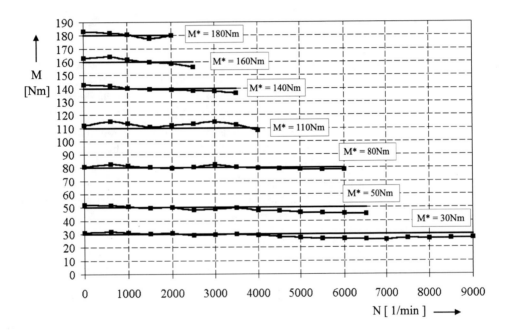

Abb. 8.29: *Soll- und Istwert des Drehmoments bei einem Reluktanzantrieb für Elektrofahrzeuge*

9 Lagerlose Permanentmagnetmotoren

Prof. Dr. W. Amrhein, Dr. S. Silber

ACCM/ Johannes Kepler Universität Linz

9.1 Einleitung

In industriellen Applikationen der Antriebstechnik mit besonders hohen Anforderungen an den Drehzahl- und Temperaturbereich, die Wartungsfreiheit oder die Lebensdauer stößt man bei Antrieben mit konventioneller Lagertechnik häufig an technische Grenzen. Dies gilt auch in besonderem Maße für Pumpen und Kompressoren mit hohen technischen Ansprüchen hinsichtlich der Dichtheit und des Verschleißes bei hohen Drehzahlen, hohen Temperaturen, hohen Drücken oder auch chemisch aggressiven Gasen und Flüssigkeiten. Die mechanischen Lager und Dichtungen der ansonsten verschleißfrei arbeitenden bürstenlosen Antriebe bestimmen daher nicht nur deren Wartungsintervalle und Lebensdauer, sondern beschränken unter Umständen auch ganz wesentlich deren Einsatzgebiete.

Magnetisch gelagerte Antriebssysteme können hier zu technisch als auch wirtschaftlich interessanten Lösungen führen. Typische Applikationen sind beispielsweise

- Hochgeschwindigkeitsfräs- und -schleifspindelantriebe mit sehr hohen Anforderungen an die mechanische Steifigkeit und Vibrationsfreiheit,

- Turbokompressoren oder Vakuumpumpen mit hohen Drehzahlen sowie großen Eingangs- und Ausgangsdruckdifferenzen,

- Zentrifugen mit der Möglichkeit einer automatisierten Wuchtung während des Betriebs durch ein Verschieben der Rotationsachse oder

- Pumpen für die chemische und medizinische Industrie zur Förderung von hochreinen oder hochaggressiven Flüssigkeiten in steriler absolut abriebfreier Umgebung.

Die magnetische Stabilisierung der verschiedenen Freiheitsgrade des magnetgelagerten Antriebsystems erfolgt im Allgemeinen durch aktiv geregelte Axial-

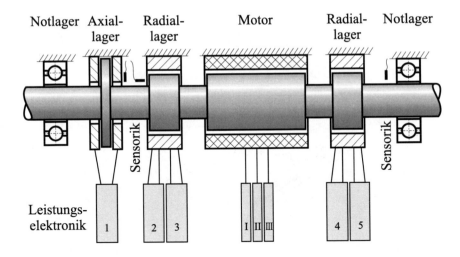

Abb. 9.1: *Magnetgelagertes Antriebssystem mit aktiver Stabilisierung in fünf Freiheitsgraden (Axiallager: ein Freiheitsgrad, Radiallager: je zwei Freiheitsgrade)*

und Radiallager. Abbildung 9.1 zeigt hierzu ein Beispiel. Neben dem Antriebsmotor kommen zwei Radiallager, ein Axiallager, die zugehörigen Stromrichtereinheiten sowie bei größeren Antrieben zusätzlich zwei Auffanglager in konventioneller Technik zum Einsatz.

Der mechanische und elektronische Aufwand für ein Antriebssystem mit aktiver Stabilisierung in fünf Freiheitsgraden kann, wie Abb. 9.1 zeigt, sehr groß sein. Infolge der hohen Komplexität und den damit verbundenen Kosten beschränkt sich der Einsatzbereich solcher Systeme daher meist auf wenige Sonderapplikationen.

Eine deutliche Reduktion der gesamten Antriebskosten kann durch den Einsatz von passiven Permanentmagnetlagern erzielt werden. Diese sind im Falle von Radiallagerausführungen mit stator- und rotorseitigen Permanentmagnetringen bestückt, die bei Auslenkung des Rotors aus der Mittellage aufgrund der gleichgerichteten Luftspaltfelder eine zum Lagerzentrum gerichtete Rückstellkraft erzeugen.

Eine andere Möglichkeit, die Kosten für das magnetgelagerte Antriebssystem zu senken, besteht in der Reduktion der Anzahl benötigter Systemkomponenten. Dies kann mit einer Integration der Magnetlagerwicklungen in den Stator der Antriebsmaschine erreicht werden (Abb. 9.2).

Unter Ausnutzung der magnetischen Zugkräfte zwischen Stator und Rotor ist es sogar möglich, mit einer einzigen Antriebseinheit, d.h. ohne zusätzliche Radial- und Axiallager, auszukommen. Solche Ausführungen werden ausführlicher in Kap. 9.3 und 9.5 vorgestellt.

Die beschriebene Kombination von Motor und Magnetlager wird üblicherweise als „lagerloser Motor" oder im Englischen mit „Bearingless Motor" bezeichnet. Der Begriff „lagerlos" weist also auf das Fehlen von mechanischen Gleit- oder

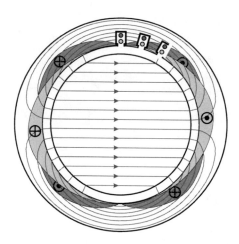

Abb. 9.2: *Lagerloser Motor mit integrierter Drehmoment- und Tragkraftwicklung (dargestellt sind die sinusförmigen Durchflutungen der beiden Wicklungssysteme mit unterschiedlicher Polpaarzahl sowie das Erregerfeld des Rotors)*

Kugellagerungen hin, schließt jedoch eine magnetische Lagerung über Luftspaltfelder nicht aus.

Mit der Integration der Lagerwicklungen in die Antriebsmaschine wird das Funktionsprinzip des konventionellen elektromagnetischen Radiallagers verlassen. Während im Radiallager im stationären Zustand die auf den zylinderförmigen ferromagnetischen Rotor wirkenden Zugkräfte durch magnetische Gleichfelder gebildet werden, sind in lagerlosen Motoren aufgrund gepolter Rotoren Drehstromwicklungen zur Krafterzeugung erforderlich. Im Gegensatz zum Radiallager ist die Kraftbildung in den lagerlosen Motoren daher rotorwinkelabhängig. Damit werden für die Regelung der Rotorposition auch höhere Anforderungen an die Rechenleistung der digitalen Motorsteuerung gestellt. Dieser elektronische Mehraufwand fällt jedoch aufgrund der vergleichsweise niedrigen Kosten für hochintegrierte Rechnerbausteine gegenüber den Einsparungen in der Mechanik meist nicht allzusehr ins Gewicht.

Die Magnetlagertechnik ist bereits seit mehreren Jahrzehnten Gegenstand wissenschaftlicher Untersuchungen. Eine industrielle Bedeutung hat die magnetische Lagerung von Rotoren jedoch erst mit der Verfügbarkeit kostengünstiger und leistungsfähiger digitaler Signal- und Leistungselektronikbauelemente erlangt. Unterstützt wurden diese Entwicklungen auch durch große Fortschritte auf dem Gebiet der Regelungstechnik und der hardwareseitigen Möglichkeit der Implementierung komplexer Steuer- und Regelalgorithmen auf leistungsfähigen Signalprozessorplattformen.

Umfangreiche theoretische Untersuchungen zur Kombination von Drehmoment- und Tragkrafterzeugung in der Antriebsmaschine erfolgten erst viel später, obwohl das Entstehen von Radialkräften, verursacht durch parasitäre Oberwellenfelder in elektrischen Maschinen, seit langem bekannt und Gegenstand vieler Untersuchungen war. Bereits 1950 wies H. Sequenz in seinem Buch [105] darauf hin, dass durch die Überlagerung des Grundwellenfeldes mit einer der beiden benachbarten Harmonischen neben dem Drehmoment auch radiale Zugkräfte entstehen. Seit etwa Ende der 80er Jahre macht man sich die Möglichkeit zunutze, mit zwei im Stator überlagerten Durchflutungsverteilungen, die sich in der Polpaarzahl um eins unterscheiden, sowohl das Drehmoment als auch die radialen Tragkräfte in der Antriebsmaschine zu erzeugen.

Eine der ersten größeren wissenschaftlichen Arbeiten auf diesem Gebiet wurde 1990 von J. Bichsel an der ETH Zürich abgeschlossen [635]. In eine permanentmagneterregte Synchronmaschine wurden zusätzlich zu den Motorwicklungen Tragwicklungen integriert, welche von einem dreiphasigen Stromrichter gespeist werden. Diese Arbeit enthält auch erste Berechnungsgrundlagen sowie Hinweise zum Entwurf der Motor- und Lagerregelungen. Das Prinzip des lagerlosen Motors wurde drei Jahre später, ebenfalls an der ETH Zürich, von R. Schöb auf die Asynchronmaschine übertragen und wesentlich verfeinert [646]. Mit Hilfe der Raumzeigertheorie konnte bei einer sinusförmigen Flussdichteverteilung im Luftspalt eine Entkopplung der Tragkräfte und des Drehmomentes erreicht werden.

Von J. Schulze wurde ein Modell der Querkraft-Asynchronmaschine entwickelt, das das elektrodynamische Verhalten und die Querkraftwirkung der Maschine quantitativ beschreibt [649]. J. Zhang [653] hat diese Untersuchungen aus Sicht der Leistungselektronik erweitert und durch sorgfältige Messungen der elektromechanischen Zusammenhänge experimentell abgesichert. Hierbei wurden auch die exzentrische Lage des Rotors sowie Sättigungseinflüsse im Eisenkreis berücksichtigt.

Zusammen mit der Arbeit von U. Bikle-Kirchhofer, der sich mit der Auslegung von lagerlosen Induktionsmaschinen befasste [637], steht ein fundiertes theoretisches Wissen zur Modellbildung und Dimensionierung von lagerlosen Asynchronmaschinen zur Verfügung. Eine bedeutende Entwicklung auf dem Gebiet von permanentmagneterregten lagerlosen Motoren wurde von N. Barletta geleistet [634]. Durch ein großes Durchmesser/Längenverhältnis des Rotors konnte neben der Drehmoment- und Tragkrafterzeugung auch eine passive Stabilisierung von drei Freiheitsgraden erreicht werden. Basierend auf diesem Prinzip wurde eine lagerlose Pumpe bis zur Serienreife entwickelt (vgl. Abb. 9.19, Kap. 9.5). In einem weiteren Projekt, durchgeführt von T. Gempp, konnten die Gleitlager in einer Spaltrohrpumpe durch die Kombination von einem lagerlosen Motor mit einem Radial- und einem Axiallager ersetzt werden [640].

Weiterführende Arbeiten dieser Forschungsgruppe befassen sich auch mit den technischen Problemstellungen zu verschiedenen Applikationen der lagerlosen Scheibenläufermotoren. Hierzu gehören zum Beispiel Untersuchungen zu lagerlosen Zentrifugalpumpen [654, 655, 656, 657], Mixern [658, 659] oder Motoren mit großem Durchmesser, beispielsweise für chemische Prozesskammern [660, 661, 662].

Etwa parallel zu den ersten Arbeiten auf dem Forschungsgebiet der lagerlosen Motoren an der ETH Zürich wurden unabhängig hiervon von japanischen Forschungsgruppen ebenfalls Arbeiten auf diesem Gebiet begonnen. In einer frühen Arbeit wurde ein lagerloser Reluktanzmotor von A. Chiba, K. Chida und T. Fukao entwickelt [638]. Diesem Forschungsprojekt folgten eine Reihe weiterer Untersuchungen von unterschiedlichen Arten lagerloser Motoren. Neben dem lagerlosen Reluktanzmotor wurden eine Vielzahl von Untersuchungen an lagerlosen Asynchronmotoren [639, 663, 664, 665, 666], lagerlosen geschalteten Reluktanzmotoren [667, 668, 669], sowie an lagerlosen Motoren mit permanentmagnetischer Erregung [643, 644, 645, 670, 671, 672] durchgeführt. Eine Besonderheit der letztgenannten Motorgruppe stellen die Consequent-Pole Motoren dar [673, 674, 675, 676], die über einen Rotor verfügen, der abwechselnd ferromagnetische und permanentmagnetische Pole trägt. Diese spezielle Bauweise trägt dazu bei, die Erzeugung und Steuerung von Tragkräften in der Maschine zu vereinfachen.

Seit 1996 werden auch an der Johannes Kepler Universität Linz intensive Forschungsarbeiten zu den lagerlosen Motoren durchgeführt. Unter Leitung von W. Amrhein entstanden Arbeiten, die sich insbesondere mit der Problematik der Kostenreduktion von lagerlosen Motoren auseinandersetzte. In diesem Zusammenhang wurden von S. Silber theoretische Grundlagen für den Entwurf von lagerlosen Permanentmagnetmotoren mit sehr starkem Anteil von Harmonischen im Luftspaltfeld und in der Durchflutungsverteilung erarbeitet [651]. Die Untersuchungen schließen sowohl die Modellbildung der allgemeinen permanentmagneterregten Maschine wie auch die Optimierung der elektrischen Ansteuerung und den Reglerentwurf mit ein. 1998 wurde erstmals ein in fünf Freiheitsgraden stabilisierter lagerloser Motor mit nur vier Zahnspulen in Innen- und Außenläuferbauweise vorgestellt [630, 650].

In einem weiteren Schritt ist es gelungen, den wissenschaftlichen und experimentellen Nachweis zu führen, dass zur Aufrechterhaltung eines Notbetriebes, wie dies beispielsweise beim Ausfall einer Leistungsendstufe erforderlich sein kann, bereits drei der vier Spulen ausreichend sind [652]. Ein Jahr später wurden von K. Nenninger die für lagerlose Wechselfeldmotoren mit konzentrierten Wicklungen wichtigen Problemstellungen hinsichtlich eines sicheren Anlaufes und kleinen Drehmomentschwankungen gelöst.

Weitere Arbeiten dieser Forschungsgruppe sind unter anderem in [631, 632, 633, 684, 685, 686, 687] dokumentiert. Besonders erwähnenswert sind in diesem Zusammenhang Neuerungen, wie der lagerlose Segmentmotor [677, 678, 679, 680], der lagerlose Flux-Switching Motor [688] oder der lagerlose Hochgeschwindigkeitsmotor mit Luftspaltwicklung [681, 682, 683].

9.2   Kraft- und Drehmomentberechnung

Dieses Kapitel ist der Kraft-und Drehmomententwicklung in lagerlosen Motoren
gewidmet. Es beschreibt die physikalischen Zusammenhänge in der Maschine
in einer allgemeinen Form und geht dabei über eine reine Grundwellenbetrach-
tung hinaus. Über eine Fourier-Reihenentwicklung der Feldgrößen wird deutlich,
wie die einzelnen Harmonischen bei entsprechender Bestromung der Stränge zur
Drehmoment- bzw. zur Tragkraftentwicklung beitragen können. Ebenso wird
aufgezeigt, wie die Polpaarzahlen der Teilwicklungen aufeinander abgestimmt
werden müssen, um eine Entkopplung zwischen den beiden Motorfunktionen zu
erreichen.

9.2.1   Magnetische Koenergie

Aus der Energiebilanz eines verlustlosen elektromechanischen Wandlers kann mit
Hilfe der magnetischen Energie auf die wirkenden Kräfte und Drehmomente geschlossen werden. Für den allgemeinen, nichtlinearen Fall ist es allerdings günstiger, anstelle der magnetischen Energie W_{mag} eine neue Rechengröße, die magnetische Koenergie W_{mag}^*, wie in Abb. 9.3 dargestellt, mit der Beziehung

$$W_{mag}^* = \boldsymbol{I}^T \boldsymbol{\Psi} - W_{mag} \tag{9.1}$$

einzuführen, wobei $\boldsymbol{I}$ die Strangströme und $\boldsymbol{\Psi}$ den verketteten Fluss bezeichnen.
Für die Kräfte kann damit der einfache Zusammenhang

$$\boldsymbol{F} = \frac{\partial W_{mag}^*(\boldsymbol{I}, \boldsymbol{x}, \boldsymbol{\beta})}{\partial \boldsymbol{x}} \tag{9.2}$$

gefunden werden. Analog erhält man für die Drehmomente die Beziehung

$$\boldsymbol{M} = \frac{\partial W_{mag}^*(\boldsymbol{I}, \boldsymbol{x}, \boldsymbol{\beta})}{\partial \boldsymbol{\beta}} \tag{9.3}$$

mit

$$\boldsymbol{I} = \begin{bmatrix} I_1 & I_2 & \dots & I_n \end{bmatrix}^T \tag{9.4}$$

$$\boldsymbol{x} = \begin{bmatrix} x_1 & x_2 & \dots & x_m \end{bmatrix}^T \tag{9.5}$$

$$\boldsymbol{\beta} = \begin{bmatrix} \beta_1 & \beta_2 & \dots & \beta_\mu \end{bmatrix}^T \tag{9.6}$$

Dabei muss die magnetische Koenergie als Funktion der Ströme $\boldsymbol{I}$, der freien
Verschiebungen $\boldsymbol{x}$ und der freien Drehwinkel $\boldsymbol{\beta}$ vorliegen. Gerade diese Bedingung führt zu einer vergleichsweise aufwendigen Ermittlung der magnetischen
Koenergie, so dass dieses Verfahren zur Bestimmung der Kräfte und Momente
auf den Rotor der lagerlosen Maschine hier nicht angewandt wird.

9.2.2   Maxwellscher Spannungstensor

Im Folgenden wird eine Analyse und Berechnung der Lagerkräfte und Drehmomente auf Basis des Maxwellschen Spannungstensors durchgeführt. Die Kenntnis der magnetischen Feldstärke an der Oberfläche eines Körpers zusammen mit der Permeabilitätsverteilung genügt, um die mechanische Spannung

$$\sigma = \boldsymbol{T}_M \, \boldsymbol{e}_n \tag{9.7}$$

auf ein Flächenelement angeben zu können. Dabei ist

$$\boldsymbol{T}_M = \begin{bmatrix} \mu H_x^2 - \dfrac{1}{2}\mu H^2 & \mu H_x H_y & \mu H_x H_z \\[2mm] \mu H_y H_x & \mu H_y^2 - \dfrac{1}{2}\mu H^2 & \mu H_y H_z \\[2mm] \mu H_z H_x & \mu H_z H_y & \mu H_z^2 - \dfrac{1}{2}\mu H^2 \end{bmatrix} \tag{9.8}$$

der Maxwellsche Spannungstensor, dargestellt in einem allgemeinen Koordinatensystem, und $\boldsymbol{e}_n$ der Flächennormalvektor. Die auf den Körper angreifende Kraft ist somit über das Hüllintegral

$$\boldsymbol{F} = \oint_A \boldsymbol{T}_M \, \boldsymbol{e}_n \, dA \tag{9.9}$$

bestimmt. Dabei ist es gleichgültig, durch welchen inneren Mechanismus die Kraftwirkung entsteht. Somit können mit diesem Formalismus sowohl Grenzflächenkräfte, als auch innere Kräfte in ferromagnetischen Materialien aufgrund der Ortsabhängigkeit der Permeabilität berechnet werden. Für das Anwendungsgebiet der elektrischen Maschinen ist die Auswertung der Grenzflächenkräfte auf den Rotor von vorrangiger Bedeutung. Für rotierende elektrische Maschinen bietet sich also an, eine kreiszylinderförmige Integrationsfläche um die Grenzfläche zwischen Statorblechpaket und Luft in den Luftspalt zu legen.

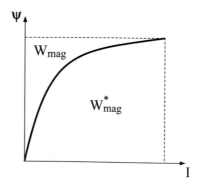

Abb. 9.3: *Zusammenhang zwischen der magnetischen Energie W_{mag} und der magnetischen Koenergie W_{mag}^**

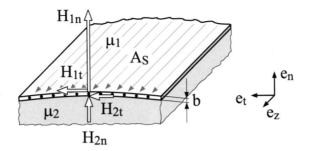

Abb. 9.4: *Grenzfläche mit Strombelag A_S*

Zur Vereinfachung können die zur Erzeugung der Kräfte und Momente erforderlichen Wicklungssysteme durch einen äquivalenten, infinitesimal dünnen Flächenstrom (Ankerstrombelag) an der Oberfläche des Stators ersetzt werden.

Weiterhin wird die Stirnstreuung vernachlässigt und der gesamte Stirnraum als feldfrei betrachtet. Für die Herleitung der Drehmoment- und Kraftbeziehung wird vorerst angenommen, dass sich der Rotor in axialer Mittelstellung befindet, so dass die axiale Komponente der Kraft verschwindet. Wird die axiale Komponente der magnetischen Feldstärke mit Null angenommen, vereinfacht sich die Kraftberechnung zu einem zweidimensionalen Problem. Als weitere Vereinfachung wird das in der Folge hergeleitete Verfahren auf eisenbehaftete elektrische Maschinen eingeschränkt, wobei angenommen wird, dass die Permeabilität des Eisens sehr viel größer als jene von Luft ist.

Mit den so festgelegten Vereinfachungen ergibt sich in der in Abb. 9.4 dargestellten Grenzfläche im Medium 1 folgende mechanische Spannung:

$$\sigma_1 = \mu_1 \begin{bmatrix} \frac{1}{2}\left(H_{1n}^2 - H_{1t}^2\right) \\ H_{1n}H_{1t} \\ 0 \end{bmatrix} \tag{9.10}$$

Im Medium 2 kann die mechanische Spannung mit

$$\sigma_2 = \mu_2 \begin{bmatrix} \frac{1}{2}\left(H_{2n}^2 - H_{2t}^2\right) \\ H_{2n}H_{2t} \\ 0 \end{bmatrix} \tag{9.11}$$

angegeben werden.
Unter Zuhilfenahme der Beziehung

$$\operatorname{div} \boldsymbol{B} = 0 \tag{9.12}$$

kann für den Übergang der Normalkomponenten der magnetischen Feldgrößen an der Grenzfläche gezeigt werden:

$$B_{1n} = B_{2n} \tag{9.13}$$

$$\mu_1 H_{1n} = \mu_2 H_{2n} \tag{9.14}$$

Weiterhin folgt aus

$$\operatorname{rot} \boldsymbol{H} = \boldsymbol{J} \tag{9.15}$$

und dem Übergang zu einer flächenhaften Stromdichte (Ankerstrombelag $\boldsymbol{A}_S$)

$$\lim_{b \to 0} b \boldsymbol{J} = \boldsymbol{A}_S \tag{9.16}$$

(Index S: Stator, Index R: Rotor)

an der Oberfläche der kreiszylinderförmigen Grenzfläche die Beziehung für die Tangentialkomponente der magnetischen Feldstärke, wenn der Ankerstrombelag in jedem Punkt der Grenzfläche in Richtung $\boldsymbol{e}_z$ zeigt:

$$H_{1t} = H_{2t} + A_S \tag{9.17}$$

$$\boldsymbol{A}_S = \begin{bmatrix} 0 \\ 0 \\ A_S \end{bmatrix} \tag{9.18}$$

Damit ergibt sich die resultierende Grenzflächenspannung als Differenz der beiden Grenzflächenspannungen nach Gl. (9.10) und (9.11) zu:

$$\sigma_{12} = \begin{bmatrix} \frac{1}{2}(\mu_2 - \mu_1)\left(\frac{\mu_1}{\mu_2}H_{1n}^2 + H_{1t}^2\right) - \mu_2 A_S H_{1t} + \frac{1}{2}\mu_2 A_S^2 \\ \mu_1 H_{1n} A_S \\ 0 \end{bmatrix} \tag{9.19}$$

Die magnetische Permeabilität in Luft wird nun gleich der magnetischen Permeabilität des Vakuums μ_0 gesetzt. Weiterhin ergibt sich unter der oben getroffenen Voraussetzung, dass die magnetische Permeabilität von Luft (Medium 1) sehr viel kleiner als jene von Eisen (Medium 2) ist, die Beziehung:

$$H_{2n} \gg H_{2t} \tag{9.20}$$

mit

$$\mu_1 \ll \mu_2 \tag{9.21}$$

Damit gelangt man schließlich zur vereinfachten Darstellung der mechanischen Grenzflächenspannung:

$$\sigma_{12} = \begin{bmatrix} \dfrac{B_{1n}^2}{2\mu_0} \\ B_{1n} A_S \\ 0 \end{bmatrix} \tag{9.22}$$

Die Spannungskomponente $B_{1n}^2/(2\mu_0)$ steht definitionsgemäß normal zum Flächenelement. Die zu dieser Komponente korrespondierende Kraft wird als MAXWELLKRAFT F_M bezeichnet.

Die Komponente $B_{1n}A_S$ steht tangential auf dem Flächenelement. Die dieser Spannungskomponente zugeordnete Kraft wird als LORENTZKRAFT F_L bezeichnet.

9.2.2.1 Fourier-Reihendarstellung der Feldgrößen

In rotierenden elektrischen Maschinen haben die magnetischen Feldgrößen stets periodischen Charakter. Im einfachsten Fall ist die Periodenlänge gleich einem vollen Umlauf von 2π. Somit gilt für die Normalkomponente der magnetischen Flussdichte und des Ankerstrombelags der Zusammenhang

$$B_{1n}(\alpha + 2\pi) \; = \; B_{1n}(\alpha) \tag{9.23}$$

$$A_S(\alpha + 2\pi) \; = \; A_S(\alpha) \tag{9.24}$$

Diese meist nicht sinusförmigen Größen können mit Hilfe von Fourier-Reihen der allgemeinen Form

$$f(\alpha) \; = \; \sum_{\mu=-\infty}^{\infty} a_\mu \, e^{j\mu\alpha} \tag{9.25}$$

$$a_\mu \; \in \; \boldsymbol{C} \tag{9.26}$$

dargestellt werden. Aus Gl. (9.25) wird ersichtlich, dass zur Charakterisierung der periodischen Funktion $f(\alpha)$ ausschließlich die sogenannten Fourier-Koeffizienten a_μ von Interesse sind:

$$a_\mu \; = \; \frac{1}{2\pi} \int_{-\pi}^{\pi} f(\alpha) \, e^{-j\mu\alpha} \, d\alpha \tag{9.27}$$

Zur Vereinfachung der Schreibweise können die Fourier-Koeffizienten formal zu einem infiniten Spaltenvektor der Gestalt

$$\boldsymbol{a} \; = \; \begin{bmatrix} \cdots & a_{-2} & a_{-1} & a_0 & a_1 & a_2 & \cdots \end{bmatrix}^T \tag{9.28}$$

zusammengefasst werden, wodurch die Funktion $f(\alpha)$ nun folgende vereinfachte Schreibweise annimmt:

$$f(\alpha) \; = \; \boldsymbol{\Omega}^T \boldsymbol{a} \tag{9.29}$$

mit

$$\boldsymbol{\Omega} \; = \; \begin{bmatrix} \cdots & e^{-2j\alpha} & e^{-j\alpha} & 1 & e^{j\alpha} & e^{2j\alpha} & \cdots \end{bmatrix}^T \tag{9.30}$$

Der Ankerstrombelag ergibt sich als Rechengröße einerseits aus einer Geometriefunktion, welche die Verteilung der Leiter in den Nuten und die Anzahl der Windungen berücksichtigt, andererseits durch den Statorstrom selbst. Damit dem

Aufbau der elektrischen Maschine Rechnung getragen wird, soll bei der mathematischen Formulierung des Ankerstrombelags bereits berücksichtigt werden, dass eine Statorwicklung aus einer beliebigen Anzahl von Strängen aufgebaut sein kann. Diese m Motorstränge ergeben sich wiederum durch elektrische Verschaltung von n Teilwicklungen. Damit erhält man für den von der k-ten Teilwicklung hervorgerufenen Strombelag den Zusammenhang

$$A_{Sk}(\alpha) = \gamma_k(\alpha) I_{Sk} \tag{9.31}$$

Dabei ist $\gamma_k(\alpha)$ die räumliche Verteilungsfunktion und I_{Sk} der Strom durch die Teilwicklung k. Die Ströme durch die Teilwicklungen ergeben sich unter Einbeziehung der Verschaltungsmatrix $\boldsymbol{V}$, die sich in einfacher Weise aus der elektrischen Verschaltung der Teilwicklungen ergibt, zu

$$\boldsymbol{I}_S = \boldsymbol{V} \boldsymbol{I}_1 \tag{9.32}$$

aus den Statorstrangströmen $\boldsymbol{I}_1$. Wird wiederum vorausgesetzt, dass der Ankerstrombelag einzig aus einer Komponente in axialer Richtung, also in Richtung $\boldsymbol{e}_z$ besteht, ist ein einfacher Übergang zu einer skalaren Schreibweise möglich, und der Ankerstrombelag genügt der skalaren Beziehung:

$$A_S(\alpha) = \boldsymbol{\gamma}(\alpha) \boldsymbol{V} \boldsymbol{I}_1 \tag{9.33}$$

mit

$$\boldsymbol{I}_1 = \begin{bmatrix} I_{11} & I_{12} & \cdots & I_{1m} \end{bmatrix}^T \tag{9.34}$$

$$\boldsymbol{\gamma}(\alpha) = \begin{bmatrix} \gamma_1(\alpha) & \gamma_2(\alpha) & \cdots & \gamma_n(\alpha) \end{bmatrix} \tag{9.35}$$

Die periodische Verteilungsfunktion $\boldsymbol{\gamma}(\alpha)$ lässt sich somit analog zu Gl. (9.29) durch eine komplexe Fourier-Reihe der Form

$$\gamma_k(\alpha) = \boldsymbol{\Omega}^T \boldsymbol{c}_k \tag{9.36}$$

darstellen, wobei $\boldsymbol{c}_k$ der infinite Spaltenvektor der Verteilungsfunktion der k-ten Teilwicklung ist.

Für den Ankerstrombelag erhält man schließlich die Beziehung

$$A_S(\alpha) = \boldsymbol{\Omega}^T \boldsymbol{c} \boldsymbol{V} \boldsymbol{I}_1 \tag{9.37}$$

mit der Matrix der komplexen Fourier-Koeffizienten

$$\boldsymbol{c} = \begin{bmatrix} \vdots & \vdots & & \vdots \\ c_{1,-2} & c_{2,-2} & \cdots & c_{n,-2} \\ c_{1,-1} & c_{2,-1} & \cdots & c_{n,-1} \\ c_{1,0} & c_{2,0} & \cdots & c_{n,0} \\ c_{1,1} & c_{2,1} & \cdots & c_{n,1} \\ c_{1,2} & c_{2,2} & \cdots & c_{n,2} \\ \vdots & \vdots & & \vdots \end{bmatrix} \tag{9.38}$$

Durch analoge Überlegungen kann die Normalkomponente der Flussdichte im Luftspalt ebenfalls als Fourier-Reihe der Form

$$B_{1n}(\alpha) \;=\; \boldsymbol{\Omega}^T \boldsymbol{b} \tag{9.39}$$

vereinfacht dargestellt werden, wobei $\boldsymbol{b}$ wiederum der infinite Spaltenvektor, bestehend aus den komplexen Fourier-Koeffizienten der Normalkomponente der Flussdichte im Luftspalt ist.

9.2.2.2 Drehmomentberechnung

Die in Gl. (9.22) angegebene Grenzflächenspannung nimmt durch Anwenden der Fourier-Reihendarstellung des Ankerstrombelags nach Gl. (9.37) und der Flussdichte im Luftspalt nach Gl. (9.39) die Form

$$\sigma_{12}(\alpha) \;=\; \begin{bmatrix} \dfrac{1}{2\,\mu_0}\,\boldsymbol{\Omega}^T \boldsymbol{b}\,\boldsymbol{\Omega}^T \boldsymbol{b} \\[2mm] \boldsymbol{\Omega}^T \boldsymbol{c}\,\boldsymbol{V} \boldsymbol{I}_1\,\boldsymbol{\Omega}^T \boldsymbol{b} \\[2mm] 0 \end{bmatrix} \tag{9.40}$$

an. Da sowohl die Normalkomponente der Flussdichte im Luftspalt als auch der Ankerstrombelag skalare Größen sind, kann mit den Bedingungen

$$B_{1n} \;=\; B_{1n}^T \tag{9.41}$$

und

$$A_S \;=\; A_S^T \tag{9.42}$$

für die Grenzflächenspannung eine alternative Schreibweise

$$\sigma_{12}(\alpha) \;=\; \begin{bmatrix} \dfrac{1}{2\mu_0}\,\boldsymbol{b}^T \boldsymbol{\Omega}\,\boldsymbol{\Omega}^T \boldsymbol{b} \\[2mm] \boldsymbol{I}_1^T \boldsymbol{V}^T \boldsymbol{c}^T \boldsymbol{\Omega}\,\boldsymbol{\Omega}^T \boldsymbol{b} \\[2mm] 0 \end{bmatrix} \tag{9.43}$$

gefunden werden.

Durch das kreiszylinderförmige Koordinatensystem und die Annahme, dass die Rotorstirnseiten feldfrei sind, kann das auf den Stator der elektrischen Maschine wirkende Drehmoment aus der Tangentialkomponente der Grenzflächenspannung direkt an der Statoroberfläche mit

$$M_S \;=\; l\,r^2 \int\limits_{-\pi}^{\pi} \boldsymbol{I}_1^T\,\boldsymbol{V}^T \boldsymbol{c}^T\,\boldsymbol{\Omega}\,\boldsymbol{\Omega}^T \boldsymbol{b}\,d\alpha \tag{9.44}$$

angegeben werden, wobei l die axiale Länge und r den Radius des Stators bezeichnen. Da in Gl. (9.44) nur der Ausdruck

$$\boldsymbol{\Omega\,\Omega}^T = \begin{bmatrix} & \ddots & & \ddots & & \ddots & \\ & e^{-2j\alpha} & e^{-j\alpha} & 1 & \ddots & \\ \ddots & e^{-j\alpha} & 1 & e^{j\alpha} & \ddots & \\ \ddots & 1 & e^{j\alpha} & e^{2j\alpha} & & \\ \ddots & & \ddots & & \ddots & \end{bmatrix} \tag{9.45}$$

eine von der Integrationsvariable abhängige Größe ist, kann folglich für das Integral eine geschlossene Lösung der Form

$$M_S = l\,r^2\,\boldsymbol{I}_1^T\boldsymbol{V}^T\boldsymbol{c}^T\boldsymbol{m}\,\boldsymbol{b} \tag{9.46}$$

mit

$$\boldsymbol{m} = 2\pi \begin{bmatrix} & \ddots & & \ddots & & \ddots & \\ & 0 & 0 & 1 & \ddots & \\ \ddots & 0 & 1 & 0 & \ddots & \\ \ddots & 1 & 0 & 0 & & \\ \ddots & & \ddots & & \ddots & \end{bmatrix} \tag{9.47}$$

gefunden werden. Das auf den Rotor der elektrischen Maschine wirkende Moment hat folglich ein negatives Vorzeichen und ist mit

$$M_R = -\,l\,r^2\,\boldsymbol{I}_1^T\boldsymbol{V}^T\boldsymbol{c}^T\boldsymbol{m}\,\boldsymbol{b} \tag{9.48}$$

bestimmt.

9.2.2.3 Kraftberechnung

Zur Berechnung der auf den Stator der elektrischen Maschine wirkenden magnetischen Kräfte ist es zweckmäßig, auf ein kartesisches Koordinatensystem überzugehen. Mit der Transformation

$$\sigma_{12}' = \begin{bmatrix} \cos\alpha & -\sin\alpha & 0 \\ \sin\alpha & \cos\alpha & 0 \\ 0 & 0 & 1 \end{bmatrix} \sigma_{12} \tag{9.49}$$

wird die Grenzflächenspannung vom zylinderförmigen Koordinatensystem in das kartesische Koordinatensystem übergeführt. Damit erhält man für die auf den Stator der Maschine wirkende Kraft $\boldsymbol{F}_S$ die Beziehung:

$$\boldsymbol{F}_S = \begin{bmatrix} F_x \\ F_y \\ F_z \end{bmatrix} = l\,r\int\limits_{-\pi}^{\pi} \begin{bmatrix} \dfrac{1}{2\mu_0}\boldsymbol{b}^T\boldsymbol{\Omega}\,\boldsymbol{\Omega}^T\boldsymbol{b}\cos\alpha - \boldsymbol{I}_1^T\boldsymbol{V}^T\boldsymbol{c}^T\boldsymbol{\Omega}\,\boldsymbol{\Omega}^T\boldsymbol{b}\sin\alpha \\ \dfrac{1}{2\mu_0}\boldsymbol{b}^T\boldsymbol{\Omega}\,\boldsymbol{\Omega}^T\boldsymbol{b}\sin\alpha + \boldsymbol{I}_1^T\boldsymbol{V}^T\boldsymbol{c}^T\boldsymbol{\Omega}\,\boldsymbol{\Omega}^T\boldsymbol{b}\cos\alpha \\ 0 \end{bmatrix} d\alpha \tag{9.50}$$

Werden die konstanten Terme aus dem Integral genommen, erhält man

$$F_S = l\,r \begin{bmatrix} \dfrac{1}{2\mu_0}b^T & -I_1^T V^T c^T \\[2ex] I_1^T V^T c^T & \dfrac{1}{2\mu_0}b^T \\[2ex] 0 & 0 \end{bmatrix} \int\limits_{-\pi}^{\pi} \begin{bmatrix} \Omega\,\Omega^T\cos\alpha \\[1ex] \Omega\,\Omega^T\sin\alpha \end{bmatrix} d\alpha\,b \qquad (9.51)$$

und die geschlossene Lösung kann mit

$$F_S = l\,r \begin{bmatrix} \dfrac{1}{2\mu_0}b^T & -I_1^T V^T c^T \\[2ex] I_1^T V^T c^T & \dfrac{1}{2\mu_0}b^T \\[2ex] 0 & 0 \end{bmatrix} \begin{bmatrix} f_1 \\[1ex] f_2 \end{bmatrix} b \qquad (9.52)$$

mit den konstanten Matrizen

$$f_1 = \pi \begin{bmatrix} & & \ddots & \ddots & \ddots & \ddots & \ddots \\ & 0 & 0 & 1 & 0 & 1 & \ddots \\ \ddots & 0 & 1 & 0 & 1 & 0 & \ddots \\ \ddots & 1 & 0 & 1 & 0 & 0 & \\ & \ddots & \ddots & \ddots & \ddots & \ddots & \end{bmatrix} \qquad (9.53)$$

$$f_2 = j\,\pi \begin{bmatrix} & & \ddots & \ddots & \ddots & \ddots & \ddots \\ & 0 & 0 & -1 & 0 & 1 & \ddots \\ \ddots & 0 & -1 & 0 & 1 & 0 & \ddots \\ \ddots & -1 & 0 & 1 & 0 & 0 & \\ & \ddots & \ddots & \ddots & \ddots & \ddots & \end{bmatrix} \qquad (9.54)$$

angegeben werden. Die auf den Rotor wirkende Kraft F_R hat dementsprechend ein negatives Vorzeichen, und man bekommt:

$$F_R = l\,r \begin{bmatrix} -\dfrac{1}{2\mu_0}b^T & I_1^T V^T c^T \\[2ex] -I_1^T V^T c^T & -\dfrac{1}{2\mu_0}b^T \\[2ex] 0 & 0 \end{bmatrix} \begin{bmatrix} f_1 \\[1ex] f_2 \end{bmatrix} b \qquad (9.55)$$

9.2.2.4 Interpretation der Ergebnisse

Die vorgestellte Drehmoment- und Kraftberechnung eignet sich besonders für die Analyse von elektrischen Maschinen mit nichtsinusförmiger Flussdichteverteilung im Luftspalt und nichtsinusförmiger Durchflutungsverteilung und verdeutlicht die Entstehung des Drehmomentes und der Tragkräfte bei lagerlosen Motoren. So kann der Struktur der Matrix $\boldsymbol{m}$ in Gl. (9.46) entnommen werden, dass ausschließlich Harmonische des Ankerstrombelages und der Flussdichte mit gleichen Ordnungszahlen einen Beitrag zum Moment leisten.

Zusätzlich erkennt man aus der Betrachtung der beiden infiniten Matrizen $\boldsymbol{f}_1$ und $\boldsymbol{f}_2$ in Gl. (9.52), dass nur diejenigen Harmonischen der Ankerstrombelagsverteilung der Flussdichte einen Beitrag zur Erzeugung einer Tragkraft leisten, deren Ordnungszahlen um eins verschieden sind. Damit eine unabhängige Vorgabe der Kräfte in x- und y-Richtung möglich ist, muss mit den Strangströmen auch die Phasenlage der Harmonischen beeinflusst werden können.

Soll also in einem lagerlosen Motor gleichzeitig ein Drehmoment und eine Tragkraft erzeugt werden, müssen Harmonische der Ankerstrombelagsverteilung und der Flussdichte mit gleichen Ordnungszahlen und mit um eins unterschiedlichen Ordnungszahlen gleichzeitig in der Maschine vorhanden sein.

Abbildung 9.5 verdeutlicht das Funktionsprinzip der Tragkraft- und Drehmomentbildung mit zwei unterschiedlichen Wicklungssystemen an einem nutenlosen Modell mit infinitesimal dünnem sinusförmigem Flächenstrom auf der zum Luftspalt zugewandten Statoroberfläche. Der Rotor ist zweipolig magnetisiert. Durch die Wechselwirkung zwischen dem zweipoligen Erregerfeld und der vierpoligen Statorwicklung werden Maxwell- und Lorentzkräfte erzeugt.

Abbildung 9.5.a zeigt die Entstehung der Maxwellkräfte infolge der Überlagerung des Erreger- und Ankerfeldes im Luftspalt. In der dargestellten Konstellation tritt auf der linken Seite des Luftspaltes eine Schwächung und auf der rechten Seite eine Stärkung des Magnetfeldes auf. Es resultiert daher ein radialer nach rechts gerichteter Tragkraftvektor. Die Kraftkomponenten der Luftspaltober- und -unterseite kompensieren sich gegenseitig.

In Abb. 9.5.b ist der Einfluss der Lorentzkräfte, d.h. der Kräfte auf die im Magnetfeld befindlichen Leiter des Stators dargestellt. Der resultierende Kraftvektor im Rotor ist in diesem Beispiel ebenfalls nach rechts gerichtet.

Schließlich zeigt Abb. 9.5.c die Erzeugung des Drehmomentes durch die Wechselwirkung zwischen dem zweipoligen Erregerfeld und der ebenfalls zweipoligen Ankerwicklung. Die Maxwellkräfte sind in dieser Abbildung nicht eingezeichnet, da sie sich in ihrer Wirkung über die gesamte Luftspaltoberfläche kompensieren. Für die Drehmomentbildung des Motormodells sind also alleine die tangentialen Lorentzkräfte verantwortlich.

9.3 Ausführungsbeispiele zu lagerlosen Permanentmagnetmotoren

Lagerlose Permanentmagnetmotoren lassen sich ebenso wie gewöhnliche Motoren mit beliebigen Polpaarzahlen ausführen. Verfügt der Rotor über p Polpaare, so wird entsprechend den Ergebnissen aus dem vorangegangenen Kapitel eine

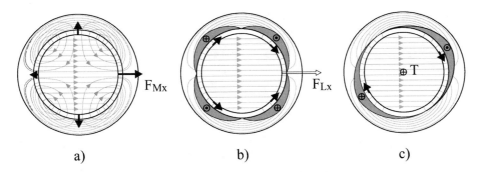

a)   b)   c)

Abb. 9.5: *Tragkraft- und Drehmomenterzeugung durch die Wechselwirkung zwischen einem zweipoligen Erregerfeld mit einer zwei- und einer vierpoligen Wicklung: a) Maxwellkräfte, b) Lorentzkräfte, c) Drehmoment (Tangentialkräfte)*

Drehmomentwicklung mit ebenfalls p Polpaaren sowie eine Tragkraftwicklung mit $p \pm 1$ Polpaaren benötigt.

Im idealen lagerlosen Motor treten im Erregerfeld und in der Durchflutungsverteilung der beiden Wicklungen keine Harmonischen auf. Es ergeben sich daher für das Betriebsverhalten und die elektrische Ansteuerung sehr günstige Verhältnisse, wenn die Harmonischen der Luftspaltfelder und Durchflutungen durch eine geeignete Ausführung der magnetischen Kreise sowie eine entsprechende Sehnung und Verteilung der Wicklungen unterdrückt werden. Abbildung 9.6 zeigt einen lagerlosen Drehfeldmotor, der den Anforderungen hinsichtlich der Wicklungsausführung Rechnung trägt. Der vierpolige Motor ist mit zwei getrennten Drehfeldwicklungen ausgestattet. Die äußere der beiden Wicklungen ist als dreisträngige Drehmomentwicklung ausgeführt. Sie ist vierpolig und besteht aus zwei verteilten Spulen pro Strang und Polteilung. Die innere Wicklung wird zur Erzeugung der radialen Tragkräfte genutzt. Sie ist ebenfalls als dreisträngige Drehfeldwicklung konzipiert, unterscheidet sich jedoch hinsichtlich der Polzahl und der Verteilung der Spulen. Die Tragkraftwicklung ist zweipolig und weist vier verteilte Spulen pro Strang und Polteilung auf. Insgesamt sind in dem dargestellten Motorbeispiel zwei verschiedene Spulensätze zu je zwölf Spulen eingesetzt.

Im idealen Fall, mit sinusförmigem Permanentmagnetfeld und sinusförmigen Durchflutungsverteilungen, ergibt sich bei Rotordrehung für konstante Strangströme in der Tragwicklung eine in Abb. 9.7 dargestellte kreisförmige Ortskurve des Tragkraftvektors. Bei einer stationären richtungsfesten radialen Belastung des Rotors, wie z.B. durch die Schwerkraft, ist daher die Durchflutung der Tragkraftwicklung abhängig von der Rotorstellung nachzuführen.

Für Applikationen, wie beispielsweise Pumpen, Gebläse oder Lüfter, die kein großes Anlaufmoment benötigen, kann es vorteilhaft sein, die Tragkraftwicklung in einen einsträngigen Wechselfeldmotor zu integrieren. Ein kostengünstiges Ausführungsbeispiel ist in Abb. 9.8.a angeführt. Der dargestellte lagerlose Motor verfügt nur noch über drei Stränge: Strang A und B (zweipolig) zur Erzeugung von Drehfeldern für die Tragkraftbildung und Strang M (vierpolig) als Wech-

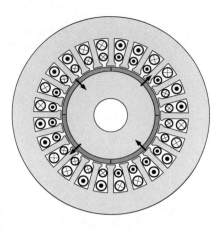

Abb. 9.6: *Lagerloser vierpoliger Permanentmagnetmotor mit verteilten Wicklungen: außen: dreisträngige vierpolige Drehmomentwicklung; innen: dreisträngige zweipolige Tragkraftwicklung (Pfeile geben die Magnetisierungsrichtung der Permanentmagnete an)*

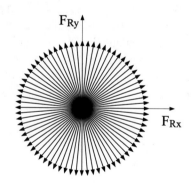

Abb. 9.7: *Kreisförmige Kraftortskurve bei Drehung des Rotors (0° ... 180°) unter konstanter sinusförmiger Durchflutung der Tragkraftwicklung*

selfeldwicklung für die Drehmomenterzeugung. Zur weiteren Vereinfachung des mechanischen Aufbaus sind die Wicklungen nicht, wie in der vorangegangenen Ausführung, in Nuten verteilt, sondern als konzentrierte Wicklungen mit ausgeprägten Polen realisiert. Der Einfluss der Harmonischen auf das Betriebsverhalten ist daher sehr groß und kann durch entsprechende Berechnungen nach Kap. 9.2 beim Entwurf der elektrischen Ansteuerung (Kap. 9.4) berücksichtigt werden. Insgesamt werden in dem Motor lediglich noch acht Spulen verwendet.

Eine noch weitergehende Vereinfachung des mechanischen Aufbaues zeigt Abb. 9.8.b. Hier sind für die Tragkraft- und Drehmomentbildung lediglich noch vier Einzelspulen vorgesehen. Die Ströme für die beiden Betriebsfunktionen sind in dieser Anordnung allerdings nicht mehr entkoppelt. Sie genügen der Gleichung

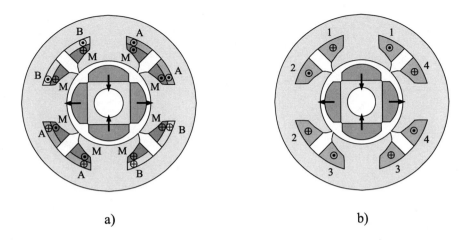

a)   b)

Abb. 9.8: *Lagerlose Motoren für Applikationen mit kleinem Anlaufmoment: a) Ausführung mit drei Strängen; b) Ausführung mit lediglich vier Einzelspulen*

$$\begin{bmatrix} I_{11} \\ I_{12} \\ I_{13} \\ I_{14} \end{bmatrix} = \begin{bmatrix} 1 & -1 & 1 \\ 1 & 1 & -1 \\ -1 & 1 & 1 \\ -1 & -1 & -1 \end{bmatrix} \begin{bmatrix} I_{1A} \\ I_{1B} \\ I_{1M} \end{bmatrix} \tag{9.56}$$

und entstehen durch eine Verknüpfung der Tragkraftkomponenten I_{1A} und I_{1B} und der Drehmomentkomponente I_{1M}. Damit wird die elektromagnetische Überlagerung der beiden Durchflutungen in den Nuten des Statorblechpaketes durch eine elektronische Überlagerung der Stromkomponenten im Stromregler ersetzt.

In Abb. 9.9.a und b sind für die Motorausführung aus Abb. 9.8.b unterschiedliche Ankerfeldverläufe dargestellt. Abhängig von der Speisung der Motorstränge mit den in der vorangegangenen Gleichung angeführten Strömen I_{11} bis I_{14} lassen sich ein zweipoliges Drehfeld für die Regelung der Tragkraft (Abb. 9.9.a) sowie ein vierpoliges Wechselfeld für Regelung des Drehmomentes (Abb. 9.9.b) erzeugen. Im Betrieb des Motors werden die einzelnen Stromkomponenten in der Ansteuerelektronik und damit auch die magnetischen Felder im Motor überlagert.

Infolge der konzentrierten Wicklungen entstehen in den Motorausführungen von Abb. 9.8 starke Oberwellenfelder im Luftspalt. Die Berechnung der Kraftortskurven ergeben für konstante Strangströme bei einer Drehung des Rotors Kurvenverläufe, die stark von der idealen Kreisform abweichen können. In Abb. 9.10 ist beispielhaft der Verlauf des Tragkraftvektors für die beiden Motorausführungen in Abb. 9.8 dargestellt. Die Form dieser Kurve wird durch die Rotor- und Statorgeometrie, die Magnetisierung der Permanentmagnete sowie durch die Ausführungsform des Motors (Innen- oder Außenläufer) beeinflusst [630, 631, 632, 633].

In den vorgestellten lagerlosen Motoren erfolgt die Drehmomenterzeugung nach den gleichen Prinzipien wie bei konventionellen elektronisch kommutier-

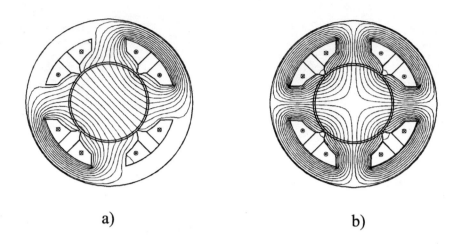

a)   b)

Abb. 9.9: *Ankerfeldverläufe für unterschiedliche Bestromung der Wicklungen: a) zweipoliges Drehfeld für die Erzeugung der Tragkraft; b) vierpoliges Wechselfeld für die Erzeugung des Drehmomentes*

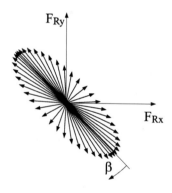

Abb. 9.10: *Kraftortskurve für die Motorausführung mit konzentrierten Wicklungen nach Abb. 9.8 bei Drehung des Rotors (0° ... 180°)*

ten Motoren. Die Kennlinien unterscheiden sich daher, sofern durch den Einfluss der Tragkraftwicklung keine Eisensättigung und keine störende Einkopplung von Harmonischen erfolgt, in ihrer Form grundsätzlich nicht von denen bürstenloser Permanentmagnetantriebe. Die Drehzahl-Drehmoment-Charakteristik zeigt daher ein Nebenschlussverhalten. Der Zusammenhang zwischen dem Motormoment M_R und dem Strom I_{1M} der Drehmomentwicklung ist ebenfalls linear. In Abb. 9.11 ist der typische Verlauf der Kennlinien dargestellt.

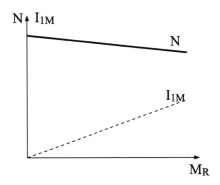

Abb. 9.11: *Drehmoment-Drehzahl-Kennlinie und Drehmoment-Strom-Charakteristik des lagerlosen Motors (bei konstanter Ständerspannung)*

9.4   Regelung und elektronische Ansteuerung

Abbildung 9.12 zeigt das prinzipielle Blockschaltbild der elektronischen Ansteuerung lagerloser Permanentmagnetmotoren. Die Steuer- und Regelfunktionen werden von einem Mikrocontroller oder einem digitalen Signalprozessor ausgeführt. Zu den Aufgaben der zentralen Steuereinheit zählen unter anderem die feldorientierte Regelung der Rotorpositionskoordinaten sowie der Winkelposition, der Drehzahl oder des Drehmomentes, die Regelung und Überwachung der Statorströme, die Positions-, Winkel- und Drehzahlauswertung, die Überwachung der Betriebszustände in Motor und Elektronik sowie gegebenenfalls auch die Überwachung und Kompensation der Rotorunwucht durch eine entsprechende Verlagerung der Rotationsachse. Die Bestimmung der Rotorpositionskoordinaten und des Drehwinkels wird im Allgemeinen mit magnetischen oder optischen Sensoren bzw. über die Auswertung der elektrischen Stranggrößen sensorlos vorgenommen.

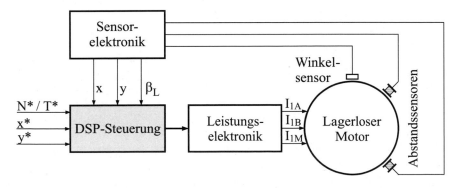

Abb. 9.12: *Blockschaltbild der Motorelektronik*

Die Regelung der Rotorpositionskoordinaten erfolgt gemäß der Darstellung in Abb. 9.12 in zwei orthogonalen Achsen x und y. Für die Modellierung und den Entwurf der Regelung ist der Zusammenhang zwischen den Tragkräften und den Strömen darzustellen. Hierbei ist zu beachten, dass die Tragkräfte des lagerlosen Motors im Allgemeinen durch nichtlineare Funktionen beschrieben werden und eine geschlossene Lösung für die zur Erzielung eines bestimmten Tragkraftvektors geforderten Ströme oft nicht in exakter Form angegeben werden kann.

Die radialen Tragkräfte hängen von mehreren Zustandsgrößen ab. Dies sind die Rotorauslenkung $\boldsymbol{x}$, die Strangströme $\boldsymbol{I}_1$ und der Rotorwinkel $\beta = \beta_L$, wobei es sich bei den ersten beiden Größen um vektorielle Größen handelt.

Beispielhaft für die Linearisierung und die Vereinfachung der Tragkraftfunktion zur näherungsweisen Bestimmung des Zusammenhangs $\boldsymbol{I}_1(\boldsymbol{F}_R, \boldsymbol{x}, \beta_L)$ sei hier die dreisträngige Motorausführung aus Abb. 9.8.a mit einer nichtlinearen Kraftortskurve (Abb. 9.10) angeführt. Die auf den Rotor wirkenden Tragkräfte in den beiden Achsen x und y können zunächst in allgemeiner Form durch folgende Funktion dargestellt werden

$$\begin{bmatrix} F_{Rx} \\ F_{Ry} \end{bmatrix} = \boldsymbol{F}_R(\boldsymbol{I}_1, \boldsymbol{x}, \beta_L) \tag{9.57}$$

mit der Rotorauslenkung

$$\boldsymbol{x} = \begin{bmatrix} x \\ y \end{bmatrix} \tag{9.58}$$

und den Strangströmen

$$\boldsymbol{I}_1 = \begin{bmatrix} I_{1A} \\ I_{1B} \\ I_{1M} \end{bmatrix} \tag{9.59}$$

Für die vorangegangene Gleichung kann aufgrund der hohen Nichtlinearität keine allgemeine geschlossene Lösung für die Beschreibung der Strangströme als Funktion der Tragkräfte, der Rotorauslenkung und des Rotorwinkels gefunden werden. Die Kraftgleichung wird daher im Folgenden linearisiert und vereinfacht.

Die Linearisierung der Tragkräfte um den Arbeitspunkt $\boldsymbol{I}_{10}$ und $\boldsymbol{x}_0$ führt zu folgender Beziehung:

$$\boldsymbol{F}_R(\boldsymbol{I}_1, \boldsymbol{x}, \beta_L) = \boldsymbol{F}_R\Big|_{\boldsymbol{I}_{10}, \boldsymbol{x}_0, \beta_L} + \frac{\partial \boldsymbol{F}_R}{\partial \boldsymbol{x}}\Big|_{\boldsymbol{I}_{10}, \boldsymbol{x}_0, \beta_L} \Delta \boldsymbol{x} + \frac{\partial \boldsymbol{F}_R}{\partial \boldsymbol{I}_1}\Big|_{\boldsymbol{I}_{10}, \boldsymbol{x}_0, \beta_L} \Delta \boldsymbol{I}_1 \quad (9.60)$$

Hierbei beschreibt der erste Term den statischen Kraftanteil und der zweite und dritte Term die Abhängigkeit der Tragkraft von der Rotorauslenkung und den Statorströmen. Der Betriebspunkt der Motorlagerung kann so gewählt werden, dass der statische Kraftanteil verschwindet.

Der zweite Kraftterm beschreibt das instabile Verhalten des Rotors bei einer radialen Auslenkung. Für einen symmetrischen Aufbau des Stators und des Rotors lässt sich dieser Term vereinfachen:

$$\frac{\partial \boldsymbol{F}_R}{\partial \boldsymbol{x}}\bigg|_{\boldsymbol{I}_{10},\boldsymbol{x}_0,\beta_L} \Delta \boldsymbol{x} = \begin{bmatrix} \dfrac{\partial F_{Rx}}{\partial x} & \underbrace{\dfrac{\partial F_{Rx}}{\partial y}}_{\approx 0} \\[3mm] \underbrace{\dfrac{\partial F_{Ry}}{\partial x}}_{\approx 0} & \dfrac{\partial F_{Ry}}{\partial y} \end{bmatrix}_{\boldsymbol{I}_{10},\boldsymbol{x}_0,\beta_L} \Delta \boldsymbol{x}$$

Wobei für den symmetrischen Fall

$$\frac{\partial F_{Rx}}{\partial x} = \frac{\partial F_{Ry}}{\partial y} = k_x$$

als konstant und winkelunabhängig gesetzt werden kann. Anstelle der Diagonalmatrix wird nun als weitere Vereinfachung die skalare Größe k_x verwendet. Somit ergibt sich für den positionsabhängigen Kraftterm:

$$\frac{\partial \boldsymbol{F}_R}{\partial \boldsymbol{x}}\bigg|_{\boldsymbol{I}_{10},\boldsymbol{x}_0,\beta_L} \Delta \boldsymbol{x} = k_x \, \Delta \boldsymbol{x}$$

wobei k_x das instabile Verhalten des Rotors bei radialer Auslenkung beschreibt. Die dritte Kraftkomponente in Gl. (10.60) beschreibt die Stromabhängigkeit der Tragkraft. Diese lässt sich in Komponentenschreibweise folgendermaßen darstellen:

$$\begin{bmatrix} F_{Rx} \\ F_{Ry} \end{bmatrix} = \begin{bmatrix} \dfrac{\partial F_{Rx}}{\partial I_{1A}} & \dfrac{\partial F_{Rx}}{\partial I_{1B}} \\[3mm] \dfrac{\partial F_{Ry}}{\partial I_{1A}} & \dfrac{\partial F_{Ry}}{\partial I_{1B}} \end{bmatrix}_{\boldsymbol{I}_{10},\boldsymbol{x}_0,\beta_L} \begin{bmatrix} \Delta I_{1A} \\ \Delta I_{1B} \end{bmatrix} + \underbrace{\begin{bmatrix} \dfrac{\partial F_{Rx}}{\partial I_{1M}} \\[3mm] \dfrac{\partial F_{Ry}}{\partial I_{1M}} \end{bmatrix}_{\boldsymbol{I}_{10},\boldsymbol{x}_0,\beta_L}}_{\approx\, 0} \Delta I_{1M}$$

$$(9.61)$$

Für viele Motorausführungen kann die Tragkraft- und die Drehmomentbildung als weitgehend *entkoppelt* betrachtet werden. Wird weiter angenommen, dass der Arbeitspunkt des Rotors mit dem geometrischen Mittelpunkt des Stators übereinstimmt und zudem die statische Tragkraft vernachlässigbar klein ist, gilt

$$\boldsymbol{I}_{10} = \boldsymbol{0}$$

$$\boldsymbol{x}_0 = \boldsymbol{0}$$

so dass sich die Kraftfunktion auf folgende relativ einfache Beziehung

$$\begin{bmatrix} F_{Rx} \\ F_{Ry} \end{bmatrix} = k_x \, \boldsymbol{x} + \boldsymbol{T}_m(\beta_L) \begin{bmatrix} I_{1A} \\ I_{1B} \end{bmatrix} \tag{9.62}$$

mit der Matrix

$$\boldsymbol{T}_m(\beta_L) = \begin{bmatrix} \dfrac{\partial F_{Rx}}{\partial I_{1A}} & \dfrac{\partial F_{Rx}}{\partial I_{1B}} \\[3mm] \dfrac{\partial F_{Ry}}{\partial I_{1A}} & \dfrac{\partial F_{Ry}}{\partial I_{1B}} \end{bmatrix}_{\boldsymbol{I}_{10},\boldsymbol{x}_0,\beta_L} \tag{9.63}$$

reduziert.

Mit den vorangegangenen Gleichungen kann nun ein dynamisches Modell für die radiale Position mit

$$m_r \ddot{\boldsymbol{x}} = k_x \, \boldsymbol{x} + \boldsymbol{T}_m \left(\beta_L \right) \begin{bmatrix} I_{1A} \\ I_{1B} \end{bmatrix}$$

angegeben werden, wobei mit m_r die Masse des Rotors beschrieben wird.

In Abb. 9.13 und 9.14 sind Beispiele für die überlagerten Regelkreise für Rotorpositionskoordinaten und Drehzahl dargestellt. Abbildung 9.13 zeigt die feldorientierte Regelung der Drehzahl mit unterlagertem Stromregelkreis für eine dreisträngige Motorwicklung. Die Regelkreisstruktur entspricht den Auslegungen konventioneller bürstenloser Permanentmagnetantriebe. Zur Steigerung der Drehzahl über die Nenndrehzahl hinaus kann, wie im Signalflussplan angedeutet, auch die Möglichkeit der Feldschwächung in Betracht gezogen werden. Damit lässt sich unter Voraussetzung einer entsprechenden Reduktion des Drehmomentes eine elektrische Überdimensionierung der Leistungselektronik vermeiden.

In Abb. 9.14 ist der Signalflussplan für die feldorientierte Regelung der Rotorpositionskoordinaten in zwei Freiheitsgraden zu sehen. Die Struktur des Regelkreises ist der der Drehzahlregelung sehr ähnlich. Auch hier ist der Positionskoordinatenregelung eine Stromregelung unterlagert. In der Transformationsfunktion $\boldsymbol{I} \left(\boldsymbol{F}_R, \beta_L \right)$ wird der winkelabhängige Zusammenhang zwischen Kraft- und Stromvektor beschrieben. Dieser Zusammenhang lässt sich aus dem stromabhängigen Term gemäß Gl. (10.64) durch Invertieren der Matrix $\boldsymbol{T}_m \left(\beta_L \right)$ mit

$$\begin{bmatrix} I_{1A}^* \\ I_{1B}^* \end{bmatrix} = \mathbf{T}_m^{-1} \left(\beta_L \right) \begin{bmatrix} F_{Rx}^* \\ F_{Ry}^* \end{bmatrix}$$

errechnen. Zur Verkürzung der Rechenzeit ist es zweckmäßig, diese inverse Matrix in Tabellenform im Speicher des Prozessors abzulegen.

9.5   Applikationen lagerloser Scheibenläufermotoren

Mit der Verwendung von lagerlosen Motoren ist es möglich, die Anzahl der für das magnetgelagerte Antriebssystem benötigten mechanischen und elektrischen Komponenten deutlich zu reduzieren. Ein in fünf Freiheitsgraden gelagertes Antriebssystem kann beispielsweise aus einem lagerlosen Motor in Kombination mit nur einem Radial- und einem Axiallager gebildet werden. Abbildung 9.15 zeigt den prinzipiellen Aufbau eines solchen Systems. Die flanschseitig angebrachten Kugellager sind hierbei als Notlauflager ausgebildet.

In einigen Applikationen, wie beispielsweise bei Pumpen, Lüftern oder Gebläsen, ist es nicht immer erforderlich eine starre Lagerung des Rotors vorzusehen. Hier kann es genügen, die Rotorposition in lediglich zwei orthogonal zueinander stehenden radialen Richtungen der Rotorebene und damit in nur zwei

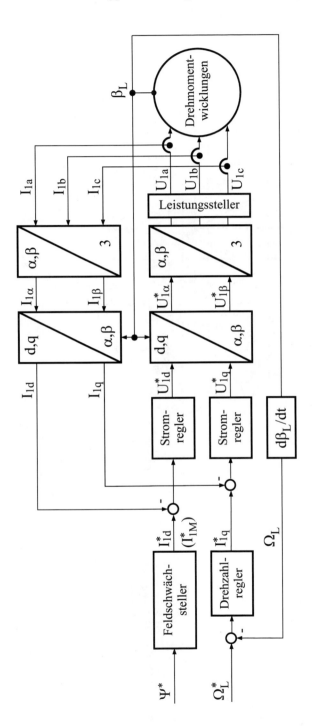

Abb. 9.13: *Signalflussplan der Drehzahlregelung (Drehmomentwicklungen dreisträngig)*

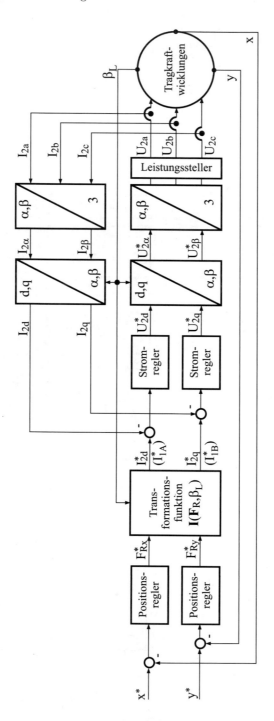

Abb. 9.14: *Signalflussplan der Rotorpositionskoordinatenregelung (Tragkraftwicklungen dreisträngig)*

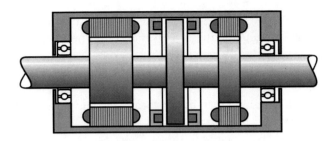

Abb. 9.15: *Lagerloser Motor in Kombination mit einem Axial- und einem Radiallager*

Freiheitsgraden aktiv zu regeln. Die Stabilisierung in den restlichen drei Freiheitsgraden kann durch die Nutzung magnetischer Reluktanzkräfte, die zwischen den Permanentmagnetpolen des Rotors und dem Statorblechpaket entstehen, rein passiv erfolgen. Für eine ausreichende Stabilisierung bezüglich der Kipprichtungen um die beiden Achsen der Rotorebene ist es hierbei notwendig, den Rotor als Scheibenläufer, d. h. mit einem im Vergleich zur Rotorlänge großen Durchmesser auszulegen. Abbildung 9.16 und 9.17 zeigen eine solche Anordnung in einer Schnittdarstellung. Die beiden Bilder veranschaulichen die bei verschiedenen Rotorauslenkungen auftretenden stabilisierenden Gegenkräfte bzw. Gegenmomente als Folge der auftretenden Feldverzerrungen.

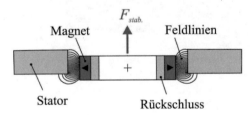

Abb. 9.16: *Passive Stabilisierung der Rotorlage bei Auslenkung des Permanentmagnetrotors in axialer Richtung*

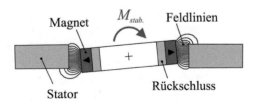

Abb. 9.17: *Passive Stabilisierung der Rotorlage bei Auslenkungen des Permanentmagnetrotors in Kipprichtung um die Achsen der Rotorebene*

Die Abbildungen 9.18 und 9.19 zeigen eine typische Applikation des lagerlosen Scheibenläufermotors. Es handelt sich hierbei um den Aufbau einer Kreiselpumpe mit einem hermetisch gekapselten Rotor. Eine Besonderheit des gezeigten Konzeptes ist der tempelförmige Aufbau des Stators. Er empfiehlt sich vor allem dort, wo Wickelköpfe, wie hier zum Beispiel im Bereich des Pumpenausganges, stören würden. Die ferromagnetische Bodenplatte sowie die im Außenbereich angebrachten Klauen dienen für die Führung des magnetischen Flusses. Die Wicklungen für die Tragkraft- und Drehmomenterzeugung bestehen aus vorgefertigten Spulen, die über die Klauen gesteckt werden.

Für die Führung des Pumpenlaufrades werden weder Welle, noch Gleitdichtungen oder mechanische Lager benötigt. Der Permanentmagnetrotor, auf dem das Pumpenrad sowie ein vor Feuchtigkeit schützender Rotormantel aufgebracht sind, wird über magnetische Felder, die das Pumpengehäuse durchdringen, gelagert und angetrieben. Die Pumpe arbeitet daher, unabhängig von der Drehzahl, den im Pumpenraum auftretenden Temperaturen und eventuellen chemischen Einflüssen, völlig abrieb- und verschleißfrei. Sie eignet sich damit besonders für die Förderung von hochreinen oder auch hochaggressiven chemischen Flüssigkeiten.

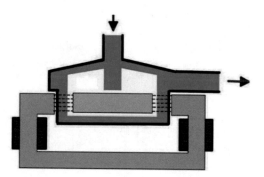

Abb. 9.18: *Prinzipieller Aufbau einer lagerlosen und gleitdichtungsfreien Pumpe (Quelle: Levitronix)*

Die Vorzüge des lagerlosen Motors kommen auch in der Medizintechnik zum Tragen. So gibt es Ausführungen als Blutpumpen für den Einsatz bei Operationen am offenen Herzen, sowie auch als Implantate zur temporären Unterstützung der Herzfunktion. In beiden Anwendungen ist es wichtig, dass enge Spalte, wie man sie zum Beispiel bei Nassläufern in Gleitlagern oder Gleitdichtungen vorfindet, vermieden werden. Enge Spalte begünstigen das Auftreten von Zirkulationszonen in denen kein oder nur ein unzureichender Blutaustausch erfolgt und erhöhen somit die Gefahr der Bildung von Thromben. Weiterhin kann in kleinen Spalten die Scherung der Blutplättchen problematisch werden. Abbildung 9.20 zeigt in einer Explosionszeichnung die Teile einer implantierbaren Blutpumpe, bestehend aus den kardialen Anschlüssen, dem Pumpengehäuse, dem Pumpenrad und dem lagerlosen Scheibenläufermotor mit integrierter Sensorik und Elektronik.

Abb. 9.19: *Industriell ausgeführte lagerlose Pumpe. Rechtes Bild: Aufgeschnittene Pumpe mit Blick auf das austauschbare Pumpenteil und die Statorwicklungen (Quelle: Levitronix)*

Abb. 9.20: *Aufbau einer implantierbaren lagerlosen Blutpumpe (Quelle: Thoratec)*

Für Anwendungen, die einen großen Rotordurchmesser erfordern, kann es hinsichtlich der Herstellkosten und des Materialverbrauches günstig sein, den Stator aus einzelnen Segmenten aufzubauen. Abbildung 9.21 zeigt einen Motor mit zwei verschiedenen Segmentformen, die jeweils nur eine Einzelspule benötigen. Im Unterschied zu den bisher gezeigten Lösungen sind aufgrund der Trennung der magnetischen Kreise die Flüsse der einzelnen Segmente entkoppelt. Analog zu den Ausführungen aus Kapitel 10.3 ist es auch hier möglich, die Stromkomponenten für die Tragkraft- und Momentenbildung elektrisch in den Spulen zu überlagern. Dies bietet den Vorteil einer freien situationsbezogenen Aufteilung zwischen den beiden Motorfunktionen. Abbildung 9.22 zeigt ein geeignetes Anwendungsbeispiel für den Segmentmotor. Es handelt sich hierbei um eine chemi-

Abb. 9.21: *Lagerloser Motor in Segmentbauweise mit unterschiedlichen Segment-schnitten (wahlweise M oder U-Form)*

sche Prozesskammer, in der ein auf dem Rotor fixiertes Target mit chemischen Substanzen behandelt wird. Auch in diesem Beispiel werden die Momente und Kräfte über das magnetische Feld durch die Gehäusewand hindurch übertragen. Bei entsprechender Auslegung der magnetischen Kreise können, sofern die Applikation dies erfordert, auch große magnetische Luftspalte überbrückt werden. Abbildung 9.23 zeigt beispielhaft eine Motorausführung mit sechs Segmenten.

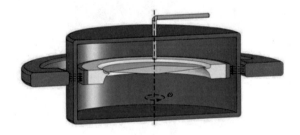

Abb. 9.22: *Prozesskammer zur Behandlung von rotierenden Werkstücken mit chemischen Substanzen (Quelle: Levitronix)*

Ein letztes Applikationsbeispiel ist in Abbildung 9.24 dargestellt. Es handelt sich hierbei um einen lagerlosen Hochgeschwindigkeitsmotor. In Hinblick auf kleine Eisenverluste und einen geringen Blindleistungsbedarf wurde der Motor mit Luftspaltwicklungen ausgestattet. Bei kleinen Polzahlen und scheibenförmigem Aufbau kann es günstiger sein, die Wicklungen, wie gezeigt, torusförmig auszuführen um den Anteil der Wickelköpfe bezogen auf den Gesamtwicklungsbedarf klein zu halten. Die kombinierte Tragkraft-/Drehmomentwicklung ist fünfsträngig ausgeführt und erzeugt eine gemischt zwei- und vierpolige Durchflutungsverteilung. Der Rotor ist passend hierzu zweipolig magnetisiert.

Abb. 9.23: *Lagerloser Segmentmotor für Applikationen mit großem Rotordurchmesser (Quelle: Levitronix)*

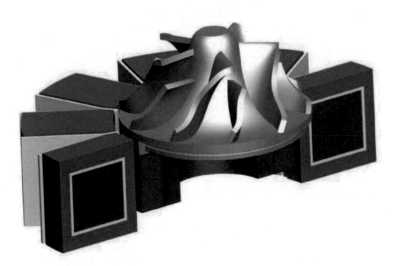

Abb. 9.24: *Lagerloser Hochgeschwindigkeitsmotor mit nutenloser Wicklungsausführrung für die Anwendung in einem Radialgebläse*

10 Kleinantriebe

10.1 Schrittmotoren

10.1.1 Einführung, Funktionsprinzip

Schrittmotoren sind eine Sonderbauform der Synchronmaschine mit ausgeprägten Statorpolen. Die charakteristische Eigenschaft von Schrittmotoren ist das schrittweise Drehen des Rotors und damit der Motorwelle um den Schrittwinkel α, verursacht durch ein sprungförmig weitergeschaltetes Statormagnetfeld.

In Abb. 10.1 ist ein dreisträngiger Reluktanz-Schrittmotor dargestellt, dessen Rotor dem Statormagnetfeld folgt, indem die Position für den kleinsten magnetischen Widerstand eingenommen wird.

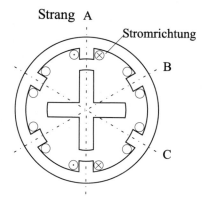

Abb. 10.1: *Dreisträngiger Reluktanz-Schrittmotor (Stränge A, B, C)*

Eine volle Umdrehung der Motorwelle setzt sich somit aus einer genau definierten Anzahl von Einzelschritten zusammen, die vom Motoraufbau abhängt.

Ein Schrittmotorantrieb setzt sich zusammen aus der Ansteuerung, die wiederum aus der Logik und dem Leistungselektronik-Stellglied besteht, und dem Schrittmotor selbst (Abb. 10.2.a). Die Logik erzeugt entsprechend der Eingangsinformation die Impulsfolge für die Ansteuerung der Leistungselektronik, welche die einzelnen Statorwicklungsstränge mit Energie versorgt.

Die Komponenten einschließlich der Last müssen sowohl aus elektrischer als auch aus mechanischer Sicht aufeinander abgestimmt sein.

© Springer-Verlag GmbH Deutschland, ein Teil von Springer Nature 2021
D. Schröder und R. Kennel, *Elektrische Antriebe – Grundlagen*,
https://doi.org/10.1007/978-3-662-63101-0_10

a) Prinzipieller Aufbau (SM = Schrittmotor)

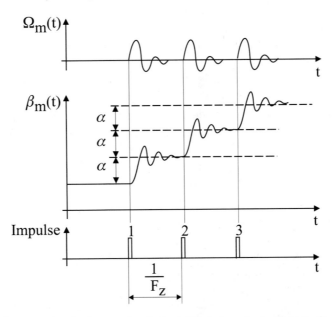

b) Zeitverläufe der mechanischen Winkelgeschwindigkeit Ω_m,
des Verdrehwinkels β_m sowie der Eingangsimpulse

Abb. 10.2: *Schrittmotorantrieb*

In Abb. 10.2.b ist der zeitliche Verlauf der mechanischen Winkelgeschwindigkeit $\Omega_m(t)$, des Verdrehwinkels $\beta_m(t)$ sowie der Eingangsimpulse bei niedriger Schrittfrequenz F_z unter Berücksichtigung der elektrischen und der mechanischen Zeitkonstante dargestellt. Jeder Steuerimpuls verursacht ein Weiterschalten des Statorfeldes um einen konstanten Winkel α, dem der Rotor des Schrittmotors mit geringer Verzögerung folgt. Der Rotor verharrt nach einem kurzen Einschwingvorgang solange in der neuen Position, die sich um den mechanischen Schrittwinkel α von der vorigen Position unterscheidet, bis ein neuer Steuerimpuls eintrifft. Für den Schrittwinkel α gilt:

$$\alpha = \frac{2\pi}{z} \qquad (z = \text{Schrittzahl}) \qquad (10.1)$$

Die Schrittzahl z, d.h. die Anzahl der Schritte des Rotor je Umdrehung, ist abhängig von der Bauform bzw. der Ausführungsform des Motors [699, 700].

Die mittlere Drehzahl N des Schrittmotors errechnet sich aus der Schrittzahl z und der Schrittfrequenz F_z:

$$N = \frac{\Omega_m}{2\pi} = \frac{F_z}{z} \qquad (F_z = \text{Schrittfrequenz}) \qquad (10.2)$$

Die Schrittfrequenz F_z ist die Anzahl der Schritte des Rotors pro Sekunde.

Durch eine Aneinanderreihung von diskreten Einzelschritten führt daher der Schrittmotor den gewünschten Positioniervorgang aus. Der zurückgelegte Gesamtverdrehwinkel β_m des Rotors kann im störungsfreien Betrieb und unter Vernachlässigung des Schrittwinkelfehlers nur ein ganzzahliges Vielfaches des Schrittwinkels α sein.

Mit dem Schrittmotor kann man also eine diskrete Positionierung ohne Rückmeldung der Rotorlage realisieren. Dieser Betrieb als Glied in einer offenen Steuerkette bringt einen erheblichen Kostenvorteil gegenüber Positionsregelungen und begünstigt neben der hohen Lebensdauer des Schrittmotors dessen Einsatz. Nachteilig ist die Neigung zu mechanischen Schwingungen und das Außertritt-Fallen bei zu hoher Belastung, was zu Schrittverlusten oder sogar zum Stillstand des Motors führen kann.

10.1.2   Grundtypen von Schrittmotoren

Die vielfältigen Bauformen von elektrischen Schrittmotoren lassen sich im allgemeinen auf drei Grundtypen zurückführen, die nachfolgend kurz erklärt werden.

- Reluktanz-Schrittmotor (VR-Schrittmotor),
- Permanentmagneterregter Schrittmotor (PM-Schrittmotor),
- Hybrid-Schrittmotor (HY-Schrittmotor).

10.1.2.1   Reluktanz-Schrittmotor

Abbildung 10.1 zeigt den grundsätzlichen Aufbau eines dreisträngigen Reluktanz-Schrittmotors. Im Stator sind die drei Strangwicklungen A, B ,C untergebracht. Der Rotor besteht aus einem weichmagnetischen Material, dessen Zahnteilung gegenüber der Polteilung des Stators ungleich ist. Bei Erregung des Stranges A wird der Rotor die gezeichnete Stellung einnehmen, da in dieser Stellung der magnetische Widerstand (Reluktanz) für den erregten magnetischen Kreis ein Minimum annimmt. Wird der Rotor aus der gezeichneten Stellung ausgelenkt, entsteht ein Drehmoment, das den Rotor wieder in die ursprüngliche Lage zurückführt.

Der Stator eines Reluktanzmotors benötigt mindestens zwei Strangwicklungen, um die Drehrichtung wechseln zu können. Der veränderliche magnetische Widerstand führt zur Kurzbezeichnung „VR-Motor" (Variable Reluctance Motor). Im stromlosen Zustand besitzt dieser Motor kein Selbsthaltemoment (siehe Kap. 10.1.2.2).

Die Schrittzahl z berechnet sich unter Einhaltung der Ausführbarkeitsbedingung wie folgt [700]:

$$z \;=\; Z_R \cdot m_S \;=\; 2 \cdot Z_p \cdot m_S \tag{10.3}$$

mit: Z_R = Anzahl der Rotorzähne

m_s = Strangzahl im Stator

Bei VR-Schrittmotoren übernimmt somit $Z_R/2$ die Rolle der Polpaarzahl Z_p.

Für den in Abb. 10.1 dargestellten VR-Schrittmotor gilt: $m_S = 3$ und $Z_R = 4$. Daraus folgt für die Schrittzahl $z = 12$ und für den Schrittwinkel $\alpha = 30$.

Zum besseren Verständnis von Schrittzahl z und Schrittwinkel α sind die ersten drei Schritte dieses VR-Schrittmotors in Abb. 10.3 dargestellt (siehe auch Tabelle 10.1). Für die Darstellung in Abb. 10.3 wurde angenommen, daß jeweils nur einer der drei Statorstränge stromdurchflossen ist.

Wie Abb. 10.3 und Tabelle 10.1 zu entnehmen ist, dreht sich bei einer Weiterschaltung des Strombelags – und damit des Statormagnetfeld-Raumzeigers $\vec{B}$ –

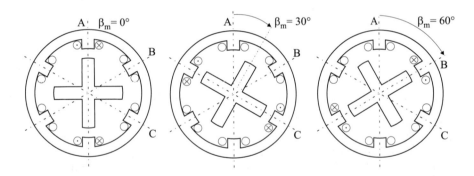

Abb. 10.3: *Schritte 1, 2 und 3 des dreisträngigen VR-Schrittmotors nach Abb. 10.1, jeweils ein Statorstrang erregt*

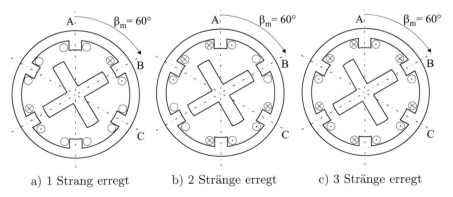

a) 1 Strang erregt   b) 2 Stränge erregt   c) 3 Stränge erregt

Abb. 10.4: *Schritt 3 ($\beta_m = 60°$) des VR-Schrittmotors nach Abb. 10.1*

Tabelle 10.1: *Schrittfolge des dreisträngigen Reluktanz-Schrittmotors nach Abb. 10.1*

Schritt	1	2	3	4	5	6	...	12
Winkel β_m des Rotors	0°	30°	60°	90°	120°	150°	...	330°
Winkel β_S des Statorfeld-Raumzeigers $\vec{B}$	0°	120°	240°	0°	120°	240°	...	240°
a) <u>eine</u> erregte Wicklung	A +	C +	B −	A +	C +	B −	...	B −
b) <u>zwei</u> erregte Wicklungen	B + C −	A − B +	A − C −	B + C −	A − B +	A − C −	...	A − C −
b) <u>drei</u> erregte Wicklungen	A + B + C −	A − B + C +	A − B − C −	A + B + C −	A − B + C +	A − B − C −	...	A − B − C −

um 120° der Rotor um $\alpha = 30°$ weiter, d.h. bis zur nächsten magnetischen Vorzugslage (Koinzidenzstellung).

Dieselbe Schrittfolge läßt sich auch erzielen, wenn jeweils zwei oder drei Statorstränge gleichzeitig erregt werden. Die Stränge und die Richtung der Strangströme sind dann so zu wählen, daß sich dieselbe Winkellage β_S des resultierenden Raumzeigers $\vec{B}$ wie bei nur einer stromdurchflossenen Wicklung ergibt (siehe Abb. 10.4 und Tabelle 10.1). Bei gleichem Betrag der Wicklungsströme erhöht sich somit die resultierende Amplitude $|\vec{B}|$ des Statormagnetfelds und somit auch das erzielbare Drehmoment. Durch den mehrsträngigen Betrieb der Maschine kann darüber hinaus der Ersatz der H-Brücken für jeden Strang durch ein kompaktes Leistungselektronikmodul (z.B. B6-Schaltung in einem Modul) möglich werden, wodurch sich der schaltungstechnische Aufwand deutlich reduziert.

Weitere Ausführungen zu Reluktanz-Schrittmotoren sind in Kap. 8 enthalten.

10.1.2.2   Permanentmagneterregter Schrittmotor

Abbildung 10.5 zeigt den grundsätzlichen Aufbau eines zweisträngigen permanetmagneterregten Schrittmotors (PM-Schrittmotor). Der permanetmagnetische Rotor stellt sich immer in polaritätsrichtige Koinzidenz mit dem durch die erregten Statorwicklungen erzeugten Statormagnetfeld. Die Drehrichtung des Rotors wird bestimmt durch die magnetische Polarität der Statorpole, d.h. durch die Richtung des Stroms in den Strangwicklungen. Für eine Drehung im Uhrzeigersinn muß der Strom nach Strang A in Strang B eingeprägt werden, wie in Abb. 10.5 dargestellt.

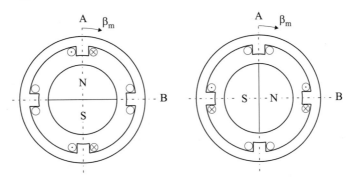

a) Strang A erregt   b) Strang B erregt

Abb. 10.5: *Permanentmagneterregter zweisträngiger Schrittmotor*

Im stromlosen Zustand entwickelt der PM-Schrittmotor bei Auslenkung aus der gezeichneten Stellung ein *Selbsthaltemoment* $\hat{M}_{SH}$. Darunter versteht man das maximale Drehmoment, mit dem man einen *nicht erregten* Motor statisch belasten kann, ohne eine kontinuierliche Drehung hervorzurufen.

Die wichtigsten Vertreter der PM-Schrittmotoren sind der Klauenpol-Schrittmotor und der Scheibenmagnet-Schrittmotor.

Für die Schrittzahl z gilt:

$$z = Z_p \cdot k_z \qquad (Z_p = \text{Polpaarzahl des Rotors}) \qquad (10.4)$$

Der Faktor k_z gibt an, in wie viele Abschnitte eine Periode der Statorströme unterteilt ist (siehe Betriebsarten, Kap. 10.1.5.4). Es gilt für:

Vollschrittbetrieb: $k_z = 2 \cdot m_S$,
Halbschrittbetrieb: $k_z = 4 \cdot m_S$.

Für den in Abb. 10.5 dargestellten PM-Schrittmotor gilt: $m_S = 2$ und $Z_p = 1$. Daraus folgt für:

Vollschrittbetrieb: $k_z = 4$,   Schrittzahl $z = 4$,   Schrittwinkel $\alpha = 90°$,
Halbschrittbetrieb: $k_z = 8$,   Schrittzahl $z = 8$,   Schrittwinkel $\alpha = 45°$.

Eine weitere wichtige Größe ist die Zahl n, die die Anzahl der stromdurchflossenen Statorwicklungen angibt. Beim Motor nach Abb. 10.5 ist die Statorstrangzahl $m_S = 2$, d.h. es können nur eine Wicklung ($n = 1$) oder beide Wicklungen ($n = 2$) stromdurchflossen sein.

Bei Vollschrittbetrieb ist die Zahl n der stromdurchflossenen Statorstränge konstant. Dies bedeutet für den in Abb. 10.5 dargestellten PM-Schrittmotor, daß bei $n = 1$ Strang A oder B stromdurchflossen ist und bei $n = 2$ beide Stränge gleichzeitig stromdurchflossen sind.

In Tabelle 10.2 sind für Vollschrittbetrieb und $n = 1$ bzw. $n = 2$ die zugehörigen Rotorlagen β_m für den PM-Schrittmotor nach Abb. 10.5 angeführt.

Tabelle 10.2: *Winkel β_m bei Vollschrittbetrieb und $n = 1$ bzw. $n = 2$ stromdurchflossenen Statorsträngen des PM-Schrittmotors nach Abb. 10.5*

Schritt	1	2	3	4
Winkel β_m bei Vollschrittbetrieb und $n = 1$	0°	90°	180°	270°
Winkel β_m bei Vollschrittbetrieb und $n = 2$	45°	135°	225°	315°

Tabelle 10.3: *Winkel β_m und Anzahl n der stromdurchflossenen Statorstränge bei Halbschrittbetrieb des PM-Schrittmotors nach Abb. 10.5*

Schritt	1	2	3	4	5	6	7	8
Winkel β_m bei Halbschrittbetrieb	0°	45°	90°	135°	180°	225°	270°	315°
Anzahl n der strom–durchflossenen Stränge	1	2	1	2	1	2	1	2

Für Halbschrittbetrieb ist die Zahl n der stromdurchflossen Stränge nicht konstant; sie wechselt für den in Abb. 10.5 dargestellten Schrittmotor zwischen $n = 1$ und $n = 2$.

In Tabelle 10.3 sind für den PM-Schrittmotor nach Abb. 10.5 die Anzahl n der stromdurchflossenen Stränge und die zugehörige Rotorlage β_m bei Halbschrittbetrieb angeführt.

Weitere Ausführen zu den verschiedenen Betriebsarten sind in Kap. 10.1.5.4 und 10.1.5.5 enthalten.

10.1.2.3 Hybrid-Schrittmotor

Der Hybrid-Schrittmotor (HY-Schrittmotor, Abb. 10.6) ist eine Kombination aus VR- und PM-Schrittmotor. Dadurch werden der Vorteil des VR-Schrittmotors – kleine Schrittwinkel – und die Vorteile des PM-Schrittmotors – großes Drehmoment und Selbsthaltemoment – vereint. Der Rotor besteht aus einem in axialer Richtung angeordneten Permanentmagneten, der zwischen zwei weichmagnetischen Zahnscheiben liegt. Diese Zahnscheiben sind gegeneinander um eine halbe Zahnteilung versetzt. Durch die Anordnung des Permanentmagneten im Rotor bildet eine Zahnscheibe den Nordpol, die andere den Südpol des Rotors. Je nachdem, welcher Strang des Stators stromdurchflossen ist, richten sich die Rotorzähne nach den entsprechenden Statorzähnen aus.

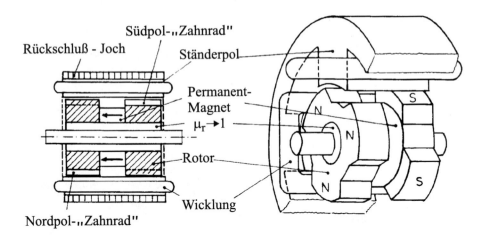

Abb. 10.6: *Hybrid-Schrittmotor (HY-Motor) [700]*

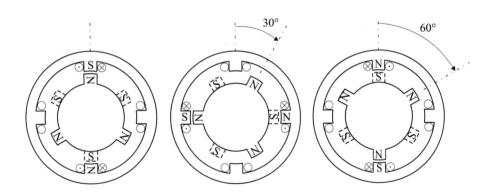

Abb. 10.7: *Hybrid-Schrittmotor, jeweils ein Strang erregt*

Abbildung 10.7 zeigt die Schrittfortschaltung bei Vollschrittbetrieb mit Hilfe einer vereinfachten Darstellung des Motoraufbaus. Die Anzahl n der stromdurchflossenen Stränge ist konstant und beträgt $n = 1$. Bei einer Weiterschaltung des Statormagnetfeldes um den (elektrischen) Fortschaltewinkel 90° folgt der Rotor mit dem (mechanischen) Schrittwinkel $\alpha = 30°$.

Die Berechnung der Schrittzahl z ist für jeden permanentmagneterregten Schrittmotor identisch und wurde bereits im Kap. 10.1.2.1 beschrieben.

Für die Schrittzahl z des in Abb. 10.7 dargestellten HY-Schrittmotors gilt: $m_S = 2$ und $Z_p = 3$. Daraus folgt bei Vollschrittbetrieb für die Schrittzahl $z = 12$ und für den Schrittwinkel $\alpha = 30°$.

10.1.3   Gegenüberstellung Drehfeld–Schrittfeld

In den Kapiteln über die Asynchronmaschine und die Synchronmaschine (Kap. 5 und 6) waren folgende Bezeichnungen vereinbart worden:

Drehzahl: $\qquad N$

mechanische Winkelgeschwindigkeit: $\quad \Omega_m = 2\pi \cdot N$

mechanischer Rotordrehwinkel: $\qquad \beta_m = \int \Omega_m \, dt$

elektrische Winkelgeschwindigkeit: $\quad \Omega_L$

elektrischer Rotordrehwinkel: $\qquad \beta_L = \int \Omega_L \, dt$

Der Konvention für Schrittmotoren entsprechend werden im Folgenden für die *elektrischen* Drehwinkel folgende Bezeichnungen verwendet:

elektrischer Rotordrehwinkel: $\qquad\qquad\qquad \gamma$

Winkel des Statormagnetfeld-Raumzeigers $\vec{B}$: $\quad \gamma_S$

Die Bezeichnung β_m für den mechanischen Rotordrehwinkel wird beibehalten.

Allgemein gilt folgende Beziehung zwischen dem elektrischen Winkel $\gamma = \beta_L$ und dem räumlichen (mechanischen) Winkel β_m im Statorkoordinatensystem bei einer Polpaarzahl Z_p:

$$\gamma = \beta_L = Z_p \cdot \beta_m \tag{10.5}$$

Eine konventionelle Drehfeldmaschine hat ein kontinuierlich umlaufendes Magnetfeld, beschrieben in Kap. 5, Gl. (5.21). Dies bedeutet, daß sich die Lage des Feldmaximums und damit des Statormagnetfeld-Raumzeigers $\vec{B}$, d.h. der resultierende Winkel $\gamma_S(t)$, linear mit der Zeit ändert. Es gilt mit $\gamma_0 = \gamma_S(t=0)$:

$$\gamma_S(t) = \gamma_0 + \frac{2\pi}{T_S} \cdot t \tag{10.6}$$

wobei T_S jene Zeitdauer darstellt, die der Raumzeiger $\vec{B}$ zum Durchlaufen des elektrischen Winkels 2π benötigt. In Abb. 10.8.a ist ein solcher Verlauf von $\gamma_S(t)$ dargestellt.

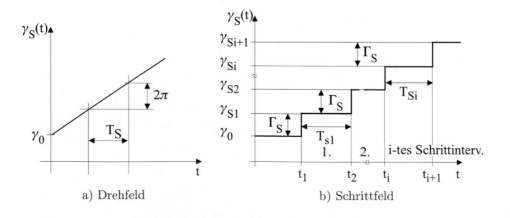

a) Drehfeld   b) Schrittfeld

Abb. 10.8: *Zeitlicher Verlauf des Feldmaximums*

In Abb. 10.8.b ist $\gamma_S(t)$ für ein Schrittfeld abgebildet. Der Raumzeiger $\vec{B}$ bewegt sich sprungförmig um einen konstanten elektrischen Fortschaltewinkel Γ_S weiter. Es gilt mit $\gamma_0 = \gamma_S(t=0)$:

$$\gamma_{Si} = \gamma_0 + i \cdot \Gamma_S \qquad (\text{mit} \quad i = 0, 1, 2, 3, \ldots) \qquad (10.7)$$

Der Rotor folgt dem Schrittfeld und dreht sich um den mechanischen Winkelschritt α weiter.

10.1.4   Betriebskennlinien, Betriebsverhalten

10.1.4.1   Statischer Drehmomentverlauf

Eine für den Schrittmotor charakteristische Größe ist das statische Drehmoment M_M in Abhängigkeit von der Winkellage $(\gamma - \gamma_S)$. Bestimmt wird das Drehmoment bei konstanten Strangströmen und somit bei einer konstanten Lage γ_S des resultierenden Raumzeigers $\vec{B}$. In Abb. 10.9 sind die vereinfachten Modelle eines PM- und eines VR-Schrittmotors dargestellt.

Darin stellt EW die Ersatzwicklung der stromdurchflossenen Wicklungen des Stators an der Stelle γ_S dar. Ohne äußeres Lastmoment dreht sich der Rotor in die Koinzidenzstellung $\gamma = \gamma_S$. Bei Verdrehung des Rotors aus dieser Stellung entsteht ein Moment, das der Verdrehung entgegen wirkt; die Lage $\gamma = \gamma_S$ ist somit eine stabile Gleichgewichtslage.

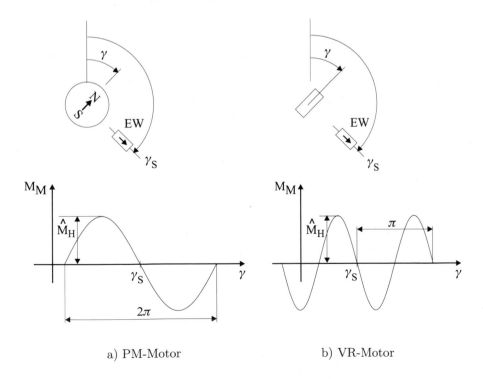

a) PM-Motor   b) VR-Motor

Abb. 10.9: *Statischer Drehmomentverlauf*

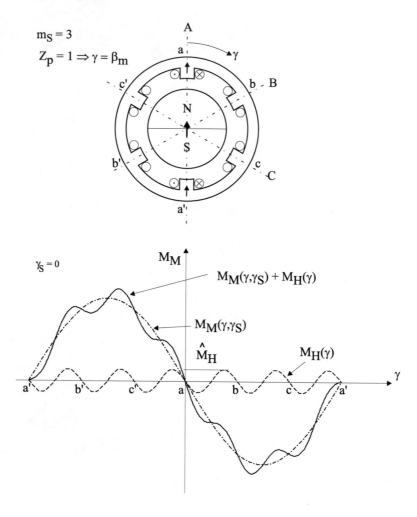

Abb. 10.10: *Einfluß des Selbsthaltemoments $M_H(\gamma)$ auf den resultierenden statischen Drehmomentenverlauf $M_M(\gamma)$ für einen dreisträngigen PM-Schrittmotor mit einem bestromten Strang A*

Für den Drehmomentverlauf kann – ausgehend von den vereinfachten Modellvorstellungen – geschrieben werden:

$$M_M(\gamma, \gamma_S) \;=\; -\hat{M}_H \cdot \sin\left(k \cdot (\gamma - \gamma_S)\right) \tag{10.8}$$

mit: $\quad \gamma_S \;=\;$ Lage des Feldmaximums (Raumzeiger $\vec{B}$)

$\qquad\quad \gamma \;=\;$ elektrischer Winkel

$\qquad\quad k \;=\; 1$ (PM-Motor) bzw. $k = 2$ (VR-Motor)

Dabei ist $\hat{M}_H$ das sogenannte *Haltemoment* des Schrittmotors, d.h. das maximale Drehmoment, mit dem man einen *erregten* Motor statisch belasten kann, ohne eine kontinuierliche Drehung hervorzurufen.

Der Faktor k berücksichtigt die Tatsache, daß die räumliche Periode des Drehmomentverlaufs beim PM-Schrittmotor 2π $(k = 1)$ und beim VR-Schrittmotor π $(k = 2)$ beträgt. Da der Rotor des VR-Schrittmotors keine magnetische Vorzugslage besitzt, reproduzieren sich die drehmomentbildenden Feldverhältnisse bereits nach einer Rotordrehung um den Winkel π. Der Drehmomentverlauf vom VR-Motoren ist somit doppelfrequent zu dem von PM-Motoren.

Obwohl der in Gl. (10.8) beschriebene, vereinfacht dargestellte Drehmomentverlauf von realen Verläufen häufig stark abweicht, beschreibt Gl. (10.8) mit guter Näherung den Grundanteil des Drehmoments.

Schrittmotoren mit Permanentmagneten besitzen ein *Selbsthaltemoment* $\hat{M}_{SH}$. Darunter versteht man das maximale Drehmoment, mit dem man einen *nicht erregten* Motor statisch belasten kann, ohne eine kontinuierliche Drehung hervorzurufen. Der Verlauf des Selbsthaltemoments $M_{SH}(\gamma)$ des PM-Schrittmotors nach Abb. 10.10.a ist in Abb. 10.10.b dargestellt. Das Selbsthaltemoment überlagert sich dem Grundanteil des statischen Drehmoments nach Gl. (10.8), hier verursacht durch den Strom in der Strangwicklung A.

10.1.4.2 Statisches Lastverhalten

Wirkt bei einem ruhenden Motor mit stromdurchflossenen Wicklungen ein äußeres Lastmoment M_W (positiv in dem Sinne, daß ein solches Moment den Rotor zu kleineren γ-Werten verdreht), so stellt sich, wie in Abb. 10.11 dargestellt, eine neue Gleichgewichtslage γ_L ein.

Der mechanische Verdrehwinkel des Rotors, der sich durch dieses statische Lastmoment M_W gegenüber der unbelasteten Gleichgewichtslage ergibt, wird als Lastwinkel ϑ bezeichnet. Für den Lastwinkel gilt:

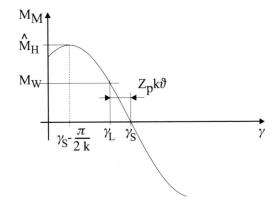

Abb. 10.11: *Statisches Lastverhalten*

$$\vartheta \;=\; \frac{1}{Z_p \cdot k} \cdot (\gamma_S - \gamma_L) \;=\; \frac{1}{Z_p \cdot k} \cdot \arcsin\left(\frac{M_W}{\hat{M}_H}\right) \qquad (10.9)$$

mit: $k \;=\; 1$ (PM-Motor)   bzw. $k \;=\; 2$ (VR-Motor)

Eine Laständerung ΔM_W verursacht somit eine Lastwinkeländerung $\Delta\vartheta$, die zu einer Verringerung der Positioniergenauigkeit eines Schrittantriebes führt (siehe Kap. 10.1.6).

10.1.4.3   Einzelschritt-Fortschaltung

Für die folgende Betrachtung eines Einzelschrittes wird die Schrittfrequenz so gewählt, daß vor dem nächsten Schritt alle Ausgleichsvorgänge abgeklungen sind.

Bei der Fortschaltung des Statorfeldes von Intervall $i-1$ zu Intervall i verschiebt sich die statische Drehmomentkurve und somit auch die Gleichgewichtslage γ_S um den Winkel Γ_S. Dieser Übergang ist in Abb. 10.12.a dargestellt.

Der Rotor befindet sich aufgrund des Lastmoments M_W vor der Schrittfortschaltung in der Gleichgewichtslage des Punktes 1. Durch die Schrittfortschaltung, d.h. die Verschiebung des Statorfeldes um Γ_S (was hier idealisiert darge-

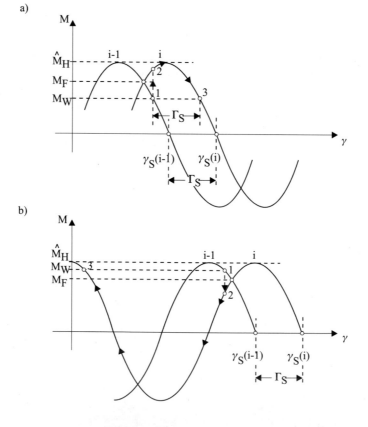

Abb. 10.12: *Statische Schrittfortschaltung: a)* $M_W < M_F$, *b)* $M_W > M_F$

stellt verzögerungsfrei erfolgt), wirkt auf den Rotor das Moment des Punktes 2 und führt zu einer Beschleunigung des Rotors. Der Rotor kommt nach Abklingen der mechanischen Ausgleichsvorgänge im Punkt 3 zur Ruhe. Bei konstantem Lastmoment M_W entspricht der Drehwinkel Γ_S dem Schrittwinkel α.

Damit nach der Schrittfortschaltung ein positives Beschleunigungsmoment auftritt, muß gemäß Abb. 10.12 das Fortschaltemoment M_F größer sein als das Lastmoment M_W. Das Fortschaltemoment M_F berechnet sich aus dem Schnittpunkt der statischen Drehmomentkurven:

$$M_F = \hat{M}_H \cdot \cos\left(\frac{k \cdot \Gamma_S}{2}\right) \tag{10.10}$$

$$\text{mit:} \quad k = 1 \text{ (PM-Motor)} \quad \text{bzw.} \quad k = 2 \text{ (VR-Motor)}$$

Ist das Lastmoment M_W bei einer Fortschaltung größer als M_F, so kommt es zu einem Schrittfehler, d.h. zu einer Drehung in die negative Richtung. Dies ist in Abb. 10.12.b dargestellt. Das auf den Rotor wirkende Drehmoment wird durch die Weiterschaltung des Statormagnetfeldes verkleinert (Punkt 2). Der Rotor dreht sich in die negative Richtung und kommt in der Gleichgewichtslage Punkt 3 zur Ruhe.

Aus Gl. (10.10) ist ersichtlich, daß eine Verkleinerung von Γ_S zu einer Verkleinerung der Differenz $(\hat{M}_H - M_F)$ führt, und somit zu einer Vermeidung eines Schrittverlustes.

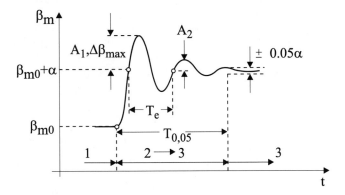

Abb. 10.13: *Zeitlicher Verlauf des Drehwinkels β_m bei einem Einzelschritt*

In Abb. 10.13 ist der zeitliche Verlauf des (mechanischen) Drehwinkels $\beta_m(t)$ bei einer Einzelschritt-Fortschaltung dargestellt. Die Bewegung des Rotors von Punkt 1 nach Punkt 3 zeigt die typische Reaktion eines gedämpften linearen Schwingungssystems. Daher kann man das dynamische Verhalten des Schrittmotors bei niedriger Schrittfrequenz in erster Näherung mit den Parametern mechanische Eigenkreisfrequenz ω_e und Dämpfungszeitkonstante T_D beschreiben:

$$\omega_e \;=\; \frac{2\pi}{T_e}\,; \qquad T_D \;=\; \frac{T_e}{\ln\left(\dfrac{A_1}{A_2}\right)} \tag{10.11}$$

mit: T_e = Periodendauer der gedämpften Schwingung

Mit den Anfangsbedingungen $\beta_m(0) = \beta_{m0}$ und $\dot\beta_m(0) = 0$ folgt als Lösung der Gleichung des linearen Schwingungssystems (siehe Kap. 10.1.7 und 10.1.8) für den Verdrehwinkel:

$$\beta_m(t) \;=\; \beta_{m0} + \alpha - \alpha \cdot e^{-\,t/T_D} \cdot \cos(\omega_e\,t) \tag{10.12}$$

Je höher die mechanische Eigenkreisfrequenz ω_e eines Schrittmotors bei ausreichend großer, aber noch unkritischer Dämpfung ausgeführt werden kann, und je kleiner die Dämpfungszeitkonstante T_D wird, desto reaktionsschneller wird sein Positionierverhalten. Zwei weitere für die Anwendung wichtige Kenngrößen, die aus Abb. 10.13 entnommen werden können, sind der maximale Überschwingwinkel $\Delta\beta_{max}$ und die technische Beruhigungszeit $T_{0,05}$. Der maximale Überschwingwinkel $\Delta\beta_{max}$ ist identisch mit der Amplitude A_1 und gibt den maximalen Vorlauf über die Zielposition an. Die technische Beruhigungszeit $T_{0,05}$ wird erreicht, wenn die Schwingungsamplituden auf weniger als 5 % des Schrittwinkels abgeklungen sind:

$$T_{0,05} \;=\; T_D \cdot \ln 20 \;=\; 3 \cdot T_D \tag{10.13}$$

10.1.4.4   Grenzkennlinien, Betriebsbereiche

Ein Schrittmotor kann das Haltemoment M_H nur bei ruhendem Rotor und das Fortschaltemoment M_F nur bei niedriger Schrittfrequenz F_z abgeben. Für eine Anwendung sind vor allem die Eigenschaften des Motors bei variabler Schrittfrequenz von Interesse. Diese werden durch die Motorkennlinien in Abb. 10.14 beschrieben [699]. Die Motorkennlinien des Schrittmotors sind anders zu interpretieren als bei sonst üblichen rotierenden Maschinen – sie stellen Grenzkennlinien dar. Bei der Überschreitung der Begrenzungskennlinien kommt es zu einem Schrittverlust (Schrittfehler) oder sogar zum Stillstand des Motors.

In Abbildung 10.14 verwendete Größen:

Θ_W	Lastträgheitsmoment;
M_W	Lastdrehmoment;
M_{max}	maximales Drehmoment;
$M_{B\,max}$	Betriebsgrenzmoment: höchstes Lastdrehmoment M_W, mit dem der Motor bei einem bestimmten Lastträgheitsmoment Θ_W und vorgegebener Schrittfrequenz $F_z = F_{B\,max}$ betrieben werden kann; man erhält das Betriebsgrenzmoment $M_{B\,max}$ durch den Schnittpunkt der Grenzkurve 1 mit der konstanten Schrittfrequenz $F_{B\,max}$;

$M_{A\,max}$ Startgrenzmoment: das Lastdrehmoment, das als Funktion der Schrittfrequenz $F_z = F_{A\,max}$ durch die für ein bestimmtes Lastträgheitsmoment Θ_W gültige Grenzkurve (in Abb. 10.14 Kurve 2 oder 3) zwischen Startbereich und Beschleunigungsbereich gegeben ist;

F_z Schrittfrequenz;

$F_{B0\,max}$ maximale Betriebsfrequenz: größte Schrittfrequenz, bei welcher der unbelastete Motor ($M_W = 0$) ohne Schrittfehler betrieben werden kann;

$F_{A0\,max}$ maximale Startfrequenz: größte Schrittfrequenz, bei welcher der unbelastete Motor ($M_W = 0$) starten und stoppen kann;

$F_{B\,max}$ Betriebsgrenzfrequenz: größte Schrittfrequenz, bei welcher der Motor bei einer bestimmten Last ohne Schrittfehler betrieben werden kann;

$F_{A\,max}$ Startgrenzfrequenz: größte Schrittfrequenz, die bei vorgegebenem Lastmoment $M_W = M_{A\,max}$ durch die für ein bestimmtes Lastträgheitsmoment Θ_W gültige Grenzkurve (in Abb. 10.14 Kurve 2 oder 3) zwischen Startbereich und Beschleunigungsbereich gegeben ist; man erhält die Frequenz $F_{A\,max}$ durch den Schnittpunkt der Grenzkurve mit dem konstanten Startgrenzmoment $M_{A\,max}$.

<u>Kurve 1 in Abb. 10.14:</u>

Die in Abb. 10.14 dargestellte Kurve 1 ist die Begrenzung des Betriebsbereichs. Der Betriebsbereich ist jener Bereich im Schrittfrequenz-Lastdrehmoment-Koordinatensystem, in dem der Motor ohne Schrittfehler betrieben werden kann. Außerhalb dieses Betriebsbereiches kann der Rotor dem Statorschrittfeld nicht mehr folgen, und er fällt außer Tritt. Der Betriebsbereich besteht aus Startbereich und Beschleunigungsbereich, getrennt durch Kurve 2 bzw. Kurve 3.

<u>Kurve 2 und Kurve 3 in Abb. 10.14:</u>

Kurve 2 in Abbildung 10.14 ist die Begrenzung des Startbereichs für $\Theta_W = 0$ und Kurve 3 für $\Theta_W > 0$, hier dargestellt mit $\Theta_W = \Theta_{W1}$. Als Startbereich bezeichnet man jenen Bereich, in dem der Motor bei einem bestimmten (anzugebenden) Lastträgheitsmoment Θ_W mit einer konstanten Schrittfrequenz ohne Schrittfehler starten und stoppen kann; daher auch oft die Bezeichnung Start-Stopp-Bereich. Kurve 3 wird über die Lastträgheitsmoment-Kennlinie, welche die Abhängigkeit der maximalen Startfrequenz $F_{A0\,max}$ vom Lastträgheitsmoment Θ_W beschreibt, ermittelt (siehe Kap. 10.1.9.1).

Der Betriebsbereich zwischen der Kurve 1 und der Begrenzung für den Startbereich (Kurve 2 oder 3) wird Beschleunigungsbereich genannt. Dies ist jener Bereich, in dem der Motor ohne Schrittfehler bei einem bestimmten Lastträgheitsmoment Θ_W und vorgegebener Schrittfrequenz F_z noch beschleunigt werden kann, jedoch nicht gestartet und gestoppt werden kann. In der Praxis wird dieser

Bereich durch Vorgabe entsprechender Frequenzrampen für die Beschleunigung sowie für die Verzögerung erreicht (siehe Kap. 10.1.9.2).

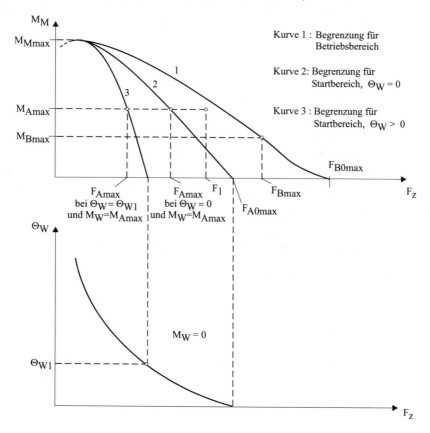

Abb. 10.14: *Schrittmotor–Kennlinien*

Soll z.B. ein Schrittmotorantrieb – belastet mit M_{Amax} und mit einem Lastträgheitsmoment $\Theta_W = \Theta_{W1}$ – mit der Schrittfrequenz $F_z = F_1$ betrieben werden, kann man, um diese zu erreichen, zunächst mit der Grenzstartfrequenz $F_{Amax} = F_{Amax1}$ starten, darf aber dann im Beschleunigungsbereich die Schrittfrequenz F_z nur mehr abhängig vom zur Verfügung stehenden Motormoment erhöhen. Ohne Idealisierung weisen die Begrenzungskennlinien Einsattelungen und Unterbrechungen auf, die auf Resonanzerscheinungen und Instabilitäten zurückzuführen sind. Diese Schrittfrequenzbereiche sind daher im Betrieb zu meiden, bzw. bedürfen einer besonderen Beachtung [700] (siehe Kap. 10.1.7).

Grundsätzlich ist aus den Kennlinien in Abb. 10.14 zu erkennen, daß das Motordrehmoment mit der Schrittfrequenz F_z und somit mit der Drehzahl N stark sinkt. Der Abfall des Drehmoments hat seine Ursache in der verzögerten Ausbildung der Ströme in den Strangwicklungen, was sich durch die hohe Anzahl von Kommutierungen pro Umdrehung verstärkt auswirkt. Verzögernd wirken die Induktivitäten der Strangwicklung, die induzierte Gegenspannung und die Wirbelströme in den massiven Teilen des magnetischen Kreises.

10.1.5   Ansteuerung, Leistungselektronik

10.1.5.1   Ersatzschaltbild eines Motorstrangs

Jeder Motorstrang kann vereinfacht durch das in Abb. 10.15 dargestellte Schaltbild, das prinzipiell für alle permanentmagneterregten Synchronmaschinen gilt, ersetzt werden (vergl. Kap. 6.5). Die magnetische Kopplung zwischen den Strängen kann für einfache Betrachtungen vernachlässigt werden, sofern sie überhaupt vorhanden ist [700].

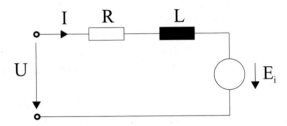

Abb. 10.15: *Elektrisches Ersatzschaltbild eines Stranges des Schrittmotors mit PM-Erregung*

Für die induzierte Spannung gilt (Fluß konstant):

$$E_i \; = \; -k_i \cdot \dot{\beta}_m \cdot \sin(Z_p \cdot \beta_m) \tag{10.14}$$

$$\text{mit:} \quad \beta_m \; = \; \text{mechanischer Winkel (Rotorlage)}$$

$$k_i \; = \; \text{Motorkonstante}$$

Für das Ersatzschaltbild nach Abb. 10.15 gilt folgende Gleichung:

$$U \; = \; R \cdot I + L \cdot \frac{dI}{dt} + E_i \tag{10.15}$$

Der Stromaufbau und -abbau in der Wicklung erfolgt entsprechend Gl. (10.15), d.h. er folgt der Statorspannung entsprechend der Spannungsdifferenz $U - E_i$ verzögert mit der Zeitkonstante L/R (siehe Gl. (10.16)).

10.1.5.2   Unipolare und bipolare Speisung der Strangwicklungen

Je nach Ausführung der Statorwicklung kann ein Schrittmotor unipolar oder bipolar betrieben werden [58].

Bei Unipolarbetrieb durchfließt der Strom die Strangwicklung nur in einer Richtung. Jeder Strang der Wicklung wird mit zwei Drähten parallel gewickelt. Die beiden Zweige werden in Reihe geschaltet (Wicklung mit Mittelanzapfung);

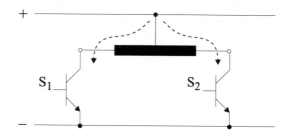

Abb. 10.16: *Unipolare Ansteuerschaltung*

am Verbindungspunkt wird Gleichstrom eingespeist, der über den einen oder den anderen Zweig fließen kann (Abb. 10.16).

Bei Bipolarbetrieb wird jede Strangwicklung des Motors über eine Vollbrücke gespeist, und kann also in beiden Richtungen Strom führen. Sind die Stränge des Schrittmotors mit zwei parallelen Drähten gewickelt, so müssen die Zweige parallel geschaltet werden.

Der Vorteil des Bipolarbetriebes ist der höhere Wirkungsgrad, jener des Unipolarbetriebes der niedrigere Schaltungsaufwand. Die Unipolarschaltung hat ihren Einsatzschwerpunkt daher bei preiswerten Kleinantrieben.

10.1.5.3   Leistungstreiber

Um für steigende Schrittfrequenzen F_z und damit Drehzahlen genügend Drehmoment zu erzielen, muß der Stromaufbau in den Wicklungen möglichst rasch erfolgen. Hier werden kurz die gebräuchlichen Leistungstreiber vorgestellt; genaueres ist in Kap. 4 und Kap. 8.5 enthalten. Für preisgünstige Anwendungen werden der Konstantspannungstreiber mit und ohne Serienwiderstand oder der Konstantspannungstreiber mit Hilfsspannung eingesetzt. Bei Verwendung des Konstantspannungstreibers stellt sich, wie in Abb. 10.18 dargestellt, mit steigender Schrittfrequenz bzw. Drehzahl ein starker Abfall des Drehmoments ein.

Der Stromaufbau in den Wicklungen erfolgt, wie in Abb. 10.17 dargestellt, mit der Zeitkonstante T_w (vgl. Kap. 10.1.5.1, Gl. (10.15)).

$$I(t) = \frac{U - E_i}{R} \cdot \left(1 - e^{-t/T_w}\right) \; ; E_i \approx \text{const.} \tag{10.16}$$

$$\text{mit:} \quad T_w = \frac{L}{R} \quad \text{Abb. 10.17} \tag{10.17}$$

$$U = U_C, U_{CV}, U_{CHO} \quad \text{(je nach Speisung)} \tag{10.18}$$

Der Strom kann sich bei hohen Schrittfrequenzen nicht mehr voll ausbilden und somit das Drehmoment nicht mehr voll aufbauen. Abhilfe schafft bereits ein Vorwiderstand R_V für jeden Strang; die Spannung $U_{CV} > U_C$ muß jedoch entsprechend erhöht werden, damit der Nennstrom I_N fließen kann. Der Vorwiderstand R_V verringert die Zeitkonstante T_w (Abb. 10.17).

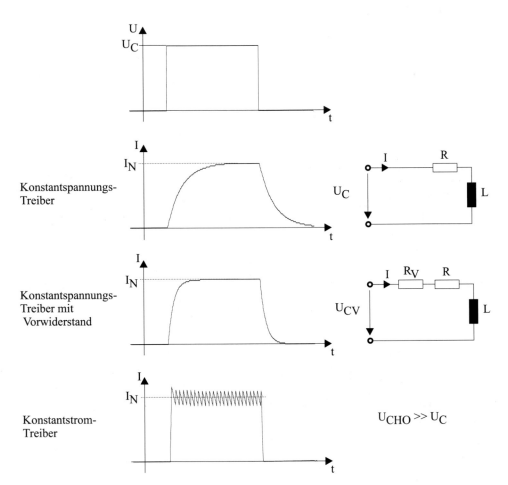

Abb. 10.17: *Aufbau des Wicklungsstroms bei verschiedenen Leistungstreibern (ohne induzierte Spannung E_i)*

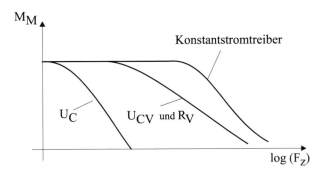

Abb. 10.18: *Einfluß der Betriebsart auf den Verlauf des Betriebsgrenzmoments*

$$T_{wV} = \frac{L}{R + R_V} \tag{10.19}$$

Der Vorwiderstand R_V bedämpft zusätzlich die Motorschwingung (Kap. 10.1.7), erzeugt aber zusätzliche Verluste.

Schaltungstechnisch aufwendiger ist die Verwendung einer Hilfsspannung U_{CH}, die um vieles höher ist als die normale Betriebsspannung U_C. Die Hilfsspannung wird zu Beginn kurzzeitig angelegt und läßt den Strom rascher ansteigen. Der Vorwiderstand und die damit verbundenen zusätzlichen Verluste entfallen somit.

Für Anwendungen mit höheren Anforderungen werden Konstantstromtreiber mit Gleichstromsteller oder Linearverstärker verwendet. In Abb. 10.17 ist der Stromaufbau in der Strangwicklung bei Speisung über einen Gleichstromsteller dargestellt. Hierbei liegen der Treiber und die Strangwicklung direkt an einer wesentlich höheren Spannung U_{CHO}. Der Strom wird mit Hilfe eines Schaltreglers auf einen gewünschten Wert geregelt (siehe Kap. 8.6). Bei Spezialanwendungen, bei denen die Welligkeit des Stroms und elektromagnetische Interferenzen vermieden werden müssen, werden Linearverstärker, wie z.B. der Operationsverstärker oder der Audioverstärker, eingesetzt [698].

Auch wenn bei Konstantstrombetrieb der Strom bei entsprechend großer Spannung U_{CHO} bis zu sehr hohen Drehzahlen aufrecht erhalten werden kann, nimmt das Drehmoment schließlich wegen der mit der Drehzahl wachsenden Eisenverluste ab (siehe Abb. 10.18) [700].

10.1.5.4   Betriebsarten: Voll-, Halb- und Mikroschrittbetrieb

Die verschiedenen Betriebsarten von Schrittmotoren werden hier vorgestellt und anhand des in Abb. 10.19 dargestellten PM-Schrittmotors diskutiert.

Grundsätzlich versucht man, eine möglichst hohe Anzahl n von räumlich unmittelbar benachbarten Strängen mit Strom zu speisen, um eine möglichst große Amplitude des resultierenden Statormagnetfeld-Raumzeigers $\vec{B}$ zu erhalten.

Am Beispiel einer zweisträngigen Wicklung soll die Bildung des Statormagnetfeldes kurz erläutert werden (Abb. 10.20) [700]. Die positiven Ströme $I_A(\gamma_S)$ und $I_B(\gamma_S)$ erzeugen den Raumzeiger $\vec{B}$ mit den Komponenten der Amplituden B_A und B_B. Die resultierende Amplitude ergibt sich zu:

$$\left|\vec{B}(\gamma_S)\right| = \sqrt{B_A^2(\gamma_S) + B_B^2(\gamma_S)} \tag{10.20}$$

und die Winkellage des Feldmaximums (d.h. des Raumzeigers $\vec{B}$) zu:

$$\gamma_S = \arctan\left(\frac{B_B(\gamma_S)}{B_A(\gamma_S)}\right) \tag{10.21}$$

Vollschrittbetrieb:
Bei Vollschrittbetrieb wird das Statormagnetfeld bei jedem Schritt um einen elektrischen Winkel $\Gamma_S = 90°$ weitergeschaltet. In jedem einzelnen Schrittintervall wird die Anzahl n der simultan stromdurchflossenen Stränge konstant

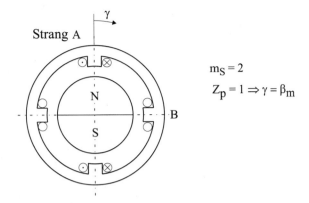

Abb. 10.19: *Permanentmagneterregter zweisträngiger Schrittmotor*

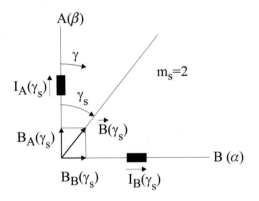

Abb. 10.20: *Bildung des Statorfeldes des zweisträngigen PM-Schrittmotors nach Abb. 10.19*

gehalten. Für den PM-Schrittmotor nach Abb. 10.19 und 10.20 wird die Amplitude des Statormagnetfeldes für $n = 2$ maximal. Der zeitliche Verlauf der beiden Strangströme des PM-Schrittmotors ist in Abb. 10.21.a für Vollschrittbetrieb dargestellt.

Eine Verkleinerung des Fortschaltewinkels Γ_S, und die damit verbundene Verkleinerung des Schrittwinkels α, kann nur durch eine Erhöhung der Strangzahl m_S erreicht werden. Dieser Maßnahme sind aber durch einen erhöhten Schaltungsaufwand wirtschaftliche Grenzen gesetzt. Die üblicherweise verwendete Strangzahl geht von $m_S = 2$ bis $m_S = 5$.

Weitere Möglichkeiten zur Verkleinerung des Fortschaltewinkels Γ_S bieten der Halb- und der Mikroschrittbetrieb.

Halbschrittbetrieb:

Bei Halbschrittbetrieb beträgt der Winkel $\Gamma_S = 45°$; somit halbiert sich ohne Erhöhung der Strangzahl der Schrittwinkel α. In Abb. 10.21.b ist für den

a) Vollschrittbetrieb: z = 4; α = 90°

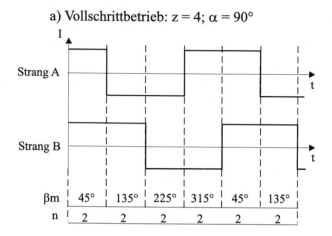

b) Halbschrittbetrieb: z = 8; α = 45°

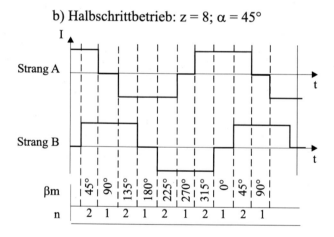

c) Mikroschrittbetrieb: z = 20; α = 18°

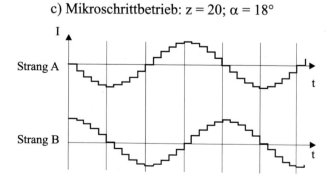

Abb. 10.21: *Stromverläufe für verschiedene Betriebsarten des in Abb. 10.19 und 10.20 dargestellten PM-Schrittmotors ($Z_p = 1$, $\gamma = \beta_m$)*

PM-Schrittmotor von Abb. 10.20 der Zeitverlauf der beiden Strangströme für Halbschrittbetrieb dargestellt.

Im Gegensatz zum Vollschrittbetrieb variiert beim Halbschrittbetrieb die Anzahl n der stromdurchflossen Stränge; dadurch schwankt bei konstantem Strombetrag I_0 die resultierende Amplitude des Statormagnetfeldes und somit auch das Motordrehmoment. (Im vorliegenden Beispiel ist $|\vec{B}|$ bei $n = 2$ um den Faktor $\sqrt{2}$ größer als bei $n = 1$.) Dies führt zu Störungen in der Laufruhe des Motors (siehe Kap. 10.1.7). Abhilfe kann man durch die Änderung des Strombetrages I abhängig von der Anzahl n der stromdurchflossenen Strangwicklungen erreichen.

Mikroschrittbetrieb:

Wurde bisher angenommen, daß die Ströme in den einzelnen Strängen Gleichströme mit den Amplituden $+I_0$, $-I_0$ und 0 sind, so kann man mit entsprechender leistungselektronischer Ansteuerelektronik auch Stomzwischenwerte einstellen. Diese Betriebsart ermöglicht elektrische Winkel $\Gamma_s < 45°$ und wird als Mikroschrittbetrieb bezeichnet. Durch den Mikroschrittbetrieb kann der Schrittwinkel α weiter verkleinert werden. In Abb. 10.21.c ist der Stromverlauf für eine Schrittzahl $z = 20$ ($\alpha = 18°$) dargestellt.

Die Erhöhung der Schrittzahl z beim Mikroschrittbetrieb findet ihre Grenzen durch die Tatsachen, daß der relative Schrittfehler (siehe Kap. 10.1.6) mit der Steigerung der Schrittzahl stark zunimmt und die stets vorhandene Haftreibung bei geringen Schrittwinkeln nicht mehr überwunden wird [700]. Neben der Verkleinerung des Schrittwinkels α hat der Mikroschrittbetrieb noch den Vorteil, daß die Laufruhe gesteigert wird (siehe Kap. 10.1.7).

10.1.5.5 Bestromungstabellen

Bestromungstabellen geben die für die zyklische Weiterschaltung des Statorfeldes notwendigen Strangströme in Betrag und Vorzeichen an. Sie stellen die erforderliche Information für die Impulsfolgeberechnung und somit für die elektronische Ansteuerung zur Verfügung.

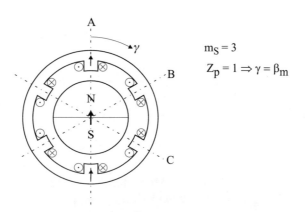

Abb. 10.22: *Dreisträngiger PM-Schrittmotor*

Tabelle 10.5: *Beispiel einer Bestromungstabelle: dreisträngiger PM-Schrittmotor nach Abb. 10.22 bei Halbschrittbetrieb*

Schritt	1	2	3	4	5	6	7	8	9	10	11	12
Winkel γ	30°	60°	90°	120°	150°	180°	210°	240°	270°	300°	330°	360°
Strom I_A	I_0	I_0	0	$-I_0$	$-I_0$	$-I_0$	$-I_0$	$-I_0$	0	I_0	I_0	I_0
Strom I_B	I_0	I_0	I_0	I_0	0	$-I_0$	$-I_0$	$-I_0$	$-I_0$	$-I_0$	0	I_0
Strom I_C	0	I_0	I_0	I_0	I_0	I_0	0	$-I_0$	$-I_0$	$-I_0$	$-I_0$	$-I_0$
Anzahl n	2	3	2	3	2	3	2	3	2	3	2	3

Tabelle 10.5 zeigt die Bestromungstabelle für den in Abb. 10.22 dargestellten dreisträngigen PM-Schrittmotor bei Halbschrittbetrieb und dem Strombetrag I_0. Jeder möglichen Winkelposition γ werden die zugehörigen Strangströme I_A, I_B, I_C zugeordnet; dabei ist zu beachten, daß die richtige Reihenfolge der Winkelpositionen eingehalten werden muß, da sonst der Schrittmotor außer Tritt geraten kann.

Wie beim Halbschrittbetrieb nach Abb. 10.21.b schwankt auch hier die resultierende Amplitude $|\vec{B}|$ des Statormagnetfeldes abhängig von der Anzahl n der stromdurchflossenen Statorstränge. Im Beispiel nach Tabelle 10.5 ist $|\vec{B}|$ bei $n = 3$ um den Faktor $2/\sqrt{3} = 1,15$ größer als bei $n = 2$.

Weitere Bestromungstabellen für unterschiedliche Bauformen und Betriebsarten sind in [693, 700, 701] angeführt.

10.1.6   Positioniergenauigkeit, Schrittwinkelfehler

Eine der relevanten Größen bei Positionieraufgaben, dem Haupteinsatzgebiet von Schrittmotoren, ist die Positioniergenauigkeit. Begrenzt wird diese durch den Positionierfehler, der – wie in Abb. 10.23 dargestellt – nicht nur dem Schrittmotor zugeordnet werden kann, sondern vom gesamten Antrieb mit Last verursacht wird.
Der Positionierfehler setzt sich zusammen aus [689]:

- Quantisierungsfehler (entsteht durch die Diskretisierung der Sollwinkelposition β_m^*),
- Fehler der Ansteuerelektronik (Abweichung des elektrischen Winkels γ, verursacht durch fehlerhafte Strangströme) [689],
- Schrittwinkelfehler des Schrittmotors (siehe nachfolgende Erklärung),

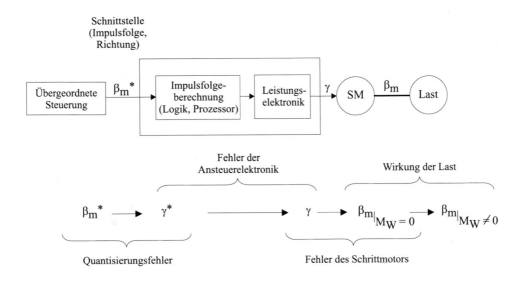

Abb. 10.23: *Fehlerarten beim Positionieren*

- Lastwinkel ϑ (siehe Kap. 10.1.4.2).

Schrittwinkelfehler:

Bei einem idealen unbelasteten Schrittmotor sind die Nulldurchgänge des Drehmoments, die magnetischen Raststellungen, gleichmäßig über den Umfang verteilt. Damit müßten alle Winkelschritte α gleich groß sein. Bei einem realen Schrittmotor ist aufgrund von Geometriefehlern und Materialfehlern, die in [692] und [705] genauer behandelt werden, ein Schrittwinkelfehler vorhanden. Nach [699] sind folgende Werte für den Schrittwinkelfehler definiert:

- *systematische Winkeltoleranz je Schritt* $\Delta\alpha_S$:
  größte Abweichung vom Schrittwinkel α zwischen zwei benachbarten magnetischen Raststellungen.

- *größte systematische Winkelabweichung* $\Delta\alpha_M$:
  größte Abweichung einer magnetischen Raststellung zu einer beliebigen anderen bei einer Umdrehung des Motors.

Einfluß der Last auf die Positioniergenauigkeit:

Durch das Lastmoment M_W verschiebt sich, wie in Kap. 10.1.4.2 beschrieben, der Gleichgewichtspunkt um den Lastwinkel ϑ. Eine variable Last hat eine Lastwinkelschwankung zur Folge, welche die Positioniergenauigkeit zusätzlich einschränkt. Bei einer Antriebsauslegung muß deshalb das maximale und das minimale Lastmoment M_W für eine genaue Einschätzung der Positioniergenauigkeit bekannt sein.

10.1.7   Drehzahlverhalten, Resonanzfrequenzen

Wie in Abb. 10.2.b dargestellt, sind der kontinuierlichen Drehbewegung des Schrittmotors Drehschwingungen, d.h. Pendelungen des Rotors um die augenblickliche Lage des Statormagnetfeldes, überlagert. Die Grundfrequenz dieser Schwingung ist gleich der Schrittfrequenz F_z. Wird der gesamte mögliche Drehzahlbereich des Schrittmotors durchfahren, so tritt in bestimmten Drehzahlbereichen ein unrunder Lauf auf, der unter Umständen sogar zum Stillstand führen kann. Die Ursache ist in Resonanzen zu sehen, die in unterschiedlichen Drehzahlbereichen aus verschiedenen Gründen auftreten. Abbildung 10.24 zeigt den typischen Verlauf der Amplituden der eigenfrequenten Pendelschwingungen eines Schrittmotors in Abhängigkeit von der Schrittfrequenz F_z.

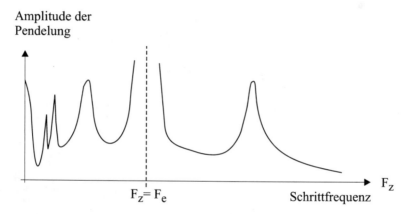

Abb. 10.24: *Eigenfrequente Pendelungen im Lauf*

Wie schon in Kap. 10.1.4.3 beschrieben, verhält sich der Schrittmotor wie ein lineares Schwingungssystem. Die Eigenfrequenz eines Schrittmotors kann einfach berechnet werden, wenn der Verlauf des statischen Drehmoments um die stabile Gleichgewichtslage γ_S linearisiert wird.

Für den statischen Drehmomentverlauf gilt nach Gl. (10.8):

$$M_M(\gamma, \gamma_S) = -\hat{M}_H \cdot \sin\left(k \cdot (\gamma - \gamma_S)\right) \tag{10.22}$$

Zwischen dem elektrischen Winkel γ und dem mechanischen Winkel β_m gilt nach Gl. (10.5):

$$\gamma = Z_p \cdot \beta_m \tag{10.23}$$

Eine Linearisierung um den stabilen Gleichgewichtspunkt $\gamma = \gamma_S$ führt zu:

$$M_M' = \left.\frac{dM_M}{d\gamma}\right|_{\gamma=\gamma_S} \cdot \gamma = -\hat{M}_H \cdot k \cdot Z_p \cdot \beta_m = -c \cdot \beta_m \tag{10.24}$$

Bei einem Motor mit einem Lastträgheitsmoment Θ_M, ohne Last ($M_W = 0$ und $\Theta_W = 0$) und der geschwindigkeitsabhängigen Dämpfung k_D folgt für die Bewegungsgleichung:

$$\Theta_M \cdot \ddot{\beta}_m + k_D \cdot \dot{\beta}_m + c \cdot \beta_m = 0 \qquad (10.25)$$

$$\text{mit:} \quad c = \hat{M}_H \cdot k \cdot Z_p \qquad (10.26)$$

Aus der Bewegungsgleichung folgt die mechanische Eigenkreisfrequenz ω_e:

$$\omega_e = 2\pi F_e = \sqrt{\frac{c}{\Theta_M} - \left(\frac{k_D}{2 \cdot \Theta_M}\right)^2} \qquad (10.27)$$

und die Dämpfungszeitkonstante T_D:

$$T_D = \frac{2 \cdot \Theta_M}{k_D} \qquad (10.28)$$

sowie der Dämpfungsfaktor D:

$$D = \frac{k_D}{2} \cdot \sqrt{\frac{1}{c \cdot \Theta_M}} \qquad (10.29)$$

Für den ungedämpften Fall $k_D = D = 0$ folgt für die Eigenkreisfrequenz:

$$\omega_e = \omega_0 = \sqrt{\frac{c}{\Theta_M}} = \sqrt{\frac{\hat{M}_H \cdot k \cdot Z_p}{\Theta_M}} \qquad (10.30)$$

Die Eigenkreisfrequenz ω_e des gesamten Antriebssystems wird durch ein zusätzliches Lastträgheitsmoment Θ_W verschoben, wie aus Gl. (10.27) und (10.30) ersichtlich ist.

Es gilt für:

PM-Motoren: $k = 1$; $Z_p = $ Polpaarzahl des Rotors

VR-Motoren: $k = 2$; $Z_p = \dfrac{Z_R}{2}$ ($Z_R = $ Anzahl der Rotorzähne)

HY-Motoren: $k = 1$; $Z_p = Z_R$ ($Z_R = $ Anzahl der Rotorzähne)

Für die Anregung von Pendelungen während des Laufs eines Schrittmotors gibt es prinzipiell zwei Mechanismen [700]:

- *Parametrische (periodische) Anregung*:
  Anregung durch die schrittweise Bewegung des Statorfeldes, durch ein pendelndes Lastmoment oder durch das Rastmoment. Diese Anregungen führen immer dann zu verstärkten Schwingungen, wenn deren Frequenz in etwa gleich der Eigenfrequenz des Motors ist (siehe Kap. 10.1.7.1).

- *Selbsterregte Pendelungen*:
  Diese Pendelungen werden durch die Bewegung des Rotors selbst ausgelöst. Sie treten nur bei nahezu unbelastetem Motor auf und haben eine geringe praktische Bedeutung. Sie werden in [700] genauer behandelt.

10.1.7.1   Parametrische Anregung

a) *Schrittweise Bewegung des Statorfeldes*:

Ein Schrittmotor gibt im Lauf aufgrund der schrittweisen Bewegung des Statorfeldes stets ein mit einem mehr oder weniger ausgeprägten Pendelanteil überlagertes Drehmoment ab. Die Grundfrequenz F_P der Pendelungen ist gleich der Schrittfrequenz F_z:

$$F_P = F_z \tag{10.31}$$

Daneben existieren höherfrequente Anteile (Harmonische):

$$F_P = i \cdot F_z \quad (\text{mit} \quad i = 2, 3, 4, \ldots) \tag{10.32}$$

Die Amplitude der Drehmomentpendelung hängt von der Belastung, von der Art der Speisung der Wicklung sowie von der Stranganzahl m_S ab. In Abb. 10.25 sind die Drehmomentverläufe bei niedriger Schrittfrequenz F_z, für zwei unterschiedliche Strangzahlen m_S, unbelastet und mit Last dargestellt.

Motoren weisen im belasteten Zustand, sowie bei höherer Strangzahl m_S geringere Pendelmomente auf. Die Amplituden der Pendelungen werden besonders dann verstärkt, wenn die Frequenz F_P eines Pendelmomentanteils der Eigenfrequenz F_e oder Harmonischen von F_e entspricht.

Bei Halbschrittbetrieb ergibt sich bei konstantem Strombetrag durch die Schwankung der Amplitude des Raumzeigers $\vec{B}$ und damit der Amplitude $\hat{M}_H$ des Haltemoments (siehe Kap. 10.1.5.4) eine weitere Resonanzstelle:

$$F_z = 2 \cdot F_e \tag{10.33}$$

b) *Selbsthaltemoment*:

Konstruktionsbedingt besitzen permanentmagneterregte Motoren bei stromlosen Statorwicklungen ein Selbsthaltemoment M_{SH}. Dieses weist einen annähernd sinusförmigen Verlauf auf mit einer Periode:

$$T_{SH} = \frac{2\pi}{m_S \cdot Z_p} \tag{10.34}$$

Bei einer Drehung des Rotors mit der Drehzahl

$$N = \frac{F_z}{z} \tag{10.35}$$

wird dadurch ein Pendelmoment mit der Frequenz F_P erzeugt:

$$F_P = 2 \cdot m_S \cdot Z_p \cdot N \tag{10.36}$$

c) *Mechanische Unsymmetrien*:

Mechanische Unsymmetrien im Motor, wie z.B. eine elliptische Statorbohrung oder ein schief stehender Rotor, haben nicht nur Einfluß auf das Selbsthaltemoment, sondern bewirken auch direkt eine Veränderung von Amplitude und Lage

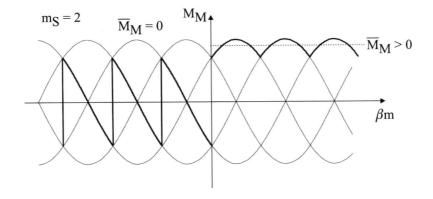

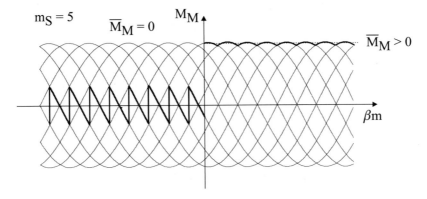

Abb. 10.25: *Drehmomentwelligkeit bei sehr kleinen Drehzahlen (Beispiel für $m_S = 2$ und $m_S = 5$)*

der Haltemomentverläufe. Je nach Unsymmetrie ergeben sich dadurch drehzahlabhängige Pendelfrequenzen F_P [700]:

$$F_P = i \cdot Z_p \cdot N \qquad (\text{mit} \quad i = 1, 2, 3, 4, \ldots) \qquad (10.37)$$

d) *Unsymmetrien der Strangströme*:

Unsymmetrien in den Strangströmen, z.B. ungleiche Amplitude oder ungleicher Offset (Gleichanteil), bewirken Pendelmomente abhängig von der Grundfrequenz F_N der Motorströme:

$$F_N = Z_p \cdot N = Z_p \cdot \frac{F_z}{z} \qquad (10.38)$$

Bei ungleichem Offset der Strangströme gilt für die Frequenz F_P der angeregten Pendelmomente:

$$F_P = F_N \qquad (10.39)$$

Bei ungleichen Amplituden der Strangströme gilt für die Frequenz F_P der angeregten Pendelmomente:

$$F_P = i \cdot F_N \qquad (\text{mit} \quad i = 1, 2, 3, 4, \ldots) \qquad (10.40)$$

e) *Harmonische der Strangströme*:

Die Abweichung der Strangströme von der Sinusform führt zu Pendelmomenten der Frequenz F_P [700]:

$$F_P = i \cdot F_N \qquad (\text{mit} \quad i = 1, 2, 3, 4, \ldots) \qquad (10.41)$$

10.1.7.2 Dämpfung

Die Überschwingungsamplitude $\Delta\beta_{max}$ und die technische Beruhigungszeit $T_{0,05}$ (siehe Kap. 10.1.4.3, Abb. 10.13) werden durch die Dämpfung und damit durch die Verluste des schwingenden Systems bestimmt. Diese Verluste beinhalten die Lastreibung, die Motorreibung und Eisenverluste (Hysterese- und Wirbelstromverluste) sowie das sogenannte „viskose Bremsmoment", verursacht durch die von der Gegen-EMK erzeugte Modulation des Stroms [698].

Eine größere Dämpfung durch eine Erhöhung der Verluste hat die Begrenzung des Drehmoments bei hohen Drehzahlen bzw. hoher Schrittfrequenz zur Folge. Wird ein großer Drehzahlbereich benötigt und die Dämpfung über die Erhöhung der Verluste vorgenommen, so müssen die Verluste abhängig von der Drehzahl variiert werden. Dies ist nur für die elektrischen Verluste über den Leistungstreiber möglich [698, 701].

Eine weitere Möglichkeit, das Pendeln des Schrittmotors zu verringern, ist die Vermeidung oder Verringerung der Anregung. Dies erreicht man durch die Anpassung des zeitlichen Verlaufs des Stroms, wie beispielsweise durch den Mikroschrittbetrieb. Durch den Mikroschrittbetrieb wird die Welligkeit des Drehmoments vermindert, das schwingungsfähige System erhält keine überflüssige Energie, wodurch Resonanzen und Ausschwingerscheinungen stark reduziert werden.

10.1.8 Modellbildung

Die Modellbildung von Schrittmotor-Antrieben wird in [694, 697, 696] ausführlich behandelt. Als Beispiel wird hier die Modellbildung eines PM-Schrittmotors nach Abb. 10.26.a mit Konstantstromtreiber (Gleichstromsteller, Abb. 10.26.b) kurz erläutert [694].

Der PM-Schrittmotor besteht aus einem Permanentmagnet-Rotor mit einem Rotorpolpaar ($Z_p = 1$) und zwei Statorwicklungen ($m_S = 2$), die über geregelte Gleichstromsteller jeweils mit Konstantstrom – I_1 für Wicklung 1 und I_2 für Wicklung 2 – gespeist werden.

$$Z_p = 1 \qquad \Longrightarrow \qquad \beta_m = \gamma \qquad (10.42)$$

Tabelle 10.6: *Bestromungstabelle für den PM-Schrittmotor nach Abb. 10.26.a bei Vollschrittbetrieb*

Schritt	1	2	3	4
Winkel $\beta_m = \gamma$	$45°$	$135°$	$225°$	$315°$
Strangstrom I_1	I_0	$-I_0$	$-I_0$	I_0
Strangstrom I_2	I_0	I_0	$-I_0$	$-I_0$

Mit den beiden Strömen I_1 und I_2 kann der Statormagnetfeld-Raumzeiger $\vec{B}$ beliebig gedreht werden. Bei dem in Abb. 10.26.a verwendeten Winkelkoordinatensystem ist der Strom I_1 proportional zur Cosinuskomponente von $\vec{B}$ und der Strom I_2 zur Sinuskomponente. Für das Motordrehmoment gilt (Selbsthaltemoment gleich Null):

$$M_M(\beta_m) \;=\; \hat{M}_{H1} \cdot \sin(\gamma_{el1} + Z_p \cdot \beta_m) \;+\; \hat{M}_{H2} \cdot \sin(\gamma_{el2} + Z_p \cdot \beta_m) \quad (10.43)$$

$$\begin{aligned}
\text{mit } Z_p &\quad \text{Polpaarzahl} \\
\hat{M}_{H2} &= k \cdot I_1 \text{ Haltemoment Spule 1} \\
\hat{M}_{H2} &= k \cdot I_2 \text{ Haltemoment Spule 2} \\
k &\quad \text{Motorkonstante} \\
\gamma_{el1} &= 0 \\
\gamma_{el2} &= 90
\end{aligned}$$

$$(10.44)$$

damit ergibt sich das Motordrehmoment zu

$$M_M(\beta_m) \;=\; k \cdot I_1 \cdot \sin(Z_p \cdot \beta_m) + k \cdot I_2 \cdot \cos(Z_p \cdot \beta_m) \quad (10.45)$$

Wenn das Selbsthaltemoment ungleich Null ist, gilt:

$$M_{MS}(\beta_m) \;=\; M_M(\beta_m) - \hat{M}_{SH}(4 \cdot Z_p \cdot \beta_m) \quad (10.46)$$

Bei Vollschrittbetrieb gilt die Bestromungstabelle nach Tabelle 10.6. Die Ströme I_0 und $-I_0$ werden mit dem Gleichstromsteller nach Abb. 10.26.b erzeugt, dessen Stromregelung als Zweipunkt-Hysterese-Regelung ausgeführt ist (vergl. Kap. 4.6.3).

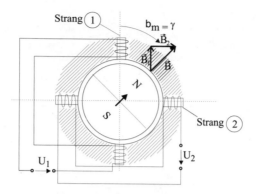

a) PM-Schrittmotor mit zwei Strängen

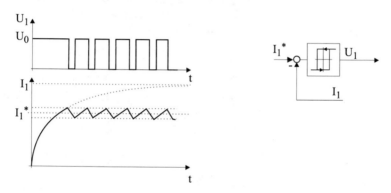

b) Zweipunkt-Hysterese-Stromregelung

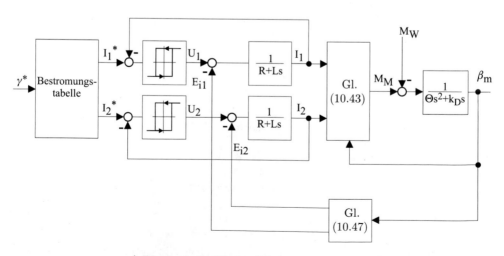

c) Blockschaltbild des Schrittmotorantriebs

Abb. 10.26: *Modellbildung eines PM-Schrittmotors mit zwei Strängen*

Die beiden Stränge 1 und 2 können mit den folgenden Spannungsgleichungen (siehe Kap. 10.1.5.1) beschrieben werden:

$$E_{i,n} = k_i \cdot \dot{\beta}_m \cdot \sin(\beta_{m\,0,n} - Z_p \cdot \beta_m) \qquad (10.47)$$

$$U_n = R \cdot I_n + L \cdot \frac{dI_n}{dt} + E_{i,n} \qquad (10.48)$$

mit: $\quad \beta_{m\,0}$ = Lage der Strangwicklung

$$n = \in \{1,2\} = \text{Wicklungsnummer}$$

$$\beta_{m\,0,1} = 0\,; \qquad \beta_{m\,0,2} = \frac{\pi}{2}$$

Für den belasteten Motor ($|M_W| > 0$ und $\Theta_W > 0$, starre Verbindung zwischen Motor und Last) gilt folgende Bewegungsgleichung:

$$\Theta \cdot \ddot{\beta}_m + k_D \cdot \dot{\beta}_m = M_M - M_W \qquad (10.49)$$

$$\Theta = \Theta_M + \Theta_W \qquad (10.50)$$

Die Gleichungen (10.42) bis (10.50) beschreiben das System vollständig. Das zugehörige Blockschaltbild des Schrittmotorantriebs ist in Abb. 10.26.c dargestellt.

10.1.9   Auslegung von Schrittmotorantrieben

Die häufigste Aufgabenstellung für den Schrittmotor ist das Positionieren einer Last. Die Auslegung von Schrittmotorantrieben unterscheidet sich prinzipiell nicht von anderen elektrischen Positionierantrieben. Dennoch sind einige Besonderheiten zu beachten, die hier kurz erläutert werden.
Die wichtigsten Randbedingungen, die man grundsätzlich beachten muß, sind:

- Geforderte Auflösung und Positioniergenauigkeit,
- Wegstrecke und Positionierzeiten,
- Lastdaten bezogen auf die Motorwelle.

Wie schon in Kap. 10.1.4.4 gezeigt wurde, müssen beim Schrittmotor bestimmte Grenzwerte bei der Schrittfrequenzänderung bzw. der Beschleunigung eingehalten werden, um einen Schrittfehler des Schrittmotors zu verhindern. Bei der Überschreitung der maximal zulässigen Beschleunigung kommt es zum Stillstand des Motors, was beim Betrieb in einer offenen Steuerkette nicht erkannt wird. Für das maximale Motordrehmoment, das der Motor zum Erreichen der maximalen Winkelgeschwindigket $\dot{\beta}_{m\,max}$ mit der maximalen Beschleunigung $\ddot{\beta}_{m\,max}$ abgeben muß, gilt:

$$M_{M\,max} \geq (\Theta_M + \Theta_W) \cdot \ddot{\beta}_{m\,max} + k_D \cdot \dot{\beta}_{m\,max} + |M_{W\,max}| \qquad (10.51)$$

mit: $\quad \Omega_m = 2\pi \cdot N = \dot{\beta}_m$

Zwischen der Motordrehzahl und der Schrittfrequenz F_z gilt folgender Zusammenhang:

$$F_z = \frac{\Omega_m}{2\pi} \cdot z = N \cdot z \qquad (10.52)$$

Mit diesen Gleichungen und den Motorkennlinien nach Abb. 10.14 kann man die maximale Beschleunigung $\ddot{\beta}_{m\,max}$ in einem beliebigen Arbeitspunkt (F_z, M_M) einfach berechnen und feststellen, ob ein Schrittmotorantrieb die vorgegebene Positionieraufgabe erfüllen kann.

Muß bei einer Positionieraufgabe eine bestimmte Positionierzeit T_P eingehalten werden, ist grundsätzlich zu überprüfen, ob der Schrittmotor im Startbereich (d.h. im Start-Stopp-Betrieb) gefahren werden kann, was geringere Anforderungen an die Positionssteuerung stellt. Reicht die Startgrenzfrequenz $F_{A\,max}$ nicht aus, um die vorgegebenen Zeitschranken einzuhalten, so müssen Frequenzrampen gefahren werden. Um dies festzustellen, wird die mittlere Schrittfrequenz $\overline{F}_z$ berechnet. Diese ergibt sich aus der mittleren Winkelgeschwindigkeit $\overline{\Omega}_m$ des Motors:

$$\overline{\Omega}_m = \frac{\beta_{mP}}{T_P} \qquad (10.53)$$

mit: β_{mP} = Positionierwinkel, berechnet aus dem Positionierweg

T_P = Positionierzeit

Für die mittlere Schrittfrequenz $\overline{F}_z$ folgt:

$$\overline{F}_z = \frac{\overline{\Omega}_m}{2\pi} \cdot z \qquad (10.54)$$

Liegt die mittlere Schrittfrequenz $\overline{F}_z$ unter der zulässigen Startfrequenz $F_{A\,max}$, so kann der Schrittmotor im Start-Stopp-Betrieb gefahren werden. Liegt sie oberhalb, so müssen Frequenzrampen bestimmt und gefahren werden.

10.1.9.1 Ermittlung der Startgrenzfrequenz für den belasteten Motor aus den Betriebskennlinien

Die Ermittlung der Startgrenzfrequenz für den belasteten Schrittmotor ist in Abb. 10.27 dargestellt. Zunächst liest man die Startgrenzfrequenz $F_z = F_1$ für $M_W = 0$ und $\Theta_W = \Theta_{W1}$ aus der Lastträgheitsmomentkurve $\Theta_W = f(F_z)$ ab (Abb. 10.27 unten). Anschließend verschiebt man die Begrenzung des Startbereichs für $\Theta_W = 0$ nach links bis zur ermittelten Startgrenzfrequenz F_1 ohne Last (Abb. 10.27 oben). An der verschobenen Kennlinie kann man dann die maximale Startfrequenz $F_{A\,max}$ für das Lastmoment M_W ablesen. Dieses Verfahren eignet sich vor allem für eine erste grobe Abschätzung.

10.1.9.2 Berechnung von linearen Frequenzrampen

Um die nachfolgenden Überlegungen übersichtlich zu halten, wird nur eine lineare Rampe betrachtet, mit identischer Steigung für den Beschleunigungs- und den Bremsvorgang.

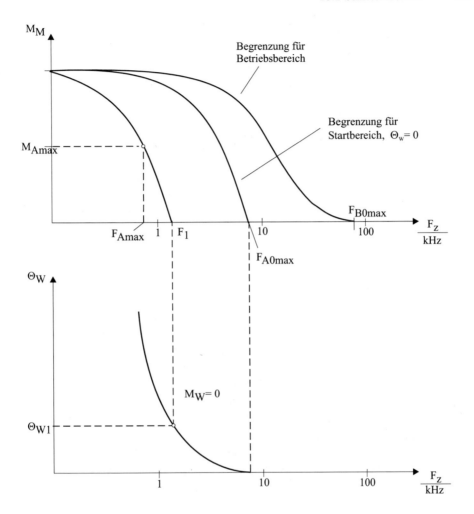

Abb. 10.27: *Ermittlung der Startgrenzfrequenz $F_{A\,max}$ für den belasteten Motor aus den Betriebskennlinien*

In Abb. 10.28 sind drei Fahrdiagramme dargestellt. Dabei entspricht T_B der Beschleunigungszeit und T_P der Positionierzeit. Der Faktor k_r liegt zwischen 0 und 0,5 und ist das Verhältnis von Beschleunigungszeit und Positionierzeit.

$$T_B = k_r \cdot T_P \qquad (10.55)$$

Für die zur Einhaltung der vorgegebenen Zeitbedingungen (Positionierzeit T_P) maximal erforderliche Winkelgeschwindigkeit Ω_r gilt für lineare Frequenzrampen:

$$\Omega_r = \frac{\overline{\Omega}_m}{1 - k_r} \qquad (10.56)$$

Mit Gl. (10.52) folgt für die zugehörige Schrittfrequenz F_{zr}:

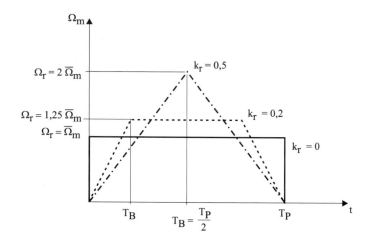

Abb. 10.28: *Einfluß der Beschleunigungszeit auf das Fahrdiagramm*

$$F_{zr} = \frac{\Omega_r}{2\pi} \cdot z \tag{10.57}$$

Dies bedeutet, die maximal erforderliche Winkelgeschwindigkeit Ω_r des Motors liegt zwischen $\overline{\Omega}_m$ und $2 \cdot \overline{\Omega}_m$.

Ist ein Start-Stopp-Betrieb möglich, so ist bei $F_z = F_{A\,max}$ die Winkelgeschwindigkeit Ω_r identisch mit der mittleren Winkelgeschwindigkeit $\overline{\Omega}_m$. Dann ist der Faktor $k_r = 0$, und das Fahrdiagramm besitzt eine rechteckige Form (Abb. 10.28). Der Start erfolgt mit der Schrittfrequenz $F_{A\,max}$ (Ω_r) und der Stopp durch das Abschalten der Schrittfrequenz.

Bei $k_r = 0,5$ wird der Motor über die maximal mögliche Zeit $T_B = T_P/2$ beschleunigt, die Beschleunigungszeit entspricht der Bremszeit und das Fahrdiagramm besitzt folglich einen dreieckigen Verlauf.

Um festzustellen, bei welcher auszuwählenden Winkelgeschwindigkeit Ω_r der Schrittmotorantrieb die größten Reserven besitzt bzw. ob er die Positionieraufgabe überhaupt erfüllen kann, wird in der Praxis mit folgender Bedingung überprüft:

$$M_M \geq \frac{4}{3} \cdot (M_{MB} + M_W) \tag{10.58}$$

Die geschwindigkeitsabhängige Dämpfung wird vernachlässigt und der Faktor 4/3 stellt dabei einen empirisch ermittelten praxisnahen Wert dar [700].

Der Beschleunigungsanteil M_{MB} des Drehmoments errechnet sich wie folgt:

$$M_{MB} = (\Theta_M + \Theta_W) \cdot \dot{\Omega}_m \tag{10.59}$$

Für eine lineare Fahrrampe vereinfacht sich Gl. (10.59) zu:

$$M_{MB} = (\Theta_M + \Theta_W) \cdot \frac{\Omega_r}{T_B} \tag{10.60}$$

Mit Gl. (10.55) und (10.56) folgt aus Gl. (10.60) :

$$M_{MB} = \frac{\Theta_M + \Theta_W}{T_P} \cdot \frac{\Omega_r^2}{\Omega_r - \overline{\Omega}_m} \qquad (10.61)$$

Anhand von Gl. (10.61) kann man nun für die gewählte Winkelgeschwindigkeit Ω_r überprüfen, ob die Bedingung von Gl. (10.58) erfüllt ist. Dies ist jedoch umständlich und zeigt nicht, wie weit man mit der Auswahl vom theoretischen Optimum entfernt ist [700].

Abhilfe schafft ein graphisches Verfahren, bei dem man das Beschleunigungsmoment M_{MB} nach Gl. (1.55) in Abhängigkeit von der Drehzahl bzw. der Schrittfrequenz und das Lastmoment MW, wie in Abb. 10.29 gezeigt, in die Motorkennlinie einträgt und graphisch addiert. Dies ergibt das erforderliche Motormoment M_M:

$$M_M = M_{MB} + M_W \qquad (10.62)$$

Durch den Vergleich des erforderlichen Motormoments M_M mit dem Betriebsgrenzmoment kann man sofort erkennen, ob der Motor für die Aufgabe prinzipiell geeignet ist. Man findet auf diese Weise auch die optimale Winkelgeschwindigkeit Ω_r bzw. die optimale Schrittfrequenz F_{zr}. Diese liegt dort, wo die Steigung des eingezeichneten Motormoments nach Gl. (10.62) gleich der Steigung des Betriebsgrenzmomentverlaufs ist.

Weitere Auslegungsverfahren werden in [693, 694, 700] behandelt.

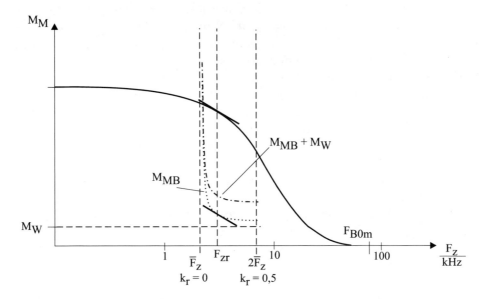

Abb. 10.29: *Graphisches Verfahren zur Ermittlung der optimalen Schrittfrequenz F_{zr} bzw. der Winkelgeschwindigkeit Ω_r bei linearer Rampe*

10.2   Elektronisch kommutierte Gleichstrommaschine

Elektronisch kommutierte Gleichstrommaschinen sind eine weitere wichtige Variante von Kleinmaschinen. Wie der Name dieser Maschine andeutet, wird der Kommutator der in Kap. 3 behandelten Gleichstrom–Nebenschlußmaschine durch ein leistungselektronisches Stellglied ersetzt; dieses Stellglied speist die Wicklungen der elektronisch kommutierten Gleichstrommaschine.

In der Realität ist die elektronisch kommutierte Gleichstrommaschine vom Funktionsprinzip her grundsätzlich ein Stromrichtermotor (siehe Kap. 11.2, Abb. 11.7). Die Unterschiede sind, daß die Synchronmaschine in Kap. 11.2 nun durch eine permanentmagneterregte Synchronmaschine (Kap. 6.5) ersetzt wird, d.h. es entfällt die Speisung der Erregerwicklung beim Stromrichtermotorprinzip. Weiterhin wird der lastgeführte Stromrichter STR II in Abb. 11.7 durch ein selbstgeführtes Stellglied ersetzt.

Im Gegensatz zu der in Kap. 6.5 behandelten permanenterregten Synchronmaschine, bei der die im allgemeinen drei Statorwicklungen mit drei sinusförmigen Statorströmen gespeist werden (Antriebssystem mit eingeprägtem Strom), die jeweils die bekannte, um 120° el. versetzte Phasenfolge aufweisen, sind bei der elektronisch kommutierten Gleichstrommaschine nur zwei der drei Statorwicklungen gleichzeitig stromführend, da diese jeweils 120° el. lang mit positivem und negativem Strom, der während der Stromführungsdauer konstant ist, gespeist werden.

Damit ist die Querverbindung zum Stromrichtermotor offensichtlich (siehe die grundsätzlichen Funktionserklärungen zum Stromrichtermotor; es entfällt aber die lastgeführte Kommutierung des lastgeführten Stellglieds STR II beim Stromrichtermotor, da nun ein selbstgeführtes Stellglied verwendet wird).

Wie beim Stromrichtermotor werden somit jeweils positive und negative Stromblöcke auf die Statorwicklungen geschaltet, und es bildet sich ein sprungförmig umlaufender Strombelag. Der permanenterregte Rotor folgt diesem umlaufenden Statorstrombelag, und es bildet sich tendenziell – wie beim PM-Schrittmotor – ein magnetischer Kreis mit polaritätsrichtigen Koinzidenzstellungen heraus.

Die vorliegenden Kenntnisse über die prinzipielle Funktion des Stromrichtermotors (sprungförmig umlaufender Strombelag im Stator, damit zeitlich variable geometrische Position zwischen Statorstrombelag und Rotor und damit Momentoberschwingungen), des PM-Schrittmotors (Drehmomentbildung und Bewegungsverlauf) sowie der permanenterregten Synchronmaschine (Funktion der Synchronmaschine und Signalflußplan prinzipiell entsprechend der Gleichstrom–Nebenschlußmaschine) können nun kombiniert werden, um ein umfassendes Verständnis der elektronisch kommutierten Gleichstrommaschine zu erzielen. Vertiefte Kenntnisse sind der Literatur zu entnehmen [690, 691, 695, 699, 703, 704, 705, 706].

11 Umrichterantriebe

In Kapitel 5 wurde die Signalflusspläne für die Asynchronmaschine bei Statorfluss- und Rotorfluss-Orientierung entwickelt, es ergab sich:

- Statorfluss-Orientierung: Kapitel 5.7.1, Abbildung 5.45,

  Gleichung (5.208) $U_{1A} \sim d\Psi_{1A}/dt$

  (5.209) $U_{1B} \sim \Omega_K \cdot \Psi_{1A}$

  (5.176) $M_{Mi} \sim \Omega_2$

- Rotorfluss-Orientierung: Kapitel 5.7.2, Abbildungen 5.48 und 5.49 ausgehend von der Steuerbedingung Gleichung (5.210), den Signalflussplänen und

  Gleichung (5.221) $U_{1A} \sim \Omega_1 \Psi_{1B}$

  (5.222) $U_{1B} \sim \Omega_1 \Psi_{2A}$

  (5.217) $M_{Mi} \sim \Omega_2$

- Synchronmaschinen, Kapitel 6

- Schenkelpolmaschine, Kapitel 6.2, Abbildung 6.8

  Gleichung (6.6) $U_d \sim d\Psi_d/dt$

  (6.7) $U_q \sim \Omega_L \cdot \Psi_d$

  (6.17) $M_{Mi} \sim I_q + (L_d - L_q) \cdot I_d \cdot I_q$

- Drehmoment mit Berücksichtigung des Reluktanzeffekts

- Vollpolmaschine, Kapitel 6.4.1 - 6.4.3, Abbildung 6.19

  (6.130) $U_d \sim d\Psi_d/dt$

  (6.131) $U_q \sim \Omega_L \cdot \Psi_d$

  (6.133) $M_{Mi} \sim I_q$

Aus der Aufstellung ergibt sich, dass für die Asynchronmaschine mit steigender Drehzahl N bzw. Kreisfrequenz Ω_1 im stationären Betrieb eine mit der Drehzahl N bzw. der Kreisfrequenz Ω_1 linear ansteigende Amplitude der Statorspannung

$$|U_1| = \sqrt{U_{1A}^2 + U_{1B}^2} \tag{11.1}$$

© Springer-Verlag GmbH Deutschland, ein Teil von Springer Nature 2021
D. Schröder und R. Kennel, *Elektrische Antriebe – Grundlagen*,
https://doi.org/10.1007/978-3-662-63101-0_11

benötigt wird, siehe Asynchronmaschine mit Statorfluss-Orientierung – Abbildung 5.43 – und bei Rotorfluss-Orientierung – Abbildung 5.52. Bei dynamischen Betriebszuständen kann sich die Kreisfrequenz Ω_K sehr schnell ändern, so dass während der Transienten die Statorspannungen in der Amplitude und der Frequenz (Phase) deutliche Abweichungen von dem stationären Zustand auftreten können. Das Drehmoment ist eine Funktion von Ω_2.

Für die beiden Varianten der Synchronmaschinen gilt entsprechend, dass die Statorspannung

$$|U_1| = \sqrt{U_d^2 + U_q^2} \qquad (11.2)$$

eine Funktion von Ω_L und das Drehmoment durch I_q gesteuert wird.

Das Stellglied – U-Umrichter genannt – muß somit für die Drehfeldmaschinen Asynchronmaschine und Synchronmaschine im stationären Betrieb ein dreiphasiges, symmetrisches Spannungssystem mit variabler Frequenz und Amplitude zur Verfügung stellen. Bei Transienten sollten Frequenz und Amplitude schnellstmöglich verstellbar sein. Im vorliegenden Fall würden die Drehfeldmaschinen mit eingeprägter Spannung betrieben werden.

Die Drehfeldmaschine arbeitet mit eingeprägten Statorströmen, wenn das System Umrichter mit eingeprägten Spannungen und Drehfeldmaschine mit einer Statorstrom-Regelung ausgestattet ist. Diese Variante resultiert in einem besonders einfachen Signalflussplan, Abbildung 5.54.

Statt des U-Umrichters kann auch ein I-Umrichter verwendet werden. Beide Umrichter sind Zwischenkreisumrichter. Der U-Umrichter hat eine erste Energiewandlung, die Spannungen eines symmetrischen Dreiphasennetzes mit konstanter Frequenz und Amplitude werden mittels einer Diodenbrücke in eine konstante Gleichspannung gewandelt. In der zweiten Energiewandlung wird die konstante Gleichspannung in ein dreiphasiges Spannungssystem mit steuerbarer Amplitude und Frequenz umgeformt. In Kapitel 10.4 sind weitere Erläuterungen zu finden.

Bei dem I-Umrichter sind ebenso zwei Energiewandlungen vorgesehen. Die erste Energiewandlung wandelt das dreiphasige, symmetrische Spannungssystem in eine steuerbare Gleichstrom-Stromquelle. In der zweiten Energiewandlung wird dann ein in der Amplitude und Frequenz steuerbares Dreiphasensystem erzeugt. In Kapitel 10.3 werden zwei Varianten des I-Umrichters vorgestellt.

Wenn die Versionen der in der Drehzahl und im Drehmoment steuerbaren Drehfeldantrieben in der Entwicklung eingeordnet werden, müssen zwei Stufen der Entwicklung berücksichtigt werden in [102]. Die erste Entwicklungsstufe verwendete die netzgeführten Stromrichter-Stellglieder - Kapitel 4.1.2.2 und 4.1.2.6 - und passte die Antriebsstruktur der Aufgabenstellung an. Der Direktumrichter in [102]ff., Kapitel 10.1, der Stromrichtermotor in, Kapitel 10.2 sind typische Vertreter, die heute noch eingesetzt werden. Die erste Variante des I-Umrichters in Kapitel 10.3 oder die Varianten der untersynchronen Kaskaden sind weitere Vertreter. Alle diese Stellglieder verwenden Thyristoren als steuerbare Leistungshalbleiter.

Die Stellglieder der zweiten Entwicklungsstufe sind die selbstgeführten Stellglieder. Es sind dies die U-Umrichter in Kapitel 10.4 sowie die zweite Variante des I-Umrichters in Kapitel 10.3.2. Diese Umrichter verwenden als Leistungshalbleiter den MOSFET, den IGBT und den IGCT.

In [102] werden ausführliche Erläuterungen zu den genannten Antriebsvarianten gegeben:

Direktumrichter Kapitel 3: Kapitel 3.1 Trapezumrichter, Kapitel 3.2 Steuerumrichter, Kapitel 3.3 Schaltungsvarianten, Kapitel 3.4 Frequenzbeschränkung, Kapitel 3.5 Auslegungskriterien, Kapitel 3.6 Regelung, Kapitel 3.7 Ausführungsbeispiele, Kapitel 3.8 Matrixumrichter.

Stromrichtermotor Kapitel 5, Kapitel 5.1 Funktion, Kapitel 5.2 Steuerung und Auslegung, Kapitel 5.3 Regelung und Kapitel 5.4 Anwendungsbeispiel.

I-Umrichter mit Phasenfolgelöschung Kapitel 6: Kapitel 6.1 Systemverhalten, Kapitel 6.2 Kommutierung, Kapitel 6.3 Auslegung, Kapitel 6.4 Steuer- und Regelverfahren, Kapitel 6.5 Weiterentwicklungen, I-Umrichter mit abschaltbaren Bauelementen.

Untersynchrone Kaskade Kapitel 4: Kapitel 4.1 Aufbau und Funktion, Kapitel 4.2 Regelung, Kapitel 4.3 Netzrückwirkungen, Kapitel 4.4 Auslegung, Kapitel 4.5 Sonderausführungen, Kapitel 4.6 Zusammenfassung.

U-Umrichter Kapitel 8 Selbstgeführter Wechselrichter mit eingeprägter Spannung:

Kapitel 8.1 Einführung, Kapitel 8.2 Zweipunkt-Wechselrichter, Kapitel 8.3 U-Umrichter mit variabler Zwischenkreisspannung, Kapitel 8.4 Pulsweitenmodulation, Kapitel 8.5 Mehrpunkt-Wechselrichter, Kapitel 8.6 Anwendungsaspekte, Kapitel 8.7 Auslegung, Kapitel 8.8 selbstgeführter Wechselrichter mit Phasenlöschung, Kapitel 8.9 Beschaltung, Kapitel 8.10 Auslegungsbeispiel, Kapitel 8.11 resonante Zusatzbeanspruchungen.

11.1 Direktumrichter

Aus Kapitel 4.1.2.6 und Kapitel 4.2 ist bekannt, daß der netzgeführte Umkehrstromrichter mit natürlicher Kommutierung beide Spannungsrichtungen bei beiden Stromrichtungen auf der Gleichspannungsseite erzeugen kann (Abb. 11.1).

Die Abbildung 11.2 zeigt im oberen Teil die Funktion des Steuersatzes und im unteren Teil die Reaktion der Stromrichter-Brücke. Die Spannungen u_{gi} repräsentieren die zeitvarianten Zündwinkel der Thyristoren, x_e ist die Steuerspannung vom Regler. Wenn die Steuerspannung x_e eine der Spannungen u_{gi} schneidet, dann wird jedes Mal ein Zündimpuls ausgegeben und es ergibt sich der Spannungsverlauf der Brücke mit positiven und negativen Spannungsperioden Abbildung 11.3 zeigt die Funktion des kreisstromfreien Umkehrstromrichters. Wie anhand von Abbildung 11.2 dargestellt wurde, erzeugt jeder der beiden Stromrichter-Brücken des Umkehrstromrichters sowohl positive als auch negative Ausgangsspannungen. Der Stromrichter STR I liefert den positiven Strom

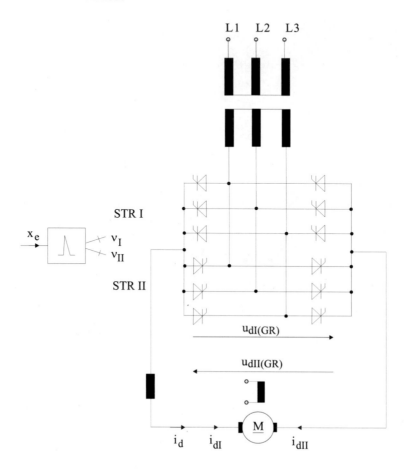

Abb. 11.1: *Umkehrstromrichter in kreisstromfreier Gegenparallelschaltung zur Speisung einer Gleichstrommaschine*

und STR II den negativen Strom. Beim Wechsel der Stromrichtung von einer Brückenschaltung zur anderen Brückenschaltung muss die Stromnullpause ϵ beim Wechsel der antiparallelen Brückenschaltungen eingehalten werden. Der Umkehrstromrichter kann somit beide Spannungs- und beide Stromrichtungen realisieren und daher statt Gleichspannung und Gleichstrom auch Wechselspannungen und Wechselströme erzeugen.

Der Direktumrichter in Abbildung 11.4 besteht in der Grundausführung aus drei netzgeführten Umkehrstromrichtern. Durch geeignete dreiphasige Ansteuerung der drei Umkehrstromrichter mit der Phasenfolge von 120°- beispielsweise mittels der Drehstromquelle DSQ in der Abbildung 11.4 – erzeugen die Umkehrstromrichter drei Wechselspannungen variabel in der Amplitude und der Frequenz und somit ein Dreiphasensystem mit steuerbarer variabler Frequenz und Amplitude.

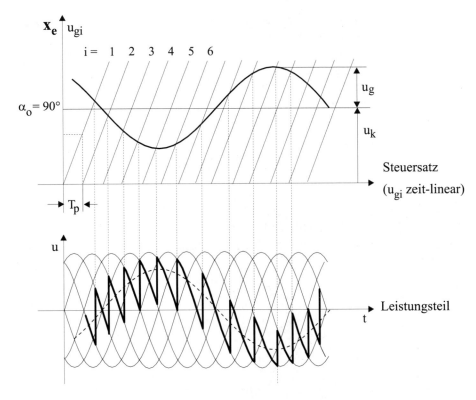

x_e : Eingangsspannung (= Spannungssollwert)
u_{gi}: Zündwinkel–Referenzspannungen (= Zündwinkelraster)

Abb. 11.2: *Erzeugung der Ausgangsspannung eines Direktumrichters (Steuersatz linear, Steuerspannung x_e sinusförmig)*

Schaltungsvarianten

Beim System Direktumrichter – Drehfeldmaschine sind zwei Schaltungsvarianten möglich, Abbildung 11.4. Bei der ersten Lösung ist im Betrieb der Schalter S offen. Der Vorteil dieser Schaltung ist, daß nur drei Motorzuleitungen benötigt werden. Diese Schaltung nutzt die Bedingung $\underline{I}_{1a}(t) + \underline{I}_{1b}(t) + \underline{I}_{1c}(t) = 0$ im symmetrischen Dreiphasensystem aus. Ein weiterer Vorteil ist, daß sich die dritten Harmonischen im Strom nicht ausbilden können, da bei symmetrischer Ansteuerung die Spannungen aller durch drei teilbaren Harmonischen die gleiche Phasenlage aufweisen. Eine Schwierigkeit besteht bei dieser Schaltung der Wicklungen beim Anfahren, wenn der Strom in allen Phasen Null ist. In diesem Fall muß der Schalter S geschlossen werden, damit sich die Ströme in den drei Teilsystemen ausbilden können. Die gleichen Schwierigkeiten können auch auftreten, wenn die Ströme lücken.

Bei der zweiten Schaltungsvariante werden die Wicklungen einzeln gespeist, damit können sich die Ströme in den drei Phasen unabhängig voneinander ausbilden. Nachteilig ist, daß die Ströme aller durch drei teilbaren Harmonischen sich jetzt voll ausbilden können.

Wie der Abbildung 11.4 zu entnehmen ist, besteht der Direktumrichter nur aus drei netzgeführten Umkehrstromrichtern, es findet keine Speicherung von Energie im Umrichter statt, dies begründet den Namen Direktumrichter. Eine ausführliche Darstellung des Direktumrichters ist in [102] Kapitel 3.1 bis 3.5 zu finden. Die Variante Matrixumrichter wird in Kapitel 3.8 im Detail beschrieben und bewertet.

Regelung

In Abb. 11.5 ist das Strukturbild der Regelschaltung zur Einprägung der Stator-ströme der Drehfeldmaschine dargestellt. Die Strom-Sollwerte werden von einer

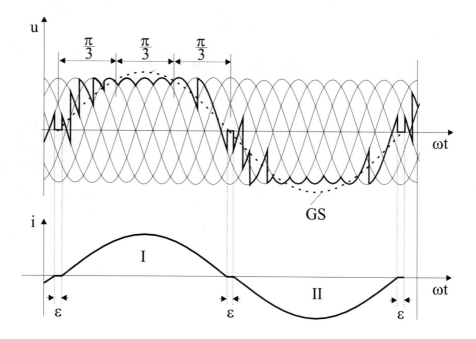

$$f_1 \approx 0{,}3\,f_N$$

ε :   Strompause beim Stromnulldurchgang

GS: Grundschwingung der Ausgangsspannung

Abb. 11.3: *Spannungs- und Stromverlauf beim Steuerumrichter bei Last mit* $\cos \varphi_1 = 1$ *(z.B. Synchronmaschine) und Verwendung von kreisstromfreien Umkehrstromrichtern*

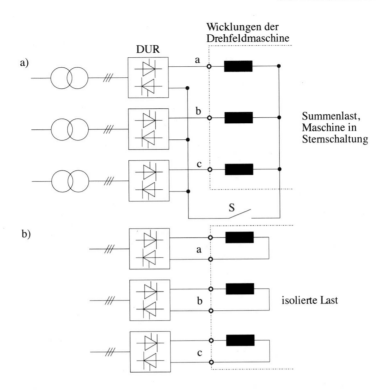

Abb. 11.4: *Schaltungsvarianten des Systems Direktumrichter—Drehfeldmaschine*

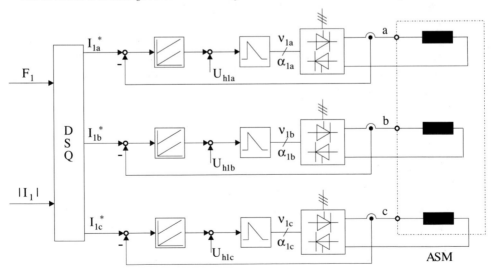

Abb. 11.5: *Grundansatz der Regelschaltung zum Einprägen des Drehstromsystems (DSQ = Drehstrom-Sollwertquelle;)*

Drehstrom-Sollwertquelle DSQ erzeugt und sind nach Frequenz F_1 und Strom-amplitude $|I_1|$ einstellbar.

Wie bereits in Kap. 4.3.1 beschrieben, werden zur Störgrößenaufschaltung – bei GNM EMK-Aufschaltung – im Stromregelkreis die Hauptspannungen U_{h1} der Drehfeldmaschine verwendet. Der Stromregler ist adaptiv – siehe Kapi-tel 4.1.2.1 und [97] Kapitel 10 –, um sowohl bei lückendem als auch bei nicht-lückendem Strom die gleiche Regeldynamik sicherzustellen. Der Block DSQ ist die Drehstrom-Sollwertquelle; die Eingangsgrößen der DSQ sind die Statorfrequenz F_1 und der Betrag des einzuprägenden Statorstroms $|I_1|$. Die Ausgangssignale der DSQ sind die drei Statorstrom-Sollwerte. Zu beachten ist, daß bei einer Schal-tung der Last nach Abb. 11.4.a nicht drei unabhängig arbeitende Stromregler verwendet werden dürfen.

Die Regelung der Statorströme, damit des Drehmoments und somit der Dreh-zahl, erfolgt mittels der Entkopplung oder der Feldorientierung (Kap. 12), wobei die Statorströme im K– bzw. S–System geregelt werden und somit nur zwei Stromregler benötigen.

Zu beachten ist die Beschränkung der Ausgangsfrequenz auf ca. 50 % der Netzfrequenz, die durch zwei Effekte bedingt ist. Der erste Effekt sind die Seiten-bänder, deren variable Frequenzen mit der Sollfrequenz zusammen fallen können und damit unerwünschte Zusatzsignale erzeugen, siehe Kapitel 3.4 in [102]. Der zweite begrenzende Effekt ist der Abbildung 4.39 in [102] zu entnehmen. Bei zu-nehmenden hohen Frequenzen werden immer weniger Thyristoren den Laststrom übernehmen, sodass diese Thyristoren überlastet werden. Der Direktumrichter ist somit ein Stellglied für langsam laufende Antriebe, bei denen auch bei der Drehzahl Null das volle Drehmoment erforderlich ist, transiente Überlastungen aufgrund der thermischen Reserve der Drehfeldmaschine sind zulässig. Durch beispielsweise Serienschaltung und in der Phase verschobenen Versorgungsspan-nungen der Umkehrstromrichter werden hohe Statorspannungen somit hohe Lei-stungen sowie die Reduzierung von Harmonischen – durch die Erhöhung der Pulszahl – und der Blindleistung ermöglicht, siehe Abbildung 11.6. Ausführli-chere Informationen sind in Kapitel 3 in [102] zu finden.

Einsatzgebiet

Der Direktumrichter kann bevorzugt niedrige Ausgangsfrequenzen F_1 im Bereich $F_1/F_N \leq 0,5\ (0,3)$ bei im vorgegebenen Leistungsbereich beliebigen Strömen erzeugen. Der Antrieb kann daher um den Drehzahlbereich Null hohe Drehmo-mente und hohe Leistungen liefern. Das Antriebssystem ist somit insbesondere für Antriebsaufgaben mit hohen Leistungen und hohen Drehmomenten bei nicht zu hohen Drehzahlen als Vier-Quadrant-Antrieb geeignet.

Der Direktumrichter hat in den letzten Jahren wieder Bedeutung erlangt, ins-besondere als Stellglied für drehzahlvariable Synchronmaschinen. Dafür gibt es verschiedene Gründe. Das Stellglied ist im Prinzip von der Gleichstromantriebs-technik her gut bekannt. Es ist ein Stellglied, das relativ preiswert ist und bei dem die Leistung auf mehrere Einzelstellglieder verteilt werden kann. Es lassen

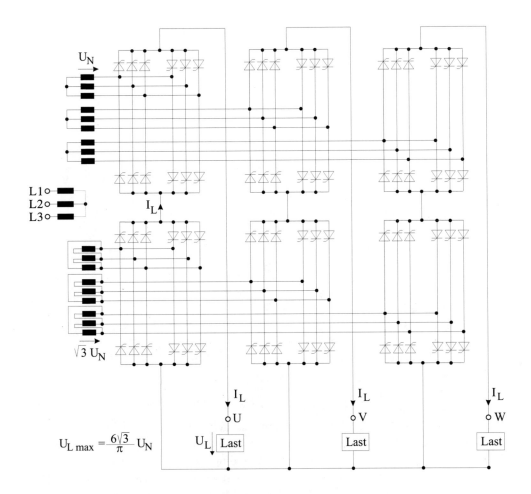

Abb. 11.6: *Zwölfpulsiger Direktumrichter für doppelte Spannung*

sich daher auch hohe Leistungen einfach realisieren. Ein typischer Einsatzfall sind Rohrmühlen beispielsweise bei der Zementherstellung. Ein weiterer, neuer Einsatzfall sind Pumpspeicherantriebe, beispielsweise die Pumpspeicherantriebe Goldisthal mit zwei 100 MVA kreisstrombehafteten Direktumrichtern. Die Direktumrichter ersetzen die Untersynchronen Kaskaden im Pumpspeicherwerk in Goldisthal mit je 340 MVA.

11.2   Stromrichtermotor

Der Stromrichtermotor ist eine Schaltungsvariante, bestehend aus einem netzge-führten Stromrichter STR I als Einspeisesystem, einer Zwischenkreisdrossel D, ei-nem lastgeführten Stromrichter STR II und einer Synchronmaschine (Abb. 11.7).

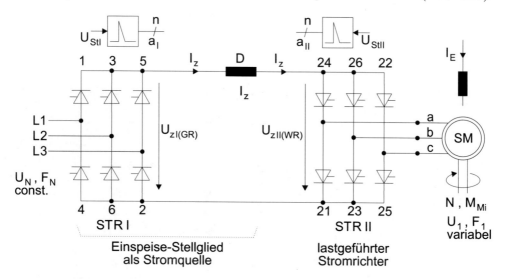

Abb. 11.7: *Schaltbild des Stromrichtermotors*

Das Einspeise-Stellglied STR I ist ein netzgeführter Stromrichter, der von einem Netz N mit fester Spannung U_N und Frequenz F_N gespeist wird. Durch Variation von α_I kann am Ausgang entweder eine positive Gleichspannung U_{zI} (GR-Betrieb: $30° < \alpha_I \leq 90°$) oder eine negative Gleichspannung U_{zI} (WR-Betrieb: $90° < \alpha_I \leq 150°$) erzeugt werden. Die Beschränkung der Aussteuerung auf 150° im Wechselrichterbetrieb ist durch die Überlappung $ü$ und die Schonzeit der Thyristoren bedingt. Aufgrund der Leistungshalbleiterwirkung der Thyristo-ren ist aber nur eine Richtung des Stroms I_z möglich.

Die Steuer- und Kommutierungsblindleistung des Stellglieds I wird vom Netz N zur Verfügung gestellt. Das Stellglied I ist daher ein Stellglied, wie es bereits von den Gleichstromantrieben her bekannt ist.

Im Zwischenkreis zwischen den Stellgliedern STR I und STR II ist eine Zwischenkreisdrossel D angeordnet. Durch die Zwischenkreisdrossel D werden die Stromrichter STR I und STR II in den Augenblicksspannungen entkoppelt. Die mittleren Spannungen sind dagegen bis auf den ohmschen Spannungsabfall der Drosselspule gleich. Durch die Drosselspule D wird das Gesamt-Einspeise-Stellglied bestehend aus Stromrichter STR I und Drossel D zu einer Stromquelle mit variablem Zwischenkreisstrom I_z.

11.2.1   Prinzipielle Funktion

Wir wollen in den folgenden, sehr grundsätzlichen Überlegungen von einem konstanten Strom I_z ausgehen und die Funktion des Stellglieds STR II in Verbindung mit der Synchronmaschine SM untersuchen.

In Abbildung 11.7 wird angenommen, daß der Erregerstrom $I_E \neq 0$ ist und die Leistungshalbleiter 24 und 25 des Stellglieds STR II gezündet seien. Der Strom I_z fließt somit in die Phase a der SM und aus der Phase c der SM zurück zum Stellglied STR I. Der Ankerstrombelag nimmt daher eine durch die Wicklungen gegebene feste räumliche Lage ein. Wenn angenommen wird, daß nach einiger Zeit der Strom von dem Leistungshalbleiter 24 zu dem Leistungshalbleiter 26 des Stellglieds STR II kommutiert, dann nimmt nach der Kommutierung der Statorstrombelag eine neue feste räumliche Lage an. In dieser Weise können durch zyklisches Fortschalten des Zwischenkreisstroms I_z sechs feste räumliche Lagen des Statorstrombelags erzeugt werden, da es nur sechs Thyristor-Kombinationen bei Brückenschaltungen mit p = 6 gibt.

Da – wie oben angenommen – der Erregerstrom I_E in der Polradwicklung $I_E \neq 0$ ist, wird sich aufgrund des Statorstrombelages und damit dem Statorfluß einerseits und dem Polradfluß andererseits ein Drehmoment so ausbilden, daß sich ein minimaler magnetischer Widerstand auszubilden versucht, d.h. das Polrad bewegt sich in Richtung dieses Ziels. Dies bedeutet letztendlich, daß das Polrad dem sprungförmig umlaufenden Statorstrombelag folgt und somit in Abhängigkeit von der Zündimpulsfrequenz des Stromrichters II – richtige Einstellung aller Parameter vorausgesetzt – in der Bewegung folgt. Das bedeutet, die Drehzahl N bzw. die Winkelgeschwindigkeit Ω_1 des Polrads kann über die Zündimpulsfrequenz verstellt werden.

Nun ist noch ungeklärt, wie der Strom I_z von einem Leistungshalbleiter zum nächsten Leistungshalbleiter kommutieren kann. Unter den Annahmen, das Polrad sei mit dem Strom I_E erregt und habe die Drehzahl N, wird an den Klemmen der SM ein der Drehzahl N proportionales Spannungssystem erzeugt. Durch dieses Spannungssystem wird die Kommutierung des STR II ermöglicht. Da die Steuer- und Kommutierungsblindleistung von der Last SM geliefert wird, wird diese Art des Betriebs „lastgeführte Kommutierung" genannt.

Wie später im Abschnitt 11.2.2 (Lastgeführte Kommutierung, siehe auch netzgeführte Kommutierung, Kapitel 4.1.2.3) noch genauer gezeigt wird, muß die Synchronmaschine übererregt sein, d.h. kapazitive Blindleistung liefern können, um die Kommutierung zu ermöglichen. Diese Blindleistung deckt den Bedarf des Stromrichters STR II an Kommutierungs- und Steuerblindleistung. Über den Zwischenkreis wird die Wirkleistung $P_z = U_z \cdot I_z$ an STR II und die SM übertragen. Bezüglich der Blindleistung bilden jeweils SM und STR II sowie Netz und STR I geschlossene Systeme, bei denen die Stromrichter die von der SM bzw. dem Netz abgegebene Blindleistung vollständig aufnehmen. Diese Bedingung muß bei der Auslegung und Steuerung des Systems beachtet werden.

Betriebsfälle des Stromrichtermotors

Abhängig vom Wirkleistungsfluß sollen jetzt die prinzipiellen Steuerbedingungen für die Stromrichter STR I und STR II abgeleitet werden.

Aus Abb. 11.7 ist zu entnehmen, daß im stationären Betrieb $U_{zI} = U_{zII} = U_z$ sein muß, wenn der Widerstand R_D der Drosselspule zu Null angenommen wird.

Wenn U_{zI} im Gleichrichterbereich ausgesteuert ist, muß daher U_{zII} im Wechselrichterbereich ausgesteuert sein, und es wird Wirkleistung vom Netz N zur SM übertragen; die SM ist im Motorbetrieb (Abb. 11.8).

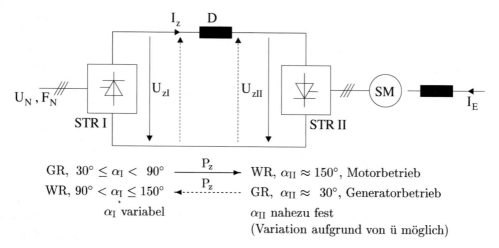

$$
\begin{array}{ll}
\text{GR, } 30° \leq \alpha_I < 90° & \xrightarrow{\quad P_z \quad} \quad \text{WR, } \alpha_{II} \approx 150°, \text{ Motorbetrieb} \\
\text{WR, } 90° < \alpha_I \leq 150° & \xleftarrow{\;\; P_z \;\;} \quad \text{GR, } \alpha_{II} \approx 30°, \text{ Generatorbetrieb} \\
\quad\quad \alpha_I \text{ variabel} & \quad\quad \alpha_{II} \text{ nahezu fest} \\
& \quad\quad \text{(Variation aufgrund von ü möglich)}
\end{array}
$$

Abb. 11.8: *Betriebsfälle des Stromrichtermotors*

Wenn dagegen STR I im Wechselrichterbetrieb arbeitet, dann muß STR II im Gleichrichterbetrieb sein, und die Wirkleistung wird von der SM in das Netz übertragen. Die SM ist im Generatorbetrieb und wird abgebremst.

Somit kann allein durch Steuern der Zündwinkel α_I und α_{II} sowohl Motor- als auch Bremsbetrieb (Generatorbetrieb der SM) erreicht werden.

Bei der Aussteuerung der Stromrichter ist zu beachten, daß zur Vermeidung des Wechselrichterkippens, wie in Kapitel 4.1.2.4 bzw in [97] Kapitel 2.1.7 erklärt, der Steuerwinkel kleiner als 180° gewählt werden muß. Im allgemeinen wird $\alpha_{max} = 150°$ und aus Symmetriegründen $\alpha_{min} = 30°$ verwendet.

Um den Blindleistungsbedarf im System STR II—SM so gering wie nur möglich zu halten, gibt man für α_{II} je nach Betriebsfall die vorgegebenen festen Steuerwinkel von entweder $\alpha_{II} = 150°$ (Motorbetrieb) oder $\alpha_{II} = 30°$ (Generatorbetrieb) vor.

Durch die vorgegebenen festen Steuerwinkel α_{II} wird sich bei variabler Drehzahl N der Synchronmaschine im stationären Betrieb eine mit steigender Drehzahl ansteigende Zwischenkreisspannung U_{zII} ergeben. Da weiterhin $U_{zI} = U_{zII}$ ist, muß deshalb der Steuerwinkel α_I entsprechend der Drehzahl der Synchronmaschine verstellt werden. Für Stillstand ergibt sich $\alpha_I = 90°$, für maximale

Drehzahl im Motorbetrieb $\alpha_I = 30°$ und für maximale Drehzahl im Generatorbetrieb $\alpha_I = 150°$.

$$|U_{zI}| = |U_{zII}| \tag{11.3}$$

$$U_{di0\,I} \cdot \cos\alpha_I - D_{xI} = -U_{di0\,II} \cdot \cos\alpha_{II} + D_{xII} \tag{11.4}$$

$$U_{di0\,II} = f(N, I_E) \tag{11.5}$$

$$\alpha_{II} = 150° \ (30°) \tag{11.6}$$

$$I_z = f(M_{Mi}) \tag{11.7}$$

Drehrichtungsumkehr beim Stromrichtermotor

Durch Vertauschen der Zündimpulsfolge für den STR II kann zusätzlich die Drehrichtung des sprungförmig umlaufenden Strombelags geändert werden. Eine Drehrichtungsumkehr ist somit ebenso ohne zusätzlichen Aufwand im Leistungsteil möglich. Bei Drehzahl $N = 0$ ist allerdings keine lastgeführte Kommutierung mehr möglich (siehe auch Anfahrvorgang, Kap. 11.2.3).

11.2.2   Lastgeführte Kommutierung

Grundsätzlich muß einerseits zwischen der Zuordnung der Grundschwingungen der Spannungen und Ströme in STR II und SM und andererseits der lastgeführten Kommutierung an sich unterschieden werden.

Zuerst soll die Zuordnung der Spannungen und Ströme behandelt werden, um das resultierende kapazitive Verhalten der Synchronmaschine aufzuzeigen.

Entsprechend der Schaltung des Stromrichters II und der Numerierung der Leistungshalbleiter (Abb. 11.9) liegen die Zündzeitpunkte des Leistungshalbleiters 24 bei den Nulldurchgängen der Phasenspannungen U_{1a} bzw. U_{1c}: $\alpha_{II} = 150°$ im Motorbetrieb beim Nulldurchgang von negativer zu positiver Spannung der Phasenspannung U_{1a}, $\alpha_{II} = 30°$ im Generatorbetrieb beim Nulldurchgang von negativer zu positiver Spannung der Phasenspannung U_{1c} (siehe Abb. 4.15 und 11.11).

Da – wie bei jeder Drehstrom-Brückenschaltung– im Wechselrichter STR II alle 60° el. eine Kommutierung vorgenommen wird und jeder Leistungshalbleiter für 120° el. einen rechteckförmigen Strom (Vernachlässigung der Kommutierungen) führt, ist die Grundschwingung des Phasenstroms $I_{1a(1)}$ um $\varphi_1 = 30°$ gegenüber der Zündung von Leistungshalbleiter 24 voreilend (Abb. 11.10).

Anmerkung: Abbildungen 10.9 ff: Die flussbildenden Ströme i_E bzw. i_{E1} in den Abbildungen 3.4 bzw. 3.5 bestimmen den Fluss in Amplitude und Orientierung.

Bei motorischem Betrieb mit $\alpha_{II} = 150°$ bedeutet dies somit beispielsweise, daß Leistungshalbleiter 24 im positiven Nulldurchgang von U_{1a} gezündet wird und dadurch die Grundschwingung des Stroms $I_{1a(1)}$ gegenüber der Phasenspannung U_{1a} um $\varphi_1 = 30°$ voreilt (Abb. 11.10). Die Synchronmaschine muß also ein kapazitives Verhalten aufweisen, d.h. übererregt sein.

Wie bereits diskutiert, würde bei Steuerwinkeln $\alpha_{\mathrm{II}} < 150°$ eine frühere Zündung des Leistungshalbleiters 24 erfolgen; die rechteckförmigen 120°-Stromblöcke würden damit bereits zu diesen früheren Zeitpunkten beginnen und die Voreilung der Grundschwingung φ_1 wäre noch größer. Dies würde sich ungünstig auf die von der Synchronmaschine bereitzustellende kapazitive Blindleistung auswirken und wird deshalb vermieden. Analoge Überlegungen gelten für den Generatorbetrieb.

In Abb. 11.11 ist der Vorgang einer Kommutierung im STR II dargestellt. Es ist zu erkennen, daß – bedingt durch die Kommutierung und die daraus folgende Überlappung $\ddot{u}$ – der Stromanstieg bzw. -abfall „verschliffen" wird; daraus folgt die bereits aus der Gleichstrom-Antriebstechnik bekannte Änderung des Phasenwinkels φ_1 um $\Delta\varphi_1 \approx \ddot{u}/2$ (Kapitel 4.1.2.5 und in [97] Kapitel 2.3) . Der Überlappungswinkel $\ddot{u}$ wird mit steigendem Zwischenkreisstrom I_z größer.

Betrachtet wird die Kommutierung des Stroms von Thyristor 24 zu Thyristor 26. Zunächst führt Thyristor 24 den Strom. Im Zeitpunkt t_1 (positiver Nulldurchgang von U_{1b}) wird der Thyristor 26 gezündet. Aufgrund der Wicklungsinduktivitäten der Synchronmaschine kann der Strom in Thyristor 24 nicht sofort abgegeben und von Thyristor 26 nicht sofort übernommen werden. Dies bedeutet, daß die Thyristoren 24 und 26 gleichzeitig eingeschaltet sind und daß sich aufgrund der Kurzschlußwirkung der beiden Thyristoren 24 und 26 an den Klemmen a und b der Mittelwert (gestrichelte Linie) der beiden Spannungen U_{1a} und U_{1b} ausbildet. Die verkettete induzierte Spannung fällt also an den beiden Wicklungsstreuinduktivitäten ab.

Da die Spannung U_{1b} negativ gegenüber der Spannung U_{1a} ist, wird sich ein positiver Kurzschlußstrom von Thyristor 26 über die Wicklungen b und a nach Thyristor 24 ausbilden. Dieser Kurzschlußstrom kann so lange fließen, bis der Strom im Thyristor 24 Null wird und sich umkehren will. Die Dauer der Kom-

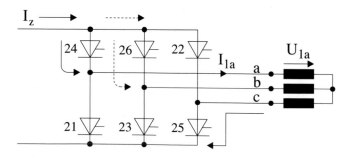

Abb. 11.9: *Stromfluß im Stromrichter II bei einer Kommutierung (von Thyristor 24 nach 26, d.h. von Phase a nach b)*

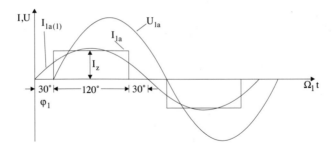

Abb. 11.10: *Zeitliche Lage von Phasenspannung und Phasenstrom der SM im Motorbetrieb (Kommutierung vernachlässigt)*

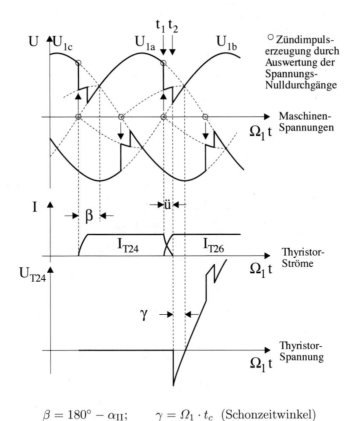

$$\beta = 180° - \alpha_{\mathrm{II}}; \qquad \gamma = \Omega_1 \cdot t_c \quad \text{(Schonzeitwinkel)}$$

Abb. 11.11: *Kommutierung des Stroms in zwei Brückenzweigen des SM-seitigen Stromrichters (Motorbetrieb,* α_{II} = 150°; U_{T24} = *Spannung an Thyristor 24;* I_{T24} *entspricht dem positiven Stromblock von* I_{1a} *in Abb. 11.10)*
Anmerkung: Abbildungen 10.10 ff: Die flussbildenden Ströme i_E bzw. i_{E1} in den Abbildungen 3.4 bzw. 3.5 bestimmen den Fluss in Amplitude und Orientierung.

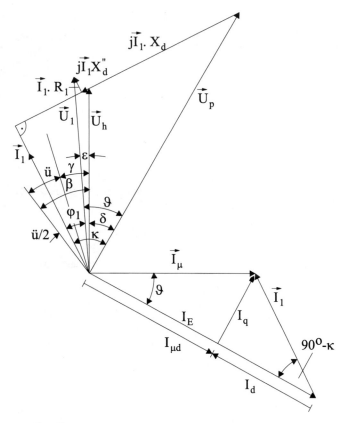

$$\varphi_1 \;=\; \angle\,(\vec{U}_1,\,\vec{I}_1) \;=\; \text{Phasenwinkel}, \qquad \beta \;=\; \text{Wechselrichtersteuerwinkel}$$
$$\vartheta \;=\; \angle\,(\vec{U}_1,\,\vec{U}_p) \;=\; \text{Polradwinkel}, \qquad \kappa \;=\; \text{Wellensteuerwinkel}$$
$$\varepsilon \;=\; \angle\,(\vec{U}_1,\,\vec{U}_h)\,, \qquad\qquad\quad\; \gamma \;=\; \text{Schonzeitwinkel}$$
$$\delta \;=\; \angle\,(\vec{U}_h,\,\vec{U}_p) \qquad\qquad\qquad \ddot{u} \;=\; \text{Überlappungswinkel}$$

Abb. 11.12: *Zeigerdiagramm der Synchronmaschine*

mutierung richtet sich nach den Induktivitäten im Kommutierungskreis und wird als Überlappungswinkel $\ddot{u}$ bezeichnet.

Es baut sich demnach der Strom im Thyristor 24 in dem Maße nach einer Sinusfunktion ab, wie er sich im Thyristor 26 aufbaut. Die Spannung U_{T24} am Thyristor 24 ist solange gleich Null, wie der Thyristor 24 noch leitend ist, d.h. bis zum Zeitpunkt t_2.

Erst nach dem Zeitpunkt t_2 springt die Spannung am Thyristor 24 auf den Spannungswert der momentanen Differenz zwischen U_{1a} und U_{1b}. Da zu diesem Zeitpunkt U_{1b} noch immer negativ gegenüber U_{1a} ist, liegt eine negative Sperrspannung am Thyristor 24. Dieser Bereich der negativen Sperrspannung wird als Schonzeit t_c bezeichnet. Innerhalb dieser Zeit muß der der Thyristor wieder seine volle Blockierfähigkeit erlangen.

Die Schonzeit t_c darf einen bestimmten Wert, die Freiwerdezeit t_q, nicht unterschreiten. Der Steuerwinkel α_{II} muß demnach so gewählt werden, daß sowohl der Überlappungswinkel $\ddot{u}$ als auch der Maximalwert für die Schonzeit eingehalten werden. Da die Überlappung $\ddot{u}$ bei maximalem Strom und die Schonzeit bei maximaler Frequenz ihren größten elektrischen Winkel erreichen, richtet sich die Einstellung des Steuerwinkels α_{II} nach den Maximalwerten von Strom und Drehzahl.

Grob abgeschätzt, läßt sich aus Abb. 11.10 und 11.11 erkennen, daß das Leistungshalbleiter 26 ungefähr beim positiven Nulldurchgang der Spannung U_{1b} gezündet werden muß, damit $\ddot{u}$ und der Schonzeitwinkel $\gamma = \Omega_1 \cdot t_c$ eingehalten werden. Dies entspricht dem Zündwinkel $\alpha_{II} = 150°$. Die Strom-Grundschwingung $I_{1a(1)}$ eilt dann gegenüber der Spannung U_{1a} um etwa $30°$ vor. Die Auswertung der Nulldurchgänge der Spannungen wird zur automatischen Erzeugung der Zündimpulse des STRII genutzt und folgt damit den Frequenz- bzw. Drehzahl-Änderungen; damit wird ein „Kippen der SM" vermieden.

Dieses Ergebnis kann auf das Zeigerdiagramm der SM übertragen werden (Abb. 11.12). Daraus ist zu erkennen, daß die Grundschwingung des Stroms I_1 der Grundschwingung der Spannung U_1 um den Winkel φ_1 voreilt. Da – wie besprochen – alle $360°/p$ eine Kommutierung erfolgt, muß somit der Winkelbereich des Stroms I_1 bei $\varphi_1 + 360°/2p$ voreilend beginnen und bei $\varphi_1 - 360°/2p$ enden.

11.2.3 Anfahrvorgang

Aus den vorhergehenden Überlegungen ist zu entnehmen, daß bei der Drehzahl $N = 0$ der Synchronmaschine auch die Spannungen $U_1 = U_h = 0$ sind. Die Synchronmaschine kann daher bei kleinen Drehzahlen $|N/N_N| = 0 \ldots 0,1$ nicht die Steuer- und Kommutierungsblindleistung für den lastgeführten Stromrichter STR II liefern. Der Stromrichtermotor beherrscht somit nicht den Drehzahlbereich um $N \approx 0$.

Um ohne großen zusätzlichen Aufwand im Leistungsteil das Anfahren aus dem Stillstand sicherzustellen, wird folgende Lösung verwendet:

Angenommen sei die Drehzahl $N = 0$. Wenn nun zwei Leistungshalbleiter des STR II Zündimpulse (Langimpulse) erhalten (z.B. die Leistungshalbleiter 24 und 25 in Abb. 11.9), dann kann durch Ansteuern des STR I in den Gleichrichterbetrieb (GR I) ein Strom I_z erzeugt werden, und es entsteht in der SM ein durch die stromdurchflossenen Wicklungen örtlich fixierter Strombelag.

Bei richtig gewählter Zuordnung zwischen der Lage des Polrads und den Zündimpulsen für die Leistungshalbleiter des STR II, wird sich das Polrad in der richtigen Drehrichtung auf den Statorstrombelag zubewegen.

Während sich das Polrad auf den Statorstrombelag zubewegt, wird der STR I in den Wechselrichterbetrieb (GR I) gesteuert und der Strom I_z zu Null abgebaut. Wenn der Strom I_z zu Null geworden ist, werden alle Leistungshalbleiter sperr- bzw. blockierfähig – auch die zwei vorher gezündeten Leistungshalbleiter des STR II. Nach Ablauf der Schonzeit für die Leistungshalbleiter des STR II können somit

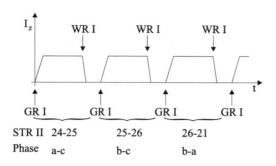

Abb. 11.13: *Taktung des Zwischenkreisstroms I_z*

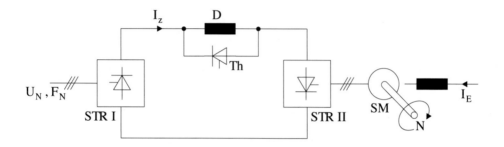

Abb. 11.14: *Anfahrhilfe mit Thyristor Th für die Zwischenkreisstrom-Taktung*

zwei andere Leistungshalbleiter des STR II gezündet werden (z.B. 25 und 26 in Abb. 11.9), und es kann wiederum der Strom I_z aufgebaut werden. In Abb. 11.13 ist das Verfahren der Zwischenkreisstrom-Taktung dargestellt.

Der zeitliche Auf- und Abbau des Zwischenkreisstroms I_z wird durch die Drosselspule D begrenzt, da das Stellglied STR I nur eine begrenzte Spannung U_{zI} bereitstellen kann. Um den Abbau des Stroms I_z zu beschleunigen, wird deshalb der Thyristor Th entgegen der Stromrichtung von I_z und parallel zur Drossel D mit dem Wechselrichterbefehl für STR I zusätzlich angesteuert. Der Thyristor Th übernimmt somit den Drosselstrom während des Stromabbaus, und der Strom in der SM kann daher aufgrund der kleineren resultierenden Induktivität schneller abgebaut werden (Abb. 11.14).

Das Anfahren des Systems von der Drehzahl Null aus ist durch die Zwischenkreistaktung auch bei gefordertem Lastmoment möglich. Etwa ab $5 \ldots 10\,\%$ der Nenndrehzahl wird von der Zwischenkreistaktung auf die lastgeführte Kommutierung umgeschaltet. Es muß somit bei dieser Lösung beachtet werden, daß der Drehzahlbereich $|N/N_N| \leq (0,05 \ldots 0,1)$ dynamisch nur mit Einschränkungen zur Verfügung steht.

11.2.4   Drehmomentpendelungen

Bereits zu Beginn wurde darauf hingewiesen, daß der Statorstrombelag in der SM bedingt durch STR II nur sprungförmig umlaufen kann. Es entsteht bei einem sechspulsigen Stromrichter II während einer Periode jeweils ein Stromblock von 120° positiv und ein Stromblock von 120° negativ in jeder Zuleitung. Diese Ströme erzeugen in der Maschine einen Statorstrombelag, der alle 60° elektrisch um ein Drittel der Polteilung in Drehrichtung weitergeschaltet wird. Während der Stromleitdauer der Leistumgshalbleiter (Alleinzeit, keine Kommutierung) ist der Strombelag räumlich und zeitlich konstant (I_z = const.). Während dieser Zeit dreht sich aber das Polrad mit der Drehzahl N.

Für das Zeigerdiagramm im Polrad-Koordinatensystem bedeutet dies, daß der Zeiger des Ankerstroms einen Winkel von 60° überstreicht und während der Kommutierung auf seine Ausgangsposition zurückspringt. Abbildung 11.15 zeigt im Zeigerdiagramm die Zuordnung der Zeiger im stationären Betrieb.

Der Ankerstrombelag springt in Abb. 11.15 am Anfang der Stromführungsdauer um $360°/2p = 30°$ ($p = 6$) vor die mittlere Lage des Strombelages mit dem Winkel φ_1. Am Ende der Stromführungsdauer hat der Ankerstrombelag einen um 30° geringeren Winkel als der mittlere Winkel des Strombelags.

Es gilt für die elektrische Leistung

$$P_1 \;=\; 3 \cdot U_1 \cdot I_1 \cdot \cos\varphi_1 \tag{11.8}$$

und damit für den Drehmoment-Mittelwert:

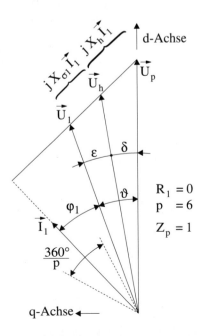

Abb. 11.15: *Zeigerdiagramm im Polradkoordinatensystem*

$$\overline{M}_{Mi} = \frac{3 \cdot U_1 \cdot I_1}{\Omega_m} \cdot \cos\varphi_1 \qquad (11.9)$$

Da sich der Winkel zwischen U_1 und I_1 um $\pm\,30°$ während einer resultierenden Stromführungsdauer von $60°$ ändert, muß sich somit auch das Luftspaltmoment M_{Mi} ändern:

$$\Delta M_{Mi}(t) = \frac{3 \cdot U_1 \cdot I_1}{\Omega_m} \cdot \cos(\varphi_1 + 30° - \Omega_1 t) \qquad (11.10)$$

$$0° \leq \Omega_1 t \leq 60°\,; \qquad p = 6$$

Wie bereits dargestellt, wird der Winkel $\varphi_1 \approx 30°$ sein (bei $\alpha_{II} = 150°$ und $\ddot{u} = 0$). Damit liegt auch der Drehmomentverlauf fest (Abb. 11.16).

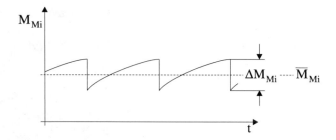

Abb. 11.16: *Drehmomentverlauf bei $\alpha_{II} = 150°$, $p = 6$ und $\ddot{u} = 0$*

Diese Momentpendelungen im Luftspaltmoment sind Oberschwingungsmomente mit der Ordnung $6\,k$ ($k = 1, 2, 3, \dots$). Falls das an das Antriebssystem ge-koppelte mechanische System eine Torsionseigenfrequenz aufweist, die mit einer Momentoberschwingung des Antriebssystems zusammenfällt, können erhebliche zusätzliche Belastungen des mechanischen Systems auftreten. Eine Abhilfemaß-nahme ist, die Stromkurvenform von I_z so zu verändern, daß die Momentpende-lungen verringert werden.

Eine weitaus häufiger eingesetzte Abhilfemaßnahme zur Verringerung der Mo-mentpendelungen ist die Erhöhung der Pulszahl des Stromrichtermotors. Um beispielsweise die Pulszahl p auf 12 zu erhöhen, muß die SM zwei Teilwicklungs-systeme halber Leistung haben, die um $360°/12 = 30°$ gegeneinander versetzt sind. Außerdem müssen zwei Einspeisesysteme halber Leistung vorgesehen wer-den.

Durch die Maßnahme $p = 12$ werden die Momentpendelungen mit ungera-der Ordnungszahl k der beiden Teilwicklungen sich gegenseitig kompensieren, die Momentpendelungen mit gerader Ordnungszahl k bleiben aber erhalten. Ein neuerer Anwendungsfall sind die 65 MW Stromrichtermotoren mit p=12 in Ham-merfest zur Verflüssigung von Gas (LNG, liquid natural gas).

11.2.5   Regelung des Stromrichtermotors

In diesem Unterkapitel soll die Regelung des Stromrichtermotors nur für den stationären und quasistationären Betrieb dargestellt werden.

Wie bereits beschrieben, wird der Stromrichter STR I als Stromquelle für den lastgeführten Stromrichter und die SM dienen. Der Strom I_z kann mittels eines Stromregelkreises für STR I geregelt werden. Im Stromrichter II kann durch Änderung der Zündimpulsfrequenz die Statorfrequenz für die Synchronmaschine verstellt werden.

Um ein Verhalten der Synchronmaschine wie beim Gleichstrom-Nebenschluß-motor zu erreichen, d.h. ein Kippen der Synchronmaschine zu vermeiden, muß entsprechend der Drehmomentformel (6.152)

$$M_{Mi} \;=\; \frac{3}{2} \cdot \frac{\hat{U}_1 \cdot \hat{U}_p}{X_1 \cdot \Omega_m} \cdot \sin\vartheta \qquad (11.11)$$

der Polradwinkel ϑ immer kleiner als 90° bleiben. Entsprechend muß auch der Winkel zwischen U_1 und U_p kleiner als 90° sein. Da das Moment $M_{Mi} = f(\vartheta)$ bei symmetrischen Synchronmaschinen ohne Dämpferwicklung von I_q gesteuert wird, kann durch regelungstechnische Begrenzung des Statorstroms I_1 die Einhaltung der Winkelbedingung sichergestellt werden.

Es verbleibt für die Steuerung des Stromrichters, die Kommutierungsbedingung sicherzustellen. Dies wird beispielsweise durch $\alpha_{II} = 150°$ (30°) erreicht.

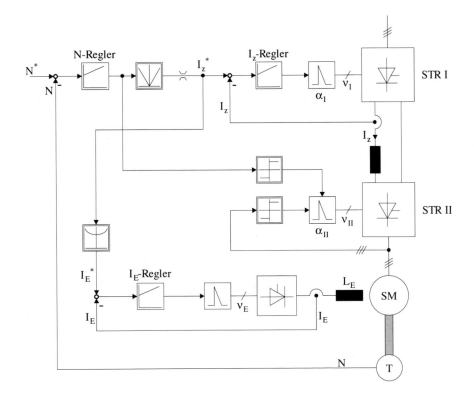

Abb. 11.17: *Prinzipschema einer quasistationären Regelung des maschinengeführten Stromrichtermotors*

Nach Abb. 11.11 kann diese Information aus den Nulldurchgängen der Phasenspannungen der Synchronmaschine abgeleitet werden.

Diese Art der Steuerung des Stromrichters II wird „Maschinenführung" genannt. Aus den Ableitungen zu Abb. 6.23 und 6.25 in Kap. 6.4.3 ist für den
Stromrichtermotor zu entnehmen, daß bei einer Änderung des Moments M_{Mi}
der Strom I_μ konstant gehalten werden soll.
Es galt nach Gl. (6.153):

$$I_\mu^2 = I_E^2 + I_1^2 - 2 \cdot I_E \cdot I_1 \cdot \cos(90° - \kappa) \tag{11.12}$$

wobei I_1 direkt proportional zu I_z ist. Das heißt, bei einer Änderung von I_1 muß
bei $I_\mu = $ const. der Erregerstrom I_E korrigiert werden.

Damit ist das Regelschema für den quasistationären Betrieb der Synchronma-
schine in Abb. 11.17 verständlich. In [97] Kapitel 16.5 „Regelung der SM durch
Feldorientierung" wird die hochdynamische Regelung mittels Vorsteuerung durch
Entkopplung und Feldorientierung erläutert.

11.2.6   Einsatzgebiete Stromrichtermotor

Der Stromrichtermotor ist eine Antriebsvariante, die nur die schaltungstechnisch
einfache Struktur der Thyristorbrücke sowohl auf der Netzseite als auch auf der
Seite der Synchronmaschine verwendet. Eine gewisse Problematik besteht darin,
dass die Synchronmaschine die Steuer- und Kommutierungs-Blindleistung für die
maschinenseitige Thyristorbrücke (Lastkommutierung) bereitstellen muss. Diese
Anforderung führt zu einer Erhöhung der Dimensionierungs-Leistung der Synchronmaschine. Bei den BL-Motoren wird die Erregerwicklung nicht mehr über
Schleifringe gespeist sondern transformatorisch mittels einer Wicklung, die von
einer der Drehzahl des Motors entgegenlaufenden, steuerbaren Spannung gespeist
wird. In dem Motor ist die zweite Wicklung, die an eine Diodenbrücke angeschlossen, die Diodenbrücke ist gleichstromseitig mit der Erregerwicklung verbunden.

Wesentliche Merkmale beim Stromrichtermotor sind: Einfache Schaltungsstruktur in Verbindung mit der Realisierung hoher bis sehr hoher Antriebsleistungen, der Vierquadrantenbetrieb mit gewissen Einschränkungen beim Drehzahlbereich um Null sowie die Verminderung der Drehmomentpendelungen durch
eine zwölfpulsige Ausführung, sowie die Verringerung der Pendelungen des Drehmoments sowie der Netzbelastungen durch eine Ausführung mit höherer Pulszahl, siehe Abbildung 11.18. Ausführlichere Informationen sind in Kapitel 5 in
[102] zu finden. Diese Antriebsvariante hat aufgrund der oben genannten Eigenschaft hohe Antriebsleistungen mit einer einfachen und preiswerten Technik zu
ermöglichen noch eine gewisse Bedeutung für Antriebe mit Leistungen über 20
MW.

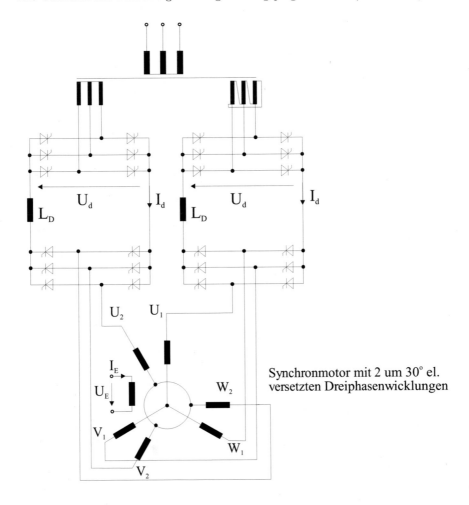

Abb. 11.18: *Zwölfpulsige Stromrichtermotor–Anordnung*

11.3 Umrichter mit Phasenfolgelöschung und eingeprägtem Strom (I-Umrichter)

11.3.1 Prinzipielles Systemverhalten

Die Struktur der Schaltung des I-Umrichters mit Phasenfolgelöschung zeigt die Abbildung 11.19. Aus der Schaltungsstruktur ist die Ähnlichkeit mit der Schaltungsstruktur des Stromrichtermotors zu erkennen, Abbildung 11.20.

Die Einspeisequellen sind in beiden Schaltungen gleich. Es sind Stromquellen, die im Strom I_z einstellbar sind, die Spannung U_z stellt sich entsprechend den Lastbedingungen am maschinenseitigen Stellglied ein. Während beim Stromrichtermotor der maschinenseitige Stromrichter lastgeführt ist, d.h. die Steuer- und

Kommutierungsblindleistung wird von der Synchronmaschine bereitgestellt, sind bei der Asynchronmaschine Kommutierungshilfen notwendig. Diese Kommutierungshilfen sind die Kommutierungskondensatoren C_1 bis C_6 und die Kommutierungsdioden V_{31} bis V_{36}; das maschinenseitige Stellglied ist damit selbstgeführt.

Das grundsätzliche Betriebsverhalten des Antriebs mit selbstgeführtem Stromrichter mit Phasenfolgelöschung und Asynchronmaschine entspricht dem Betriebsverhalten des Stromrichtermotors, d.h.

- es werden den ASM-Statorwicklungen bei hohen Drehzahlen Stromblöcke eingeprägt, die entsprechend dem Schaltzustand des selbstgeführten Stromrichters sprungförmig weitergeschaltet werden;

- es wird somit am Statorumfang ein sprungförmig umlaufender Strombelag erzeugt;

- durch die Taktfrequenz des selbstgeführten Stromrichters wird die Statorfrequenz Ω_1 für die ASM festgelegt;

- der Motorbetrieb der ASM stellt sich ein, wenn das Einspeisestellglied im Gleichrichterbetrieb arbeitet;

- Bremsen erfolgt durch Umsteuerung des Einspeisestellglieds in den Wechselrichterbetrieb;

- eine Drehrichtungsumkehr des umlaufenden Strombelags in den Statorwicklungen der ASM erfolgt durch Vertauschen der Zündimpulsfolge für den selbstgeführten Wechselrichter;

- wie beim Stromrichtermotor sind Oberschwingungsmomente im Luftspaltmoment vorhanden, die allerdings durch PWM der 120°-Stromblöcke bei niedrigen Drehzahlen vermieden werden können;

- Der I-Umrichter nach Abbildung 11.19 [333] ist somit ein Vier-Quadranten-Antrieb;

- Da die Amplitude des Gleichstroms im Zwischenkreis von der Einspeisung geregelt wird und von der Pulsweitenmodulation Kurzschlüsse bei dem lastseitigen, selbstgeführten Stellglied zum normalen Betriebszustand gehören, hat der selbstgeführte Stromrichter auf der Lastseite daher keine Überstrom- Probleme wie der U-Umrichter mit konstanter Zwischenkreisspannung. Der I-Umrichter ist daher sehr sicher im Betrieb;

- Zu beachten sind die Spannungsspitzen in den Statorspannungen, die durch die Kommutierung bedingt sind. Eine verbesserte Isolierung der Statorwicklungen löst diesen nachteiligen Effekt.

Zusätzliche Eigenschaften des I-Umrichters in Abbildung 11.21:

- Dreiphasiger Betrieb des Antriebs;

- Keine Resonanzeffekte wie beim U-Umrichter, damit keine Überhöhung der Wicklungsspannungen und keine Lagerschäden.

In [102] Kapitel 6 „Selbstgeführter Wechselrichter mit eingeprägtem Strom" werden das Systemverhalten, die Auslegung, die Regelung und die betrieblichen Anforderung an die Komponenten beschrieben. Kapitel 6.2 erläutert den selbst anlaufenden, einfachen Kommutierungskreis. Die Auslegung des Wechselrichters, kritische Betriebszustände und die Beanspruchung der Komponenten des Umrichters werden in den Kapiteln 6.3 bis 6.3.2 diskutiert. In den Kapiteln 6.3.2.1 bis 6.3.2.6 wird die Auslegung der Komponenten Kommutierungs-Kondensator, die Thyristoren, die Dioden, die Kommutierungsdrosseln, die Entlastungsschaltungen für die Halbleiter erklärt. In Kapitel 6.3.3 erfolgt die Darstellung der Auslegung der Einspeisung, d.h. des netzgeführten Stellglieds. Die Auslegung der Zwischenkreisdrossel erfolgt in den Kapiteln 6.3.4 bis 6.3.4.4, dabei wird die Optimierungsbedingung „kleiner Stromhub" eingeführt, und es wird die Beanspruchung der Motorisolation diskutiert, ein Nachteil dieser Schaltungsstruktur. Kapitel 6.3.5 stellt einige vorteilhafte Anwendungen vor und Kapitel 6.4 die Steuer- und Regelverfahren für Antriebe mit begrenzten dynamischen Anforderungen.

11.3.2 Modifizierter I-Umrichter

Die Verfügbarkeit der ein- und aus-schaltbaren Leistungshalbleiter hat zur zweiten Schaltungsstruktur des I-Umrichters in Abbildung 11.21 geführt [20, 22]. Wie beim Stromrichtermotor ist eine steuerbare Stromquelle das Eingangsstellglied. Das lastseitige Stellglied versorgt sowohl das Filter mit den im Dreieck geschalteten Kondensatoren als auch die Asynchronmaschine mit den benötigten Strömen. Es gibt zwei positive, die Betriebssicherheit bestimmenden Eigenschaften dieses I-Umrichters: Erstens der Kurzschluss der Stromquelle ist beim I-Wechselrichter ein normaler Betriebsfall, im Gegensatz zum U-Wechselrichter mit der konstanten Zwischenkreisspannung. Die zweite positive Eigenschaft ist durch die Vermeidung steiler Spannungsflanken in der Ausgangsspannung des Wechselrichters bedingt, denn das Filter mit den Kondensatoren wird mit Stromimpulsen des lastseitigen Stellglieds aufgeladen und entladen. Die Spannungsflanken sind somit nicht abhängig vom Schaltverhalten der Leistungshalbleiter wie bei dem U-Wechselrichter - siehe [102] Kapitel 8.11 „Zusatzbeanspruchungen der Drehfeldmaschinen, Ursachen und Gegenmaßnahmen hinsichtlich Wicklungsausfällen und Lagerschäden" –, sondern die Dimensionierung des Filters und die Amplitude von I_z ergeben die Steilheit der Spannungsflanken. Die Abbildung 11.23 zeigt die Stromimpulse des Stellglieds, den Soll- und den Istwert der Statorspannung und den Statorstrom. Der Istwert der Statorspannung hat den geforderten

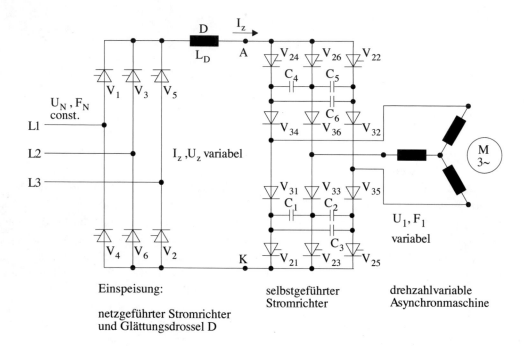

Abb. 11.19: *I–Umrichter mit Phasenfolgelöschung*

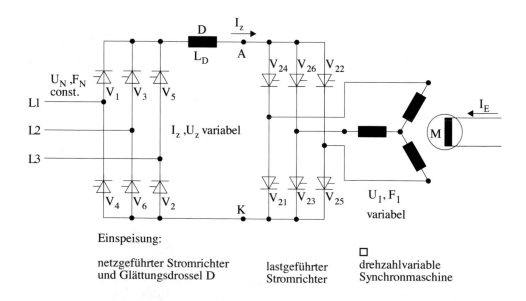

Abb. 11.20: *Stromrichtermotor (zum Vergleich)*

Sollwert, überlagert von kleinen Amplituden der Oberschwingungen. Es entsteht somit ein symmetrisches Dreiphasen-Spannungssystem mit steuerbarer Amplitude und Frequenz sowie geringem Oberschwingungsgehalt. Die Statorströme haben einen noch geringeren Oberschwingungsgehalt als die Statorspannungen aufgrund des ohmsch-induktiven Verhaltens des Statorkreises, siehe Abbildung 11.22. Der Strom I_z wird entsprechend den Betriebserfordernissen eingestellt und damit können die unerwünschten Oberschwingungen weiter minimiert werden. Diese Ergebnisse wurden bereits 1993 erzielt, mit den Schaltfrequenzen im kHz-Bereich der heutigen Leistungshalbleitern sind noch bessere Ergebnisse zu erreichen.

Grundsätzlich können die beiden Varianten des I-Umrichters nach Abbildung 11.19 und 11.21 auch auf der einspeisenden Netzseite eingesetzt werden. Diese Erweiterung vermeidet die Beanspruchung des Netzes mit den beiden Blindleistungen, d. h. der Blindleistung mit der Netzfrequenz, die vom Steuerwinkel des netzgeführten Stellglieds bestimmt wird und der Oberschwingungs-Blindleistung. Das nun bestehende Antriebssystem verwendet damit einen I-Back to Back-Umrichter, I-BBC, siehe Abbildung 11.51.

Der I-Umrichter nach Abbildung 11.21 wird nicht in den Leistungsbereichen wie beispielsweise der M2C-Umrichter vorteilhaft zu realisieren sein, er hat aber gegenüber den U-Umrichtern mit zentralem DC-Zwischenkreis zu beachtende Vorteile hinsichtlich der Betriebseigenschaften und der Betriebssicherheit.

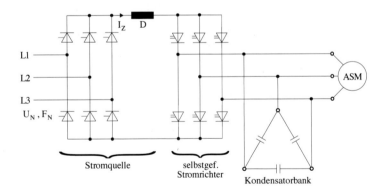

Abb. 11.21: *I–Umrichter mit sinusförmigen Maschinenströmen*

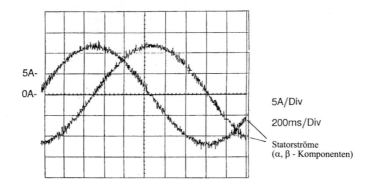

5A-
0A-

5A/Div

200ms/Div

Statorströme
(α, β - Komponenten)

a) Statorströme in der Zweiachsendarstellung; n = 10U/min

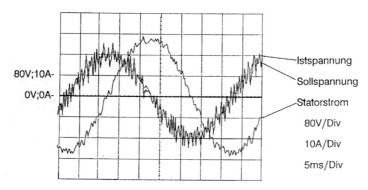

80V;10A-
0V;0A-

Istspannung

Sollspannung

Statorstrom

80V/Div

10A/Div

5ms/Div

b) Statorstrom und Spannung in einer Phase; n = 500U/min

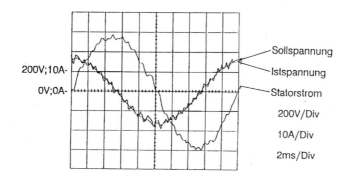

200V;10A-
0V;0A-

Sollspannung

Istspannung

Statorstrom

200V/Div

10A/Div

2ms/Div

c) Statorstrom und Spannung in einer Phase; n = 1000U/min

Abb. 11.22: *Reale Zeitverläufe von Maschinenspannungen und –strömen bei verschiedenen Drehzahlen (ASM mit $Z_p = 3$, synchr. Drehzahl = 1000 1/min bei $f_{1N} = 50\,Hz$)*

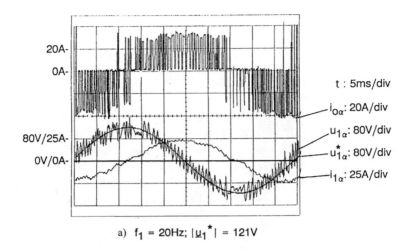

a) f_1 = 20Hz; $|\underline{u}_1{}^*|$ = 121V

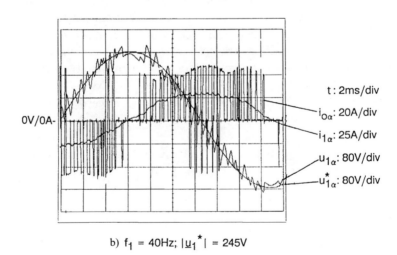

b) f_1 = 40Hz; $|\underline{u}_1{}^*|$ = 245V

u_1^* Maschinenspannung (Sollwert)

u_1 Maschinenspannung (Istwert)

i_1 Maschinenstrom (Istwert)

i_0 WR–Ausgangsstrom (Istwert)

Abb. 11.23: *Zeitverläufe von Spannung und Strömen bei Spannungsregelung und zwei verschiedenen Drehzahlen (Frequenzen f_1)*

11.4 Selbstgeführte Umrichter mit Gleichspannungs-zwischenkreis (U–Umrichter)

11.4.1 Grundfunktion

Der U–Umrichter mit konstanter Zwischenkreisspannung ist das bevorzugte Stellglied für Drehstromantriebe, Abbildung 11.24 zeigt die Schaltung. Der U–Umrichter hat zwei Energie-Wandlungen, es ist somit ein Zwischenkreis-Umrichter. Die erste Wandlung erfolgt in der netzseitigen Diodenbrücke SR I, diese wandelt die dreiphasige konstante Netzspannung in eine konstante Gleichspannung, die Zwischenkreisspannung U_z. Im Zwischenkreis wird ein Kondensator zur Stabilisierung der Gleichspannung U_z angeordnet, in Abbildung 11.24 sind allerdings zwei in Serie geschaltete Kondensatoren angegeben, um einen Nullpunkt der Gleichspannung zu erzeugen. Die Drossel D begrenzt den Ladestrom der Kondensatoren im Zwischenkreis. Im selbstgeführten Wechselrichter SR II wird die Zwischenkreisspannung U_z durch die zweite Wandlung zu einem Drehspannungssystem mit variabler Amplitude und Frequenz umgeformt. Die zur Diodenbrücke antiparallele Thyristorbrücke auf der Netzseite wird benötigt, wenn der Energiefluss sich von dem Antrieb zum Netz umgekehrt hat, dies ist der generatorische oder Brems-Betrieb. (Hinweis: Die Diodenbrücke und die Thyristorbrücke dürfen nicht an die gleiche Netzspannung angeschlossen werden, da die Thyristorbrücke nur mit dem maximalem Steuerwinkel 150 betrieben werden kann.)

Der selbstgeführte Wechselrichter ist aus drei Zwei-Quadrant DC-DC-Wandlern mit Stromumkehr aufgebaut, siehe Kapitel 4.7.3 Abbildung 4.62, die

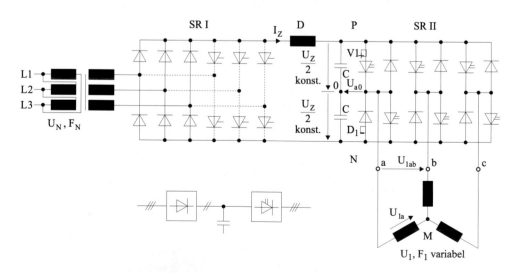

Abb. 11.24: *Prinzipschaltbild eines selbstgeführten Umrichters mit konstanter Zwischenkreisspannung*

wiederum aus einem Tiefsetzsteller S_1 und D_{F3}, Kapitel 4.5.1 und 4.7.1, Abbildung 4.50 und 4.56 sowie einem Hochsetzsteller S_3 und D_{F1} Kapitel 4.5.2 und 4.7.2 Abbildung 4.52 aufgebaut sind. Unter der Voraussetzung der Kenntnisse dieser Kapitel kann festgestellt werden, dass an den Anschlusspunkten a, b, und c der Last sowohl positive Spannung entweder bei positivem Strom I_z durch die oberen eingeschalteten steuerbaren Leistungshalbleiter oder negativen Strom I_z durch die oberen Freilaufdioden – je nach Betriebszustand sind a, b, c mit P verbunden – realisiert werden kann. Analog kann – bezogen auf den Nullpunkt der Gleichspannung zwischen den beiden Kondensatoren – die negative Spannung an den Anschlusspunkten bei negativem Strom über die unteren steuerbaren Leistungshalbleiter bzw. positivem Strom über die unteren Freilaufdioden – je nach Betriebszustand sind a, b, c mit N verbunden – angelegt werden. Somit können an jedem Anschlusspunkt zu jeder Zeit die benötigten Spannungs- und Strom-Kombinationen eingestellt werden. Die Wechsel zu einer anderen Kombination erfolgen durch ein- oder ausschalten der steuerbaren Leistungshalbleiter. Die Schaltung in Abbildung 11.24 kann nur die Ausgangsspannung $+U_z/2$ an P oder $-U_z/2$ an N liefern und wird deshalb Zweipunkt-Wechselrichter genannt.

Wie wird durch den U–Umrichter ein Dreiphasennetz mit variabler Amplitude und Frequenz der Spannung erzeugt?

Ausgehend von der Feststellung, dass die Anschlusspunkte der Last a, b, und c mit P oder N verbunden werden können, kann die Struktur des selbstgeführten Wechselrichters in eine in der Wirkung gleiche Struktur in Abbildung 11.25 angesetzt werden. Wenn die drei Schalter für die Dauer der halben Periode der gewünschten Frequenz F_1 jeweils zu P und N geschaltet und die Phasenfolge von 120 bei einem Dreiphasensystem beachtet werden, dann ergeben sich die drei Verläufe der Spannungen U_{a0} bis U_{c0} und abgeleitet davon beispielsweise die verkette Spannung U_{1ab} sowie die Phasenspannung U_{1a}.

$$U_{1ab} = U_{a0} - U_{b0} \tag{11.13}$$

$$U_{1a} = \frac{1}{3} \cdot (U_{1ab} - U_{1ca}) \tag{11.14}$$

Durch Anpassung der Dauer der Periode wird die Lastfrequenz eingestellt. Diese Betriebsart ist die Grundfrequenztaktung, da die Schalter mit der gleichen Frequenz wie die gewünschte Lastfrequenz angesteuert werden. Die Amplituden der Lastspannungen ändern sich nicht, es gelten die eingetragenen Zahlenwerte. Diese Betriebsart wird im Feldschwächbetrieb der Drehfeldmaschinen benötigt.

Welche Betriebsart ist bei konstantem Stator- oder Rotorfluss bereit zu stellen? Aus Abbildung 5.43 ist zu entnehmen, dass im Ankerstellbereich bei konstantem Statorfluss Ψ_{1A}, die Amplitude der Statorspannung mit steigender Drehzahl bzw. mit steigendem Ω_1 zunimmt. Die gleiche Aussage ergibt sich bei konstantem Rotorfluss Ψ_{2A}, siehe Abbildung 5.52.

Wie wird die Amplitude der Lastspannung im Ankerstellbereich eingestellt? Um diese Frage zu beantworten kann Abbildung 11.26 verwendet werden. Abbildung 11.26 zeigt beispielhaft die Verläufe von Spannung U_{10} und Strom I_1. Wie bereits in Abbildung 11.25, so auch in Abbildung 11.26 dargestellt, wechselt die Spannung U_{10} von $U_z/2$ zu $-U_z/2$ wenn der steuerbare Leistungshalbleiter V_{1+} ausgeschaltet wird und die Diode D_1- den positiven Laststrom übernimmt. Wird V_{1+} wieder eingeschaltet, wechselt die Spannung von $-U_z/2$ zu $+U_z/2$. Dieses Verhalten ist bereits die Lösung.

Um variable Amplituden der Statorspannungen bei konstanter Zwischenkreisspannung U_z und konstanter Frequenz zu erhalten, müssen die Spannungszeitflächen der Spannungsblöcke in Abbildung 11.25 verringert werden. Die Verringerung der Spannungszeitflächen und damit der Amplitude der Statorspannungen wird erreicht, in dem bei den positiven Spannungsblocks negative Spannungsblocks der Dauer T_2 und analog bei den negativen Spannungsblocks positive Spannungsblocks ebenso der Dauer T_2 realisiert werden. Die Dauer von T_2 nimmt mit abnehmenden Amplituden zu – siehe Abbildung 11.26. Dies ist die Grundlage der Pulsweitenmodulation PWM des Zweipunkt-Wechselrichters.

Damit ist die prinzipielle Funktion des U–Umrichters mit konstanter Zwischenkreisspannung in Abbildung 11.24 erläutert.

Die Modulationsarten werden in den folgenden Kapiteln erläutert.

11.4.2   Modulationsverfahren bei Pulsumrichtern

11.4.2.1   Zweipunktregelung (Prinzipdarstellung)

Ein einfaches Verfahren für die Ansteuerung der Leistungshalbleiter eines Pulswechselrichters ist die Zweipunktregelung bzw. die Hystereseregelung. Dieses Verfahren soll hier zuerst vorgestellt werden, da es leicht verständlich ist. In Abbildung 11.27 sind die Schaltungsstruktur einer Phase eines Pulswechselrichters und die zeitlichen Verläufe der Lastspannung U_{10} und des Laststroms I_1 dargestellt. Wie der Abbildung 11.27 zu entnehmen ist, wird der Lastanschluss abwechselnd an das P- oder das N-Potential geschaltet, sodass bei P die Spannung U_{10} positiv ist – positiver Stromgradient – oder bei N die Spannung U_{10} negativ ist – negativer Stromgradient – und somit der Strom I_1 in einem vorgegebenen Toleranzband ΔI_1 bleibt. Das Toleranzband ΔI_1 wird durch die Hysterese im Komparator vorgegeben. Die Pulsfrequenz und die Dauer der Stromführung der Leistungshalbleiter stellen sich in Abhängigkeit vom Toleranzband ΔI_1, der Amplitude von U_{10} und den Lastparametern ein. Aus dem Verlauf des Strom-Istwerts ist zu erkennen, dass sich die Pulsfrequenz in einem Bereich ändert, der durch die oben genannten Parameter vorgegeben wird. Der Strom-Istwert wird immer mit der maximalen positiven bzw. negativen Spannung geändert, dies bewirkt ein sehr gutes dynamisches Verhalten. Die Änderung der Pulsfrequenz in einem Frequenzbereich ist aus unterschiedlichen Gründen häufig unerwünscht, beispielsweise kann die Geräusch-Entwicklung oder das Spektrum der Oberschwingungen unzulässig sein.

Drehstromantriebe und Pulswechselrichter sind dreiphasige Systeme. Es liegt nun nahe, deshalb auch drei Stromregler zu verwenden und die Statorwicklungen

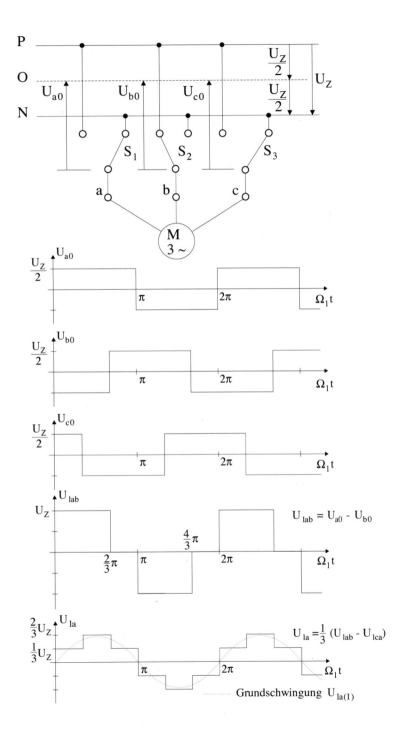

Abb. 11.25: *Prinzipschaltung und Spannungsverläufe (Grundfrequenztaktung)*

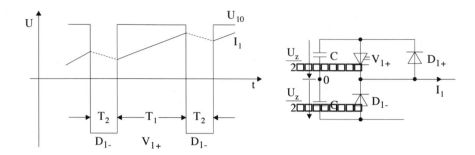

Abb. 11.26: *Spannungserzeugung beim Zweipunkt-Wechselrichter (Detail)*

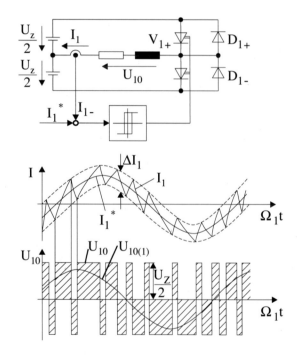

Abb. 11.27: *Zweipunkt-Stromregelung einer U-Wechselrichterphase*

in Dreieck zu schalten. Die Abbildung 11.28 zeigt die drei Strom-Istwerte, wenn drei Hysterese-Stromregler realisiert sind. Aus dem zeitlichen Verhalten der drei Ströme ist zu erkennen, dass sich die drei Stromregler gegenseitig stören, denn es gibt zeitliche Bereiche in denen die Statorströme die eingestellten Toleranzbänder ΔI_1 deutlich überschreiten. Zusätzlich sind die Pulsfrequenzen und damit die Oberschwingungsspektren variabel. Die Realisierung von drei Stromreglern ist somit fehlerhaft. Wie bereits in Kapitel 11.1 diskutiert wurde, ist die Summe der drei Statorströme in einem Dreiphasensystem ohne Nullleiter Null, durch

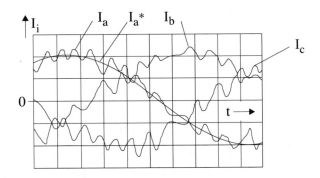

Abb. 11.28: *Dreiphasiger Pulswechselrichter mit Zweipunkt-Stromregelung*

die Vorgabe von zwei Strömen ist somit der dritte Strom festgelegt. Die Forderung „Summe der Ströme gleich Null" ist durch zwei Stromregler erfüllt, die die Signalflusspläne in Kapitel 5 und 6 verwenden.

Die Vorteile der Hystereseregelung sind das sehr gute dynamische Verhalten und der Verzicht einer dynamischen Modellbildung des Stellglieds, nachteilig ist das variable Spektrum der Oberschwingungen.

11.4.2.2   Pulsweitenmodulation (PWM)

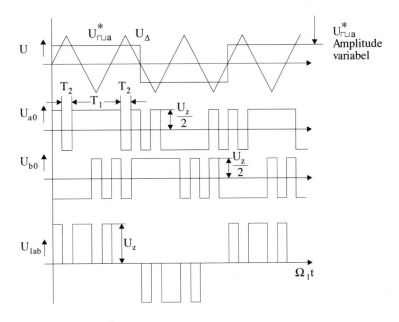

Abb. 11.29: *Bildung der Ausgangsspannung beim Pulswechselrichter: Abtastung der rechteckförmigen Referenzspannung $U_{\sqcap\sqcup}^{*}$ veränderlicher Amplitude mit einer Dreieckspannung U_Δ (synchronisierte Dreifachtaktung)*

In Kapitel 11.4 wurde anhand der Abbildung 11.25 die Funktion des Zweipunkt-Wechselrichters bei Grundfrequenztaktung erläutert. Das Ergebnis dieser Untersuchung war, dass bei der Grundfrequenztaktung die Frequenz der dreiphasigen Ausgangsspannung einstellbar ist, die Amplituden der Spannungen aber konstant sind. Dieser Betriebszustand des Wechselrichters ist daher nur für den Feldschwächbetrieb der Drehfeldmaschine geeignet. In den Abbildungen 5.43 und 5.52 war die Amplitude der Statorspannung in Abhängigkeit von der Drehzahl N im Ankerstellbereich gezeigt worden, die bei konstantem Stator- oder Rotorfluss mit zunehmender Drehzahl linear ansteigt. Wie weiter in Kapitel 11.4 erläutert wurde, kann die Verringerung der Amplitude der Ausgangsspannung des Wechselrichters erreicht werden, in dem beispielsweise beim positiven Spannungs-block der halben Periodendauer in Abbildung 11.25 negative Spannungsblocks mit der Zeitdauer T_2 eingefügt werden. Durch diese negativen Spannungsblocks der Zeitdauer T_2 wird die positive Spannungszeitfläche des positiven Spannungs-blocks verringert. Symmetrisch zu dem positiven Spannungsblock werden beim negativen Spannungsblock positive Spannungsblocks der Dauer T_2 angeordnet. Damit wird die resultierende Amplitude der Ausgangsspannung des Wechsel-richters abgesenkt. In Kapitel 11.4 war weiter ausgeführt worden, dass mit ab-nehmender Amplitude der Ausgangsspannung des Zweipunkt-Wechselrichters die Zeitdauer T_2 zunehmen und die Zeitdauer T_1 abnehmen muss. Doch nach welchen Kriterien ist die Zeitdauer T_2 in Relation zur gewünschten Ausgangsamplitude zu berechnen? Ein Ansatz ist, den Grundspannungsanteil so groß und den Ober-schwingungsanteil so klein wie möglich einzustellen.

Als erstes Beispiel sei in Abb. 11.29 die Abtastung einer rechteckförmigen Referenzspannung $U^*_{\sqcap a}$ für die Phase a mit einer Dreieckspannung U_Δ erläutert (synchronisierte Dreifachtaktung: Dreifachtaktung d.h. die Frequenz der drei-eckförmigen Spannung ist dreimal so hoch wie die Frequenz der rechteckigen Referenzspannung; synchronisiert: d.h. die Nulldurchgänge der beiden Spannun-gen sind gleichzeitig; Referenz entspricht Sollwert. Ein weiteres Merkmal ist, ob die gemeinsamen Nulldurchgänge gleichsinnig oder gegensinnig sind.).

Zu den Zeitpunkten, in denen die Referenzspannungen $U^*_{\sqcap a,b,c}$ die Dreieck-spannung U_Δ schneiden, werden die jeweils zugehörigen steuerbaren Leistungs-halbleiter und Dioden, in Abb. 11.25 als Schalter S_1, S_2 und S_3 dargestellt, be-tätigt und von der P- zur N-Schiene bzw. umgekehrt geschaltet. Aus Abb. 11.29 ist für U_{a0} zu entnehmen, daß bei $U^*_{\sqcap a} > U_\Delta$ die positive Polarität und bei $U^*_{\sqcap a} < U_\Delta$ die negative Polarität zur Ausgangsklemme durchgeschaltet wird. Für die Erzeugung der Spannungen U_{b0} und U_{c0} werden entsprechende Referenz-spannungen $U^*_{\sqcap b}$ und $U^*_{\sqcap c}$ mit jeweils 120° elektrischer Phasenverschiebung und die gleiche Spannung U_Δ verwendet; es ergibt sich beispielsweise in bekannter Weise die verkettete Spannung $U_{1ab} = U_{a0} - U_{b0}$.

Wenn die Amplituden der Referenzspannungen geändert – z.B. verkleinert – werden, dann wird sich während der positiven Halbschwingung die Zeitdauer T_1 mit den positiven Ausgangsspannungen verkleinern und die Zeitdauer T_2 mit

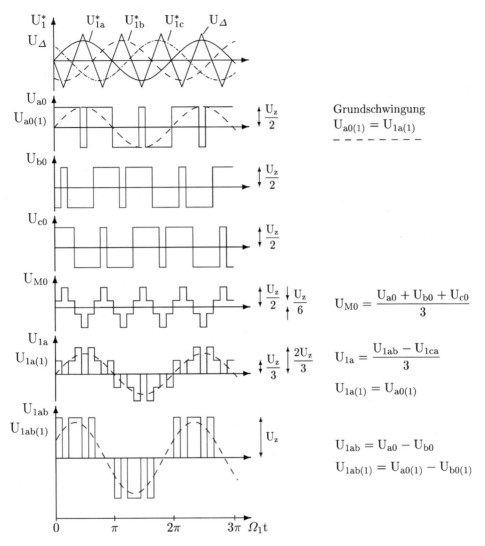

U_{a0}, U_{b0}, U_{c0} : Ausgangsspannungen bezogen auf den Zwischenkreis-Nullpunkt 0
U_{1a}, U_{1b}, U_{1c} : Ausgangsspannungen bezogen auf den Last-Mittelpunkt M
U_{M0} :   Spannung zwischen Mittelpunkt M und Nullpunkt 0

Abb. 11.30: *Spannungen bei Dreifachtaktung ($n_T = F_T/F_1 = 3$), synchronisierte Dreieck-Sinus-Modulation (Hinweis: Grundschwingungen $U_{1a(1)}$ und $U_{a0(1)}$ identisch)*

den negativen Ausgangsspannungen vergrößern, d.h. die resultierende positive Spannungszeitfläche während der positiven Halbschwingung verringert sich.

Aus Abb. 11.29 ist zu erkennen, daß sich bei der synchronisierten Dreifachtaktung ein symmetrisches Pulsmuster und damit Ausgangsspannungsmuster ergibt; dies hat positive Auswirkungen auf den Anteil von Harmonischen.

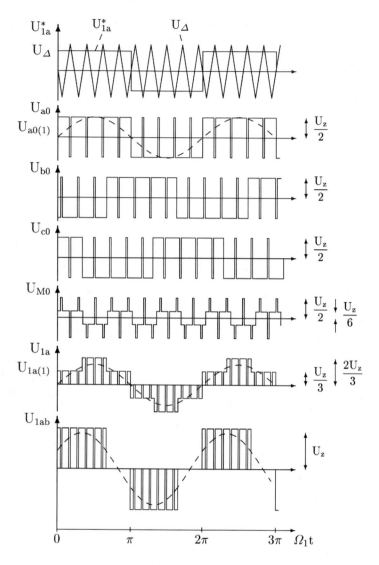

Abb. 11.31: *Spannungen bei Neunfachtaktung ($n_T = F_T/F_1 = 9$), synchronisierte Dreieck-Rechteck-Modulation (Hinweis: Grundschwingungen $U_{1a(1)}$ und $U_{a0(1)}$ identisch)*

Statt der rechteckförmigen Referenzspannungen $U^*_{\sqcap a,b,c}$ können auch sinusförmige Referenzspannungen $U^*_{1a,b,c}$ verwendet werden (Abb. 11.30).

Wie aus den beiden Abbildungen 11.29 und 11.30 zu erkennen ist, sehen die Ausgangsspannungsverläufe ähnlich aus. Eine genauere Analyse zeigt, daß bei der Rechteck-Dreieck-Modulation eine etwas größere Amplitude der Grundschwingung als bei der Sinus-Dreieck-Modulation erzielt wird.

Der Anteil der Harmonischen in der Ausgangsspannung kann verringert werden, wenn das Frequenzverhältnis $n_T = F_T/F_1 = 3n$ $(n = 1, 2, 3 \ldots)$ über $n_T = 3$ hinaus erhöht wird (Beispiel: $n_T = 9$, Abb. 11.31).

Angemerkt sei, dass geradzahlige n bei der PWM vermieden werden, da keine Symmetrie der positiven Halbschwingungen zu den negativen Halbschwingungen besteht.

In der Abb. 11.30 sind bei den positiven Nulldurchgängen der Referenzspannungen die Nulldurchgänge der Dreieckspannung stets negativ. Dies resultiert in einer Spannungsumkehr der Spannung U_{a0}, U_{b0}, U_{c0} in der Mitte der positiven Halbschwingung; diese Art der PWM wird deshalb Mittenpulsmodulation genannt. Eine Umkehrung der Polarität der Nulldurchgänge der Dreieckspannung führt zur Flankenpulsmodulation, siehe Abbildung 11.29.

Zu beachten ist, daß bei Erhöhung von $n_T = 3, 9, 15, 21 \ldots$ auch die Schaltfrequenz der Leistungshalbleiter erhöht wird (vergl. Abb. 11.25: Grundfrequenztaktung $n_T = 1$, Abb. 11.29: $n_T = 3$, Abb. 11.31: $n_T = 9$). Eine Erhöhung der Schaltfrequenz bedeutet eine Erhöhung der Schaltverluste (Ein- und Ausschaltverluste). Bei gegebener Wärmeableitung (Kühlung) ist die abgebbare Verlustleistung fixiert, diese Verlustleistung setzt sich zusammen aus den Durchlaßverlusten und den Schaltverlusten. Dies bedeutet letztendlich, es muß eine Balance zwischen Durchlaß- und Schaltverlusten gefunden werden, d.h. die Schaltfrequenz der Leistungshalbleiter kann nicht beliebig erhöht werden.

Bisher wurden nur synchronisierte Taktverfahren diskutiert. Die Festlegung $n_T = 3, 9, 15 \ldots$ beruht auf der Überlegung, daß alle drei Referenzspannungen mit der Dreieckspannung gemeinsame – d.h. synchronisierte – Nulldurchgänge haben sollen, d.h. die Pulsmuster sind für alle positiven und negativen Halbschwingungen gleich und symmetrisch sowohl zu 180° elektrisch als auch zu 90° elektrisch.

Ein Übergang von der sinusförmigen zur rechteckförmigen Referenzspannung kann erreicht werden, wenn zur sinusförmigen Referenzspannung Anteile von $3n$-fach Harmonischen addiert werden. Mit zunehmendem Anteil der $3n$-fach Harmonischen ergibt sich eine Erhöhung der Grundschwingungsamplitude – aber auch eine Erhöhung der Harmonischenanteile.

Wichtig für die Pulsmuster-Erzeugung ist somit das Verhältnis zwischen der maximalen Schaltfrequenz der Schalter und der Modulationsfrequenz. Je niedriger die gewünschte Ausgangsfrequenz und je höher die maximale Schaltfrequenz ist, desto feiner kann die Unterteilung des Pulsmusters sein, desto besser kann die Grundschwingung in Spannung und Strom angenähert werden und desto kleiner sind die Oberschwingungsanteile. Je geringer dieses Verhältnis ist, desto größer werden die Oberschwingungen und desto kritischer ist die Relation zwischen der maximalen Laststromhöhe und dem abschaltbaren Strom der Leistungshalbleiter.

Eine weitere Schwierigkeit bei der Erzeugung der Ausgangsspannung mit festem Pulsmuster (vorgegebener Modulationsspannung) tritt bei einem Wechsel des Verhältnisses von Ausgangsfrequenz F_1 zu Modulationsfrequenz F_T auf. Bei

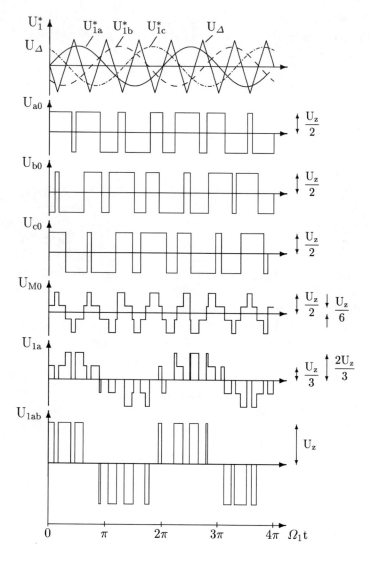

Abb. 11.32: *Pulsweitenmodulation (nicht synchronisiert):* $n_T = F_T/F_1 \approx 3,5$ *und* $\hat{U}^*/\hat{U}_\Delta \approx 0,7$

einem Wechsel der Modulationsfrequenz F_T in Relation zur Ausgangsfrequenz F_1 von z.B. 3, 9, 15 etc. werden sich im allgemeinen Amplituden- und/oder Phasenänderungen der Ausgangsspannungen nicht ganz vermeiden lassen, wenn nicht Gegenmaßnahmen wirksam sind [368], [475].

Die bisherige Symmetrie im Pulsmuster und damit in den Ausgangsspannungsverläufen ist nicht mehr gegeben, wenn die Nulldurchgänge der Referenzspannungen und der Dreieckspannung nicht mehr zusammenfallen bzw. wenn das Frequenzverhältnis $n_T \neq 3, 6, 9 \ldots$ ist (Abb. 11.32).

Wie aus Abb. 11.32 zu erkennen, ist aufgrund von $n_T \neq 3, 6, 9 \ldots$ die Symmetrie nicht mehr gewahrt. Ein Nachteil dieses Verfahrens ist, daß außer den Harmonischen höherer Ordnung auch Harmonische niedrigerer Ordnung als die Grundschwingungsfrequenz erzeugt werden. Die Auswirkungen der Harmonischen mit niedrigerer Ordnung als der Grundschwingungsfrequenz müssen durch regelungstechnische Maßnahmen begrenzt bzw. unterdrückt werden.In Kapitel 11.5 und in den folgenden Kapiteln werden weitere Informationen vermittelt.

11.4.2.3 Raumzeiger-Modulation

Bei dem Zweipunkt-Wechselrichter können an die drei Anschlusspunkte a, b, c entweder die positive (P) oder die negative (N) Spannung angelegt werden. Damit ergeben sich $2^3 = 8$ unterschiedliche Schaltzustände:

$$\vec{1} \,\hat{=}\, \text{PNN}; \quad \vec{2} \,\hat{=}\, \text{PPN}; \quad \vec{3} \,\hat{=}\, \text{NPN}; \quad \vec{4} \,\hat{=}\, \text{NPP}; \quad \vec{5} \,\hat{=}\, \text{NNP}; \quad \vec{6} \,\hat{=}\, \text{PNP}$$

mit den Stator-Raumzeiger–Komponenten für die Drehfeldmaschine

$$U_{1\alpha} \;=\; \frac{2}{3} \cdot U_z \cdot \cos \frac{(n-1)\,\pi}{3} \tag{11.15}$$

$$(n = 1 \ldots 6)$$

$$U_{1\beta} \;=\; \frac{2}{3} \cdot U_z \cdot \sin \frac{(n-1)\,\pi}{3} \tag{11.16}$$

und den bisher nicht betrachteten Schaltzuständen

$$\vec{7} \,\hat{=}\, \text{PPP} \quad \text{und} \quad \vec{8} \,\hat{=}\, \text{NNN} \quad \text{mit} \quad U_{1\alpha} = U_{1\beta} = 0.$$

Bei den beiden Schaltzuständen $\vec{7}$ und $\vec{8}$ ist die Last kurzgeschlossen, da beide Stromrichtungen durch die Parallelschaltung von steuerbarem Leistungshalbleiter und antiparalleler Diode möglich sind.

In der Raumzeiger-Repräsentation ergibt sich die in Abb. 11.33 gezeigte Darstellung.

Aus dieser Darstellung ist die aus der Grundfrequenztaktung bekannte sehr eingeschränkte Funktionsweise zu erkennen, denn die Amplituden der Raumzeiger sind aufgrund der konstanten Zwischenkreisspannung U_z konstant und nur die Orientierung (Phasenlage) ist durch die sechs möglichen Schaltzustände veränderbar.

Diese Raumzeiger-Darstellung ist aber Ausgangspunkt eines direkten Modulationsverfahrens – *Raumzeigermodulation* genannt –, welches anhand von Abb. 11.34, 11.35a, 11.35b erklärt werden soll.

Bei der Raumzeigermodulation wird angenommen, daß der Sollwert der Ausgangsspannung $\vec{U}_1^{S*}(t_a)$ zum Zeitpunkt t_a in der angegebenen Phasenlage und Amplitude gefordert sei. Im vorliegenden Fall sei das beispielsweise im Sektor 1 zwischen den Raumzeigern $\vec{1}$ und $\vec{2}$.

Wenn nun eine Abtastperiode T_A definiert wird, dann kann der geforderte Soll-Raumzeiger $\vec{U}_1^{S*}$ während der Abtastperiode im Mittel durch das Einschalten der drei Ist-Raumzeiger $\vec{1}, \vec{2}$ und $\vec{7}$ oder $\vec{8}$ erreicht werden. Es gilt:

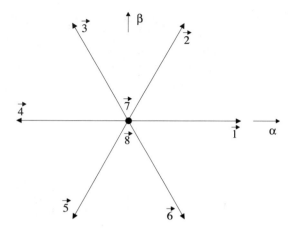

Abb. 11.33: *Raumzeiger-Darstellung der Ausgangsspannungen des Zweipunkt-Wechselrichters*

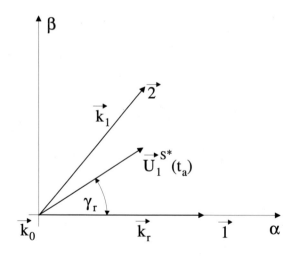

Abb. 11.34: *Spannungszeiger bei der Raumzeigermodulation*

$$\vec{U}_1^{S*}(t_a) \quad = \quad \frac{1}{T_A} \cdot (t_l \cdot \vec{k}_l + t_r \cdot \vec{k}_r) \tag{11.17}$$

$$\vec{k}_l = \vec{2} \quad \text{und} \quad \vec{k}_r = \vec{1} \tag{11.18}$$

$$t_0 \quad = \quad T_A - t_l - t_r \tag{11.19}$$

$$\text{mit} \quad t_l \quad = \quad \sqrt{3} \cdot T_A \cdot \frac{|U_1^*|}{U_z} \cdot \sin \gamma_r \tag{11.20}$$

$$t_r \quad = \quad \sqrt{3} \cdot T_A \cdot \frac{|U_1^*|}{U_z} \cdot \sin \left(\frac{\pi}{3} - \gamma_r \right) \tag{11.21}$$

Sinnvollerweise wird diese Schaltzustandsfolge so realisiert, daß sich eine minimale Zahl von Schalthandlungen ergibt. Bei der Raumzeiger-Modulation ist das dynamische Verhalten durch die Abtastperiode T_A bestimmt. Da die Abtastung nicht korreliert ist mit dem Sollwert $\vec{U}_1^{S*}$, kann das dynamische Verhalten durch eine Totzeit $T_A/2$ approximiert werden.

Aus Abb. 11.34 und den Abbildungen 11.35a „Spannungsebene" sowie 11.35b „Stromebene" ist eine weitere wichtige Erkenntnis abzuleiten. Wenn $\vec{k}_l$ vom Wechselrichter realisiert wird, der Last-Ist-Raumzeiger $\vec{U}_1^S$ mit dem Last-Soll-Raumzeiger $\vec{U}_1^{S*}$ übereinstimmt und die Last beispielsweise als induktive Spannungsquelle approximiert werden kann - Vernachlässigung von R_1 -, dann wird der Differenzspannungs-Raumzeiger $\Delta\vec{U}_L$ der Spannungs-Raumzeiger an der Lastinduktivität sein, und damit gilt:

$$\Delta\vec{U}_L \; = \; \frac{1}{L} \cdot \frac{d\vec{I}_L}{dt} \; = \; \frac{1}{L} \cdot \frac{d\vec{I}_1}{dt} \tag{11.22}$$

Der Raumzeiger $\Delta\vec{U}_L$ stimmt somit mit dem Raumzeiger $d\vec{I}_L/dt = d\vec{I}_1/dt$ überein. Diese Überlegung ist der Ausgangspunkt verschiedener online optimierter Pulsmuster-Verfahren. Genauere Informationen bezüglich online optimierter Pulsmuster-Verfahren sind in [97] Kapitel 14.4.2 bis 14.4.5 und dem folgenden Kapitel zu entnehmen.

11.4.3 Optimierte Pulsmuster

Die Approximation des dynamischen Verhaltens bestimmt bei herkömmlicher Optimierung der Regelkreise das Verhalten des geschlossenen Regelkreises. Es ist deshalb vorteilhaft zu überlegen, mit welcher Signalverarbeitung das günstigte Modell zu erhalten ist. Bei der Raumzeiger-Modulation wird ein Abtastsystem für die Signalverarbeitung vorausgesetzt. Da bei einem Abtastsystem die Abtastung nicht korrelliert ist mit dem Eingangssignal, kann das Modell des Stellglieds eine Totzeit mit der halben Abtastzeit sein. Wie bei den netzgeführten Stellgliedern in Kapitel 4.3.3, [102], nachgewiesen wurde, ergab eine Analyse des Großsignalverhaltens günstigere Totzeiten. Wie orientierende Untersuchungen in Kapitel 12.7.3 zeigen, ist die zeitdiskrete Abtastung deutlich ungünstiger als die zeitkontinuierliche Abtastung. Die Modellbildung des Umrichters mit zeitkontinuierlicher Abtastung und dem Großsignal-Ansatz wäre eine erste Option.

In Kapitel 11.4.2.3 „Raumzeiger-Modulation" wurde aber bereits diskutiert, dass aufgrund der begrenzten Zahl der Ausgangsraumzeiger nur sechs Antworten möglich sind, wobei im allgemeinen nur eine oder zwei Antworten sinnvoll sind. Es stellt sich somit die Frage, ob nicht alternative Verfahren, im Grenzfall ohne Modellbildung, zielführender sind, es sei an die Zweipunkt-Regelung in Kapitel 4.6.3 erinnert, dies ist die zweite Option. In Kapitel 4.3.3 wurde die prädiktive Stromregelung vorgestellt, die dritte Option.

In diesem Kapitel wird nun die zweite Option untersucht.

a) Spannungsebene

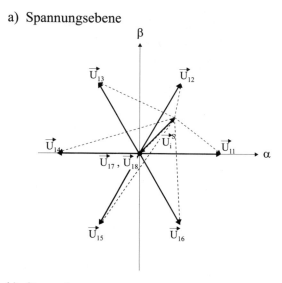

b) Stromebene

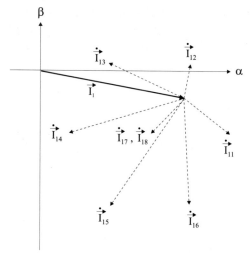

Abb. 11.35: *Wirkung der Wechselrichterzeiger auf die Stromzeigerbewegung*

Aus den Abbildungen 11.34 und 11.35 ist zu entnehmen, dass zwischen dem gewünschten Sollwert des Spannungs-Raumzeigers $\vec{U}_1^{S*}$ und den sechs noch verfügbaren Raumzeigern des Wechselrichters Differenz-Raumzeiger $\Delta\vec{U}$ bestehen. Nach Gleichung 11.22 entsprechen den Differenz-Raumzeigern die Raumzeiger $d\vec{I}_1/dt$ des Stroms $\vec{I}_1$ nach Betrag und insbesondere der Phase.

Die Abbildungen 11.35 und 11.36 zeigen die Funktionen der optimierten Pulsmuster-Erzeugung. Mittelpunkt des Hysteresekreises ist der Raumzeiger-Sollwert $\vec{I}_1^{S*}$, der im stationären Betrieb mit der Kreisfrequenz Ω_1 rotiert. Der

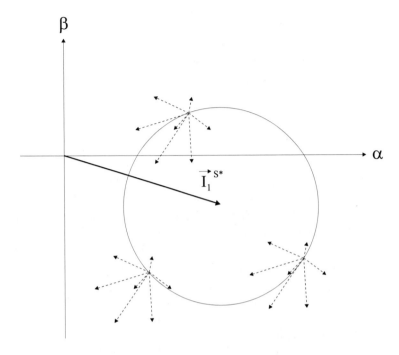

Abb. 11.36: *Raumzeiger bei der Vektor-Hysteresestromregelung*

Kreis ist die Repräsentation der drei Hysteresebänder. Aufgrund der nur sieben möglichen Raumzeiger der Ausgangsspannung des Wechselrichters - siehe Abbildung 11.33 - , ein Raumzeiger ist eingeschaltet, verbleiben sechs zur Wahl stehende freie Spannungs-Raumzeiger, Abbildung 11.35a. Entsprechend Gleichung (11.22) ergeben sich sechs freie Differenz-Raumzeiger $\Delta \vec{U}_L$, die bei Vernachlässigung von R_1 den sechs Raumzeigern der Stromänderung $d\vec{I}_L/dt$ entsprechen, Abbildung 11.35b. In Abbildung 11.36 werden drei Auftreffpunkte des Strom-Istwert-Raumzeigers angenommmen und bei den drei Auftreffpunkten sind die sechs Raumzeiger der Stromänderungen eingetragen. Es ist leicht zu erkennen, dass im Auftreffpunkt links unten nur ein Raumzeiger der Stromänderung geeignet ist, den Strom-Istwert im Hysteresekreis zu halten. Auch bei den beiden anderen Auftreffpunkten ist die Entscheidung, welcher Raumzeiger der Stromänderung auszuwählen ist, nicht schwierig, wenn die Rotations-Kreisfrequenz Ω_K, der Radius des Hysteresekreises sowie die $d\vec{I}_L/dt$ nach Betrag und Phase berücksichtigt werden. Wenn durch einen Sollwertsprung der Hysteresekreis verlassen wird, wird der Raumzeiger verwendet, der den Istwert schnellstmöglichst in den Hysteresekreis zurückführt. Das Pulsmuster wird somit online optimiert. Ausgehend von diesen Überlegungen wurden Hardware- und Software-Verfahren zur Optimierung des Pulsmusters entwickelt, siehe Kapitel 14.4 bis 14.4.5 in [97].

11.5   Mehrpunkt-Wechselrichter

Bisher wurde der Zweipunkt-Wechselrichter erläutert, bei dem die Lastanschluß-
punkte a, b, c entweder an das positive P oder das negative N Potential der
Zwischenkreisspannung U_z angeschlossen sind. Zwei Sonderfälle wurden in Kapitel 11.4.2.3 Raumzeiger-Modulation beschrieben und entstehen, wenn alle drei
oberen oder alle drei unteren steuerbaren Leistungshalbleiter V in Abbildung
11.24 gleichzeitig eingeschaltet werden. In diesem Fall sind die Anschlusspunkte a, b, c kurzgeschlossen, denn die eingeschalteten Leistungshalbleiter und die
antiparallelen Dioden können sowohl einen positiven als auch negativen Kurz-
schlussstrom führen. Die Ausgangsspannung ist somit Null. Wie weiter ausgeführt wurde, sind somit $2^3 = 8$ Schaltzustände möglich, sechs Schaltzustände
erzeugen sechs Spannungs-Raumzeiger mit gleicher Amplitude und mit jeweils
60 Phasendifferenz und zwei Raumzeiger mit der Spannung Null, siehe Abbildung 11.33. Aufgrund der Spannungsverläufe – siehe Abbildungen 11.29 bis 11.32
– sind Oberschwingungen in den Lastspannungen und damit in den Lastströ-
men nicht zu vermeiden. Diese Oberschwingungen sind unerwünscht, denn die
Oberschwingungsströme erhöhen die Verluste und erschweren das Abschalten der
steuerbaren Leistungshalbleiter.

Es besteht daher der generelle Wunsch, mehrstufige Wechselrichter einzusetzen, da das erwünschte Ziel – hohe Leistung und geringe Oberschwingungs-
Belastung – mit den Hochspannungs-IGBTs in Verbindung mit der Zwei-Punkt-
Schaltung aufgrund der Schalt- und Durchlassverluste nicht realisiert werden
konnte. Der Dreipunkt-Wechselrichter ist die erste, mehrstufige Variante.

Der Dreipunkt-Wechselrichtern in Abbildung 11.37 hat außer den Ausgangsspannungen $+\frac{U_z}{2}$ und $-\frac{U_z}{2}$ noch die Ausgangsspannungen 0, diese Spannungen
können für jeden der drei Anschlußpunkte a, b, und c unabhängig voneinander
geschaltet werden. Wie aus Abb. 11.37 zu entnehmen ist, wird beispielsweise die
Phase a bei positivem Laststrom über die Diode D_P und den Schalter S_{12}, bei
negativem Laststrom über den Schalter S_{13} und die Diode D_N mit dem Nullpunkt
verbunden. Aufgrund dieser Besonderheit wird dieser Wechselrichter auch „Three
Level Neutral Point Clamped Inverter"- NPI – oder auch „Diode Clamped VSI"
(VSI = Voltage Source Inverter) genannt [357].

In Tabelle 11.1 sind die Schaltzustände der Schalter S_{11} bis S_{14} zusammengefaßt. Aus Tabelle 11.1 ist zu entnehmen, daß sowohl die positive P, die negative
N Spannung als auch die Nullspannung zum jeweiligen Lastanschlußpunkt geschaltet werden können.

Mit diesen Grundüberlegungen läßt sich die Tabelle 11.2 aufstellen und daraus
das Raumzeiger-Diagramm des Dreipunkt-Wechselrichters ableiten (Abb. 11.38).

Aus diesem Raumzeiger-Diagramm ist zu erkennen, daß die Raumzeiger $\vec{a}_1$
bis $\vec{a}_6$ den Raumzeigern $\vec{1}$ bis $\vec{6}$ des Zweipunkt-Wechselrichters (und $\vec{z}_1$ bis $\vec{z}_3$
den Raumzeigern $\vec{7}, \vec{8}$) entsprechen (vergl. Abb. 11.33). Zusätzlich gibt es noch
die Raumzeiger $\vec{c}_1$ bis $\vec{c}_6$ bzw. $\vec{d}_1$ bis $\vec{d}_6$ mit halber Amplitude und die Raumzeiger $\vec{b}_1$ bis $\vec{b}_6$. Aufgrund dieser größeren Zahl von realisierbaren Raumzeigern

ist eine wesentlich größere Zahl von Sektoren beispielsweise bei der Raumzeiger-Modulation verfügbar und damit eine verbesserte Anpassung der realisierbaren Raumzeiger zum Sollspannungs-Raumzeiger. Zu beachten ist allerdings, daß bei der Realisierung der Raumzeigergruppen $\vec{b}, \vec{c}$ und $\vec{d}$ entweder der obere oder der untere Zwischenkreiskondensator mit dem Phasenstrom belastet werden und somit beide Kondensatoren im Mittel ungleich belastet werden könnten, das führt zu Spannungsverschiebungen des Nullpunktpotentials. Dies wird durch spezielle Modulationsarten vermieden.

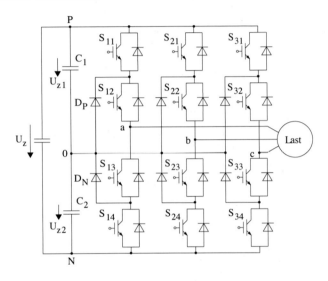

Abb. 11.37: *Dreipunkt-Wechselrichter*

Tabelle 11.1: *Schaltzustände der Schalter* S_{11} *bis* S_{14} *des Dreipunkt-Wechselrichters*

S_{11}	S_{12}	S_{13}	S_{14}	Arm a
ein	ein	aus	aus	P
aus	ein	ein	aus	0
aus	aus	ein	ein	N

Zu beachten ist beim NPI, dass nur beim Drei-Punkt-NPI die zwei Kondensator-Spannungen intern stabilisiert werden können. Bei höheren Werten der Pulszahl müssen die Kondensator-Spannungen von extern stabilisiert werden, eine Erhöhung des Aufwands.

Tabelle 11.2: *Schaltzustände des Dreipunkt-Wechselrichters*

Gruppe	Raumzeiger, Schaltzustand				Stator-Raumzeiger-Komponenten
	n	Modus	n	Modus	
a	1	(PNN)	2	(PPN)	$U_{1\alpha} = \dfrac{2}{3} \cdot U_z \cdot \cos \dfrac{(n-1)\cdot\pi}{3}$
	3	(NPN)	4	(NPP)	
	5	(NNP)	6	(PNP)	$U_{1\beta} = \dfrac{2}{3} \cdot U_z \cdot \sin \dfrac{(n-1)\cdot\pi}{3}$
b	1	(PON)	2	(OPN)	$U_{1\alpha} = \dfrac{1}{\sqrt{3}} \cdot U_z \cdot \cos \dfrac{(2n-1)\cdot\pi}{6}$
	3	(NPO)	4	(NOP)	
	5	(ONP)	6	(PNO)	$U_{1\beta} = \dfrac{1}{\sqrt{3}} \cdot U_z \cdot \sin \dfrac{(2n-1)\cdot\pi}{6}$
c	1	(POO)	2	(PPO)	$U_{1\alpha} = \dfrac{2}{3} \cdot U_{z1} \cdot \cos \dfrac{(n-1)\cdot\pi}{3}$
	3	(OPO)	4	(OPP)	
	5	(OOP)	6	(POP)	$U_{1\beta} = \dfrac{2}{3} \cdot U_{z1} \cdot \sin \dfrac{(n-1)\cdot\pi}{3}$
d	1	(ONN)	2	(OON)	$U_{1\alpha} = \dfrac{2}{3} \cdot U_{z2} \cdot \cos \dfrac{(n-1)\cdot\pi}{3}$
	3	(NON)	4	(NOO)	
	5	(NNO)	6	(ONO)	$U_{1\beta} = \dfrac{2}{3} \cdot U_{z2} \cdot \sin \dfrac{(n-1)\cdot\pi}{3}$
z	(PPP)	(OOO)		(NNN)	$U_{1\alpha} = 0 \qquad U_{1\beta} = 0$

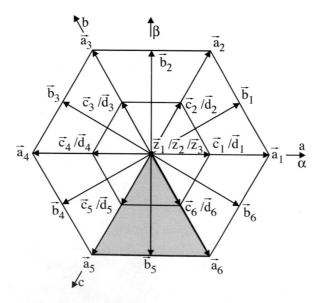

Abb. 11.38: *Stator-Raumzeiger des Dreipunkt-Wechselrichters*

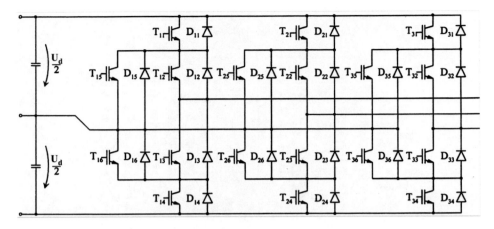

Abb. 11.39: *Dreipunkt NP–Wechselrichter mit aktiven NPC Leistungshalbleitern (ANPC – VSC)*

Vorteilhaft ist beim Dreipunkt-Wechselrichter, daß aufgrund der Serienschaltung von je zwei Leistungshalbleitern die Spannungsbeanspruchung je Leistungshalbleiter nur halb so groß wie beim Zweipunkt-Wechselrichter ist.

Eine Abwandlung des NP-Wechselrichters ist der aktive NP-Wechselrichter, Abbildung 11.39. Wie der Abb. 11.39 zu entnehmen ist, werden beispielsweise parallel zu den Dioden D_P bzw. D_N in Abbildung 11.37 beim aktiven NP-Wechselrichter parallel zu diesen Dioden steuerbare Leistungshalbleiter T_i angeordnet. Die Abwandlung wurde realisiert aufgrund der überhöhten Belastungen von D_{13} und insbesondere D_{14} bei Vollaussteuerung sowie bei regenerativem Betrieb von S_{11} und D_{14}. In [102] Kapitel 8.5.1 bis 8.5.5 werden der NP-Wechselrichter und der aktive NP-Wechselrichter ausführlich besprochen.

Eine andere Ausführungsform von Mehrpunkt-Wechselrichtern zeigt die Abbildung 11.40, in der ein Vierpunkt-Wechselrichter dargestellt ist. Im Gegensatz zum Dreipunkt-Wechselrichter, bei dem der Nullpunkt als fester Bezugspunkt ausgeführt ist (NPI – Neutral Point Clamped Inverter), ist bei dieser Ausführung das Potential „schwebend", d.h. das Spannungspotential wird durch die jeweilige Kondensatorspannung festgelegt. Die Funktion des CC-Wechselrichters kann anhand von Abbildung 11.40 erklärt werden. Wenn die Schalter S_1, S_5 und S_4 eingeschaltet sind, dann ist die Spannungsdifferenz $U_z - U_{C1}$ am Lastanschlußpunkt a wirksam. In gleicher Weise können unabhängig voneinander die weiteren Kondensatorspannungen an die Lastanschlusspunkte geschaltet werden. Dieser Wechselrichter wird Capacitor Clamped VSI, CC-Wechselrichter – CCI – oder auch Imbricated Cell Multilevel VSI genannt.

Die „schwebenden Kondensatorspannungen" können beim CC-Wechselrichter bei beliebiger Punktzahl geregelt werden. Die zu installierende Leistung dieser Kondensatoren ist aber wesentlich größer als beim NP-Wechselrichter, so dass diese Schaltungsvarianten nicht mehr von Bedeutung sind. Weitere Informationen

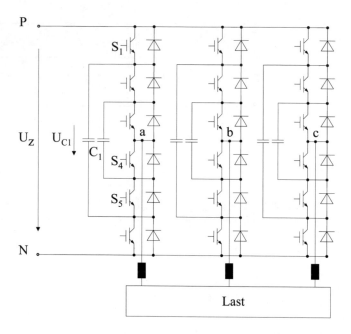

Abb. 11.40: *Vierpunkt-Wechselrichter mit „schwebendem" Potential (Imbricated Cell Inverter)*

zum CC-Wechselrichter und neueren Varianten sind in [102], Kapitel 8.5.6 bis 8.5.7, zu finden.

11.6   Hochleistungs-Wechselrichter

In Kapitel 10.1 wurde der Direktumrichter beschrieben und es wurde ausgeführt, dass der Direktumrichter aus drei antiparallelen, netzgeführten sechspulsigen Brückenschaltungen besteht. Durch Serienschaltung oder/und Parallelschaltung der obigen Grundschaltung kann die Spannung und/oder der Strom und damit die Leistung des Stellglieds erhöht werden, siehe Abbildung 10.6. Die Direktumrichter in Goldisthal haben jeweils eine Leistung von 100 MVA, der Direktumrichter gehört somit in der Gruppe der Hochleistungs-Antriebe.

In Kapitel 10.2 wird der Stromrichtermotor beschrieben, auch bei ihm werden die obigen netzgeführten sechspulsigen Brückenschaltungen verwendet, die ebenso in Serien- oder Parallelschaltung verwendet werden können, siehe Abbildung 11.18. Wie in Kapitel 10.2 ausgeführt wurde, wird der Stromrichtermotor bei Leistungen über 20 MW eingesetzt. Der Stromrichtermotor gehört somit ebenso in die Gruppe der Hochleistungs-Antriebe.

Der I-Umrichter in Abbildung 11.19 hat eine Struktur wie der Stromrichtermotor in Abbildung 11.20, damit bestehen die gleichen Eigenschaften wie in Kapitel 10.3 beschrieben. Da der Wechselrichter selbstgeführt ist, wird der Drehzahlbereich um Null beherscht. Der I-Umrichter in Abbildung 11.21 hat mehrere

Vorteile gegenüber dem U-Umrichter mit zentralem DC-Zwischenkreis. Der kritische Kurzschluss beim U-Umrichter ist bei bei beiden I-Umrichtern ein normaler Schaltzustand. Durch das im Dreieck geschaltete Kondensatorfilter wird bei dem I-Umrichter nach Abbildung 11.21 ein Drehspannungssystem erzeugt, das durch das Laden bzw. das Entladen der Kondensatoren gekennzeichnet ist und bei der die Steilheit der Spannungsflanken somit auf I/C begrenzt wird. Somit entfallen die zusätzlichen Beanspruchungen aufgrund der möglichen Resonanzen bedingt durch Kabel und steile Schaltflanken. Dies gilt ebenso für die Beanspruchungen durch Gleichtaktspannungen. Außerdem wird der Zwischenkreisstrom I_z der Belastung angepasst, so dass bei der PWM ein weiterer Freiheitsgrad besteht. Der I-Umrichter hat somit Eigenschaften wie sie erst durch die U-Umrichter mit verteilten Gleichspannungszellen erreicht werden.

Der I-Umrichter wird nicht in den Leistungen wie die U-Umrichter mit verteilten Gleichspannungszellen realisiert werden. Aufgrund der Vorteile gegenüber den U-Umrichtern mit zentralem DC-Zwischenkreis, ist aber eine Zwischenposition in der Einordnung gerechtfertigt. Im Folgenden werden zwei Hochleistungs-Umrichter mit verteilten Gleichspannungszellen beschrieben, die Mittelspannungs-Hochleistungs-Antriebe sind.

11.6.1 Serien-Zellen Wechselrichter

Eine Schaltungsstruktur für Mittelspannungs-Hochleistungs-Antriebe ist der Serien-Zellen-Wechselrichter, ein Wechselrichter mit verteilten Gleichspannungs-Zellen. Der in Abbildung 11.41 dargestellte Wechselrichter ist ein Fünfpunkt-Wechselrichter, im englischen – Series Connected H-Bridge, SCHB bzw. SC-5L-HB – [341, 343]. Dieser Wandler teilt die Ausgangsspannung pro Arm auf n in Serie geschaltete, galvanisch getrennte H-Brücken-Zellen auf, in Abbildung 11.41 sind es zwei Zellen, die von phasenverschobenen Netzspannungen versorgt werden. Nachteilig ist der komplizierte Transformator mit der gleichen Zahl von sekundären Wicklungen des Transformators wie die Zahl aller Zellen, die außerdem noch die Phasenverschiebung realisieren müssen. Vorteilhaft ist, dass sich die Ausgangsspannung des Wechselrichters auf n Zellen pro Arm aufteilt, so dass die in großen Stückzahlen verfügbaren IGBT-Leistungshalbleiter mit 1,7 kV Blockierspannung für Mittelspannungsantriebe verwendet werden können. Die Gleichspannung pro Zelle wird dann auf 1 kV festgelegt. Vorteilhaft ist weiterhin, dass ein begrenzter Ausfall von Zellen dadurch unproblematisch ist. Durch n Zellen pro Arm ergibt sich die Statorspannung, dieser Wechselrichter ist somit für Mittelspannungsantriebe geeignet.

11.6.2 M2C-Wechselrichter

Eine Variante der Serien-Zellen-Wechselrichter ist der M2C-Wechselrichter. Die Abbildung 11.42 zeigt die Struktur des M2C-Wechselrichters und die Abbildung 11.43 das Halbbrücken Submodul SM. Die Gleichspannungszelle kann

Wandler-Zelle

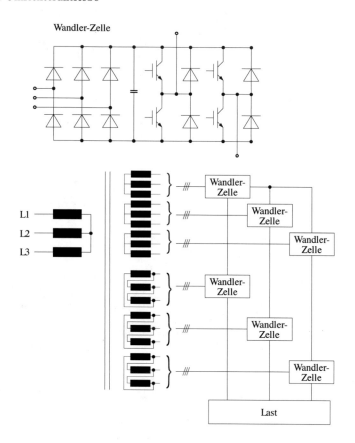

Abb. 11.41: *Fünfpunkt-Wechselrichter als Serien-Zellen-Wechselrichter (Series Cell Inverter)*

aber auch ein Submodul mit Bypass-Thyristor, ein Vollbrücken-Modul oder ein Clamp-Doppel-Submodul - Abbildung 11.44 - sein. Die Funktion des M2C-Wechselrichters ist ausführlich in Kapitel 8.5.9 „Modularer Mehrpunkt Umrichter – M2C" in [102] beschrieben [722, 773, 774, 775].

In diesem Beitrag werden zuerst die Unterschiede zu den U-Umrichtern mit einem zentralen DC-Zwischenkreis besprochen.

Nachteilig sind die Kurzschlüsse des DC-Zwischenkreises bei den U-Wechselrichtern mit zentralem DC-Zwischenkreis aufgrund von fehlerhaften Schaltbefehlen, die zum Ausfall des Stellglieds führen. Nachteilig bei den U-Umrichtern mit zentralem DC-Zwischenkreis sind außerdem die steilen Schaltflanken der Ausgangsspannung, die bei langen Kabeln zu Resonanzen und damit zu Ausfällen in den Statorwicklungen führen können. Nachteilig ist weiterhin die höherfrequente Gleichtaktspannung, die Lagerschäden hervorrufen kann. In [102] Kapitel 8.11 „Zusatzbeanspruchungen der Drehfeldmaschine" werden die Ursachen und Gegenmaßnahmen erläutert. Der Filteraufwand auf der Netzseite ist ein zusätzlicher Punkt. Diese Nachteile werden beim M2C-Wechselrichter vermieden.

Wie der Abbildung 11.42 zu entnehmen ist, sind in jedem Arm des Wechsel-richters n Zellen eingebaut. Pro Wechselrichter werden zur Zeit 30 bis 96 Gleich-spannungszellen benötig, somit teilt sich die Ausgangsspannung auf 5 bis 16 Zel-len auf. Dadurch bedingt können vorteilhaft preisgünstige Standard-IGBTs mit 1,7 kV Blockierspannung verwendet werden. Durch die Aufteilung der Ausgangs-spannung auf n Zellen sind die Änderungen der Spannung mit großer Steilheit klein, so dass die Problematik der Resonanz bei langen Kabeln verringer ist.

Wie bei den DC-DC-Wandlern beschrieben, muss der Strom aufgrund von Schalthandlungen in unterschiedliche Stromkreise wechseln, beim Tiefsetzsteller beispielsweise vom Kurzschlußkreis zum Einspeisekreis und zurück. Parasitäre Induktivitäten erschweren diese Wechsel.

Dieser Effekt ist somit auch bei den U-Umrichtern mit zentralem DC-Zwischenkreis nicht zu vermeiden. Beim M2C-Wechselrichter ist dieser Wechsel der Stromkreise nicht notwendig, damit reduzieren sich die Probleme mit den verteilten parasitären Induktivitäten. Die Spannungshaltung der Zellenkonden-satoren wird durch interne Kreisströme erzielt, damit erfolgt auch der benötig-te Energieaustausch. Die Problematik der höherfrequenten Gleichtaktspannung wird durch getrennte Realisierungen der AC-Spannung und der Gleichtaktspan-nung entkoppelt.

Der experimentell untersuchte Umrichter verwendet bei der Netzein-speisung eine 24-pulsige Diodenbrücke, die aus vier sechspulsigen Dioden-

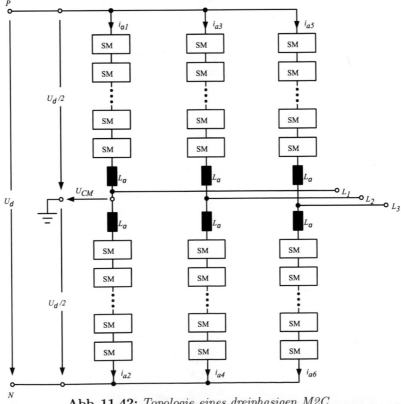

Abb. 11.42: *Topologie eines dreiphasigen M2C*

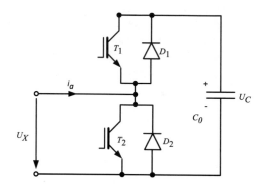

Abb. 11.43: *Halbbrücken-Submodul*

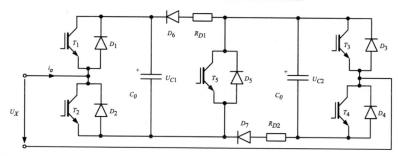

Abb. 11.44: *Clamp-Doppel-Submodul*

Brückenschaltungen mit Phasendifferenzen zur Verringerung der Harmonischen aufgebaut ist, die Spannung im Zwischenkreis $U_d = 11$ kV. Der Wechselrichter hat sechs Arme mit n = 12 Halbbrücken-Submodulen pro Arm. Das Halbbrücken-Submodul SM verwendet IGBTs mit 1,7 kV Blockierspannung, die Nennspannung der Gleichspannungszellen ist 1 kV. Die Ausgangsspannung des Wechselrichters ist $U_{eff\ N} = 7,2$ kV, der Nennstrom $I_{eff\ N} = 1100 A$, die Nennleistung $P_{dN} = 12$ MW.

Abbildung 11.45 zeigt die gefilterten Ausgangsspannungen U_{u0} und U_{v0} sowie die verkettete Ausgangsspannung U_{UV}. Die Abbildung 11.46 zeigt einen Ausschnitt eines Anfahrvorgangs bei etwa 2 bis 5 Hz. Es sind die Phasenspannungen U_{u0} und U_{v0} zu sehen, die gegen die virtuelle Masse gemessen wurden.

Aus der Verschiebung der Spannungen gegen Null ist die Gleichtaktspannung zu erkennen, die sich auch als Wechselspannung um Null zu erkennen gibt.

Die mit dickem Strich gezeichnete Spannung ist die verkettete Spannung U_{UV}. Dem an sich treppenförmigen Verlauf der Ausgangsspannungen aufgrund der Gleichspannungszellen sind nicht gefilterte Schaltstörungen in der verketteten Spannung überlagert. Die Abbildung 11.47 zeigt die Phasenspannung U_{v0} und den Armstrom I_{arm} im gleichen Zeitabschnitt des Anfahrens. Der Armstrom setzt sich aus den Laststrom und dem Kreisstrom zusammen. Der Kreisstrom hat die

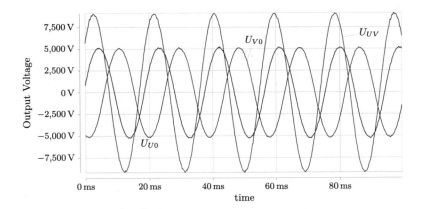

Abb. 11.45: *Nennbetrieb 50 Hz*

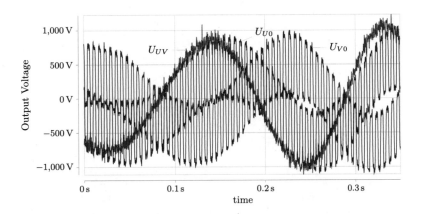

Abb. 11.46: *Ausschnitt Anfahren, Spannungen*

doppelte Frequenz des Laststrom, dadurch bedingt hat der Armstrom zeitliche Bereiche in denen beispielsweise der Armstrom und der Laststrom beide positiv sind und somit der resultierende Armstrom die Nulllinie nicht erreicht. Bei umgekehrten Vorzeichen der beiden Ströme kann es zu einer Absenkung unter die Nulllinie kommen. Bei negativen Strömen bzw. umgekehrten Vorzeichen sind entsprechende Effekte zu beobachten. In gleicher Weise kann es zu einer Absenkung des Armstroms kommen. Dies beeinflußt die Nulldurchgänge des Armstroms und ist in der Verschiebung in der Null-Linie zu sehen.

Die Abbildung 11.48 bestätigt die Qualität der Spannungen durch eine Analyse des Frequenzspektrums. Aufgrund des Anfahrvorgangs steigt die Nutzfrequenz von ca. 2 Hz bis ca. 5 Hz an. Die Analyse zeigt die ausgeprägte Komponente der Nutzfrequenz und die nahezu vernachlässigbaren Vielfache der Schaltfrequenz von 5 kHz.

Bei der Ausgangsleistung von ca. 12 MW, dem Motorstrom von ca. $I_{1_{eff}} = 1200A$ und der Frequenz von 50 Hz erfolgt der provozierte Ausfall von zwei

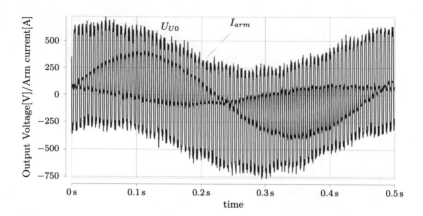

Abb. 11.47: *Ausschnitt Anfahren, Spannung und Armstrom*

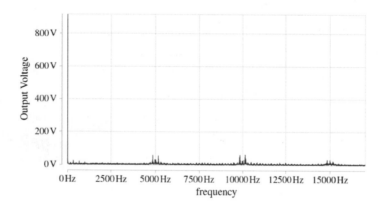

Abb. 11.48: *Ausschnitt Anfahren, Frequenzspektrum*

Gleichspannungszellen, Test der Bypassfunktion, Abbildung 11.49. Die Ausgangsspannung U_{u0} bricht etwa 1 kV ein, nach etwa 1 ms ist der Ausfall ausgeregelt. In den drei Ausgangsströmen ist die Störung praktisch nicht zu merken.

Der M2C-Umrichter beweist überzeugend, dass mittels der verteilten Gleichspannungszellen eine überzeugende Schaltung für Mittelspannungsantriebe hoher Leistung zur Verfügung steht.

11.7   Leistungsfaktor-Korrektur (PFC)

Bei dem U-Umrichter in Abbildung 11.24 benötigt der selbstgeführte Wechselrichter eine konstante Zwischenkreisspannung U_z. Diese erforderliche, annähernd konstante Zwischenkreisspannung wird von einem Dreiphasennetz und der netzseitigen Diodenbrücke bereit gestellt. Wie in [102] Kapitel 2 dargestellt wird,

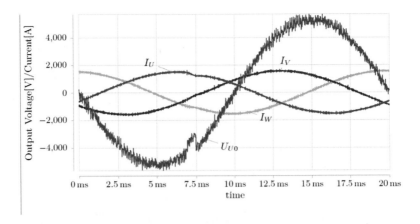

Abb. 11.49: *Beipass-Funktion*

sind die Netzrückwirkungen abhängig von der Belastung des Zwischenkreises sowie den Lastdaten (ohmsch-induktiv, Gegenspannung), der Glättungsinduktivität D, den Kommutierungs-Induktivitäten und den Daten des Transformators, sowie den Netzdaten (siehe [102] Kapitel 2.2.3). Da die Kurzschlussleistung des Netzes im allgemeinen sehr groß gegenüber der Leistung des Umrichters ist, wird das Netz als starr angenommen, d.h. die Netzspannung ist sinusförmig. Weitere Vereinfachungen sind, die Überlappung bei der Kommutierung der Diodenbrücke zu vernachlässigen und den Gleichstrom als perfekt geglättet, d.h. die Glättungsinduktivität gegen unendlich anzunehmen. Der Netzstrom ist aber trotz dieser Annahmen nicht sinusförmig, der Verschiebungsfaktor $\cos\varphi_1$ und der Leistungsfaktor λ sind ungleich eins. Bei dem Stromrichtermotor, Kapitel 11.2, in Abbildung 11.7 ist das Einspeise-Stellglied eine Thyristorbrücke. Wie aus Kapitel 4.1.2.5 bekannt ist, ist der netzseitige Verschiebungsfaktor $\cos\varphi_1$ bzw. der Phasenwinkel φ_1 zwischen der Netzspannung und der Netzstrom-Grundschwingung eine Funktion des Steuerwinkels α_1 und des Überlappungswinkels $\ddot{u}$:

$$\varphi_1 \approx \alpha_{\mathrm{I}} + \frac{\ddot{u}}{2} \tag{11.23}$$

Beim Stromrichtermotor ist der Zündwinkel des netzseitigen Thyristor-Stellglieds α_1 eine Funktion der Drehzahl, bei kleinen Drehzahlen wird somit α_1 ungefähr 90 sein. Dies bedeutet, dass das Netz mit einer Blindleistung belastet wird, die der Nennleistung entspricht. In Kapitel 4.1.2.5 und ausführlicher in [102] Kapitel 2.2 „Oberschwingungen und Netzrückwirkungen" sowie Kapitel 2.3 „Blindleistung und Leistungsfaktor" wird anhand unterschiedlicher Belastungen des netzgeführten Stellglieds berücksichtigt, dass außer der Grundschwingung des Stroms auch noch Oberschwingungen berücksichtigt werden müssen.

Mit der Annahme eines zu vernachlässigenden Innenwiderstandes des Netzes ergibt sich die Scheinleistung S_N im Netz.

$$S_N = U_N \cdot I_N = U_N \cdot \sqrt{\sum_{k=1}^{\infty} I_{N(k)}^2} \qquad (11.24)$$

Der Netzstrom wird in eine Grundschwingung und Oberschwingungen zerlegt:

$$I_N = \sqrt{I_{N(1)}^2 + \sum_{k=2}^{\infty} I_{N(k)}^2} \qquad (11.25)$$

Gl. (11.24) eingesetzt in Gl. (11.25) ergibt

$$S_N = U_N \cdot \sqrt{I_{N(1)}^2 + \sum_{k=2}^{\infty} I_{N(k)}^2} = \sqrt{(U_N \cdot I_{N(1)})^2 + \sum_{k=2}^{\infty} (U_N \cdot I_{N(k)})^2} \quad (11.26)$$

Die Anteile der Grundschwingung sind:

Scheinleistung: $\quad S_{N(1)} = U_N \cdot I_{N(1)} = \sqrt{P_{N(1)}^2 + Q_{N(1)}^2}$

Wirkleistung: $\quad P_{N(1)} = U_N \cdot I_{N(1)} \cdot \cos \varphi_1$

Blindleistung: $\quad Q_{N(1)} = U_N \cdot I_{N(1)} \cdot \sin \varphi_1$

Zu beachten ist, dass die Spannung U_N sinusförmig mit der Grundfrequenz und der Netzstrom eine Komponente mit der Grundfrequenz – ($k = 1$) – sowie Oberschwingungs-Komponenten mit ($k = 2, 3, 4, \dots$) hat. Der zweite Term in (11.25) erfaßt die nicht gleichfrequenten Leistungen, damit ist $P_{N(k)}$ über einer Netzperiode Null und somit ein Blindleistungsterm, die Verzerrungs-Blindleistung D_N.

$$D_N = \sqrt{\sum_{k=2}^{\infty} (U_N \cdot I_{N(k)})^2} \qquad (11.27)$$

Die Netzscheinleistung S_N ist

$$S_N = \sqrt{S_{N(1)}^2 + D_N^2} \qquad (11.28)$$

$$= \sqrt{(S_{N(1)} \cdot \cos \varphi_1)^2 + (S_{N(1)} \cdot \sin \varphi_1)^2 + D_N^2} \qquad (11.29)$$

$$= \sqrt{P_{N(1)}^2 + Q_{N(1)}^2 + D_N^2} \qquad (11.30)$$

$$Q_N = \sqrt{Q_{N(1)}^2 + D_N^2} \qquad (11.31)$$

Damit ergeben sich der Verschiebungsfaktor $\cos \varphi_1$ und der Leistungsfaktor λ

$$\cos \varphi_1 = \frac{P_{N(1)}}{S_{N(1)}} \qquad (11.32)$$

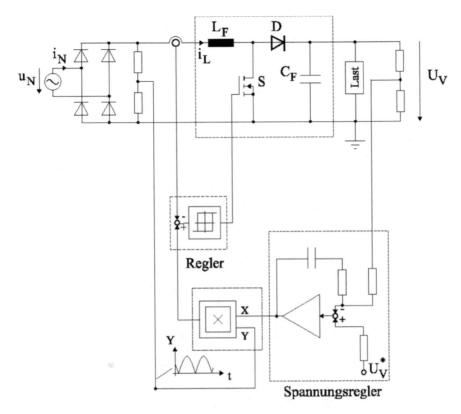

Abb. 11.50: *Einphasige Leistungsfaktor–Korrektur: Prinzipschaltbild*

$$\lambda = \frac{P_{N(1)}}{S_N} = \frac{P_{N(1)}}{\sqrt{S_{N(1)}^2 + D_N^2}} < \cos \varphi_1 \tag{11.33}$$

Die Frage ist, was ist mit der Diodenbrücke zu erreichen, wenn der einzige zu ändernde Parameter die Pulszahl p ist.

In [102] Kapitel 2.7.4 „Höchstleistungs-Stellglieder, Beurteilungs-Kriterien", Tabelle 2.2, werden die Kenndaten Grundschwingungsgehalt $g_i = I_{N(1)}/I_N$, Leistungsfaktor $\lambda = g_i \cos \phi_1 = P_{N(1)}/S_N$ und Welligkeit der Zwischenkreisspannung w_{ud} für Diodenbrücken bei idealer Glättung des Gleichstroms sowie bei Vernachlässigung der Kommutierung angegeben. Zum Vergleich sind aus Tabelle 2.2 die Daten bei p = 6 und p = 12 zu entnehmen: p = 6: $w_{ud} = 4,04\%$, $g_i(\nu = 5) = 20\%$, $g_i(\nu = 7) = 14,29\%$, p = 12: $w_{ud} = 0,909\%$, $g_i(\nu = 11) = 9,09\%$, $g_i(\nu = 13) = 7,69\%$. Wenn die Kommutierung vernachlässigt wird, dann ist der Leistungsfaktor $\lambda = g_i$. Gewünscht werden $\cos \varphi_1 = 1$ und $\lambda = 1$, diese Forderungen sind mit einer Diodenbrücke nicht zu erreichen. Welche weiteren Lösungen gibt es, diese Forderungen zu erfüllen?

Abb. 11.50 zeigt die Struktur einer einphasigen Leistungsfaktor-Korrektur. Wie der Abbildung zu entnehmen ist, wird der Spannungsverlauf der Netzspannung zur Bildung des Strom-Sollwerts Y für den Stromregler genützt. Überlagert ist der DC-Spannungsregler. Bei der praktischen Realisierung des PI-Stromreglers auf der Netzseite, optimiert mit dem Betragsoptimum, stellt man fest, dass der Verschiebungsfaktor $\cos \varphi_1 = 1$ nicht zu erreichen ist. Der Grund ist die Verzögerung des Stromregelkreises, die bei der Regelung im S-System sinusförmige Signale zu verarbeiten hat. Wenn statt des PI-Stromreglers der resonante P-Regler – Kapitel 3.6 in [97] – verwendet wird, dann ist auch dieses Problem gelöst.

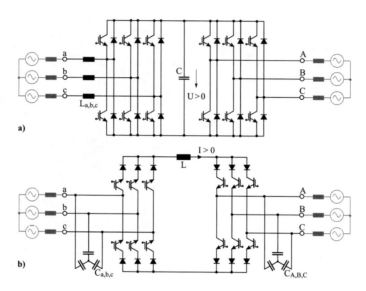

Abb. 11.51: *Selbstgeführter Dreiphasen–AC/AC–Konverter mit Zwischenkreisspeicher; a) Konverter mit Gleichspannungszwischenkreis (U-BBC), b) Konverter mit Gleichstromzwischenkreis (I-BBC); die Filterkapazitäten des I-BBC können bei entsprechender Spannungsfestigkeit auch in Dreieckschaltung angeordnet werden; Netz und Last werden durch einfache Ersatzschaltbilder, d.h. innere Spannungen und innere Induktivitäten, repräsentiert; die Klemmenbezeichnungen entsprechen der für Matrixkonverter in der Fachliteratur gebräuchlichen Nomenklatur und weichen von den in übrigen Kapiteln des vorliegenden Buches verwendeten Benennungen ab*

12 Regelungen für Drehfeldmaschinen

12.1 Entkopplung – Asynchronmaschine

Abbildung 12.1 zeigt die prinzipielle Struktur der Entkopplung, bei der der Fluß gesteuert und die Drehzahl geregelt wird. Im rechten Block von Abbildung 12.1 ist die Asynchronmaschine ASM und im linken Block das Entkopplungsnetzwerk EK angeordnet. Beide Blöcke verwenden den Gleichungssatz (5.92) bis (12.6).

$$\vec{U}_1^K = \frac{R_1}{\sigma L_1} \cdot \vec{\Psi}_1^K - \frac{M \cdot R_1}{\sigma L_1 L_2} \cdot \vec{\Psi}_2^K + \frac{d\vec{\Psi}_1^K}{dt} + j\Omega_K \cdot \vec{\Psi}_1^K \tag{12.1}$$

$$\vec{U}_2^K = \frac{R_2}{\sigma L_2} \cdot \vec{\Psi}_2^K - \frac{M \cdot R_2}{\sigma L_1 L_2} \cdot \vec{\Psi}_1^K + \frac{d\vec{\Psi}_2^K}{dt} + j(\Omega_K - \Omega_L) \cdot \vec{\Psi}_2^K \tag{12.2}$$

$$\vec{I}_1^K = \vec{\Psi}_1^K \cdot \frac{1}{\sigma L_1} - \vec{\Psi}_2^K \cdot \frac{M}{\sigma L_1 L_2} \tag{12.3}$$

$$\vec{I}_2^K = \vec{\Psi}_2^K \cdot \frac{1}{\sigma L_2} - \vec{\Psi}_1^K \cdot \frac{M}{\sigma L_1 L_2} \tag{12.4}$$

$$M_{Mi} = \frac{3}{2} \cdot Z_p \cdot \frac{M}{\sigma L_1 L_2} \cdot \Im m \left\{ \vec{\Psi}_1^K \cdot \vec{\Psi}_2^{*K} \right\} \tag{12.5}$$

$$\Theta \cdot \frac{d\Omega_m}{dt} = M_{Mi} - M_W \quad \text{mit} \quad Z_p \cdot \Omega_m = \Omega_L = \Omega_{el} \tag{12.6}$$

Der rechte Block der Asynchronmaschine hat die Eingangsgrößen U'_{1A} und U'_{1B} – eingeprägte Statorspannungen - bzw. I'_{1A} und I'_{1B} – eingeprägte Statorströme sowie $\Omega_K^{*'}$, dies sind die Ausgangsgrößen von EK. Da im allgemeinen die Parameter der Asynchronmaschine beispielsweise durch Erwärmung unterschiedlich zu den eingestellten Parameter im Entkopplungsblock EK sind, sind die obigen Eingangsgrößen der Asynchronmaschine fehlerbehaftet, dies wird durch den Strich gekennzeichnet. Die Eingangsgrößen von EK sind der Fluss-Steuerwert Ψ_1 bzw. Ψ_2 und Ω_2^*. Das Ausgangssignal des Drehzahlreglers ist der Sollwert Ω_2^* Stern. Es gilt bei konstantem Rotorfluss $\Psi_{2A} = const$ und $\Psi_{2B} = 0$

© Springer-Verlag GmbH Deutschland, ein Teil von Springer Nature 2021
D. Schröder und R. Kennel, *Elektrische Antriebe – Grundlagen*,
https://doi.org/10.1007/978-3-662-63101-0_12

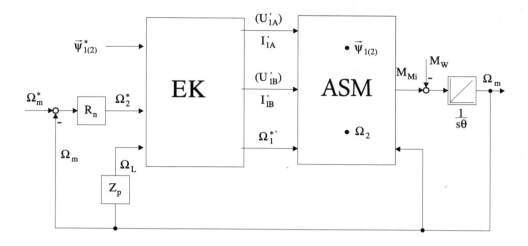

Abb. 12.1: *Prinzipielle Struktur der Entkopplung*

$$M_{Mi} \;=\; \frac{3}{2} \cdot Z_p \cdot \frac{M}{\sigma L_1 L_2} \cdot \Psi_{2A}^* \cdot \Psi_{1B}^* \tag{12.7}$$

$$\Omega_2 \;=\; \frac{M}{L_1} \cdot \frac{\Omega_{2K}}{\Psi_{2A}^*} \cdot \Psi_{1B}^* \tag{12.8}$$

und somit

$$M_{Mi} = \frac{3}{2} \cdot Z_p \cdot \frac{1}{\sigma L_2 \Omega_{2K}} \cdot \Psi_{2A}^{*2} \cdot \Omega_2 \tag{12.9}$$

d. h. das Drehmoment ist mittels Ω_2 zu steuern bzw. zu regeln.

Der komplexe Gleichungssatz (5.92) bis (12.6) beschreibt das Gleichungssystem der Asynchronmaschine. Wenn beispielsweise die Gleichung (5.92) nach $\vec{\Psi}_1^K$ aufgelöst und in den Laplace-Bereich transformiert wird, dann gilt die Gleichung (12.10) und es ergibt sich die Abbildung 12.2.

$$\vec{\Psi}_1^K(s) = \frac{\sigma L_1}{R_1} \left[\vec{U}_1^K(s) - s \cdot \vec{\Psi}_1^K(s) - j\Omega_K \vec{\Psi}_1^K(s) \right] + \frac{M}{L_2} \vec{\Psi}_2^K(s) \tag{12.10}$$

Hinweis: Die Abbildungen 12.2 bis 12.7, Abbildung 12.13 und Abbildung 12.14 zeigen die Teil-Signalflußpläne, die im Vorwärtskanal ein P-Glied und im Rückwärtskanal $G_r(s) = -s$ haben. Das Eingangssignal ist beispielsweise U_1^K, das Ausgangssignal ist Ψ_1. Die Simulation ist aufgrund des *Algebraic Loop Problems* mit diesen Teil-Signalflußplänen nicht möglich. Stattdessen sollte im Vorwärtskanal ein I-Glied und im Rückwärtskanal ein P-Glied angeordnet sein, siehe auch Kapitel 6.3, Abbildungen 6.16, 6.17 und 6.20 sowie in Kapitel 12.1 die Abbildungen 12.2 bis 12.7 und 12.13 sowie 12.14.

Die gleichen Rechenschritte sind für die anderen Gleichungen anzuwenden und führen zum vollständigen Signalflussplan der Asynchronmaschine, Abbildung 12.3.

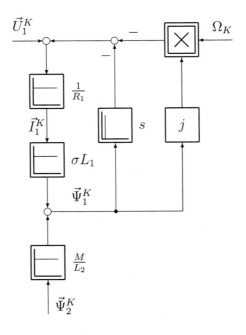

Abb. 12.2: *Komplexer Teil-Signalflussplan der ASM*

Die Gleichung (5.92) wird nun aufgelöst nach $\vec{U}_1^K$ und ergibt Gleichung (12.11), dies ist die komplexe Eingangsspannung der Asynchronmaschine:

$$\vec{U}_1^K = j\Omega_K \vec{\Psi}_1^K + \frac{d\vec{\Psi}_1^K}{dt} + \frac{R_1}{\sigma L_1}\left(\vec{\Psi}_1^K - \frac{M}{L_2}\vec{\Psi}_2^K\right) \tag{12.11}$$

Im Entkopplungsnetzwerk EK ist die gleiche Gleichung implementiert – Gleichung (12.12), allerdings kann das Ausgangssignal fehlerhaft sein:

$$\vec{U}_1^{K'*} = j\Omega_K' \vec{\Psi}_1^{K'} + \frac{d\vec{\Psi}_1^{K'}}{dt} + \frac{R_1'}{\sigma' L_1'}\left(\vec{\Psi}_1^{K'} - \frac{M'}{L_2'}\vec{\Psi}_2^{K'}\right) \tag{12.12}$$

Wenn die anderen Gleichungen ebenso in EK implementiert werden erhält man Abbildung 12.4. Abbildung 12.4 zeigt den gesamten Signalflussplan von EK und der Asynchronmaschine in komplexer Darstellung. Die perfekte Entkopplung ist beispielsweise im oberen Teil des Signalflussplans zu erkennen.

Der Umrichter habe proportionales Verhalten, Soll- und Istwert sind daher in der Amplitude und Phase identisch.

Die komplexen Gleichungen (5.92) bis (12.6) werden in den Laplace-Bereich transformiert und in die reelle und imaginäre Komponente aufgespalten, es ergibt sich für EK der Signalflussplan in Abbildung 12.5.

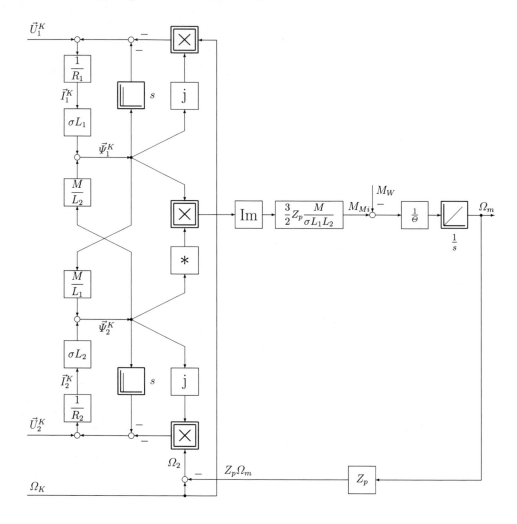

Abb. 12.3: *Komplexer Signalflussplan bei Spannungseinprägung in Stator und Rotor*

Bei Statorfluss-Orientierung gilt:

- Eingangsgröße $\Psi_{1A} = const$

- $\Psi_{1B} = d\Psi_{1B}/dt = 0$

Es ergibt den vereinfachten Signalflussplan Abbildung 12.6.

Bisher wurde bei den Überlegungen angenommen, die Orientierung des Flusses sei bekannt. Da dies nicht gegeben ist, wird das kartesische Koordinatensystem in ein polares Koordinatensystem gewandelt.

Es gelten die Gleichungen (12.13) und (12.14) bzw. (12.15) und (12.16):

$$|\vec{U}_1'^*| = \sqrt{U_{1A}'^* + U_{1B}'^*} \tag{12.13}$$

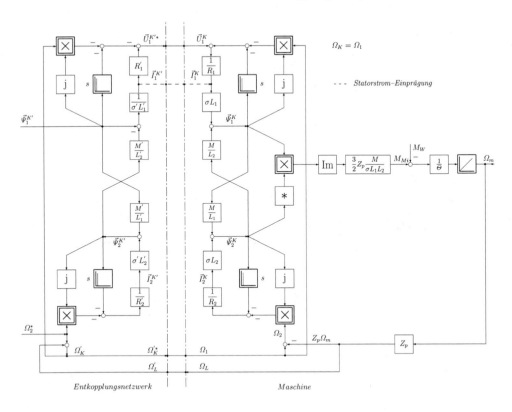

Abb. 12.4: *Asynchronmaschine mit vorgeschaltetem Entkopplungsnetzwerk für gesteuerten Statorfluss Ψ_1 und eingeprägter Statorspannung*

$$\gamma_u^{'*} = \arctan \frac{U_{1B}^{'*}}{U_{1A}^{'*}} \tag{12.14}$$

$$\Omega_u^{'*} - \Omega_K^{'*} = \frac{d\gamma_u^{'*}}{dt} \tag{12.15}$$

$$\Omega_u^{'*} = \Omega_K^{'*} + \frac{d\gamma_u^{'*}}{dt} \quad \text{und} \quad |\vec{U}_1^{'*}| \tag{12.16}$$

Der endgültige Signalflussplan ist in Abbildung 12.7 dargestellt.

Der Entwurf der Entkopplung bei konstantem Statorfluß und eingeprägten Statorspannungen war anschaulich und leicht zu realisieren. Der Ansatz ist somit ohne Schwierigkeiten übertragbar für die drei weiteren Kombinationen gebildet mit den Komponenten konstanter Rotorfluß, eingeprägte Statorspannungen und eingeprägte Statorströme. Diese vier Kombinationen sind in [97] Kapitel 13.4.1 bis 13.4.3 ausführlich beschrieben.

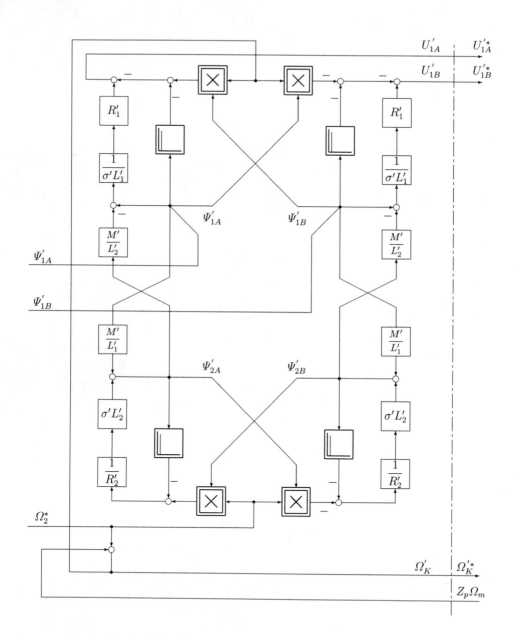

Abb. 12.5: *Signalflussplan des Entkopplungsnetzwerks bei Steuerung des Statorflusses*
$\vec{\Psi}_1$

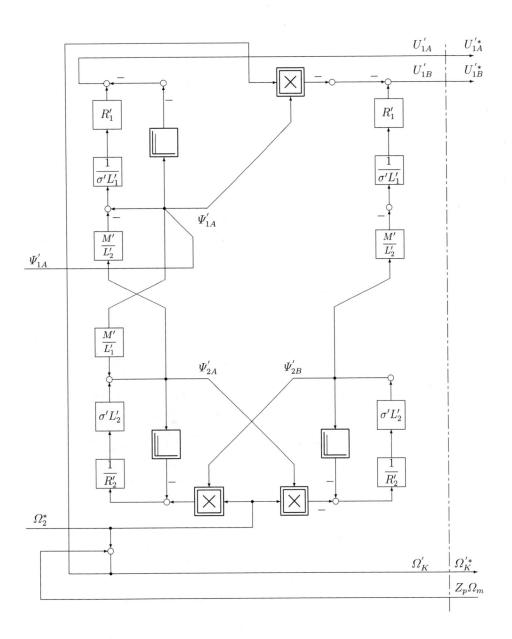

Abb. 12.6: *Signalflussplan des Entkopplungsnetzwerks bei Orientierung am Statorfluss* $|\vec{\Psi}_1| = \Psi_{1A}$, $\Psi_{1B} = 0$

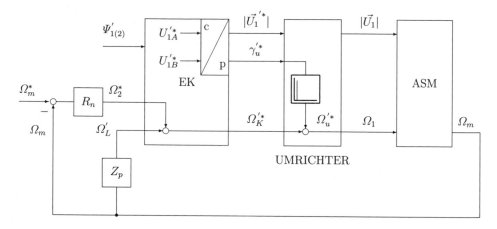

Abb. 12.7: *Prinzipielle Struktur der drehzahlgeregelten Asynchronmaschine bei Umrichtern mit eingeprägter Spannung*

12.2 Feldorientierung – Asynchronmaschine

Während bei der Entkopplung die Kenntnis der Orientierung und des Betrags des Flusses nicht benötigt wurde, da der Fluss nur gesteuert ist, wird bei der Feldorientierung der Fluss geregelt. Dies erfordert die Kenntnis des Flussistwerts nach Betrag und Phase. Abbildung 12.8 zeigt zwei Varianten der Feldorientierung. Bei der ersten Variante – der direkten Feldorientierung - wird der Luftspaltfluss nach Betrag und Phase gemessen. Dies ist aufwändig, fehlerbehaftet und der Signalflussplan der Asynchronmaschine bei Luftspaltfluß-Orientierung ist komplex, da Fluss und Drehmoment sich gegenseitig beeinflussen. Die Variante direkte Feldorientierung wurde deshalb nicht weiter verfolgt.

Die zweite Variante verwendet ein Modell, um den Stator- oder den Rotorfluss nach Betrag und Phase zu schätzen, dies ist die indirekte Feldorientierung. Bei der indirekten Feldorientierung gibt es somit zwei Regelkreise. Der erste Regelkreis ist der Drehzahlregelkreis, der zweite Regelkreis enthält die Flussregelung, wobei der Fluss-Istwert nach Betrag und Phase geschätzt sind. Beide Regler nutzen das für die Regelung vorteilhafte K-System. Wie in Kapitel 5 erläutert wurde, sind im stationären Betrieb die Signale im statorfesten S-System sinusförmig und werden im K-System Gleichgrößen.

Damit der Umrichter die Asynchronmaschine mit der benötigten Statorspannung versorgen kann, müssen die beiden Sollwerte $I_{1A}'^*$ und $I_{1B}'^*$ vom K-System in das S-System transformiert werden. Dies geschieht im Vektordreher VD+, siehe Abbildung 12.9. Es folgt die Stator-Stromregelung im S-System.

In Abbildung 12.10 ist die feldorientiere Regelung um die Signalverarbeitung zur Schätzung des Fluss-Istwerts erweitert. Der obere Teil entspricht der Abbildung 12.8. Im unteren Teil der Abbildung 12.8 wird der Fluss-Istwert nach Betrag und Orientierung ermittelt. Im vorliegenden Fall werden die folgenden

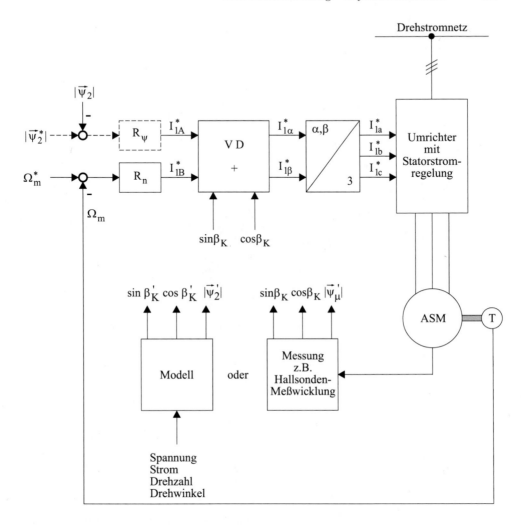

Abb. 12.8: *Vereinfachte Struktur einer feldorientierten Drehzahlregelung mit Regelung der Statorströme im Statorkoordinatensystem*

Istwerte gemessen: zwei der drei Statorströme I_a, I_b, I_c und die Drehzahl Ω_m. In der ersten noch fehlerfreien Wandlung werden die drei Statorströme in die zwei statorfesten Strom-Raumzeiger $I_{1\alpha}$ und $I_{1\beta}$ gewandelt. In der weiteren Signalverarbeitung folgt der Vektordreher VD−, Abbildung 5.26, in der die nun fehlerbehaftete Wandlung von $I_{1\alpha}$ und $I_{1\beta}$ im S-System zu I'_{1A} und I'_{1B} im K-System erfolgt. Die beiden Istwerte sind fehlerbehaftet, da der Winkel β'_K fehlerbehaftet ist. Mittels eines Modells, beispielsweise das Strommodel in Abbildung 12.11, und der Istwerte I'_{1A} sowie I'_{1B} werden die Schlupf-Kreisfrequenz Ω'_2 und beispielsweise der Betrag des Rotorflusses ψ'_{2A} berechnet. Mit einer Integration von $\Omega_L + \Omega'_2$ erfolgt die Berechnung von β'_K.

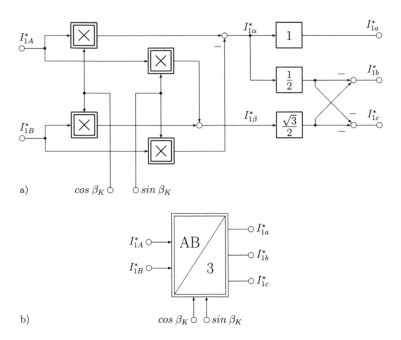

Abb. 12.9: *Koordinatentransformation der Stromsollwerte vom umlaufenden Koordinatensystem AB in die realen 3-Phasen-Sollwerte*

Da beispielsweise die Parameter im Modell unterschiedlich zu den Parametern in der Asynchronmaschine – aufgrund beispielsweise der Erwärmung – sein können, können somit die Parameter im Modell fehlerhaft sein, dies wird durch den Strich gekennzeichnet. Das Modell in Abbildung 12.11 ist daher die erste Fehlerquelle.

Eine zweite Fehlerquelle kann bei der Realisierung der Integration entstehen. Die offene Integration ist kritisch durch das „Weglaufen" und die Approximation der Integration durch ein PT_1-Glied versagt bei tiefen Frequenzen.

Die Varianten der Modelle und ihre Empfindlichkeiten gegenüber Fehlern der Parameter werden in [97] Kapitel 13.5 vorgestellt: das I_1-Modell (Strommodell) – Abbildung 12.11 und seine Empfindlichkeiten – Abbildung 12.12, das $I_1\beta_L$-Modell, das U_1I_1-Modell, das $U_1I_1\Omega_L$-Modell und das $U_1\Omega_L$-Modell.

Um den Fehler gering zu halten, sollte daher eine Identifikation der Parameter der Drehfeldmaschine und die Nachführung der Modell- und der Reglerparameter erfolgen. In [97] werden daher in Kapitel 13.6 – Parameterbestimmung an DASM – und in Kapitel 18 – Identifikation linearer dynamischer Systeme – sowie in [103] – Intelligente Verfahren – Identifikation und Regelung nichtlinearer Systeme – die Verfahren zur Identifikation der Parameter vorgestellt.

Damit scheint die Regelung der Asynchronmaschine gelöst zu sein. Leider ergeben sich durch die Gegenspannungen $\Omega_K \, \Psi_{1A}$ und $\Omega_K \, \Psi_{1B}$ unerwünschte

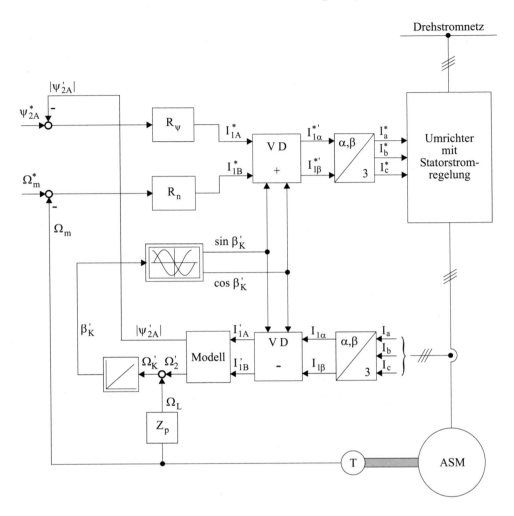

Abb. 12.10: *Prinzipdarstellung der indirekten feldorientierten Regelung der ASM mit Strommodell*

Polverschiebungen in den Strom-Regelkreisen. Hingewiesen sei auf Kapitel 12.4 „Feldorientierung – Synchronmaschinen", in dem praktische Vorschläge zur Realisierung der Feldorientierung aus Kapitel 19.5 in [97] zu finden sind.

Diese und weitere Aufgabenstellungen sowie deren Lösungen werden in dem folgenden Kapitel 12.7 „Weiterführende Informationen" erläutert.

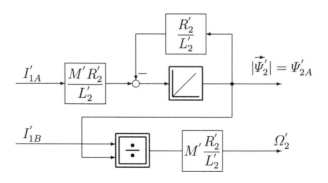

Abb. 12.11:   *Das „Strommodell" zur Bestimmung von* $\vec{\Psi}'_{2A}$ *und* Ω'_2 *im Fluß-koordinatensystem*

12.3   Entkopplung – Synchronmaschine

In Kapitel 12.2 wurde die Feldorientierung bei der Asynchronmaschine erläutert, dies ist eine gute Basis für die Realisierung der Entkopplung bei den beiden Typen der Synchronmaschine. Es gelten die Gleichungen von (5.99) bis (5.108) sowie Abbildung 5.24 für die Asynchronmaschine, der Gleichungssatz (6.43) sowie Abbildung 6.9 für die Synchron-Schenkelpolmaschine ohne Dämpferkäfig und der Gleichungssatz (6.107) sowie Abbildung 6.19 für die Synchron-Vollpolmaschine, ebenso ohne Dämpferkäfig. Aus den Signalflussplänen und Gleichungssätzen sind die vergleichbaren und unterschiedlichen Merkmale der Asynchronmaschine und der Synchronmaschinen zu entnehmen, siehe die Vergleichsliste im einführenden Kapitel 11. Das Verhalten der Statorkreise der ASM und der SM ist vergleichbar, dies wird u. a. bei der Auswahl der Modelle zur Bestimmung des Flusses nach Betrag und Phase genutzt. Unterschiedlich ist die Bildung des Drehmoments bei den Maschinen, bei der ASM ist Ω_2 die Steuergröße, bei den SMs ist I_q die Steuergröße, zusätzlich ist der Reluktanzeffekt bei der Schenkelpolmaschine zu berücksichtigen.

Durch die ausführliche Darstellung der der Entkopplung bei der Asynchronmaschine in Kapitel 12.1 ist die selbstständige Übertragung der Entkopplung für Synchronmaschinen ermöglicht. Zur Absicherung und Erweiterung der Kenntnisse soll die Entkopplung aber am Beispiel der Synchron-Schenkelpolmaschine wiederholt werden. Es werden nur die drei wesentlichen Strukturen vorgestellt, sodass die Option zur weiteren, selbstständigen Vertiefung besteht.

Wie bei der Entkopplung der Asynchronmaschine soll der Regelkreis mit dem Drehmoment als Eingangssignal der Entkopplung über den Drehzahlregler geschlossen werden; das relevante Signal ist i_q. Die Eingangssignale der Entkopplung EK sind ψ_d, ψ_E, i_q^* und ω_m. Die Ausgangssignale u'_d, u'_q, und u'^*_E bzw. i'^*_E vom EK sind die Eingangssignale der Synchronmaschine.

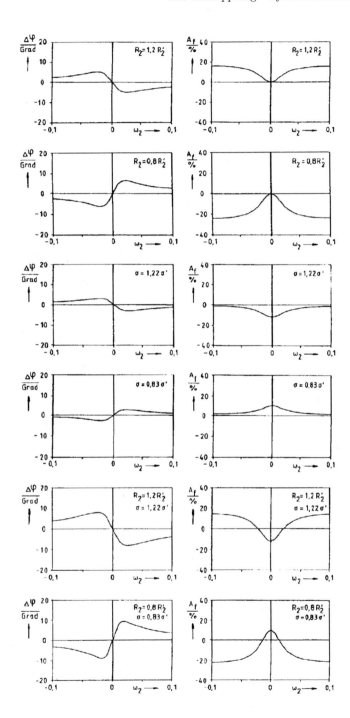

Abb. 12.12: *Stationärer Phasen- und Amplitudenfehler der Rotorflußnachbildung des „Strommodells" bei Fehlanpassung des Rotorwiderstandes bzw. der Maschinenreaktanzen*

Ausgehend vom normierten Gleichungssatz (6.43), der noch in den Laplace-Bereich transformiert werden muss, kann der Signalflussplan der Sychron-Schenkelpolmaschine in Abbildung 12.13 erstellt werden, siehe Abbildung 6.9.

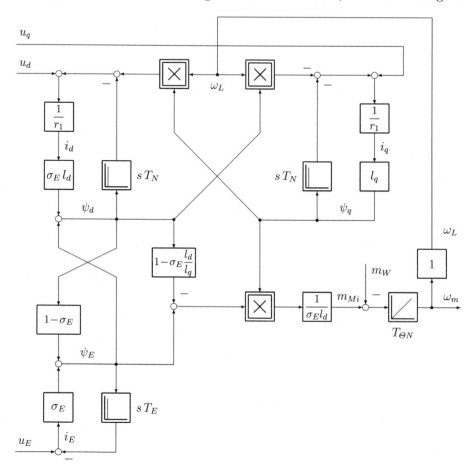

Abb. 12.13: *Normierter Signalflußplan der Synchron-Schenkelpolmaschine ohne Dämpferwicklung bei Spannungseinprägung*

Wie bei der Asynchronmaschine wird der gleiche Gleichungssatz für das inverse Modell der Entkopplung verwendet, Abbildung 12.14. Ebenso wie bei der Asynchronmaschine wird durch den hochgestellten Strich bei den Signalen im Entkopplungs-Netzwerk erinnert, dass die Parameter im Entkopplungs-Netzwerk unterschiedlich zu den realen Parametern in den Komponenten sein können und damit die Ausgangssignale der Entkopplung fehlerbehaftet sind. Sowohl im Signalflussplan der Synchronmaschine als auch im Entkopplungs-Netzwerk sind differenzierende Übertragungsglieder vorhanden. Um Übersteuerungen bei dynamischen Änderungen zu vermeiden, sollten $D - T_1$-Übertragungsglieder oder die Realisierung entsprechend Abbildung 6.9 realisiert werden. Wenn nur der Ankerstellbereich genutzt werden soll, dann sind ψ_E und ψ_d konstant, die Signalpfade

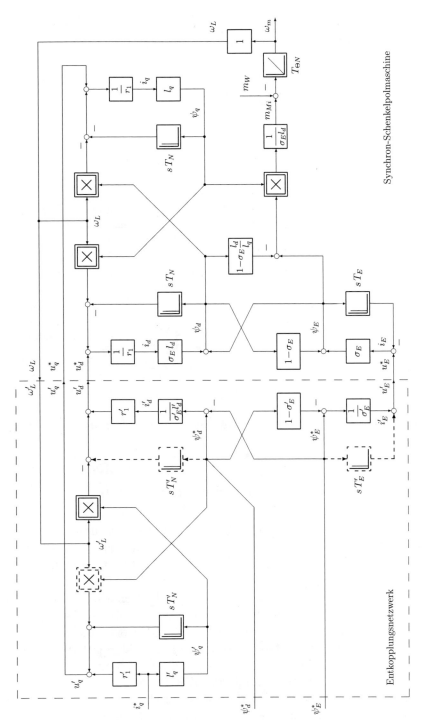

Abb. 12.14: *Synchron-Schenkelpolmaschine ohne Dämpferwicklung mit vorgeschalte-tem Entkopplungsnetzwerk*

mit den Ableitungen dieser beiden Größen können somit entfallen, dies wird Strichelung gekennzeichnet. Die vollständige Struktur der Antriebsregelung der Synchronmaschine mit der Entkopplung EK zeigt die Abbildung 12.14. Der Signalflussplan von EK ist der Abbildung 12.14 zu entnehmen, in Abbildung 12.15 erfolgt die Wandlung im EK vom kartesischen zum polaren Koordinatensystem.

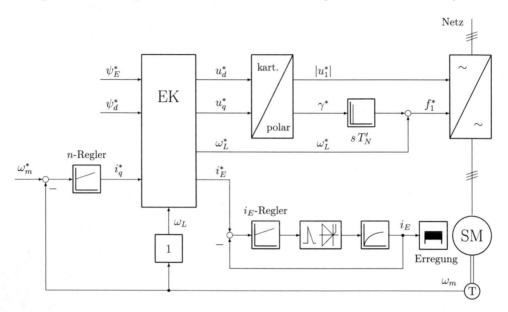

Abb. 12.15: *Drehzahlregelung der Synchronmaschine mittels Entkopplungsnetzwerk*

12.4   Feldorientierung – Synchronmaschinen

Wie bei der Entkopplung wurde die Regelung der Asynchronmaschine mit der Feldorientierung erläutert. Somit ist wiederum eine gute Basis zur selbstständigen Erarbeitung der feldorientierten Regelung der Synchronmaschine anzunehmen.

Ausgehend von dieser Basis und unter Nutzung der Kenntnisse aus Kapitel 6.2 und 6.3 für Varianten der Schenkelpolmaschine bzw. Kapitel 6.4 bis 6.4.3 für die Varianten der Vollpolmaschinen wird in [97] Kapitel 16.5 „Regelung der Synchronmaschine durch Feldorientierung" im Detail die Feldorientierung erklärt. In der Abbildung 11.16 ist die Struktur des Gesamtsystems dargestellt. Die Grundstruktur der Feldorientierung entsprechend Abbildung 11.10 ist im oberen Teil von Abbildung 11.16 zu erkennen. Im unteren Teil von Abbildung 11.16 sind zwei Modelle - das U-Modell, das I-Modell und eine Modellumschaltung — sowie für die Synchronmaschinen spezifische Ergänzungen wie die cos φ-Steuerung zu sehen. Wie bereits in Kapitel 11.2 besprochen, benötigt die Feldorientierung den Betrag und die Orientierung des Flusses. Die Ermittlung von Betrag und

Orientierung des Flusses erfolgt in Modellen, in Kapitel 11.2 mit dem Strommodell, Abbildung 11.11. Die doppelte Modell-Anordnung soll zuerst besprochen werden.

Das verwendete Spannungsmodell benutzt die Statorgleichung, siehe in [97] Kapitel 13.5.3 „$U_1 I_1$-Modell" und ist von zentraler Bedeutung. Entsprechend den zwei Statorgleichungen

$$E'_\alpha = \frac{d\psi'_{2\alpha}}{dt} = L'_2/M'(U_{1\alpha} - R'_1 I_{1\alpha} - \sigma' L'_1 \frac{dI_{1\alpha}}{dt}) \qquad (12.17)$$

und

$$E'_\beta = \frac{d\psi'_{2\beta}}{dt} = L'_2/M'(U_{1\beta} - R'_1 I_{1\beta} - \sigma' L'_1 \frac{dI_{1\beta}}{dt}) \qquad (12.18)$$

werden mit den Parametern R'_1 und $L'_{\sigma 1}$ die Ableitungen der Flussraumzeiger ψ'_α und ψ'_β bzw. die induzierten Spannungen E'_α und E'_β berechnet. Die Flüsse ψ'_α und ψ'_β erhält man durch Integration, zu beachten ist, dass die Signale Wechselgrößen sind. Die Amplitude von ψ'_2 ergibt sich zu $\psi'_2 = \sqrt{\psi'^2_{2\alpha} + \psi'^2_{2\beta}}$ und die Orientierung $\beta'_S = \arctan \psi'_{2\beta}/\psi'_{2\alpha}$.

Problematisch bei diesem Ansatz ist, dass er nur für symmetrische Maschinen verwendet werden kann, die Schenkelpolmaschine ist aber unsymmetrisch. Die Lösung ist, die Hauptfeldspannungen U_{hd} und U_{hq} in einem modifizierten Spannungsmodell zu verwenden. Eine weitere Problematik ist die offene Integration zur Berechnung der Flüsse $\psi_{2\alpha}$ und $\psi_{2\beta}$. Um das „Weglaufen" der beiden Integrierer zu vermeiden, wird statt der offenen Integration ein PT_1-Glied eingesetzt, dies ist aber bei tiefen Frequenzen unbrauchbar.

Die polare Integration der Spannungen im flussfesten Bezugssystem ist eine erste Lösung. Die Struktur des polaren Spannungsmodels hat einen ersten Integrator für den Betrag des Flusses ψ und einen zweiten Integrator für die Orientierung β_S. Die Stabilisierung der zwei Ausgangssignale erfolgt durch die Errechnung der ersten Ableitung des Flusses $d\psi'/dt$, bewertet mit den Dämpfungsfaktor D. Dieses Zusatzsignal wird additiv bzw. subtraktiv in den Orientierungskanal eingespeist. Steigt beispielsweise das Ausgangssignal des ersten Integrators – somit der Fluss ψ – an, dann wird das Zusatzsignal subtrahiert. Der Vorteil des polaren Spannungsmodells ist, dass im Gegensatz zum PT_1-Glied auch bei kleinen Frequenzen kein Phasenfehler verursacht wird. Die zweite Lösung ist das Spannungsmodell als Gleichgrößenmodell. Zur Stabilisierung wird die beim polaren Spannungsmodell beschriebene Lösung verwendet. Es verbleibt die Problematik der tiefen Frequenzen. Ein Vergleich der Fehler-Empfindlichkeit in [97] 13.5.1 zeigt, das Spannungsmodell ist unempfindlich gegen Abweichungen von σ im gesamten Drehzahlbereich, aber sehr empfindlich gegen Parameter-Abweichungen von R_1 bei tiefen Frequenzen. Das Strommodell ist unempfindlich gegen Abweichungen von σ sowie relativ unempfindlich bei Abweichungen von R_2. Aufgrund der unterschiedlichen Eigenschaften – Spannungsmodell sehr empfindlich bei kleinen Frequenzen und Abweichungen von R_1, dagegen Strommodell

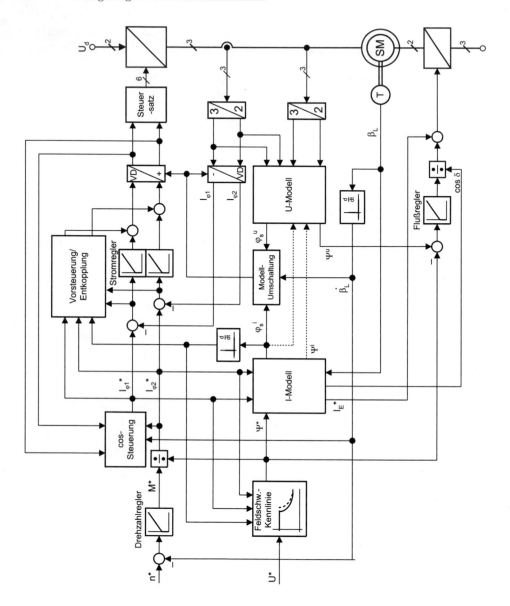

Abb. 12.16: *Regelung der fremderregten Synchronmaschine mit Strom- und Spannungsmodell*

moderat unempfindlich bei Abweichungen von R_2 – werden beide Modelle eingesetzt. Da das Strommodell in Kapitel 13.5 nur für symmetrische Drehfeldmaschinen geeignet ist, wird ein Strommodell für unsymmetrische Drehfeldmaschinen vorgestellt.

Die Regelungsstruktur der Feldorientierung bei den Synchronmaschinen entspricht prinzipiell der Regelungsstruktur bei den Asynchronmotoren in Abbildung 11.10. Zusätzlich muss noch die Aufteilung der Erregung zwischen den

Strömen i_d (und i_q) bzw. Statorströmen $i_{1\alpha}$ und $i_{1\beta}$ und dem Erregerstrom i_E bestimmt werden. Durch diese freie Aufteilung der Erregung zwischen dem Rotor mit dem Erregerstrom i_E und dem Stator mit den Strömen $i_{1\alpha}$ sowie $i_{1\beta}$ kann der $\cos\varphi_1$ gewählt werden, dies erfolgt in der äußeren $\cos\varphi$-Steuerung, siehe Abbildung 11.16. Wenn der Winkel φ_1 zwischen der Statorspannung und dem Statorstroms $\cos\varphi_1 = 1$ ist, dann werden der Umrichter und die Statorwicklungen mit dem geringsten Strom für den Betriebspunkt belastet, dies ist ein Vorteil hinsichtlich der Verluste, die im Statorkreis deutlich höher als im Erregerkreis sind. Bedingt durch den äußeren $\cos\varphi_1 = 1$ kann die Synchronmaschine im Feldschwächbetrieb nicht kippen, da bei Überlastung der SM die Drehzahl abnimmt, damit die resultierende Spannungsdifferenz zwischen dem Umrichter und der inneren Hauptfeldspannung und somit der Statorstrom zunehmen. Die geregelte SM hat somit einen wesentlich größeren Bereich der Feldschwächung gegenüber der ASM. Aus der Abbildung 11.16 ist weiterhin zu entnehmen, dass sowohl das Spannungsmodell als auch das Strommodell implementiert sind, wobei eine Modell-Umschaltung erfolgt. Bei kleineren Drehzahlen ist das Strommodell alleine ausschlaggebend und führt die Integratoren des Spannungsmodels. Bei steigender Drehzahl sind beide Modelle aktiv. Zur Verbesserung des dynamischen Verhaltens des Antriebs ist eine Vorsteuerung mittels Entkopplung vorgesehen. Damit umfasst dieses Kapitel alle wesentlichen Aspekte für einen Antrieb mit hohen dynamischen Eigenschaften.

12.5 PM-Maschine mit Reluktanzeinflüssen

In [97] wird in Kapitel 16.7 ausführlich die Regelung von permanentmagneterregten Synchronmaschinen – PM-SM - mit Nebenbedingungen vorgestellt. Ausgehend von den Anforderungen an die PM-SM bei mobilen Anwendungen, werden unterschiedliche Kombinationen von Eigenschaften bei PM-SM berücksichtigt, um die vorteilhafteste Ausführung zu bestimmen: sinus- oder rechteckförmige Ströme, mit oder ohne Reluktanz, wenn mit Reluktanz, dann mit Nennfluss oder nur anteiliger PM-Fluss, Feldschwächbetrieb, Wirbelströme und Verluste insbesondere bei hohen Drehzahlen, Berücksichtigung von Stellgrenzen in der Spannung, im Strom und von beiden gleichzeitig. Schwerpunkt der Darstellung ist die Entwicklung der Regelung mittels Optimierungsforderung wie maximales Drehmoment pro Ampere im erreichbaren Arbeitsraum mit Berücksichtigung der Aufteilung des verfügbaren Stroms in Anteile für das Drehmoment und für den Fluss. In entsprechender Optimierung die Bedingungen für das maximal erzielbare Drehmoment pro Volt sowie bei gleichzeitigem Erreichung von beiden Stellgrenzen. In Abbildung 12.21 sind die ermittelten Steuerbedingungen aufgetragen, Abbildung 12.22 zeigt die Strom-Sollwerterzeugung und Abbildung 12.23 das Gesamtsystem.

12.6   Geberlose Regelung von elektrischen Antrieben

Elektromagnetische Antriebe weisen im Vergleich zu anderen physikalischen Konzepten hohe Wirkungsgrade auf. Daher ist eine weitere Erhöhung des Wirkungsgrads in der Regel mit sehr hohem Aufwand verbunden – entweder bei der Auslegung oder im Materialaufwand der elektrischen Maschine oder bei den Ansteuerverfahren. Allerdings existiert immer noch eine Vielzahl von elektrischen Antrieben, die mit konstanter Drehzahl betrieben werden. Oftmals wird die vom elektrischen Netz bezogene Energie nicht vollständig genutzt, sondern durch Bremsen, Drosseln oder ähnliche Einrichtungen zu einem nicht zu vernachlässigenden Anteil in Wärme umgesetzt. Dies könnte durch Einsatz drehzahlveränderbarer Antriebe vermieden werden. In Fachkreisen wird behauptet, dass durch den Ersatz drehzahlkonstanter durch drehzahlvariable elektrische Antriebe allein in der chemischen Industrie mehr Energie eingespart werden könnte, als nach Vereinbarung des ursprünglichen Kyoto-Protokolls notwendig gewesen wäre. Es besteht daher ein immens großes Energieeinsparungspotential.

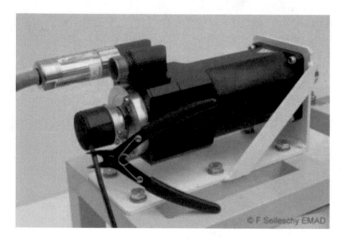

Abb. 12.17: *Symbolische Darstellung: Von analoger Istwerterfassung hin zur geberlosen Regelung*

Zur Regelung von elektrischen Antrieben werden üblicherweise Kaskadenstrukturen eingesetzt, welche die Zustandsgrößen eines Antriebs (Strom bzw. Drehmoment, Drehzahl und Position) regeln. Jede der Zustandsgrößen wird von einem Sensor erfasst und an den jeweiligen Regler zurückgemeldet, der aufgrund der Differenz zwischen Soll- und Istwert(en) den Reglerausgang (Stellgröße) festlegt. Zu dieser Gruppe von Regelungsverfahren gehört auch die seit den 1980er Jahren im Bereich der Antriebstechnik eingesetzte so genannte Feldorientierte Regelung, die seitdem der wichtigste Standard für geregelte elektrische Antriebssysteme geworden ist. Bis heute genügen die auf der „feldorientierten Regelung" basierenden Strategien voll und ganz den Anforderungen der Antriebstechnik. Allerdings benötigen diese Antriebe die Information über die Position bzw. die Drehzahl des Rotors der elektrischen Maschinen. Die notwendige Erfassung von Drehzahl und Position erfolgt in modernen (d.h. digital geregelten) Antrieben üblicherweise durch einen Drehzahl- bzw. Positionsgeber – meist auf optischer oder magnetischer Basis. Diese Geber erfassen die Position des Rotors, der für die Positions- bzw. Lageregelung verwendet werden kann. Der für die Drehzahlregelung benötigte Istwert wird aus dem gemessenen Positionswert durch mathematische Ableitung gewonnen.

Im Unterschied zu älteren Konzepten (mit analoger Regelung), in denen der Drehzahlistwert zusätzlich durch einen angebauten Tachogenerator erfasst wurde, weisen moderne Antriebe damit eine nicht mehr redundante Struktur in der Istwerterfassung auf – ein Fehler in der Positionserfassung kann nicht mehr vom elektrischen Antrieb über den Geschwindigkeitssensor detektiert werden. Magnetische Positionsgeber (Resolver/Synchro, Zahnradgeber) besitzen eine vergleichsweise gute Robustheit. Da diese Gebersysteme prinzipiell wie eine elektrische Maschine funktionieren (gilt insbesondere für Resolver), weisen sie auch den gleichen robusten Aufbau wie der eigentliche Aktor – die elektrische Maschine – selbst auf. Leider ist die mit magnetischen Gebersystemen erreichbare Genauigkeit und insbesondere deren Auflösung sehr begrenzt, so dass die abgeleiteten Drehzahlistwerte den im allgemeinen Maschinenbau und in der Robotik gestellten Anforderungen in der Regel nicht genügen. Optische Gebersysteme erfüllen die technischen Anforderungen bzgl. Genauigkeit und Auflösung, sind jedoch äußerst empfindlich gegenüber Vibrations- und Stoßbelastungen sowie gegenüber hohen Temperaturen ([546]-[550]).

Die „feldorientierte Regelung" hat neben den Kosten für das Gebersystem selbst auch Kosten für die notwendige Verkabelung und in vielen Fällen auch für zusätzliche Steckersysteme zur Folge. Außerdem beeinflussen diese Komponenten die Zuverlässigkeit sowie die Robustheit eines elektrischen Antriebs nicht unerheblich (siehe oben). Daher sind Verfahren, die die Information von Drehzahl und Position eines elektrischen Antriebs aus den Strömen und Spannungen des Aktors – also der elektrischen Maschine selbst – ermitteln, von großem Interesse. Dies führt neben Kosteneinsparungen zu höherer Zuverlässigkeit und größerer Robustheit. Weiterhin verringert sich der für den Antrieb notwendige Bauraum in vielen Fällen erheblich. Außerdem führt die Kombination von modernen Lage-/Drehzahlsensoren mit geberlosen Verfahren zu einem redundanten und damit zuverlässigen Konzept für sicherheitskritische Bewegungsabläufe.

Zuverlässigkeit und Fehlertoleranz sind hochaktuelle Themen, die angesichts der derzeit immer stärker werdenden (Aus-)Nutzung von Anlagen und Einrichtungen ein für die Forschung sehr dankbares Thema darstellen. Auf der einen Seite ist kaum zu bestreiten, dass angesichts der zu erwartenden immer höheren Kosten industrielle Anlagen und Einrichtungen immer mehr genutzt (7/24-Betrieb) werden müssen; Stillstand wegen Betriebsstörungen oder ausgefallener Komponenten müssen durch zuverlässige und/oder fehlertolerante Konzepte gewährleistet werden – auf der anderen Seite existieren sicherheitskritische Anwendungen (beispielsweise in der Fahrzeug- und Flugzeugtechnik), in denen eine Fehlfunktion wegen des Ausfalls einer Komponente nicht in Kauf genommen werden kann. Auch wenn fehlertolerante und redundante Konzepte für elektrische Antriebe nicht grundsätzlich neu sind, können geberlose Regelungen die Grundlage für ausgereifte Konzepte und Verfahren bilden.

Die geberlose Regelung von elektrischen Antrieben hat nach jahrzehntelanger akademischer Erforschung seit der Jahrtausendwende tatsächlich vermehrt Anwendung in der Industrie gefunden. Ziel ist es, den mechanischen Drehgeber einzusparen und die Position über die bereits vorhandenen Stromsensoren zu ermitteln. Dadurch ergeben sich Vorteile in Bezug auf Robustheit und Bauraum, vor allem aber verringern sie die oben erwähnten Mehrkosten und unterstützen damit die Einführung von drehzahlveränderbaren elektrischen Antrieben in der Elektromobilität. Geberlose Regelungen können daher indirekt einen wichtigen Beitrag zur Reduktion von Umweltemissionen leisten.

Die geberlose Regelung von Synchron- und Asynchronmaschinen wird in der Literatur oft – fälschlicherweise – als „sensorlos", manchmal korrekterweise auch als „self sensing control" bezeichnet. Allerdings kommt man nicht umhin, den eigentlich inkorrekten Begriff „sensorlos" zu verwenden. Würde man bei der Suche die Begriffe „geberlos" oder „self-sensing control" benutzen, würden regelmäßig nur die Veröffentlichungen ganz spezifischer Autoren angezeigt werden. Will man jedoch einen kompletten Überblick über die Veröffentlichungen auf dem Gebiet der sensorlosen/geberlosen/„self-sensing" Regelung erhalten, muss man – ob es nun ein korrekter Begriff ist oder nicht – nach „sensorlos" suchen.

Geberlose Regelungsverfahren können nach zwei unterschiedlichen Prinzipien katalogisiert werden. Zum einen existieren so genannte grundwellenorientierte Verfahren, die die grundsätzlich bekannten mathematischen Zusammenhänge zwischen Drehzahl, Drehmoment, Strom und Spannung nutzen, um aus der Spannung, mit der der Aktor beaufschlagt wird, und dem gemessenen Strom die mechanische Drehzahl und Position – und ggf. auch das Drehmoment – zu berechnen. Bei den „Grundwellenkonzepten" nutzt man die gleichen mathematischen Zusammenhänge, die auch der Erzeugung des Drehmoments aus Strom und Spannung in der elektrischen Maschine beschreiben. Das Strukturdiagramm für ein entsprechendes Beispiel ist in Abb. 12.18 wiedergegeben. Man benötigt hierzu keinerlei zusätzliche Anregung der elektrischen Maschine. Die Spannungen und Ströme, die die elektrische Maschine ohnehin zur Energiewandlung benötigt bzw. erzeugt, werden erfasst und die Drehzahl bzw. die Position des Rotors anhand der o.g. Zusammenhänge berechnet. Dieses Verfahren benötigt keine hohe Rechenleistung und beeinflusst die eigentliche Funktion des Antriebs in keiner Weise. Nachteilig ist allerdings bei grundwellenbasierten Verfahren, dass diese bei sehr langsamen Bewegungen und im Stillstand nicht mit der notwendigen Genauigkeit funktionieren, weil die im System vorhandenen Fehler (Drift und Offset in der Stromerfassung, Nichtlinearität der Spannungsübertragungsfunktion in der Leistungselektronik) das nach dem Induktionsgesetz auszuwertende Nutzsignal (2. Maxwell-Gleichung) um Größenordnungen übersteigen ([557]-[561]).

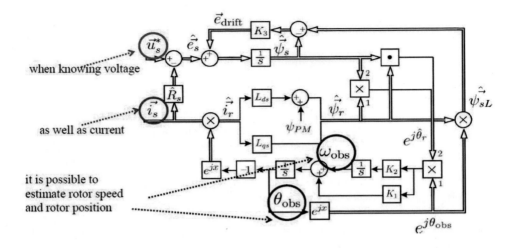

Abb. 12.18: *Grundwellenbasierte Positions- und Geschwindigkeitsschätzung, Quelle: [554]-Figure 9.1*

Eine weitere Gruppe von geberlosen Regelungskonzepten basiert auf der Injektion zusätzlicher – meist hochfrequenter – Signale und der Auswertung der Reaktion der Drehfeldmaschine auf diese Signale. Diese Verfahren werden in der Literatur häufig Hochfrequenzinjektionsverfahren (HFI) genannt. Hierbei wird der elektromagnetische Aktor – auch im Stillstand – mit einer hochfrequenten zusätzlichen Spannung beaufschlagt. Die im zugehörigen Strom enthaltene Reaktion des Aktors wird erfasst und ausgewertet ([551]-[556]).

Die geberlose Regelung nach dem Hochfrequenz-Injektionsverfahren (HFI) ist insbesondere für langsame Bewegungen und im Stillstand geeignet. Sie wurde seit den 1980er Jahren akademisch erforscht, jedoch erst um die Jahrtausendwende herum industrietauglich gemacht. Erst dann genügte es folgenden im Hinblick auf die Industrie wichtigen Anforderungen:

- die geberlose Regelung sollte auf den in industriellen elektrischen Antrieben üblichen Mikrorechnern implementierbar sein. Jede notwendige höhere Performance würde zu nicht akzeptablen Kostenerhöhungen führen.

- die geberlose Regelung sollte keine Erfassung der Spannung(s-Ist-Werte) oder anderer physikalischer Größen erfordern. Die hierzu notwendigen Sensoren sind in industriellen elektrischen Antrieben üblicherweise nicht vorhanden und würden ebenfalls zu nicht akzeptablen Kostenerhöhungen führen.

- die geberlose Regelung sollte keine Einstellung von maschinen- bzw. aktorspezifischen Parametern erfordern (schon gar nicht vor Ort). Jeder notwendige Zusatzaufwand würde – insbesondere, wenn er vor Ort erfolgt – zu nicht akzeptablen Kostenerhöhungen führen.

Bei Anwendungen in der Automobilindustrie ist der letztgenannte Aspekt weniger wichtig, da die Kombination von elektrischer Maschine und Stromrichter bei der Herstellung bereits feststeht und sich über lange Zeiten nicht ändert. Die Ermittlung notwendiger Parameter und deren Abspeicherung in den Antriebsrechnern ist daher kein Problem. Bei Industrieanwendungen ist der Sachverhalt anders, da elektrische Maschine und Stromrichter mit Regelung häufig erst beim Kunden vor Ort zusammengeführt werden.

Innerhalb der Automobilindustrie spielen folgende Aspekte – die in Industrieanwendungen weniger wichtig sind – eine deutlich größere Rolle:

- die geberlose Regelung sollte keine zusätzlichen Geräusche erzeugen. Zusätzliche Geräusche werden vom Kunden der Automobilindustrie nicht akzeptiert, da sie störend wirken und den Fahrer veranlassen, eine Werkstatt aufzusuchen.

- die geberlose Regelung sollte nach Möglichkeit keine zusätzlichen Verluste erzeugen, da diese zu einer Verringerung der Reichweite des Fahrzeugs führen würden. Zusätzlich Verluste können entstehen durch

- die zusätzlich eingespeiste Hochfrequenz-(HF-)Signale, die in der elektrischen maschine zu elektromagnetischen und ohm'schen Verlusten führen können

- eine ungenau ermittelte Position des Läufers, die zu einer Fehlanpassung der Feldorientierung führt und damit einen nicht optimal eingestellten Arbeitspunkt zur Folge hat.

- die geberlose Regelung sollte das Verfahren nicht wechseln (z.B. unterschiedliche Verfahren bei niedrigen und bei hohen Drehzahlen). Ein Umschaltung oder ein gleitender Übergang von Regelungsverfahren führt immer zu unerwünschten Nebeneffekten, deren Beherrschung schwieriger sein kann als ein „durchgängiges" Verfahren zur geberlosen Regelung.

Bei der Reaktion einer elektrischen Drehfeldmaschine auf hochfrequente Anregungssignale machen sich die richtungsabhängigen Induktivitäten der Maschine bemerkbar. Bei höheren Frequenzen ist der induktive Anteil des Spannungsabfalls deutlich größer als der ohm'sche Spannungsabfall. Der Fachmann spricht hier von geometrischer bzw. magnetischer Anisotropie. Wegen dieser Anisotropie ergeben sich in Richtung geringerer Induktivitäten größere (hochfrequente) Ströme, während in Richtung größerer Induktivitäten kleinere (hochfrequente) Ströme erzeugt werden.

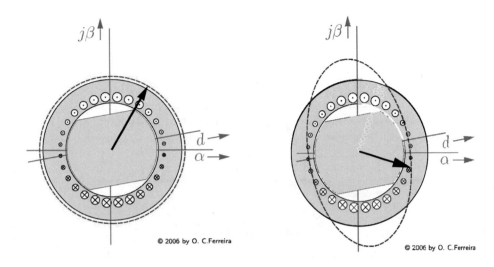

Abb. 12.19: *Reaktion des Stromraumzeigers auf Spannungsraumzeiger konstanter Amplitude in anisotropen Drehfeldmaschinen*

In Abbildung 12.19 ist dargestellt, wie aus einem rotierenden Spannungsraumzeiger in der anisotropen Maschine ein mit gleicher der (HF-)Anregungsfrequenz, aber mit variabler Amplitude rotierender Stromraumzeiger erzeugt wird.

Die Erstveröffentlichung dieses Konzepts geht auf Robert D. Lorenz zurück ([563], [564]). Spätere Verbesserungen wurden von Seung-Ki Sul [567] vorgeschlagen; allerdings machten erst die von Linke und Kennel [566] vorgeschlagenen Veränderungen das Verfahren industrietauglich. Die letztgenannten Autoren ersetzten die Auswertung des Stroms durch ein amplitudenmodulationsbasiertes Verfahren durch ein Konzept, das auf Phase-Locked-Loop (in [566] wird das „Tracking-Regler" genannt) und damit letzten Endes auf Frequenz- bzw. Phasenmodulation basiert. Dieses Verfahren erfüllte die o.g. drei industriellen Anforderungen bei permanentmagneterregten Synchronmaschinen. Später war es möglich, die Synchronreluktanzmaschine ebenfalls mit diesem Konzept geberlos zu regeln [556]. Die Anforderungen bezüglich Akustik bei automobilen Anwendungen werden in [573] berücksichtigt.

Die Signalverarbeitung für das Verfahren nach Linke und Kennel [566] lässt sich einfach in die Struktur einer feldorientierten Regelung integrieren (siehe Abb. 12.20). Jeder Prozessor, der ein Asynchronmaschinenmodell berechnen kann, kann auch dieses Verfahren bewältigen. Die Dynamik der Positions- und Drehzahlregelung wird nicht negativ beeinflusst.

Verfahren nach dem Hochfrequenzinjektionsverfahren (HFI) setzen zwar eine magnetische Anisotropie in der elektrischen Maschine voraus, diese muss jedoch nicht durch geometrische Maßnahmen erreicht werden. Üblicherweise ist die durch das Erregerfeld erzeugten Sättigung bereits ausreichend. Prinzipiell

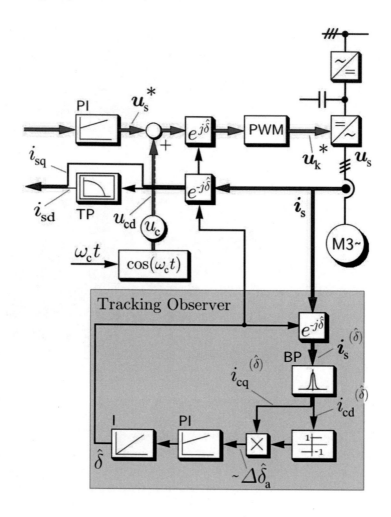

Abb. 12.20: *Tracking-Regler nach [21] integriert in eine Feldorientierte Regelung*

wird die elektrische Maschine bei diesen Verfahren wie ein Resolver betrieben. Da die elektrische Maschine nicht in erster Linie dafür konstruiert wurde, ein Resolver zu sein, wäre es natürlich unrealistisch, von den geberlosen Regelung bessere regelungstechnische Eigenschaften als mit einem Resolver geringer Qualität zu erwarten. Eine geberlose Regelung wird daher nicht einen geregelten Antrieb mit optischen Gebern hoher Auflösung ersetzen können. Die drehzahlgenaue Regelung sowie eine Regelung im Stillstand sind mit diesen Verfahren jedoch problemlos möglich.

Die Funktionsfähigkeit dieser Verfahren wurde inzwischen an vielen Hochschulinstituten, aber auch bereits bei mehreren Industriefirmen (Hersteller von elektrischen Antrieben) nachgewiesen. Besonders interessant ist die Tatsache, dass die geberlose Regelung in einigen Fällen problemlos in industriellen Servoantrieben, wie sie am Markt erhältlich sind, durch einfache Software-Ergänzung nachgerüstet werden kann ([571]).

Die einzige derzeit noch analog erfasste Größe in einem elektrischen Antrieb ist der Strom (obwohl dieser von seiner Natur her einen digitalen Charakter hat – er besteht aus einzelnen Ladungsträgern). Der analog erfasste Strom wird dem Antriebsrechner über A/D-Wandler zugänglich gemacht. Neuere Entwicklungen auf dem Gebiet der A/D-Wandlung machen es möglich, deutlich mehr als einen einzigen Messwert pro Schaltperiode des Umrichters zu messen, umzuwandeln und zu verarbeiten. Man nennt das „Oversampling". Auf diese Art lassen sich mehr Informationen aus dem Stromsignal extrahieren (z.B. die Ableitung des Stroms) bzw. das Nutzsignal aus dem Rauschen heraus „filtern". Das Oversampling hat die Qualität geberloser Regelungen deutlich verbessert ([572]).

Eine besondere Herausforderung liegt darin, dass das Design von elektrischen Maschinen – dies gilt insbesondere für Synchronmaschinen mit Permanentmagneterregung – im letzten Jahrzehnt deutliche Veränderungen erfahren hat. Im Hinblick auf kostengünstigere Herstellungsverfahren und reduzierten Materialeinsatz verzichtet man zunehmend auf sinusförmig am Luftspalt verteilte magnetische und elektrische Größen und nimmt dabei magnetische Anisotropien höherer Ordnung sowie zeitlich variable Anisotropien in Kauf. Leider lassen sich elektrische Maschinen dieser Art nicht immer mit den geberlosen Regelungsverfahren nach [565]-[573] (eigentlich: Anisotropie-Identifikationsverfahren) betreiben. Die vermehrte Einführung von Synchronmaschinen mit sogenannten Einzelzahlzahnoder konzentrierten Wicklungen haben dazu geführt, dass diese Verfahren zur geberlosen Regelung nicht zuverlässig funktionieren. Diese Art von elektrischen Maschinen weisen im Luftspalt neben der für die Funktion wichtigen Grundwellen deutliche Oberwellen auf, derentwegen die bisher eingesetzten Verfahren zur geberlosen Regelung die Läuferposition nicht eindeutig bestimmen können. Daher konnten diese Synchronmaschinen mit den Verfahren nach [565]-[573] nur in Ausnahmefällen geberlos geregelt werden. Ein neuartiger mehrdimensionaler nichtlinearer Beobachter erschließt jedoch auch diesen Typ von Synchronmaschinen für die geberlose Regelung ([579], [582], [586]). Außerdem gibt es in den Patenten [602] und [603] spezielle Verfahren zur geberlosen Regelung von PMSM mit Zahnwicklung.

Wenn bei einem Verfahren zur geberlosen Regelung eine messbare hochfrequente Spannung injiziert wird, benötigt der Umrichter hierfür zusätzlich zur für die Drehmomenterzeugung notwendigen Grundwellenspannung eine zusätzliche Spannung – bei hohen Drehzahlen bzw. Grundwellenfrequenzen ist allerdings eine hohe Spannung bereits für die Drehmomenterzeugung notwendig, sodass kein zusätzliches hochfrequentes Signal mehr erzeugt werden kann. Daher sind die HF-Injektions-Verfahren häufig nur im niedrigen und mittleren Drehzahlbzw. Frequenzbereich einsetzbar. Durch Kombination mit einem grundwellenorientierten geberlosen Regelungsverfahren lässt sich dessen Funktion auf den gesamten Drehzahlbereich des Aktors ausweiten ([574]-[578]). Bei höheren Drehzahlen gehen die Hochfrequenzinjektions-Verfahren daher meist auf ein grundwellenorientiertes geberloses Verfahren über, für das keine zusätzliche Spannung benötigt wird.

Ein deutlicher Fortschritt ist hier das Verfahren der „beliebigen Injektion" (arbitrary injection), das in aller Regel ganz ohne zusätzlich injiziertes Signal auskommt, in Ausnahmefällen aber ein leicht zusätzlich zu erzeugendes Signal ausreicht, das die Spannungsgrenzen des Umrichters nicht überschreitet ([579]-[581]). Grundprinzip hierbei ist, das Verhalten der elektrischen Maschine auf die Schaltvorgänge des speisenden Umrichters aufgrund eines idealen und damit einfachen Modells vorauszuberechnen und dann mit der tatsächlichen Reaktion zu vergleichen. In der Differenz steckt tatsächlich eine Information über die Rotorposition. Die spezifischen Anforderungen der Automobilindustrie können damit erfüllt werden – es entstehen keine zusätzlichen Geräusche und das Verfahren kann im gesamten Drehzahl- und Spannungsbereich des Antriebs eingesetzt werden.

Die geberlose Regelung von Asynchronmaschinen ist anspruchsvoller als bei Synchronmaschinen, auch wenn die seit langem bekannten gesteuerten Antriebe mit frequenzumrichtergespeisten Asynchronmaschinen von Haus aus „geberlos" sind – allerdings ist deren regelungstechnisches Verhalten nicht vergleichbar mit Servoantrieben. Mit Hochfrequenzinjektionsverfahren können natürlich auch bei Asynchronmaschinen magnetische Anisotropien detektiert werden. Es gibt allerdings davon mehrere (Sättigung, Läufernuten, etc.) die asynchron zueinander im Luftspalt umlaufen (daher der Name Asynchronmaschine). Bei Synchronmaschinen gibt es diese unterschiedlichen Anisotropien ebenfalls – da diese jedoch synchron mit dem Rotor umlaufen, spielt es letzten Endes keine Rolle, welche dieser Anisotropien erfasst wird, um die Position des Läufers festzustellen. Bei Asynchronmaschinen ist es für die Regelung jedoch wichtig, die Position des Feldes (Sättigungsanisotropie) von der Position des Läufers (geometrische Anisotropien) zu unterscheiden. Das ist mit einem einfachen Trackingregler nicht möglich.

Wenn es möglich ist, neben dem Strom auch die Ableitung des Stromes in der elektrischen Maschine zu messen oder zu berechnen, dann kann auch die Asynchronmaschine geberlos geregelt werden ([592]-[595]). Das in [591] veröffentlichte Verfahren konnte auf diesem Weg die einzelnen Läufernuten erfassen und stellte somit ein Signal wie von einem Inkrementalgeber mit niedriger Strichzahl (z.B. [581]) zur Verfügung. Damit sind Antriebsregelungen niedriger Qualität durchaus realisierbar.

12.7 Weiterführende Informationen

Hinweis: Die folgenden Angaben zu Kapiteln sind [97] entnommen.

12.7.1 Statorstrom-Regelungen

Die Einprägung der Statorströme wäre mit dem Betragsoptimum zu realisieren, wenn die Gegenspannungen $\Psi_{1A}\Omega_K$ und $\Psi_{1B}\Omega_K$ in der Amplitude und insbesondere in der Phase genau zu kompensieren wären.

Diese Lösung ist aber bei der digitalen Signalverarbeitung nur eingeschränkt erreichbar, da durch die zeitdiskrete Abtastung eine zu große Totzeit beim Modell des Umrichters zu berücksichtigen ist. Untersuchungen mit herkömmlichen Optimierungsverfahren zeigen, dass eine Polverschiebung aufgrund der nicht kompensierten Gegenspannungen nicht zu vermeiden sind. Die bisher erreichten Ergebnisse werden in [97], Kapitel 14.6 dargestellt.

Ausgehend von einer Optimierung ohne Berücksichtigung der Gegenspannungen $\Psi_{1A}\Omega_K$ und $\Psi_{1B}\Omega_K$, danach Regelung mit der erreichbaren Kompensation der Gegenspannungen, erfolgen abschließend Untersuchungen mit unterschiedlichen Vorsteuerungen. In Kapitel 14.9 ist der Schwerpunkt der Darstellungen, mit welchem Regelverfahren die beste Dynamik zu erreichen ist. Es zeigt sich, dass die zeitdiskrete Abtastung – siehe Abbildung 12.28 – bei der PWM ungünstigere Modellparameter liefert als die zeitkontinuierliche Abtastung – siehe Abbildung 12.29.

Während bei der zeitdiskreten Abtastung die Änderung des Signals erst zum Abtastzeitpunkt t_{03} übertragen wird, wird bei der zeitkontinuierlichen Abtastung die Änderung des Signals sofort wirksam. Das Modell des Wechselrichters bei zeitkontinuierlicher Abtastung müßte somit ein wesentlich besseres dynamisches Verhalten haben als bei der zeitdiskreten Abtastung.

12.7.2 Dynamisches Verhalten des Stellglieds und zugehörige Signalverarbeitung bei selbstgeführten Stellgliedern

In den Abbildungen 12.28 und 12.29, Kapitel 12.7.3, erfolgt eine Gegenüberstellung des dynamischen Verhaltens des Stellglieds in Abhängigkeit von der Ansteuerung. Die Abbildung 12.28 zeigt das Verhalten des Stellglieds bei zeitdiskreter Abtastung, d.h. bei digital abgetasteter Signalverarbeitung – resultierend ist das Totzeitverhalten. Die Abbildung 12.29 ist bei zeitkontinuierlicher Signalverarbeitung ausgeführt, d.h. analoger, paralleler Signalverarbeitung – resultierend ist das vorteilhafte prädiktive Verhalten.

Hier soll eine Schätzung des dynamischen Verhaltens des Stromregelkreises erarbeitet werden. Im Lehrbuch „Elektrische Antriebe – Regelung von Antriebssystemen" [97] werden die dynamischen Modelle des Stellglieds und der zugehörigen Signalverarbeitung ausführlich entwickelt. Das dynamische Modell des Stellglieds

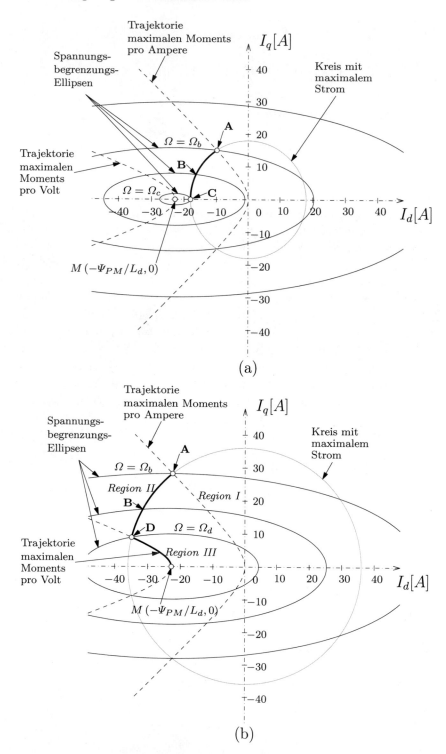

Abb. 12.21: *Zusammenfassung der Steuerbedingungen*

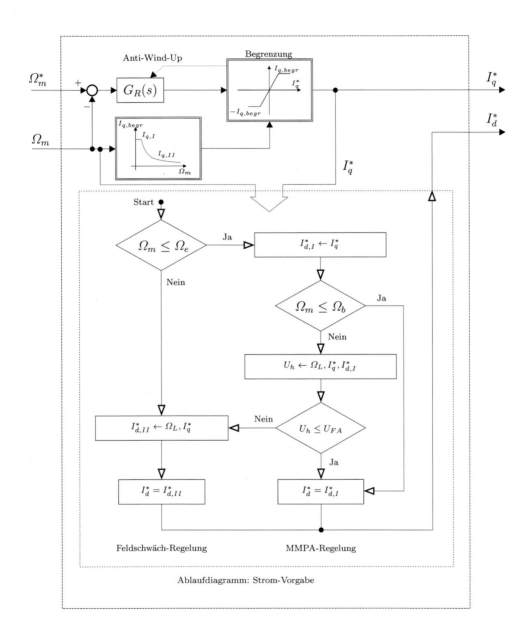

Abb. 12.22: *Block-Diagramm Strom-Sollwerterzeugung*

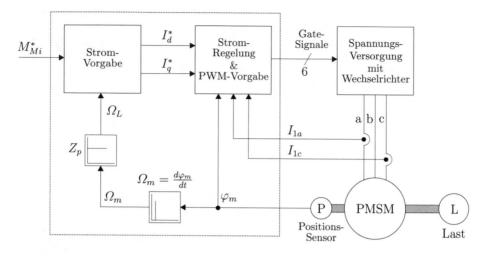

Abb. 12.23: *Block-Diagramm eines Regelsystems für eine PMSM-Maschine*

ist im allgemeinen ein Totzeitglied mit konstanter Totzeit T_t bei differentiellen Störungen. Dies ist eine ungünstige Approximation der Impulserzeugung. Eine vorteilhafte Abschätzung ergibt sich, wenn die nichtlineare Abtastung berücksichtigt wird. Die weitere Signalverarbeitung ist seriell und digital und verwendet die Abtastung.

Die folgenden Abschätzungen der Dynamik des Stromregelkreises sollen anhand der Abbildungen 4.55 und 4.56 in Kapitel 4.5.1 erfolgen. Abbildung 4.55 zeigt die Funktionen der Steuerung, die im geschlossenen Regelkreis zu beobachten sind. Das dynamische Modell des Stellglieds wird im allgemeinen als ein Totzeitglied mit konstanter Totzeit T_t bei differentiellen Störungen angesetzt. Dies ist eine ungünstige Approximation. Eien vorteilhaftere Abschätzung ergibt sich, wenn die nichtlineare Signalverarbeitung, d.h. die zeitkontinuierliche Signalverarbeitung, verwendet wird, siehe [97], Kapitel 3.1. Die weitere Signalverarbeitung ist seriell und digital und verwendet die Abtastung.

Die nun folgenden Abschätzungen der Dynamik des Stromregelkreises sollen anhand der Abbildungen 4.55 in Kapitel 4.5.1 erfolgen. Abbildung 4.55 zeigt die Funktionen der Steuerung, die Steuerspannung u_{st} wird mit der Sägezahnspannung u_{sz} verglichen und im Schnittpunkt beider Spannungen wird der Einschaltimpuls beispielsweise für den IGBT ausgelöst. Die Sägezahnspannung u_{sz} hat die Dauer der Periode T, das ist die Abtastdauer. Unter der Annahme, dass die Steuerspannung u_{st} nicht korreliert ist mit der Sägezahnspannung u_{sz}, ergibt sich der Mittelwert der Wartezeit T_w des Stellglieds mit $0 < T_w < T$, die gemittelte Wartezeit ist die Totzeit $T_t = T/2$. Wenn dagegen eine digitale Signalverarbeitung gewählt wird, dann wird die analoge Strom-Istwert-Erfassung mit der ersten Abtastung erfasst, es folgt eine zweite Abtastung für die Wandlung von analog zu digital und abschließend die Impulserzeugung in der Steuerung mit der dritten Abtastung. In der analogen Signalverarbeitung ist in der Steuerung die resultierende Totzeit $T_t = T/2$. Bei der digitalen Signalverarbeitung mit den drei Signalverarbeitungen ist die resultierende Totzeit $T_t = 3 \cdot T/2$. Die Totzeiten T_t sind die kleinen Zeitkonstanten, die das dynamische Verhalten des geschlossenen Regelkreises bestimmen. Die analoge Signalverarbeitung ist damit dreifach günstiger als die digitale Signalverarbeitung, denn die resultierenden Zeitkonstanten der geschlossenen Regelkreise sind $2 \cdot T_t = 2 \cdot T/2 = T$ bei der analogen Signalverarbeitung und $2 \cdot T_t = 2 \cdot 3 \cdot T/2 = 3 \cdot T$ bei abgetasteter Signalverarbeitung. Die analoge Signalverarbeitung ist somit dreifach dynamisch günstiger als die abgetastete digitale Signalverarbeitung. Dieser dynamische Vorteil wird beispielsweise bei Prüfständen für Antriebsstränge genutzt, wenn der Verbrennungsmotor durch einen Elektromotor ersetzt wird, der das Trägheitsmoment und den Verlauf des Drehmoments an der Kurbelwelle nachbilden kann. Entsprechende Forderungen bestehen bei den Radmotoren. Diese Anordnungen sind sehr vorteilhaft, denn statt des verbrauchten Kraftflusses sind nur die geringen elektrischen Verluste zu berücksichtigen.

In allen diesen Fällen wird die Signalverarbeitung zur Stromregelung separat, zeitkontinuierlich und damit direkt am Stellglied ausgeführt.

Interessant sind in diesem Zusammenhang die Untersuchungen für Zweipunkt- und Mehrpunkt-Wechselrichter von der WEMPEC, Wisconsin USA und der Monash Universität, Australien.

Die Optimierung der Statorstrom-Regelkreise mit dem Betragsoptimum und der PWM ist ein Standard. Die in Kapitel 10.4.2.1 beschriebene Zweipunktregelung ist eine alternative Lösung. Ausgehend von Kapitel 10.4.2.3. Raumzeigermodulation und Gleichung (10.22) wird in Kapitel 10.4.3 die optimierte Erzeugung des Pulsmusters erläutert. Diese beiden Verfahren sollen hier in erweiterter Fassung dargestellt werden.

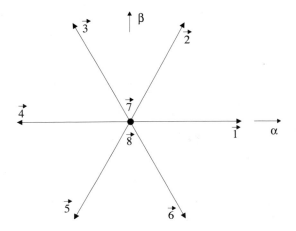

Abb. 12.24: *Raumzeiger-Darstellung der Ausgangsspannungen des Zweipunkt-Wechselrichters*

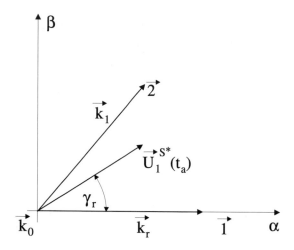

Abb. 12.25: *Spannungszeiger bei der Raumzeigermodulation*

Die Raumzeiger-Modulation berücksichtigte im folgenden Entwicklungsschritt die schaltende Arbeitsweise des selbstgeführten Wechselrichters, die zu nur sechs Spannungs-Raumzeigern mit der Amplitude $2U_z/3$ und jeweils 60° Phasenfolge und zwei Null-Raumzeigern führt, siehe Abbildung 12.24. Bei der Raumzeiger-Modulation wird entsprechend Abbildung 12.25 der Spannungs-Sollwert $\vec{U}_1^{S*}$ zum Zeitpunkt t_a abgetastet und dann die Einschaltdauern der beiden benachbarten Spannungs-Raumzeiger sowie des Null-Raumzeigers berechnet, die die Amplitude und die Phasenlage des Soll-Raumzeigers ergeben. Da der Spannungs-Raumzeiger nicht mit der Abtastung korreliert ist, kann das regelungstechnische Modell als Totzeitglied mit $T_t = T_A/2$ approximiert werden.

Ein besseres dynamisches Verhalten ist mit der on-line-Optimierung der Hystereseregelung zu erreichen.

Die Abbildungen 12.26 und 12.27 zeigen die Funktion der on-line-Optimierung des Pulsmusters. In Abbildung 12.26a wird die Gleichung (10.22) realisiert und - unter Vernachlässigung des Spannungsabfalls an R_1 - verbleiben sechs mögliche gestrichelte Differenz-Raumzeiger. Die Differenz-Raumzeiger ergeben sich aus den sechs raumfesten Raumzeigern sowie den beiden Null-Raumzeigern des U-Umrichters einerseits und dem Spannungssollwert-Raumzeiger $\vec{U}_1^{S*}$ andererseits. Diese Raumzeiger sind aber nach Gleichung (10.22) die sechs verbleibenden möglichen Raumzeiger der Stromänderung $d\vec{I}_1/dt$. Wenn nun, ausgehend von der bestehenden Raumzeiger-Konfiguration, die sechs verbleibenden Raumzeiger der Stromänderungen in den möglichen Auftreffpunkten des Strom-Istwerts auf dem Hysteresekreis prädiktiv eingetragen werden, siehe Abbildung 12.27, dann werden sich für zeitvariante Bereiche des Hysteresekreises unterschiedliche Kombinationen der sechs Raumzeiger der Stromänndderungen ergeben. Beim Auftreffpunkt links unten gibt es beispielsweise nur einen zulässigen Differenz-Raumzeiger.

a) Spannungsebene

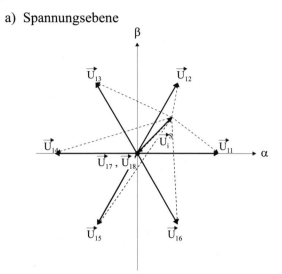

b) Stromebene

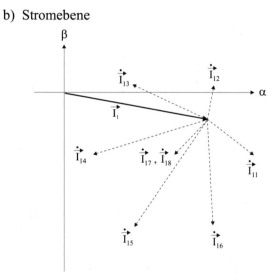

Abb. 12.26: *Wirkung der Wechselrichterzeiger auf die Stromzeigerbewegung*

Beim Auftreffpunkt rechts unten verbleibt nur der mittlere, nach innen zeigende
Raumzeiger. Wenn der Stromistwert auf dem Hysteresekreis auftrifft, kann somit
sofort der bestmögliche nächste Schaltzustand realisiert werden. Da der Hysteresekreis prädiktiv mit den optimalen nächsten Schalthandlungen belegt wird,
sind Abweichungen in der idealen Trajektorie aufgrund von Störungen oder Abweichungen bei den Streckenparametern unerheblich. Die „On-Line Optimierte
Pulsmustererzeugung" nützt die schaltende Funktion des Stellglieds bestmöglich
und wurde erfolgreich in [387, 388, 389, 390, 391, 392, 393] für U-Umrichter und

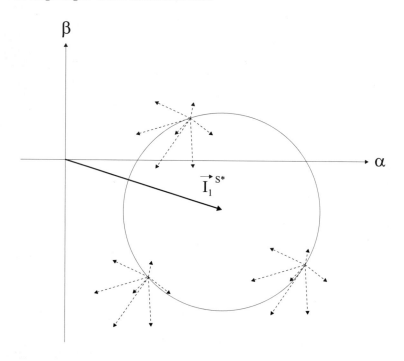

Abb. 12.27: *Raumzeiger bei der Vektor-Hysteresestromregelung*

I-Umrichter eingesetzt. Vorteilhaft ist die gute Dynamik, nachteilig das variable Spektrum der Oberschwingungen.

Als in den Jahren ab 1980 Prozessoren mit steigenden Fähigkeiten zur digitalen Signalverarbeitung verfügbar wurden, wurde untersucht, ob mit der digitalen Signalverarbeitung weitere Verbesserungen zu erreichen wären [19]. In Kapitel 4.3.4 Abbildungen 4.41 bis 4.44 werden die überzeugenden Ergebnisse des prädiktivem Regelungsverfahrens vorgestellt, die mit der Standard-Regelung des Betragsoptimums nicht zu erreichen sind. Wesentlich ist, dass die prädiktive Regelung überraschend einfach zu realisieren ist. Eine Modellbildung des Stellglieds für nichtlückendem und lückendem Strom ist dabei nicht notwendig. Vielmehr wird die schaltende Arbeitsweise des Stellglieds als Ausgangspunkt der prädiktiven Signalverarbeitung verwendet und durch Vorausberechnung der optimalen Trajektorie des Ankerstroms das Stellglied bis zur Dynamikgrenze genutzt.

Der wesentliche Unterschied zu dem on-line optimierten Pulsmuster ist, dass nun ein Modell des Systems notwendig ist. Vorteilhaft ist, dass nur der nächste Schaltzustand entschieden werden muß.

- Wenn der Ansatz weiter verfolgt wird, dann sollte mittels eines Modells prädiktiv eine optimale Trajektorie berechnet werden. Dies ist die Modell Predictive Control - MPC.

- Wesentlicher Anreiz ist, mit einem Modell prädiktiv eine optimale Trajektorie zu bestimmen, die mehrere Ziele gleichzeitig erreichen läßt, beispielsweise die Regelung von Drehmoment und Drehzahl sowie die zusätzliche Minimierung der Oberschwingungen in den Ausgangsspannungen des Wechselrichters.

- Problematisch ist allerdings die Zahl m der untersuchenden Varianten der Spannungraumzeiger als Basis der im Exponent eingehenden Zahl n der notwendigen Prädiktionsschritte. Bei dem Dreipunkt-Wechselrichter gibt es 27 mögliche Spannungsraumzeiger, wenn nur 3 Prädiktionsschritte angenommen werden ergeben sich bereits 27 hoch 3 = 19.683 on-line zu berechnende Varianten. Da die Stellglieder im kHz-Bereich der Schaltfrequenz arbeiten, wird bei 5 kHz Schaltfrequenz alle 0,2 ms eine Entscheidung für den nächsten optimalen Schaltzustand angefordert. Diese Anforderung ist mit den derzeitigen Rechnern nicht zu erfüllen.

- Weiterhin sind Unterschiede in den Parametern des realen Systems und dem Modell zu beachten.

- Unbekannte Störungen führen zu weiteren Abweichungen.

12.7.3 Überlagerte Regelverfahren [97]

Interessante Informationen über die hochdynamische kaskadierte Zustandsregelung für Antriebe sind in den Kapiteln 14.7 und 14.8 zu finden. Der resonante P-Regler in Kapitel 3.6 ermöglicht eine Statorstrom-Regelung ohne einen Phasenfehler, dies ist mit dem Betragsoptimum nicht zu erreichen. Drehfeldantriebe können bei „weichen" Versorgungsnetzen niederfrequent instabil werden, mittels der Polfesselung in Kapitel 14.10 wird der instabile Zustand vermieden.

Kapitel 5.5.8 berichtet über eine verbesserte Zustandsregelung nach dem „Conditional Feed Back-Prinzip". Ein Entwicklungsziel ist die Drehzahl-Regelung ohne Drehzahl- oder Positions-Sensor bei Drehfeldantrieben. Modellbasierte Regelungen sind die geeigneten Verfahren, sie werden in Kapitel 15.1 bis 15.9 vorgestellt. Die modellbasierten Verfahren versagen aber bei kleinen Drehzahlen und insbesondere im generatorischen Betrieb um die Drehzahl Null. Deshalb werden Verfahren zur anisotropen Schätzung der Pollage entwickelt, die in den Kapiteln 15.10 und 15.11 beschrieben werden Die Statorwicklung wird dabei mit „hochfrequenten" Signalen zur Identifikation der Pollage beaufschlagt. Nachteilig bei diesen Verfahren sind die zusätzlichen Verluste, die mechanischen Schwingungen und damit Geräusche sowie Drehmomentschwankungen. Aufgrund dieser passenden unterschiedlichen Eignungen werden die beiden Verfahren jeweils in dem geeigneten Drehzahlbereich eingesetzt.

Die folgenden Veröffentlichungen zeigen die derzeitigen Forschungsgebiete eines Lehrstuhls für Elektrische Maschinen. Die Phase der Strom- und Drehzahlregelung ist tendenziel abgeschlossen, der elektrische Antrieb hat weitere Anforderungen zu erfüllen. Die Anforderungen sind beispielsweise erweiterter Feldschwächbetrieb mit Berücksichtigung der Sättigung, optimale Effizienz und geringe akustische Geräusche, eventuell außerdem sensorlos. Diese Anforderungen sind typisch für elektrische Antriebe, die Kfzs antreiben. Aufgrund dieser Entwicklung wurden die folgenden neuen Kapitel aufgenommen: Betriebsoptimierung – Verlustminimierung – Kapitel 11.7, modellbasierte prädiktive Regelung – Kapitel 11.8, Hochleistungs-Wechselrichter – Kapitel 10.6.

- Thul A, Ruf A, Franck D, Hameyer K
  Wirkungsgradoptimierung von permanenterregten Antriebssystemen mittels verlustminimierender Steuerverfahren
  Proc. Antriebssysteme 2015 Aachen S. 65 - 76

- Liu Q, Thul A, Hameyer K.
  A Robust Model Reference Adaptive Controller for the PMSM Drive System with Torque Estimation and Compensation
  Berlin, ICEM 2014 S. 659 - 665

- Hu Z, Liu Q, Hameyer K.
  A Study of Multistep Direct Model Predictive Current Control for Dynamic Drive Application with high Switching Frequency
  PEDM 2016, Glasgow, S 1 - 6

- Liu Q, Hameyer K
  Torque Ripple Minimization for Direct Torque Control of PMSM with Modified FCSMPC
  IEEE Trans. Industry Applications,vol. 52, n. 6, S. 4855 - 4864, 2016

- Hu Z, Liu Q, Hameyer K
  Loss Minimization of Speed Controlled Induction Machine in Transient States Considering System Constraints
  Journal of International Conference on Electrical Machines and Systems, vol.,n 1, S. 34 - 41, 2015

- Liu Q, Hameyer K
  An Adaptive Torque Controller with MTPA for an IPMSM using Model based Self-Correction IEEE
  IES, Dalles 2014 40th Annual Conf.

- Liu Q, Hameyer K.
  A Deep Field Weakening Control for the PMSM applying a Modified Overmodulation Strategy
  Proc. 8th IET, PEDM 2016, Glasgow

Dies ist eine Übersicht über die verschiedenen Regelverfahren für die Antriebe an sich. Es folgen Ausführungen für elektrische Antriebe in komplexen Antriebssystemen.

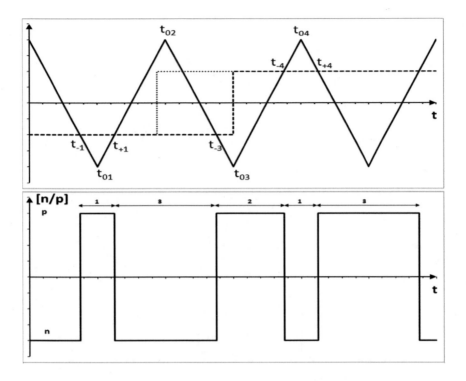

Abb. 12.28: *Totzeitverhalten bei zeitdiskreter Abtastung*

12.7.4   Technologische Aufgabenstellungen

In [97] werden anschließend umfangreiche Aufgabenstellungen von Antrieben in komplexen Systemen vorgestellt. Um komplexe Aufgabenstellungen bearbeiten zu können, ist die Modellbildung des betrachteten Systems eine entscheidende Voraussetzung, unkorrekte Modelle führen zu fehlerhaften Schlussfolgerungen. Das verwendete Simulationsprogramm sollte deshalb eine „geräte-orientierte" bzw. „objekt-orientierte" Modellierung ermöglichen, sodass eine schnelle und Fehler vermeidende Modellierung erreicht wird. In Kapitel 21 „Objektorientierte Modellierung und Simulation von Antriebssystemen" wird die Bearbeitung unterschiedlicher stetiger oder unstetiger Systeme mit Komponenten der Mechanik, der Hydraulik und der Elektrik anschaulich durchgeführt.

Im Kapitel 19 „Drehzahlregelung bei elastischer Verbindung zur Arbeitsmaschine" und im Kapitel 20 „Schwingungsdämpfung" werden mechatronische Aufgabenstellungen vorgestellt. In Kapitel 19 werden die Einschränkungen der Standard-Auslegungen der Regelkreise offen gelegt. Nur mit der Zustandsregelung sind die gewünschten Ergebnisse zu erzielen. Leider sind aber viele mechanische Systeme durch die Reibung oder die Lose nichtlinear, sodass die Zustandsregelung nicht mehr zu verwenden ist. In Kapitel 19.5 und in [103] „Intelligente Verfahren – Identifikation und Regelung nichtlinearer Systeme" werden die intelligenten Verfahren, die am Lehrstuhl entwickelt und in unterschiedlichsten

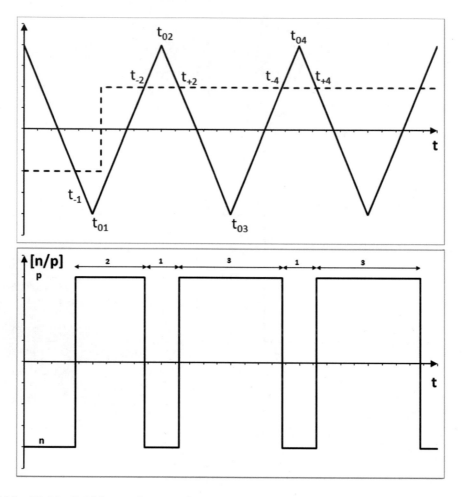

Abb. 12.29: *Prädiktives dynamisches Verhalten des Stellglieds; zeitkontinuierliche Abtastung*

Aufgabenstellungen angewendet wurden, vorgestellt. Anhand eines elastischen Zwei-Massen-Systems mit nichtlinearer Reibung wird in Kapitel 19.5 die sehr schnelle Identifikation und Kompensation der Reibung und damit die Mächtigkeit der Verfahren bewiesen. Die Identifikation und Regelung sind somit on-line fähig. Diese Verfahren wurden auch bei der Regelung von Robotern eingesetzt, und es wurden schnelle Punkt zu Punkt Bewegungen ohne Schwingungen am Zielpunkt im gesamten Bewegungsraum sicher stellen.

Kapitel 20 werden neue, am Lehrstuhl entwickelte Verfahren zur Schwingungsdämpfung vorgestellt, die eine Kombination von einem mechanischen Schwingungsdämpfer und einem elektrischen Aktuator sind. Der Aktuator entdämpft den mechanischen Schwingungsdämpfer vollständig, sodass die Kombination ein idealer Schwingungsdämpfer ist. Vorteilhaft ist, dass der Aktuator nur die Leistung zur Entdämpfung aufbringen muss. Mit einem System können eine

Frequenz, zwei Frequenzen oder ein Frequenzband der Schwingungen eliminiert werden.

Die oben genannten Verfahren sind generell einsetzbare Verfahren und damit nicht auf elektrische Antriebssysteme beschränkt. Beispielsweise wurde die Treibstoff-Einspritzung eines Verbrennungsmotors optimiert. Dabei wurden nichtlineare Effekte beispielsweise die Pumpcharakteristik der Zylinder und die Einspritzung in das Saugrohr sowie die Verdampfung berücksichtigt. Dadurch bedingt wurde insbesondere in dynamischen Betriebszuständen eine wesentlich verbesserte Einhaltung des optimalen Gemischverhältnisses erzielt. Eine weitere Aufgabe war, ungleiche Momentenerzeugung der Zylinder zu erkennen, d. h. den fehlerhaften Zylinder und den Grund festzustellen. Als auswertbares Signal wurde die Rotation der Kurbelwelle verwendet, die allerdings nur mit dem vorhandenen, fehlerhaften Motorsensor gemessen wurde. Es konnte aus der minimalen Abweichung der Rotation der Kurbelwelle eine 1%tige Abweichung bei der Einspritzung des Treibstoffs nachgewiesen werden.

Komplexe Antriebssysteme sind auch bei technologischen Produktionsanlagen notwendig. Kontinuierlich arbeitende Fertigungsanlagen für die Herstellung von Papier, Kunststoff-Folien oder andere Materialien und Rollen-Druckmaschinen benötigen eine große Zahl von elektrischen Antrieben. Die Antriebe sind über die im allgemein elastischen bzw. viskoelastischen Materialien miteinander gekoppelt. Die Regelungen der Antriebe muß die technologisch geforderten Kenndaten wie die Dehnung, den Zug, die Geschwindigkeit oder/und die Temperatur etc. in jeder der technologischen Sektionen einhalten. Weiterhin ist die Übertragung der Drehmomente der Antriebe zu den Kräften im Material zu beachten. Kapitel 22 „Modellierung und Regelung kontinuierlicher Fertigungsanlagen" beschreibt die Modellbildung und entwickelt ein neues Regelverfahren, sodass jede Sektion unempfindlich gegen die anderen Sektionen ist und damit jede Sektion für sich geregelt werden kann. Die entwickelten Verfahren wurden erfolgreich an der am Lehrstuhl befindlichen Fertigungsanlage bestätigt.

In Kapitel 23 „Prozessmodelle für Rotationsdruckmaschinen" werden mit größter Sorgfalt Modelle für die technologischen Prozesse wie die Farbübertragung, den Schnittregisterfehler, den Farbregisterfehler, das Dublieren, den Gleitschlupf und den Partialschlupf etc. erarbeitet. Zu beachten sind die Störungen durch Rollenwechsel. Es folgen komplexe Entwürfe der Regelungen, die teilweise miteinander verkoppelt sind wie die Regelungen des Bahnzugs und des Schnittregisterfehlers. Auch in diesem Fall konnten die theoretisch entwickelten Modelle und Regelungen an einer realen Rollendruckmaschine außerordentlich überzeugend bestätigt werden.

Windparks sind ebenso komplexe Systeme, einerseits als einzelnes System für sich und andererseits als eine Ansammlung ähnlicher Systeme, die zumindest über das Netz miteinander verbunden sind. Kapitel 24 „Modellierung und Regelung von Windparks" beschreibt einführend die verschiedenen Aufgabenbereiche einerseits wie das einzelne elektromechanische System mit der Leistungsentnahme des Windes und anderseits die übergeordneten Aspekte wie die Betriebsführung.

Abschließend wird in Kapitel 26 „POD zur Optimalsteuerung linearer partieller Differentialgleichungen" das Verfahren anhand von Beispielen anschaulich erläutert und mit anderen Verfahren verglichen. (POD ist „Proper Orthogonal Decomposition", ein mathematisch interessantes Verfahren, um Systeme hoher Ordnung in der Ordnung zu reduzieren und die in der Ordnung reduzierten Systeme optimal anzusteuern)

Mit den vorgestellten Verfahren können nun bisher nicht zugängliche Aufgabenstellungen bearbeitet werden.

12.8 Optimierung Betrieb – Verlustminimierung

12.8.1 Direktantrieb gegen Getriebemotor

Bisher konzentrierten sich die Darstellungen auf die regelungstechnischen Modellbildungen von elektrischen Maschinen sowie der Stellglieder und deren Strom- und Drehzahlregelung. Bei der Regelung wird im stationären Betrieb sichergestellt, dass Soll- und Istwert übereinstimmen und das transiente Verhalten sich entsprechend der Auslegung verhält. Es wird aber nicht überprüft, ob der Antrieb mit bestmöglichem Wirkungsgrad oder aussagekräftiger mit bestmöglicher Effizienz betrieben wird.

Im Folgenden wird zwischen Wirkungsgrad und Effizienz unterschieden. Beim Wirkungsgrad arbeitet der Antrieb in einem Arbeispunkt kontinuierlich. Die Effizienz – auch energetischer Nutzungsgrad genannt – bezieht sich dagegen auf periodische Bewegungsabläufe mit einer Periodendauer. Die Energieeffizienz ist somit eine integrale Kenngröße, d. h. die energetische Gesamtbilanz eines Arbeitszykluses. Sie ist abhängig vom zeitlichen Verlauf der Drehzahl und dem Drehmoment, gewichtet mit der relativen Dauer. Die Energieeffizienz ist somit eine Gütekenngröße.

Bei der PM-SM mit Reluktanz wird beispielsweise durch I_q der synchrone Anteil des Drehmoments und mit $I_d\,I_q$ der Reluktanzanteil des Drehmoments erzeugt. Es besteht somit die Option, das geforderte Drehmoment zwischen den beiden Anteilen mittels der Effiziensforderung aufzuteilen. Diese Aufgabenstellung wird nun vorgestellt werden, es gibt zwei Optionen.

Die erste Option ist, das Design des Antriebs an die Aufgabenstellung anzupassen.

Produktionsmaschinen beispielsweise für Kunststoff, Drahtziehen oder Drahtverarbeitung wurden häufig mit hydraulischen Antrieben ausgerüstet. Diese Produktionsmaschinen benötigen hohe Drehmomente bei kleinen Drehzahlen, Antriebe für Extruder sind ein typisches Beispiel. Nachteilig sind die Wirkungsgrade, Spritzgießmaschine mit hydraulischem Antrieb haben einen Gesamtwirkungsgrad von ungefähr 40 % bei Teillast und ca. 80 % bei Vollast.

Eine typische Aufgabenstellung ist daher, einen hydraulischen Antrieb durch einen elektrischen Antrieb zu ersetzen.

Naheliegend ist, einen elektrischen Antrieb mit hohen Drehzahlen und ein Getriebe zu verwenden. Ein derartiger elektrischer Antrieb mit Getriebe – der Getriebemotor – hat bei Teillast ca. 70 % und bei Vollast 90 % Gesamtwirkungsgrad.

- [707] Bonfiglioli Riduttori S.p.A. (Hrsg.)
  Handbuch der Getriebemotoren (Mit Beiträgen von D. W. Dudley, J. Sprengers, D. Schröder, H. Yamashina
  Springer Verlag Berlin-Heidelberg, 1997, deutsche, englische, italienische Ausgabe

- [708] Storath A., Zelleröhr M.
  Antriebe für Spritzgießmaschinen
  Berlin VDE-Verlag, 2002

- [709] *Energieeinsparpotentiale in der kunststoffverarbeitenden Industrie*
  Fraunhofer Institut Systemtechnik und Innovationsforschung

- [710] Gißler J.
  Elektrische Direktantriebe
  Franzis Verlag 2005

- [711] Storath A.
  Torquemotoren versus Getriebemotoren - ein technischer Vergleich hinsichtlich Beschleunigung und Effizienz
  VDE/ETG Tagung 2007, Karlsruhe

- [712] Greubel K., Storath A.
  Torquemotoren versus Getriebemotoren – Ein technischer Vergleich hinsichtlich Beschleunigung und Energieeffizienz
  Siemens AG, Neustadt a. d. Saale

- [713] Doppelbauer M.
  Direktantrieb oder doch besser Getriebemotor? Systematische Analyse der Vor- und Nachteile beider Konzepte
  Antriebstechnik 4/2008, S. 66 - 73

- [714] Benath K, Schützhold J, Hofmann W
  Advaned design rules for the energy optimal motor-gearbox combination in servo drive systems
  Int. Symposium on Power Electronics, Electrical Drives, Automation 2014, S 94 - 99

Nachteilig bei Getriebemotoren sind Getriebeschäden durch Überlastung, die Wartung des Getriebes (Ölwechsel), die Getriebeverluste, die Lose im Getriebe, die Verringerung der Steifigkeit des mechanischen Systems und damit die Verringerung der erreichbaren Dynamik. Wenn diese Nachteile relevant sind, dann sind Direktantriebe eine mögliche Lösung. Es bestehen allerdings die folgenden Fragen: Direktantriebe sind im vorliegendem Beispiel Langsamläufer. Langsamläufer haben eine hohe Polpaarzahl Z_p und damit gegenüber schnelllaufenden elektrischen Antrieben einen größeren Durchmesser und damit größeres Volumen, ist dies konstruktiv zulässig? Wie verhalten sich beim Direktantrieb in Bezug zum Getriebemotor das Beschleunigungs-Vermögen und die Realisierung schneller Produktionszyklen? Eine weitere Frage bezieht sich auf den Energieverbrauch.

Ausgehend vom Getriebemotor gilt nach Gleichung (1.12) $\ddot{u} = \Omega_G/\Omega_L$ bzw. $\Omega_G = \ddot{u}\Omega_L$ und nach Gleichung (1.13) $M_G = M_L/(\ddot{u}\eta_{Gres})$. Dies bedeutet, mittels Getriebe kann die Kreisfrequenz Ω_G des Motors auf $\ddot{u}\Omega_L$ erhöht und das von dem Motor angeforderte Drehmoment M_G wird auf $M_G = M_L/(\ddot{u}\eta_{Gres})$ verringert. Ein Vorteil beim Getriebemotor, denn beim Direktantrieb muß der Direktantrieb das Drehmoment M_L liefern und die Kreisfrequenz ist Ω_L. Das Trägheitsmoment auf der Lastseite sei Θ_L und die Kreisfrequenz der Last sei Ω_L. Das resultierende Trägheitsmoment beim Getriebemotor ergibt sich nach Gleichung (1.21) zu $\Theta_{Gres} = \Theta_G + \Theta_L/\ddot{u}^2$. Dies bedeutet, durch das Getriebe wird das Last-Trägheitsmoment Θ_L nur mit $1/\ddot{u}^2$ auf die Motorseite übertragen. Beim Direktantrieb gilt stattdessen $\Theta_{res} = \Theta_L + \Theta_D$. Ein weiterer Vorteil bei Verwendung des Getriebemotors.

Wie aus den Gleichungen (5.96) für die Asynchronmaschine, Gleichung (6.17) für die Synchron- Schenkelpolmaschine und Gleichung (6.133) für die Synchron-Vollpolmaschine zu entnehmen ist, ist das Drehmoment bei den Drehfeldmaschinen proportional zu Z_p. Dies kann interpretiert werden, dass das Drehmoment sich aus Z_p Teilmaschinen aufsummiert und damit erhöht. Nach Gleichung (5.54) gilt $\Omega_m = \Omega_{el}/Z_p$, , mit Z_p kann somit die Drehzahl um $1/Z_p$ reduziert werden.

Drehmoment:[1]

Ausgehend von der Gleichung (13.141) der Lorentzkraft

$$F_i = I_A \cdot I_i \cdot B_L \qquad (12.19)$$

mit I_i der aktiven Länge und unter der Anname gleicher Ströme in allen w Leitern der Wicklung kann mit der Amperewindungszahl $\Theta_{el} = wI_1$ (Die folgenden Berechnungen sind Vergleichsrechnungen, daher ist diese Annahme zulässig, dies gilt allgemein.), verallgemeinert werden

$$F = \Theta_{el} \cdot I_i \cdot B_L \qquad (12.20)$$

spezifischer Drehschub τ

$$\tau = \frac{F}{(d \cdot \pi \cdot I_i)} \qquad (12.21)$$

---

[1] Herr Prof. Binder übermittelte die folgenden Unterlagen.

mit d dem inneren Rotordurchmesser und der inneren Oberfäche $d\pi I_i$ ergibt sich

$$\tau = \Theta_{el} \cdot I_i \cdot \frac{B_L}{(d \cdot \pi \cdot I_i)} \tag{12.22}$$

mit $A = \Theta_{el}/(d\pi)$ ergibt sich

$$\tau = A \cdot B_L \tag{12.23}$$

ausgehend von

$$\tau = F/(d \cdot \pi \cdot I_i) = \frac{M}{(d/2)} \cdot \frac{1}{(d \cdot \pi \cdot I_i)} = A \cdot B_L \tag{12.24}$$

ergibt sich das Drehmoment M_D für den Direktantrieb zu

$$M_D \sim A \cdot B_L \cdot I_i \cdot d^2 \tag{12.25}$$

Das Drehmoment ist somit proportional der Amperewindungszahl Θ_{el}, der Flussdichte im Luftspalt B_L, der aktiven Eisenlänge I_i und dem Rotorinendurchmesser d zum Quadrat. Um beim Langsamläufer ein hohes Drehmoment M_D zu erhalten muss daher der Rotorinnendurchmesser groß sein und um kleine Drehzahlen zu erhalten ist die Polpaarzahl Z_p groß zu wählen.

Die hohe Polpaarzahl führt bei Asynchronmaschinen zu einem großem Blindstrombedarf und bei elektrisch erregten Synchronmaschinen zu hohen Erregerverlusten. Um diese Erregerverluste zu vermeiden, werden die Synchronmaschinen inzwischen mit Permanentmagneten - PM-SM - ausgerüstet. Eine Ausführung verwendet Oberflächenmagnete, Varianten nutzen vergrabene PM. Direktantriebe sind Langsamläufer mit großen Polpaarzahlen Z_p, die Statorfrequenz und damit die Eisenverlustre sind klein. Es dominieren die Kupferverluste.

Die hohe Polpaarzahl erfordert kleine Polteilungen, vergleiche Abbildungen 5.14 und 5.18, damit verbleibt nur eine kleinen Zahl von Nuten pro Polpaar. Durch die hohe Polpaarzahl sinkt der Fluss pro Pol, dadurch sinkt der notwendige flussführende Eisenquerschnitt in den Jochen so dass die aktive Masse (Kupfer, Eisen, Magnete) bezogen auf das Drehmoment gering ist.

Vergleich Rotordurchmesser:

Im Folgenden sollen Direktantrieb und Getriebemotor verglichen werden [712]. Bei diesem Vergleich wird vorausgesetzt, das geforderte Abtriebsdrehmoment M_L und der spezifische Drehschub τ sind bei beiden Maschinen gleich, das Durchmesserverhältnis D/d bleibe möglichst konstant.

Um den Vergleich der Trägheitsmomente zu erhalten, erfolgt zuerst ein Vergleich der Rotordurchmesser. Wie Kapitel 1.1 unter Trägheitsmomente zu entnehmen ist, ist das Trägheitsmoment eines Zylindermantels proportional D^2 mit D dem äußeren Mantelduchmesser sowie bei einem Schwungrad proportional $(R^4 - r^4)$ mit dem äußeren Durchmesser $D = 2R$ und dem inneren Durchmesser $d = 2r$.

Da die beiden Maschinen den gleichen spezifischen Drehschub τ haben sollen, erfolgt der Vergleich der Durchmesser über die Drehmomente. Es gilt für den Getriebemotor:

$$M_{G1} = \frac{\pi \cdot \tau \cdot D_G \cdot I_{i_G} \cdot D_G}{2} \quad \text{sowie} \quad M_{G2} = \ddot{u} \cdot M_{G1} \cdot \eta_{G_{res}} \tag{12.26}$$

und für den Direktantrieb

$$M_{D1} = M_{D2} = \frac{\pi \cdot \tau \cdot D_D \cdot I_{i_D} \cdot D_D}{2} \tag{12.27}$$

Bei gleichem Schlankheitegrad λ

$$\lambda = I_i / D \tag{12.28}$$

ergibt sich das Durchmesserverhältnis

$$D_G / D_D = \sqrt[3]{\frac{\lambda_D}{\lambda_G} \frac{1}{(\ddot{u}\eta_{G_{res}})}} \approx \sqrt[3]{\frac{1}{\ddot{u}}} \tag{12.29}$$

mit dem Wirkungsgrad $\eta_{G_{res}}$ des Getriebes.

Dies besagt: Je größer die Getriebeübersetzung ist, desto deutlich kleiner ist der Rotoraußendurchmesser D_G des Getriebmotors verglichen mit dem Rotoraußendurchmessers D_D des Direktantriebs. Der Getriebemotor baut somit abhängig von ü kleiner als der Direktantrieb.

Vergleich Trägheitsmomente:

Bei dem Vergleich der Trägheitsmomente wird ein konstantes Verhältnis Rotorinnendurchmesser zu Rotoraußendurchmesser vorausgesetzt. Das Verhältnis der Trägheitsmomente ist:

$$\Theta_G / \Theta_D = (\lambda_G / \lambda_D) \cdot (D_G / D_D)^5 = (\sqrt[3]{(\lambda_D / \lambda_G)})^2 (\sqrt[3]{\frac{1}{\ddot{u}^5}}). \tag{12.30}$$

Je größer die Getriebeübersetzung ü ist, desto deutlich kleiner ist das resultierende Trägheitsmoment des Getriebemotors Θ_G verglichen mit dem Trägheitsmoment des Direktantriebs Θ_D.

Vergleich Beschleunigungsvermögen:

Ein weiterer Nachweis geht von der Drehbeschleunigung $\dot{\Omega}$ aus, es gilt: Direktantrieb

$$\dot{\Omega}_D = \frac{M_{D2}}{(\Theta_L + \Theta_D)} \tag{12.31}$$

Getriebemotor

$$\dot{\Omega}_G = \frac{M_{G2}}{(\Theta_L + \ddot{u}^2\Theta_G)} \quad \text{mit } M_{G2} = \ddot{u}M_{G1} = M_{D2} = M_L \tag{12.32}$$

und somit

$$\dot{\Omega}_G/\dot{\Omega}_D = \frac{(1 + \Theta_D/\Theta_L)}{((1 + \Theta_D/\Theta_L)\left(\sqrt[3]{\frac{\lambda_D}{\lambda_G}}\right)^2 \sqrt[3]{\ddot{u}})} \tag{12.33}$$

Damit ergibt sich: Das Beschleunigungsvermögen eines Getriebemotors ist verglichen mit dem Direktantrieb bei gleichem spezifischem Drehschub merkbar geringer. Der Unterschied wird umso größer, je größer das Übersetzungsverhältnis $\ddot{u}$ ist.

In [712] werden die Fragen hinsichtlich der Energieeffizienz bei Produktionszyklen behandelt. Es werden ein wassergekühlter permanentmagneterregter Direktantrieb, ein wassergekühlter Asynchron-Getriebemotor und ein wassergekühlter permanentmagneterregter Synchron-Getriebemotor verglichen. Die Nenndrehmomente sind: 4000 Nm, 330 Nm, 450 Nm; die Nenndrehzahlen n_N sind 200 min^{-1}, 2552 min^{-1} und die 1871 min^{-1}, Trägheitsmomente waren 6,6 kgm^2, 0,22 kgm^2, 0,23 kgm^2 sowie bei den Schlankheitsgraden 0,83, 1,29 und 0,89.

Im Folgenden wird zwischen Wirkungsgrad und Effizienz unterschieden [766]. Beim Wirkungsgrad arbeitet der Antrieb in einem Arbeispunkt kontinuierlich. Die Effizienz - auch energetischer Nutzungsgrad genannt - bezieht sich dagegen auf periodische Bewegungsabläufe mit einer Periodendauer. Die Energieffizienz ist somit eine integrale Kenngröße, d. h. die energetische Gesamtbilanz eines Arbeitszykluses. Sie ist abhängig vom zeitlichen Verlauf der Drehzahl und dem Drehmoment, gewichtet mit der relativen Dauer. Die Energieeffizienz ist somit eine Gütekenngröße. In den beiden ersten Untersuchungen sind die Zykluszeiten, der beste d. .h. maximale, kurzzeitige, Wirkungsgrad und der energetische Nutzungsgrad (Verlustenergien) angegeben.

Bei einem Produktionszyklus nur mit Beschleunigungen ergaben sich Zykluszeiten von 22 ms, 51 ms und 38 ms, die Verlustenergien waren 142 Ws, 274 Ws, 153 Ws; die maximalen Wirkungsgrade ergaben sich zu 91,9 %, 84,3 %, 89,7 %. Bei Produktionzyklen mit Beschleunigungs- und Bearbeitungszeiten ergaben sich die Zykluszeiten zu 62 ms, 111 ms und 85 ms, die Verlustenergien waren 437 Ws, 1004 Ws und 553 Ws, die maximalen Wirkungsgrade erreichten 91,9 %, 87,6 %, 91,2 %. Bei Dauerbetrieb unter gleichen Lastbedingungen sind die folgenden Wirkungsgrade festgestellt worden: 91,9 %, 87.6 % und 91,2 %. Der Direktantrieb hat somit kleine Vorteile, gewisse Einschränkungen aufgrund der geänderten Abmessungen des Direktantriebs sind aber zu beachten, siehe auch [713, 714].

12.8.2   Betriebsoptimierung – Verlustminimierung

12.8.2.1   Einführung

[2]

Im vorigen Kapitel wurde der Direktantrieb, eine der Aufgabenstellung angepaßte Konstruktion der elektrischen Maschine, erläutert. Es wurde nachgewiesen, dass der Direktantrieb die etwas besseren Ergebnisse hinsichtlich Zykluszeiten und Energieeffizienz verglichen mit Getriebemotoren und insbesondere hydraulischen Maschinen ermöglicht. Nachteilig ist, dass eine Sonderkonstruktion benötigt wird. Der Aspekt der Effizienz soll in diesem Kapitel für Standardantriebe vertieft diskutiert werden. Als Beispiel soll der elektrische Antrieb mit einer PM-SM dienen. Bei der PM-SM mit Reluktanz besteht eine magnetische Anisotropie des Rotors, dadurch bedingt wird das Drehmoment einerseits von I_q – Synchronanteil des Drehmoments – und andererseits bei Reluktanz von I_q und I_d – dem Reluktanzanteil des Drehmoments – erzeugt, siehe Gleichung (6.166).

$$M_{Mi} = 3Z_p \cdot \frac{(\Psi_{PM} \cdot I_q + (L_d - L_q) \cdot I_d \cdot I_q)}{2} \tag{12.34}$$

Es besteht somit die Option, zu bestimmen, welcher Anteil des Drehmoments von I_q und welcher Anteil von $I_q \cdot I_d$ durch eine Steuervorschrift bereit gestellt wird. Die üblichen Steuervorschriften sind das „Maximum Torque Per Ampere, MTPA" oder das „Maximum Torque Per Volt, MTPV". Bei dem MTPA werden die Kupferverluste und bei dem MTPV wird die induzierte Spannung bzw. der Magnetisierungsstrom minimiert. In [715] wird unter Berücksichtigung des Statorwiderstandes und der verkoppelten Induktivitäten die analytische durchgängine Theorie zur Lösung der Betriebsstrategien „maximum torque per current MTPC", „maximum torque per voltage MTPV" , „maximum torque per flux MTPF" , „field weakening FW" und „maximum current MC"vorgestellt. Diese analytischen Lösungen ermöglichen den Wechsel der Betriebsstrategien aufgrund von Begrenzungen des Stroms, der Spannung oder der Drehzahl. Die durchgängine Theorie ermöglicht die analytische Bestimmung der Wurzeln eines Polynoms vierter Ordnung und somit zur Bestimmung der optimalen Strom-Sollwerte. Mit diesem Verfahren können somit anisotrope Synchronmschinen als auch synchrone Reluktanzmaschinen optimal betrieben werden.

Neben der konventionellen Regelung mit den Forderungen hinsichtlich der stationären Genauigkeit im stationären Betrieb und dem dynamischen Verhalten entsprechend der Auslegung müssen nun zusätzliche Forderungen wie bestmögliche Effizienz oder bestmöglicher Wirkungsgrad sowie minimale Geräusche berücksichtigt werden. Eine Einführung ist in die Definition der Effizienz und dem Wirkungsgrad ist in [766] zu finden. Ausgehend von den regelungstechnischen Gleichungen (6.161) bis (6.167) für die PM-SM kann die regelungstechnische

---

[2] Die Hinweise von Herrn Prof. Hofmann, Dresden und Herrn Prof. Hameyer, Aachen ermöglichten die folgenden Darstellungen.

Auslegung erfolgen. Wenn die erweiterte Aufgabenstellung die Verlustminimierung [766] (Loss Minimization Control LMC) ist, dann ist dieser Gleichungssatz nicht ausreichend. Zur Bearbeitung dieser erweiterten Aufgabenstellung müssen, ausgehend von [715], die regelungstechnischen Modelle um zumindestens die Kupfer-, Eisen- und Wechselrichter-Verlustmodelle erweitert werden. Weitere Verluste wie die Lagerreibung oder die Lüfterverluste sollen hier nicht betrachtet werden.

Hinweis: In den folgenden Kapiteln sind die Literaturstellen, die die Themenstellung des betreffenden Kapitels erweitern, im Kapitel eingeordnet.

12.8.2.2 Modelle

Die regelungstechnischen Modelle der elektrischen Antriebe beruhen auf den physikalischen Gleichungen, es sind somit analytische Modelle. Ausgehend von dieser Basis ist es naheliegend, auch die Verluste als analytische Modelle zu realisieren, dies ist die erste Option. Es kann nun überlegt werden, ob die physikalische Modellbildung auf das Gesamtsystem erweitert werden soll. In diesem Fall würde die Verlustminimierung auf den Betriebsablauf erweitert werden. Die Optimierung des Gesamtsystems mit einem physikalischem Modell kann allerdings sehr aufwändig sein, denn der technologische Prozess muß berücksichtigt werden. Dies ist beispielhaft bei der physikalischen Modellbildung für die Regelung von kontinuierlichen Fertigungsanlagen Kapitel 22 in [97] oder bei Rollendruckmaschinen Kapitel 23 festzustellen. Der wesentliche Vorteil der physikalischen Modellbildung ist die Berücksichtigung der Dynamik. Zu beachten ist, dass neben der physikalischen Modellbildung auch noch eine Bestimmung der Modell-Parameter notwendig ist. Abweichungen zwischen den Parametern des realen Systems und den Modell-Parametern führen zu Fehlern.

Aus diesen einführenden Überlegungen ergibt sich bereits, dass die physikalische Modellbildung zur Erstellung eines Verlustmodells sehr oder sogar zu aufwändig werden kann. In diesem Fall ist der Messreihen-Ansatz (Search Control SC) eine zweite Option, die mittels iterativer Bestimmung der Verluste in den relevanten Arbeitspunkten eine mehrdimensionale optimale Kontur erzeugen kann. Bei dem Messreihen-Ansatz ist keine physikalische Modellbildung erforderlich, damit entfällt die Fehler-Empfindlichkeit der physikalischen Modelle.

Das Problem bei dem Meßreihen-Ansatz ist, dass die Auswertung der Signale zur Bestimmung der optimalen Betriebsbedingungen mehrere Minuten dauern kann und damit für dynamische Antriebe mit schnellen zeitvarianten Veränderungen der Arbeitspunkte nicht geeignet ist [727, 728]

Es gibt nun häufig die Situation, dass ein erster Bereich die physikalische Modellbildung benötigt, beispielsweise um dynamische Vorgänge zu erfassen. Ein zweiter, ergänzender Bereich würde aber besser mit dem Meßreihenansatz erfaßt werden. In diesem Fall ist das hybride Modell (HC) die dritte Option. Die hybriden Verlustmodelle können die Dynamik der physikalischen Modelle und die Genauigkeit des Meßreihen-Ansatzes kombinieren.

Eine Übersicht über die Vor- und Nachteile der obigen drei Verfahren wurde in [716] gegeben. Die Autoren gehen aber nicht detailliert auf spezielle Verfahren oder Zusatzverluste ein.

Gesamtsystem

- [752] Schützhold, Jörg
  Auswahlsystematik für energieeffiziente quasistationäre elektrische Antriebssysteme am Beispiel von Pumpen- und Förderbandanlagen
  TU Dresden, Dissertation 2015

- [753] Benath, Kenneth
  Analyse und Auslegung energieeffizienter Servoantriebssysteme – am Beispiel von Punkt-zu-Punkt-Bewegungsaufgaben
  TU Dresden, Dissertation 2017

- [754] Y. Zhang, W. Hofmann
  Auslegung einer Asynchronmaschine für Querschneider-Antriebe bei hoher Drehmomentdynamik und transienter Stromverdrängung
  VDE-VDI-Konferenz, Antriebssysteme Nürtingen 2013, ETG-Fachbericht 138, S. 40-45

- [755] J. Schützhold, K. Benath, W. Hofmann
  Auswahl energieeffizienter elektrischer Antriebe am Beispiel Förderanlagen
  In: Antriebstechnik 53 (2014), Nr. 03, Vereinigte Fachverlage Mainz, S. S. 28 -38

- [758] Yamazaki K, Seto Y, *Iron loss analysis of interior permanent-magnet- sychronous motors - variation of main loss factors due to driving conditions*
  IEEE Trans. IAS vol. 42, no 4, July / August 2006

- [757] K. Benath; V. Müller; W. Hofmann
  High efficient winding drives with continuous variable transmission (CVT)
  Proceedings of the 2011 14th European Conference on Power Electronics and Applications, 2011, S. 1 - 8

Physikalisches System Elektrische Maschine

- [756] Jörg Schützhold, Wilfried Hofmann
  Analysis of the Temperature Dependence of Losses in Electrical Machines.
  IEEE ECCE 2013, pp. 3159-3165

- C. Mademlis, I. Kioskeridis, N. Margaris
  Optimal efficiency control strategy for interior permanent-magnet synchronous motor drives
  IEEE Transactions on Energy Conversion, Bd. 19, Nr. 4, S. 715 - 723, Dezember 2004

- D. S. Kirschen, D. W. Novotny, W. Suwanwisoot
  Minimizing Induction Motor Losses by Excitation Control in Variable Frequency Drives
  IEEE Transactions on Industry Applications, Bd. IA-20, Nr. 5,1984, S. 1244 - 1250

- J. G. Cleland, V. E. McCormick, M. W. Turner
  Design of an efficiency optimization controller for inverter-fed AC induction motors
  Industry Applications Conference, 1995. Thirtieth IAS Annual Meeting, IAS '95., Conference Record of the 1995 IEEE, Bd.1, S. 16 - 21 Bd. 1

- Nguyen, Chi Dung
  Loss minimization control of three-phase motors
  TU Dresden, Dissertation 2017

- A. Ruf, S. Steentjes, A. Thul and K. Hameyer
  Stator Current Vector Determination Under Consideration of Local Iron Loss Distribution for Partial Load Operation of PMSM
  IEEE Transactions on Industry Applications, volume 52, number 4, pages 3005-3012, 2016.

- T. Herold, D. Franck, E. Lange and K. Hameyer
  Extension of a D-Q Model of a Permanent Magnet Excited Synchronous Machine by Including Saturation, Cross-Coupling and Slotting Effects in
  Proceeding International Electric Machines and Drives Conference
  IEMDC 2011, Niagara Falls, Ontario, Canada, 2011.

- Thomas Windisch; Wilfried Hofmann
  Automatic MTPA Tracking Using Online Simplex Algorithm for IPMSM Drives in Vehicle Applications
  2014 IEEE Vehicle Power and Propulsion Conference (VPPC)

- Köhring, P.
  Niederspannungsasynchronmaschinen mit Kurzschlussläufern mittlerer bis großer Leistung
  TU Bergakademie Freiberg, Dissertation 2009

- Köhring, P.
  Closed solution of the transient skin effect in induction machines
  Article, Dec 2009, Electrical Engineering 2009, Elektrotechnischen Institut, TU Dresden

Meßreihen-Ansatz

- P. Famouri, J. J. Cathey *Loss minimization control of an induction motor drive*
  IEEE Transactions on Industry Applications, Bd. 27, Nr. 1, 1991, S. 32 - 37

- J. G. Cleland, V. E. McCormick, M. W. Turner
  Design of an efficiency optimization controller for inverter-fed AC induction motors
  Industry Applications Conference, 1995. Thirtieth IAS Annual Meeting, IAS '95., Conference Record of the 1995 IEEE, Bd.1, S. 16 - 21 Bd. 1

- [767] Thomas Windisch; Wilfried Hofmann
  A comparison of a signal-injection method and a discrete-search algorithm for MTPA tracking control of an IPM machine
  2015 17th European Conference on Power Electronics and Applications (EPE'15 ECCE-Europe)

- [738] Thomas Windisch; Wilfried Hofmann
  Loss minimization of an IPMSM drive using pre-calculated optimized current references
  IECON 2011 - 37th Annual Conference of the IEEE Industrial Electronics Society, 2011, pp. 4704 - 4709

- Lee J, Nam K, Choi S, Kwon S
  A lookup table based Loss Minimizing control for permanent magnet synchronous motors
  Proc. IEEE Power Prop. Conf. Sept. 2007, S. 175 - 179

- von Pfingsten G, Steentjes S, Hameyer K *Operating point resolved loss computation in electric maschines*
  Archives of Electrical Engineering, Vol. 65, Number 1, 2016, S. 73 - 86

- [744] Neuschl Z.
  Rechnerunterstützte experimentelle Verfahren zur Bestimmung der lastunabhängigen Eisenverluste in permanentmagnetisch erregten elektrischen-Maschinen mit additionalen Axialfluss.
  Dissertation, 2007 TU Cottbus

Hybrides Modell

- van der Giet M, Franck D, Rothe R, Hameyer K
  Fast and easy acoustic optimization of PMSM by means of hybrid modelling and FEM to measurement transfer functions
  Proc. 19 ICEM Rom 2010 S. 1 - 6

12.8.2.3 Kupferverluste

Die Kupferverluste P_{Cu} werden durch R_1 bei der ASM und SM und bei der ASM zusätzlich durch R_2 verursacht.

$$\text{ASM: } P_{Cu} = 3R_1(T) \cdot I_{1_{eff.}}^2 + 3R_2(T) \cdot I_{2_{eff.}}^2 \tag{12.35}$$

$$\text{PM-SM: } P_{Cu} = 3R_1(T) \cdot I_{1_{eff.}}^2 \tag{12.36}$$

Die Kupferverluste sind linear abhängig von der Temperatur T

$$R_i = R_0(1 + \alpha(T - T_0)) \tag{12.37}$$

mit den Referenzwerten R_0 und T_0 sowie dem Temperatur-Koeffizienten α. Bei der ASM und der PM-SM sind die Statorwicklungen aus Kupfer und der Kurzschlußläufer kann bei der ASM aus Aluminium sein.

- C. D. Nguyen, W. Hofmann
  Self-Tuning Adaptive Copper-Losses Minimization Control of Externally Excited Synchronous Motors
  International Conference on Electrical Machines – ICEM 2014, Berlin, pp. 891-896

12.8.2.4 Eisenverluste

Stromänderungen führen zu Flussänderungen, dadurch bedingt entstehen Induktions- Spannungen - siehe (12.24) - die ihrerseits u. a. Wirbelströme und damit die Eisenverluste erzeugen. Ein konstantes, umlaufendes Drehfeld magnetisiert das Eisen um und erzeugt daher konstante Eisenverluste. Erhöht sich die Drehzahl des Drehfeldes bei konstanter Amplitude des Flusses, dann erhöht sich die Frequenz der Flußänderungen und die Eisenverluste steigen quadratisch mit dem Drehzahlanstieg, Änderungen der Amplitude wirken sich ebenso aus. Aufgrund dieser Abhängigkeiten werden die Eisenverluste durch ein analytische Verlustmodell mit einem konstanten Widerstand R_{c0} und einem frequenzabhängigen Widerstand $R_{c1} \cdot \Omega_L/\Omega_{LN}$, mit Ω_L der elektrischen Kreisfrequenz des umlaufenden Drehfeldes bei der Synchronmaschine oder Ω_{el} bei der Asynchronmaschine. Die Konstanten R_{c0} und R_{c1} müssen ermittelt werden, der Ersatzwiderstand R_c ergibt sich zu

$$1/R_c = 1/R_{c0} + 1/(R_{c1}\Omega_L/\Omega_{LN}) \tag{12.38}$$

Die Eisenverluste P_{Fe} ergeben sich nach [738, 767] zu

$$P_{Fe} = 3\Omega_L^2 \cdot \frac{(\Psi_d^2 + \Psi_q^2)}{2} \cdot \frac{1}{R_c} \tag{12.39}$$

Das vorgeschlagene Modell berücksichtigt die beiden Flusskomponenten Ψ_d und Ψ_q sowie die elektrische Kreisfrequenz des Drehfeldes jeweils im Quadrat.

Zusätzlich müssen die Durchlaß- und Schaltverluste des Wechselrichters [738, 748, 767] berücksichtigt werden. Eine andere Schreibweise ergibt nach [737, 749, 767]

$$P_{Fe} = 3U_h^2/(2R_c) = 3(\Psi_d^2 + \Psi_q^2)(\Omega_L^2/R_{c0} + \Omega_L\Omega_{LN}/R_{c1})/2. \tag{12.40}$$

Eine weitere anwendbare Gleichung aus [771] zur Ermittlung der Eisenverluste für ASM und PM-SM mit $\sigma_{1,5}$, den spezifischen Eisenverlusten bei 1,5 T, der elektrischen Umlauffrequenz f des Drehfeldfeldes, mit der Eisenmasse m_S des Stators, sowie mit dem Hystereseverlustkoeffizient c_{hyst} und dem Wirbelstromverlustkoeffizient c_{eddy} ergibt

$$P_{Fe} = \sigma_{1,5} \cdot m_S(B/1,5T)^2(c_{hyst}(f/50Hz) + c_{eddy}(f/50Hz)^2) \tag{12.41}$$

Die Entstehung und Ermittlung der Hysterese- und Wirbelstromverluste wird in [744] beschrieben, in [743] werden die Eisenverluste im Stator erklärt, die Wirbelstromverluste werden in klassischen und die annormalen Verluste [746] aufgeteilt. Die Verluste aufgrund der Oberschwingungen werden in [758] und die Auswirkungen aufgrund der Zahngeometrie werden in [745] diskutiert.

Die Gleichung (12.41) muss noch um drei Parameter $f_{eddy}(T)$, $f_{hyst}(T)$ und $f_{\Psi}(T,\tau)$ erweitert werden, um den Einfluss der Temperatur zu berücksichtigen.

Die Eisenverluste werden in [737, 738, 739, 740, 741]. mit einem Grundwellenmodell bestimmt, das um einen Widerstand erweitert wurde, der von der Drehzahl abhängig ist. Die Vernachlässigung der Oberschwingungen ist aber eine zu erhebliche Vereinfachung, so dass Messungen zur Verbesserung der Genauigkeit notwendig sind [742].

Die folgende detaillierte Ermittlung der Eisenverluste [751, 767] erfolgt über eine magnetische Periode mit

$$P_{Fe} = P_{hyst} + P_{classical} + P_{excess} + P_{sat} \tag{12.42}$$

und den folgenden Teilverlusten

$$P_{hyst} = a_1\left(1 + \frac{B_{min}}{B_{max}}(r_{hyst} - 1)\right)B_{max}^{\alpha}f_1 \tag{12.43}$$

$$P_{classical} = a_2\sum_{n=1}^{\infty}\left(B_n^2(nf_1)^2\right) \tag{12.44}$$

$$P_{excess} = a_5\left(1 + \frac{B_{min}}{B_{max}}(r_{excess} - 1)\right) \times \sum_{n=1}^{\infty}\left(B_n^{1.5}(nf_1)^{1.5}\right) \tag{12.45}$$

$$P_{sat} = a_2a_3B_{max}^{a_4+2}f_1^2 \tag{12.46}$$

und den Material-Parametern a_1 bis a_5 , n die Harmonischen, f_1 der Grundfrequenz, r_{hyst} und r_{excess} den Verlustfaktoren [742]. Die Situation bei Teillast wird in [736] beschrieben. In [750, 751, 736, 742] werden die Details erläutert. In [738, 748, 767] erfolgt eine Erweiterung von den Eisenverlusten um die Durchlaß- und Schaltverluste des Wechselrichters.

- [771] Schützhold J, Hofmann W
  Analysis of the Temperature Dependence of Losses in Electrical Machines
  IEEE ECCE 2013, S. 3159 - 3165

- [743] Müller G, Vogt K, Ponick H.
  Berechnung elektrischer Maschinen
  Wileys - VCH 2008

- [744] Neuschl Z.
  Rechnerunterstützte experimentelle Verfahren zur Bestimmung der lastunabhängigen Eisenverluste in permanentmagnetisch erregten elektrischen Maschinen mit additionalen Axialfluss.
  Dissertation, 2007 TU Cottbus

- [758] Yamazaki K, Seto Y, *Iron loss analysis of interior permanent-magnet- sychronous motors - variation of main loss factors due to driving conditions*
  IEEE Trans. IAS vol. 42, no 4, July / August 2006

- [745] Mi G., Slemon G., Bonert R.
  Modeling of Iron Losses of Permanent -Magnet Synchronous Motors
  IEEE Trans IAS, vol. 39, no 3, May/June 2003

- [746] Moses A. J.
  Characterisation of the loss behavior in electrical steels and other soft magnetic materials
  Metallurgy and Magnetism Freiburg 2004

- [747] C. D. Nguyen, W. Hofmann
  Model-Based Loss Minimization Control of Interior Permanent Magnet Synchronous Motors
  IEEE International Conference on Industrial Technology - ICIT, Sevilla, 2015.

- [748] Kolar J. W., Ertl H., Zach F. C.
  Influence of the Modulation Method on the Conduction and Switching Losses of a PWM Converter System
  IEEE Trans IAS, Vol 27, 1991, S 1063 -1075

- [749] Thomas Windisch; Wilfried Hofmann
  Loss minimizing and saturation dependent control of induction machines

in vehicle applications
IECON 2015, 41st Annual Conference of the IEEE Industrial Electronics
Society, 2015, S.: 001530 - 001535

- [750] S. Steentjes, G. von Pfingsten, M. Hombitzer and K. Hameyer
  *Iron-loss model with consideration of minor loops applied to FE-simulations
  of electrical machines*
  IEEE Transactions on Magnetics, volume 49, number 7, pages 3945-3948,
  2013.

- [751] Steentjes S, Leßmann M, Hameyer W,
  *Semi-physical parameter identification for an iron loss formular allowing
  loss separation*
  Journal of Applied Physics, vol 113, no 17, May 2013, S 17A319 - 17A319-3

- [736] A. Ruf, S. Steentjes, A. Thul, K. Hameyer
  *Stator Current Vector Determination Under Consideration of Local Iron
  Loss Distribution for Partial Load Operation of PMSM*
  IEEE Transactions on Industry Applications, Volume: 52, Issue: 4, pages
  3005-3012, 2016.

- [737] F. Fernandez-Bernal, A. Garcia-Cerrada, and R. Faure
  *Determination of parameters in interior permanent-magnet synchronous
  motors with iron losses without torque measurement*
  Industry Applications, IEEE Transactions on, vol. 37, no. 5, pp. 1265 –
  1272, Sep 2001.

- [738] T. Windisch and W. Hofmann
  *Loss minimization of an IPMSM drive using precalculated optimized cur-
  rent references*
  in IECON 2011 - 37th Annual Conference on IEEE Industrial Electronics
  Society, Nov 2011, pp. 4704–4709.

- [739] J. Lee, K. Nam, S. Choi, and S. Kwon
  *Loss-minimizing control of PMSM with the use of polynomial approximati-
  ons*
  Power Electronics, IEEE Transactions on, vol. 24, no. 4, pp. 1071–1082,
  April 2009.

- [740] C. Mademlis and N. Margaris
  *Loss minimization in vector-controlled interior permanent-magnet synchro-
  nous motor drives*
  Industrial Electronics, IEEE Transactions on, vol. 49, no. 6, pp. 1344–1347,
  Dec 2002.

- [741] H. Aorith, J. Wang, and P. Lazari
  A new loss minimization algorithm for interior permanent magnet synchro-

nous machine drives in Electric Machines Drives
Conference (IEMDC), 2013 IEEE International, May 2013, pp. 526–533.

- W. Peters
  Wirkungsgradoptimale Regelung von permanenterregten Synchronmotoren in automobilen Traktionsanwendungen unter Berücksichtigung der magnetischen Sättigung
  Dissertation 2015 Universität Paderborn

- [742] Steenjes S., Lessmann M., Hameyer K.
  Advanced Iron-Loss Calculation as a Basis for Efficiency Improvement of Electrical Machines in Automotive Applications
  Proc. Elec. Sys. Airc Railw. Ship Prop., Oct. 2012, S 1–6

- S. Steentjes, G. von Pfingsten, M. Hombitzer and K. Hameyer
  Enhanced iron-loss model with consideration of minor loops applied to FE-simulations of electrical machines
  in Proceeding 12th Joint MMM-Intermag, Chicago, Illinois, USA, 2013, pages 524.

Zu beachten ist, dass sowohl die Hysterese-Verluste als auch die Wirbelstrom-Verluste mit steigender Temperatur abnehmen, da die Beweglichkeit der Elektronenspins, die die elementare magnetische Basis bilden, mit steigender Temperatur zunimmt, deshalb nehmen die Koerzitivfeldstärke H_c, die Remanenzinduktion B_R und die Fläche der Hysterese und somit die Eisenverluste ab [744]. Es gilt für B_R

$$B_R = B_{R0}(1 + TK_B \Delta T) \tag{12.47}$$

mit B_{R0} gleich $B_R(25C)$, $\Delta T = T - 25C$, $TK_B = -0,1\%$ bei Nb Fe B und $TK_B = -0.03\%$ bei SmCo.

12.8.2.5 Oberschwingungen

In den Kapiteln 16.7, Kapitel 5.8 sowie Kapitel 6.6 in [97] werden die Spannungen $U_{1\alpha}$ und $U_{1\beta}$ bzw. die Ströme $I_{1\alpha}$ und $I_{1\beta}$ im stationären Betrieb als sinusförmig angenommen. Diese Annahme ist häufig nicht oder nur eingeschränkt gültig, siehe dort die Abbildungen 10.29 bis 10.32. Dies bedeutet, dass die Spannungen und abgeschwächt auch die Ströme Oberschwingungen enthalten. Die Oberschwingungen der Spannungen erzeugen die Eisenverluste, die quadratisch mit der Frequenz zunehmen, die Oberschwingungen der Ströme die Kupferverluste [725]. Die Veröffentlichung [726] hatte diese Fragestellung bereits 1984 bearbeitet und festgestellt, dass diese Verluste nicht zu vernachlässigen sind, aber schwierig analytisch zu erfassen seien, da die Oberschwingungen von der Zwischenkreisspannung, der Schaltfrequenz, dem vom Arbeitspunkt abhängigen Modulationsverfahren und der Last abhängig sind. In dieser Veröffentlichung werden parallel

zu den Streuinduktivitäten. ohmsche Widerstände angeordnet, um die Zusatzverluste zu erfassen. Die Parameter werden messtechnisch ermittelt. Das Modell
für die Kupferverluste ist aus [770] zu entnehmen.

Das Modell für die Eisenverluste wird in [737, 738, 739, 740, 741, 742] vorgestellt und berücksichtigt als Grundmodell die beiden Flusskomponenten Ψ_d und
Ψ_q sowie die elektrische Kreisfrequenz des Drehfeldes jeweils im Quadrat. Ein
detailiertes Gleichungssystem ist in [751] beschrieben.

Wenn sehr schnelle Änderungen (Produktionsablauf $<$ 300 ms) des Statorstroms realisiert werden, dann muss eventuell außerdem der Skin-Effekt bei den
Rotorstäben der ASM berücksichtigt werden.

- I. Kioskeridis, N. Margaris
  Loss minimization in induction motor adjustable-speed drives
  IEEE Tranactions on Industrial Electronics, Bd. 43 Nr. 1, S. 226-231, Feb.
  1996.

- G. Mino-Aguilar, J. M. Moreno-Eguilaz, B. Pryymak, J. Peracaula
  *An induction motor drive including a self-tuning loss-model based efficiency
  controller*
  Applied Power Electronics Conference and Exposition, 2008, S. 1119-1125

- C. Mademlis, J. Xypteras, N. Margaris
  Loss minimization in surface permanent-magnet synchronous motor drives
  IEEE Transactions on Industrial Electronics, Bd. 47, Nr. 1, S: 115-122, Feb
  2000

- C. Mademlis, N. Margaris
  *Loss minimization in vector-controlled interior permanent-magnet synchro-
  nous motor drives*
  IEEE Transactions on Industrial Electronics, Bd. 49, Nr. 6, S. 1344 - 1347,
  Dezember 2002

- J. Lee, K. Nam, S. Choi, S. Kwon
  *Loss-Minimizing Control of PMSM With the Use of Polynomial Approxi-
  mations*
  IEEE Transactions on Power Electronics , Bd.24, Nr. 4, S. 1071 -1082, Apr.
  2009

- O. Babayomi, A. Balogun, C. Osheku
  Loss Minimizing Control of PMSM for Electric Power Steering
  17th UKSIM-AMSS International Conference on Modelling and Simulation, 2015, S. 438-443

- C. Mademlis, I. Kioskeridis, N. Margaris
  *Optimal efficiency control strategy for interior permanent-magnet synchro-
  nous motor drives*

IEEE Transactions on Energy Conversion, Bd. 19, Nr. 4, S. 715 - 723, Dezember 2004

- D. S. Kirschen, D. W. Novotny, W. Suwanwisoot
  Minimizing Induction Motor Losses by Excitation Control in Variable Frequency Drives
  IEEE Transactions on Industry Applications, Bd. IA-20, Nr. 5,1984, S. 1244 - 1250

12.8.2.6   Transienter Skin-Effekt

- Köhring, Pierre
  Beitrag zur Berechnung der Stromverdrängung in Niederspannungsasynchronmaschinen mit Kurzschlussläufern mittlerer bis großer Leistung
  TU Bergakademie Freiberg, Dissertation 2009

- Köhring, P.
  Closed solution of the transient skin effect in induction machines
  Electrical Engineering, December 2009, article ELEN-D-08-00149R1, S. 1 - 15

- [768] Zhang, Y.
  Energieoptimale Drehmomentsteuerung und Auslegung von hochdynamischen Synchronantrieben unter besonderer Berücksichtigung der transienten Stromverdrängung.
  Dissertation 2017

- [769] Y. Zhang, W. Hofmann
  Energy-efficient control of induction motors with high torque dynamics and transient skin effect
  IEEE 39th Annual Conf. of Industrial Electronics Society IECON 2013, pp. 2771 - 2776

- Y. Zhang, W. Hofmann
  Auslegung einer Asynchronmaschine für Querschneider-Antriebe bei hoher Drehmomentdynamik und transienter Stromverdrängung
  VDE-VDI-Konferenz, Antriebssysteme Nürtingen 2013, ETG-Fachbericht 138, S. 40-45

12.8.2.7   Permanentmagneterregte Synchronmaschine PM-SM

In der Veröffentlichung [719] erfolgt die Ermittlung des Verluste für eine Synchronmaschine mit Oberflächenmagneten mit dem physikalische Modellansatz entsprechend Gleichung (11.39). Die Abwandlung ist, dass statt der beiden Flüsse Ψ_d und Ψ_q der Statorstrom verwendet wird. Die elektrische Drehfeldkreisfrequenz Ω_L und der Statorstrom werden wie in Gleichung (11.39) quadriert. Die Ergebnisse des physikalischen Verlustmodells wurden mit den Ergebnissen des

Meßreihen-Ansatzes verglichen, und bestätigen die Ergebnisse des physikalischen Modells. Statt der Oberflächenmagnete sind in [720] die Magnete vergraben. Die beiden Veröffentlichungen [721, 722] benützenden physikalischen Ansatz wie in der Veröffentlichung [719]. In Abwandlung des Verfahrens in [719] wird in [721] der zusätzliche Erstellung einer Look-up Table aufgrund des Meßreihenansatzes vermieden. Die Veröffentlichung [722] integriert das Verfahren zur Verlustermittlung in ein Steuerverfahren.

- [719] C. Mademlis, J. Xypteras, N. Margaris
  Loss minimization in surface permanent-magnet synchronous motor drives
  IEEE Transactions on Industrial Electronics, Bd. 47, Nr. 1, S: 115-122, Feb 2000

- [720] C. Mademlis, N. Margaris
  Loss minimization in vector-controlled interior permanent-magnet synchronous motor drives
  IEEE Transactions on Industrial Electronics, Bd. 49, Nr. 6, S. 1344 - 1347, Dezember 2002

- W. Peters
  Wirkungsgradoptimale Regelung von permanenterregten Synchronmotoren in automobilen Traktionsanwendungen unter Berücksichtigung der magnetischen Sättigung
  Dissertation 2015, Universität Paderborn

- Thomas Windisch; Wilfried Hofmann
  A comparison of a signal-injection method and a discrete-search algorithm for MTPA tracking control of an IPM machine
  2015 17th European Conference on Power Electronics and Applications (EPE'15 ECCE-Europe)

- Thomas Windisch; Wilfried Hofmann
  Loss minimization of an IPMSM drive using pre-calculated optimized current references
  IECON 2011 - 37th Annual Conference of the IEEE Industrial Electronics Society, 2011, pp. 4704 - 4709

- C. D. Nguyen, W. Hofmann
  Model-Based Loss Minimization Control of Interior Permanent Magnet Synchronous Motors
  IEEE International Conference on Industrial Technology - ICIT, Sevilla, 2015.

- C. D. Nguyen, W. Hofmann
  Self-Tuning Adaptive Copper-Losses Minimization Control of Externally Excited Synchronous Motors

International Conference on Electrical Machines – ICEM 2014, Berlin, pp. 891-896, 2014.

- A. Ruf, S. Steentjes, A. Thul and K. Hameyer
  Stator Current Vector Determination Under Consideration of Local Iron Loss Distribution for Partial Load Operation of PMSM
  IEEE Transactions on Industry Applications, volume 52, number 4, pages 3005-3012, 2016.

- A.Thul, A. Ruf, D. Franck and K. Hameyer
  Wirkungsgradoptimierung von permanenterregten Antriebssystemen mittels verlustminimierender Steuerverfahren
  in Proceeding Antriebssysteme 2015, Aachen, Germany, 2015, pages 65-76.

- T. Herold, D. Franck, E. Lange and K. Hameyer
  Extension of a D-Q Model of a Permanent Magnet Excited Synchronous Machine by Including Saturation, Cross-Coupling and Slotting Effects in Proceeding International Electric Machines and Drives Conference
  IEMDC 2011, Niagara Falls, Ontario, Canada, 2011.

- Thomas Windisch; Wilfried Hofmann
  Automatic MTPA Tracking Using Online Simplex Algorithm for IPMSM Drives in Vehicle Applications
  2014 IEEE Vehicle Power and Propulsion Conference (VPPC)

- [766] Goss J, Popescu M, Staton D, Wrobel R, Yon J, Mellor P.
  A Comparison between Maximum Torque/Ampere and Maximum Efficiency Control Strategies in IPM Synchronous Machines
  Proc. IEEE Energy Conv. Conf. 2014, S. 2403 -2410

12.8.2.8   Asynchronmaschine

Der allgemeine Ansatz zur Erfassung der Verluste verwendet eine Konstante, die mit dem Statorstrom I_1 und der elektrischen Drehfeldkreisfrequenz Ω_{el} – beide im Quadrat – multipliziert wird. Bei dieser Asynchronmaschine werden in [717] statt des allgemeinen Ansatzes der Rotorstrom und die mechanische Kreisfrequenz verwendet. Ausgehend von diesem Ansatz wird ein analytisches Modell für den optimalen Hauptfluß entwickelt, dessen Parameter experimentell ermittelt werden.

Der in [717] vorgestellte Ansatz wird wird in [718] zur analytischen Berechnung der Oberschwingungsverluste in ein Verlustmodell integriert, bei dem mittels eines Reglers die Parameter der ASM geschätzt werden und somit der Fehler aufgrund abweichender Parameter verringert wird.

- G. Mino-Aguilar, J. M. Moreno-Eguilaz, B. Pryymak, J. Peracaula
  An induction motor drive including a self-tuning loss-model based efficiency controller
  Applied Power Electronics Conference and Exposition, 2008, S. 1119-1125

- Thomas Windisch; Wilfried Hofmann
  Loss minimizing and saturation dependent control of induction machines in vehicle applications
  IECON 2015 - 41st Annual Conference of the IEEE Industrial Electronics Society, 2015, Pages: 001530 - 001535

- [768] Zhang, Y.
  Energieoptimale Drehmomentsteuerung und Auslegung von hochdynamische Asynchronantrieben unter besonderer Berücksichtigung der transienten Stromverdrängung
  Dissertation 2017

- [769] Y. Zhang, W. Hofmann
  Energy-efficient control of induction motors with high torque dynamics and transient skin effect
  IEEE 39th Annual Conf. of Industrial Electronics Society IECON 2013, pp. 2771 - 2776

- I. Kioskeridis, N. Margaris
  Loss minimization in induction motor adjustable-speed drives
  IEEE Tranactions on Industrial Electronics, Bd. 43 Nr. 1, S. 226-231, Feb. 1996.

- D. S. Kirschen, D. W. Novotny, W. Suwanwisoot
  Minimizing Induction Motor Losses by Excitation Control in Variable Frequency Drives
  IEEE Transactions on Industry Applications, Bd. IA-20, Nr. 5,1984, S. 1244 - 1250

- P. Famouri, J. J. Cathey
  Loss minimization control of an induction motor drive
  IEEE Transactions on Industry Applications, Bd. 27, Nr. 1, 1991, S. 32 - 37

- J. G. Cleland, V. E. McCormick, M. W. Turner
  Design of an efficiency optimization controller for inverter-fed AC induction motors
  Industry Applications Conference, 1995. Thirtieth IAS Annual Meeting, IAS '95., Conference Record of the 1995 IEEE, Bd.1, S. 16 - 21 Bd. 1

12.8.2.9 Fahrzeuge

- Thomas Windisch; Wilfried Hofmann
  Loss minimization of an IPMSM drive using pre-calculated optimized current references
  IECON 2011 - 37th Annual Conference of the IEEE Industrial Electronics Society, 2011, pp. 4704 - 4709

- Thomas Windisch; Wilfried Hofmann
  Automatic MTPA Tracking Using Online Simplex Algorithm for IPMSM Drives in Vehicle Applications
  2014 IEEE Vehicle Power and Propulsion Conference (dVPPC)

- W. Peters
  Wirkungsgradoptimale Regelung von permanennterregten Synchronmotoren in automobilen Traktionsanwendungen unter Berücksichtigung der magnetischen Sättigung
  Dissertation 2015, Universität Paderborn

- K. Benath; V. Müller; W. Hofmann
  High efficient winding drives with continuous variable transmission (CVT)
  Proceedings of the 2011 14th European Conference on Power Electronics and Applications, 2011, S. 1 - 8

- Windisch, T.
  Energieeffiziente Antriebsregelung für hochausgenutzte Drehstrommotoren in elektrisch angetriebenen Fahrzeugen
  TU Dresden, Dissertation 2017

- [749] Thomas Windisch; Wilfried Hofmann
  Loss minimizing and saturation dependent control of induction machines in vehicle applications
  IECON 2015, 41st Annual Conference of the IEEE Industrial Electronics Society, 2015, S.: 001530 - 001535

- M. Hombitzer, D. Franck and K. Hameyer
  Auslegung einer PMSM als Traktionsantrieb für ein elektrisches Sportfahrzeug
  in Proceeding 7. Expertenforum Elektrische Fahrzeugantriebe, München, Germany, 2015, pages 1-2.

- M. Hombitzer, D. Franck, G. von Pfingsten and K. Hameyer
  Permanentmagneterregter Traktionsantrieb für ein Elektrofahrzeug: Bauraum, Wirkungsgrad und Kosten - das Auslegungsdreieck
  series Haus der Technik Fachbuch, Expert Verlag, 2014.

- A. Ruf, S. Steentjes, G. von Pfingsten, T. Grosse and K. Hameyer
  Requirements on Soft Magnetic Materials for Electric Traction Motors
  in Proceeding 7th international Conference on Magnetism and Metallurgy, WMM'16, Rome, Italy, 2016, pages 111-128.

- Steenjes S, Lessmann M, Hameyer K
  Advanced Iron-Loss Calculation as a Basis for Efficiency Improvement of Electrical Machines in Automotive Applications
  Proc. Elec. Sys. Airc Railw. Ship Prop., Oct. 2012, S 1-6

- I. Kioskeridis, N. Margaris
  Loss minimization in induction motor adjustable-speed drives
  IEEE Tranactions on Industrial Electronics, Bd. 43 Nr. 1, S. 226-231, Feb. 1996.

- [758] Yamazaki K, Seto Y, *Iron loss analysis of interior permanent-magnet- sychronous motors - variation of main loss factors due to driving conditions*
  IEEE Trans. IAS vol. 42, no 4, July / August 2006

12.8.2.10   Synchrone Reluktanzmaschine

Für die synchrone Reluktanzmaschine wird in [723] der gleiche Ansatz wie in [719] verwendet.

Die Gleichungen für die Reluktanzmaschine werden ausgehend von den Maschinengleichungen der PM-SM in [719] an die Bedingungen bei der Reluktanzmaschine angepaßt, wobei sowohl der physikalische als auch der meßtechnische Ansatz verwendet werden. Das Modell derReluktanzmaschine wird experimentell bestätigt.

- I. Kioskeridis, C. Mademlis
  Energy efficiency optimisation in synchronous reluctance motor drives
  IEE Proceedings - Electric Power Applications, Bd. 150, Nr. 2 S. 201 - 209, März 2003

12.8.2.11   Einphasen-Asynchronmaschine

Für diese Maschine mit Kondensator wird in [724]der Ansatz wie in [717] gewählt, wobei in [717] abweichend von den allgemein verwendeten Modellen für die ASM im vorliegenden Fall der Rotor- statt des Statorstroms und die mechanische statt der elektrischen Drehfeldkreisfrequenz verwendet werden. Es wird eine analytische Gleichung für den Hauptfluss ermittelt, die notwendigen Parameter werden experimentell ermittelt. Einschränkend ist anzumerken, dass der Parameter für die Oberschwingungsverluste simulativ oder experimentell ermittelt wurde.

- C. Mademlis, I. Kioskeridis, T. Theodoulidis
  Optimization of single-phase induction Motors-part I: maximum energy efficiency control
  IEEE Transactions on Energy Conversion, Bd. 20, Nr. 1, S. 187 - 195, März 2005

12.8.2.12   Akustik

- Jacops G, Bosse D, Hameyer K, Schelenz R, van der Giet M, Lange E
  Akustisches Verhalten von hochdrehenden, spielarmen Elektromotor-Getriebe Einheiten
  Informationstagung 2010 Würzburg, Vol. 309 III S 623 - 662

- van der Giet M, Franck D, Rothe R, Hameyer K
  Fast and Easy Acoustic Optimization of PMSM by means of a hybrid modelling and FEM-to-measurement transfer functions
  ICEM Rom 2010

- Herold T, Franck D, Böhmer S, Schröder M, Hameyer K
  Transientes Simulationsmodell für lokale Kraftanregungen elektrischer Antriebe
  Elektrotechnik und Informationstechnik 2015, Vol. 132, N. 1 , S.46 - 54

12.9 Modell Prädiktive Regelung MPC

12.9.1 Einführung

In Kapitel 12.1 wurde die Entkopplung für die Asynchronmaschine, in Kapitel 12.3 die Entkopplung für die Synchronmaschine, die Feldorientierung für die Asynchronmaschine ASM wurde in Kapitel 12.2, für die Synchronmaschine mit Erregerwicklung SM in Kapitel 12.4 und in Kapitel 12.5 wurde die Regelung von permanentmagneterregten Synchronmaschinen PM-SM mit Reluktanz erläutert. Da die Antriebsregelungen noch vorwiegend Kaskadenregelungen sind, ist der innerste Regelkreis der Stromregelkreis. Bei der Feldorientierung mit der ASM sind es beispielsweise zwei Stromregelkreise, der erste Stromregelkreis für den flussbildenden Strom und der zweite Stromregelkreis für das Drehmoment. Überlagert sind die Regelkreise für die Drehzahl und die Feldschwächung. Grundsätzlich gibt es für die Stromregelkreise zwei Varianten, entweder mit PWM - die indirekte Struktur – oder die Hysterese-Regelung – die direkte Struktur, Abbildung 12.30, siehe Kapitel 12.7.1. Wenn die indirekte Struktur mit der PWM gewählt wird, muß ein regelungstechnisches Modell für das Stellglied erarbeitet werden, bei der Hysterese-Regelung ist die Modellbildung nicht notwendig.

Als Rechner mit immer größerer Rechenkapazität verfügbar waren, bestand die Option prädiktive Verfahren zu realisieren. In Kapitel 4.3.4 wird für den Stromregelkreis eines netzgeführten Stellglieds eine prädiktive Regelung vorgestellt, die von der schaltenden Funktion des Stellglieds ausgeht, nur den nächsten Schaltzustand optimieren muß und das Stellglied bis an die Dynamikgrenze ausnützt. Wenn die Ziele für die Statorstrom-Regelung bei Umrichtern überlegt werden, dann sollten die Regelungen der beiden Komponenten $I_{1\alpha}$ und $I_{1\beta}$ enthalten sein. Wünschenswert wäre es, bei Mehrpunkt-Wechselrichtern die Kondensatorspannungen zusätzlich zu stabilisieren, Voltage Balancing. Welche Anforderungen bestehen bei MPC an den Rechner? Ein Zweipunkt-Wechselrichter hat $2^3 = 8 = m$ Schaltzustände, bei einem Prädiktionshorizont $n = 3$, d. h. drei Schaltsequenzen, ergeben sich $m^n = 512$ Rechenoperationen. Die Schaltfrequenz der Wechselrichter ist im Bereich von 5 kHz bis 15 kHz. Bei 5 kHz ist der optimierte Schaltbefehl für die nächste Schaltsequenz, Sampling Interval nach $T_s = 0,2$ ms mit 512 Rechenoperationen notwendig.

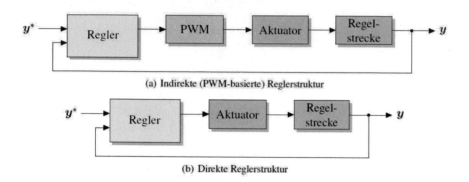

(a) Indirekte (PWM-basierte) Reglerstruktur

(b) Direkte Reglerstruktur

Abb. 12.30: *Direkte und indirekte Reglerstrukturen*

Ein Dreipunkt-Wechselrichter – Abbildung 10.37 - hat nach Tabelle 10.2 in jeder Schaltperiode $m = 27$ mögliche Schaltzustände – Abbildung 10.38. Wenn die Schaltfrequenz der IGBTs 5 kHz sei und der Prädiktionshorizont $n = 3$ ist, dann müssen nach jeweils $0,2$ ms $m^n = 19.683$ Varianten berechnet worden sein. Der Rechenaufwand steigt somit ausgehend von den möglichen Schaltzuständen m exponentiell mit dem Prädiktionshorizont n an. Eine gewisse „Erleichterung" hinsichtlich der verfügbaren Rechenzeit ist durch eine Verlängerung der Sampling-Intervalle T_s zu erreichen, allerdings ergibt sich ein unerwünschtes Ergebnis, Abbildung 12.31. Wenn das Stellglied wie der Zweipunkt-Wechselrichter – Abbildung 10.24 - $2^3 = 8$ Schaltzustände - Abbildung 10.33 - hat, die Last induktiv sei, dann wird die Stromänderung $dI/dt = \pm U_z(t)/(2L)$ sein. Die MPC kann nur im Takt der Sampling-Intervalle T_s reagieren. Die Variation des MPC-Stroms ist aufgrund der „längeren" Sampling-Dauern deutlich größer als bei der PI-Version, das Oberschwingungsspektrums des MPC-Stroms verschlechtert sich mit zunehmender Dauer T_s.

Durch eine Änderung der Schaltungsstruktur ergibt sich der „Drei-Level-Flying-Capacitor-Wechselrichter" – Abbildung 12.32 , der 64 Raumzeiger – Abbildung 12.33 – realisieren kann. Bei einem Prädiktionshorizont $n = 3$ ergeben sich bereits 262.144 Varianten. Abbildung 10.40 zeigt einen Vierpunkt-FC-Wechselrichter. Noch wesentlich anspruchsvollere Anforderung stellen M2C-Wechselrichter – Abbildung 10.42.

Wie in Kapitel 10.5 für den Dreipunkt-NP-Wechselrichter und die Mehrpunkt-FC-Wechselrichter erläutert wurde, werden die Kondensatoren ungleichmäßig geladen und entladen. Dadurch bedingt entsprechen die Spannungen der Kondensatoren nicht mehr den Nennwerten, wenn keine Gegenmaßnahmen – Voltage Balancing - wirksam sind. Das Voltage Balancing soll am Beispiel des FC-Wechselrichters erklärt werden. Wie der Abbildung 12.33 zu entnehmen ist, sind

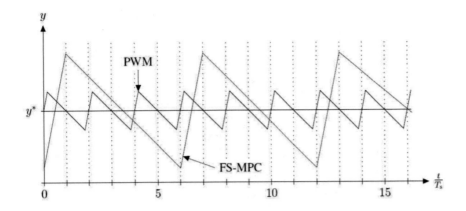

Abb. 12.31: *Zeitliche Auflösung der Schaltvorgänge von FS-MPC im Vergleich zu PWM*

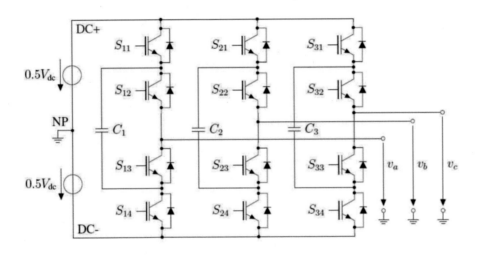

Abb. 12.32: *Dreilevel-Flying-Capacitor-Umrichter*

die „inneren" Schaltzustände redundant. Wenn die Null-Schaltzustände analysiert werden, dann ergibt sich nach Abbildung 12.34a, dass ein positiver Ausgangsstrom i_{out} den Kondensator C auflädt, ein negativer Strom i_{out} entlädt dagegen den Kondensator C. Bei dem Schaltzustand nach Abbildung 12.34b ergeben sich die umgekehrten Ladeströme. In [781, 784, 790] und in den folgenden Kapitel wird die modellbasierte prädiktive Regelung und Varianten be-

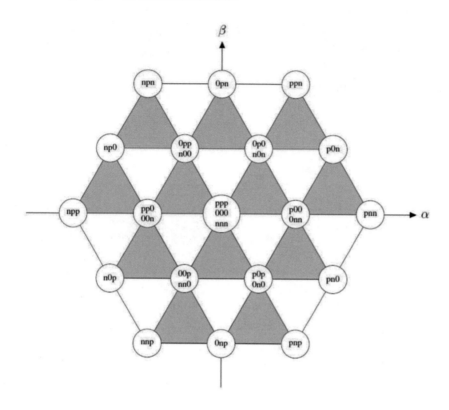

Abb. 12.33: *Spannungsvektoren eines Dreilevel-Umrichters*

schrieben. Die Erläuterungen zur Theorie werden durch Experimente ergänzt. Die Abbildungen 11.38 und 11.39 zeigen die Stromregelung bei Zweipunkt- und Dreipunkt-Wechselrichtern, wenn die Standard-MPC verwendet wird. Die „Anregelzeit" ist ca. 4 Schaltsequenzen, die „Ausregelzeit" ca. 16 Schaltsequenzen, wobei die beta-Komponente anscheinend eine ständige Regelabweichung hat. Die Abbildung 11.41 zeigt die Stromregelung bei der Variante mit variablem Schaltzeitpunkt, es ist keine Verbesserung der Dynamik festzustellen. In Abbildung 11.42 werden die beiden genannten Verfahren verglichen. Da die Schaltfrequenz bei MPC geringer ist als beim Verfahren mit variablem Schaltzeitpunkt sind die Strom-Oberschwingungen bei MPC größer.

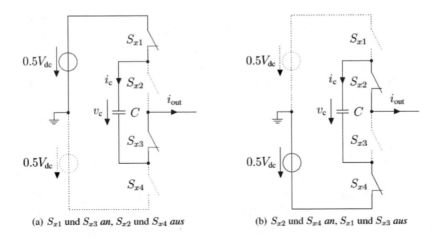

(a) S_{x1} und S_{x3} *an*, S_{x2} und S_{x4} *aus*   (b) S_{x2} und S_{x4} *an*, S_{x1} und S_{x3} *aus*

Abb. 12.34: *Null-Schaltzustände eines Dreilevel-FC-Umrichters und deren Einfluss auf die Kondensatorsapnnung*

12.9.2 MPC – Theorie und Praxis
Dr.-Ing. P. Stolze, Technische Universität München

12.9.2.1 ASM Grundgleichungen

In Kapitel 5.4 wurde das Gleichungssystem der Schleifringläufermaschine – Gleichungen (5.99) bis (5.108) – abgeleitet und den Signalflussplan – Abbildung 5.24 – ermittelt. Wenn $U_{2A} = U_{2B} = 0$ gesetzt wird, ergeben sich das Gleichungssystem und der Signalflussplan der Asynchronmaschine. Die folgenden Gleichungen verwenden eine unterschiedliche Schreibweise, wie sie inzwischen üblich ist. Aufgrund der ausführlichen Darstellungen hinsichtlich der Gleichungssysteme und der Signalflußpläne sollten die Interpretation der unterschiedlichen Bezeichnungen aber keine großen Schwierigkeiten bereiten.

Nach [788] können die grundlegenden Gleichungen einer Asynchronmaschine in einem mit der beliebigen Geschwindigkeit ω_{k} rotierenden Koordinatensystem wie folgt angegeben werden:

$$\boldsymbol{\psi}_{\mathrm{s}} = L_{\mathrm{s}}\boldsymbol{i}_{\mathrm{s}} + L_{\mathrm{m}}\boldsymbol{i}_{\mathrm{r}}, \tag{12.48}$$

$$\boldsymbol{\psi}_{\mathrm{r}} = L_{\mathrm{r}}\boldsymbol{i}_{\mathrm{r}} + L_{\mathrm{m}}\boldsymbol{i}_{\mathrm{s}}, \tag{12.49}$$

$$\boldsymbol{v}_{\mathrm{s}} = R_{\mathrm{s}}\boldsymbol{i}_{\mathrm{s}} + \frac{\mathrm{d}\boldsymbol{\psi}_{\mathrm{s}}}{\mathrm{d}t} + j\omega_{\mathrm{k}}\boldsymbol{\psi}_{\mathrm{s}} \text{ und} \tag{12.50}$$

$$\boldsymbol{v}_{\mathrm{r}} = R_{\mathrm{r}}\boldsymbol{i}_{\mathrm{r}} + \frac{\mathrm{d}\boldsymbol{\psi}_{\mathrm{r}}}{\mathrm{d}t} + j\left(\omega_{\mathrm{k}} - \omega_{\mathrm{el}}\right)\boldsymbol{\psi}_{\mathrm{s}}. \tag{12.51}$$

Statorgrößen sind in der Form $(*)_\mathrm{s}$ gekennzeichnet, Rotorgrößen durch $(*)_\mathrm{r}$. $\boldsymbol{\psi}_\mathrm{s}$ und $\boldsymbol{\psi}_\mathrm{r}$ sind die Flüsse, $\boldsymbol{i}_\mathrm{s}$ und $\boldsymbol{i}_\mathrm{r}$ die Ströme, R_s und R_r die Widerstände, L_s und L_r die Induktivitäten und L_m ist die Kopplungsinduktivität zwischen Stator und Rotor. $\boldsymbol{v}_\mathrm{s}$ ist die applizierte Statorspannung und $\boldsymbol{v}_\mathrm{r}$ die Rotorspannung ($\boldsymbol{v}_\mathrm{r} = (0\,\mathrm{V},\,0\,\mathrm{V})^T$ für eine Käfigläufer-Asynchronmaschine). j ist gegeben als $j = \sqrt{-1}$. ω_el ist die elektrische Winkelgeschwindigkeit der Maschine, welche durch

$$\omega_\mathrm{el} = p \cdot \omega_\mathrm{m}, \tag{12.52}$$

gegeben ist, wobei p die Anzahl der Polpaare und ω_m die mechanische Winkelgeschwindigkeit des Rotor ist.

Für den Fall, dass $\omega_\mathrm{k} = 0$ gesetzt wird, handelt es sich um ein statorfestes Koordinatensystem, d.h. die Koordinaten sind im $\alpha\beta$-Koordinatensystem gegeben. Für eine kompaktere Systembeschreibung wird das $\alpha\beta$-Koordinatensystem durch komplexe Zahlen beschrieben, wobei der Realteil der α-Achse und der Imaginärteil der β-Achse entspricht.

Die Gleichungen (11.48) – (11.51) können folgendermaßen umgeschrieben werden:

$$\boldsymbol{i}_\mathrm{s} + \tau_\sigma \frac{\mathrm{d}\boldsymbol{i}_\mathrm{s}}{\mathrm{d}t} = \frac{1}{r_\sigma}\boldsymbol{v}_\mathrm{s} - j\omega_\mathrm{k}\tau_\sigma\boldsymbol{i}_\mathrm{s} + \frac{k_\mathrm{r}}{r_\sigma}\left(\frac{1}{\tau_\mathrm{r}} - j\omega_\mathrm{el}\right)\boldsymbol{\psi}_\mathrm{r}, \tag{12.53}$$

$$\boldsymbol{\psi}_\mathrm{r} + \tau_\mathrm{r}\frac{\mathrm{d}\boldsymbol{\psi}_\mathrm{r}}{\mathrm{d}t} = L_\mathrm{m}\boldsymbol{i}_\mathrm{s} - j\left(\omega_\mathrm{k} - \omega_\mathrm{el}\right)\tau_\mathrm{r}\boldsymbol{\psi}_\mathrm{r}, \tag{12.54}$$

wobei die einzelnen Koeffizienten wie folgt definiert sind: $\tau_\sigma = \frac{\sigma L_\mathrm{s}}{r_\sigma}$ und $r_\sigma = R_\mathrm{s} + k_\mathrm{r}^2 R_\mathrm{r}$ mit $k_\mathrm{r} = \frac{L_\mathrm{m}}{L_\mathrm{r}}$, $\tau_\mathrm{r} = \frac{L_\mathrm{r}}{R_\mathrm{r}}$ und $\sigma = 1 - \frac{L_\mathrm{m}^2}{L_\mathrm{s}L_\mathrm{r}}$.

Das mechanische Drehmoment der Asynchronmaschine lässt sich berechnen zu

$$T_\mathrm{m} = \frac{3}{2}p\left(\boldsymbol{\psi}_\mathrm{s} \times \boldsymbol{i}_\mathrm{s}\right) = \frac{3}{2}p\left(\boldsymbol{\psi}_\mathrm{r} \times \boldsymbol{i}_\mathrm{r}\right). \tag{12.55}$$

Die mechanische Differentialgleichung kann wie folgt angegeben werden:

$$\frac{\mathrm{d}\omega_\mathrm{m}}{\mathrm{d}t} = \frac{1}{J}\left(T_\mathrm{m} - T_\mathrm{l}\right) \tag{12.56}$$

wobei T_l das mechanische Lastdrehmoment ist und J die Massenträgheit der Maschine.

Prädiktive Stromregelung (Predictive Current Control, PCC) ist ein auf FS-MPC basierendes Regelverfahren für elektrische Drehfeldmaschinen, welches sich dem Grundprinzip der Feldorientierten Regelung (Field Oriented Control, FOC) bedient. Im Unterschied zu FOC werden bei FS-MPC beide Statorströme (α- und β-Komponenten) mit Hilfe von FS-MPC geregelt: In jedem Samplingschritt wird der optimale Schaltzustand für das nächste Sample dergestalt bestimmt, dass ein optimaler Schaltzustand des Umrichters so berechnet wird, dass eine entsprechende Kostenfunktion (welche neben der Regelabweichung für beide Statorströme auch noch andere Terme beinhalten kann) minimiert wird. Das grundsätzliche

Tabelle 12.1: *Parameter der Arbeitsmaschine des Prüfstands für Dreilevel-Umrichter*

Parameter	Wert
Nennleistung P_{nom}	2.2 kW
Nennfrequenz f_{syn}	50 Hz
Nennstrom $\lvert i_{\text{s, nom}} \rvert$	8.5 A
Leistungsfaktor $\cos(\varphi)$	0.86
Nenngeschwindigkeit ω_{nom}	2830 rpm
Polpaarzahl p	1
Statorwiderstand R_{s}	2.1294 Ω
Rotorwiderstand R_{r}	2.2773 Ω
Statorinduktivität L_{s}	350.47 mH
Rotorinduktivität L_{r}	350.47 mH
Kopplungsinduktivität L_{m}	340.42 mH
Massenträgheit J	0.002 kg m^2

Blockschaltbild für PCC am Beispiel einer Asynchronmaschine (Induction Motor, IM) ist in Abbildung 12.35 zu sehen. Wie bereits erwähnt, basiert PCC auf dem Grundprinzip der Feldorientierten Regelung, d.h. es erfolgt eine Koordinatentransformation vom statorfesten $\alpha\beta$ Koordinatensystem in ein rotorflussorientiertes dq-Koordinatensystem [802, 803], um eine unabhängige Regelung sowohl des felderzeugenden Stroms i_{d}, als auch des drehomentproduzierenden Stroms i_{q} zu ermöglichen.

Für $\omega_{\text{k}} = 0$ kann Gleichung (12.53) wie folgt umgeschrieben werden:

$$\frac{\mathrm{d}}{\mathrm{d}t} \boldsymbol{i}_{\text{s}} = -\frac{1}{\tau_\sigma} \boldsymbol{i}_{\text{s}} + \frac{1}{r_\sigma \tau_\sigma} \left(\boldsymbol{v}_{\text{s}} + \frac{k_{\text{r}}}{\tau_{\text{r}}} \boldsymbol{\psi}_{\text{r}} - j\omega_{\text{el}} \boldsymbol{\psi}_{\text{r}} \right) \tag{12.57}$$

Dies lässt sich vereinfacht in der Form

$$\frac{\mathrm{d}}{\mathrm{d}t} \boldsymbol{i}_{\text{s}} = -\frac{1}{\tau_\sigma} \boldsymbol{i}_{\text{s}} + \frac{1}{r_\sigma \tau_\sigma} \left(\boldsymbol{v}_{\text{s}} - \boldsymbol{v}_{\text{emf}} \right) \tag{12.58}$$

darstellen, wobei die induzierte Gegenspannung (elektromagnetische Kraft EMK, auf Englisch back-EMF) gegeben ist durch

$$\boldsymbol{v}_{\text{emf}} = -\frac{k_{\text{r}}}{\tau_{\text{r}}} \boldsymbol{\psi}_{\text{r}} + j k_{\text{r}} \omega_{\text{el}} \boldsymbol{\psi}_{\text{r}}. \tag{12.59}$$

Für die Schätzung des Rotorflusses wird Gleichung (12.54) mit $\omega_{\text{k}} = 0$ verwendet:

$$\tau_{\text{r}} \frac{\mathrm{d}\boldsymbol{\psi}_{\text{r}}}{\mathrm{d}t} + \boldsymbol{\psi}_{\text{r}} = L_{\text{m}} \boldsymbol{i}_{\text{s}} + j\omega_{\text{el}} \tau_{\text{r}} \boldsymbol{\psi}_{\text{r}} \tag{12.60}$$

Die mit der Samplingzeit T_{s} diskretisierten Gleichungen können sehr leicht durch Anwendung der Euler-Diskretisierung bestimmt werden. Der Strom für den nächsten Samplingschritt kann somit folgendermaßen prädiziert werden:

$$\boldsymbol{i}_{\mathrm{s}}(k+1) = \left(1 - \frac{T_{\mathrm{s}}}{\tau_{\sigma}}\right) \cdot \boldsymbol{i}_{\mathrm{s}}(k) + \frac{T_{\mathrm{s}}}{r_{\sigma}\tau_{\sigma}} \left(\boldsymbol{v}_{\mathrm{s}}(k) - \boldsymbol{v}_{\mathrm{emf}}(k)\right) \qquad (12.61)$$

Die Gleichung für die Schätzung der induzierten Gegenspannung ergibt sich zu

$$\boldsymbol{v}_{\mathrm{emf}}(k) = -\frac{k_{\mathrm{r}}}{\tau_{\mathrm{r}}}\boldsymbol{\psi}_{\mathrm{r}}(k) + jk_{\mathrm{r}}\omega_{\mathrm{el}}\boldsymbol{\psi}_{\mathrm{r}}(k). \qquad (12.62)$$

Für die Schätzung des Rotorflusses wird folgende Gleichung verwendet:

$$\boldsymbol{\psi}_{\mathrm{r}}(k+1) = \left(1 - \frac{T_{\mathrm{s}}}{\tau_{\mathrm{r}}} + j\omega_{\mathrm{el}}T_{\mathrm{s}}\right)\boldsymbol{\psi}_{\mathrm{r}}(k) + \frac{L_{\mathrm{m}}T_{\mathrm{s}}}{\tau_{\mathrm{r}}} \cdot \boldsymbol{i}_{\mathrm{s}}(k) \qquad (12.63)$$

Für die überlagerte Geschwindigkeitsregelung wird, genauso wie bei Feldorientierter Regelung, ein einfacher PI- bzw. PID-Regler verwendet.

Wie aus Gleichung (12.58) ersichtlich ist, kann der Stromregelkreis als ein lineares System erster Ordnung mit externer Störung betrachtet werden. Die induzierte Gegenspannung v_{emf} ändert sich aufgrund der hohen Samplingfrequenz langsam und kann somit für den kompletten Prädiktionshorizont als konstant betrachtet werden. Das Blockschaltbild des PCC-Algorithmus' ist in Abbildung 12.35 zu sehen.

Wie aus dem Blockdiagramm ersichtlich ist, wird der Sollwert für das Drehmoment mit Hilfe des überlagerten Geschwindigkeits-PID-Reglers berechnet. Der Sollwert für den Rotorfluss wird auf einen konstanten Wert gesetzt, welcher jedoch abgesenkt werden kann, falls Feldschwächung nötig ist. Aus den Sollwerten für das Drehmoment und den Rotorfluss können die entsprechenden Ströme i_{sd} und i_{sq} wie folgt berechnet werden:

$$i_{sd}^{*} = \frac{|\boldsymbol{\psi}_{\mathrm{r}}|^{*}}{L_{\mathrm{m}}} \text{ ind} \qquad (12.64)$$

$$i_{sq}^{*} = \frac{T^{*}}{\frac{3}{2} \cdot \frac{L_{\mathrm{m}}}{L_{\mathrm{r}}}|\boldsymbol{\psi}_{\mathrm{r}}|^{*}}. \qquad (12.65)$$

Bei FOC arbeiten die Stromregler im rotorflussorientierten dq-Koordinatensystem; anschließend erfolgt die entsprechende Rücktransformation in das $\alpha\beta$-Koordinatensystem. Bei PCC erfolgt diese Rücktransformation bereits vorab, d.h. die Strom-Sollwerte i_{sd}^{*} und i_{sq}^{*} werden in das $\alpha\beta$-Koordinatensystem rücktransformiert ($i_{s\alpha}^{*}$ und $i_{s\beta}^{*}$) und der Regler arbeitet im statorfesten $\alpha\beta$-Koordinatensystem. Dies erfolgt aus Gründen der Rechenzeitersparnis, da es günstiger ist, zuerst die Sollwerte zu transformieren (eine Operation) und dann die Regelung in einem stationären Koordinatensystem durchzuführen. Würde die Regelung im rotierenden dq-Koordinatensystem durchgeführt werden, müsste jeder zu testende Spannungsvektor, den der Umrichter stellen kann, zuerst in das dq-Koordinatensystem transformiert werden (sieben Operationen für einen Zweilevel-Umrichter). Für die Regelung wird entweder eine lineare Kostenfunktion

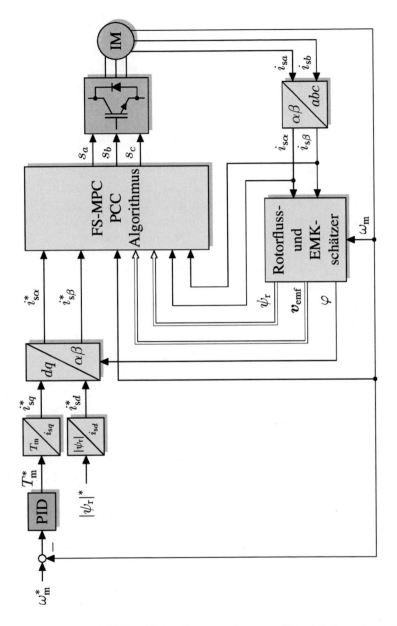

Abb. 12.35: *Blockschaltbild Prädiktive Stromregelung am Beispiel einer Asynchronmaschine*

$$j_{\text{pcc, lin}} = |i_{s\alpha}^* - i_{s\alpha}(k+1)| + |i_{s\beta}^* - i_{s\beta}(k+1)| \qquad (12.66)$$

oder eine quadratische Kostenfunktion

$$j_{\text{pcc, quad}} = (i_{s\alpha}^* - i_{s\alpha}(k+1))^2 + (i_{s\beta}^* - i_{s\beta}(k+1))^2 \qquad (12.67)$$

minimiert. Selbstverständlich können zu diesen Kostenfunktionen noch weitere Terme wie beispielsweise zur Reduktion der Schaltfrequenz hinzugefügt werden. Weiterhin ist anzumerken, dass bei PCC eine Limitierung der Statorströme nicht notwendigerweise in die Kostenfunktion eingebaut werden muss: Da die Ströme direkt geregelt werden, ist es ausreichend, die Strom-Sollwerte zu limitieren. Der Ablauf zur Ermittlung des optimalen Schaltzustands bzw. der optimalen Abfolge von Schaltzuständen erfolgt wie bereits in Abschnitt 12.9.1 beschrieben, d.h. die Kostenfunktion wird für jede mögliche Abfolge von Schaltzuständen berechnet und anschließend wird diejenige Abfolge ausgewählt, für welcher der minimale Wert für die Kostenfunktion berechnet wurde. Dieser Schaltzustand wird anschließend im nächsten Sampling-Intervall vom Umrichter gestellt.

Bei Verwendung eines Multilevel-Umrichters muss bei PCC noch zusätzlich das Voltage Balancing in die Kostenfunktion mit integriert werden. Dies wird im Folgenden am Beispiel eines Dreilevel-FC-Umrichters erläutert. Das Grundprinzip wurde bereits in Abschnitt 11.4.2.3 „Raumzeiger-Modulation" erläutert. Wie ebenfalls bereits erwähnt, können in jeder Phase eines Dreilevel-FC-Umrichters vier verschiedene Schaltzustände gestellt werden, was zu insgesamt 64 möglichen Schaltzuständen führt. Da ein Nullspannungszustand in einer Phase durch *zwei* unterschiedliche Schaltzustände erzeugt werden kann und da jede Phase einen separaten Kondensator besitzt, kann das Voltage Balancing für jede Phase des FC-Umrichters separat (also unabhängig von den anderen Phasen) durchgeführt werden. Wie ebenfalls bereits in Abschnitt 12.9.1 und Kapitel 11.5 erwähnt, erhöht ein Nullspannungszustand die Kondensatorspannung, während der andere diese verringert – abhängig vom Vorzeichen des Stroms in der jeweiligen Phase. Positive und negative Schaltzustände in einer Phase verändern die Kondensatorspannung nicht. Somit ist es möglich, das Voltage Balancing von der Bestimmung des optimalen Spannungsvektors zu entkoppeln, da – für den Fall, dass in der jeweiligen Phase ein Nullspannungszustand gestellt werden sollte – derjenige ausgewählt werden kann, welcher dafür sorgt, dass die Kondensatorspannung weniger von ihrem Sollwert abweicht. Somit kann bei einem FC-Umrichter in einem ersten Schritt lediglich der optimale Spannungsvektor und anschließend erst der optimale Schaltzustand in Bezug auf das Voltage Balancing ermittelt werden.

In Abbildung 12.36 ist dieses Entkopplungsprinzip für PCC verallgemeinert dargestellt: In einem ersten Schritt wird nur der optimale Spannungsvektor ermittelt, wobei $\boldsymbol{y}$ die Führungsgrößen sind und $\boldsymbol{y}^*$ deren Sollwerte. Ist der optimale Spannungsvektor $\boldsymbol{v} = (v_\alpha\, v_\beta)^T$ gefunden, so kann der optimale Schaltzustand ermittelt werden. Hierfür müssen die Phasenströme $\boldsymbol{i} = (i_a\, i_b\, i_c)^T$, die Kondensatorspannungen $\boldsymbol{v}_\mathrm{c} = (v_{c1}\, v_{c2}\, v_{c3})^T$ und der Schaltzustand $\boldsymbol{s}_\mathrm{old}$ des vorherigen Samplingschrittes bekannt sein.

12.9.3 Heuristik zur Reduktion des Rechenaufwands

Wie bereits in Abschnitt 12.9.1 erläutert wurde, steigt der Rechenaufwand bei FS-MPC exponentiell mit dem Prädiktionshorizont. Für einfache Systeme ist in

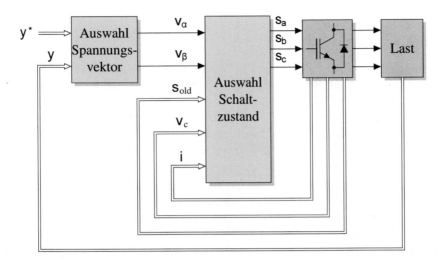

Abb. 12.36: *Entkopplung von Spannungsvektor und Schaltzustand bei FC-Umrichtern*

der Regel ein Prädiktionshorizont von nur einem Sample ausreichend; bei komplexeren Systemen kann es allerdings durchaus nötig und sinnvoll sein, einen höheren Prädiktionshorizont zu verwenden – dann kann es allerdings der Fall sein, dass der Regelalgorithmus auf der verfügbaren Controller-Plattform nicht mehr echtzeitfähig ist. Aus diesem Grund ist es zwingend erforderlich, Methoden zu entwickeln, um den Rechenaufwand zu reduzieren. Zudem sollten diese Methoden auch für Multilevel-Umrichter anwendbar sein. Allen bisher bekannten Algorithmen zur Integer-Optimierung ist gemein, dass diese lediglich den *durchschnittlichen* Rechenaufwand reduzieren können; im Worst Case (welcher für eine Echtzeit-Implementierung maßgeblich ist) kann der Rechenaufwand nicht gesenkt werden. Um dennoch eine Reduktion des Rechenaufwands erreichen zu können, wird eine Heuristik [808] vorgeschlagen.

12.9.3.1   Grundprinzip

Es ist hinlänglich bekannt, dass das diskrete Optimum einer Kostenfunktion nicht notwendigerweise der dem kontinuierlichen Optimum am nächsten liegende Punkt ist – dies ist auch der Hauptgrund, warum es keinen Sinn macht, das wertkontinuierliche Optimierungsproblem zu lösen und dann den nächstliegenden diskreten Punkt zu wählen. Trotzdem können bei einfachen und nicht allzu komplexen Systemen folgende Grundannahmen getroffen werden:

1. In den meisten Fällen liegt das diskrete Optimum nahe am kontinuierlichen Optimum, auch wenn das diskrete Optimum nicht notwendigerweise der Punkt ist, welcher dem kontinuierlichen Optimum am nächsten liegt.

2. Je mehr diskrete Punkte verfügbar sind und je näher diese aneinanden liegen, umso eher trifft die obige Annahme zu, d.h. es ist davon auszuge-

hen, dass die vorgestellte Heuristik bei Multilevel-Umrichtern sogar besser funktioniert als bei Zweilevel-Umrichtern.

Zu diesen Grundannahmen muss jedoch angemerkt werden, dass diese lediglich eine allgemeine *Heuristik* darstellen und mathematisch nicht ohne Weiteres überprüfbar sind. Betrachtet man nun die Spannungsvektoren eines Zweilevel-Umrichters (Abbildung 12.37), so ist ersichtlich, dass die realisierbaren Spannungsvektoren (d.h. Spannungsvektoren, welche mit Hilfe von PWM „synthetisiert" werden können) innerhalb des dargestellten Hexagons liegen. Spannungsvektoren außerhalb dieses Hexagons können vom Umrichter nicht erzeugt werden, da hierfür eine höhere Zwischenkreisspannung nötig wäre. Ähnlich wie bei Space Vector Modulation (SVM) – Raumzeiger-Modulation, Kapitel 11.4.2.3 – [783] kann das Hexagon, welches durch die sieben Spannungsvektoren aufgespannt wird, in sieben Sektoren I...VI unterteilt werden. In jedem dieser Sektoren sind die drei diskreten Punkte, welche einem wertkontinuierlichen Punkt innerhalb dieses Sektors am nächsten liegen, die drei Ecken dieses Sektors: So sind beispielsweise in Sektor III die drei Spannungsvektoren, welche einem wertkontinuierlichen Punkt innerhalb dieses Sektors am nächten liegen gebeben durch den Nullspannungsvektor (ppp oder nnn), npn und npp.

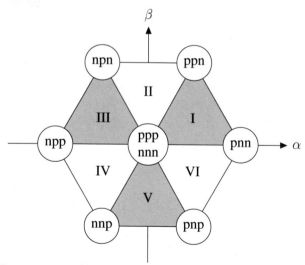

Abb. 12.37: *Spannungsvektoren eines Zweilevel-Umrichters und Unterteilung in Sektoren*

Nimmt man nun an, dass das diskrete Optimum zumindest der drittnächste Punkt des wertkontinuierlichen Optimums ist, kann folgendes heuristisches Verfahren wie folgt angegeben werden:

1. Bestimme das wertkontinuierliche Optimum.

2. Bestimme den Sektor, in welchem sich das wertkontinuierliche Optimum befindet.

3. Nur die drei Eckpunkte des Sektors, welche durch diskrete Schaltzustände repräsentiert sind, sind Kandidaten für das diskrete Optimum.

4. Bestimme das diskrete Optimum aus den drei Schaltzuständen an den Ecken des Sektors mittels FS-MPC.

Das vorgeschlagene Prinzip kann auch problemlos bei Prädiktionshorizonten von mehr als einem Sampling-Schritt angewendet werden: In diesem Fall muss für jeden Prädiktionsschritt das wertkontinuierliche Optimum bestimmt werden und bei der nachfolgenden Bestimmung des diskreten Optimums werden für die einzelnen Prädiktionsschritte nur die drei dem jeweiligen wertkontinuierlichen Optimum nächstliegenden Spannungsvektoren verwendet.

12.9.3.2 Validierung der heuristischen Vorselektion

Um das im vorherigen Abschnitt beschriebene heuristische Verfahren zur Vorauswahl geeigneter Kandidaten an Spannungsvektoren zu validieren, wurden sowohl für eine lineare (Gleichung (12.66)), als auch für eine quadratische (Gleichung (12.67)) Kostenfunktion des Stromregelkreises die Kostenfunktionen in Abbildung 12.38 graphisch dargestellt. Zur Prädiktion der Ströme wurde Gleichung (12.61) verwendet und eine Samplingzeit von $T_s = 100\,\mu s$ angenommen. Weiterhin wurden die Werte $r_\sigma = 4.2779\,\Omega$ and $\tau_\sigma = 4.635\,ms$ (Maschinendaten des Dreilevel-Umrichter-Prüfstands) verwendet.

Auch wenn diese graphischen Darstellungen nur für einen einzelnen Prädiktionsschritt und sowohl für die induzierte Gegenspannung $\boldsymbol{v}_{\mathrm{emf}}(k)$, als auch die gemessenen Statorströme $\boldsymbol{i}_s(k)$ und die Statorstrom-Sollwerte $\boldsymbol{i}_s^*(k)$ gleich Null gezeigt sind, ist hierzu anzumerken, dass diese Werte die grundsätzliche Form der Kostenfunktion *nicht* beeinflussen.

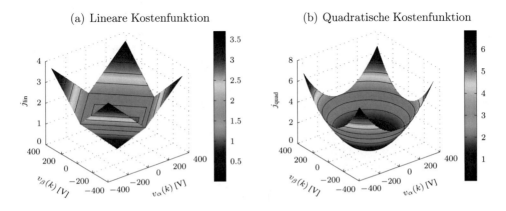

(a) Lineare Kostenfunktion   (b) Quadratische Kostenfunktion

Abb. 12.38: *Dreidimensionale Visualisierung der Kostenfunktionen für einen einzelnen Prädiktionsschritt* $(\boldsymbol{v}_{emf}(k) = (0\,V,\,0\,V)^T,\ \boldsymbol{i}_s(k) = (0\,A,\,0\,A)^T,$ $\boldsymbol{i}_s^*(k) = (0\,A,\,0\,A)^T)$

In Abbildung 12.39 sind zweidimensionale Visualisierungen der Kostenfunktionen mit den gleichen Randbedingungen wie in Abbildung 12.38 zu sehen. In diesen Grafiken wurden zusätzlich noch alle vom Umrichter stellbaren Spannungsvektoren durch das überlagerte schwarze Hexagon dargestellt. Alle Spannungsvektoren, welche innerhalb dieses schwarzen Hexagons liegen (welches durch die diskreten Umrichter-Schaltzustände aufgespannt wird), können vom Umrichter mit Hilfe von PWM gestellt werden (wertkontinuierliches Optimierungsproblem vorausgesetzt). Das wertkontinuierliche Optimum ist durch einen roten Kreis dargestellt, das diskrete Optimum durch ein rotes "x". Wenn die Maschine nicht bestromt ist, wenn keine Gegenspannung induziert wird und wenn die Strom-Sollwerte bei Null liegen, so ist der optimale Spannungsvektor, welcher die Kostenfunktion minimiert, der Nullspannungsvektor.

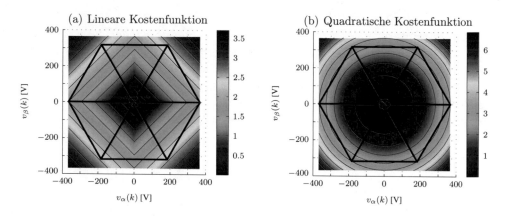

Abb. 12.39: *Kostenfunktionen und diskrete Umrichter-Schaltzustände für einen Prädiktionsschritt* $(\boldsymbol{v}_{emf}(k) = (0\,V,\,0\,V)^T,\ \boldsymbol{i}_s(k) = (0\,A,\,0\,A)^T,\ \boldsymbol{i}_s^*(k) = (0\,A,\,0\,A)^T)$

Abschließend wird die Kostenfunktion für einen anderen Arbeitspunkt visualisiert, wie in Abbildung 12.40 dargestellt: In diesem Fall sind die induzierte Gegenspannung, die gemessenen Statorströme und deren Sollwerte ungleich Null. Aus Abbildung 12.40(a) ist zudem ersichtlich, dass das diskrete Optimum nicht notwendigerweise der Punkt ist, welcher dem wertkontinuierlichen Optimum am nächsten liegt.

Die Visualisierung mehrerer Prädiktionsschritte ist nicht möglich, da dies mehr als nur drei Dimensionen erforderlich machen würde. Dennoch untermauern diese Beispiele sehr eindrucksvoll die der heuristischen Vorselektion zu Grunde liegende Annahme. Wie bereits erwähnt, kann dasselbe Prinzip auch für höhere Prädiktionshorizonte angewendet werden. Dennoch ist anzumerken, dass in jedem Prädiktionsschritt ein gewisser Fehler gemacht wird (es wird anstatt dem wertkontinuierlichen das wertdiskrete Optimum verwendet) – somit sinkt die Genauigkeit der Heuristik mit steigendem Prädiktionshorizont. Bei weiteren Untersuchungen des Verfahrens für Zwei- und Dreilevel-Umrichter [808, 807] wurde

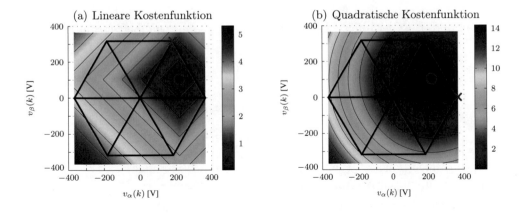

Abb. 12.40: *Kostenfunktionen und diskrete Umrichter-Schaltzustände für einen Prädiktionsschritt ($v_{emf}(k)$ = $(55\,V,\ 275\,V)^T$, $i_s(k)$ = $(1.2\,A,\ 1.7\,A)^T$, $i_s^*(k) = (2.0\,A,\ 0.8\,A)^T$)*

die Genauigkeit des Verfahrens evaluiert. Selbst bei drei und sogar vier Prädiktionsschritten wurde in mehr als 96% der Fälle der korrekte Spannungsvektor gefunden. Bei allen durchgeführten Simulationen konnte, im Vergleich zu einer kompletten Enumeration aller möglichen Schaltzustände, keine Verschlechterung des Regelverhaltens aufgrund der Heuristik gefunden werden.

12.9.3.3   Bestimmung des wertkontinuierlichen Optimums

Bevor die der heuristischen Vorauswahl nachfolgende FS-MPC durchgeführt werden kann, muss zuerst das wertkontinuierliche Optimum gefunden werden. Natürlich ist die Anwendung der vorgestellten Heuristik nur dann sinnvoll, wenn insgesamt eine Rechenzeitersparnis vorliegt, d.h. wenn der Rechenaufwand für die Bestimmung des kontinuierlichen Optimums, für die Vorauswahl der Kandidaten an Spannungsvektoren und für die nachfolgende FS-MPC insgesamt geringer ist als eine komplette Enumeration aller möglicher Kombinationen von Schaltzuständen mittels FS-MPC.

Betrachtet man die Prädiktionsgleichung (12.61) des PCC-Algorithmus genauer, so ist daraus ersichtlich, dass der Stromregelkreis ein lineares System erster Ordnung mit externer Störung v_{emf} ist. Wie bereits erwähnt, kann angenommen werden, dass sich die induzierte Gegenspannung bei den in der elektrischen Antriebstechnik üblichen Samplingfrequenzen nur langsam ändert, weshalb diese für den gesamten Prädiktionshorizont als konstant angenommen werden kann.

Wenn nun eine Kostenfunktion wie in Gleichung (12.66) oder (12.67) minimiert werden muss (v_{emf} ist bekannt), so kann das wertkontinuierliche Optimierungsproblem entweder mittels Linearer Programmierung (LP) oder Quadratischer Programmierung (QP) gelöst werden.

Ein n-dimensionales LP in *Ungleichheitsform* mit m Ungleichheitsbeschränkungen und m_{eq} Gleichheitsbeschränkungen kann somit wie folgt formuliert werden [798]:

$$\min_x \quad \boldsymbol{c}^T \boldsymbol{x} \tag{12.68}$$

$$\text{subject to} \quad \boldsymbol{A}\boldsymbol{x} \quad \leq \boldsymbol{b}, \tag{12.69}$$

$$\boldsymbol{A}_{eq}\boldsymbol{x} \quad = \boldsymbol{b}_{eq}. \tag{12.70}$$

ein n-dimensionales QP mit m Ungleichheitsbeschränkungen and m_{eq} Gleichheitsbeschränkungen kann nach [798] wie folgt angegeben werden:

$$\min_x \quad \tfrac{1}{2}\boldsymbol{x}^T \boldsymbol{H}\boldsymbol{x} + \boldsymbol{c}^T \boldsymbol{x} \tag{12.71}$$

$$\text{subject to} \quad \boldsymbol{A}\boldsymbol{x} \quad \leq \boldsymbol{b}, \tag{12.72}$$

$$\boldsymbol{A}_{eq}\boldsymbol{x} \quad = \boldsymbol{b}_{eq} \tag{12.73}$$

wobei $\boldsymbol{c} \in \mathbb{R}^n$, $\boldsymbol{A} \in \mathbb{R}^{m \times n}$, $\boldsymbol{H} \in \mathbb{R}^{n \times n}$, $\boldsymbol{b} \in \mathbb{R}^m$, $\boldsymbol{A}_{eq} \in \mathbb{R}^{m_{eq} \times n}$ and $\boldsymbol{b}_{eq} \in \mathbb{R}^{m_{eq}}$.

Derartige LPs und QPs können entweder mit Simplex- und Interior-Point-Methoden gelöst werden [779, 786].

LPs und QPs können auch für wertdiskrete Eingangsgrößen gelöst werden; derartige Optimierungsprobleme werden als *Mixed Integer* LPs und QPs (MILPs und MIQPs) bezeichnet. Im Vergleich zu wertkontinuierlichen Optimierungsproblemen ist für diese weitaus mehr Rechenaufwand nötig. Nahezu alle bekannten Methoden zur Reduktion des Rechenaufwands für solche diskreten Optimierungsprobleme (z. B. Branch and Bound oder Banch and Cut) sind nur in der Lage, den *durchschnittlichen* Rechenaufwand zu reduzieren. Im Vergleich zu den klassischen Anwendungsgebieten von MILPs und MIQPs sind die Optimierungsprobleme bei FS-MPC deutlich weniger komplex, aber diese müssen in Echtzeit durchgeführt werden. Aus diesem Grund ist es *zwingend* nötig, den Worst-Case-Rechenaufwand zu reduzieren, was nicht ohne Weiteres möglich ist. Selbst bei konventionellen Optimierungsproblemen werden Heuristiken eingesetzt, um die Anzahl der nötigen Rechenoperationen zu reduzieren. Das Hauptziel dieser heuristischen Verfahren ist es, zumindest in den meisten Fällen das diskrete Optimum zu finden und wenn nicht, dann einen diskreten Punkt, welcher zumindest als „gut" bezeichnet werden kann.

Weiterhin ist es auch so, dass bereits die Lösung von wertkontinuierlichen LPs und QPs sehr viel Rechenzeit verschlingt. Werden solche Optimierungsprobleme online ausgeführt, kann es durchaus sein, dass eine erfolgreiche Implementierung in Echtzeit entweder gar nicht oder nur mit einer stark reduzierten Samplingrate möglich ist. Glücklicherweise können derartige Optimierungsprobleme auch Offline mittels *Multiparametrischer Programmierung* [805, 777] gelöst werden: Sollte ein lineares System geregelt werden, welches in seiner Zustandsraumdarstellung gegeben ist und wird weiterhin eine Kostenfunktion wie in Gleichung (12.66) oder (12.67) aufgestellt, kann eine *explizite* Lösung dieses Optimierungsproblems *offline* mit dem Zustandsvektor $\boldsymbol{x}$ als Parameter erfolgen. Da ein solcher Regler jedoch nur die Führungsgrößen, d.h. die Zustände $\boldsymbol{x}$ zu Null regeln kann, müssen sowohl die Sollwerte $\boldsymbol{x}^*$ für die Führungsgrößen, als auch die induzierten Gegenspannungen $\boldsymbol{v}_{\mathrm{emf}}$ als „zusätzliche Zustände" oder Parameter mit berücksichtigt werden. Wird nun ein derartiges multiparametrisches LP oder QP (mpLP oder mpQP) offline gelöst, so wird der Parameterraum in mehrere konvexe Polytope unterteilt; in jedem Polytop ist ein anderes lineares Regelgesetz gültig, d.h. in jedem Polytop i können die optimalen Werte für die Stellgrößen $\boldsymbol{u}_{\mathrm{opt}}$ aus dem Zustandsvektor $\boldsymbol{x}$ folgendermaßen berechnet werden (in diesem Fall beinhaltet der Zustandsvektor auch die Sollwerte der Führungsgrößen und die induzierten Gegenspannungen):

$$\boldsymbol{u}_{\mathrm{opt}} = \boldsymbol{H}_i \cdot \boldsymbol{x} + \boldsymbol{k}_i \qquad (12.74)$$

wobei $\boldsymbol{H}_i$ und $\boldsymbol{k}_i$ für jedes Polytop i offline berechnet werden.

Somit muss online (d.h. in Echtzeit) nur noch das korrekte Polytop im Zustandsraum gefunden werden.

Die Implementierung der Algorithmen, mit welchen solche mpLPs und mpQPs gelöst werden können, ist ziemlich komplex. Allerdings wurde an der ETH Zürich die sogenannte „Multiparametric Toolbox" (MPT) für Matlab® entwickelt [792, 791, 790], mit deren Hilfe der Anwender nur noch die Matrizen der Zustandsraumdarstellung, die Kostenfunktion, den Prädiktionshorizont und einige weitere Parameter (falls nötig) aufstellen muss – die explizite Lösung im Zustandsraum wird automatisch berechnet. Zudem kann diese Offline-Lösung auch in *C*-Code exportiert werden, was eine schnelle Implementierung auf Prüfständen ermöglicht.

Die MPT Toolbox ermöglicht darüber hinaus auch die Lösung multiparametrischer MILPs und MIQPs. Bei praktischen Anwendungen, insbesondere bei Prädiktionshorizonten von zwei oder mehr Sampling-Schritten und bei Multilevel-Umrichtern hat sich gezeigt, dass der nötige Offline-Rechenaufwand auf einem Standard-PC sehr schnell mehrere Stunden und selbst Tage überschreitet. Zudem ergeben sich bei solchen Optimierungsproblemen schnell ca. 5,000 bis 10,000 oder sogar noch mehr Polytope. Der Offline-Rechenaufwand und die Anzahl der Polytope steigen ebenfalls exponentiell mit dem Prädiktionshorizont. Die Offline-Lösung von multiparametrischen MILPs bzw. MIQPs ist somit für höhere Prädiktionshorizonte und Multilevel-Umrichter nicht mehr praktikabel. Bei einem wertkontinuierlichen Optimierungsproblem steigt der Offline-Rechenaufwand natürlich ebenfalls mit dem Prädiktionshorizont, allerdings lange nicht so stark wie bei Integer-Optimierung.

12.9.3.4 Systembeschreibung für das wertkontinuierliche Optimierungsproblem

Um eine wertkontinuierliche Lösung des Optimierungsproblems zu erhalten, muss Gleichung (12.61) in die Zustandsdarstellung gebracht werden. Die induzierten Gegenspannungen $\boldsymbol{v}_{\mathrm{emf}}$ werden als „Dummy-Zustände" bezeichnet, d.h. diese ändern sich nur langsam im Vergleich zur Samplingzeit. Weiterhin muss das diskrete Optimum für die drei wertkontinuierlichen „Schaltzustände" s (in abc-Koordinaten) bestimmt werden, da diese auf den Bereich $[-1\ldots 1]$ limitiert sind – auf diese Art ist es sehr leicht möglich, die Spannungsbeschränkungen zu setzen, was im $\alpha\beta$-Koordinatensystem nur schwierig möglich wäre. Somit ergibt sich folgende Prädiktionsgleichung für das nächste Sample:

$$\begin{pmatrix} \boldsymbol{i}_\mathrm{s}(k+1) \\ \boldsymbol{v}_\mathrm{emf}(k+1) \end{pmatrix} = \begin{pmatrix} \boldsymbol{A}_1 & \boldsymbol{A}_2 \\ \boldsymbol{0} & \boldsymbol{1} \end{pmatrix} \cdot \begin{pmatrix} \boldsymbol{i}_\mathrm{s}(k) \\ \boldsymbol{v}_\mathrm{emf}(k) \end{pmatrix} + \boldsymbol{B}_1 \cdot \boldsymbol{s}(k) \qquad (12.75)$$

mit $\boldsymbol{A}_1 = \begin{pmatrix} 1 - \frac{T_\mathrm{s}}{\tau_\sigma} & 0 \\ 0 & 1 - \frac{T_\mathrm{s}}{\tau_\sigma} \end{pmatrix}$ und $\boldsymbol{A}_2 = \begin{pmatrix} -\frac{T_\mathrm{s}}{r_\sigma \tau_\sigma} & 0 \\ 0 & -\frac{T_\mathrm{s}}{r_\sigma \tau_\sigma} \end{pmatrix}$. Um die Matrix $\boldsymbol{B}_1$ der Eingangsgrößen berechnen zu können, muss die Clarke-Transformation auf die drei Schaltzustände angewendet werden. woraus sich $\boldsymbol{B}_1 = \frac{1}{3} \frac{V_\mathrm{dc} T_\mathrm{s}}{r_\sigma \tau_\sigma} \begin{pmatrix} 1 & -0.5 & -0.5 \\ 0 & 0.5\sqrt{3} & -0.5\sqrt{3} \end{pmatrix}$ ergibt.

Mit solch einer Systembeschreibung wäre es nur möglich, die Ströme zurück zu ihrem Ursprung ($0\,\mathrm{A}$ in α- und β-Richtung) zu regeln. Aus diesem Grund muss die Systembeschreibung um die Sollwerte $\boldsymbol{i}_\mathrm{s}^*(k+1)$ der Ströme erweitert werden:

$$\begin{pmatrix} \boldsymbol{i}_\mathrm{s}(k+1) \\ \boldsymbol{i}_\mathrm{s}^*(k+1) \\ \boldsymbol{v}_\mathrm{emf}(k+1) \end{pmatrix} = \begin{pmatrix} \boldsymbol{A}_1 & \boldsymbol{0} & \boldsymbol{A}_2 \\ \boldsymbol{0} & \boldsymbol{1} & \boldsymbol{0} \\ \boldsymbol{0} & \boldsymbol{0} & \boldsymbol{1} \end{pmatrix} \cdot \begin{pmatrix} \boldsymbol{i}_\mathrm{s}(k) \\ \boldsymbol{i}_\mathrm{s}^*(k) \\ \boldsymbol{v}_\mathrm{emf}(k) \end{pmatrix} + \begin{pmatrix} \boldsymbol{B}_1 & \boldsymbol{0} & \boldsymbol{0} \\ \boldsymbol{0} & \boldsymbol{0} & \boldsymbol{0} \\ \boldsymbol{0} & \boldsymbol{0} & \boldsymbol{0} \end{pmatrix} \cdot \boldsymbol{s}(k) \quad (12.76)$$

Die L_1-Norm (lineare Kostenfunktion) kann dann wie folgt angegeben werden:

$$j_\mathrm{lin} = \left| \boldsymbol{Q} \cdot \begin{pmatrix} \boldsymbol{i}_\mathrm{s}(k+1) \\ \boldsymbol{i}_\mathrm{s}^*(k+1) \\ \boldsymbol{v}_\mathrm{emf}(k+1) \end{pmatrix} \right| = \left| \begin{pmatrix} -1 & 1 & 0 \\ 0 & 0 & 0 \\ 0 & 0 & 0 \end{pmatrix} \cdot \begin{pmatrix} \boldsymbol{i}_\mathrm{s}(k+1) \\ \boldsymbol{i}_\mathrm{s}^*(k+1) \\ \boldsymbol{v}_\mathrm{emf}(k+1) \end{pmatrix} \right| \quad (12.77)$$

12.9.3.5   Binärer Suchbaum

Um nun das Polytop zu ermitteln, in welchem sich der aktuelle Zustand $\boldsymbol{x}$ befindet, muss im Worst Case jedes einzelne Polytop überprüft werden. Bei realen Optimierungsproblemen aus der Regelungstechnik sind normalerweise mehrere Parameter nötig und da die Anzahl der Polytope (besonders für höhere Prädiktionshorizonte) schnell 500 und mehr beträgt, ist eine effiziente Online-Auswertung in Echtzeit ebenfalls nicht möglich. Grundsätzlich können jedoch mit Hilfe mehrerer Algorithmen (welche in der MPT-Toolbox verfügbar sind) benachbarte Polytope mit gleichem Regelgesetz zusammengefasst werden (siehe hierzu z. B. [782]); meistens sind diese Optimierungen jedoch trotz allem nicht ausreichend für eine erfolgreiche Echtzeit-Implementierung.

Eine Möglichkeit zur Reduzierung des nötigen Online-Rechenaufwands für die Auffindung des korrekten Polytops im Zustandsraum ist in [812] beschrieben: Mit Hilfe eines binären Suchbaums kann die Komplexität des Algorithmus' zur Auffindung des Polytops auf $\log_2(n)$ reduziert werden, wobei n die Anzahl der

Polytope ist. Das Grundprinzip eines binären Suchbaums ist sehr einfach und für den zweidimensionalen Fall in Abbildung 12.41 dargestellt.

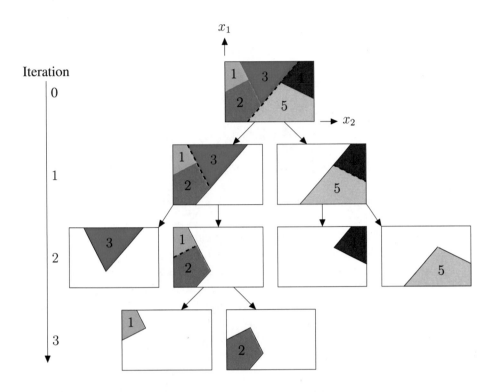

Abb. 12.41: *Beispiel für einen zweidimensionalen binären Suchbaum*

Angenommen, ein zweidimensionaler Zustandsraum mit den Parametern x_1 und x_2 sei in fünf Regionen $1 \ldots 5$ unterteilt, so wird in jeder Iteration überprüft, ob sich der Systemzustand $\boldsymbol{x}$ *über* oder *unter* einer Hyperebene befindet. Für das gegebene zweidimensionale Beispiel ist die Hyperebene eine einfach Gerade, welche in Abbildung 12.41 durch eine gestrichelte Linie visualisiert ist. Ist nun der Systemzustand *über* der Hyperebene, so müssen alle Polytope *unter* dieser Hyperebene nicht weiter untersucht werden. Für das gegebene Beispiel mit fünf Polytopen im Zustandsraum ergeben sich im Worst Case nur $\log_2(5) = 2.32$, d.h. drei Iterationen. Bei realen Anwendungen mit weitaus mehr Polytopen kann mit Hilfe dieser Methode der nötige Rechenaufwand zur Online-Ermittlung des Polytops im Zustsandsraum drastisch reduziert werden.

Somit ist es möglich, das wertkontinuierliche Optimum in Echtzeit zu bestimmen.

12.9.3.6   Bestimmung des Sektors

Wenn nun das wertkontinuierliche Optimum gefunden wurde, so müssen die drei diesem Punkt am nächsten liegenden diskreten Spannungsvektoren gefunden werden, wofür eine nachfolgende FS-MPC durchgeführt wird. Um nun diese drei Punkte zu finden, muss der entsprechende Sektor (siehe Abbildung 12.37) gefunden werden, in welchem sich das wertkontinuierliche Optimum befindet. Grundsätzlich kann der Sektor genauso wie bei Space Vector Modulation gefunden werden: Bei einem einfachen Zweipunkt-Wechselrichter ist dies sehr einfach, da nur der Winkel des Optimalen Spannungsvektors im $\alpha\beta$-Koordinatensystem bestimmt werdne muss. Ist der Sektor gefunden, können die drei Kandidaten für das diskrete Optimum mittels einer einfachen Lookup-Table ermittelt werden.

Im Unterschied dazu ist die Bestimmung des Sektors für Multilevel-Umrichter deutlich schwieriger. Grundsätzlich können natürlich die gleichen Strategien angewandt werden wie bei SVM. Betrachtet man allerdings Abbildung 12.37 genauer, so ist daraus ersichtlich, dass alle Sektoren Dreiecke bilden (was auch für Multilevel-Umrichter gilt). Dreiecke sind konvexe Polytope. Somit kann zur Bestimmung des Sektors ebenfalls ein binärer Suchbaum verwendet werden. Da es bei einem Zweilevel-Umrichter nur sechs verschiedene Sektoren gibt, sind im Worst Case drei Iterationen nötig zur Bestimmung des korrekten Sektors, was möglicherweise nicht effizienter ist als die herkömmliche Berechnung. Bei Drei- und Fünflevel-Umrichtern ergeben sich allerdings weitaus mehr Sektoren, was bedeutet, dass die Bestimmung des Sektors mit Hilfe eines binären Suchbaums deutlich effizienter ist als andere Verfahren – zudem ist die Implementierung eines binären Suchbaums mit Hilfe der MPT-Toolbox sehr leicht zu realisieren.

12.9.3.7   Experimentelle Ergebnisse für Zweilevel-Umrichter

Um den vorgestellten Algorithmus experimentell zu validieren, wurde dieser in einem ersten Schritt für einen Zweilevel-Umrichter implementiert. Hierbei konnten bei einer Samplingzeit von $T_s = 61.44\,\mu\text{s}$ drei Prädiktionsschritte in Echtzeit durchgeführt werden. Bei einer vollständigen Enumeration aller möglichen Schaltzustände wäre es nötig gewesen, insgesamt $7^3 = 343$ mögliche Kombinationen von Schaltzuständen auszuwerten. Es ist offensichtlich, dass dies bei der verwendeten Samplingfrequenz von 16 kHz nicht in Echtzeit möglich gewesen wäre. Mit Hilfe der vorgestellten heuristischen Vorauswahl des Spannungsvektors mussten nur insgesamt $3^3 = 27$ Trajektorien evaluiert werden (nebem dem geringen Overhead für die Bestimmung des wertkontinuierlichen Optimums). Um das wertkontinuierliche Optimum zu ermitteln, wurde eine L_1-Norm-Kostenfunktion verwendet, da die Lösung eines mpLPs deutlich einfacher ist als die eines mpQPs. Für die nachfolgende wertdiskrete Optimierung mittels FS-MPC wurde eine L_2-Norm-Kostenfunktion verwendet.

In Abbildung 12.42 ist das Ergebnis der Stromregelung mit sinusförmigen Sollwertsprüngen zu sehen: Die gemessenen Statorströme in $\alpha\beta$-Koordinaten wurden zusammen mit ihren Sollwerten geplottet. Das durchgeführte Experiment wurde mit einem überlagerten PI-Drehzahlregler durchgeführt. Die sinus-

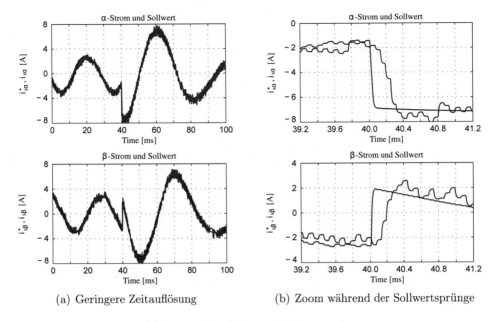

(a) Geringere Zeitauflösung   (b) Zoom während der Sollwertsprünge

Abb. 12.42: $\alpha\beta$-Strom-Sollwertsprünge

förmigen Strom-Sollwertsprünge wurden durch eine Änderung des Geschwindigkeitssollwertes von 2000 rpm auf 1000 rpm erzeugt. Es ist ersichtlich, dass der FS-MPC-Stromregler mit heuristischer Vorauswahl des Spannungsvektors seinen Sollwerten ohne Probleme folgen kann. Um die Transienten während des Sollwertsprunges genauer betrachten zu können, ist in Abbildung 12.42(b) ein zeitlicher Zoom der Messergebnisse während der Sollwertsprünge dargestellt. Nach der üblichen Verzögerung von zwei Samples erreichen die Strom-Istwerte in ca. drei weiteren Samplingschritten ihre Sollwerte. Dieses Experiment zeigt deutlich, dass das vorgestellte Verfahren sowohl im stationären, als auch im transienten Bereich sehr gutes Regelverhalten zeigt.

Weitere experimentelle Ergebnisse sind in [809] zu finden.

12.9.3.8 Experimentelle Ergebnisse für Dreilevel-Flying-Capacitor-Umrichter

Der vorgestellte Algorithmus wurde zusätzlich auf dem Dreilevel-Umrichter-Prüfstand experimentell validiert. Um die Wirksamkeit der heuristischen Vorauswahl zu demonstrieren, wurden drei Prädiktionsschritte in Echtzeit mit einer Samplingfrequenz von 12 kHz in Echtzeit realisiert. Verglichen mit einer vollständigen Enumeration aller möglichen Kombinationen von Schaltzuständen müssen in diesem Fall aufgrund der heuristischen Vorauswahl an Spannungsvektoren anstatt von 262.144 möglichen Kombinationen lediglich $3^3 = 27$ verschiedene Kombinationen von Spannungsvektoren evaluiert werden, was nur 0.4% der ursprünglichen Kombinationsmöglichkeiten entspricht. Trotz allem ist, auch aufgrund des

Voltage Balancing und der deutlich erhöhten Zahl an Messungen (Kondensatorspannungen etc.) der Rechenaufwand im Vergleich zu Zweilevel-Umrichtern deutlich höher. Die Ergebnisse können Abbildung 12.43 entnommen werden.

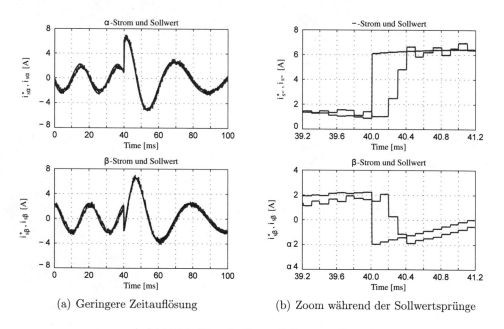

(a) Geringere Zeitauflösung   (b) Zoom während der Sollwertsprünge

Abb. 12.43: $\alpha\beta$-Strom-Sollwertsprünge

12.9.4   Variabler Schaltzeitpunkt

12.9.4.1   Grundprinzip

Wie bereits in Kapitel 12.9.1 erläutert, ist die geringe „Zeitauflösung" im Vergleich zu PWM-basierten Verfahren einer der zwei Hauptnachteile von FS-MPC-Methoden: Die verschiedenen Schaltzustände eines Umrichters führen (näherungsweise) zu *unterschiedlichen* Steigungen der Führungsgrößen (näherungsweise lineares Verhalten bei hinreichend kleinem Sampling-Intervall vorausgesetzt). Da bei direkt schaltenden Verfahren ein Schaltzustand für mindestens ein *komplettes* Sample anliegt, führt dies zu einer hohen Restwelligkeit der geregelten Größen. Auch wenn theoretisch die maximal mögliche Schaltfrequenz von FS-MPC-Verfahren bei der halben Samplingfrequenz liegt, so ist diese in der Realität weitaus niedriger. Da zudem die maximale Samplingfrequenz der Echtzeitrechnersysteme ebenfalls beschränkt ist, müssen die FS-MPC-Verfahren dahingehend verbessert werden, dass die Restwelligkeit der Führungsgrößen reduziert und das Regelergebnis verbessert wird – insbesondere bei Anwendungen im Bereich kleiner Leistungen von einigen wenigen Kilowatt.

Um nun die Restwelligkeit der geregelten Größen reduzieren zu können, wurde folgendes Verfahren entwickelt: Da es nicht möglich ist, die durch das Anlegen eines Schaltzustandes resultierende Steigung der Führungsgrößen zu beeinflussen, kann nur die Zeit, für welche der jeweilige Schaltzustand angelegt wird, reduziert werden. Dies bedeutet, dass Schaltzustände, welche zu einer großen Steigung der Führungsgrößen führen, auch für eine *kürzere* Zeit als ein komplettes Sample T_s angelegt werden müssen. Die Grundidee ist somit, dass, im Unterschied zu FS-MPC, ein neuer Schaltzustand nicht notwendigerweise *zu Beginn* eines neuen Samples angelegt wird; der bereits im vorherigen Sampling-Schritt gewählte Schaltzustand wird bis zum variablen Schaltzeitpunt (VSP) t_{sw} beibehalten; erst zum Zeitpunkt t_{sw} wird der neue Schaltzustand angelegt und bis zum Ende des Samples zum Zeitpunkt T_s beibehalten. Mit Hilfe dieses Grundprinzips kann ein Schaltzustand auch für kürzere Zeit als ein komplettes Sample aktiv sein. Insgesamt führt dieses Verfahren zu einer höheren Schaltfrequenz (die jedoch trotzdem auf das theoretische Maximum der halben Samplingfrequenz beschränkt ist) und zu einer reduzierten Restwelligkeit der geregelten Größen.

Der variable Schaltzeitpunkt muss nun nach einem bestimmten Kriterium berechnet werden. Bei der Prädiktiven Stromregelung werden die α- und β-Ströme feldorientiert geregelt, wie in Abschnitt 12.1 und 12.2 sowie 11.6.1 erläutert wurde. Da der variable Schaltzeitpunkt eingeführt wird, um die Restwelligkeit der Führungsgrößen (bei PCC die α- und β-Ströme) zu reduzieren, wird dieser so berechnet, dass der quadratische Mittelwert der berechneten Restwelligkeit (also der Abweichung der Ströme von ihren Sollwerten) minimiert wird. Die Prädiktionsgleichungen sind dabei die selben wie bei Standard-PCC; der einzige Unterschied liegt darin, dass die Schrittweite für die Prädiktionen (T_s für Standard-PCC) in diesem Fall variabels ist (t_{sw} für das erste Intervall, $T_s - t_{sw}$ für das zweite), wobei t_{sw} der variable Schaltzeitpunkt ist.

Eine Grundannahme bei FS-MPC ist, dass der Schaltzustand des Umrichters nur zu Beginn eines Samples geändert werden kann. Bei Prädiktiver Stromregelung mit variablem Schaltzeitpunkt (VSP2CC) wird der neue Schaltzustand erst zum variablen Schaltzeitpunkt t_{sw} angelegt; bis zu diesem Zeitpunkt bleibt der bereits im vorherigen Sampling-Intervall berechnete Schaltzustand gültig. t_{sw} liegt im Intervall $0 \ldots T_s$.

12.9.4.2 Berechnung des variablen Schaltzeitpunktes

Das Grundprinzip zur Berechnung des VSPs für PCC ist in Abbildung 12.44 dargestellt.

Die quadrierte Abweichung der Statorströme von ihren Sollwerten während eines Samples lässt sich wie folgt berechnen:

$$e_{\mathrm{rms}^2} = \frac{1}{T_s} \left(\int_0^{t_{sw}} (\boldsymbol{i}_s^* - \boldsymbol{i}_s(t))^2 \, \mathrm{d}t + \int_{t_{sw}}^{T_s} (\boldsymbol{i}_s^* - \boldsymbol{i}_s(t))^2 \, \mathrm{d}t \right) \tag{12.78}$$

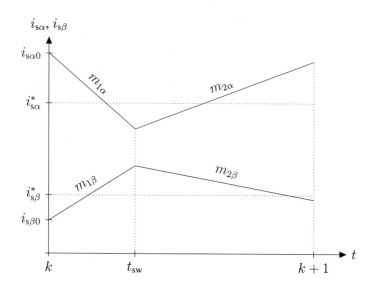

Abb. 12.44: *Grundprinzip der VSP-Berechnung für PCC*

i_s^* sind die Strom-Sollwerte. Um nun die Gleichung für die Berechnung von t_{sw} zu erhalten, werden die Ströme mit Hilfe einfacher Geraden angenähert; zudem wird angenommen, dass sich die Steigungen der Geraden während eines Samples nicht ändern. Die Statorströme sind gegeben durch

$$i_s(t) \approx \boldsymbol{m}_1 \cdot t + \boldsymbol{i}_{s0} \tag{12.79}$$

für den bereits im vorherigen Sample angelegten Schaltzustand, welcher bis t_{sw} beibehalten wird und durch

$$i_s(t) \approx \boldsymbol{m}_2 \cdot t + \boldsymbol{i}_{s,t_{sw}} \tag{12.80}$$

für das Intervall zwischen t_{sw} und T_s. $\boldsymbol{m}_i = \begin{pmatrix} m_{i\alpha} \\ m_{i\beta} \end{pmatrix}$, $i = 1, 2$ sind die Steigungen der Ströme, $\boldsymbol{i}_{s0}$ die Ströme zu Beginn eines Samples und $\boldsymbol{i}_{s,t_{sw}}$ sind die Ströme zum Zeitpunkt t_{sw}. Wie bereits erwähnt, werden die Steigungen der Ströme während eines Samples als *konstant* angenommen, um die Berechnungen weiter zu vereinfachen. Somit kann Gleichung (12.78) folgendermaßen umgeschrieben werden:

$$e_{\mathrm{rms}^2} = \frac{1}{T_s} \left(\int\limits_0^{t_{sw}} (\boldsymbol{i}_{s0} + \boldsymbol{m}_1 \cdot t - \boldsymbol{i}_s^*)^2 \, \mathrm{d}t + \int\limits_{t_{sw}}^{T_s} (\boldsymbol{i}_{s,t_{sw}} + \boldsymbol{m}_2 \cdot t - \boldsymbol{i}_s^*)^2 \, \mathrm{d}t \right) \tag{12.81}$$

Um nun t_{sw} so zu berechnen, dass e_{rms^2} minimiert wird, muss die Ableitung der quadrierten Abweichung der Statorströme von ihren Sollwerten während eines Samples zu Null gesetzt werden:

$$\frac{\mathrm{d}}{\mathrm{d}t}e_{rms^2} \overset{!}{=} 0 \qquad (12.82)$$

Nach weiteren Rechenschritten ergibt sich die endgültige Gleichung für t_{sw} zu

$$t_{sw} = \frac{(m_{2\alpha} - m_{1\alpha})(2i_{0\alpha} - 2i_{\alpha}^* + T_s m_{2\alpha})}{(m_{1\alpha} - m_{2\alpha})(2m_{1\alpha} - m_{2\alpha}) + (m_{1\beta} - m_{2\beta})(2m_{1\beta} - m_{2\beta})} + \\ + \frac{(m_{2\beta} - m_{1\beta})(2i_{0\beta} - 2i_{\beta}^* + T_s m_{2\beta})}{(m_{1\alpha} - m_{2\alpha})(2m_{1\alpha} - m_{2\alpha}) + (m_{1\beta} - m_{2\beta})(2m_{1\beta} - m_{2\beta})}. \qquad (12.83)$$

Natürlich kann es sein, dass Gleichung (12.83) entweder ein Maximum oder ein Minimum für e_{rms^2} ist; zudem muss der berechnete Wert für t_{sw} nicht notwendigerweise in seinem erlaubten Intervall $0 \dots T_s$ liegen. Ist dies der Fall, so wird $t_{sw} = 0$ gesetzt.

12.9.4.3 Regelalgorithmus

Bei der Erweiterung von PCC um einen variablen Schaltzeitpunkt werden dieselben Prädiktionsgleichungen (d.h. wie für den PCC-Algorithmus ohne variablen Schaltzeitpunkt) angewendet. Der einzige Unterschied besteht darin, dass die „Sampling-Zeit" für die Prädiktionen (T_s für Standard-PCC) in diesem Fall variabel ist (t_{sw} für das erste Intervall, während welchem der Spannungsvektor des vorherigen Samples noch gültig ist und $T_s - t_{sw}$ für das zweite Intervall, in dem der neu berechnete Spannungsvektor angelegt wird). Nach der Berechnung des VSPs wird die Kostenfunktion für die Stromabweichungen zu den Zeitpunkten t_{sw} und T_s berechnet:

$$j_{vsp2cc} = (\boldsymbol{i}_{s,t_{sw}} - \boldsymbol{i}_s^*)^2 + (\boldsymbol{i}_{s,T_s} - \boldsymbol{i}_s^*)^2 \qquad (12.84)$$

Falls nötig, können auch noch weitere Terme zur Kostenfunktion hinzugefüt werden. Der wesentliche Unterschied im Vergleich zum Standard-PCC-Algorithmus ist der, dass der VSP bei der Optimierung berücksichtigt werden muss, d.h. es sind zwei Prädiktionen nötig: Eine von 0 bis t_{sw}, die andere von t_{sw} bis T_s.

12.9.4.4 Experimentelle Ergebnisse für Zweilevel-Umrichter

Um den vorgestellten Algorithmus zur Berechnung eines variablen Schaltzeitpunktes experimentell zu überprüfen, wurde das vorgestellte Verfahren auf dem Zweilevel-Umrichter mit einer Sampling-Zeit von $T_s = 61.44\,\mu s$ auf dem Zweilevel-Umrichter-Prüfstand implementiert.

In den Abbildungen 12.45(a) und 12.45(b) ist das transiente Verhalten des PCC-Algorithmus mit variablem Schaltzeitpunkt (VSP2CC) gezeigt. Verglichen mit den Ergebnissen des Standard-PCC-Algorithmus' wird hieraus deutlich, dass

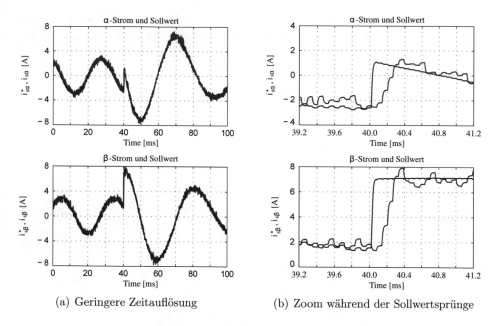

(a) Geringere Zeitauflösung   (b) Zoom während der Sollwertsprünge

Abb. 12.45: *αβ-Strom-Sollwertsprünge*

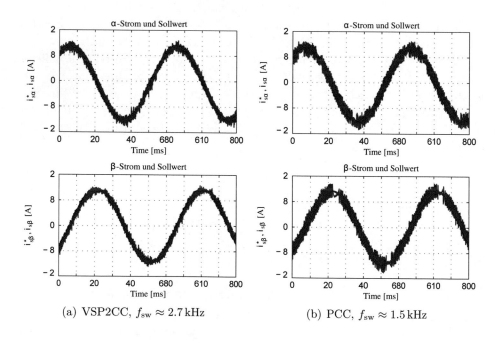

(a) VSP2CC, $f_{sw} \approx 2.7\,\text{kHz}$ (b) PCC, $f_{sw} \approx 1.5\,\text{kHz}$

Abb. 12.46: *αβ-Ströme im stationären Zustand bei 500 rpm*

die Erweiterung um den VSP keine Nachteile in Bezug auf das transiente Verhalten und die Dynamik hat.

Abbildung 12.46(a) zeigt die Statorströme im stationären Zustand bei 500 rpm für den VSP2CC-Algorithmus, während in Abbildung 12.46(b) die Ströme bei Anwendung des Standard-PCC-Algorithmus zu sehen sind. Hieraus ist ersichtlich, dass mit Hilfe des variablen Schaltzeitpunktes die Restwelligkeit der geregelten Größen (der Statorströme) deutlich reduziert werden kann. Hierbei ist jedoch anzumerken, dass dies eine höhere Schaltfrequenz zur Folge hat. Bei dem dargestellten Arbeitspunkt bei 500 rpm konnte die Schaltfrequenz pro IGBT nahezu verdoppelt werden – dennoch ist anzumerken, dass trotz des variablen Schaltzeitpunktes die Schaltfrequenz im Vergleich zur theoretisch möglichen Schaltfrequenz von 8 kHz immer noch sehr niedrig ist.

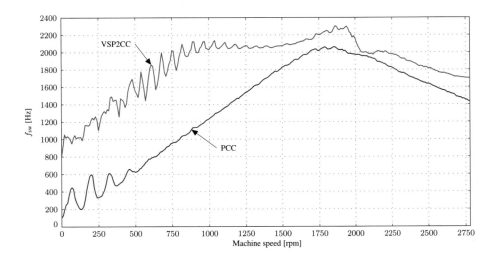

Abb. 12.47: *Durchschnittliche Schaltfrequenz von VSP2CC und PCC ($T_s = 100\,\mu s$)*

Bei der Durchführung der Experimente wurde beobachtet, dass der Effekt des VSPs auf die Restwelligkeit der geregelten Ströme sehr stark abhängig ist vom jeweiligen Arbeitspunkt. Bei niedrigen Drehzahlen der Maschine konnte eine große Verbesserung in Bezug auf die Restwelligkeit der Ströme erreicht werden, wohingegen diese bei Nenndrehzahl deutlich geringer war. Um dieses Phänomen zu hinterlegen, wurde die durchschnittliche Schaltfrequenz pro IGBT in Schritten von 10 rpm von Geschwindigkeit Null bis hin zur vollen Nenndrehzahl (2772 rpm) aufgezeichnet. Der Geschwindigkeits-Sollwert wurde alle 10 s erhöht und die durchschnittliche Schaltfrequenz wurde jeweils für PCC und für VSP2CC bei einer Sampling-Frequenz von 10 kHz aufgezeichnet. Das Ergebnis dieses Vergleichs ist in Abbildung 12.47 zu sehen. Dieses durchgeführte Experiment zeigt eindeutig, dass die Implementierung eines variablen Schaltzeitpunktes *signifikante* Vorteile gegenüber dem Standard-PCC-Algorithmus bietet – besonders bei niedrigen Drehzahlen (0 rpm bis ca. 1000 rpm). Bei Stillstand der Maschine liegt die durschnittliche Schaltfrequenz bei Standard-PCC nur noch bei ca. 100 Hz,während diese bei VSP2CC immer über 800 Hz liegt.

12.9.5 Kombination von Heuristik und variablem Schaltzeitpunkt

Zur Berechnung des variablen Schaltzeitpunktes sind deutlich mehr Rechenoperationen nötig als für Standard-PCC, weswegen es aus Gründen der Rechenzeitersparnis sinnvoll ist, auch für dieses Verfahren den Rechenaufwand zu reduzieren. Insbesondere bei der Anwendung von VSP2CC für Multilevel-Umrichter können höhere Samplingraten erreicht werden, da nicht mehr alle möglichen Spannungsvektoren ausgewertet werden müssen. Das Grundprinzip der Kombination von Heuristik und variablem Schaltzeitpunkt ist, dass bei der Anwendung von VSP2CC nicht mehr alle möglichen Spannungsvektoren getesten werden müssen; Ziel ist es, dass nur noch die *drei* dem wertkontinuierlichen Optimum am nächsten liegenden Spannungsvektoren für die VSP-Berechnung und die nachfolgende FS-MPC herangezogen werden.

12.9.5.1 Regelalgorithmus

Der Regelalgorithmus von VSP2CC mit heuristischer Vorauswahl der Spannungsvektoren ist genau derselbe wie bei kompletter Enumeration aller möglichen Schaltzustände. In diesem Fall wird jedoch in einem vorherigen Schritt die offline berechnete wertkontinuierliche Lösung des Optimierungsproblems genauso berechnet wie in Abschnitt 12.9.3 beschrieben. In diesem Fall wird jedoch nur ein Prädiktionshorizont von einem Samplingschritt angenommen, da bei VSP2CC nur ein einziger Prädiktionsschritt durchgeführt wird. Die Berechnung des wertkontinuierlichen Optimums und die Vorauswahl der möglichen Kandidaten an Spannungsvektoren erfolgt unter der Annahme, dass der wertkontinuierliche Spannungsvektor vom Umrichter für ein komplettes Sample gestellt wird.

12.9.5.2 Experimentelle Ergebnisse für Zweilevel-Umrichter

Um den das Regelverfahren mit heuristischer Vorauswahl des Spannungsvektors und mit variablem Schaltzustand experimentell zu verifizieren, wurde dieser auf dem Zweilevel-Umrichter-Prüfstand implementiert. Bei der Durchführung der Experimente konnte keine Verschlechterung des Regelergebnisses im Vergleich zu VSP2CC mit kompletter Enumeration aller Schaltzustände festgestellt werden. Die Ergebnisse können Abbildung 12.48 entnommen werden. Die zugrunde liegende Samplingzeit betrug $T_\mathrm{s} = 61.44\,\mu\mathrm{s}$.

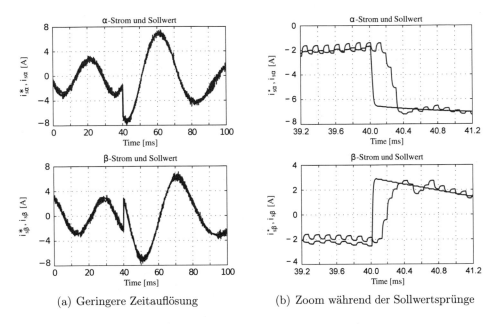

(a) Geringere Zeitauflösung   (b) Zoom während der Sollwertsprünge

Abb. 12.48: $\alpha\beta$-Strom-Sollwertsprünge

12.9.5.3 Experimentelle Ergebnisse für Dreilevel-Flying-Capacitor-Umrichter

Um zu zeigen, dass auch eine erfolgreiche Implementierung von VSP2CC mit heuristischer Vorauswahl des Spannungsvektors für Dreilevel-FC-Umrichter erfolgreich in Echtzeit realisiert werden kann, wurde der Regelalgorithmus zusätzlich auch auf dem Dreilevel-Umrichter-Prüfstand mit einer Samplingfrequenz von 16 kHz implementiert. Die Ergebnisse des ersten Experiments sind in Abbildung 12.49 dargestellt. Dieser Versuch wurde durchgeführt, um zu zeigen, dass der Regelalgorithmus trotz des variablen Schaltzeitpunktes ein sehr gutes transientes Verhalten zeigt. Die Statorströme $i_{s\alpha}$ and $i_{s\beta}$ wurden während eines Drehzahl-Sollwertsprunges von 2830 rpm auf 1415 rpm aufgezeigt. Nach der üblichen Verzögerung von zwei Sampling-Schritten erreichen die Statorströme ihre Sollwerte in ca. drei bis vier Samples.

Weiterhin wurden Versuche durchgeführt, um zu zeigen, dass mit Hilfe des variablen Schaltzeitpunktes die Restwelligkeit der geregelten Statorströme reduziert werden kann. Aus diesem Grund wurden die Statorströme einmal bei 100 rpm sowohl für VSP2CC mit Heuristik (Abbildung 12.50(a)), als auch für PCC mit Heuristik (Abbildung 12.50(b)) aufgezeichnet. Aus den Ergebnissen ist ersichtlich, dass gerade bei niedrigen Strömen mit mit Hilfe des variablen Schaltzeitpunktes die Restwelligkeit der geregelten Größen deutlich reduziert werden kann.

Abschließend wurde das Experiment wiederholt, diesmal allerdings bei Nenndrehzahl (2830 rpm). In Abbildung 12.51(a) sind die Ergebnisse für VSP2CC mit

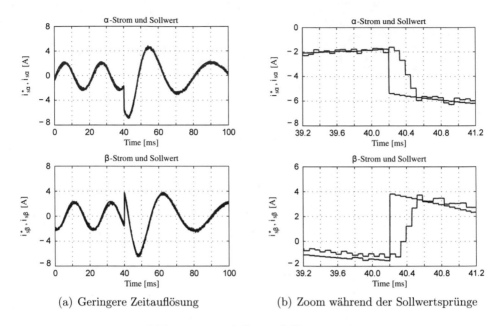

(a) Geringere Zeitauflösung   (b) Zoom während der Sollwertsprünge

Abb. 12.49: $\alpha\beta$-Strom-Sollwertsprünge

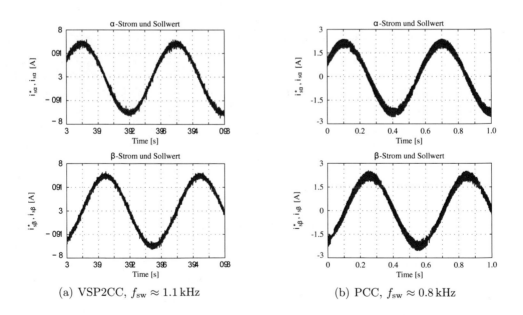

(a) VSP2CC, $f_{sw} \approx 1.1\,\mathrm{kHz}$ (b) PCC, $f_{sw} \approx 0.8\,\mathrm{kHz}$

Abb. 12.50: $\alpha\beta$-Ströme im stationären Zustand bei 100 rpm

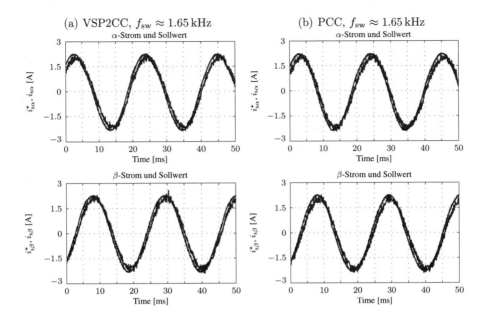

Abb. 12.51: *αβ-Ströme im stationären Zustand bei* 2830 *rpm*

Heuristik dargestellt, während in Abbildung 12.51(b) die Ergebnisse für PCC mit Heuristik zu sehen sind. In diesem Fall ist keine Verbesserung des Regelergebnisses sichtbar und auch die gemessenen Schaltfrequenzen pro IGBT lagen in beiden Fällen bei ungefähr 1.65 kHz. Wie bereits in Abschnitt 12.9.4 gezeigt wurde, sind Regelstrategien mit variablem Schaltzustand insbesondere bei niedrigen Drehzahlen sehr effizient. Dies ist darauf zurückzuführen, dass bei niedrigen Drehzahlen und wenig Last auch nur wenig Energie in das System gebracht werden muss, um die Drehzahl zu halten.

Gerade bei niedrigen Geschwindigkeiten führt das Anlegen von aktiven Schaltzuständen (alle Schaltzustände mit Ausnahme des Nullspannungsvektors) für ein komplettes Sample zu einem relativ großen Energieeintrag in das System. Wenn nun in genau solchen Fällen die aktiven Schaltzustände für eine *kürzere* Zeit als ein komplettes Sample angelegt werden können, kann in diesen Fällen die Restwelligkeit der geregelten Größen stark gesenkt werden.

Weitere Ergebnisse dieses Verfahrens für einen anderen Umrichtertyp können [806] entnommen werden.

12.9.6   Zusammenfassung und Ausblick

Die in Abschnitt 12.9.1 dargestellten Ziele, namentlich

1. die Reduktion des Rechenaufwands zur Ausführung des Regelalgorithmus',

2. die Reduktion der Restwelligkeit der geregelten Größen und

3. eine Kombination beider Methoden, um ein besseres Regelergebnis mit weniger Rechenaufwand zu erhalten

wurden in den vorherigen Abschnitten 12.9.3 bis 12.9.5 erläutert und mit experimentellen Nachweisen hinterlegt. Weiterhin ist aus den Ergebnissen ersichtlich, dass FS-MPC-Methoden im Vergleich zu konventionellen PID-Reglern einige entscheidende Vorteile besitzen:

1. Wie gezeigt wurde, ist es möglich, mit nur einem FS-MPC-Regler mehrdimensionale Führungsgrößen zu regeln (zwei Ströme mit zusätzlichem Voltage Balancing).

2. Stellgrößenbeschränkungen und andere Nichtlinearitäten können sehr einfach berücksichtigt werden.

3. Mit Hilfe von FS-MPC ist es möglich, die physikalischen Grenzen des Systems sehr einfach auszureizen. Bei Verwendung von konventionellen Reglern sind hierfür meistens adaptive Erweiterungen und Vorsteuerungen nötig, um eine ähnliche Dynamik zu erreichen.

4. Im Vergleich zu konventionellen Reglern führt die Anwendung von FS-MPC in aller Regel nicht zu einem Überschwingen der Führungsgrößen, was bei konventionellen Reglern nicht ohne Weiteres vermeidbar ist.

Trotz all dieser Vorteile und der erreichten Verbesserungen von direkt schaltenden Reglern ist die Anwendbarkeit von FS-MPC-Verfahren sehr stark abhängig von der Leistung des Aktuators und des zu regelnden Systems: Bei größeren Leistungsklassen (im Bereich mehrerer hundert Kilowatt bis in den Megawatt-Bereich) werden die Gesamtverluste durch die Schaltverluste des Umrichters dominiert, weswegen bei größeren Leistungen Schaltfrequenzen deutlich unter einem Kiloherz pro Schalter angestrebt werden. Aus diesem Grund wurden FS-MPC-Methoden bisher hauptsächlich für Industrieanwendungen mit größerem Leistungsbereich entwickelt [781]. Im Vergleich zu klassischem Direct Torque Control (DTC) [810, 780] kann mit Hilfe von Model Predictive Direct Torque Control (MPDTC) die Schaltfrequenz weiter gesenkt werden, ohne das Regelergebnis zu verschlechtern.

Bei kleineren Systemen im Leistungsbereich einiger weniger Kilowatt stellt sich ebenfalls die Frage, inwieweit FS-MPC-Methoden für solche Systeme anwendbar sind, weswegen die vorgestellten Ergebnisse auch unter diesem Gesichtspunkt betrachtet werden müssen: Bei kleineren Systemen steht in aller Regel die

Qualität der Führungsgrößen im Fokus, was bedeutet, dass diese möglichst ober-schwingungsfrei sein sollten. Weiterhin ist in diesem Leistungsbereich die Schalt-frequenz weitaus weniger wichtig als bei größeren Systemen – Schaltfrequenzen von 10–20 kHz pro Schalter sind hierbei kein Problem. Bei herkömmlichen FS-MPC-Methoden kann ein Schaltvorgang jeweils nur zu *Beginn* eines Samples durchgeführt werden; dies ist der Hauptgrund für die unerwünschte Restwellig-keit der geregelten Größen. Der zweite gewichtige Nachteil von FS-MPC ist der mit dem Prädiktionshorizont exponentiell steigende Rechenaufwand. Aus die-sem Grund wurden Erweiterungen für FS-MPC-Methoden entwickelt, um den Rechenaufwand und die Restwelligkeit der geregelten Größen zu reduzieren. Wie anhand der experimentellen Nachweise gezeigt wurde, können mit Hilfe der ent-wickelten Erweiterungen diese zwei Hauptnachteile abgemindert werden. Dar-über hinaus können diese Erweiterungen auch für Multilevel-Umrichter einge-setzt werden, wobei mehrere Regelziele gleichzeitig erreicht werden müssen (Re-gelung von zwei Strömen und Voltage Balancing). Trotz der hohen Anzahl an Schaltzuständen (64 für einen Flying-Capacitor-Umrichter) konnten bis zu drei Prädiktionsschritte in Echtzeit realisiert werden, wobei die mit dem gegebenen Echtzeitrechnersystem erreichten Samplingraten bei bis zu 16 kHz lagen. Zudem mussten, im Unterschied zu konventionellen Reglern, maximal ein oder zwei Ge-wichtungsfaktoren eingestellt werden. Verglichen mit linearen Reglern, wo gerade das Parameter-Tuning eine teilweise ziemlich arbeitsintensive und nicht immer ganz leichte Tätigkeit ist, müssen die vorgestellten FS-MPC-Algorithmen ledig-lich implementiert werden – der Aufwand zur Einstellung der Gewichtungsfak-toren ist verhältnismäßig gering.

Obwohl die vorgestellten Methoden deutliche Verbesserungen im Vergleich zu „konventionellem" FS-MPC mit sich bringen, ist es dennoch fraglich, ob FS-MPC auch für kleinere Systeme ernsthaft konkurrenzfähig wird zu modulationsbasier-ten MPC-Verfahren: Für wertkontinuierliche Ausgangsgrößen und lineare Syste-me kann das Optimierungsproblem analytisch gelöst werden, was den benötigten Rechenaufwand drastisch reduziert. Mit Hilfe von PWM sind leistungselektro-nische Stellglieder in der Lage, auch während eines Samples (und nicht zur zu Beginn) zu schalten, was zu sehr guten Ergebnissen in Bezug auf die Restwellig-keit der geregelten Größen führt. Verglichen mit der Berechnung eines variablen Schaltzeitpunktes ist die Grundidee von PWM äußerst einfach. PWM-basierte Verfahren werden bereits seit Jahrzehnten erfolgreich eingesetzt. Bei Multilevel-Umrichtern ist es möglich, das Voltage Balancing in das Modulationsverfahren zu integrieren, was bedeutet, dass der überlagerte (Strom-)Regler nur die im Mittel zu erzeugenden Spannungen berechnen muss – dies bedeutet, dass das Volta-ge Balancing in diesem Fall nicht in den Regelalgorithmus selbst mit integriert werden muss. Ein weiterer Nachteil von FS-MPC ist die variable Schaltfrequenz, welche zu einem hörbaren „Krächzen" führt, welches von Menschen als deutlich unangenehmer empfunden wird als das typische „Summen" einer PWM. Grund-sätzlich ist es natürlich möglich, die Kostenfunktion des FS-MPC-Reglers so zu modifizieren, dass dies zu einer mehr oder weniger konstanten Schaltfrequenz führt. Die Erreichung dieses Ziels ist allerdings mit einem verschlechterten Regelergebnis und somit einer noch größeren Restwelligkeit der geregelten Größen verbunden. Um in diesem Fall trotzdem dasselbe Regelergebnis in Bezug auf die Restwelligkeit der geregelten Größen wie bei variabler Schaltfrequenz zu erreichen, müsste die Samplingfrequenz des FS-MPC-Reglers drastisch erhöht werden.

Die vorgestellten Erweiterungen für FS-MPC können selbstverständlich noch weiter verbessert werden: Eine vielversprechende Möglichkeit ist beispielsweise, nicht nur einen, sondern zwei oder sogar mehrere variable Schaltzeitpunkte zu berechnen: Wenn beispielsweise zwei variabe Schaltzeitpunkte pro Sampling-Intervall verfügbar wären und bei diesen nur jeweils ein IGBT schalten dürfte, so würde dies nicht nur eine konstante Schaltfrequenz zur Folge haben, sondern es könnten zudem „online-optimierte" Pulsmuster erzeugt werden. Mit solch einer Erweiterung wäre FS-MPC im Hinblick auf die Restwelligkeit der geregelten Größen mehr oder weniger „voll konkurrenzfähig" zu PWM-basierten Verfahren. Eine weitere Möglichkeit wäre die Erweiterung des Prädiktionshorizonts für FS-MPC mit variablem Schaltzeitpunkt.

Generell ist für (FS-)MPC-Verfahren die Auflösung kaskadierter Regelkreise ebenfalls sehr vielversprechend: Somit wäre es möglich, eine direkte Geschwindigkeits- oder sogar eine direkte Positionsregelung für elektrische Antriebe zu entwickeln, was die vielen Nachteile kaskadierter Regelschleifen beheben oder zumindest abmildern könnte. Zudem wäre es somit möglich, das System an seinen physikalischen Grenzen zu betreiben, während gleichzeitig alle Führungsgrößen innerhalb ihrer erlaubten Grenzen bleiben.

13 Physikalische Modellbildung der Gleichstrommaschine

13.1 Einführung

Die physikalische Modellbildung der Gleichstrommaschine gliedert sich in drei Teile. Im ersten Teil werden die drei grundlegenden physikalischen Prinzipien vorgestellt: das elektrostatische Feld und die Coulombkraft, das stationäre Magnetfeld und die Lorentz-Kraft sowie das dynamische Magnetfeld und die Induktionsspannung. Im zweiten Teil der physikalischen Modellbildung wird das Magnetfeld in verschiedenen Konfigurationen vorgestellt: das Magnetfeld eines stromdurchflossenen Drahts und einer Zylinderspule, die magnetische Flussdichte, die Lorentzkraft, Hysterese, Weiss-sche Bezirke, Bündelung des Magnetfelds, Einfluss von Luftspalten, Wechselwirkungen, magnetischer Kreis, Grenzflächenkräfte wie Querdruck und Längszug und die Brechungsgesetze. Ausgehend mit diesen Grundkenntnissen erfolgt die physikalische Modellbildung an sich im dritten Teil der Einführung. Um nach den Ausführungen zum Magnetfeld und seinen Auswirkungen eine Vorstellung zur Konstruktion der Gleichstrom-Nebenschlussmaschine zu erhalten, wird ein Querschnitt der Maschine gezeigt. Anhand dieses Querschnittes werden die Funktionen der Erregerwicklung, des magnetischen Kreises und des Ankers mit dem Kommutators erläutert. Die Bestimmung der Gleichung des Drehmoments berücksichtigt, dass die Ankerwicklung sich in Nuten befindet, der magnetische Fluss in den Zähnen konzentriert ist, die Ankerwicklung daher nicht direkt vom magnetischen Fluss umgeben ist. Die Erläuterungen bezüglich der Oberflächenströme, des magnetischen Querdrucks und der Feldverzerrung in dem zweiten Teil dieses Kapitels erklären die Entstehung des Drehmoments. Die Ableitung der EMK und der Mechanik-Gleichung beschließen dieses Kapitel. Damit sind exemplarisch die physikalischen Grund- bzw. Systemgleichungen ermittelt worden und die physikalische Modellbildung ist erfolgt. In Kapitel 5 werden für die Asynchronmaschine und in Kapitel 6 für die Synchronmaschine Erläuterungen den Funktionen wie dem Drehfeld, dem dreiphasigen Drehmoment und der Raumzeiger gegeben mit denen in den betreffenden Kapiteln die Systemgleichungen nachvollziehbar angegeben sind.

13.2 Theorie der Felder

Wie bereits in der Einführung hingewiesen, soll zuerst das physikalische Grundprinzip und dann die technische Ausführung beschrieben werden. Beim physikalischen Prinzip will das betrachtete System den optimalen Zustand erreichen, d.h. nach außen hin neutral sein. Bei der technischen Ausführung soll das Ge-

© Springer-Verlag GmbH Deutschland, ein Teil von Springer Nature 2021
D. Schröder und R. Kennel, *Elektrische Antriebe – Grundlagen*,
https://doi.org/10.1007/978-3-662-63101-0_13

genteil erreicht werden, d.h. die maximale Ausnutzung des physikalischen Effekts erreicht werden. Ausgehend vom physikalischem Grundprinzip der elektrischen und magnetischen Felder werden die Wechselwirkungen zwischen Ladungen, die in gegenseitig wirkenden Kräften mathematisch erfaßt werden, ermittelt. Mit den mathematischen Grundlagen sind die technischen Anwendungen zu beschreiben. Die folgenden drei Unterkapitel behandeln das statische elektrische Feld (Coulomb-Kraft, Kap. 13.2.1), das magnetische Feld bei sich räumlich bewegenden Ladungen konstanter Geschwindigkeit (Lorentz-Kraft, Kap. 13.2.2 und 13.2.4) und im letzten Unterkapitel 13.2.3 das magnetische Feld bei räumlich beschleunigten Ladungen (Induktions-Spannung, Wechselstrom).

13.2.1   Elektrostatisches Feld, Coulomb-Kraft

Wie bereits hingewiesen, soll zuerst das physikalische Grundprinzip und dann die technische Ausführung beschrieben werden. In Abbildung 13.1, oben links ist das elektrische Feld $\underline{E}$ von einer positiven Ladung q gezeigt, dieses Feld ist radialsymmetrisch. Das elektrische Feld $\underline{E}$ ist somit ein physikalisches Feld, welches durch die Coulombkraft $\underline{F}_C$ auf andere elektrische Ladungen wirkt. Die Kraftwirkung

$$\underline{F}_C = k_0 \cdot q_1 \frac{q_2}{(\Delta \underline{x})^2} \quad in \quad N \tag{13.1}$$

mit k_0 der Coulombschen Konstanten

$$k_0 = \frac{1}{4\pi\epsilon_0} = 8,854 \; 10^9 \quad in \quad \frac{Nm^2}{C^2}, \; 1\,C = 1\,As \tag{13.2}$$

oder

$$\underline{F}_C = \frac{q_1 q_2}{4\pi\epsilon_0 (\Delta \underline{x})^2} \quad in \quad N \tag{13.3}$$

Elektronenladung $-q = e = -1,6 \; 10^{-19} \quad in \quad C$

Dielektrizitätskonstante $\epsilon_0 = 8,8542 \; 10^{-12} \quad in \quad \frac{F}{m}$ mit den beiden Ladungen q_1 und q_2 und dem geometrischen Abstand $\Delta \underline{x}$ der beiden Ladungen. Aus der Gleichung ist zu entnehmen, daß die Kraft quadratisch mit dem Abstand abnimmt. Es besteht eine anziehende Kraft bei ungleichen Potentialen der Ladungen – beispielsweise einem Proton mit positiver Ladung sowie einem Elektron mit negativer Ladung – und eine abstoßende Kraft bei gleichen Potentialen der Ladungen. Diese Kraftübermittlung erfolgt auch im Vakuum, es ist kein stoffliches Medium notwendig. Die sich ergebenden Feldlinien sind in Abbildung 13.2 zu sehen.

Der energetisch gewünschte physikalische Zustand ist die Neutralität. Diese wird erreicht, wenn bei anziehenden Kräften die beiden entgegengesetzt geladenen Ladungen einen identischen räumlichen Ort einnehmen. In dieser räumlichen Position heben sich die beiden radialsymmetrischen Feldlinienverläufe an allen Orten auf, d.h. es ist keine Kraftwirkung mehr nach außen hin feststellbar. Zum Erreichen der Neutralität sind somit die folgenden drei Bedingungen zu erfüllen:

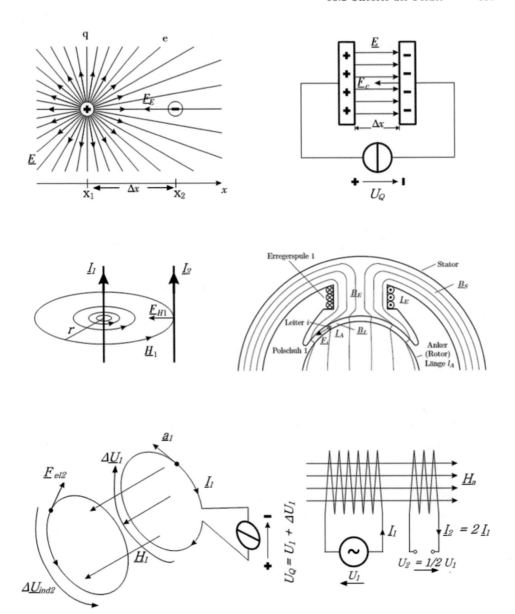

Abb. 13.1: *Kraftwirkung einer statischen Ladung (links oben) bzw. dynamischen Ladung (bewegt (links Mitte), beschleunigt (links unten)) über ein elektrisches bzw. magnetisches Feld auf eine weitere Ladung; entsprechende technische Anwendungen sind in der rechten Spalte zu finden: sich anziehende Kondensatorplatten (rechts oben), sich anziehende Leiter (rechts Mitte), Transformator (rechts unten)*

im Betrag gleichgroße Ladung, identische räumliche Position und entgegengesetztes Vorzeichen der beiden Ladungen. Wie schon oben angemerkt, wird bei gleichem Vorzeichen der beiden Ladungen eine abstoßende Kraft wirksam, die beiden Ladungen entfernen sich so weit wie möglich. Wenn wir nun annehmen,

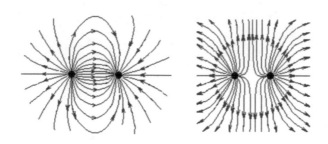

Abb. 13.2: *Elektrostatisches Feld*

es bestehe eine mechanische Anordnung wie in Abbildung 13.1 oben rechts, dann ergibt sich ein homogenes elektrisches Feld $\underline{E}$ zwischen den beiden leitfähigen Platten zu:

$$\underline{E} = \frac{U}{\Delta \underline{x}} \quad \text{in} \quad V/m \tag{13.4}$$

und die Kraft $\underline{F}_C$

$$\underline{F}_C = q \, \underline{E} \quad \text{in} \quad N \tag{13.5}$$

sowie die Arbeit W_C

$$W_C = \underline{F}_C \, \Delta \underline{x} = q \, \underline{E} \, \Delta \underline{x} \quad \text{in} \quad Nm \tag{13.6}$$

Die Arbeit ist somit exotherm. Eine Potentialdifferenz entsprechend einer Spannung U ergibt sich

$$U = \frac{W_C}{q} = \underline{E} \, \Delta \underline{x} \tag{13.7}$$

Wenn somit an die mechanische Anordnung in Abbildung 13.1 oben rechts eine Spannung U angelegt wird, dann wird sich an der Platte mit der positiven Spannungspolarität eine positive Ladung ΔQ ausbilden

$$n \, q = - \, n \, e = \Delta Q \tag{13.8}$$

d.h. eine Verringerung der Elektronendichte in der positiven Platte des Kondensators und damit

$$\underline{F}_C = n \, q \, \underline{E} = - \, n \, e \, \underline{E} = \Delta Q \, \underline{E} \tag{13.9}$$

bzw. hinsichtlich der negativen Platte des Kondensators

$$- \, n \, q = \, n \, e = -\Delta Q \tag{13.10}$$

d.h. eine im Betrag gleiche Ladung $|\Delta Q|$ aber negativer Ladung, die zu einer Erhöhung der Elektronen der negativen Platte des Kondensators führt und somit

$$\underline{F}_C = - \, n \, q \, \underline{E} = \, n \, e \, \underline{E} = - \, \Delta Q \, \underline{E} \tag{13.11}$$

Es erfolgt ein Stromfluß, obwohl die beiden Platten gegeneinander isoliert sind. Um diesen Effekt zu erfassen, wird ein Verschiebungsfluß $\underline{\Psi}$ definiert, der proportional zu $- n\, e \; = \; \Delta\, Q$ und damit zu $\underline{E}$ ist, allgemeine Formulierung:

$$\Delta U = \frac{I \Delta t}{C} = \frac{\Delta Q}{C} \qquad (13.12)$$

bzw.

$$\Delta Q = C\; \Delta U = C\; \underline{E}\; \Delta\underline{x} \qquad (13.13)$$

und

$$\underline{\Psi} = \epsilon_0 \cdot \underline{E} \cdot A \qquad (13.14)$$

mit der Fläche A.
Eine weitere Größe ist die Dichte des Verschiebungsflußes $\underline{D}$, allgemeine Formulierung:

$$\underline{D} = \frac{\underline{\Psi}}{A} = \epsilon_0 \cdot \underline{E} \qquad (13.15)$$

Die beiden Platten werden sich dann mit einer Kraft $\underline{F}_C = n\; q\; \underline{E}$ anziehen, diese Anordnung nutzt somit die Coulombkraft für die mechanische Krafterzeugung. Eine typische Anwendung dieses Effekts in den Jahren bis 1960 waren die elektrostatischen Lautsprecher der Firma Braun. Wie aus den obigen Gleichungen zu entnehmen ist, sollte der Abstand $\Delta\underline{x}$ der beiden Platten möglichst gering und die Spannung U möglichst groß sein, um eine ausreichende Kraftentfaltung und damit eine Schallabstrahlung auch bei den höchsten Frequenzen sicher zu stellen. Problematisch bei diesem Vorgehen ist, daß eine hohe Spannung U und ein geringer Abstand $\Delta\underline{x}$ ein entsprechendes Materiel mit einem hohem ϵ_r erfordern. Eine weitere mechanische Anordnung ist die elektrostatische Maschine, auch in diesem Fall sind die hohe erforderliche Spannung und die quadratische Abhängigkeit der Kraft bzw. des Drehmoments vom Abstand $\Delta\underline{x}$ problematisch.

13.2.2   Magnetfeld - Lorentzkraft

In diesem Kapitel und im Kap. 13.2.4 werden Versuchsanordnungen, wie beispielsweise in Abbildung 13.1 Mitte links dargestellt, besprochen. In dieser Abbildung sind zwei metallische Leiter zu sehen, die parallel angeordnet sind und die beide von einem konstanten Strom (Gleichstrom) $\underline{I}_1$ im Leiter 1 sowie $\underline{I}_2$ im Leiter 2 durchflossen werden. Es wird angenommen, dass die beiden Leiter unendlich lang seien. In diesem Fall bilden sich aufgrund der beiden Ströme $\underline{I}_1$ und $\underline{I}_2$ jeweils pro Strom ein zugeordneter magnetischer kreisförmig geschlossener Feldstärkeverlauf $\underline{H}_1$ bzw. $\underline{H}_2$ aus.

Es gelten die vier Maxwell'schen Gleichungen:[1]

(**1**) Gaußsches Gesetz:

$$\vec{\nabla} \cdot \vec{E} = \text{div} \vec{E} = \frac{\rho}{\epsilon_0} \tag{13.16}$$

(**2**) Gaußsches Gesetz für Magnetfelder:

$$\vec{\nabla} \cdot \vec{B} = \text{div} \vec{B} = 0 \tag{13.17}$$

(**3**) Induktionsgesetz:

$$\vec{\nabla} \times \vec{E} = \text{rot} \vec{E} = -\frac{\partial \vec{B}}{\partial t} \tag{13.18}$$

(**4**) Erweitertes Durchflutungsgesetz:

$$\vec{\nabla} \times \vec{B} = \text{rot} \vec{B} = \mu_0 \vec{j} + \mu_0 \epsilon_0 \frac{\partial \vec{E}}{\partial t} \tag{13.19}$$

mit

$$\vec{\nabla} = \left(\frac{\partial}{\partial x_1}, ..., \frac{\partial}{\partial x_i} \right)$$

der magnetischen Flußdichte

$$\underline{B}_1 = \mu_0 \, \underline{H}_1 = \frac{\mu_0 \, \underline{I}_1}{2\pi \, r_1} \quad \text{in} \quad Vs/m^2 \tag{13.20}$$

und der Permeabilität

$$\mu_0 = 1,2566 \, 10^{-6} \quad \text{in} \quad N/A^2 \tag{13.21}$$

---

[1] Anmerkung zur Schreibweise in den Gleichungen 13.16 bis 13.20:
In der Literatur werden die Feldgrößen in vektorieller Schreibweise dargestellt. In diesem Buch müssen vektorielle Feldgrößen jedoch aus Gründen einer einheitlichen Notation mit einem Unterstrich versehen werden - z.B. Gleichungen 13.20ff.

Nach Maxwell ist der Zusammenhang zwischen magnetischer Feldstärke $\underline{H}$ und Stromdichte $\underline{j}$ bzw. $\underline{I}$ durch Gleichung 13.22 gegeben – unter Berücksichtigung der elektrischen Flußdichte bei Anwesenheit eines Dielektrikums kann das Durchflutungsgesetz auch wie folgt dargestellt werden:

$$\mathrm{rot}\underline{H} = \underline{\nabla} \times \underline{H} = \underline{j} + \frac{\partial \underline{D}}{\partial t} \qquad (13.22)$$

mit $\underline{D}$ als der elektrischen Flußdichte $\underline{D} = \epsilon_0 \cdot \underline{E} + \underline{P}_e$ und $\underline{P}_e$ als den Vektor einer elektrischen Polarisation in einem dielektrischen Medium.

Das Durchflutungsgesetz nach Maxwell kann somit mit der Stromdichte $\underline{j}$ im Leiter wie folgt geschrieben werden:

$$\oint_{\partial L_A} \underline{H}\, d\underline{l} = \int\int_{A_L} \underline{j}\, dA \;+\; \int\int_{A_L} \frac{\partial D}{\partial t}\, d\underline{A} = \underline{I}_{eingeschlossen} \qquad (13.23)$$

Die Darstellung zur Erklärung der Lorentzkraft erfolgt anhand Abbildung 13.1 Mitte links. Ausgehend von Gleichung 13.22 wird in der technischen Schreibweise - beispielsweise in Gleichung 13.24 - der Zusammenhang zwischen dem Strom $\underline{I}_1$ und der magnetischen Feldstärke $\underline{H}_1$ angegeben.

In Gleichung 13.24 ist der Winkel zwischen den Größen Geschwindigkeit v der Ladungsträger zu magnetischer Flußdichte $\underline{B}$ noch einstellbar. In der Gleichung 13.24 sind dagegen die Anforderungen an den optimalen Winkel bereits durch die Konstruktion berücksichtigt worden und sind somit nicht mehr in der Gleichung 13.24 enthalten.

In gleicher Weise erzeugt der Gleichstrom $\underline{I}_2$ die magnetische Feldstärke $\underline{H}_2$, dieses ist jedoch nicht in Abbildung 13.1 Mitte links dargestellt.

Die Gleichströme $\underline{I}_1$ und $\underline{I}_2$ erzeugen die magnetischen Felder $\underline{H}_1$ sowie $\underline{H}_2$, welche kreisförmige Verläufe haben.

Bei einem unendlich langen Leiter kann die Gleichung 13.22 umgeschrieben werden zu:

$$\underline{H}_1 = \frac{\underline{I}_1}{2\pi r_1} \qquad (13.24)$$

Für die Berechnung der Lorentzkraft sind die Größen $\underline{I}_1$ zu $\underline{H}_1$ oder $\underline{I}_2$ zu $\underline{H}_2$ notwendig. Die magnetischen Feldstärken $\underline{H}$ haben geschlossene, kreisförmige Verläufe mit dem Radius r, mit zunehmendem Radius r verringert sich der Betrag von $\underline{H}$ um $1/r$.

Unter Berücksichtigung der Winkel-Anforderungen, die noch besprochen werden müssen, kann die Gleichung 13.23 umgeschrieben werden zur Gleichung 13.24, die Winkel-Anforderungen sind daher nicht mehr in der Gleichung 13.24 enthalten, dies erfolgte bereits bei der Konstruktion.

Die Gaußschen Gleichungen 13.16 bis 13.19 werden somit vereinfacht in den technischen Systemen verwendet, da bei der Konstruktion und/oder der Ausführung des Systems Anforderungen wie beispielsweise die Winkel-Anforderungen erfüllt werden können. Die Gleichung für die Lorentzkraft $\underline{F}_L$ verwendet in ihrer physikalischen Form das Kreuzprodukt, da der Winkel zwischen der magnetischen Flußdichte $\underline{B}$ und der Fläche A berücksichtigt werden muss.

In der technischen Ausführung ändert sich das Kreuzprodukt zur Multiplikation, da die 90°-Winkel-Bedingung berücksichtigt ist, siehe die Unterschiede von Gleichung 13.25 zu Gleichung 13.151.

$$\underline{F}_L = \underline{q}_2 \cdot (\underline{v}_2 \times \underline{B}_1) \quad \text{in N} \tag{13.25}$$

Die Gleichung 13.151 ist für einen Ankerleiter i gültig und ist in der technischen Form geschrieben.

$$\underline{F}_i = n \cdot e \cdot \underline{v} \cdot \underline{B}_L \quad \text{mit } \underline{v} \perp \underline{B}_L \tag{13.26}$$

Die magnetische Feldstärke $\underline{H}$ wird durch die Gleichung 13.24 beschrieben, es besteht keine Abhängigkeit vom Material. In der magnetischen Flußdichte $\underline{B}$ wird durch $\mu_{r(\underline{H},\text{Material})}$ der Einfluß des Materials berücksichtigt:

$$\underline{B} = \mu_0 \cdot \mu_{r(\underline{H},\text{Material})} \cdot \underline{H} \tag{13.27}$$

Der magnetische Fluß $\underline{\Psi}$ ergibt sich zu $\underline{\Psi} = \underline{B} \cdot A$, mit A der Fläche des Magnetfeldes, wobei der Winkel zwischen der Fläche A und der Richtung der magnetischen Flußdichte $\underline{B}$ möglichst 90° beträgt.

Die Darstellungen zur Erklärung der Lorentzkraft erfolgen anhand der Abbildung 13.1 Mitte links. Die Größen $\underline{I}_1$ und $\underline{I}_2$ sind Gleichströme, die nach Gleichung 13.25 die magnetischen Feldstärken $\underline{H}_1$ und $\underline{H}_2$ erzeugen. Die Funktion der Lorentzkraft erfordert erstens, dass der Gleichstrom $\underline{I}_2$ im Leiter 2 durch den Strom sich bewegender Ladungsträger im Leiter 2 gekennzeichnet ist und sich zweitens der Leiter 2 im Magnetfeld der magnetischen Flußdichte $\underline{B}$ befindet. Die für den Stromfluß notwendige Gesamtladung $\underline{Q}_2 = n \cdot q$ wird durch die Zahl n der Ladungsträger mit der Elementarladung q eingestellt:

$$\text{Elementarladung } q = 1,60279 \cdot 10^{-19} \, \text{C} \tag{13.28}$$

In 1 MOL Kupfer, 1 MOL=63,6 g, sind $6,02 \cdot 10^{23}$ Elektronen enthalten. Die Geschwindigkeit v (=Driftgeschwindigkeit) der Ladungsträger Elektronen im Kupferdraht-Leiter ist $v = 7,4 \cdot 10^{-5} m/s$ bei einer Elektronendichte im metallischen Leiter $n = 8,4 \cdot 10^{28} \cdot 1/(m^3)$.
Der Strom $\underline{I}_2$ ergibt sich zu

$$\underline{I}_2 = \frac{n_2 \cdot q}{\Delta t} = \frac{Q_2}{\Delta t}$$

Es muß somit unterschieden werden zwischen der Geschwindigkeit v der Ladungsträgerelektronen und der Lichtgeschwindigkeit im Vakuum von 300.000 km/s bzw. bei Atmosphärendruck von 220.000 km/s. Mit Lichtgeschwindigkeit wird die Information in die Atmosphäre über eine Änderung im System übermittelt, d.h. die Information ist praktisch gleichzeitig überall im System verfügbar, da die Elektronen sich überall und gleichzeitig im System bewegen können. Die Länge l_2 des Leiters 2 im Magnetfeld mit der magnetischen Flußdichte $\underline{B}_1$ wird in der Zeit $\Delta t_2 = l_2/v_2$ die Meßstelle durchlaufen.

Die positiven Stromrichtungen sind durch Pfeilspitzen gekennzeichnet, bzw. durch einen Punkt an der Vektorspitze oder durch ein Kreuz am Vektorende. Der Stromfluß geht vom positiven zum negativen Anschluß. Bei negativen Ladungsträgern kehrt sich die Bewegung des Stromflusses um, der Stromfluß geht dann vom negativen zum positiven Anschluß. Eine Erhöhung des Strombetrags resultiert in einer Erhöhung der Anzahl n der Ladungsträger, welche in der Zeit Δt die Meßstelle durchlaufen.

Die Lorentzkraft $\underline{F}_L$ entsteht, wenn der vom Strom $\underline{I}_2$ durchflossene Leiter 2 sich in der Fläche der magnetischen Flussdichte $\underline{B}_1$ befindet. Die besten Ergebnisse für die Lorentzkraft werden erzielt, wenn sich der erste 90°-Winkel zwischen den beiden Achsen $\underline{H}_1$ und $\underline{I}_2$ ausbilden, die die Ebene aufspannen. Die zweite Bedingung ist, dass die Lorentzkraft einen Winkel von 90° zur Ebene von $\underline{H}_1$ und $\underline{I}_2$ bildet.

Die Lorentzkraft ergibt sich nach Gleichung 13.25 zu

$$\underline{F}_L = q_2 \cdot (\underline{v}_2 \times \underline{B}_1) \quad \text{in} \quad N \tag{13.29}$$

mit der magnetischen Flussdichte $\underline{B}_1$,

$$\underline{B}_1 = \mu_0\underline{H}_1 = \frac{\mu_0\underline{I}_1}{2\pi r_1} \quad \text{in} \quad Vs/m^2 \tag{13.30}$$

der Permeabilität μ_0,

$$\mu_0 = 1,2566 \cdot 10^{-6} \quad \text{in} \quad N/A^2 \tag{13.31}$$

Die beiden 90°-Bedingungen werden somit vorteilhaft bei der Konstruktion berücksichtigt, siehe auch Kapitel 13.2.5.1, Abbildung 13.5 und der vom Material abhängigen Permeabilität $\mu_{r(\underline{H},Material)}$.

Die Materialabhängigkeit der Lorentzkraft $\underline{F}_i$ wird in Kapitel 13.2.5.2 und der Einfluss des ferromagnetischen Materials Eisen auf die Flussdichte $\underline{B}$ werden in Kapitel 13.2.5.4 besprochen. Die Eisenverluste bestehen aus den Wirbelstromverlusten und den Hystereseverlusten.

Weitere Themen sind die Oberflächenströme, das Verhalten von magnetischen Materialien und Anordnungen sowie die umfangreichen, physikalischen Darstellungen der Funktionen der Gleichstrommaschine.

Ausgehend von der Quellenfreiheit des $\underline{B}$-Feldes $\text{div}\underline{B} = 0$ kann man $\text{div}\underline{B}$ durch $\text{div}(\mu_0 \cdot \mu_{r(\underline{H},Material)} \cdot \underline{H})$ ersetzen, die Ausführung der Berechnung ergibt, dass durch $\mu_{r(\underline{H},Material)}$ die Quellenfreiheit von $\text{div}\underline{H} = 0$ zu $\text{div}\underline{H} \neq 0$ geändert wird, das Kriterium ist der Gradient der Permeabilitätszahl.

Zu beachten ist außerdem die Hysterese von der magnetischen Feldstärke $\underline{H}$ zur magnetischen Flußdichte $\underline{B}$, siehe Abbildung 13.10 in Kapitel 13.2.5.4 und Gleichung 13.31.

Die Lorentzkraft ergibt sich somit aus dem Kreuzprodukt in Gleichung 13.25 $q_2\,\underline{v}_2$ und der magnetischen Flussdichte $\underline{B}_1 = \underline{\Psi}_1 \,/\, A$ mit $\underline{\Psi}$ dem magnetischen Fluss und A der zugeordneten Fläche. Wenn wir nun zu der Abbildung 13.1 Mitte links mit den beiden unendlich langen, stromdurchflossenen Leitern zurückkommen und die obige Gleichung der Lorentzkraft auf diese Anordnung übertragen, dann gilt bei einer vorgegebenen Länge l_2 des Leiters 2; siehe auch Kapitel 13.3.1.1, Abbildung 13.21:

$$\underline{F}_L = \underline{F}_{\underline{H}_1} = \mu_0 \, \frac{I_2(l_2 \,\times\, \underline{I}_1)}{2\,\pi\,r_1} \quad \text{in} \quad N \qquad (13.32)$$

Für die Beschreibung der Funktion der Lorentzkraft wird entweder der technische Ansatz oder der physikalische Ansatz verwendet. Beim technischen Ansatz erfolgt die Einteilung in positive und negative Stromrichtung. Beim physikalischen Ansatz wird berücksichtigt, dass in metallischen Leitern die Elektronen die negativen Ladungsträger sind und es keine positiven Ladungsträger mit hoher Beweglichkeit gibt.

In den folgenden Kapiteln wird der technische Ansatz verwendet.

Es sei darauf hingewiesen, dass die freien Elektronen im Leitungsband metallischer Leiter eine größere Beweglichkeit als die positiven Ladungsträger - wie beispielsweise die Löcher - in der Halbleiterphysik haben. Die Löcher in der Halbleiterphysik sind ionisierte Atome der Dotierung, die im Kristallgitter gebunden sind und die sich nur durch Änderung der Positionen der ionisierten Atome bewegen.

Die Orientierung von $\underline{H}_1$ wird mit der Rechtsschrauben-Regel bestimmt. Bei der Rechtsschrauben-Regel folgt der Daumen der rechten Hand der technisch positiven Stromrichtung von beispielsweise dem Gleichstrom $\underline{I}_1$, es bestehen die kreisförmigen Verläufe vom magnetischen Feld $\underline{H}_1$. Die vier verbleibenden Finger der rechten Hand zeigen die Spitzen der kreisförmigen magnetischen Felder $\underline{H}_1$ bei unterschiedlichen Radien r, siehe Abbildung 13.1 Mitte links. Wenn statt des technischen Ansatzes der physikalische Ansatz mit den Elektronen als Ladungsträger gewählt wird, dann muß statt der rechten Hand die linke Hand verwendet werden.

In Abbildung 13.1 Mitte links wird die Entstehung der Lorentzkraft erläutert und damit bei den elektrischen Maschinen die Entstehung des Drehmoments gezeigt. Die Erläuterung der Entstehung der Lorentzkraft erfolgt mit der Drei-Finger-Regel. Die Eingangsgrößen sind die positiven Ströme $\underline{I}_1$ und $\underline{I}_2$, wobei der Strom $\underline{I}_1$ das magnetische Feld $\underline{H}_1$ erzeugt.

Am Arbeitspunkt werden bei der Drei-Finger-Regel der Vektor $\underline{H}_1$ und der Strom $\underline{I}_2$ genutzt. Die Größen $\underline{H}_1$ und $\underline{I}_2$ spannen eine Ebene auf, wobei die Achsen einen Winkel von 90° bilden. Senkrecht zu dieser Ebene sollte sich die Lorentzkraft $\underline{F}_L$ ausbilden. Bei der Drei-Finkter-Regel zeigt der Daumen der rechten Hand in die positive Richtung des Stroms $\underline{I}_2$ und folgt damit dem technischen Ansatz. Der Zeigefinger der rechten Hand zeigt in die Richtung der Tangente von $\underline{H}_1$, wobei der Vektor $\underline{H}_1$ und der Strom $\underline{I}_2$ einen Winkel von 90° bilden. Der Mittelfinger zeigt die Orientierung der Lorentzkraft $\underline{F}_L$ an und bildet mit der Ebene einen Winkel von 90°, siehe Abbildung 13.1 Mitte links. Die Lorentzkraft $\underline{F}_L$ ist vorteilhaft zu nutzen, wenn die räumliche Orientierung von $\underline{I}_2$ und $\underline{H}_1$ am Arbeitspunkt einen Winkel von 90° und die Ebene zur Lorentzkraft ebenso einen Winkel von 90° aufweisen. Abweichungen von den 90°-Anforderungen führen zu geringeren Lorentzkräften.

Es besteht die Frage, ob – und falls ja – wie das System magnetisch neutral eingesetzt werden kann, d.h. das Gesamtsystem nach außen magnetisch nicht erkennbar ist. Dieser Zustand wird erreicht, wenn ein zweites System mit den gleichen Abmessungen und Daten realisiert wird, die Ströme zwar mit gleichem Betrag aber entgegengesätzlicher Richtung der Ströme betrieben werden. Die beiden Systeme haben die gleiche Struktur und die gleichen Beträge der Ströme, aber mit gegensätzlicher Wirkungsrichtung der Ströme, sodass sich die beiden Systeme magnetisch kompensieren und damit das Doppelsystem magnetisch neutral ist.

Wie die eingezeichnete Kraft $\underline{F}_L$ beim Leiter 2 besteht eine entsprechende Kraft auf den Leiter 1. Diese Kräfte werden bei einem Kurzschlußstrom sehr groß, die Leiter können sich aus ihren Befestigungen lösen und große mechanische Schäden bewirken. Diese mechanischen Schäden nach außen können vermieden werden, wenn der Leiter, der den positiven Strom führt und Leiter, der den negativen Strom führt, koaxial angeordnet werden. Da diese koaxiale Anordnung der Leiter nicht einfach zu realisieren ist, werden die beiden Leiter 1 und 2 verdrillt. Bei großen Leistungen wird die Fläche, welche beide Leiter aufspannen, auf diese Weise minimiert.

Die in Abbildung 13.1 Mitte links eingezeichnete Kraft $\underline{F}_L$ wirkt sich auf den Leiter 2 aus, der selbe Effekt ist beim Leiter 1 festzustellen. Diese Kräfte können beispielsweise bei einem Kurzschluß so groß werden, dass sich die Leiter von den Befestigungen lösen und auf diese Weise große mechanische Schäden verursachen können.

In der Abbildung 13.1 Mitte rechts ist eine mechanisch-elektrische Anordnung gezeigt, die die Lorentzkraft nutzt, es ist die Gleichstrom-Nebenschlußmaschine. Die Abbildung 13.21 in Kapitel 13.3 und die Abbildung 13.5 in Kapitel 13.2.5.1 zeigen die mechanischen Strukturen.

Abbildung 13.21, Kapitel 13.3.1.1, zeigt die magnetischen Strukturen mit ferromagnetischen Rückschlüssen – vorzugsweise isolierte Eisenbleche – die den magnetischen Fluß $\underline{\Psi}$ mit der Annahme $\underline{\Psi} = \underline{B}_L \cdot A_L = \underline{B}_E \cdot A_E$ zu den beiden Luftspalten der Polschuhen mit der Fläche A_L führt.

Auf dem Rotor – hier Anker genannt – werden die Ankerleitungen parallel zur Achsenrichtung der Gleichstromnebenschlußmaschine angeordnet. In der Realität werden die Ankerleitungen und die Erregerleitungen in Nuten eingelegt, siehe Kapitel 13.3.1.4, Abbildung 13.26. In der Abbildung 13.21 wird die Richtung des Magnetfeldes $\underline{B}_L$ durch die senkrechte Richtung in die Blatt-Ebene hinein erfaßt. Wenn man die Abbildung 13.1 mit der Abbildung 13.21 vergleicht, dann entsprechen sich $\underline{I}_1 = \underline{I}_E$, $\underline{I}_2 = \underline{I}_A$, $\underline{H}_1 = \underline{H}_E$, $\underline{B}_1 = \underline{B}_E$ und $\underline{\Psi}_E = \underline{\Psi}I_L$; die beiden 90°-Winkel werden durch die Konstruktion eingehalten.

Bei der Gleichstromnebenschlußmaschine werden die beiden Erregerspulen mit dem Erregerstrom $\underline{I}_E$ gespeist. Der über den Erregerstrom $\underline{I}_E$ einstellbare magnetische Fluß $\underline{\Psi}$ wird über die Flächen A_E der Zylinderspulen der Erregerwicklungen zu den Polschuhen mit den Luftspaltflächen A_L und der Länge l_L der Luftspalte zum magnetischen Rückschluß aus isolierten Eisenblechen geführt. Die magnetische Flußdichte $\underline{B}_E$ der Erregerspulen ändert sich zur magnetischen Flußdichte $\underline{B}_L$ im Luftspalt, siehe Gleichung 13.33.

$$\underline{B}_L = \frac{A_E}{A_L}\,\underline{B}_E = \mu_0 \cdot \mu_r \cdot \frac{\tau_E}{\tau_L}\,\frac{w_E}{l_E}\,\underline{I}_E \tag{13.33}$$

Die Gleichung 13.33 sagt weiterhin aus, dass der Fluß im Magnetkreis konstant ist: $\underline{\Psi} = \underline{B}_L \cdot A_L = \underline{B}_E \cdot A_E$. Zu beachten ist, dass die Lorentzkraft und damit das Drehmoment nun nicht mehr von der Flußdichte $\underline{B}_E$, sondern von der Flußdichte $\underline{B}_L$ abhängig ist.

In Abbildung 13.21 ist im oberen linken Ausschnitt des Polschuhs der Leiter i der Länge l_A, parallel zur Motorachse, im Bereich des Magnetfeldes und dem Radius r dargestellt. Der Leiter i führt den Ankerstrom $\underline{I}_A$. Im Luftspalt sei die Flussdichte $\underline{B}_L$ homogen. Die 90°-Bedingung ist durch die Konstruktion erfüllt, damit ergibt sich die Lorentzkraft $\underline{F}_i$ des Leiters i zu Gleichung 13.34

$$\underline{F}_i = (\underline{I}_A \times \underline{B}_L) \cdot l_A) \quad \text{in} \quad N \tag{13.34}$$

oder zu Gleichung 13.151 mit der Annahme, dass in der Zeiteinheit Δt insgesamt n Elektronen den Leiter der Länge l_A mit der Geschwindigkeit $v_A = \underline{I}_2/\Delta t$ passiert, bzw. der Strom den Betrag von $\underline{I}_2$ hatte. Das Drehmoment $\underline{M}_i$ des Leiters i ist $\underline{M}_i = \underline{F}_i \cdot r$.

Das Drehmoment $\underline{M}_{Mi}$ ergibt sich somit durch Addition der Anzahl der Leiter unter den beiden Polschuhen. Im Ankerstellbereich wird der Erregerstrom $\underline{I}_E = konstant$ auf den Nennwert eingestellt, der den Nennwert des Erregerflusses $\underline{\Psi}_E$ realisiert, der Ankerstrom $\underline{I}_A$ ist variabel und beeinflußt das Drehmoment $\underline{M}_{Mi}$. Im Feldschwächbereich wird der Erregerstrom $\underline{I}_E$ mit $1/N$ (N=Ankerdrehzahl) verändert. Bisher wurden stationäre Betriebszustände erläutert, in dynamischen Zuständen gilt die Lenzsche Regel, siehe Gleichung 13.41.

Die Lenzsche Regel besagt, dass Änderungen des Stroms – und damit des magnetischen Flusses $\underline{\Psi}$, der magnetischen Flußdichte $\underline{B}$ und der magnetischen Feldstärke $\underline{H}$ – in Stromkreisen mit magnetischen Komponenten verzögert reagieren, siehe auch Kapitel 13.2.3, Gleichung 13.36 und 13.37. Die Verzögerung ist durch den Magneten bedingt, der im Ersatzschaltbild einen Widerstand $\underline{R}_A$ und eine Induktivität $\underline{L}_A$ enthält, siehe Abbildung 13.21 und Abbildung 3.3 sowie den Gleichungen von 3.10 bis 3.14. Bei der dynamischen Betrachtung muß daher die Signalverarbeitung im Stromregelkreis berücksichtigt werden.

Dynamisches Verhalten des Stellglieds und zugehörige Signalverarbeitung

In den Abbildungen 12.28 und 12.29, Kapitel 12.7.3, erfolgt eine Gegenüberstellung des dynamischen Verhaltens des Stellglieds in Abhängigkeit von der Ansteuerung. Die Abbildung 12.28 zeigt das Verhalten des Stellglieds bei zeitdiskreter Signalverarbeitung, d.h. abgetasteter Signalverarbeitung, resultierend ist das Totzeit-Verhalten des Stellglieds. Die Abbildung 12.29 ergibt sich bei zeitkontinuierlicher Signalverarbeitung und entspricht damit einer analogen parallel arbeitenden Signalverarbeitung, resultierend ist das vorteilhafte prädiktive Verhalten.

Hier soll eine Schätzung des dynamischen Verhaltens der Strom-Regelkreise bei zeitkontinuierlicher und zeitdiskreter Signalverarbeitung erarbeitet werden. Im Lehrbuch „Elektrische Antriebe – Regelung von Antriebssystemen" werden die dynamischen Modelle der Stellglieder und die zugehörigen Signalverarbeitungen ausführlicher entwickelt.

Die dynamischen Modelle der selbstgeführten Stellglieder sind im allgemeinen Totzeitglieder mit konstanter Totzeit T_t. Das dynamische Verhalten des geregelten Strom-Regelkreises ist aber auch von der Signalverarbeitung im Regelkreis abhängig.

Die folgenden Abschätzungen der Dynamik des Stromregelkreises sollen anhand der Abbildungen 4.55 und 4.56 in Kapitel 4.5.1 erfolgen. Abbildung 4.55 zeigt die Funktionen der Steuerung, die im geschlossenen Regelkreises zu beobachten sind. Eine vorteilhaftere Abschätzungen ergibt sich, wenn die zeitkontinuierliche Signalverarbeitung verwendet wird.

Die folgenden Abschätzungen der Dynamik des Stromregelkreises sollen anhand der Abbildung 4.55 in Kapitel 4.5.1 erfolgen. Abbildung 4.55zeigt die Funktion der Steuerung, die Steuerspannung u_{st} wird mit der Sägezahnspannung u_{sz} verglichen und bei dem Schnittpunkt beider Spannungen wird der Einschaltimpuls beispielsweise für den IGBT ausgelöst. Die Sägezahnspannung u_{sz} hat die Dauer der Periode T, das ist die Abtastdauer. Unter der Annahme, dass die Steuerspannung u_{st} nicht korrelliert ist mit der Sägezahnspannung u_{sz}, ergibt sich der Mittelwert der Wartezeit T_w des Stellglieds mit $0 < T_w < T$, die gemittelte Wartezeit ist die Totzeit $T_t = T/2$ für das dynamische Verhalten des Stellglieds. Wenn dagegen eine zeitdiskrete Signalverarbeitung gewählt wird, dann wird der analoge Strom-Istwert mit der ersten Abtastung erfaßt, es folgt eine zweite Abtastung für die Wandlung von analog zu digital und abschließend die Impulserzeugung in der Steuerung mit der dritten Abtastung. In der zeitkontinuierlichen Signalverarbeitung ist in der Steuerung die resultierende Totzeit $T_t = T/2$.

Bei der zeitdiskreten Signalverarbeitung mit den drei Abtastperioden ist die resultierende Totzeit $T_t = 3T/2$. Die Totzeiten T_t sind die kleinen Zeitkonstanten, die das dynamische Verhalten des geschlossenen Regelkreises bestimmen.

Die zeitkontinuierlichen Signalverarbeitung ist damit dynamisch dreifach günstiger als die zeitdiskrete Signalverarbeitung, denn die resultierenden Ersatz-
Zeitkonstanten der geschlossenen Regelkreise sind $2 \cdot T_t = 2 \cdot T/2 = T$ bei der
zeitkontinuierlichen Signalverarbeitung und $2 \cdot T_t = 2 \cdot 3T/2 = 3T$ bei zeitdiskreter Signalverarbeitung. Dieser dynamische Vorteil wird beispielsweise bei
Prüfständen für Antriebsstränge genützt, wenn der Verbrennungsmotor durch
einen Elektromotor ersetzt wird, der das Trägheitsmoment und den Verlauf des
Drehmoments an der Kurbelwelle nachbilden kann. Entsprechende Forderungen
bestehen bei den Radmotoren. Diese Anordnungen sind sehr vorteilhaft, denn
statt des verbrauchten Kraftflusses sind nur die geringen elektrischen Verluste zu
berücksichtigen. In allen diesen Fällen wird die Signalverarbeitung zur Stromregelung separat, zeitkontinuierlich und damit direkt am Stellglied ausgeführt.
Wenn der Strom-Regelkreis optimiert ist, dann können weitere Regelkreise wie
beispielsweise der überlagerte Drehzahl-Regelkreis realisiert werden.

13.2.3   Magnetfeld - Induktionsspannung

In dem vorigen Unterkapitel war ein „konstanter" Strom bei einem Zwei-Leiter-
System angenommen und damit – ausgehend von der Lorentzkraft – das Prinzip
der Gleichstrommaschine erklärt worden. In diesem Unterkapitel soll nun angenommen werden, daß bei einem Zwei-Leiter-System zeitlich variable Ströme –
beispielsweise sinusförmige Ströme – in den beiden Leitern fließen sollen. Zeitlich
variable Ströme erzeugen zeitlich variable magnetische Feldstärken, Flußdichten
und Flüsse. Wir gehen jetzt von der Abbildung 13.1 unten links aus. In dieser
Abbildung wird die erste Leiterschleife von einer sinusförmigen Spannung U_Q gespeist, die einen sinusförmigen Strom I_1 bewirkt und damit magnetische Größen,
die ebenso sinusförmig sind. Es sei darauf hingewiesen, dass sich das magnetische
Feld $\underline{H}$, die magnetische Flußdichte $\underline{B}$ und der magnetische Fluß $\underline{\Psi}$ bei den kreisförmig angenommenen Leitern wesentlich komplexer ausbildet als in Abbildung
13.1, Mitte links mit den beiden unendlich langen Leitern. Diese Komplexität
soll hier aber nicht diskutiert werden.
Das dynamische Verhalten des Stellglieds und die zugehörige Signalverarbeitung
werden in Kapitel 13.2.2 erläutert.

Die Spannung U_Q hat zwei Komponenten, die Spannung U_1, um den Spannungsabfall am ohmschen Widerstand der Leiterschleife 1 zu kompensieren und
ΔU_1. Wenn beide Leiter aus supraleitendem Material hergestellt wären, dann
entfallen die ohmschen Spannungsanteile U_1 der Leiterschleife 1 und U_2 der
Leiterschleife 2. Es verbleiben die Spannungsanteile ΔU_1 und ΔU_2, die durch
die Änderung der magnetischen Größen bedingt sind. Ohne schon jetzt auf diese
Spannung, induzierte Spannung genannt, einzugehen, wollen wir das Neutra-
litätsproblem diskutieren. Wenn der Strom I_1 sinusförmig ist, dann muss der
Strom I_2 ebenso sinusförmig sein, zeitlich gleichen Amplitudenwerte wie I_1 haben, identische räumliche Position der beiden Leiterschleifen realisierbar sein,
aber die beiden Ströme müssen gegensinnige Stromrichtung aufweisen, es besteht

also wiederum eine dreifache Forderung. Es ist nachvollziehbar, dass unter diesen Bedingungen die beiden magnetischen Feldstärken sich an jedem Ort vollständig kompensieren, das Gesamtsystem ist daher nach außen hin wieder neutral.

Es besteht nun die Frage, wie die positiven und negativen Beschleunigungen der Ladungsträger Elektronen erzeugt werden. In Abbildung 13.1, unten links, fällt die Spannung ΔU_1 in der Leiterschleife 1 ab, erzeugt eine elektrische Feldstärke $\underline{E}_1 = \Delta U_1/\underline{l}_1$ mit der Länge l_1 der Leiterschleife 1 und erzeugt die Beschleunigung $\underline{a}_1$ für die Elektronen im Leiter 1. Dies führt zu einer Änderung der magnetischen Feldstärke $\underline{H}_1$, der magnetischen Flussdichte $\underline{B}_1$ bzw. des magnetischen Flusses $\underline{\Psi}_1$. Die Flussänderung erzeugt die induzierte Spannung u_{ind2} in der Leiterschleife 2:

$$u_{ind2} = -\frac{d\underline{\Psi}_1}{dt} = -L\frac{d\underline{I}_1}{dt} \tag{13.35}$$

Die in der Leiterschleife 2 induzierte Spannung u_{ind2} fällt in der Leiterschleife 2 ab, erzeugt ein elektrisches Feld $\underline{E}_2 = u_{ind2} / \underline{l}_2$ mit l_2 der Länge der Leiterschleife 2 und damit eine Coulomb-Kraft $\underline{F}_{C2} = q\,\underline{E}_2$, welche die Elektronen im Leiter 2 die positive oder negative Beschleunigung einprägt. Bei idealer Kopplung beider Leiterschleifen – keine Streuung – sind ΔU_1 und ΔU_2 gegensinnig gleich.

Wenn alle Leiterspannungen – Kapitel 13.3.3, Abbildung 13.28 – unter dem Polschuh in Abbildung 13.21 summiert werden, dann ergibt sich die elektromotorische Kraft EMK bzw. die induzierte Gegenspannung E_A der Gleichstrom-Nebenschlussmaschine.

Die obigen Gleichungen sollen verallgemeinert für elektrische Maschinen interpretiert werden - siehe Kapitel 13.3.3, Abbildung 13.28: wenn ein gerader Leiter quer durch ein homogenes Magnetfeld bewegt wird, dann wirkt auf die freien Elektronen im metallische Leiter die Lorentzkraft $\underline{F}_L$. Aufgrund der Lorenzkraft erfolgt eine Ladungsträger-Verschiebung im Leiter und bedingt durch die Unterschiede der Konzentration der Ladungsträger im Leiter wirkt die Coulomb-Kraft $\underline{F}_C$. Zu jedem Zeitpunkt gilt $\underline{F}_L + \underline{F}_C = 0$, es ergibt sich

$$\underline{E} = -\,(\underline{v} \times \underline{B}) \tag{13.36}$$

damit entsteht die induzierte Spannung u_{ind} zu

$$u_{ind} = -L\,\frac{d\underline{I}}{d\underline{l}} = \int \underline{E}d\underline{l} = -\int (\underline{v} \times \underline{B})d\underline{l} \tag{13.37}$$

mit der Länge l des Leiters, der Geschwindigkeit v, der Wegstrecke $\Delta\underline{x}$ und der Fläche $A = l\,\Delta\underline{x}$ und es ergibt sich die Gleichung 13.42.

In der Abbildung 13.1 unten rechts soll nun der in der Abbildung unten links dargestellte Zusammenhang auf technischen Geräten übertragen werden. Im vorliegenden Fall der Abbildung 13.1 unten rechts ist das technische Gerät ein Transformator, dessen Primärwicklung 1 von einer Wechselspannung gespeist wird. Bei idealer Kopplung der Primär- und Sekundärwicklung - keine Streuung - wird sich ein nach außen hin neutrales Gesamtsystem ergeben. Es entsteht in der Sekundärwicklung 2 eine entsprechende Flußänderung und daher eine Wechselspannung gleicher Frequenz und bei gleicher Wicklungszahl n der beiden Wicklungen gleicher Amplitude. Sollten die Wicklungszahlen unterschiedlich sein, gilt:

$$\frac{n_1}{n_2} = \frac{U_1}{U_2} = \frac{I_2}{I_1} \tag{13.38}$$

Wesentlich sind somit die beiden Effekte:

$$\frac{U_1}{U_2} = \frac{n_1}{n_2} \ d.h \ U_2 \ = \ U_1 \ \frac{n_2}{n_1} \tag{13.39}$$

d.h. die Spannung U_2 kann durch das Verhältnis der Wicklungszahlen eingestellt werden, und

$$\frac{I_2}{I_1} = \frac{n_1}{n_2} \ oder \ I_1 \ n_1 \ = \ I_2 \ n_2 \tag{13.40}$$

d.h. die Ampere-Wicklungszahl bleibt gleich.

Laut der Gleichung 13.35 wird bei einer Flußänderung eine Spannung, die Induktionsspannung u_{ind}, erzeugt, d.h. zeitlich veränderliche Flüsse erzeugen induzierte Spannungen, siehe Gleichung 13.41 in allgemeiner Formulierung, in Gleichung 13.42 eine Abwandlung für Gleichstrommaschinen und in Kapitel 13.2 die Magnetfeldinduktionsspannung.

$$u_{ind} = -\frac{d\underline{\Psi}}{dt} = -L\frac{d\underline{I}}{dt} \tag{13.41}$$

$$u_{ind} = l_A \cdot (v_A \times B_L) \tag{13.42}$$

Ausführliche Erläuterungen sind in den folgenden Kapiteln zu finden.

Das Kapitel 13.2.3 behandelt das zeitlich veränderte Magnetfeld, somit die Induktionsspannung sowie die Wechselwirkungen von Ladungen. Die Funktion des Transformators der Spannungen mittels des Verhältnisses der Windungszahlen von den beiden Wicklungen wird erläutert. Kapitel 13.2.4 behandelt die Erzeugung der magnetischen Feldstärke $\underline{H}$, der magnetischen Flussdichte $\underline{B}$ und den magnetischen Fluß $\underline{\Psi}$.

Mittels dieses Effekts sind somit Stromkreise potentialfrei zu koppeln. Dies wird u.a. bei der Asynchronmaschine genutzt, die Primärwicklung des Transformators ist die Statorwicklung der Asynchronmaschine, die Sekundärwicklung des Transformators die kurzgeschlossene Rotorwicklung. Aufgrund der kurzgeschlossenen Rotorwicklung bildet sich ein Rotorstrom aus, der mit dem Fluß der Primärwicklung eine Lorentzkraft und damit ein Drehmoment am Rotor erzeugt, es entsteht somit eine sehr robuste und einfache elektrische Maschine.

13.2.3.1   Wechselwirkungen zwischen Ladungen – Lenz'sche Regel

Zusammenfassend stellt man folgende Regel fest: jedes System mit statischen und/oder dynamischen Ladungen besitzt eine Kraftwirkung auf weitere Ladungen, begründet auf dem Grundprinzip der Natur „Schaffung eines neutralen abgeschlossenen Gesamtsystems". Das Ziel ist, ein von der Umgebung entkoppeltes Gesamtsystem durch Beeinflussung anderer statischer bzw. dynamischer Ladungen zu schaffen, welches dann keine weitere Kraftwirkung mehr nach Außen, d.h auf weitere Ladungen besitzt und somit neutral ist. Diese auftretenden Wechselwirkungen zwischen Ladungen werden durch die in den vorigen Kapiteln angesprochenen elektrischen bzw. magnetischen Feldern beschrieben.

Durch die Felder werden Ladungen derart beeinflusst, so dass ihr eigenes existierendes oder entstehendes Feld dem ursprünglichen so gut wie möglich entgegen wirkt und dieses abbaut – je kleiner dieses wird, desto geringer wird die Kraftwirkung auf die restliche Umgebung und desto stärker wird die Entkopplung von dieser. Bezüglich sich ändernder magnetischer Felder führt das zur *GNM*: Die durch eine Feldänderung induzierte Spannung verursacht einen Strom, welcher immer so gerichtet ist, dass der Feldänderung und somit der Ursache entgegen gewirkt wird.

13.2.4   Magnetische Feldstärke

Der Zusammenhang zwischen einem felderzeugenden Strom $\underline{I}$ bzw. der Stromdichte $\underline{j}$ und der *magnetischen Feldstärke* $\underline{H}$ wird in der Elektrizitätslehre durch eine der Maxwell'schen Gleichungen, dem *Durchflutungsgesetz*, eindeutig beschrieben (Verschiebungsstrom $\partial \underline{D}/\partial t = 0$):

$$\mathrm{rot}\,\underline{H} = \underline{j} \tag{13.43}$$

Eine andere Darstellung ist:

$$\oint_{\partial A_1} \underline{H} \cdot d\underline{s} = \int_{A_2} \underline{j} \cdot d\underline{a} = \underline{I} \tag{13.44}$$

Liegt eine Stromdichte $\underline{j}$ vor, so fließt z.B. in einem Leiter des Querschnitts $\underline{A}_2$ gemäß des Flächenintegrals (Flächenelement $d\underline{a}$) ein bestimmter konstanter Strom $\underline{I}$ im Leiter. Gleichung (13.44) besagt: bildet man das Ringintegral (Streckenelement $d\underline{s}$) über die magnetische Feldstärke $\underline{H}$ entlang des Randes ∂A_1 einer beliebigen Fläche $\underline{A}_1$, durch die der stromdurchflossene Leiter verläuft, so bestimmt dieses Integral eindeutig Betrag und Richtung des felderzeugenden Stromes $\underline{I}$ – das Ringintegral der magnetischen Feldstärke ist gleich dem umschlossenen Strom. Somit steht fest, dass eine magnetische Feldstärke ein direktes Resultat einer Stromverteilung $\underline{j}$ bzw. Stromes $\underline{I}$ ist und nur von diesem sowie der Anordnung/Geometrie des Leiters abhängt. Die magnetische Feldstärke $\underline{H}$ ist demnach nur von der Quelle abhängig und damit nicht materialabhängig.

Für den einfachen Fall des langen Leiters kann diese Eigenschaft nochmals dargestellt werden, um den grundsätzlichen Zusammenhang zwischen Strom und magnetischer Feldstärke weiter zu verdeutlichen. Es ist aus der Elektrizitätslehre bekannt, dass ein gerader (unendlich) langer stromdurchflossener Leiter ein Feld erzeugt, dessen magnetische Feldlinien konzentrische Kreise um den Leiter sind (Abbildung 13.3) – dies wird mit der Gleichung (13.44) eindeutig beschrieben.

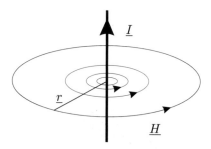

Abb. 13.3: *Magnetische Feldstärke $\underline{H}$ eines stromdurchflossenen Leiters*

Eine Merkregel für den Verlauf einzelner magnetischer Feldlinien eines stromdurchflossenen Leiters ist die Rechtsschrauben Regel, siehe Kapitel 13.2.2.

Bedient man sich dieses Wissens bezüglich des konzentrischen Feldverlaufes, kann mit Gleichung (13.44) unkompliziert der Betrag der Feldstärke um den Leiter bestimmt werden. Hierzu verwendet man für die Berechnung des Ringintegrals Flächen $\underline{A}_1$ mit konzentrischem Kreis als Berandung um den Leiter (Radius r), die senkrecht zu diesem stehen. Dadurch vereinfacht sich die Berechnung des Integrals:

$$H \cdot 2\,\pi\,r = I \qquad (13.45)$$

Für den Betrag der magnetischen Feldstärke ergibt sich somit:

$$H = \frac{I}{2\,\pi\,r} \qquad (13.46)$$

Hiermit ist ersichtlich, dass die magnetische Feldstärke lediglich proportional zum Strom ist und mit dem Inversen des Abstands r vom Leiter abnimmt, d.h. von der Geometrie abhängt. Dies wird mit Hilfe der Dichte der Feldlinien zum Ausdruck gebracht, welche mit dem Abstand zum Leiter abnimmt (Abbildung 13.3). Eine Abnahme der Feldstärke mit größer werdendem Abstand $\underline{r}$ war durchaus zu erwarten, da ähnlich zum elektrischen Feld die Wechselwirkung bzw. Kraftwirkung zwischen statischen Ladungen auch bei bewegten Ladungen bei wachsender Distanz immer geringer wird. Die Feldstärke ist in Richtung des langen Leiters stets konstant, so dass lediglich eine zwei-dimensionale Betrachtung notwendig war.

Eine höhere, w-fache Feldstärke bei gleichem Strom kann erreicht werden, wenn im obigen Beispiel w Leiter gebündelt werden:

$$H = \frac{I \cdot w}{2\,\pi\,r} \qquad (13.47)$$

Eine vom Strom I durchflossene Spule mit w Windungen erzeugt somit eine höhere magnetische Feldstärke H. Für die Berechnung des Feldes kann allerdings nun die Gleichung (13.44) alleine nicht mehr herangezogen werden, da das Feld in einem beliebigen Punkt stets von allen Raumkoordinaten abhängt und somit für die notwendige Betrachtung im dreidimensionalen Raum diese Gleichung nicht mehr nach H aufgelöst werden kann (für den einfachen Fall des langen Leiters reicht aus Symmetriegründen eine zweidimensionale Betrachtung entlang des Leiters). Verbindet man jedoch das Durchflutungsgesetz mit einer weiteren Maxwell'schen Gleichung, welche eine Aussage über die Quellenfreiheit des B-Feldes trifft (vgl. Unterkapitel 13.2.6.2), erhält man das Biot-Savartsche Gesetz, mit welchem allgemein das Feld aus einer Stromverteilung bestimmt werden kann. Für eine tiefergehende Betrachtung sei auf die weiterführende Literatur [68, 86, 56] verwiesen.

Die Anwendung des Biot-Savartschen Gesetzes für die Berechnung des Feldvektors einer Zylinderspule zeigt, dass auf Grund der geometrischen Anordnung der Leiter im Inneren der Spule ein konstantes homogenes magnetisches Feld entsteht, d.h. die magnetische Feldstärke hat an jedem Ort im Inneren der Spule dieselbe Richtung und denselben Betrag – die Feldliniendichte ist konstant. Für den Betrag des magnetischen Feldes innerhalb einer langen bzw. kurzen Zylinderspule ergibt sich folgender Zusammenhang:

$$H_{ZS\ lang} = \frac{I \cdot w}{l} \tag{13.48}$$

$$H_{ZS\ kurz} = \frac{I \cdot w}{\sqrt{D^2 + l^2}} \tag{13.49}$$

Hierbei ist l die Länge der Spule, w die Windungszahl und D der Durchmesser der Windungen; gilt $l \gg D$, so liegt eine lange Zylinderspule vor, andernfalls eine kurze Zylinderspule. Die magnetische Feldstärke ist somit direktes Resultat des Spulenstromes I sowie der Spulengeometrie; die Anzahl der Windungen w bei gleichbleibender Spulenlänge und -durchmesser führt zur linearen Verstärkung des Feldes.

Der Feldverlauf einer Zylinderspule ist in Abbildung 13.4 links dargestellt, wobei ein in die Ebene fließender Spulenstrom (positive Stromrichtung) mit $\otimes$, ein aus der Ebene fließender Strom mit $\odot$ symbolisiert wird. Zur Bestimmung der Feldrichtung im Inneren der Spule kann vereinfachend die Superposition der Feldrichtungen der einzelnen ein- und austretenden Ströme im Zweidimensionalen verwendet werden: geht man davon aus, dass jeder dieser Ströme eine annähernd radiale Feldverteilung wie ein unendlich langer Leiter entsprechend der Abbildung 13.3 hat, so addieren und verstärken sich die Felder der ein- und austretenden Ströme im Inneren und man erhält die eingezeichneten Feldlinien mit hoher Dichte. Außerhalb der Spule sind die Felder der ein- und austretenden Ströme entgegengerichtet und kompensieren sich entsprechend der Geometrie der Spule – es verbleibt, abhängig vom Leiterabstand D, eine sehr kleine Feldstärke außerhalb der Spule verglichen mit dem magnetischen Feld im Inneren, was

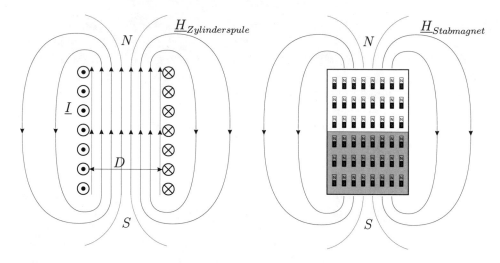

Abb. 13.4: *Magnetisches Feld einer Zylinderspule (links) sowie eines Stabmagneten (rechts)*

durch die geringe Dichte der Feldlinien verdeutlicht wird. Mit größer werdendem Abstand von der Spule nimmt die Dichte der Feldlinien gemäß der fallenden Amplitude des Feldes eines langen Leiters weiter ab.

Auf Grund der hohen Feldliniendichte im Inneren der Spule entsteht ein ausgeprägter magnetischer Nord- und Südpol an den Enden der Zylinderspule. Das Feld einer Zylinderspule entspricht demnach dem eines Stabmagneten, welches in der Abbildung 13.4 rechts zu finden ist. Da ein Stromfluss mit einem $\underline{H}$-Feld stets direkt im Zusammenhang steht, sei bereits an dieser Stelle darauf hingewiesen, dass auch im Stabmagneten auf der Oberfläche „Ströme" fließen müssen. Hierauf wird jedoch später in Kapitel 13.2.6.4 eingegangen.

Für die Bestimmung der Feldrichtung im Inneren einer Zylinderspule kann ebenfalls die zu Beginn dieses Kapitels dargestellte Rechtsschrauben-Regel verwendet werden, jedoch zeigen hier nun die angewinkelten vier Finger der Faust in Richtung des Spulenstromes und der gestreckte Daumen in Richtung des gesuchten Feldes. In Kapitel 13.2.5 wird die Ablenkung von Ladungsträgern vorgestellt, die mit der Geschwindigkeit v ein Magnetfeld passieren. Zusätzlich ist die ausführliche physikalische Darstellung des Funktionsprinzips der Gleichstrommaschine in Kapitel 13.3 zu berücksichtigen.

13.2.5 Magnetische Flussdichte

13.2.5.1 Lorentzkraft

Neben der magnetischen Feldstärke $\underline{H}$ gibt es die material-abhängige *magnetische Flussdichte* $\underline{B}$ – bei beiden handelt es sich um magnetische Felder. Wie erläutert, ist die magnetische Feldstärke $\underline{H}$ das Resultat einer Stromverteilung – die material-abhängige magnetische Flussdichte $\underline{B} = \mu\underline{H}$ hingegen beschreibt gemäß der Überlegungen für die Lorentzkraft in Gleichung (13.25) in Kapitel 13.2.2 die Wirkung der magnetischen Feldstärke $\underline{H}$ auf bewegte elektrische Ladungsträger, d.h. sie beschreibt die Kraft $\underline{F}_{Hv}$ auf n Ladungsträger Q, die sich im Magnetfeld $\underline{H}$ mit der Geschwindigkeit $\underline{v}$ bewegen.

In der allgemeinen Form wird die *Lorentzkraft* $\underline{F} = \underline{F}_{Bv}$ in Abhängigkeit der magnetischen Flussdichte $\underline{B}$ dargestellt, da – wie im Folgenden gezeigt wird – nicht immer ein linearer Zusammenhang $\underline{B} = \mu\underline{H}$ (abhängig vom Material) besteht.

Die magnetische Feldstärke $\underline{H}$ ist in Gleichung 13.24 bzw. Gleichung 13.46 linear abhängig vom Strom $\underline{I}$. Die magnetische Flußdichte $\underline{B}$ ist nun

$$\underline{B} = \mu_0 \cdot \mu_r(\underline{H}) \cdot \underline{H}$$

wobei $\mu_r(\underline{H}$, Material) die Größe mit dem Einfluß des Materials ist, siehe Kapitel 13.2.5.2. Die Lorentzkraft $\underline{F}_L$ wurde ausgehend von Gleichung 13.29 $\underline{F}_L = Q_2 \cdot (v_2 \times \underline{B}_1)$, sowie mit der Gleichung 13.50 $\underline{F} = n \cdot Q \cdot v \cdot \underline{B}$, mit Q ist hier q im linearen, vom Material unabhängigen Verhalten beschrieben. Wenn die Abhängigkeit besteht, dann muß die Gleichung 13.51 verwendet weden.

Wir verwenden die Gleichung 13.29 $\underline{F}_L = Q_2 \cdot (v_2 \times \underline{B}_1)$, wobei in Gleichung 13.50 statt q nun $Q = n \cdot q$, mit n der Anzahl der Ladungsträger mit der Geschwindigkeit v_2, die in der Zeiteinheit Δt den Strom $\underline{I}$ erzeugen um $\underline{F}_L$ zu erhalten.

$$\underline{F} = n \cdot Q \cdot \underline{v} \times \underline{B} \tag{13.50}$$

Diese in Kapitel 13.2.3.1 diskutierte Kraftwirkung auf bewegte Ladungen und deren Kraftrichtung zur Beeinflussung der Bewegungsrichtung wird in Abbildung 13.5 allgemein für das $\underline{B}$-Feld dargestellt.

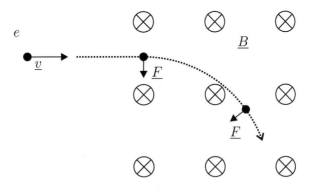

Abb. 13.5: *Bewegter Ladungsträger (Elektron: Q=-e) im $\underline{B}$-Feld*

Die Bildung des Kreuzproduktes führt dazu, dass der Kraftvektor $\underline{F}$ senkrecht auf dem Geschwindigkeits- und $\underline{B}$-Feld-Vektor steht. Solange der Geschwindigkeits- und $\underline{B}$-Feld-Vektor nicht parallel sind, wird sich eine resultierende Kraft ungleich Null ergeben, deren Betrag am größten ist, wenn beide senkrecht zueinander stehen. Eine einfache Regel für diese Kraftrichtung bietet die Drei-Finger-Regel, siehe Kapitel 13.2.2, für die man für positive Ladung Q, entsprechend positiver Stromrichtung, die rechte Hand, für negative Ladungen (Elektronen) die linke Hand benutzt. Bei der Drei-Finger-Regel zeigt der Daumen der rechten Hand in die Bewegungsrichtung positiver Stromrichtung $\underline{I}_2$ (technischer Ansatz), der Daumen der linken Hand zeigt die negative Stromrichtung an. Für den Einsatz der Drei-Finger-Regel zur Bestimmung der Lorentzkraft sei auch auf das Kapitel 13.2.2 verwiesen.

Dabei stehen jeweils Daumen und Zeigefinger gestreckt senkrecht zueinander. In der Abbildung 13.5 wird ein $\underline{B}$-Feld-Vektor, der in die Zeichenebene zeigt, mit $\otimes$ symbolisiert, einer, der aus der Zeichenebene deuten würde, wäre mit $\odot$ symbolisiert. Wird nun der Mittelfinger ebenfalls so gestreckt, dass er sich senkrecht zu Daumen und Zeigefinger befindet, so zeigt dieser die resultierende Kraftrichtung $\underline{F}$ an. Führt man diese Betrachtung nun an jedem Ort eines in das magnetische Feld geschossenen Elektrons durch (Abb. 13.5), so wird ersichtlich, dass das Elektron eine Kreisbewegung vollzieht, bis es nach 180° das Magnetfeld wieder verlässt. Die Lorentzkraft bewirkt somit keine Geschwindigkeits- bzw. Energieänderung, sondern einzig eine Richtungsänderung.

13.2.5.2 Materialabhängigkeit der Lorentzkraft bzw. der magnetischen Flussdichte

Der Unterschied bzw. Zusammenhang zwischen den beiden magnetischen Feldern $\underline{H}$ und $\underline{B}$ ist lediglich in der Materialabhängigkeit zu finden, d.h. $\underline{B}$ ist eine Funktion von $\underline{H}$ und dem Material, so dass Gleichung (13.50) wie folgt geschrieben werden kann:

$$\underline{F} = n \cdot Q \cdot \underline{v} \times \underline{B}(\underline{H}, Material) \tag{13.51}$$

Es stellt sich nun die Frage, wie Material Einfluss auf das magnetische Feld haben kann, so dass sich die Kraft auf bewegte Ladungen durch das Einbringen von geeigneten Werkstücken erhöht. Wie im Folgenden gezeigt wird, erzeugt das Material in einem externen (durch eine Stromverteilung verursachten) $\underline{H}$-Feld zusätzlich ein weiteres $\underline{H}$-Feld, die sog. Magnetisierung $\underline{M}$, womit durch das resultierende größere Feld eine Erhöhung der Kraft auf bewegte Ladungen verbunden ist.

Diese Eigenschaft lässt sich mit Hilfe des *Bohr'schen Atommodells* [2] in Abbildung 13.6-links grundsätzlich erklären.

---

[2] Das Bohrsche Atommodell verwendet ein anschauliches Atommodell mit dem im Kern positiv geladenen Protonen und elektrisch neutralen Neutronen. Die negativen Elektronen umkreisen den Atomkern als Teilchen auf Kreisbahnen. Das Bohrsche Atommodell ist schon seit langem durch quantenmechanische Modelle abgelöst. Die Anschaulichkeit des Bohrschen Atommodells mit den Kreisbahnen der Elektronen um den Atomkern führte bei vielen Sachverhalten zu fehlerhaften Erklärungen. Das quantenmechanische Modell interpretiert den Drehimpuls des Elektrons bei der Bewegung um den Atomkern. Neben dem quantenmechanischen Drehimpuls hat das eigene magnetische Moment des Elektrons - der Spin - eine nicht zu vernachlässi-

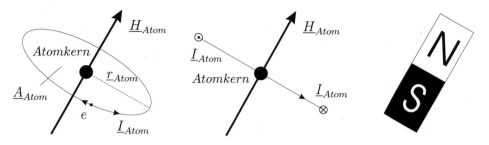

Abb. 13.6: *Bewegte Elektronen um einen Atomkern erzeugen ein $\underline{H}$-Feld*

Entsprechend dieses Atommodells besteht jedes Atom aus einem Atomkern mit neutralen Neutronen und positiv geladenen Protonen, die von negativ geladenen Elektronen mit dem Radius $\underline{r}_{Atom}$ umkreist werden (bewegte Ladungen mit $\underline{v} = const$). Da sich die negativen Ladungen bewegen, gibt es eine Gleichgewichtslage, bei der die Anziehungskraft (13.5) zwischen den positiven und negativen Ladungen gleich der Zentripedalkraft ist und somit ein stabiles System vorliegt – die Elektronen kreisen in einer festen Bahn und werden auf dieser gehalten, was die einzige Möglichkeit für ein stabiles System darstellt, unter der Bedingung, dass die kinetische Energie nicht abgegeben werden kann. Die Anzahl der Elektronen entspricht der der Protonen, so dass Ladungsneutralität des Gesamtsystems gewährt ist. Die Anzahl der Protonen hängt wiederum vom spezifischen Atomgewicht des Materials ab. Je schwerer das Atom, desto mehr Protonen sind vorhanden und desto mehr Elektronen umkreisen den Atomkern, dies entspricht einem materialabhängigen Ringstrom $\underline{I}_{Atom}$ um das Atom.

Wie bereits diskutiert wurde, erzeugt jede Stromverteilung eine magnetische Feldstärke $\underline{H}$. Mit Hilfe der Rechtsschrauben-Regel wird in Abbildung 13.6 links ersichtlich, dass im Inneren der Elektronenbahn eine Konzentration der Feldlinien einheitlicher Richtung auftritt und sich diese außerhalb schließen. Der Feldlinienverlauf der kreisenden Elektronen entspricht demnach dem einer kurzen Zylinderspule mit einer Windung, womit die Amplituden der Feldlinien außerhalb mit zunehmenden Abstand stark abnimmt und im Inneren eine dominierende

---

gende Bedeutung. Die Unschärfe der Ortsbestimmung ist ein weiterer Faktor. Die Berücksichtigung dieser Effekte ermöglicht eine wesentlich differenziertere Modellbildung mit dem quantenmechanischen Ansatz als die Kreisbahn beim Bohrschen Modell. Die von Heisenberg vorgeschlagenen quantenmechanischen Modelle sind rein mathematische Modelle, verzichten auf Anschaulichkeit und sind in der Aussage wesentlich als das Bohrsche Atommodell. Mit der folgenden Vereinfachung wird das Bohrsche Atommodell nutzbar. Als vereinfachende Annahme wird angenommen, dass Atome mikroskopische Magnetfelder erzeugen, sich diese zu magnetischen Dipolen ausrichten können. Durch die Addition der atomar ausgerichteten Magnetfelder kann ein Verhalten wie das einem Stabmagneten ähnlichem Magnetverhalten erzeugt werden. Die Ausrichtung magnetischer Dipole im Kristallgitter kann auf $M = m \times B$ mit M dem Drehmoment, mit m der magnetischen Dipolstärke sowie der magnetischen Flußdichte B zurückgeführt werden. Dieses mikroskopische Drehmoment wirkt den Kräften im Kristall entgegen, verschiebt das Gleichgewicht der Kräfte und verändert die Kristallgröße. Dieser Effekt ist die Magnetostriktion.

magnetische Feldstärke erzeugt wird (vgl. Abb. 13.4 links); diese ist jedoch zunächst nicht als homogen anzusehen, da die betrachtete „Spule" lediglich eine Windung besitzt. Wie jedoch im Folgenden gezeigt wird, richten sich die Atome im Feld aus, womit die Windungen der „Spulen" hintereinander geschaltet werden und somit das homogene Feld einer langen Zylinderspule erreicht wird. In diesem Kontext wird nun angenommen, dass im Inneren der Elektronenbahn des Atoms (Radius r_{Atom}) über die Querschnittsfläche $A_{Atom} = \pi\, r_{Atom}^2$ ein homogenes Feld $\underline{H}_{Atom}$ vorliegt. Entsprechend der Vorstellung einer langen Zylinderspule als Stabmagneten mit einem Nord- und Südpol (vgl. Abb. 13.4 rechts) gelangt man zu der Erkenntnis, dass in jedem Material elementare *atomare magnetische Dipole* mit der Feldstärke $\underline{H}_{Atom}$ präsent sind.

Bezüglich der weiteren Betrachtungen wird für das dreidimensionale Atommodel entweder die Seitenansicht (vgl. Abb. 13.6 Mitte) verwendet, bei der der ein- und austretende Strom $\underline{I}_{Atom}$ mit $\otimes$ und $\odot$ symbolisiert wird, oder die Darstellung als atomarer magnetischer Dipol, d.h. kleiner Stabmagnet (vgl. Abb. 13.6 rechts).

In Abbildung 13.7 wird nun der Einfluss eines externen $\underline{H}$-Feldes auf die Atome eines Materials/Werkstückes illustriert. Die durch das externe Feld $\underline{H}$ senkrecht durchsetzte Querschnittsfläche des Werkstückes wird mit $\underline{A}$ bezeichnet; der Flächenvektor verläuft parallel zum Feldvektor. $A_{Atom} = \pi\, r_{Atom}^2$ bezeichnet den Betrag der Querschnittsfläche des Atoms, die vom homogenen Feld $\underline{H}_{Atom}$ durchsetzt wird. Der Winkel α gibt die Ausrichtung der atomaren Dipole zur externen Feldstärke an. Es interessiert nun die mittlere Verstärkung des externen Feldes $\underline{H}$ durch die örtlich wirkenden Felder $\underline{H}_{Atom}$ der atomaren Dipole im Werkstück. Hierzu betrachtet man alle Atome in einer Querschnittsfläche bzw. Atomschicht $\underline{A}$ des Werkstücks, die senkrecht vom externen Feld $\underline{H}$ durchsetzt wird. Für jedes Atom i in der Atomschicht wird die Komponente der magnetischen Feldstärke bestimmt, die parallel zum externen $\underline{H}$-Feld verläuft und dieses verstärkt ($\underline{H}'_{Atom,i} = \underline{H}_{Atom} \cdot \cos \alpha_i$). Da die Feldstärke $\underline{H}_{Atom}$ nur örtlich innerhalb der Elektronenkreisbahn bzw. Querschnittsfläche A_{Atom} des Atoms wirkt, durchsetzt die Feldstärkenkomponente $\underline{H}'_{Atom,i}$ auf der Querschnittsfläche A nur die projizierte Fläche der Elektronenkreisbahn, d.h. eine Ellipse mit der Fläche $A'_{Atom,i} = \pi\, r_{Atom}^2 \cdot \cos \alpha_i = A_{Atom} \cdot \cos \alpha_i$. Zur Bestimmung der mittleren Feldstärke $\underline{M}$ aller im Werkstück örtlich wirkenden Feldstärken $\underline{H}'_{Atom,i}$ müssen diese auf die Querschnittsfläche A bezogen werden. Für einen atomarer Dipol i bedeutet dies, dass er das externe Feld $\underline{H}$ im Werkstück um den Beitrag $\underline{M}_i$ verstärkt:

$$\underline{M}_i = \frac{A'_{Atom,i}}{A} \cdot \underline{H}'_{Atom,i} = \frac{A_{Atom}}{A} \cdot \underline{H}_{Atom} \cdot \cos^2 \alpha_i \qquad (13.52)$$

Wie groß der Beitrag eines Atoms zur Feldverstärkung ist, hängt zum Einen von der Ausrichtung α des atomaren Dipols zur externen Feldstärke und zum Anderen von der durch die externe Feldstärke durchsetzten Querschnittsfläche A des Werkstückes ab. Je größer die durchsetzte Querschnittsfläche, desto geringer ist der Beitrag eines Atoms zur Erhöhung der Dichte der $\underline{H}$-Feldlinien im Werkstück.

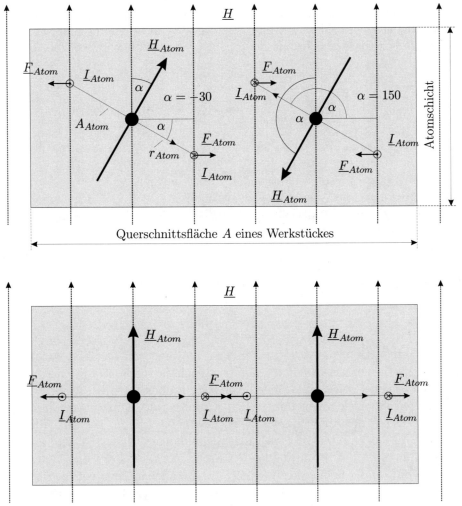

Abb. 13.7: *Ausrichtung der Atome eines Werkstückes in einem externen magnetischen Feld $\underline{H}$ (exemplarisch besteht eine Atomschicht des Werkstücks aus nur zwei Atomen); obere Hälfte: statistisch im Material verteilte atomare Dipole erfahren ein Drehmoment auf Grund der Lorentzkraft; untere Hälfte: Ruhezustand bei ausgerichteten Dipolen*

Mit der Anzahl N der Atome in einer Atomschicht der Fläche A, d.h. mit der materialabhängigen Flächendichte $\rho = N/A$ lässt sich nun der Gesamtbeitrag $\underline{M}$ der N Atome zum externen Feld $\underline{H}$ bestimmen:

$$\underline{M}(\rho, A, \alpha) = \sum_{i=1}^{N} \underline{M}_i = \frac{A_{Atom}}{A} \cdot \underline{H}_{Atom} \cdot \sum_{i=1}^{\rho A} \cos^2 \alpha_i \qquad (13.53)$$

Der maximale Beitrag von $\underline{M}$ liegt vor, wenn alle atomaren Dipole einer Schicht parallel zum externen Feld ausgerichtet sind ($\alpha = 0$) und wenn die Flächendichte ρ derart groß ist, dass alle Atome nahe nebeneinander angeordnet sind; es gilt dann:

$$\underline{M} = \lim_{N \cdot A_{Atom} \to A} \left(\lim_{\alpha_i \to 0} \left(\frac{A_{Atom}}{A} \underline{H}_{Atom} \cdot \sum_{i=1}^{N} \cos^2 \alpha_i \right) \right) = \underline{H}_{Atom} \qquad (13.54)$$

Mit $\underline{M} \approx \underline{H}_{Atom}$ kann ein Werkstück das externe Feld $\underline{H}$ maximal um die magnetische Feldstärke eines Atoms $\underline{H}_{Atom}$ erhöhen.

Mit Abbildung 13.7 soll im Folgenden gezeigt werden, wie die externe Feldstärke $\underline{H}$ prinzipiell die Ausrichtung der atomaren Dipole und somit die Feldverstärkung beeinflusst. Zunächst, bei Abwesenheit eines äußeren magnetischen Feldes, sind die atomaren Dipole statistisch im Material ausgerichtet, wodurch die resultierende Feldstärke aller Atome im Mittel einen Nullvektor ergibt und somit $\underline{M} \approx \underline{0}$ gilt – in obigem Beispiel sind zwei Atome um 180° gegeneinander gedreht, d.h. hier führt Gleichung (13.53) zu

$$\underline{M} = \frac{A_{Atom}}{A} \cdot \underline{H}_{Atom} \cdot \left(\cos^2(-30) + \cos^2 150 \right) = \underline{0} \qquad (13.55)$$

Wird jetzt ein externes Feld $\underline{H}$ aufgebracht, in dem sich das Material befindet, so wirkt die Lorentzkraft auf die bewegten Elektronen. Da die kreisenden Elektronen aus energetischen Gründen eine feste Einheit mit dem Atomkern bilden, behalten die Elektronen ihre Kreisbewegung trotz Krafteinwirkung bei – es ändert sich nur die Ausrichtung der Ebene der Kreisbahn. Die mit Hilfe der 3-Finger-Regel bestimmten Kraftrichtungen sind eingezeichnet. Es wird ersichtlich, dass nun ein Moment auf die beiden Atome wirkt, welches die Atome neu ausrichtet. Sobald die Felder der Atome $\underline{H}_{Atom}$ parallel zu dem externen Feld $\underline{H}$ sind ($\alpha_i = 0$), wirkt kein Moment mehr auf die Atome, die magnetischen Dipole haben sich ausgerichtet und befinden sich im Ruhezustand. Im Unterschied zu dem Fall bei Abwesenheit des externen Feldes sind nun die zwei sich im Feld befindenden Atome parallel ausgerichtet, wodurch sich alle Felder der Atome nach Gleichung (13.53) zu

$$\underline{M} = 2 \cdot \frac{A_{Atom}}{A} \cdot \underline{H}_{Atom} \qquad (13.56)$$

addieren und somit das externe Feld $\underline{H}$ verstärken. Es ist an dieser Stelle anzumerken, dass es von der Stärke der Wechselwirkungen zwischen den Atomen und von der Stärke der externen magnetischen Feldstärke $\underline{H}$ abhängt, welcher Winkel α sich im Ruhezustand einstellt. Dies wird im Speziellen in Kapitel 13.2.5.4 bzgl. ferromagnetischer Werkstoffe behandelt. Nach dieser Darstellung wird deutlich, dass das externe Feld $\underline{H}$ die atomaren Dipole des Werkstoffes ausrichtet bzw. magnetisiert und damit das Feld verstärkt. Der Beitrag zur Feldverstärkung $\underline{M}$ wird als die *Magnetisierung* bezeichnet und hängt nur vom Material (ρ, A) und indirekt über den Winkel $\alpha(\underline{H})$ von der externen Feldstärke $\underline{H}$ ab:

$$M\left(\rho, A, \underline{H}\right) = \frac{A_{Atom}}{A} \cdot \underline{H}_{Atom} \cdot \sum_{i=1}^{\rho A} \cos^2\left(\alpha_i\left(\underline{H}\right)\right) \tag{13.57}$$

Das Gesamtfeld aus externer Feldstärke $\underline{H}$ und Magnetisierung $\underline{M}$ wird über die magnetische Flussdichte $\underline{B}$ beschrieben und ist proportional zu dieser:

$$\underline{B}\left(\rho, A, \underline{H}\right) \quad \sim \quad \underline{H} + \underline{M}\left(\rho, A, \underline{H}\right) \tag{13.58}$$

$$\underline{B} \quad = \quad \mu_0\left(\underline{H} + \underline{M}\right) \tag{13.59}$$

$$= \quad \mu_0\,\underline{H} + \underline{J} \tag{13.60}$$

Der proportionale Zusammenhang wird über die magnetische Feldkonstante $\mu_0 = 4\pi \cdot 10^{-7}\,V\,s/A\,m$, eine Naturkonstante, hergestellt. $\underline{J}$ bezeichnet die beschriebene Polarisation des Materials. An dieser Stelle seien die Einheiten der Felder erwähnt:

$$[B] = \frac{V\,s}{m^2} = 1\,\text{Tesla}, \qquad [H] = \frac{A}{m} \tag{13.61}$$

Neben dieser grundlegenden Vorstellung gibt es noch weitere Effekte bzgl. der Polarisation, auf die hier jedoch nicht weiter eingegangen wird – für tiefergehende Einblicke in die atomare Betrachtung magnetisierter Materialien sei auf die weiterführende Literatur [88, 52] verwiesen. Es ist jedoch zu erwarten, dass auf Grund von Wechselwirkungen in der Materie beim Anlegen eines kleinen externen Feldes die Atome nicht unverzüglich ausgerichtet werden – der Lorentzkraft wirken Kräfte der atomaren Wechselwirkung entgegen. Erhöht man jedoch kontinuierlich das externe Feld $\underline{H}$, so wird die Lorentzkraft immer dominanter, womit die Magnetisierung $\underline{M}$ bzw. Polarisation $\underline{J}$ kontinuierlich zunimmt; je nach Material gibt es einen linearen oder nichtlinearen Zusammenhang zwischen $\underline{H}$ und $\underline{M}$, welcher in den folgenden Kapiteln näher betrachtet wird.

13.2.5.3 Magnetische Flussdichte in nicht ferromagnetischen Materialien

In *nicht ferromagnetischen Materialien* existiert ein linearer Zusammenhang zwischen dem externen magnetischen Feld $\underline{H}$ und der Magnetisierung $\underline{M}$,

$$\underline{M} = \chi\,\underline{H} \tag{13.62}$$

wobei χ als magnetische Suszeptibilität bezeichnet wird. Setzt man diesen Zusammenhang in Gleichung (13.59) ein, so ergibt sich auch ein linearer Zusammenhang zwischen der externen magnetischen Feldstärke $\underline{H}$ und der vom Material abhängigen magnetischen Flussdichte $\underline{B}$:

$$\underline{B} = \mu_0\,\underline{H}\,(1 + \chi) = \mu_0\,\mu_r\,\underline{H} = \mu\,\underline{H} \tag{13.63}$$

$$\mu_r = 1 + \chi \tag{13.64}$$

Über die Höhe der sog. Permeabilitätszahl μ_r wird somit zum Ausdruck gebracht, wie stark ein entsprechendes Material das magnetische Feld verstärkt – es wurde hiermit deutlich, warum in den Gleichungen (13.25) und (13.32) für die Kraft auf bewegte bzw. beschleunigte Ladungen die Permeabilität μ zu finden ist.

13.2.5.4   Magnetische Flussdichte in ferromagnetischen Materialien (Hysteresekurve)

In *ferromagnetischen Materialien* (z.B. Eisen) ist in der Materie die Wechselwirkung der elementaren atomaren Dipole derart groß, so dass sie sich auch ohne Einwirkung eines externen Feldes spontan ausrichten. Diese Wechselwirkung verdeutlicht die Abbildung 13.8. Hier sind die unteren beiden Atome, Atom 1 und 2,

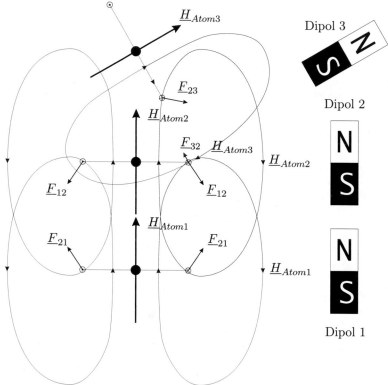

Elektronenstrom: positive Stromrichtung eingezeichnet

Abb. 13.8: *Spontane Ausrichtung der atomaren Dipole bei ferromagnetischen Materialien ($\mu_r \gg 1$) – Prinzip sich anziehender Magnete*

bereits ausgerichtet eingezeichnet. Liegt Materie vor, bei der eine große Anzahl an Elektronen den Kern umkreisen (z.B. Eisen), tritt ein großer „Strom" und somit ein hohes atomares $\underline{H}$-Feld auf, so dass die Kraftwirkung auf die Elektronen-Ströme der benachbarten Atome verstärkt auftritt; entsprechende Feldlinien sind eingezeichnet. Betrachtet man die Kraftwirkung $\underline{F}_{12}$ von Atom 1 auf Atom 2 und $\underline{F}_{21}$ von Atom 2 auf 1, so wirkt bei dieser Ausrichtung kein Moment mehr auf die Atome – der energetisch günstigste Zustand ist erreicht. Dementspechend ist zu erwarten, dass bei einer anderen Konstellation der Atome eine Ausrichtung stattfindet. Betrachtet man die Wechselwirkung zwischen Atom 2 und 3, so ist zu erkennen, dass das hohe innere Feld von Atom 2 zu einer Kraft $\underline{F}_{23}$ führt, die in einem Moment resultiert, welches das Atom 3 ausrichtet. Das schwache äußere Feld von Atom 3 (vgl. Feldverlauf einer Spule mit einer Windung in Abb. 13.4) führt nur zu einer kleinen Kraft $\underline{F}_{32}$ auf Atom 2 – dieses wird nur geringfügig ausgelenkt. Es kommt hinzu, dass bei einer Auslenkung sofort wieder eine Kraft von Atom 1 auf 2 wirkt, die den energetisch günstigsten Zustand hält. Die Dreier-Konstellation führt letztendlich dazu, dass Atom 3 sich entsprechend Atom 1 und 2 ausrichtet. Stellt man sich erneut gemäß der Abb. 13.4/13.6 vor, dass jedes Atom einer Spule mit einer Windung und somit einem kleinen Magneten mit Nord- und Südpol entspricht, erhält man durch den beschriebenen Sachverhalt die Bestätigung, dass sich Nord- und Südpol eines Magneten anziehen (vgl. Abb. 13.8 rechts).

Durch diese Darstellung ist jetzt verständlich, dass bei starken atomaren Magneten sich die Magnete bzw. Atome des Eisens einheitlich spontan ausrichten (Nordpol des einen Atoms befindet sich am Südpol des benachbarten Atoms). Dies beruht auf dem Prinzip der Energieminimierung. Richteten sich alle Atome spontan in die selbe Richtung aus, so würde sich zwar die innere Energie des Materials (Austauschenergie der Atome) höchstmöglich minimieren, es entstünde dabei jedoch eine große maximale magnetische Feldenergie außerhalb des Materials auf Grund des Streufeldes, wie es bei einem Stabmagneten der Fall ist (vgl. Abb. 13.4 rechts). Die Gesamtenergie wäre hier nicht mehr minimal. Bei ferromagnetischen Stoffen reicht die atomare Wechselwirkung nicht aus, um alle Atome auszurichten – Eisen ist im Allgemeinen nicht magnetisiert. Um hier die Gesamtenergie zu minimieren, bilden sich im Material einzelne Domänen mit einheitlicher Ausrichtung, die sog. *Weiss'schen Bezirke*, deren Felder sich insgesamt jedoch kompensieren, so dass außerhalb des Materials kein Feld vorhanden ist und dennoch im Material die Austauschenergie minimiert wird (Abb. 13.9 links). Diese Weiss'schen Bezirke sind auf Grund der kubischen Kristallstruktur von Eisen hierfür nur in Winkeln von 90° und 180° angeordnet; man spricht von einer Ausrichtung in die *leichte Richtung*.

Befindet sich nun das ferromagnetische Material in einem externen Feld $\underline{H}$, dessen Feldstärke kontinuierlich erhöht wird, so werden entsprechend der Abbildung 13.7 die Weiss'schen Bezirke durch Wandverschiebungen vergrößert, deren Magnetisierungsrichtung am stärksten der des äußeren Feldes entspricht (vgl. Abb. 13.9 Mitte). Ist das externe Feld stark genug, so werden alle atomaren Dipole ausgerichtet womit die Weiss'schen Bezirke irreversibel verschmelzen (vgl. Abb. 13.9 rechts). Je größer die Magnetisierung $\underline{M}$ wird, desto größer wird die magnetische Flussdichte $\underline{B}$ gemäß Gleichung (13.59). Im Unterschied zu nicht ferromagnetischen Materialien (vgl. Gleichung (13.62)) besteht jedoch kein linearer Zusammenhang zwischen dem externen Feld $\underline{H}$ und der Magnetisierung $\underline{M}$ und somit zwischen $\underline{B}$ und $\underline{H}$, was folgende Gleichung zum Ausdruck bringt:

$$\underline{B} \;=\; \mu_0 \left(\underline{H} + \underline{M}(\underline{H}) \right) \tag{13.65}$$

$$=\; \mu_0\, \underline{H} + \underline{J}(\underline{H}) \tag{13.66}$$

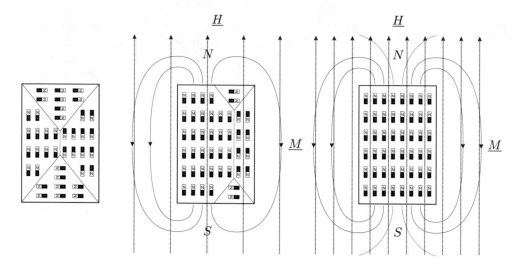

Abb. 13.9: *Bildung von Weiss'schen Bezirken in ferromagnetischen Materialien (links), Vergrößerung der Weiss'schen Bezirke durch ein schwaches externes Feld (Mitte), Ausrichtung aller atomaren Dipole durch ein starkes externes Feld (rechts)*

Durch die beschriebene starke Wechselwirkung der Atome werden durch ein externes Feld sehr schnell alle atomaren Dipole gleich ausgerichtet, so dass die Magnetisierung $\underline{M}$ im Vergleich zu nicht ferromagnetischen Materialien bereits ihr Maximum bei endlicher externer Feldstärke $\underline{H}$ erreicht. Verliefe das externe Feld nicht wie in Abbildung 13.9 parallel zur leichten Richtung, so würden bei Erhöhung des externen Feldes zunächst ebenfalls alle Weiss'schen Bezirke in die leichte Richtung gedreht, bei einer weiteren Erhöhung werden die Dipole jedoch dann weiter langsam in die Richtung des externen Feldes gedreht; man spricht hier von einer reversiblen Drehung in die *schwere Richtung*. Bezüglich der Überlegungen in Kapitel 13.2.5.2 bedeutet die Drehung der atomaren Dipole bei kleiner externer magnetischen Feldstärke $\underline{H}$ in die leichte Richtung, dass in Gleichung (13.53) ein Winkel $\alpha_i \neq 0$ verbleibt, falls das externe Feld nicht parallel zur leichten Richtung verläuft; in diesem Fall verhindern zunächst die starken Wechselwirkungen im ferromagnetischen Material, dass die Feldverstärkung maximal wird – dennoch wird durch die Parallelisierung der atomaren Dipole auf Grund der starken Wechselwirkung bereits bei kleinem $\underline{H}$-Feld eine beträchtliche Feldverstärkung erreicht, die bei nicht-ferromagnetischen Materialien nicht erreicht werden könnte. Bei höherer externen Feldstärke findet dann die Drehung in die schwere Richtung statt, d.h. der Winkel α wird zu Null ($\alpha_i = 0$).

Diesen beschriebenen Sachverhalt repräsentiert die sog. *Hysteresekurve* in Abbildung 13.10. Durch diese wird die Nichtlinearität der Gleichung (13.65) näher spezifiziert. Zu Beginn ist das Material nicht magnetisiert, d.h. bei $\underline{H} = \underline{0}$ ist $\underline{M} = \underline{0}$ und somit $\underline{B} = \underline{0}$. Wird die externe Feldstärke $\underline{H}$ nun erhöht, so wer-

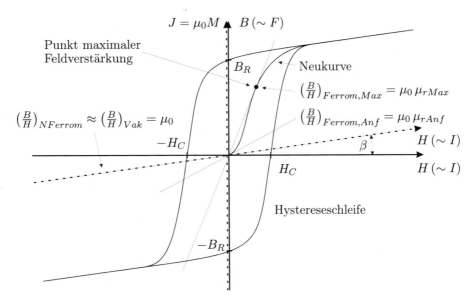

Abb. 13.10: *Hystereseschleife und Magnetisierungskurve eines ferromagnetischen Materials ($\mu_r \gg 1$)*

den die Weiss'schen Bezirke, welche sich in der leichten Richtung befinden, durch Wandverschiebungen auf Kosten der Nachbarbezirke vergrößert; bei kleiner Feldstärke ist dieser Vorgang reversibel und wird durch den anfänglich flachen Anstieg der *Freie Stichwörter!Neukurve* in Abbildung 13.10 repräsentiert. Bei weiterer Steigerung des externen Feldes treten irreversible Wandverschiebungen auf, bei denen die Weiss'schen Bezirke zunehmend verschmelzen und sich alle atomaren Dipole in die leichte Richtung wenden. Dieser Vorgang wird im steilen Anstieg der Neukurve repräsentiert. Bei einer weiteren Erhöhung der Feldstärke $\underline{H}$ findet ein Drehen der Dipole in die schwere Richtung statt, was durch den weiteren flachen Anstieg der Neukurve zum Ausdruck kommt – dieser Vorgang ist erneut reversibel. Daraufhin ist die maximale Magnetisierung $\underline{M}$ bzw. Polarisierung $\underline{J}$ erreicht (Sättigung der Kurve im verzerrten H-J-Koordinatensystem, dessen H-Achse bzgl. des H-B-Koordinatensystems um den Winkel $\beta = \arctan \mu_0$ gedreht ist). Eine weitere Erhöhung der Feldstärke $\underline{H}$ führt lediglich zu einer kleinen linearen Erhöhung der magnetischen Flussdichte $\underline{B}$ mit der Steigung μ_0 (vgl. Gleichung (13.59)).

Da nur noch eine unmerkliche weitere Erhöhung des $\underline{B}$-Feldes und somit der Kraft auf bewegte Ladungen durch eine Erhöhung der Feldstärke $\underline{H}$ bei gesättigter Magnetisierung $\underline{M}$ zu erzielen ist, überwiegt bei einer weiteren Erhöhung des felderzeugenden Erregerstromes $\underline{I}_E$ der Nachteil von überproportional ansteigenden Wärmeverlusten im Leiter den Vorteil einer nur noch mäßigen Steigerung der Kraft auf bewegte Ladungen. Der beste Wirkungsgrad in der Statorspule einer Gleichstrommaschine ist zu erzielen, wenn der gewählte Erregerstrom

$\underline{I}_E$ noch zu keiner Sättigung der Magnetisierung des Materials führt und somit die Verstärkung des durch den Erregerstrom erzeugten magnetischen Feldes $\underline{H}$ durch das Material sehr groß wird; der Punkt der maximalen Feldverstärkung mit $\underline{B} = \mu_{Max}\,\underline{H}$ ist in der Abbildung 13.10 eingezeichnet.

Wird nun das externe Feld abgeschaltet, drehen die Dipole des Materials in die leichte Richtung zurück, was zu einer Verkleinerung der Magnetisierung bzw. magnetischen Flussdichte führt. Die irreversible Ausrichtung in die leichte Richtung verbleibt jedoch – das Material ist aufmagnetisiert mit $\underline{B}_R$, der sog. Remanenz. Um die Magnetisierung rückgängig zu machen, ist Energie bzw. ein Gegenfeld, die sog. Koerzitivfeldstärke $\underline{H}_C$ notwendig. Wird diese aufgebracht, ist das Material entmagnetisiert. Eine weitere Erhöhung der externen Feldstärke in die neue Richtung führt zu einer Magnetisierung in diese neue Richtung; es findet erneut der oben beschriebene Vorgang in umgekehrter Richtung statt. Durch eine kontinuierliche Veränderung der Feldstärke wird die Hystereseschleife abgefahren.

Die Fläche der Hystereseschleife ist ein Maß für die Verluste bei der Ummagnetisierung, für die Energie notwendig ist, um die atomaren Dipole zu drehen. Je kleiner die Remanenz und somit Koerzitivfeldstärke, desto geringer sind die Verluste. Da sich der Rotor der Gleichstrommaschine im Feld des Stators dreht, werden die Dipole im Eisen des Rotors ständig neu ausgerichtet, d.h. es findet eine ständige Um-magnetisierung entsprechend der Drehzahl des Rotors statt. Aus diesem Grund werden *weichmagnetische Materialien* mit einer kleinen Remanenz benutzt, um die Ummagnetisierungsverluste möglichst gering zu halten. Bei einem Permanentmagneten werden hingegen *hartmagnetische Materialien* mit einer möglichst großen Remanenz bevorzugt, so dass eine Magnetisierung nur mit höherem Energieaufwand zerstört werden kann.

In Abbildung 13.10 ist zum Vergleich die lineare H-B-Kennlinie von Vakuum mit $\mu_r = 1$ eingezeichnet. Die Steigung der Ursprungsgerade bzw. die Permeabilität $\mu = \mu_0\,\mu_r$ beträgt stets $(B/H)_{Vak} = \mu_0$. Nicht ferromagnetische Materialien ($\mu_r \approx 1$), wie z.B. Aluminium mit $\mu_r = 1,0000208$, zeigen durch ihre geringe atomaren Wechselwirkungen ebenfalls einen linearen Zusammenhang auf, womit die Permeabilität in der selben Größenordnung zu finden ist:

$$\left(\frac{B}{H}\right)_{NFerrom} \approx \left(\frac{B}{H}\right)_{Vak} = \mu_0 \qquad (13.67)$$

Um nun einen Vergleich zwischen nicht ferromagnetischen und ferromagnetischen Materialien anstellen zu können, bezieht man sich auf die zwei Ursprungsgeraden, die die Neukurve der nichtlinearen H-B-Kennlinien berühren: unter Verwendung des Materials bei kleinen externen Feldstärken bezieht man sich auf die Ursprungsgerade mit der Anfangssteigung der Neukurve um $H = 0$:

$$\left(\frac{B}{H}\right)_{Ferrom,Anf} = \mu_0\,\mu_{rAnf} \qquad (13.68)$$

Dies führt im Beispiel von Armco-Eisen (Fe-Gehalt von 99.8 - 99.9 %) als ferromagnetisches Material zu einem $\mu_{rAnf} = 300$. Für hohe Feldstärken bezieht man sich auf die Ursprungsgerade mit der maximal erreichbaren Verstärkung der Neukurve:

$$\left(\frac{B}{H}\right)_{Ferrom,Max} = \mu_0\,\mu_{rMax} \tag{13.69}$$

Bezüglich Armco-Eisen ergibt sich eine sehr hohe Permeabilitätszahl von $\mu_{rMax} = 5000 \gg 1$. Hiermit wird die sehr große feldverstärkende Eigenschaft von ferromagnetischen Materialien ($\mu_r \gg 1$) und somit ihre Notwendigkeit bei der Konstruktion von Maschinen deutlich, um über magnetische Felder eine möglichst effiziente Kraftwirkung zu erzielen. Über die maximale Permeabilitätszahl μ_{rMax} der nichtlinearen Hysteresekurve kann die obere Grenze der Lorentzkraft abgeschätzt werden – der Einfluss des Materials auf die Kraft wird hier klar ersichtlich:

$$\begin{aligned}
\underline{F} &= n \cdot Q \cdot \underline{v} \times \underline{B}(\underline{H}, Material) \\
&= n \cdot Q \cdot \underline{v} \times \mu_0 \cdot (\underline{H} + \underline{M}(\underline{H})) \\
&\leq n \cdot Q \cdot \underline{v} \times \mu_0\mu_{rMax}\underline{H}
\end{aligned} \tag{13.70}$$

Diese Ungleichung stellt die für alle Materialien gültige Form der Gleichung (13.25) dar. Für die weiteren Betrachtungen geht man nun davon aus, dass das Material vollständig magnetisiert ist, d.h. ein Erregerstrom I_E bzw. eine Feldstärke $\underline{H}$ gewählt wird, so dass die optimale Verstärkung zu erzielen ist.

13.2.6 Wichtige Eigenschaften des magnetischen Feldes für das Verständnis elektrischer Maschinen

13.2.6.1 Magnetfeldbündelnde Wirkung ferromagnetischer Materialien

Bei den bisherigen Betrachtungen der magnetischen Flussdichte $\underline{B}$ wurde herausgestellt, dass Materialien mit hoher Permeabilitätszahl μ_r eine hohe feldverstärkende Eigenschaft besitzen (vgl. Gleichung (13.69)). Dabei bezog man sich stets auf das resultierende Gesamtfeld der magnetischen Flussdichte $\underline{B}$ im Material. Eine wichtige Eigenschaft wird deutlich, wenn das Gesamtfeld auch außerhalb des Materials mit hohem μ_r untersucht wird. Hierfür sei auf Abbildung 13.11 verwiesen.

In einem externen $\underline{H}$-Feld befinden sich zwei Werkstücke hoher Permeabilitätszahl. In der unteren Hälfte der Abbildung 13.11 ist das bereits aus Abbildung 13.9 bekannte Phänomen dargestellt, dass sich durch die externe magnetische Feldstärke $\underline{H}$ die Dipolmomente im Material einheitlich ausrichten, womit ein zusätzliches Feld, die Magnetisierung $\underline{M}$, das Feld $\underline{H}$ im Inneren des Materials verstärkt. Dies führt zu einem $\underline{B}$-Feld hoher Dichte, welches in der oberen Hälfte des Materials zu sehen ist. Da der Feldverlauf $\underline{M}$ des magnetisierten Materials dem einer Spule entspricht (vgl. Abbildung 13.4) und somit außerhalb des

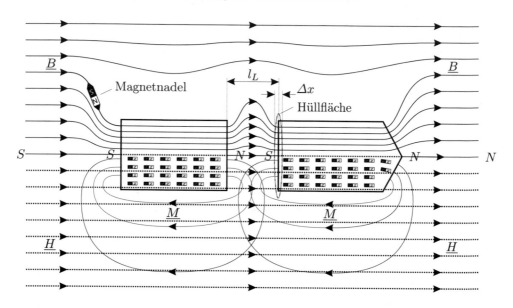

Abb. 13.11: *Magnetfeldbündelnde Wirkung von Materialien mit hohem $\mu_r \gg 1$: die Überlagerung eines externen $\underline{H}$-Feldes mit der entstehenden Magnetisierung $\underline{M}$ im Material (dargestellt in der unteren Hälfte) führt zum $\underline{B}$-Feld-Verlauf mit der höchsten Dichte im Material (dargestellt in der oberen Hälfte)*

Materials entgegengerichtet des externen $\underline{H}$-Feldes verläuft, wird das externe $\underline{H}$-Feld in der Nähe des Materials geschwächt (siehe Abb. 13.11 untere Hälfte). Mit Zunahme des Abstands vom Material nimmt die Magnetisierung $\underline{M}$ gemäß des Feldstärkenverlaufs einer Spule ab und somit auch die Schwächung des $\underline{H}$-Feldes. Das durch Vektoraddition resultierende Gesamtfeld $\underline{B}$ ist demnach innerhalb des Materials sehr hoch und außerhalb des Materials sehr gering – die Umgebung des Materials ist nahezu feldfrei (siehe Abb. 13.11 obere Hälfte). Anders formuliert besagt dies, dass die $\underline{B}$-Feld-Linien im Material mit hoher Permeabilitätszahl μ_r gefangen werden – das Material hat *magnetfeldbündelnde Wirkung*; man spricht bzgl. der Theorie magnetischer Kreise auch von einem geringen magnetischen Widerstand, den Materialien mit hohem μ_r besitzen, d.h. die $\underline{B}$-Feldlinien verlaufen vorzugsweise im Material des geringeren magnetischen Widerstands.

13.2.6.2 Quellenfreiheit des magnetischen Feldes

Entsprechend der für die Kraft auf bewegte Ladungen festgelegten Definition des magnetischen Feldes in Kapitel 13.2.1 und dem sich daraus ergebenden Durchflutungsgesetz (13.44) ergibt sich, dass magnetische Feldlinien stets geschlossen sein müssen – dies zeigt bereits das einfache Beispiel eines stromdurchflossenen Leiters in Abbildung 13.3. Nachdem nun die Felder der magnetischen Feldstärke $\underline{H}$ und somit auch das der Magnetisierung $\underline{M}$ geschlossen sind, besitzt auch die

Überlagerung aller Felder, d.h. die magnetische Flussdichte $\underline{B}$ ein geschlossenes Feld. Diese Aussage trifft eine weitere Maxwell'sche Gleichung, das Gesetz für die *Quellenfreiheit des $\underline{B}$-Feldes*:

$$\operatorname{div}\underline{B} = \underline{0} \tag{13.71}$$

Eine andere Darstellung ist:

$$\oint_{\partial V} \underline{B} \cdot d\underline{a} = 0 \tag{13.72}$$

Betrachtet man einen dreidimensionalen Körper mit dem Volumen V und der entsprechenden Oberfläche ∂V, welcher sich an einer beliebigen Stelle im Feld befindet, so treten in den Körper durch die Hüllfläche stets ebenso viele Feldlinien ein wie aus, d.h. die Summe aller Skalarprodukte aus partiellen Oberflächenelementen $d\underline{a}$ und dort vorhandenem $\underline{B}$-Feld ist stets Null: magnetische $\underline{B}$-Feldlinien sind in sich geschlossen, womit es keine Quellen oder Senken von $\underline{B}$-Feldlinien gibt. Setzt man Gleichung (13.59) in Gleichung (13.72) ein, erhält man:

$$\oint_{\partial V} \mu_0 \left(\underline{H} + \underline{M}\right) \cdot d\underline{a} = 0 \quad \Rightarrow \quad \oint_{\partial V} \underline{H} \cdot d\underline{a} = - \oint_{\partial V} \underline{M} \cdot d\underline{a} \tag{13.73}$$

Mit der Tatsache, dass im Allgemeinen $\underline{H} \neq -\underline{M}$ gilt (vgl. Hysteresekurve in Abb. 13.10), muss das Hüllflächenintegral sowohl über $\underline{H}$ als auch $\underline{M}$ identisch Null sein. Hiermit erhält man die Bestätigung, dass allgemein jedes Magnetfeld quellenfrei ist und geschlossene Feldlinien besitzt:[3]

$$\operatorname{div}\underline{H} = 0 \qquad \operatorname{div}\underline{M} = 0 \qquad \operatorname{div}\underline{B} = 0 \tag{13.74}$$

Ausgehend von der Quellenfreiheit des $\underline{B}$-Feldes $\operatorname{div}\underline{B} = 0$ kann man $\operatorname{div}\underline{B}$ durch $\operatorname{div}(\mu_0 \cdot \mu_r(\underline{H}, Material) \cdot \underline{H})$ ersetzen, die Ausführung der Berechnung ergibt, dass sich durch $\mu_r(\underline{H}, Material)$ die Quellenfreiheit von $\operatorname{div}\underline{H} = 0$ zu $\operatorname{div}\underline{H} \neq 0$ ändert.

13.2.6.3 Kraft auf bewegte Ladungen im Luftspalt zwischen ferromagnetischen Materialien

Mit Hilfe der Quellenfreiheit des $\underline{B}$-Feldes kann nun eine Aussage über die Kraftwirkung auf bewegte Ladungen im Luftspalt zwischen zwei Werkstücken hoher Permeabilitätszahl μ_r getroffen werden. In Abbildung 13.11 ist zu erkennen, dass die magnetische Flussdichte im Luftspalt der Länge l_L im Vergleich zum Inneren des Materials wieder abnimmt. Je größer die Länge l_L des Luftspalts, desto schwächer werden die $\underline{B}$-Feldüberlagerungen der beiden Werkstücke und somit die Kräfte auf bewegte Ladungen im Luftspalt. Dies ist auf die nur in der Umgebung des Werkstückes wirkende Verstärkung des externen $\underline{H}$-Feldes durch die

---

[3] Die Aussage der Quellenfreiheit des $\underline{H}$-Feldes trifft nicht in der Theorie der magnetischen Kreise zu, bei der in der Literatur die vereinfachende Annahme getroffen wird, dass es $\underline{H}$-Feld-Quellen gibt, womit die Berechnungen im magnetischen Kreis, u.a. für kleine Luftspalte, einfacher werden (siehe Kapitel 13.2.6.3 mit Fußnote)

Magnetisierung $\underline{M}$ zurückzuführen. Gemäß des Feldverlaufes einer Spule schließen sich die $\underline{M}$-Feldlinien des magnetisierten Materials für sich, womit die Richtungen der $\underline{H}$- und $\underline{M}$-Felder der beiden Werkstücke im Luftspalt nicht mehr parallel sind – dies sind sie nur an der Werkstückoberfläche, an der sie ein bzw. austreten. An der Materialoberfläche ist somit die Kraftwirkung am größten und kommt an dieser Stelle durch die höchste Dichte der $\underline{B}$-Feldlinien zum Ausdruck.

Die Überlegungen werden durch das Gesetz (13.72) getragen. Bildet man eine Hülle ∂V, wie in Abbildung 13.11 eingezeichnet, eng $(\Delta x \rightarrow 0)$ um die Stelle des Werkstückes, an der die Feldlinien eintreten, so besagt das Gesetz, dass die Feldliniendichte innerhalb und außerhalb der Eintrittsfläche $\underline{A}$ auf Grund der Quellenfreiheit gleich ist:

$$\lim_{\Delta x \rightarrow 0} \oint_{\partial V} \underline{B} \cdot d\underline{a} = \underline{A}\,\underline{B}_{Eisen} - \underline{A}\,\underline{B}_{Luft} = 0 \qquad \Rightarrow \qquad \underline{B}_{Eisen} = \underline{B}_{Luft} \quad (13.75)$$

Das hohe $\underline{B}$-Feld im Material ist somit auch noch an der Materialoberfläche messbar.[4] Möchte man demnach den Effekt der Lorentzkraft $\underline{F}$ auf bewegte Ladungen Q in der Mitte eines Luftspaltes möglichst effektiv nutzen, so muss darauf geachtet werden, dass der *Luftspalt* l_L möglichst klein wird:

$$\lim_{l_L \rightarrow 0} \underline{F} = \lim_{l_L \rightarrow 0} \left(n \cdot Q \cdot \underline{v} \times \underline{B}_{Luft}(l_L) \right) = n \cdot Q \cdot \underline{v} \times \underline{B}_{Eisen} \quad (13.76)$$

---

[4] Da die Magnetisierung $\underline{M}$ nicht nur im Material wirkt, sondern sich außerhalb des Materials schließt, wirkt in der Luft in der Nähe des Werkstückes immer noch ein hohes $\underline{B}$-Feld. Es gibt somit einen fließenden Übergang zwischen dem kleinen Feld $\underline{B} = \mu_0\,\mu_r\,\underline{H} \approx \mu_0\,\underline{H}$ in der Luft $(\mu_r \approx 1)$ und dem verstärkten Feld $\underline{B} = \mu_0\,\mu_r\,\underline{H}$ im Material $(\mu_r \gg 1)$. Dieser ist nur mit dem nichtlinearen Zusammenhang (13.65) zu erklären, da mit Abstand vom Material die Magnetisierung $\underline{M}$ und somit das resultierende $\underline{B}$-Feld kleiner wird. In der Theorie der magnetischen Kreise (in diesem Buch nicht behandelt – siehe Fußnote auf Seite 675) wird der Einfachheit halber nur die lineare Beziehung (13.61) zur Berechnung des $\underline{H}$- und $\underline{B}$-Feldes im Luftspalt verwendet, welche zu folgendem Widerspruch führt:
Wenn das $\underline{B}$-Feld aus dem Material austritt, hat es gemäß der Gleichung (13.76) noch die selbe Kraftwirkung wie im Material, d.h. es wirkt auch noch in der Luft das verstärkte $\underline{B}$-Feld: $\underline{B}_{Eisen} = \underline{B}_{Luft}$ (Quellenfreiheit des $\underline{B}$-Felders). Nimmt man hier nun gemäß der Theorie der magnetischen Kreise nur die lineare Beziehung $\underline{B} = \mu_0\,\mu_r\,\underline{H}$ für den Zusammenhang zwischen $\underline{B}$- und $\underline{H}$-Feld an, ohne die Fernwirkung der Magnetisierung $\underline{M}$ des Materials zu berücksichtigen, so führt dies bei gleichbleibendem $\underline{B}$-Feld an der Grenzfläche zwischen Luft $(\mu_r \approx 1)$ und Material $(\mu_r \gg 1)$ zu der Aussage, dass in der Luft ein höheres $\underline{H}$-Feld als im Material vorhanden sein muss – bei gleichem $\underline{H}$-Feld erzeugenden Strom resultiert nun ein größeres $\underline{H}$-Feld, womit es $\underline{H}$-Feld-Quellen gibt. Dies ist ein Widerspruch zur Theorie des Feldes (vgl. Kapitel 13.2.6.2) – aus diesem Grund wird in diesem Buch nicht auf die Theorie des magnetischen Kreises eingegangen, um die Konsistenz der Feldtheorie zu erhalten.
Da in der Praxis nur die Kräfte und somit das $\underline{B}$-Feld von Interesse sind, stellt der Widerspruch im Grunde kein Problem dar und die Theorie führt zur Vereinfachung der Berechnungen in den magnetischen Kreisen. Zu beachten ist dann jedoch, dass die Quellenfreiheit (13.74) nicht mehr für das $\underline{H}$-Feld gelten darf und die Vereinfachung nur gilt, wenn die Magnetisierung des Werkstückes eine Fernwirkung auf alle Kreiselemente hat. Andernfalls könnte mit der Theorie der magnetischen Kreise nicht die Tatsache erklärt werden, dass das $\underline{B}$-Feld im Luftspalt abnimmt.

13.2.6.4   Oberflächenströme

Aus dem Kapitel 13.2.4 ist bekannt, dass ein direkter Zusammenhang über das Durchflutungsgesetz in Gleichung (13.44) zwischen magnetischer Feldstärke und felderzeugendem Strom besteht. Aus diesem Grund wurde angenommen, dass auch in einem Stabmagneten (vgl. Abb. 13.4) ein Strom fließen muss, der das magnetische Feld erzeugt. Gleiches muss auch für ein Werkstück mit hoher Permeabilitätszahl ($\mu_r \gg 1$) gelten, das bei Abwesenheit der externen Feldstärke entsprechend der Hysteresekurve (vgl. Abb. 13.10) weiter eine Remanenz B_R bzw. remanente Magnetisierung M_R besitzt, d.h. in einem aufmagnetisierten Material muss ein atomarer Elektronenstrom fließen.

In Abbildung 13.12 links ist ein aufmagnetisiertes Werkstück mit der Ma-

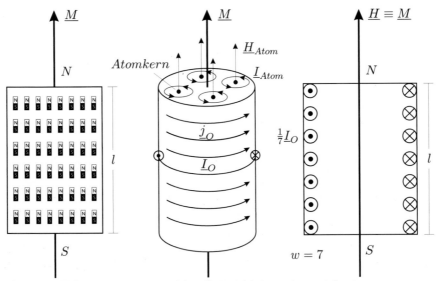

Elektronenstrom: positive Stromrichtung eingezeichnet

Abb. 13.12: *Auf einem magnetisierten Werkstück hoher Permeabilitätszahl (links) fließt auf der Oberfläche auf Grund von atomaren Ringströmen $\underline{I}_{Atom}$ ein Oberflächenstrom $\underline{I}_O$ (Mitte); das magnetisierte Werkstück ist bezüglich seiner Eigenschaft identisch mit der einer Spule, durch welche der Strom $\underline{I}_O/w$ fließt (rechts) – beide erzeugen dasselbe Feld;*

gnetisierung $\underline{M}$ eingezeichnet. Aus Kapitel 13.2.5.2 ist bekannt, dass die Magnetisierung $\underline{M}$ die Summe gleich gerichteter atomarer magnetischer Feldstärken $\underline{H}_{Atom}$ ist. In der Abbildung 13.12 Mitte ist das Werkstück zur Illustration mit vier Atomen dargestellt. Auf Grund der Magnetisierung sind die Atome mit den kreisenden Elektronen parallel ausgerichtet – die Elektronen bzw. die atomaren Ringströme $\underline{I}_{Atom}$ fließen in einer Ebene. Es ist zu erkennen, dass sich **in der Mitte der Ebene die Ringströme aller Atome kompensieren – es verbleiben nur am Rand jeder Ebene nicht kompensierte Ströme.** Hiermit gibt es eine Stromdichtenverteilung $\underline{j}_O$ auf der Oberfläche des Werkstückes. Dies gilt für alle Oberflächen, deren Flächenvektor nicht parallel zur Magnetisierung ist. Es fließt somit ein Ringstrom, der sog. *Oberflächenstrom* $\underline{I}_O = l \cdot \underline{j}_O$ auf der Oberfläche des Werkstückes der Länge l. Laut des Durchflutungsgesetzes (13.44) stehen die Magnetisierung und der Oberflächenstrom in direktem Zusammenhang:

$$\oint_{\partial A_1} \underline{M} \cdot d\underline{s} = \underline{I}_O \tag{13.77}$$

Für das magnetisierte zylinderförmige Werkstück (Abb. 13.12) mit einem Oberflächenstrom $\underline{I}_O$ ergibt sich hiermit für die Berechnung der Magnetisierung $\underline{M}$ die Formel (13.48) der langen Zylinderspule ($w = 1$):

$$H_{ZS\ lang} = \frac{I \cdot w}{l} \equiv M = \frac{I_O}{l} = j_O \tag{13.78}$$

Somit steht fest, dass ein magnetisiertes Werkstück mit permanent fließenden atomaren Ringströmen, die zu einem Oberflächenstrom führen, einer stromdurchflossenen idealen kurzgeschlossenen Spule ($R = 0$) entspricht – ohne Quelle bleibt bei beiden ein Stromfluss permanent erhalten (vgl. Abb. 13.12 rechts). Demnach entspricht eine Spule der Länge l mit einem Eisenkern ($\mu_r \gg 1$) einer Spule ohne Eisenkern mit mehr Windungen innerhalb derselben Länge l – das resultierende $\underline{B}$-Feld bei gleichem Strom ist dasselbe.

Hinweis: Zu beachten ist, dass beim Ansatz mit den Oberflächenströmen das Modell die Verluste und damit die Erwärmung vernachlässigt.

13.2.6.5   Wechselwirkung zwischen ferromagnetischen Werkstoffen

In diesem Unterkapitel wird beispielhaft der Erregerkreis einer GNM angenommen, bei dem eine Spule 1 den Erregegerstrom $\underline{I}_E$ führt und die entstehende magnetische Flussdichte $\underline{H}_1$ den Eisenkern der Spule – und über einen Luftspalt $\Delta \underline{x}$ einen weiteren Eisenkern – magnetisiert (Abb. 13.13). In Unterkapitel 13.2.6.1 wurde das Verhalten von Werkstücken hoher Permeabilität ($\mu_r \gg 1$) untersucht, die sich alle vollständig in einem externen $\underline{H}$-Feld befinden. Wie in Abbildung 13.11 dargestellt, kommt es zu einer Ausrichtung der atomaren Dipole. Im Unterschied interessiert nun die Eigenschaft zweier angrenzender Werkstücke, bei welchen sich nur eines vollständig in einem $\underline{H}$-Feld befindet (gepunktete Linien Werkstück 2).

Die beiden Werkstück 1 und 2 sind in Abbildung 13.13 dargestellt. Das Werkstück 1 befindet sich als Eisenkern in der Spule 1 mit w Windungen, die ein $\underline{H}$-Feld gemäß der Abbildung 13.4 erzeugt – das magnetische Spulenfeld ist materialunabhängig und steht über das Durchflutungsgesetz (13.44) direkt im Zusammenhang mit dem Erregerstrom $\underline{I}_E$:

$$w\,\underline{I}_E = \oint_{\partial A_1} \underline{H}_1 \cdot d\underline{s} \tag{13.79}$$

Durch das präsente interne Feld $\underline{H}_1$ der Spule 1 kommt es nun, analog zum Unterkapitel 13.2.6.1, zur einheitlichen Ausrichtung der atomaren Dipole in Werk-

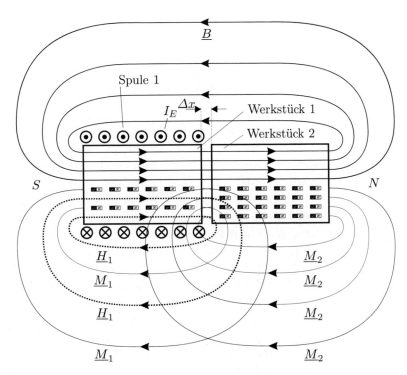

Abb. 13.13: *Spontane Magnetisierung eines Eisen-Werkstsückes durch eine Spule mit Eisenkern: sowohl das $\underline{H}$-Feld der Spule als auch die durch das $\underline{H}$-Feld hervorgerufene Magnetisierung $\underline{M}_1$ des Werkstückes 1 führen zu einer spontanen Ausrichtung der magnetischen Dipole des angrenzenden Werkstückes 2; die Überlagerung des $\underline{H}$-Feldes der Spule (w Windungen) mit den Magnetisierungen $\underline{M}_1$ und $\underline{M}_2$ (dargestellt in der unteren Hälfte) führt zu einem $\underline{B}$-Feld-Verlauf, der der einer doppelt so langen Spule mit $2\,w$ Windungen entspricht (dargestellt in der oberen Hälfte)*

stück 1; das Prinzip wird in Abbildung 13.7 verdeutlicht. Gemäß der Darstellung 13.9 bewirkt die magnetische Feldstärke $\underline{H}_1$ in Abhängigkeit ihres Betrages eine Vergrößerung der Weiss'schen Bezirke – es entstehen Dipolketten im Material. Das Feld der Dipolketten, die Magentisierung $\underline{M}_1$, schließt sich außerhalb des Werkstückes 1. Entsprechend des vorangegangenen Kapitels 13.2.6.4 muss nun auf der Oberfläche des Werkstückes 1 ein Oberflächenstrom fließen:

$$\underline{I}_{O1} = \oint_{\partial A_1} \underline{M}_1 \cdot d\underline{s} \tag{13.80}$$

Durch Addition der Gleichung (13.79) und (13.80) unter Beachtung der Gleichung (13.65) resultiert das Durchflutungsgesetz bezüglich der magnetischen Flussdichte $\underline{B}$:

$$w \underline{I}_E + \underline{I}_{O1} = \oint_{\partial A_1} \left(\underline{H}_1 + \underline{M}_1 \right) \cdot d\underline{s} \qquad (13.81)$$

$$\underline{I}_{\Sigma 1} = \frac{1}{\mu_0} \oint_{\partial A_1} \underline{B}_1 \cdot d\underline{s} \qquad (13.82)$$

Das real messbare Feld, die magnetische Flussdichte $\underline{B}$, ist generell das Resultat aller eingeschlossenen Ströme $\underline{I}_\Sigma$, auch der im Material fließenden Ströme. Die magnetische Feldstärke $\underline{H}$ bzw. die Magnetisierung $\underline{M}$ sind hingegen Größen, die der Unterscheidung dienen, welcher Anteil des Feldes durch real fließende Ströme (z.B. Spulenströme) bzw. im Material fließende Ströme (Oberflächenströme) verursacht wurde. Als Ergebnis stellt man fest, dass die Spule mit Eisenkern (Werkstück 1) durch eine Spule mit größerem Erregerstrom bzw. Windungszahl ($w' \underline{I}'_E = \underline{I}_{O1} + \underline{I}_E$) oder durch einen Permanentmagneten mit einem größeren Oberflächenstrom ($\underline{I}'_{O1} = \underline{I}_{O1} + \underline{I}_E$) ersetzt werden könnte – nach Außen würde in allen Fällen dasselbe $\underline{B}$-Feld wirken.

Grenzt nun Werkstück 2 an Werkstück 1 an, so kommt es zu einer Magnetisierung des Werkstücks 2, obwohl sich dieses nicht mehr vollständig im $\underline{H}$-Feld der Spule 1 (Abb. 13.13: einerseits gepunktete magnetische Feldlininen und andererseits gleicher Effekt von Werkstück 2 über $\underline{M}_2$ auf Werkstück 1) befindet. Diese Eigenschaft ist nun hauptsächlich auf den in Abbildung 13.8 dargestellten Effekt der spontanen Ausrichtung der atomaren Dipole des Werkstücks 2 zurückzuführen. Grenzen die Werkstücke direkt aneinander, so zeigen die durch das $\underline{H}$-Feld der Spule ausgerichteten atomaren Dipole an der Grenzschicht von Werkstück 1 mit dem Feld $\underline{H}_{Atom}$ eine Fernwirkung auf die Atome an der Grenzschicht von Werkstück 2, d.h. die Magnetisierung $\underline{M}_1$ des Werkstückes 1 richtet die atomaren Dipole an der Grenzschicht des Werkstückes 2 aus. In einer Kettenreaktion richten diese Atome nun wieder benachbarte Atome aus – hierdurch entstehen in Werkstück 2 zunächst ebenso viele Dipolketten, wie in Werkstück 1, d.h. zunächst sind die Magnetisierungen beider Werkstücke gleich. Nun hat, wie Abbildung 13.13 zeigt, nicht nur die Magnetisierung $\underline{M}_1$ eine Fernwirkung auf die Grenzfläche des Werkstücks 2, sondern auch die magnetische Feldstärke $\underline{H}_1$. Diese führt je nach Stärke zur Ausrichtung weiterer Dipole an der Grenzschicht des Werkstückes 2, wodurch sich dann weitere Dipolketten auf Grund des Effektes der spontanen Ausrichtung ausbilden.[5] Die Tatsache, dass nun in Werkstück 2 mehr Dipolketten als in Werkstück 1 vorliegen, ist entsprechend der im vorigen Absatz getroffenen Aussage „die Spule mit Eisenkern könne durch einen Permanentmagneten ersetzte werden" plausibel: der hierfür notwendige Permanentmagnet hätte mehr Dipolketten, als das magnetisierte Werkstück 1, womit in Werkstück 2 ebenfalls die selbe Anzahl an Dipolketten und somit mehr als in Werkstück 1 entstehen müssen.

Die beschriebene Magnetisierung des Werkstückes 2 hat zur Folge, dass die Summe von magnetischer Feldstärke und Magnetisierung in beiden Werkstücken

---

[5] Dies ist nur möglich, wenn die Magnetisierung $\underline{M}$ auf Grund eines zu hohen Erregerfeldes $\underline{H}$ nicht bereits in Sättigung ist.

gleich sein muss, d.h. es gilt:

$$\underline{M}_2 \overset{!}{=} \underline{H}_1 + \underline{M}_1 \tag{13.83}$$

Demzufolge gilt für die Ströme:

$$\underline{I}_{\Sigma 2} = \underline{I}_{O2} \overset{!}{=} \underline{I}_{\Sigma 1} = w\,\underline{I}_E + \underline{I}_{O1} \tag{13.84}$$

Die Vektoraddition aller magnetischen Feldstärken und Magnetisierungen (vgl. Abb. 13.12 untere Hälfte) ergibt nach (13.65) die magnetische Flussdichte $\underline{B}_1$ bzw. $\underline{B}_2$ und somit das Feld $\underline{B}$ des Gesamtaufbaus (vgl. Abb. 13.12 obere Hälfte). Nach Gleichung (13.83) gibt es in Werkstück keine magnetische Feldstärke ($\underline{H}_2 = \underline{0}$) und in beiden Werkstücken liegt die selbe homogene Flussdichte vor:

$$\underline{B} = \underline{B}_1 = \underline{B}_2 \tag{13.85}$$

Für $\Delta x \to 0$ ist zu erkennen, dass der Feldverlauf dem einer Spule mit Eisenkern entspricht, die doppelt so lang ist und doppelt so viele Windungen besitzt (ohne Beschränkung der Allgemeinheit wird angenommen, dass die Werkstücke gleich groß sind). Gemäß der Gleichung (13.48) für das Feld der langen Zylinderspule ohne Eisenkern ändert sich die Feldstärke nicht, wenn das Verhältnis zwischen der Windungszahl und der Länge der Spule konstant bleibt, d.h. das Feld wird lediglich homogener innerhalb einer verlängerten Zylinderspule ohne Eisenkern bei $w/l = const$. Im Umkehrschluss bedeutet dies mit Gleichung (13.85), dass eine Spule mit Eisenkern (Werkstück 1) „verlängert" wird, indem lediglich der Eisenkern (Werkstück 2) verlängert wird. Nach Gleichung (13.84) fließt dann in Werkstück 2 ein um den w-fachen Erregerstrom $\underline{I}_E$ größerer Oberflächenstrom $\underline{I}_{O2}$ als in Werkstück 1 ($\underline{I}_{O2} - \underline{I}_{O1} = w\,\underline{I}_E$), d.h. es wurde mit Werkstück 2 eine fiktive Spule um Werkstück 2 hinzugefügt, die die selbe Windungsdichte der Spule um Werkstück 1 besitzt ($w_1/l_1 = w_2/l_2$). Würde man nun zusätzlich eine reale Spule mit diesen w_2 Windungen um das Werkstück 2 anbringen, so würden sich die $\underline{H}$-Feldlinien beider Werkstücke schließen und die zuvor durch die magnetische Feldstärke $\underline{H}_1$ hervorgerufenen Dipolketten in Werkstück 2 würden sich wieder neutral in Weiss'schen Bezirken anordnen, d.h. die magnetische Flussdichte $\underline{B}_2$ sowie der Feldverlauf würde sich, wie erwartet, nicht ändern. Sieht man von Streuverlusten ab, so kann das Feld einer Spule mit Eisenkern durch die Verlängerung des Kernes theoretisch an eine beliebige Stelle geführt werden, ohne eine Vielzahl an Spulen verwenden zu müssen – die magnetische Flussdichte $\underline{B}$ ist bei gleicher Querschnittsfläche A im Eisenkern an jedem Ort gleich groß und homogen, d.h., wie bereits in Kapitel 13.2.6.1 dargestellt, wird das Magnetfeld in Materialien hoher Permeabilität gefangen.[6] Diese Eigenschaft wird bzgl. der Gleichstrommaschine genutzt, um das Erregerfeld an den Luftspalt

---

[6] In der Realität nehmen die Streuverluste mit wachsender Länge des Eisenkerns zu, womit eine Abnahme der Stärke und Homogenität des Feldes verbunden ist. Nach einem gewissen Abstand muss daher eine weitere Spule eingebracht werden, um an jedem Ort des Eisenkerns Homogenität und eine konstante Feldstärke gewähren zu können.

der Maschine zu führen, in dem das Moment entsteht (vgl. Kapitel 13.3.1). Das Magnetfeld wird hierbei entlang eines magnetischen Kreises geführt, auf welchen im folgenden Kapitel eingegangen wird.

13.2.6.6   Magnetischer Kreis

Im vorangegangenen Kapitel 13.2.6.5 wurde gezeigt, dass die Verlängerung des Eisenkerns einer Spule über die Länge der Spule hinaus effektiv zu einer „Verlängerung" der Spule führt – überall im Eisenkern liegt die selbe homogene magnetische Flussdichte $\underline{B}$ vor, falls der Querschnitt des Eisenkerns an jedem Ort gleich ist. Die austretende Magnetisierung $\underline{M}$ an den Enden des Eisenkerns schließt sich außerhalb der „verlängerten Spule" wie das $\underline{H}$-Feld einer Spule. Wird nun der Eisenkern außerhalb der Spule zu einem Ring geschlossen, treten keine $\underline{M}$-Feldlinien mehr aus dem Eisen aus. Dies ist damit zu begründen, dass jeder atomare Dipol in Wechselwirkung mit zwei weiteren Dipolen steht und dadurch die Feldlinien zwischen jedem atomaren Nord- und Südpol maximal kurz sind. Es entstehen geschlossene Dipolketten im Eisen – hiermit ist der energetisch beste Zustand erreicht, da zum Einen die Austauschenergie der Materie minimal wird und zum Anderen kein Streufeld und somit keine Energie hierfür aufgebracht werden muss. Die ringförmige Anordnung der einheitlich ausgerichteten Dipole im sog. *magnetischen Kreis* ist vergleichbar mit der ringförmigen Anordnung der Weiss'schen Bezirke in einem nicht-magnetisierten ferromagnetischen Material. In Kapitel 13.2.5.4 wurde bereits dargestellt, dass die Anordnung der Atome in Weiss'schen Bezirken den energetisch besten Zustand aufweist – es zeigt sich immer wieder in der Natur, dass das Mikroskopische und das Makroskopische auf die selbe Gesetzmäßigkeit zurückzuführen ist. In einem magnetischen Kreis, der aus Materialen hoher Permiabilitätszahl ($\mu_r \gg 1$) bestehen muss, sind somit alle Feldlinien, die das Resultat einer um den magnetischen Kreis gewickelten Spule sind, gefangen; die Spule kann sich an einer beliebigen Stelle des magnetischen Kreises befinden.

In Abbildung 13.14 ist ein geschlossener magnetischer Eisenkern mit Luftspalt und Erregerspule abgebildet, der aus einzelnen Werkstücken zusammengesetzt ist. Die Kombination von Werkstück 1 mit Spule und Werkstück 2 entspricht dem in Kapitel 13.2.6.5 diskutierten Fall. Der konstante Erregerstrom I_E der Spule erzeugt eine magnetische Feldstärke $\underline{H}_1$. Diese führt zur Ausrichtung der atomaren Dipole des Werkstückes 1 nach Abbildung 13.7. Es hängt von der Stärke des $\underline{H}$-Feldes der Spule und demnach vom Spulenstrom I_E ab, wie viele Dipole sich im Material einheitlich ausrichten und sich auf Grund gegenseitiger Wechselwirkung in Dipolketten anordnen (vgl. Abb. 13.8). Entsprechend der Überlegungen in Kapitel 13.2.5.4 werden sich die ausgerichteten Dipole bzw. Dipolketten im Werkstück zur Minimierung der Austauschenergie statistisch im Material verteilen. Nicht ausgerichtete Dipole kompensieren ihr magnetisches Feld, indem sie sich innerhalb des Materials in Weiss'schen Bezirken ringförmig anordnen, um den energetisch besten Zustand zu erreichen (vgl. Abb. 13.9). Die Dichte der über die Querschnittsfläche A des Werkstückes verteilten Dipolketten mit dem

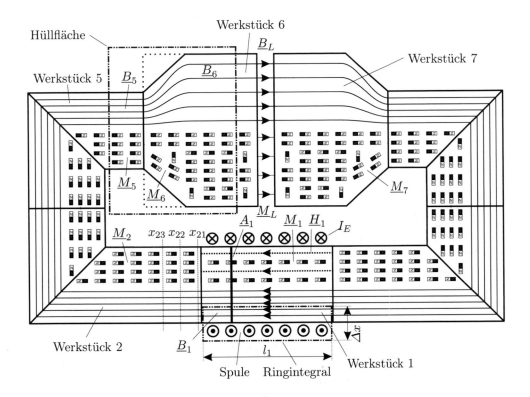

Abb. 13.14: *Magnetischer Kreis mit Spule (Erregerstrom I_E), unterschiedlich großen Werkstücken ($\mu_r \gg 1$) und kleinem Luftspalt: es ist das resultierende $\underline{B}$-Feld eingezeichnet, welches sich aus der Superposition aus $\underline{H}$-Feld und Magnetisierung $\underline{M}$ der atomaren Dipole ergibt*

Feld $\underline{H}_{Atom}$ ist ein Maß für die Magnetisierung $\underline{M}$ und dessen Feldliniendichte. Nach Gleichung (13.57) ergibt sich in Abhängigkeit der Querschnittsfläche A_1 des Werkstückes 1 und der Feldstärke $\underline{H}_1$ der Spule die Magnetisierung $\underline{M}_1$:

$$\underline{M}_1 = \frac{A_{Atom}}{A_1} \cdot \underline{H}_{Atom} \cdot \sum_{i=1}^{N} \cos^2\left(\alpha_i\left(\underline{H}_1\right)\right) \tag{13.86}$$

Hierbei ist N die Anzahl aller Atome in der Querschnittsfläche $\underline{A}_1$; der Flächenvektor verläuft parallel zum Feld $\underline{H}_1$ der Spule. Nimmt man nun an, dass die leichte Richtung des ferromagnetischen Materials der Längsrichtung der Werkstücke entspricht, dann können die Ausrichtungen der N Dipole ausschließlich Winkel von $\alpha = 0$, $\alpha = 90$, $\alpha = 180$ und $\alpha = 270$ annehmen (vgl. Kapitel 13.2.5.4). Effektiv leisten nur Dipole einen Beitrag zur Magnetisierung $\underline{M}_1$, die Element einer Dipolkette sind und folglich einen Winkel von $\alpha = 0$ besitzen (die Elemente eines nach außen neutralen Ringes aus Weiss'sschen Bezirken liefern keinen Beitrag). Werden durch die magnetische Feldstärke $\underline{H}_1$ der Spule N_{K1} Dipolketten in Werkstück 1 gebildet, vereinfacht sich Gleichung (13.86):

$$\underline{M}_1 = \frac{A_{Atom}}{A_1} \cdot \underline{H}_{Atom} \cdot N_{K1}(\underline{H}_1) \tag{13.87}$$

Das magnetisierte Werkstück 1 mit der Magnetisierung $\underline{M}_1$ und das Feld der Spule $\underline{H}_1$ führen nun, wie in Kapitel 13.2.6.5 beschrieben, zu einer spontanen Magnetisierung des Nachbarwerkstückes 2, in welchem das homogene Feld der Spule nicht mehr präsent ist. Hierbei werden zunächst die atomaren Dipole an der Grenzschicht von Werkstück 2 (vgl. Abb. 13.14 Stelle x_{21}) durch die Fernwirkung beider Felder des Werkstücks 1, der magnetischen Feldstärke $\underline{H}_1$ der Spule und die Magnetisierung $\underline{M}_1$, einheitlich ausgerichtet. Die höhere Feldstärke führt dazu, dass in der Grenzfläche bei gleichbleibender Querschnittsfläche $A_1 = A_2$ mehr Dipole ausgerichtet werden, so dass mit $N_{K2} > N_{K1}$ für die Magnetisierung an der Grenzfläche von Werkstück 2 (Stelle x_{21}) folgt:

$$\underline{M}_2(x_{21}) = \frac{A_{Atom}}{A_1} \cdot \underline{H}_{Atom} \cdot N_{K2}(\underline{H}_1 + \underline{M}_1) \tag{13.88}$$

Hierauf findet in einer Kettenreaktion ohne Präsenz eines externen $\underline{H}$-Feldes ($\underline{H}_2 = \underline{0}$) die spontane Ausrichtung benachbarter atomarer Dipole statt (vgl. Abb. 13.8). An der Stelle x_{22} wirkt nur noch die Magnetisierung der Nachbardipole, d.h. die Magnetisierung $\underline{M}_2$ erhält sich selbst

$$\underline{M}_2(x_{22}) = \frac{A_{Atom}}{A_1} \cdot \underline{H}_{Atom} \cdot N_{K2}(\underline{M}_2(x_{21})) \tag{13.89}$$

Für die Beziehung zwischen den Feldstärken gilt:

$$\underline{M}_2 = \underline{H}_1 + \underline{M}_1 \tag{13.90}$$

Daraus folgt für die magnetische Flussdichte $\underline{B}$ in Werkstück 1 und 2 bei Anwendung der Gleichung (13.59)

$$\underline{B}_2 = \underline{B}_1 \tag{13.91}$$

Die beschriebene Kettenreaktion überträgt sich auf angrenzende Werkstücke, so dass sich durch jedes Werkstück des magnetischen Kreises ohne Spule N_{K2} Dipolketten ziehen. Besitzen angrenzende Werkstücke die selbe Querschnittsfläche, so liegt die selbe magnetische Flussdichte vor. Vergrößert sich beispielsweise die Querschnittsfläche wie in Werkstück 6 und 7, so verteilen sich die Dipolketten mit dem Feld $\underline{H}_{Atom}$ statistisch über eine größere Querschnittsfläche, wodurch die magnetische Flussdichte des Werkstückes sinken muss. Diesen Zusammenhang bestätigt die Anwendung der Gleichung (13.89); für Werkstück 6 ergibt sich folgende Magnetisierung:

$$\underline{M}_6 = \frac{A_{Atom}}{A_6} \cdot \underline{H}_{Atom} \cdot N_{K2} \qquad (13.92)$$

Die restlichen Dipole des Werkstückes werden durch das Nachbarwerkstück 5 nicht ausgerichtet und werden sich gemäß der Theorie der Weiss'schen Bezirke zur Energieminimierung im Ring anordnen, womit sich die Magnetisierung dieser Atome im Material kompensiert und nicht auf die Nachbarwerkstücke wirkt. Durch Einsetzen der Gleichung (13.92) in Gleichung (13.89) resultiert ein einfacher Zusammenhang der Magnetisierungen zwischen Werkstücken ohne Spule unterschiedlicher Querschnittsfläche:

$$\underline{M}_6 = \frac{A_2}{A_6} \cdot \underline{M}_2 \qquad (13.93)$$

Für die Anwendung des Zusammenhangs auf alle Werkstücke, d.h. auch Werkstücke mit Spule, muss gemäß Gleichung (13.90) ebenfalls die magnetische Feldstärken $\underline{H}$ einer Spule berücksichtigt werden, da sich in Werkstücken mit Spule weniger Dipolketten ausbilden; hiermit gilt folgender Zusammenhang für Werkstück 1 und 6:

$$\underline{M}_6 = \frac{A_1}{A_6} \cdot (\underline{H}_1 + \underline{M}_1) \qquad (13.94)$$

Mit der Tatsache, daß im magnetischen Kreis in einem Werkstück ohne Spule $\underline{H} = \underline{0}$ gilt, handelt es sich effektiv um ein Gesetz bezüglich der Summe aus Feldstärke und Magnetisierung, d.h. nach Gleichung (13.59) ergibt sich ein allgemein gültiges Gesetz für die magnetische Flussdichte $\underline{B}$:

$$\underline{B}_6 = \frac{A_2}{A_6} \cdot \underline{B}_2 = \frac{A_1}{A_6} \cdot \underline{B}_1 \qquad (13.95)$$

Dieser Zusammenhang der $\underline{B}$-Felder im magnetischen Kreis lässt sich allgemein mit Hilfe der Quellenfreiheit des Magnetfeldes (Kapitel 13.2.6.2) und der magnetfeldbündelnden Eigenschaft ferromagnetischer Materialien (Kapitel 13.2.6.1) ableiten: Da der magnetische Kreis aus Werkstücken hoher Permeabilität ($\mu_r \gg 1$) besteht, verlaufen die durch die Spule mit Eisenkern erzeugten $\underline{B}$-Feldlinien im magnetischen Kreis, d.h. es treten keine Feldlinien (bis auf vernachlässigbare Streueffekte) aus dem Material aus – das Magnetfeld tritt nur durch die jeweilige Querschnittsfläche A_i des Werkstückes i. Mit diesem Wissen lässt sich über das Gesetz der Quellenfreiheit ein Zusammenhang zwischen den $\underline{B}$-Feldern der einzelnen Werkstücke ableiten. Für das obige Beispiel bildet man, wie in Abbildung 13.14 eingezeichnet, eine Hüllfläche ∂V durch Werkstück 5 und 6. Mit dieser Hüllfläche ist das Flächenintegral über die magnetische Flussdichte $\underline{B}$ entsprechend des Gesetzes der Quellenfreiheit (13.72) zu berechnen. Da nur die Fläche A_5 und A_6 vom Feld durchsetzt wird, vereinfacht sich die Berechnung:

$$\oint_{\partial V} \underline{B} \, d\underline{a} = \underline{B}_5 \underline{A}_5 - \underline{B}_6 \underline{A}_6 = 0 \qquad (13.96)$$

Wegen $A_2 = A_5$ und $\underline{B}_2 = \underline{B}_5$ bestätigt Gleichung (13.96) die Gesetzmäßigkeit (13.95) der magnetischen Flussdichte $\underline{B}$ zwischen den Kreiselementen unterschiedlichen Querschnitts. Im magnetischen Kreis der Abbildung 13.14 werden somit alle Kreiselemente i mit der Querschnittsfläche $\underline{A}_i$ vom selben *Fluss* Ψ_i [7] durchsetzt:

$$\Psi_i = \int_{A_i} \underline{B}_i \, d\underline{a} = \underline{B}_i \, \underline{A}_i = const \qquad (13.97)$$

Zwischen Werkstück 6 und 7 befindet sich ein Luftspalt. Da dieser sehr klein ist, gibt es im Luftspalt gemäß der Überlegungen in Kapitel 13.2.6.3 die selbe magnetische Flussdichte wie in Werkstück 6 und 7, welche jedoch geringer ist, als in den Werkstücken 1 bis 5; der Luftspalt wird ebenfalls vom Fluss Ψ durchsetzt. In den restlichen Werkstücken der rechten Seite von Abb. 13.14 findet die Magnetisierung aus Symmetriegründen analog statt.

Mit dem Ergebnis (13.97) ist es nun möglich, die magnetische Flussdichte $\underline{B}$ in jedem beliebigen Ort des magnetischen Kreises einfach zu bestimmen. Es stellt sich jedoch die Frage, welcher Erregerstrom I_E notwendig ist, um z.B. eine bestimmte magnetische Flussdichte $\underline{B}_L$ im Luftspalt zu erhalten. Der Vorteil des magnetischen Kreises liegt nun darin, dass unabhängig von der Form des Eisenkerns und von der Länge der Spule das Feld entsprechend der Darstellung des Kapitels 13.2.6.5 stets homogen ist. Der Grund hierfür liegt darin, dass das $\underline{B}$-Feld im Eisenkern außerhalb der Spule nur auf die Magnetisierung $\underline{M}$ zurückzuführen ist und sich die Dipolketten stets statistisch bzw. homogen über die Querschnittsfläche der Werkstücke verteilen, unabhängig davon, wie groß die Querschnittsfläche des Werkstückes ist. Zur Bestimmung des Erregerstromes I_E interessiert hiermit nur, welche mittlere magnetische Feldstärke $\bar{\underline{H}}$ eines $\underline{H}$-Feldes einer Spule die selbe Magnetisierung im Eisenkern auslöst und es interessiert nicht dessen genauer Feldverlauf, d.h. das Feld $\bar{\underline{H}}$ dient nun lediglich als Umrechnungsgröße und besitzt den Feldverlauf des homogenen $\underline{B}$-Feldes. Ist der Feldverlauf der magnetischen Flussdichte und magnetischen Feldstärke parallel, so stellt die materialabhängige Magnetisierungskurve in Abb. 13.10 den Zusammenhang der Beträge beider dar. Im Üblichen wird versucht, den Arbeitspunkt maximaler Feldverstärkung einzustellen, womit nach Kapitel 13.2.5.4 die Gleichung (13.69) gilt:

$$\bar{H}_1 = \frac{1}{\mu_0 \, \mu_r} B_1 \qquad (13.98)$$

Ein weiterer entscheidender Vorteil des magnetischen Kreises, neben der Homogenität, ist, dass es bisher kein Streufeld gibt und somit alle Feldlinien geschlossen im ferromagnetischen Werkstück verlaufen. Diese Eigenschaften ermöglichen es nun, dass zur Bestimmung des Zusammenhangs zwischen Erregerstrom I_E und $\underline{B}$-Feld lediglich das Durchflutungsgesetz (13.82) herangezogen wird. Hierzu bildet man ein Ringintegral um die in die gleiche Richtung bestromten Leiter der Spule mit der Länge l_1 der Spule und einer beliebigen Breite Δx (vgl. Abb. 13.14). Da die magnetische Flussdichte nur im Eisen verläuft (kein Streufeld), lässt sich das Ringintegral (entsprechend Gleichung 13.82) wie folgt formulieren:

---

[7] Die allgemeine Bezeichnung des Flusses ist Φ. Soll verdeutlicht werden, dass der Fluss das Resultat nicht nur einer sondern w stromdurchflossener Leiter ist (Spule), wird der Fluss als $\Psi = w \, \Phi$ bezeichnet.

$$I_{\Sigma 1} = \frac{1}{\mu_0} \oint_{\partial A_1} \underline{B}_1 \cdot d\underline{s} = \frac{1}{\mu_0} \left(B_1 \cdot l_1 + 0 \cdot \Delta x + 0 \cdot l_1 + 0 \cdot \Delta x \right) = \frac{1}{\mu_0} B_1 \cdot l_1$$

$$(13.99)$$

Der eingeschlossene Strom $\underline{I}_{\Sigma 1} = w\,I_E + I_{O1}$ beinhaltet sowohl den Oberflächenstrom des magnetisierten Werkstücks 1 als auch den Spulenstrom. Da die Hilfsgröße $\bar{H}_1$ innerhalb der Spule über die Länge $l_1$parallel zum $\underline{B}$-Feld verläuft, kann Gleichung (13.82) bzw. (13.81) in die beiden Ströme aufgeteilt werden, so dass für Gleichung (13.99) gilt:

$$w\,I_E = \oint_{\partial A_1} \underline{H}_1 \cdot d\underline{s} = \bar{H}_1 \cdot l_1 + 0 \cdot \Delta x + 0 \cdot l_1 + 0 \cdot \Delta x = \bar{H}_1 \cdot l_1 \qquad (13.100)$$

Mit Gleichung (13.98) folgt der gesuchte Zusammenhang:

$$I_E = \frac{1}{\mu_0\,\mu_r} \cdot \frac{l_1}{w} \cdot B_1 \qquad (13.101)$$

Für die Berechnung eines notwendigen Erregerstromes I_E für eine gewünschte magnetische Flussdichte $\underline{B}_L = \underline{B}_6$ im Luftspalt der Querschnittsfläche $A_L = A_6$ findet die Umrechnung (13.95) Anwendung:

$$I_E = \frac{1}{\mu_0\,\mu_r} \cdot \frac{l_1}{w} \cdot \frac{A_L}{A_1} \cdot B_L \qquad (13.102)$$

Allgemein gilt, dass sich die magnetische Flussdichte $\underline{B}$ in einem Element i eines magnetischen Kreises in Abhängigkeit des Erregerstromes I_E der Spule um Element 0 leicht bestimmen lässt, unabhängig davon, an welcher Stelle sich die Spule befindet und welche Form die Elemente des magnetischen Kreises besitzen: [8]

$$I_E = \frac{1}{\mu_0\,\mu_r} \cdot \frac{l_0}{w} \cdot \frac{A_i}{A_0} \cdot B_i \qquad (13.103)$$

13.2.6.7 Grenzflächenkräfte: magnetischer Querdruck und Längszug

Im Folgenden wird mit Hilfe der bisherigen Ergebnisse untersucht, welche Kräfte gegenseitig auf magnetisierte Werkstücke hoher Permeabilitätszahl wirken, wenn sie sich im Einflussbereich des jeweils anderen Feldes befinden. Abbildung 13.15 links zeigt ein entsprechendes Szenario: die magnetisierten Werkstücke 1 und 2 besitzen gemäß Kapitel 13.2.6.4 auf Grund der einheitlich ausgerichteten atomaren Dipole die nach außen wirkenden magnetischen Felder $\underline{B}_1$ und $\underline{B}_2$ sowie

---

[8] Auf die vereinfachte Theorie der magnetischen Kreise soll in diesem Buch nicht eingegangen werden, da sie auf Grund vereinfachender Annahmen nicht immer konsistent zur Feldtheorie ist. In der Theorie der magnetischen Kreise ordnet man jedem Kreiselement abhängig von dessen Abmessung und Permeabilität einen magnetischen Widerstand zu und erhält damit bzgl. der Flussberechnung eine Analogie zur Stromberechnung im elektrischen Kreis, wodurch die entsprechenden Rechengesetze herangezogen werden können. Hierbei wird jedoch nicht berücksichtigt, dass sich die Felder zwischen den Kreiselementen im Unterschied zu den Strömen und Spannungen im elektrischen Kreis nicht sprungartig verändern können. An dieser Stelle sei auf die Fußnote in Kapitel 13.2.6.2 sowie 13.2.6.3 hingewiesen.

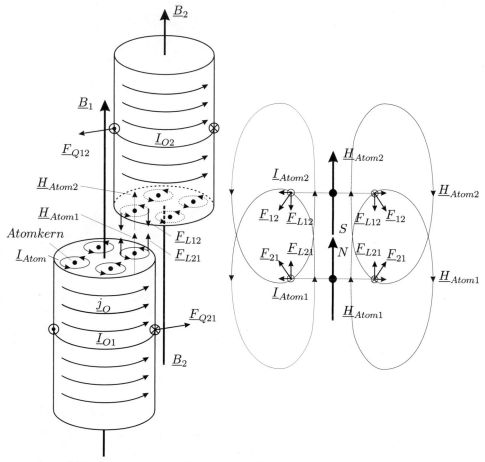

Elektronenstrom: positive Stromrichtung eingezeichnet

Abb. 13.15: *Werden zwei magnetisierte Werkstücke hoher Permeabilitätszahl wie ab-gebildet angenähert, so ziehen sie sich auf Grund des magnetischen Querdrucks ($\underline{F}_Q$) sowie Längszugs ($\underline{F}_L$) derart an, bis sie im Idealfall (keine Reibung) die selbe Achse und keinen Luftspalt besitzen, d.h. ein verlängertes magnetisiertes Werkstück ergeben*

die Oberflächenströme $\underline{I}_{O1}$ und $\underline{I}_{O2}$ (vgl. Abbildung 13.12). Ohne den genauen Feldverlauf des Szenarios darzustellen, wird ersichtlich, dass die magnetische Flussdichte $\underline{B}_1$ des Werkstücks 1 in Kombination mit dem Oberflächenstrom $\underline{I}_{O2}$ des Werkstückes 2 eine resultierende Lorentzkraft $\underline{F}_{Q12}$ ergibt. Gleiches gilt für das Feld $\underline{B}_2$, welches in Kombination mit dem Oberflächenstrom $\underline{I}_{O1}$ zur Kraft $\underline{F}_{Q21}$ führt. Diese wirkenden Kräfte ergeben eine horizontale Verschiebung der beiden Zylinder, bis sie sich in einer gemeinsamen Achse befinden; in dieser Situation ist das Feld überall um die Zylinder gleich verteilt bzw. ist Null, so dass sich die Kräfte gegenseitig kompensieren bzw. ebenfalls Null sind – es liegt ein Kräftegleichgewicht vor. Der sich ergebende Feldverlauf entspricht dem eines längeren Zylinders mit Luftspalt und führt somit zu einem energetisch günstigeren Zustand. Dies kommt erneut dem physikalischen Funktionsprinzip der Energieminimierung gleich. Die hierbei wirkenden Kräfte auf der Oberfläche bezeichnet man als *magnetischen Querdruck* . Der Name ist darauf zurückzuführen, dass die Felder $\underline{B}_1$ und $\underline{B}_2$ parallel zur Grenzfläche zwischen dem Werkstück ($\mu_r \gg 1$) und Luft ($\mu_r \approx 1$), d.h. dichteren und dünneren Medium verlaufen und die Kräfte senkrecht hierzu vom magnetisch dichteren zum magnetisch dünneren Medium gerichtet sind.

Neben dieser Kraft gibt es den sog. *magnetischen Längszug* , der zudem zu einer vertikalen Verschiebung und somit zum Verschwinden des Luftspaltes führt. Diese Kraft ist auf die Wechselwirkung/Fernwirkung der gegenüberliegenden atomaren Dipole an den Grenzflächen der beiden Werkstücke zurückzuführen, welche in Kapitel 13.2.5.4 Abbildung 13.8 bzgl. der spontanen Ausrichtung der atomaren Dipole im Material bereits näher dargestellt wurde. In Abbildung 13.15 links ist zu erkennen, dass sich zwei ausgerichtete atomare Dipole der beiden Werkstücke gegenüberliegen und sie sich somit gegenseitig im Einfluss des jeweiligen atomaren Feldes $\underline{H}_{Atom}$ befinden. Der detaillierte Feldverlauf in Abbildung 13.15 rechts verdeutlicht die hierbei entstehenden Kräfte. Das Feld $\underline{H}_{Atom1}$ des Grenzflächenatoms von Werkstück 1 führt in Kombination mit dem Ringstrom $\underline{I}_{Atom2}$ des Grenzflächenatoms von Werkstück 2 zur Kraft $\underline{F}_{12}$. Teilt man nun die Kraft in Normal- und Tangentialkomponente auf, so ist zu erkennen, dass sich die Tangentialkomponenten gegenseitig kompensieren; die Normalkomponente $\underline{F}_{L12}$ der Kraft $\underline{F}_{12}$ zieht hingegen das Werkstück 2 an das Werkstück 1. Ebenfalls ergibt die Überlegung hinsichtlich des Feldes $\underline{H}_{Atom2}$ und des Ringstromes $\underline{I}_{Atom1}$ eine Kraft $\underline{F}_{L21}$, welche das Werkstück 1 an das Werkstück 2 annähert. Dieser beschriebene magnetische Längszug führt zum Berühren der Werkstücke. Die Kräfte werden sich dann nicht kompensieren, sondern pressen die beiden Werkstücke weiterhin zusammen – Werkstück 1 haftet an Werkstück 2, d.h. hiermit ist der typische Effekt, dass sich Magnete anziehen, erklärt. Wird ein Werkstück um 180 gedreht, d.h. sind die beiden Felder $\underline{B}_1$ und $\underline{B}_2$ entgegengerichtet, so ist mit Hilfe der dann wirkenden Kräfte sehr leicht zu erkennen, dass sich die beiden Werkstücke abstoßen werden. Der Name „magnetischer Längszug" beruht auf der Tatsache, dass in diesem Fall die Felder wie auch die Kraft senkrecht auf der Grenzfläche stehen; auch hier ist die Kraft vom magnetisch dichteren zum magnetisch dünneren Medium gerichtet, falls die Felder gleich gerichtet sind. Für den hier betrachteten Spezialfall, dass eine Grenzfläche zwischen einem Medium sehr hoher Permeabilität (z.B. Eisen) und sehr niedriger Permeabilität (z.B. Luft) vorliegt, ist der magnetische Längszug auch unter dem Namen *Maxwell'sche Flächenspannung* bekannt.

Zusammenfassend hält man fest, dass die Frage, weshalb sich magnetisierte Materialien anziehen bzw. abstoßen, durch die beiden dargestellten Kräfte erklärt werden kann. Durch das Wirken vom magnetischen Querdruck und Längszug resultiert, durch eine Annäherung bis zum Berühren der zwei einzelnen magnetisierten Werkstücke, ein energetisch günstigeres langes Werkstück.

Eine besondere Bedeutung bzgl. der physikalischen Betrachtung von Maschinen kommt dem magnetischen Querdruck zu, da mit ihm die Momenterzeugung erklärt werden kann; es sei in diesem Zusammenhang auf das Kapitel 13.2.1 der GNM bzw. Kapitel 6.1 der Synchronmaschine verwiesen. Grundlage hierfür ist der Effekt, dass ein Werkstück in ein magnetisches Feld gezogen wird, welcher im Folgenden näher diskutiert wird:

In Abbildung 13.16 oben ist das Verhalten eines beweglichen Werkstücks (Werkstück 2) im Feld eines befestigten, mit der Feldstärke $\underline{H}$ magnetisierten Werkstückes (Werkstück 1) dargestellt. Bei beiden Werkstücken handelt es sich

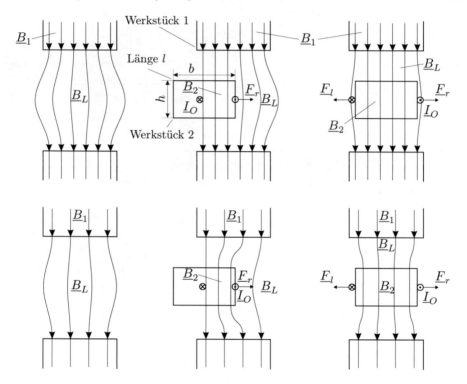

Abb. 13.16: *Der magnetische Querdruck führt zu einer Kraft auf ein Werkstück hoher Permeabilitätszahl im Magnetfeld, durch welche das Werkstück in das Feld gezogen wird; es wird dabei unterschieden, ob das Werkstück vollständig (oben – Prinzip der Synchronmaschine) oder nicht vollständig (unten - Prinzip der Kraftentstehung auf Nuten) magnetisiert wurde*

um ferromagnetische Stoffe gleicher Permeabilitätszahl ($\mu_{r1} = \mu_{r2} = \mu_r \gg 1$). Zunächst wird die Annahme getroffen, dass das befestigte Werkstück 1 durch die Feldstärke $\underline{H}$ vollständig magnetisiert wurde, d.h. alle atomaren Dipole haben sich ausgerichtet und führen zur maximalen Magnetisierung $\underline{M}_1$; im Werkstück 1 ergibt sich eine magnetische Flussdichte $\underline{B}_1 = \mu_0 (\underline{H} + \underline{M}_1)$. Wie in Kapitel 13.2.6.3 dargestellt, wird mit größer werdendem Luftspalt das Feld kleiner: $B_L < B_1$. Bringt man nun einen Teil des quaderförmigen Werkstückes 2 mit dem Volumen $V = b\,h\,l$ in das Feld $\underline{B}_L$ ein, so werden die atomaren Dipole des Werkstücks 2 im Bereich des Feldes ausgerichtet (siehe auch Abb. 13.7). Da die Permeabilität der Werkstücke gleich ist und Werkstück 1 vollständig magnetisiert ist, wird die Feldliniendichte in beiden Werkstücken gleich sein, d.h. $\underline{B}_2 = \underline{B}_1$ und somit $\underline{M}_2 = \underline{M}_1$; Werkstück 2 ist im Feld ebenfalls vollständig magnetisiert. Durch die Magnetisierung liegt nun auf der Oberfläche des Werkstückes 2 eine Oberflächenstromdichte

$$j_O = M_1 = M_2 \tag{13.104}$$

gemäß Gleichung (13.78) einer langen Spule vor – die Magnetisierung und der Oberflächenstrom stehen immer in direktem Zusammenhang. Der Oberflächenstrom

$$I_O = h\,j_O \tag{13.105}$$

des Werkstückes mit der Höhe h fließt nun im Feld $\underline{B}_L$ des Luftspaltes. Es liegen demnach mit der Geschwindigkeit $\underline{v}$ bewegte Ladungen (Elektronen: $Q = -e$) im Feld vor, wodurch die Lorentzkraft (13.70) auf die rechte Oberfläche des Werkstückes 2 wirkt (siehe auch Abb. 13.7):

$$\underline{F}_r = -n \cdot e \cdot \underline{v} \times \underline{B}_L \tag{13.106}$$

Mit $\underline{v} = \underline{l}/t$ und $I_O = -(n\,e)/t$ folgt:

$$\underline{F}_r = I_O \cdot \underline{l} \times \underline{B}_L = I_O \cdot \underline{l} \times \mu_0 \left(\underline{H} + \underline{M}_L \right) \tag{13.107}$$

Ist der Luftspalt sehr klein, so gilt entsprechend des Kapitels 13.2.6.3 $\underline{B}_L = \underline{B}_1$, d.h. $\underline{M}_L = \underline{M}_1$, womit unter Beachtung von Gleichung (13.104) und (13.105) für die Kraft $\underline{F}_r$ folgt:

$$\underline{F}_r = \underline{l} \cdot h \cdot M_1 \times \mu_0 \left(\underline{H} + \underline{M}_1 \right) \tag{13.108}$$

Nimmt man nun entsprechend des Kapitels 13.2.5.4 über ferromagnetische Materialien für die nichtlineare Hysteresekurve (vgl. Abb. 13.10) eine Linearisierung im Punkt der maximalen Steigung mit $\mu_r = \mu_{rmax}$ an, so kann für den nichtlinearen Zusammenhang (13.65) in diesem Punkt die lineare Gleichung (13.62) bzw. (13.63) nicht ferromagnetischer Materialien angewandt werden. Wegen $\underline{I}_O \perp \underline{B}_L$ gilt für den Betrag der Kraft:

$$F_r = l \cdot h \cdot \mu_0\,\mu_r \left(\mu_r - 1 \right) \cdot H^2 \tag{13.109}$$

Da der Oberflächenstrom auf der linken Oberfläche des Werkstückes 2 in keinem Feld verläuft, wirkt auf die linke Fläche keine Kraft: $\underline{F}_l = 0$. In diesem Zusammenhang ist anzumerken, dass die Oberflächenstrom erzeugende Magnetisierung $\underline{M}_2$ bzgl. des Feldes keinen Beitrag zur Lorentzkraft liefern kann, da sie bereits im Oberflächenstrom $\underline{I}_O$ enthalten ist. Effektiv zieht die Kraft $\underline{F}_r$ das Werkstück 2 in das Feld. Entsprechend der Gleichung (13.109) ist diese Kraft direkt von der externen Feldstärke und dem Material abhängig. Sobald sich das Werkstück 2 komplett im Feld befindet, greift auch an der linken Fläche eine Lorentzkraft $\underline{F}_l$

an, die betragsmäßig gleich der Kraft $\underline{F}_r$ und entgegengerichtet ist – auf Grund des Kräftegleichgewichtes befindet sich das Werkstück 2 in horizontaler Richtung nun in Ruhe. Als Merkregel hält man fest, dass ein Werkstück immer in Richtung des dichtesten Feldes vollständig in dieses gezogen wird. Die dabei auftretenden Lorentzkräfte an den Flächen werden als *magnetischer Querdruck* bezeichnet. An dieser Stelle sei noch erwähnt, das sich der zu Beginn des Kapitels beschriebene magnetische Längszug nach oben und unten nicht kompensieren würde, fände eine Auslenkung des Werkstücks 2 in vertikaler Richtung statt bzw. wäre das Werkstück 2 zu Beginn nicht exakt in der Mitte des Luftspaltes. Es gäbe eine resultierende Kraft auf Grund des Längszuges und des Querdrucks, so dass das Werkstück 2 nicht nur in das Feld, sondern auch an das Werkstück 1 gezogen würde. Das Szenario in Abbildung 13.16 stellt somit in vertikaler Richtung eine instabile und in der horizontalen Richtung eine stabile Gleichgewichtslage dar.

Der auf dem magnetischen Querdruck basierender Effekt ist Voraussetzung für das Funktionsprinzip der **Synchronmaschine** (vgl. Kapitel 6.2) sowie der **Reluktanzmaschinen**, Kapitel 8.1. In diesem Fall ist das Werkstück 2 der Rotor der Maschine, der bei der Synchronmaschine mit einer mit Gleichstrom erregten Spule oder mit einem Permanentmagneten versehen ist. Dadurch sind alle atomaren Dipole des Rotors bzw. des Werkstücks 2 (im Unterschied zu oben) *stets* vollständig ausgerichtet und diese werden auf Grund des hartmagnetischen Materials annähernd unabhängig von einem externen Feld, dem Statorfeld $\underline{B}_S$ (bzw. hier $\underline{B}_1$, Werkstück 1), die Magnetisierung beibehalten. Die Magnetisierung des Permanentmagneten $\underline{M}_P$ (bzw. hier $\underline{B}_2$) führt zu einem vom Statorfeld $\underline{B}_S$ unabhängigen Oberflächenstrom $\underline{I}_{OP}$ (bzw. hier $\underline{I}_0$). Die Feldlinien des Permanentmagneten $\underline{B}_P$ (bzw. hier $\underline{B}_2$) werden sich über den Stator (Werkstück 1) schließen. Auf Grund der vollständigen Magnetisierung beispielsweise des Permanentmagneten werden keine Feldlinien des Statorfeldes bzw. Luftspaltfeldes im Rotor gefangen, d.h. das Feld $\underline{B}_L$ neben dem Rotor (Werkstück 2) wird durch die Präsenz des Rotors nicht beeinflusst, wie dies der Vergleich der Abbildung 13.16 oben links mit der Abbildung 13.16 oben Mitte zeigt. Bei kleinem Luftspalt gilt dann: $\underline{B}_L \approx \underline{B}_S$ bzw. $\underline{M}_L \approx \underline{M}_S$. Der Abb. 13.16 oben, mitte ist zu entnehmen, dass sich auf der rechten Seite des Werkstücks 2, welches sich im Bereich des Feldes $\underline{B}_2$ befindet, eine Kraft $\underline{F}_r$ ausgeübt wird, die das Werktstück 2 (Rotor) in das Feld $\underline{B}_L$ zieht. Dieser Effekt endet erst dann, wenn sich das Werkstück 2, wie in Abb. 13.16 oben, rechts dargestellt, im Luftspalt zentral ausgerichtet hat, da dann die gegensinnigen Kräfte $|\underline{F}_r| = |\underline{F}_l|$ gleich groß sind. Wenn wir nun annehmen der Statorbereich einer Synchronmaschine bzw. einer Reluktanzmaschine sei horizontal abgewickelt, dann wird sich über dem Statorumfang ein Drehfeld $\underline{H}_{SDF}$ ausbilden. Gemäß unseren bisherigen Überlegungen wird sich eine Kraft $\underline{F}_r$ ausbilden,

$$\underline{F}_r = \underline{l} \cdot h \cdot M_P \times \mu_0 \left(\underline{H}_{SDF} + \underline{M}_S \right) \tag{13.110}$$

die den Rotor (Werkstück 2) im idealen Leerlauf der SM im Feldmaximum $\underline{H}_{SDF}$ positioniert. Da wie der Name sagt, sich das Drehfeld über dem Statorumfang bewegt, wird, wie in Abb. 13.16 oben rechts dargestellt, sich der Rotor (Werkstück 2) mit dem Maximum des Drehfeldes und mit der gleichen Geschwindigkeit wie das Drehfeld nach rechts oder links – je nach der Bewegungsrichtung des Drehfeldes – bewegen, daher der Name „Synchronmaschine". Wenn auf den Rotor ein Drehmoment wirkt, dann wird der Rotor aus der zentralen Position um einen Winkel ausgelenkt, bis sich aus der Kräftedifferenz von $\underline{F}_r$ und $\underline{F}_l$ das erforderliche Drehmoment ausgebildet hat, d.h. stationär dreht sich der Rotor weiter mit der gleichen Drehzahl wie im Idealfall Leerlauf. Aus den obigen Erläuterungen sind weitere Definitionen für die Regelung der SM abzuleiten. Wie im Kapitel 5.5 dargestellt wird, entstehen durch die drei Statorwicklungen drei Stromverteilungen über dem Statorumfang. Diese drei Statorstromverteilungen führen zu den entsprechenden magnetischen Flussdichteverteilungen, die wiederum zu einem Flussdichte-Raumzeiger zusammengefasst werden können. Wenn diese Definition des Raumzeigers auf die Abb. 13.16 oben, rechts übertragen wird, dann ist die Position der Koordinatenrichtung d (Flussrichtung) in der Mitte des Werkstücks 2 (Rotor), die durch die mechanische Konstruktion des Rotors (siehe beispielsweise Kap. 6.2, Schenkelpolmaschine) bedingt ist. Durch die Vorgabe von $\underline{B}_1$ kann damit das Luftspaltfeld verstärkt oder geschwächt werden. 90 Grad zu der Koordinate d ist die Koordinatenrichtung q, dies ist die Flussachse mit der das Drehmoment der SM eingestellt werden kann.

Eine detailliertere Darstellung bzgl. der Funktionsweise der permanenterregten Synchronmaschine ist in Kapitel 6 zu finden. Das Funktionsprinzip der Reluktantmaschine ist direkt aus der Abbildung 13.15 zu erkennen.

In Abbildung 13.16 unten ist das Szenario bei nicht vollständig magnetisiertem Material gezeigt. Das externe $\underline{H}$-Feld führt zu keiner vollständigen Magnetisierung des Werkstückes 1, d.h. nicht alle atomaren Dipole sind ausgerichtet. In Abbildung 13.16 wird dies im Vergleich durch eine geringere Dichte der Feldlinien dargestellt – die Feldlinien verlaufen im Luftspalt weniger bauchig. Bringt man nun erneut einen Teil des Werkstückes 2 in das Luftspaltfeld ein, so könnten in diesem kleineren Teil ebenso viele Dipolketten ausgerichet werden, wie im nicht vollständig magnetisiertem breiteren Werkstück 1. Entsprechend der Abstandsverhältnisse wird ein Großteil der Dipole des Werkstückes 1 die Dipole des Werkstückes 2 ausrichten, d.h. die Feldlinien werden im Werkstück 2 auf Grund des geringeren magnetischen Widerstandes gefangen. Es können maximal so viele Feldlinien gefangen werden, bis das Werkstück 2 vollständig magnetisiert ist (vgl. Abb. 13.16 unten Mitte). Mit größer werdendem Abstand vom Werkstück 2 werden die Dipole des Werkstückes 1 vorwiegend von der Gegenseite ausgerichtet, d.h. die Feldlinien verlaufen nicht mehr durch Werkstück 2, der magnetische Widerstand ist in diesem Fall geringer. Je mehr Feldlinien im Werkstück 2 gefangen werden, desto größer wird die Magnetisierung $\underline{M}_2$ bzw. der Oberflächenstrom $\underline{I}_O$, desto kleiner wird jedoch das Feld $\underline{B}_L = \mu_0\,(\underline{H} + \underline{M}_L)$ im Luftspalt, welches in Kombination mit dem Oberflächenstrom $\underline{I}_O$ zur Lorentzkraft führt:

$$\underline{F}_r = \underline{l} \cdot h \cdot M_2 \times \mu_0\,(\underline{H} + \underline{M}_L) \tag{13.111}$$

Im Grenzfall verlaufen alle $\underline{M}$-Feldlinien im Werkstück 2 und erzeugen einen großen Oberflächenstrom – im Luftspalt liegt dann nur noch die externe Feldstärke $\underline{H}$ vor, die auf die bewegten Elektronen des Oberflächenstroms $\underline{I}_O$ wirkt. Die dabei entstehende Lorentzkraft $\underline{F}_r$ greift an der rechten Fläche des Werkstückes 2 an und zieht dieses wie im vorherigen Beispiel in das Feld. Der Oberflächenstrom auf der linken Seite des Werkstückes befindet sich im feldfreien Raum, d.h. $\underline{F}_l = 0$. Je weiter sich das Werkstück im Feld befindet, desto geringer wird die Dichte der Magnetisierung $\underline{M}_2$ und somit die Amplitude des Oberflächenstromes $\underline{I}_O$. Bei gleichbleibender externer Feldstärke $\underline{H}$ wird damit die Kraft $\underline{F}_r$ bzw. Beschleunigung immer kleiner. Sobald sich auch die linke Seite des Werkstückes 2 im Feld befindet, ergibt sich erneut ein Kräftegleichgewicht in horizontaler Richtung: $|\underline{F}_l| = |\underline{F}_r|$. In vertikaler Richtung handelt es sich wieder um eine instabile Gleichgewichtslage – befände sich das Werkstück 2 nicht exakt in der Mitte, würde sich ein effektiver magnetischer Längszug ergeben, der das Werkstück 2 zusätzlich in Richtung des Werkstückes 1 ziehen würde. Auch in diesem Fall stellt man wieder fest, dass so lange eine resultierende Kraft auf ein Werkstück wirkt, bis dieses vollständig in das Feld gezogen wurde.

Dieser Fall, bei nicht vollständig magnetisierten Werkstücken, ist bei der Nutung des Rotors von Bedeutung. Bei realen Maschinen liegen die Leiter des Rotors gut befestigt in Kerben, den sog. Nuten, um den Luftspalt möglichst gering zu halten und um die mechanische Belastung der Leiter zu verkleinern. In diesem Fall wirken die antreibenden Kräfte nicht mehr auf die Leiter des Rotors, sondern es wirkt der magnetische Querdruck direkt auf die Flächen der Nuten des Rotors. Für eine tiefergehende Betrachtung sei auf Kapitel 13.3.1.4 verwiesen.

13.2.6.8   Brechungsgesetze für magnetische Feldlinien

Im Folgenden soll das Verhalten der Felder an der Grenzfläche zwischen Medien unterschiedlicher Permeabilitätszahl μ_r untersucht werden. Die Feldverläufe an den Grenzflächen zwischen Eisen ($\mu_r \gg 1$) und Luft ($\mu_r \approx 1$) sind bezüglich elektrischer Maschinen von besonderer Bedeutung, da die Amplitude der antreibenden Kraft auf den Rotor vom Austrittswinkel des $\underline{B}$-Felds aus dem Eisen in den Luftspalt abhängt (vgl. Kapitel 13.3.1.1 und 13.3.1.3).

In Abbildung 13.17 ist ein Werkstück (Eisen) mit abgeschrägten Enden zu sehen, welches sich in einem externen Feld $\underline{H}$ in Luft befindet. Für dieses um das Medium Luft erweiterte Szenario ist nun ein intuitives Vorgehen zur Feldlinienbestimmung nicht mehr möglich. Der Gedanke, zuerst die Magnetisierung des Eisens durch das externe Feld und dann die Magnetisierung der Luft durch das externe Feld zu berechnen, um dann das Gesamtfeld durch Superposition zu bestimmen, ist nicht mehr umsetzbar. Dies liegt daran, dass das Eisen nicht nur durch das externe $\underline{H}$-Feld magnetisiert wird, sondern auch durch das $\underline{M}$-Feld der Luft:

$$\underline{M}_E(\underline{H}, \underline{M}_L) \tag{13.112}$$

Die Magnetisierung $\underline{M}_L$ der Luft ist wiederum von der externen Feldstärke $\underline{H}$ aber auch vom Feld des magnetisierten Eisens abhängig:

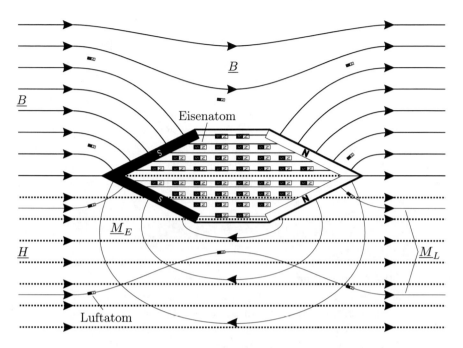

Abb. 13.17: *Brechung der $\underline{B}$-Feldlinien an der Grenzfläche zwischen Luft ($\mu_r \approx 1$) und einem Eisen-Werkstück ($\mu_r \gg 1$) – die $\underline{B}$-Feldlinien treten nahezu senkrecht aus dem Werkstück aus*

$$\underline{M}_L(\underline{H}, \underline{M}_E) \tag{13.113}$$

Insofern ziehen die Eisenatome die Luftatome an und umgekehrt, d.h. weder die Eisen- noch die Luftatome werden parallel zum externen $\underline{H}$-Feld verlaufen. Wie letztendlich die Magnetisierung der einzelnen Medien aussieht, hängt von der Gesamtkonstellation und dem entsprechenden Gesamtfeld

$$\underline{M}(\underline{H}, \underline{M}_E, \underline{M}_L) \tag{13.114}$$

ab – zur Bestimmung des Feldverlaufes müssen Differentialgleichungen gelöst werden. Für dieses Szenario ist es noch möglich, z.B mit der Schwarz-Christoffelschen Abbildung den Feldverlauf zu bestimmen, bei komplexeren Szenarien ist jedoch ohne numerisches Rechenprogramm keine genaue Bestimmung des Feldverlaufes mehr möglich. Wie stark sich nun Eisen- und Luftatome gegenseitig beeinflussen, hängt von der jeweiligen feldverstärkenden Eigenschaft ab. Nachdem das ferromagnetische Eisen eine starke Wechselwirkung zwischen den Atomen aufweist (vgl. Kapitel 13.2.5.4), lassen sich diese schwer von ihrer energetisch günstigen Ausrichtung auslenken (vgl. Abb. 13.8). Die Wechselwirkung hängt u.a. von der Anzahl der Elektronen ab und somit der Stärke der Lorentzkraft auf die benachbarten Atome. Ferromagnetische Materialien besitzen eine hohe Anzahl an Elektronen und somit eine starke Wechselwirkung; in Abbildung 13.17 wird dies durch große Elementarmagneten im Werkstück angedeutet.

Befindet sich in der Nachbarschaft ein Medium mit geringer Anzahl an Elektronen, wie es beispielsweise bei nicht ferromagnetischen Materialien der Fall ist, so ist die Kraftwirkung dessen Atome untereinander und auf die Umgebung gering; die Elementarmagneten der Luft werden in Abbildung 13.17 im Vergleich zum Werkstück kleiner dargestellt und besitzen einen größeren Abstand zueinander. Mit dieser Betrachtung ist nun zu erwarten, dass die Luft-Atome leichter zu beeinflussen sind und daher stärker abgelenkt werden, als die Eisenatome. An dieser Stelle ist bereits zu vermuten, dass an der Grenzfläche zwischen unterschiedlichen Medien eine Brechung der $\underline{M}$-Feldlinien auftritt – diese ist entsprechend der Überlegungen materialabhängig. Für die Berechnung des $\underline{B}$-Feldes gemäß der Gleichung (13.65) folgt mit (13.112) und (13.113):

$$\underline{B} = \mu_0 \left(\underline{H} + \underline{M}(\underline{H}, \underline{M}_E, \underline{M}_L) \right) \tag{13.115}$$

Die magnetische Flussdichte $\underline{B}$ ergibt sich als hochgradig nichtlineare Funktion des $\underline{H}$-Feldes, die ohne numerisches Rechenprogramm nicht zu bestimmen ist. Da zwischen dem $\underline{B}$-Feld und der resultierenden Magnetisierung $\underline{M}$ (13.114) nur ein linearer Zusammenhang über die magnetische Feldstärke $\underline{H}$ besteht, ist die Eigenschaft der Brechung der $\underline{B}$-Feldlinien ein direktes Resultat der Magnetisierung bzw. der Wechselwirkungen der benachbarten Atome. Unabhängig davon, dass sich der Feldlinien-Verlauf nicht einfach bestimmen lässt, kann ein Zusammenhang, das sog. Brechungsgesetz, zwischen den Ein- und Austrittswinkeln der $\underline{M}$- bzw. $\underline{B}$-Feldlinien an den Grenzflächen zwischen zwei Medien bestimmt werden. Hierfür nutzt man das Durchflutungsgesetz sowie die Quellenfreiheit.

Im Folgenden soll das Brechungsgesetz am Beispiel des Eisenwerkstücks mit abgeschrägten Enden, umgeben von Luft, abgeleitet werden (Abbildung 13.17). Hierfür betrachtet man die Feldlinienverläufe an der Grenzfläche zwischen Eisen und Luft, welche in Abbildung 13.18 vergrößert dargestellt sind.

Zunächst untersucht man das Brechungsverhalten der magnetischen Feldstärke $\underline{H}$ an der Grenzfläche. Entsprechend aller bisherigen Überlegungen (vgl. Kapitel 13.2.4) ist die magnetische Feldstärke nur von einem felderzeugenden Strom abhängig, d.h. $\underline{H}$-Feldlinien werden an Grenzflächen nicht gebrochen. Um dies zu zeigen, wendet man zunächst das Gesetz (13.74) der Quellenfreiheit an. Hierfür wird das $\underline{H}$-Feld in Abbildung 13.18 oben als Vektor $\underline{H}_E$ dargestellt. Die Länge des Vektors repräsentiert dabei die Dichte bzw. Stärke des Feldes, die Orientierung entspricht der Richtung des Feldes an der Grenzfläche. Der Vektor $\underline{H}_E$ trifft mit dem Winkel α_{H_E} auf die Grenzfläche innerhalb des Eisen-Werkstückes. $\underline{H}_E$ wird nun in eine Normalkomponente $\underline{H}_{EN}$ und eine Tangentialkomponente $\underline{H}_{ET}$ zerlegt, die senkrecht auf der Grenzfläche steht bzw. parallel zu dieser verläuft. Das Feld tritt aus dem Werkstück mit dem Winkel α_{H_L} in das Medium Luft aus. Das Feld außerhalb des Werkstückes in Luft wird ebenfalls durch einen Vektor $\underline{H}_L$ mit der entsprechenden Zerlegung dargestellt: $\underline{H}_{LN}$ und $\underline{H}_{LT}$. Gemäß des Kapitels 13.2.6.2 über die Quellenfreiheit der Felder bildet man eine Hüllfläche um die Grenzfläche. Dieser von oben betrachtete Quader (Volumen $\Delta V = \Delta A \cdot \Delta x$) ist in Abbildung 13.18 oben eingezeichnet. Lässt man Δx gegen Null gehen ($\Delta x \to 0$),

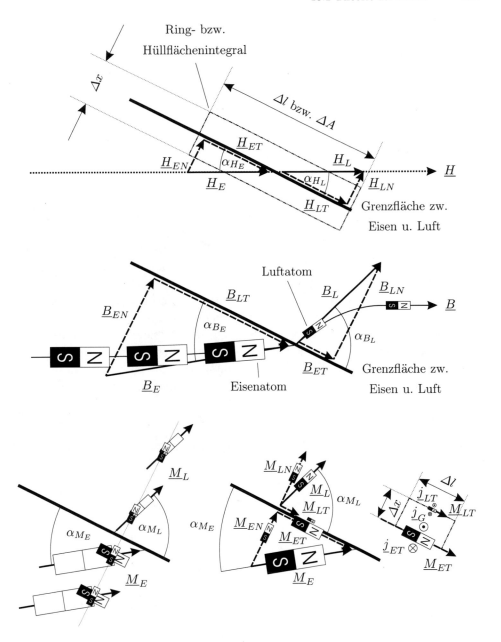

Abb. 13.18: *Brechungsgesetz für die Feldlinien der magnetischen Flussdichte $\underline{B}$ an der Grenzfläche zwischen Eisen und Luft*

so treten durch die Hüllfläche nur noch die Normalkomponenten der $\underline{H}$-Felder. Mit dem Gesetz der Quellenfreiheit

$$\lim_{\Delta x \to 0} \oint_{\partial(\Delta x \cdot \Delta A)} \underline{H} \, d\underline{a} = H_{EN} \cdot \Delta A - H_{LN} \cdot \Delta A = 0 \qquad (13.116)$$

folgt:

$$H_{EN} = H_{LN} = H_N \qquad (13.117)$$

Die Normalkomponente der magnetischen Feldstärke ist demnach in beiden Medien gleich.

Im nächsten Schritt wendet man das Durchflutungsgesetz (13.44) an. Hiermit wird versucht, die Tangentialkomponenten in Beziehung zu setzen. Entsprechend des Kapitels 13.2.4 bildet man ein Ringintegral um die Grenzfläche, wobei erneut der Übergang $\Delta x \to 0$ des eingezeichneten Rechtecks durchgeführt wird. Mit dem Durchflutungsgesetz resultiert:

$$\lim_{\Delta x \to 0} \oint_{\partial(\Delta l \cdot \Delta x)} \underline{H}\, d\underline{s} = H_{ET} \cdot \Delta l - H_{LT} \cdot \Delta l = I = 0 \qquad (13.118)$$

Das Ringintegral der Feldstärken um die Grenzfläche ergibt den eingeschlossenen Strom I, der auf der Grenzfläche fließt. Da hier der das externe $\underline{H}$-Feld erzeugende Strom nicht auf der Oberfläche fließt, ist der eingeschlossene Strom bzgl. der externen Feldstärke Null ($I = 0$). Es ist hier anzumerken, dass der durch die Magnetisierung des Materials fließende Oberflächenstrom (vgl. Kapitel 13.2.6.4) durch die zusätzliche magnetische Feldstärke, der Magnetisierung $\underline{M}$ repräsentiert wird und demzufolge nicht in obigem Ringintegral bzgl. $\underline{H}$ berücksichtigt werden darf. Aus Gleichung (13.118) folgt, dass auch die Tangentialkomponente der magnetischen Feldstärke in beiden Medien gleich ist:

$$H_{ET} = H_{LT} = H_T \qquad (13.119)$$

Mit Gleichung (13.117) und (13.119) resultiert, dass Ein- und Austrittswinkel des $\underline{H}$-Feldes identisch sind:

$$\tan \alpha_{H_E} = \frac{H_{EN}}{H_{ET}} = \tan \alpha_{H_L} = \frac{H_{LN}}{H_{LT}} \qquad \Rightarrow \qquad \alpha_{H_E} = \alpha_{H_L} \qquad (13.120)$$

Wie erwartet wird die magnetische Feldstärke nicht an einer Grenzfläche gebrochen.

Gleich dieses Vorgehens wird nun die magnetische Flussdichte $\underline{B}$ bzw. Magnetisierung $\underline{M}$ näher beleuchtet. In Abbildung 13.18 Mitte ist eine $\underline{B}$-Feldlinie an der abgeschrägten Grenzfläche des Werkstückes zu sehen. Mit den Überlegungen zu Beginn dieses Unterkapitels ist folgendes zu erkennen: mit größer werdendem Abstand von der Grenzfläche beeinflussen sich die Magnetisierungen der beiden Medien kaum noch und es wirkt lediglich das externe $\underline{H}$-Feld magnetisierend. Dementsprechend sind die atomaren Dipole parallel zum $\underline{H}$-Feld (vgl. Abb. 13.18 oben und Mitte) ausgerichtet. Je näher sich die einzelnen Atome an der Grenzschicht befinden, desto größer ist die Wechselwirkung zwischen den unterschiedlichen Medien. Da die Luftatome die geringere Kraftwirkung zeigen, werden die Eisenatome kaum aus ihrer Magnetisierungsrichtung gedreht. Die große Kraftwirkung der Eisenatome hingegen bewirkt eine große Auslenkung der Luftatome. Die Konsequenz ist eine Brechung der $\underline{B}$-Feldlinie an der Grenzfläche

– unterscheidet sich die Permeabilitätszahl beider Medien wie im betrachteten Beispiel ($\mu_{rE} \gg \mu_{rL}$), so ist $\alpha_{B_E} \neq \alpha_{B_L}$ zu erwarten.

Nach Zerlegung der $\underline{B}$-Feldvektoren $\underline{B}_E$ und $\underline{B}_L$ in die Normal- und Tangentialkomponenten folgt entsprechend der obigen Überlegungen bzgl. des $\underline{H}$-Felds, dass durch Anwenden der Quellenfreiheit (13.74) die Normalkomponente der beiden Medien gleich sein muss:

$$B_{EN} = B_{LN} = B_N \qquad (13.121)$$

Wendet man die Gleichung (13.65) unter Beachtung der Gleichungen (13.112), (13.113), (13.117) und (13.121) an, ergibt sich eine Aussage über die Normalkomponente der Magnetisierungen $\underline{M}_E$ und $\underline{M}_L$:

$$B_N = \mu_0 \left(H_{EN} + M_{EN}(H_{EN}, M_{LN}) \right) = \mu_0 \left(H_{LN} + M_{LN}(H_{LN}, M_{EN}) \right)$$

$$M_{EN}(H_N, M_{LN}) = M_{LN}(H_N, M_{EN}) = M_N \qquad (13.122)$$

Hiermit folgt, dass auch die Normalkomponente der Magnetisierung in beiden Medien gleich sein muss, womit auch die Quellenfreiheit der Magnetisierung bestätigt wurde. In Abbildung 13.18 unten Mitte ist die Zerlegung der Magnetisierung in Normal- und Tangentialkomponente dargestellt. Dementsprechend kann man sich die Elementarmagneten aufgespaltet in einen parallel zur Grenzfläche verlaufenden und einen senkrecht auf dieser stehenden Magneten vorstellen. Die senkrecht stehenden Magneten zeigen jeweils eine Fernwirkung in das andere Medium, wie es bereits in Kapitel 13.2.6.3 bzgl. der Feldverstärkung im Luftspalt diskutiert wurde. Deshalb ist verständlich, dass die Normalkomponenten der Magnetisierung M_{EN} und M_{LN} vom anderen Medium abhängen müssen, wie die Gleichung (13.122) zum Ausdruck bringt – nur so ist es möglich, dass beide Komponenten durch die jeweilige Fernwirkung gleich groß sind. Stellt man sich die Elementarmagneten wie in Abbildung 13.18 unten links aus den Komponenten zusammengesetzt vor, so wird deutlich, dass sich die senkrecht stehenden Elementarmagneten der beiden Medien so lange anziehen und dabei die Atome im $\underline{H}$-Feld um ihre Achse drehen, bis die senkrecht stehenden Magneten und ihre Magnetisierung gleich groß sind und sich somit ein stabiles Gleichgewicht zwischen allen benachbarten Atomen an der Grenzfläche eingestellt hat – die Normalkomponente der Magnetisierungen ist dann identisch und Gleichung (13.122) erfüllt. Besitzt eines der beiden Medien eine um ein Vielfaches größere Magnetisierung ($\mu_{rE} \gg \mu_{rL}$), so drehen sich die Atome des Mediums mit der kleinen Permeabilität an der Grenzfläche auf den maximalen Winkel $\alpha_{M_L} = 90$. Kommt es unter diesem Winkel noch zu keinen gleich großen Magneten der Normalkomponente, so zeigt die Oberfläche des Mediums mit der hohen Permeabilität eine magnetisch anziehende Wirkung auf die Umgebung. Hierbei handelt es sich um die in Kapitel 13.2.6.7 beschriebene Kraft, die unter dem Namen *Maxwell'sche Flächenspannung* bekannt ist, und stets vom magnetisch dichteren Medium mit hoher Permeabilität in das magnetisch dünnere Medium mit kleiner Permeabilität gerichtet ist; diese Kraft ist der Grund, weshalb sich zwei gegenüberliegende magnetisierte Eisenstücke in Luft gegenseitig anziehen. Im Umkehrschluss bedeutet dies weiter, dass bei allen magnetisch nach außen wirkenden Materialien die $\underline{M}$-Feldlinien sowie magnetischen Kräfte senkrecht austreten. In diesem Zusammenhang ist zu erwarten, dass die $\underline{B}$-Feldlinien des Eisens nahezu senkrecht in das Medium Luft eintreten, da die Feldstärke $\underline{H}$ bezüglich der Vektoraddition (13.65) nur noch einen vernachlässigbaren Beitrag liefert.

Sobald dieser stabile Zustand erreicht ist, liegen zwei unterschiedlich große Komponenten der Elementarmagneten der beiden Medien parallel zur Grenzfläche vor (vgl. Abb. 13.18 unten links). Entsprechend ihrer Ausrichtung parallel zur Grenzfläche zeigen diese Magneten lediglich eine anziehende Wirkung innerhalb des Materials, in dem sie sich befinden, d.h. sie zeigen keine Fernwirkung in das andere Medium, wie dies bei den Normalkomponenten (13.122) der Fall ist. Deshalb ist die Magnetisierung der Tangentialkomponenten lediglich Resultat der externen Feldstärke $\underline{H}$:

$$M_{ET}(H_T) \tag{13.123}$$

$$M_{LT}(H_T)$$

Da somit beide Magnetisierungen durch die selbe Feldstärke erzeugt werden, unterscheiden sich die Beträge nur durch die Materialeigenschaft.

Gilt $M_{ET}(H_T) \neq M_{LT}(H_T)$, so muss laut Durchflutungsgesetz an der Grenzfläche ein Strom fließen (vgl. Abb. 13.18 unten rechts): bildet man an der Grenzfläche zwischen Eisen und Luft das Ringintegral über die Feldstärke der Magnetisierung $\underline{M}$ und führt den Grenzübergang $\Delta x \to 0$ durch, so erhält man:

$$\lim_{\Delta x \to 0} \oint_{\partial(\Delta l \cdot \Delta x)} \underline{M} \, d\underline{s} = M_{ET} \cdot \Delta l - M_{LT} \cdot \Delta l = I_G = j_G \cdot \Delta l \tag{13.124}$$

Dies stellt keinen Widerspruch dar, da entsprechend des Kapitels 13.2.6.4 ein Oberflächenstrom auf einem Magneten fließt. Liegen unterschiedliche Medien vor, so werden sich unterschiedliche Winkel $\alpha_{M_E} \neq \alpha_{M_L}$ einstellen, damit die Normalkomponenten der Magnete $M_{EN} = M_{LN}$ nach Gleichung (13.122) identisch sein können – in diesem Fall werden sich die Magnete parallel zur Grenzfläche mit ihrer tangentialen Magnetisierung auf jeden Fall in ihrer Stärke unterscheiden $M_{ET} \neq M_{LT}$. Somit fließen auch nach Gleichung (13.78) mit $j_O = M$ unterschiedliche Oberflächenströme, d.h. atomare Ringströme, die sich bei unterschiedlichen Medien ($\mu_{rE} \neq \mu_{rL}$) nicht kompensieren – es existiert auf der Grenzfläche die Differenz der „tangentialen" Oberflächenstromdichten der atomaren Ringströme von Eisen und Luft, hervorgerufen durch die tangentiale Komponente der $\underline{M}$-Felder: $j_G = j_{ET} - j_{LT} = M_{ET} - M_{LT}$. Diese Überlegungen bestätigen das Durchflutungsgesetz (13.124).

Mit Hilfe des Ergebnisses (13.123) kann nun in Verbindung mit der Gleichheit (13.122) der Normalkomponente der Magnetisierungen ein Zusammenhang zwischen dem Ein- und Austrittswinkel der $\underline{M}$-Feldlinien in Abhängigkeit der Materialeigenschaften der angrenzenden Medien aufgestellt werden:

$$\tan \alpha_{M_E} \; = \; \frac{M_{EN}}{M_{ET}} = \frac{M_N}{M_{ET}(H_T)} \tag{13.125}$$

$$\tan \alpha_{M_L} \; = \; \frac{M_{LN}}{M_{LT}} = \frac{M_N}{M_{LT}(H_T)}$$

Durch Einsetzen ergibt sich das *Brechungsgesetz* für die $\underline{M}$-Feldlinien an der Grenzfläche zwischen Eisen und Luft:

$$\frac{\tan \alpha_{M_E}}{\tan \alpha_{M_L}} = \frac{M_{LT}(H_T)}{M_{ET}(H_T)} \tag{13.126}$$

Der Zusammenhang zwischen Ein- und Austrittswinkel hängt somit vom Verhältnis der durch die externe Feldstärke $\underline{H}_T$ erzeugten Magnetisierung von Eisen und Luft ab, welche materialabhängig ist. Luft als nicht ferromagnetisches Medium zeigt gemäß Gleichung (13.62) bzw. (13.64) über die Suszeptibilität χ bzw. μ_r einen linearen Zusammenhang zwischen Magnetisierung und Feldstärke, so dass für die Tangentialkomponente der Magnetisierung in Luft gilt:

$$M_{LT}(H_T) = \chi_L \, H_T = (\mu_L - 1) \, H_T \tag{13.127}$$

Für Eisen als ferromagnetisches Material gilt eine nichtlineare Magnetisierungskurve entsprechend Abbildung 13.10. Da sich bezüglich elektrischer Maschinen der Rotor dreht, wird das sich im Feld befindende Material ständig ummagnetisiert, d.h. die Magnetisierungskurve durchfahren. Um die Ummagnetisierungsverluste dabei gering zu halten, benutzt man weichmagnetische Materialien, die eine sehr schmale Magnetisierungskurve besitzen, d.h. es wird annähernd stets die Neukurve durchfahren. Um den besten Wirkungsgrad bzgl. der Magnetisierung zu erreichen, wählt man den Punkt der maximalen Feldverstärkung der Neukurve durch Einstellen des Erregerstroms, so dass Gleichung (13.69) mit $\mu_{rE} = \mu_{rMax}$ bzw. $\chi_E = \chi_{Max}$ gilt (vgl. Kapitel 13.2.5.4). Hiermit führt eine Linearisierung mit $\underline{M} = \chi_E \, \underline{H}$ zu einer guten Näherung des Magnetisierungsverhaltens. Für den nichtlinearen Zusammenhang $\underline{M}(\underline{H})$ kann somit die lineare Gleichung (13.62) nicht ferromagnetischer Materialien angewandt werden – für die Tangentialkomponente der Magnetisierung im Eisen gilt:

$$M_{ET}(H_T) = \chi_E \, H_T = (\mu_E - 1) \, H_T \tag{13.128}$$

Für das linearisierte Brechungsgesetz der $\underline{M}$-Feldlinien folgt:

$$\frac{\tan \alpha_{M_E}}{\tan \alpha_{M_L}} = \frac{\chi_L \, H_T}{\chi_E \, H_T} = \frac{\chi_L}{\chi_E} = \frac{\mu_{rL} - 1}{\mu_{rE} - 1} \tag{13.129}$$

Im Anschluss soll nun das Brechungsgesetz für die $\underline{B}$-Feldlinien abgeleitet werden. Wendet man die Gleichung (13.65) unter Beachtung der Gleichungen (13.117) und (13.123) an, ergibt sich eine Aussage über die Tangentialkomponente der magnetischen Flussdichte $\underline{B}_E$ und $\underline{B}_L$:

$$B_{ET} = \mu_0 \left(H_T + M_{ET}(H_T) \right) \tag{13.130}$$

$$B_{LT} = \mu_0 \left(H_T + M_{LT}(H_T) \right)$$

Den linearen Zusammenhang erhält man mit Gleichung (13.127) und (13.128):

$$B_{ET} = \mu_0 \, \mu_{rE} \, H_T \tag{13.131}$$

$$B_{LT} = \mu_0 \, \mu_{rL} \, H_T$$

Wegen der Unabhängigkeit der tangentialen Magnetisierungen vom anderen Medium und der Gleichheit der Normalkomponenten der magnetischen Flussdichte auf Grund der Quellenfreiheit kann nun mit Gleichung (13.131) und (13.121) ein Zusammenhang des Ein- und Austrittswinkels der $\underline{B}$-Feldlinien in Abhängigkeit der Materialeigenschaften hergestellt werden:

$$\tan \alpha_{B_E} = \frac{B_{EN}}{B_{ET}} = \frac{B_N}{\mu_0 \, \mu_{rE} \, H_T} \tag{13.132}$$

$$\tan \alpha_{B_L} = \frac{B_{LN}}{B_{LT}} = \frac{B_N}{\mu_0 \, \mu_{rL} \, H_T}$$

Durch Einsetzen ergibt sich das *Brechungsgesetz* für die $\underline{B}$-Feldlinien an der Grenzfläche zwischen Eisen und Luft:

$$\frac{\tan \alpha_{B_E}}{\tan \alpha_{B_L}} = \frac{\mu_{rL}}{\mu_{rE}} \tag{13.133}$$

Zusammenfassend hält man fest, dass die Feldlinien der Magnetisierung $\underline{M}$ bzw. der magnetischen Flussdichte $\underline{B}$ mit folgender Gesetzmäßigkeit an der Grenzfläche zwischen Medium 1 und Medium 2 gebrochen werden:

$$\frac{\tan \alpha_{M_1}}{\tan \alpha_{M_2}} = \frac{\mu_{r2} - 1}{\mu_{r1} - 1} \tag{13.134}$$

$$\frac{\tan \alpha_{B_1}}{\tan \alpha_{B_2}} = \frac{\mu_{r2}}{\mu_{r1}} \tag{13.135}$$

Die Brechungsgesetze erscheinen zunächst sehr restriktiv, da durch die gegenseitige Beeinflussung der Magnetisierungen keine lokalen Aussagen über den Feldverlauf der Magnetisierung $\underline{M}$ und der magnetischen Flussdichte $\underline{B}$ ohne Betrachtung des Gesamtsystems getroffen werden kann und somit auch kein Eintrittswinkel bekannt ist – erst nach Ausrichtung aller Atome des Gesamtsystems ist der Eintrittswinkel, aber dann auch der Austrittswinkel bekannt. Die Bedeutung der Gesetze zeigt sich, wenn zwei Medien mit stark voneinander abweichender Permeabilitätszahl einander angrenzen, wie es an der Grenzfläche zwischen Eisen (Mediums 1) und Luft (Mediums 2) der Fall ist. Wie bereits im Vorangegangenen diskutiert wurde, werden die schwachen atomaren Magneten des Mediums

2 niedriger Permeabilitätszahl durch ihre geringe Kraftwirkung die Orientierung der starken atomaren Magneten des Mediums 1 hoher Permeabilitätszahl mit einer großen Wechselwirkung der Atome untereinander kaum ändern können. Im Umkehrschluss werden die schwachen Magneten des Mediums 2 niedriger Permeabilitätszahl maximal gedreht (vgl. Abb. 13.18 unten links). Es ist somit zu erwarten, dass sich unabhängig vom Eintrittswinkel α_{M_1} im Medium hoher Permeabilitätszahl ein Austrittswinkel $\alpha_{M_2} = 90$ im Medium niedriger Permeabilitätszahl einstellen wird. Für den Grenzübergang $\frac{\mu_{r1}}{\mu_{r2}} \to \infty$, d.h. $\mu_{r1} \gg \mu_{r2}$, wird dies durch das Brechungsgesetz (13.134) bestätigt:

$$\alpha_{M_2} = \arctan\left(\tan \alpha_{M_1} \frac{(\mu_{r1} - 1)}{(\mu_{r2} - 1)}\right) \tag{13.136}$$

$$\lim_{\frac{\mu_{r1}}{\mu_{r2}} \to \infty} \alpha_{M_2} = 90 \tag{13.137}$$

Da sich das $\underline{B}$-Feld über die Vektoradditon von magnetischer Feldstärke $\underline{H}$ und Magnetisierung $\underline{M}$ gemäß Gleichung (13.65) definiert, hängt es nun vom Verhältnis zwischen den Feldstärken ab, mit welchem Winkel das $\underline{B}$-Feld aus dem Medium 1 in das Medium 2 austritt. Bei sehr hoher verstärkender Eigenschaft $\underline{M}(\underline{H})$ des Materials wird der Beitrag der magnetischen Feldstärke $\underline{H}$ bzgl. der Vektoraddition vernachlässigbar – es ist zu erwarten, dass bei ferromagnetischen Werkstücken die $\underline{B}$-Feldlinien entsprechend der $\underline{M}$-Feldlinien austreten. Für den Grenzübergang $\frac{\mu_{r1}}{\mu_{r2}} \to \infty$, d.h. $\mu_{r1} \gg \mu_{r2}$, wird dies mit dem Brechungsgesetz (13.135) deutlich:

$$\alpha_{B_2} = \arctan\left(\tan \alpha_{B_1} \frac{\mu_{r1}}{\mu_{r2}}\right) \tag{13.138}$$

$$\lim_{\frac{\mu_{r1}}{\mu_{r2}} \to \infty} \alpha_{M_2} = 90 \tag{13.139}$$

Je kleiner der Beitrag der Magnetisierung bei nicht ferromagnetischen Materialien wird, desto mehr verlaufen die Feldlinien der magnetischen Flussdichte $\underline{B}$ in Richtung des $\underline{H}$-Feldes, d.h. werden kaum an der Oberfläche des Werkstückes gebrochen.

Für den betrachteten Fall einer Grenzfläche zwischen Eisen mit $\mu_{rE} = 5000$ und Luft mit $\mu_{rL} = 1.000001$ ist der Austrittswinkel α_{M_L} der Feldlinien der Magnetisierung $\underline{M}$ in Abhängigkeit des Eintrittswinkels α_{M_E} gemäß Gleichung (13.136) in Abbildung 13.19 dargestellt. Es ist klar zu erkennen, dass unabhängig vom Winkel im Eisen die $\underline{M}$-Feldlinien senkrecht in das Medium Luft eintreten. Trotz eines kleinen Eintrittswinkels α_{M_E} besitzt die Normalkomponente des Elementarmagneten von Eisen eine größere Anziehungskraft, als der Elementarmagnet der Luft besitzt – folglich wird das Luftatom maximal gedreht. Dieses Verhalten wird durch Gleichung (13.136) deutlich. Ist die Permeabilitätszahl von Medium 2, wie die der Luft, annähernd der des Vakuums ($\mu_{r2} \approx 1$), so findet im Ausdruck eine Division durch Null statt, d.h. unabhängig von der

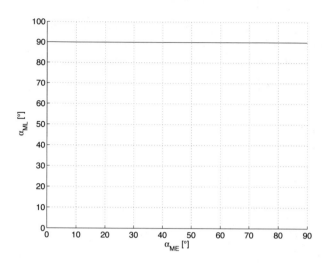

Abb. 13.19: *Austrittswinkel* α_{M_L} *in Abhängigkeit des Eintrittswinkels* α_{M_E} *der* $\underline{M}$-*Feldlinien an der Grenzfläche zwischen Eisen* (μ_{rE} = 5000) *und Luft* ($\mu_{rL} = 1.000001$)

Permeabilität von Medium 1 im Zähler ergibt sich ein senkrechtes Austreten der $\underline{M}$-Feldlinien.

Bezüglich der Brechung des Feldes der magnetischen Flussdichte $\underline{B}$ an der Grenzfläche ist der Austrittswinkel α_{B_L} in Abhängigkeit des Eintrittswinkels α_{B_E} gemäß Gleichung (13.138) in Abbildung 13.20 dargestellt. Da bei sehr klei-

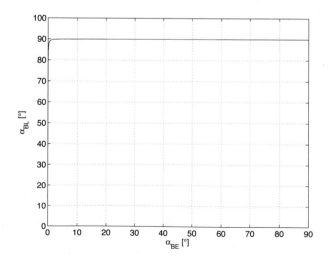

Abb. 13.20: *Austrittswinkel* α_{B_L} *in Abhängigkeit des Eintrittswinkels* α_{B_E} *der* $\underline{B}$-*Feldlinien an der Grenzfläche zwischen Eisen* (μ_{rE} = 5000) *und Luft* ($\mu_{rL} = 1.000001$)

nen Eintrittswinkeln die Feldstärke $\underline{H}$ bezüglich der Normalkomponente der Magnetisierung $\underline{M}$ der Eisenatome eine größere Gewichtung bekommt, werden die Luftatome geringfügig in Richtung des $\underline{H}$-Feldes orientiert, womit der Austrittswinkel noch nicht 90 beträgt. Aber bereits bei kleinen Winkeln ist $\alpha_{B_L} = 90$. Insofern hält man fest, dass unabhängig vom Winkel im Eisen die $\underline{B}$-Feldlinien nahezu senkrecht in das Medium Luft eintreten.

Für die Anwendung eines magnetischen Kreises für elektrische Maschinen wird hiermit deutlich, dass die Luftatome eine vernachlässigbare Wirkung auf die Eisenatome zeigen, d.h. die Eisenatome werden hauptsächlich durch das externe $\underline{H}$-Feld magnetisiert. Auf Grund dieser Unabhängigkeit der Magnetisierung des Eisens vom angrenzenden Medium Luft kann das Prinzip der Superposition der Magnetisierungen $\underline{M}_E$ und $\underline{M}_L$ für die $\underline{B}$-Feld-Bestimmung nun doch angewandt werden. Dies zeigt Abbildung 13.17 untere Hälfte für das betrachtete Szenario. Das externe $\underline{H}$-Feld richtet die atomaren Dipole des Eisens einheitlich in die entsprechende Richtung aus, womit ein Werkstück resultiert, welches einen großen Nord- und Südpol besitzt. Die Feldlinien des magnetisierten Eisens $\underline{M}_E$ treten senkrecht aus den Polflächen des Werkstücks aus und schließen sich wie gehabt. Durch das möglichst senkrechte Austreten wird die geringste Dichte der Feldlinien und somit Betrag der Magnetisierung $\underline{M}$ erreicht, was dem energetisch besten Zustand entspricht. Das externe $\underline{H}$-Feld und das $\underline{M}_E$-Feld bilden nun ein starres Gesamtfeld bezüglich der Luftatome, die sich in diesem entsprechend ausrichten. In dieser Orientierung tragen die Luftatome über die Magnetisierung $\underline{M}_L$ nun noch ihren Beitrag zum $\underline{B}$-Feld bei. Das resultierende Feld der magnetischen Flussdichte $\underline{B}$ ist in der oberen Hälfte der Abbildung 13.17 dargestellt. Verglichen mit einer Magnetnadel (vgl. Abb. 13.11) sind die Luftatome im starren Feld entlang der $\underline{B}$-Feldlinien ausgerichtet.

13.2.7 Zusammenfassung

Bezüglich der in diesem Kapitel dargestellten physikalischen Eigenschaften des magnetischen Feldes sei auf die Literatur [108] verwiesen. Eine weitere Einführung in die Funktion elektrischer Maschinen (GNM, ASM, SM) ist in [114] zu finden. Abschließend sollen nun die wichtigsten Eigenschaften des magnetischen Feldes zusammengefasst werden, die für das physikalische Verständnis elektrischer Maschinen notwendig sind:

- Eine Stromverteilung erzeugt ein magnetisches Feld (siehe Kapitel 13.2.4)

- Materialien mit hoher Permeabilitätszahl (z.B. Eisen) führen zu einer hohen Feldverstärkung, so dass entsprechend der Lorentzkraft große Kräfte auf bewegte Ladungen in diesem Material wirken (siehe Kapitel 13.2.5)

- Magnetische Feldlinien werden in Materialien mit hoher Permeabilitätszahl gefangen, so dass innerhalb eines magnetischen Kreises ein großes homogenes Feld präsent ist und außerhalb ein nahezu feldfreier Raum besteht (siehe Kapitel 13.2.6.1, 13.2.6.5 und 13.2.6.6)

- Befindet sich in einem magnetischen Kreis ein Luftspalt, so zeigt sich in diesem dasselbe hohe magnetische Feld, wie im magnetischen Kreis hoher Permeabilitätszahl, sofern der Luftspalt bezogen auf den Querschnitt des magnetischen Kreises sehr klein ist; hiermit wirken entsprechend der Lorentzkraft ebenfalls große Kräfte auf bewegte Ladungen in der Nähe des Materials hoher Permeabilitätszahl, d.h. im Luftspalt (siehe Kapitel 13.2.6.3)

- Magnetische Feldlinien treten aus Materialien mit hoher Permeabilitätszahl nahezu senkrecht in Medien kleiner Permeabilitätszahl (z.B. Luft) ein (siehe Kapitel 13.2.6.8)

- Auf jedem magnetisierten Material fließen Oberflächenströme; die Amplitude der Ströme ist abhängig von der Größe der Magnetisierung und Materialeigenschaft. In magnetisierte Werkstücken hoher Permeabilitätszahl ($\mu_r \gg 1$) fließen z.B. sehr hohe Oberflächenströme. Ebenfalls besitzen Permanentmagneten, welche eine sehr geringe Permeabilitätszahl aufweisen ($\mu_r \approx 1$), sehr hohe Oberflächenströme (siehe Kapitel 13.2.6.4)

- Der Effekt, dass sich magnetisierte Materialien anziehen, ist darauf begründet, dass das Feld des einen Werkstückes in Kombination mit dem Oberflächenstrom des anderen Werkstückes zu Lorentzkräften führt, die an den Oberflächen der Werkstücke angreifen und diese gegenseitig ausrichten (siehe Kapitel 13.2.6.7)

Mit Hilfe dieser Eigenschaften des magnetischen Feldes kann nun im folgenden Kapitel 13.3 die Kraft auf einen Leiter im Luftspalt eines magnetischen Kreises und somit die Kraft auf den Rotor einer Gleichstromnebenschlussmaschine exemplarisch abgeleitet werden, wobei der magnetische Kreis bezüglich elektrischer Maschinen aus dem Stator und Rotor besteht.

13.3   Physikalisches Funktionsprinzip der Gleichstrommaschine

In den folgenden Unterkapiteln werden schrittweise die Grundgleichungen der Gleichstrommaschine abgeleitet. Hierfür bedient man sich der in Kapitel 13.2 abgeleiteten Gesetze aus der Elektrizitätslehre und Elektrodynamik, um das Prinzip der Energiewandlung von Feldenergie in mechanische Energie aufzuzeigen. Zur Verbesserung der Verständlichkeit werden nur die Haupteffekte bei der Modellbildung berücksichtigt. In der Realität müssen deshalb bei der Herstellung einer Gleichstrommaschine weitere Effekte berücksichtigt werden bzw. es wird bei der Konstruktion der Maschine durch geschickte Planung und Einbringen zusätzlicher Komponenten, auf welche hier nicht weiter eingegangen wird, darauf geachtet, dass sich die Maschine nahezu ideal verhält. Dadurch wird erreicht, dass die im Folgenden abzuleitenden Grundgleichungen allgemein gültig sind.

13.3.1 Prinzip der Momenterzeugung – Ableitung der Momenten-Grundgleichung

Das Ziel ist, das physikalische Prinzip darzustellen, durch welches der Rotor bzw. Anker einer Gleichstrommaschine durch Einprägen eines Ankerstromes I_A bei einem Erregerfeld $\Psi = f(I_E) \neq 0$ ein Drehmoment erzeugt und sich damit zu drehen beginnt, d.h. es muss das Prinzip der Momententstehung in der Maschine erklärt werden. Hierzu ist zunächst der Zusammenhang zwischen Erregerstrom I_E und Luftspaltfeld B_L und dann der Zusammenhang zwischen Luftspaltfeld B_L, Ankerstrom I_A und innerem Moment M_{Mi} aufzuzeigen. Letzterer ist auf die bekannte Lorentzkraft zurückzuführen, welche die Energiewandlung zwischen elektrischer und mechanischer Energie beschreibt. Die Zusammenhänge werden zu der ersten Grundgleichung der Gleichstrommaschine führen, die die Kraft bzw. das Moment M_{Mi} der Maschine in Abhängigkeit der Ströme darstellt:

$$M_{Mi} = f(I_E, I_A) \tag{13.140}$$

13.3.1.1 Betrachtung der Gleichstrommaschine als magnetischen Kreis

Der prinzipielle Aufbau einer Gleichstrommaschine ist in Abbildung 13.21 zu sehen. Sie besteht aus einem fest stehenden Stator und einem sich drehend gelagerten Rotor (Radius r, Länge l_A), welcher auch als Anker bezeichnet wird. Der Stator besitzt je nach Polpaarzahl Z_p entsprechende Nord- und Südpole, die den Rotor eng umschließen. Zwischen dem Rotor und den Polen befindet sich jeweils ein sehr kleiner Luftspalt l_L, so dass sich der Rotor ungehindert drehen kann. Sowohl der Stator als auch der Rotor bestehen aus einem ferromagnetischen Material sehr hoher Permeabilitätszahl, im üblichen Eisen ($\mu_r \gg 1$). Die beiden Pole der Breite τ_E werden jeweils von einer Erregerspule der Länge l_E mit w_E Windungen umschlossen. Mit diesem Aufbau liegt nun ein *magnetischer Kreis* vor, wie er in Kapitel 13.2.6.6 untersucht wurde und das entsprechende Ergebnis in Abbildung 13.14 dargestellt ist.[9] Die Höhe aller Kreiselemente ergibt sich aus der Abmessung des Rotors und entspricht im Folgenden der Länge l_A des Rotors.

Da im magnetischen Kreis auf Grund der hohen Permeabilitätszahl nahezu alle $\underline{B}$-Feldlinien im Eisen verlaufen und sich alle $\underline{B}$-Feldlinien statistisch über

---

[9] Im Folgenden wird die Bezeichnung τ für die Breite des magnetischen Kreises an der jeweiligen Stelle verwendet. Dies ist darauf zurückzuführen, dass die in der Literatur verwendete Bezeichnung für die Polteilung τ_p ist. Mit dem Polbedeckungsfaktor α ergibt sich für die Luftspaltbreite unter dem Pol $\tau_L = \alpha \tau_p$. Da es sich hierbei um die Breite des Luftspaltes des magnetischen Kreises der Maschine handelt, wird zur Erhaltung der Konsistenz generell die Breite im magnetischen Kreis mit τ bezeichnet.

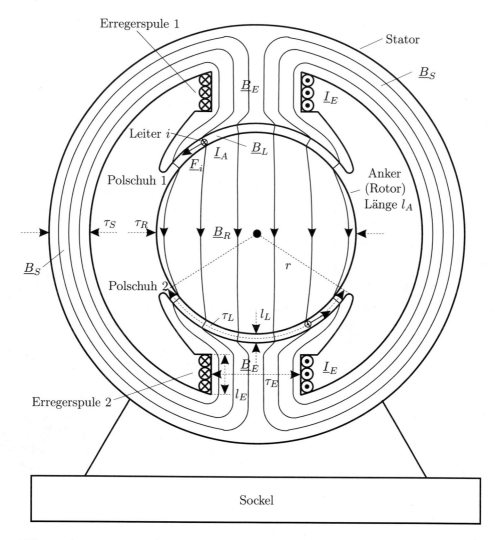

Abb. 13.21: *Magnetischer Kreis einer Gleichstrommaschine bestehend aus Stator und Rotor (Anker); ein mit dem Ankerstrom $\underline{I}_A$ durchflossener Leiter i des Rotors erfährt im Luftspaltfeld $\underline{B}_L$ eine Lorentzkraft $\underline{F}_i$, welche zu einem antreibenden Drehmoment führt*

die Querschnittsfläche $\underline{A}_i$ jedes Elements i des magnetischen Kreises verteilen, gelten nach Kapitel 13.2.6.6 folgende Zusammenhänge:

- Nach Gleichung (13.103) führt ein Erregerstrom $\underline{I}_E$ in einer Erregerspulen im Eisenkern zu einer magnetischen Flussdichte $\underline{B}_E$ mit dem Betrag:

$$B_E = \mu_0 \, \mu_r \, \frac{w_E}{l_E} \, I_E \qquad (13.141)$$

- Gleichung (13.97) besagt, dass in einem unverzweigten magnetischen Kreis der Fluss Ψ in jedem Element i gleich ist; wird angenommen, dass der Flächenvektor parallel zum Feldvektor verläuft, vereinfacht sich die Gleichung wie folgt:

$$\Psi_i = A_i\, B_i = const \qquad (13.142)$$

Verzweigt sich ein magnetischer Kreis, wobei die Summe der Querschnittsflächen an der Verzweigungsstelle gleich bleibt, so besitzt jedes Element i an der Verzweigungsstelle die selbe magnetische Flussdichte $B_i = const$. Dementsprechend teilt sich der Fluss Ψ an der Verzweigungstelle entsprechend der Querschnittsflächenverhältnisse auf:

$$\frac{\Psi_i}{A_i} = const \qquad (13.143)$$

Durch Anwendung dieser Zusammenhänge lassen sich für die Gleichstrommaschine die $\underline{B}$-Felder in den einzelnen Elementen in Abhängigkeit der in der Spule erzeugten magnetischen Flussdichte B_E bestimmen:
Entsprechend der Gleichung (13.141) erzeugt der Erregerstrom $\underline{I}_E$ in den beiden Erregerspulen im Eisenkern die magnetische Flussdichte $\underline{B}_E$ und somit den Fluss Ψ:

$$\Psi = A_E\, B_E = \tau_E\, l_A\, B_E = \mu_0\, \mu_r \cdot \tau_E\, l_A \cdot \frac{w_E}{l_E}\, I_E \qquad (13.144)$$

Wie in Kapitel 13.2.6.5, 13.2.6.6 sowie 13.2.6.8 diskutiert, ergibt sich der $\underline{B}$-Feldverlauf als Resultat der gegenseitigen Beeinflussung der atomaren Dipole der ferromagnetischen Materialien. In den breiten Polschuhen werden sich die Dipolketten im Eisen wie im magnetischen Kreis der Abbildung 13.14 zunächst statistisch mit maximalem Abstand verteilen, d.h. die Feldlinien dehnen sich bezogen auf den Feldverlauf in der Erregerspule aus; die Abmessung der Polschuhe (τ_L) wird so gewählt, dass sich das Feld vollständig über diese verteilt. An der Grenzfläche $A_L = \tau_L\, l_A$ der Polschuhe richten sich die magnetisch viel schwächeren Luftatome, angezogen durch die starken Dipole des Eisens, senkrecht zur Fläche aus (siehe Prinzipdarstellung in Abb. 13.18). Entsprechend des Brechungsgesetzes aus Kapitel 13.2.6.8 treten hiermit die $\underline{B}$-Feldlinien senkrecht aus den Polschuhen (Eisen: $\mu_r \gg 1$) in den Luftspalt (Luft: $\mu_r \approx 1$) ein. Beachtet man noch die Aussage des Kapitels 13.2.6.3, dass bei sehr kleinem Luftspalt ($l_L \to 0$) das $\underline{B}$-Feld auf Grund der Fernwirkung des magnetisierten Eisens über die Länge des Luftspalts nicht schwächer wird, ergibt sich im Luftspalt ein *homogenes radiales Luftspaltfeld* $\underline{B}_L$. Da hiermit die Feldlinien im Luftspalt senkrecht auf der Austrittsfläche A_L stehen, kann die Gleichung (13.142) zur Berechnung des Flusses Ψ_L bzw. der magnetischer Flussdichte B_L im Luftspalt herangezogen werden:

$$\Psi_L = A_L\, B_L = \Psi = A_E\, B_E \qquad (13.145)$$

$$B_L = \frac{A_E}{A_L}\, B_E = \mu_0\, \mu_r \frac{\tau_E}{\tau_L} \frac{w_E}{l_E}\, I_E \qquad (13.146)$$

Durch die Fernwirkung der magnetisierten Polschuhe werden nun die atomaren Dipole des Rotors magnetisiert; die Dipolketten des Rotors verteilen sich in Folge statistisch über die Breite des Rotors, so dass sich die Feldlinien nach Eintritt in den Rotor ausdehnen. Bei der maximalen Breite $\tau_R = 2r$ des Rotors entsteht das Feld minimaler Dichte B_R:

$$\Psi_R = A_R\, B_R = \Psi = A_E\, B_E \qquad (13.147)$$

$$B_R = \frac{A_E}{A_R}\, B_E = \mu_0\, \mu_r \frac{\tau_E}{\tau_R} \frac{w_E}{l_E}\, I_E \qquad (13.148)$$

Damit die Ummagnetisierungsverluste bei sich drehendem Rotor gering bleiben, wird ein weichmagnetisches Material verwendet (siehe Kapitel 13.2.5.4). Aus Symmetriegründen zeigt sich bei Polschuh 2 derselbe Feldlinienverlauf. Das durch die Erregerspulen erzeugte Feld $\underline{B}_E$ schließt sich über den sog. Rückschluss bzw. Joch des Stators. An den Verzweigungsstellen teilt sich der Fluss nach Gleichung (13.143) symmetrisch auf:

$$\Psi_S = \frac{1}{2}\Psi = \frac{1}{2} A_E\, B_E \qquad (13.149)$$

Verengt sich der Rückschluss des Stators zusätzlich ($A_S < 1/2\, A_E$), ergibt sich eine stärkere magnetische Flussdichte $B_S > B_E$ im Statoreisen:

$$B_S = \frac{1}{2} \frac{A_E}{A_S}\, B_E = \frac{1}{2}\, \mu_0\, \mu_r \frac{\tau_E}{\tau_S} \frac{w_E}{l_E}\, I_E \qquad (13.150)$$

Mit Hilfe der Zusammenhänge im magnetischen Kreis steht nun der Wert der magnetischen Flussdichte $\underline{B}_L$ im Luftspalt fest. Wird ein am Rotor befestigter Leiter in das Luftspaltfeld $\underline{B}_L$ eingebracht, durch welchen ein Ankerstrom $\underline{I}_A$ fließt, so wirkt auf die mit der Geschwindigkeit $\underline{v}$ bewegten n Elektronen (Ladung $Q = -e$) im Leiter die Lorentzkraft aus Gleichung (13.50). Da die $\underline{B}$-Feldlinien im Luftspalt auf Grund des Brechungsgesetzes (vgl. Kapitel 13.2.6.8) radial verlaufen, wirkt die Lorentzkraft $\underline{F}_i$ auf einen Leiter i gemäß des Kapitels 13.2.5.1 an jeder Stelle im Luftspalt tangential zum Rotor und somit stets antreibend; für den Betrag der Lorentzkraft gilt:

$$F_i = n \cdot e \cdot v \cdot B_L \qquad \text{mit} \qquad \underline{v} \perp \underline{B}_L \qquad (13.151)$$

Nimmt man an, dass pro Zeiteinheit t n Elektronen den Leiter der Länge l_A mit der Geschwindigkeit $v = l_A/t$ passieren, d.h. es fließt ein Strom $I_A = (n\,e)/t$, lässt sich die Lorentzkraft F_i auf den Leiter i in Abhängigkeit des Ankerstromes I_A ausdrücken:

$$F_i = I_A \cdot l_A \cdot B_L \qquad (13.152)$$

Mit Gleichung (13.146) existiert somit ein direkter Zusammenhang zwischen dem Erregerstrom I_E und der Kraft F_i auf einen Leiter im Luftspalt:

$$F_i = I_A \cdot l_A \cdot \mu_0\, \mu_r \frac{\tau_E}{\tau_L} \frac{w_E}{l_E}\, I_E \qquad (13.153)$$

Diese tangential wirkende Kraft beschleunigt den Rotor. Sobald sich der Leiter nicht mehr unter dem Polschuh befindet, ist die Beschleunigung in diesem Bereich Null. Durch die Drehung des Rotors gelangt der Leiter in den Luftspalt des unteren Polschuhs. Da hier das Luftspaltfeld B_L nicht wie zuvor in den Rotor eintritt, sondern aus dem Rotor austritt, ändert sich die Kraftrichtung und der Rotor wird wieder abgebremst. Um dies zu verhindern und um die antreibende Kraftrichtung zu erhalten, muss die Richtung des Ankerstromes geändert werden, d.h. der Ankerstrom muss umgepolt werden, sobald der Leiter in die untere Hälfte gelangt. Hierfür sorgt ein sog. Kommutator.

13.3.1.2   Kommutator

Der prinzipielle Aufbau eines Kommutators ist in Abbildung 13.22 zu sehen. Der

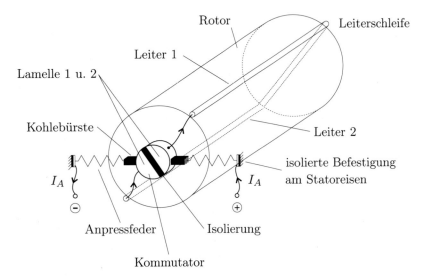

Abb. 13.22: *Rotor mit Kommutator für eine Leiterschleife*

Kommutator ist ein Schleifkontakt, der dafür sorgt, dass der Strom I_A in der Leiterschleife des Rotors umgepolt, d.h. kommutiert wird, sobald sich die Leiter der Leiterschleife dem anderen Polschuh nähern – hiermit bleibt die antreibende Kraft erhalten. Beide Leiter sind jeweils mit einer stromleitenden Lamelle des Kommutators verbunden; die Lamellen sind galvanisch getrennt. Die Isolierung im Kommutator verläuft somit quer zur Leiterschleife, so dass sich ein Leiter oberhalb und der andere unterhalb der Isolierung befindet. Der Kommutator ist am Rotor befestigt und dreht sich mit diesem mit. Die Bestromung der Leiter erfolgt über die Bestromung der Lamellen über angepresste sog. Kohlebürsten; für einen ausreichenden Anpressdruck sorgen Federn, die isoliert am Statoreisen befestigt werden. An diesem Schleifkontakt wird über die Federn die Ankerspannung U_A angelegt, die den Ankerstrom I_A durch die Leiterschleife treibt. Der detaillierte Kommutierungsvorgang ist in Abbildung 13.23 dargestellt.

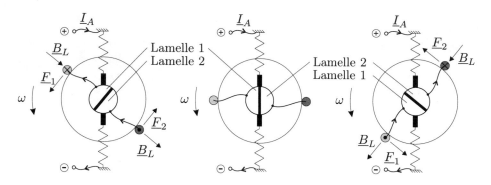

Abb. 13.23: *Kommutierungsvorgang*

Auf der linken Seite der Abbildung 13.23 ist die Momentaufnahme der Maschine aus Abbildung 13.21 dargestellt, erweitert um den Kommutator. Wie in Kapitel 13.3.1.1 beschrieben, wirkt auf den Leiter 1 und auf den Leiter 2 jeweils die Lorentzkraft $\underline{F}_1$ bzw. $\underline{F}_2$ tangential zum Rotor, da die Feldlinien senkrecht aus dem Eisen in den Luftspalt eintreten und demnach das Luftspaltfeld $\underline{B}_L$ radial zum Rotor verläuft. Durch die Kräfte $\underline{F}_1$ und $\underline{F}_2$ bzw. durch das Drehmoment wird der Rotor in Bewegung gesetzt – die Richtung der Winkelgeschwindigkeit ist abhängig von der Polarität der Ankerspannung $\underline{U}_A$ und somit der Richtung des Ankerstromes $\underline{I}_A$ sowie der Feldrichtung im Luftspalt. Im abgebildeten Fall führt die Bestromung des Leiters 1 über die Lamelle 1 zu einem Leiterstrom, der in die Ebene fließt ($\otimes$). Da Leiter 1 und Leiter 2 eine Leiterschleife bilden, fließt in Leiter 2 der Ankerstrom in entgegengesetzter Richtung ($\odot$). Der Ankerstromkreis wird über Lamelle 2 geschlossen. In der oberen Hälfte des Rotors treten die Feldlinien aus Polschuh 1 in den Rotor ein und in der unteren Hälfte treten die Feldlinien aus dem Rotor aus in den Polschuh 2. Gemäß des Kapitels 13.2.5.1 wirkt somit eine Lorentzkraft sowohl auf Leiter 1 als auch 2, die den Rotor gegen den Uhrzeigersinn beschleunigt. Hiermit bewegt sich Leiter 1 in die untere Hälfte des Rotors und Leiter 2 in die obere Hälfte, d.h. bezogen auf den jeweiligen Leiter ändert sich die Richtung des Luftspaltfeldes um 180°. Würde die Richtung der Leiterströme gleich bleiben, so ergäbe sich eine Lorentzkraft in die Gegenrichtung mit abbremsender Wirkung. Der Kommutator sorgt nun deshalb dafür, dass, sobald die Leiter ihren momentanen Polschuh bzw. ihre momentane Hälfte verlassen, die Stromrichtung in den Leitern geändert wird.

In der Mitte der Abbildung 13.23 ist das Verhalten des Kommutators zu sehen, wenn sich Leiter 1 und 2 exakt in der Mitte zwischen den Polschuhen befinden. Die Kohlebürsten überbrücken in diesem Fall die Lamellen, womit die Leiterschleife kurz geschlossen wird. Unter Beachtung der Tatsache, dass eine Leiterschleife eine Induktivität ($L \neq 0$) aufweist und demnach das Öffnen des Stromkreises einer Leiterschleife zu einer theoretisch unendlich hohen Induktionsspannung führen würde ($U = -L \cdot dI/dt$), die die Maschine beschädigt, ist der Kurzschluss notwendig. Somit kann sich der Strom in der Leiterschleife bei kleinen Induktionsspannungen kontinuierlich abbauen, um im nächsten Schritt (vgl. Abb. 13.23 rechts) zu kommutieren, d.h. seine Stromrichtung zu ändern. Da jedoch nur eine Leiterschleife betrachtet wird, führt das Überbrücken der Lamellen zu einem Kurzschließen der Spannungsquelle, was wiederum die Leistungselektronik zerstört. Bei diesem Fall mit zwei Leitern und zwei Lamellen handelt es sich jedoch um ein rein akademisches Beispiel. Ein Rotor mit lediglich zwei Leitern und zwei Lamellen würde in der gezeichneten Lage nicht anlaufen können, auch wenn die Lamellen gerade noch nicht oder nicht mehr überbrückt werden, da sich die Leiter nicht unter den Polschuhen und somit nicht im Feld befinden – ein Stromfluss in den Leitern würde zu keinem Moment führen. Des Weiteren würde bei laufendem Motor ein sehr welliges Drehmoment resultieren. In der Realisierung einer Maschine sind daher immer mindestens 3 Leiter mit 3 Lamellen notwendig, um stets ein Anlaufen garantieren zu können und um das Drehmoment der Maschine zu glätten. Sobald mehr als zwei Lamellen verwendet werden, tritt auch kein Kurzschluss der Spannungsquelle mehr auf. Bei vier Leitern mit einem Abstand von 90° und 4 Lamellen führt das Überbrücken von zwei Lamellen zu einer kurzgeschlossenen Leiterschleife und zu einer bestromten Leiterschleife. Die bestromten zwei Leiter befinden sich direkt unter den Polschuhen und somit im magnetischem Feld, womit ein Drehmoment auf den Rotor resultiert und die Leistungselektronik nicht mit einem Kurzschluss belastet wird – die kurz geschlossenen zwei Leiter befinden sich im feldfreien Raum und können im nächsten Schritt problemlos kommutieren.

Sobald sich die nun nicht bestromten zwei Leiter des Beispiels auf Grund des Trägheitsmoments des Rotors in die Hälfte des anderen Pols bewegen und der Kurzschluss der Leiterschleife aufgehoben ist (siehe Abbildung 13.23 rechts), fließt der Strom I_A nicht mehr zuerst über Lamelle 1 in Leiter 1, sondern zuerst über Lamelle 2 in Leiter 2, der sich jetzt in der oberen Hälfte befindet. Hiermit hat sich die Stromrichtung in den Leitern geändert, d.h. der Strom wurde kommutiert und die antreibende Kraftrichtung bleibt erhalten.

Wie bereits angedeutet, besitzen reale Maschinen nicht nur zwei Leiter, sondern eine Vielzahl. Je mehr Leiter, desto größer wird die resultierende Kraft bei gleichbleibendem Ankerstrom. Wie in Abbildung 13.24 links dargestellt, werden die Leiter des Rotors über den gesamten Umfang verteilt. Würden in diesem Beispiel, wie oben, nur zwei Lamellen verwendet werden, dann würden sich zum Zeitpunkt der Kommutierung die Leiter der oberen Hälfte ($\otimes$) bereits zur Hälfte in der unteren Hälfte des Rotors befinden, bevor der Strom kommutiert wird. Gleiches gilt für die Leiter der unteren Hälfte ($\odot$). Somit ändert sich die resultierende Gesamtkraft mit der Drehung – zum Zeitpunkt der Kommutierung heben sich alle Kräfte auf. Um ein maximales Drehmoment zu erreichen ist es das Ziel, auch bei mehreren Leitern stets so zu kommutieren, dass die Leiter unter den Polschuhen immer die selbe Stromrichtung aufzeigen. Wie in Abbildung 13.24 zu sehen, gibt es einen Bereich τ, in dem die Leiter nicht vom Feld durchsetzt werden, d.h. sich die Leiter nicht unter den Polschuhen befinden. Hier ist es irrelevant, ob ein Strom fließt und in welche Richtung er dann in den Leitern fließt;

Abb. 13.24: *links: Rotor mit 64 Leitern verteilt über den Umfang; rechts: Rotor mit 64 Leitern verteilt in 8 Nuten mit jeweils 8 Leitern; in beiden Fällen liegt ein Kommutator mit acht Lamellen vor*

es sollten demnach nur Leiter im Bereich τ kommutiert werden, d.h. alle Leiter in einem Sektor τ müssen über eine eigene Lamelle bestromt werden. Hiermit ergibt sich die Anzahl N_L der notwendigen Lamellen zu $N_L > (2\pi r)/(2\tau)$. Im Beispiel 13.24 rechts führt die Wahl von 8 Lamellen zu dem gewünschten Ergebnis. Bei 64 Leitern verteilt über dem Umfang werden somit immer gleichzeitig 8 Leiter kommutiert. In der Abbildung 13.24 links ist die Momentaufnahme zum Zeitpunkt der Kommutierung zu sehen – es findet im Bereich τ keine Bestromung der Leiter über die Spannungsquelle statt, da die Kohlebürsten jeweils zwei Lamellen überbrücken – der Strom in der Leiterschleife baut sich ab und wird zu Null. Kurz zuvor floss im Bereich τ ein Strom $\otimes$, im Anschluss, nach einem geringfügigen Weiterdrehen des Rotors, wird ein Strom $\odot$ im Bereich τ fließen. Da hier kein Feld präsent ist, hat die Stromkommutierung der Leiter im Bereich τ keine Auswirkung auf die resultierende Kraft. Alle Leiterschleifen im Bereich τ_L sind über die Lamellen, die zu diesem Zeitpunkt keinen Kontakt mit der Kohlebürste besitzen, in Serie geschaltet, was zu der gewünschten Bestromung einheitlicher Richtung der Leiter unter den Polen führt. Für tiefergehende Einblicke in die Wicklungstechnik des Rotors sei auf die weiterführende Literatur [46, 54, 78] verwiesen. Der Kommutator mit der geeigneten Wahl an Lamellen sorgt somit dafür, dass trotz der Rotation der Leiter stets alle Leiter unter einem Polschuh über die Strecke τ_L einen Stromfluss in die gleiche Richtung aufweisen. Mit diesem Ergebnis kann nun das Maschinenmoment bestimmt werden.

13.3.1.3 Ableitung der Momenten-Grundgleichung

Auf jeden Leiter i im Bereich τ_L des Luftspaltfeldes B_L in Abbildung 13.24 links wirkt die Kraft nach Gleichung (13.153); mit Gleichung (13.146) gilt:

$$F_i = I_A \cdot l_A \cdot B_L = I_A \cdot l_A \cdot \frac{\tau_E}{\tau_L} B_E = I_A \cdot l_A \cdot \mu_0 \, \mu_r \frac{\tau_E}{\tau_L} \frac{w_E}{l_E} I_E \qquad (13.154)$$

Besitzt der Rotor w_A Leiterschleifen, d.h. N_U über den Umfang verteilte Leiter, so befinden sich N_L Leiter im Luftspalt eines Polschuhs im Sektor τ_L:

$$N_L = \frac{N_U}{2\pi \, r} \, \tau_L = \frac{w_A}{\pi \, r} \, \tau_L \qquad (13.155)$$

Liegt eine Maschine mit Z_p Polpaaren vor, so liegen $2 \, Z_p \, N_L$ Leiter im Luftspaltfeld B_L und erfahren daher die Kraft F_i. Für eine Gleichstrommaschine mit w_A Leiterschleifen, die mit dem Ankerstrom I_A durchflossen werden, ergibt sich folgendes inneres Moment M_{Mi}:

$$M_{Mi} \;=\; 2 \, Z_p \cdot \frac{w_A}{\pi \, r} \, \tau_L \cdot F_i \cdot r \qquad (13.156)$$

$$=\; 2 \, Z_p \cdot \frac{w_A}{\pi} \cdot I_A \cdot l_A \cdot \tau_E \, B_E \qquad (13.157)$$

$$=\; 2 \, Z_p \cdot \frac{w_A}{\pi} \cdot I_A \cdot l_A \cdot \mu_0 \, \mu_r \frac{\tau_E \, w_E}{l_E} I_E \qquad (13.158)$$

Hiermit steht der gesuchte Zusammenhang von Gleichung (13.140) zwischen dem Erregerstrom I_E, dem Ankerstrom I_A und dem antreibenden Moment M_{Mi} einer Gleichstrommaschine fest:

$$M_{Mi} \;=\; \frac{2 \, Z_p \, w_A \, l_A \cdot \mu_0 \, \mu_r \, \tau_E \, w_E}{\pi \, l_E} \cdot I_E \cdot I_A \qquad (13.159)$$

Mit der Definition des Flusses in Gleichung (13.144) lässt sich das Maschinenmoment der Gleichung (13.157) in Abhängigkeit des Erregerflusses Ψ schreiben:

$$M_{Mi} \;=\; 2 \, Z_p \cdot \frac{w_A}{\pi} \cdot I_A \cdot \Psi \qquad (13.160)$$

Fasst man die maschinenabhängigen Parameter wie die Polpaarzahl Z_p und die Wicklungszahl w_A des Rotors in einer sog. *Maschinenkonstanten*

$$C_M = 2 \, Z_p \cdot \frac{w_A}{\pi} \qquad (13.161)$$

zusammen, resultiert die *Momenten-Grundgleichung* der Gleichstrommaschine:

$$M_{Mi} \;=\; C_M \cdot I_A \cdot \Psi \qquad (13.162)$$

Das Moment einer Maschine ist somit direkt abhängig vom Ankerstrom.

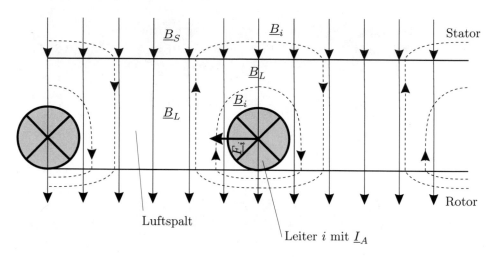

Abb. 13.25: *Ausschnitt eines Rotors ohne Nuten: die Leiter liegen direkt im Luftspalt*

13.3.1.4   Rotor mit Nuten

Mit den bisherigen Betrachtungen steht fest, dass sich das Moment M_{Mi} einer Gleichstrommaschine über die Gleichung (13.162) berechnet. Dem wurde zugrunde gelegt, dass der Rotor wie der in Abbildung 13.24 links dargestellte aufgebaut ist: w_A Leiterschleifen befinden sich auf der Rotoroberfläche im Luftspaltfeld. Eine Detailansicht des Luftspalts ist in Abbildung 13.25 zu sehen. Das Luftspaltfeld $\underline{B}_L$ entspricht dem des Stators $\underline{B}_S$ und durchdringt vollständig den Leiter i. Das Feld $\underline{B}_i$ des stromdurchflossenen Leiters schließt sich über den Luftspalt, Stator- und Rotoreisen. Auf der linken Seite des Leiters wird durch das Feld $\underline{B}_i$ das Luftspaltfeld $\underline{B}_L$ geschwächt und um den gleichen Betrag auf der rechten Seite verstärkt. Im Mittel beeinflusst somit das Leiterfeld nicht das Luftspaltfeld, damit ist zur Kraftberechnung der Lorentzkraft nur das Luftspaltfeld $\underline{B}_L$ heranzuziehen. Weiterhin sei darauf hingewiesen, dass durch konstruktive Maßnahmen das Leiterfeld im polschuhfreien Bereich, das sog. Ankerquerfeld, durch Kompensationswicklungen neutralisiert wird. Die antreibende Kraft $\underline{F}_i$ greift direkt am Leiter im Luftspalt an.

Es stellt sich jedoch die Frage der Realisierbarkeit von Leitern im Luftspalt: die isolierten Leiter können nicht auf einer glatten Eisenoberfläche des Rotors befestigt werden, vor allem, wenn die Leiter die Lorentzkraft aufnehmen und diese auf den Rotor übertragen. Die Lösung der Frage ist in Abbildung 13.24 rechts dargestellt. Die Leiter liegen in sog. *Nuten* zwischen den Nocken des Rotors. Dadurch sind die Leiter mechanisch gut zu befestigen und werden zudem bei fließendem Rotorstrom an den Nutgrund gepresst, wie später gezeigt wird. Eine sichere Kraftübertragung vom Leiter auf die Nocke ist somit gewährt. Des Weiteren liegen die Leiter gut geschützt in den Nuten und der Luftspalt kann weiter verkleinert werden.

Unsicher ist nun, ob unter den neuen Bedingungen weiter die abgeleitete Momenten-Grundgleichung (13.162) gilt. Bezüglich der Ableitung wurde angenommen, dass sich die Leiter direkt im Luftspaltfeld $\underline{B}_L$ befinden. Da der Leiter jedoch in einer Nut liegt, stellt man gemäß des Kapitels 13.2.6.1 fest, dass die Feldlinien im Eisen der Nocken auf Grund des magnetisch geringeren Widerstandes gefangen werden und der Leiter in den Nuten kaum mehr mit einem Feld durchsetzt wird (vgl. Abbildung 13.26) – die Lorentzkraft auf einen Leiter wird erheblich verringert. Dieser Sachverhalt zwischen Stator und Rotor ist im ver-

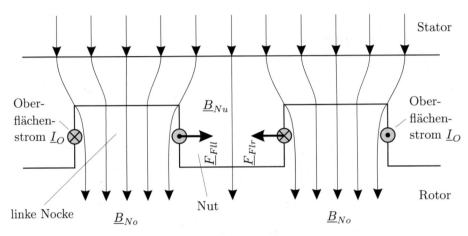

Abb. 13.26: *Ausschnitt eines Rotors mit Nuten ohne Leiter bzw. ohne Stromfluss: da das Luftspaltfeld in den Nocken gefangen wird, fließen Oberflächenströme $\underline{I}_O = l \cdot \underline{j}_O$ auf $\underline{I}_O$; die Oberflächenströme ergeben im Feld $\underline{B}_{Nu}$ Lorentzkräfte $\underline{F}_{Fll}$ und $\underline{F}_{Flr}$ (magnetischer Querdruck), die an den Nutflanken angreifen, sich jedoch kompensieren ($|\underline{F}_{Fll}| = |F_{Flr}|$)*

größeren Ausschnitt 13.27 oben dargestellt. Im Unterschied zu Abbildung 13.25 wird der Leiter i mit dem Feld $\underline{B}_{Nu} \ll \underline{B}_L$ durchsetzt, weshalb auf den Leiter i in der Nut nur eine viel kleinere Kraft $\underline{F}_i$ wirkt.

Es ist nun zu klären, ob weiter Kräfte an einer anderen Stelle wirken. Greift man auf die Erkenntnis des Kapitels 13.2.6.4 zurück, so wird deutlich, dass in den Nocken durch die magnetisierten atomaren Dipole des Eisens ein Oberflächenstrom fließen muss. Befindet sich eine Fläche der Nocke bzw. eine Flanke der Nut in einem Feld, so wirkt auf die Flanke eine Lorentzkraft, der sog. magnetische Querdruck. Hierauf geht das Kapitel 13.2.6.7 detailliert ein – es handelt sich um den Fall bei nicht vollständig magnetisiertem Material. Da, wie Abbildung 13.26 zeigt, der Großteil des Luftspaltfeldes $\underline{B}_L$ als $\underline{B}_{No}$ in den Nocken gefangen wird und zu einem Oberflächenstrom $\underline{I}_O$ führt, verbleibt in den Nuten nur noch ein kleines Feld $\underline{B}_{Nu}$. Das Feld $\underline{B}_{Nu}$ führt in Kombination mit dem Oberflächenstrom $\underline{I}_O$ zu einer Kraft $\underline{F}_{Fll}$ an der linken Flanke der Nut, bzw. der rechten Flanke der linken Nocke, sowie zu einer Kraft $\underline{F}_{Flr}$ an der rechten Flanke der Nut, bzw. der linken Flanke der rechten Nocke. Da dieser magnetische Querdruck $\underline{F}_{Fl}$ jedoch

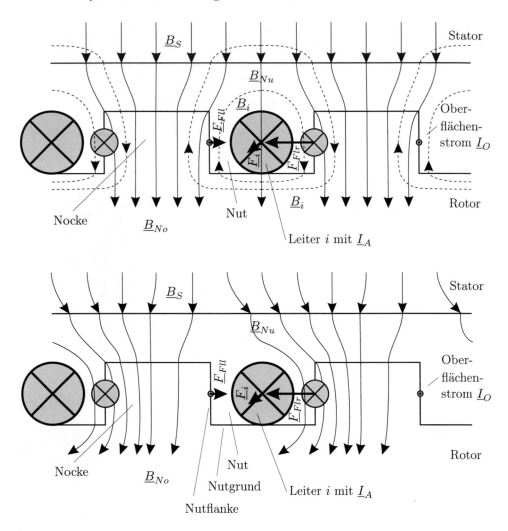

Abb. 13.27: *Ausschnitt eines Rotors mit Nuten und Leiter: in der Abbildung oben sind die Feldverläufe des Rotorleiters und des vom Stator erzeugten Feldes getrennt zu sehen; durch Überlagerung ergibt sich der Feldverlauf in der Abbildung unten; auf Grund des Stromflusses $\underline{I}_A$ wirkt an den Flanken der Nut ein magnetischer Querdruck unterschiedlichen Betrags ($\underline{F}_{Fll} \neq \underline{F}_{Flr}$); hiermit ergibt sich im Gegensatz zum Fall ohne Stromfluss ein sich nicht kompensierender und somit antreibender magnetischer Querdruck*

auf beiden Seiten mit gleicher Amplitude aber mit entgegengesetztem Vorzeichen angreift, heben sich die Kräfte auf die Nocken zunächst auf. Bringt man nun den mit dem Ankerstrom $\underline{I}_A$ durchflossenen Leiter i in die Nut ein, so erzeugt dieser das in Abbildung 13.27 oben gestrichelt gezeichnete Feld $\underline{B}_i$. Auf Grund des magnetisch geringeren Widerstandes im Eisen werden die Feldlinien ebenfalls in den Nocken gefangen und schließen sich über den Luftspalt und das Eisen des

Stators. Der konzentrische Feldverlauf eines Leiters gemäß Abbildung 13.3 wird durch die Präsenz von Material hoher Permeabilität verzerrt. Durch das Feld $\underline{B}_i$ des stromdurchflossenen Leiters findet nun eine Schwächung des Felds $\underline{B}_{No}$ auf den rechten Seiten der Nocken und eine Verstärkung auf den linken Seiten statt. Dies führt zu dem resultierenden Feldverlauf in Abbildung 13.27 unten. Gemäß der Dichte des Feldes in den Nocken ergibt sich auf den linken Seiten der Nocken ein sehr großer Oberflächenstrom, hingegen auf den rechten Seiten der Nocken ein sehr kleiner. Die Differenz der Ströme verteilt sich entsprechend der Dichte des Feldes über die Breite der Nocken. Auch das Feld $\underline{B}_{Nu}$ in den Nuten wird durch den eingebrachten Leiter auf den linken Seiten geschwächt und auf den rechten Seiten verstärkt. Das geschwächte Feld $\underline{B}_{Nu}$ und der sehr kleine Oberflächenstrom $\underline{I}_O$ an den linken Nutflanken führt zu einer Verringerung des jeweiligen Querdrucks $\underline{F}_{Fll}$. Hingegen ergibt das verstärke Feld $\underline{B}_{Nu}$ und der sehr große Oberflächenstrom $\underline{I}_O$ an den rechten Nutflanken eine Vergrößerung des jeweiligen Querdrucks $\underline{F}_{Flr}$. Hiermit kompensieren sich die magnetischen Querdrücke an den Flanken nicht mehr pro Nute und es ergibt sich eine zusätzliche antreibende Kraftkomponente $\underline{F}_{Flr} - \underline{F}_{Fll}$ pro Nut.

Da das Feld $\underline{B}_{Nu}$ in der Nut (vgl. Abbildung 13.27 unten) im Vergleich zum Luftspaltfeld $\underline{B}_L$ (vgl. Abbildung 13.25) nicht nur betragsmäßig viel kleiner geworden ist, sondern durch das Leiterfeld $\underline{B}_i$ auch verzerrt wurde, besitzt die nun sehr kleine Kraft $\underline{F}_i$ sowohl eine horizontale Komponente $\underline{F}_{ih}$ als auch eine vertikale Komponente $\underline{F}_{iv}$. Letztere presst den Leiter bei Bestromung, d.h. im Betrieb, an den Nutgrund und wirkt so der Belastung der Leiter durch die Fliehkräfte entgegen. Die verbleibende sehr kleine horizontale Kraftkomponente $\underline{F}_{ih}$ liefert nur noch einen sehr geringen Anteil zum Antrieb des Rotors. Die resultierende, den Rotor antreibende Gesamtkraft $\underline{F}_{i_{ges}}$ pro Leiter i ergibt sich hiermit zu:

$$|\underline{F}_{i_{ges}}| = |\underline{F}_{ih}| + |\underline{F}_{Fll} - \underline{F}_{Flr}| \tag{13.163}$$

Als Ergebnis hält man fest, dass der Teil des in den Nuten gefangenen Luftspaltfeldes, welcher bei einem Rotor ohne Nuten zu einer direkten Lorentzkraft auf den Leiter führen würde, im Fall mit Nuten zu einem durch das Leiterfeld erhöhten Strom in den Nocken führt, welcher in Kombination mit dem verbleibenden Feld in den Nuten wieder einen antreibenden Kraftanteil ergibt. Diese Kraft greift jedoch nicht mehr direkt am Leiter an, sondern an der Nocke des Rotors. Dies hat den großen Vorteil, dass nun nicht mehr die gewickelten Leiterschleifen mechanisch stark belastet werden, sondern die Kraft direkt am Rotor selbst wirkt. Da die Kraft somit lediglich an einer anderen Stelle auftritt, ist zu vermuten, dass die Summe aller Kräfte und hiermit das antreibende Maschinen-Moment im Falle eines Rotors mit Nuten dem Maschinen-Moment im Falle ohne Nuten entspricht. In der Tat lässt sich zeigen, dass gilt:

$$|\underline{F}_i|_{\text{Leiter im Luftspalt}} \equiv |\underline{F}_{i_{ges}}|_{\text{Leiter in Nut}} \tag{13.164}$$

$$|\underline{F}_i|_{\text{Leiter im Luftspalt}} \equiv (|\underline{F}_{ih}| + |\underline{F}_{Fll} - \underline{F}_{Flr}|)_{\text{Leiter in Nut}} \tag{13.165}$$

Da hier nur Wert auf das prinzipielle Verständnis gelegt wird, soll auf eine detaillierte Ableitung der resultierenden Kraft verzichtet werden. Entscheidend ist, dass die Berechnung des Maschinenmomentes M_{Mi} unabhängig davon ist, ob die Leiter direkt im Luftspalt oder in Nuten liegen, d.h. in beiden Fällen gilt für das Maschinenmoment die Gleichung (13.162):

$$M_{Mi} \;=\; C_M \cdot I_A \cdot \Psi \quad \text{mit} \quad C_M = 2 \cdot Z_p \cdot \frac{w_A}{\pi} \qquad (13.166)$$

13.3.2 Beschleunigung des Rotors – Ableitung der Mechanik-Grundgleichung

Das innere Moment M_{Mi} gemäß Gleichung (13.166) abzüglich eines eventuell wirkenden Lastmomentes M_W beschleunigt den Rotor mit seiner trägen Masse (Trägheitsmoment θ) auf eine Winkelgeschwindikeit Ω. Entsprechend des Kapitels 1.1.3 ergibt sich für die Bewegungsdifferentialgleichung eines Antriebssystems und somit für die *Mechanik-Grundgleichung*:

$$M_B = M_{Mi} - M_W = \theta \cdot \frac{d\Omega}{dt} \qquad (13.167)$$

In Abhängigkeit des zeitlichen Verlaufes des Maschinen- bzw. Lastmomentes lässt sich die Winkelgeschwindigkeit Ω des Rotors bestimmen:

$$\Omega = \frac{1}{\theta} \int_{t_0}^{t} (M_{Mi} - M_W)\, dt + \Omega_0 \qquad (13.168)$$

Dabei stellt Ω_0 die Anfangsdrehzahl dar. Nimmt man gemäß aller bisherigen vereinfachten Überlegungen an, dass der Rotor einem Eisenzylinder mit dem Gewicht m und Radius r entspricht, so findet man im Kapitel 1.1.1 die Formel für das Trägheitsmoment des verwendeten Rotormodells eines Zylinders:

$$\theta = \frac{1}{2}\, m\, r^2 \qquad (13.169)$$

13.3.3 Entstehung einer Gegenspannung – Ableitung der Bewegungsinduktions-Grundgleichung

Entsprechend den bisherigen Überlegungen führt das Anlegen einer konstanten Ankerspannung U_A an den Kommutator zu einem konstanten Ankerstrom I_A. Dieser ist begrenzt durch den elektrischen Widerstand der Rotorwicklung, dem sog. Ankerwiderstand R_A. Ein konstanter Ankerstrom führt gemäß Gleichung (13.166) bei konstantem Erregerfluss Ψ zu einem konstanten Beschleunigungsmoment M_{Mi}. Dieses wiederum lässt die Drehzahl des Rotors kontinuierlich ansteigen, d.h. die Winkelgeschwindigkeit ginge mit Gleichung (13.168) gegen Unendlich. Bei einer angelegten konstanten Ankerspannung stellt sich jedoch eine konstante Drehzahl der Maschine ein, d.h. es ist noch eine weitere physikalische Eigenschaft der Maschine zu berücksichtigen.

Die Leiter des Rotors werden durch das Moment beschleunigt, d.h. sie bewegen sich mit einer Geschwindigkeit $\underline{v}$ im Luftspaltfeld $\underline{B}_L$ (siehe Gleichung (13.146)). Für einen Leiter i ist das Szenario in Abbildung 13.28 dargestellt. Auf jedes Elektron mit der Ladung $Q = -e$ im Leiter wirkt gemäß des

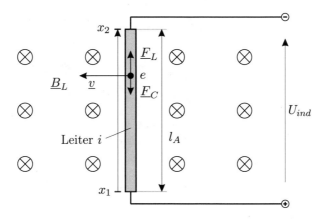

Abb. 13.28: *Bewegungsinduktion: auf Grund der Bewegung eines Leiters i im Luftspaltfeld $\underline{B}_L$ wird im Leiter eine Spannung U_{ind} induziert*

Kapitels 13.2.5.1 die Lorentzkraft $\underline{F}_L$:

$$\underline{F}_L = -e \cdot \underline{v} \times \underline{B}_L \tag{13.170}$$

Die Kraft $\underline{F}_L$ beschleunigt die Elektronen im Leiter entlang des Leiters. Durch die dadurch bedingte Ansammlung von Elektronen am Ende des Leiters entsteht ein Minuspol – am anderen Ende des Leiters bildet sich durch einen Elektronenmangel ein Pluspol. Entsprechend der Ausführungen des Kapitels 13.2.3.1 wird stets versucht, Ladungsneutralität zu erreichen. Dementsprechend wird eine Kraft über ein elektrische Feld $\underline{E}$ vermittelt, die sog. Coulombkraft (13.5)

$$\underline{F}_C = -e \cdot \underline{E} \tag{13.171}$$

die der Ladungstrennung entgegenwirkt und somit der Lorentzkraft entgegengerichtet ist. Im Gleichgewichtszustand addieren sich beide Kraftvektoren zu Null:

$$\underline{F}_L + \underline{F}_C = 0 \tag{13.172}$$

$$\underline{E} = -\underline{v} \times \underline{B}_L \tag{13.173}$$

Durch Integration beider Seiten und Anwendung der Gleichung (13.7) folgt der Zusammenhang:

$$U_{ind} = \int_{x_2}^{x_1} \underline{E}\, d\underline{x} = -\int_{x_2}^{x_1} (\underline{v} \times \underline{B}_L)\, d\underline{x} \tag{13.174}$$

Im Gleichgewichtszustand stellt sich bei einer bestimmten Geschwindigkeit $\underline{v}$ des Leiters im Feld $\underline{B}_L$ ein gewisser Grad der Ladungstrennung ein, welcher durch die induzierte Spannung U_{ind} repräsentiert wird. Da der Geschwindigkeitsvektor $\underline{v}$ des im Luftspalt der Maschine bewegten Leiters i der Länge l_A stets senkrecht auf dem Feldvektor $\underline{B}_L$ steht, ergibt sich für einen Leiter des Rotors durch die sog. *Bewegungsinduktion* folgende induzierte Spannung:

$$U_{ind} = l_A \cdot v \cdot B_L \qquad \text{mit} \qquad \underline{v} \perp \underline{B}_L \qquad (13.175)$$

Für die Geschwindigkeit v der Leiter besteht über den Radius r des Rotors ein Zusammenhang mit der Winkelgeschwindigkeit Ω bzw. Drehzahl $N = \Omega/2\pi$ der Maschine:

$$v = \Omega r = 2\pi N r \qquad (13.176)$$

Über die Gleichung (13.146) kann die induzierte Spannung U_{ind} eines bewegten Leiters direkt in Abhängigkeit des Erregerfeldes B_E bzw. des Erregerstroms I_E dargestellt werden – mit Gleichung (13.176) ergibt sich:

$$U_{ind} = l_A \cdot 2\pi N r \cdot \frac{\tau_E}{\tau_L} B_E = l_A \cdot 2\pi N r \cdot \mu_0 \mu_r \frac{\tau_E}{\tau_L} \frac{w_E}{l_E} I_E \qquad (13.177)$$

Besitzt der Rotor w_A Leiterschleifen, d.h. N_U über den Umfang verteilte Leiter, so befinden sich N_L bewegte Leiter im Luftspaltfeld B_L eines Poles im Sektor τ_L:

$$N_L = \frac{N_U}{2\pi r} \tau_L = \frac{w_A}{\pi r} \tau_L \qquad (13.178)$$

Besteht eine Maschine aus Z_p Polpaaren, so erfahren $2 Z_p N_L$ Leiter im Luftspaltfeld B_L eine Bewegungsinduktion. Die Summe aller induzierten Spannungen, die sog. *Gegenspannung* E_A des Ankers, berechnet sich dann wie folgt:

$$E_A \;=\; 2 Z_p \cdot \frac{w_A}{\pi r} \tau_L \cdot U_{ind} \qquad (13.179)$$

$$\;=\; 4 Z_p \cdot w_A \cdot l_A \cdot N \cdot \tau_E B_E \qquad (13.180)$$

$$\;=\; 4 Z_p \cdot w_A \cdot l_A \cdot N \cdot \mu_0 \mu_r \frac{\tau_E w_E}{l_E} I_E \qquad (13.181)$$

Mit der Definition des Flusses aus Gleichung (13.144) lässt sich die Gegenspannung in Gleichung (13.180) in Abhängigkeit des Erregerflusses Ψ schreiben:

$$E_A \;=\; 4 Z_p w_A \cdot N \cdot \Psi \qquad (13.182)$$

Fasst man die maschinenabhängigen Parameter wie die Polpaarzahl Z_p und die Wicklungszahl w_A des Rotors wieder in einer *Maschinenkonstante*

$$C_E = 4 Z_p w_A \qquad (13.183)$$

zusammen, resultiert die *Bewegungsinduktions-Grundgleichung* der Gleichstrommaschine :

$$E_A \;=\; C_E \cdot N \cdot \Psi \;=\; C_M \cdot \Omega \cdot \Psi \qquad\qquad (13.184)$$

Die induzierte Gegenspannung[10] einer Maschine ist somit direkt abhängig von der Drehzahl. Die Maschinenkonstanten der Gleichungen (13.161) und (13.183) stehen in folgendem Zusammenhang:

$$C_E = 2\,\pi \cdot C_M \qquad\qquad (13.185)$$

An dieser Stelle lässt sich nun erklären, warum die Drehzahl N bei einer konstanten Ankerspannung U_A, wie zunächst vermutet, nicht kontinuierlich steigen kann. Die angelegte Ankerspannung U_A führt zunächst zu einem Ankerstrom I_A, der nach Gleichung (13.166) und (13.167) in einem Beschleunigungsmoment $M_B = M_{Mi} - M_W$ resultiert. Die Drehzahl N der Maschine steigt an. Auf Grund der bewegten Leiter kommt es nun zu der beschriebenen Bewegungsinduktion in Gleichung (13.184). Die induzierte Gegenspannung E_A verringert die wirksame Spannung $U_A - E_A$, die den Ankerstrom I_A verursacht. Durch die induzierte Gegenspannung E_A wird der Ankerstrom I_A und somit das Beschleunigungsmoment M_B bzw. die Beschleunigung der Maschine abgebaut. Die Drehzahl N der Maschine und folglich die Gegenspannung E_A wird so lange ansteigen, bis kein Beschleunigungsmoment M_B mehr auf den Rotor wirkt und sich eine konstante, d.h. stationäre Drehzahl N eingestellt hat. Die Differenz aus Ankerspannung U_A und Gegenspannung E_A, d.h. die wirksame Spannung führt dann nur noch zu einem konstanten Ankerstrom I_A bzw. Moment M_{Mi}, welches das Lastmoment kompensiert ($M_{Mi} = M_W$) – ist kein Lastmoment vorhanden, so muss $U_A = E_A$ gelten. Hiermit steht fest, dass sich je nach Höhe der Ankerspannung U_A eine entsprechende konstante Drehzahl N im stationären Betriebspunkt einstellen wird.

---

[10] Für die Herleitung der induzierten Gegenspannung wurde erneut vereinfacht zugrunde gelegt, dass die Leiter des Rotors direkt im Luftspalt liegen. Hiermit ist eine leichte Berechnung mit Hilfe der Bewegungsinduktion möglich. Wie in Kapitel 13.3.1.4 dargestellt, müssen die Leiter bei realen Maschinen jedoch in Nuten befestigt werden. Der Leiter selbst wird dann mit einem nur noch sehr kleinen Feld durchsetzt, was jedoch nicht bedeutet, dass die induzierte Gegenspannung E_A laut Gleichung (13.175) bei Rotoren mit Nuten geringer ist. Es darf die Gleichung (13.175) nur keine Verwendung mehr für die Herleitung finden. Vielmehr ist es wie bei der Bestimmung der Momenten-Grundgleichung irrelevant, ob die Leiter im Luftspalt oder in Nuten liegen – das Ergebnis ist dasselbe; für letzteres ist lediglich eine kompliziertere Berechnung notwendig. In Kapitel 13.3.1.4 war es möglich, für diesen Sachverhalt mit verständlichen Argumenten intuitiv den physikalischen Hintergrund zu vermitteln, weshalb dasselbe Ergebnis zu erwarten ist. Für die induzierte Gegenspannung hingegen lässt sich kein derart intuitiver physikalischer Zugang vermitteln. Zur Bestimmung der induzierten Gegenspannung bei genutetem Rotor bedarf es der Verwendung der allgemeinen Induktionsgleichung in Kombination mit einer Energiebilanz. Als Ergebnis stellt man jedoch wieder fest, dass auch bei einem Rotor mit Nuten zur Berechnung der induzierten Gegenspannung die Gleichung (13.184) herangezogen werden kann.

13.3.4   Eigeninduktivität des Rotors – Ableitung der Ankerkreis-Grundgleichung

Neben dem Ankerwiderstand R_A zeigt der Rotor mit seinen w_A Leiterschleifen das Verhalten einer Spule. Für den Zusammenhang zwischen Strom und Spannung einer Spule gilt:

$$U_L = L_A \cdot \frac{dI_A}{dt} \tag{13.186}$$

Wird eine Ankerspannung U_A angelegt, baut der Ankerstrom zunächst ein Feld in den w_A Leiterschleifen auf. Entsprechend der Lenz'schen Regel aus Kapitel 13.2.3.1 wird die Spannung U_L induziert, die dem Ankerstromaufbau und somit Feldaufbau entgegen wirkt. Je nach Größe der Ankerinduktivität verzögert sich der Ankerstromaufbau unterschiedlich stark.

Abschließend lässt sich nun die Ankerkreis-Grundgleichung aufstellen. Der Ankerkreis besteht aus w_A Leiterschleifen mit der Induktivität L_A und dem Widerstand R_A. Des Weiteren existiert auf Grund der Bewegungsinduktion im Ankerkreis eine drehzahlabhängige Spannungsquelle, die Gegenspannung E_A, die der Ankerspannung U_A entgegen gerichtet ist. Die *Ankerkreis-Grundgleichung* lautet:

$$U_A = E_A + I_A \cdot R_A + L_A \cdot \frac{dI_A}{dt} \tag{13.187}$$

Diese Gleichung führt zum Prinzipschaltplan der fremderregten Gleichstromnebenschlussmaschine in Abbildung 3.8.

Übungsaufgaben

1. Übung: Anfahren eines vollbesetzten Skilifts

Skizze der Anlage:

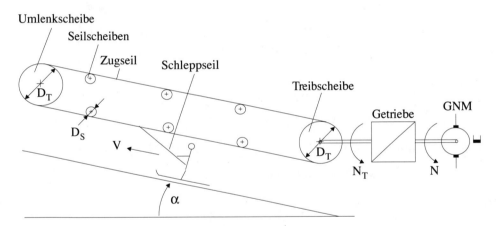

Beschreibung:

Das Zugseil eines Schleppliftes wird über eine Treib-, eine Umlenk- und insgesamt 90 Seilscheiben parallel zum Hang geführt. Am Zugseil sind 50 Schleppseile befestigt, so daß der Lift maximal 25 Personen (1 Person pro Schlepphaken) befördern kann.

Der Antrieb erfolgt schlupffrei durch die Treibscheibe, die über ein Getriebe an eine Gleichstrom–Nebenschlußmaschine (GNM) gekuppelt ist.

© Springer-Verlag GmbH Deutschland, ein Teil von Springer Nature 2021
D. Schröder und R. Kennel, *Elektrische Antriebe – Grundlagen*,
https://doi.org/10.1007/978-3-662-63101-0

<u>Daten:</u>

Treib- und Umlenkscheibe:
Durchmesser: $\qquad D_T = 2,5\ m$
Trägheitsmoment je Scheibe: $\qquad \Theta_T = 600\ Nms^2$

Seilscheiben:
Durchmesser: $\qquad D_S = 0,3\ m$
Trägheitsmoment je Scheibe: $\qquad \Theta_S = 0,6\ Nms^2$

Gewicht des Zugseils: $\qquad G_Z = 5850\ N$
Gewicht eines Schleppseils mit Haken: $\qquad G_H = 70\ N$
Gewicht eines Skifahrers (beleibt): $\qquad G_P = 900\ N$

Trägheitsmoment von Motor + Getriebe
bezogen auf die Motorwelle: $\qquad D_T = 2,5\ m$

Steigung des Hanges: $\qquad \sin\alpha = 0,09$

Reibkraft Ski—Schnee je Person: $\qquad F_{RS} = 26\ N$
Reibmoment von Getriebe und Seiltriebe
bezogen auf N_T: $\qquad M_{RT} = 200\ Nm$

Schleppnenngeschwindigkeit: $\qquad V_N = 1\ \dfrac{m}{s}$

Leerlaufdrehzahl des Motors: $\qquad N_{0N} = 1500\ \dfrac{1}{min}$

Anlaufmoment des Motors: $\qquad M_{MA} = 400\ Nm$

maximal erlaubtes Motormoment: $\qquad M_{Mmax} = 30\ Nm$

Übersetzungsverhältnis: $\qquad \ddot{u} = \dfrac{N}{N_T}$

Motorkennlinie (bei konstanter Ankerspannung): $\quad N = N_{0N} \cdot \left(1 - \dfrac{M_M}{M_{MA}}\right)$

<u>Fragen:</u>

1. Welches Übersetzungsverhältnis muß das Getriebe haben, damit sich bei einer Motordrehzahl von $N_N = 1429\ 1/min$ die Schleppgeschwindigkeit $V_N = 1\ m/s$ einstellt?

2. Berechnen Sie bei vollbesetztem Lift den Wert von Θ_{ges} der Liftanlage bezogen auf die Motorwelle. Wie groß ist der Ersatzradius R_{ers} für einen Schlepphaken?

3. Welches Widerstandsmoment M_W wirkt bei voll ausgelastetem Lift auf die Motorwelle?

4. Wie lautet die Bewegungs–Differentialgleichung an der Antriebsseite allgemein und mit Zahlenwerten?

Weil ein unerfahrenes Skihaserl im Lift gestürzt ist, muß die Anlage kurz angehalten werden. Das Wiederanfahren geschieht in zwei Stufen:

- Der Motor wird per Regelung mit dem konstanten maximalen Motormoment M_{Mmax} hochgefahren bis die Motorkennlinie erreicht ist.

- Dann fährt der Motor auf der Kennlinie in den stationären Betriebspunkt.

5. Zeichnen Sie die Drehzahl–Drehmoment–Kennlinien von Widerstands- und Motormoment (beide Fälle). Kennzeichnen sie N_{0N}, M_{MA} und M_{Mmax}. Zeichnen Sie den Anfahrvorgang in das Diagramm ein.

6. Berechnen Sie die Drehzahl N_1, bei der die Motorkennlinie erreicht wird.

7. Lösen sie die Bewegungsgleichung für das Anfahren mit M_{Mmax}. Geben Sie $N(t)$ und $M_M(t)$ an. Welches Verhalten hat die Anordnung bezüglich M_W und N aus regelungstechnischer Sicht?

8. Welche stationäre Drehzahl N_2 ergibt sich nach Abschluß des Anfahrvorganges?

9. Lösen Sie die Bewegungsgleichung für den Anfahrabschnitt auf der Motorkennlinie. Geben Sie $N(t)$ und $M_M(t)$ an. Welchem regelungstechnischen Element entspricht dieses Verhalten?

10. Zeichnen Sie $M_M(t)$ und $N(t)$.

2. Übung: Widerstandsbremsung

Skizze der Anlage:

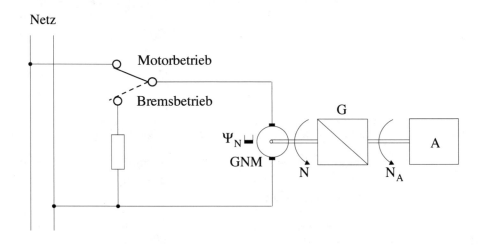

Die konstant nennerregte Gleichstrom–Nebenschlußmaschine GNM wird aus einem Gleichspannungsnetz gespeist. Sie treibt über ein Getriebe G die Arbeitsmaschine A an. Zum Abbremsen des Antriebes wird die Maschine vom Netz abgeschaltet und arbeitet generatorisch auf einen Bremswiderstand.

Daten der Anlage:

Motor

Nennleistung	P_N	$= 15\ kW$
Nennleerlaufdrehzahl	N_{0N}	$= 11{,}6\ \dfrac{1}{s}$
Nenndrehzahl	N_N	$= 10{,}5\ \dfrac{1}{s}$
Trägheitsmoment	Θ_M	$= 0{,}0714\ Nms^2$
Moment-Drehzahlkennlinie im Bremsbereich		$\dfrac{M_M}{[Nm]} = \dfrac{-36{,}6 \cdot N}{[1/s]}$
mech. Wirkungsgrad	η_{mech}	$= 1$

Arbeitsmaschine

Trägheitsmoment	Θ_A	$= 612\ Nms^2$

Widerstandsmoment (Reibung)
(auf N_A bezogene Werte) $|M_{WA}| = 4,4 \cdot 10^3 \, Nm = $ konst.

Getriebeübersetzung $\ddot{u} = \dfrac{N}{N_A} = 20$

Bezugsdaten: $M_{iN}, \; N_{0N}$

Zu ermitteln und gegebenenfalls zu skizzieren sind:

1. Allgemeines

1.1 Luftspaltnennmoment M_{iN};

1.2 Trägheits–Nennzeitkonstante $T_{\Theta N}$ des gesamten Antriebs;

1.3 Normiertes Widerstandsmoment m_W auf Motorseite bezogen [Skizze in Diagramm (1): $n = f(m_W)$];

2. Motorbetrieb

2.1 Die geradlinige normierte Motorkennlinie $n = f(m_M)$ aus Leerlaufpunkt ($M = 0$; N_{0N}) und Nennpunkt (M_N; N_N) [Skizze in Diagramm (1)];

2.2 Stationäre normierte Betriebsdrehzahl n_B [in Diagr. (1) kennzeichnen !];

3. Bremsbetrieb

3.1 Normierte Motorkennlinie $n = f(m_M)$ [Skizze in Diagramm (1)];

3.2 Stationäre Enddrehzahl n_E;

3.3 Aus der dynamischen Grundgleichung die Differentialgleichung $\left(\dfrac{dn}{dt}, n\right) = f(m_W)$, die den Bremsvorgang beschreibt;

3.4 Der zugehörige Signalflußplan mit m_W als Eingangs- und n als Ausgangsgröße (Skizze);

4. Abbremsvorgang

4.1 Zeitlicher Verlauf der Drehzahl $n(t)$ und Zeitkonstante $T_{\Theta St}$ des Auslaufvorganges [Skizze in Diagramm (2): $n, m_M = f(t)$];

4.2 Verlauf des Motormomentes $m_M(t)$ [Skizze in Diagramm (2)];

4.3 Bremszeit t_{Br} von n_B bis Stillstand;

5. Statt des Reibmomentes wirke ein drehrichtungsunabhängiges Widerstandsmoment gleichen Betrages („Hubmoment"):

5.1 qualitativer Verlauf $n(t)$ [nur Skizze in Diagramm (2)].

3. Übung: Normierung und Drehzahlsteuerung

Die unnormierte Gleichung für die stationäre Drehzahl einer Gleichstrom-Neben-schlußmaschine (U_A, M_M, Ψ) lautet :

(A) $N = \dfrac{U_A}{C_1 \cdot \Psi} - M_M \cdot \dfrac{R_A}{C_1 \cdot C_2 \cdot \Psi^2}$ C_1 , C_2 : Maschinenkonstanten

oder auch

(B) $N = N_0 \cdot \left(1 - \dfrac{M_M}{M_{MA}}\right)$ N_0 : Leerlaufdrehzahl

       M_{MA} : Anfahrmoment $(N = 0)$

Unter Einbeziehung von Gleichung (A) soll die normierte mechanische Bewegungsgleichung formuliert werden:

$$T_{\Theta N} \cdot \frac{dn}{dt} = m_M - m_W; \quad T_{\Theta N} = \frac{2\pi \cdot N_{0N} \cdot \Theta_{ges}}{M_{iN}}; \quad \eta_{mech} = 1$$

1. Berechnen Sie in allgemeiner Form den Zeitverlauf $N(t)$ bei Anregung des Motors mit einem sprungförmigen Widerstandsmoment M_W. Dabei sei $N(t = 0) = N_0$.
   Verwenden Sie Gleichung (B), um die Motorkennlinie zu charakterisieren.

2. Als Nenngrößen seien vom Typenschild her U_{AN}, I_{AN} und Ψ_N bekannt. Welche anderen, daraus abgeleiteten Normierungsgrößen brauchen Sie noch, um Gleichung (A) zu normieren? Wie lauten sie in Abhängigkeit von U_{AN}, I_{AN}, Ψ_N, C_1 und C_2?

3. Normieren Sie Gleichung (A). Wie lauten die normierten Gleichungen für n und m_M?

4. Wie lautet die normierte mechanische Bewegungsgleichung, wenn m_M eingesetzt wird? Definieren Sie die Zeitkonstante $T_{\Theta St}$, die sich jetzt ergibt.

5. Drücken Sie N_0 und M_{MA} aus Gleichung (B) mit den Größen von Gleichung (A) aus. Wie kann man N_0 und M_{MA} mit den normierten Größen u_A, r_A und ψ sowie mit Normierungsgrößen aus Punkt 2 darstellen?

6. Bilden Sie das Verhältnis N_0/M_{MA} und drücken Sie dann $T_{\Theta St}$ durch N_0 und M_{MA} aus. Vergleichen Sie das Ergebnis mit der Zeitkonstante T^*, die sich in Teilpunkt 1. ergibt.
   Was kann man für die Normierung daraus folgern?

4. Übung: Anfahren eines Elektroautos

<u>Schema des Antriebes:</u>

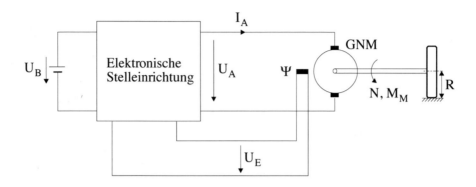

Beschreibung des Antriebes

Die Ankerspannung U_A und die Erregerspannung U_E einer Gleichstrom-Neben-schlußmaschine werden über eine elektronische Stelleinrichtung aus der konstanten Batteriespannung $U_B = U_{AN}$ erzeugt; die Ankerspannung U_A kann stufenlos zwischen $-U_{AN}$ und $+U_{AN}$ verstellt werden: $-U_{AN} \leq U_A \leq +U_{AN}$; ebenso kann die Erregerspannung U_E stufenlos zwischen U_{EN} und einem Mindestwert U_{Emin} variiert werden: $U_{Emin} \leq U_E \leq U_{EN}$.

Die Gleichstrom–Nebenschlußmaschine treibt das Antriebsrad R an.

Daten

• Motor:

Nennleistung	P_N	$= 20\ kW$
Nenndrehzahl	N_N	$= 19{,}7\ \dfrac{1}{s}$
Normierter Ankerwiderstand	r_A	$= 0{,}1$
Mechanischer Wirkungsgrad	η_{mech}	$= 1$

• Fahrzeug:

Übersetzung: Für $N = 19,7\ \dfrac{1}{s}$ ergibt sich eine Fahrgeschwindigkeit $V = 25\ \dfrac{km}{h}$

Gesamtgewicht des Fahrzeugs	G	$= 13720\ N$
Steigungswinkel	α	$= 6°$
Fahrwiderstand	$\dfrac{F_F}{N}$	$= 10,35 \cdot \dfrac{V}{km/h}$
Trägheitsmoment	Θ	(Motor, Differential, Rad) ≈ 0;
Bezugsgrößen		$N_{0N},\ M_{iN},\ U_{AN},\ P_{0N} = M_{iN} \cdot \Omega_{0N}$

Hinweis:

Das Widerstandsmoment für den Motor ergibt sich aus Fahrwiderstand <u>und</u> Hangabtrieb entsprechend der Übersetzung (siehe allgemeine Daten); alle anderen Einflüsse wie Reibung, Schlaglöcher und Baustellen sind zu vernachlässigen.

Anordnung des Fahrzeugs

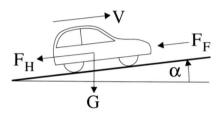

α : Steigungswinkel

G : Gewicht

F_H : Hangabtrieb

F_F : Fahrwiderstand

V : Geschwindigkeit

Beschreibung des Anfahrvorganges

Das Elektroauto wird zur Zeit $t = 0$ an einer Steigung mit dem Steigungswinkel α aus dem Stand heraus auf die maximal mögliche Geschwindigkeit V_{max} beschleunigt. Der Anfahrvorgang untergliedert sich dabei in drei Anfahrstufen:

Stufe I: $0 \leq V \leq V_I$:

$\Psi = \Psi_N$; $0 < U_A \leq U_{AN}$; $M_I = 324\ Nm (> M_{iN})$;
Durch die elektronische Stelleinrichtung wird U_A bis zum Nennwert U_{AN} so gesteuert, daß die Motor ein konstantes Moment $M_I = 324\ Nm$ abgibt.

Stufe II: $V_I \leq V \leq V_{II}$:

$\Psi = \Psi_N$; $U_A = U_{AN}$; $M_M \geq M_{iN}$;

Motordrehzahl N und Motormoment M_M verlaufen gemäß Motorkennlinie <u>bis</u> die Motorleistung P ihren <u>Nennwert</u> erreicht hat (Motormoment $M_M > $ Widerstandsmoment M_W).

Stufe III: $V_{II} \leq V \leq V_{III} = V_{max}$:

$U_A = U_{AN}$; $P = P_N$; $\Psi_{min} \leq \Psi \leq \Psi_N$;

Durch Flußsteuerung wird die Motorleistung bis zum Erreichen der Maximalgeschwindigkeit V_{max} konstant gehalten.

Es ist zu ermitteln und gegebenenfalls zu skizzieren:

1. Motornennmoment M_{iN}, Leerlaufnenndrehzahl N_{0N}, Zusammenhang zwischen normierter Motordrehzahl n und Geschwindigkeit V:
$$n = f\left(\frac{V}{km/h}\right);$$

2. Normierte Motorkennlinie $n = f(m_M)$ für die Stufen I, II, III (mit Skizze);

3. Umschaltdrehzahlen n_I, n_{II} mit den zugehörigen Geschwindigkeiten V_I, V_{II} $[km/h]$ und Ersatzradius R_{ers} $[m]$;

4. Normiertes Widerstandsmoment m_W (mit Skizze $n = f(m_W)$);

5. Maximale Drehzahl $n_{max} = n_{III}$ bzw. $V_{max}[km/h]$;
   Kennzeichnen Sie den Hochlaufvorgang für $0 \leq n \leq n_{max}$;

6. Mechanische Nennzeitkonstante $T_{\Theta N}[s]$, Drehzahlverlauf $n_I(t)$ für Stufe I (mit Skizze);
   Drehzahlverlauf $n_{II}(t)$ für Stufe II (mit Skizze);

7. Prinzipieller Drehzahlverlauf (Skizze !) $n_{III}(t)$ für Stufe III, wenn die Motorkennlinie in Stufe III durch eine Gerade angenähert wird.
   (Würde eine exakte Berechnung der Drehzahl für Stufe III eine größere oder eine kleinere Gesamtanfahrzeit ergeben?)

5. Übung: Stromrichtergespeister Fahrstuhlantrieb

Für einen Personenaufzug soll ein drehzahlvariabler Stromrichterantrieb entworfen werden. Dazu wird ein kreisstrombehafteter Umkehrstromrichter aus zwei B6–Brücken vorgeschlagen:

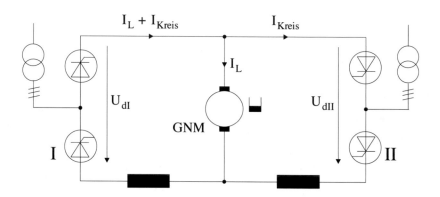

Daten:

Netz: $U_v = 380\ V;$ $u_{k\%} = 5\ \%;$ $I_{dN} = 20\ A$

Arbeitspunkt: $U_{AP} = 200\ V;$ $I_{AP} = 18,8\ A$

Motor: $U_{AN} = 400\ V;$ $I_{AN} = 18,8\ A;$ $P_N = 6\ kW;$

                  $N_N = 3240\ 1/min;$ $\Psi = \Psi_N$

Fragen:

1. Wie groß ist die ideelle Leerlaufspannung U_{di0} einer B6–Brücke? Wie heißt die Kennliniengleichung der Brücke I: $U_{dI} = f(\alpha, I_d)$?

2. Wo liegen die Aussteuergrenzen des Steuerwinkels? Wie groß ist dann der Bereich der Ankerspannungen für die Gleichstrommaschine? Berücksichtigen Sie dabei ggf. den Einfluß der Kommutierung. Der Ankernennstrom soll nicht überschritten werden.

3. Welcher Steuerwinkel α_{AP} wird benötigt, um den Strom I_{AP} einzustellen? Linearisieren Sie die Kennliniengleichung um den Arbeitspunkt α_{AP}, I_{AP}.

4. Normieren Sie die linearisierte Kennliniengleichung mit U_{di0} und I_{dN}. Mit welchen Anpassungsfaktoren müssen die so normierte Stromrichterausgangsspannung $\triangle u_d$ und der Stromrichtergleichstrom $\triangle i_d$ multipliziert werden, damit die auf die Gleichstrommaschine bezogenen Größen $\triangle u_A$ und $\triangle i_A$ herauskommen?

5. Zeichnen Sie den linearisierten Signalflußplan vom Steuerwinkel $\triangle \alpha$ bis zur Drehzahl $\triangle n$. Berücksichtigen Sie dabei auch die Dynamik des Stromrichters durch eine Totzeit. Wie groß ist diese Totzeit T_t?

6. Übung: Drehzahlregelung des Hauptantriebs einer Drehbank (GNM)

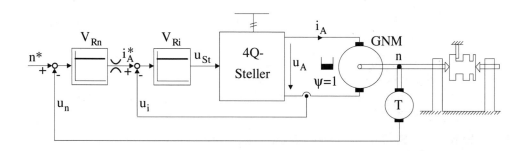

Eine nennerregte Gleichstrommaschine treibt den Hauptantrieb einer Drehbank. Sie wird über einen Transistorsteller, der als verlustfrei betrachtet werden kann, aus einem starren Gleichstromnetz gespeist. Die Regelkreise mit den Proportionalreglern R_i und R_n dienen der Kontrolle des Ankerstroms und der Drehzahl.

Daten:

Motor:	Nennspannung	$U_{AN} = 220\ V$
	Nennstrom	$I_{AN} = 15\ A$
	Ankerwiderstand	$R_A = 1{,}47\ \Omega$
	Ankerinduktivität	$L_A = 14{,}7\ mH$
	Erregung	$\Psi = \Psi_N$
	Trägheitszeitkonst.	$T_{\Theta N} = 0{,}8\ s$

Steller: 4-Quadrant–Transistorsteller mit Pulsweitenmodulation
$F = 20\,kHz = 1/T = $ const.
mittlere Ausgangsspannung:

$$\frac{U_A}{U_{AN}} = \frac{U_{St}}{U_{StN}} = \frac{U_{St}}{10\,V} = u_A = u_{St}$$

Stromwandler: $\dfrac{U_i}{U_{StN}} = \dfrac{U_i}{10\,V} = \dfrac{I_A}{I_{AN}} = u_i = i_A$

Tachogenerator: $\dfrac{U_n}{U_{StN}} = \dfrac{U_n}{10\,V} = \dfrac{N}{N_{0N}} = u_n = n$

Regler: R_i : Proportionalregler : $V_{Ri} = 1{,}9$

R_n : Proportionalregler : $V_{Rn} = 40$

Strombegrenzung : $|\,i_A^*\,| < 1$

Fragen:

Teilaufgabe 1:   Drehzahlsteuerung

1.1 Berechnen Sie den normierten Ankerwiderstand r_A des Motors.

1.2 Berechnen Sie die Ankerzeitkonstante T_A und die mechanische Zeitkonstante $T_{\Theta St}$ des Antriebs.

1.3 Stellen Sie den normierten Signalflußplan für die ungeregelte Anordnung auf (Eingangsgrößen: u_{St}, m_W, Ausgangsgrößen: i_A, n) mit $\psi_0 = \text{const.} = 1$. Das Zeitverhalten des Transistorstellers kann dabei als proportional, verzögerungsfrei betrachtet werden.

1.4 Berechnen Sie die Übertragungsfunktionen der gesteuerten Anordnung:

$$G_1(s) = \frac{n(s)}{u_{St}(s)}; \quad G_2(s) = \frac{n(s)}{m_W(s)}; \quad G_3(s) = \frac{i_A(s)}{u_{St}(s)}.$$

Handelt es sich um ein aperiodisch gedämpftes oder um ein schwingungsfähiges System?

1.5 Wie groß ist die bleibende, stationäre Drehzahlabweichung $\triangle n_\infty$, die durch das Widerstandsmoment $\triangle m_{W0}$ hervorgerufen wird.

1.6 Skizzieren Sie den zeitlichen Verlauf der Drehzahl $n = f(t)$ bei sprungförmiger Anregung durch $u_{St}(t) = u_{St0} \cdot \sigma(t)$.

Teilaufgabe 2:   Strom– und Drehzahlregelung

2.1 Erweitern Sie den Signalflußplan aus Frage 1.3 um die Komponenten der Stromregelung (Messung verzögerungfrei, R_i: Proportionalregler).

2.2 Berechnen Sie die Übertragungsfunktion des geschlossenen Stromregelkreises:

$$G_4(s) = \frac{i_A(s)}{i_A^*(s)} = V_{ers\,i} \cdot \frac{1}{1 + s \cdot T_{ers\,i}}$$

und die Zahlenwerte für die Verstärkung $V_{ers\,i}$ und die Ersatzzeitkonstante $T_{ers\,i}$ des Regelkreises. Vernachlässigen Sie dabei den Einfluß der induzierten Motorspannung e_A.
Wie groß ist der stationäre Regelfehler $(i_A - i_A^*)$?

2.3 Erweitern Sie den Signalflußplan aus Frage 2.1 um die Komponenten der Drehzahlregelung (Messung verzögerungsfrei, R_n: Proportionalregler).

2.4 Berechnen Sie die Übertragunsfunktion des geschlossenen Drehzahlregelkreises

$$G_5(s) = \frac{n(s)}{n^*(s)}$$

unter Verwendung von $G_4(s)$ aus Frage 2.2.

2.5 Skizzieren Sie den zeitlichen Verlauf der Drehzahl $n = f(t)$ bei sprung-förmiger Anregung durch $n^* = n_0^* \cdot \sigma(t)$. (Kleine Anregung: keine Strom-begrenzung).

2.6 Wie groß ist der bleibende Regelfehler $\triangle n_\infty$, hervorgerufen durch das kon-stante Widerstandsmoment $\triangle m_{W0}$?

Teilaufgabe 3:   Strombegrenzung

Der Ausgang des Drehzahlreglers wird auf den Sollwert des Nennstroms begrenzt ($| i_A^* | < 1$).
Zum Zeitpunkt $t = 0$ wird der Sollwert n^* der stehenden Anordnung von $n^* = 0$ auf $n^* = 0{,}5$ erhöht.

3.1 Skizzieren Sie, unter Vernachlässigung der Dynamik des geschlossenen Stromregelkreises den zeitlichen Verlauf der Drehzahl und des Ankerstroms während des Hochlaufs.

3.2 Bei welcher Drehzahl löst sich der Ausgang des Drehzahlreglers aus der Begrenzung?

7. Übung: Cable Car

In San Francisco wird auf besonders steilen Straßen das Cable Car als öffentliches Verkehrsmittel mit insgesamt vier Linien eingesetzt.

Ein Endlosseil wird von einer Asynchronmaschine mit Kurzschlußläufer (ASM) über ein Getriebe und ein Treibrad angetrieben. Das Endlosseil bewegt sich über Umlenkrollen in einer Schleife unterhalb der Fahrbahn.

Mit einer Klemmvorrichtung kann der Fahrzeugführer (Gripman) den Wagen an das Seil ankuppeln. An den Haltestellen gibt er das Seil frei und bremst mit einer normalen Radbremse.

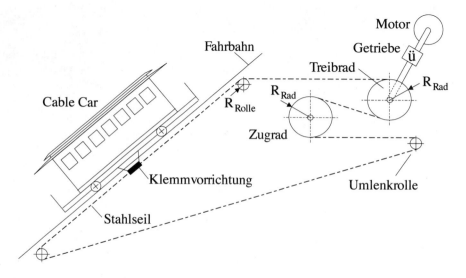

Im Zuge von Wartungsarbeiten soll der Antrieb einer Linie modernisiert werden. Als europäischer Hersteller bieten Sie die folgende Maschine an:

$$F_{1N} = 50\ Hz \qquad\qquad U_{1Nverk} = 380\ V$$
$$P_N = 315\ kW \qquad\qquad N_N = 1448\ 1/min$$
$$\frac{M_{KN}}{M_{iN}} = 2{,}1 \qquad\qquad Z_p = 2$$
$$R_1 \approx 0$$

Da das amerikanische Netz bei gleicher Spannung jedoch eine Frequenz von $F_1 = 60\ Hz$ aufweist, müssen Sie die wichtigsten Kenndaten Ihres Motors auf die amerikanischen Verhältnisse umrechnen.

Berechnen Sie zunächst für 50 Hz–Speisung:

1.1 Berechnen Sie die synchrone Drehzahl N_{syn}, das Nennmoment M_{iN} und den Nennschlupf s_N.

1.2 Geben Sie die normierte linearisierte Kennliniengleichung $n(m_M)$ in Formel und in Zahlenwerten an und zeichnen Sie die Kennlinie in ein Diagramm. (Hinweis: n–Achse : 1 cm $\hat{=}$ 0,1; m_M–Achse: 1 cm $\hat{=}$ 0,1; DIN A4 Format, Ursprung links unten)

1.3 Berechnen Sie den Kippschlupf s_{KN} mit Hilfe der Kloss'schen Gleichung.

1.4 Wie groß ist das auf M_{iN} bezogene Anlaufmoment m_A (Stillstand)?

1.5 Skizzieren Sie die normierte nichtlineare Kennlinie ebenfalls in ihr Diagramm aus Aufgabe 1.2.

Nehmen Sie nun Speisung mit 60 Hz an.

2.1 Wie lautet jetzt die normierte linearisierte Kennliniengleichung? (Normierung weiterhin auf die 50 Hz–Bezugsgrößen!)

2.2 Wie lautet die normierte Gleichung $m_M(n)$ für konstante Abgabe von Nennleistung?

2.3 Ermitteln Sie die neuen Werte für Nominaldrehzahl N'_N und Nominalmoment M'_{iN} bei 60 Hz–Speisung und unveränderter Nennleistung P_N durch grafische Konstruktion im Diagramm oder durch Rechnung.

2.4 Wie groß sind nun die Werte für den Kippschlupf s'_K, die Kippdrehzahl n'_K, das normierte Kippmoment m'_K und das auf M'_{iN} bezogene Kippmoment $\dfrac{M'_K}{M'_{iN}}$?

Skizzieren Sie die nichtlineare Kennlinie zwischen Leerlauf und Kippunkt im Diagramm.

8. Übung: Förderband mit ASM–Antrieb

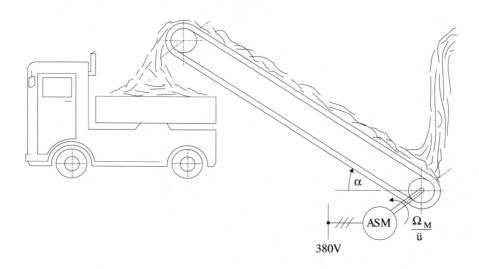

In einem Kieswerk wird zum Beladen der LKW ein 10 m langes Förderband eingesetzt, das von einer ASM mit Kurzschlußläufer betrieben wird. Die Maschine wird in Dreieck-Schaltung an das Drehstromnetz angeschlossen, so daß an den Wicklungen die Spannung $U_1 = 380$ V anliegt. Von den Kiesmühlen wird ein konstanter Volumenstrom V von 0,015 m^3/s an das Förderband abgegeben.

Daten:

Förderband: Last:

Nutzlänge	l	$= 10\ m$	Volumenstrom $V = 0,015\ m^3/s$
Radius Treibscheibe	R_T	$= 0,1\ m$	Dichte $\rho = 2,0 \cdot 10^3\ kg/m^3$
Anstellwinkel	α	$= 17,5°$	

Getriebe:

Übersetzungsverhältnis $\ddot{u} = 20$

Motor:

$U_{1N} = 380\ V$	$\cos\varphi_{1N} = 0,75$	$R_1 = 0$	
$F_{1N} = 50\ Hz$	$Z_p = 3$		
$P_N = 1,1\ kW$	$N_N = 920\ 1/min$	$M_{KN} = 2,3 \cdot M_{iN}$	

Aufgaben:

1. Berechnen Sie:

1.1 das Widerstandsmoment $M_W(\Omega_m)$ bezogen auf die Motorwelle und die aufzubringende mechanische Leistung P_W.

1.2 das Motornennmoment M_{iN}, den Nennschlupf s_N und den Betrag des Nennstroms I_{1N}.

1.3 das Kippmoment M_K und den Kippschlupf s_K (aus der Kloss'schen Gleichung).

2.1 Konstruieren Sie mit Hilfe von I_{1N}, φ_{1N} und M_K den Heylandkreis für die Asynchronmaschine.
(Hinweis: Maßstab: $1\,cm \,\hat{=}\, 0,2\,A$, Querformat, möglichst weit links anfangen!)

2.2 Zeichnen Sie die Leistungslinie und eine Schlupfgerade ein.

2.3 Bestimmen Sie aus der Zeichnung den komplexen Leerlauf- und den Anfahrstrom I_{10} bzw. I_{1A}.

2.4 Wie groß ist der Blondelsche Streukoeffizient σ?

2.5 Wie groß ist die maximal abgebbare Wirkleistung P_{max} und bei welchem Schlupf s_{Pmax} tritt sie auf?

3.1 Bestimmen Sie grafisch aus P_W den Arbeitspunkt M_{MAP} und s_{AP} der ASM.

3.2 Welche Rotorverlustleistung P_{V2} tritt im Arbeitspunkt auf?

9. Übung: Geregelte Asynchronmaschine

Ein Fließband soll durch eine geregelte Asynchronmaschine mit Kurzschlußläufer angetrieben werden. Der Statorwiderstand R_1 kann dabei im Folgenden vernachlässigt werden.

1. Wie lautet die allgemeine, unnormierte Gleichung für das Motormoment
   $M_M = f(\Psi_{1A}, \Psi_{1B}, I_{2A}, I_{2B})$?

Die Asynchronmaschine soll mit konstantem Rotorfluß betrieben werden. Eine der Maschine vorgeschaltete Ansteuerelektronik prägt den Rotorfluß und die Schlupffrequenz Ω_2 ein.

2. Welche Raumzeigergröße ist mit dem Bezugskoordinatensystem K fest verbunden?

3. Mit welcher Winkelgeschwindigkeit Ω_K dreht sich dieses Bezugskoordinatensystem relativ zu den raumfesten Statorkoordinaten?

4. Wie lauten die Bedingungen für die Komponenten des Rotorflusses Ψ_{2A} und Ψ_{2B}?

5. Welche Auswirkungen hat dies auf die Größen Ψ_{1A} und I_{2A}?
   Geben Sie $I_{2B} = f(\Psi_{1B})$ und $\Omega_2 = f(\Psi_{1B}, \Psi_{2A})$ an.

6. Leiten Sie daraus die Beziehung $M_M = f(\Omega_2, \Psi_{2A})$ her.

Der Ausgang eines überlagerten P-Drehzahlreglers ist die Schlupffrequenz Ω_2. Die ASM wird mit Nennerregung betrieben. Folgende Daten seien gegeben:

$P_N = 3,00\ kW$ $F_{1N} = 50\ Hz$ $\Theta_{ges} = 0,20\ Nms^2$

$P_{1N} = 3,14\ kW$ $Z_{pN} = 2$

$U_N = 380\ V$ $\Psi_{2A} = \Psi_{2N}$ $R_1 \approx 0$

7. Normieren Sie die Momentgleichung aus Teilpunkt 6 und berechnen sie die Trägheitsnennzeitkonstante $T_{\Theta N}$.
   Hinweis: Verwenden Sie

$$p = \frac{P_N}{P_{1N}} = 1 - \frac{\Omega_{2N}}{\Omega_{1N}}$$

8. Zeichnen Sie den normierten Signalflußplan des drehzahlgeregelten ASM-Antriebs.

9. Wie ist die Reglerverstärkung zu wählen, damit der stationäre Regelfehler $n^* - n_\infty$ bei Belastung mit Nennmoment kleiner als 0,05 wird?

10. Übung: U–Umrichter

In der folgenden Aufgabe sollen die Maschinenströme und -spannungen eines selbstgeführten Zwischenkreisumrichters mit Gleichspannungszwischenkreis (U–Umrichter) untersucht werden.

Zum einfacheren Verständnis kann man sich je ein Paar abschaltbares Ventil mit antiparalleler Diode als Schalter vorstellen. Für die Funktionsweise des Umrichters ist es notwendig, daß in jedem Brückenzweig des maschinenseitigen Umrichters der eine Schalter geöffnet und der andere geschlossen ist. Dadurch ergeben sich 8 mögliche Schalterkombinationen. Für jede dieser Kombinationen kann man einen Statorspannungszeiger der ASM im statorfesten Bezugssystem berechnen. Damit erhält man den unten links abgebildeten Raumzeiger-„Stern".

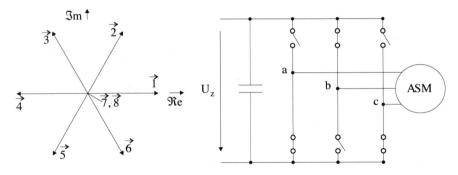

1.1 Berechnen Sie den Spannungsraumzeiger für die oben rechts gezeichnete Schalterkombination.
Identifizieren Sie den entsprechenden Zeiger im Raumzeiger-„Stern".

1.2 Wie sind die Schalter bei den Null-Zeigern $\vec{7}$ bzw. $\vec{8}$ eingestellt?

In der Betriebsart *Grundfrequenztaktung* durchläuft der Statorspannungsraumzeiger periodisch nacheinander die Schalterkombinationen $\vec{1}$ bis $\vec{6}$.

Bei Leerlauf kann die ASM durch ihre Phaseninduktivitäten $L_{Ph} = 40\,mH$ dargestellt werden.

Arbeitspunkt: $U_z = 300\,V$ $F_1 = 33{,}3\,Hz$ $\varphi_1 = 90°$

2.1 Zeichnen Sie den Verlauf der Phasenspannung $U_{1a}(t)$ über eine Periode und ordnen Sie den Zeitabschnitten die zugehörige Schalter–Kombination zu.

2.2 Berechnen sie abschnittsweise den Zeitverlauf des Statorstroms $I_{1a}(t)$ unter Berücksichtigung der Phasenlage φ_1.
Zeichnen Sie den Strom ebenfalls in das Diagramm von 2.1 ein.
Wie hoch ist der Spitzenstrom $\hat{I}_{1a}$?

2.3 Markieren Sie die Stromführungsdauern von abschaltbaren Ventilen (Th) und Dioden (D).

Lösung zur 1. Übung

1. $\ddot{u} = \dfrac{N}{V} \cdot \pi D_T = 187$

2. $\Theta_{ges} = \Theta_{M+G} + \dfrac{1}{\ddot{u}^2} \cdot \left[\Theta_T + \Theta_T + 90 \cdot \left(\dfrac{D_T}{D_S}\right)^2 \cdot \Theta_S + \right.$

   $\left. \left(\dfrac{D_T}{2}\right)^2 \cdot \dfrac{1}{g} \cdot \left(G_Z + 50 \cdot G_H + 25 \cdot G_P \right) \right]$

   $\Theta_{ges} = 0,5366 \; Nms^2$

   $R_{ers} = \dfrac{1}{\ddot{u}} \cdot \dfrac{D_T}{2} = 6,68 \cdot 10^{-3} \; m$

3. $M_W = \dfrac{1}{\ddot{u}} \left[M_{RT} + \dfrac{D_T}{2} \cdot \left(25 \cdot G_P \cdot \sin\alpha + 25 \cdot F_{RS} \right) \right] = 18,95 \; Nm$

4. allgemein: $\Theta_{ges} \cdot 2\pi \cdot \dfrac{dN}{dt} = M_M - M_W$

   in Zahlenwerten: $3,37 \; Nms^2 \cdot \dfrac{dN}{dt} = M_M - 18,95 \; Nm$

5.

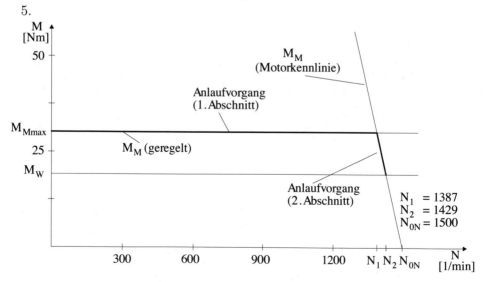

6. $N_1 = N_{0N} \left(1 - \dfrac{M_{Mmax}}{M_{MA}} \right) = 1387,5 \; \dfrac{1}{min} = 23,125 \; \dfrac{1}{s}$

7. $N(t) = N(t=0) + \dfrac{M_{Mmax} - M_W}{2\pi \, \Theta_{ges}} t = 3,28 \; \dfrac{1}{s} \cdot \dfrac{t}{s}$

   $t_1 = 7,06 \; s$

   $M_M(t) = M_{Mmax} = 30 \; Nm$

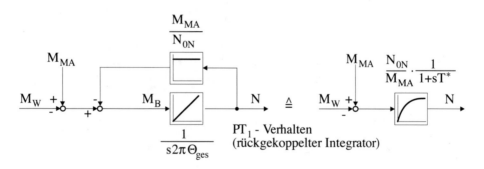

M_M

M_W $+$ M_B N I - Verhalten
$-$ (M$_W$ wirkt als "Störgröße")

$$\frac{1}{s2\pi\Theta_{ges}}$$

8. $N_2 = N_{0N}\left(1 - \dfrac{M_W}{M_{MA}}\right) = 23,82\ \dfrac{1}{s}$

9. $N(t') = N_2 - (N_2 - N_1)\cdot e^{-\dfrac{t'\cdot M_{MA}}{2\pi N_{0N}\Theta_{ges}}} = \left(1429 - 41,5\cdot e^{-\dfrac{t'}{0,21s}}\right)\dfrac{1}{min}$

$$M_M(t') = M_{MA} - \frac{M_{MA}}{N_{0N}}\cdot N(t') = \left(18,95 + 11,05\cdot e^{-\dfrac{t'}{0,21\ s}}\right)Nm$$

mit $t' = t - t_1$

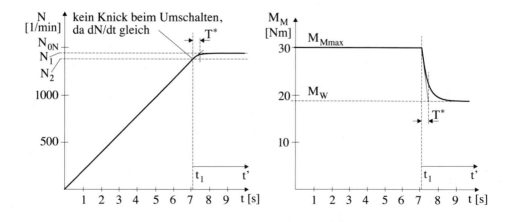

$\dfrac{M_{MA}}{N_{0N}}$

M_{MA}

M_W $+$ $-$ M_B N $\triangleq$ M_W $+$ $M_{MA}\ \dfrac{N_{0N}}{M_{MA}}\cdot\dfrac{1}{1+sT^*}$ N
$-$ $+$ $-$

$$\frac{1}{s2\pi\Theta_{ges}}$$ PT$_1$ - Verhalten
(rückgekoppelter Integrator)

10.

N
[1/min]   kein Knick beim Umschalten,
da dN/dt gleich T^*
N_{0N}
N_1
N_2

1000

500

t_1 t'

1 2 3 4 5 6 7 8 9 t [s]

M_M
[Nm] M_{Mmax}

30

20   M_W

T^*

10

t_1 t'

1 2 3 4 5 6 7 8 9 t [s]

Lösung zur 2. Übung

1.1 $M_{iN} = M_N = \dfrac{P_N}{2\pi \cdot N_N} = 227\ Nm$

1.2 $T_{\Theta N} = \dfrac{\Theta_{ges}\ \Omega_{0N}}{M_{iN}} = 0,514\ s$

   mit $\Theta_{ges} = \Theta_M + \Theta_A\ \dfrac{1}{\ddot{u}^2} = 1,60\ Nms^2$

1.3 $M_W = \dfrac{|\ M_{WA}\ |}{\ddot{u}} \cdot \text{sign}(N)$

   $m_W = \dfrac{M_W}{M_{iN}} = 0,97 \cdot \text{sign}(n)$

2.1 Leerlaufpunkt: $M_M = 0;\ N = N_{0N} \Rightarrow m_{M0} = 0;\ n_0 = 1$

   Nennpunkt: $M_M = M_{iN};\ N = N_N \Rightarrow m_N = 1;\ n_N = \dfrac{N_N}{N_{0N}} = 0,905$

   Geradengleichung: $n = n_0 + \dfrac{n_N - n_0}{m_N - m_{M0}} \cdot m_M = 1 - 0,095 \cdot m_M$

2.2 $n_B = 0,908$

3.1 $\dfrac{M_M}{M_{iN}} = m_M = -\dfrac{N}{N_{0N}} \cdot 36,6\ Nms \cdot \dfrac{N_{0N}}{M_{iN}}$

   $n = -\,0,545\ m_M$

3.2 $n_E = -\,0,535 \cdot m_W(n_E);$ Lösung nur für $n_E = 0;$

3.3 $T_{\Theta N} \cdot \dfrac{dn}{dt} + 1,87 \cdot n = -m_W$

3.4

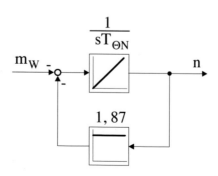

4.1 $T_{\Theta St} = 0,27\ s;$

$$\frac{dn}{dt} = 0 \quad \Rightarrow \quad n_\infty = -0,52\ ;\ (\neq n_E!)$$

Vorgeschichte: $\Rightarrow n_a = n_B = 0,91\ ;$

$$n(t) = n_\infty - (n_\infty - n_a) \cdot e^{-\dfrac{t}{0,27\ s}}\ ;\quad \text{für } 0 < n < 0,91$$

4.2 $m_M = -1,87\ n = 0,97 - 2,67 \cdot e^{-\dfrac{t}{0,27\ s}} \qquad \text{für } m_M \leq 0$

4.3 aus $n(t)$ mit $n = 0:\quad t_{Br} = 0,27\ s$

5.1 $m_W(H) = +0,97\ \neq f(n)\ !$

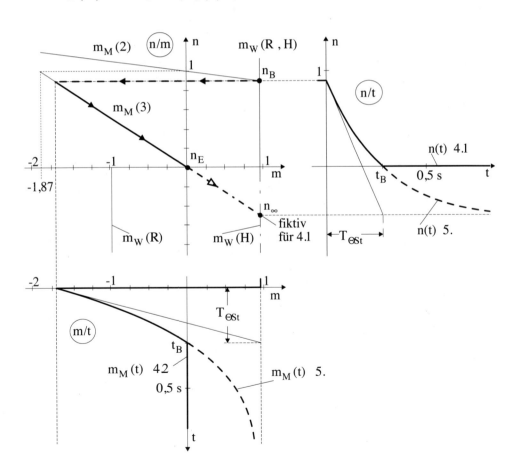

Lösung zur 3. Übung

1. Bewegungsdifferentialgleichung:

$$2\pi \cdot \Theta_{ges} \cdot \frac{dN}{dt} + N \cdot \frac{M_{MA}}{N_0} = M_{MA} - M_W;$$

Lösung: $\quad N(t) = N_\infty - (N_\infty - N_0)\, e^{-t/T^*};$

$$T^* = \frac{2\pi \cdot N_0 \cdot \Theta_{ges}}{M_{MA}}$$

2. $N_{0N} = \dfrac{U_{AN}}{C_1\,\Psi_N}, \quad R_{AN} = \dfrac{U_{AN}}{I_{AN}}; \quad M_{iN} = C_2\,\Psi_N\,I_{AN}$

3. $\dfrac{N}{N_{0N}} = \dfrac{C_1\,\Psi_N}{U_{AN}} \cdot \left(\dfrac{U_A}{C_1\,\Psi} - M_M \cdot \dfrac{R_A}{C_1\,\Psi\,C_2\,\Psi} \right)$

$$\frac{N}{N_{0N}} = \frac{\dfrac{U_A}{U_{AN}}}{\dfrac{\Psi}{\Psi_N}} - \frac{M_M}{M_{iN}} \cdot \frac{\dfrac{R_A}{R_{AN}}}{\left(\dfrac{\Psi}{\Psi_N}\right)^2} = n = \frac{u_A}{\psi} - m_M \cdot \frac{r_A}{\psi^2};$$

$$m_M = \frac{\psi}{r_A}\, u_A - \frac{\psi^2}{r_A}\, n$$

4. $T_{\Theta St} \cdot \dfrac{dn}{dt} + n = \dfrac{u_A}{\psi} - \dfrac{r_A}{\psi^2}\, m_W;$

mit $T_{\Theta St} = \dfrac{r_A}{\psi^2} \cdot T_{\Theta N} = \dfrac{r_A}{\psi^2} \cdot \dfrac{2\pi \cdot N_{0N} \cdot \Theta_{ges}}{M_{iN}}$

5. $N_0 = \dfrac{U_A}{C_1 \Psi} = \dfrac{u_A}{\psi} \cdot N_{0N} \quad (M_M = 0)$

$$M_{MA} = \frac{C_1 C_2 \Psi^2}{R_A} \cdot N_0 = \frac{u_A \psi}{r_A} \cdot M_{iN} \quad (N = 0)$$

6. $\dfrac{N_0}{M_{MA}} = \dfrac{r_A}{\psi^2} \cdot \dfrac{N_{0N}}{M_{iN}}; \quad T_{\Theta St} = \dfrac{r_A}{\psi^2} \dfrac{N_{0N} \cdot 2\pi \cdot \Theta_{ges}}{M_{iN}} = \dfrac{N_0 \cdot 2\pi \cdot \Theta_{ges}}{M_{MA}} = T^*$

Die Normierung ändert nichts am dynamischen Verhalten des Systems; die charakteristischen Zeitkonstanten bleiben unverändert!

Lösung zur 4. Übung

1. $\eta_{mech} = 1 \Longrightarrow M_N = M_{iN}$; $M_N = \dfrac{P_N}{2\pi N_N} = 162 \; Nm$;

    $N_{0N} = \dfrac{N_N}{1 - r_A} = 21,9 \; s^{-1}$; $N = N_N \dfrac{V}{25 \; km/h}$; $n = 0,036 \dfrac{V}{km/h}$

2. I. $m_I = \dfrac{M_I}{M_N} = 2$

    II. $n = 1 - 0,1 \cdot m_M$

    III. $P = P_N \Longrightarrow p = \dfrac{P_N}{P_{0N}} = \dfrac{N_N}{N_{0N}} = 0,9$; $\quad p = m_M \cdot n \Longrightarrow n = \dfrac{0,9}{m_N}$

3. $n_I = u_A - r_A \, m_M = 0,8$; $V_I = \dfrac{n_I}{0,036} \dfrac{km}{h} = 22,2 \; km/h$

    $n_{II} = u_A - r_A = n_N$; $V_{II} = 25 \; km/h$

4. $M_W = R_{ers} \cdot (F_F + G \cdot \sin \alpha) = 0,58 \; Nm \, \dfrac{V}{km/h} + 80,3 \; Nm$

    $m_W = 0,1 \cdot n + 0,5$

5. $n = \dfrac{0,9}{m_M}$; $\quad m_W = 0,1 \cdot n + 0,5$; $\quad m_M = m_W$

    $\Longrightarrow n_{max} = \dfrac{0,9}{0,1 \cdot n_{max} + 0,5} > n_{max}^2 + 5 \cdot n_{max} = 9$

    $n_{max} = 1,4$; $V_{max} = 38,9 \; km/h$

6. $T_{\Theta N} = \dfrac{G \cdot R_{ers}^2 \cdot 2\pi N_{0N}}{g \, M_{iN}} = 3,72 \; s$

    $10 \, T_{\Theta N} \cdot \dfrac{dn_I}{dt} + n_I = 15$

    $n_I(t) = 15 - 15 \cdot e^{-t/T_{\Theta St I}}$; $\qquad T_{\Theta St I} = 37,2 \; s$

    Gültigkeit bis $n_I = 0,8$, d.h. $e^{-t/37,2 \; s} \approx 1$, also $t \ll 37,2 \; s$, daher ist

    Näherung $e^{-t/37,2 \; s} \approx 1 - \dfrac{t}{37,2 \; s}$ möglich, d.h. $n_I(t) \approx 15 \cdot \dfrac{t}{37,2 \; s}$

    $t_I \approx 2 \; s$

    $\dfrac{T_{\Theta N}}{10,1} \cdot \dfrac{dn_{II}}{dt} + n_{II} = \dfrac{9,5}{10,1}$

    $n_{II}(t) = 0,94 - 0,14 \cdot e^{-\, t/T_{\Theta St II}}$

    $T_{\Theta St II} = 0,37 \; s$, für $n_I \leq n \leq n_{II}$

7.

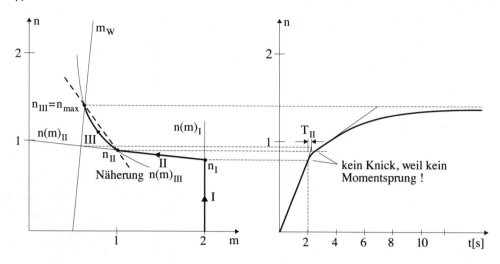

$n_{III}(t)$: Näherung der Kennlinie $n(m)_{III}$ durch eine Gerade!

Da das Beschleunigungsmoment nicht springt, muß die Anfangstangente von $n_{III}(t)$ gleich der Endtangente von $n_{II}(t)$ sein, d.h. $\dot{n}$ ist stetig

$$(\dot{n} \ = \ \frac{dn}{dt} \ = \ \frac{m_B}{T_{\Theta N}}) \ ; \ n_0 \ \text{und} \ n_\infty \ \text{aus Kennlinienfeld.}$$

Tatsächliche Anfahrzeit > genäherte Anfahrzeit, weil m_B in Wirklichkeit etwas kleiner als angenommen ist!

Lösung zur 5. Übung

1. $U_{di0} = U_{Netz\ verk} \cdot \sqrt{2}\,\dfrac{p}{\pi} \cdot \sin\left(\dfrac{\pi}{p}\right) = 513\ V$

   $p = 6$

   $U_{dI} = U_{di0} \cdot \left(\cos\alpha - \dfrac{1}{2} \cdot \dfrac{u_{k\%}}{100} \cdot \dfrac{I_d}{I_{dN}}\right) = 513\ V \cdot \left(\cos\alpha \; - \; 0,00125 \cdot \dfrac{I_d}{A}\right)$

2. Wechselrichtertrittgrenze $\qquad\qquad\qquad\qquad\qquad : \alpha_{max} \; = \; 150°$

   symmetrische Aussteuerung zu $\alpha \; = \; 90°$ $\quad(U_{di} \; = \; 0) : \alpha_{min} \; = \; 30°$

   $U_{d\alpha\,max} \; = \; U_d\,(\alpha = \alpha_{min},\; I_d = 0) \; = \; 513\ V \cdot \cos\,30° \; = \; 444\ V$

   $U_{d\alpha\,min} \; = \; U_d\,(\alpha = \alpha_{max},\; I_d = I_{AN})$

   $\qquad\quad = \; 513\ V \cdot \left(\cos\,150° \; - \; 0,00125 \cdot \dfrac{18,8\ A}{A}\right) \; = \; -\,457\ V$

3. $I_d \; = \; I_{AP},\quad U_d \; = \; U_{AP};\quad U_{d\alpha} \; = \; U_{di0} \cdot \left(\cos\alpha - \dfrac{1}{2} \cdot \dfrac{u_{k\%}}{100} \cdot \dfrac{I_d}{I_{dN}}\right)$

   $\cos\alpha_{AP} \; = \; \dfrac{U_{AP}}{U_{di0}} \; + \; \dfrac{1}{2} \cdot \dfrac{u_{k\%}}{100} \cdot \dfrac{I_{AP}}{I_{dN}}$

   $\alpha_{AP} \; = \; \arccos\left(\dfrac{200\ V}{513\ V} \; + \; 0,00125 \cdot \dfrac{18,8\ A}{A}\right) \; = \; 65,5°$

   Linearisieren: $\quad dU_{d\alpha} \; = \; \dfrac{\partial U_{d\alpha}}{\partial\alpha} \cdot d\alpha \; + \; \dfrac{\partial U_{d\alpha}}{\partial I_d} \cdot dI_d$

   $\dfrac{\partial U_{d\alpha}}{\partial\alpha} \; = \; -\,U_{di0} \cdot \sin\alpha\,;\quad \dfrac{\partial U_{d\alpha}}{\partial I_d} \; = \; -\,U_{di0} \cdot \dfrac{1}{2} \cdot \dfrac{u_{k\%}}{100} \cdot \dfrac{1}{I_{dN}}$

   $\Delta U_{d\alpha} \; = \; dU_{d\alpha}\,|_{\alpha\,\approx\,\alpha_{AP}} \; = \; -\,U_{di0} \cdot \left(\sin\alpha_{AP} \cdot \Delta\alpha \; + \; \dfrac{1}{2} \cdot \dfrac{u_{k\%}}{100} \cdot \dfrac{\Delta I_d}{I_{dN}}\right)$

   $\qquad\quad = \; -\,467\ V \cdot \Delta\alpha \; - \; 0,641\ V \cdot \dfrac{\Delta I_d}{A}$

4. $\dfrac{\Delta U_{d\alpha}}{U_{di0}} \; = \; -\,\dfrac{U_{di0}}{U_{di0}} \cdot \left(\sin\alpha_{AP} \cdot \Delta\alpha \; + \; \dfrac{1}{2} \cdot \dfrac{u_{k\%}}{100} \cdot \dfrac{\Delta I_d}{I_{dN}}\right)$

   $\Delta u_d \; = \; -\,\sin\alpha_{AP} \cdot \Delta\alpha \; - \; \dfrac{1}{2} \cdot \dfrac{u_{k\%}}{100} \cdot \Delta i_d \; = \; -\,0,91 \cdot \Delta\alpha \; - \; 0,025 \cdot \Delta i_d$

   $\Delta U_{d\alpha} \; = \; \Delta u_d \cdot U_{di0} \; = \; \Delta u_A \cdot U_{AN}$

   $\Longrightarrow \; \Delta u_A \; = \; \dfrac{U_{di0}}{U_{AN}} \cdot \Delta u_d \; = \; 1,28 \cdot \Delta u_d$

$$\Delta I_d \;=\; \Delta i_d \cdot I_{dN} \;=\; \Delta i_A \cdot I_{AN} \;\Longrightarrow\; \Delta i_A \;=\; \frac{I_{dN}}{I_{AN}} \cdot \Delta i_d \;=\; 1,06 \cdot \Delta i_d$$

5. $T_t \;=\; \dfrac{T_{Netz}}{2 \cdot p} \;=\; \dfrac{20\ ms}{2 \cdot 6} \;=\; 1,67\ ms$

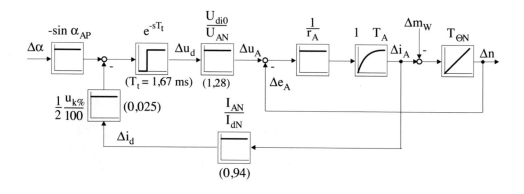

Lösung zur 6. Übung

1.1 $r_A = \dfrac{R_A \cdot I_{AN}}{U_{AN}} = 0,1$

1.2 $T_A = \dfrac{L_A}{R_A} = 10\ ms\ ;$ $T_{\Theta St} = T_{\Theta N} \cdot \dfrac{r_A}{\psi^2} = 80\ ms\ ;$

1.3 mit $\psi = 1$:

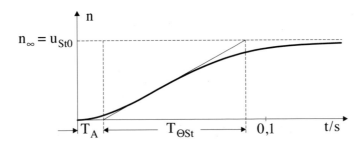

1.4 $G_1(s) = \dfrac{n(s)}{u_{St}(s)} = \dfrac{1}{1 + (1 + sT_A)sT_{\Theta N} \cdot r_A} = \dfrac{1}{1 + sT_{\Theta St} + s^2 T_{\Theta St} T_A}$

$G_2(s) = \dfrac{n(s)}{m_W(s)} = -\dfrac{r_A(1 + sT_A)}{1 + sT_{\Theta St} + s^2 T_{\Theta St} T_A} \approx -\dfrac{r_A}{1 + sT_{\Theta St}}$

$G_3(s) = \dfrac{i_A(s)}{u_{St}(s)} = sT_{\Theta N} \cdot G_1(s) = \dfrac{sT_{\Theta N}}{1 + sT_{\Theta St} + s^2 T_{\Theta St} T_A}$

mit den Zahlenwerten: $T_A = 0,01\ s\ ;\ T_{\Theta St} = 0,08\ s\ ;\ T_{\Theta N} = 0,8\ s\ ;$

$r_A = 0,1$

$T_{\Theta St}/4 = 0,02\ s > T_A = 0,01\ s$ $\Rightarrow$ aperiodisch gedämpft

1.5 $\dfrac{\Delta n_\infty}{\Delta m_{W0}} = \lim\limits_{s \to 0} \left(G_2(s) \right) = -r_A\ ;$

$\Delta n_\infty = -r_A \cdot \Delta m_{W0} = -0,1 \cdot \Delta m_{W0}$

1.6 System 2. Ordnung:

2.1 SFP $(\psi = 1)$:

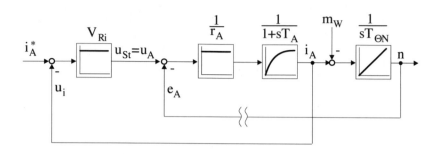

2.2 e_A vernachlässigt: $G_4(s) = \dfrac{i_A(s)}{i_A^*(s)} = \dfrac{V_{Ri}}{V_{Ri} + r_A \cdot (1 + sT_A)}$

$$G_4(s) = V_{ersi} \frac{1}{1 + sT_{ersi}} \; ; \; V_{ersi} = \frac{V_{Ri}}{V_{Ri} + r_A} = 0,95$$

$$T_{ersi} = \frac{T_A \cdot r_A}{V_{Ri} + r_A} = 0,5 \; ms$$

stat. Regelfehler: $\dfrac{\Delta\, i_{A\infty}}{i_{A0}^*} = \dfrac{i_{A\infty} - i_{A0}^*}{i_{A0}^*} = \dfrac{r_A}{r_A + V_{Ri}} = -\dfrac{1}{20}$

2.3 SFP:

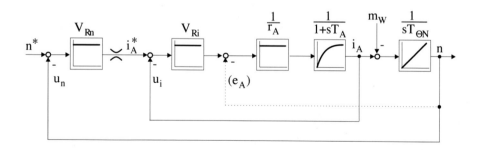

2.4 Mit $G_4(s) = \dfrac{i_A(s)}{i_A^*(s)} = V_{ersi} \dfrac{1}{1 + sT_{ersi}}$; $V_{ersi} = 0,95$; $T_{ersi} = 0,5 \; ms$

folgt: $G_5(s) = \dfrac{n(s)}{n^*(s)} = \dfrac{V_{Rn} \cdot V_{ersi}}{V_{Rn} \cdot V_{ersi} + (1 + sT_{ersi}) \cdot sT_{\Theta N}}$

$$G_5(s) = \frac{1}{1 + s \dfrac{T_{\Theta N}}{V_{Rn} \cdot V_{ersi}} + s^2 \dfrac{T_{ersi} \cdot T_{\Theta N}}{V_{Rn} \cdot V_{ersi}}}$$

Hinweis: vgl. $G_1(s)$: $T_{ers\,i} \; \hat{=} \; T_A$; $\dfrac{T_{\Theta N}}{V_{Rn} \cdot V_{ers\,i}} \; \hat{=} \; T_{\Theta St}$

2.5 Mit $\dfrac{T_{\Theta N}}{V_{Rn} \cdot V_{ers\,i}} \; \gg \; T_{ers\,i}$ $\rightarrow$ Zerlegung in 2 PT$_1$–Glieder:

$$G_5(s) \; \approx \; \frac{1}{(1 \,+\, sT_{ers\,i}) \cdot \left(1 \,+\, \dfrac{sT_{\Theta N}}{V_{Rn} \cdot V_{ers\,i}}\right)} \;\; ;$$

$$T_{ers\,i} \; = \; 0,5 \; ms \; ; \quad \frac{T_{\Theta N}}{V_{Rn} \cdot V_{ers\,i}} \; = \; 21 \; ms$$

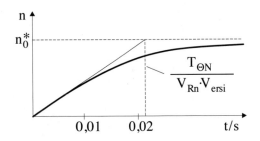

2.6 $\dfrac{\Delta n_\infty}{\Delta m_{W0}} \; = \; - \; \dfrac{1}{V_{Rn} \cdot V_{ers\,i}} \; = \; - \; \dfrac{1}{38} \; = \; - \, 0,0263$

3.1 mit Strombegrenzung: $i_A^* \; = \; 1,0 \; \rightarrow \; i_A \; = \; 0,95 \; = $ const.

Hochlaufzeit: $\Delta t_H \; \approx \; \dfrac{1}{0,95} \cdot T_{\Theta N} \cdot \Delta n \; = \; 0,421 \; s$

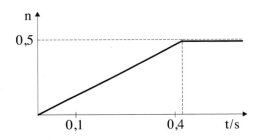

3.2 keine Begrenzung, wenn $(n^* - n) \cdot V_{Rn} \; < \; 1$

$$n_1 \; = \; n^* \, - \, \frac{1}{V_{Rn}} \; = \; 0,475$$

Lösung zur 7. Übung

1.1 $N_{syn} = \dfrac{F_{1N}}{Z_p} = \dfrac{50\ Hz}{2} = 25\ \dfrac{1}{s} = 1500\ \dfrac{1}{min}$

$M_{iN} = \dfrac{P_N}{\Omega_N} = \dfrac{P_N}{2\pi\ N_N}; \qquad N_N = 1448\ \dfrac{1}{min}\ \dfrac{min}{60\ s} = 24,13\ \dfrac{1}{s}$

$M_{iN} = 2078\ Nm$

$s_N = 1 - \dfrac{N_N}{N_{syn}} = 0,035$

1.2 $n = f_1 - m_M \cdot \dfrac{s_N}{\left(\dfrac{u_1}{f_1}\right)^2} = f_1 - m_M \cdot s_N \cdot f_1^2 \qquad (u_1 = 1)$

$n = 1 - m_M \cdot 0,035$

1.3 Kloss'sche Gleichung: $\quad M_M = M_K \cdot \dfrac{2 \cdot s \cdot s_K}{s^2 + s_K^2}$

im Nennpunkt: $\quad M_{iN} = M_{KN} \cdot \dfrac{2 \cdot s_N \cdot s_{KN}}{s_N^2 + s_{KN}^2}$

$s_{KN}^2 - 2\ \dfrac{M_{KN}}{M_{iN}}\ s_N\ s_{KN} + s_N^2 = 0\ ;$

$s_{KN_{1/2}} = \dfrac{\dfrac{2\ M_{KN}}{M_{iN}}\ s_N\ \begin{matrix}+\\(-)\end{matrix}\ \sqrt{4\left(\dfrac{M_{KN}}{M_{iN}}\ s_N\right)^2 - 4\ s_N^2}}{2}$

$s_{KN} = s_N \cdot \left(\dfrac{M_{KN}}{M_{iN}}\ \begin{matrix}+\\(-)\end{matrix}\ \sqrt{\left(\dfrac{M_{KN}}{M_{iN}}\right)^2 - 1}\right) = 0,137$

$m_A = \dfrac{M_{KN}}{M_{iN}} \cdot \dfrac{M_M\ (s = 1)}{M_{KN}} = \dfrac{2 \cdot s_{KN}}{1 + s_{KN}^2} \cdot 2,1 = 0,564$

1.5 siehe Hilfsblatt

2.1 $n = f_1 - m_M \cdot s_N\ f_1^2\ ; \qquad f_1 = \dfrac{60\ Hz}{50\ Hz} = 1,2$

$n = 1,2 - m_M \cdot 0,035 \cdot (1,2)^2 = 1,2 - m_M \cdot 0,050$

2.2 $\dfrac{P}{M_{iN} \cdot \Omega_{0N}} = \dfrac{M_M}{M_{iN}} \cdot \dfrac{\Omega}{\Omega_{0N}} = \text{const.}$

$$\Rightarrow \quad p_N \;=\; \frac{P_N}{P_{0N}} \;=\; m_M \cdot n \;=\; \text{const.}$$

Nennbetrieb: $m_M = 1$; $\quad n = n_N \;\Rightarrow\; p_N = n_N \;\Rightarrow\; m_M = \dfrac{n_N}{n} = \dfrac{0,963}{n}$

mit $n_N \;=\; \dfrac{1448}{1500} \;=\; 0,963$

2.3 grafische Lösung: siehe Hilfsblatt S. 746

rechnerische Lösung:

$$m'_{iN} \;=\; \frac{n_N}{n'_N}\;; \quad n'_N \;=\; f_1 \;-\; m'_{iN}\cdot s_N \cdot f_1^2 \;=\; f_1 \;-\; \frac{n_N}{n'_N}\cdot s_N \cdot f_1^2 \;\mid \cdot n'_N$$

mit $s_N = 1 - n_N;$ $\quad n'^2_N - f_1\, n'_N + f_1^2\Big(n_N\,(1-n_N)\Big) = 0$

$$n'_N = \frac{f_1 \pm \sqrt{f_1^2 \;-\; 4\,(n_N - n_N^2)f_1^2}}{2} = f_1\left(\frac{1 \pm \sqrt{1 \;-\; 4n_N + 4n_N^2}}{2}\right)$$

$$n'_N \;=\; f_1\left(\frac{1 \overset{(+)}{\underset{-}{}} (1 - 2n_N)}{2}\right) \;=\; f_1 \cdot n_N \;=\; 1,2\cdot 0,963 \;=\; 1,16$$

$$N'_N \;=\; n_N \cdot N_{0N} \;=\; 1,16\cdot 1500\frac{1}{min} \;=\; 1738\,\frac{1}{min}$$

$$m'_{iN} \;=\; \frac{n_N}{n'_N} \;=\; \frac{n_N}{f_1\cdot n_N} \;=\; \frac{1}{f_1} \;=\; \frac{1}{1,2} \;=\; 0,833$$

$$M'_{iN} \;=\; m'_{iN}\cdot M_{iN} \;=\; \frac{2048\ Nm}{1,2} \;=\; 1732\ Nm$$

2.4 $\;s'_K \;=\; \dfrac{1}{f_1}\cdot s_{KN} \;=\; \dfrac{0,137}{1,2} \;=\; 0,114 \;$;

<u>Achtung:</u> s bezogen auf synchrone Drehzahl N_{syn}!

$$n'_K \;=\; f_1 \cdot \left(1 - s'_K\right) \;=\; f_1\cdot\left(1 - \frac{s_{KN}}{f_1}\right) \;=\; f_1 - s_{KN} \;=\; 1,063$$

$$m'_K \;=\; \frac{1}{f_1^2}\, m_{KN} \;=\; \frac{1}{(1,2)^2}\cdot 2,1 \;=\; 1,46$$

$$\frac{M'_K}{M'_{iN}} \;=\; m'_K \cdot \frac{M_{iN}}{M'_{iN}} \;=\; \frac{m'_K}{m'_{iN}} \;=\; \frac{m_{KN}}{f_1} \;=\; 1,46\cdot 1,2 \;=\; 1,75$$

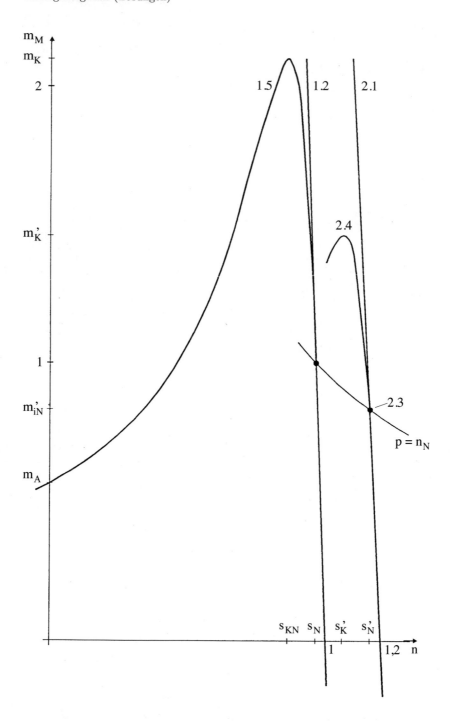

Hilfsblatt (grafische Lösung)

Lösung zur 8. Übung

1.1 $M_W = m \cdot \sin\alpha \cdot g \cdot \dfrac{R_T}{\ddot{u}}$

$m = \rho \cdot V = \rho \cdot \dot{V} \cdot \dfrac{l}{v}$; $v = \dfrac{\Omega_m}{\ddot{u}} \cdot R_T$

$M_W = \dfrac{\rho \cdot \dot{V} \cdot l \cdot \sin\alpha \cdot g}{\Omega_m} = \dfrac{885}{\Omega_m} \dfrac{Nm}{s}$

$P_W = M_W \cdot \Omega_m = \rho \cdot \dot{V} \cdot l \cdot \sin\alpha \cdot g = 855\, W \neq f(\Omega_m)$!

1.2 $M_{iN} = \dfrac{P_N}{\Omega_N}$; $\Omega_N = 2\pi \cdot N_N = 96,3\, \dfrac{1}{s}$

$M_{iN} = 11,4\, Nm$

$s_N = \dfrac{\Omega_{syn} - \Omega_N}{\Omega_{syn}} = 1 - \dfrac{\Omega_N}{\Omega_{syn}}$; $\Omega_{syn} = \dfrac{\Omega_{1N}}{Z_p} = 105\, \dfrac{1}{s}$

$s_N = 0,083$

$P_{0N} = 3 \cdot U_{1N} \cdot I_{1N} \cdot \cos\varphi_N = M_{iN} \cdot \Omega_{syn} = P_N \cdot \dfrac{\Omega_{syn}}{\Omega_N}$

$I_{1N} = \dfrac{P_N}{3 \cdot U_{1N} \cdot \cos\varphi_{1N}} \cdot \dfrac{\Omega_{syn}}{\Omega_N} = 1,40\, A$

1.3 $M_K = 2,3 \cdot M_{iN} = 26,2\, Nm$

$M_{iN} = M_K \cdot \dfrac{2}{\dfrac{s_N}{s_K} + \dfrac{s_K}{s_N}}$; $\dfrac{s_N}{s_K} + \dfrac{s_K}{s_N} = 2 \cdot \dfrac{M_K}{M_{iN}}$ $/\cdot s_K\, s_N$

$s_K^2 - 2 \cdot \dfrac{M_K}{M_{iN}} \cdot s_N \cdot s_K + s_N^2 = 0$

$s_K = \dfrac{2 \cdot \dfrac{M_K}{M_{iN}} \cdot s_N \pm \sqrt{\left(2 \cdot \dfrac{M_K}{M_{iN}} \cdot s_N\right)^2 - 4 \cdot s_N^2}}{2} = 0,363/0,019$

2.1 Radius des Heylandkreises : $\Re e\, \{I_1\, (M = M_K)\} = I_{1KA}$

$P_{0K} = 3 \cdot U_1 \cdot I_{1KA} = M_K \cdot \Omega_{syn}$

$I_{1KA} = \dfrac{M_K \cdot \Omega_{syn}}{3\, U_1} = \dfrac{26,2\, Nm \cdot 105\, \dfrac{1}{s}}{3 \cdot 380\, V} = 2,41\, A$

$\varphi_1 = \arccos 0,75 = -41,4°$

$R_1 = 0 \quad \Longrightarrow$ Mittelpunkt des Heylandkreises auf $- \Im m$–Achse.

2.2 Leistungslinie mit Winkel $\mu = \arctan s_K \qquad \mu = 19,3°$

2.3 $I_{10} = -j\,0,7\,A$; $I_{1A} = (1,5 - j\,5,0)\,A$ aus dem Diagramm

2.4 $I_{1\infty} = -j\,5,54\,A$ (aus dem Diagramm)

$$I_{10} = \frac{U_1}{j\,\Omega_1\,L_1} \; ; \; I_{1\infty} = \frac{U_1}{j\,\Omega_1\,\sigma\,L_1} \qquad \Longrightarrow \sigma = \frac{I_{10}}{I_{1\infty}} = 0,126$$

2.5 $P_{max} \Rightarrow$ maximaler Abstand von der Leistungslinie, aber gerade noch
Schnittpunkt mit der Ortskurve

$\Rightarrow$ Tangente der Parallelen der Leistungslinie an die Ortskurve

$P_{max} = 3 \cdot U_1 \cdot \overline{A_{max}\,B_{max}} = 3 \cdot 380\,V \cdot 1,72\,A = 1,96\,kW$

$s_{max} = 0,25$ (durch grafische Konstruktion)

Achtung: wegen $P < P_{max}$ darf dieser Punkt stationär nicht
eingestellt werden!

3.1 $P_W = 3 \cdot U_1 \cdot \overline{A_W\,B_W} = 885\,W$

$$\overline{A_W\,B_W} = \frac{P_W}{3 \cdot U_1} = 0,776\,A$$

$\Rightarrow$ der vordere Schnittpunkt der Parallele zur Leistungsgeraden
im Abstand $\overline{A_W\,B_W}$ markiert den Strom im Arbeitspunkt.

$$P_{0W} = M_{MAP} \cdot \Omega_{syn} = 3 \cdot U_1 \cdot \overline{A_W\,C_W}$$

$$M_{MAP} = \frac{3 \cdot U_1\,\overline{A_W\,C_W}}{\Omega_{syn}} = 9,12\,Nm$$

$s_{AP} = 0,06$ (durch grafische Konstruktion)

3.2 $P_{V2} = P_{0W} \cdot s_{AP} = 3 \cdot U_1 \cdot \overline{A_W\,C_W} \cdot s_{AP} = 57,5\,W$

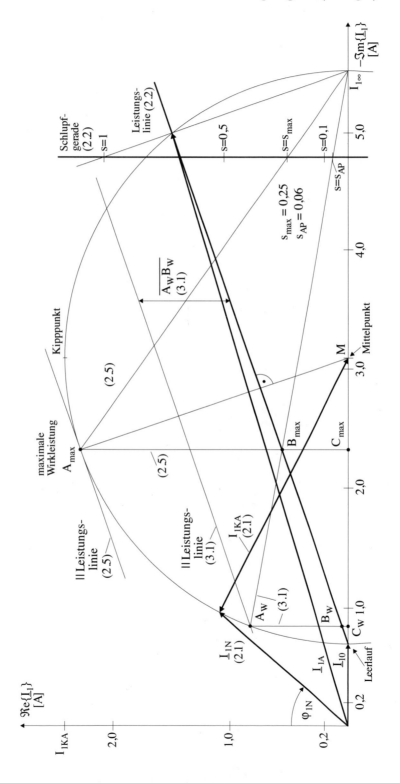

Lösung zur 9. Übung

1. $M_M = \dfrac{3}{2} \cdot Z_p \cdot \dfrac{M}{L_1} \cdot (\Psi_{1B} \cdot I_{2A} - \Psi_{1A} \cdot I_{2B})$

2. Orientierung am Rotorfluß, d.h. der Raumzeiger $\vec{\Psi}_2^K$ fällt mit der reellen Achse des K—Systems zusammen.

3. $\Omega_K = \Omega_1$

4. $\Psi_{2A} = \text{konstant}; \quad \Psi_{2B} = 0$

5. $\Psi_{1A} = \dfrac{L_1}{M} \cdot \Psi_{2A} = \text{konstant}; \quad I_{2A} = 0$

$$I_{2B} = -\frac{M}{\sigma\, L_1\, L_2} \cdot \Psi_{1B}; \qquad \Omega_2 = \frac{M}{L_1} \cdot \frac{R_2}{\sigma L_2} \cdot \frac{\Psi_{1B}}{\Psi_{2A}}$$

6. $M_M = \dfrac{3}{2} \cdot Z_p \cdot \dfrac{M}{L_1} \cdot \left[0 - \dfrac{L_1}{M} \cdot \Psi_{2A} \cdot \left(-\dfrac{M}{\sigma L_1 L_2} \cdot \Psi_{1B} \right) \right]$

$$= \frac{3}{2} \cdot Z_p \cdot \frac{M}{L_1} \cdot \Psi_{2A} \cdot \frac{1}{\sigma L_2} \cdot \frac{\sigma L_1 L_2}{M\, R_2} \cdot \Omega_2 \cdot \Psi_{2A}$$

$$= \frac{3}{2} \cdot Z_p \cdot \frac{1}{R_2} \cdot \Psi_{2A}^2 \cdot \Omega_2$$

7. $M_{iN} = \dfrac{3}{2} \cdot Z_p \cdot \dfrac{1}{R_2} \cdot \Psi_{2AN}^2 \cdot \Omega_{2N} = \dfrac{3}{2} \cdot Z_p \cdot \dfrac{1}{R_2} \cdot \Psi_{2AN}^2 \cdot (1-p) \cdot \Omega_{1N}$

$$\frac{M_M}{M_{iN}} = m_M = \frac{\Omega_2}{(1-p) \cdot \Omega_{1N}} = \frac{1}{1-p} \cdot f_2 = 22,4 \cdot f_2$$

mit $\quad p = 0,955$

$$T_{\Theta N} = \frac{\Theta_{ges}}{M_{iN}} \cdot \frac{\Omega_{1N}}{Z_{pN}}; \qquad M_{iN} = \frac{P_{1N} \cdot Z_{pN}}{\Omega_{1N}} = 20\ Nm$$

$$T_{\Theta N} = \frac{\Theta_{ges} \cdot \Omega_{1N}^2}{P_{1N} \cdot Z_{pN}^2} = 1,57\ s$$

8.

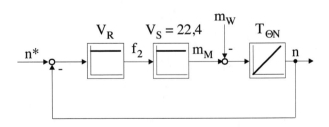

9. $m_W = 1$; $(n^* - n_\infty) \cdot V_R \cdot V_S = m_W$

(⇒ 0 am Integratoreingang stationär)

$$V_R = \frac{m_W}{(n^* - n_\infty) \cdot V_S} \qquad \text{für } n^* - n_\infty < 0,05$$

$$\Rightarrow V_R > \frac{1}{0,05 \cdot 22,4} = 0,89$$

Lösung zur 10. Übung

1.1 Raumzeigerdefinition: $\vec{U}_1^S = \dfrac{2}{3} \cdot \left[U_{1a}(t) + \underline{a} \cdot U_{1b}(t) + \underline{a}^2 \cdot U_{1c}(t) \right]$

Schalterstellung: $U_{1ab} = -U_z$; $U_{1bc} = U_z$; $U_{1ca} = 0$

Phasenspannungen U_{1a}, U_{1b}, U_{1c}:

symm. Drehspannungssystem: $U_{1a}(t) + U_{1b}(t) + U_{1c}(t) = 0$

$$U_{1a} = \frac{(U_{1a} - U_{1b}) - (U_{1c} - U_{1a})}{3} = \frac{U_{1ab} - U_{1ca}}{3} \implies U_{1a} = -\frac{U_z}{3}$$

$$U_{1b} = \frac{(U_{1b} - U_{1c}) - (U_{1a} - U_{1b})}{3} = \frac{U_{1bc} - U_{1ab}}{3} \implies U_{1b} = \frac{2}{3} \cdot U_z$$

$$U_{1c} = \frac{(U_{1c} - U_{1a}) - (U_{1b} - U_{1c})}{3} = \frac{U_{1ca} - U_{1bc}}{3} \implies U_{1c} = -\frac{U_z}{3}$$

$$\vec{U}_1^S = \frac{2}{3} \cdot \left[-\frac{U_z}{3} + \left(-\frac{1}{2} + j\frac{\sqrt{3}}{2} \right) \cdot \frac{2}{3} \cdot U_z + \left(-\frac{1}{2} - j\frac{\sqrt{3}}{2} \right) \cdot \left(-\frac{U_z}{3} \right) \right]$$

$$= U_z \cdot \left(-\frac{1}{3} + j\frac{\sqrt{3}}{3} \right)$$

$$\implies \quad \text{Zeiger } \vec{3}$$

1.2 $\vec{U}_1^S = \vec{7} = \vec{8} = 0 \implies$ dreiphasiger Kurzschluß der Statorklemmen

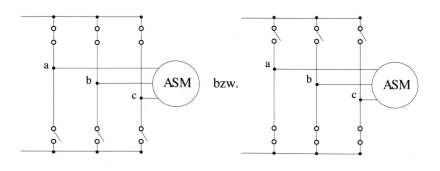

2.1

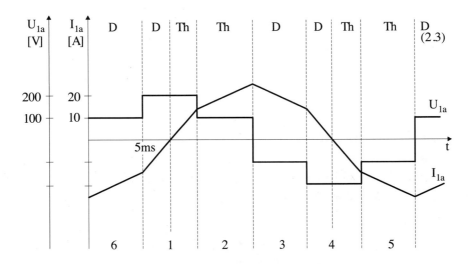

2.2

$$\frac{dI_{1a}}{dt} = \frac{U_{1a}}{L_{Ph}} = \begin{cases} \pm \dfrac{100\ V}{40\ mH} = \pm\ 2500\ \dfrac{A}{s} = \pm\ \dfrac{12,5\ A}{5\ ms} \\[3mm] \pm \dfrac{200\ V}{40\ mH} = \pm\ 5000\ \dfrac{A}{s} = \pm\ \dfrac{25\ A}{5\ ms} \end{cases}$$

$$\hat{I}_{1a} = \frac{25\ A}{5\ ms} \cdot 2,5\ ms + \frac{12,5\ A}{5\ ms} \cdot 5\ ms = 25\ A$$

2.3 siehe 2.1

1. Prüfungsaufgabe

Aufgabe 1: Grundlagen

Holzzuschneidemaschine

Die Auslegung einer Maschine zum maßgenauen Zuschnitt von Holzplatten ist zu überprüfen.

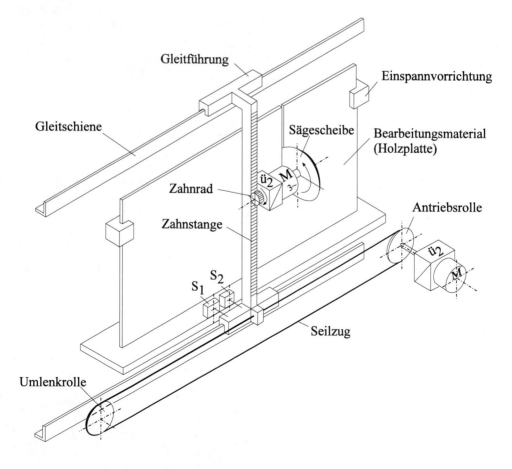

Die Anordnung enthält zwei Antriebe:

Der Antrieb zur horizontalen Positionierung (Horizontalantrieb) besteht aus einer nennerregten Gleichstromnebenschlußmaschine (GNM), die über ein Getriebe (Übersetzung $\ddot{u}_1$) und eine Antriebsrolle einen Seilzug bewegt. An dem Seilzug ist das Portal mit dem vertikalen Vortrieb und der Sägescheibe befestigt.

Die Sägescheibe ist direkt mit der Motorwelle einer Asynchronmaschine (ASM) verbunden. Zwischen Motorwelle der ASM und dem Zahnrad für den vertikalen Vortrieb befindet sich ein Getriebe mit der Übersetzung $\ddot{u}_2$.

Die nachfolgenden mechanischen Größen sind bekannt:

Massenträgheitsmoment der GNM mit Getriebe (bezogen auf die Motorwelle)	$\Theta_{(M+G)1}$
Übersetzung des Getriebes an der GNM:	$\ddot{u}_1$
Radius und Massenträgheitsmoment der Antriebsrolle:	$R_{ARolle}, \Theta_{ARolle}$
Radius und Massenträgheitsmoment der Umlenkrolle:	$R_{URolle}, \Theta_{URolle}$
Seilmasse:	m_{Seil}
Masse des Portals mit Aufbau:	m_{Portal}
Massenträgheitsmoment der ASM mit Getriebe (bezogen auf die Motorwelle)	$\Theta_{(M+G)2}$
Masse der ASM mit Getriebe und Motorwelle	$m_{(M+G)2}$
Übersetzung des Getriebes an der ASM:	$\ddot{u}_2$
Masse und Massenträgheitsmoment des Zahnrads mit Welle:	$m_{Zahnrad},$ $\Theta_{Zahnrad}$
Radius des Zahnrads:	$R_{Zahnrad}$
Masse und Massenträgheitsmoment der Sägescheibe:	$m_{Säge}, \Theta_{Säge}$

Der Einfluß aller übrigen mechanischen Größen wird vernachlässigt.

Fragen:

1.1 Berechnen Sie symbolisch (d.h. ohne Zahlenwerte) für beide Antriebe das gesamte Massenträgheitsmoment Θ_{ges1} und Θ_{ges2} bezogen auf die Motorwelle.

1. Quereinstieg: Die folgenden Aufgaben sind unabhängig von den bisherigen lösbar.

Es soll jetzt der Horizontalantrieb betrachtet werden. Von der nennerregten Gleichstrom–Nebenschlußmaschine sind folgende Daten gegeben:

Ankernennstrom:	$I_{AN} = 5\,A$
Ankernennspannung:	$U_{AN} = 400\,V$
Ankerwiderstand:	$R_A = 20,0\,\Omega$
Nenndrehzahl:	$N_N = 3900\,1/min$
mechanischer Wirkungsgrad:	$\eta_{mech} = 1$
Massenträgheitsmoment (bezogen auf Motorwelle):	$\Theta_{ges1} = 0,020\,Nms^2$

1.2 Berechnen Sie die für die Normierung erforderlichen Bezugsgrößen M_{iN}, P_{0N} und N_{0N}. Wie groß sind die Zeitkonstanten $T_{\Theta N}$ und $T_{\Theta St}$?

Als Stellglied wird ein kreisstrombehafteter Umkehrstromrichter mit einem Steuerwinkelbereich $30° < \alpha < 150°$ eingesetzt.

1.3 Warum kann der Steuerwinkelbereich $\alpha \to 0°$ nicht genutzt werden ?

Der Umkehrstromrichter besteht aus zwei B6–Brücken in Kreuzschaltung. Beide Brücken sind über einen eigenen Transformator (Übersetzung 1) mit dem Drehstromnetz ($U_v = 400\,V$) verbunden. Die relative Kurzschlußspannung der Transformatoren beträgt jeweils $u_{k\%} = 10\%$. Für den Nennstrom auf der Gleichstromseite gilt: $I_{dN} = 3 \cdot I_{AN}$. Es fließt ein Kreisstrom $I_{Kreis} = 1,0\,A$. Die Kreisstromdrosseln werden als ideal angenommen, d.h. es fällt keine Gleichspannung an ihnen ab.

1.4 Wie müssen die Steuerwinkel α_1 (Brücke im Gleichrichterbetrieb) und α_2 (Brücke im Wechselrichterbetrieb) eingestellt sein, damit bei einem Ankerstrom $I_A = 4,0\,A$ eine Ankerspannung $U_A = 350\,V$ anliegt ?

2. Quereinstieg: Die folgenden Aufgaben sind unabhängig von den bisherigen lösbar. Benutzen Sie jetzt die neu angegebenen Zahlenwerte (nicht identisch mit Ergebnissen von 1.1 bis 1.4 !!!):

Neue Daten: $r_A = 0,3$ $\psi = 1$ $T_{\Theta N} = 3\,s$ $T_A \approx 0$

Das Widerstandsmoment ist ein reines Reibmoment und hängt von der Drehrichtung ab:

$$m_W = \begin{cases} 0,2 & \text{für } n > 0 \\ -0,2\ldots0,2 & \text{für } n = 0 \\ -0,2 & \text{für } n < 0 \end{cases} \quad (\text{d.h. } m_W = m_M \text{ für } -0,2 < m_M < 0,2)$$

Die Positionierung des Horizontalantriebs wird durch Steuerung der Ankerspannung vorgenommen. Zu Beginn ist $u_A = 0$ und $n = 0$.

1.5 Auf welchen Wert u_{A1} muß die Ankerspannung springen, um ein Beschleunigungsmoment von $m_B = 0,5$ aufzubringen ?

Die Ankerspannung wird daraufhin so gesteuert, daß m_B konstant auf 0,5 gehalten wird.

1.6 Wie ist der Drehzahlverlauf $n_1(t)$?

1.7 Geben Sie den erforderlichen Spannungsverlauf $u_{A2}(t)$ an.

Sobald die Spannung u_A den Wert $u_{A3} = 1$ erreicht hat, wird sie konstant gehalten.

1.8 Welche Drehzahl n_2 ist am Umschaltpunkt erreicht ?

1.9 Geben Sie den Drehzahlverlauf $n_3(t)$ nach dem Umschalten auf die konstante Ankerspannung $u_{A3} = 1$ an.

Die Positionierung erfolgt mit zwei Schaltern vor dem Bearbeitungspunkt. Der Schalter S_1 dient zum Abbremsen auf eine Schleichgeschwindigkeit. Bei Annäherung an den Schalter S_1 ist eine stationäre Drehzahl erreicht. Bei Auslösung des Schalters S_1 wird die Ankerspannung auf einen neuen Wert u_{A4} umgeschaltet. Die Spannung u_{A4} wird bis zum Erreichen des Schalters S_2 konstant gehalten.

1.10 Wie groß muß u_{A4} gehalten werden, wenn der Ankerstrom $|i_A|$ maximal den Wert 2,5 erreichen soll ?

Die Spannung $u_A = u_{A4}$ wird daraufhin konstant gehalten. Der Schalter S_2 wird erreicht, wenn sich der Motor bereits mit der (stationären) Schleichdrehzahl n_4 dreht. Die Ankerspannung wird durch das Auslösen von S_2 auf $u_{A5} = 0$ gestellt und danach konstant auf 0 gehalten.

1.11 Wie lange dauert es, bis der Horizontalantrieb nach Auslösung von S_2 zum Stehen kommt ?

1.12 Skizzieren Sie den gesamten Vorgang im m_M-n-Diagramm.

Aufgabe 2: ASM als Antrieb des Sägemotors

Die Sägescheibe wird von einer Asynchronmaschine mit Kurzschlußläufer angetrieben. Die Maschine ist direkt an das Drehstromnetz angeschlossen.

Das Widerstandsmoment M_W beim Schneiden einer Holzplatte wird als konstant und unabhängig von der Drehzahl angenommen.

Folgende Daten und Parameter sind gegeben:

$L_1 = 561\,mH$ $\qquad\qquad\qquad$ $L_2 = 552\,mH$

$M = 528\,mH$ $\qquad\qquad\qquad$ $\Omega_{2K} = 94,3\,1/s$

$R_1 \approx 0$ $\qquad\qquad\qquad\qquad$ $Z_p = 2$

$U_1 = 400\,V$ $\qquad\qquad\qquad\quad$ $\Omega_1 = 2\pi \cdot 50\,1/s$

$M_W = 28,0\,Nm$

2.1 Berechnen Sie den Blondelschen Streukoeffizienten σ.

2.2 Wie groß ist die synchrone Drehzahl N_{syn}, das Kippmoment M_K und der Kippschlupf s_K ?

2.3 Ermitteln Sie mit Hilfe der Kloß'schen Formel die Drehzahl N_W und die Rotorfrequenz Ω_{2W} bei Belastung mit $M_{Mi} = M_W$.

Bearbeiten Sie die folgenden Aufgaben 2.4 bis 2.7 allgemein, d.h. ohne Zahlenwerte einzusetzen.

2.4 Im Hilfsblatt 1 ist vom Strukturbild der Asynchronmaschine die Rotorseite eingetragen. Ergänzen Sie im Strukturbild die Statorseite für $R_1 = 0$ und zeichnen Sie die Signale $U_{1A}, U_{1B}, I_{1A}, I_{1B}$ und Ω_1 ein. Verwenden Sie keine PT$_1$–Glieder !

2.5 Ermitteln Sie aus dem in Aufgabe 2.4 gezeichneten Strukturbild den Statorfluß $\Psi_{1A} = f(U_1, \Omega_1)$, $\Psi_{1B} = f(U_1, \Omega_1)$ im stationären Betrieb, wenn $U_{1A} = 0$ und $U_{1B} = U_1$ gilt.

2.6 Wie hängt stationär der Fluß Ψ_{2B} von U_1, Ω_1 und dem Drehmoment M_{Mi} ab ? (Hinweis: Stellen Sie zuerst die Beziehung $M_{Mi} = f(\Psi_{1A}, \Psi_{2A})$ auf.)

2.7 Bestimmen Sie den Fluß $\Psi_{2A} = f(M_{Mi}, \Omega_2, U_1, \Omega_1)$ im stationären Fall mit Hilfe des Strukturbildes.

2.8 Berechnen Sie nun mit Hilfe des Strukturbildes und der vorhergehenden Teilaufgaben die Zahlenwerte der Flüsse Ψ_{1A}, Ψ_{1B}, Ψ_{2A} und Ψ_{2B} und der Ströme I_{1A} und I_{1B} bei Belastung der Maschine mit M_W.

2.9 Skizzieren Sie die Zeiger $\vec{U}_1$, $\vec{\Psi}_1$, $\vec{\Psi}_2$ und $\vec{I}_1$ in einem Zeigerdiagramm.

Hilfsblatt 1 zu Aufgabe 2.4

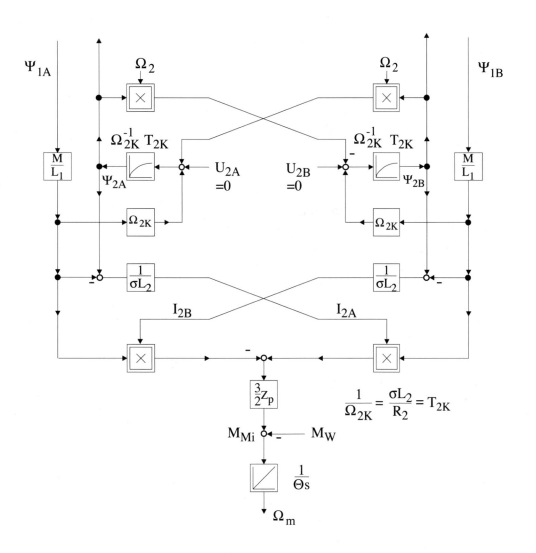

Aufgabe 3A: Regelkreisanalyse

Geregelte Feinpositionierung des Horizontalantriebs

Die beiden Schalter S_1 und S_2 aus Aufgabe 1 werden durch einen Lagegeber ersetzt. Der Lagesollwert ist $x^* = 0$. Der Lagegeber ist an der Sollposition montiert und kann den Lageistwert nur in einem Bereich in unmittelbarer Nähe der Sollposition $x^* = 0$ ausgeben. Liegt die Position außerhalb dieses Bereichs, so wird ein begrenzter Meßwert x' ausgegeben:

$$x = \begin{cases} -1 & \text{für } x < -1 \\ x & \text{für } -1 < x < 1 \\ 1 & \text{für } x > 1 \end{cases}$$

Der Zusammenhang zwischen Lage und Drehzahl ist:

$$x = \frac{1}{T_x} \cdot \int n \, dt$$

Der Lageregelkreis ist einer Kaskade aus Drehzahlregelkreis und Ankerstromregelkreis überlagert.

Daten:

normierter Ankerwiderstand:	$r_A = 0,3$
Ankerzeitkonstante:	$T_A = 20\,ms$
Erregerfluß:	$\psi = 1$
Trägheitsnennzeitkonstante:	$T_{\Theta N} = 3\,s$
Integrationszeitkonstante:	$T_x = 0,2\,s$
Stromrichterverstärkung:	$V_{Str} = 1$
Stromregler (PI–Regler):	$V_{Ri} = 1,8$ $T_{Ri} = 20\,ms$
Drehzahlregler (P–Regler):	$V_{Rn} = 50$
Widerstandsmoment (unabhängig von n):	$m_W = 0,2$

Der Lageregler besitzt nur einen P–Anteil. Befindet sich der Lageistwert außerhalb des Lagegeberbereichs, dann soll der Drehzahlsollwert $|n^*| = 0,9$ betragen.

Fragen:

3A.1 Zeichnen Sie den kompletten Signalflußplan des Regelkreises mit x^* und m_W als Eingangsgrößen sowie n und x als Ausgangsgrößen. Die Strom– und Drehzahlmeßglieder brauchen nicht eingezeichnet zu werden. Welchen Wert muß die Verstärkung des Lagereglers haben, damit die Bedingung für den Drehzahlsollwert erfüllt wird?

3A.2 Berechnen Sie die stationäre Abweichung der Drehzahl $(n^* - n_\infty)$.

3A.3 Welche Endlage x_∞ wird erreicht?

Aufgabe 3B: Umrichtertechnik

ASM und U–Umrichter mit variabler Gleichspannung

Um für verschiedene Materialien die Drehzahl des Sägeblattes einstellen zu können, wird die ASM nun nicht mehr direkt am Netz sondern an einem U-Umrichter mit variabler Gleichspannung betrieben.

3B.1 Zeichnen Sie das Prinzipschaltbild des Umrichters.

Auf der Maschinenseite des Umrichters brauchen Sie die Ventilanordnung nur für eine Wicklung ausführlich zeichnen. Für die beiden anderen Wicklungen genügen Blöcke als Abkürzungen.

Auf eine Netzrückspeisung soll verzichtet werden.

3B.2 Erklären Sie die Funktion der antiparallelen Dioden.

3B.3 In Hilfsblatt 2 ist eine einfache Steuer- und Regelschaltung für diesen Umrichter an einer Asynchronmaschine angegeben.

Welche Steuerbedingung muß für die Asynchronmaschine eingehalten werden, damit das Kippmoment auch bei variabler Solldrehzahl konstant bleibt?

Erklären Sie (auch grafisch) wie die Einhaltung dieser Steuerbedingung in der angegebenen Schaltung sichergestellt wird.

Hilfsblatt 2 zu Aufgabe 3B.3

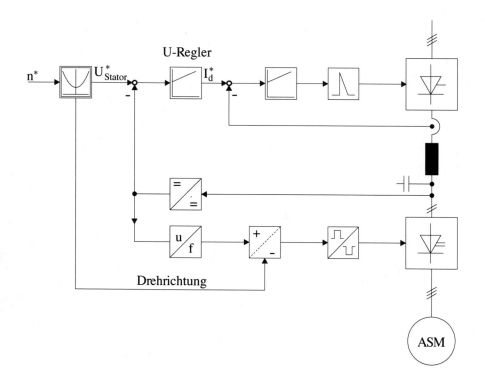

2. Prüfungsaufgabe

Aufgabe 1: Grundlagen

Autarker Hybridantrieb

Die zunehmende Energie– und Umweltdiskussion erfordert neue Konzepte für Antriebssysteme im Straßenverkehr. Ein vielversprechender Ansatz ist der autarke Hybridantrieb: Ein Verbrennungsmotor wird auf einen Betriebsbereich mit minimalem Treibstoffverbrauch und Schadstoffausstoß geregelt. Die dynamischen Anforderungen werden von einem Elektromotor übernommen. Die elektrische Energie wird in einer Batterie gespeichert. Ein Nachladen über die Steckdose ist nicht vorgesehen (daher der Begriff autark). Die Batterieladung muß deshalb durch generatorischen Betrieb des elektrischen Antriebs in Betriebsphasen erfolgen, in denen kein großes Antriebsmoment erforderlich ist. Im Stadtverkehr ist der Verbrennungsmotor abgeschaltet und über eine Kupplung vom Antriebsstrang getrennt.

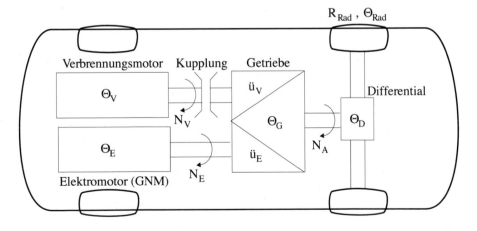

© Springer-Verlag GmbH Deutschland, ein Teil von Springer Nature 2021
D. Schröder und R. Kennel, *Elektrische Antriebe – Grundlagen*,
https://doi.org/10.1007/978-3-662-63101-0

In dieser Aufgabe soll als elektrischer Antrieb eine Gleichstrom–Nebenschluß-maschine (GNM) ausgelegt und das dynamische Verhalten für einige typische Vorgänge berechnet werden.

Die beiden Motoren werden über ein gemeinsames Getriebe mit der Antriebswelle verbunden. Die Übersetzungsverhältnisse sind in dieser Aufgabe konstant:

$$\ddot{u}_V \;=\; \frac{\text{Drehzahl Verbrennungsmotorwelle}}{\text{Drehzahl Antriebswelle}} = \frac{N_V}{N_A} = 5,3$$

$$\ddot{u}_E \;=\; \frac{\text{Drehzahl Motorwelle der GNM}}{\text{Drehzahl Antriebswelle}} = \frac{N_E}{N_A} = 8,0$$

Daten:

Gesamtmasse des Fahrzeugs $\qquad\qquad\qquad\qquad m_{KFZ} \;=\; 950\,kg$

Massenträgheitsmomente:
Verbrennungsmotor (bezogen auf eigene Welle) $\qquad \Theta_V \;\;= \;0,19\,kg \cdot m^2$
GNM (bezogen auf eigene Welle) $\qquad\qquad\qquad \Theta_E \;\;= \;0,049\,kg \cdot m^2$
Getriebe (bezogen auf die Antriebswelle) $\qquad\quad \Theta_G \;\;= \;0,135\,kg \cdot m^2$
Differential (bezogen auf die Antriebswelle) $\qquad \Theta_D \;\;= \;0,095\,kg \cdot m^2$
Rad (bezogen auf die Antriebswelle) $\qquad\qquad \Theta_{Rad} \;= \;0,35\,kg \cdot m^2$

Radius der Räder $\qquad\qquad\qquad\qquad\qquad\qquad R_{Rad} \;= \;0,25\,m$

gesamtes Reibmoment (bezogen auf die Antriebswelle) $M_{Reib} \;= \;40,0\,Nm$

Das Differential setzt die Drehzahl der Antriebswelle auf die Achse mit der Übersetzung 1 um.

Fragen:

1.1 Berechnen Sie das gesamte Massenträgheitsmoment Θ_{ges}, bezogen auf die Welle der GNM, wenn die Kupplung zum Verbrennungsmotor geschlossen ist (d.h. kein Betrieb im Stadtverkehr).

1.2 Wie groß ist das Widerstandsmoment M_{W1}, bezogen auf die Welle der GNM, an einem Anstieg mit dem Steigungswinkel $\alpha = 0,5°$ im Stadtverkehr (Kupplung offen)?

1.3 Berechnen Sie zum Vergleich mit den Bedingungen von 1.2 das Widerstandsmoment M_{W2}, wenn die Kupplung geschlossen ist und der Verbrennungsmotor ein Moment $M_V = 70\,Nm$ an die eigene Welle abgibt.

Die GNM soll einen elektrischen Ankerwirkungsgrad von $\eta_{el} = 0,9$ besitzen ($\eta_{mech} = 1$) und für eine Ankernennspannung $U_{AN} = 200\,V$ ausgelegt sein.

Im Ankerstellbereich ($\Psi = \Psi_N$) bei offener Kupplung sind folgende Forderungen zu erfüllen, ohne den Ankernennstrom oder die Ankernennspannung zu überschreiten:

- Das Fahrzeug muß bei einer Steigung von $\alpha = 1°$ zum Anfahren aus dem Stillstand ein Beschleunigungsmoment $M_B = 10\,Nm$ auf die Achse der GNM aufbringen können.

- In der Ebene soll eine Geschwindigkeit $V = 30\,km/h$ erreichbar sein. Der Luftwiderstand bewirkt bei dieser Geschwindigkeit ein zusätzliches Widerstandsmoment von $M_{LW} = 20\,Nm$ auf die Antriebsachse.

1.4 Berechnen Sie M_{iN}, r_A, N_{0N}, P_{0N} und P_N.

1. Quereinstieg:

Die folgenden Aufgaben sind unabhängig von den bisherigen Ergebnissen lösbar. Es sind jetzt folgende neue Zahlenwerte gegeben:

$\quad r_A = 0,1 \qquad\qquad m_W = 0,25 \qquad\quad T_{\Theta N} = 8,0\,s \qquad\qquad T_A \approx 0$

Das Fahrzeug soll im Stadtverkehr ohne Verbrennungsmotor in drei Stufen auf $40\,km/h$ beschleunigt werden:

a) Regelung des Motormoments auf den Nennwert ($m_M = 1$) bis die Motorkennlinie erreicht ist ($\psi = 1$).

b) konstante Ankerspannung $u_A = 1$ bei $\psi = 1$. Wenn das Motormoment $m_M = 0,3$ erreicht ist, wird der Fluß auf $\psi = \psi_C$ umgeschaltet. Die Erregerzeitkonstante kann vernachlässigt werden.

c) konstanter Erregerfluß $\psi = \psi_C$. Bestimmung von ψ_C so, daß sich stationär die Drehzahl $n_{max} = 1,3$ einstellt.

Für die Berechnung der Zeitverläufe können Sie zur Vereinfachung die Zeitzählung bei jeder Stufe neu beginnen lassen.

1.5 Geben Sie den Drehzahlverlauf $n_a(t)$ für die Stufe a an.

1.6 Bei welcher Drehzahl n_{ab} wird in Stufe b umgeschaltet ?

1.7 Wie ist der Drehzahlverlauf $n_b(t)$ in Stufe b ?

1.8 Welche Drehzahl n_{bc} ist erreicht, wenn der Fluß umgeschaltet wird ?

1.9 Welcher Fluß ψ_C muß in Stufe c eingestellt sein ?

1.10 Wie groß ist der maximale Ankerstrom i_{Amax} und der stationäre Ankerstrom $i_{A\infty}$ bei n_{max} in Stufe c ?

1.11 Skizzieren Sie Motormoment und Widerstandsmoment im m–n–Diagramm
für den gesamten Anfahrvorgang. Kennzeichnen Sie markante Punkte
durch •.

(Hinweis: Zahlenwerte nur bei der Achsenbeschriftung $m = 1$ und $n = 1$)

2. Quereinstieg:

Die Drehrichtungsumkehr geschieht durch Umpolen des Ankerkreises mit Hilfe eines Schützes, d.h. Rückwärtsfahrt ist nur mit dem Elektromoter (GNM)
möglich. Durch Feldschwächung kann die Drehzahl über die Nennleerlaufdreh-
zahl erhöht werden. Die erforderliche Erregerspannung ist immer geringer als die
Batteriespannung.

1.12 Zeichnen Sie einen geeigneten Ankerstromrichter ohne zusätzliche Schütze
(Schütz für Drehrichtungsumkehr nicht einzeichnen).

1.13 Welche Ventile führen den Ankerstrom im generatorischen Betrieb ?

1.14 Welcher Stromrichter ist für den Erregerkreis geeignet (Bezeichnung oder
Zeichnung)? Schneller Flußabbau ist nicht erforderlich.

Aufgabe 2: Hybridfahrzeug mit Asynchronmaschine

Bei den ersten Versuchsfahrten mit der Gleichstrommaschine zeigt sich, daß durch das Bürstenfeuer der Radioempfang im Auto stark beeinträchtigt wird. Nachdem verschiedene Entstörmaßnahmen keine ausreichende Verbesserung bewirken, wird beschlossen, die Gleichstrommaschine durch eine umrichtergespeiste Asynchronmaschine zu ersetzen.

Daten der Maschine:

$U_{1N} = 200\,V$ (Phasenspannung) $F_{1N} = 50\,Hz$ $Z_p = 1$
$N_N = 2910\,min^{-1}$ $P_N = 10\,kW$ $R_2 = 0,25\,\Omega$
$L_1 = 46,4\,mH$ $L_2 = 45,9\,mH$ $M = 43,9\,mH$

Der Statorwiderstand sowie die inneren Reibungsverluste der Maschine können vernachlässigt werden ($R_1 \approx 0$, $\eta_{mech} \approx 1$).

Fragen:

2.1 Berechnen Sie für Speisung mit Nennspannung und Nennfrequenz das Kippmoment M_K, den Kippschlupf s_K sowie das Anfahrmoment M_A.

2.2 Zeichnen Sie die stationäre N-M-Kennlinie für den Drehzahlbereich $0 \leq N \leq 2 \cdot N_N$ ($U_1 = U_{1N}$, $F_1 = F_{1N}$). Kennzeichnen Sie den Bereich, in dem die Maschine elektrische Leistung abgibt.

2.3 Geben Sie die linearisierte Kennliniengleichung $M_{Mi} = f(s)$ für $|s| \ll s_K$ bei Speisung mit Nennspannung und –frequenz an.

Die Asynchronmaschine wird durch einen Umrichter mit variabler Frequenz F_1 und Spannung U_1 gespeist. In den beiden nächsten Aufgaben soll der stationäre Betrieb im Ankerstellbereich betrachtet werden:

2.4 Welche Frequenzen umfaßt der Ankerstellbereich? Wie muß in diesem Bereich die Spannung U_1 in Abhängigkeit von F_1 eingestellt werden? Wie verändert sich dabei die N-M-Kennlinie (qualitativ)?

2.5 Das Hybridfahrzeug fährt bei laufendem Verbrennungsmotor mit mittlerer Geschwindigkeit; die überschüssige Leistung wird über ASM und Umrichter in die Batterie eingespeist. Um den Verbrennungsmotor im optimalen Betriebspunkt zu halten, muß die ASM bei $N = 2000\,min^{-1}$ ein Moment von $M_{Mi} = -33\,Nm$ (generatorisch!) aufnehmen. Berechnen Sie für diesen Betriebsfall U_1 und F_1; verwenden Sie die in Aufgabe 2.3 berechnete linearisierte Kennlinie.

Zur dynamischen Steuerung des Momentes wird ein Entkopplungsnetzwerk eingesetzt, das mit Rotorflußorientierung arbeitet. Der Umrichter wird mit einer schnellen Regelung versehen, so daß der ASM die Ständerströme mit vorgebbarer Amplitude $|I_1|$ und Frequenz F_{I1} eingeprägt werden können.

2.6 Es soll wieder bei $N = 2000\,min^{-1}$ ein Moment von $-33\,Nm$ eingestellt werden. Der Rotorfluß Ψ_{2A} soll auf einen konstanten Wert von $0,62\,Vs$ eingestellt werden. Wie groß sind die Stromkomponenten I_{1A} und I_{1B} ? Wie groß sind $|I_1|$ und F_{I1} ?

Aufgabe 3A: Regelkreisanalyse

Regelung der GNM

Die Gleichstrom–Nebenschlußmaschine soll mit Hilfe einer Kaskadenregelung strom– und drehzahlgeregelt werden. Um die Wirkung der EMK auf den Regelkreis stationär zu kompensieren, soll mit der gemessenen Drehzahl eine EMK–Aufschaltung realisiert werden.

Daten:

Motor	$r_A = 0,1$
	$T_A = 20\,ms$
Last	$m_W = 0,25$
	$T_{\Theta N} = 8,0\,s$
Stromrichter (P–Verhalten)	$V_{Str} = 1$
Stromregler (P–Verhalten)	$V_{Ri} = 1,5$
Drehzahlregler (P–Verhalten)	$V_{Rn} = 40$
Strommessung (P–Verhalten)	$V_{mi} = 1$
Drehzahlmessung (PT_1–Verhalten)	$v_{mn} = 1$
	$T_{mn} = 0,1\,s$

Fragen:

3A.1 Zeichnen Sie den kompletten Signalflußplan mit n^*, m_W und ψ als Eingangsgrößen und der Drehzahl n als Ausgangsgröße. Zeichnen Sie auch Übertragungsglieder mit Verstärkung 1, die EMK–Aufschaltung und die Ankersollstrombegrenzung ein.

3A.2 Berechnen Sie die stationäre Regelabweichung $n^* - n_\infty$ bei Nennfluß.

3A.3 Aufgrund eines Fehlers in der Erregerstromregelung beträgt der Fluß $\psi = 1,1$. Wie groß ist unter dieser Voraussetzung bei $n^* = 0,9$ die stationäre Regelabweichung $n^* - n_\infty$?

Aufgabe 3B : Umrichter für die Asynchronmaschine

Die Asynchronmaschine soll über einen Wechselrichter aus der Batterie versorgt werden.

Fragen:

3B.1 Zeichnen Sie einen geeigneten Stromrichter mit allen Ventilen.

3B.2 Ist mit dieser Schaltung ein generatorischer Betrieb möglich ? (keine Begründung)

3B.3 Weshalb reicht Grundfrequenztaktung (d.h. Schaltfrequenz gleich Statorfrequenz) nicht aus, um die ASM im Ankerstellbereich zu betreiben ?

Die ASM benötigt ein symmetrisches Statorspannungssystem mit $F_1 = 25\,Hz$. Die Steuersignale für die schaltbaren Leistungshalbleiter werden durch Vergleich von Dreiecksspannungen mit Referenzspannungen ermittelt. Um die Schaltverluste gering zu halten, sollte die Frequenz der Dreiecksspannungen unterhalb von $250\,Hz$ liegen. Andererseits sollte der Oberschwingungsgehalt des Statorstroms nicht größer als nötig sein.

3B.4 Skizzieren Sie für eine Phase den Zeitverlauf der Dreickspannung und der Referenzspannung nach dem Unterschwingungsverfahren mit synchroner Taktung (ca. eine Periode der Referenzspannung).

Hinweis: Amplituden beliebig!

Lösung zur 1. Prüfungsaufgabe

1.1 $\Theta_{ges1} = \Theta_{(M+G)1} + \dfrac{1}{\ddot{u}_1^2} \cdot \left[\Theta_{ARolle} + R_{ARolle}^2 \cdot \left(m_{Seil} + m_{Portal} + \dfrac{\Theta_{URolle}}{R_{URolle}^2} \right) \right]$

$\Theta_{ges2} = \Theta_{(M+G)2} + \Theta_{Säge} +$

$\qquad + \dfrac{1}{\ddot{u}_2^2} \cdot \left[\Theta_{Zahnrad} + R_{Zahnrad}^2 \cdot \left(m_{(M+G)2} + m_{Zahnrad} + m_{Säge} \right) \right]$

1.2 $P_{0N} = U_{AN} I_{AN} = 2,0 \ kW; \quad R_{AN} = \dfrac{U_{AN}}{I_{AN}} = 80 \ \Omega \ \Rightarrow r_A = \dfrac{R_A}{R_{AN}} = 0,25$

$N_{0N} = \dfrac{N_N}{1 - r_A} = 5200 \ \dfrac{1}{min} = 86,7 \ \dfrac{1}{s}; \quad M_{iN} = \dfrac{P_{0N}}{2\pi N_{0N}} = 3,67 \ Nm$

$T_{\Theta N} = \dfrac{\Theta_{ges} \cdot 2\pi N_{0N}}{M_{iN}} = 2,97 \ s; \quad T_{\Theta St} = r_A \cdot T_{\Theta N} = 0,743 \ s$

1.3   Es gilt: $U_{d1} = -U_{d2}$

$\Longrightarrow$ Wenn $\alpha_1 = 0°$, dann müßte $\alpha_2 \approx 180°$ eingestellt werden.

$\longrightarrow$ Gefahr von Wechselrichterkippen.

1.4 $U_{d1} = U_{di0} \cdot \left(\cos \alpha_1 - \dfrac{1}{2} \cdot \dfrac{u_{k\%}}{100} \cdot \dfrac{I_{d1}}{I_{dN}} \right);$

$U_{d2} = U_{di0} \cdot \left(\cos \alpha_2 - \dfrac{1}{2} \cdot \dfrac{u_{k\%}}{100} \cdot \dfrac{I_{d2}}{I_{dN}} \right)$

mit: $U_{d1} = -U_{d2} = U_{AN} = 350 \ V; \quad U_{di0} = 1,35 \cdot U_V = 540 \ V$

$I_{d1} = I_A + I_{Kreis} = 5 \ A; \quad I_{d2} = I_{Kreis} = 1 \ A; \quad I_{dN} = 3 \cdot I_{AN} = 15 \ A$

$\longrightarrow \alpha_1 = 48,3°; \quad \alpha_2 = 130,2°$

1.5 $m_M = m_W + m_B = 0,7 \quad \longrightarrow n = 0 = u_{A1} - m_M \cdot r_A \quad \Longrightarrow u_{A1} = 0,21$

1.6 $T_{\Theta N} \cdot \dfrac{dn(t)}{dt} = m_B = \text{konst.}$

$\Longrightarrow n_1(t) = n_0 + \dfrac{m_B}{T_{\Theta N}} \cdot t = \dfrac{m_B}{T_{\Theta N}} \cdot t = 0,167 \cdot \dfrac{1}{s} \cdot t$

1.7 $u_{A2}(t) = n_1(t) + m_M \cdot r_A = 0,21 + 0,167 \cdot \dfrac{1}{s} \cdot t$

1.8 $n_2 = u_{A3} - m_M \cdot r_A = 0,79$

1.9 $n_3(t) = n_{\infty 3} + (n_{03} - n_{\infty 3}) \cdot e^{-\dfrac{t}{T_{\Theta St}}}$

$n_{\infty 3} = 1 - r_A \cdot m_W = 0,94; \quad n_{03} = n_2 = 0,79;$

$T_{\Theta St} = r_A \cdot T_{\Theta N} = 0,9 \ s$

$\Longrightarrow n_{\infty 3}(t) = 0,94 - 0,15 \cdot e^{-t/0,9} \ s$

1.10 $n_{\infty 3} = u_{A4} - r_A \cdot i_{A4}$ (maximaler Strom sofort nach dem Umschalten)

$i_{A4} = -2,5$

$\implies u_{A4} = n_{\infty 3} + r_A \cdot i_{A4} = 0,19$

1.11 $n_4 = u_{A4} - m_W \cdot r_A = 0,13$

$$n_5(t_0) = n_{\infty 5} + (n_{05} - n_{\infty 5}) \cdot e^{-\dfrac{t_0}{T_{\Theta St}}} \overset{!}{=} 0$$

mit: $n_{\infty 5} = 0 - m_W \cdot r_A = -0,06;\quad n_{05} = 0,13 = n_4$

$$\implies 0 = -0,06 + 0,19 \cdot e^{-\dfrac{t_0}{T_{\Theta St}}} \implies t_0 = T_{\Theta St} \cdot \ln \dfrac{0,06}{0,19} = 1,04\ s$$

1.12

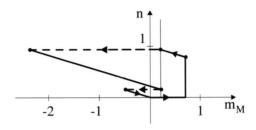

2.1 $\sigma = 1 - \dfrac{M^2}{L_1 L_2} = 0,10$

2.2 $N_{syn} = \dfrac{F_1}{Z_p} = \dfrac{50\ Hz}{2} = 25\ \dfrac{1}{s} = 1500\ \dfrac{1}{min}$

$$M_K = \dfrac{3}{4}\ Z_p\ \dfrac{M^2}{\sigma L_1^2 L_2}\left(\dfrac{U_1}{\Omega_1}\right)^2 = 39,0\ Nm$$

$$s_K = \dfrac{R_2}{\Omega_1 \sigma L_2} = \dfrac{\Omega_{2K}}{\Omega_1} = 0,3$$

2.3 $M_W = M_K\ \dfrac{2 s_W s_K}{s_W^2 + s_K^2};\quad s_W^2 - s_W \cdot 2 \cdot s_K \cdot \dfrac{M_K}{M_W} + s_K^2 = 0$

$$s_W = s_K \dfrac{M_K}{M_W}\ \overset{(+)}{\underset{-}{}}\ \sqrt{\left(s_K \dfrac{M_K}{M_W}\right)^2 - s_K^2} = 0,127/(0,709)$$

$$N_W = N_{syn}(1 - s_W) = 21,8\ \dfrac{1}{s} = 1310\ \dfrac{1}{min}$$

$$\Omega_{2W} = s_W \cdot \Omega_1 = 39,9\ \dfrac{1}{s}$$

2.4   siehe Hilfsblatt 1

Hilfsblatt 1 zu Aufgabe 2.4

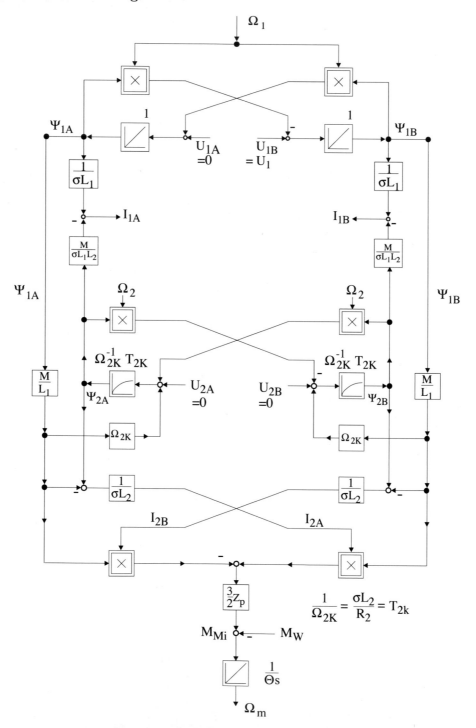

2.5 $U_{1A} = \Psi_{1B} \cdot \Omega_1 = 0 \Rightarrow \Psi_{1B} \cdot \Omega_1 = 0 \Rightarrow \Psi_{1B} = 0$

$U_{1B} - \Psi_{1A} \cdot \Omega_1 = 0 \Rightarrow U_1 = \Psi_{1A} \cdot \Omega_1 \Rightarrow \Psi_{1A} = \dfrac{U_1}{\Omega_1}$

2.6 $M_{Mi} = -\dfrac{3}{2} \cdot Z_p \cdot \dfrac{M}{\sigma L_1 L_2} \cdot \Psi_{1A} \cdot \Psi_{2B}; \quad \Psi_{2B} = -\dfrac{2}{3} \cdot \dfrac{M_{Mi}}{Z_p} \cdot \dfrac{\sigma L_1 L_2}{M} \cdot \dfrac{\Omega_1}{U_1}$

2.7 $\Psi_{2A} = \dfrac{1}{\Omega_{2K}} \cdot \left(\Omega_2 \cdot \Psi_{2B} + \Omega_{2K} \cdot \dfrac{M}{L_1} \cdot \Psi_{1A} \right)$

$= \dfrac{M}{L_1} \cdot \dfrac{U_1}{\Omega_1} - \dfrac{2}{3} \cdot \dfrac{M_{Mi}}{Z_p} \cdot \dfrac{\sigma L_1 L_2}{M \cdot \Omega_{2K}} \cdot \dfrac{\Omega_2 \cdot \Omega_1}{U_1}$

2.8 $\Psi_{1A} = 1,27\,Vs; \quad \Psi_{1B} = 0\,Vs; \quad \Psi_{2A} = 1,02\,Vs; \quad \Psi_{2B} = -0,429\,Vs$

$I_{1A} = \dfrac{1}{\sigma L_1} \left(\Psi_{1A} - \dfrac{M}{L_2} \Psi_{2A} \right) = 5,37\ A$

$I_{1B} = -\dfrac{M}{\sigma L_1 L_2} \Psi_{2B} = 7,33\ A$

2.9

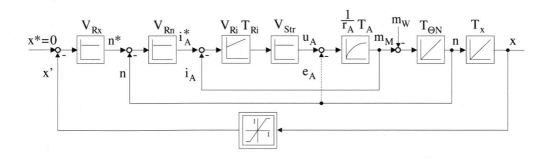

3A.1

mit $x^* = 0$ und $x' = -1$, sowie $n^* = 0,9 \implies V_{Rx} = \dfrac{n^*}{x^* - x'} = 0,9$

3A.2 Drehzahl stationär, d.h. n_∞ = konst.

$\implies$ Eingang Integrator mit $T_{\Theta N} \longrightarrow 0$

$m_{M\infty} = m_W \longrightarrow i_{A\infty} = m_W$

Eingang Stromregler (PI) $\longrightarrow 0$

$i^*_{A\infty} = i_{A\infty} = m_W \implies n^* - n_\infty = \dfrac{m_W}{V_{Rn}} = 0,004$

3A.3 Endlage $x_\infty = konst.$ $\implies$ alle Integratoreingänge $= 0$

$\implies n_\infty = 0 \implies n^* = \dfrac{m_W}{V_{Rn}}$

$x^* - x'_\infty = -x'_\infty = \dfrac{m_W}{V_{Rn} \cdot V_{Rx}}$

$x'_\infty = -\dfrac{m_W}{V_{Rn} \cdot V_{Rx}} = -0,0044 = x_\infty$

3B.1

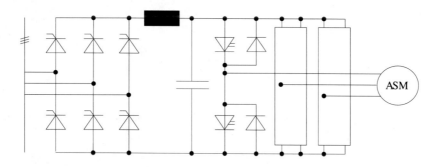

3B.2

a) Wegen der Phasenverschiebung zwischen Spannung und Strom treten bei ohmsch–induktiven Lasten Zeitabschnitte auf, wo bei positiver Wicklungsspannung der Ventilstrom negativ ist. Da das ab-
schaltbare Element aber nur in Vorwärtsrichtung leiten kann, muß
dieser negative Strom durch die antiparallele Diode geführt werden.

b) Bei der Kommutierung kann der Wicklungsstrom nicht schlagartig
abgeschaltet werden. Wird ein abschaltbares Ventil ausgeschaltet, so
kann der Wicklungsstrom über die Diode der anderen Brückenhälfte
aufrecht erhalten werden.

3B.3 Das Kippmoment bleibt in etwa konstant, wenn die Bedingung

$\Psi_1 = \dfrac{U_1}{\Omega_1} =$ konst. erfüllt ist. $\implies U_1 \sim F_1$

Die Statorfrequenz muß proportional zur Statorspannung verstellt werden.

Beim Umrichter mit variabler Zwischenspannung gilt: $U_1 \sim U_d$

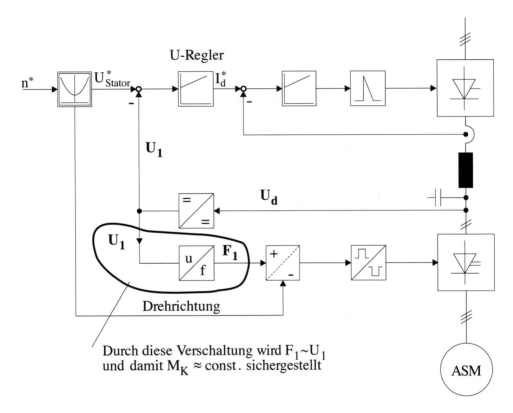

Durch diese Verschaltung wird $F_1 \sim U_1$ und damit $M_K \approx$ const. sichergestellt

Lösung zur 2. Prüfungsaufgabe

1.1 $\Theta_{ges} = \Theta_E + \dfrac{1}{\ddot{u}_E^2} \cdot \left(\Theta_G + \Theta_{Diff} + 4 \cdot \Theta_{Rad} + R_{Rad}^2 \cdot m_{KFZ} + \ddot{u}_V^2 \cdot \Theta_V\right)$

$= 1,09\,kg \cdot m^2$

1.2 $M_{W1} = \dfrac{1}{\ddot{u}_E} \cdot \left(M_{Reib} + R_{Rad} \cdot m_{KFZ} \cdot g \cdot \sin\alpha\right) = 7,54\,Nm$

1.3 $M_{W2} = M_{W1} - \dfrac{\ddot{u}_V}{\ddot{u}_E} \cdot M_V = -38,8\,Nm$

1.4 $M_{iN} = M_W + M_B = \dfrac{1}{\ddot{u}_E} \cdot \left(M_{Reib} + R_{Rad} \cdot m_{KFZ} \cdot g \cdot \sin\alpha\right) + M_B$

$= 20,1\,Nm$

$N = \dfrac{V}{km/h} \cdot \dfrac{1}{3,6} \cdot \dfrac{m}{R_{Rad}} \cdot \dfrac{\ddot{u}_E}{2\pi}\dfrac{1}{s} \quad \Longrightarrow \quad N_{30} = 42,4\dfrac{1}{s}$

$M_{W30} = \dfrac{1}{\ddot{u}_E} \cdot \left(M_{Reib} + M_{LW}\right) = 7,5\,Nm$

$r_A = 1 - \eta_{el} = 0,1$

$\dfrac{N_{30}}{N_{0N}} = u_A - r_A \cdot \dfrac{M_{W30}}{M_{iN}} \quad \Longrightarrow \quad N_{0N} = \dfrac{N_{30}}{1 - 0,1 \cdot m_{W30}} = 44,0\dfrac{1}{s}$

$P_{0N} = 2\pi \cdot N_{0N} \cdot M_{iN} = 5,56\,kW \qquad P_N = \eta_{el} \cdot P_{0N} = 5,00\,kW$

1.5 $T_{\Theta N} \cdot \dfrac{dn}{dt} = m_M - m_W = m_B; \qquad m_B = 1 - 0,25 = 0,75$

$\Longrightarrow \quad n_a(t) = \dfrac{m_B}{T_{\Theta N}} \cdot t = 0,0938 \cdot \dfrac{t}{s}$

1.6 $n_{ab} = 1 - r_A \cdot 1 = 0,9$

1.7 $u_A = 1 = \text{konst.} \quad \Longrightarrow \quad n_b(t) = n_{b\infty} + \left(n_{b0} - n_{b\infty}\right) \cdot e^{-\dfrac{t}{T_{\Theta St}}}$

mit $n_{b0} = n_{ab} = 0,9; \quad n_{b\infty} = 1 - r_A \cdot m_W = 0,975;$

$T_{\Theta St} = r_A \cdot T_{\Theta N} = 0,8\,s$

$\Longrightarrow \quad n_b(t) = 0,975 - 0,075 \cdot e^{-\dfrac{t}{0,8\,s}}$

1.8 $n_{bc} = 1 - r_A \cdot 0,3 = 0,97$

1.9 $n = \dfrac{u_A}{\psi} - \dfrac{r_A \cdot m_M}{\psi^2} \qquad \text{mit } m_M = m_W; \quad n = n_{max} = 1,3;$

$u_A = 1 \quad \psi = \psi_C$

$\psi_C = \dfrac{u_A}{2 \cdot n} \overset{+}{(-)} \dfrac{1}{2 \cdot n} \cdot \sqrt{u_A^2 - 4 \cdot n \cdot r_A \cdot m_W} = 0,743$

1.10 $\quad m_M(n_{bc}) = \dfrac{1}{r_A} \cdot \left(\psi_C - \psi_C^2 \cdot n_{bc} \right) = 2{,}07$

$\quad\quad \Longrightarrow \quad i_{Amax} = \dfrac{m_M(n_{bc})}{\psi_C} = 2{,}79$

$\quad i_{A\infty} = \dfrac{m_W}{\psi_C} = 0{,}336$

1.11

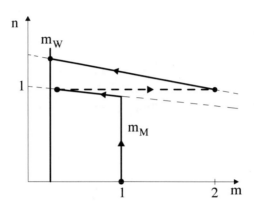

1.12

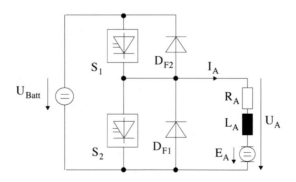

1.13 $\quad$ S$_2$, D$_{F2}$

1.14 $\quad$ Tiefsetzsteller

2.1 $\quad \sigma = 1 - \dfrac{M^2}{L_1 L_2} = 0{,}0951 \qquad M_K = \dfrac{3}{4} \cdot Z_p \cdot \dfrac{M^2}{\sigma L_1^2 L_2} \cdot \left(\dfrac{U_1}{\Omega_1} \right)^2 = 62{,}3\,Nm$

$\quad\quad s_K = \dfrac{R_2}{\Omega_1 \sigma L_2} = 0{,}182 \qquad M_A = M_K \cdot \dfrac{2}{\dfrac{1}{s_K} + s_K} = 22{,}0\,Nm$

2.2 $M_N = \dfrac{P_N}{2\pi \cdot N_N} = 32,8\,Nm$

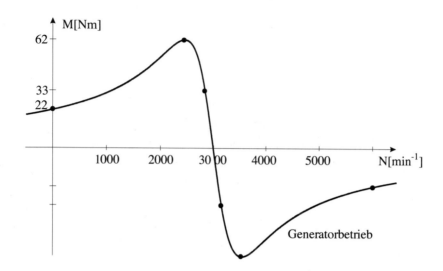

2.3 $M_{Mi} \approx 2 \cdot M_K \cdot \dfrac{s}{s_K} = 684\,Nm \cdot s$

2.4   Ankerstellbereich: $0 \leq F_1 \leq 50\,Hz$

$U_1 = U_{1N} \cdot \dfrac{F_1}{F_N}$

Die Kennlinie wird parallel zur N-Achse verschoben.

2.5   Für $U_{1N},\ F_{1N}$: $-33\,Nm = 683,8\,Nm \cdot s^* \implies s^* = -0.0483$

$N^* = N^*_{syn} \cdot (1 - s^*) = 3144\,min^{-1}$

$\Delta N = N - N^* = -1145\,min^{-1}$ Verschiebung der Kennlinie

$N_{syn} = N^*_{syn} + \Delta N = 1855\,min^{-1}$ $F_1 = Z_p \cdot N_{syn} = 30,92\,Hz$

$U_1 = U_{1N} \cdot \dfrac{F_1}{F_N} = 123,7\,V$

2.6 $I_{1A} = \dfrac{1}{M} \cdot \Psi_{2A} = 14,1\,A$ $I_{1B} = \dfrac{2L_2}{3 \cdot Z_p \cdot M \cdot \Psi_{2A}} \cdot M_{Mi} = -37,1\,A$

$|I_1| = \sqrt{I_{1A}^2 + I_{1B}^2} = 39,7\,A$

$\Omega_{I1} = Z_p \cdot \Omega_m + \dfrac{2}{3} \cdot \dfrac{R_2 \cdot M_{Mi}}{Z_p \cdot \Psi_{2A}^2} = 195\,s^{-1}$ $F_{I1} = \dfrac{\Omega_{I1}}{2\pi} = 31,1\,Hz$

3A.1

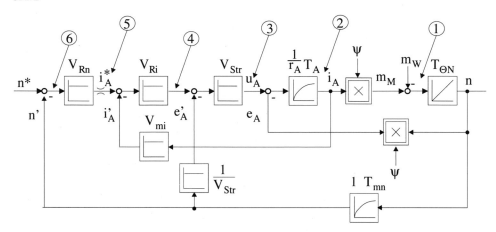

3A.2 (1) $m_{M\infty} - m_W = 0 \implies m_{M\infty} = m_M$ (2) $i_{A\infty} = m_W$

  (3) $u_{A\infty} - e_{A\infty} = r_A \cdot i_{A\infty} \implies u_{A\infty} = e_{A\infty} + r_A \cdot m_W$

  (4) Ausg. Stromregler $= u_{A\infty} - e'_{A\infty} = r_A \cdot m_W$ (wegen $e'_{A\infty} = e_{A\infty}$)

  (5) $i^*_{A\infty} = i_{A\infty} + \dfrac{1}{V_{Ri}} \cdot r_A \cdot m_W = \left(1 + \dfrac{r_A}{V_{Ri}}\right) \cdot m_W$

  (6) $n^* - n'_\infty = n^* - n_\infty = \dfrac{1}{V_{Rn}} \cdot \left(1 + \dfrac{r_A}{V_{Ri}}\right) \cdot m_W = 6,67 \cdot 10^{-3}$

3A.3 (1) $m_{M\infty} = m_W$ (2) $i_{A\infty} = \dfrac{m_W}{\psi}$

  (3) $u_{A\infty} = e_{A\infty} + r_A \cdot i_{A\infty} = n_\infty \cdot \psi + r_A \cdot \dfrac{m_W}{\psi}$

  (4) Ausgang Stromregler $= u_{A\infty} - e'_{A\infty} = n_\infty \cdot \psi + r_A \cdot \dfrac{m_W}{\psi} - n'_\infty =$

   $= n_\infty \cdot (\psi - 1) + r_A \cdot \dfrac{m_W}{\psi}$

  (5) $i^*_{A\infty} = \dfrac{m_W}{\psi} + \dfrac{r_A}{V_{Ri}} \cdot \dfrac{m_W}{\psi} - \dfrac{n_\infty}{V_{Ri}} \cdot (1 - \psi)$

   $= \left(1 + \dfrac{r_A}{V_{Ri}}\right) \cdot \dfrac{m_W}{\psi} - \dfrac{n_\infty}{V_{Ri}} \cdot (1 - \psi)$

  (6) $n^* - n'_\infty = n^* - n_\infty = \dfrac{1}{V_{Rn}} \cdot \left(1 + \dfrac{r_A}{V_{Ri}}\right) \cdot \dfrac{m_W}{\psi} - \dfrac{n_\infty}{V_{Ri}} \cdot \dfrac{1 - \psi}{V_{Rn}}$

  $\implies$ $n_\infty = \dfrac{1}{1 - \dfrac{1 - \psi}{V_{Ri} \cdot V_{Rn}}} \cdot \left(n^* - \dfrac{1}{V_{Rn}} \cdot \left(1 + \dfrac{r_A}{V_{Ri}}\right) \cdot \dfrac{m_W}{\psi}\right) = 0,8925$

  $\implies$ $n^* - n_\infty = 7,55 \cdot 10^{-3}$

3B.1

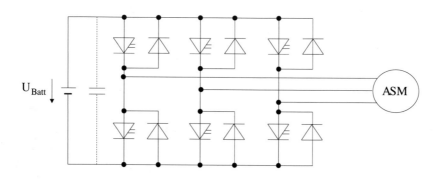

3B.2 Ja !

3B.3 Der Ankerstellbereich erfordert Verstellbarkeit von Frequenz und Spannungsamplitude. Die Zwischenkreisspannung (= Batteriespannung) kann
nicht eingestellt werden, bei Grundfrequenztaktung liegt demnach die
Spannungsamplitude fest.

3B.4

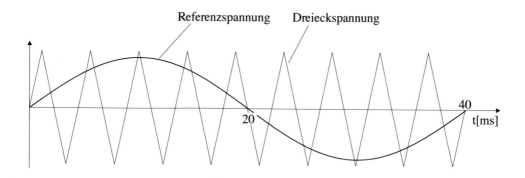

Variablenübersicht

Allgemeiner Hinweis:

Großbuchstaben: unnormierte Größen

Kleinbuchstaben: normierte Größen

hochgestellter Index S: Bezug auf statorfestes Koordinatensystem S

hochgestellter Index K: Bezug auf allgemeines Koordinatensystem K

hochgestellter Index L: Bezug auf rotorfestes Koordinatensystem L

hochgestellter Index $*$; $\vec{x}^{*k}$: konjugiert komplexer Raumzeiger

hochgestellter Index $*$; $\vec{x}^{k*}$: Sollwerte

$*$	Symbol für Faltung
$\mathcal{L}$	Laplace-Transformation
$\Re e$	Realteil
$\Im m$	Imaginärteil
sign	Signumfunktion

α	Schrittwinkel (Schrittmotor)
α	Zündwinkel, Steuerwinkel
α_{max}, α_{WR}	maximaler Steuerwinkel (Wechselrichtertrittgrenze)
$\Delta\alpha_M$	systematische Winkelabweichung (Schrittmotor)
$\Delta\alpha_S$	systematische Winkeltoleranz (Schrittmotor)

β	Steigung am Arbeitspunkt
β	Drehwinkel
$\boldsymbol{\beta}$	Matrix der Drehwinkel
β_K	Winkel des K–Systems gegenüber dem statorfesten System S
β_m	mechan. Drehwinkel des Rotors
β_{mP}	Positionierwinkel (Schrittmotor)
β_{off}	Stromverstärkung (Abschalten eines GTO)
β_S	Winkel eines Raumzeigers im statorfesten System S

Γ_S	Fortschaltewinkel des Statormagnetfeld-Raumzeigers
γ	Schonzeitwinkel
γ	elektr. Rotordrehwinkel (Schrittmotor)
γ	mechan. Rotordrehwinkel (Reluktanzmotor)
$\boldsymbol{\gamma}$	Verteilungsfunktion

© Springer-Verlag GmbH Deutschland, ein Teil von Springer Nature 2021
D. Schröder und R. Kennel, *Elektrische Antriebe – Grundlagen*,
https://doi.org/10.1007/978-3-662-63101-0

γ_A	Schaltwinkel (Einschalten)
γ_i	Winkel des Raumzeigers $\vec{I}_1$ im Koordinatensystem K
γ_K	Schaltwinkel (Abschalten)
γ_k	Verteilungsfunktion der Teilwicklung k
γ_u	Winkel des Raumzeigers $\vec{U}_1$ im Koordinatensystem K
γ_S	Winkel des Statormagnetfeld-Raumzeigers (Schrittmotor)
γ_S	mechan. Schrittwinkel (Reluktanzmotor)
δ	Winkel zwischen Hauptfeld- und Polradspannung
$\delta(t)$	Dirac-Impuls
δ	Luftspalt
δ''	wirksamer Luftspalt (ASM)
ε	relative Einschaltdauer
ε	Durchflutungswinkel
ε_0	räumlicher Winkel, bezogen auf Statorwicklung a
η_{el}	elektr. Wirkungsgrad
η_{mech}	mechan. Wirkungsgrad
Θ	Durchflutung
Θ	Massenträgheitsmoment
Θ_A, Θ_W	Massenträgheitsmoment der Arbeitsmaschine (Last)
Θ_a	Wicklungsdurchflutung
Θ_{ges}	gesamtes Massenträgheitsmoment
Θ_M	Permanentmagnet-Durchflutung
Θ_M	Massenträgheitsmoment des Motors
ϑ	Polradwinkel (SM)
ϑ	Lastwinkel (Schrittmotor)
ϑ	Temperatur
ϑ_A	Außentemperatur
ϑ_∞	(stationäre) Endtemperatur
$\Delta\vartheta$	Übertemperatur
κ	Wellensteuerwinkel
λ	Leistungsfaktor
λ	Stufenfaktor
μ	Reibungskoeffizient
μ	magnetische Permeabilität
μ_0	magnetische Permeabilität im Vakuum (Luft)
μ_D	Normierungsfaktor Erregerfluß–Dämpferstrom
μ_E	Normierungsfaktor Dämpferfluß–Erregerstrom

ν	Anzahl der steuerbaren Ventile des Stromrichters
ξ	Wicklungsfaktor
ρ	Dichte
$\sigma(t)$	Sprungfunktion
σ	Blondelscher Streukoeffizient
σ	mechan. Spannung
$\sigma_1,\ \sigma_2$	mechan. Spannung (Medium $1,2$)
σ_{12}	mechan. Grenzflächenspannung
σ_1	Streukoeffizient der Statorwicklung
σ_2	Streukoeffizient der Rotorwicklung
σ_3	Streukoeffizient der Dämpferwicklung
$\sigma_D,\ \sigma_Q$	d,q–Komponenten des Streukoeffizienten der Dämpferwicklung
σ_E	Streukoeffizient der Erregerwicklung
τ	Zeit (normiert)
τ_b	Betriebszeit (normiert)
τ_p	Pausenzeit (normiert)
Φ	Drehwinkel
Φ_{0N}	Drehwinkel-Bezugswert (meist 2π)
φ	Drehwinkel (normiert)
φ_1	Phasenwinkel
Ψ	verketteter Fluß
$\boldsymbol{\Psi}$	Matrix der Flüsse
Ψ_1	Statorfluß
$\vec{\Psi}_1$	Statorfluß-Raumzeiger
Ψ_1^*	Statorfluß-Sollwert
$\Psi_{1A},\ \Psi_{1B}$	Statorfluß–Komponenten im Koordinatensystem K
Ψ_2	Rotorfluß
$\vec{\Psi}_2$	Rotorfluß-Raumzeiger
Ψ_2^*	Rotorfluß-Sollwert
$\Psi_{2A},\ \Psi_{2B}$	Rotorfluß–Komponenten im Koordinatensystem K
$\Psi_D,\ \Psi_Q$	Dämpferfluß–Komponenten im d,q–System
$\Psi_{DN},\ \Psi_{QN}$	Nennwerte der d,q–Komponenten des Dämpferflusses
$\Psi_d,\ \Psi_q$	Statorfluß–Komponenten im d,q–System (SM)
Ψ_E	Erregerfluß
$\vec{\Psi}_E$	Erregerfluß-Raumzeiger
Ψ_h	Statorhauptfluß
$\Psi_{hd},\ \Psi_{hq}$	Statorhauptfluß–Komponenten im d,q–System
Ψ_N	Nennfluß
Ψ_{PM}	Hauptfluss des Permanentmagneten

ψ	verketteter Fluß (normiert)
ψ_0	Fluß im Arbeitspunkt (normiert)
ψ_D, ψ_Q	Dämpferfluß–Komponenten im d,q–System (normiert)
ψ_d, ψ_q	Statorfluß–Komponenten im d,q–System (normiert)
ψ_E	Erregerfluß (normiert)
Ω	Winkelgeschwindigkeit, Kreisfrequenz
Ω_0	Resonanzkreisfrequenz
Ω_0	elektr. Leerlauf-Winkelgeschwindigkeit
Ω_{0N}	mechan. Nennleerlauf-Winkelgeschwindigkeit
Ω_1	elektr. Statorkreisfrequenz
Ω_2	elektr. Rotorkreisfrequenz
Ω_{2K}	elektr. Rotorkreisfrequenz im Kippunkt
Ω_K	Kreisfrequenz des Bezugskoordinatensystems K
Ω_L	elektr. Winkelgeschwindigkeit des Rotors ($\Omega_L = Z_p \cdot \Omega_m$)
Ω_m	mechan. Winkelgeschwindigkeit des Rotors
$\overline{\Omega}_m$	mittlere mechan. Winkelgeschwindigkeit des Rotors
Ω_{syn}	synchrone Winkelgeschwindigkeit
ω	Winkelgeschwindigkeit (normiert)
ω_e	Eigenkreisfrequenz der gedämpften Schwingung
ω_L	elektr. Winkelgeschwindigkeit des Rotors (normiert)
ω_m	mechan. Winkelgeschwindigkeit des Rotors (normiert)
A	Winkelbeschleunigung
A	Wärmeabgabefähigkeit, thermischer Leitwert
A_S	Statorstrombelag, Ankerstrombelag
A_{Sk}	Statorstrombelag von Teilwicklung k
a	Tastgrad (DC-DC-Wandler)
$\boldsymbol{a}$	Spalten-Vektor der Fourier-Koeffizienten
$\vec{a}$	Drehoperator
a_μ	Fourier-Koeffizienten
B	Beschleunigung
B	magnetische Induktion (Flußdichte)
$\vec{B}$	Magnetfeld-Raumzeiger
B_{1n}, B_{2n}	Normalkomponente der Induktion (Medium $1, 2$)
B_α, B_β	Komponenten von $\vec{B}$ im statorfesten Koordinatensystem S
B_a	Wicklungsinduktion
B_{aL}	Restinduktion
B_f	Erregerinduktion
B_r	Remanenzinduktion
C	Kapazität
C_ϑ	Wärmekapazität

C_E	Maschinenkonstante (GM)
C_M	Maschinenkonstante (GM)
c_w	Maschinenkonstante (ASM)
$\cos\varphi_1$	Verschiebungsfaktor
D	Dämpfungsfaktor, Dämpfungsgrad
D_N	netzseitige Verzerrungs-Blindleistung
D_x	induktiver Gleichspannungsabfall (Stromrichter)
d_x	bezogener induktiver Gleichspannungsabfall (Stromrichter)
E_A	induzierte Gegenspannung
E_i	induzierte Spannung
E_V	Gegenspannung der Last
e_A	induzierte Gegenspannung (normiert)
$\boldsymbol{e}_n$	Flächennormalvektor
e_Q	Quellenspannung (normiert)
F	Frequenz
F	Kraft, Schubkraft
$\boldsymbol{F}$	Matrix der Kräfte
F_1	Statorfrequenz
F_2	Rotorfrequenz
F_A	Kraftdichte
$F_{A\,max}$	Startgrenzfrequenz
$F_{A0\,max}$	maximale Startfrequenz
F_{Ar}	relative Kraftdichte
$F_{B\,max}$	Betriebsgrenzfrequenz
$F_{B0\,max}$	maximale Betriebsfrequenz
F_e	Eigenfrequenz
F_K	Kupplungskraft
F_L	elektr. Drehfrequenz des Rotors, $F_L = Z_p \cdot F_m = \dfrac{\Omega_L}{2\pi}$
F_L	Lorentz-Kraft
F_M	Maxwell-Kraft
F_M	Summe der Antriebskräfte
F_m	mechan. Drehfrequenz des Rotors, $F_m = N = \dfrac{\Omega_m}{2\pi}$
F_N	Nennfrequenz
F_{Netz}	Netzfrequenz
F_P	Frequenz der Drehmomentpendelungen
F_R	auf den Rotor wirkende Kraft
$F_{Rx},\ F_{Ry}$	auf den Rotor in x,y-Richtung wirkende Kraft
F_S	auf den Stator wirkende Kraft
F_T	Taktfrequenz
F_W	Summe der Gegenkräfte
F_z	Schrittfrequenz (Schrittmotor)

$\overline{F}_z$ mittlere Schrittfrequenz (Schrittmotor)

G	Gewicht
$G(s)$	Übertragungsfunktion
$G_0(s)$	Übertragungsfunktion des offenen Regelkreises
$G_A(s)$	Übertragungsfunktion des Ankerkreises (GNM)
$G_R(s)$	Übertragungsfunktion des Reglers
$G_{Ri}(s)$	Übertragungsfunktion des Stromreglers
$G_{Rn}(s)$	Übertragungsfunktion des Drehzahlreglers
$G_r(s)$	Übertragungsfunktion der Rückführung
$G_S(s)$	Übertragungsfunktion der Regelstrecke
$G_{Str}(s)$	Übertragungsfunktion des Stromrichter-Stellglieds
$G_v(s)$	Übertragungsfunktion des Vorwärtszweiges
$G_w(s)$	Führungs–Übertragungsfunktion
$G_{wersi}(s)$	Ersatz-Übertragungsfunktion des Strom-Regelkreises
$G_{wi}(s)$	Führungs–Übertragungsfunktion des Strom-Regelkreises
$G_{wn}(s)$	Führungs–Übertragungsfunktion des Drehzahl-Regelkreises
$G_z(s)$	Stör–Übertragungsfunktion

H	Höhe
H	magnetische Feldstärke
H_{1n}, H_{2n}	Normalkomponente der Feldstärke (Medium $1,2$)
H_{1t}, H_{2t}	Tangentialkomponente der Feldstärke (Medium $1,2$)
HVF	Spannungsoberschwingungsfaktor
h_M	Magnethöhe

I	Strom
$\boldsymbol{I}$	Matrix der Strangströme
I^*	Stromsollwert
I_1	Statorstrom
$\boldsymbol{I}_1$	Matrix der Statorstrangströme
$\vec{I}_1$	Statorstrom-Raumzeiger
$I_{1\alpha}, I_{1\beta}$	Statorstrom–Komponenten im Koordinatensystem S
$I_{1\alpha}^*, I_{1\beta}^*$	Statorstrom-Sollwerte im Koordinatensystem S
I_{1A}, I_{1B}	Tragkraft–Komponenten der Statorströme (Kap. 9)
I_{1A}, I_{1B}	Statorstrom–Komponenten im Koordinatensystem K
I_{1A}^*, I_{1B}^*	Statorstrom-Sollwerte im Koordinatensystem K
$I_{1a,1b,1c}$	Stator-Strangströme (Dreiphasensystem)
$I_{1a,1b,1c}^*$	Statorstrom-Sollwerte (Dreiphasensystem)
I_{1k}, I_{1l}	Statorstrom–Komponenten im Koordinatensystem L
I_{1M}	Drehmoment-Komponente der Statorströme (Kap. 9)
I_2	Rotorstrom
$\vec{I}_2$	Rotorstrom-Raumzeiger
I_2'	Rotorstrom, auf die Statorseite umgerechnet

I_{2A}, I_{2B}	Rotorstrom–Komponenten im Koordinatensystem K
$I_{2a,\,2b,\,2c}$	Rotor-Strangströme (Dreiphasensystem)
I_μ	Magnetisierungsstrom
$\vec{I}_\mu$	Magnetisierungsstrom-Raumzeiger
$I_{\mu d}$, $I_{\mu q}$	d,q–Komponenten des Magnetisierungsstroms
$I_{\mu N}$	Magnetisierungsstrom-Nennwert
I_A	Ankerstrom (GNM)
$\overline{I}_A$	Ankerstrom-Mittelwert
I_{AN}	Ankernennstrom (GNM)
$\underline{I}_{a,\,b,\,c}\,(t)$	zeitlicher Verlauf der drei Statorstrangströme
I_C	Kondensatorstrom
I_D	Diodenstrom
I_D, I_Q	Dämpferstrom–Komponenten im d,q–System (SM)
I_{DN}, I_{QN}	Nennwerte der d,q–Komponenten des Dämpferstroms
I_d, I_q	Statorstrom–Komponenten im d,q–System (SM)
I_d	Gleichstrom
I_{dN}	Gleichstrom-Nennwert
I_E	Erregerstrom
$\vec{I}_E$	Erregerstrom-Raumzeiger
I_E^*	Erregerstrom-Sollwert
I_{EN}	Erregernennstrom
I_{eff}	Stromeffektivwert
I_G	Gatestrom
I_{Goff}	Abschalt-Gatestrom eines GTO
I_K	Strom beim Abschalten (Reluktanzmotor)
I_{Kreis}	Kreisstrom
I_k	Kurzschlußstrom
I_L	Laststrom
I_{max}	Maximalstrom
I_N	Stator-Nennstrom (Bezugswert)
I_N, I_{Netz}	Netzstrom
$I_{N(1)}$	Netzstrom-Grundschwingung
I_Q	Quellenstrom
$\overline{I}_Q$	Quellenstrom-Mittelwert
I_{RD}	Strom in R_D (Wirbelstromdämpfung)
I_S	Schalterstrom
$\vec{I}_S$	Statorstrom
I_{Sk}	Strom in Statorteilwicklung k
I_{TAV}	Thyristorstrom-Mittelwert
I_V	Verbraucherstrom, Laststrom
I_w	Wirkstrom (momentbildender Strom)
I_z	Zwischenkreisstrom
I_z^*	Zwischenkreisstrom-Sollwert
i	Strom (normiert)

i^*	Stromsollwert (normiert)
i_A^*	Ankerstromsollwert (normiert)
i_A	Ankerstrom (normiert)
$\bar{i}_A$	Ankerstrom-Mittelwert (normiert)
i_{A0}	Ankerstrom im Arbeitspunkt (normiert)
i_D, i_Q	Dämpferstrom–Komponenten im d,q–System (normiert)
i_d, i_q	Statorstrom–Komponenten im d,q–System (normiert)
i_E	Erregerstrom (normiert)
i_{eff}	Stromeffektivwert (normiert)
i_{zul}	zulässige Strombelastung (normiert)
j	imaginäre Einheit ($j^2 = -1$)
k_i	Motorkonstante (Schrittmotor)
k_r	Verhältnis Beschleunigungszeit/Positionierzeit (Schrittmotor)
L	Länge
L	Induktivität
L_1	Eigeninduktivität der Statorwicklung
L_2	Eigeninduktivität der Rotorwicklung
L_2'	Rotor-Eigeninduktivität, auf die Statorseite umgerechnet
L_3	Eigeninduktivität der Dämpferwicklung
L_σ	Streuinduktivität
$L_{\sigma 1}$	Stator-Streuinduktivität
$L_{\sigma 2}$	Rotor-Streuinduktivität
$L_{\sigma 2}'$	Rotor-Streuinduktivität, auf die Statorseite umgerechnet
$L_{\sigma d}, L_{\sigma q}$	d,q–Komponenten der Stator-Streuinduktivität (SM)
$L_{\sigma E}$	Erregerkreis-Streuinduktivität
L_A	Ankerinduktivität
L_D	Induktivität der Zwischenkreis-Drosselspule D
L_D, L_Q	d,q–Komponenten der Dämpferwicklungs-Induktivität
L_d, L_q	d,q–Komponenten der Statorinduktivität (SM)
L_E	Erregerkreisinduktivität
L_{Ed}	differentielle Erregerkreisinduktivität
L_{EN}	Erregerkreis-Nenninduktivität
L_h	Hauptinduktivität
L_{h1}	Stator-Hauptinduktivität
L_{h2}	Rotor-Hauptinduktivität
L_{h2}'	Rotor-Hauptinduktivität, auf die Statorseite umgerechnet
L_{hd}, L_{hq}	d,q–Komponenten der Stator-Hauptinduktivität (SM)
L_N	Stator-Nenninduktivität (Bezugswert)
L_N	Netzinduktivität
L_V	Lastinduktivität
l_1	Eigeninduktivität der Statorwicklung (normiert)

$l_d,\ l_q$	d,q–Komponenten der Statorinduktivität (normiert)
l_E	Erregerkreisinduktivität (normiert)
l_{Ed}	differentielle Erregerkreisinduktivität (normiert)
M	Drehmoment
$\boldsymbol{M}$	Matrix der Drehmomente
M	Gegeninduktivität Stator–Rotor (ASM)
M_{13}	Gegeninduktivität Stator–Dämpfer
M_A	Arbeitsmaschinenmoment
$M_{A\,max}$	Startgrenzmoment
M_B	Beschleunigungsmoment
$M_{B\,max}$	Betriebsgrenzmoment
$M_{dD},\ M_{qQ}$	d,q–Komponenten der Gegeninduktivität Stator–Dämpfer
$M_{dE},\ M_{qE}$	d,q–Komponenten der Gegeninduktivität Stator–Polrad
M_{dEN}	d-Komponente der Nenn-Gegeninduktivität Stator–Polrad
M_{DE}	d-Komponente der Gegeninduktivität Dämpfer–Polrad
M_F	Fortschaltemoment
M_H	Haltemoment
M_{iN}	Nenn-Luftspaltmoment
M_K	Kippmoment
M_K	Kupplungsmoment
M_M	Motormoment, Summe der Antriebsmomente
M_{MB}	Beschleunigungsanteil des Motormoments
M_{Mi}	inneres Luftspaltmoment
$\overline{M}_{Mi}$	inneres Luftspaltmoment (Mittelwert)
M_{MN}	Motornennmoment
M_{MR}	Motor-Reibmoment
M_{max}	maximales Drehmoment
M_N	Nennmoment
M_R	auf den Rotor wirkendes Drehmoment
M_S	auf den Stator wirkendes Drehmoment
M_{SH}	Selbsthaltemoment
M_W	Widerstandsmoment, Summe der Lastmomente
m	Drehmoment (normiert)
m	Spannungsübersetzungsverhältnis (DC-DC-Wandler)
$m,\ m_S$	Anzahl der Statorstränge
m_θ	träge Masse
m_B	Beschleunigungsmoment (normiert)
m_{dE}	d-Komponente der Gegeninduktivität Stator–Polrad (normiert)
m_{Ed}	d-Komponente der Gegeninduktivität Polrad–Stator (normiert)
m_M	Magnetmasse
m_M	Motormoment (normiert)
m_{Mi}	inneres Luftspaltmoment (normiert)
m_{max}	maximales Drehmoment (normiert)

m_{min}	minimales Drehmoment (normiert)
m_W	Widerstandsmoment (normiert)
N	Drehzahl
N^*	Drehzahlsollwert
N_0	Leerlaufdrehzahl
N_{0N}	Nennleerlaufdrehzahl
N_A	Arbeitsmaschinendrehzahl
N_G	Grenzdrehzahl
N_M	Motordrehzahl
N_N	Nenndrehzahl
N_{syn}	synchrone Drehzahl
n	Drehzahl (normiert)
n^*	Drehzahlsollwert (normiert)
n_0	Drehzahl im Arbeitspunkt (normiert)
n_B	Betriebsdrehzahl (normiert)
n_T	Verhältnis Taktfrequenz/Grundfrequenz (PWM)
P	Leistung
P_{0N}	elektr. Nennleistung
P_1	(aufgenommene) Stator-Wirkleistung
P_2	Rotor-Wirkleistung
P_{2r}	ins Netz zurückgespeiste Rotorleistung (USK)
P_δ	Luftspaltleistung
P_{auf}	aufgenommene elektr. Wirkleistung
P_{mech}	mechan. Leistung
P_N	Nennleistung
P_N	netzseitige Wirkleistung
$P_{N(1)}$	netzseitige Grundschwingungs-Wirkleistung
P_Q	Leistung der Quelle
P_V	Leistung der Last
P_V	Verlustleistung
P_{V2}	Rotor–Verlustleistung
P_{Vel}	elektr. Verlustleistung
P_{VN}	Nennverlustleistung
p	Leistung (normiert)
p	Pulszahl (Stromrichter)
Q	Blindleistung
$Q_{N(1)}$	netzseitige Grundschwingungs-Blindleistung
R	Radius
R	Widerstand
R_1	Statorwiderstand
R_2	Rotorwiderstand

R_2'	Rotorwiderstand, auf die Statorseite umgerechnet
R_{2V}	Rotorvorwiderstand
R_3	Dämpferwicklungswiderstand
R_ϑ	Wärmewiderstand
R_A	Ankerwiderstand (GM)
R_{AN}	Ankerwiderstands-Bezugswert (GM)
R_D	Wirbelstromwiderstand (GM)
R_D, R_Q	d,q–Komponenten des Dämpferwicklungs-Widerstands
R_E	Erregerkreiswiderstand
R_{EN}	Erregerkreis-Nennwiderstand
R_i	Innenwiderstand
R_L	Widerstand der Drosselspule
R_N	Stator-Nennwiderstand (Bezugswert)
R_p	Parallelwiderstand
R_V	Lastwiderstand
R_V	Vorwiderstand
r	Radius (normiert)
r	Widerstand (normiert)
r_1	Statorwiderstand (normiert)
r_A	Ankerwiderstand (normiert)
r_E	Erregerwiderstand (normiert)
r_p	Parallelwiderstand (normiert)
r_Q	Innenwiderstand der Quelle (normiert)
r_V	Vorwiderstand (normiert)
S	Weg
S	Scheinleistung
S_N, S_{Netz}	Netzscheinleistung
$S_{N(1)}$	netzseitige Grundschwingungs-Scheinleistung
s	Schlupf
s_K	Kippschlupf
s_N	Nennschlupf
T	Zeitkonstante, Periodendauer
$T_{0,05}$	technische Beruhigungszeit
T_{1K}	Statorzeitkonstante
T_2	Rotorzeitkonstante
T_{2K}	Rotorzeitkonstante
T_α	Winkelzeitkonstante
$T_{\Theta N}$	Trägheitsnennzeitkonstante
$T_{\Theta st}$	Stillstandskonstante
T_ϑ	Wärmezeitkonstante
T_A	Ankerzeitkonstante (GNM)
T_A	Abtastperiode

T_B	Beschleunigungszeit
T_b	Betriebszeitkonstante, Erwärmungszeitkonstante
T_D, T_Q	Zeitkonstanten der d,q–Komponenten der Dämpferwicklung
T_D	Dämpfungszeitkonstante (Schrittmotor)
T_D	Zeitkonstante der Wirbelstromdämpfung (GNM)
T_{DN}	Nennzeitkonstante der Wirbelstromdämpfung
T_d'	transiente Zeitkonstante des Längsfeldes (SM)
T_d''	subtransiente Zeitkonstante des Längsfeldes (SM)
T_E	statistischer Mittelwert von T_w (Stromrichter-Stellglied)
T_E	Erregerzeitkonstante
T_{EN}	Erregernennzeitkonstante
T_{Ed}	differentielle Erregerzeitkonstante
T_e	Periodendauer der gedämpften Schwingung
$T_{ers\,i}$	Ersatzzeitkonstante des Stromregelkreises
T_I	Integrations-Zeitkonstante
T_k	Kommutierungsdauer (I–Umrichter)
$\boldsymbol{T}_M$	Maxwellscher Spannungstensor
T_N	Periodendauer bei Nennfrequenz
T_N, T_{Netz}	Netzperiodendauer
T_n	Nachstellzeit (Regler)
T_P	Positionierzeit (Schrittmotor)
T_p	Pausenzeitkonstante, Abkühlungszeitkonstante
T_q''	subtransiente Zeitkonstante des Querfeldes (SM)
T_S	Streckenzeitkonstante
T_{SH}	Periode des Selbsthaltemoments
T_{schw}	Umschwingzeitkonstante
T_t	Totzeit, Stromrichter-Totzeit
T_V	Lastzeitkonstante
T_w	Wicklungszeitkonstante
T_w	Wartezeit (Stromrichter-Stellglied)
t	Zeit
t_a	Ausschaltzeit (Gleichstromsteller)
t_a	Anlaufzeit
t_{an}	Anregelzeit
t_{Br}	Bremszeit
t_b	Betriebszeit
t_c	Schonzeit (Thyristor)
t_e	Einschaltzeit (Gleichstromsteller)
t_l	Leerlaufzeit
t_p	Pausenzeit
t_q	Freiwerdezeit (Thyristor)
t_s	Spieldauer
$t_{\ddot{u}}$	Überlastungszeit
t_{um}	Umladezeit

U	Spannung
U_1	Statorspannung
$\vec{U}_1$	Statorspannungs-Raumzeiger
U_1^*	Statorspannungs-Sollwert
$U_{1\alpha}, U_{1\beta}$	Statorspannungs–Komponenten im Koordinatensystem S
U_{1A}, U_{1B}	Statorspannungs–Komponenten im Koordinatensystem K
$U_{1a, 1b, 1c}$	Stator-Phasenspannungen (Dreiphasensystem)
$U_{1a, 1b, 1c}^*$	Statorspannungs-Sollwerte (Dreiphasensystem)
$U_{1a(1)}$	Grundschwingung der Statorspannung U_{1a}
$U_{1ab, 1bc, 1ca}$	verkettete Statorspannungen (Dreiphasensystem)
$\hat{U}_{1ab}$	Scheitelwert der verketteten Statorspannung U_{1ab}
$U_{1ab(1)}$	Grundschwingung der verketteten Spannung U_{1ab}
U_2	Rotorspannung
$\vec{U}_2$	Rotorspannungs-Raumzeiger
U_2'	Rotorspannung, auf die Statorseite umgerechnet
U_{20}	Rotor-Stillstandsspannung
U_{2A}, U_{2B}	Rotorspannungs–Komponenten im Koordinatensystem K
$U_{2a, 2b, 2c}$	Rotor-Phasenspannungen (Dreiphasensystem)
U_Δ	Dreieckspannung
$U_{\sqcap a, b, c}^*$	rechteckförmige Referenzspannungen (PWM)
U_A	Ankerspannung (GNM)
$\overline{U}_A$	Ankerspannungs-Mittelwert
U_{AK}	Anoden-Kathoden-Spannung
U_{AN}	Ankernennspannung (GNM)
$U_{a, b, c}$	Phasenspannungen des Dreiphasensystems
$U_{a0, b0, c0}$	Ausgangsspannungen des U–Umrichters (Dreiphasensystem)
$U_{a0(1)}$	Grundschwingung der Spannung U_{a0}
$U_{b0(1)}$	Grundschwingung der Spannung U_{b0}
U_C	Kondensatorspannung
U_{CE}	Kollektor-Emitter-Spannung
U_D	Diodenspannung
U_d, U_q	Statorspannungs–Komponenten im d,q–System (SM)
U_d	Gleichspannung
U_{di0}	maximaler ideeller Gleichspannungsmittelwert
$U_{di\alpha}$	ideeller Gleichspannungsmittelwert
U_E	Erregerspannung
U_{EN}	Erregernennspannung
U_G	rotatorische Spannung
U_{GK}	rotatorische Spannung beim Abschalten
U_h	Hauptfeldspannung
$\vec{U}_h$	Raumzeiger der Hauptfeldspannung
U_{h1}	Stator-Hauptfeldspannung
U_L	Spannung an der Induktivität
U_{LD}	Spannung an der Zwischenkreis-Drosselspule

U_{M0}	Spannung zwischen Last-Mittelpunkt M und Nullpunkt 0
U_N	Stator-Nennspannung (Bezugswert)
U_N, U_{Netz}	Netzspannung
U_p	Polradspannung
$\vec{U}_p$	Raumzeiger der Polradspannung
U_Q	Quellenspannung
U_R	Spannung am Widerstand
U_{St}	Steuerspannung
U_T	Thyristorspannung
$\hat{U}_T$	maximale Thyristorspannung
U_V	Ventilspannung
U_V	Lastspannung, Verbraucherspannung
$\overline{U}_V$	Lastspannung, Verbraucherspannung (Mittelwert)
U_v	verkettete Spannung
U_z	Zwischenkreisspannung
U_{zG}	Gleichrichter-Ausgangsspannung (Zwischenkreisspannung)
U_{zW}	Wechselrichter-Eingangsspannung (Zwischenkreisspannung)
u	Spannung (normiert)
u_A	Ankerspannung (normiert)
$\overline{u}_A$	Ankerspannungs-Mittelwert (normiert)
u_d, u_q	Statorspannungs–Komponenten im d,q–System (normiert)
u_E	Erregerspannung (normiert)
$u_{k\%}$	relative Kurzschlußspannung
u_{St}	Steuerspannung (normiert)
$\ddot{u}$	Übersetzungsverhältnis Rotor-/Stator-Seite
$\ddot{u}$	Getriebeübersetzung
$\ddot{u}$	Überlappungswinkel (Kommutierung)
V	Geschwindigkeit
$\boldsymbol{V}$	Verschaltungsmatrix
V_R	Reglerverstärkung
V_{Str}	Stromrichter-Verstärkung
v	Geschwindigkeit (normiert)
v	Verlustaufteilung bei Nennbetrieb
v_i	Vorfaktor für stromabhängige Verluste
v_k	Vorfaktor für Leerlaufverluste
W	Arbeit, Energie
W_{0N}	bei Ω_{0N} gespeicherte Energie
W_d, W_q	d,q–Komponenten der Energie
W_{mag}	magnetische Energie
W_{mag}^*, W^*	magnetische Koenergie
W_{schein}	Scheinenergie
W_V	Verlustenergie

W_{wirk}	Wirkenergie
w	normierter Sollwert (Regelkreis)
w, w_a	Windungszahl (Wicklung)
w_V	Verlustenergie (normiert)
X	Reaktanz
X_1	Statorreaktanz
X_2	Rotorreaktanz
X_2'	Rotorreaktanz, auf die Statorseite umgerechnet
$X_{\sigma 1}$	Statorstreureaktanz
X_d, X_q	d,q–Komponenten der Statorreaktanz
X_h	Hauptreaktanz
X_{h1}	Stator-Hauptreaktanz
$\boldsymbol{x}$	Rotorauslenkung
x	normierter Istwert (Regelkreis)
x_d	normierte Regelabweichung
x_d, x_q	d,q–Komponenten der Statorreaktanz (normiert)
x_d'	transiente Längsreaktanz (normiert)
x_d''	subtransiente Längsreaktanz (normiert)
x_q''	subtransiente Querreaktanz (normiert)
Z	Impedanz
Z_p	Polpaarzahl
Z_R	Anzahl der Rotorzähne
Z_S	Anzahl der Statorzähne
z	normierte Störgröße (Regelkreis)
z	Anzahl der Vorwiderstände (Stufenzahl)
z	Schrittzahl (Schrittmotor)

Literaturverzeichnis

Ausgewählte Arbeiten des Lehrstuhls

[1] Angermann, A.
Entkopplung von Mehrgrössensystemen durch Vorsteuerung am Beispiel von kontinuierlichen Fertigungsanlagen
Dissertation TU München, 2004

[2] Angerer, B.
Entwicklung von Identifikationsmethoden und Messverfahren zur Anwendung an nichtlinearen biomechanischer Systeme
Dissertation TU München, 2005

[3] Bernhardt, M.
Advances in System Identification, Neuromuscular Modeling and Repetitive Peripheral Magnet Stimulation
Dissertation TU München, 2009

[4] Beuschel, M.
Neuronale Netze zur Diagnose und Tilgung von Drehmomentschwingungen von Verbrennungsmotoren
Dissertation TU München, 2000

[5] Endisch, Ch.
Optimierungsstrategien für die Identifikation mechatronischer Systeme
Dissertation TU München, 2009

[6] Feiler, M.
Adaptive Control in the Presence of Disturbances
Dissertation TU München, 2004

[7] Fischle, K.
Ein Beitrag zur stabilen adaptiven Regelung nichtlinearer Systeme
Dissertation TU München, 1997

[8] Froschhammer, F.
Identifikation von Sensorungenauigkeiten und Kompensation für die drehzahlgestützte On Bord Diagnose von Verbrennungsmotoren
Dissertation TU München, 2001

[9] Kurze, M.
Modellbasierte Regelung von Robotern mit elastischen Gelenken ohne abtriebsseitige Sensorik
Dissertation TU München, 2008

© Springer-Verlag GmbH Deutschland, ein Teil von Springer Nature 2021
D. Schröder und R. Kennel, *Elektrische Antriebe – Grundlagen*,
https://doi.org/10.1007/978-3-662-63101-0

[10] Lenz, U.
      Lernfähige Neuronale Beobachter für eine Klasse nichtlinearer Systeme und ihre Anwendung zur intelligenten Regelung von Verbrennungsmotoren
      Dissertation TU München, 1997

[11] Rau, M.
      Nichtlineare modellbasierte prädiktive Regelung auf Basis lernfähiger Zustands-raummodellen
      Dissertation TU München, 2003

[12] Straub, S.
      Entwurf und Validierung neuronaler Beobachter zur Regelung nichtlinearer Systeme im Umfeld unterschiedlicher Problemstellungen
      Dissertation TU München, 1998

[13] Strobl, D.
      Identifikation nichtlinearer mechatronischer Strecken mittels neuronaler Netze
      Dissertation TU München, 1998

[14] Tümmel, M.
      Modellbasierte Regelung von Robotern mit elastischen Gelenken
      Dissertation TU München, 2006

[15] Hoffmann, N.; Fuchs, W.
      Stromregelverfahren für Drehfeldmaschinen.
      Kapitel 15, Elektrische Antriebe: Regelung von Antriebssystemen, D. Schröder, 4. Auflage, 2013

[16] Ruckert, U.
      Prädiktive Methoden zur Kompensation von Blindleistung bei unruhigen elektrischen Verbrauchern.
      Dissertation, TU München, 1985

[17] Hörger, W.
      Flickeroptimale Signalverarbeitung zur Kompensation und Symmetrierung unruhiger Verbraucher mit dreiphasigen Wechselstromstellern.
      Dissertation, TU München, 1993

[18] Schröder, D.
      Untersuchung der dynamischen Eigenschaften von Stromrichterstellgliedern mit natürlicher Kommutierung.
      Dissertation, TH Darmstadt, 1969

[19] Kennel, R.
      Prädiktives Führungsverfahren für Stromrichter.
      Dissertation, Univ. Kaiserslautern, 1984

[20] Hintze, D.
      Asynchroner Vierquadranten-Drehstromantrieb mit Stromzwischenkreisumrichter und oberschwingungsarmen Maschinengrößen.
      Dissertation, TU München, 1993

[21] Kohlmeier, H.
      Regelung der Asynchronmaschine durch Einsatz netz- und maschinenseitiger Pulsstromrichter mit optimierten asynchronen Pulsmuster.
      Dissertation, TU München, 1988

[22] Niermeyer, O.
      Netzfreundlicher, drehzahlvariabler 4-Quadranten-Asynchronmaschinenantrieb

mit prädiktiven Stromregelungen
Dissertation, TU München, 1991

[23] Filipovic, D.
Resonating and Bandpass Vibration Absorbers with Local Dynamic Feedback.
Dissertation, TU München, 1998

[24] Schäffner, C.
Analyse und Synthese neuronaler Regelungsverfahren
Dissertation, TU München, 1996.

[25] Schlögl, A. E.
Theorie und Validierung der Modellbildung bipolarer Leistungshalbleiter im Temperaturbereich von 100 K bis 400 K.
Dissertation, TU München, 1999

[26] Metzner, D.
Netzwerkmodelle abschaltbarer Leistungshalbleiter-Bauelemente.
Dissertation, TU München, 1994

[27] Kuhn, H.
Modellierung von lateralen Effekten am Beispiel der SPEED-Struktur.
Dissertation, TU München, 1996

[28] Xu, Ch.
Netzwerkmodelle von Leistungshalbleiter-Bauelementen (Diode, BJT und MOSFET).
Dissertation, TU München, 1990

[29] Vogler, T.
Physikalische Netzwerkmodelle von Leistungshalbleitern unter Berücksichtigung von Modularität und Temperatur.
Dissertation, TU München, 1996

[30] Hörger, W.
Ein Beitrag zur Systemdynamik von Wickelantrieben unter Berücksichtigung elastischer Kopplungen
Dissertation, TU München, 1986

[31] Frenz, T.
Stabile Neuronale Online Identifikation und Kompensation statischer Nichtlinearitäten am Beispiel von Werkzeugmaschinenvorschubantrieben
Dissertation, TU München, 1997

[32] Schröder, D.
Selbstgeführter Stromrichter mit Phasenfolgelöschung und eingeprägtem Strom.
ETZ-A Bd. 96 (1975), H. 11, S. 520-523

[33] Hofmann, S.
Identifikation von nichtlinearen mechatronischen Systemen auf der Basis von Volterra-Reihen
Dissertation, TU München, 2003

[34] Grützmacher, B.
Untersuchungen über die dynamischen Eigenschaften von statischen Kompensationsanlagen
Dissertation, TU München, 1883

[35] Miksch, W.
Ein Konzept zur optimalen Steuerung und Regelung von mobilen Manipulato-

ren
Dissertation, TU München, 1996

[36] Treutterer, W.
Positions- und Bahnregelung mobiler Roboter
Dissertation, TU München, 1994

[37] Franck, F.
Gleichspannungswandler mit resonannten Zellen
Dissertation, TU München, 1995

[38] Kirchenberger, U.
Analyse und Vergleich resonanter Brückentopologien zur Gleichspannungswandlung
Dissertation, TU München, 1994

[39] Patri, T.
Regelung von kontinuierlichen Fertigungsanlagen
Dissertation, TU München, 2003

[40] Mayer, T.
Modellierung und Regelung des Autarken Hybridfahrzeugs
Dissertation, TU München, 1998

[41] Kleimaier, A.
Optimale Betriebsführung von Hybridfahrzeugen
Dissertation, TU München, 2003

Antriebstechnik und benachbarte Gebiete (Bücher)

[42] Alesina, A.; Venturini, M.
Solid State Power Conversion: A Fourier Analysis Approach to Generalized Transformer Synthesis.
IEEE Trans. on Circuit Systems CAS–28 (1981), Nr. 4, S. 319–330

[43] Alesina, A.; Venturini, M.
Analysis and Design of Optimum–Amplitude Nine–Switch Direct AC–AC Converters.
IEEE Trans. on Power Electronics PE–4 (1989), Nr. 1, S. 101–112

[44] Angermann, A.; Beuschel, M.; Rau, M.; Wohlfarth U.
MATLAB - SIMULINK - STATEFLOW
Grundlagen, Toolboxen, Beispiele.
4., überarbeitete Auflage,
Oldenbourg Verlag, München 2005
Reihe: Oldenbourg Lehrbücher für Ingenieure

[45] Bödefeld, T.; Sequenz, H.
Elektrische Maschinen.
Springer-Verlag, 8. Auflage Wien New York 1971

[46] Böhm, W.
Elektrische Antriebe
Kamprath-Reihe kurz und bündig: Technik.
Vogel-Verlag, Würzburg 1979

[47] Boldea, I.; Nasar, S. A.
Electric Machine Dynamics.
Macmillan, New York 1986

[48] Boldea, I.; Nasar, S. A.
Vector Control of AC Drives.
CRC Press, 1992

[49] Bonfert, K.
Betriebsverhalten der Synchronmaschine.
Springer-Verlag, Berlin 1962

[50] Bonfiglioli Riduttori S.p.A. (Hrsg.)
Handbuch der Getriebemotoren.
Springer-Verlag, Berlin 1997

[51] Bühler, H.
Einführung in die Theorie geregelter Drehstromantriebe.
Birkhäuser Verlag, Basel, Stuttgart 1977

[52] Döring, E.
Werkstoffkunde der Elektrotechnik.
Friedr. Vieweg & Sohn Verlagsgesellschaft (Verlagsgruppe Bertelsmann),
2. Auflage Braunschweig 1988

[53] Filipović, Z.
Elektrische Bahnen.
Springer-Verlag, Berlin 1992

[54] Fischer, R.
Elektrische Maschinen.
Carl Hanser Verlag, München, 8. Aufl., 1992

[55] Föllinger, O.
Lineare Abtastsysteme.
Oldenbourg Verlag, München, Wien 1982

[56] Frohne, H.
Elektrische und magnetische Felder.
Teubner, Stuttgart 1994

[57] Gerlach, W.
Thyristoren.
Springer-Verlag, Berlin 1979

[58] Giersch, H.; Harthus, H.; Vogelsang, N.
Elektrische Maschinen.
Teubner, Stuttgart 1991

[59] Gyugyi, L.; Pelly, B. R.
Static Power Frequency Changer.
John Wiley, New York 1976

[60] Heumann, K.
Grundlagen der Leistungselektronik.
Teubner, Stuttgart, 6. Aufl. 1996

[61] Heumann, K.; Stumpe, C.
Thyristoren, Eigenschaften und Anwendungen.
Teubner, Stuttgart 1974

[62]   Hoffmann, A.; Stocker, K.
       Thyristor-Handbuch.
       Siemens AG, Berlin/München 1976

[63]   Lipo, T. A.; Holmes, D. G.
       Pulse Width Modulation for Power Converters - Principles and Practice.
       IEEE Series on Power Engineering, IEEE-Press/Wiley-Interscience,
       Wiley and Sons Inc. Publication, 2003

[64]   Jenni, F.; Wüest, D.
       Steuerverfahren für selbstgeführte Stromrichter.
       vdf Hochschulverlag, Zürich, und B.G. Teubner, Stuttgart 1995

[65]   Kleinrath, H.
       Grundlagen elektrischer Maschinen.
       Akad. Verlagsgesellschaft, Wiesbaden 1975

[66]   Kleinrath, H.
       Stromrichtergespeiste Drehfeldmaschinen.
       Springer-Verlag, Wien, New York 1980

[67]   Kovács, K. P.; Rácz, I.
       Transiente Vorgänge in Wechselstrommaschinen, Bd.1 und 2.
       Verlag der Ungarischen Akademie der Wissenschaften, Budapest 1959

[68]   Küpfmüller, K.; Mathis, W.; Reibig, A.
       Theoretische Elektrotechnik.
       Springer-Verlag, 17. Auflage Berlin 2006

[69]   Laible, T.
       Die Theorie der Synchronmaschine im nichtstationären Betrieb.
       Springer-Verlag, Berlin 1952

[70]   Leonhard, W.
       Control of Electrical Drives.
       Springer-Verlag, Berlin 1985

[71]   Litz, I.
       Reduktion der Ordnung linearer Zustandsmodelle mittels modaler Verfahren
       Dissertation Universität Karlsruhe, 1979

[72]   McMurray, W.
       The Theory and Design of Cycloconverters.
       The M.I.T. Press, 1972

[73]   Meyer, M.
       *Elektrische Antriebstechnik, Band 1: Asynchronmaschinen im Netzbetrieb und
       drehzahlgeregelte Schleifringläufermaschinen.*
       Springer-Verlag, Berlin 1985

[74]   Meyer, M.
       *Elektrische Antriebstechnik, Band 2: Stromrichtergespeiste Gleichstromantrie-
       be und voll umrichtergespeiste Drehstrommaschinen.*
       Springer-Verlag, Berlin 1987

[75]   Meyer, M.
       Leistungselektronik.
       Springer-Verlag, Berlin 1990

[76] Milde, F.
      Dynamisches Verhalten von Drehfeldmaschinen.
      VDE-Verlag GmbH, Berlin, Offenbach 1993

[77] Müller, G.
      Elektrische Maschinen.
      VEB-Verlag Technik, Berlin 1982

[78] Müller, G.
      Grundlagen elektrischer Maschinen.
      VCH Verlagsgesellschaft mbH, 1994

[79] Müller, R.
      Halbleiter-Elektronik, Bd.1: Grundlagen der Halbleiter-Elektronik.
      Springer-Verlag, Berlin 1984

[80] Müller, R.
      Halbleiter-Elektronik, Bd. 2: Bauelemente der Halbleiter-Elektronik.
      Springer-Verlag, Berlin 1979

[81] Narendra, K.S.; Annaswamy A.M.
      Stable Adaptive Systems.
      Prentice Hall 1989

[82] Pelly, B. R.
      Thyristor Phase-Controlled Converters and Cycloconverters.
      John Wiley, New York 1971
      (Grundlegendes Buch über Direktumrichter, das nahezu alle Schaltungsvarianten des Direktumrichters abhandelt.)

[83] Pfaff, G.; Meier, C.
      Regelung elektrischer Antriebe I.
      Oldenbourg Verlag, München/Wien 1971

[84] Pfaff, G.; Meier, C.
      Regelung elektrischer Antriebe II.
      Oldenbourg Verlag, München/Wien 1982

[85] Richter, R.
      Elektrische Maschinen. 2. Band: Synchronmaschinen und Einankerumformer.
      Birkhäuser, Basel,Stuttgart, 2. Aufl. 1953

[86] Römer, H.; Forger, M.
      Elementare Feldtheorie: Elektrodynamik, Hydrodynamik, spezielle Relativitäts-theorie.
      VCH Verlagsgesellschaft, Weinheim 1993

[87] Roppenecker, G.
      Zustandsregelung linearer Systeme - eine Neubetrachtung
      at - Automatisierungstechnik, 57 (2009) 10 Seite 491 - 498

[88] Schaumburg, H.
      Werkstoffe.
      Teubner, Stuttgart 1990

[89] Schröder, D.
      Elektrische Antriebe 1: Grundlagen.
      Springer–Verlag, Berlin 1994

[90]   Schröder, D.
       Elektrische Antriebe: Grundlagen.
       Springer–Verlag, Berlin 2000, 2.Auflage

[91]   Schröder, D.
       Elektrische Antriebe: Grundlagen.
       Springer–Verlag, Berlin 2007, 3.Auflage

[92]   Schröder, D.
       Elektrische Antriebe: Grundlagen.
       Springer–Verlag, Berlin 2009, 4.Auflage

[93]   Schröder, D.
       Elektrische Antriebe: Grundlagen.
       Springer–Verlag, Berlin 2013, 5.Auflage

[94]   Schröder, D.
       Elektrische Antriebe 2: Regelung von Antrieben.
       Springer-Verlag, Berlin 1995

[95]   Schröder, D.
       Elektrische Antriebe: Regelung von Antriebssystemen.
       Springer–Verlag, 2. Auflage Berlin 2001

[96]   Schröder, D.
       Elektrische Antriebe: Regelung von Antriebssystemen.
       Springer–Verlag, 3. Auflage Berlin 2007

[97]   Schröder, D.
       Elektrische Antriebe: Regelung von Antriebssystemen.
       Springer–Verlag, 4. Auflage Berlin 2013

[98]   Schröder, D.
       Elektrische Antriebe 3: Leistungselektronische Bauelemente.
       Springer-Verlag, Berlin 1996

[99]   Schröder, D.
       Leistungselektronische Bauelemente.
       Springer–Verlag, 2. Auflage Berlin 2006

[100] Schröder, D.
       Elektrische Antriebe 4: Leistungselektronische Schaltungen
       Springer-Verlag, Berlin 1998

[101] Schröder, D.
       Elektrische Antriebe 4: Leistungselektronische Schaltungen.
       Springer-Verlag, 2. Auflage Berlin 2007

[102] Schröder, D.
       Elektrische Antriebe 4: Leistungselektronische Schaltungen.
       Springer-Verlag, 3. Auflage Berlin 2012

[103] Schröder, D.
       Intelligente Verfahren Identifikation und Regelung nichtlinearer Systeme
       Springer–Verlag, 1. Auflage Berlin 2010

[104] Schröder, D. (Ed.)
       Intelligent Observer and Control Design for Nonlinear Systems.
       Springer-Verlag, Berlin 1999

[105] Sequenz, H.
      Die Wicklungen elektrischer Maschinen, Band 1.
      Springer Verlag, Berlin 1950
[106] Späth, H.
      Steuerverfahren für Drehstrommaschinen – Theoretische Grundlagen.
      Springer-Verlag, Berlin 1983
[107] Späth, H.
      Elektrische Maschinen und Stromrichter – Grundlagen und Einführung.
      G. Braun, Karlsruhe 1984
[108] Tipler, P. A.
      Physik.
      Spektrum Akademischer Verlag GmbH, korrigierter Nachdruck 1995 der
      1. Auflage Heidelberg 1994
[109] Vas, P.
      Vector Control of AC Machines.
      Oxford Science Publications, Claredon Press, Oxford 1990
[110] Vas, P.
      Electrical Machines and Drives.
      Oxford University Press, 1996
[111] Vas, P.
      Sensorless Vector and Direct Torque Control.
      Oxford University Press, 1998

Elektrische Antriebe allgemein

[112] Markeffsky, G.
      Die Ermittlung der Anlaufzeit für den elektromotorischen Antrieb.
      Zeitschrift für Maschinenbau und Fertigung (1964), H. 7, S. 503–506
      (Grundlegende Darstellung von elektromechanischen Anordnungen.)
[113] Berger, T.
      Analyse des Spielverlaufs als Grundlage für die Motordimensionierung.
      Elektrie 28 (1974), H. 9, S. 481–484

[114] Bolte, E.; Schwieger, F.
      Fundamental Motor Types Evolving from Two Coils.
      ICEM 2008, 6-9 September 2008, Vilamoura, Portugal
[115] Binder A.
      Elektrische Maschinen und Antriebe - Grundlagen, Betriebsverhalten
      Springer, Heidelberg 2012
[116] Binder A.
      Elektrische Maschinen und Antriebe - übungsbuch, Aufgaben mit Lösungsweg
      Springer, Heidelberg 2012

[117] Müller G., Vogt K., Ponick B.
       Berechnung elektrischer Maschinen
       Wiley-VHC Verlag, Weinheim, 2007

Leistungshalbleiter

[118] Bayerer, R.; Teigelkötter, J.
       IGBT-Halbbrücken mit ultraschnellen Dioden.
       ETZ 108 (1987), Nr.19, S. 922–925
[119] Bechteler, M.
       The Gate-Turnoff Thyristor (GTO).
       Siemens Forsch.- u. Entwickl.-Berichte 14 (1985), H. 2, S. 39-44
[120] Biela, J. et al
       *SiC versus Si – evaluation of potentials for performance improvement of in-
       verter and DC / DC converter systems by SiC power semiconductors.*
       IEEEE Trans. Ind. Electronics, Vol. 58, No. 7, S. 2872 – 2882, july 2011
[121] Boehringer, A.; Knöll, H.
       Transistorschalter im Bereich hoher Leistungen und Frequenzen.
       ETZ 100 (1979), H. 13, S. 664–670
[122] Bösterling, W.; Fröhlich, M.
       Frequenzthyristoren im Schwingkreisbetrieb.
       ETZ 101 (1980), H. 9, S. 537–538
[123] Bösterling, W.; Fröhlich, M.
       *Thyristorarten ASCR, RLT und GTO – Technik und Grenzen ihrer Anwen-
       dung.*
       ETZ 104 (1983), H. 24, S. 1246–1251
[124] Bösterling, W.; Ludwig, H.; Scharn, M.; Schimmer, R.
       Praxis mit dem GTO-Abschaltthyristor für selbstgeführte Stromrichter.
       Elektrotechnik 64 (1982), H. 24, S. 16–21 und 65 (1983), H. 4, S. 14–17
[125] Brauschke, P.; Sommer, P.
       Smart SIPMOS; Leistungshalbleiter mit Intelligenz.
       Siemens Components 25 (1987), H. 5, S. 182–277
[126] Gerlach, W.; Seid, F.
       Wirkungsweise der steuerbaren Siliziumzelle.
       ETZ-A 83 (1962), H. 8, S. 270–277
[127] Grüning, H.
       Feldgesteuerte Thyristoren – eine neue Klasse bipolarer Leistungsschalter.
       4. Int. Makroelektronik-Konf. (1988), S. 23–36
[128] Grüning, H.
       *Der feldgesteuerte Thyristor (FCTh) – ein Leitungshalbleiter für den Umrich-
       ter der Zukunft.*
       Bulletin SEV/VSE 79 (1988), H. 5, S. 242–249
[129] Hayashi, Y. et al.
       A Consideration on Turn-Off Failure of GTO with Amplifying Gate.
       IEEE Trans. on Power Electronics PE-2 (1987), No. 2, S. 90–97

[130] Hazra, S. et al.
*High switching performance of 1700 V, 50 A SiC power MOSFET over Si
IGBT/BiMOSFET for advanced power conversion applications*
IEEE Trans. Power Electronics, Vol. 31, No. 7, S. 4742 – 475

[131] Hebenstreit, E.
Driving the SIPMOS Field-Effect Transistor as a Fast Power Switch.
Siemens Forsch.- u. Entwickl.-Berichte 9 (1980), Nr. 4, S. 200–204

[132] Hebenstreit, E.
SIRET – ein superschneller 1000-V–Bipolartransistor.
Siemens Components 25 (1987), H. 4, S. 147–150

[133] Hempel, H.-P.
Bemessung und Ansteuerung von GTO-Thyristoren.
Elektronik (1987), H. 9, S. 113–117

[134] Heumann, K.
Untersuchung und Erfahrung mit abschaltbaren Leistungshalbleitern.
ETG-Fachberichte 23 (1988), S. 187–212

[135] Heumann, K.
Untersuchung und Erfahrung mit abschaltbaren Leistungshalbleitern.
Archiv f. Elektrotechnik 72 (1989), S. 95–111

[136] Heumann, K.
Power Electronics – State of the Art.
IPEC '90, Tokyo/Japan Conf. Rec., Vol. 1, S. 11–20

[137] Lemme, H.
*Kraft und Intelligenz vereint: „Smartpower“-Bausteine – Möglichkeiten und
Grenzen.*
Elektronik (1989), H. 11, S. 80–83

[138] Lutz, J.
Halbleiter-Leistungsbauelemente Physik, Eigenschaften
Springer Verlag

[139] Moll, J. L.; Tanenbaum, M.; Goldez, J. M.; Holonyak, N.
P-N-P-N Transistor Switches.
Proc. Inst. Radio Eng. 44 (1956), S. 1174–1182

[140] Muraoka, K. et al.
*Characteristics of High-Speed SI Thyristor and its Application to the 60-kHz
100-kW High Efficiency Inverter.*
IEEE Trans. on Power Electronics PE-4 (1989), No. 1, S. 92–100

[141] Nakamura, Y. et al.
Very High Speed Static Induction Thyristor.
IEEE Trans. on Ind. Appl. IA-22 (1986), No. 6, S. 1000–1006

[142] Nishizawa, J. et al.
Low-Loss High Speed Switching Devices 2300 V 150 A Static Induction Thyristor.
IEEE Trans. on Electronic Devices ED-32 (1985), No. 4, S. 822–830

[143] Nishizawa, J.; Tamanushi, T.
*Recent Development and Future Potential of the Power Static Induction (SI)
Devices.*

Proceedings of the Third International Conference on Power Electronics and Variable Speed Drives, London 1988, Power Division of the IEE, S. 21–24

[144] Nishizawa, J. et al.
Recent Development of the Static Induction Thyristor.
Proceedings of the Third International Conference on Power Electronics and Variable Speed Drives, London 1988, Power Division of the IEE, S. 37–40

[145] Nishizawa, J.; Muroaka, K.; Kawamura, Y.; Tamamushi, T.
A Low-Loss High Speed Switching Device: The 2500 V 300 A Static Induction Thyristor.
IEEE Trans. on Electronic Devices ED-33 (1986), No. 4, S. 337–342

[146] Nowas, W. D.; Berg, H.
GTO – Stand der Technik und Entwicklungsmöglichkeiten.
ETG-Fachberichte 23 (1988), S. 86–109

[147] Ohno, E.
The Semiconductor Evolution in Japan – Four Decade Long Maturity Thriving to an Indispensable Social Standing.
IPEC '90, Tokyo/Japan, Conf. Rec. Vol. 1, S. 11–20

[148] Schlangenotto, H.; Silber, D.: Zeyfang, R.
Halbleiter-Leistungsbauelemente: Untersuchungen zur Physik und Technologie.
Wiss. Berichte AEG-Telefunken 55 (1982), Nr. 1/2, S. 7–24

[149] Schröder, D.
New Elements in Power Electronics: Transistor, FET, ASCR, GAT(T), GTO.
4th Power Electronics Conference, Budapest 1981, S. 53–63

[150] Schröder, D.
Neue Bauelemente der Leistungselektronik.
ETZ 102 (1981), H. 17, S. 906–909

[151] Schröder, D.
Bauelemente der Leistungselektronik.
Der Elektroniker, H. 9, 1982, S. 40–42

[152] Stein, E.; Schröder, D.
Halbleiterstrukturen und Funktion neuartiger Bauelemente der Leistungselektronik.
VDE-Jahrbuch 1983, S. 239–268

[153] Stumpe, A. C.
Kennlinien der steuerbaren Siliziumzelle.
ETZ-A 83 (1962), H. 4, S. 81–87

[154] Temple, V. A. K.
Thyristor Devices for Elektric Power Systems.
IEEE Trans. on Power Apparatus and Systems PAS-101 (1982), No. 7, S. 2286–2291

[155] Tihanyi, J.
A Qualitative Study of the DC Performance of SIPMOS Transistors.
Siemens Forsch.- u. Entwickl.-Berichte 9 (1980), Nr. 4, S. 181–189

[156] Tihanyi, J.; Huber, P.: Stengl, J. P
Switching Performance of SIPMOS Transistors.
Siemens Forsch.- u. Entwickl.-Berichte 9 (1980), Nr. 4, S. 195–199

[157] Tihanyi, L.
       MOS-Leistungsschalter.
       ETG-Fachberichte 23 (1988), S. 71–78

[158] Vitins, J.; Wetzel, P.
       Rückwärtsleitende Thyristoren für die Leistungselektronik.
       BBC-Nachr. 63 (1981), H. 2, S. 74–82

[159] Vogel, D.
       IGBT – hochsperrende, schnell schaltende Transistormodule.
       Elektronik (1987), H. 9, S. 120–124

[160] Williams, B. W.
       GTO Thyristor and Bipolar Transistor Cascade Switches.
       IEE Proceedings Vol. 137 (1990), Pt. B, No. 3, S. 141–153

[161] Zhang, H. et al.
       *Evaluation of switching performance of SiC devices in PWM inverter fed
       induction motor drives*
       IEEEE Trans. Power Electronics, Dec 2014

Leistungselektronik: Ansteuerung, Beschaltung, Kühlung

[162] Best, W.
       Störsichere Synchronisation netzgeführter Stromrichter.
       BBC Nachr. 62 (1980), H. 4, S. 139–145

[163] Bösterling, W.; Sommer, K.-H.
       Bipolar-Transistormodule vorteilhaft ansteuern und schützen.
       4. Int. Makroelektronik-Konf. (1988), S. 175–186

[164] Depenbrock, M. (Hrsg.)
       Dynamische Probleme der Thyristortechnik.
       Berlin 1971

[165] Gupta, S. C.; Venkatesan, K.; Eapen, K.
       *A Generalized Firing Angle Controller Using Phase-Locked Loop for Thyristor
       Control.*
       IEEE Trans. on Ind. Electronics and Control Instrumentation IECI-28 (1981),
       S. 46–49

[166] Herrmann, D.
       *Digitale Zündwinkelsteuerung für eine Drehstrombrücke zum Betrieb an Netzen
       mit starken Frequenz- und Spannungsschwankungen.*
       ETZ-A 94 (1973), Nr. 1, S. 31–34

[167] Howe, A. F.; Newberz, P. G.
       Semiconductor Fuses and their Applications.
       IEE Proceedings Vol. 127 (1980), No. 3, S. 155–168

[168] Heumann, K.; Marquardt, R.
       GTO-Thyristoren in selbstgeführten Stromrichtern.
       ETZ 104 (1983), H. 9, S. 328–332

[169] Jung, M.
       Improved Snubber for GTO Inverter with Energy Recovery by Simple Passiv Network.
       Proceedings of the Second European Conf. on Power Electronics and Applications 1987, S. 15–20

[170] Keuter, W.; Tscharn, M.
       Optimierte Ansteuerung heutiger Darlington-Leistungstransistoren.
       ETZ 108 (1987), H. 19, S. 914–921

[171] Korb, F.
       Die thermische Auslegung von fremdgekühlten Halbleitern bei netzgeführten Stromrichtern.
       ETZ-A 92 (1971), H. 2, S. 100–107
       (Ableitung eines theoretischen Berechnungsverfahrens zur Erwärmung von Halbleitern und praktische Überprüfung.)

[172] Korb, F.
       Das thermische Verhalten selbstgekühlter Halbleiter bei netzgeführten Stromrichtern.
       ETZ-A 92 (1971), Nr. 4, S. 228–234

[173] Marquardt,R.
       Untersuchung von Stromrichterschaltungen mit GTO-Thyristoren.
       Dissertation, Universität Hannover, 1982

[174] Marquardt,R.
       Stand der Ansteuer-, Beschaltungs- und Schutztechnik beim Einsatz von GTO Thyristoren.
       ETG-Fachberichte 23 (1988), S. 146–170

[175] Sievers, R.
       Hochfrequente Ansteuerschaltung für GTO-Thyristoren.
       ETZ 108 (1987), Nr. 12, S. 544–548

[176] Sperner, A.; Majumdar, G.
       Konzepte zur Ansteuerung und zum Schutz von Kaskaden-BIMOS- und IGBT-Modulen der Klasse 100 A/500 V.
       4. Int. Makroelektronik-Konf. (1988)

[177] Stamberger, A.
       Die Projektierung einer RC-Beschaltung in der Leistungselektronik.
       Elektroniker CH Nr. 12 (1980)

[178] Steinke, J. K.
       Untersuchungen zur Ansteuerung und Entlastung des Abschaltthyristors beim Einsatz bis zu hohen Schaltfrequenzen.
       Dissertation, Univ. Bochum, 1986

[179] Steinke, J. K.
       Experimental Results on the Influence of the Capacity of the Snubber Capacitor on the Shape of the Tail Current of a GTO-Thyristor.
       Proceedings of the Second European Conf. on Power Electronics and Applications (1987), S. 21–25

[180] Steyn, C. G.; van Wyk, J. D.
       Voltage Dependent Turn-Off-Snubbers for Power Electronic Switches.
       ETZ-A 9 (1987), Nr. 2, S. 39–44
[181] Thiele, G.
       *Richtlinien für die Bemessung der Trägerspeichereffekt-Beschaltung von
       Thyristoren.*
       ETZ-A 90 (1969), H. 14, S. 347–352
       (Darstellung verschiedener TSE-Beschaltungen von Halbleitern sowie deren Ausle-
       gung.)

Gleichstromsteller, DC-DC-Wandler

[182] Abraham, L.
       *Der Gleichstrompulswandler (elektronischer Gleichstromsteller) und seine
       digitale Steuerung.*
       Dissertation, TU Berlin, 1967
[183] Kahlen, H.
       *Generatorischer Betrieb der Gleichstrom-Reihenschlußmaschine mit Hilfe
       eines Gleichstromstellers.*
       ETZ-A 92 (1971), H. 9, S. 534–537
[184] Kahlen, H.
       Thyristorschalter zum schnellen Abschalten von Gleichströmen.
       ETZ-A 94 (1973), H. 9, S. 539–542
[185] Kahlen, H.
       *Vergleichende Untersuchung an verschiedenen Gleichstromstellerschaltungen
       für Fahrzeugantriebe.*
       Dissertation, TH Aachen, 1973
[186] Kahlen, H.
       *Gleichstromsteller für den motorischen und generatorischen Betrieb der
       Gleichstrom-Reihenschlußmaschine.*
       ETZ-A 95 (1974), H. 9, S. 441–445
[187] Knapp, P.
       Der Gleichstromsteller zum Antrieb und Bremsen von Gleichstromfahrzeugen.
       Brown Boveri Mitt. (1970), Nr. 6/7, S. 252–270
       (Darstellung verschiedener Gleichstromstellerschaltungen, ihrer Funktion beim An-
       treiben und Bremsen sowie Vergleich von Pulsfrequenz- und Pulsweitensteuerung.)
[188] Krug, H.
       *Die Entwicklung von Antriebssystemen mit Gleichstrompulsstellern für Trak-
       tionszwecke.*
       Elektrie 24 (1970), H. 11, S. 388–391
       (Darstellung verschiedener Gleichstromstellerschaltungen sowie der zeitlichen Ver-
       läufe beim Löschvorgang)

[189] Meyer, M.
Über die Kommutierung mit kapazitivem Energiespeicher.
ETZ-A 95 (1974), H. 2, S. 79–85

[190] Lowe, T. J.; Mellit, B.
Thyristor Chopper Control and Introduction of Harmonic Current into Track Circuits.
IEE Proceedings Vol. 121 (1974), Nr. 4

[191] Soffke, W.
Die Optimierung des Gleichstromstellers in Hinblick auf ein Minimum an Gewicht, Volumen und Kosten.
ETZ-A 95 (1974), H. 12, S. 658–662

[192] Kübler, T.; Steuerwald, G.; Schröder, D.
Control of a 4-Quadrant Chopper by a 16-Bit Microcomputer.
ETG-Fachbericht, Darmstadt 1982, S. 439–446

[193] Tröger, R.
Technische Grundlagen und Anwendung der Stromrichter.
Elektr. Bahnen 8 (1932), H. 2, S. 51–58
(Erste Beschreibung einer Schaltung zur Zwangskommutierung von einschaltbaren Ventilen.)

[194] Wagner, R.
Elektronische Gleichstromsteller.
VDE-Buchr. Bd. 11 (1966), S. 187–199

[195] Wagner, R.
Strom- und Spannungsverhältnisse beim Gleichstromsteller.
Siemens-Z. 43 (1969), Nr. 5, S. 458–464

Netzgeführte Stromrichter: Schaltungstechnik und Auslegung

[196] Arremann, H.; Möltgen, G.
Oberschwingungen im netzseitigem Strom sechspulsiger netzgeführter Stromrichter.
Siemens Forsch.- u. Entwickl.-Berichte 7 (1978), Nr. 2, S. 71–76

[197] Ericsson, H.
Stromrichter für Gleichstromantriebe.
ASEA-Zeitschrift 26 (1981), H. 5/6, S. 101–105

[198] Förster, J.
An- und Abschnittsteuerung mit Stromrichtern.
Elektrische Bahnen 46 Nr. 5 (1975), S. 124–126

[199] Grötzbach, M.
Berechnung der Oberschwingungen im Netzstrom von Drehstrom-Brückenschaltungen bei unvollkommener Glättung des Gleichstromes.
ETZ Archiv 7 (1985), H. 2, S. 59–62

[200] Grötzbach, M.
Netzoberschwingungen von stromgeregelten Drehstrombrückenschaltungen.
ETZ 108 (1987), H. 19, S. 930–934

[201] Hengsberger,J.; Wiegand, A.
Schutz von Thyristor-Stromrichtern größerer Leistung.
ETZ-A 86 (1965), H. 8, S. 263–268

[202] Hölters, F.
Schaltungen von Umkehrstromrichtern.
AEG-Mitt. 48 (1958), Nr. 11/12, S. 621–629

[203] Hölters, F.; Mikulaschek, F.
Das Blindleistungsproblem bei Stromrichter-Umkehrantrieben.
AEG-Mitt. 48 (1958), Nr. 11/12, S. 649–659

[204] Holtz, J.
Ein neues Zündsteuerverfahren für Stromrichter am schwachen Netz.
ETZ-A 91 (1970), H. 6, S. 345–348
(Vergleich von Zündsteuergeräten für Stromrichter-Stellglieder mit Netzsynchronisation, frequenzverstellbarem Oszillator (phase-locked loop) und phasenverstellbarem Oszillator. Das Ziel ist, daß die durch die Netzrückwirkungen verursachten Verzerrungen der versorgenden Spannung nicht zur Instabilität des Stromregelkreises führen.)

[205] Krug, H.
Zur Optimierung des Drosselaufwandes bei dynamisch hochwertigen netzgeführten Umkehrstromrichtern.
Teil I: Elektrie 35 (1981), H. 12, S. 641–646,
Teil II: Elektrie 36 (1982), H. 1, S. 8–12

[206] Meyer, M.; Möltgen, G.
Kreisströme bei Umkehrstromrichtern.
Siemens-Z. 37 (1963), Nr. 5, S. 375–379

[207] Michel, M.
Die Strom- und Spannungsverhältnisse bei der Steuerung von Drehstromlasten über antiparallele Ventile.
Dissertation, TU Berlin, 1966

[208] Schwarz, J.
Das System „Netzgelöschter Stromrichter – Glättungsdrossel – Gleichstrommaschine" im nichtlückenden Betrieb.
Elektrie 30 (1976), H. 6, S. 325–330
(Behandelt die Auslegung der Glättungsdrossel des obigen Systems unter Beachtung der Forderung „nichtlückender Strom". Außerdem wird die Kommutierungsspannung und die durch die Welligkeit des Stroms bedingte zusätzliche Erwärmung betrachtet.)

[209] Schwarzenau, R.
Kompensation der Blindleistung durch Filterkreise in Netzen mit Stromrichter-Gleichstromantrieben.
ETG-Fachberichte Bd. 6 (1980), S. 181–197

[210] Seefried, E.; Wolf, H.
Schwingungsprobleme in Thyristorstromrichtern, die im Lückbetrieb arbeiten.
Elektrie 31 (1977), H. 2, S. 105–108
(Im Lückbereich des Stroms können erhöhte Spannungsbeanspruchungen an den Halbleiterventilen auftreten. Diese erhöhten Spannungsbbeanspruchungen sind durch die

TSE-Beschaltung einerseits und die Induktivitäten andererseits bedingt. Im Beitrag werden Abhilfemaßnahmen, z.B. die Brücken-TSE-Beschaltung, diskutiert.)

[211] Stamberger, A.
Ein Drehstromsteller zum Herabsetzen des Wirk- und Scheinleistungsbedarfs von Asynchronmaschinen bei Teillast.
Elektroniker 9 (1983), S. 15–19

[212] Wesselak, F.
Thyristorstromrichter mit natürlicher Kommutierung.
Siemens-Z. 39 (1965), Nr. 3, S. 199–205

Netzgeführte Stromrichter: Regelung

[213] Bühler, E.
Eine zeitoptimale Thyristor-Stromregelung unter Einsatz eines Mikroprozessors.
Regelungstechnik 26 (1978), H. 2, S. 37–43
(Der Beitrag ist anwendungsorientiert, d.h. es werden in leichtverständlichen Schritten der theoretische Hintergrund der Stromregelung (nichtlückend, lückend), die daraus resultierenden Regelalgorithmen und praktisch erreichbare Ergebnisse dargestellt.)

[214] Buxbaum, A.
Regelung von Stromrichterantrieben bei lückendem und nichtückendem Ankerstrom.
Techn. Mitt. AEG-Telefunken 59 (1969), H. 6, S. 348–352
(Grundlegende Darstellung des praktischen Verhaltens von Stromrichterantrieben bei lückendem und nichtlückendem Strom.)

[215] Buxbaum, A.
Das Einschwingverhalten drehzahlgeregelter Gleichstromantriebe bei Soll- und Laststößen.
Techn. Mitt. AEG-Telefunken 59 (1969), H. 6, S. 353–358
(Prinzipielle regelungstechnische Abhandlung über das dynamische Verhalten eines drehzahlgeregelten Antriebs im Anker-Stellbereich.)

[216] Buxbaum, A.
Die Regeldynamik von Stromrichterantrieben kreisstromfreier Gegenparallelschaltung.
Techn. Mitt. AEG-Telefunken 60 (1970), S. 361–365
(Praktische Darstellung der Eigenschaften der Regelkreise bei lückendem und nichtlückendem Strom sowie eine Ausführungsform des adaptiven Stromreglers.)

[217] Buxbaum, A.
Aufbau und Funktionsweise des adaptiven Ankerstromreglers.
Techn. Mitt. AEG-Telefunken 61 (1971), H. 7, S. 371–374

[218] Buxbaum, A.
Spezielle Regelungsschaltungen der industriellen Antriebstechnik.
Regelungstechn. Praxis (1974), H. 10, S. 255–262

(Leicht verständliche Einführung in die verschiedenen Varianten von Regelungsschaltungen der Antriebstechnik.)

[219] Dörrscheidt, F.
Entwurf auf endliche Einstellzeit bei linearen Systemen mit veränderlichen Parametern.
Regelungstechnik (1976), H. 3, S. 89–96
(Bei Abtastregelungen kann das Führungsverhalten so eingestellt werden, daß eine endliche Einstellzeit erreicht wird. Im vorliegenden Beitrag wird der Reglerentwurf einer zeitvarianten Strecke vorgestellt. Siehe auch Föllinger [222].)

[220] Fallside, F.; Farmer, A. R.
Ripple Instability in Closed Loop Control Systems with Thyristor Amplifiers.
IEE Proceedings Vol. 114 (1967), H. 1, S. 218–228
(Eine der ersten Untersuchungen über Grenzzyklen bei Stromregelungen mit netzgeführten Stromrichter-Stellgliedern.)

[221] Fieger, K.
Zum dynamischen Verhalten thyristorgespeister Gleichstrom-Regelantriebe.
ETZ-A 90 (1969), H. 13, S. 311–316
(Im Beitrag wird die Optimierung des Strom- und des Drehzahl-Regelkreises dargestellt, und es werden praktische Ergebnisse gezeigt. Zusätzlich enthält der Beitrag die Steuerungsmaßnahmen bei einer kreisstromfreien Gegenparallelschaltung.)

[222] Föllinger,D.
Entwurf zeitvarianter Systeme durch Polvorgabe.
Regelungstechnik (1978), H. 6, S. 189–196
(Im Beitrag wird dargestellt, daß das Verfahren der Polvorgabe bei Zustandsregelungen für zeitinvariante Strecken auch auf zeitvariante Strecken erweitert werden kann.)

[223] Grützmacher, B.; Schröder, D.; Wörner, R.
Die Gleichstrom-Hauptantriebe einer zweigerüstigen Dressierstraße.
BBC-Nachrichten 63 (1981), H. 3, S. 106–115

[224] Jötten, R.
Regelkreise mit Stromrichtern.
AEG-Mitt. 48 (1958), Nr. 11/12, S. 613–621

[225] Jötten, R.
Die Berechnung einfach und mehrfach integrierender Regelkreise der Antriebstechnik.
Techn. Mitt. AEG-Telefunken 59 (1969), S. 331–336
(Grundlegende Darstellung der Reglerauslegung bei Strom- und Drehzahl-Regelkreisen.)

[226] Kennel, R.; Schröder, D.
A New Control Strategy for Converters.
CONUMEL 1983, Toulouse, S. I-25–31

[227] Kennel, R.; Schröder, D.
Predictive Control Strategy for Converters.
Control in Power Electronics and Electrical Drives, Lausanne 1983, S. 415–422

[228] Kennel, R.; Schröder, D.
Modell-Führungsverfahren zur optimalen Regelung von Stromrichtern.
Regelungstechnik 32 (1984), H. 11, S. 359–365

816   Literaturverzeichnis

[229]   Kennel, R.
        Prädiktives Führungsverfahren für Stromrichter.
        Dissertation, Univ. Kaiserslautern, 1984
[230]   Kessler, C.
        Über die Vorausberechnung optimal abgestimmter Regelkreise –
        Teil III: Die optimale Einstellung des Reglers nach dem Betragsoptimum.
        Regelungstechnik 3 (1955), H. 2, S. 40–49
        (Grundlegende Einführung in die Theorie und Praxis des Betragsoptimums.)
[231]   Kessler, C.
        Das symmetrische Optimum.
        Regelungstechnik 6 (1958), H. 11, S. 359–400 und H. 12, S. 432–436
[232]   Kiendl, H.
        Kompensation von Beschränkungseffekten in Regelsystemen durch antizipie-
        rende Korrekturglieder.
        Regelungstechnik 21 (1973), H. 8, S. 267–269
        (Bei Regelvorgängen werden durch schnelle Ausgleichsvorgänge im allgemeinen die
        Grenzen, z.B. Stellgröße und Stellgeschwindigkeit, angefahren. Die optimale Lösung
        derartiger Probleme ist durch das Maximumprinzip von Pontrjagin oder aus der dy-
        namischen Programmierung gegeben. Im vorliegenden Fall wird eine suboptimale
        Lösung angestrebt, d.h. die Stellgrenze zugelassen, aber durch antizipierende Funk-
        tionen im Regelkreis die Beschränkung der Stellgeschwindigkeit ausgeglichen.)
[233]   Kümmel, K.
        Einfluß der Stellgliedeigenschaften auf die Dynamik von Drehzahlregelkreisen
        mit unterlagerter Stromregelung.
        Regelungstechnik 13 (1965), H. 5, S. 227–234
        (Als Stellglieder einer drehzahl- und stromgeregelten Gleichstrommaschine werden
        der Leonard-Satz, der Transduktor und das Stromrichter-Stellglied mit natürlicher
        Kommutierung gegenübergestellt.)
[234]   Leonhard, W.
        Regelkreise mit symmetrischer Übertragungsfunktion.
        Regelungstechnik 13 (1965), H. 1, S. 4–12
[235]   Louis, J.-P.; El-Hefnawy
        Stability Analysis of a Second-Order Thyristor Device Control System.
        IEEE Trans. on Industrial Electronics and Control Instrumentation IECI-25
        (1978), H. 3, S. 270–277
        (Im Beitrag werden über die Beiträge von Fallside [220] und Schröder [245, 246]
        hinausgehend Grenzzyklen auch im lückenden Bereich des Stroms untersucht.)
[236]   Moore, A. W.
        Phase-Locked Loops for Motor Speed Control.
        IEEE Spectrum 1973, S. 61–67
        („Phase-Locked Loops" sind beispielsweise außerordentlich wichtig bei der Synchro-
        nisation von Steuergeräten für Stromrichter-Stellglieder. In der Veröffentlichung wird
        diese Technik zur Erreichung von sehr hohen Genauigkeiten (0,002%) bei der Dreh-
        zahlregelung benützt.)
[237]   Raatz, E.
        Betrachtungen zur Dynamik eines drehzahlgeregelten Antriebs mit kreisstrom-
        freier Gegenparallelschaltung.

Techn. Mitt. AEG-Telefunken 60 (1970), H. 6, S. 365–368
(Im Beitrag wird der Einfluß der Strom-Nullpause bei kreisstromfreien Umkehr-Stromrichtern diskutiert.)

[238] Raatz, E.
Drehzahlregelung eines stromrichtergespeisten Gleichstrommotors mit schwingungsfähiger Mechanik.
Techn. Mitt. AEG-Telefunken 60 (1970), H. 6, S. 369–372
(Darstellung der regelungstechnischen Schwierigkeiten bei nichtidealer mechanischer Ankopplung der Arbeitsmaschine an den elektrischen Antrieb.)

[239] Riemekasten, K.
Bestimmung der dynamischen Eigenschaften des Stromregelkreises von Stromrichtern im Strom-Lückbereich.
Elektrie 32 (1978), H. 8, S. 420–422
(Behandelt die Stromregler-Auslegung bei lückendem Strom.)

[240] Schräder, A.
Eine neue Schaltung zur Kreisstromregelung in Stromrichteranlagen.
ETZ-A 90 (1969), H. 14, S. 331–336
(Darstellung der vorteilhaftesten Regelungsvarianten bei kreisstrombehafteten Umkehrstromrichtern.)

[241] Schröder, D.
Untersuchung der dynamischen Eigenschaften von Stromrichterstellgliedern mit natürlicher Kommutierung.
Dissertation, TH Darmstadt, 1969

[242] Schröder, D.
Aus der Forschung: Die dynamischen Eigenschaften von Stromrichter-Stellgliedern mit natürlicher Kommutierung.
ETZ-A 91 (1970), H. 4, S. 242–243

[243] Schröder, D.
Dynamische Eigenschaften von Stromrichter-Stellgliedern mit natürlicher Kommutierung.
Regelungstechnik 19 (1971), H. 4, S. 155–162
(Enthält theoretische Ableitungen der dynamischen Eigenschaften von Stromrichter-Stellgliedern mit natürlicher Kommutierung.)

[244] Schröder, D.
Analysis and Synthesis of Automatic Control Systems with Controlled Converters.
5. IFAC Congress, Paris 1972, Session 22.1, S. 1–8
(Im Beitrag werden die dynamischen Eigenschaften von Stromrichter-Stellgliedern bei lückendem und nicht-lückendem Strom theoretisch abgeleitet.)

[245] Schröder, D.
Theoretische und praktische Grenzen der Regeldynamik von Regelkreisen mit Stromrichter-Stellgliedern.
3rd Conference on Electricity, Bukarest 1972, Section III, S. 1–24

[246] Schröder, D.
Adaptive Control of Systems with Controlled Converters.
3rd IFAC-Symposium on Sensitivity, Adaptivity and Optimality, 1973, S. 335–342

(Im Beitrag werden die theoretischen Grundlagen für die Auslegung des adaptiven Stromreglers dargestellt.)

[247] Schröder, D.
Einsatz adaptiver Regelverfahren bei Regelkreisen mit Stromrichter-Stell-gliedern.
VDI/VDE Gesellschaft für Meß- und Regelungstechnik – Industrielle Anwen-dung adaptiver Systeme, 1973, S. 81–97

[248] Schröder, D.
Grenzen der Regeldynamik von Regelkreisen mit Stromrichter-Stellgliedern.
Regelungstechnik 21 (1973), H. 10, S. 322–329
(Theoretische Analyse und praktische Überprüfung der dynamischen Grenzen von Stellgliedern mit natürlicher Kommutierung bei analoger Regelungsausführung.)

[249] Schröder, D.; Kennel, R.
Model-Control PROMC – A New Control Strategy with Microcomputer for Drive Applications.
IAS-Meeting 1984, Chicago, S. 834–839
(erschien auch in IEEE Trans. on Industry Applications, 1985)

[250] Schröder, D.; Warmer, H.
New Precalculating Current Controller for DC Drives.
EPE Conf. 1987, Grenoble, Sept. 1987, S. 659–664

[251] Schröder, D.
Model Based Predictive Control for Electrical Drives – Integrated Design and Practical Results.
ESPRIT-CIM Workshop on Computer Integrated Design of Controlled Indu-strial Systems, Paris 1990, S. 112–124

[252] Schröder, D.; Warmer, H.
Predictive Speed and Current Control for DC Drives.
EPE Conf. 1991, Florenz, Sept. 1991, Vol. 2, S. 108–113

[253] Schröder, D.
Digital Control Strategies for Drives.
First European Control Conference ECC, Grenoble 1991, WP 5, S. 1111–1116

[254] Schröder, D.
Direct Digital Control Strategies.
ISPE 1992, Seoul/Korea, S. 486–495

[255] Seefried, E.
Stromregelung im Lückbereich von Stromrichter-Gleichstromantrieben.
Elektrie 30 (1976), H. 4, S. 185–187
(Beschreibt Ausführungsarten des adaptiven Stromreglers. Wesentlich ist die Gege-nüberstellung struktur- oder nicht-struktur-umschaltbarer Stromregler.)

[256] Vogel, J.
Das stationäre Kennlinienverhalten von Thyristorstellgliedern beim Übergang vom nichtlückenden in den lückenden Strombereich.
Elektrie 27 (1973), H. 8, S. 410–413

[257] Warmer, H.; Schröder, D.
An Improved Method of Predictive Control for Line Commutated DC-Drives.
ICEM-Conference, München, 1986

[258] Weihrich, G.
Drehzahlregelung von Gleichstromantrieben unter Verwendung eines Zustands-
und Störgrößen-Beobachters.
Regelungstechnik 26 (1978), H. 11, S. 349–355 und H. 12, S. 392–397
(Im Beitrag [238] wurden die Schwierigkeiten bei der Drehzahlregelung bei einem
System, bestehend aus zwei Massen und einer elastischen Verbindungswelle, behandelt. In beiden Beiträgen wird exemplarisch die Realisierung von Zustandsregelungen
mit Beobachtern abgeleitet. Vorteilhaft ist, daß sowohl P- als auch PI-Regelungen
betrachtet werden und durch Simulation das erreichbare Führungs- und Störverhalten vorgestellt wird.)

Direktumrichter

[259] Akaji, H. et al.
Improvement of Cycloconverter Power Factor via Unsymmetric Triggering Me-
thod.
Electr. Engineering in Japan Vol. 96 (1976), Nr. 1, S. 88–94
(Direktumrichter weisen einen sehr schlechten Leistungsfaktor im versorgenden Netz
auf. Im Beitrag wird eine unsymmetrische Ansteuerung der oberen und unteren
Brückenthyristoren vorgeschlagen, durch die sich der $\cos\varphi$ um den Faktor 1,2 bis
2 verbessern läßt. Zu beachten ist allerdings, daß sich das Oberschwingungsspektrum
verschlechtert.)

[260] Barton, T. H.; Hamblin, T. M.
Cycloconverter Control Circuits.
IEEE Trans. on Ind. Appl. IA-8 (1972), Nr. 4, S. 443–453
(Beschreibung der verschiedenen Steuer- (z.B. Umschaltlogik) und Sensor-Funktionen
(z.B. Stromnullpause) bei Direktumrichtern.)

[261] Fink, R.; Grumbrecht, P.; Raatz, E.
Steuerung und Regelung von direktumrichtergespeisten Synchronmaschinen.
Techn. Mitt. AEG-Telefunken 70 (1981), H. 1/2, S. 55–60

[262] Möltgen, G.; Salzmann, T.
Leistungsfaktor und Stromoberschwingungen beim Direktumrichter am Dreh-
stromnetz.
Siemens Forsch.- und Entwickl.-Berichte 7 (1976), Nr. 3, S. 124–131

[263] Okayama, T. et al.
Cycloconverter-Fed Synchronous Motordrive for Steel Rolling Mill.
IEEE–IAS Conference 1978, Toronto, S. 820–827
(Im Beitrag wird der Aufbau und die Regelung einer Synchronmaschine beschrieben.
Im Gegensatz zu der Regelung in d-q–Achsen (fluß- bzw. moment-bildender Strom),
die bei einer Verstellung des Drehmoments (q-Strom) auch eine Verstellung des Erregerstroms (d-Achse) erfordert, wird hier eine zusätzliche Wicklung im Polrad vorgeschlagen, die senkrecht zur d-Achse angeordnet ist. Durch Regelung dieses Stroms
kann bei einer Momentverstellung der Erregerstrom in der d-Achse konstant gehalten
werden.)

[264] Salzmann, T.
Direktumrichter und Regelkonzept für getriebelosen Antrieb von Rohrmühlen.
Siemens-Z. 51 (1977), S. 416–422
(Darstellung des Regelungsaufbaus für einen Direktumrichter und eine Synchronmaschine bei Feldorientierung.)

[265] Salzmann, T.
Leistungs- und Oberschwingungsverhältnisse beim netzgeführten Direktumrichter.
ETG-Fachberichte 6 (1980), S. 87–102

[266] Salzmann, T.; Wokusch, H.
Direktumrichterantrieb für große Leistungen und hohe dynamische Anforderungen.
Siemens-Energietechnik 2 (1980), S. 409–413

[267] Salzmann, T.
Drehstromantrieb hoher Regelgüte mit Direktumrichter.
4. Leistungselektronik-Konferenz Budapest 1981, Beitrag 3.3

[268] Schröder, D.; Moll, M.
The Cycloconverter at Increased Output Frequency.
International Semiconductor Power Converter Conference 1977, IEEE/USA, S. 262–269
(Im Beitrag werden Untersuchungsmethoden und Ergebnisse aufgezeigt, warum die Direktumrichterregelung bei höheren Ausgangsfrequenzen möglich, aber schwierig ist (Frequenzbeschränkung bisher $0,5 \cdot f_{Netz}$).)

[269] Shin, D. H.; Cho, G. H.; Park, S. B.
Improved PWM Method of Forced Commutated Cycloconverters.
EE Proceedings Vol. 136 (1989), Pt. B., No. 3, S. 121–126

[270] Slonim, M. A.; Biringer, P. P.
Harmonics of Cycloconverter Voltage Waveform (New Method of Analysis).
IEEE Trans. on Industrial Electronics and Control Instrumentation IECI-27 (1980), Nr. 2, S. 53–56

[271] Späth, H.
Analyse der Ausgangsspannung des gesteuert betriebenen Direktumrichters mit Hilfe von Ortskurven.
Archiv f. Elektrotechnik 62 (1980), S. 167–175

[272] Späth, H.; Söhner, W.
Der selbstgeführte Direktumrichter als Stellglied für Drehstrommaschinen.
Archiv f. Elektrotechnik 71 (1988), S. 441–450

[273] Steinfels, M.
Drehzahlgeregelter Drehstromasynchronmotor mit Kurzschlußläufer und symmetriertem Direktumrichter.
Elektrie 31 (1977), H. 8, S. 415–417
(Beschreibung der Schlupffrequenz-Kennliniensteuerung, einfachste Regelungsvariante, quasistationärer Ansatz.)

[274] Terens, L.; Bommeli, J.; Peters, K.
Der Direktumrichter-Synchronmotor.
Brown Boveri Mitt. 69 (1982), H. 4/5, S. 122–132

[275]   Therme, P.; Rooy, G.
        A Digital Solution for the Bank Selection Problem in Cycloconverters.
        Budapest 1975/76, Bereich 1.6, S. 1–10
        (Behandelt die Umschaltprobleme beim Wechsel der Stromrichterbrücken während
        der Stromrichtungsumkehr. Als Vorschlag zur schnellen Stromnullerkennung wird ein
        digitales Filter mit einer variablen Grenzfrequenz vorgeschlagen; die Grenzfrequenz
        wird mit der Ausgangsfrequenz des Direktumrichters verstimmt.)

Untersynchrone Kaskade (USK)

[276]   Albrecht, S.; Gahlleitner, A.
        Bemessung des Drehstrom-Asynchronmotors in einer untersynchronen Strom-
        richterkaskade.
        Siemens-Z. 40 (1966), Beiheft „Motoren für industrielle Antriebe", S. 139–146
[277]   Bauer, F.
        Die doppeltgespeiste Maschinenkaskade als feldorientierter Antrieb.
        Dissertation, Univ. Karlsruhe, 1986
[278]   Becker, O.
        Betriebsverhalten untersynchroner Stromrichterkaskaden.
        Elektro-Anzeiger 29 (1976), H. 5
[279]   Becker, O.
        Schaltungen untersynchroner Stromrichterkaskaden.
        Elektro-Anzeiger 29 (1976), H. 7
[280]   Elger, H.
        Untersynchrone Stromrichter-Kaskade als drehzahlregelbarer Antrieb für Kes-
        selspeisepumpen.
        Siemens-Z. 42 (1968), H. 4, S. 308–310
        (Darstellung des grundlegenden Aufbaus und der Regelung der USK, einschließlich der
        Anfahrvorrichtung mittels Anlaßwiderstand und Umschaltungen (Serienschaltung) im
        Läuferkreis.)
[281]   Elger, H.
        Schaltungsvarianten der untersynchronen Stromrichterkaskade.
        Siemens-Z. 51 (1977), H. 3, S. 145–150
[282]   Golde, E.
        Asynchronmotor mit elektrischer Schlupfregelung.
        AEG Mitt. 54 (1964), H. 11/12, S. 666–671
        (Der Beitrag beschreibt die Regelung einer USK ohne Netzrückspeisung, sondern mit
        einem steuerbaren Widerstand (selbstgeführter Stromrichter).)
[283]   Kleinrath, H.
        Pendelmomente der USK beim Schlupf s=1/6.
        ETZ-A 98 (1977), H. 1, S. 115
        (Bei der USK treten durch die Übertragung der Stromoberschwingungen, die durch
        die Diodenbrücke des Läufers hervorgerufen werden, auf der Statorseite Stromkom-
        ponenten sehr niedriger Frequenz auf.)

[284] Konhäuser, W.
Digitale Regelung der untersynchronen Stromrichterkaskade mit einem Mikro-rechner.
ETZ Archiv 6 (1984), H. 8, S. 287–294

[285] Kusko, A.
Speed Control of a Single-Frame Cascade Induction Motor with Slip-Power Pump Back.
IEEE Trans. on Ind. Appl. IA-14 (1978), S. 97–105
(Im Beitrag wird eine ASM mit jeweils zwei Stator- und zwei Rotor-Wicklungen vor-gestellt, bei der über die zweite Statorwicklung und die USK-Leistungselektronik die Leistung in das Netz zurückgespeist wird. Da außerdem die beiden Rotorwicklun-gen miteinander verschaltet sind, hat diese USK keine Schleifringe. Darstellung des Prinzips und der erreichbaren Kennlinien.)

[286] Meyer, M.
Über die untersynchrone Stromrichterkaskade.
ETZ-A 82 (1961), H. 19, S. 589–596
(Grundlegende Darstellung der Funktion und der mathematischen Zusammenhänge bei der USK.)

[287] Mikulaschek, F.
Die Ortskurven der untersynchronen Stromrichterkaskade.
AEG-Mitt. 52 (1962), H. 5/6, S. 210–219

[288] Polasek, H.
Ermittlung der Auswirkungen von Netzstörungen auf die Läuferspannung einer Stromrichterkaskade.
ELIN-Zeitschr. 23 (1971), S. 10–17
(Bei Netzstörungen treten an der Diodenbrücke im Läuferkreis Überspannungen auf, die diese Brücke zerstören können. Dimensionierungsuntersuchung.)

[289] Safacas, A.
Berechnung der elektromagnetischen Größen einer Asynchronmaschine mit Schleifringläufer und Stromrichtern.
ETZ-A 93 (1972), H. 1, S. 16–20
(Berechnung des Schlupfs/Drehmoments einer ASM bei Stromrichterspeisung des Rotors (USK-Betrieb).)

[290] Schönfeld, R.
Die Untersynchrone Kaskade als Regelantrieb.
msr 10 (1967), H. 11, S. 411–417
(Detaillierte Darstellung der Streckenstruktur und der Reglerauslegung.)

[291] Schröder, D.
Die untersynchrone Stromrichter-Kaskade.
GMR-Jahrestagung 1976, S. 90–97

[292] Zimmermann, P.
Über- und untersynchrone Stromrichterkaskade als schneller Regelantrieb.
Dissertation, TH Darmstadt, 1979

Stromrichtermotor

[293] Cornell, E. P.; Novotny, D. W.
Commutation by Armature Induced Voltages in Self-Controlled Synchronous Machines.
IEEE–IAS Conf. 1973, S. 760–766
(Untersuchung der Kommutierung beim Stromrichtermotor, einschließlich Synchronmaschinen mit Dämpferwicklung.)

[294] Depenbrock, M.
Fremdgeführte Zwischenkreisumrichter zur Speisung von Stromrichtermotoren mit sinusförmigen Anlaufströmen.
ETZ-A 87 (1966), H. 26, S. 945–951
(Bei niedrigen Drehzahlen der SM genügt die Spannung der SM nicht zur Maschinenkommutierung (lastgeführte Kommutierung). Um die Momentpendelungen beim Takten des Zwischenkreisstroms zu vermeiden, wird eine spezielle Schaltung vorgeschlagen.)

[295] Föhse, W.; Weis, M.
AEG-Reihe der BL-Motoren für den mittleren Leistungsbereich.
Techn. Mitt. AEG-Telefunken 67 (1977), H. 1, S. 16–19

[296] Gölz, G.; Grumbrecht, P.
Umrichtergespeiste Synchronmaschine.
Techn. Mitt. AEG-Telefunken 63 (1973), H. 4, S. 141–148
(Grundlegende Darstellung aller Funktionen des Stromrichtermotors.)

[297] Gölz, G.; Grumbrecht, P.; Hentschel, F.
Über neue Betriebsarten der Stromrichtermaschine synchroner Bauart.
Wiss. Berichte AEG-Telefunken 48 (1975), H. 4, S. 170–180
(Im Beitrag werden die drei möglichen Auslegungsmethoden für Synchronmaschinen bei Stromrichtermotorbetrieb dargestellt.)

[298] Imai, K.
New Applications of Commutatorless Motor Systems for Starting Large Synchronous Motors.
IEEE–IAS Conf. Florida 1977

[299] Issa, N. A. H.; Williamson, A. C.
Control of a Naturally Commutated Inverter-Fed Variable-Speed Synchronous Motor.
Electric Power Applications 2 (1979), Nr. 6, S. 199–204

[300] Kübler, E.
Der Stromrichtermotor.
ETZ-A 79 (1958), H. 15, S. 20–21

[301] Labahn, D.
Untersuchung an einem Stromrichtermotor in 6- und 12-pulsiger Schaltung mit ruhender Steuerung der Stromrichterventile.
Dissertation, TH Braunschweig, 1961

[302] Leder, H. W.
Beitrag zur Berechnung der stationären Betriebskennlinien von selbstgesteuerten Stromrichter-Synchronmotoren.
E und M 94 (1977), H. 3, S. 128–132

[303] Leder, H. W.
Digitales Steuergerät für selbstgesteuerte Stromrichter-Synchronmotoren mit verstellbarem Steuerwinkel.
ETZ-A 97 (1976), H. 10, S. 614–615
(Wie im Beitrag Pannicke/Gölz [309] beschrieben, sollte statt der Spannungs-Null-durchgangs-Erkennung zur Bildung der Steuerimpulse des maschinenseitigen Stromrichters vorteilhaft ein variabler Steuerwinkel verwendet werden. Der Beitrag zeigt eine Variante der Realisierung.)

[304] Leitgeb, W.
Die Maschinenausnutzung von Stromrichtermotoren bei unterschiedlichen Phasenzahlen und Schaltungen.
Archiv f. Elektrotechnik 57 (1975), H. 2, S. 71–84
(Die Synchronmaschine ist beim Stromrichtermotor häufig dreiphasig und der Stromrichter sechspulsig. Eine andere Variante ist eine zweimal dreiphasige SM und zwei sechspulsige Stromrichter, so daß sich bei phasenversetztem Ansteuern ein zwölfpulsiges Verhalten ergibt. Im Beitrag werden neun unterschiedliche Varianten der Schaltung „Stromrichtermotor" gegenübergestellt.)

[305] Lütkenhaus, H. J.
Drehmoment-Oberschwingungen bei Stromrichter-Motoren.
Techn. Mitt. AEG-Telefunken 48 (1975), H. 6, S. 201–204
(Bei Einprägung des sich nur sprungförmig bewegenden Statorstrombelages entstehen durch die sich zeitlich ändernde relative Lage von Polrad zu Statorstrombelag Drehmomentpendelungen.)

[306] Maurer, F.
Stromrichtergespeiste Synchronmaschine als Vierquadrant-Regelantrieb.
Dissertation, TU Braunschweig, 1975

[307] Ostermann, H.
Der fremdgesteuerte Stromrichtersynchronmotor mit steuerbarer Drehzahl.
Dissertation, TU Stuttgart, 1961

[308] Ostermann, H.
Der fremdgesteuerte Stromrichtersynchronmotor.
Archiv f. Elektrotechnik 48 (1963), H. 3, S. 167–189
(Grundlegende und umfassende Arbeit, in der das Verhalten des fremdgesteuerten Stromrichtermotors erläutert wird.)

[309] Pannicke, J.; Gölz, G.
Simulation zur Schonzeitregelung einer stromrichtergespeisten Synchronmaschine.
ETZ-A 99 (1978), H. 3, S. 138–141
(Zur Verringerung der Blindleistungsanforderungen (Steuerblindleistung) des maschinenseitigen Stromrichters an die Synchronmaschine wird der maschinenseitige Steuerwinkel in Abhängigkeit vom Zwischenkreisstrom so klein wie möglich gehalten.)

[310] Perret, R.; Jakubowitz, A.: Nougaret, M.
Simplified Model and Closed-Loop Control of a Commutatorless DC-Motor.
IEEE Trans. on Ind. Appl. IA-16 (1980), H. 2, S. 165–172
(Darstellung des Antriebssystems Stromrichtermotor als System dritter Ordnung und Reglerentwurf.)

[311] Saupe, R.; Senger, K.
Maschinengeführter Umrichter zur Drehzahlregelung von Synchronmaschinen.
Techn. Mitt. AEG-Telefunken 67 (1977), H. 1, S. 20–25
(Darstellung der Grundfunktionen einer Stromrichtermotor-Regelung wie Zuordnung
der Steuerwinkel der beiden Stellglieder und quasistationäre Regelvariante.)

[312] Saupe, R.
*Die drehzahlgeregelte Synchronmaschine – optimaler Leistungsfaktor durch
Einsatz einer Schonzeitregelung.*
ETZ 102 (1981), H. 1, S. 14–18

[313] Stöhr, M.
*Die Typenleistung kollektorloser Stromrichtermotoren bei der einfachen Sechs-
phasenschaltung.*
Archiv f. Elektrotechnik, Band XXXII (1938), H. 11, S. 691–720
(Erste deutsche Veröffentlichung über den Stromrichtermotor.)

[314] Vogelmann, H.
*Die permanenterregte stromrichtergespeiste Synchronmaschine ohne Polrad-
lagegeber als drehzahlgeregelter Antrieb.*
Dissertation, Univ. Karlsruhe, 1986

Stromzwischenkreis-Umrichter (I-Umrichter)

[315] Blumenthal, M. K.
Current Source Inverter with Low Speed Pulse Operation.
IEE Symposium London 1977, S. 88–91

[316] Bowes, S. R.; Bullough, R.
*Fast Modelling Techniques for Microprocessor Based Optimal Pulse-Width-
Modulated Control of Current-Fed Inverter Drives.*
IEE Proc., Part B 131 (1984), S. 149–158

[317] Bowes, S. R.; Bullough, R.
PWM Switching Strategies for Current-Fed Inverter Drives.
IEE Proc., Part B 131 (1984), S. 195–202

[318] Bystron, K.
*Strom- und Spannungsverhältnisse beim Drehstrom-Drehstrom-Umrichter mit
Gleichstromzwischenkreis.*
ETZ-A 87 (1966), H. 8, S. 264–271

[319] Espelage, P. M.; Nowak, J. M.; Walker, L. H.
*Symmetrical FTO-Current Source Inverter for Wide Speed Range Control of
2300 to 4160 Volt; 350 to 7000 Hp, Induction Motors.*
IEEE–IAS Conf. 1988, Vol. I, S. 302–306

[320] Fukuda, S.; Hasegawa, H.
Current Source Rectifier/Inverter System with Sinusoidal Currents.
IEEE–IAS Conf. 1988, Vol. I, S. 909–914

[321] Hintze, D.
*Asynchroner Vierquadranten-Drehstromantrieb mit Stromzwischenkreisum-
richter und oberschwingungsarmen Maschinengrößen.*
Dissertation, TU München, 1993

[322]   Hintze, D.; Schröder, D.
Four Quadrant AC-Motor Drive with a GTO Current Source Inverter with Low Harmonics and On Line Optimized Pulse Pattern.
IPEC Conf. 1990, Tokyo/Japan, April 1990, Vol. 1, S. 405–412

[323]   Hintze, D.; Schröder, D.
PWM Current Source Inverter with On-Line-Optimized Pulse Pattern Generation for Voltage and Current Control.
CICEM 91, Wuhan, China, Sept. 1991, S. 189–192

[324]   Hintze, D.; Schröder, D.
Induction Motor Drive with Intelligent Controller and Parameter Adaption.
IEEE–IAS Conf. 1992, Houston/USA, S. 970–977

[325]   Hombu, M.; Veda, A.; Matsuda, Y.
A New Current Source GTO Inverter with Sinusoidal Output Voltage and Current.
IEEE Trans. on Ind. Appl. IA-21 (1985), S. 1192–1198

[326]   Hombu, M. et al.
A Current Source GTO Inverter with Sinusoidal Inputs and Outputs.
IEEE Trans. on Ind. Appl. IA-23 (1987), No. 2, S. 247–255

[327]   Lienau, W.; Müller-Hellmann, A.
Möglichkeit zum Betrieb von stromeinprägenden Wechselrichtern ohne niederfrequente Oberschwingungen.
ETZ-A 97 (1976), H. 11, S. 663–667

[328]   Lienau, W.
Torque Oscillations in Traction Drives with Current Fed Asynchronous Machines.
Electrical Variable-Speed Drives Conf. 1979, S. 102–107
(siehe auch Beitrag Blumenthal [315])

[329]   Möltgen, G.
Simulationsuntersuchung zum Stromrichter mit Phasenfolgelöschung.
Siemens Forsch.- u. Entwickl.-Berichte 12 (1983), S. 166–175

[330]   Nonaka, S.; Neba, Y.
New GTO Current Source Inverter with Pulsewidth Modulation Control Techniques.
IEEE Trans. on Ind. Appl. IA-22 (1986), S. 666–672

[331]   Nonaka, S.; Neba, Y.
A PWM Current Source Type Converter-Inverter System for Bidirectional Power Flow.
IEEE–IAS Conf. 1988, Vol. I, S. 296–301

[332]   Schierling, H.; Weß, T.
Netzrückwirkungen durch Zwischenharmonische von Strom-Zwischenkreisumrichtern für drehzahlgeregelte Asynchronmotoren.
ETZ Archiv 9 (1987), H. 7, S. 219–223

[333]   Schröder, D.
Selbstgeführter Stromrichter mit Phasenfolgelöschung und eingeprägtem Strom.
ETZ-A 96 (1975), S. 520–523

[334] Schröder, D.; Moll, K.
       Applicable Frequency Range of Current Source Inverters.
       2nd IFAC Symposium 1977, S. 231–234

[335] Schröder, D.; Niermeyer, O.
       Current Source Inverter with GTO-Thyristors and Sinusoidal Motor Currents.
       ICEM-Conference, München, 1986, S. 772–776

[336] Weninger, R.
       Verfahren zur dynamisch richtigen Steuerung des Flusses bei der Drehzahlregelung von Asynchronmaschinen mit Speisung durch Zwischenkreisumrichter mit eingeprägtem Strom.
       ETZ Archiv 1 (1979), H. 12, S. 341–345

[337] Weninger, R.
       Drehzahlregelung von Asynchronmaschinen bei Speisung durch einen Zwischenkreisumrichter mit eingeprägtem Strom.
       Dissertation, TU München, 1982

[338] Weschta, A.
       Stromzwischenkreisumrichter mit GTO.
       ETG-Fachberichte 23 (1988), S. 315–332

Spannungszwischenkreis-Umrichter (U-Umrichter)

[339] Abraham, L.; Heumann, K.; Koppelmann, F.
       Wechselrichter zur Drehzahlsteuerung von Käfigläufermotoren.
       AEG-Mitt. 54 (1964), H. 1/2, S. 89–106
       (Eine der ersten grundlegenden Arbeiten über selbstgeführte Wechselrichter mit Thyristoren und Zwangskommutierung.)

[340] Abraham, L.; Heumann, K.; Koppelmann, F.
       Zwangskommutierte Wechselrichter veränderlicher Frequenz und Spannung.
       ETZ-A 86 (1965), H. 8, S. 268–274
       (Es werden verschiedene grundlegende Schaltungen zur Löschung von Thyristoren (ZCS) sowie die Pulsweitenmodulation dargestellt.)

[341] Abraham, L.; Heumann, K.; Koppelmann, F.; Patzschke, U.
       Pulsverfahren der Energieelektronik elektromotorischer Antriebe.
       VDE-Fachberichte 23 (1964), S. 239–252

[342] Adams, R. D.; Fox, R. S.
       Several Modulation Techniques for a Pulswidth Modulated Inverter.
       IEEE Trans. on Ind. Appl. IA-8 (1972), Nr. 5, S. 584–600

[343] Beck, H. P.; Michel, M.
       Spannungsrichter – ein neuer Umrichtertyp mit natürlicher Gleichspannungskommutierung.
       ETZ Archiv 3 (1981), H. 12, S. 427–432

[344] Bhagwat, P. M.; Stefanovic, V. R.
       Generalized Structure of Multilevel PWM Inverter.
       IEEE Trans. on Ind. Appl. IA-19 (1983), No. 6

[345] Bühler, H.
       Umrichtergespeiste Antriebe mit Asynchronmaschinen.

NT 4 (1974), S. 121–139
(Im Beitrag werden umfassend, beginnend bei der Leistungselektronik über die quasistationären Steuer- und Regelverfahren bis hin zur Feldorientierung, die Anforderungen und Ausführungsformen der verschiedenen Gebiete dargestellt.)

[346] Bystron, K.
Umrichter mit veränderlicher Zwischenkreisspannung zur Drehzahlsteuerung von Drehfeldmaschinen.
Tagung „Stromrichtergespeiste Drehfeldmaschinen", 11.4.1967, TH Darmstadt

[347] Cengelci, E.; Sulistijo, S. U.; Woo, B. O.; Enjeti, P.; Teodorescu, R.; Blaabjerg, F.
A New Medium Voltage PWM Inverter Topology for Adjustable Speed Drives.
IEEE–IAS Conf. Rec. (1998), S. 1-416–423

[348] Ettner, N. u.a.
Netzrückwirkungen umrichtergespeister Drehstromantriebe.
ETZ 109 (1988), H. 14, S. 626–629

[349] Hammond, P. W.
Medium Voltage PWM Drive and Method.
US Patent Nr. 5.625.545, USA 1997

[350] Kafo, T.; Miyao, K.
Modified Hysteresis Control with Minor Loops for Single-Phase Full-Bridge Inverters.
IEEE–IAS Conf. 1988, Vol. I, S. 689–693

[351] Lataire, P.
White Paper on the New ABB Medium Voltage Drive System, Using IGCT Power Semiconductors and Direct Torque Control.
EPE Journal 7 (1998), No. 3-4, S. 40–45

[352] Lipo, T. A.
Recent Progress in the Development of Solid-State AC Motor Drives.
IEEE Trans. on Power Electronics PE-3 (1988), No. 2, S. 105–117

[353] Matsuda, Y. et al.
Development of PWM Inverter Employing GTO.
IEEE Trans. on Ind. Appl. IA-19 (1983), No. 3, S. 335–342

[354] McMurray, W.; Shattuck, D. P.
A Silicon-Controlled Rectifier with Improved Commutation.
AIEE Trans. 80 (1961), Teil I, S. 531–542

[355] Meyer, M.
Beanspruchung von Thyristoren in selbstgeführten Stromrichtern.
Siemens-Z. 39 (1965), H. 5, S. 495–501

[356] Meynard, T. A.; Foch, H.
Imbricated Cell Multilevel VSI for High Voltage Applications.
EPE Journal 3 (1993), No. 2

[357] Nabae, A.; Takahashi, I.; Akagi, H.
A New Neutral Point Clamped PWM Inverter.
IEEE Trans. on Ind. Appl. IA-17 (1981), No. 5, S. 518–523

[358] Nestler, J.; Tzivelekas, I.
Kondensator-Löschschaltung mit Löschthyristor-Zweigpaar nach McMurray.

Teil I: Beschreibung der Löschvorgänge; Teil II: Analyse der Löschvorgänge.
ETZ Archiv 6 (1984), H. 2, S. 45–50 und H. 3, S. 83–90

[359] Penkowski, L. J.; Pruzinsky, K. E.
Fundamentals of a Pulsewidth Modulated Power Circuit.
IEEE Trans. on Ind. Appl. IA-8 (1972), No. 5, S. 584–600

[360] Pollack, J. J.
Advanced Pulsewidth Modulated Inverter Techniques.
IEEE Trans. on Ind. Appl. IA-8 (1972), No. 2, S. 145–154

[361] Salzmann, T.; Weschta, A.
Progress in Voltage Source Inverters (VSIs) and Current Source Inverters (CSIs) with Modern Semiconductor Devices.
IEEE–IAS Conf. Rec. (1987), S. 577–583

[362] Steimel, A.
GTO-Umrichter mit Spannungszwischenkreis.
ETG-Fachberichte 23 (1988), S. 333–341

[363] Steinke, J. K.
Steuerverfahren für Dreipunkt- und Mehrpunktwechselrichter für Antriebe im Megawatt-Leistungsbereich.
Habilitationsschrift, Univ. Bochum, 1992

[364] Teodorescu, R.; Blaabjerg, F.; Pedersen, J. K.; Cengelci, E.; Sulistijo, S. U.; Woo, B. O.; Enjeti, P.
Multilevel Converters – A Survey.
Proc. EPE, Lausanne 1999

[365] *Innovation in the Medium Voltage Range.*
Siemens Drive & Control Review (1998), Nr. 1

Asynchronmaschine: Regelung

[366] Albrecht, P.; Schlegel, T.; Siebert, J.
Digitale Steuerung und Regelung für Stromrichterantriebe.
Energie & Automation 9 (1987), Special „Drehzahlveränderbare elektrische Großantriebe", S. 66–75

[367] Blaschke, F.
Das Prinzip der Feldorientierung, die Grundlage für die Transvektor-Regelung von Drehfeldmaschinen.
Siemens-Z. 45 (1971), H. 10, S. 757–760

[368] Stanke, G.; Nyland, B.
Controller for sinusoidal and optimized PWM with pulse pattern changes without current transients.
2nd EPE Conf. 1987, Grenoble, S. 183–220

[369] Blaschke, F.
Das Verfahren der Feldorientierung zur Regelung der Asynchronmaschine.
Siemens Forsch.- und Entwickl.-Berichte (1972), S. 184–193

830   Literaturverzeichnis

[370]   Blaschke, F.
        Das Verfahren der Feldorientierung zur Regelung der Drehfeldmaschine.
        Dissertation, TU Braunschweig, 1974
[371]   Blaschke, F.; Bayer, K. H.
        Die Stabilität der feldorientierten Regelung von Asynchronmaschinen.
        Siemens Forsch.- u. Entwickl.-Berichte 7 (1978), Nr. 2, S. 77–81
[372]   Blaschke, F.; Ströle, D.
        Einsatz von Transformationen zur Entflechtung elektrischer Antriebsregelstrecken.
        Ansprachetag „Systeme mit verteilten Parametern und modale Regelung",
        22./23.2.1973
        (Bei Antrieben ändert sich beispielsweise beim Feldeingriff im allgemeinen die Verstärkung des Integrators der Mechanik. Das Antriebssystem kann als Mehrgrößensystem angesehen werden und mittels entkoppelnder Transformationen regelungstechnisch vereinfacht werden.)
[373]   Bowes, S. R.
        Development in PWM Switching Strategies for Microprocessor-Controlled Inverter Drives.
        IEEE–IAS Conf. Rec. (1987), S. 323–329
[374]   Depenbrock, M.
        Direkte Selbstregelung (DSR) für hochdynamische Drehfeldantriebe mit Stromrichterspeisung.
        ETZ Archiv 7 (1985), H. 7, S. 211–218
        (Im allgemeinen werden bei Drehfeldantrieben die Regelungen für das Drehmoment und den Fluß getrennt von den Stromregelungen realisiert. In diesem Beitrag werden eine integrierte Betrachtung aller drei Themenstellungen vorgeschlagen und grundsätzliche Wege der Realisierung aufgezeigt.)
[375]   Depenbrock, M.; Skrotzki, T.
        Drehmomenteinstellung im Feldschwächbereich bei stromrichtergespeisten Drehfeldantrieben mit direkter Selbstregelung.
        ETZ-A 9 (1987), H. 1, S. 3–8
[376]   Flöter, W.; Ripperger, H.
        Die Transvektor-Regelung für den feldorientierten Betrieb einer Asynchronmaschine.
        Siemens-Z. 45 (1971), S. 761–764
[377]   Flügel, W.
        Erweitertes Verfahren zur dynamisch richtigen Steuerung des Flusses bei der Drehzahlregelung von umrichtergespeisten Asynchronmaschinen.
        ETZ-A 99 (1978), H. 4, S. 185–188
        (Statt der feldorientierten Regelung, die eine Messung oder Schätzung des Fluß-Raumzeigers nach Orientierung und Amplitude erfordert, kann auf die Ermittlung des Fluß-Raumzeigers verzichtet werden. Statt dessen kann der Fluß gesteuert vorgegeben werden. In diesem Fall kann die Theorie der Entkopplung genutzt werden und mittels einfacher Netzwerke der Fluß gesteuert, das Drehmoment aber geregelt vorgegeben werden.)
[378]   Flügel, W.
        Steuerung des Flusses von umrichtergespeisten Asynchronmaschinen über Ent-

kopplungsnetzwerke.
ETZ Archiv 1 (1979), H. 12, S. 347–350

[379] Flügel, W.
Drehzahlregelung umrichtergespeister Asynchronmaschinen bei Steuerung des Flusses durch Entkopplungsnetzwerke.
Dissertation, TU München, 1981

[380] Flügel, W.
Drehzahlregelung der spannungsumrichtergespeisten Asynchronmaschine im Grunddrehzahl- und im Feldschwächbereich.
ETZ Archiv 4 (1982), H. 5, S. 143–150

[381] Gabriel, R.; Leonhard, W.; Norby, C.
Regelung der stromrichtergespeisten Drehstrom-Asynchronmaschine mit einem Mikrorechner.
Regelungstechnik 27 (1979), S. 379–386

[382] Gabriel, R.
Mikrorechnergeregelte Asynchronmaschine, ein Antrieb für hohe dynamische Anforderungen.
Regelungstechnik 32 (1984), H. 1, S. 18–26
(Im Beitrag wird der Aufbau und die Realisierung der feldorientierten Regelung bei Einsatz von Mikrorechnern dargestellt.)

[383] Hasse, K.
Zur Dynamik drehzahlgeregelter Antriebe mit stromrichtergespeisten Asynchron-Kurzschlußläufermaschinen.
Dissertation, TH Darmstadt, 1969
(Die erste grundlegende Arbeit zum Verständnis des dynamischen Verhaltens und der Regelung der ASM.)

[384] Heinemann,G.; Leonhard, W.
Self-Tuning Field Oriented Control of an Induction Motor Drive.
IPEC Tokyo/Japan (1990), Conf. Rec. Vol. 1, S. 465–472

[385] Heintze, K.; Tappeiner, H.; Weibelzahl, M.
Pulswechselrichter zur Drehzahlsteuerung von Asynchronmaschinen.
Siemens-Z. (1971), Nr. 3, S. 154–161

[386] Heumann, K.; Jordan, K. G.
Das Verhalten des Käfigläufermotors bei veränderlicher Speisefrequenz und Stromregelung.
AEG-Mitt. 54 (1964), H. 1/2, S. 107–116
(Ausführliche Darstellung des quasistationären Verhaltens der ASM, basierend auf dem Transformator-Ersatzschaltbild.)

[387] Hinkkanen, M.
Analysis and design of full-order flux observers for sensorless induction motors.
IEEE Trans. Ind. Electron., Vol. 51, No. 5, Oct. 2004, S. 1033-1040

[388] Hinkkanen, M.; Leppänen, V.-M.; Luomi, J.
Flux observer enhanced with low-frequency signal injection allowing sensorless zero-frequency operation of induction motors.
IEEE Trans. Ind. Appl., Vol. 41, No. 1, Jan./Feb. 2005, S. 52-59

[389] Hinkkanen, M.; Luomi, J.
Stabilization of regenerating-mode operation in sensorless induction motor dri-

ves by full-order flux observer design.
IEEE Trans. Ind. Electron., Vol. 51, No. 6, Dec. 2004, S. 1318-1328

[390] Jansen, P.L.; Lorenz, R.D.
Transducerless Position and Velocity Estimation in Induction and Salient AC Machines.
IEEE Trans. on Industry Applications, Vol. IA-31 (1995), No. 2, S. 240- 247

[391] Jötten, R.
Regelkreise mit Stromrichtern.
AEG-Mitt.; Vol. 48 (1958), No. 11/12, S. 613-621

[392] Jötten, R.
Die Berechnung einfach und mehrfach integrierender Regelkreise der Antriebstechnik.
AEG-Mitt.; Vol. 59 (1969), S. 331-336

[393] Jötten, R.; Maeder, G.
Control Methods for Good Dynamic Performance Induction Motor Drives Based on Current and Voltage as Measured Quantities.
IEEE Trans. on Industry Applications, Vol. IA-19 (1983), No. 3, S. 356- 363

[394] Kohlmeier, H.; Niermeyer, O.; Schröder, D.
High Dynamic Four-Quadrant AC-Motor Drive with Improved Power-Factor and On-Line Optimized Pulse Pattern with PROMC.
EPE-Conference Brüssel, 1985, S. 3.173–3.178;
IEEE–IAS Annual Meeting Toronto, October 1985 S. 1081–1086;
IEEE Trans. on Ind. Appl. IA-23 (1987), No. 6, S. 1001–1009

[395] Kohlmeier, H.; Schröder, D.
GTO-Pulse Inverters with On-Line Optimized Pulse Patterns for Current Control.
ICEM-Conference, München, 1986, S. 668–671

[396] Kohlmeier, H.; Schröder, D.
Control of a Double Voltage Inverter System Coupling a Three Phase Mains with an AC-Drive.
IEEE–IAS 22nd Annual Meeting Atlanta, 1987

[397] Kohlmeier, H.
Regelung der Asynchronmaschine durch Einsatz netz- und maschinenseitiger Pulsstromrichter mit optimierten asynchronen Pulsmustern.
Dissertation, TU München, 1989

[398] Korb, F.
Einstellung der Drehzahl von Induktionsmotoren durch antiparallele Ventile auf der Netzseite.
ETZ-A 86 (1965), H. 8, S. 275–279
(Darstellung des Drehzahl-Drehmoment-Verhaltens einer ASM bei Speisung mit einem Drehspannungssteller.)

[399] Niermeyer, O.; Schröder, D.
New Predictive Control Strategy for PWM-Inverters.
EPE 87, Grenoble, Sept. 1987, S. 647–652

[400] Niermeyer, O.; Schröder, D.
Induction Motor Drive with Parameter Identification Using a New Predictive

Current Control Strategy.
PESC 89, Wisconsin/USA, Juni 1989, S. 287–294

[401] Niermeyer, O.; Schröder, D.
AC-Motor Drive with Generative Breaking and Reduced Supply Line Distortion.
EPE 89, Aachen, Okt. 1989, S. 1021–1026

[402] Niermeyer, O.
Netzfreundlicher, drehzahlvariabler 4-Quadranten Asynchronmaschinenantrieb mit prädiktiven Stromregelungen.
Dissertation, TU München, 1991

[403] Patel, S. P.; Hoft, R. G.
Generalized Techniques of Harmonic Elimination and Voltage Control in Thyristor Inverters:
Part I: Harmonic Elimination; Part II: Voltage Control Techniques.
IEEE Trans. on Ind. Appl. IA-9 (1973), Nr. 3, S. 310–317 und IA-10 (1974), Nr. 5, S. 666–673

[404] Pfaff, G.
Zur Dynamik des Asynchronmotors bei Drehzahlsteuerung mittels veränderlicher Speisefrequenz.
ETZ-A 85 (1964), H. 22, S. 719–724
(Darstellung der ASM unter Verwendung der Raumzeigerdarstellung sowie Ableitung des Strukturbildes, allerdings noch keine Einführung der Feldorientierung.)

[405] Pfaff, G.; Wick, A.
Direkte Stromregelung bei Drehstromantrieben mit Pulswechselrichtern.
rtp 24 (1983), H. 11, S. 472–477
(Im Beitrag wird ein Pulsweitenmodulations-Verfahren vorgestellt, bei dem bei fest vorgebbarer Abtastzeit der Stromregelung aus der Orientierung und Amplitude des komplexen Raumzeigers der Spannung jeweils die Einschaltzeiten der beiden nächstliegenden Spannungs-Raumzeiger des Umrichters bzw. des Nullzeigers berechnet werden.)

[406] Pollmann, A.; Gabriel, R.
Zündsteuerung eines Pulswechselrichters mittels Mikrorechners.
rtp 22 (1980), S. 145–150
(Darstellung, wie ein Pulsweitenmodulator bei Verwendung eines Mikrorechners realisiert werden kann.)

[407] Pollmann, A.
A Digital Pulsewidth Modulator Employing Advanced Modulation Techniques.
IEEE Trans. on Ind. Appl. IA-19 (1983), S. 409–414

[408] Schierling, H.; Jötten, R.
Control of the Induction Machine in the Field weakening range.
Control in Power Electronics and Drives. IFAC Symp. 1983, S. 297–304

[409] Schörner, J.
Ein Beitrag zur Drehzahlsteuerung von Asynchronmaschinen über Pulsumrichter.
Dissertation, TU München, 1975

[410] Schröder, D.
Control of AC-Machines. Decoupling and Field Orientation. Modern Integrated

Electrical Drives (MIED): Current Status and Future Developments.
Course Notes, The European Association for Electrical Drives, Mailand, Mai 1989, S. 45–47

[411] Schröder, D.
Model Based Predictive Control for Electrical Drives – Integrated Design and Practical Results.
ESPRIT-CIM Workshop on Computers Integrated Design of Controlled Industrial Systems. Paris, April 1990, S. 112–124

[412] Schröder, D.
Digital Control Strategies for Drives.
First European Control Conference ECC 1991, Grenoble, WP 5, S. 1111–1116

[413] Schröder, D.
Direct Digital Control Strategies.
ISPE 1992, Seoul, S. 486–495

[414] Steinke, J. K.
Grundlagen für die Entwicklung eines Steuerverfahrens für GTO-Dreipunktwechselrichter für Traktionsantriebe.
ETZ Archiv 10 (1988), H. 7, S. 215–220

[415] Steinke, J. K.
Pulsbreitenmodulationssteuerung eines Dreipunktwechselrichters für Traktionsantriebe im Bereich niedriger Motordrehzahlen.
ETZ Archiv 11 (1989), H. 1, S. 17–24

[416] Takahashi, I.; Mochikawa, H.
Optimum PWM Waveforms of an Inverter for Decreasing Acoustic Noise of an Induction Motor.
IEEE Trans. on Ind. Appl. IA-22 (1986), No. 5, S. 828–834

[417] van der Broeck, H.
Auswirkungen der Pulsweitenmodulation hoher Taktzahl auf die Oberschwingungsbelastung einer Asynchronmaschine bei Speisung durch einen U-Wechselrichter.
Archiv f. Elektrotechechnik 68 (1985), S. 279–291

Synchronmaschine

[418] Bauer, F.; Heining, H.-D.
Quick Response Space Vector Control for a High Power Three-Level-Inverter Drive.
EPE Aachen, 1989, S. 417-421

[419] Bayer, K. H.; Waldmann, H.; Weibelzahl, W.
Die TRANSVEKTOR-Regelung für den feldorientierten Betrieb einer Synchronmaschine.
Siemens-Z. 45 (1971), H. 10, S. 765–768

[420] Bayer, K. H.; Waldmann, H.; Weibelzahl, W.
Field Oriented Closed-Loop Control of a Synchronous Machine with the New

TRANSVEKTOR Control System.
Siemens Review 34 (1972), Nr. 5, S. 220–223

[421]   Canay, M.
*Ersatzschemata der Synchronmaschine sowie Vorausberechnung der Kenn-
größen mit Beispielen.*
Dissertation, EPUL Lausanne, 1968

[422]   Eichmann, D.; Neuffer, I.; Sarioglu, M. K.
Ein Simulator zum Nachbilden von Synchronmaschinen.
Siemens-Z. 42 (1968), H. 9, S. 780-783

[423]   Haböck, A.
Antriebe mit stromrichtergespeisten Synchronmaschinen.
Neue Technik 16 (1974), S. 93–108
(Beschreibt das fremd- und das vorteilhaftere eigengesteuerte Verhalten der Synchron-
maschine.)

[424]   Hosemann, G.
*Größenrichtiges Ersatzschaltbild des Synchronmaschinenläufers und seine ex-
perimentelle Ermittlung.*
ETZ-A 88 (1967), S. 333-339

[425]   Kreuth, H. P.
Die Induktivitäten der homopolaren Synchronmaschine im Zweiachsensystem.
ETZ-A 94 (1973), S. 483-487

[426]   Naunin, D.
Die Grundgleichungen für das dynamische Verhalten von Drehfeldmaschinen.
Wiss. Berichte AEG-Telefunken 43 (1970), H. 3/4, S. 257-266

[427]   Naunin, D.
*Die Darstellung des dynamischen Verhaltens der Synchronmaschine durch
VZ_1-Glieder.*
ETZ-A 95 (1974), H. 6, S. 333–338
(Beschreibt das dynamische Verhalten der Synchronmaschine durch VZ_1-Glieder.)

[428]   Strahan, R.
*Energy Conversion by Permanent Magnet Machines and Novel Development
of the Single Phase Synchronous Permanent Magnet Motor*
Dissertation, University of Canterbury (Christchurch), 1998

[429]   Taegen, F.; Homes, E.
Die Gleichungen der Synchronmaschine und ihr mathematisches Modell.
Archiv f. Elektrotechnik 56 (1974), S. 194-204

[430]   Waldmann, H.; Weibelzahl, M.; Wolf, J.
Ein elektronisches Modell der Synchronmaschine.
Siemens Forsch.- u. Entwickl.-Berichte 1 (1972), Nr. 1

Reluktanz-Synchronmaschine

[431] Yang, N.; Luo, G.; Liu, W.; Wang, K.
Interior Permanent Magnet Synchronous Motor Control for Electric Vehicle Using Look-up Table.
IEEE 7th International Power Electronics and Motion Control Conference - ECCE Asia, 2012

[432] Meyer, M.
Wirkungsgradoptmierte Regelung hoch ausgenutzter Permanentmagnet-Synchronmaschinen im Antriebsstrang von Automobilen
Dissertation, Universität Paderborn, 2010

[433] Meyer, M.; Böcker, J.
Optimum Control of Interior Permanent Magnet Synchronous Motors (IPMSM) in Constant Torque and Flux Weakening Range
European Power Electronics Conference (EPE-PEMC), 2006

[434] Jung, S.-Y.; Hong, J.; Nam, K.
Current Minimizing Torque Control of the IPMSM using Ferrari's Method
IEEE Transaction on Power Electronics, Vol. 28, 2013

[435] Morimoto, S.; Sanada, M.; Takeda, Y.
Wide-Speed Operation of Interior Permanent-Magnet Synchronous Motors with High-Performance Current Regulator
IEEE Transactions on Industry Applications, Vol. 30, 1994

[436] Preindl, M.; Bolognani, S.
Optimal State Reference Computation with Constrained MTPA Criterion for PM Motor Drives
IEEE Transactions on Power Electronics, Vol. 30, 2015

[437] Eldeeb, H.; Hackl, C.M.; Kullick
Efficient operation of anisotropic synchronous machines for wind energy systems
Journal of Physics: Conference Series - The Science of Making Torque from Wind (TORQUE2016), 2016

[438] Eldeeb, H.; Hackl, C.M.; Horlbeck, L.; Kullick, J.
A unified theory for optimal feedforward torque control of anisotropic synchronous machines
International Journal of Control, Vol. 91, 2018

[439] Hackl, C.M.; Kullick, J.; Eldeeb, H.; Horlbeck, L.
Analytical computation of the optimal reference currents for MTPC/MTPA, MTPV and MTPF operation of anisotropic synchronous machines considering stator resistance and mutual inductance
19th European Conference on Power Electronics and Applications (EPE-ECCE), 2017

[440] Eldeeb, H.; Hackl, C.M.; Kullick, J.; Horlbeck, L.
Analytical solutions for the optimal reference currents for MTPC/MTPA, MTPV and MTPF control of anisotropic synchronous machines
IEEE International Electric Machines and Drives Conference (IEMDC), 2017

[441] Hackl, C.M.; Kullick, J.; Monzen, N.
Optimale Betriebsführung von nichtlinearen Synchronmaschinen in Elektrische
Antriebe - Regelung von Antriebssystemen - 5. Auflage, 2020.

[442] Bonifacio, J.
Sensorless and Energy Efficient Control of Synchronous Machines for Auto-
motive Applications
Dissertation, Technische Universität München - TUM.University Press, 2019

[443] Jeong, Y.-S.; Sul, S.-K; Hiti, S.; Rahman, K.
Online Minimum-Copper-Loss Control of an Interior Permanent-Magnet Syn-
chronous Machine for Automotive Applications
IEEE Transactions on Industry Applications, Vol. 42, 2006

[444] Lee, J.; Nam, K.; Choi, S.; Kwon, S.
Loss-Minimizing Control of PMSM with the Use of Polynomial Approximations
IEEE Transactions on Power Electronics, Vol. 24, 2009

[445] Bonifacio, J. ; Kennel, R.
On Considering Saturation and Cross-Coupling Effects for Copper Loss Mini-
mization on Highly Anisotropic Synchronous Machines
IEEE Transactions on Industry Applications, Vol. 54, 2018

[446] Bolognani, S.; Petrella, R.; Prearo, A., Sgarbossa, L.
Automatic Tracking of MPTA Trajectory in IPM Motor Drives Based on AC
Current Injection
IEEE Energy Conversion Congress and Exposition - ECCE 2009

[447] Kim, S.; Yoon, Y.-D; Sul, S.-K.; Ide, K.;
Maximum Torque per Ampere (MTPA) Control of an IPM Machine Based on
Signal Injection Considering Inductance Saturation
IEEE Transactions on Power Electronics, Vol. 28, 2013

[448] Antonello, R.; Carraro, M.; Zigliotto, M.
Maximum-Torque-Per-Ampere   Operation   of   Anisotropic   Synchronous
Permanent-Magnet Motors Based on Extremum Seeking Control
IEEE Transactions on Industrial Electronics, Vol. 61, 2014

[449] Antonello, R.; Ortombina L.; Tinazzi, F.; Zigliotto, M.
Advanced Current Control of Synchronous Reluctance Motors
IEEE 12th International Conference on Power Electronics and Drive Systems
(PEDS), 2017

[450] Hackl, C.M.; Kamper, M.J.; Kullick, J.; Mitchell, J.
Current control of reluctance synchronous machines with online adjustment of
the controller parameters
IEEE 25th International Symposium on Industrial Electronics (ISIE), 2016

[451] Böcker, J.; Beineke, S.; Bahr, A.
On the control bandwidth of servo drives
13th European Conference on Power Electronics and Applications, 2009

[452] Gemaßmer, T.
Effiziente und dynamische Drehmomenteinprägung in hoch ausgenutzten Syn-
chronmaschinen mit eingebetteten Magneten
Dissertation, Karlsruhe Institut für Technologie

[453] Awan, H.A.A.; Saarakkala, S.E.; Hinkkanen, M.
       Flux-Linkage-Based Current Control of Saturated Synchronous Motors
       IEEE Transactions on Industry Applications, Vol. 55, 2019

Reluktanzmaschine

[454] Acarnlay, P. P.; Hughes, A.
       *Machine/Drive Circuit Interactions in Small Variable-Reluctance Stepping and
       Brushless DC Motor System.*
       IEEE Trans. on Industrial Electronics IE-35 (1988), S. 67–74

[455] Akardan, A. A.; Kielgas, B. W.
       *Switched Reluctance Motor Drive Systems Dynamic Performance Prediction
       and Experimental Verification.*
       IEEE Trans. on EC Vol. EC-9 (1994), No. 1, S. 36–44

[456] Akardan, A. A.; Kielgas, B. W.
       *Switched Reluctance Motor Drive Systems Dynamic Performance Prediction
       under Internal and External Fault Conditions.*
       IEEE Trans. on EC Vol. EC-9 (1994), No. 1, S. 45–51

[457] Backhaus, K.
       *Spannungseinprägendes Direktantriebssystem mit schnellaufender geschalteter
       Reluktanzmaschine.*
       Dissertation, RWTH Aachen, 1995

[458] Barrass, P. G.; Mecrow, B. C.
       Torque Control of Switched Reluctance Drives.
       Proc. ICEM, Vigo 1996, Vol. I, S. 254–260

[459] Bausch, H.; Rieke, B.
       Speed and Torque Control of Thyristor-Fed Reluctance Motors.
       Proc. ICEM, Wien 1976, Pt. 1, S. I28-1–10

[460] Bausch, H.; Rieke, B.
       Performance of Thyristor-Fed Electric Car Reluctance Machines.
       Proc. ICEM, Brüssel 1978, Pt. 2, E4, S. 2-1–10

[461] Bausch, H.; Greif, A.; Kanelis, K.; Nickel, A.
       Torque Control of Battery-Supplied Reluctance Drives for Electric Vehicles.
       Proc. ICEM, Vigo 1996, Vol. II, S. 229–234

[462] Bausch, H.; Kanelis, K.
       *Feedforward Torque Control of a Switched Reluctance Motor Based on Static
       Measurements.*
       ETEP Vol. 7 (1997), No. 6, S. 373–380

[463] Bausch, H.; Greif, A.; Nickel, A.
       *Performance Characteristics of an EUROPED-Medium SRD for Electric
       Vehicles.*
       Proc. SPEEDAM, Sorrent (1998), S. B2-1–6

[464] Bianchi, N.; Bolognani, S.; Zigliotto, M.
       Prediction of Iron Losses in Switched Reluctance Motors.
       Proc. PEMC, Budapest 1996, Vol. III, S. 223–228

[465] Byrne, J. V.; O'Dwyer, J. B.
Saturable Variable Reluctance Machine Simulation Using Exponential Functions.
Proc. of the Int. Conf. on Stepping Motors and Systems, Univ. of Leeds, 1976, S. 11–16

[466] Byrne, J. V.; McMullin, M.
Design of a Reluctance Motor as a 10 kW Spindle Drive.
Motorcon Proceedings, 1982, S. 10–24

[467] Byrne, J. V.; Lacy, J. G.
Charcteristics of Saturable Stepper and Reluctance Motors.
IEE Conf. Publ. No. 136, Small Electrical Machines (1976), S. 93–96

[468] Byrne, J. V.; O'Dwyer, J. B.; McMullin, M. F.
A High-Performance Variable Reluctance Motor Drive: A New Brushless Servo.
Motorcon Proceedings 1985, S. 147–160

[469] Cameron, D.; Lang, J.; Umans, S.
The Origin and Reduction of Acoustic Noise in Doubly Salient Variable-Reluctance Motors.
IEEE Trans. IAS 28 (1992), Nr. 6, S. 1250–1255

[470] Corda, J.; Masic, S.; Stephenson, J. M.
Computation and Experimental Determination of Running Torque Waveforms in Switched Reluctance Motors.
IEE Proceedings Vol. 140 (1993), Pt. B, No. 6, S. 387–392

[471] Davis, R. M.; Ray, W. F.; Blake, R. J.
Inverter Drive for Switched Reluctance Motor: Circuits and Component Ratings.
Proc. IEE Electric Power Applications Vol. 128 (1981), No. 2, S. 126–136

[472] El-Khazendar, M. A.; Stephenson, J. M.
Analysis and Optimization of the 2-Phase Self-Starting Switched Reluctance Motor.
Proc. ICEM, München 1986, Pt. 3, S. 1031–1034

[473] Ferreira, C.; Jones, W.
Detailed Design of a 30 kW Switched Reluctance Starter/Generator for a Gas Engine Application.
IEEE–IAS Annual Meeting, Toronto 1993, S. 97–105

[474] Finch, J. W.; Harris, M. R.; Musoke, A.; Metwally, H.
Variable-Speed Drives Using Multi-Tooth per Pole Switched Reluctance Motors.
13. Incremental Motion Control Systems Society Symp., Univ. of Illinois (1984), S. 293–302

[475] Evers, Ch.; Wörner, K; Hoffmann, F.; Steimel, A.
Fluxguided control strategy for pulse pattern changes without transients of torque and current for high power IGBT-inverter drives.
Proc. EPE 2003

[476] Finch, J.; Faiz, J.; Metwally, H.
Design Study of Switched Reluctance Motor Performance.
IEEE–IAS Annual Meeting, Houston 1992, S. 242–247

840   Literaturverzeichnis

[477] Fulton, N. N.; Lawrenson, P. J.
       Switched Reluctance Drives for Electric Vehicles: a Comparative Assessment.
       Proc. of Intelligent Motion Conf. (1993), S. 562–579
[478] Goldenberg, A. A.; Laniado, I.; Kuzan, P.; Zhou, C.
       Control of Switched Reluctance Motor Torque for Force Control Applications.
       IEEE Trans. on Industrial Electronics IE-41 (1994), No. 4, S. 461–466
[479] Gotovac, S.
       Geschalteter Reluktanzmotor für Positionierantriebe.
       Dissertation, Univ. Berlin, 1994
[480] Harris, M. R.; Andjargholi, V.; Lawrenson, P. J.; Hughes, A.; Ertran, B.
       Limitations on Reluctance Torque in Doubly-Salient Structures.
       Proc. of the Int. Conf. on Stepping Motors and Systems, Univ. of Leeds, 1974,
       S. 158–168
[481] Harris, M. R.; Hughes, A.; Lawrenson, P. J.
       Static Torque Production in Saturated Doubly-Salient Machines.
       IEE Proceedings Vol. 122 (1975), No. 10, S. 1121–1127
[482] Harris, M. R.; Finch, J. W.; Mallick, J. A.; Miller, T. J. E.
       A Review of the Integral-Horsepower Switched Reluctance Drive.
       IEEE Trans. on Ind. Appl. IA-22 (1986), S. 716–721
[483] Harris, M. R.; Miller T. J. E.
       *Comparison of Design and Performance Parameters in Switched Reluctance
       and Induction Motors.*
       IEE Conference on Electrical Machines and Drives, London 1989, S. 303–307
[484] Hayashi, Y.; Miller, T. J. E.
       A New Approach to Calculating Core Losses in the SRM.
       IEEE Trans. on Ind. Appl. IA-31 (1995), No. 5, S. 1039–1046
[485] Hendershot, J. R.
       Short Flux Paths Cool SR Motors.
       Machine Design 1998, S. 106–111
[486] Hutton, A. J.; Miller, T. J. E.
       Use of Flux-Screens in Switched Reluctance Motors.
       IEE Fourth Int. Conf. on Electrical Machines and Drives (1991), S. 312–316
[487] Krishnan, R.; Arumugam, R.; Lindsay, F.
       Design Procedure for Switched Reluctance Motors.
       IEEE Trans. IAS Vol. 24 (1988), No. 3, S. 456–460
[488] Lawrenson, P. J.; Stephenson, J. M.; Blenkinsop, P. T.; Corda, J.; Fulton,
       N. N.
       Variable Speed Switched Reluctance Motors.
       Proc. IEE Electric Power Applications Vol. 127 (1980), No. 4, S. 253–265
[489] Lawrenson, P. J.
       Switched Reluctance Drives: A Perspective.
       Proc. ICEM, Manchester 1992, Vol. I, S. 12–21
[490] Lawrenson, P. J.
       A Brief Status Review of Switched Reluctance Drives.
       EPE Journal 2 (1992), No.3, S. 133-144

[491] Lovatt, H. C.; Stephenson, J. M.
Measurement of Magnetic Characteristics of Switched-Reluctance Motors.
Proc. ICEM, Manchester 1992, Vol. 2, S. 465–469

[492] Lovatt, H. C.; Stephenson, J. M.
Influence of the Number of Poles per Phase in Switched Reluctance Motors.
IEE Proceedings Vol. 139 (1992), Pt. B, No. 4, S. 307–314

[493] MacMinn, S.; Jones, W.
A Very High Speed Switched Reluctance Starter-Generator for Aircraft Engine Applications.
Proceedings of NAECON, Dayton 1998, S. 1758–1764

[494] Materu, P.; Krishnan, R.
Steady-State Analysis of the Variable-Speed Switched Reluctance Motor Drive.
IEEE Trans. on Industrial Electronics IE-36 (1989), No. 4, S. 523–529

[495] Materu, P.; Krishnan, R.
Estimation of Switched Reluctance Motor Losses.
IEEE Trans. on Ind. Appl. Vol. IA-28 (1992), No. 3, S. 668–679

[496] Miller, T. J. E.
Converter Volt-Ampere Requirements of the Switched Reluctance Motor Drive.
IEEE Trans. on Ind. Appl. Vol. IA-21 (1985), No. 5, S. 1136–1144

[497] Miller, T. J. E.; Bose, B. K.; Szcensny, P. M.; Bicknell, W. H.
Microcomputer Control of Switched Reluctance Motor.
IEEE Trans. on Ind. Appl. Vol. IA-22 (1986), S. 708–715

[498] Miller, T. J. E.
Switched Reluctance Motor Drives.
PCIM Reference Book, Intertec Communications Inc., Ventura, California, 1988

[499] Miller, T. J. E.
Brushless Permanent-Magnet and Reluctance Motor Drives.
Oxford Science Publication, Clarendon Press, Oxford, 1989

[500] Miller, T. J. E.; McGilp, M.
Nonlinear Theory of the Switched Reluctance Motor for Rapid Computer-Aided Design.
IEE Proceedings Vol. 137 (1990), Pt. B, No. 6, S. 337–347

[501] Miller, T. J. E.; Cossar, C.; Anderson, D.
A New Control IC for Switched Reluctance Motor Drives.
IEE Conf. on Power Electronics and Variable-Speed Drives, London 1990, S. 331–335

[502] Miller, T. J. E.
PC-SRD 4 (CAD-Software for Switched Reluctance Drives).
SPEED Consortium, University of Glasgow, 1991

[503] Miller, T. J. E.
Switched Reluctance Motors and Their Control.
Magna Physics Publishing and Clarendon Press, Oxford 1993

[504] Miller, T. J. E.; Blaabjerg, F.; Kjer, P. C.; Cossar, C.
Efficiency Optimization in Current Controlled Variable-Speed Switched Reluctance Motor Drives.
Proc. EPE, Sevilla 1995, S. 3.741–3.747

[505] Moghbelli, H.; Adams, G.; Hoft, R.
Prediction of the Instantaneous and Steady State Torque of the Switched Reluctance Motor Using the Finite Element Method (FEM).
IEEE–IAS Annual Meeting, Pittsburgh 1988, S. 59–70

[506] Moghbelli, H.; Adams, G.; Hoft, R.
Performance of a 10-Hp Switched Reluctance Motor and Comparison with Induction Motors.
IEEE Trans. IAS, Vol. 27 (1991), No. 3, S. 531–537

[507] Moghbelli, H.; Rashid, M.
The Switched Reluctance Motor Drive: Characteristics and Performance.
Proc. EPE, Florenz 1991, Vol. 1, S. 398–403

[508] Nickel, A.
Die Geschaltete Reluktanzmaschine als gesteuerte Drehmomentquelle.
Dissertation, Universität der Bundeswehr München, 1998

[509] Orthmann, R.; Schöner, H. P.
Turn-Off Angle Control of Switched Reluctance Motors for Optimum Torque Output.
Proc. EPE, Brighton 1993, S. 20–25

[510] Oza, A. R.; Krishnan, R.; Adkar, S.
A Microprocessor Control Scheme for Switched Reluctance Motor Drives.
Proc. IECON 1987, S. 448–453

[511] Panda, S. K.; Amaratunga, G. A. J.
Waveform Detection Technique of Indirect Rotor-Position Sensing of Switched Reluctance Motor Drives.
IEE Proceedings Vol. 140 (1993), Pt. B, No. 1, S. 80–88

[512] Ray, W. F.; Davis, R. M.; Blake, R. J.
The Control of SR Motors.
Conf. on Applied Motion Control, Minneapolis 1986, S. 137–145

[513] Ray, W. F.; Lawrenson, P. J.; Davis, R. M.; Stephenson, J. M.; Fulton, N. N.; Blake, R. J.
High Performance Switched Reluctance Brushless Drives.
IEEE Trans. on Ind. Appl. Vol. IA-22 (1986), No. 4, S. 722–730

[514] Reay, D.; Green, T.; Williams, B.
Neural Networks Used for Torque Ripple Minimization from a Switched Reluctance Motor.
Proc. EPE, Brighton 1993, Vol. I, S. 1–6

[515] Reinert, J.
Optimierung der Betriebseigenschaften von Antrieben mit geschalteter Reluktanzmaschine.
Dissertation, RWTH Aachen, 1998

[516] Richter, E.
Switched Reluctance Machines for High Performance Operations in a Harsh Environment.
Proc. of the ICEM, Boston 1990, Vol. 1, S. 18–47

[517] Richter, E.; Radun, A. V.; Ferreira, C.; Ruckstadtler, E.
An Integrated Electrical Starter/Generator System for Gas Turbine Applicati-

on, Design and Test Results.
Proc. ICEM, Paris 1994, Vol. 3, S. 286–291

[518] Rieke, B.
The Microprocessor Control of a Four Phase Star-Connected Multi-Pole Reluctance Motor.
Proc. ICEM, Athen 1980, Part. 1, S. 394–401

[519] Rieke, B.
Untersuchung zum Betriebsverhalten stromrichtergespeister Reluktanzantriebe.
Dissertation, Hochschule der Bundeswehr München, 1981

[520] Schenke, T.; Oesingmann, D.
Drehmomentwelligkeit von geschalteten Reluktanzmotoren.
VDI-Bericht Nr. 1269 (1996), S. 389–398

[521] Schramm, D.; Williams, B.; Green, T.
Optimum Communication-Current Profile on Torque Linearization of Switched Reluctance Motors.
Proc. ICEM, Manchester 1992, Vol. II, S. 484–488

[522] Steiert, U.
Drehmomentsteuerung einer Reluktanzmaschine mit beidseitig ausgeprägten Polen und geringer Drehmomentwellligkeit.
Dissertation, Univ. Karlsruhe, 1992

[523] Steiert, U.; Späth, H.
Torque Control of the Doubly-Salient Reluctance Motor.
ETEP Vol. 3 (1993), No. 4, S. 265–272

[524] Stephenson, J. M.; Corda, J.
Computation of Torque and Current in Doubly Salient Reluctance Motors from Nonlinear Magnetization Data.
IEE Proceedings, Vol. 126 (1979), No. 5, S. 393–396

[525] Stephenson, J. M.; El-Khazendar, M.
Saturation in Doubly Salient Reluctance Motors.
IEE Proceedings Vol. 136 (1989), Pt. B, No. 1, S. 50–58

[526] Stephenson, J. M.; Blake, R. J.
The Design and Performance of a Range of General-Purpose SR-Drives from 1 kW to 110 kW.
Proc. IEEE–IAS Conf., San Diego 1989, S. 99–107

[527] Stephenson, J. M.; Lovatt, H. C.
Measurement of Magnetic Characteristics of Switched Reluctance Motors.
Proc. ICEM, Manchester 1992, Vol. 2, S. 465–469

[528] Stiebler, M.; Li, R.
Calculation of Magnetic Field of a Switched Reluctance Motor Using a Microcomputer.
ETEP Vol. 2 (1992), No. 2, S. 97–100

[529] Stiebler, M.; Ge, J.
A Low Voltage Switched Reluctance Motor with Experimentally Optimized Control.
Proc. ICEM, Manchester 1992, Vol. II, S. 532–536

[530]   Stiebler, M.
        Der geschaltete Reluktanzmotor – Eigenschaften und Aussichten.
        Drives, 1993, S. 385–396

[531]   Sugden, D.; Webster, P.; Stephenson, J. M.
        The Control of SR Drives: Review and Current Status.
        Proc. EPE, Aachen 1989, Vol. I, S. 35–40

[532]   Torrey, D. A.; Lang, J. H.
        Optimal Efficiency Excitation of Variable Reluctance Motor Drives.
        IEE Proceedings Vol. 138 (1991), Pt. B, Nr. 1, S. 1–14

[533]   van der Broeck, H.; Gerling, D.; Bolte, E.
        Switched Reluctance Drive and PWM Induction Motor Drive Compared for Low Cost Applications.
        Proc. EPE, Brighton 1993, S. 71–75

[534]   Wehner, H.-J.
        Untersuchung eines Antriebs mit geschaltetem Reluktanzmotor.
        ETG-Fachbericht 47, 1993, S. 207–214

[535]   Wehner, H.-J.
        Untersuchung der Schwingungsanregung bei geschalteten Reluktanzmotoren.
        ETG-Fachbericht 57, 1995, S. 137–142

[536]   Wehner, H.-J.
        Betriebseigenschaften, Ausnutzung und Schwingungsverhalten bei geschalteten Reluktanzmotoren.
        Dissertation, Univ. Erlangen-Nürnberg, 1997

[537]   Williams, S.; Shaikh, A.
        Three Dimensional Effects in λ/i Diagrams for Switched Reluctance Motors.
        Proc. ICEM, Manchester 1992, Vol. II, S. 489–493

[538]   Wolf, J.; Späth, H.
        Switched Reluctance Motor with 16 Stator Poles and 12 Rotor Teeth.
        Proc. EPE, Trondheim 1997, Vol. 3, S. 3.558–3.563

Geberlose Reluktanzmaschine

[539]   Acarnlay, P. P.; Hill, R. J.; Hooper, C. W.
        Detection of Rotor Position in Stepping and Switched Reluctance Motors by Monitoring of Current Waveforms.
        IEEE Trans. on Industrial Electronics IE-32 (1985), No. 3, S. 215–222

[540]   Ehsani, M.; Husain, I.; Kulkarni, A. B.
        Elimination Of Discrete Position Sensor and Current Sensor in Switched Reluctance Motor Drives.
        IEEE Trans. on Industry Applicatins IA-28 (1992), No. 1, S. 128–135

[541]   Ehsani, M.
        Position Sensor Elimination Technique for the Switched Reluctance Motor Drive .
        US Patent Nr. 5072166

[542] Husain, I.; Ehsani, M.
Error Analysis in Indirect Rotor Position Sensing of Switched Reluctance Motors.
IEEE Trans. on Industrial Electronics IE-41 (1994), No. 3, S. 301–307

[543] Lumsdaine, A.; Lang, J. H.; Ballas, M. J.
State Observers for Variable Reluctance Motors.
IEEE Trans. on Industrial Electronics IE-37 (1990), No. 2, S. 133–142

[544] MacMinn, S. R.; Rzesos, W. J.; Szczesny, P. M.; Jahns, T. M.
Application of Sensorless Integration Techniques to Switched Reluctance Motor Drives.
IEEE Trans. on Industry Applicatins IA-28 (1992), No. 6, S. 1339–1344

[545] Ramani, K. R.; Ehsani, M.
New Communication Methods in Switched Reluctance Motors Based on Active Phase Vectors.
PESC 1994, S. 493–499

Gebersysteme für elektrische Antriebe

[546] Kennel, R.
Encoders for Simultaneous Sensing of Position and Speed in Electrical Drives with Digital Control.
40th IEEE Industry Applications Society Annual Meeting, Kowloon, Hong Kong, Oct. 2-6, 2005

[547] Kennel, R.
Encoders for Simultaneous Sensing of Position and Speed in Electrical Drives with Digital Control.
IEEE Trans. on Industry Applications, Vol. 43, No. 3, Sep/Oct 2007, S. 993–1000

[548] Kennel, R.
Why do incremental encoders do a reasonably good job in electrical drives with digital position and speed control?
41st IEEE Industry Applications Society Annual Meeting, Tampa, Florida, Oct. 8-12, 2006

[549] Drabarek, P.; Kennel, R.
Are Interferometric Encoders a Reasonable Alternative in Servo Drive Applications?
IET International Conference on Power Machines and Drives PEMD, York/UK, April 2-4, 2008

[550] Basler, S.; Kennel, R.
New developments in capacitive/electrical encoders for servo drives.
International Symposium on Power Electronics, Electrical Drives, Automation and Motion SPEEDAM, Ischia, Italy, June 11-13, 2008

Geberlose Regelung von Synchronmaschinen mit Permanentmagneterregung

[551] Holtz, J.
Sensorless Control of Synchronous Machine Drives.
Guest Editorial, IEEE Transactions on Industrial Electronics, 2006, Vol. 53,
No. 2, April 2006, S. 350–351

[552] Holtz, J.
Sensorless Control of AC Machine Drives.
Guest Editorial, IEEE Transactions on Industrial Electronics, Vol. 53, No. 1,
Feb. 2006, S. 5–6

[553] Holtz, J.
Sensorless Control of Induction Machines - with or without Signal Injection?
Overview Paper, IEEE Transactions on Industrial Electronics, Best Transactions Paper, Vol. 53, No. 1, Feb. 2006, S. 7–30

[554] Rajashekara, K.; Kawamura, A.; Matsuse, K.
Sensorless Control of AC Motor Drives.
Piscataway, NJ, IEEE Press 1996, ISBN 0-7803-1046-2

[555] Acarnley, P. P.; Watson; J. F.
Review of Position-Sensorless Operation of Brushless Permanent-Magnet Machines.
IEEE Trans. on Industrial Electronics, Vol. 53, No. 2, April 2006

[556] de Kock; H. W.
Position Sensorless and Optimal Torque Control of Reluctance and Permanent Magnet Synchronous Machines.
PhD Thesis 2009, University of Stellenbosch, South Africa

EMK Beobachter

[557] Wu, R.; Slemon, G. R.
A Permanent Magnet Motor DriveWithout a Shaft Sensor.
IEEE Trans. on Industry Applications, Vol. 27, No. 5, Sept./Oct. 1991

[558] Hu, J.; Wu, B.
New Integration Algorithms for Estimating MotorFlux Over a Wide Speed Range.
IEEE Trans. on Power Electronics., Vol. 13, No. 5, S. 969–977, Sep. 1998

[559] Huang, M. C.; Moses, A. J.; Anayi, F.
The comparison of Sensorless Estimation Techniques for PMSM between Extended Kalman Filter and Flux-linkage Observer.
ISBN 0-7803-9547-6 (06)

[560] Holtz, J.; Quan, J.
Drift and Parameter Compensated FluxEstimator for Persistent Zero Stator Frequency Operation of Sensorless Controlled Induction Motors.
IEEE Trans. in Industry Applications, 2003

[561] Kubota, H.; Matsuse, K.
The Improvement of Performance at Low Speed by Offset Compensation of Stator Voltage in Sensorless Vector Controlled Induction Machines.
ISBN 0-7803-3544-9/96

Synchronmaschinen mit Permanentmagneterregung mit Rotor Anisotropy (Saliency)

[562] Schrödl, M.
Sensorless Control of A.C. Machines.
VDI Fortschrittberichte Reihe 21, Nr. 117, VDI-Verlag, Düsseldorf 1992, ISBN 3-18-141721-1

Hochfrequenzinjektion mit rotierendem Träger

[563] Jansen, P. L.; Lorenz, R. D.
Transducerless Position and Velocity Estimation in Induction and Salient AC Machines.
Conference Record of 1994 IEEE Industry Applications Society Annual Meeting, Oct. 1994, S. 488–495

[564] Harke, M. C.; Raca, D.; Lorenz, R. D.; Schlevensky, E.
Implementation of a Fast Initial Position and Magnet Polarity Estimation for PM Synchronous Machines in Traction and White Goods Applications.
Presented at Electro/Information Technology Conference EIT 2005, Lincoln, Nebraska, May 2005

Hochfrequenzinjektion mit alternierendem Träger

[565] Corley, M. J.; Lorenz, R. D.
Rotor position and velocity estimation for a salient-pole permanent magnet synchronous machine at standstill and high speeds.
IEEE Trans. on Industry Applications, Vol. 34, No. 4, Jul/Aug 1998, S. 784–789

[566] Linke, M.; Kennel, R.; Holtz, J.
Sensorless speed and position control of synchronous machines using alternating carrier injection.
IEEE International Electric Machines and Drives Conference IEMDC 2003, Madison, Wisconsin, June 1-4, 2003

[567] Jang, J. H.; Sul, S. K.; Ha, J.-I.; Ide, K.; Sawamura, M.
Sensorless Drive of Surface-Mounted Permanent-Magnet Motor by High-Frequency Signal Injection Based on Magnetic Saliency.
IEEE Trans. on Industry Application Vol. 39, No. 4, July/August 2003

[568] Holtz, J.
Initial Rotor Polarity Detection and Sensorless Control of PM Synchronous Machines.
Conference Record of the 2006 IEEE Industry Applications Conference, 2006 41st IAS Annual Meeting, Vol. 4, Oct. 2006, S. 2040–2047

[569] Ferreira, O. C.; Kennel, R.
Encoderless Control of Industrial Servo Drives.
Sensorless Control of Eletrical Drives - Malta Workshop, University of Malta, May 28, 2007

[570] Gottfried, S.; Kennel, R.
Drift and Parameter Compensated Flux Estimator for PMSM with Assistance of Alternating Carrier HF Injection – Encoderless Control in Whole Speed Range.
13th International Power Electronics and Motion Control Conference EPE-PEMC 2008, Poznan, Poland, Sep. 1-3, 2008

[571] Kennel, R.; Ferreira, O. C.; Szczupak, P.
Parameter independent encoderless control of servo drives without additional hardware components.
Bulletin of the Polish Academy of Sciences: Technical Sciences, Vol. 54, No. 3, 2006

[572] Landsmann, P.; Paulus, D.; Dötlinger, A.; Kennel, R.
Silent injection for saliency based sensorless control by means of current over-sampling.
ICIT 2013, IEEE International Conference on Industrial Technology, 25.-28. Feb. 2013, Cape Town, South Africa

[573] Bonifacio, J.; Amann, N.; Kennel, R.
Silent low speed self-sensing strategy for Permanent Magnet Synchronous Machine based on subtractive filtering.
2017 Brazilian Power Electronics Conference, COBEP2017, Juiz de Fora, Brazil

Kombination of EMK- und anisotropiebasierten Beobachtern

[574] Wallmark, O.; Harnefors, L.
Sensorless Control of Salient PMSM Drives in the Transition Region.
IEEE Trans. on Industrial Electronics, Vol. 53, Issue 4, June 2006, S. 1179–1187

[575] Silva, C.; Asher, G. M.; Sumner, M.
Hybrid Rotor Position Observer for Wide Speed-Range Sensorless PM Motor Drives Including Zero Speed.
IEEE Trans. on Industrial Electronics, Vol. 53, No. 2, April 2006

[576] Schrödl, M.; Hofer, M.; Staffler, W.
Sensorless Control of PM Synchronous Motors in the Whole Speed Range Including Standstill Using a Combined INFORM / EMF Model.

Proc. of the 12th International Power Electronics and Motion Control Conference, Aug. 2006, S. 1943–1949

[577]   Filka, R.; Balazovic, P.; Dobrucky, B.
A seamless whole speed range control of Interior PM Synchronous Machine without position transducer.
Proc. of the 12th International Power Electronics and Motion Control Conference, Aug. 2006, S. 1008–1014

[578]   Bonifacio, J.
Sensorless and Energy Efficient Control of Synchronous Machines for Automotive Applications.
TUM.University Press, Technische Universität München, 2020

Arbitrary Injection

[579]   Paulus, D.; Landsmann, P.; Kühl, S.; Kennel, R.
Arbitrary injection for Permanent Magnet Synchronous machines with multiple Saliencies.
Proc. of the 2013 IEEE Energy Conversion Congress and Exposition - ECCE2013, Sept. 15-19, Denver, Colorado

[580]   Friedmann, J.; Hoffmann, R.; Kennel, R.
A new approach for a complete and ultrafast analysis of PMSMS using the arbitrary injection scheme.
IEEE SLED 2016, 2016

[581]   Laumann, M.; Weiner, C.; Kennel, R.
Arbitrary Injection based sensorless control with a defined high frequency current ripple and reduced current and sound level harmonics.
IEEE 8th International Symposium on Sensorless Control for Electrical Drives (SLED 2017), 2017

nicht-ideale Anisotropien

[582]   Ferreira, O. C.
Kompensation der Betriebsabhängigkeiten der Anisotropie im Hinblick auf die geberlose Regelung von Synchronmaschinen.
Dissertation, Bergische Universität Wuppertal, 2007

[583]   Raca, D.; Reigosa, P.; Briz, F.; Lorenz, R.
A Comparative Analysis of Pulsating vs. Rotating Vector Carrier Signal Injection-Based Sensorless Control.
Proc. of IEEE APEC Conference, Feb. 2008

[584]   Tu, W. ; Luo, G.; Chen, Z.; Cui, L.; Kennel, R.
Predictive Cascaded Speed and Current Control for PMSM Drives with Multitime Scale Optimization.
IEEE Transactions on Power Electronics, 2019

[585] Wu, C.; Chen, Z.; Qi, R.; Kennel, R.
       Decoupling of the Secondary Saliencies in Sensorless PMSM Drives using Repetetive Control in the Angle Domain.
       JPE – Journal of Power Electronics, Vol. 16, No. 4, 2016
[586] Chen, Z.; Wang, F.; Luo, G.; Zhang, Z.; Kennel, R.
       Secondary Saliency Tracking-Based Sensorless Control for Concentrated Winding SPMSM.
       IEEE Trans. on Industrial Informatics, Vol. 12, No. 1, 2016

Umrichter-Nichtlinearitäten

[587] Holtz, J.
       Pulsewidth Modulation for Electronic Power Conversion.
       IEEE Proc., Vol. 82, No. 8, Aug. 1994, S. 1194–1214
[588] Holtz, J.; Quan, J.
       Drift and Parameter Compensated Flux Estimator for Persistent Zero Stator Frequency Operation of Sensorless Controlled Induction Motors.
       IEEE Trans. on Industry Applications, Vol. 39, No. 4, July/Aug. 2003, S. 1052–1060
[589] Holtz, J.; Quan, J.
       Sensorless Vector Control of Induction Motors at Very Low Speed using a Nonlinear Inverter Model and Parameter Identification.
       IEEE Trans. on Industry Applications, Vol. 38, No. 4, July/Aug. 2002, S. 1087–1095

Parameter Identifikation

[590] Rashed, M.; MacConnell, P. F. A.; Stronach, A. F.; Acarnley, P.
       Sensorless Indirect-Rotor-Field-Orientation Speed Control of a Permanent-Magnet Synchronous Motor With Stator-Resistance Estimation.
       IEEE Trans. on Industrial Electronics, Vol. 54, No. 3, June 2007, S. 1664–1675
[591] Kim, H.; Hartwig, J.; Lorenz, R. D.
       Using On-Line Parameter Estimation to Improve Efficiency of IPM Machine Drives.
       IEEE 2002, ISBN 0-7803-7262-X(02)
[592] Lee, K.-W.; Jung, D.-H.; Ha, I.-J.
       An Online Identification Method for Both Stator Resistance and Back-EMF Coefficient of PMSMs Without Rotational Transducers.
       IEEE Trans. on Industrial Electronics, Vol. 51, No. 2, April 2004
[593] Nahid-Mobarakeh, B.; Meibody-Tabar, F.; Sargos, F.-M.
       Mechanical Sensorless Control of PMSM With Online Estimation of Stator Resistance.
       IEEE Trans. on Industry Applications, Vol. 40, No. 2, March/April 2004

[594] Jiang, J.; Holtz, J.
High Dynamic Speed Sensorless AC Drive with On-Line Parameter Tuning and Steady-State Accuracy.
IEEE Trans. on Industrial Electronics, Vol. 44, No. 2, 1997, S. 240–246

[595] Szczupak, P.; Linke, M.; Kennel, R.
Parameter Independent Phase Tracking Method for Sensorless Control of PWM Rectifiers.
EPE Journal, Vol. 14, No. 4, Nov. 2004, S. 26–30

[596] Bonifacio, J.; Amann, N.; Kennel, R.
Online full-parameter identification strategy for IPMSM using voltage signal injection.
20th European Conference on Power Electronics and Applications, EPE 2018, Riga, Latvia

Asynchronmaschinen

[597] Holtz, J.; Juliet, J.
Sensorless Aquisition of the Rotor Position Angle of Induction Motors with Arbitrary Stator Windings.
IEEE Trans. on Industry Applications, Vol. 41, No. 6, 2005, S. 1675–1682

[598] Holtz, J.; Pan, H.
Acquisition of Rotor Anisotropy Signals in Sensorless Position Control Systems.
IEEE Trans. on Industry Applications, Vol. 40, No. 5, 2004, S. 1377–1387

[599] Holtz, J.; Pan, H.
Elimination of Saturation Effects in Sensorless Position Controlled Induction Motors.
IEEE Trans. on Industry Applications, Vol. 40, March/April 2004, S. 623–631

[600] Holtz, J.
Sensorless Control of Induction Motors.
Proc. of the IEEE, Vol. 90, No. 8, 2002, S. 1359–1394

[601] Holtz, J.
Sensorless Position Control of Induction Motors – an Emerging Technology.
IEEE Trans. on Industrial Electronics, Vol. 45, No. 6, 1998, S. 840–852

Patente zum Thema Geberlose Regelung

[602] Patent DE 10 2017 012 027 A1
[603] Patent DE 10 2018 006 657 A1

Linearmotoren

[604] Anders, M.; Andresen, E.-C.; Binder, A.
       *Ein sphärischer Linearmotor als Direktantrieb eines optischen Infrarottele-
       skops.*
       Fachtagung Linearantriebe im industriellen Einsatz, ETG-Tage 1999

[605] Bauer, R.; Franke, K.-P.
       Linearantriebe für den vollautomatischen Containerumschlag der Zukunft.
       Fachtagung Linearantriebe im industriellen Einsatz, ETG-Tage 1999

[606] Breil, J.; Oedl, G.; Sieber, B.
       Gesteuerter Linearantrieb für viele simultan bewegte Objekte.
       Fachtagung Linearantriebe im industriellen Einsatz, ETG-Tage 1999

[607] Budig, P.-K.
       Drehstromlinearmotoren.
       Hüthig, Heidelberg, 1977

[608] Budig, P.-K.
       Elektrische Linearmotoren – Ihre Anwendung.
       Fachtagung Linearantriebe im industriellen Einsatz, ETG-Tage 1999

[609] Diede, J.; Spyra, J.
       Technik und Einsatz von Linearmotoren.
       Antriebstechnik 35 (1996), Nr. 6, S. 37–42

[610] Eastham, J.
       Novel Synchronous Machines: Linear and Disk.
       IEEE Proc., 1990

[611] Greubel, K.; Helbig, F.; Heinemann, G.; Papiernik, W.
       Einsatz von Linearantrieben zur Herstellung von Konturenwirkware.
       Fachtagung Linearantriebe im industriellen Einsatz, ETG-Tage 1999

[612] Gutmann, M.
       Aufbau, Auswahl und Einsatzgebiete von AC-Linearmotoren.
       Antriebstechnik 36 (1997), Nr. 5, S. 28–32

[613] Heinemann, G.
       Linearmotoren: Bauformen und Einsatzbedingungen.
       Proc. Lineare Direktantriebe für schnelle Maschinen, ADITEC, 1999

[614] Henneberger, G.
       Antriebe und Steuerungen.
       Vorlesungsskript RWTH, 1999

[615] Henneberger, G.
       Forschung und Lehre.
       Institutsbroschüre RWTH, 1999

[616] Henneberger, G.
       *Linearantriebe für den industriellen Einsatz: Stand der Technik, Entwicklungs-
       tendenzen.*
       Fachtagung Linearantriebe im industriellen Einsatz, ETG-Tage 1999

[617] Laithwaite, E.
       A History of Linear Electric Motors.
       Macmillan, 1987

[618] Lammers, M.
       Linears Lead in Ultrasmooth Motion.
       Machine Design, 1994

[619] Ohsaki, H.
       Linear Drives for Industry Applications in Japan.
       Fachtagung Linearantriebe im industriellen Einsatz, ETG-Tage 1999

[620] Rossberg, R. R.
       Radlos in die Zukunft.
       Orell Füssli, Zürich, 1983

[621] Schnurr, B.
       Regelungs- und Steuerungskonzepte für lineare Direktantriebe.
       Proc. Lineare Direktantriebe für schnelle Maschinen, ADITEC, 1999

[622] Schnurr, B.
       Elektrische Direktantriebstechnik.
       VDI-Z, Spezial Antriebstechnik, 1999

[623] Schnurr, B.; Winkler, S.
       Lineare Direktantriebe: Neue Möglichkeiten im Werkzeugmaschinenbau.
       Fachtagung Linearantriebe im industriellen Einsatz, ETG-Tage 1999

[624] Schnurr, B.
       Hochdynamische Linearmotoren für moderne Werkzeugmaschinen.
       Antriebstechnik 39 (2000), Nr. 2, S. 32–35

[625] Uhl, A.
       Linearmotoren in Produktionsmaschinen.
       A&D Kompendium, 1999

[626] Wahner, U.; Ben Yahia, K.; Weck, M.; Henneberger, G.
       Optimisation of Linear Magnetic Bearing for Machine Tools.
       Proc. MOVIC, Zürich, 1998

[627] Wehner, H.-J.; Wolf, R.
       Antriebssysteme mit elektrischen Linearmotoren für die Logistik und den Transport von schweren Lasten.
       Fachtagung Linearantriebe im industriellen Einsatz, ETG-Tage 1999

[628] *MVP: Magnetbahn Transrapid.*
       Hestra, Darmstadt, 1989

[629] *Firmendruckschriften:*
       Baumüller, Bautz, Brückner, ETEL, Krauss-Maffei, Maccon/Anorad, Mannesmann, Rexroth/Indramat, NSK-RHP, Oswald, SEW, Siemens, SKF

Lagerlose Permanentmagnetmotoren

[630] Amrhein, W.; Silber, S.
       Bearingless Single-Phase Motor with Concentrated Full Pitch Windings in Interior Rotor Design.
       Sixth International Symposium on Magnetic Bearings, Cambridge, 1998

854   Literaturverzeichnis

[631] Amrhein, W.; Silber, S.
       Single Phase PM Motor with Integrated Magnetic Bearing Unit.
       International Conference on Electrical Machines, Istanbul, 1998
[632] Amrhein, W.; Silber, S.; Nenninger, K.
       Levitation Forces in Bearingless Permanent Magnet Motors.
       International Magnetics Conference, Kyongju, 1999
[633] Amrhein, W.; Silber, S.; Nenninger, K.
       Finite Element Design of Bearingless Permanent Magnet Motors.
       Fifth International Symposium on Magnetic Suspension Technology, Santa
       Barbara, 1999
[634] Barletta, N.
       Der lagerlose Scheibenmotor.
       Dissertation, ETH Zürich, 1998
[635] Bichsel, J.
       Beiträge zum lagerlosen Elektromotor.
       Dissertation, ETH Zürich, 1990
[636] Bichsel, J.
       The Bearingless Electrical Machine.
       International Symposium on Magnetic Suspension Technology, Hampton, 1991
[637] Bikle-Kirchhofer, U.
       Die Auslegung lagerloser Induktionsmaschinen.
       Dissertation, ETH Zürich, 1999
[638] Chiba, A.; Chida, K.; Fukao, T.
       *Principles and Characteristics of a Reluctance Motor with Windings of
       Magnetic Bearings.*
       International Power Electronic Conference IPEC, Tokyo, 1990
[639] Chiba, A.; Fukao, T.
       *The Maximum Radial Force of Induction Machine Type Bearingless Motor
       using Finite Element Analysis.*
       Fourth International Symposium on Magnetic Bearings, Zürich, 1994
[640] Gempp, T.; Schöb, R.
       Design of a Bearingless Canned Motor Pump.
       Fifth International Symposium on Magnetic Bearings, Kanazawa, 1996
[641] Gempp, T.; Gerster, C.; Schöb, R.
       *Arrangement and Method for Operating a Magnetically Suspended Electromo-
       toric Drive Apparatus in the Event of a Mains Disturbance.*
       US Patent 5 917 297, 1996
[642] Hugel, J.
       *The Vector Method for Determination of Torque and Forces of the Lateral Force
       Motor.*
       International Power Electronic Conference IPEC, Yokohama, 1995
[643] Ohishi, T.; Okada, Y.; Dejima, K.
       *Analysis and Design of a Concentrated Wound Stator for Synchronous-Type
       Levitated Motor.*
       Fourth International Symposium on Magnetic Bearings, Zürich, 1994

[644]   Ooshima M., Chiba A., Fukao T., Rahman A. M.
        Design and Analysis of Permanent Magnet-Type Bearingless Motors.
        IEEE Trans. on Industrial Electronics IE-43 (1996), No. 2
[645]   Ooshima, M.; Miyazawa, S.; Deido, T.; Chiba, A.; Nakamura, F.; Fukao, T.
        Characteristics of Permanent Magnet Type Bearingless Motor.
        IEEE Trans. on Industry Applications IA-32 (1996), No. 2
[646]   Schöb, R.
        Beiträge zur lagerlosen Asynchronmaschine.
        Dissertation, ETH Zürich, 1993
[647]   Schöb, R.; Barletta, N.
        Principle and Application of a Bearingless Slice Motor.
        Fifth International Symposium on Magnetic Bearings, Kanazawa, 1996
[648]   Schöb, R.; Bichsel, J.
        Vector Control of the Bearingless Motor.
        Fourth International Symposium on Magnetic Bearings, Zürich, 1994
[649]   Schulze, J. O.
        Dynamisches Modell der Querkraft-Asynchronmaschine.
        Dissertation, ETH Zürich, 1996
[650]   Silber, S.; Amrhein, W.
        Bearingless Single-Phase Motor with Concentrated Full Pitch Windings in Exterior Rotor Design.
        Sixth International Symposium on Magnetic Bearings, Cambridge, 1998
[651]   Silber, S.; Amrhein, W.
        Design of a Bearingless Single-Phase Motor.
        PCIM '98 Intelligent Motion, Nürnberg, 1998
[652]   Silber, S.; Amrhein, W.
        Force and Torque Model for Bearingless PM Motors.
        International Power Electronics Conference IPEC, Tokyo, 2000
[653]   Zhang, J.
        Power Amplifier for Active Magnetic Bearings.
        Dissertation, ETH Zürich, 1995

[654]   Nussbaumer, T.; Raggl, K.; Boesch, P.; Kolar, J.W.
        Trends in Integration for Magnetically Levitated Pump Systems
        Power Conversion Conference 2007, PCC '07, Nagoya, Japan, 2.-5. April 2007,
        Seiten: 1551 - 1558
[655]   Raggl, K.; Kolar, J.W.; Nussbaumer, T.
        Comparison of winding concepts for bearingless pumps
        7th Internatonal Conference on Power Electronics, ICPE '07, Daegu, Korea,
        22.-26. Oktober 2007, Seiten: 1013 - 1020
[656]   Raggl, K.
        Integrierte lagerlose Pumpsysteme hoher Leistungsdichte
        Dissertation ETH, Nr. 18252, 2009
[657]   Bartholet, M.
        Complexity Reduced Bearingless Pump System
        Dissertation ETH, Nr. 18162, 2008

[658]   Warberger, B.; Kaelin, R.; Nussbaumer, T.; Kolar, J.W.
        50- Nm/2500-W Bearingless Motor for High-Purity Pharmaceutical Mixing
        IEEE Transactions on Industrial Electronics, Volume: 59, Issue: 5, 2012, Seiten:
        2236 - 2247

[659]   Reichert, T.; Nussbaumer, T.; Gruber, W.; Kolar, J.W.
        *Design of a novel bearingless permanent magnet motor for bioreactor applica-
        tions*
        35th Annual Conference of IEEE Industrial Electronics 2009, IECON '09, Por-
        to, Portugal, 3.-5. November 2009, Seiten: 1086 - 1091

[660]   Zurcher, F.; Nussbaumer, T.; Gruber, W.; Kolar, J.W.
        Design and Development of a 26-Pole and 24-Slot Bearingless Motor
        IEEE Transactions on Magnetics, Volume: 45, Issue: 10, 2009, Seiten: 4594 -
        4597

[661]   Schneeberger, T.; Nussbaumer, T.; Kolar, J.W.
        Magnetically Levitated Homopolar Hollow-Shaft Motor
        IEEE/ASME Transactions on Mechatronics, Volume: 15, Issue: 1, 2010, Seiten:
        97 - 107

[662]   Karutz, P.; Nussbaumer, T.; Gruber, W.; Kolar, J.W.
        The Bearingless 2-Level Motor
        7th International Conference on Power Electronics and Drive Systems, PEDS
        '07, 27.-30. November 2007, Bangkok, Thailand, Seiten: 365 - 371

[663]   Tera, T.; Yamauchi, Y.; Chiba, A.; Fukao, T.; Azizur Rahman, M.
        *Performances of bearingless and sensorless induction motor drive based on
        mutual inductances and rotor displacements estimation*
        IEEE Transactions on Industrial Electronics, Volume: 53, Issue: 1, 2005, Seiten:
        187 - 194

[664]   Hiromi, T.; Katou, T.; Chiba, A.; Azizur Rahman, M.; Fukao, T.
        *A Novel Magnetic Suspension-Force Compensation in Bearingless Induction-
        Motor Drive With Squirrel-Cage Rotor*
        IEEE Transactions on Industry Applications, Volume: 43, Issue: 1, 2007, Sei-
        ten: 66 - 76

[665]   Suzuki, T.; Chiba, A.; Azizur Rahman, M.; Fukao, T.
        *An air-gap-flux-oriented vector controller for stable operation of bearingless in-
        duction motors*
        IEEE Transactions on Industry Applications, Volume: 36, Issue: 4, 2000, Sei-
        ten: 1069 - 1076

[666]   Chiba, A.; Akamatsu, D.; Fukao, T.; Azizur Rahman, M.
        *An Improved Rotor Resistance Identification Method for Magnetic Field Regu-
        lation in Bearingless Induction Motor Drives*
        IEEE Transactions on Industrial Electronics, Volume: 55, Issue: 2, 2008, Seiten:
        852 - 860

[667]   Takemoto, M.; Chiba, A.; Akagi, H.; Fukao, T.
        *Radial force and torque of a bearingless switched reluctance motor operating in
        a region of magnetic saturation*
        IEEE Transactions on Industry Applications, Volume: 40, Issue: 1, 2004, Sei-
        ten: 103 - 112

[668] Takemoto, M.; Suzuki, H.; Chiba, A.; Fukao, T.; Azizur Rahman, M.
Improved analysis of a bearingless switched reluctance motor
IEEE Transactions on Industry Applications, Volume: 37, Issue: 1, 2001, Seiten: 26 - 34

[669] Takemoto, M.; Chiba, A.; Akagi, H.; Fukao, T.
Radial force and torque of a bearingless switched reluctance motor operating in a region of magnetic saturation
IEEE Transactions on Industry Applications, Volume: 40, Issue: 1, 2004, Seiten: 103 - 112

[670] Ooshima, M.; Chiba, A.; Rahman, A.; Fukao, T.
An improved control method of buried-type IPM bearingless motors considering magnetic saturation and magnetic pull variation
IEEE Transactions on Energy Conversion, Volume: 19, Issue: 3, 2004, Seiten: 569 - 575

[671] Asama, J.; Amada, M.; Tanabe, N.; Miyamoto, N.; Chiba, A.; Iwasaki, S.; Takemoto, M.; Fukao, T.; Rahman, M.A.
Evaluation of a Bearingless PM Motor With Wide Magnetic Gaps
IEEE Transactions on Energy Conversion, Volume: 25, Issue: 4, 2010, Seiten: 957 - 964

[672] Ooshima, M.
Analyses of Rotational Torque and Suspension Force in a Permanent Magnet Synchronous Bearingless Motor with Short-pitch Winding
IEEE Power Engineering Society General Meeting, Tampa, Florida, USA, 24.-28. Juni 2007, Seiten: 1 - 7

[673] Amemiya, J.; Chiba, A.; Dorrell, D.G.; Fukao, T.
Basic characteristics of a consequent-pole-type bearingless motor
IEEE Transactions on Magnetics, Volume: 41, Issue: 1, Part: 1, 2005 , Seiten: 82 - 89

[674] Asano, Y.; Mizuguchi, A.; Amada, M.; Asama, J.; Chiba, A.; Ooshima, M.; Takemoto, M.; Fukao, T.; Ichikawa, O.; Dorrell, D.G.
Development of a Four-Axis Actively Controlled Consequent-Pole-Type Bearingless Motor
IEEE Transactions on Industry Applications, Volume: 45, Issue: 4, 2009, Seiten: 1378 - 1386

[675] Sugimoto, H.; Kamiya, K.; Nakamura, R.; Asama, J.; Chiba, A.; Fukao, T.
Design and Basic Characteristics of Multi-Consequent-Pole Bearingless Motor With Bi-Tooth Main Poles
IEEE Transactions on Magnetics, Volume: 45, Issue: 6, 2009, Seiten: 2791 - 2794

[676] Asama, J.; Nakamura, R.; Sugimoto, H.; Chiba, A.
Evaluation of Magnetic Suspension Performance in a Multi-Consequent-Pole Bearingless Motor
IEEE Transactions on Magnetics, Volume: 47, Issue: 10, 2011, Seiten: 4262 - 4265

[677] Gruber, W.; Amrhein, W.; Haslmayr, M.
Bearingless Segment Motor With Five Stator Elements-Design and Optimization

IEEE Transactions on Industry Applications, Volume: 45, Issue: 4, 2009, Seiten: 1301 - 1308

[678] Gruber, W.; Silber, S.; Amrhein, W.; Nussbaumer, T.
Design variants of the bearingless segment motor
International Symposium on Power Electronics Electrical Drives Automation and Motion (SPEEDAM), Pisa, Italien, 14.-16. Juni 2010, Seiten: 1448 - 1453

[679] Gruber, W.; Nussbaumer, T.; Grabner, H.; Amrhein, W.
Wide Air Gap and Large-Scale Bearingless Segment Motor With Six Stator Elements
IEEE Transactions on Magnetics, Volume: 46, Issue: 6, 2010, Seiten: 2438 - 2441

[680] Stallinger, T.; Gruber, W.; Amrhein, W.
Bearingless segment motor with a consequent pole rotor
IEEE International Electric Machines and Drives Conference 2009. IEMDC '09, Miami, Florida, 3.-6. Mai 2009, Seiten: 1374 - 1380

[681] Mitterhofer, H.; Andessner, D.; Amrhein, W.
Analytical and experimental loss examination of a high speed bearingless drive
International Symposium on Power Electronics, Electrical Drives, Automation and Motion (SPEEDAM), Sorrento, Italien, 20.-22. Juni 2012, Seiten: 146 - 151

[682] Mitterhofer, H.; Amrhein, W.
Design aspects and test results of a high speed bearingless drive
IEEE Ninth International Conference on Power Electronics and Drive Systems (PEDS), Singapore, 5.-8. Dezember 2011, Seiten: 705 - 710

[683] Mitterhofer, H.; Amrhein, W.
Motion control strategy and operational behaviour of a high speed bearingless disc drive
6th IET International Conference on Power Electronics, Machines and Drives (PEMD 2012), Bristol, England, 27.-29. März 2012 , Seiten: 1 - 6

[684] Silber, S.; Amrhein, W.; Bosch, P.; Schob, R.; Barletta, N.
Design aspects of bearingless slice motors
IEEE/ASME Transactions on Mechatronics, Volume: 10, Issue: 6, 2005, Seiten: 611 - 617

[685] Grabner, H.; Amrhein, W.; Silber, S.; Gruber, W.
Nonlinear Feedback Control of a Bearingless Brushless DC Motor
IEEE/ASME Transactions on Mechatronics, Volume: 15, Issue: 1, 2010, Seiten: 40 - 47

[686] Bauer, W.; Amrhein, W.
Design and sizing relations for a novel bearingless motor concept
International Conference on Electrical Machines and Systems (ICEMS), Peking, China, 20.-23. August 2011, Seiten: 1 - 6

[687] Silber, S.; Amrhein, W.; Grabner, H.; Lohninger, R.
Design Aspects of Bearingless Torque Motors
The 13th International Symposium on Magnetic Bearings, Arlington, Virginia, USA, 6.-9. August 2012, Seiten: 1-6

[688] Gruber, W.; Bauer, W.; Amrhein, W.; Schoeb, Reto T.
Betrachtungen zum lagerlosen Flux-Switching Scheibenläufermotor

9. Workshop Magnetlagertechnik Zittau-Chemnitz, Chemnitz, Deutschland, 2.-3. September 2013

Kleinantriebe

[689] Büngener, W.
Prüfung und Beurteilung der Positions- und Schrittwinkelabweichungen von Hybridschrittmotoren.
Dissertation, Univ. Kaiserslautern, 1995

[690] Duane, C.; Hanselmann
Brushless Permanent-Magnet Motor Design.
McGraw-Hill, New York 1994

[691] Hendershot Jr., J. R.; Miller, T. J. E.
Design of Brushless Permanent-Magnet Motors.
Magna Physics Publ., Hillsboro (Ohio) 1994

[692] Kenjo, T.; Sugawara, A.
Stepping Motors.
Claredon Press, Oxford 1994

[693] Kreuth, H.
Schrittmotoren.
Oldenbourg Verlag, München, Wien 1988

[694] Maas, S.; Weis, H.-P.; Nordmann, R.
Auslegung eines Schrittmotorantriebs mit einem Modell hoher Ordnung.
Antriebstechnik 35 (1996), Nr. 7, S. 52–54 und Nr. 8, S. 57–60

[695] Moczala, H.
Elektrische Kleinmotoren.
Expert Verlag, Ehingen 1987

[696] Morales Serrano, F. J.
Ein Beitrag zur sensorlosen Ansteuerung von Mehrphasen-Schrittmotoren.
Dissertation, TU Berlin, 1994

[697] Obermeier, C.
Modellbildung und sensorlose Regelung von Hybridschrittmotoren.
Fortschritt-Berichte VDI, Reihe 8, Nr. 725,
VDI Verlag, Düsseldorf 1998

[698] Prautzsch, F.
Schrittmotor-Antrieb.
Handbuch, Escap, 1995

[699] Richter, C.
Elektrische Stellantriebe kleiner Leistung.
VDE-Verlag, Berlin 1988

[700] Rummich, E.
Elektrische Schrittmotoren und -antriebe.
Expert Verlag, Renningen-Malmsheim 1995

[701] Schörlin, F.
Mit Schrittmotoren steuern, regeln und antreiben.
Franzis-Verlag, Poing 1995

[702] Schörlin, F.
Mikroschrittansteuerung für Schrittmotoren.
Antriebstechnik 36 (1997), Nr. 1, S. 35–36

[703] Sokira, T. J.; Jaffe, W.
Brushless DC Motors.
TAB Books, Blue Ridge Summit 1989

[704] Stemme, O.; Wolf, P.
Wirkungsweise und Eigenschaften hochdynamischer Gleichstrom-Kleinst-motoren.
Techn. Veröffentlichung, Maxon Motor, Sachseln (Schweiz) 1994

[705] Stölting, H.; Beisse, A.
Elektrische Kleinmaschinen.
Teubner, Stuttgart 1987

[706] *Innovative Kleinantriebe.*
VDI-Berichte 1269, VDI-Verlag, Düsseldorf 1996

Betriebsoptimierung

Direktantrieb versus Getriebemotor

[707] Bonfiglioli Riduttori S.p.A. (Hrsg.)
Handbuch der Getriebemotoren (Mit Beiträgen von D. W. Dudley, J. Spren-gers, D. Schröder, H. Yamashina
Springer Verlag Berlin-Heidelberg, 1997, deutsche, englische, italienische Aus-gabe

[708] Storath A., Zelleröhr M.
Antriebe für Spritzgießmaschinen
Berlin VDE-Verlag, 2002

[709] *Energieeinsparpotentiale in der kunststoffverarbeitenden Industrie*
Fraunhofer Institut Systemtechnik und Innovationsforschung

[710] Gißler J.
Elektrische Direktantriebe
Franzis Verlag 2005

[711] Storath A.
Torquemotoren versus Getriebemotoren - ein technischer Vergleich hinsichtlich Beschleunigung und Effizienz
VDE/ETG Tagung 2007, Karlsruhe

[712] Greubel K., Storath A.
Torquemotoren versus Getriebemotoren – Ein technischer Vergleich hinsicht-lich Beschleunigung und Energieeffizienz
Siemens AG, Neustadt a. d. Saale

[713] Doppelbauer M.
Direktantrieb oder doch besser Getriebemotor? Systematische Analyse der Vor- und Nachteile beider Konzepte
Antriebstechnik 4/2008, S. 66 - 73

[714] Kenneth Benath; Jörg Schützhold; Wilfried Hofmann
: *Advanced design rules for the energy optimal motor-gearbox combination in servo drive systems*
2014 International Symposium on Power Electronics, Electrical Drives, Automation and Motion, 2014, Pages: 94 - 99

Grundlagen Optimierung

[715] Eldeep H., Hackl C. M., Horlbeck L., Kullick J.,
A unified theorie for optimal feedforward torque control of anisotropic synchronous maschines
International Journal of Control, Jan. 2017, S. 1 – 30 bzw 72

[716] A. M. Bazzi, P.T, Krein
Review of Methods for Real-Time Loss Minimization in Induction Maschines
IEEE Tranactions on Industry Applications, Bd. 46 Nr. 6, S. 2319-2328, Nov. 2010

[717] I. Kioskeridis, N. Margaris
Loss minimization in induction motor adjustable-speed drives
IEEE Tranactions on Industrial Electronics, Bd. 43 Nr. 1, S. 226-231, Feb. 1996.

[718] G. Mino-Aguilar, J. M. Moreno-Eguilaz, B. Pryymak, J. Peracaula
An induction motor drive including a self-tuning loss-model based efficiency controller
Applied Power Electronics Conference and Exposition, 2008, S. 1119-1125

[719] C. Mademlis, J. Xypteras, N. Margaris
Loss minimization in surface permanent-magnet synchronous motor drives
IEEE Transactions on Industrial Electronics, Bd. 47, Nr. 1, S: 115-122, Feb 2000

[720] C. Mademlis, N. Margaris
Loss minimization in vector-controlled interior permanent-magnet synchronous motor drives
IEEE Transactions on Industrial Electronics, Bd. 49, Nr. 6, S. 1344 - 1347, Dezember 2002

[721] J. Lee, K. Nam, S. Choi, S. Kwon
Loss-Minimizing Control of PMSM With the Use of Polynomial Approximations
IEEE Transactions on Power Electronics , Bd.24, Nr. 4, S. 1071 -1082, Apr. 2009

[722] O. Babayomi, A. Balogun, C. Osheku
Loss Minimizing Control of PMSM for Electric Power Steering
17th UKSIM-AMSS International Conference on Modelling and Simulation, 2015, S. 438-443

[723] I. Kioskeridis, C. Mademlis
Energy efficiency optimisation in synchronous reluctance motor drives
IEE Proceedings - Electric Power Applications, Bd. 150, Nr. 2 S. 201 - 209, März 2003

[724] C. Mademlis, I. Kioskeridis, T. Theodoulidis
       Optimization of single-phase induction Motors-part I: maximum energy efficiency control
       IEEE Transactions on Energy Conversion, Bd. 20, Nr. 1, S. 187 - 195, März 2005

[725] C. Mademlis, I. Kioskeridis, N. Margaris
       Optimal efficiency control strategy for interior permanent-magnet synchronous motor drives
       IEEE Transactions on Energy Conversion, Bd. 19, Nr. 4, S. 715 - 723, Dezember 2004

[726] D. S. Kirschen, D. W. Novotny, W. Suwanwisoot
       Minimizing Induction Motor Losses by Excitation Control in Variable Frequency Drives
       IEEE Transactions on Industry Applications, Bd. IA-20, Nr. 5,1984, S. 1244 - 1250

[727] P. Famouri, J. J. Cathey *Loss minimization control of an induction motor drive*
       IEEE Transactions on Industry Applications, Bd. 27, Nr. 1, 1991, S. 32 - 37

[728] J. G. Cleland, V. E. McCormick, M. W. Turner
       Design of an efficiency optimization controller for inverter-fed AC induction motors
       Industry Applications Conference, 1995. Thirtieth IAS Annual Meeting, IAS '95., Conference Record of the 1995 IEEE, Bd.1, S. 16 - 21 Bd. 1

[729] Thul A, Ruf A, Franck D, Hameyer K
       Wirkungsgradoptimierung von permanenterregten Antriebssystemen mittels verlustminimierender Steuerverfahren
       Proc. Antriebssysteme 2015 Aachen S. 65 - 76

[730] Liu Q, Thul A, Hameyer K.
       A Robust Model Reference Adaptive Controller for the PMSM Drive System with Torque Estimation and Compensation
       Berlin, ICEM 2014 S. 659 - 665

[731] Hu Z, Liu Q, Hameyer K.
       A Study of Multistep Direct Model Predictive Current Control for Dynamic Drive Application with high Switching Frequency
       PEDM 2016, Glasgow, S 1 - 6

[732] Liu Q, Hameyer K
       Torque Ripple Minimization for Direct Torque Control of PMSM with Modified FCSMPC
       IEEE Trans. Industry Applications,vol. 52, n. 6, S. 4855 - 4864, 2016

[733] Hu Z, Liu Q, Hameyer K
       Loss Minimization of Speed Controlled Induction Machine in Transient States Considering System Constraints
       Journal of International Conference on Electrical Machines and Systems, vol.,n 1, S. 34 - 41, 2015

[734] Liu Q, Hameyer K
       An Adaptive Torque Controller with MTPA for an IPMSM using Model based Self-Correction IEEE
       IES, Dalles 2014 40th Annual Conf.

[735] Liu Q, Hameyer K.
A Deep Field Weakening Control for the PMSM applying a Modified Overmodulation Strategy
Proc. 8th IET, PEDM 2016, Glasgow

[736] A. Ruf, S. Steentjes, A. Thul, K. Hameyer
Stator Current Vector Determination Under Consideration of Local Iron Loss Distribution for Partial Load Operation of PMSM
IEEE Transactions on Industry Applications, Volume: 52, Issue: 4, pages 3005-3012, 2016.

[737] F. Fernandez-Bernal, A. Garcia-Cerrada, and R. Faure
Determination of parameters in interior permanent-magnet synchronous motors with iron losses without torque measurement
Industry Applications, IEEE Transactions on, vol. 37, no. 5, pp. 1265 – 1272, Sep 2001.

[738] T. Windisch and W. Hofmann
Loss minimization of an IPMSM drive using precalculated optimized current references
in IECON 2011 - 37th Annual Conference on IEEE Industrial Electronics Society, Nov 2011, pp. 4704–4709.

[739] J. Lee, K. Nam, S. Choi, and S. Kwon
Loss-minimizing control of pmsm with the use of polynomial approximations
Power Electronics, IEEE Transactions on, vol. 24, no. 4, pp. 1071–1082, April 2009.

[740] C. Mademlis and N. Margaris
Loss minimization in vector-controlled interior permanent-magnet synchronous motor drives
Industrial Electronics, IEEE Transactions on, vol. 49, no. 6, pp. 1344–1347, Dec 2002.

[741] H. Aorith, J. Wang, and P. Lazari
A new loss minimization algorithm for interior permanent magnet synchronous machine drives in Electric Machines Drives
Conference (IEMDC), 2013 IEEE International, May 2013, pp. 526–533.

[742] S. Steentjes, M. Lessmann, and K. Hameyer
Advanced iron-loss calculation as a basis for efficiency improvement of electrical machines in automotive application
in Electrical Systems for Aircraft, Railway and Ship Propulsion (ESARS), 2012, Oct 2012, pp. 1–6.

[743] Müller G, Vogt K, Ponick H.
Berechnung elektrischer Maschinen
Wileys - VCH 2008

[744] Neuschl Z.
Rechnerunterstützte experimentelle Verfahren zur Bestimmung der lastunabhängigen Eisenverluste in permanentmagnetisch erregten elektrischenMaschinen mit additionalen Axialfluss.
Dissertation, 2007 TU Cottbus

[745] Mi G., Slemon G., Bonert R.
Modeling of Iron Losses of Permanent -Magnet Synchronous Motors
IEEE Trans IAS, vol. 39, no 3, May/June 2003

[746] Moses A. J.
Characterisation of the loss behavior in electrical steels and other soft magnetic materials
Metallurgy and Magnetism Freiburg 2004

[747] C. D. Nguyen, W. Hofmann
Model-Based Loss Minimization Control of Interior Permanent Magnet Synchronous Motors
IEEE International Conference on Industrial Technology - ICIT, Sevilla, 2015.

[748] Kolar J. W., Ertl H., Zach F. C.
Influence of the Modulation Method on the Conduction and Switching Losses of a PWM Converter System
IEEE Trans IAS, Vol 27, 1991, S 1063 -1075

[749] Thomas Windisch; Wilfried Hofmann
Loss minimizing and saturation dependent control of induction machines in vehicle applications
IECON 2015, 41st Annual Conference of the IEEE Industrial Electronics Society, 2015, S.: 001530 - 001535

[750] S. Steentjes, G. von Pfingsten, M. Hombitzer and K. Hameyer
Iron-loss model with consideration of minor loops applied to FE-simulations of electrical machines
IEEE Transactions on Magnetics, volume 49, number 7, pages 3945-3948, 2013.

[751] Steentjes S, Leßmann M, Hameyer W,
Semi-physical parameter identification for an iron loss formular allowing loss separation
Journal of Applied Physics, vol 113, no 17, May 2013, S 17A319 - 17A319-3

Gesamtsystem

[752] Schützhold, Jörg
Auswahlsystematik für energieeffiziente quasistationäre elektrische Antriebssysteme am Beispiel von Pumpen- und Förderbandanlagen
TU Dresden, Dissertation 2015

[753] Benath, Kenneth
Analyse und Auslegung energieeffizienter Servoantriebssysteme – am Beispiel von Punkt-zu-Punkt-Bewegungsaufgaben
TU Dresden, Dissertation 2017

[754] Y. Zhang, W. Hofmann
Auslegung einer Asynchronmaschine für Querschneider-Antriebe bei hoher Drehmomentdynamik und transienter Stromverdrängung
VDE-VDI-Konferenz, Antriebssysteme Nürtingen 2013, ETG-Fachbericht 138, S. 40-45

[755] J. Schützhold, K. Benath, W. Hofmann
Auswahl energieeffizienter elektrischer Antriebe am Beispiel Förderanlagen
In: Antriebstechnik 53 (2014), Nr. 03, Vereinigte Fachverlage Mainz, S. S. 28 -38

[756]   Jörg Schützhold, Wilfried Hofmann
        Analysis of the Temperature Dependence of Losses in Electrical Machines.
        IEEE ECCE 2013, pp. 3159-3165
[757]   K. Benath; V. Müller; W. Hofmann
        High efficient winding drives with continuous variable transmission (CVT)
        Proceedings of the 2011 14th European Conference on Power Electronics and
        Applications, 2011, S. 1 - 8
[758]   Yamazaki K, Seto Y, *Iron loss analysis of interior permanent- magnet- sychro-
        nous motors - variation of main loss factors due to driving conditions*
        IEEE Trans. IAS vol. 42, no 4, July / August 2006

ASM – PM-SM

[759]   I. Kioskeridis, N. Margaris
        Loss minimization in induction motor adjustable-speed drives
        IEEE Tranactions on Industrial Electronics, Bd. 43 Nr. 1, S. 226-231, Feb.
        1996.
[760]   G. Mino-Aguilar, J. M. Moreno-Eguilaz, B. Pryymak, J. Peracaula
        *An induction motor drive including a self-tuning loss-model based efficiency
        controller*
        Applied Power Electronics Conference and Exposition, 2008, S. 1119-1125
[761]   C. Mademlis, J. Xypteras, N. Margaris
        Loss minimization in surface permanent-magnet synchronous motor drives
        IEEE Transactions on Industrial Electronics, Bd. 47, Nr. 1, S: 115-122, Feb
        2000
[762]   C. Mademlis, N. Margaris
        *Loss minimization in vector-controlled interior permanent-magnet synchronous
        motor drives*
        IEEE Transactions on Industrial Electronics, Bd. 49, Nr. 6, S. 1344 - 1347,
        Dezember 2002
[763]   J. Lee, K. Nam, S. Choi, S. Kwon
        *Loss-Minimizing Control of PMSM With the Use of Polynomial Approximati-
        ons*
        IEEE Transactions on Power Electronics , Bd.24, Nr. 4, S. 1071 -1082, Apr.
        2009
[764]   O. Babayomi, A. Balogun, C. Osheku
        Loss Minimizing Control of PMSM for Electric Power Steering
        17th UKSIM-AMSS International Conference on Modelling and Simulation,
        2015, S. 438-443
[765]   C. Mademlis, I. Kioskeridis, N. Margaris
        *Optimal efficiency control strategy for interior permanent-magnet synchronous
        motor drives*
        IEEE Transactions on Energy Conversion, Bd. 19, Nr. 4, S. 715 - 723, Dezember
        2004
[766]   Goss J, Popescu M, Staton D, Wrobel R, Yon J, Mellor P.
        *A Comparison between Maximum Torque/Ampere and Maximum Efficiency
        Control Strategies in IPM Synchronous Machines*
        Proc. IEEE Energy Conv. Conf. 2014, S. 2403 -2410

[767] Thomas Windisch; Wilfried Hofmann
       A comparison of a signal-injection method and a discrete-search algorithm for
       MTPA tracking control of an IPM machine
       2015 17th European Conference on Power Electronics and Applications
       (EPE'15 ECCE-Europe)

[768] Zhang, Y.
       Energieoptimale Drehmomentsteuerung und Auslegung von hochdynamische
       Asynchronantrieben unter besonderer Berücksichtigung der transienten Strom-
       verdrängung
       Dissertation 2017

[769] Y. Zhang, W. Hofmann
       Energy-efficient control of induction motors with high torque dynamics and
       transient skin effect
       IEEE 39th Annual Conf. of Industrial Electronics Society IECON 2013, pp.
       2771 – 2776

[770] C. D. Nguyen, W. Hofmann
       Self-Tuning Adaptive Copper-Losses Minimization Control of Externally Exci-
       ted Synchronous Motors
       International Conference on Electrical Machines – ICEM 2014, Berlin, pp.
       891-896

[771] Schützhold J, Hofmann W
       Analysis of the Temperature Dependence of Losses in Electrical Machines
       IEEE ECCE 2013, S. 3159 - 3165

Spannungszwischenkreisumrichter

[772] Marquardt R., Lesnicar A., Hildinger J.
       Modulares Stromrichterkonzept für Netzkupplungsanwendungen bei hohen
       Spannungen
       etg-Fachtagung Bad Nauheim, 2002.

[773] Marquardt R., Lesnicar A.
       New Colncept for High-Voltage Modular Multilevel Converters
       PESC 2004, Athen

[774] Glinka M.
       Prototype of Multiphase Modular-Multilevel Converter with 2 MW Power Ra-
       ting a 17-level Output-Voltage
       PESC 2004

[775] Marquardt R.
       Stromrichterschaltungen mit verteilten Energiespeichern
       Deutsches Patent DE10103031A1, Jan. 24 2001

Prädiktive Regelung – MPC

[776] B. D. O. Anderson and J. Moore. *Optimal Filtering*. Prentice-Hall, Englewood Cliffs, 1979.

[777] A. Bemporad, M. Morari, V. Dua, and E. N. Pistikopoulos. The Explicit Solution of Model Predictive Control via Multiparametric Quadratic Programming. In *American Control Conference (ACC 2000)*, volume 2, pages 872–876, Chicago, IL, USA, June 2000.

[778] E. Clarke. *Circuit Analysis of AC Power Systems*. J. Wiley & sons, 1943.

[779] G. B. Dantzig. *Linear Programming and Extensions*. Princeton University Press, Princeton, NJ, USA, 1963.

[780] M. Depenbrock. Direct Self-Control (DSC) of Inverter-Fed Induction Machines. *IEEE Transactions on Power Electronics*, 3(4):420–429, October 1988.

[781] T. Geyer. A Comparison of Control and Modulation Schemes for Medium-Voltage Drives: Emerging Predictive Control Concepts Versus PWM-Based Schemes. *IEEE Transactions on Industry Applications*, 47(3):1380–1389, May/June 2011.

[782] T. Geyer, F. D. Torrisi, and M. Morari. Optimal Complexity Reduction of Polyhedral Piecewise Affine Systems. *Automatica*, 44(7):1728–1740, July 2008.

[783] D. Grahame Holmes and Thomas A. Lipo. *Pulse Width Modulation for Power Converters: Principles and Practice (IEEE Press Series on Power Engineering)*. Wiley-IEEE Press, 1 edition, October 2003.

[784] James D. Q. M., Rawlings R.
Model Predictive Control: Theory and Design,
WI Nob Hill 2009

[785] Hu Z., Liu Q., Hameyer K.
A Study of Multistep Direct Model Predictive Current Control for Dynamic Drive Application with high Switching Frequency
PEDM 2016, Glasgow, S 1 - 6

[786] N. Karmarkar. A New Polynomial-Time Algorithm for Linear Programming. *Combinatorica*, 4(4):373–395, December 1984.

[787] M. Kojima, K. Hirabayashi, Y. Kawabata, E. C. Ejiogu, and T. Kawabata. Novel Vector Control System Using Deadbeat-controlled PWM Inverter with Output LC Filter. *IEEE Transactions on Power Electronics*, 40(1):162–169, 2004.

[788] P. Kovács. *Transient Phenomena in Electrical Machines*. Elsevier, 1984.

[789] A. Kulka, T. Undeland, S. Vazquez, and L. G. Franquelo. Stationary Frame Voltage Harmonic Controller for Standalone Power Generation. In *Proceedings European Conference on Power Electronics Applications*, pages 1–10, 2007.

[790] M. Kvasnica. *Real-Time Model Predictive Control via Multi-Parametric Programming: Theory and Tools*. VDM Verlag, October 2009.

[791] M. Kvasnica, P. Grieder, and M. Baotić. Multi-Parametric Toolbox (MPT), 2004.

[792] M. Kvasnica, P. Grieder, M. Baotić, and M. Morari. Multi-Parametric Toolbox (MPT). *Hybrid Systems: Lecture Notes in Computer Science*, 2993:448–462, 2004.

[793] Schröder Dierk
Antriebe – Regelung von Antriebssystemen,
4. Auflage, Springer Verlag
ISBN 978-3-642-30095-0, DOI 10.1007/978-3-642-30096-7, ISBN 978-3-642-30096-7 (eBook)

[794] P. C. Loh, M. J. Newman, D. N. Zmood, and D. G. Holmes. A Comparative Analysis of Multiloop Voltage Regulation Strategies for Single and Three-phase UPS Systems. *IEEE Transactions on Power Electronics*, 18(5):1176–1185, 2003.

[795] J. M. Maciejowski. *Predictive Control With Constraints.* Prentice Hall, 2001.

[796] G. E. Moore. Cramming More Components onto Integrated Circuits. *Electronics*, 38(8):114–117, April 1965.

[797] A. Nabae, I. Takahashi, and H. Akagi. A New Neutral-Point-Clamped PWM Inverter. *IEEE Transactions on Industry Applications*, IA-17(5):518–523, September 1981.

[798] J. Nocedal and S. Wright. *Numerical Optimization.* Springer, July 2006.

[799] K. Ogata. *Discrete-Time Control Systems.* Prentice Hall, 2 edition, January 1995.

[800] K. Ogata. *Modern Control Engineering.* Prentice Hall, 5 edition, September 2009.

[801] G. Papafotiou, J. Kley, K. Papadopoulos, P. Bohren, and M. Morari. Model Predictive Direct Torque Control - Part II: Implementation and Experimental Evaluation. *IEEE Transactions on Industrial Electronics*, 56(6):1906–1915, June 2009.

[802] R. H. Park. Two-reaction Theory of Synchronous Machines – Generalized Method of Analysis – Part I. *Transactions of the American Institute of Electrical Engineers*, 48(3):716–727, July 1929.

[803] R. H. Park. Two-reaction Theory of Synchronous Machines – II. *Transactions of the American Institute of Electrical Engineers*, 52(2):352–354, June 1933.

[804] E. Pistikopoulos, A. Galido, and V. Dua, editors. *Process Systems Engineering, Volume 2: Multi-Parametric Model-Based Control.* Wiley-VCH, 1 edition, April 2007.

[805] E. Pistikopoulos, M. Georgiadis, and V. Dua, editors. *Process Systems Engineering: Volume 1: Multi-Parametric Programming.* Wiley-VCH, 1 edition, April 2007.

[806] P. Stolze, P. Karamanakos, R. Kennel, S. Manias, and Chr. Endisch. Effective Variable Switching Point Predictive Current Control for AC Low-Voltage Drives. *International Journal of Control*, 88(7):1366–1378, 2015.

[807] P. Stolze, P. Landsmann, R. Kennel, and T. Mouton. Finite-Set Model Predictive Control of a Flying Capacitor Converter with Heuristic Voltage Vector Preselection. In *8th IEEE International Conference on Power Electronics and ECCE Asia (ICPE & ECCE)*, pages 210–217, Jeju, South Korea, May/June 2011.

[808] P. Stolze, P. Landsmann, R. Kennel, and T. Mouton. Finite-Set Model Predictive Control With Heuristic Voltage Vector Preselection for Higher Prediction Horizons. In *14th European Conference on Power Electronics and Applications (EPE 2011)*, pages 1–9, Birmingham, UK, August/September 2011.

[809] P. Stolze, M. Tomlinson, R. Kennel, and T. Mouton. Heuristic Finite-Set Model Predictive Current Control for Induction Machines. In *2013 IEEE ECCE
Asia Downunder (ECCE Asia)*, pages 1221–1226, Melbourne, Australia, June
2013.

[810] I. Takahashi and T. Noguchi. A New Quick-Response and High-Efficiency
Control Strategy of an Induction Motor. *IEEE Transactions on Industry Applications*, IA-22(5):820–827, September 1986.

[811] M. Tomlinson, T. Mouton, R. Kennel, and P. Stolze. Model Predictive control
of an AC-to-AC Converter with Input and Output LC Filter. In *6th Industrial Electronics and Applications Conference (ICIEA)*, pages 1233–1238, June
2011.

[812] P. Tøndel, T. A. Johansen, and A. Bemporad. Evaluation of Piecewise Affine
Control via Binary Search Tree. *Automatica*, 39(5):945–950, May 2003.

[813] C. G. Verghese and S. R. Sanders. Observers for Flux Estimation in Induction
Machines. *IEEE Transactions on Power Electronics*, 35(1):85–94, February
1988.

[814] R. H. Wilkinson, T. A. Meynard, and H. du T. Mouton. Natural Balance of
Multicell Converters: The General Case. *IEEE Transactions on Power Electronics*, 21(6):1658–1666, November 2006.

Stichwortverzeichnis

© Springer-Verlag GmbH Deutschland, ein Teil von Springer Nature 2021
D. Schröder und R. Kennel, *Elektrische Antriebe – Grundlagen*,
https://doi.org/10.1007/978-3-662-63101-0